五金类实用手册大系

实用五金手册

（第八版）

祝燮权　谢　羽　主编

上海科学技术出版社

图书在版编目(CIP)数据

实用五金手册 / 祝燮权，谢羽主编. —8版. —上海：上海科学技术出版社，2015.3(2024.11重印)
(五金类实用手册大系)
ISBN 978-7-5478-2427-6

Ⅰ.①实… Ⅱ.①祝… ②谢… Ⅲ.①五金制品—手册 Ⅳ.①TS914-62

中国版本图书馆CIP数据核字(2014)第252404号

实用五金手册(第八版)
祝燮权 谢 羽 主编

上海世纪出版股份有限公司
上海科学技术出版社 出版
(上海市闵行区号景路159弄A座9F-10F 邮政编码201101)
山东韵杰文化科技有限公司印刷

开本 889×1194 1/64 印张 23.75 插页 4
字数 1 200 千字
1959年5月第1版
2015年3月第8版 2024年11月第72次印刷
印数：6 294 156-6 299 175
ISBN 978-7-5478-2427-6/TS·160
定价：35.00元

内 容 提 要

《实用五金手册》初版于 1959 年，1967 年、1980 年、1991 年、1995 年、2000 年和 2006 年，分别出版了第二、三、四、五、六和第七版。现根据我国五金商品的发展状况及新制、修订的有关五金商品的标准，修订和新增了部分内容，出版了第八版。

《实用五金手册》具有"内容丰富、取材实用、资料新颖、文图对照和携带方便"五大特点，到 2014 年底累计印数已高达 600 余万册，被中国书刊业发行协会评为"优秀畅销书"。

本手册介绍了常见的五金商品（包括金属材料、通用配件及器材、工具、建筑装潢五金四个大类）的品种、规格、性能、用途等实用知识，可供与五金商品有关的销售、采购、生产、设计、咨询和科研等方面的人员和一般用户使用。

第八版前言

五金商品在我国经济建设、工程机械乃至日常生活中的应用极为广泛。其品种规格繁多、性能用途各异，有的产品历久弥新，有的产品则更新换代频繁，国家和行业部门对五金类产品的标准也不断进行更新修订。用户在选用以及销售者在指导消费时，常常需要查阅众多资料，甚为不便。由此，上海科学技术出版社于1959年5月，根据我国有关标准和上海五金采购供应站提供的产品样本、资料，编写、出版了这本《实用五金手册》(以下简称《手册》)(第一版)。该手册对当时市场上常见的五金商品(包括金属材料、机械配件、工具和建筑五金四个大类)的品种、规格、性能、用途以及有关基本资料，一一给予科学地、系统地简明介绍，全书约34.3万字，并以64开本形式出版。该书出版后，立即受到从事五金商品销售、采购、生产、设计、咨询、科研等方面的读者和五金商品用户们的欢迎，并被作为常备工具书。

随着我国经济建设的发展，科学技术的进步，有关五金商品的标准和资料不断更新，出版社本着对读者负责的精神，决定适时修订这本手册，并自第二版起，委托我的前辈祝燮权先生作为主编具体负责此项修订工作。在近半个世纪的修订再版过程中，祝先生坚持以广大读者的视角，遵循原出版意图，保持和发扬固有特色，于1967年6月出版了《手册》第二版，全书约49.2万字；1980年2月出版了《手册》第三版，全书约70.3万字。进入20世纪90年代，《手册》的修订步伐加快，1991年2月出版了《手册》第四版，全书约96.4万字；1995年12月出版了《手册》第五版，全书约107.6万字；2000年3月出版了《手册》第六版，全书约 112.7 万字；2006 年年底出版了《手册》第七版，全书约 117 万字。由于《手册》具有内容丰富、取材实用、资料新颖、图文对照、携带方便五大特点，故长期以来，一直受到广大读者的欢迎。《手册》的每一版，都经过多次重印，到 2014 年为止，《手册》的前七版累计印次已达 63 次，累计印数达到 621 万余册，成为半个多世纪久销不衰的畅销书。《手册》第四版曾于 1991 年 12 月被中国书刊业发行协会评为第一批"全国优秀畅销书（实用技术类）"，《手册》第六版又于 2002 年 12 月被该协会评为"优秀畅销书（科技类）"。

《手册》第七版出版以来的几年，虽然受到读者阅读方式变化和网络出版物的冲击，纸质出版物的发行量普遍受到影响，但是随着我国经济建设和科学技术的巨大发展和进步，五金商品与国际市场的接轨加大，五金商品的国家和行业标准也有较大范围的变化，来自出版社和发行方面的信息也显示出，广大读者对于更新《手册》的内容也有较普遍的需求。为此，在上海科学技术出版社的支持下，我们决定对《手册》再次进行修订，出版第八版。

与《手册》第七版相比，新版中经过修订的内容约占全书的 58%。

1. 全书约有 38%的内容是依照新标准进行修订的。主要内容有：黑色金属的化学成分和品种及规格；有色金属的力学性能和品种及规格；轴承；焊条与焊丝；铰刀；车刀片；磨具；指示表及表座；螺纹环塞规；螺纹三针及样板；平板和平尺；防爆用工具；各类锁具；管法兰；阀门；卫生洁具等。

2. 全书约有 2%的内容是新增加的。主要内容有：铁合金牌号表示方法；弹簧钢；整体硬质合金锯片铣刀；镶片齿轮滚刀；带表高度/深度卡尺；数显内径/深度千分尺；尖头千分尺；厚度指示表；角度量块；数显万能角度尺；电子水平仪；铝合金门窗配件；一字槽/十字槽/内六角螺钉旋具头等。

3. 全书约有 18%的内容，根据新的资料给予充实、删减或改正其中的不妥、错误之处。其中一项重大的变化是顺应了广大读者基础知识水平提高的现状，删除了第一版以来长期保持的基本资料，主要内容有：常用字母及符号；常用计量单位及其换算；常用公式及数值。如此，使《手册》重点突出，篇幅减缩，也控制了成本。

4. 在页码的编排方式上，第八版也进行了改善，即主页码一编到底，同时在页眉标注所在章节，这样既方便阅读，又保持了全书的系统性。

《手册》第八版各章节的编写人员是：

祝燮权——第一章；

徐炳堂——第八、十、十一、十三、十八(部分)章；

周全龙——第十二、二十一、二十二(部分)章；

闻松青——第十四、十五、十八(部分)章；

杜正铭——第十六、十七章；

谢　羽——其余各章。

《手册》第八版的编写过程中，得到了众多五金商品的生产、科研、经营单位的大力支持，谨此致以衷心感谢，并希望今后继续得到最新资料的提供，以便我们研究后编入以后的新版之中。对本版内容中欠妥或错误之处，也衷心希望得到广大读者和行家的批评、指正，以便重印和再版时予以更正。

《手册》第八版开始编写不久，祝燮权先生不幸与世长辞，承蒙祝老生前推荐以及众位编写人员和出版社的信任，本人继任主编。在此，代表广大读者向长年来为本《手册》付出心血和辛劳的祝老致以深切的敬意和感谢！

谢　羽

2014 年 7 月

总　目

第一篇　金属材料

第二篇　通用配件及器材

第三篇　工　具

第四篇　建筑装潢五金

目　录

第一篇　金属材料

第二章　黑色金属材料的化学成分与力学(机械)性能 ·············· 52

第三章　黑色金属材料的品种和规格 ……… 175

第四章 有色金属材料的化学成分和力学性能

第二篇 通用配件及器材

第三篇　工　　具

第四篇 建筑装潢五金

第一篇　金 属 材 料

第一章　金属材料基本知识

1. 有关金属材料力学(机械)性能名词简介

(1) 强度极限(强度) 代号：σ(新代号为 Rm)；单位：MPa(或 N/mm^2) 简介：指金属材料抵抗外力破坏作用的最大能力。强度按外力作用形式的不同分为： ① 抗拉强度(抗张强度)：代号 σ_b，指外力是拉力时的强度极限 ② 抗压强度：代号 σ_{bc}，指外力是压力时的强度极限 ③ 抗弯强度：代号 σ_{bb}，指外力与材料轴线垂直，并在作用后使材料呈弯曲时的强度极限 ④ 抗剪强度：代号 σ_τ，指外力与材料轴线垂直，并对材料呈剪切作用时的强度极限
(2) 屈服点、规定残余伸长应力和规定非比例伸长应力 ① 屈服点(屈服强度)： 代号：σ_s；单位：MPa(或 N/mm^2) 简介：指金属材料受拉力作用到某一程度时，其变形(伸长)突然增加很大时的材料抵抗外力的能力 ② 规定残余伸长应力(屈服强度、条件屈服强度)： 代号：σ_r；单位：MPa(或 N/mm^2) 简介：指金属材料在卸除拉力后，标距部分残余伸长率达到某一规定数值时的应力；当规定数值为 0.2%时，其代号写成为 $\sigma_{r0.2}$ ③ 规定非比例伸长应力： 代号：σ_p；单位：MPa(或 N/mm^2) 简介：指金属材料在受拉力过程中，标距部分非比例伸长率达到某一规定数值时的应力；当规定数值为 0.2%时，其代号写成 $\sigma_{p0.2}$
(3) 弹性极限 代号：σ_e；单位：MPa(或 N/mm^2) 简介：指金属材料受外力(拉力)到某一限度时，若除去外力，其变形(伸长)即消失而恢复原状，弹性极限即是指金属材料抵抗这一限度的外力的能力
(4) 伸长率(延伸率) 代号：δ(新代号为 A)；单位：% 简介：指金属材料受外力(拉力)作用断裂时，试棒标距伸长的长度与原来标距长度的百分比，伸长率按试棒标距长度的不同分为： ① 短试棒求得的伸长率，代号为 δ_5，试棒的标距等于 5 倍直径 ② 长试棒求得的伸长率，代号为 δ_{10}，试棒的标距等于 10 倍直径

(续)

(5) 断面收缩率(收缩率) 代号：ψ(新代号为 Z)；单位：% 简介：指金属材料受拉力作用断裂时，断面缩小的面积与原有断面积的百分比
(6) 硬度 简介：材料抵抗硬的物体压入自己表面的能力。硬度按测定方法的不同分为以下几种： ① 布氏硬度： 代号：HBW(硬质合金球测定)或 HBS(淬硬钢球测定)，一般也写成 HB；单位：无 简介：以一定的负荷，把一定直径的淬硬钢球或硬质合金球压入材料表面，保持规定时间后卸除负荷，测量材料表面的压痕，然后按公式来计算硬度的大小 ② 洛氏硬度： 代号：HR；单位：无 简介：以一定的负荷把淬硬钢球或顶角为 120°的圆锥形金刚石压入器压入材料表面，然后以材料表面上凹坑的深度来计算硬度大小。洛氏硬度有多种标尺，常见的有： a. 标尺 C：代号 HRC，采用 1471.1N(150kgf)总负荷和金刚石压入器求得的硬度。它适用于调质钢、淬火钢等较硬材料的硬度测定 b. 标尺 A：代号 HRA，采用 588.4N(60kgf)总负荷和金刚石压入器求得的硬度。它适用于表面淬火钢、渗碳钢或硬质合金等材料的硬度测定 c. 标尺 B：代号 HRB，采用 980.7N(100kgf)总负荷和直径 1.588mm淬硬钢球压入器求得的硬度。它适用于有色金属、退火钢、正火钢等较软材料的硬度测定 ③ 表面洛氏硬度： 代号：HR；单位：无 简介：试验原理与洛氏硬度一样。它适用于钢材表面经渗碳、渗氮等处理的表面和极薄钢板以及有色金属等硬度的测定。此类硬度也有多种标尺： a. 标尺 15N：代号 HR15N，采用 147.1N(15kgf)总负荷和金刚石压入器求得的硬度 b. 标尺 30N：代号 HR30N，采用 294.2N(30kgf)总负荷和金刚石压入器求得的硬度 c. 标尺 45N：代号 HR45N，采用 441.3N(45kgf)总负荷和金刚石压入器求得的硬度 d. 标尺 15T：代号 HR15T，采用 147.1N(15kgf)总负荷和直径 1.588mm 淬硬钢球压入器求得的硬度

（续）

e. 标尺 30T：代号 HR30T，采用 294.2N(30kgf)总负荷和直径 1.588mm 淬硬钢球压入器求得的硬度

f. 标尺 45T：代号 HR45T，采用 441.3N(45kgf)总负荷和直径 1.588mm 淬硬钢球压入器求得的硬度

④ 维氏硬度：

代号：HV；单位：无

简介：以 49.03～980.7N 的负荷，将相对面夹角为 136°的方锥形金刚石压入器压入材料表面，保持规定时间后，用测量压痕对角线长度，再按公式来计算硬度的大小。它适用于较大工件和较深表面层的硬度测定。维氏硬度尚有小负荷维氏硬度，试验负荷 1.961～<49.03N，它适用于较薄工件、工具表面或镀层的硬度测定；显微维氏硬度，试验负荷<1.961N，它适用于金属箔、极薄表面层的硬度测定

(7) 冲击吸收功和冲击韧性

① 冲击吸收功(冲击功)：

代号：A_k；单位：J

简介：用一定形状和尺寸的材料试样在冲击负荷作用下折断时所吸收的功

② 冲击韧性(冲击值)：

代号：α_k；单位：J/cm^2

简介：将冲击吸收功除以试样缺口底部处横截面积所得的商

注：用夏比 U 形缺口试样求得的冲击功和冲击值，代号分别为 A_{kU} 和 α_{kU}；用夏比 V 形缺口试样求得的冲击功和冲击值，代号分别为 A_{kV} 和 α_{kV}

注：在新发布的 GB/T 10623—2008 金属材料——力学性能试验术语中，部分名词代号有所改变。本手册中许多产品引用的国家标准，多数在该标准以前颁布的，所采用的名词代号与之可能有所不同。因此，特将这些新代号列于旧代号后面，供参考。

2. 金属材料分类

(1) 按组成成分	① 纯金属(简单金属)：指由一种金属元素组成的物质。目前已知纯金属约有八十多种，但工业上采用的甚少 ② 合金(复杂金属)：指由一种金属元素(为主的)与另外一种(或几种)金属元素(或非金属元素)组成的物质。它的种类甚多，如工业上常用的生铁和钢，就是铁碳合金；黄铜就是铜锌合金。由于合金的各项性能一般较优于纯金属，因此在工业上合金的应用比纯金属广泛

（续）

(2)按实用	① 黑色金属：指铁和铁的合金，如生铁、铁合金、铸铁和钢等 ② 有色金属：又称非铁金属，指除黑色金属外的金属和合金，如铜、铝、锌、锡、镍、铅、钛、镁以及铜合金、铝合金、锌合金、镍合金、钛合金、镁合金和轴承合金等。另外，在工业上还采用铬、锰、钼、钨、钒、钴等，作为改善金属性能用的合金元素，其中钨、钴多用于生产刀具用的硬质合金。所有上述有色金属，都称为工业用金属，以区别于贵金属（铂、金、银等）与稀有金属（包括放射性的铀、镭等）。又密度小于 4.5g/cm³ 的有色金属称为轻金属，如铝、镁、钠、钾等纯金属及其合金；密度大于 4.5g/cm³ 的有色金属称为重金属，如铜、镍、铅、锌、锡等纯金属及其合金

3. 生铁、铁合金及铸铁

(1)生铁、铁合金	① 生铁来源：把铁矿石放入高炉中冶炼，产品即为生铁（液状），把液状生铁浇铸于钢模或砂模中，冷却后即成为块状生铁（生铁块） ② 生铁组成成分：碳含量在 2%以上的一种铁碳合金。此外，尚含有硅、锰、硫、磷等元素 ③ 生铁品种：炼钢用生铁、铸造用生铁等 ④ 铁合金：铁与硅、锰、钨、铬等元素组成的合金的总称。如铁与硅组成的合金，称硅铁（矽铁）；铁与锰组成的合金称锰铁
(2)铸铁	① 来源：把铸造生铁放入熔铁炉内熔炼的产品，即为铸铁（液状），再把液状铸铁浇铸成铸件，称铸铁件 ② 品种：工业上常用的铸铁有灰口铸铁（灰铸铁）、可锻铸铁（马铁、玛钢）、球墨铸铁和耐热铸铁等

4. 钢

(1) 钢的来源及组成成分

① 来源：把炼钢用生铁放入炼钢炉内熔炼，再把钢液浇铸成型，冷却后即得到钢锭或连铸坯（供再轧制成各种钢材）或直接铸成各种铸钢件等

② 组成成分：碳含量小于 2%的一种铁碳合金。此外，尚有比生铁中含量少的硅、锰、硫、磷等元素

(2) 钢 分 类(GB/T 13304—1991)

(a) 钢分类方法

(1) 按钢的化学成分分：非合金钢、低合金钢、合金钢 (2) 按钢的主要质量等级和主要性能及使用特性分

(b) 钢按化学成分分类时各类钢中元素规定含量界限值 (%)

合金元素	非合金钢<	低合金钢		合金钢≥	合金元素	非合金钢<	低合金钢		合金钢≥
		≥	<				≥	<	
Al	0.10	—	—	0.10	Se	0.10	—	—	0.10
B	0.0005	—	—	0.0005	Si	0.50	0.50	0.90	0.90
Bi	0.10	—	—	0.10	Te	0.10	—	—	0.10
Cr③	0.30	0.30	0.50	0.50	Ti	0.05	0.05	0.13	0.13
Co	0.10	—	—	0.10	V	0.04	0.04	0.12	0.12
Cu③	0.10	0.10	0.50	0.50	W	0.10	—	—	0.10
Mn	1.00	1.00	1.40	1.40	Zr	0.05	0.05	0.12	0.12
Mo③	0.05	0.05	0.10	0.10	La系每种元素①	0.02	0.02	0.05	0.05
Ni③	0.30	0.30	0.50	0.50					
Nb	0.02	0.02	0.06	0.06	其他规定元素②	0.05	—	—	0.05
Pb	0.40	—	—	0.40					

注：① La系元素含量，亦可为混合稀土含量总和。
② 其他规定元素栏中，不包括S、P、C、N四种元素。
③ 当Cr、Cu、Mo、Ni四种元素，其中两种、三种或四种元素同时规定在钢中时，对于低合金钢，应同时考虑这些元素中每种元素的规定含量，其含量总和应不大于规定的两种、三种或四种元素中每种最高界限值总和的70%。如果这些元素的规定含量总和大于规定的元素中每种最高界限值总和的70%，即使这些元素每种规定含量低于规定的最高界限值，亦应列入合金钢。上述原则，也适用于Nb、Ti、V、Zr四种元素。
④ 确定各类钢中合金元素含量的有关规定，参见GB/T 13304—1991。

(c) 钢按主要质量等级和主要性能使用特性分类

(1) 非合金钢分类
按主要质量等级分类：普通质量非合金钢、优质非合金钢、特殊质量非合金钢 a. 普通质量非合金钢，指在生产过程中不规定需要特别控制质量要求的钢。这种钢须同时满足下列四项条件： (i) 钢为非合金化的(参见第6页"(b) 钢按化学成分分类时各类钢中元素规定含量介限值") (ii) 不规定热处理(注：退火、正火、消除应力及软化处理，不作为热处理对待) (iii) 如产品标准或技术条件有规定，其特性值应符合下列条件：① 碳含量最高值≥0.10%；② 硫或磷含量最高值≥0.040%；③ 氮含量最高值≥0.007%；④ 抗拉强度最低值≤690N/mm^2；⑤ 屈服强度最低值≤360N/mm^2；⑥ 断后伸长率最低值($L_0=5.56\sqrt{s_0}$)≤33%；⑦ 弯心直径最低直径值≥0.5×试件厚度；⑧ 冲击吸收能量最低值(20℃，V形缺口，纵向标准试样)≤27J；⑨ 硬度(HRC)最高值≥60 (iv) 未规定其他质量要求 b. 优质非合金钢，指在生产过程中需要特别控制质量(例如控制晶粒度，降低硫、磷含量，改善表面质量或增加工艺控制等)，以达到比普通质量非合金钢特殊的质量要求(例如良好的抗脆断性能，良好的冷成型等)，但这种钢的生产控制不如特殊质量非合金钢严格(如不控制淬透性)。也可以说：除定义的普通质量非合金钢和特殊质量非合金钢外的非合金钢，均属优质非合金钢 c. 特殊质量非合金钢，指在生产过程中需要特别严格控制质量和性能(例如，控制淬透性和纯洁度)的非合金钢。符合下列条件之一的钢为特殊质量非合金钢 (i) 钢材要经热处理并至少具有下列一种特殊要求的非合金钢(包括易切削钢和工具钢)：① 要求淬火和回火或模拟表面硬化状态下的冲击性能；② 要求淬火或淬火和回火后的淬硬层深度或表面硬度；③ 要求限制表面缺陷，比对冷镦和冷挤压用钢的规定更严格；④ 要求限制非金属夹杂物含量和(或)要求内部材质均匀性

（续）

(1) 非合金钢分类
(ii) 钢材不进行热处理并至少应具有下述一种特殊要求的非合金钢：① 要求限制非金属夹杂物含量和(或)内部材质均匀性，例如钢板抗层状撕裂性能；② 要求限制磷含量和(或)硫含量最高值，并符合如下规定：熔炼分析值≤0.020%；成品分析值≤0.025%；③ 要求残余元素的熔炼分析含量应作如下限制：铜≤0.10%；钴≤0.05%；钒≤0.05%。④ 表面质量的要求比 GB/T 6478 冷镦和冷挤压用钢的规定更严格 (iii) 具有规定的电导性能(不小于 9s/m)或具有规定的磁性能(对于只规定最大比总损耗和最小磁极化强度而不规定磁导率的薄板和带除外)的钢
按主要性能或使用特性分类：这里所指的主要性能或使用特性是在某些情况下，例如在编制体系或对钢进行分类时要优先考虑的特性 a. 以规定最高强度(或硬度)为主要特性的非合金钢，例如冷成型用薄钢板 b. 以规定最低强度为主要特性的非合金钢，例如造船、压力容器、管道等用的结构钢 c. 以限制碳含量为主要特性的非合金钢(但下述 d、e 项包括的钢除外)，例如线材、调质用钢等 d. 非合金易切削钢，钢中硫含量最低值、熔炼分析值不小于 0.070%、并加入铅、铋、碲、硒、锡、钙等元素 e. 非合金工具钢 f. 具有专门规定磁性或电性能的非合金钢，例如电磁纯铁 g. 其他非合金钢，例如原料纯铁等
(2) 低合金钢分类
按主要质量等级分类：普通质量低合金钢、优质低合金钢、特殊质量低合金钢 a. 普通质量低合金钢，指不规定生产过程中需要特别控制质量要求的，供作一般用途的低合金钢，这种钢需同时满足下列几项条件

（续）

（2）低合金钢分类
（i）合金含量较低（参见第6页"（b）钢按化学成分分类时各类钢中元素规定含量界限值"） （ii）不规定热处理（注：退火、正火、消除应力及软化处理不作为热处理对待） （iii）如产品标准或技术条件中有规定，其特性值应符合下列条件：① 硫或磷含量最高值≥0.040%；② 抗拉强度最低值≤690N/mm²；③ 屈服强度最低值≤360N/mm²；④ 断后伸长率最低值≤26%；⑤ 弯心直径最低值≥2×试件厚度 注：1. 力学性能的规定值指用公称厚度3～16mm钢材做的横向或纵向试样测定的性能。2. 规定的抗拉强度、屈服强度或屈服强度特性值只适用于可焊接的低合金高强度结构钢 （iv）未规定其他质量要求 b. 优质低合金钢，指在生产过程中需要特别控制质量（例如降低硫、磷含量、控制晶粒度、改善表面质量、增加工艺控制等），以达到比普通质量低合金钢特殊的质量要求（例如良好的抗脆断性能、良好的冷成型等），但这种钢的生产控制和质量要求，不如特殊质量低合金钢严格 c. 特殊质量低合金钢，指在生产过程需要特别控制质量和性能（特别是严格控制硫、磷等杂质含量和纯洁度）的低合金钢。符合下列条件之一的钢为特殊质量低合金钢 （i）规定限制非金属夹杂物含量和（或）内部材质均匀性，例如，钢板抗层状撕裂性能 （ii）规定限制磷含量和（或）硫含量最高值，并符合下列规定：熔炼分析值≤0.020%，成品分析值≤0.025% （iii）规定限制残余元素含量，并应符合下列规定：铜熔炼分析最高含量≤0.10%、钴熔炼分析最高含量≤0.05%、钒熔炼分析最高含量≤0.05% （iv）规定低温（低于－40℃、V形缺口）冲击性能 （v）可焊接的高强度钢，规定的屈服强度最低值≥420N/mm² 注：力学性能的规定值指用公称厚度为3～16mm钢材做的纵向或横向试样测定的性能

(续)

(2) 低合金钢分类
(vi) 弥散强化钢,其规定碳含量熔炼分析最小值不小于0.25%;并具有铁素体/珠光体或其他显微组织 (vii) 预应力钢
按主要性能或使用特性分类 本部分所指的主要性能或使用特性是在某些情况下,例如在编制体系或对钢进行分类时要优先考虑的特性 a. 可焊接的低合金钢 b. 低合金耐候钢 c. 低合金混凝土用钢及预应力用钢 d. 铁道用低合金钢 e. 矿用低合金钢 f. 其他低合金钢,如焊接用钢
(3) 合金钢分类
按主要质量等级分类:优质合金钢、特殊质量合金钢 a. 优质合金钢,指在生产过程中需要特别控制质量和性能(如韧性、晶粒度或成形性)的钢,但其生产控制和质量要求不如特殊质量合金钢严格的合金钢。下列钢为优质合金钢 (i) 一般工程结构用合金钢,如钢板桩用合金钢(GB/T 20933中的Q420bz)、矿用合金钢(GB/T 9560 中的牌号,其中20Mn2A、25MnV 除外) (ii) 合金钢筋钢,如 GB/T 20065(预应力混凝土用螺纹钢筋)等 (iii) 电工用合金钢,主要含有硅或硅和铝等合金元素,但无磁导率的要求 (iv) 铁道用合金钢,如 GB/T 11264 中的30CuCr (v) 凿岩、钻探用钢,如 GB/T 101 中的合金钢 (vi) 硫、磷含量大于0.035%的耐磨钢,如 GB/T 5680 规定的高锰铸钢

(续)

(3) 合金钢分类
b. 特殊质量合金钢,指需要严格控制化学成分和特定的制造及工艺条件,以保证改善综合性能,并使性能严格控制在极限范围内,除上述的优质合金钢的品种以外的所有其他合金钢都为特殊质量合金钢。下面介绍特殊质量合金钢按主要性能及使用特性分类 (i) 工程结构用合金钢,包括一般工程结构用合金钢,供冷成型用的热轧或冷轧扁平产品用合金钢(压力容器用钢、汽车用钢和输送管线用钢)、预应力用合金钢、矿用合金钢、高锰耐磨钢等 (ii) 机械结构用合金钢,包括调质处理合金结构钢、表面硬化合金结构钢、冷塑性成型(冷顶锻、冷挤压)合金结构钢、合金弹簧钢等,但不锈、耐蚀和耐热钢、轴承钢除外 (iii) 不锈、耐蚀和耐热钢,包括不锈钢、耐酸钢、抗氧化钢和热强钢等,按其金相组织可分为马氏体型钢、铁素体型钢、奥氏体型钢、奥氏体-铁素体型钢、沉淀硬化型钢等 (iv) 工具钢,包括合金工具钢、高速工具钢。合金工具钢分为量具刃具用钢、耐冲击工具用钢、冷作模具钢、热作模具钢、无磁模具钢、塑料模具钢等;高速工具钢分为钨钼系高速工具钢、钨系高速工具钢和钴系高速工具钢 (v) 轴承钢,包括高碳铬轴承钢、渗碳轴承钢、不锈轴承钢、高温轴承钢等 (vi) 特殊物理性能钢,包括软磁钢、永磁钢、无磁钢及高电阻钢和合金等 (vii) 其他,如焊接用合金钢等

(3) 常用钢材分类

棒钢(条钢)	① 按轧制方法分热轧棒钢和冷拉棒钢;② 按断面形状分圆钢、扁钢、方钢、六角钢和八角钢(也有将棒钢并在型钢类)
型钢	按断面形状分等边角钢、不等边角钢、工字钢、槽钢、丁字钢和乙字钢等

(续)

钢带	① 按轧制方法分热轧钢带和冷轧钢带;② 按用途分一般用钢带、电工用钢带、包装用钢带等;③ 按表面状况分酸洗钢带、光亮钢带、镀锌钢带、镀锡钢带、彩色涂层钢带等;④ 按材料软硬程度分特软钢带、软钢带、半软钢带、低硬钢带、硬钢带等
钢板	① 按轧制方法分热轧钢板和冷轧钢板;② 按厚度分厚钢板(厚度>3mm)和薄钢板(厚度≤3mm,电工钢板除外);③ 按用途分一般用钢板、锅炉用钢板、造船用钢板、汽车用钢板、日用搪瓷用钢板及其他专用钢板等;④ 按表面状况分镀锌薄钢板、镀锡薄钢板、彩色涂层钢板及酸洗薄钢板等 注:旧标准中把厚度≤4mm 作为薄钢板
钢管	① 按轧制方法分无缝钢管(又分热轧、冷拔两种)和焊接钢管;② 按用途分一般用钢管、水煤气用钢管、锅炉用钢管、石油用钢管和其他专用钢管;③ 按表面状况分镀锌钢管和不镀锌钢管;④ 按管端结构分带螺纹钢管和不带螺纹钢管
钢丝	① 按加工方法分冷拉钢丝和冷轧钢丝;② 按用途分一般用途钢丝、棉花打包用钢丝、架空通信用钢丝、焊接用钢丝、弹簧钢丝和其他专用钢丝;③ 按表面状况分黑钢丝、酸洗钢丝、磨光钢丝、抛光钢丝、镀锌钢丝和镀其他金属钢丝等
钢丝绳	钢丝绳总的分为圆股钢丝绳、编织钢丝绳和扁钢丝绳,其中圆股钢丝绳又可按以下方法进一步分类: ① 按结构分单捻(股)钢丝绳、双捻(多股)钢丝绳和三捻股钢丝绳;② 按表面状态分光面钢丝绳、镀锌钢丝绳、涂塑钢丝绳;③ 按股的断面形状分圆股钢丝绳和异型股钢丝绳;④ 按捻制特性分点接触钢丝绳、线接触钢丝绳和面接触钢丝绳;⑤ 按捻制方法分右交互捻、左交互捻、右同向捻和左同向捻;⑥ 按绳芯分纤维芯和钢芯;⑦ 按用途分(详见第 246 页钢丝绳分类)
其他	铁道用钢、热轧窗框钢等

5. 工业上常用的有色金属

<table>
<tr><td>纯金属</td><td colspan="4">铜(俗称纯铜、紫铜)、镍、铝、镁、钛、锌、铅、锡、铬、钒、钨等</td></tr>
<tr><td rowspan="19">合　金</td><td rowspan="7">铜合金</td><td rowspan="2">黄铜</td><td rowspan="2">压力加工用
铸造用</td><td>普通黄铜(铜锌合金)</td></tr>
<tr><td>特殊黄铜(含有其他合金元素的黄铜):铝黄铜、铅黄铜、锡黄铜、硅黄铜、锰黄铜、铁黄铜、镍黄铜等</td></tr>
<tr><td rowspan="2">青铜</td><td rowspan="2">压力加工用
铸造用</td><td>锡青铜(铜锡合金,一般还含有磷或锌、铅等合金元素)</td></tr>
<tr><td>特殊青铜(铜与除锌、锡、镍以外的其他合金元素的合金):铝青铜、硅青铜、锰青铜、铍青铜、锆青铜、铬青铜、镉青铜、镁青铜等</td></tr>
<tr><td rowspan="2">白铜</td><td rowspan="2">压力加工用</td><td>普通白铜(铜镍合金)</td></tr>
<tr><td>特殊白铜(含有其他合金元素的白铜):锰白铜、铁白铜、锌白铜、铝白铜等</td></tr>
<tr style="display:none"><td></td></tr>
<tr><td rowspan="3">铝合金</td><td colspan="2" rowspan="2">压力加工用
(变形用)</td><td>不可热处理强化的铝合金:防锈铝</td></tr>
<tr><td>可热处理强化的铝合金:硬铝、锻铝、超硬铝等</td></tr>
<tr><td colspan="2">铸　造　用</td><td>铝硅合金、铝铜合金、铝镁合金、铝锌合金等</td></tr>
<tr><td colspan="3">镍合金</td><td>压力加工用:镍铜合金、镍硅合金、镍锰合金、镍铬合金、镍钨合金等</td></tr>
<tr><td colspan="3">锌合金</td><td>压力加工用:锌铜合金、锌铝合金
铸造用:锌铝合金</td></tr>
<tr><td colspan="3">铅合金</td><td>压力加工用:铅锑合金等</td></tr>
<tr><td colspan="3">镁合金</td><td>压力加工用:镁铝合金、镁锰合金、镁锌合金等
铸造用:镁铝合金、镁锌合金、镁稀土合金等</td></tr>
<tr><td colspan="3">钛合金</td><td>压力加工用:钛与铝、钼等合金元素的合金
铸造用:钛与铝、钼等合金元素的合金</td></tr>
<tr><td colspan="3">轴承合金</td><td>铅基轴承合金、锡基轴承合金、铜基轴承合金、铝基轴承合金</td></tr>
<tr><td colspan="3">印刷合金</td><td>铅基印刷合金</td></tr>
<tr><td colspan="3">硬质合金</td><td>钨钴硬质合金、钨钛钴硬质合金、钢结硬质合金、铸造碳化钨等</td></tr>
</table>

6. 钢铁产品牌号表示方法

(1) 概 述

我国钢铁产品的名称、用途、冶炼和浇铸方法，以及主要元素等内容的综合表示方法有两种：① 产品牌号表示方法，按 GB/T 221—2008 钢铁产品牌号表示方法中的规定，即在本节中介绍；② 统一数字代号表示方法，按 GB/T 17616—1996 钢铁及合金牌号统一数字代号体系中的规定，将在下节中介绍。这两种表示方法(产品牌号和统一数字代号)均统一列入有关的钢铁产品国家标准和行业标准中，相互对照，并有效。

(2) 钢铁产品牌号表示方法(GB/T 221—2008)

钢铁产品牌号通常采用汉语拼音字母、化学元素符号、阿拉伯数字和英文字母相结合的方法表示。牌号通常由四个部分组成。下面介绍各种产品牌号表示方法时，用①、②、③、④分别表示第一部分、第二部分、第三部分、第四部分。

现将(1) 生铁、(2) 碳素结构钢和低合金高强度钢、(3) 优质碳素结构钢和优质碳素弹簧钢、(4) 易切削钢、(5) 车辆车轴及机车车辆用钢、(6) 合金结构钢和合金弹簧钢、(7) 非调机械结构钢、(8) 碳素工具钢、(9) 合金工具钢、(10) 高速工具钢、(11) 高碳铬轴承钢、(12) 渗碳轴承钢、(13) 高碳铬不锈轴承钢、(14) 钢轨钢、冷镦钢、(15) 不锈钢和耐热钢、(16) 电磁纯铁、(17) 原料纯铁等 17 类钢铁产品牌号的表示方法具体介绍于下。

① 生铁牌号表示方法

a. 用汉语拼音字母表示产品用途、特性及工艺方法。

b. 用阿拉伯数字表示主要元素的平均含量(以千分之几计)。炼钢用生铁、铸造用生铁、球墨铸铁用生铁、耐磨生铁，为硅元素平均含量。脱碳低磷生铁为碳元素平均含量。含钒生铁为钒元素平均含量。

牌号示例：

炼钢用生铁：L10。其中：L—表示汉字“炼”；10—表示平均硅含量为 1.00%(允许硅含量为 0.85%～1.25%)。

铸造用生铁：Z30。其中：Z—表示汉字“铸”；30—表示平均硅含量为 3.00%(允许硅含量为 2.80%～3.20%)。

球墨铸铁用生铁：Q12。其中：Q—表示汉字“球”；12—表示平均硅含量为1.2%（允许硅含量为1.00%～1.40%）。

耐磨生铁：NM-18。其中：NM—表示汉字“耐磨”，18—表示平均硅含量为1.8%（允许硅含量为1.60%～2.00%）。

脱碳低磷生铁：TL-14。其中：T、L—表示汉字“脱”、“粒”；14%—表示平均碳含量为1.40%（允许碳含量为1.20%～1.60%）。

含钒生铁：F04。其中：F—表示汉字“钒”；04—表示含钒量不小于0.40%。

② 碳素结构钢和低合金高强度结构钢牌号表示方法

第一部分：前缀代号＋强度值（以N/mm² 或MPa为单位）。其中通用结构钢的前缀代号为代表屈服强度的字母“Q”，专用结构钢的前缀代号，见下表中(1)内容。

第二部分（必要时）：钢的质量等级，用英文字母A、B、C、D、E、F…… 表示。

第三部分（必要时）：脱氧方式表示代号，即沸腾钢、半镇静钢、镇静钢、特殊镇静钢，分别用“F”、“b”、“Z”、“TZ”表示。镇静钢和特殊镇静钢的表示代号通常可以省略。

第四部分（必要时）：产品用途、特性和工艺方法表示代号，见下表(2)内容。

(1) 专用结构钢的前缀代号			
产品名称	采用的汉字、代号字母及位置		
	汉　字	代号字母	位置
热轧光圆钢筋	热轧光圆钢筋	HPB	牌号头
热轧带肋钢筋	热轧带肋钢筋	HRB	牌号头
细晶粒热轧带肋钢筋	热轧带肋钢筋＋细	HRBF	牌号头
冷轧带肋钢筋	冷轧带肋钢筋	CRB	牌号头
预应力混凝土用螺纹钢筋	（英文）预应力、螺纹、钢筋	PSB	牌号头
焊接气瓶用钢	焊瓶	HP	牌号头

（续）

(1) 专用结构钢的前缀代号			
产品名称	采用的汉字、代号字母及位置		
	汉　字	代号字母	位　置
管线用钢	(英文)管线	L	牌号头
船用锚链钢	船锚	CM	牌号头
煤机用钢	煤	M	牌号头

(2) 产品用途、特性和工艺方法代号			
产品名称	采用的汉字、代号字母及位置		
	汉　字	代号字母	位　置
锅炉和压力容器用钢	容	R	牌号尾
锅炉用钢(管)	锅	G	牌号尾
低温压力容器用钢	低容	DR	牌号尾
桥梁用钢	桥	Q	牌号尾
耐候钢	耐候	NH	牌号尾
高耐候钢	高耐候	GNH	牌号尾
汽车大梁用钢	梁	L	牌号尾
高性能建筑结构用钢	高建	GJ	牌号尾
低焊接裂纹敏感性钢	(英文)低焊接裂纹敏感性	CF	牌号尾
保证淬透性钢	(英文)淬透性	H	牌号尾
矿用钢	矿	K	牌号尾
船用钢	采用国际符号		牌号尾

(3) 碳素结构钢和低合金高强度钢牌号表示方法
这两类结构钢的牌号都由几个部分组成，分别用①、②、③、④……表示第一部分、第二部分、第三部分、第四部分……下面将分别介绍这两类结构钢的具体品种牌号表示方法

（续）

(3) 碳素结构钢和低合金高强度钢牌号表示方法
1. 碳素结构钢牌号：① 符号 Q+最小屈服强度（N/mm^2）；② 质量等级；脱氧程度符号（沸腾钢—F；半镇静钢—b；镇静钢—Z；特殊镇静钢—TZ）；③ 专用说明符号。牌号示例： 碳素结构钢、最小屈服强度为 235N/mm^2、质量等级为 A 级、沸腾钢，牌号为：Q235AF 2. 低合金高强度钢牌号：表示方法与碳素结构钢牌号表示相同。牌号示例： 低合金高强度钢、最小屈服强度为 345N/mm^2、质量等级为 D 级，牌号为：Q345D 3. 专用结构钢牌号：前缀符号+强度值。牌号示例： ① 热轧光圆钢筋：符号 HPB+屈服强度特征值（N/mm^2） 例：HPB235 ② 热轧带肋钢筋：① 符号 HRB+屈服强度特征值（N/mm^2） 例：HRB335 ③ 细晶粒热轧带肋钢筋：① 符号 HRBF+屈服强度特征值（N/mm^2） 例：HRBF335 ④ 冷轧带肋钢筋：① 符号 CRB+最小抗拉强度（N/mm^2） 例：CRB550 ⑤ 预应力混凝土螺纹钢筋：① 符号 PSB+最小屈服强度（N/mm^2） 例：PSB830 ⑥ 焊接气瓶用钢：① 符号 HP+最小屈服强度（N/mm^2） 例：HP345 ⑦ 管线用钢：① 符号 L+最小规定总延伸强度（N/mm^2） 例：L415 ⑧ 船用锚链钢：① 符号 CM+最小抗拉强度（N/mm^2） 例：CM370 ⑨ 煤机用钢：① 符号 M+最小抗拉强度（N/mm^2） 例：M510 ⑩ 锅炉和压力容器用钢：a. 符号 Q+最小屈服强度（N/mm^2）；b. 脱氧程度（示例为特殊镇静钢，符号不列出）；c. 压力容器“容”的汉语拼音首位字母“R” 例：Q345R

（续）

(4) 优质碳素结构钢和优质碳素弹簧钢牌号表示方法
优质碳素结构钢牌号由五个部分组成： 1. 以两位阿拉伯数字表示平均含碳量(以百分之几计) 2. (必要时)：较高含锰量的优质碳素结构钢,加锰元素符号 3. (必要时)：钢材冶金质量符号,高级优质钢和特级优质钢分别以 A、E 表示,优质钢不用字母表示 4. (必要时)：脱氧方式符号,即沸腾钢、半镇静钢、镇静钢分别用 F、b、Z 表示,但镇静钢符号通常可以省略 5. (必要时)：产品用途、特性或工艺方法表示符号,参见第 16 “(2) 产品用途、特性和工艺方法代号” 优质碳素弹簧钢牌号的表示方法,与优质碳素结构钢相同 优质碳素结构钢和优质碳素弹簧钢牌号表示方法示例： ① 优质碳素结构钢：a. 碳含量：0.05%～0.11%；b. 锰含量：0.25%～0.50%；c. 优质钢；d. 沸腾钢 例：08F ② 优质碳素结构钢：a. 碳含量：0.47%～0.55%；b. 锰含量：0.50%～0.80%；c. 高级优质钢；d. 镇静钢 例：50A ③ 优质碳素结构钢：a. 碳含量：0.48%～0.56%；b. 锰含量：0.70%～1.00%；c. 特级优质钢；d. 镇静钢 例：50MnE ④ 保证淬透性用钢：a. 碳含量：0.42%～0.50%；b. 锰含量：0.50%～0.85%；c. 高级优质钢；d. 镇静钢；e. 保证淬透性用钢(表示符号为 H) 例：45AH ⑤ 优质碳素弹簧钢：a. 碳含量：0.62%～0.70%；b. 锰含量：0.90%～1.20%；c. 优质钢；d. 镇静钢 例：55Mn
(5) 易切削钢牌号表示方法
易切削钢牌号通常由三个部分组成： 1. 易切削钢牌号表示符号“Y”(表示“易”字) 2. 以两位阿拉伯数字表示平均含碳量(以百分之几计)

(续)

(5) 易切削钢牌号表示方法
3. 易切削元素符号：如含钙、铅、锡等易切削元素的易切削钢，分别以 Ca、Pb、Sn 表示。加硫和加硫、磷的易切削钢，通常不加易切削元素符号 S、P。较高锰含量的加硫或加硫、磷的易切削钢，本部分为锰元素符号“Mn”。为区分牌号，对较高硫含量的易切削钢，在牌号尾部加硫元素符号“S”。牌号示例： ① 碳含量：0.42%～0.50%、钙含量：0.002%～0.006%的易切削钢，其牌号为 Y45Ca ② 碳含量：0.40%～0.48%、锰含量：1.35%～1.65%、硫含量：0.16%～0.24%的易切削钢，其牌号为 Y45Mn ③ 碳含量：0.40%～0.48%、锰含量：1.35%～1.65%、硫含量：0.24%～0.32%的易切削钢，其牌号为 Y45MnS
(6) 车辆车轴及机车车辆用钢牌号表示方法
车辆车轴及机车车辆用钢牌号由两部分组成： 1. 车辆车轴用钢牌号表示符号“LZ”(表示“辆轴”两字)， 机车车辆用钢牌号表示符号“JZ”(表示“机轴”两字) 2. 以两位阿拉伯数字表示平均含碳量(以万分之几计) 牌号示例： ① 含碳量：0.40%～0.48%车辆车轴用钢，其牌号为 LZ45 ② 含碳量：0.40%～0.48%机车车辆用钢，其牌号为 JZ45
(7) 合金结构钢和合金弹簧钢牌号表示方法
合金结构钢牌号由三部分组成： 1. 以两位阿拉伯数字表示平均含碳量(以万分之几计) 2. 合金元素含量，以化学元素符号及阿拉伯数字表示。具体方法为：平均含量小于 1.50%时，牌号中仅标明元素，一般不标明含量；平均含量为 1.50%～2.45%、2.50%～3.49%、3.50%～4.49%、4.50%～5.49%……时，在合金元素后面相应写成 2、3、4、5……；其中化学元素的排列顺序，推荐按含量递减排列；如果两个或多个元素的含量相等时，相应元素符号位置则按英文字母的顺序排列 3. 钢材冶金质量：高级优质钢、特级优质钢，分别以“A”、“E”表示；优质钢不用字母表示

（续）

(7) 合金结构钢和合金弹簧钢牌号表示方法
合金弹簧钢的牌号表示方法，与合金结构钢相同 牌号示例： ① 合金结构钢。碳含量：0.22%～0.29%；铬含量：1.50%～1.80%、钼含量：0.25%～0.35%、钒含量：0.15%～0.30%；高级优质钢；其牌号为 25Cr2MoVA ② 锅炉和压力容器用钢。碳含量：≤0.22%；锰含量：1.20%～1.60%、钼含量：0.45%～0.65%、铌含量：0.025%～0.050%；特级优质钢、符号 E；锅炉和压力容器用钢符号“R”；其牌号为 18MnMoNbER
(8) 非调质机械结构钢牌号表示方法
非调质机械结构钢牌号通常由四个部分组成： 1. 非调质机械结构钢的“非”字表示符号“F” 2. 以两位阿拉伯数字表示平均含碳量(以万分之几计) 3. 合金元素含量，以化学元素符号及阿拉伯数字表示，表示方法参见上节合金结构钢牌号的第②部分介绍 4. (必要时)改善切削性能的非调质机械结构钢加硫元素符号“S” 牌号示例： 非调质机械结构钢：牌号“F”；碳含量：0.32%～0.39%；钒含量：0.06%～0.13%、硫含量：0.035%～0.075%；其牌号为 F35VS
(9) 碳素工具钢牌号表示方法
碳素工具钢牌号通常由四个部分组成： 1. 碳素工具钢的“碳”字符号“T” 2. 以阿拉伯数字表示平均含碳量(以千分之几计) 3. (必要时)较高含锰量碳素工具钢，加锰元素符号“Mn” 4. (必要时)钢材冶金质量，高级优质碳素钢，以“A”表示，优质碳素工具钢不用字母表示 牌号示例： 碳素工具钢。碳含量：0.80%～0.90%；锰含量：0.40%～0.60%；高级优质钢；其牌号为 T8MnA

（续）

(10) 合金工具钢牌号表示方法
合金工具钢牌号通常由两部分组成： 1. 平均含碳量小于1.00%时，采用一位数字表明碳含量；平均碳含量不小于1.00%时，不标明含碳量数字 2. 合金元素含量，以化学元素符号及阿拉伯数字表示，表示方法，参见第20页“(7) 合金结构钢牌号表示方法”；对低铬合金工具钢(平均含铬量小于1%)，在铬含量(以千分之几计)前加数字“0” 牌号示例： 合金工具钢。碳含量：0.85%～0.95%；硅含量：1.20%～1.60%、铬含量：0.95%～1.25%；其牌号为9SiCr
(11) 高速工具钢牌号表示方法
高速工具钢牌号表示方法，与合金结构钢基本相同，但在牌号头部一般不标明碳含量的阿拉伯数字。为了区别牌号，在牌号头部加以英文字母“C”，以表示碳含量高的(0.86%～0.94%)高速工具钢 牌号示例： ① 高速工具钢。碳含量：0.80%～0.90%；钨含量：5.50%～6.75%、钼含量：4.50%～5.50%、铬含量：3.80%～4.40%、钒含量：1.75%～2.20%；其牌号为W6Mo5Cr4V2 ② 高速工具钢。碳含量：0.86%～0.94%；钨含量：5.90%～6.70%、钼含量：4.70%～5.20%、铬含量：3.80%～4.50%、钒含量：1.75%～2.10%；其牌号为CW6Mo5Cr4V2
(12) 高碳铬轴承钢牌号表示方法
高碳铬轴承钢牌号通常由三个部分组成： 1. (滚珠)轴承钢表示“滚”字的符号“G”，但不标明碳含量 2. 合金元素“Cr”符号及其含量(以千分之几计)。其他合金元素符号，以化学元素符号及阿拉伯数字表示，表示方法同本表(7)相关内容 牌号示例： ① 高碳铬轴承钢。铬含量：0.35%～0.50%；其牌号为GCr4 ② 高碳铬轴承钢。铬含量：1.40%～1.65%；硅含量：0.45%～0.75%、锰含量：0.95%～1.25%；其牌号为：GCr15SiMn

(续)

(13) 渗碳轴承钢牌号表示方法
渗碳轴承钢牌号通常由四个部分组成： 1. 牌号头部用符号“G”表示 2. 平均碳含量 3. 主要合金元素符号 4. 高级优质渗碳轴承钢的符号“A”，放在牌号尾部 牌号示例： 碳含量：0.90%～1.00%；铬含量：0.35%～0.65%、镍含量：0.40%～0.70%、钼含量：0.15%～0.30%的高级优质渗碳轴承钢；其牌号为 G20CrNiMoA
(14) 高碳铬不锈轴承钢和高温轴承钢牌号表示方法
高碳铬不锈轴承钢和高温轴承钢牌号通常由两个部分组成： 1. 牌号头部用符号“G”表示 2. 采用不锈钢和耐热钢的牌号表示方法[参见本表(16)内容] 牌号示例： ① 高碳铬不锈轴承钢。碳含量：0.90%～1.00%；铬含量：17.0%～19.0%；其牌号为 G95Cr18 ② 高温轴承钢。碳含量：0.75%～0.85%；铬含量：3.75%～4.25%、钼含量：4.00%～4.50%；其牌号为 G80Cr4Mo4V
(15) 钢轨钢、冷镦钢牌号表示方法
钢轨钢、冷镦钢牌号，通常由三个部分组成： 1. 钢轨钢——表示“轨”(GUI)字的符号“U” 冷镦钢(又称铆螺钢)——表示“铆螺”两字的符号“ML” 2. 表示平均碳含量(万分之几) 3. 表示含有主要合金元素(锰、硅、铬等)的符号 牌号示例： ① 碳含量：0.60%～0.70%；硅含量：0.85%～1.15%、锰含量：0.85%～1.15%的钢轨钢；其牌号为 U70MnSi ② 碳含量：0.26%～0.34%；铬含量：0.80%～1.10%、钼含量：0.15%～0.25%的冷镦钢；其牌号为 ML30CrMo

（续）

(16) 不锈钢和耐热钢牌号表示方法
不锈钢和耐热钢牌号，通常采用化学元素符号和表示各元素含量的阿拉伯数字表示。表示各元素含量的阿拉伯数字应符合下列规定： ① 碳含量。用两位或三位阿拉伯数字表示碳含量最高值（以万分之几或十万分之几计）；只规定碳含量上限者，当碳含量不大于0.10%时，以其上限的3/4表示碳含量；当碳含量上限大于0.10%时，以其上限的4/5表示碳含量。例：碳含量上限为0.08%，碳含量以06表示；碳含量上限为0.15%，碳含量以12表示 对超低碳不锈钢（即含碳量不大于0.030%），用三位阿拉伯数字表示最佳控制值（以十万分之几计）。例：碳含量上限为0.030%时，其牌号中的碳含量以022表示；碳含量上限为0.020%时，其牌号中的碳含量以015表示 规定上下限者，以平均碳含量×100表示。例：碳含量为0.16%～0.25%时，其牌号中的碳含量以20表示 ② 合金元素含量。以化学元素符号及阿拉伯数字表示。其方法参见第×××页部分内容。钢中有意加入的铌、钛、锆、氮等合金元素，虽然含量很低，也应在牌号中标出 牌号示例： ① 碳含量不大于0.08%、铬含量为18.00%～20.00%、镍含量为8.00%～11.00%的不锈钢，其牌号为06Cr19Ni10 ② 碳含量不大于0.030%、铬含量为16.00%～19.00%、钛含量为0.10%～1.00%的不锈钢，其牌号为022Cr18Ti ③ 碳含量为0.15%～2.50%、铬含量为14.00%～16.00%、锰含量为14.00%～16.00%、镍含量为1.50%～3.00%、氮含量为0.15%～0.30%的不锈钢，其牌号为20Cr15MnNi2N ④ 碳含量不大于0.15%、铬含量为24.00%～26.00%、镍含量为19.00%～22.00%的耐热钢，其牌号为20Cr25Ni20

(17) 电磁纯铁牌号表示方法
电磁纯铁牌号，通常由三部分组成： 1. 表示电磁纯铁的“电磁”符号“DT” 2. 以阿拉伯数字表示不同牌号的顺序号

(17) 电磁纯铁牌号表示方法
3. 根据电磁能不同,分别采用加质量等级(磁性能)符号“A”、“C”、“E” 牌号示例: 磁性能 A 级的电磁纯铁牌号为 DT4A

(18) 原料纯铁牌号表示方法
原料纯铁牌号,通常由两个部分组成: 1. 表示原料纯铁的“原铁”符号“YT” 2. 以阿拉伯数字表示不同牌号的顺序号 牌号示例: 顺序号 1 的原料纯铁牌号为 YT1

(3) 钢的其他习惯分类(非标准规定分类)

1. 按碳含量分: 低碳钢($\omega_C \leqslant 0.25\%$)、中碳钢($0.25\% < \omega_C \leqslant 0.60\%$)、高碳钢($\omega_C > 0.60\%$)

2. 按炼钢炉别分: 平炉钢、转炉钢(主要是氧气顶吹转炉钢)、电炉钢(又分电弧炉钢、电渣炉钢、感应炉钢和真空感应炉钢)

3. 按冶炼时脱氧程度分: 沸腾钢、镇静钢、半镇静钢

4. 按用途分: 结构钢、工具钢、特殊用途钢(如不锈钢、耐热钢等)

7. 钢铁及合金牌号统一数字代号体系

(GB/T 17616—1998)

(1) 总　　则

钢铁及合金牌号统一数字代号(简称 ISC 代号),由固定的六位符号组成,左边第一位用大写的拉丁字母作前缀(一般不使用 I 和 O),后接五位阿拉伯数字,每一个统一数字代号只适用于一个产品牌号;

反之，每个产品牌号只对应一个统一数字代号。当某个产品牌号取消后，一般情况下原对应的统一数字代号不再分配给另一个产品牌号。

(2) 统一数字代号体系的结构型式

统一数字代号的结构型式：

字母	1	2	3	4	5

说明：1. 字母栏用大写拉丁字母代表不同的钢铁及合金类型。
2. 第一位阿拉伯数字代表各类型钢铁及合金细分类。
3. 第2、3、4、5位阿拉伯数字代表不同分类内的编组和同一编组内不同牌号的区别顺序号(各类型材料编组不同)。

(3) 钢铁及合金产品的类型与统一数字代号

钢铁及合金类型	前缀字母	统一数字代号
合金结构钢	A	A×××××
轴承钢	B	B×××××
铸铁、铸钢及铸造合金	C	C×××××
电工用钢和纯铁	E	E×××××
铁合金及生铁	F	F×××××
高温合金及耐蚀合金	H	H×××××
精密合金及其他特殊物理性能材料	J	J×××××
低合金钢	L	L×××××
杂类材料	M	M×××××
粉末及粉末材料	P	P×××××
快淬金属及合金	Q	Q×××××
不锈耐蚀及耐热钢	S	S×××××
工具钢	T	T×××××
非合金钢	U	U×××××
焊接用钢及合金	W	W×××××

(4) 钢铁及合金产品的细分类与统一数字代号

统一数字代号	细　　分　　类
(1) 合金结构钢(包括合金弹簧钢)	
A0××××	Mn(X)、MnMo(X)系钢
A1××××	SiMn(X)、SiMnMo(X)系钢
A2××××	Cr(X)、CrSi(X)、CrMn(X)、CrV(X)、CrMnSi(X)系钢
A3××××	CrMn(X)、CrMoV(X)系钢
A4××××	CrNi(X)系钢
A5××××	CrNiMo(X)、CrNiW(X)系钢
A6××××	Ni(X)、NiMo(X)、NiCrMo(X)、Mo(X)、MoWV(X)系钢
A7××××	B(X)、MnB(X)、SiMnB(X)系钢
A8××××	(暂空)
A9××××	其他合金结构钢
(2) 轴　承　钢	
B0××××	高碳铬轴承钢
B1××××	渗碳轴承钢
B2××××	高温不锈轴承钢
B3××××	无磁轴承钢
B4××××	石墨轴承钢
B5××××	(暂空)
B6××××	(暂空)
B7××××	(暂空)
B8××××	(暂空)
B9××××	(暂空)
(3) 铸铁、铸钢及铸造合金	
C0××××	铸铁(包括灰铸铁、球墨铸铁、黑心可锻铸铁、珠光体可锻铸铁、白心可锻铸铁、抗磨白口铸铁、中锰抗磨球墨铸铁、高硅耐蚀铸铁、耐热铸铁等)
C1××××	铸铁(暂空)
C2××××	非合金铸钢(一般非合金铸钢、含锰非合金铸钢，一般工程和焊接结构用非合金铸钢、特殊专用非合金铸钢等)

(续)

统一数字代号	细　　分　　类
(3) 铸铁、铸钢及铸造合金	
C3×××× C4×××× C5×××× C6×××× C7×××× C8×××× C9××××	低合金铸钢 合金铸钢(不锈耐热铸钢、铸造永磁钢除外) 不锈耐热铸钢 铸造永磁钢和合金 铸造高温合金和耐蚀合金 (暂空) (暂空)
(4) 电工用钢和纯铁	
E0×××× E1×××× E2×××× E3×××× E4×××× E5×××× E6×××× E7×××× E8×××× E9××××	电磁纯铁 热轧硅钢 冷轧无取向硅钢 冷轧取向硅钢 冷轧取向硅钢(高磁感) 冷轧取向硅钢(高磁感,特殊检验条件) 无磁钢 (暂空) (暂空) (暂空)
(5) 铁合金及生铁	
F0××××	生铁(包括炼钢生铁、铸造生铁、含钒生铁、球墨铸铁用生铁、铸造用磷铜钛低合金耐磨生铁、脱碳低磷粒铁等)
F1××××	锰铁合金及金属锰(包括低碳锰铁、中碳锰铁、高碳锰铁、高炉锰铁、锰硅合金、铌锰铁合金、金属锰、电解金属锰等)
F2××××	硅铁合金(包括硅铁合金、硅铝铁合金、钙硅合金、硅钡合金、硅钡铝合金、硅钙钡铝合金等)
F3××××	铬铁合金及金属铬(包括微碳铬铁、低碳铬铁、中碳铬铁、高碳铬铁、氮化铬铁、金属铬、硅铬合金等)
F4××××	钒铁、钛铁、铌铁及合金(包括钒铁、钒铝合金、钛铁、铌铁等)

(续)

统一数字代号	细　　　分　　　类
(5) 铁合金和生铁	
F5××××	稀土铁合金(包括稀土硅铁合金、稀土镁硅铁合金等)
F6××××	钼铁、钨铁及合金(包括钼铁、钨铁等)
F7××××	硼铁、磷铁及合金
F8××××	(暂空)
F9××××	(暂空)
(6) 高温合金和耐蚀合金	
H0××××	耐蚀合金(包括固溶强化型铁镍基合金、时效硬化型铁镍基合金、固溶强化型镍基合金、时效硬化型镍基合金)
H1××××	高温合金(固溶强化型铁镍基合金)
H2××××	高温合金(时效硬化型铁镍基合金)
H3××××	高温合金(固溶强化型镍基合金)
H4××××	高温合金(时效硬化型镍基合金)
H5××××	高温合金(固溶强化型钴基合金)
H6××××	高温合金(时效硬化型钴基合金)
H7××××	(暂空)
H8××××	(暂空)
H9××××	(暂空)
(7) 精密合金及其他特殊物理性能材料	
J0××××	(暂空)
J1××××	软磁合金
J2××××	变形永磁合金
J3××××	弹性合金
J4××××	膨胀合金
J5××××	热双金属
J6××××	电阻合金(包括电阻电热合金)
J7××××	(暂空)
J8××××	(暂空)
J9××××	(暂空)

(续)

统一数字代号	细　　分　　类
(8) 低合金钢(焊接用低合金钢、低合金铸钢除外)	
L0××××	低合金一般结构钢(表示强度特性值的钢)
L1××××	低合金专用结构钢(表示强度特性值的钢)
L2××××	低合金专用结构钢(表示成分特性值的钢)
L3××××	低合金钢筋钢(表示强度特性值的钢)
L4××××	低合金钢筋钢(表示成分特性值的钢)
L5××××	低合金耐候钢
L6××××	低合金铁道专用钢
L7××××	(暂空)
L8××××	(暂空)
L9××××	其他低合金钢
(9) 杂类材料	
M0××××	杂类非合金钢(包括原料纯铁、非合金钢球钢等)
M1××××	杂类低合金钢
M2××××	杂类合金钢(包括锻制轧辊用合金钢、钢轨用合金钢等)
M3××××	冶金中间产品(包括钒渣、五氧化二钒、氧化钼铁、铌磷半钢等)
M4××××	铸铁产品用材料(包括灰铸铁管、球墨铸铁管、铸铁轧辊、铸铁焊丝、铸铁丸、铸铁砂等用铸铁材料)
M5××××	非合金铸钢产品用材料(包括一般非合金铸钢材料、含锰非合金铸钢材料、非合金铸钢丸材料及非合金铸钢砂材料等)
M6××××	合金铸钢产品用材料(包括 Mn 系、MnMo 系、Cr 系、CrCo 系、CrNiMo 系、Cr(Ni) MoSi 系铸钢材料等)
M7××××	(暂空)
M8××××	(暂空)
M9××××	(暂空)

（续）

统一数字代号	细　分　类
（10）粉末及粉末材料	
P0××××	粉末冶金结构材料（包括粉末烧结铁及铁基合金、粉末烧结非合金结构钢、粉末烧结合金结构钢等）
P1××××	粉末冶金摩擦材料和减摩材料（包括铁基摩擦材料和铁基减摩材料）
P2××××	粉末冶金多孔材料（包括铁及铁基合金多孔材料、不锈钢多孔材料）
P3××××	粉末冶金工具材料（包括粉末冶金工具钢等）
P4××××	（暂空）
P5××××	粉末冶金耐蚀材料和耐热材料（包括粉末冶金不锈耐蚀和耐热钢、粉末冶金高温合金和耐蚀合金等）
P6××××	（暂空）
P7××××	粉末冶金磁性材料（包括软磁铁氧体材料、永磁铁氧体材料、特殊磁性铁氧体材料、粉末冶金软磁合金、粉末冶金铝镍钴永磁合金、粉末冶金稀土钴永磁合金、粉末冶金钕铁硼永磁合金等）
P8××××	（暂空）
P9××××	铁、锰等金属粉末（包括粉末冶金用还原铁粉、电焊条用还原铁粉、穿甲弹用铁粉、穿甲弹用锰粉等）
（11）快淬金属及合金	
Q0××××	（暂空）
Q1××××	快淬软磁合金
Q2××××	快淬永磁合金
Q3××××	快淬弹性合金
Q4××××	快淬膨胀合金
Q5××××	快淬热双合金
Q6××××	快淬电阻合金
Q7××××	快淬可焊合金
Q8××××	快淬耐蚀耐热合金
Q9××××	（暂空）

(续)

统一数字代号	细　　分　　类
(12) 不锈、耐蚀及耐热钢	
S0××××	(暂空)
S1××××	铁素体型钢
S2××××	奥氏体—铁素体型钢
S3××××	奥氏体型钢
S4××××	马氏体型钢
S5××××	沉淀硬化型钢
S6××××	(暂空)
S7××××	(暂空)
S8××××	(暂空)
S9××××	(暂空)
(13) 工　具　钢	
T0××××	非合金工具钢(包括一般和含锰非合金工具钢)
T1××××	非合金工具钢(包括非合金塑料模具钢、非合金钎具钢等)
T2××××	合金工具钢(包括冷作、热作模具钢、合金塑料模具钢、无磁模具钢等)
T3××××	合金工具钢(包括量具、刃具钢)
T4××××	合金工具钢(包括耐冲击工具钢、合金钎具钢等)
T5××××	高速工具钢(包括 W 系高速工具钢)
T6××××	高速工具钢(包括 W—Mo 系高速工具钢)
T7××××	高速工具钢(包括含 Co 高速工具钢)
T8××××	(暂空)
T9××××	(暂空)

（续）

统一数字代号	细分类
（14）非合金钢（非合金工具钢、电磁纯铁、焊接用非合金钢、非合金铸钢除外）	
U0××××	（暂空）
U1××××	非合金一般结构及工程结构钢（表示强度特性值的钢）
U2××××	非合金机械结构钢（包括非合金弹簧钢、表示成分特性值的钢）
U3××××	非合金特殊专用结构钢（表示强度特性值的钢）
U4××××	非合金特殊专用结构钢（表示成分特性值的钢）
U5××××	非合金特殊专用结构钢（表示成分特性值的钢）
U6××××	非合金铁道专用钢
U7××××	非合金易切削钢
U8××××	（暂空）
U9××××	（暂空）
（15）焊接用钢	
W0××××	焊接用非合金钢
W1××××	焊接用低合金钢
W2××××	焊接用合金钢（不含 Cr、Ni 钢）
W3××××	焊接用合金钢（W2××××、W4××××类除外）
W4××××	焊接用不锈钢
W5××××	焊接用高温合金和耐蚀合金
W6××××	钎焊合金
W7××××	（暂空）
W8××××	（暂空）
W9××××	（暂空）

8. 铁合金牌号表示方法(GB/T 7738—2008)

铁合金的牌号由四个部分组成。

① 用汉语拼音字母表示铁合金的产品名称、用途、工艺方法和方法,参见下表。

铁合金产品名称	采用的汉字	采用的代号	位　置
金属锰(电硅热法)、金属铬	金	J	牌号头
金属锰(电解重熔法)	金重	JC	牌号头
真空法微碳铬铁	真空	ZK	牌号头
电解金属锰	电金	DJ	牌号头
钒渣	钒渣	FZ	牌号头
氧化钼块	氧	Y	牌号头
组别	—	A	牌号尾
组别	—	B	牌号尾
组别	—	C	牌号尾
组别	—	D	牌号尾

② 用铁的元素符号“Fe”表示含有一定铁量的铁合金产品。如硅铁、钛铁、钨铁、钼铁、锰铁、钒铁、硼铁、铬铁、铌铁、锰硅合金、硅铬合金、稀土硅铁合金、稀土镁硅铁合金、硅钡合金、硅铝合金、硅钡铝合金、硅钙钡铝合金、磷铁、氧化锰铁、氧化铬铁等铁合金。

③ 用合金产品中主元素(或化合物)的符号及其质量分数表示。

牌号示例:

a. 含锰量为97%的A级金属锰,其牌号为JM97—A。

b. 含硅量为75%的A级硅铁,其牌号为FeSi75—A。

9. 有色金属及合金产品牌号表示方法

说明:原国家标准GB/T 340—1976有色金属及合金产品牌号表示方法现已停止使用。现根据中国标准出版社《简明有色金属材料手册(2010年版)》一书中“有色金属牌号表示方法”一节内容,编写简介于下。

(1) 总　　则

① 产品牌号的命名，以代号字头或元素符号后的成分数字或顺序号结合产品类别或组别名称表示。

常用有色金属及其合金的汉语拼音字母的代号，参见下表。

名　称	采用的汉字及代号		名　称	采用的汉字及代号	
	汉字	代号		汉字	代号
铜	铜	T	钛及钛合金	钛	T
铝	铝	L	镁粉	粉、镁	FM
镁	镁	M	镁合金（变形加工用）	镁、变	MB
镍	镍	N	阳极镍	镍、阳	NY
黄铜	黄	H	电池锌板	锌、电	XD
青铜	青	Q	钨钴硬质合金	硬、钴	YG
白铜	白	B	铸造碳化钨	硬、铸	YZ
无氧铜	铜、无	TU	钢结硬质合金	硬、结	YE

注：代号采用的字母均为大写。

② 产品代号采用汉语拼音字母、化学元素符号及阿拉伯数字相结合的方法表示。

③ 产品的统称（如铝材、铜材）、类别（如黄铜、青铜）以及产品标记中的品种（如板、管、棒、线、带箔）等，均用汉字表示。

(2) 有色金属及其合金的牌号表示方法

通常将有色金属产品分为冶炼、加工和铸造三大类。按不同的有色金属及其合金还可以细分类。

① 冶炼产品：纯金属冶炼产品分工业纯和高纯两类。用化学元素符号结合顺序号或表示主成分的数字表示。元素符号和顺序号（或数字）中间划一短线。

a. 工业纯度金属：用顺序号表示，其纯度随顺序号而降低。

b. 高纯金属：用表示主成分的数字表示，短横线之后加一个“0”，以示高纯；“0”后第一个数字，表示“9”的个数。如主成分为 99.999% 的高纯铅，即表示为 Pb—05。

c. 海绵状金属：则在元素符号前冠以“H”(“海”字汉语拼音的第一个字母)。如一号海绵钛，即表示为 HT—1。

② 加工产品：有色金属及合金加工产品，按金属及合金系列分类。如铜及铜合金、铝及铝合金、镍及镍合金、镁及镁合金、钛及钛合金等。

a. 纯金属加工产品：铜、镍的纯金属加工产品，分别用汉语拼音字(T、N)加顺序号表示。如一号纯铜加工产品表示为 T1。

b. 合金加工产品：合金加工产品的代号用汉语拼音字母、元素符号或汉语拼音字母及元素符号并结合表示成分的数字组或顺序号表示。

例：1.5 锌铜合金表示为 ZnCu1.5

4 铜铍中间合金表示为 CuBe4

13.5 - 2.5 锡铅合金表示为 SnPb13.5 - 2.5

c. 部分产品按用途分类。如焊料、轴承合金、印刷合金、中间合金等。

专用产品按具体情况分组。如焊料按合金中主元素分组；金属粉末按元素名称分组；铝粉因品种较多，按生产方法、用途分为喷铝粉、涂料铝粉、细铝粉等。

a. 焊料：用汉语拼音字母和数字“H1”，再加两个主元素符号及除第一个主元素外的成分数字表示。

例：40 - 35 银铜焊料表示为 H1AgCu40 - 35

b. 金属粉末：用“粉”字汉语拼音字母的第一个字母“F”，加元素符号(铜、镍、铝、镁，分别用 T、N、L、M)表示，后面再加上表示产品纯度、粒度规格或产品特性的数字。表示纯度、粒度规格或产品特性的数字之间，用一短横线隔开。必要时，可在表示纯度的数字之前加上表示生产方法、用途、产品特性的汉语拼音字母。对没有纯度等级而只有粒度规格或产品特性的金属粉末，可不用表示纯度的数字和短横线。如三号喷铝粉，即表示为 FLP3。

c. 复合材料：用组成该复合材料的金属代号表示，代号之间用分线“/”隔开。如需要表明材料层的厚度关系，可在代号后用括号表示材料的厚度比。

例：“二号银/6.5－0.1 锡青铜”双金属，表示为

Ag2/QSn6.5－0.1(1∶1)

d. 铸造产品：参见下节“10. 铸造有色金属及其合金牌号表示方法”。

(3) 附录：常用有色金属及合金符号与产品状态、特性符号[1]

(a) 常用有色金属及合金符号

金属及合金名称	符号	金属及合金名称	符号	金属及合金名称	符号
铜	Cu，T	锰	Mn	超硬铝	LC
镍	Ni，N	铍	Be	特殊铝	LT
铝	Al，L	铁	Fe	硬钎焊铝	LQ
镁	Mg，M	铬	Cr	镁合金（变形加工用）	MB
锌	Zn	锑	Sb	阳极镍	NY
铅	Pb	黄铜	H	钛及钛合金	T[2]
锡	Sn	青铜	Q	电池锌板	XD
镉	Cd	白铜	B	印刷合金	I
银	Ag	无氧铜	TU	印刷锌板	XI
金	Au	防锈铝	LF	焊料合金	Hl
硅	Si	锻铝	LD	轴承合金	Ch
磷	P	硬铝	LY	稀土	Xt[3]

（续）

金属及合金名　称	符号	金属及合金名　称	符号	金属及合金名　称	符号
钨钴硬质合金	YG	多用途(万能)硬质合金	YW	细 铝 粉	FLX
钨钛钴硬质合金	YT	钢结硬质合金	YE	特细铝粉	FLT
铸造碳化钨	YZ	金属粉末	F	炼钢、化工用铝粉	FLG
碳化钛(铁)镍钼硬质合金	YN	喷 铝 粉	FLP	镁　　粉	FM
		涂料铝粉	FLU	铝 镁 粉	FLM

注：① 本附录内容摘自旧标准“GB/T 340—1976 有色金属及合金产品表示方法”，仅供参考。

② 钛及钛合金符号，除字母 T 外，还要加上表示金属或合金组织类型的字母 A、B、C（分别表示 α 型、β 型、α+β 型钛合金）。例：TA、TB、TC。

③ 稀土的符号 Xt，自 1987 年 6 月起改用 RE 表示；单一稀土元素仍用化学元素符号表示。

（b）有色金属及合金产品状态、特性符号

产品状态、特性名称	符号	产品状态、特性名称	符号
产　品　状　态		产　品　状　态	
热加工	R	硬	Y
退火（焖火）	M	3/4 硬	Y_1
淬火	C	1/2 硬	Y_2
淬火后冷轧（冷作硬化）	CY	1/3 硬	Y_3
淬火（自然时效）	CZ	1/4 硬	Y_4
淬火（人工时效）	CS	特硬	T

(续)

产品状态、特性名称	符号	产品状态、特性名称	符号
产品特性		产品状态、特性符号组合举例	
优质表面	O	不包铝(热轧)	BR
涂漆蒙皮板	Q	不包铝(退火)	BM
加厚包铝	J	不包铝(淬火、冷作硬化)	BCY
不包铝	B	不包铝(淬火、优质表面)	BCO
表面涂层硬质合金	U	不包铝(淬火、冷作硬化、优质表面)	BCYO
添加碳化钽硬质合金	A	优质表面(退火)	MO
添加碳化铌硬质合金	N	优质表面淬火自然时效	CZO
粗颗粒硬质合金	C	优质表面淬火人工时效	CSO
细颗粒硬质合金	X	淬火后冷轧、人工时效	CYS
超细颗粒硬质合金	H	热加工、人工时效	RS
		淬火、自然时效、冷作硬化、优质表面	CZYO

注：1. 产品的状态、特性符号加在产品代号之后。
2. 铝及铝合金加工产品的状态符号表示方法，已被新标准GB/T 16475—1996《变形铝及铝合金状态代号》中规定的代号表示方法代替，参见第40页。

10. 铸造有色金属及其合金牌号表示方法

(GB/T 8063—1994)

(1) 铸造有色纯金属牌号表示方法

铸造有色纯金属牌号由"Z"和相应纯金属的化学元素符号及表明产品纯度百分含量的数字或用一短横加顺序号组成。

(2) 铸造有色合金牌号表示方法

① 铸造有色合金牌号由"Z"和基体金属的化学元素符号、主要合

金化学元素符号(其中混合稀土元素统一用RE表示)以及表明合金化学元素名义百分含量的数字组成。

② 当合金化学元素多于两个时,合金牌号中应列出足以表明合金主要特性的元素符号及其名义百分含量的数字。

③ 合金化学元素符号按名义百分含量递减的次序排列。当名义百分含量相等时,则按元素符号字母顺序排列。当需要表明决定合金类列的合金化学元素首先列出时,不论其含量多少,该元素符号均应紧置于基体元素之后。

④ 除基体元素的名义百分含量不标注外,其他合金化学元素的名义百分含量均标注于该元素符号之后。当合金化学元素含量规定为≥1%的某个范围时,采用其平均含量的修约化整值。必要时也可用带一位小数的数字标注。合金化学元素含量<1%时,一般不标注,只有对合金性能起重大影响的合金化学元素,才允许用一位小数标注其平均含量。

⑤ 对具有相同主成分,需要控制低间隙元素的合金,圆括号内标注ELI。

⑥ 对杂质限量要求严、性能高优质合金,在牌号后面标注大写字母"A"表示优质。

(3) 牌 号 示 例

① 铸造纯铝　ZAl99.5

a. Z-铸造代号、b. Al-铝的化学元素符号、c. 99.5-铝的最低名义百分含量

② 铸造纯钛　ZTi-1

a. Z-铸造代号、b. Ti-钛的化学元素符号、c. 1-纯钛产品级别

③ 铸造优质铝合金　ZAlSi7MgA

a. Z-铸造代号、b. Al-基体铝的化学元素符号、c. Si7-硅的化学元素符号及其名义百分含量、d. Mg-镁的化学元素符号、e. A-表示优质合金

④ 铸造镁合金　ZMgZn4RE1Zr

a. Z-铸造代号、b. Mg-基体镁的化学元素符号、c. Zn4-锌的化学元素符号及其名义百分含量、d. REL-混合稀土的化学元素符号及其名义百分含量、e. Zr-锆的化学元素符号

⑤ 铸造锡青铜　ZCuSn3Zn8Pb6Ni1

a. Z-铸造代号、b. Cu-基体铜的化学元素符号、c. Sn3-表征合金类别锡的化学元素符号及其名义百分含量、d. Zn8-锌的化学元素符号及其名义百分含量;e. Pb6-铅的化学元素符号及其名义百分含量、f. Ni-镍的化学元素符号及其名义百分含量

⑥ 铸造钛合金　ZTiAl5Sn2.5(ELI)

a. Z-铸造代号、b. Ti-基体钛的化学元素符号、c. Al5-铝的化学元素符号及其名义百分含量、d. Sn2.5-锡的化学元素符号及其名义百分含量、e. (ELI)-低间隙元素的英文缩写

11. 变形铝及铝合金牌号表示方法

(GB/T 16474—1996)

(1) 牌号命名的基本原则

变形铝及铝合金牌号有两种:

① 国际四位数字体系牌号(参见第43页"(4) 国际四位数字体系牌号简介"),可直接引用。

② 四位字符体系牌号:未命名为国际四位数字体系牌号的变形铝及铝合金,应采用四位字符牌号(但试验铝及铝合金采用前缀X加四位字符牌号)命名,并按第42页"(3) 四位字符体系牌号的变形铝及铝合金化学成分注册要求"中规定的要求注册化学成分。

(2) 四位字符体系牌号命名方法

① 牌号命名方法:

四位字符体系牌号的第一、三、四位为阿拉伯数字,第二位为英文大写字母(C、I、L、N、O、P、Q、Z字母除外)。牌号的第一位数字表示铝及铝合金的组别,如下表所示。除改型合金外,铝合金组别按主要合金元素(6×××系按Mg_2Si)来确定。主要合金元素指极限含量算术平均值为最大的合金元素。当有一个以上的合金元素极限含量算术平均值

同为最大时，应按 Cu、Mn、Si、Mg、Mg_2Si、Zn 等其他元素的顺序来确定合金组别。牌号的第二位字母表示原始纯铝或铝合金的改型情况。最后两位数字用以标识同一组中不同的铝合金或表示铝的纯度。

组　　别	牌号系列
纯铝(铝含量不小于 99.00%)	1×××
以铜为主要合金元素的铝合金	2×××
以锰为主要合金元素的铝合金	3×××
以硅为主要合金元素的铝合金	4×××
以镁为主要合金元素的铝合金	5×××
以镁和硅为主要合金元素，并以 Mg_2Si 相为强化相的铝合金	6×××
以锌为主要元素的铝合金	7×××
以其他合金元素为主要合金元素的铝合金	8×××
备用合金组	9×××

② 纯铝的牌号命名方法：

含铝量不低于 99.00%时为纯铝，其牌号用 1×××系列表示。牌号的最后两位数字表示最低铝百分含量。当最低铝百分含量精确到 0.01%时，牌号的最后两位数字就是最低铝百分含量中小数点后面的两位。牌号第二位的字母表示原始纯铝的改型情况。如果第二位的字母为 A，则表示为原始纯铝；如果是 B～Y 的其他字母(按国际规定用字母表的次序选用)，则表示为原始纯铝的改型，与原始纯铝相比，其他元素含量略有改变。

③ 铝合金的牌号命名方法：

铝合金的牌号用 2×××～8×××系列表示。牌号的最后两位数字没有特殊意义，仅用来区分同一组中不同的铝合金。牌号的第二位字母表示原始合金的改型情况。如果牌号第二位的字母是 A，则表示为原始合金；如果是 B～Y 的其他字母(按国际规定用字母表的次序选用)，则表示为原始合金的改型合金。改型合金与原始合金相比，化学成分的变化，仅限于下列任何一种或几种情况：

a. 一个合金元素或一组组合元素形式的合金元素，极限含量算术平均值的变化量符合下表的规定。

原始合金中的极限含量算术平均值范围(%)	极限含量算术平均值的变化量(%)≤
≤1.0	0.15
>1.0～2.0	0.20
>2.0～3.0	0.25
>3.0～4.0	0.30
>4.0～5.0	0.35
>5.0～6.0	0.40
>6.0	0.50

注：改型合金中的组合元素极限含量的算术平均值，应与原始合金中相同组合元素的算术平均值或各相同元素（构成该组合元素的各单个元素）的算术平均值之和相比较。

b. 增加或删除了极限含量算术平均值不超过0.30%的一个合金元素；增加或删除了极限含量算术平均值不超过0.40%的一组组合元素形式的合金元素。

c. 为了同一目的，同一个合金元素代替了另一个合金元素。

d. 改变了杂质的极限含量。

e. 细化晶粒的元素含量有变化。

(3) 四位字符体系牌号的变形铝及铝合金化学成分注册要求

四位字符体系牌号的变形铝及铝合金化学成分注册时应符合下列要求：

① 化学成分明显不同于其他已经注册的变形铝及铝合金。

② 各元素含量的极限值表示到如下位数：

<0.001%	0.000×
0.001%～<0.01%	0.00×

0.01%～<0.1%

用精炼法制得的纯铝　　0.0××

用非精炼法制得的纯铝和铝合金　　0.0×

0.1%～0.55%　　0.××

(通常表示在0.30%～0.55%范围的极限值为0.×0或0.×5)

>0.55%　　0.×，×.×，××.×

(但在1×××牌号中,组合元素Fe+Si的含量必须表示为0.××或1.××)

③ 规定各元素含量的极限值按以下顺序排列：Si、Fe、Cu、Mn、Mg、Cr、Ni、Zn、Ti、Zr、其他元素的单个和总量、Al。当还要规定其他的有含量范围限制的元素时,应按化学符号字母表的顺序,将这些元素依次插到Zn和Ti之间,或注明。

④ 纯铝的最低铝含量应有明确规定。对于用精炼法制取的纯铝,其铝含量为100%与全部其他金属元素及硅(每种元素含量须≥0.0010%)的总量之差值。在确定总量之前,每种元素要精确到小数点后面第三位,作减法运算前应先将其总量修约到小数点后面第二位。对于非精炼法制取的纯铝,其铝含量为100%与全部其他金属元素及硅(每种元素含量须≥0.010%)的总量之差值。在确定总量之前,每种元素要精确到小数点后面第二位。

⑤ 铝合金的铝含量要规定为余量。

(4) 国际四位数字体系牌号简介

变形铝及铝合金的国际四位数字体系牌号,是指按照1970年12月制定的变形铝及铝合金国际牌号命名体系推荐方法命名的牌号。此推荐方法是由承认变形铝及铝合金国际牌号协议宣言的世界各国团体或组织提出,牌号及成分注册登记处设在美国铝业协会(AA)。

① 国际四位数字体系牌号组名的划分：

国际四位数字体系牌号的第一位数字表示组别,如下所示：

a. 纯铝(铝含量不小于99.00%)　　1×××

b. 合金组别按下列主要合金元素划分：

Cu　　2×××

Mn　　3×××

Si	4×××
Mg	5×××
Mg+Si	6×××
Zn	7×××
其他元素	8×××
备用组	9×××

② 国际四位数字体系1×××牌号系列：

1×××组表示纯铝(其铝含量≥99.00%)，其最后两位数字表示最低铝百分含量中小数点后面的两位。

牌号的第二位数字表示合金元素或杂质极限含量的控制情况。如果第二位是“0”，则表示杂质极限含量无特殊控制；如果是1～9，则表示对一项或一项以上的单个杂质或合金元素极限含量有特殊控制。

③ 国际四位数字体系2×××～8×××牌号系列：

2×××～8×××牌号中的最后两位数字没有特殊意义，仅用来识别同一组中的不同合金，其第二位表示改型情况。如果第二位是“0”，则表示为原始合金；如果是1～9，则表示为改型合金。

④ 国际四位数字体系国家间相似铝及铝合金牌号：

国家间相似铝及铝合金，表示某一国家新注册的、与已注册的某牌号成分相似的纯铝或铝合金。国家间相似铝及铝合金采用与其成分相似的四位数字牌号后缀一个英文大写字母(按国际字母表的顺序，由A开始依次选用，但I、O、Q除外)来命名。

12. 变形铝及铝合金状态代号

(GB/T 16475—2008)

(1) 适用范围及表示方法

本状态代号适用于轧制、挤压、拉伸、锻造等方法生产的铝及铝合金产品。

本状态代号由基础状态代号和细分状态代号两部分组成。

基础状态代号用一个英文大写字母表示。

细分状态代号用一位或多位阿拉伯数字或英文大写字母表示，缀在基础状态后面。

在下面的示例状态中代号的“×”，表示未指定的任意一位阿拉伯数字，如“H2X”可表示“H21～H29”的任何一种状态。“H××4”可表示“H114～H194”或“H224～H294”或“H324～H394”的任何一种状态；“-”表示未指定的一位或多位阿拉伯数字，如“T－51”可表示末位两位数字“51”的任何一种状态，如“T351、T651、T6151、T7351、T7651”等。

(2) 基础状态代号、名称及应用说明

① F——自由加工状态：适用于在成型过程中，对于加工硬化和热处理条件无特殊要求的产品，该状态产品对力学性能不作规定。

② O——退火状态：适用于经完全退火后获得最低强度的产品状态。

③ H——加工硬化状态：适用于通过加工硬化提高强度的产品。

④ W——固溶热处理状态：适用于经固溶热处理后，在室温下自然时效下的一种不稳定状态。该状态不作为产品交货状态，仅表示产品处于自然时效阶段。

⑤ T——不同于F、O或H状态的热处理状态：适用于固溶热处理后，经过(或不经过)加工硬化达到稳定的状态。

(3) O状态的细分状态代号

① O1——高温退火后慢速冷却状态：适用于超声波检验或尺寸稳定化前，将产品或试样加热至近似固溶热处理规定的温度并进行保温(保温时间与固溶热处理规定的保温时间相近)，然后出炉置于空气中冷却的状态。该状态对力学性能不作规定，一般不作为产品的最终交货状态。

② O2——热机械处理状态：适用于使用方在产品进行热机械处理前，将产品进行高温(可置固溶热处理规定的温度)退火，以获得良好成型性的状态。

③ O3——均匀化状态：适用于连续铸造的拉线坯或铸带，为消除或减少偏析和利于后继加工变形，而进行的高温退火状态。

(4) H状态的细分状态代号

① H后面第1位数字表示的状态。

H后面的第1位数字表示获得该状态的基本工艺，用数字1～4表示。

a. H1×——单纯加工硬化的状态：适用于未经附加热处理，只经加工硬化即可获得所需强度的状态。

b. H2×——加工硬化后不完全退火的状态：适用于加工硬化程度超过成品规定要求后，经不完全退火，使强度降低到规定指标的产品。对于室温下自然时效软化的合金，H2×状态与对应的H3×状态具有相同的最小极限抗拉强度值；对于其他合金，H2×状态与对应的H1×状态具有相同的最小极限抗拉强度值，但伸长率比H1×稍高。

c. H3×——加工硬化后稳定化处理的状态：适用于加工硬化后经低温热处理或由于加工过程中的受热作用致使其力学性能达到稳定的产品。H3×状态仅适用于在室温下时效(除非经稳定化处理)的合金。

d. H4×——加工硬化后涂漆(层)处理的状态：适用于加工硬化后，经涂漆(层)处理导致了不完全退火的产品。

② H后面第2位数字表示的状态。

H后面第2位数字表示产品的最终加工硬化程度，用数字1～9来表示。

a. 数字8表示硬状态。通常采用O状态的最小抗拉强度与表1规定的强度差值之和，来确定H×8状态的最小抗拉强度值。

b. O(退火)状态与H×1～H×8之间的状态如表2所示。

表1

O状态的最小抗拉强度(MPa)	H×8状态与O状态的最小抗拉强度值差(MPa)	O状态的最小抗拉强度(MPa)	H×8状态与O状态的最小抗拉强度值差(MPa)
≤40	55	165～200	100
45～60	65	205～240	105
65～80	75	245～280	110
85～100	80	285～320	115
105～120	90	≥325	120
125～160	95		

表 2

细分状态代号	最终加工硬化状态
H×1	最终抗拉强度极限值，为 O 状态与 H×2 状态的中间值
H×2	最终抗拉强度极限值，为 O 状态与 H×4 状态的中间值
H×3	最终抗拉强度极限值，为 H×2 状态与 H×4 状态的中间值
H×4	最终抗拉强度极限值，为 O 状态与 H×8 状态的中间值
H×5	最终抗拉强度极限值，为 H×4 状态与 H×6 状态的中间值
H×6	最终抗拉强度极限值，为 H×4 状态与 H×8 状态的中间值
H×7	最终抗拉强度极限值，为 H×6 状态与 H×8 状态的中间值

注：数字 9 为超硬态度，用 H×9 表示。H×9 的状态最小抗拉极限值，超过 H×8 状态至少 10 MPa 及以上。

③ H 后面第 3 位数字表示的状态。

H 后面第 3 位数字或字母，表示影响产品特性，但产品特性仍接近两位数字状态（H112、H116、H321 状态除外）的特殊处理。

a. H×11——适用于最终退火后又进行了适量的加工硬化，但加工硬化程度又不及 H11 状态的产品。

b. H×112——适用于经热加工成型，但不经冷加工而获得一些加工硬化的产品，该状态产品对力学性能有要求。

c. H116——适用于镁含量≥3.0%的 5××× 系合金制成的产品。这些产品最终经加工硬化后，具有稳定的拉伸性能和在快速腐蚀试验中具有合适的抗腐蚀能力。腐蚀试验包括晶间腐蚀试验和剥落腐蚀试验。这种状态的产品适用于温度不大于 65℃的环境。

d. H321——适用于镁含量≥3.0%的 5××× 系合金制成的产品。这些产品最终经热稳定化处理后，具有稳定的拉伸性能和在快速腐蚀试验中具有合适的抗腐蚀能力。腐蚀试验包括晶间腐蚀试验和剥落腐蚀试验。这种状态的产品适用于温度不大于 65℃的环境。

e. H××4——适用于H××状态坯料制作花纹板或花纹带材的状态。这些花纹板或花纹带材的力学性能与坯料不同，如H22状态的坯料经制造成花纹板后的状态为H224。

f. H××5——适用于H××状态带坯制作的焊接管。管材的几何尺寸和合金与带坯相一致，但力学性能可能与带坯不同。

g. H32A——是对H32状态进行强度和弯曲性能改良的工艺改进状态。

(5) T状态的细分状态代号

① T后面的附加数字1～10表示的状态。

T1：表示“高温成型＋自然时效”状态，适用于高温成型后冷却、自然时效，不再进行冷加工（或影响力学性能极限的矫平、矫直）的产品。

T2：表示“高温成型＋冷加工＋自然时效”状态，适用于高温成型后冷却，进行冷加工（或影响力学性能极限的矫平、矫直）以提高强度，然后自然时效的产品。

T3*：表示“固溶热处理＋冷加工＋自然时效”状态，适用于固溶热处理后，进行冷加工（或影响力学性能极限的矫平、矫直）以提高强度，然后自然时效的产品。

T4*：表示“固溶热处理＋自然时效”状态，适用于固溶热处理后不再进行冷加工（或影响力学性能极限的矫直、矫平），然后自然时效的产品。

T5：表示“高温时效＋人工时效”状态，适用于高温成型后冷却，不经冷加工（或影响力学性能极限的矫直、矫平），然后进行人工时效的产品。

T6*：表示“固溶热处理＋人工时效”状态，适用于固溶热处理后不再进行冷加工（或影响力学性能极限的矫直、矫平），然后人工时效的产品。

T7*：表示“固溶热处理＋过时效”状态，适用于固溶热处理后，进行过时效至稳定化状态。为获取除力学性能外的其他某些重要特性，在人工时效时，强度在时效曲线上越过了最高峰点的产品。

T8*：表示“固溶热处理＋冷加工＋人工时效”状态，适用于固溶热处理后，经冷加工（或影响力学性能极限的矫直、矫平）以提高强度，然后人工时效的产品。

T9*：表示“固溶热处理＋人工时效＋冷加工”状态，适用于固溶热处理后，人工时效，然后进行冷加工（或影响力学性能极限的矫直、矫平）以提高强度的产品。

T10：表示“高温成型＋冷加工＋人工时效”状态，适用于高温成型后冷却，经冷加工（或影响力学性能极限的矫直、矫平）以提高强度，然后进行人工时效的产品。

注：*某些6×××系或7×××系的合金，无论是炉内固溶热处理，还是高温成型后急冷以保留可溶性组分在固溶体中，均能达到相同的固溶热处理效果，这些合金的T3、T4、T6、T7、T8和T9状态可采用上述两种处理方法的任一种，但应保证产品的力学性能和其他性能（如抗腐蚀性能）。

② T1～T10后面的附加数字表示的状态。

T1～T10后面的附加数字表示影响产品特性的特殊处理。

a. T-51、T-510和T-511：拉伸消除应力状态。

T-51：适用于固溶热处理或高温成型后冷却，按规定量进行拉伸的厚板、薄板、轧制棒、冷精整棒、自由锻件、环形锻件或轧制环，这种产品拉伸后不再进行矫直，其规定的永久拉伸变形量如下：厚板—1.5%～3%；薄板—0.5%～3%；轧制棒或冷精整棒—1%～3%；自由锻件、环形锻件或轧制件—1%～5%。

T-510：适用于固溶热处理或高温成型后冷却，按规定进行拉伸的挤压棒材、型材和管材，以及拉伸（或拉拔）管材，这些产品不再进行矫直，其规定的永久变形量如下：挤制棒材、型材和管材——1%～3%；拉伸（或拉拔）管材—0.5%～3%。

T-511：适用于固溶热处理或高温成型后冷却，按规定量进行拉伸的挤压棒材、型材和管材，以及拉伸(或拉拔)管材，这些产品拉伸后可轻微矫直以符合标准公差，其规定的永久拉伸变形量如下：挤制棒材、型材和管材—1%～3%；拉伸(或拉拔)管材—0.5%～3%。

b. T－52：压缩消除应力状态，适用于固溶热处理或高温成型后冷却，通过压缩来消除应力，以产生1%～5%的永久变形量的产品。

c. T－54：拉伸与压缩相结合消除应力状态，适用于终锻模内通过冷整形来消除应力的模锻件。

d. T7×：过时效状态。T7×状态过时效阶段材料的性能曲线如下图所示。图中曲线仅示意规律，真实的变化曲线应按合金来具体描绘。T7×状态代号释义如下：

T79：初级过时效状态。

T76：中级过时效状态。具有较高强度、好的抗应力腐蚀和剥落腐蚀性能。

T74：中级过时效状态，其强度、抗应力腐蚀和抗剥落腐蚀性能介于T73与T76之间。

T73：完成过时效状态。具有最好的抗应力腐蚀和抗剥落腐蚀性能。

性　　能	T79	T76	T74	T73
抗拉强度				
抗应力腐蚀				
抗剥落腐蚀				

e. T81：适用于固溶热处理后，经1%左右的冷加工变形提高强度，然后进行人工时效的产品。

f. T87：适用于固溶热处理后，经7%左右的冷加工变形提高强度，然后进行人工时效的产品。

(6) W状态的细分状态代号

① W的细分状态W-h。

W-h：室温下具体自然时效时间的不稳定状态。如W2h，表示产品淬火后，在室温下自然2 h。

② W的细分状态、W-h/-51、W-h/-52、W-h/-54。

W-h/-51、W-h/-52、W-h/-54：表示室温下具体自然时效时间的不稳定消除应力状态。如W2h/351，表示产品淬火后，在室温下自然时效2 h便开始拉伸的消除应力状态。

(7) 新旧标准状态代号对照

旧代号	新 代 号	旧代号	新 代 号
M	O	CYS	T-51、T-52等
R	热处理不可强化合金：H112或F	CZY	T2
R	热处理可强化合金：T1或F	CSY	T9
Y	H×8	MCS	T62*
Y_1	H×6	MCZ	T42*
Y_2	H×4	CGS1	T73
Y_4	H×2	CGS2	T76
T	H×9	CGS3	T74
CZ	T4	RCS	T5
CS	T6		

注：1. 新标准指GB/T 16475—2008，旧标准指被代替的GB/T 16475—1996。

2. * 原以R状态交货的，提供CZ、CS试样性能的产品，其状态可分别对应新代号T42、T62。

第二章　黑色金属材料的化学成分与力学(机械)性能

1. 炼钢用生铁和铸造用生铁的化学成分

<table>
<tr><td colspan="3">铁种与标准号</td><td colspan="3">炼钢用生铁
(YB/T 5296—2006)</td><td colspan="6">铸造用生铁
(GB/T 718—2005)</td></tr>
<tr><td colspan="3">牌号</td><td>L04</td><td>L08</td><td>L10</td><td>Z34</td><td>Z30</td><td>Z26</td><td>Z22</td><td>Z18</td><td>Z14</td></tr>
<tr><td rowspan="6">化学成分(%)</td><td colspan="2">碳</td><td colspan="3">≥3.50</td><td colspan="6">>3.50</td></tr>
<tr><td rowspan="2">硅</td><td>></td><td>—</td><td>0.45</td><td>0.85</td><td>3.20</td><td>2.80</td><td>2.40</td><td>2.00</td><td>1.60</td><td>1.25</td></tr>
<tr><td>≤</td><td>0.45</td><td>0.85</td><td>1.25</td><td>3.60</td><td>3.20</td><td>2.80</td><td>2.40</td><td>2.00</td><td>1.60</td></tr>
<tr><td colspan="2">锰</td><td colspan="3">一组≤0.40
二组>0.40～1.00
三组>1.00～2.00</td><td colspan="6">一组≤0.50
二组>0.50～0.90
三组>0.90～1.30</td></tr>
<tr><td colspan="2">磷</td><td colspan="3">特级≤0.100
一级>0.100～0.150
二级>0.150～0.250
三级>0.250～0.400</td><td colspan="6">一级≤0.060
二级>0.060～0.100
三级>0.100～0.200
四级>0.200～0.400
五级>0.400～0.900</td></tr>
<tr><td colspan="2">硫</td><td colspan="3">特类≤0.020
一类>0.020～0.030
二类>0.030～0.050
三类>0.050～0.070</td><td colspan="6">一类≤0.03(铸 14≤0.04)
二类≤0.04(铸 14≤0.05)
三类≤0.05(铸 14≤0.06)</td></tr>
</table>

注：1. 各牌号炼钢用生铁的碳含量，均不作报废依据。
2. 采用高磷矿石冶炼的单位，经国家主管部门批准，炼钢用生铁磷含量允许≤0.85%；采用铜矿石冶炼时，炼钢用生铁铜含量允许≤0.30%。
3. 需方对炼钢用生铁的硅含量、砷含量有特殊要求时，由供需双方协商规定。
4. 各牌号炼钢用生铁以块状或铁水供应，铸造生铁以块状供应。以块状供应时，小块生铁的每块重量 2～7kg；大块生铁的每块重量≤40kg。

2. 铁 合 金

(1) 锰铁的化学成分(GB/T 3795—2006)

(1) 锰铁的产品分类

按生产方式分		按碳含量分(%)			按硅磷含量分	
电炉锰铁	高炉锰铁	低碳类	中碳类	高碳类	Ⅰ组	Ⅱ组
		≤0.70	>0.70～2.0	>2.0～8.0		

(2) 锰铁的化学成分(%)

牌号	化学成分						
	锰	碳 ≤	硅		磷		硫 ≤
			Ⅰ	Ⅱ	Ⅰ	Ⅱ	
电炉低碳锰铁							
FeMn88C0.2 FeMn84C0.4 FeMn84C0.7	85.0～92.0 80.0～87.0 80.0～87.0	0.2 0.4 0.7	1.0	2.0	0.10 0.15 0.20	0.30	0.02
电炉中碳锰铁							
FeMn82C1.0 FeMn82C1.5 FeMn78C2.0	78.0～85.0 78.0～85.0 75.0～82.0	1.0 1.5 2.0	1.5	2.0 2.0 2.5	0.2	0.35 0.35 0.40	0.03
电炉高碳锰铁							
FeMn78C8.0 FeMn74C7.5 FeMn68C7.0	75.0～82.0 70.0～77.0 65.0～72.0	8.0 7.5 7.0	1.5 2.0 2.5	2.5 3.0 4.5	0.20 0.25 0.25	0.33 0.38 0.40	0.03
高炉(高碳)锰铁							
FeMn78 FeMn74 FeMn68 FeMn63	75.0～82.0 70.0～75.0 65.0～70.0 60.0～65.0	7.5 7.5 7.0 7.0	1.0	2.0	0.25 0.25 0.30 0.30	0.35 0.35 0.40 0.40	0.03

(3) 锰铁的物理状态

粒度级别	1	2	3	4*
粒度范围(mm)	20～250	50～150	10～50	0.097～0.45

注：1. 需方对化学成分有特殊要求时，可由供需双方协商。
2. * 为中碳锰铁粉剂。

(2) 硅铁的化学成分(GB/T 2272—2009)

牌　　号	化学成分(%)							
	硅	铝	钙	锰	铬	磷	硫	碳
		≤						
FeSi90Al1.5	87.0～95.0	1.5	1.5	0.4	0.2	0.04	0.02	0.2
FeSi90Al3.0	87.0～95.0	3.0	1.5	0.4	0.2	0.04	0.02	0.2
FeSi75Al0.5-A	74.0～80.0	0.5	1.0	0.4	0.3	0.035	0.02	0.1
FeSi75Al0.5-B	72.0～80.0	0.5	1.0	0.5	0.5	0.04	0.02	0.2
FeSi75Al1.0-A	74.0～80.0	1.0	1.0	0.4	0.3	0.035	0.02	0.1
FeSi75Al1.0-B	72.0～80.0	1.0	1.0	0.5	0.5	0.04	0.02	0.2
FeSi75Al1.5-A	74.0～80.0	1.5	1.0	0.4	0.3	0.035	0.02	0.1
FeSi75Al1.5-B	72.0～80.0	1.5	1.0	0.5	0.5	0.04	0.02	0.2
FeSi75Al2.0-A	74.0～80.0	2.0	1.0	0.4	0.3	0.035	0.02	0.1
FeSi75Al2.0-B	74.0～80.0	2.0	1.0	0.4	0.3	0.04	0.02	0.1
FeSi75-A	74.0～80.0	—	—	0.4	0.3	0.035	0.02	0.1
FeSi75-B	74.0～80.0	—	—	0.4	0.3	0.04	0.02	0.1
FeSi65	65.0～<72.0	—	—	0.6	0.5	0.04	0.02	—
FeSi45	40.0～47.0	—	—	0.7	0.5	0.04	0.02	—
TFeSi75-A	74.0～80.0	0.03	0.03	0.10	0.10	0.020	0.004	0.020
TFeSi75-B	74.0～80.0	0.10	0.05	0.10	0.05	0.030	0.004	0.020
TFeSi75-C	74.0～80.0	0.10	0.10	0.10	0.10	0.040	0.005	0.030
TFeSi75-D	74.0～80.0	0.20	0.05	0.20	0.10	0.040	0.010	0.020
TFeSi75-E	74.0～80.0	0.50	0.50	0.40	0.10	0.040	0.020	0.050
TFeSi75-F	74.0～80.0	0.50	0.50	0.40	0.10	0.030	0.005	0.010
TFeSi75-G	74.0～80.0	1.00	0.05	0.15	0.10	0.040	0.003	0.015

硅铁的物理状态				
级　　别	大粒度	中粒度	小粒度	最小粒度
规格(mm)	50～350	20～200	10～100	10～50

(3) 铬铁的化学成分(GB/T 5683—2008)

牌　号	化学成分(%)							
	铬	碳≤	硅≤		磷≤		硫≤	
			Ⅰ	Ⅱ	Ⅰ	Ⅱ	Ⅰ	Ⅱ
微碳铬铁								
FeCr69C0.03	63.0～75.0	0.03	1.0	—	0.03	—	0.025	—
FeCr55C3	*	0.03	1.5	2.0	0.03	0.04	0.03	—
FeCr69C0.06	63.0～75.0	0.06	1.0	—	0.03	—	0.025	—
FeCr55C6	*	0.06	1.5	2.0	0.04	0.06	0.03	—
FeCr69C0.10	63.0～75.0	0.10	1.0	—	0.03	—	0.025	—
FeCr55C10	*	0.10	1.5	2.0	0.04	0.06	0.03	—
FeCr69C0.15	63.0～75.0	0.15	1.0	—	0.03	—	0.025	—
FeCr55C15	*	0.15	1.5	2.0	0.04	0.06	0.03	—
低碳铬铁								
FeCr69C0.25	63.0～75.0	0.25	1.5	—	0.03	—	0.025	—
FeCr55C25	*	0.25	2.0	3.0	0.04	0.06	0.03	0.05
FeCr69C0.5	63.0～75.0	0.50	1.5	—	0.03	—	0.025	—
FeCr55C5	*	0.50	2.0	3.0	0.04	0.06	0.03	0.05
中碳铬铁								
FeCr69C1.0	63.0～75.0	1.0	1.5	—	0.03	—	0.025	—
FeCr55C100	*	1.0	2.5	3.0	0.04	0.06	0.03	0.05
FeCr69C2.0	63.0～75.0	2.0	1.5	—	0.03	—	0.025	—
FeCr55C200	*	2.0	2.5	3.0	0.04	0.06	0.03	0.05
FeCr69C4.0	63.0～75.0	4.0	1.5	—	0.03	—	0.025	—
FeCr55C400	*	4.0	2.5	3.0	0.04	0.06	0.03	0.05
高碳铬铁								
FeCr67C6.0	62.0～72.0	6.0	3.0	—	0.03	—	0.04	0.06
FeCr55C600	*	6.0	3.0	5.0	0.04	0.06	0.04	0.06
FeCr67C9.5	62.0～72.0	9.5	3.0	—	0.03	—	0.04	0.06
FeCr55C1000	*	10.0	3.0	5.0	0.04	0.06	0.04	0.06

(续)

牌号	化学成分(%)							
	铬	碳≤	硅≤		磷≤		硫≤	
			Ⅰ	Ⅱ	Ⅰ	Ⅱ	Ⅰ	Ⅱ
真空法微碳铬铁								
ZKFeCr65C0.010	≥65.0	0.010	1.0	2.0	0.025	0.030	0.03	
ZKFeCr65C0.020	≥65.0	0.020	1.0	2.0	0.025	0.030	0.03	
ZKFeCr65C0.030	≥65.0	0.030	1.0	2.0	0.025	0.035	0.04	
ZKFeCr65C0.050	≥65.0	0.050	1.0	2.0	0.025	0.035	0.04	
ZKFeCr65C0.100	≥65.0	0.100	1.0	2.0	0.025	0.035	0.04	

注：1. * 表示牌号的铬含量分：Ⅰ组≥60.0%，Ⅱ组≥52.0%。
2. 铬铁的物理状态：成块状供应，每块重≤15kg。

3. 铸铁件

(1) 灰铸铁件的力学性能(GB/T 9439—2010)

表 1　灰铸铁的牌号和力学性能

牌号	铸件壁厚(mm)		最小抗拉强度 R_m(强制性值)(min)		铸件本体预期抗拉强度 R_m(min)(MPa)
	>	≤	单铸试棒(MPa)	附铸试棒或试块(MPa)	
HT100	5	40	100	—	—
HT150	5	10	150	—	155
	10	20		—	130
	20	40		120	110
	40	80		110	95
	80	150		100	80
	150	300		90	—

(续)

牌号	铸件壁厚(mm)		最小抗拉强度 R_m(强制性值)(min)		铸件本体预期抗拉强度 R_m(min)(MPa)
	>	≤	单铸试棒(MPa)	附铸试棒或试块(MPa)	
HT200	5	10	200	—	205
	10	20		—	180
	20	40		170	155
	40	80		150	130
	80	150		140	115
	150	300		*130*	—
HT225	*5*	*10*	225	—	230
	10	20		—	200
	20	40		190	170
	40	80		170	150
	80	150		155	135
	150	300		*145*	—
HT250	5	10	250	—	250
	10	20		—	225
	20	40		210	195
	40	80		190	170
	80	150		170	155
	150	300		*160*	—
HT275	10	20	275	—	250
	20	40		230	220
	40	80		205	190
	80	150		190	175
	150	300		*175*	—

（续）

牌号	铸件壁厚(mm)		最小抗拉强度 R_m (强制性值)(min)		铸件本体预期抗拉强度 R_m(min)(MPa)
	>	≤	单铸试棒(MPa)	附铸试棒或试块(MPa)	
HT300	10	20	300	—	270
	20	40		250	240
	40	80		220	210
	80	150		210	*195*
	150	300		*190*	—
HT350	10	20	350	—	315
	20	40		290	280
	40	80		260	250
	80	150		230	225
	150	300		*210*	—

注：1. 当铸件壁厚超过300mm时，其力学性能由供需双方商定。

2. 当某牌号的铁液浇注壁厚均匀、形状简单的铸件时，壁厚变化引起抗拉强度的变化，可从本表查出参考数据，当铸件壁厚不均匀，或有型芯时，此表只能给出不同壁厚处大致的抗拉强度值，铸件的设计应根据关键部位的实测值进行。

3. 表中斜体字数值表示指导值，其余抗拉强度值均为强制性值，铸件本体预期抗拉强度值不作为强制性值。

表2　灰铸铁的硬度等级和铸件硬度

硬度等级	铸件主要壁厚(mm)		铸件上的硬度范围　HBW	
	>	≤	min	max
H155	5	10	—	185
	10	20	—	170
	20	40	—	160
	40	**80**	—	**155**

(续)

硬度等级	铸件主要壁厚(mm)		铸件上的硬度范围　HBW	
	>	≤	min	max
H175	5	10	140	225
	10	20	125	200
	20	40	110	185
	40	**80**	**100**	**175**
H195	4	5	190	275
	5	10	170	260
	10	20	150	230
	20	40	125	210
	40	**80**	**120**	**195**
H215	5	10	200	275
	10	20	180	255
	30	40	160	235
	40	**80**	**145**	**215**
H235	10	20	200	275
	20	40	180	255
	40	**80**	**165**	**235**
H255	20	40	800	875
	40	**80**	**185**	**255**

注 ① 黑体数字表示与该硬度等级所对应的主要壁厚的最大和最小硬度值。

② 在供需双方商定的铸件某位置上,铸件硬度差可以控制在40HBW硬度值范围内。

硬度(HBW)和抗拉强度(R_m)之间的经验关系式如下:

$$硬度(HBW) = RH \times (A + B \times R_m)$$

式中：$A = 100$；

$B = 0.44$；

$RH = 0.8 \sim 1.2$，相对硬度。

(2) 可锻铸铁件的力学性能(GB/T 9440—2010)

表 1 黑心可锻铸铁和珠光体可锻铸铁的力学性能

牌　号	试样直径 d[①,②] (mm)	抗拉强度 R_m (MPa)min	0.2%屈服强度 $R_{p0.2}$ (MPa)min	伸长率 A(%)min ($L_0=3d$)	布氏硬度 HBW
KTH 275-05[③]	12 或 15	275	—	5	≤150
KTH 300-06	12 或 15	300	—	6	
KTH 330-08	12 或 15	330	—	8	
KTH 350-10	12 或 15	350	200	10	
KTH 370-12	12 或 15	370	—	12	
KTZ 450-06	12 或 15	450	270	6	150～200
KTZ 500-05	12 或 15	500	300	5	165～215
KTZ 550-04	12 或 15	550	340	4	180～230
KTZ 600-03	12 或 15	600	390	3	195～245
KTZ 650-02[④,⑤]	12 或 15	650	430	2	210～260
KTZ 700-02	12 或 15	700	530	2	240～290
KTZ 800-01[④]	12 或 15	800	600	1	270～320

注：① 如果需方没有明确要求，供方可以任意选取两种试棒直径中的一种。

② 试样直径代表同样壁厚的铸件，如果铸件为薄壁件时，供需双方可以协商选取直径 6mm 或者 9mm 试样。

③ KTH 275-05 和 KTH 300-06 为专门用于保证压力密封性能，而不要求高强度或者高延展性的工作条件的。

④ 油淬加回火。

⑤ 空冷加回火。

表 2 白心可锻铸铁的力学性能

牌号	试样直径 d(mm)	抗拉强度 R_m (MPa)min	0.2%屈服强度 $R_{p0.2}$ (MPa)min	伸长率 A(%)min ($L_0=3d$)	布氏硬度 HBW max
KTB 350-04	6	270	—	10	230
	9	310	—	5	
	12	350	—	4	
	15	360	—	3	
KTB 360-12	6	280	—	16	200
	9	320	170	15	
	12	360	190	12	
	15	370	200	7	
KTB 400-05	6	300	—	12	220
	9	360	200	8	
	12	400	220	5	
	15	420	230	4	
KTB 450-07	6	330	—	12	220
	9	400	230	10	
	12	450	260	7	
	15	480	280	4	
KTB 550-04	6	—	—	—	250
	9	490	310	5	
	12	550	340	4	
	15	570	350	3	

注：1. 所有级别的白心可锻铸铁均可以焊接。
2. 对于小尺寸的试样，很难判断其屈服强度，屈服强度的检测方法和数值由供需双方在签订订单时商定。
3. 试样直径同表 1 中①、②。

(3) 球墨铸铁件的力学性能

(GB/T 1348—2009)

(a) 单铸试样的力学性能

材料牌号	抗拉强度 R_m(Mpa) min	屈服强度 $R_{p0.2}$ (MPa)min	伸长率 A(%) min	布氏硬度 HBW	主要基体组织
QT350-22L	350	220	22	≤160	铁素体
QT350-22R	350	220	22	≤160	铁素体
QT350-22	350	220	22	≤160	铁素体
QT400-18L	400	240	18	120～175	铁素体
QT400-18R	400	250	18	120～175	铁素体
QT400-18	400	250	18	120～175	铁素体
QT400-15	400	250	15	120～180	铁素体
QT450-10	450	310	10	160～210	铁素体
QT500-7	500	320	7	170～230	铁素体+珠光体
QT550-5	550	350	5	180～250	铁素体+珠光体
QT600-3	600	370	3	190～270	珠光体+铁素体
QT700-2	700	420	2	225～305	珠光体
QT800-2	800	450	2	245～335	珠光体或索氏体
QT900-2	900	600	2	280～360	回火马氏体或屈氏体+索氏体

注：1. 如需求球铁 QT500-10 时，其性能要求可参见其他相关资料。

2. 字母“L”表示该牌号有低温(－20℃或－40℃)下的冲击性能要求；字母“R”表示该牌号有室温(23℃)下的冲击性能要求。

3. 伸长率是从原始标距 L_0-5d 上测得的，d 是试样上原始标距处的直径。

(b) 附铸试样力学性能

材料牌号	铸件壁厚 (mm)	抗拉强度 R_m (Mpa) min	屈服强度 $R_{p0.2}$ (MPa) min	伸长率 A(%) min	布氏硬度 HBW	主要基体组织
QT350-22AL	≤30	350	220	22	≤160	铁素体
	>30～60	330	210	18		
	>60～200	320	200	15		
QT350-22AR	≤30	350	220	22	≤160	铁素体
	>30～60	330	220	18		
	>60～200	320	210	15		
QT350-22A	≤30	350	220	22	≤160	铁素体
	>30～60	330	210	18		
	>60～200	320	200	15		
QT400-18AL	≤30	380	240	18	120～175	铁素体
	>30～60	370	230	15		
	>60～200	360	220	12		
QT400-18AR	≤30	400	250	18	120～175	铁素体
	>30～60	390	250	15		
	>60～200	370	240	12		
QT400-18A	≤30	400	250	18	120～175	铁素体
	>30～60	390	250	15		
	>60～200	370	240	12		
QT400-15A	≤30	400	250	15	120～180	铁素体
	>30～60	390	250	14		
	>60～200	370	240	11		

（续）

材料牌号	铸件壁厚（mm）	抗拉强度 R_m（Mpa）min	屈服强度 $R_{p0.2}$（MPa）min	伸长率 A(%) min	布氏硬度 HBW	主要基体组织
QT450-10A	≤30	450	310	10	160～210	铁素体
	>30～60	420	280	9		
	>60～200	390	260	8		
QT500-7A	≤30	500	320	7	170～230	铁素体+珠光体
	>30～60	450	300	7		
	>60～200	420	290	5		
QT550-5A	≤30	550	350	5	180～250	铁素体+珠光体
	>30～60	520	330	4		
	>60～200	500	320	3		
QT600-3A	≤30	600	370	3	190～270	珠光体+铁素体
	>30～60	600	360	2		
	>60～200	550	340	1		
QT700-2A	≤30	700	420	2	225～305	珠光体
	>30～60	700	400	2		
	>60～200	650	380	1		
QT800-2A	≤30	800	480	2	245～335	珠光体或索氏体
	>30～60	由供需双方商定				
	>60～200					
QT900-2A	≤30	900	600	2	280～340	回火马氏体或索氏体+屈氏体
	>30～60	由供需双方商定				
	>60～200					

(c) 材料的硬度等级

材料牌号	布氏硬度范围 HBW	其他性能*	
		抗拉强度 R_m(MPa)min	屈服强度 $R_{p0.2}$(MPa)min
QT-130HBW	<160	350	220
QT-150HBW	130～175	400	250
QT-155HBW	135～180	400	250
QT-185HBW	160～210	450	310
QT-200HBW	170～230	500	320
QT-215HBW	180～250	550	350
QT-230HBW	190～270	600	370
QT-265HBW	225～305	700	420
QT-300HBW	245～335	800	480
QT-330HBW	270～360	900	600

注：300HBW 和 330HBW 不适用于厚壁铸件。
　　* 当硬度作为检验项目时，这些性能值供参考。

经供需双方同意，可采用较低的硬度范围，硬度差范围在 30～40HBW 可以接受，但对铁素体加珠光体基体的球墨铸铁，其硬度差应小于 30～40HBW。

4. 碳素结构钢(GB/T 700—2006)

(1) 碳素结构钢的化学成分

牌号	统一数字代号[①]	等级	厚度(或直径)(mm)	脱氧方法	化学成分(质量分数不大于)(%)				
					C	Si	Mn	P	S
Q195	U11952	—	—	F、Z	0.12	0.30	0.50	0.035	0.040
Q215	U12152	A	—	F、Z	0.15	0.35	1.20	0.045	0.050
	U12155	B							0.045

(续)

牌号	统一数字代号①	等级	厚度(或直径)(mm)	脱氧方法	化学成分(质量分数不大于)(%)				
					C	Si	Mn	P	S
Q235	U12352	A	—	F、Z	0.22	0.35	1.40	0.045	0.050
	U12355	B			0.20②				0.045
	U12358	C		Z	0.17			0.040	0.040
	U12359	D		TZ				0.035	0.035
Q275	U12752	A	—	F、Z	0.24	0.35	1.50	0.045	0.050
	U12755	B	≤40	Z	0.21			0.045	0.045
			>40		0.22				
	U12758	C	—	Z	0.20			0.040	0.040
	U12759	D		TZ				0.035	0.035

注:① 表中为镇静钢、特殊镇静钢牌号的统一数字,沸腾钢牌号的统一数字代号如下:
Q195F——U11950;
Q215AF——U12150,Q215BF——U12153;
Q235AF——U12350,Q235BF——U12353;
Q275AF——U12750。
② 经需方同意,Q235B的碳含量可不大于0.22%。

(2) 碳素结构钢的力学性能

牌号	等级	屈服强度① R_{eH}(N/mm²),≥						抗拉强度② R_m(N/mm²)	断后伸长率 A(%),≥					冲击试验(V形缺口)	
		厚度(或直径)(mm)							厚度(或直径)(mm)						
		≤16	>16~40	>40~60	>60~100	>100~150	>150~200		≤40	>40~60	>60~100	>100~150	>150~200	温度(℃)	冲击吸收功(纵向)(J),≥
Q195	—	195	185	—	—	—	—	315~430	33	—	—	—	—	—	—
Q215	A	215	205	195	185	175	165	335~450	31	30	29	27	26	—	—
	B													+20	27

（续）

牌号	等级	屈服强度① R_{eH}(N/mm²)，≥						抗拉强度② R_m(N/mm²)	断后伸长率 A(%)，≥					冲击试验（V形缺口）	
		厚度（或直径）(mm)							厚度（或直径）(mm)						
		≤16	>16~40	>40~60	>60~100	>100~150	>150~200		≤40	>40~60	>60~100	>100~150	>150~200	温度(℃)	冲击吸收功（纵向）(J)，≥
Q235	A	235	225	215	215	195	185	370~500	26	25	24	22	21	—	—
	B													+20	27③
	C													0	
	D													−20	
Q275	A	275	265	255	245	225	215	410~540	22	21	20	18	17	—	—
	B													+20	27
	C													0	
	D													−20	

牌　号	试样方向	冷弯试验 180° $B = 2a$④	
		钢材厚度（或直径）⑤(mm)	
		≤60	>60~100
		弯心直径 d	
Q195	纵	0	—
	横	0.5a	
Q215	纵	0.5a	1.5a
	横	a	2a
Q235	纵	a	2a
	横	1.5a	2.5a
Q275	纵	1.5a	2.5a
	横	2a	3a

注：① Q195 的屈服强度值仅供参考，不作交货条件。

② 厚度大于 100mm 的钢材，抗拉强度下限允许降低 20N/mm²。宽带钢（包括剪切钢板）抗拉强度上限不作交货条件。

③ 厚度小于 25mm 的 Q235B 级钢材，如供方能保证冲击吸收功值合格，经需方同意，可不作检验。

④ B 为试样宽度，a 为试样厚度（或直径）。

⑤ 钢材厚度（或直径）大于 100mm 时，弯曲试验由双方协商确定。

5. 优质碳素结构钢(GB/T 699—1999)

(1) 优质碳素结构钢的化学成分

序号	统一数字代号	牌号	化学成分(%)					
			碳	硅	锰	铬	镍	铜
						≤		
1	U20080	08F	0.05～0.11	≤0.03	0.25～0.50	0.10	0.30	0.25
2	U20100	10F	0.07～0.13	≤0.07	0.25～0.50	0.15	0.30	0.25
3	U20150	15F	0.12～0.18	≤0.07	0.25～0.50	0.25	0.30	0.25
4	U20082	08	0.05～0.11	0.17～0.37	0.35～0.65	0.10	0.30	0.25
5	U20102	10	0.07～0.13	0.17～0.37	0.35～0.65	0.15	0.30	0.25
6	U20152	15	0.12～0.18	0.17～0.37	0.35～0.65	0.25	0.30	0.25
7	U20202	20	0.17～0.23	0.17～0.37	0.35～0.65	0.25	0.30	0.25
8	U20252	25	0.22～0.29	0.17～0.37	0.50～0.80	0.25	0.30	0.25
9	U20302	30	0.27～0.34	0.17～0.37	0.50～0.80	0.25	0.30	0.25
10	U20352	35	0.32～0.39	0.17～0.37	0.50～0.80	0.25	0.30	0.25
11	U20402	40	0.37～0.44	0.17～0.37	0.50～0.80	0.25	0.30	0.25
12	U20452	45	0.42～0.50	0.17～0.37	0.50～0.80	0.25	0.30	0.25
13	U20502	50	0.47～0.55	0.17～0.37	0.50～0.80	0.25	0.30	0.25
14	U20552	55	0.52～0.60	0.17～0.37	0.50～0.80	0.25	0.30	0.25
15	U20602	60	0.57～0.65	0.17～0.37	0.50～0.80	0.25	0.30	0.25
16	U20652	65	0.62～0.70	0.17～0.37	0.50～0.80	0.25	0.30	0.25
17	U20702	70	0.67～0.75	0.17～0.37	0.50～0.80	0.25	0.30	0.25
18	U20752	75	0.72～0.80	0.17～0.37	0.50～0.80	0.25	0.30	0.25
19	U20802	80	0.77～0.85	0.17～0.37	0.50～0.80	0.25	0.30	0.25
20	U20852	85	0.82～0.90	0.17～0.37	0.50～0.80	0.25	0.30	0.25
21	U21152	15Mn	0.12～0.18	0.17～0.37	0.70～1.00	0.25	0.30	0.25

(续)

序号	统一数字代号	牌号	化学成分（%）					
			碳	硅	锰	铬	镍	铜
						≤		
22	U21202	20Mn	0.17～0.23	0.17～0.37	0.70～1.00	0.25	0.30	0.25
23	U21252	25Mn	0.22～0.29	0.17～0.37	0.70～1.00	0.25	0.30	0.25
24	U21302	30Mn	0.27～0.34	0.17～0.37	0.70～1.00	0.25	0.30	0.25
25	U21352	35Mn	0.32～0.39	0.17～0.37	0.70～1.00	0.25	0.30	0.25
26	U21402	40Mn	0.37～0.44	0.17～0.37	0.70～1.00	0.25	0.30	0.25
27	U21452	45Mn	0.42～0.50	0.17～0.37	0.70～1.00	0.25	0.30	0.25
28	U21502	50Mn	0.48～0.56	0.17～0.37	0.70～1.00	0.25	0.30	0.25
29	U21602	60Mn	0.57～0.65	0.17～0.37	0.70～1.00	0.25	0.30	0.25
30	U21652	65Mn	0.62～0.70	0.17～0.37	0.90～1.20	0.25	0.30	0.25
31	U21702	70Mn	0.67～0.75	0.17～0.37	0.90～1.20	0.25	0.30	0.25

注：1. 按钢中硫、磷含量组别分：优质钢——硫、磷含量分别为≤0.035%；高级优质钢——硫、磷含量分别为≤0.030%；特级优质钢——硫含量≤0.020%，磷含量≤0.025%。

2. 统一数字代号中最后一位数字为 2 时表示优质钢，高级优质钢改为 3，特级优质钢改为 6，沸腾钢改为 0，半镇静钢改为 1。

3. 使用废钢冶炼的钢允许铜含量≤0.30%，热压力用钢铜含量≤0.20%。

4. 铅浴淬火（派登脱）钢丝用的 35～85 钢锰含量为 0.30%～0.60%；铬含量≤0.10%；镍含量≤0.15%；铜含量≤0.20%；硫、磷含量应符合钢丝标准要求。

5. 用铝脱氧冶炼 08 镇静钢，牌号为 08Al，其锰含量下限为 0.25%，硅含量≤0.03%，铝含量 0.02%～0.07%。

6. 冷冲压用沸腾钢硅含量≤0.03%。经供需双方协议可供应 08b～25b 半镇静钢，其硅含量≤0.17%。

7. 氧气转炉冶炼的钢，其氮含量≤0.008%，若供方能保证合格时，可不做分析。

(2) 优质碳素结构钢的力学性能

序号	牌号	试样毛坯尺寸(mm)	推荐热处理(℃)			力学性能					钢材交货状态硬度HBS≤	
						σ_b	σ_s	δ_5	ψ	A_{kU2}		
			正火	淬火	回火	(MPa) ≥		(%) ≥		(J) ≥	未热处理	退火
1	08F	25	930	—	—	295	175	35	60	—	131	—
2	10F	25	930	—	—	315	185	33	55	—	137	—
3	15F	25	920	—	—	355	205	29	55	—	143	—
4	08	25	930	—	—	325	195	33	60	—	131	—
5	10	25	930	—	—	335	205	31	55	—	137	—
6	15	25	920	—	—	375	225	27	55	—	143	—
7	20	25	910	—	—	410	245	25	55	—	156	—
8	25	25	900	870	600	450	275	23	50	71	170	—
9	30	25	880	860	600	490	295	21	50	63	179	—
10	35	25	870	850	600	530	315	20	45	55	197	—
11	40	25	860	840	600	570	335	19	45	47	217	187
12	45	25	850	840	600	600	355	16	40	39	229	197
13	50	25	830	830	600	630	375	14	40	31	241	207
14	55	25	820	820	600	645	380	13	35	—	255	217
15	60	25	810	—	—	675	400	12	35	—	255	229
16	65	25	810	—	—	695	410	10	30	—	255	229
17	70	25	790	—	—	715	420	9	30	—	269	229
18	75	试样	—	820	480	1080	880	7	30	—	285	241
19	80	试样	—	820	480	1080	930	6	30	—	285	241
20	85	试样	—	820	480	1130	980	6	30	—	302	255
21	15Mn	25	920	—	—	410	245	26	55	—	163	—
22	20Mn	25	910	—	—	450	275	24	50	—	197	—
23	25Mn	25	900	870	600	490	295	22	50	71	207	—
24	30Mn	25	880	860	600	540	315	20	45	63	217	187
25	35Mn	25	870	850	600	560	335	18	45	55	229	197
26	40Mn	25	860	840	600	590	355	17	45	47	229	207

（续）

序号	牌号	试样毛坯尺寸(mm)	推荐热处理(℃)			力学性能					钢材交货状态硬度HBS≤	
						σ_b	σ_s	δ_5	ψ	A_{kU2}		
			正火	淬火	回火	(MPa) ≥		(%) ≥		(J) ≥	未热处理	退火
27	45Mn	25	850	840	600	620	375	15	40	39	241	217
28	50Mn	25	830	830	600	645	390	13	40	31	255	217
29	60Mn	25	810	—	—	695	410	11	35	—	269	229
30	65Mn	25	830	—	—	735	430	9	30	—	285	229
31	70Mn	25	790	—	—	785	450	8	30	—	285	229

注：1. σ_b—抗拉强度；σ_s—屈服点；δ_5—伸长率；ψ—断面收缩率；A_{kU}—用夏比U形缺口试样求得的冲击吸收功。

2. 钢材通常以热轧或热锻状态交货。如需方有要求，并在合同中注明，也可以热处理（退火、正火或高温回火）状态或特殊表面处理状态交货。

3. 用正火热处理毛坯制成的试样纵向力学性能（不包括冲击吸收功）应符合规定。以热轧或热锻状态交货，如供方能供证力学性能，可不进行试验。

4. 根据需方要求，用淬火＋回火热处理毛坯制成的试样测定25～50，25Mn～50Mn钢的冲击吸收功应符合规定。

5. 对于直径＜16mm的圆钢和厚度≤12mm的方钢、扁钢，不作冲击试验；直径或厚度＜25mm的钢材，热处理是在与成品截面尺寸相同的试样毛坯上进行。

6. 表列力学性能仅适用于截面尺寸≤80mm的钢材，对＞80mm的钢材允许其伸长率、断面收缩率比表中规定分别降低2%及5%（绝对值）。

7. 用尺寸为80～120mm和120～250mm的钢材分别锻（轧）至70～80mm和90～100mm的试样取样检验时，其结果应符合规定。

8. 切削加工和冷拔坯料用钢材交货硬度应符合规定。不退火钢的硬度保证合格时可不作检验。高温回火或正火后硬度由供需双方协商确定。

9. 表列正火推荐保温时间≥30min，空冷；淬火推荐保温时间≥30min，70、80和85钢油冷，其余钢水冷；回火推荐保温时间≥1h。

6. 易切削结构钢(GB/T 8731—2008)

(1) 易切削结构钢的化学成分

(a) 硫系易切削钢的牌号及化学成分(熔炼分析)

牌　　号	化学成分(质量分数)(%)				
	碳	硅	锰	磷	硫
Y08	≤0.09	≤0.15	0.75～1.05	0.04～0.09	0.26～0.35
Y12	0.08～0.16	0.15～0.35	0.70～1.00	0.08～0.15	0.10～0.20
Y15	0.10～0.18	≤0.15	0.80～1.20	0.05～0.10	0.23～0.33
Y20	0.17～0.25	0.15～0.35	0.70～1.00	≤0.06	0.08～0.15
Y30	0.27～0.35	0.15～0.35	0.70～1.00	≤0.06	0.08～0.15
Y35	0.32～0.40	0.15～0.35	0.70～1.00	≤0.06	0.08～0.15
Y45	0.42～0.50	≤0.40	0.70～1.10	≤0.06	0.15～0.25
Y08MnS	≤0.09	≤0.07	1.00～1.50	0.04～0.09	0.32～0.48
Y15Mn	0.14～0.20	≤0.15	1.00～1.50	0.04～0.09	0.08～0.13
Y35Mn	0.32～0.40	≤0.10	0.90～1.35	≤0.04	0.18～0.30
Y40Mn	0.37～0.45	0.15～0.35	1.20～1.55	≤0.05	0.20～0.30
Y45Mn	0.40～0.48	≤0.40	1.35～1.65	≤0.04	0.16～0.24
Y45MnS	0.40～0.48	≤0.40	1.35～1.65	≤0.04	0.24～0.33

(b) 铅系易切削钢的牌号及化学成分(熔炼分析)

牌　　号	化学成分(质量分数)(%)					
	碳	硅	锰	磷	硫	铅
Y08Pb	≤0.09	≤0.15	0.75～1.05	0.04～0.09	0.26～0.35	0.15～0.35
Y12Pb	≤0.15	≤0.15	0.85～1.15	0.04～0.09	0.26～0.35	0.15～0.35
Y15Pb	0.10～0.18	≤0.15	0.80～1.20	0.05～0.10	0.23～0.33	0.15～0.35
Y45MnSPb	0.40～0.48	≤0.40	1.35～1.65	≤0.04	0.24～0.33	0.15～0.35

(c) 锡系易切削钢的牌号及化学成分(熔炼分析)

牌　　号	化学成分(质量分数)(%)					
	碳	硅	锰	磷	硫	锡
Y08Sn	≤0.09	≤0.15	0.75～1.20	0.04～0.09	0.26～0.40	0.09～0.25
Y15Sn	0.13～0.18	≤0.15	0.40～0.70	0.03～0.07	≤0.05	0.09～0.25
Y45Sn	0.40～0.48	≤0.40	0.60～1.00	0.03～0.07	≤0.05	0.09～0.25
Y45MnSn	0.40～0.48	≤0.40	1.20～1.70	≤0.06	0.20～0.35	0.09～0.25

注：本表中所列牌号为专利所有，见国家发明专利“含锡易切削结构钢”，专利号：ZL 03 1 22768.6，国际专利主分类号：C22C 38/04。

(d) 钙系易切削钢的牌号及化学成分(熔炼分析)

牌号	化学成分(质量分数)(%)					
	碳	硅	锰	磷	硫	钙
Y45Ca*	0.42～0.50	0.20～0.40	0.60～0.90	≤0.04	0.04～0.08	0.002～0.006

注：* Y45Ca 钢中残余元素镍、铬、铜含量各不大于 0.25%；供热压力加工用时，铜含量不大于 0.20%。供方能保证合格时可不进行分析。

(e) 硫、锡元素的化学成分允许偏差

元素	规定化学成分范围(%)	允许偏差(%)	
		上偏差	下偏差
S	≤0.33 >0.33	0.03 0.04	0.03 0.04
Sn	≤0.30	0.03	0.03

(2) 热轧状态交货的易切削结构钢的力学性能

牌　号	抗拉强度 (N/mm²)	断后伸长率 (%)≥	断面收缩率 (%)≥	布氏硬度 ≤
Y08	360～570	25	40	163
Y12	390～540	22	36	170
Y15	390～540	22	36	170
Y20	450～600	20	30	175
Y30	510～655	15	25	187
Y35	510～655	14	22	187
Y45	560～800	12	20	229
Y08MnS	350～500	25	40	165
Y15Mn	390～540	22	36	170
Y35Mn	530～790	16	22	229
Y40Mn	590～850	14	20	229
Y45Mn	610～900	12	20	241
Y45MnS	610～900	12	20	241
Y08Pb	360～570	25	40	165
Y12Pb	360～570	22	36	170
Y15Pb	390～540	22	36	170
Y45MnSPb	610～900	12	20	241
Y08Sn	350～500	25	40	165
Y15Sn	390～540	22	36	165
Y45Sn	600～745	12	26	241
Y45MnSn	610～850	12	26	241
Y45Ca	600～745	12	26	241

7. 冷镦和冷挤压用钢(GB/T 6478—2001)

(1) 冷镦和冷挤压用钢的化学成分

序号	统一数字代号	牌号	化学成分(%)				
			碳	硅	锰	硼	全铝量≥
(1) 非热处理型							
1	U40048	ML04Al	≤0.06	≤0.10	0.20～0.40	—	0.020
2	U40088	ML08Al	0.05～0.10	≤0.10	0.30～0.60	—	0.020
3	U40108	ML10Al	0.08～0.13	≤0.10	0.30～0.60	—	0.020
4	U40158	ML15Al	0.13～0.18	≤0.10	0.30～0.60	—	0.020
5	U40152	ML15	0.13～0.18	0.15～0.35	0.30～0.60	—	—
6	U40208	ML20Al	0.18～0.23	≤0.10	0.30～0.60	—	0.020
7	U40202	ML20	0.18～0.23	0.15～0.35	0.30～0.60	—	—
(2) 表面硬化型							
8	U41188	ML18Mn	0.15～0.20	≤0.10	0.60～0.90	—	0.020
9	U41228	ML22Mn	0.18～0.23	≤0.10	0.70～1.00	—	0.020
10	U40204	ML20Cr	0.17～0.23	≤0.30	0.60～0.90	铬 0.90～1.20	0.020
(3) 调质型							
11	U40252	ML25	0.22～0.29	≤0.20	0.30～0.60	—	—
12	U40302	ML30	0.27～0.34	≤0.20	0.30～0.60	—	—
13	U40352	ML35	0.32～0.39	≤0.20	0.30～0.60	—	—

（续）

序号	统一数字代号	牌号	化学成分（%）				
			碳	硅	锰	硼	全铝量≥
（3）调质型（续）							
14	U40402	ML40	0.37～0.44	≤0.20	0.30～0.60	—	—
15	U40452	ML45	0.42～0.50	≤0.20	0.30～0.60	—	—
16	L20158	ML15Mn	0.14～0.20	0.20～0.40	1.20～1.60	—	—
17	U41252	ML25Mn	0.22～0.29	≤0.25	0.60～0.90	—	—
18	U41302	ML30Mn	0.27～0.34	≤0.25	0.60～0.90	—	—
19	U41352	ML35Mn	0.32～0.39	≤0.25	0.60～0.90	—	—
20	A20374	ML37Cr	0.34～0.41	≤0.30	0.60～0.90	铬 0.90～1.20	—
21	A20404	ML40Cr	0.38～0.45	≤0.30	0.60～0.90	铬 0.90～1.20	—
22	A30304	ML30CrMo	0.26～0.34	≤0.30	0.60～0.90	铬 0.80～1.10 钼 0.15～0.25	—
23	A30354	ML35CrMo	0.32～0.40	≤0.30	0.60～0.90	铬 0.80～1.10 钼 0.15～0.25	—
24	A30424	ML42CrMo	0.38～0.45	≤0.30	0.60～0.90	铬 0.80～1.10 钼 0.15～0.25	—
（4）调质型（含硼钢）							
25	A70204	ML20B	0.17～0.24	≤0.40	0.50～0.80	0.0005～0.0035	0.02
26	A70284	ML28B	0.25～0.32	≤0.40	0.60～0.90	0.0005～0.0035	0.02

（续）

序号	统一数字代号	牌号	化学成分（%）				
			碳	硅	锰	硼	全铝量≥
（4）调质型（含硼钢）（续）							
27	A70345	ML35B	0.32～0.39	≤0.40	0.50～0.80	0.0005～0.0035	0.02
28	A71154	ML15MnB	0.14～0.20	≤0.30	1.20～1.60	0.0005～0.0035	0.02
29	A71204	ML20MnB	0.17～0.24	≤0.40	0.80～1.20	0.0005～0.0035	0.02
30	A71354	ML35MnB	0.32～0.39	≤0.40	1.10～1.40	0.0005～0.0035	0.02
31	A20378	ML37CrB	0.34～0.41	≤0.40	0.50～0.80	0.0005～0.0035 铬 0.20～0.40	0.02
32	A74204	ML20MnTiB	0.19～0.24	≤0.30	1.30～1.60	0.0005～0.0035 钛 0.04～0.10	0.02
33	A73154	ML15MnVB	0.13～0.18	≤0.30	1.20～1.60	0.0005～0.0035 钒 0.07～0.12	0.02
34	A73204	ML20MnVB	0.19～0.24	≤0.30	1.20～1.60	0.0005～0.0035 钒 0.07～0.12	0.02

注：1. 非热处理型钢中序号 3、4、5、6、7 五个牌号也适用于表面硬化型钢。
2. 全铝量符号为 Alt，测定酸溶铝含量应≥0.015%。
3. 钢中残余铬、镍、铜含量各≤0.20%。硫含量均≤0.035%。
4. 钢中含磷量除表面硬化型序号 8、9 为≤0.030%外，其余序号均为 0.035%。
5. 非热处理型的铝镇静钢采用碱性冶炼时，钢中含硅量应≤0.17%。
6. 根据需方要求，并在合同中注明，可供应含碳量为 0.12%～0.18%的 ML15MnB 钢。

(2) 冷镦和冷挤压用钢的力学性能

序号	牌　号	抗拉强度 σ_b (MPa)≤	断面收缩率 ψ(%)≥
非热处理型(热轧状态)			
1	ML04Al	440	60
2	ML08Al	470	60
3	ML10Al	490	55
4	ML15Al	530	50
5	ML15	530	50
6	ML20Al	580	45
7	ML20	580	45
非热处理型(退火状态)			
3	ML10Al	450	65
4	ML15Al	470	64
5	ML15	470	64
6	ML20Al	490	63
7	ML20	490	63

序号	牌　号	抗拉强度 σ_b (MPa)≤	断面收缩率 ψ(%)≥
表面硬化型(退火状态)			
10	ML20Cr	560	60
调质型(退火状态)			
17	ML25Mn	540	60
18	ML30Mn	550	59
19	ML35Mn	560	58
20	ML37Cr	600	60
21	ML40Cr	620	58
调质型(含硼钢)(退火状态)			
25	ML20B	500	64
26	ML28B	530	62
27	ML35B	570	62
29	ML20MnB	520	62
30	ML35MnB	600	60
31	ML37CrB	600	60

注：1. 钢材一般以热轧状态交货。经供需双方协议，并在合同中注明，也可以退火状态交货。表面硬化型和调质型(包括含硼钢)，热轧状态不做力学性能检验。

2. 钢材直径≤12mm时，断面收缩率可降低2%。

3. 直径5～40mm的钢材，应进行冷顶锻试验，顶锻前后高度之比：普通级为1/2；较高级为1/3；高级为1/4。

8. 标准件用碳素钢热轧圆钢(GB/T 715—1989)

牌号	化学成分(%)			屈服点 ≥	抗拉强度	伸长率 δ_5(%) ≥	冷顶锻试验 $X=h_1/h$
	碳	锰	硅≤	(MPa)			
BL2	0.09～0.15	0.25～0.55	0.07	215	335～410	38	X=0.4
BL3	0.14～0.22	0.30～0.60	0.07	235	370～460	28	X=0.5

注:1. 钢中磷含量≤0.040%,硫含量≤0.040%,铜含量≤0.25%。
2. h 和 h_1 分别为试样冷顶锻试验前后的高度。
3. 热顶锻试验:达 1/3 高度。
4. 热或冷状态下铆钉头锻平实验:顶头直径为 2.5 倍圆钢直径。

9. 混凝土用钢筋

(1) 钢筋的化学成分

牌 号	化学成分(≤%)②③					
	碳	硅	锰	其他		
(1) 钢筋混凝土用热轧光圆钢筋 GB 1499.1—2008						
HPB235	0.22	0.30	0.65	磷 0.045 硫 0.050		
HPB300	0.25	0.55	1.50			
(2) 钢筋混凝土用热轧带肋钢筋 GB 1499.2—2007						
HRB335① HRBF335①	0.25	0.80	1.60	硫 0.045	碳当量	0.52
HRB400① HRBF400①						0.54
HRB500① HRBF500①						0.55

（续）

牌　号	化　学　成　分　（≤%）②③			
	碳	硅	锰	其他
（3）钢筋混凝土用余热处理钢筋（GB 13014—1991） 表面形状：月牙肋；公称直径（mm）：8，10，12， 14，16，18，20，22，25，28，32，36，40				
20MnSi	0.17～0.25	0.40～0.80	1.20～1.60	磷 0.045 硫 0.045

注：① 牌号表示意义：H—热轧，R—带肋，B—钢筋，F—“细”的英文（Fine）首字母，数字表示屈服强度的最低值。

② 各牌号钢中的磷、硫含量应分别≤0.045%。

③ 钢（HRB335、HRB400、HRB500 钢除外）的铬、镍、铜残余含量应分别≤0.30%，总量应≤0.60%；经需方同意，铜残余含量可≤0.35%。

（2）钢筋的力学和工艺性能

牌　号	公称直径（mm）	屈服强度	抗拉强度	伸长率	冷弯（a=弯心直径，d=钢筋公称直径）
		（MPa）≥		（%）≥	
（1）钢筋混凝土用热轧光圆钢筋（GB/T 1499.1—2008）					
HPB235	6～20	235	370	25.0	180°，$d=a$
HPB300		300	420		
（2）钢筋混凝土用热轧带肋钢筋（GB/T 1499.2—2007）					
HRB335 HRBF335	5～25	335	455	17	180°，$a=3d$
	28～40				180°，$a=4d$
	＞40～50				180°，$a=5d$
HRB400 HRBF400	6～25	400	540	16	180°，$a=4d$
	28～40				180°，$a=5d$
	＞40～50				180°，$a=6d$

（续）

牌　号		公称直径(mm)	屈服强度	抗拉强度	伸长率	冷弯（a＝弯心直径，d＝钢筋公称直径）
			(MPa)≥		(%)≥	
(2) 钢筋混凝土用热轧带肋钢筋(GB/T 1499.2—2007)						
HRB500 HRBF500		6～25	500	630	15	180°，$a=6d$
		28～40				180°，$a=7d$
		>40～50				180°，$a=8d$
(3) 钢筋混凝土用余热处理钢筋(GB 13014—1991)						
KL400	Ⅲ	8～25	440	600	14	90°，$d=3a$
		28～40				90°，$d=4a$

注：1. 征得需方同意，在KL400Ⅲ级钢筋性能符合规定，且伸长率和冷弯试验符合GB 1499—1991中Ⅱ级钢筋的要求时，可按RL335Ⅱ级钢筋交货，并在质量证明书中注明。Ⅱ级钢筋性能数据可查阅GB 1499—1991。
2. HRB335、HRB400、HRB500钢筋：① 在最大拉力下的总伸长率$\delta\geqslant2.5\%$。供方如能保证，可不作检验。② 根据需方要求，钢筋实测抗拉强度与实测屈服点之比≥1.25；实测屈服点与表中规定的最小屈服点之比≤1.30。③ 根据需方要求可进行先正向弯曲45°，后反向弯曲23°的弯曲性能试验，但反向弯曲试验的弯心直径应增加一个钢筋直径。

10. 低合金高强度结构钢(GB/T 1591—2008)

(1) 低合金高强度结构钢的化学成分

牌号	质量等级	化学成分(%)					
		碳≤	锰≤	硅≤	磷≤	硫≤	铝≥
Q295	A	0.16	0.80～1.50	0.55	0.045	0.045	—
	B	0.16	0.80～1.50	0.55	0.040	0.040	—
Q345	A	0.20	1.70	0.50	0.035	0.035	—
	B	0.20	1.70	0.50	0.035	0.035	—
	C	0.20	1.70	0.50	0.030	0.030	0.015
	D	0.18	1.70	0.50	0.030	0.025	0.015
	E	0.18	1.70	0.50	0.025	0.020	0.015

（续）

牌号	质量等级	化学成分（%）					
		碳≤	锰≤	硅≤	磷≤	硫≤	铝≥
Q390	A	0.20	1.70	0.50	0.035	0.035	—
	B	0.20	1.70	0.50	0.035	0.035	—
	C	0.20	1.70	0.50	0.030	0.030	0.015
	D	0.20	1.70	0.50	0.030	0.025	0.015
	E	0.20	1.70	0.50	0.025	0.020	0.015

牌号	质量等级	化学成分（%）				
		钒≤	铌≤	钛≤	铬≤	镍≤
Q295	A	0.02～0.15	0.015～0.060	0.02～0.20	—	—
	B	0.02～0.15	0.015～0.060	0.02～0.20	—	—
Q345	A	0.15	0.07	0.20	0.30	0.50
	B	0.15	0.07	0.20	0.30	0.50
	C	0.15	0.07	0.20	0.30	0.50
	D	0.15	0.07	0.20	0.30	0.50
	E	0.15	0.07	0.20	0.30	0.50
Q390	A	0.20	0.07	0.20	0.30	0.50
	B	0.20	0.07	0.20	0.30	0.50
	C	0.20	0.07	0.20	0.30	0.50
	D	0.20	0.07	0.20	0.30	0.50
	E	0.20	0.07	0.20	0.30	0.50

牌号	质量等级	化学成分（%）					
		碳≤	锰≤	硅≤	磷≤	硫≤	铝≥
Q420	A	0.20	1.70	0.50	0.035	0.035	—
	B	0.20	1.70	0.50	0.035	0.035	—
	C	0.20	1.70	0.50	0.030	0.030	0.015
	D	0.20	1.70	0.50	0.030	0.025	0.015
	E	0.20	1.70	0.50	0.025	0.020	0.015
Q460	C	0.20	1.80	0.60	0.030	0.030	0.015
	D	0.20	1.80	0.60	0.030	0.025	0.015
	E	0.20	1.80	0.60	0.025	0.020	0.015

(续)

牌号	质量等级	化学成分(%)				
		钒	铌	钛	铬≤	镍≤
Q420	A	0.20	0.07	0.20	0.30	0.80
	B	0.20	0.07	0.20	0.30	0.80
	C	0.20	0.07	0.20	0.30	0.80
	D	0.20	0.07	0.20	0.30	0.80
	E	0.20	0.07	0.20	0.30	0.80
Q460	C	0.20	0.011	0.20	0.30	0.80
	D	0.20	0.011	0.20	0.30	0.80
	E	0.20	0.011	0.20	0.30	0.80

注：1. 铝为全铝含量，如化验酸溶铝，其含量应≥0.010%。

2. 厚度≤6mm的钢板(带)和厚度≤16mm的热连轧钢板(带)的锰含量下限可到0.20%。

3. 在保证钢材力学性能符合规定的情况下，用铌作细化晶粒元素时，Q345、Q390钢的锰含量下限可低于规定的下限含量。

4. 除各牌号A、B级钢外，表中规定的细化晶粒元素(钒、铌、钛、铝)，钢中至少含有其中的一种，如这些元素同时使用，则至少应有一种元素的含量不低于规定的最小值。

5. 为改善钢的性能，各牌号A、B级钢，可加入钒或铌等细化晶粒元素，其含量应符合规定。

6. 当钢中不加入细化晶粒元素时，不进行该元素含量的分析，也不予保证。

7. 为改善钢的性能，各牌号钢可加入稀土元素，其加入量按0.02%～0.20%计算；对Q390、Q420、Q460钢，可加入少量钼元素。

8. 供应商品钢锭、连铸坯、钢坯时，为保证钢材力学性能符合规定，其碳、硅元素含量的下限，可根据需方要求，另订协议。

(2) 低合金高强度钢材的拉伸性能

牌号	质量等级	公称厚度、直径、边长(mm) 屈服强度 R_{eL}(MPa)						公称厚度、直径、边长(mm) 抗拉强度 R_m(MPa)					公称厚度、直径、边长(mm)断后伸长率 A(%)			
		≤16	>16~40	>40~63	>63~80	>80~100	>100~150	≤40	>40~63	>63~80	>80~100	>100~150	≤40	>40~63	>63~100	>100~150
Q345	A	≥345	≥335	≥325	≥315	≥305	≥285	470~630	470~630	470~630	470~630	450~600	≥20	≥19	≥19	≥18
	B															
	C															
	D												≥21	≥20	≥20	≥19
	E															
Q390	A	≥390	≥370	≥350	≥330	≥330	≥310	490~650	490~650	490~650	490~650	470~620	≥20	≥19	≥19	≥18
	B															
	C															
	D															
	E															
Q420	A	≥420	≥400	≥380	≥360	≥360	≥340	520~680	520~680	520~680	520~680	500~650	≥19	≥18	≥18	≥18
	B															
	C															
	D															
	E															

（续）

牌号	质量等级	公称厚度、直径、边长(mm) 屈服强度 R_{eL}(MPa)						公称厚度、直径、边长(mm) 抗拉强度 R_m(MPa)					公称厚度、直径、边长(mm)断后伸长率 A(%)			
		≤16	>16~40	>40~63	>63~80	>80~100	>100~150	≤40	>40~63	>63~80	>80~100	>100~150	≤40	>40~63	>63~100	>100~150
Q460	C D E	≥460	≥440	≥420	≥400	≥400	≥380	550~720	550~720	550~720	550~720	530~700	≥17	≥16	≥16	≥16
Q500	C D E	≥500	≥480	≥470	≥450	≥440	—	610~770	600~760	590~750	540~730	—	≥17	≥17	≥17	—
Q550	C D E	≥550	≥530	≥520	≥500	≥490	—	670~830	620~810	600~790	590~780	—	≥16	≥16	≥16	—
Q620	C D E	≥620	≥600	≥590	≥570	—	—	710~880	690~880	670~860	—	—	≥15	≥15	≥15	—
Q690	C D E	≥690	≥670	≥660	≥640	—	—	770~940	750~920	730~900	—	—	≥14	≥14	≥14	—

注：① 当屈服不明显时，可测量 $R_{p0.2}$ 代替下屈服强度。
② 宽度不小于 600mm 扁平材，拉伸试验取横向试样；宽度小于 600mm 的扁平材、型材及棒材取纵向试样，断后伸长率最小值相应提高 1%（绝对值）。
③ 厚度>250~400mm 的数值适用于扁平材。

11. 合金结构钢(GB/T 3077—1999)

(1) 合金结构钢的化学成分

钢组	序号	统一数字代号	牌号	化学成分(%)	
				碳	硅
Mn	1	A00202	20Mn2	0.17～0.24	0.17～0.37
	2	A00302	30Mn2	0.27～0.34	0.17～0.37
	3	A00352	35Mn2	0.32～0.39	0.17～0.37
	4	A00402	40Mn2	0.37～0.44	0.17～0.37
	5	A00452	45Mn2	0.42～0.49	0.17～0.37
	6	A00502	50Mn2	0.47～0.55	0.17～0.37
MnV	7	A01202	20MnV	0.17～0.24	0.17～0.37
SiMn	8	A10272	27SiMn	0.24～0.32	1.10～1.40
	9	A10352	35SiMn	0.32～0.40	1.10～1.40
	10	A10422	42SiMn	0.39～0.45	1.10～1.40
SiMnMoV	11	A14202	20SiMn2MoV	0.17～0.23	0.90～1.20
	12	A14262	25SiMn2MoV	0.22～0.28	0.90～1.20

序号	化学成分(%)				
	锰	钼	铬	硼	钒
1	1.40～1.80	—	—	—	—
2	1.40～1.80	—	—	—	—
3	1.40～1.80	—	—	—	—
4	1.40～1.80	—	—	—	—
5	1.40～1.80	—	—	—	—
6	1.40～1.80	—	—	—	—
7	1.30～1.60	—	—	—	0.07～0.12
8	1.10～1.40	—	—	—	—
9	1.10～1.40	—	—	—	—
10	1.10～1.40	—	—	—	—
11	2.20～2.60	0.30～0.40	—	—	0.05～0.12
12	2.20～2.60	0.30～0.40	—	—	0.05～0.12

（续）

钢组	序号	统一数字代号	牌号	化学成分（%）	
				碳	硅
SiMnMoV	13	A14372	37SiMn2MoV	0.33～0.39	0.60～0.90
B	14	A70402	40B	0.37～0.44	0.17～0.37
	15	A70452	45B	0.42～0.49	0.17～0.37
	16	A70502	50B	0.47～0.55	0.17～0.37
MnB	17	A71402	40MnB	0.37～0.44	0.17～0.37
	18	A71452	45MnB	0.42～0.49	0.17～0.37
MnMoB	19	A72202	20MnMoB	0.16～0.22	0.17～0.37
MnVB	20	A73152	15MnVB	0.12～0.18	0.17～0.37
	21	A73202	20MnVB	0.17～0.23	0.17～0.37
	22	A73402	40MnVB	0.37～0.44	0.17～0.37
MnTiB	23	A74202	20MnTiB	0.17～0.24	0.17～0.37
	24	A74252	25MnTiBRE	0.22～0.28	0.20～0.45

序号	化学成分（%）				
	锰	钼	钛	硼	钒
13	1.60～1.90	0.40～0.50	—	—	0.05～0.12
14	0.60～0.90	—	—	0.0005～0.0035	—
15	0.60～0.90	—	—	0.0005～0.0035	—
16	0.60～0.90	—	—	0.0005～0.0035	—
17	1.10～1.40	—	—	0.0005～0.0035	—
18	1.10～1.40	—	—	0.0005～0.0035	—
19	0.90～1.20	0.20～0.30	—	0.0005～0.0035	—
20	1.20～1.60	—	—	0.0005～0.0035	0.07～0.12
21	1.20～1.60	—	—	0.0005～0.0035	0.07～0.12
22	1.10～1.40	—	—	0.0005～0.0035	0.05～0.10
23	1.30～1.60	—	0.04～0.10	0.0005～0.0035	—
24	1.30～1.60	—	0.04～0.10	0.0005～0.0035	—

（续）

钢组	序号	统一数字代号	牌号	化学成分（%）	
				碳	硅
Cr	25	A20152	15Cr	0.12～0.18	0.17～0.37
	26	A20153	15CrA	0.12～0.17	0.17～0.37
	27	A20202	20Cr	0.18～0.24	0.17～0.37
	28	A20302	30Cr	0.27～0.34	0.17～0.37
	29	A20352	35Cr	0.32～0.39	0.17～0.37
	30	A20402	40Cr	0.37～0.44	0.17～0.37
	31	A20452	45Cr	0.42～0.49	0.17～0.37
	32	A20502	50Cr	0.47～0.54	0.17～0.37
CrSi	33	A21382	38CrSi	0.35～0.43	1.00～1.30
CrMo	34	A30122	12CrMo	0.08～0.15	0.17～0.37
	35	A30152	15CrMo	0.12～0.18	0.17～0.37
	36	A30202	20CrMo	0.17～0.24	0.17～0.37

序号	化学成分（%）				
	锰	钼	铬	硼	钒
25	0.40～0.70	—	0.70～1.00	—	—
26	0.40～0.70	—	0.70～1.00	—	—
27	0.50～0.80	—	0.70～1.00	—	—
28	0.50～0.80	—	0.80～1.10	—	—
29	0.50～0.80	—	0.80～1.10	—	—
30	0.50～0.80	—	0.80～1.10	—	—
31	0.50～0.80	—	0.80～1.10	—	—
32	0.50～0.80	—	0.80～1.10	—	—
33	0.30～0.60	—	1.30～1.60	—	—
34	0.40～0.70	0.40～0.55	0.40～0.70	—	—
35	0.40～0.70	0.40～0.55	0.80～1.10	—	—
36	0.40～0.70	0.15～0.25	0.80～1.10	—	—

(续)

钢组	序号	统一数字代号	牌号	化学成分(%)	
				碳	硅
CrMo	37	A30302	30CrMo	0.26～0.34	0.17～0.37
	38	A30303	30CrMoA	0.26～0.33	0.17～0.37
	39	A30352	35CrMo	0.32～0.40	0.17～0.37
	40	A30422	42CrMo	0.38～0.45	0.17～0.37
CrMoV	41	A31122	12CrMoV	0.08～0.15	0.17～0.37
	42	A31352	35CrMoV	0.30～0.38	0.17～0.37
	43	A31132	12Cr1MoV	0.08～0.15	0.17～0.37
	44	A31253	25Cr2MoVA	0.22～0.29	0.17～0.37
	45	A31263	25Cr2Mo1VA	0.22～0.29	0.17～0.37
CrMoAl	46	A33382	38CrMoAl	0.35～0.42	0.20～0.45
CrV	47	A23402	40CrV	0.37～0.44	0.17～0.37
	48	A23503	50CrVA	0.47～0.54	0.17～0.37

序号	化学成分(%)				
	锰	钼	铬	钒	铝
37	0.40～0.70	0.15～0.25	0.80～1.10	—	—
38	0.40～0.70	0.15～0.25	0.80～1.10	—	—
39	0.40～0.70	0.15～0.25	0.80～1.10	—	—
40	0.50～0.80	0.15～0.25	0.90～1.20	—	—
41	0.40～0.70	0.25～0.35	0.30～0.60	0.15～0.30	—
42	0.40～0.70	0.20～0.30	1.00～1.30	0.10～0.20	—
43	0.40～0.70	0.25～0.35	0.90～1.20	0.15～0.30	—
44	0.40～0.70	0.25～0.35	1.50～1.80	0.15～0.30	—
45	0.50～0.80	0.90～1.10	2.10～2.50	0.30～0.50	—
46	0.30～0.60	0.15～0.25	1.35～1.65	—	0.70～1.10
47	0.50～0.80	—	0.80～1.10	0.10～0.20	—
48	0.50～0.80	—	0.80～1.10	0.10～0.20	—

（续）

钢组	序号	统一数字代号	牌号	化学成分（%）	
				碳	硅
CrMn	49	A22152	15CrMn	0.12～0.18	0.17～0.37
	50	A22202	20CrMn	0.17～0.23	0.17～0.37
	51	A22402	40CrMn	0.37～0.45	0.17～0.37
CrMnSi	52	A24202	20CrMnSi	0.17～0.23	0.90～1.20
	53	A24252	25CrMnSi	0.22～0.28	0.90～1.20
	54	A24302	30CrMnSi	0.27～0.34	0.90～1.20
	55	A24303	30CrMnSiA	0.28～0.34	0.90～1.20
	56	A24353	35CrMnSiA	0.32～0.39	1.10～1.40
CrMnMo	57	A34202	20CrMnMo	0.17～0.23	0.17～0.37
	58	A34402	40CrMnMo	0.37～0.45	0.17～0.37
CrMnTi	59	A26202	20CrMnTi	0.17～0.23	0.17～0.37
	60	A26302	30CrMnTi	0.24～0.32	0.17～0.37

序号	化学成分（%）				
	锰	钼	铬	硼	钛
49	1.10～1.40	—	0.40～0.70	—	—
50	0.90～1.20	—	0.90～1.20	—	—
51	0.90～1.20	—	0.90～1.20	—	—
52	0.80～1.10	—	0.80～1.10	—	—
53	0.80～1.10	—	0.80～1.10	—	—
54	0.80～1.10	—	0.80～1.10	—	—
55	0.80～1.10	—	0.80～1.10	—	—
56	0.80～1.10	—	1.10～1.40	—	—
57	0.90～1.20	0.20～0.30	1.10～1.40	—	—
58	0.90～1.20	0.20～0.30	0.90～1.20	—	—
59	0.80～1.10	—	1.00～1.30	—	0.04～0.10
60	0.80～1.10	—	1.00～1.30	—	0.04～0.10

(续)

钢组	序号	统一数字代号	牌号	化学成分(%)	
				碳	硅
CrNi	61	A40202	20CrNi	0.17～0.23	0.17～0.37
	62	A40402	40CrNi	0.37～0.44	0.17～0.37
	63	A40452	45CrNi	0.42～0.49	0.17～0.37
	64	A40502	50CrNi	0.47～0.54	0.17～0.37
	65	A41122	12CrNi2	0.10～0.17	0.17～0.37
	66	A42122	12CrNi3	0.10～0.17	0.17～0.37
	67	A42202	20CrNi3	0.17～0.24	0.17～0.37
	68	A42302	30CrNi3	0.27～0.33	0.17～0.37
	69	A42372	37CrNi3	0.34～0.41	0.17～0.37
	70	A43122	12Cr2Ni4	0.10～0.16	0.17～0.37
	71	A43202	20Cr2Ni4	0.17～0.23	0.17～0.37
CrNiMo	72	A50202	20CrNiMo	0.17～0.23	0.17～0.37

序号	化学成分(%)				
	锰	钼	铬	硼	镍
61	0.40～0.70	—	0.45～0.75	—	1.00～1.40
62	0.50～0.80	—	0.45～0.75	—	1.00～1.40
63	0.50～0.80	—	0.45～0.75	—	1.00～1.40
64	0.50～0.80	—	0.45～0.75	—	1.00～1.40
65	0.30～0.60	—	0.60～0.90	—	1.50～1.90
66	0.30～0.60	—	0.60～0.90	—	2.75～3.15
67	0.30～0.60	—	0.60～0.90	—	2.75～3.15
68	0.30～0.60	—	0.60～0.90	—	2.75～3.15
69	0.30～0.60	—	1.20～1.60	—	3.00～3.50
70	0.30～0.60	—	1.25～1.65	—	3.25～3.65
71	0.30～0.60	—	1.25～1.65	—	3.25～3.65
72	0.60～0.95	0.20～0.30	0.40～0.70	—	0.35～0.75

(续)

钢组	序号	统一数字代号	牌号	化学成分(%)	
				碳	硅
CrNiMo	73	A50403	40CrNiMoA	0.37～0.44	0.17～0.37
CrMnNiMo	74	A50183	18CrNiMnMoA	0.15～0.21	0.17～0.37
CrNiMoV	75	A51453	45CrNiMoVA	0.42～0.49	0.17～0.37
CrNiV	76	A52183	18Cr2Ni4WA	0.13～0.19	0.17～0.37
	77	A52253	25Cr2Ni4WA	0.21～0.28	0.17～0.37

序号	化学成分(%)				
	锰	钼	铬	钨	镍
73	0.50～0.80	0.15～0.25	0.60～0.90	—	1.25～1.65
74	1.10～1.40	0.20～0.30	1.00～1.30	—	1.00～1.30
75	0.50～0.80	0.20～0.30	0.80～1.10	钒 0.10～0.20	1.30～1.80
76	0.30～0.60	—	1.35～1.65	0.80～1.20	4.00～4.50
77	0.30～0.60	—	1.35～1.65	0.80～1.20	4.00～4.50

注：1. 钢按使用加工方法分为：压力加工用钢(UP)和切削加工用钢(UC)。压力加工用钢又分为热压力加工(UHP)，顶锻用钢(UF)，冷拔坯料(UCD)。

2. 钢中磷、硫及残余铜、铬、镍、钼含量(%)应符合下列规定：

钢类	磷	硫	铜	铬	镍	钼
优质钢	0.035	0.035	0.30	0.30	0.30	0.15
高级优质钢(牌号后加 A)	0.025	0.025	0.25	0.30	0.30	0.10
特级优质钢(牌号后加 E)	0.025	0.015	0.25	0.30	0.30	0.10

3. 钢中残余钨、钒、钛含量应作分析，并记入质量保证书中，根据需方要求，可对其含量加以限制。

4. 根据需方要求可对表中各牌号按高级优质(指不带 A)或特级优质钢(全部牌号)订货，只需对各牌号后加符号 A 或 E (对有 A 符号应先去掉 A)，也可对各牌号化学成分提出特殊订货要求。

5. 统一数字代号(最后一位数字)：高级优质钢改为 3；特级优质钢改为 6。

6. 热压力加工用钢的铜含量≤0.20%，稀土成分按 0.05%计算量加入，成品分析结果供参考。

(2) 合金结构钢的力学性能

序号	牌号	试样毛坯尺寸(mm)	热处理				
			淬火			回火	
			温度(℃)		冷却剂	温度(℃)	冷却剂
			第1次	第2次			
1	20Mn2	15	850	—	水、油	200	水、空
			880	—	水、油	440	水、空
2	30Mn2	25	840	—	水	500	水
3	35Mn2	25	840	—	水	500	水
4	40Mn2	25	840	—	水、油	540	水
5	45Mn2	25	840	—	油	550	水、油
6	50Mn2	25	820	—	油	550	水、油
7	20MnV	15	880	—	水、油	200	水、空
8	27SiMn	25	920	—	水	450	水、油
9	35SiMn	25	900	—	水	570	水、油
10	42SiMn	25	880	—	水	590	水
11	20SiMn2MoV	试样	900	—	油	200	水、空
12	25SiMn2MoV	试样	900	—	油	200	水、空
13	37SiMn2MoV	25	870	—	水、油	650	水、空

序号	牌号	力学性能(纵向)≥					退火或高温回火供应状态硬度 HB≤
		抗拉强度	屈服点	伸长率 δ_5	收缩率	冲击吸收功 A_{kU2}(J)	
		(MPa)		(%)			
1	20Mn2	785	590	10	40	47	187
		785	590	10	40	47	187
2	30Mn2	785	635	12	45	63	207
3	35Mn2	835	685	12	45	55	207
4	40Mn2	885	735	12	45	55	217
5	45Mn2	885	735	10	45	47	217
6	50Mn2	930	785	9	40	39	229
7	20MnV	785	590	10	40	55	187
8	27SiMn	980	835	12	40	39	217
9	35SiMn	885	735	15	45	47	229
10	42SiMn	885	735	15	40	47	229
11	20SiMn2MoV	1380	—	10	45	55	269
12	25SiMn2MoV	1470	—	10	40	47	269
13	37SiMn2MoV	980	835	12	50	63	269

（续）

序号	牌号	试样毛坯尺寸(mm)	热处理				
			淬火			回火	
			温度(℃)		冷却剂	温度(℃)	冷却剂
			第1次	第2次			
14	40B	25	840	—	水	550	水
15	45B	25	840	—	水	550	水
16	50B	20	840	—	油	600	空
17	40MnB	25	850	—	油	500	水、油
18	45MnB	25	840	—	油	500	水、油
19	20MnMoB	15	880	—	油	200	油、空
20	15MnVB	15	860	—	油	200	水、空
21	20MnVB	15	860	—	油	200	水、空
22	40MnVB	25	850	—	油	520	水、油
23	20MnTiB	15	860	—	油	200	水、空
24	25MnTiBRE	试样	860	—	油	200	水、空
25	15Cr	15	880	780～820	水、油	200	水、空
26	15CrA	15	880	770～820	水、油	180	油、空

序号	牌号	力学性能(纵向)≥					退火或高温回火供应状态硬度HB≤
		抗拉强度	屈服点	伸长率 δ_5	收缩率	冲击吸收功 A_{kU2}(J)	
		(MPa)		(%)			
14	40B	785	635	12	45	55	207
15	45B	835	685	12	45	47	217
16	50B	785	540	10	45	39	207
17	40MnB	980	785	10	45	47	207
18	45MnB	1030	835	9	40	39	217
19	20MnMoB	1080	885	10	50	55	207
20	15MnVB	885	635	10	45	55	207
21	20MnVB	1080	885	10	45	55	207
22	40MnVB	980	785	10	45	47	207
23	20MnTiB	1130	930	10	45	55	187
24	25MnTiBRE	1380	—	10	40	47	229
25	15Cr	735	490	11	45	55	179
26	15CrA	685	490	12	45	55	179

(续)

序号	牌号	试样毛坯尺寸(mm)	热处理				
			淬火			回火	
			温度(℃)		冷却剂	温度(℃)	冷却剂
			第1次	第2次			
27	20Cr	15	880	780～820	水、油	200	水、空
28	30Cr	25	860	—	油	500	水、油
29	35Cr	25	860	—	油	500	水、油
30	40Cr	25	850	—	油	520	水、油
31	45Cr	25	840	—	油	520	水、油
32	50Cr	25	830	—	油	520	水、油
33	38CrSi	25	900	—	油	600	水、油
34	12CrMo	30	900	—	空	650	空
35	15CrMo	30	900	—	空	650	空
36	20CrMo	15	880	—	水、油	500	水、油
37	30CrMo	25	880	—	水、油	540	水、油
38	30CrMoA	15	880	—	油	540	水、油
39	35CrMo	25	850	—	油	550	水、油

序号	牌号	力学性能(纵向)≥					退火或高温回火供应状态硬度HB≤
		抗拉强度	屈服点	伸长率δ_5	收缩率	冲击吸收功A_{kU2}(J)	
		(MPa)		(%)			
27	20Cr	835	540	10	40	47	179
28	30Cr	885	685	11	45	47	187
29	35Cr	930	735	11	45	47	207
30	40Cr	980	785	9	45	47	207
31	45Cr	1030	835	9	40	39	217
32	50Cr	1080	930	9	40	39	229
33	38CrSi	980	835	12	50	55	255
34	12CrMo	410	265	24	60	110	179
35	15CrMo	440	295	22	60	94	179
36	20CrMo	885	685	12	50	78	197
37	30CrMo	930	785	12	50	63	229
38	30CrMoA	930	735	12	50	71	229
39	35CrMo	980	835	12	45	63	229

（续）

序号	牌号	试样毛坯尺寸(mm)	热处理				
			淬火			回火	
			温度(℃)		冷却剂	温度(℃)	冷却剂
			第1次	第2次			
40	42CrMo	25	850	—	油	560	水、油
41	12CrMoV	30	970	—	空	750	空
42	35CrMoV	25	900	—	油	630	水、油
43	12Cr1MoV	30	970	—	空	750	空
44	25Cr2MoVA	25	900	—	油	640	空
45	25Cr2Mo1VA	25	1040	—	空	700	空
46	38CrMoAl	30	940	—	水、油	640	水、油
47	40CrV	25	880	—	油	650	水、油
48	50CrVA	25	860	—	油	500	水、油
49	15CrMn	15	880	—	油	200	水、空
50	20CrMn	15	850	—	油	200	水、空
51	40CrMn	25	840	—	油	550	水、油

序号	牌号	力学性能(纵向)≥					退火或高温回火供应状态硬度HB≤
		抗拉强度	屈服点	伸长率 δ_5	收缩率	冲击吸收功 A_{kU2}(J)	
		(MPa)		(%)			
40	42CrMo	1080	930	12	45	63	217
41	12CrMoV	440	225	22	50	78	241
42	35CrMoV	1080	930	10	50	71	241
43	12Cr1MoV	490	245	22	50	71	179
44	25Cr2MoVA	930	785	14	55	63	241
45	25Cr2Mo1VA	735	590	16	50	47	241
46	38CrMoAl	980	835	14	50	71	229
47	40CrV	885	735	10	50	71	241
48	50CrVA	1280	1130	10	40	—	255
49	15CrMn	785	590	12	50	47	179
50	20CrMn	930	735	10	45	47	187
51	40CrMn	980	835	9	45	47	229

（续）

序号	牌号	试样毛坯尺寸(mm)	热处理				
			淬火			回火	
			温度(℃)		冷却剂	温度(℃)	冷却剂
			第1次	第2次			
52	20CrMnSi	25	880	—	油	488	水、油
53	25CrMnSi	25	880	—	油	480	水、油
54	30CrMnSi	25	880	—	油	520	水、油
55	30CrMoSiA	25	880	—	油	540	水、油
56	35CrMoSiA	试样	加热到880℃，于280～310℃等温淬火			—	—
		试样	950	890	油	230	空、油
57	20CrMnMo	15	850	—	油	200	水、空
58	40CrMnMo	25	850	—	油	600	水、油
59	20CrMnTi	15	880	870	油	200	水、空
60	30CrMnTi	试样	880	850	油	200	水、空
61	20CrNi	25	850	—	水、油	460	水、油
62	40CrNi	25	820	—	油	500	水、油
63	45CrNi	25	820	—	油	530	水、油

序号	牌号	力学性能(纵向)≥					退火或高温回火供应状态硬度 HB≤
		抗拉强度	屈服点	伸长率 δ_5	收缩率	冲击吸收功 A_{kU2}(J)	
		(MPa)		(%)			
52	20CrMnSi	785	635	12	45	55	207
53	25CrMnSi	1080	885	10	40	39	217
54	30CrMnSi	1080	885	10	45	39	229
55	30CrMnSiA	1080	835	10	45	39	229
56	35CrMnSiA	1620	1280	9	40	31	241
		1620	1280	9	40	31	241
57	20CrMnMo	1180	885	10	45	55	217
58	40CrMnMo	980	785	10	45	63	217
59	20CrMnTi	1080	850	10	45	55	217
60	30CrMnTi	1470	—	9	40	47	229
61	20CrNi	785	590	10	50	63	197
62	40CrNi	980	785	10	45	55	241
63	45CrNi	980	785	10	45	55	255

(续)

序号	牌号	试样毛坯尺寸(mm)	热处理				
			淬火			回火	
			温度(℃)		冷却剂	温度(℃)	冷却剂
			第1次	第2次			
64	50CrNi	25	820	—	油	500	水、油
65	12CrNi2	15	860	780	水、油	200	水、空
66	12CrNi3	15	860	780	油	200	水、空
67	20CrNi3	25	830	—	水、油	480	水、油
68	30CrNi3	25	820	—	水、油	500	水、油
69	37CrNi3	25	820	—	水、油	500	水、油
70	12Cr2Ni4	15	860	780	油	200	水、空
71	20Cr2Ni4	15	880	780	油	200	水、空
72	20CrNiMo	15	850	—	油	200	空
73	40CrNiMoA	25	850	—	油	600	水、油
74	18CrMnNiMoA	15	830	—	油	200	空
75	45CrNiMoVA	试样	860	—	油	460	油

序号	牌号	力学性能(纵向)≥					退火或高温回火供应状态硬度HB≤
		抗拉强度	屈服点	伸长率 δ_5	收缩率	冲击吸收功 A_{kU2}(J)	
		(MPa)		(%)			
64	50CrNi	1080	835	8	40	39	255
65	12CrNi2	785	590	12	50	63	207
66	12CrNi3	930	685	11	50	71	217
67	20CrNi3	930	735	11	55	78	241
68	30CrNi3	980	785	9	45	63	241
69	37CrNi3	1130	980	10	50	47	269
70	12Cr2Ni4	1080	835	10	50	71	269
71	20Cr2Ni4	1180	1080	10	45	63	269
72	20CrNiMo	980	785	9	40	47	197
73	40CrNiMoA	980	835	12	55	78	269
74	18CrMnNiMoA	1180	885	10	45	71	269
75	45CrNiMoVA	1470	1330	7	35	31	269

（续）

序号	牌　　号	试样毛坯尺寸(mm)	热处理				
			淬火			回火	
			温度(℃)		冷却剂	温度(℃)	冷却剂
			第1次	第2次			
76	18Cr2Ni4WA	15	950	850	空	200	水、空
77	25Cr2Ni4WA	25	850	—	油	550	水、油

序号	牌　　号	力学性能(纵向)≥					退火或高温回火供应状态硬度HB≤
		抗拉强度	屈服点	伸长率δ_5	收缩率	冲击吸收功A_{kU2}(J)	
		(MPa)		(%)			
76	18Cr2Ni4WA	1180	835	10	45	78	269
77	25Cr2Ni4WA	1080	930	11	45	71	269

注：1. 表列力学性能适用截面尺寸≤80mm的钢材。对尺寸>80mm的钢材，其伸长率、收缩率及冲击吸收功允许较表中规定降低：尺寸为80～100mm分别降低(绝对值)1%、5%及5%；尺寸为100～150mm分别降低(绝对值)2%、10%及10%；尺寸为150～200mm分别降低(绝对值)3%、15%及15%。

2. 钢材尺寸小于试样毛坯尺寸时，用原钢材尺寸进行热处理。直径<16mm的圆钢和厚度≤12mm的方钢、扁钢不作冲击试验；尺寸>80mm的钢材允许将取样用坯改锻(轧)成截面70～80mm后取样。检验结果应符合表中规定。

3. 钢材通常以热轧或热锻状态交货，如需方要求并在合同中注明，也可以热处理(退火、正火或高温回火)状态交货。根据需方要求，供应以淬火和回火状态交货的钢材，其测定力学性能用试样不再进行热处理，力学性能指标由供需双方协议确定。

4. 表列热处理温度范围允许调整：淬火±15℃，低温回火±20℃，高温回火±50℃。

5. 硼钢在淬火前可先经正火。铬锰钛钢第一次淬火可用正火代替。

6. 拉伸试验时试样钢上不能发现屈服，无法测定屈服点σ_s情况下，可以测定残余伸长应力$\sigma_{r0.2}$。

7. 热顶锻用钢(须在合同中注明)应作热顶锻试验，热顶锻后的试样高度为原试样高度的1/3。

12. 弹 簧 钢(GB/T 1222—2007)

(1) 弹簧钢的化学成分

序号	牌 号	化学成分(质量分数)(%)								
		碳	硅	锰	铬	钒	镍	铜[①]	磷	硫
							≤			
1	65	0.62～0.70	0.17～0.37	0.50～0.80	≤0.25		0.25	0.25	0.035	0.035
2	70	0.62～0.75	0.17～0.37	0.50～0.80	≤0.25		0.25	0.25	0.035	0.035
3	85	0.82～0.90	0.17～0.37	0.50～0.80	≤0.25		0.25	0.25	0.035	0.035
4	65Mn	0.62～0.70	0.17～0.37	0.90～1.20	≤0.25		0.25	0.25	0.035	0.035
5	55SiMnVB[②]	0.52～0.60	0.70～1.00	1.00～1.30	≤0.35	0.08～0.16	0.35	0.25	0.035	0.035
6	60Si2Mn	0.56～0.64	1.50～2.00	0.70～1.00	≤0.35		0.35	0.25	0.035	0.035
7	60Si2MnA	0.56～0.64	1.60～2.00	0.70～1.00	≤0.35		0.35	0.25	0.025	0.025
8	60Si2CrA	0.56～0.64	1.40～1.80	0.40～0.70	0.70～1.00		0.35	0.25	0.025	0.025

（续）

序号	牌　号	化学成分（质量分数）（%）								
		碳	硅	锰	铬	钒	镍	铜[①]	磷	硫
							≤			
9	60Si2CrVA	0.56～0.64	1.40～1.80	0.40～0.70	0.90～1.20	0.10～0.20	0.35	0.25	0.025	0.025
10	55SiCrA	0.51～0.59	1.20～1.60	0.50～0.80	0.50～0.80		0.35	0.25	0.025	0.025
11	55CrMnA	0.52～0.60	0.17～0.37	0.65～0.95	0.65～0.95		0.35	0.25	0.025	0.025
12	60CrMnA	0.56～0.64	0.17～0.37	0.70～1.00	0.70～1.00		0.35	0.25	0.025	0.025
13	50CrVA	0.46～0.54	0.17～0.37	0.50～0.80	0.80～1.10	0.10～0.20	0.35	0.25	0.025	0.025
14	60CrMnBA[②]	0.56～0.64	0.17～0.37	0.70～1.00	0.70～1.00		0.35	0.25	0.025	0.025
15	30W4Cr2VA[③]	0.26～0.34	0.17～0.37	≤0.40	2.00～2.50	0.50～0.80	0.35	0.25	0.025	0.025

注：① 根据需方要求，并在合同中注明，钢中残余铜含量应不大于0.20%。
② 55SiMnVB的硼含量为0.0005%～0.0035%；60CrMnBA的硼含量为0.0005%～0.0040%。
③ 30W4Cr2VA的钨含量为4.00%～4.50%。

(2) 弹簧钢的力学性能

序号	牌号	热处理制度			力学性能 ≥				
		淬火温度（℃）	淬火介质	回火温度（℃）	抗拉强度 R_m(N/mm^2)	屈服强度 R_{eL}（N/mm^2）	断后伸长率		断面收缩率 Z(%)
							A(%)	$A_{11.3}$(%)	
1	65	840	油	500	980	785		9	35
2	70	830	油	480	1030	835		8	30
3	85	820	油	480	1130	980		6	30
4	65Mn	830	油	540	980	785		8	30
5	55SiMnVB	860	油	460	1375	1225		5	30
6	60Si2Mn	870	油	480	1275	1180		5	25
7	60Si2MnA	870	油	440	1570	1375		5	20
8	60Si2CrA	870	油	420	1765	1570	6		20
9	60Si2CrVA	850	油	410	1860	1665	6		20
10	55SiCrA	860	油	450	1450～1750	1300（$R_{p0.2}$）	6		25

（续）

序号	牌　号	热处理制度			力学性能　≥				
		淬火温度（℃）	淬火介质	回火温度（℃）	抗拉强度 R_m（N/mm²）	屈服强度 R_{eL}（N/mm²）	断后伸长率		断面收缩率 Z（%）
							A（%）	$A_{11.3}$（%）	
11	55CrMnA	830～860	油	460～510	1225	1080（$R_{p0.2}$）	9^c		20
12	60CrMnA	830～860	油	460～520	1225	1080（$R_{p0.2}$）	9^c		20
13	50CrVA	850	油	500	1275	1130	10		40
14	60CrMnBA	830～860	油	460～520	1225	1080（$R_{p0.2}$）	9^c		20
15	30W4Cr2VA	1050～1100	油	600	1470	1325	7		40

注：1. 上表所列力学性能适用于直径或边长不大于 80mm 的棒材，以及厚度不大于 40mm 的扁钢。直径或边长大于 80mm 的棒材、厚度大于 40mm 的扁钢，允许其断后伸长率、断面收缩率较表 2 的规定分别降低 1%（绝对值）及 5%（绝对值）。
2. 直径或边长大于 80mm 的棒材，允许将取样用坯改锻（轧）成直径或边长为 70～80mm 后取样，检验结果应符合表 2 的规定。

(3) 弹簧钢的交货硬度

组号	牌号	交货状态	布氏硬度 HBW≤
1	65 70	热轧	285
2	85 65Mn		302
3	60Si2Mn 60Si2MnA 50CrVA 55SiMnVB 55CrMnA 60CrMnA		321
4	60Si2CrA 60Si2CrVA 60CrMnBA 55SiCrA 30W4Cr2VA	热轧	供需双方协商
		热轧＋热处理	321
5	所有牌号	冷拉＋热处理	321
6		冷拉	供需双方协商

13. 高碳铬轴承钢的化学成分及硬度

(GB/T 18254—2002)

序号	统一数字代号	牌　号	化　学　成　分　(%)				
			碳	硅	锰	铬	钼
1	B00040	GCr4	0.95~1.05	0.15~0.30	0.15~0.30	0.35~0.50	≤0.08
2	B00150	GCr15	0.95~1.05	0.15~0.35	0.25~0.45	1.40~1.65	≤0.10
3	B01150	GCr15SiMn	0.95~1.05	0.45~0.75	0.95~1.25	1.40~1.65	≤0.10
4	B03150	GCr15SiMo	0.95~1.05	0.65~0.85	0.20~0.40	1.40~1.70	0.30~0.40
5	B02180	GCr18Mo	0.95~1.05	0.20~0.40	0.25~0.40	1.65~1.95	0.15~0.25

序号	化学成分(%)≤							退火状态硬度 HBW
	磷	硫	镍	铜	镍+铜	氧		
						模注钢	连铸钢	
1	0.025	0.020	0.25	0.20	—	15×10^{-6}	12×10^{-6}	179~207
2	0.025	0.025	0.30	0.25	0.50	15×10^{-6}	12×10^{-6}	179~207
3	0.025	0.025	0.30	0.25	0.50	15×10^{-6}	12×10^{-6}	179~207
4	0.027	0.020	0.30	0.25	—	15×10^{-6}	12×10^{-6}	179~207
5	0.025	0.020	0.25	0.25	—	15×10^{-6}	12×10^{-6}	179~207

注：1. 根据需方要求，并在合同中注明，供方应分析锡、砷、钛、锑、铅、铝等残余元素，具体指标由供需双方协商确定。

2. 钢管用钢的残余含铜量(熔炼分析)应≤0.20%；盘条用钢的含硫量(熔炼分析)应≤0.020%。

3. 钢材按加工用途分：热压力加工用钢(热压加)；冷压力加工用钢(冷压加)；切削加工用钢(切削)。具体用途应在合同中注明，经供需双方协商并在合同中注明，也可以其他加工用途要求交货。

注：4. 供热加工用热轧不退火钢材，需方有硬度要求时，其硬度值应 ≥ HBW302。

5. 当需方要求“以退火＋磷化＋微拔”或“退火＋微拔”交货的冷拉钢(直条或盘状)，其硬度值应 ≤ HBW229。

6. 经供需双方协商，并在合同上注明，钢材的硬度可另行规定。

7. 钢材按以下交货状态提供，具体交货状态应在合同中注明。

交货状态	代号
热轧和热锻不退火圆钢(热轧、热锻)	WHR
热轧和热锻软化退火圆钢(热轧软退、热锻软退)	WHSTAR
热轧球化退火圆钢(热轧球退)	WHTGR
热轧球化退火剥皮钢(热轧球剥)	WHTGSFR
热轧和热锻软化退火剥皮圆钢(热轧(锻)软剥)	WHSTASFR
冷拉(轧)圆钢	WCR
冷拉(轧)磨光圆钢	WCSPR
热轧钢管	WHT
热轧退火剥皮钢管	WHTASFT
冷拉(轧)钢管	WCT
盘条(热轧或球化退火)	WHWY

8. 经供需双方协商，并在合同上注明，可供应其他冷拉钢材，如“退火＋磷化＋微拔”、“退火＋微拔”代号分别为 TASTPWCD 和 TAWCD。

9. 钢材长度和盘重：
钢材长度：热轧圆钢为 3～7m；锻制圆钢为 2～4m；冷拉(轧)圆钢为 3～6m；钢管为 3～5m。
盘条的盘重：应 ≥ 500kg。

10. 供镦锻和冲压用热轧、锻制不退火钢及冷拉钢进行顶锻试验：
直径 ≤ 60mm 的热轧、锻制钢进行热顶锻试验；直径 ≤ 30mm 的冷拉钢进行冷顶锻试验。供方若能保证时，可不进行顶锻试验。

14. 碳素工具钢的化学成分及硬度

(GB/T 1298—2008)

序号	牌号	化学成分(%)					硬度		
		碳	锰	硅 ≤	硫 ≤	磷 ≤	退火后 HB ≤	试样淬火温度(℃)及冷却剂	试样淬火后 HRC≥
1	T7	0.65～0.74	≤0.40	0.35	0.030	0.035	187	800～820,水	62
2	T8	0.75～0.84	≤0.40	0.35	0.030	0.035	187	780～800,水	62
3	T8Mn	0.80～0.90	0.40～0.60	0.35	0.030	0.035	187	780～800,水	62
4	T9	0.85～0.94	≤0.40	0.35	0.030	0.035	192	760～780,水	62
5	T10	0.95～1.04	≤0.40	0.35	0.030	0.035	197	760～780,水	62
6	T11	1.05～1.14	≤0.40	0.35	0.030	0.035	207	760～780,水	62
7	T12	1.15～1.24	≤0.40	0.35	0.030	0.035	207	760～780,水	62
8	T13	1.25～1.35	≤0.40	0.35	0.030	0.035	217	760～780,水	62

注：1. 高级优质钢(牌号后加 A):硫含量≤0.020%,磷含量≤0.030%。
2. 平炉钢的硫含量:优质钢≤0.035%,高级优质钢≤0.025%。
3. 钢中允许残余元素含量:铬≤0.25%,镍≤0.20%,铜≤0.30%;供制造铅浴淬火钢丝时,钢中残余元素含量:铬≤0.10%,镍≤0.12%,铜≤0.20%,三者之和应≤0.40%。

15. 合金工具钢(GB/T 1299—2000)

(1) 合金工具钢的化学成分

序号	统一数字代号	牌号	化学成分(%) 碳	硅
钢组:量具刃具用钢				
1-1	T30100	9SiCr	0.85~0.95	1.20~1.60
1-2	T30000	8MnSi	0.75~0.85	0.30~0.60
1-3	T30060	Cro6	1.30~1.45	≤0.40
1-4	T30201	Cr2	0.95~1.10	≤0.40
1-5	T30200	9Cr2	0.80~0.95	≤0.40
1-6	T30001	W	1.05~1.25	≤0.40
钢组:耐冲击工具用钢				
2-1	T40124	4CrW2Si	0.35~0.45	0.80~1.10
2-2	T40125	5CrW2Si	0.45~0.55	0.50~0.80
2-3	T40126	6CrW2Si	0.55~0.65	0.50~0.80
2-4	T40100	6CrMnSi2Mo1V	0.50~0.65	1.75~2.25
2-5	T40300	5Cr3Mn1SiMo1V	0.45~0.55	0.20~1.00

序号	化学成分(%) 锰	铬	钼	钒	其他
1-1	0.30~0.60	0.95~1.25	—	—	—
1-2	0.80~1.10	—	—	—	—
1-3	≤0.40	0.50~0.70	—	—	—
1-4	≤0.40	1.30~1.65	—	—	—
1-5	≤0.40	1.30~1.70	—	—	—
1-6	≤0.40	0.10~0.30	—	—	钨 0.80~1.20
2-1	≤0.40	1.00~1.30	—	—	钨 2.00~2.50
2-2	≤0.40	1.00~1.30	—	—	钨 2.00~2.50
2-3	≤0.40	1.10~1.30	—	—	钨 2.20~2.70
2-4	0.60~1.00	0.10~0.50	0.20~1.35	0.15~0.35	—
2-5	0.20~0.90	3.00~3.50	1.30~1.80	≤0.35	—

（续）

序号	统一数字代号	牌　　号	化学成分(%)	
			碳	硅
钢组：冷作模具钢				
3-1	T21200	Cr12	2.00～2.30	≤0.40
3-2	T21202	Cr12Mo1V1	1.40～1.60	≤0.60
3-3	T21201	Cr12MoV	1.45～1.70	≤0.40
3-4	T20503	Cr5Mo1V	0.95～1.05	≤0.50
3-5	T20000	9Mn2V	0.85～0.95	≤0.40
3-6	T20111	CrWMn	0.90～1.05	≤0.40
3-7	T20110	9CrWMn	0.85～0.95	≤0.40
3-8	T20421	Cr4W2MoV	1.12～1.25	0.40～0.70
3-9	T20432	6Cr4W3Mo2VNb	0.60～0.70	≤0.40
3-10	T20465	6W6Mo5Cr4V	0.55～0.65	≤0.40
3-11	T20104	7CrSiMnMoV	0.65～0.75	0.85～1.15
钢组：热作模具钢				
4-1	T20102	5CrMnMo	0.50～0.60	0.25～0.60
4-2	T20103	5CrNiMo	0.50～0.60	≤0.40
4-3	T20280	3Cr2W8V	0.30～0.40	≤0.40

序号	化学成分(%)				
	锰	铬	钼	钒	其他
3-1	≤0.40	11.50～13.00	—	—	—
3-2	≤0.60	11.00～13.00	0.70～1.20	0.50～1.10	钴≤1.00
3-3	≤0.40	11.00～12.50	0.40～0.60	0.15～0.30	—
3-4	≤1.10	4.75～5.50	0.90～1.40	0.15～0.50	—
3-5	1.70～2.00	—	—	0.10～0.25	—
3-6	0.80～1.10	0.90～1.20	—	—	钨 1.20～1.60
3-7	0.90～1.20	0.50～0.80	—	—	钨 0.50～0.80
3-8	≤0.40	3.50～4.00	0.80～1.20	0.80～1.10	钨 1.90～2.60
3-9	≤0.40	3.80～4.40	1.80～2.50	0.80～1.20	钨 2.50～3.50 铌 0.20～0.35
3-10	≤0.60	3.70～4.30	4.50～5.50	0.70～1.10	钨 6.00～7.00
3-11	0.65～1.05	0.90～1.20	0.20～0.50	0.15～0.30	—
4-1	1.20～1.60	0.60～0.90	0.15～0.30	—	—
4-2	0.50～0.80	0.50～0.80	0.15～0.30	—	镍 1.40～1.80
4-3	≤0.40	2.20～2.70	—	0.20～0.50	钨 7.50～9.00

（续）

序号	统一数字代号	牌　号	化学成分(%)	
			碳	硅
钢组：热作模具钢				
4-4	T20403	5Cr4Mo3SiMnVAl	0.47～0.57	0.80～1.10
4-5	T20323	3Cr3Mo3W2V	0.32～0.42	0.60～0.90
4-6	T20452	5Cr4W5Mo2V	0.40～0.50	≤0.40
4-7	T20300	8Cr3	0.75～0.85	≤0.40
4-8	T20101	4CrMnSiMoV	0.35～0.45	0.80～1.10
4-9	T20303	4Cr3Mo3SiV	0.35～0.45	0.80～1.20
4-10	T20501	4Cr5MoSiV	0.33～0.43	0.80～1.20
4-11	T20502	4Cr5MoSiV1	0.32～0.45	0.80～1.20
4-12	T20520	4Cr5W2VSi	0.32～0.42	0.80～1.20
钢组：无磁模具钢				
5-1	T23152	7Mn15Cr2Al3V2-WMo	0.65～0.75	≤0.80 铝 2.30～3.30
钢组：塑料模具钢				
6-1	T22020	3Cr2Mo	0.28～0.40	0.20～0.80
6-2	T22024	3Cr2MnNiMo	0.32～0.40	0.20～0.40

序号	化学成分(%)				
	锰	铬	钼	钒	其　他
4-4	0.80～1.10	3.80～4.30	2.80～3.40	0.80～1.20	铝 0.30～0.70
4-5	≤0.65	2.80～3.30	2.50～3.00	0.80～1.20	钨 1.20～1.80
4-6	≤0.40	3.40～4.40	1.50～2.10	0.70～1.10	钨 4.50～5.30
4-7	≤0.40	3.20～3.80	—	—	—
4-8	0.80～1.10	1.30～1.50	0.40～0.60	0.20～0.40	—
4-9	0.25～0.70	3.00～3.75	2.00～3.00	0.25～0.75	—
4-10	0.20～0.50	4.75～5.50	1.10～1.60	0.30～0.60	—
4-11	0.20～0.50	4.75～5.50	1.10～1.75	0.80～1.20	—
4-12	≤0.40	4.50～5.50	—	0.60～1.00	钨 1.60～2.40
5-1	14.50～16.50	2.00～2.50	0.50～0.80	1.50～2.00	钨 0.50～0.80
6-1	0.60～1.00	1.40～2.00	0.30～0.55	—	—
6-2	1.10～1.50	1.70～2.00	0.25～0.40	—	镍 0.85～1.15

注：1. 钢中磷、硫含量分别为≤0.030%。
2. 钢中残余铜含量应≤0.30%，铜+镍含量应≤0.55%。
3. 牌号 5CrNiMo 钢经供需双方同意，钒含量应<0.20%。

(2) 合金工具钢的硬度

序号	牌号	交货硬度 HBW	试样淬火	
			淬火温度(℃)和冷却剂	硬度 HRC≥
1-1	9SiCr	241～197	820～860 油	62
1-2	8MnSi	≤229	800～820 油	60
1-3	Cr06	241～187	780～810 水	64
1-4	Cr2	229～179	830～860 油	62
1-5	9Cr2	217～179	820～850 油	62
1-6	W	229～187	800～830 水	62
2-1	4CrW2Si	217～179	860～900 油	53
2-2	5CrW2Si	255～207	860～900 油	55
2-3	6CrW2Si	285～229	860～900 油	57
2-4	6CrMnSi2Mo1V	≤229	677±15 预热，885(盐浴)或900(炉控气氛)±6加热，保温5～15min，油冷，58～204回火	58
2-5	5Cr3Mn1Si-Mo1V	—	677±15 预热，941(盐浴)或955(炉控气氛)±6加热，保温5～15mm，空冷，56～204回火	56
3-1	Cr12	269～217	950～1000 油	60
3-2	Cr12Mo1V1	≤255	820±15 预热，1000(盐浴)或1010(炉控气氛)±6加热，保温10～20min，空冷，200±6回火	59

（续）

序号	牌　　号	交货硬度 HBW	试　样　淬　火	
			淬火温度(℃)和冷却剂	硬度 HRC≥
3-3	Cr12MoV	255～207	950～1000　油	58
3-4	Cr5Mo1V	≤255	790±15 预热，940（盐浴）或 950（炉控气氛）±6 加热，保温 5～15min，空冷，200±6 回火	60
3-5	9Mn2V	≤229	780～810　油	62
3-6	CrWMn	255～207	800～830　油	62
3-7	9CrWMn	241～197	800～830　油	62
3-8	Cr4W2MoV	≤269	960～980，1020～1040 油	60
3-9	6Cr4W3Mo2-VNb	≤255	1100～1160　油	60
3-10	6W6Mo5Cr4V	≤269	1180～1200　油	60
3-11	7CrSiMnMoV	≤235	淬火：870～900 油冷或空冷 回火：150±10　空冷	60
4-1	5CrMnMo	241～197	820～850　油	—
4-2	5CrNiMo	241～197	830～860　油	—
4-3	3Cr2W8V	≤255	1075～1125　油	—
4-4	5Cr4Mo3SiMn-VAl	≤255	1090～1120　油	—
4-5	3Cr3Mo3W2V	≤255	1060～1130　油	—
4-6	5Cr4W5Mo2V	≤269	1100～1150　油	—
4-7	8Cr3	255～207	850～880　油	—
4-8	4CrMnSiMoV	241～197	870～930　油	—
4-9	4Cr3Mo3SiV	≤229	790±15 预热，1010（盐浴）或 1020（炉控气氛）±6 加热，保温 5～15min，空冷，550±6 回火	—

（续）

序号	牌　　号	交货硬度 HBW	试样淬火	
			淬火温度（℃）和冷却剂	硬度 HRC≥
4-10	4Cr5MoSiV	≤235	790±15 预热，1000（盐浴）或 1010（炉控气氛）±6 加热，保温 5～15min，空冷，550±6 回火	—
4-11	4Cr5MoSiV1	≤235	790±15 预热，1000（盐浴）或 1010（炉控气氛）±6 加热，保温 5～15min，空冷，550±6 回火	—
4-12	4Cr5W2VSi	≤229	1030～1050　油或空	—
5-1	7Mn15Cr2Al3-V2WMo	—	1170～1190 固溶　水 650～700 时效　　空	45
6-1	3Cr2Mo	—	—	—
6-2	3Cr2MnNiMo	—	—	—

注：1. 保温时间是指试样达到加热温度后保持的时间。

(1) 试样在盐浴中进行，在该温度保持时间为 5min，对 Cr12Mo1V1 钢是 10min。

(2) 试样在炉控气氛中进行，在该温度保持时间为 5～15min，对 Cr12Mo1V1 钢是 10～20min。

2. 回火温度 200℃时应一次回火 2h，550℃时应二次回火，每次 2h。

3. 7Mn15Cr2Al3V2WMo 钢可以热轧状态供应，不作交货硬度。

4. 钢材以退火状态交货。根据需方要求，7Mn15Cr2Al3V2WMo、3Cr2Mo 及 3Cr2MnNiMo 钢可以按预硬状态交货。

5. 根据需方要求，经双方协议，制造螺纹刀具用退火状态交货的 9SiCr 钢，其硬度为 HBW 187～229。

6. 供方若能保证试样淬火硬度值符合规定时可不作检验。

16. 高速工具钢棒(GB/T 9943—2008)

(1) 高速工具钢棒的化学成分及交货硬度

序号	牌　　号[1]	化学成分(质量分数,%)								
		碳	锰	硅[2]	硫[3]	磷	铬	钒	钨	钼
1	W3Mo3Cr4V2	0.95～1.03	≤0.40	≤0.45	≤0.030	≤0.030	3.80～4.50	2.20～2.50	2.70～3.00	2.50～2.90
2	W4Mo3Cr4VSi	0.83～0.93	0.20～0.40	0.70～1.00	≤0.030	≤0.030	3.80～4.40	1.20～1.80	3.50～4.50	2.50～3.50
3	W18Cr4V	0.73～0.83	0.10～0.40	0.20～0.40	≤0.030	≤0.030	3.80～4.50	1.00～1.20	17.20～18.70	—
4	W2Mo8Cr4V	0.77～0.87	≤0.40	≤0.70	≤0.030	≤0.030	3.50～4.50	1.00～1.40	1.40～2.00	8.00～9.00
5	W2Mo9Cr4V2	0.95～1.05	0.15～0.40	≤0.70	≤0.030	≤0.030	3.50～4.50	1.75～2.20	1.50～2.10	8.20～9.20
6	W6Mo5Cr4V2	0.80～0.90	0.15～0.40	0.20～0.45	≤0.030	≤0.030	3.80～4.40	1.75～2.20	5.50～6.75	4.50～5.50
7	CW6Mo5Cr4V2	0.86～0.94	0.15～0.40	0.20～0.45	≤0.030	≤0.030	3.80～4.50	1.75～2.10	5.90～6.70	4.70～5.20

（续）

序号	牌号[1]	化学成分（质量分数，%）								
		碳	锰	硅[2]	硫[3]	磷	铬	钒	钨	钼
8	W6Mo6Cr4V2	1.00～1.10	≤0.40	≤0.45	≤0.030	≤0.030	3.80～4.50	2.30～2.60	5.90～6.70	5.50～6.50
9	W9Mo3Cr4V	0.77～0.87	0.20～0.40	0.20～0.40	≤0.030	≤0.030	3.80～4.40	1.30～1.70	8.50～9.50	2.70～3.30
10	W6Mo5Cr4V3	1.15～1.25	0.15～0.40	0.20～0.45	≤0.030	≤0.030	3.80～4.50	2.70～3.20	5.90～6.70	4.70～5.20
11	CW6Mo5Cr4V3	1.25～1.32	0.15～0.40	≤0.70	≤0.030	≤0.030	3.75～4.50	2.70～3.20	5.90～6.70	4.70～5.20
12	W6Mo5Cr4V4	1.25～1.40	≤0.40	≤0.45	≤0.030	≤0.030	3.80～4.50	3.70～4.20	5.20～6.00	4.20～5.00
13	W6Mo5Cr4V2Al	1.05～1.15	0.15～0.40	0.20～0.60	≤0.030	≤0.030	3.80～4.40	1.75～2.20	5.50～6.75	4.50～5.50
14	W12Cr4V5Co5	1.50～1.60	0.15～0.40	0.15～0.40	≤0.030	≤0.030	3.75～5.00	4.50～5.25	11.75～13.00	—

(续)

序号	牌号①	化学成分(质量分数,%)								
		碳	锰	硅②	硫③	磷	铬	钒	钨	钼
15	W6Mo5Cr4V2Co5	0.87～0.95	0.15～0.40	0.20～0.45	≤0.030	≤0.030	3.80～4.50	1.70～2.10	5.90～6.70	4.70～5.20
16	W6Mo5Cr4V3Co8	1.23～1.33	≤0.40	≤0.70	≤0.030	≤0.030	3.80～4.50	2.70～3.20	5.90～6.70	4.70～5.30
17	W7Mo4Cr4V2Co5	1.05～1.15	0.20～0.60	0.15～0.50	≤0.030	≤0.030	3.75～4.50	1.75～2.25	6.25～7.00	3.25～4.25
18	W2Mo9Cr4VCo8	1.05～1.15	0.15～0.40	0.15～0.65	≤0.030	≤0.030	3.50～4.25	0.95～1.35	1.15～1.85	9.00～10.00
19	W10Mo4Cr4V3Co10	1.20～1.35	≤0.40	≤0.45	≤0.030	≤0.030	3.80～4.50	3.00～3.50	9.00～10.00	3.20～3.90

注:① 表中牌号 W18Cr4V、W12Cr4V5Co5 为钨系高速工具钢,其他牌号为钨钼系高速工具钢。
② 电渣钢的硅含量下限不限。
③ 根据需方要求,为改善钢的切削加工性能,其硫含量可规定为 0.06%～0.15%。

（2）高速工具钢棒的试样热处理制度及淬回火硬度

序号	牌　　号	交货硬度[①]（退火态）HBW，≤	试样热处理制度及淬回火硬度			
			淬火温度（℃）		回火温度[②]（℃）	硬度[③] HRC≥
			盐浴炉	箱式炉		
1	W3Mo3Cr4V2	255	1180～1120	1180～1120	540～560	63
2	W4Mo3Cr4VSi	255	1170～1190	1170～1190	540～560	63
3	W18Cr4V	255	1250～1270	1260～1280	550～570	63
4	W2Mo8Cr4V	255	1180～1120	1180～1120	550～570	63
5	W2Mo9Cr4V2	255	1190～1210	1200～1220	540～560	64
6	W6Mo5Cr4V2	255	1200～1220	1210～1230	540～560	64
7	CW6Mo5Cr4V2	255	1190～1210	1200～1220	540～560	64
8	W6Mo6Cr4V2	262	1190～1210	1190～1210	550～570	64
9	W9Mo3Cr4V	255	1200～1220	1220～1240	540～560	64
10	W6Mo5Cr4V3	262	1190～1210	1200～1220	540～560	64
11	CW6Mo5Cr4V3	262	1180～1200	1190～1210	540～560	64
12	W6Mo5Cr4V4	269	1200～1220	1200～1220	550～570	64

（续）

序号	牌　号	交货硬度①（退火态）HBW,≤	试样热处理制度及淬回火硬度			
			淬火温度(℃)		回火温度②（℃）	硬度③ HRC≥
			盐浴炉	箱式炉		
13	W6Mo5Cr4V2Al	269	1200～1220	1230～1240	550～570	65
14	W12Cr4V5Co5	277	1220～1240	1230～1250	540～560	65
15	W6Mo5Cr4V2Co5	269	1190～1210	1200～1220	540～560	64
16	W6Mo5Cr4V3Co8	285	1170～1190	1170～1190	550～570	65
17	W7Mo4Cr4V2Co5	269	1180～1200	1190～1210	540～560	66
18	W2Mo9Cr4VCo8	269	1170～1190	1180～1200	540～560	66
19	W10Mo4Cr4V3Co10	285	1220～1240	1220～1240	550～570	66

本表中试样热处理预热温度为800～900℃；淬火介质为油或盐浴。

注：① 退火＋冷拉态的硬度，允许比退火态指标增加50HBW。

② 回火温度为550℃～570℃时，回火2次，每次1h；回火温度为540℃～560℃时，回火2次，每次2h。

③ 试样淬回火硬度供方若能保证可不检验。

17. 不 锈 钢(GB/T 1220—2007)

(1) 不锈钢的化学成分

序号	牌　号	化学成分(质量分数,%)							
		碳	硅	锰	磷	硫	镍	铬	其他元素
① 奥氏体型									
1	12Cr17Mn6Ni5N	0.15	1.00	5.50~7.50	0.050	0.030	3.50~5.50	16.00~18.00	氮 0.05~0.25
3	12Cr18Mn9Ni5N	0.15	1.00	7.50~10.00	0.050	0.030	4.00~6.00	17.00~19.00	氮 0.05~0.25
9	12Cr17Ni7	0.15	1.00	2.00	0.045	0.030	6.00~8.00	16.00~18.00	氮 0.10
13	12Cr18Ni9	0.15	1.00	2.00	0.045	0.030	8.00~10.00	17.00~19.00	氮 0.10
15	Y12Cr18Ni9	0.15	1.00	2.00	0.20	≥0.15	8.00~10.00	17.00~19.00	钼(0.60)
16	Y12Cr18Ni9Se	0.15	1.00	2.00	0.20	0.060	8.00~10.00	17.00~19.00	硒≥0.15
17	06Cr19Ni10	0.08	1.00	2.00	0.045	0.030	8.00~11.00	18.00~20.00	

（续）

序号	牌号	化学成分（质量分数，%）							
		碳	硅	锰	磷	硫	镍	铬	其他元素
① 奥氏体型									
18	022Cr19Ni10	0.030	1.00	2.00	0.045	0.030	8.00～12.00	18.00～20.00	
22	06Cr18Ni9Cu3	0.08	1.00	2.00	0.045	0.030	8.50～10.50	17.00～19.00	铜 3.00～4.00
23	06Cr19Ni10N	0.08	1.00	2.00	0.045	0.030	8.00～11.00	18.00～20.00	氮 0.10～0.16
24	06Cr19Ni9NbN	0.08	1.00	2.00	0.045	0.030	7.50～10.50	18.00～20.00	氮 0.15～0.30 铌≤0.15
25	022Cr19Ni10N	0.030	1.00	2.00	0.045	0.030	8.00～11.00	18.00～20.00	氮 0.10～0.16
26	10Cr18Ni12	0.12	1.00	2.00	0.045	0.030	10.50～13.00	17.00～19.00	
32	06Cr23Ni13	0.08	1.00	2.00	0.045	0.030	12.00～15.00	22.00～24.00	

（续）

序号	牌号	化学成分（质量分数，%）							
		碳	硅	锰	磷	硫	镍	铬	其他元素
① 奥氏体型									
35	06Cr25Ni20	0.08	1.50	2.00	0.045	0.030	19.00～22.00	24.00～26.00	
38	06Cr17Ni12Mo2	0.08	1.00	2.00	0.045	0.030	10.00～14.00	16.00～18.00	
39	022Cr17Ni12Mo2	0.030	1.00	2.00	0.045	0.030	10.00～14.00	16.00～18.00	钼 2.00～3.00
41	06Cr17Ni12Mo2Ti	0.08	1.00	2.00	0.045	0.030	10.00～14.00	16.00～18.00	钼 2.00～3.00 钛≥5 碳
43	06Cr17Ni12Mo2N	0.08	1.00	2.00	0.045	0.030	10.00～13.00	16.00～18.00	钼 2.00～3.00 氮 0.10～0.16
44	022Cr17Ni12Mo2N	0.030	1.00	2.00	0.045	0.030	10.00～13.00	16.00～18.00	钼 2.00～3.00 氮 0.10～0.16

(续)

序号	牌　号	化学成分(质量分数,%)							
		碳	硅	锰	磷	硫	镍	铬	其他元素
① 奥氏体型									
45	06Cr18Ni12Mo2Cu2	0.08	1.00	2.00	0.045	0.030	10.00～14.00	17.00～19.00	钼 1.20～2.75 铜 1.00～2.50
46	022Cr18Ni14Mo2Cu2	0.030	1.00	2.00	0.045	0.030	12.00～16.00	17.00～19.00	钼 1.20～2.75 铜 1.00～2.50
49	06Cr19Ni13Mo3	0.08	1.00	2.00	0.045	0.030	11.00～15.00	18.00～20.00	钼 3.00～4.00
50	022Cr19Ni13Mo3	0.030	1.00	2.00	0.045	0.030	11.00～15.00	18.00～20.00	钼 3.00～4.00
52	03Cr18Ni16Mo5	0.04	1.00	2.50	0.045	0.030	15.00～17.00	16.00～19.00	钼 4.00～6.00
55	06Cr18Ni11Ti	0.08	1.00	2.00	0.045	0.030	9.00～12.00	17.00～19.00	钛 5 碳～0.70

（续）

序号	牌号	化学成分（质量分数，%）							
		碳	硅	锰	磷	硫	镍	铬	其他元素
① 奥氏体型									
62	06Cr18Ni11Nb	0.08	1.00	2.00	0.045	0.030	9.00～12.00	17.00～19.00	铌 10 碳～1.10
64	06Cr18Ni13Si4*	0.08	3.00～5.00	2.00	0.045	0.030	11.50～15.00	15.00～20.00	—
注：1. 表中所列成分除标明范围或最小值外，其余均为最大值。括号内数值为可加入或允许含有的最大值 2. 本标准牌号与国外标准牌号对照参见 GB/T 20878									
② 奥氏体-铁素体型									
67	14Cr18Ni11Si4AlTi	0.10～0.18	3.40～4.00	0.80	0.035	0.030	10.00～12.00	17.50～19.50	钛 0.40～0.70 铝 0.10～0.30
68	022Cr19Ni5Mo3Si2N	0.030	1.30～2.00	1.00～2.00	0.035	0.030	4.50～5.50	18.00～19.50	钼 2.50～3.00 氮 0.05～0.12

（续）

序号	牌　号	化学成分（质量分数，%）							
		碳	硅	锰	磷	硫	镍	铬	其他元素
② 奥氏体-铁素体型									
70	022Cr22Ni5Mo3N	0.030	1.00	2.00	0.030	0.020	4.50～5.50	21.00～23.00	钼 2.50～3.50 氮 0.08～0.20
71	022Cr23Ni5Mo3N	0.030	1.00	2.00	0.030	0.020	4.50～6.50	22.00～23.00	钼 3.00～3.50 氮 0.14～0.20
73	022Cr25Ni6Mo2N	0.030	1.00	2.00	0.035	0.030	5.50～6.50	24.00～26.00	钼 1.20～2.50 氮 0.10～0.20
75	03Cr25Ni6Mo3Cu2N	0.04	1.00	1.50	0.035	0.030	4.50～6.50	24.00～27.00	钼 2.90～3.90 铜 1.50～2.50 氮 0.10～0.25

注：1. 表中所列成分除标明范围或最小值外，其余均为最大值
　　2. 本标准牌号与国外标准牌号对照参见 GB/T 20878

（续）

序号	牌号	化学成分（质量分数，%）							
		碳	硅	锰	磷	硫	镍	铬	其他元素
③ 铁素体型									
78	06Cr13Al	0.08	1.00	1.00	0.040	0.030	(0.60)	11.50～14.50	铝 0.10～0.30
83	022Cr12	0.030	1.00	1.00	0.040	0.030	(0.60)	11.00～13.50	—
85	10Cr17	0.12	1.00	1.00	0.040	0.030	(0.60)	16.00～18.00	—
86	Y10Cr17	0.12	1.00	1.25	0.050	≥0.15	(0.60)	16.00～18.00	钼(0.60)
88	10Cr17Mo	0.12	1.00	1.00	0.040	0.030	(0.60)	16.00～18.00	钼 0.75～1.25
94	008Cr27Mo*	0.010	0.40	0.40	0.030	0.020	—	25.00～27.50	钼 0.75～1.50 氮 0.015
95	008Cr30Mo2*	0.010	0.40	0.40	0.030	0.020	—	28.50～32.00	钼 1.50～2.50 氮 0.015

注：1. 表中所列成分除标明范围或最小值外，其余均为最大值，括号内数值为可加入或允许含有的最大值
2. 本标准牌号与国外标准牌号对照参见 GB/T 20878
* 允许含有小于或等于 0.50%镍，小于或等于 0.20%铜，而镍＋铜≤0.50%，必要时，可添加上表以外的合金元素

(续)

序号	牌号	化学成分(质量分数,%)							
		碳	硅	锰	磷	硫	镍	铬	其他元素
④ 马氏体型									
96	12Cr12	0.15	0.50	1.00	0.040	0.030	(0.60)	11.50~13.00	—
97	06Cr13	0.08	1.00	1.00	0.040	0.030	(0.60)	11.50~13.50	—
98	12Cr13*	0.08~0.15	1.00	1.00	0.040	0.030	(0.60)	11.50~13.50	—
100	Y12Cr13	0.15	1.00	1.25	0.060	≥0.15	(0.60)	12.00~14.00	钼(0.60)
101	20Cr13	0.16~0.25	1.00	1.00	0.040	0.030	(0.60)	12.00~14.00	—
102	30Cr13	0.26~0.35	1.00	1.00	0.040	0.030	(0.60)	12.00~14.00	—
103	Y30Cr13	0.26~0.35	1.00	1.25	0.060	≥0.15	(0.60)	12.00~14.00	钼(0.60)

(续)

序号	牌号	化学成分(质量分数,%)							
		碳	硅	锰	磷	硫	镍	铬	其他元素
④ 马氏体型									
104	40Cr13	0.36～0.45	0.60	0.80	0.040	0.030	(0.60)	12.00～14.00	—
106	14Cr17Ni2	0.11～0.17	0.80	0.80	0.040	0.030	1.50～2.50	16.00～18.00	—
107	17Cr16Ni2	0.12～0.22	1.00	1.50	0.040	0.030	1.50～2.50	15.00～17.00	—
108	68Cr17	0.60～0.75	1.00	1.00	0.040	0.030	(0.60)	16.00～18.00	钼(0.75)
109	85Cr17	0.75～0.95	1.00	1.00	0.040	0.030	(0.60)	16.00～18.00	钼(0.75)
110	108Cr17	0.95～1.20	1.00	1.00	0.040	0.030	(0.60)	16.00～18.00	钼(0.75)
111	Y108Cr17	0.95～1.20	1.00	1.25	0.060	≥0.15	(0.60)	16.00～18.00	钼(0.75)

（续）

序号	牌　号	化学成分(质量分数,%)							
		碳	硅	锰	磷	硫	镍	铬	其他元素
④ 马氏体型									
112	95Cr18	0.90～1.00	0.80	0.80	0.040	0.030	(0.60)	17.00～19.00	—
115	13Cr13Mo	0.08～0.18	0.60	1.00	0.040	0.030	(0.60)	11.50～14.00	钼 0.30～0.60
116	32Cr13Mo	0.28～0.35	0.80	1.00	0.040	0.030	(0.60)	12.00～14.00	钼 0.50～1.00
117	102Cr17Mo	0.95～1.10	0.80	0.80	0.040	0.030	(0.60)	16.00～18.00	钼 0.40～0.70
118	90Cr18MoV	0.85～0.95	0.80	0.80	0.040	0.030	(0.60)	17.00～19.00	钼 1.00～1.30 钒 0.07～0.12

注：1. 表中所列成分除标明范围或最小值外，其余均为最大值，括号内数值为可加入或允许含有的最大值

2. 本标准牌号与国外标准牌号对照参见 GB/T 20878

(2) 不锈钢棒经热处理后的力学性能

① 经固溶处理的奥氏体型钢棒的力学性能[①]

序号	牌号	规定非比例延伸强度 $R_{p0.2}$[②] (N/mm²)	抗拉强度 R_m (N/mm²)	断后伸长率 A (%)	断面收缩率 Z[③] (%)	硬度[②]		
						HBW	HRB	HV
		≥				≤		
1	12Cr17Mn6Ni5N	275	520	40	45	241	100	253
3	12Cr18Mn9Ni5N	275	520	40	45	207	95	218
9	12Cr17Ni7	205	520	40	60	187	90	200
13	12Cr18Ni9	205	520	40	60	187	90	200
15	Y12Cr18Ni9	205	520	40	50	187	90	200
16	Y12Cr18Ni9Se	205	520	40	50	187	90	200
17	06Cr19Ni10	205	520	40	60	187	90	200
18	022Cr19Ni10	175	480	40	60	187	90	200
22	06Cr18Ni9Cu3	175	480	40	60	187	90	200
23	06Cr19Ni10N	275	550	35	50	217	95	220
24	06Cr19Ni9NbN	345	685	35	50	250	100	260
25	022Cr19Ni10N	245	550	40	50	217	95	220
26	10Cr18Ni12	175	480	40	60	187	90	200
32	06Cr23Ni13	205	520	40	60	187	90	200

(续)

① 经固溶处理的奥氏体型钢棒的力学性能[①]								
序号	牌　号	规定非比例延伸强度 $R_{p0.2}$[②] (N/mm^2)	抗拉强度 R_m (N/mm^2)	断后伸长率 A (%)	断面收缩率 Z[③] (%)	硬度[②]		
						HBW	HRB	HV
		≥				≤		
35	06Cr25Ni20	205	520	40	50	187	90	200
38	06Cr17Ni12Mo2	205	520	40	60	187	90	200
39	022Cr17Ni12Mo2	175	480	40	60	187	90	200
41	06Cr17Ni12Mo2Ti	205	530	40	55	187	90	200
43	06Cr17Ni12Mo2N	275	550	35	50	217	95	220
44	022Cr17Ni12Mo2N	245	550	40	50	217	95	220
45	06Cr18Ni12Mo2Cu2	205	520	40	60	187	90	200
46	022Cr18Ni14Mo2Cu2	175	480	40	60	187	90	200
49	06Cr19Ni13Mo3	205	520	40	60	187	90	200
50	022Cr19Ni13Mo3	175	480	40	60	187	90	200
52	03Cr18Ni16Mo5	175	480	40	45	187	90	200
55	06Cr18Ni11Ti	205	520	40	50	187	90	200
62	06Cr18Ni11Nb	205	520	40	50	187	90	200
64	06Cr18Ni13Si4	205	520	40	60	207	95	218

（续）

② 经固溶处理的奥氏体-铁素体型钢棒的力学性能[4]

序号	牌号	规定非比例延伸强度 $R_{p0.2}$[2]（N/mm²）	抗拉强度 R_m（N/mm²）	断后伸长率 A（%）	断面收缩率 Z[3]（%）	冲击吸收功 A_k[5]（J）	硬度[2] HBW	硬度[2] HRB	硬度[2] HV
		≥	≥	≥	≥	≥	≤	≤	≤
67	14Cr18Ni11Si4AlTi	440	715	25	40	63	—	—	—
68	022Cr19Ni5Mo3Si2N	390	590	20	40	—	290	30	300
70	022Cr22Ni5Mo3N	450	620	25	—	—	290	—	—
71	022Cr23Ni5Mo3N	450	655	25	—	—	290	—	—
73	022Cr25Ni6Mo2N	450	620	20	—	—	260	—	—
75	03Cr25Ni6Mo3Cu2N	550	750	25	—	—	290	—	—

③ 经退火处理的铁素体型钢棒或试样的力学性能[4]

序号	牌号	规定非比例延伸强度 $R_{p0.2}$[2]（N/mm²）	抗拉强度 R_m（N/mm²）	断后伸长率 A（%）	断面收缩率 Z[2]（%）	冲击吸收功 A_k[5]（J）	硬度[2] HBW
		≥	≥	≥	≥	≥	≤
78	06Cr13Al	175	410	20	60	78	183
83	022Cr12	195	360	22	60	—	183
85	10Cr17	205	450	22	60	—	183

（续）

③ 经退火处理的铁素体型钢棒或试样的力学性能④

序号	牌号	规定非比例延伸强度 $R_{p0.2}$②（N/mm²）	抗拉强度 R_m（N/mm²）	断后伸长率 A（%）	断面收缩率 Z②（%）	冲击吸收功 A_{kU}⑤（J）	硬度② HBW
		≥					≤
86	Y10Cr17	205	450	22	50	—	183
88	10Cr17Mo	205	450	22	60	—	183
94	008Cr27Mo	245	410	20	45	—	219
95	008Cr30Mo2	295	450	20	45	—	228

④ 经热处理的马氏体型钢棒的力学性能④

序号	牌号	组别	经淬火回火后试样的力学性能和硬度							退火后钢棒的硬度⑥
			规定非比例延伸强度 $R_{p0.2}$（N/mm²）	抗拉强度 R_m（N/mm²）	断后伸长率 A（%）	断面收缩率 Z③（%）	冲击吸收功 A_{kU}⑤（J）	HBW	HRC	HBW
			≥							≤
96	12Cr12		390	590	25	55	118	170	—	200
97	06Cr13		345	490	24	60	—	—	—	183
98	12Cr13		345	540	22	55	78	159	—	200

（续）

序号	牌号	组别	④ 经热处理的马氏体型钢棒的力学性能[4]							
			经淬火回火后试样的力学性能和硬度							退火后钢棒的硬度[6]
			规定非比例延伸强度 $R_{p0.2}$（N/mm^2）	抗拉强度 R_m（N/mm^2）	断后伸长率 A（%）	断面收缩率 Z[3]（%）	冲击吸收功 A_{kU}[5]（J）	HBW	HRC	HBW
			≥							≤
100	Y12Cr13		345	540	17	45	55	159	—	200
101	20Cr13		440	640	20	50	63	192	—	223
102	30Cr13		540	735	12	40	24	217	—	235
103	Y30Cr13		540	735	8	35	24	217	—	235
104	40Cr13		—	—	—	—	—		50	235
106	14Cr17Ni2		—	1080	10	—	39	—	—	285
107	17Cr16Ni2[7]	1	700	900～1050	12	45	25（A_{kV}）	—	—	295
		2	600	800～950	14					
108	68Cr17		—	—	—	—	—	—	54	255
109	85Cr17		—	—	—	—	—	—	56	255
110	108Cr17		—	—	—	—	—	—	58	269
111	Y108Cr17		—	—	—	—	—	—	58	269

（续）

序号	牌号	组别	经淬火回火后试样的力学性能和硬度							退火后钢棒的硬度[6]
			规定非比例延伸强度 $R_{p0.2}$(N/mm²)	抗拉强度 R_m (N/mm²)	断后伸长率 A (%)	断面收缩率 Z[3] (%)	冲击吸收功 A_{kU}[5] (J)	HBW	HRC	HBW
			≥							≤
112	95Cr18		—	—	—	—	—	—	55	255
115	13Cr13Mo		490	690	20	60	78	192	—	200
116	32Cr13Mo		—	—	—	—	—	—	50	207
117	102Cr17Mo		—	—	—	—	—	—	55	269
118	90Cr18MoV		—	—	—	—	—	—	55	269

④ 经热处理的马氏体型钢棒的力学性能[4]

⑤ 沉淀硬化型钢棒或试样的力学性能[4]

序号	牌号	热处理			规定非比例延伸强度 $R_{p0.2}$ (N/mm²)	抗拉强度 R_m (N/mm²)	断后伸长率 A(%)	断面收缩率 Z[3] (%)	硬度[8]	
		类型		组别	≥				HBW	HRC
136	05Cr15Ni5Cu4Nb	固溶处理		0	—	—	—	—	≤363	≤38
		沉淀硬化	480℃时效	1	1180	1310	10	35	≥375	≥40
			550℃时效	2	1000	1070	12	45	≥331	≥35

（续）

⑤ 沉淀硬化型钢棒或试样的力学性能[4]										
序号	牌号	热处理			规定非比例延伸强度 $R_{p0.2}$ (N/mm²)	抗拉强度 R_m (N/mm²)	断后伸长率 A(%)	断面收缩率 Z[3](%)	硬度[8]	
		类型		组别	≥				HBW	HRC
136	05Cr15Ni5Cu4Nb	沉淀硬化	580℃时效	3	865	1000	13	45	≥302	≥31
			620℃时效	4	725	930	16	50	≥277	≥28
137	05Cr17Ni4Cu4Nb	固溶处理		0	—	—	—	—	≤363	≤38
		沉淀硬化	480℃时效	1	1180	1310	10	40	≥375	≥40
			550℃时效	2	1000	1070	12	45	≥331	≥35
			580℃时效	3	865	1000	13	45	≥302	≥31
			620℃时效	4	725	930	16	50	≥277	≥28
138	07Cr17Ni7Al	固溶处理		0	≤380	≤1030	20	—	≤229	—
		沉淀硬化	510℃时效	1	1030	1230	4	10	≥388	—
			565℃时效	2	960	1140	5	25	≥363	—

(续)

⑤ 沉淀硬化型钢棒或试样的力学性能④

序号	牌号	热处理			规定非比例延伸强度 $R_{p0.2}$ (N/mm²)	抗拉强度 R_m (N/mm²)	断后伸长率 A(%)	断面收缩率 Z③(%)	硬度⑧	
		类型		组别	≥				HBW	HRC
139	07Cr15Ni7Mo2Al	固溶处理		0	—	—	—	—	≤269	—
		沉淀硬化	510℃时效	1	1210	1320	6	20	≥388	—
			565℃时效	2	1100	1210	7	25	≥375	—

注：① 仅适用于直径、边长、厚度或对边距离小于或等于 180mm 的钢棒；大于 180mm 的钢棒，可改锻成 180mm 的样坯检验，或由供需双方协商，规定允许降低其力学性能的数值。
② 规定非比例延伸强度和硬度，仅当需方要求时（合同中注明）才进行测定，且供方可根据钢棒的尺寸或状态任选一种方法测定硬度。
③ 扁钢不适用，但需方要求时，由供需双方协商。
④ 仅适用于直径、边长、厚度或对边距小于或等于 75mm 的钢棒；大于 75mm 的钢棒，可改锻成 75mm 的样坯检验或由供需双方协商，规定允许降低其力学性能的数值。
⑤ 直径或对边距离小于等于 16mm 的圆钢、六角钢、八角钢和边长或厚度小于等于 12mm 的方钢、扁钢不做冲击试验。
⑥ 采用 750℃退火时，其硬度由供需双方协商。
⑦ 17Cr16Ni2 钢的性能组别应在合同中注明，未注明时，由供方自行选择。
⑧ 供方可根据钢棒的尺寸或状态任选一种方法测定硬度。

18. 结构用和流体输送用不锈钢无缝钢管

(GB/T 14975、14976—2002)

(1) 结构用和流体输送用不锈钢无缝钢管的牌号

序号	牌号	参见序号		序号	牌号	参见序号	
		结构用	输送用			结构用	输送用
(1) 奥氏体型钢				(1) 奥氏体型钢			
1	0Cr18Ni9	8	8	17	0Cr19Ni10NbN	—	11
2	1Cr18Ni9	5	5	18	0Cr23Ni13	—	14
3	00Cr19Ni10	9	9	19	0Cr25Ni20	—	15
4	0Cr18Ni10Ti	30	30	20	00Cr17Ni13Mo2N	21	21
5	0Cr18Ni11Nb	31	31	21	0Cr17Ni12Mo2N	20	20
6	0Cr17Ni12Mo2	16	16	22	0Cr18Ni12Mo2Cu2	—	22
7	00Cr17Ni14Mo2	19	19	23	00Cr18Ni14Mo2Cu2	—	23
8	0Cr18Ni12Mo2Ti	18	18	(2) 铁素体型钢			
9	1Cr18Ni12Mo2Ti	17	17	24	1Cr17	39	39
10	0Cr18Ni12Mo3Ti	27	27	(3) 马氏体型钢			
11	1Cr18Ni12Mo3Ti	26	26	25	0Cr13	46	46
12	1Cr18Ni9Ti	29	29	26	1Cr13	45	—
13	0Cr19Ni13Mo3	24	24	27	2Cr13	49	—
14	00Cr19Ni13Mo3	25	25	(4) 奥氏体-铁素体型钢			
15	00Cr18Ni10N	12	12	28	0Cr26Ni5Mo2	—	34
16	0Cr19Ni9N	10	10	29	00Cr18Ni5Mo3Si2	36	36

注：1. “参见序号”指参见第×××页“不锈钢棒的化学成分”中相同牌号的序号。如想了解表中某一牌号钢管的化学成分，即可参见该“参见序号”的不锈钢棒牌号的化学成分。
2. 1Cr18Ni9Ti 不作为推荐性牌号。
3. 钢管采用热轧(挤、扩)或冷拔(轧)方法制造，需方要求某一种方法制造时，应在合同中注明。

(2) 结构用和流体输送用不锈钢无缝钢管的热处理制度、力学性能和密度

序号	牌号	推荐热处理制度(℃)	力学性能			密度 $\left(\frac{kg}{dm^3}\right)$
			抗拉强度 σ_b (MPa)≥	规定非比例伸长应力 $\sigma_{p0.2}$ (MPa)≥	伸长率 δ_5 (%)≥	
(1) 奥氏体型钢						
1	0Cr18Ni9	1010～1150 急冷	520	205	35	7.93
2	1Cr18Ni9	1010～1150 急冷	520	205	35	7.90
3	00Cr19Ni10	1010～1150 急冷	480	175	35	7.93
4	0Cr18Ni10Ti	920～1150 急冷	520	205	35	7.95
5	0Cr18Ni11Nb	980～1150 急冷	520	205	35	7.98
6	0Cr17Ni12Mo2	1010～1150 急冷	520	205	35	7.98
7	00Cr17Ni14Mo2	1010～1150 急冷	480	175	35	7.98
8	0Cr18Ni12Mo2Ti	1000～1100 急冷	530	205	35	8.00
9	1Cr18Ni12Mo2Ti	1000～1100 急冷	530	205	35	8.00
10	0Cr18Ni12Mo3Ti	1000～1100 急冷	530	205	35	8.10
11	1Cr18Ni12Mo3Ti	1000～1100 急冷	530	205	35	8.10
12	1Cr18Ni9Ti	1000～1100 急冷	520	205	35	7.90
13	0Cr19Ni13Mo3	1010～1150 急冷	520	205	35	7.98
14	00Cr19Ni13Mo3	1010～1150 急冷	480	175	35	7.98
15	00Cr18Ni10N	1010～1150 急冷	550	245	40	7.90
16	0Cr19Ni9N	1010～1150 急冷	550	275	35	7.90
17	0Cr19Ni10NbN	1010～1150 急冷	685	345	35	7.98
18	0Cr23Ni13	1030～1150 急冷	520	205	40	7.98

（续）

序号	牌号	推荐热处理制度（℃）	力学性能：抗拉强度 σ_b（MPa）≥	力学性能：规定非比例伸长应力 $\sigma_{p0.2}$（MPa）≥	力学性能：伸长率 δ_5（%）≥	密度 $\left(\frac{kg}{dm^3}\right)$
（1）奥氏体型钢（续）						
19	0Cr25Ni20	1030～1180 急冷	520	205	40	7.98
20	00Cr17Ni13Mo2N	1010～1150 急冷	550	245	40	8.00
21	0Cr17Ni12Mo2N	1010～1150 急冷	550	275	35	7.80
22	0Cr18Ni12Mo2Cu2	1010～1150 急冷	520	245	35	7.98
23	00Cr18Ni14Mo2Cu2	1010～1150 急冷	480	180	35	7.98
（2）铁素体型钢						
24	1Cr17	780～850 空冷或缓冷	410	245	20	7.70
（3）马氏体型钢						
25	0Cr13	800～900 缓冷或 750 快冷	370	180	22	7.70
26	1Cr13	800～900 缓冷	410	205	20	7.70
27	2Cr13	800～900 缓冷	470	215	19	7.70
（4）奥氏体—铁素体型钢						
28	0Cr26Ni5Mo2	≥950 急冷	590	390	18	7.80
29	00Cr18Ni5Mo3Si2	920～1150 急冷	590	390	20	7.98

注：1. 热挤压管的抗拉强度允许降低 20MPa。2. 根据需方要求并在合同中注明可测定钢管的规定非比例伸长应力 $\sigma_{p0.2}$，其值应符合表中规定。3. 奥氏体-铁素体型冷拔（轧）钢管，也可以冷加工状态交货，其弯曲度、力学性能、压扁试验等由供需双方商定。

19. 不 锈 钢 丝(GB/T 4240—2009)

(1) 不锈钢丝的类别、牌号、交货状态和状态代号

类　别	牌　　号	交货状态及代号
奥氏体	12Cr17Mn6Ni5N 12Cr18Mn9Ni5N 12Cr18Ni9 06Cr19Ni9 10Cr18Ni12 06Cr17Ni12Mo2 Y06Cr17Mn6Ni6Cu2 Y12Cr18Ni9 Y12Cr18Ni9Cu3 02Cr19Ni10 06Cr20Ni11 16Cr23Ni13 06Cr23Ni13 06Cr25Ni20 20Cr25Ni20Si2 022Cr17Ni12Mo2 06Cr19Ni13Mo3 06Cr17Ni12Mo2Ti	软态(S)、轻拉(LD)、冷拉(WCD)
铁素体	06Cr13Al 06Cr11Ti 02Cr11Nb 10Cr17 Y10Cr17 10Cr17Mo 10Cr17MoNb	软态(S)、轻拉(LD)、冷拉(WCD)

（续）

类　别	牌　　号	交货状态及代号
马氏体	12Cr13 Y12Cr13 20Cr13 30Cr13 32Cr13Mo Y30Cr13 Y16Cr17Ni2Mo	软态(S)、轻拉(LD)
	40Cr13 12Cr12Ni2 20Cr17Ni2	软态(S)

(2) 不锈钢丝的力学性能

① 软态钢丝			
牌　　号	公称直径范围 (mm)	抗拉强度 R_m (N/mm²)	断后伸长率* A(%)≥
12Cr17Mn6Ni5N 12Cr18Mn9Ni5N 12Cr18Ni9 Y12Cr18Ni9 16Cr23Ni13 20Cr25Ni20Si2	0.05～0.10 >0.10～0.30 >0.30～0.60 >0.60～1.0 >1.0～3.0 >3.0～6.0 >6.0～10.0 >10.0～16.0	700～1000 660～950 640～920 620～900 620～880 600～850 580～830 550～800	15 20 20 25 30 30 30 30

（续）

① 软态钢丝			
牌　号	公称直径范围(mm)	抗拉强度 R_m (N/mm²)	断后伸长率* A(%)≥
Y06Cr17Mn6Ni6Cu2 Y12Cr18Ni9Cu3 06Cr19Ni9 022Cr19Ni10 10Cr18Ni12 06Cr17Ni12Mo2 06Cr20Ni11 06Cr23Ni13 06Cr25Ni20 06Cr17Ni12Mo2 022Cr17Ni14Mo2 06Cr19Ni13Mo3 06Cr17Ni12Mo2Ti	0.05～0.10 >0.10～0.30 >0.30～0.60 >0.60～1.0 >1.0～3.0 >3.0～6.0 >6.0～10.0 >10.0～16.0	650～930 620～900 600～870 580～850 570～830 550～800 520～770 500～750	15 20 20 25 30 30 30 30
30Cr13 32Cr13Mo Y30Cr13 40Cr13 12Cr12Ni2 Y16Cr17Ni2Mo 20Cr17Ni2	1.0～2.0 >2.0～16.0	600～850 600～850	10 15
注：* 易切削钢丝和公称直径小于 1.0mm 的钢丝，伸长率供参考，不作判定依据			

(续)

② 轻拉钢丝		
牌　　号	公称尺寸范围(mm)	抗拉强度 R_m(N/mm^2)
12Cr17Mn6Ni5N 12Cr18Mn9Ni5N Y06Cr17Mn6Ni6Cu2 12Cr18Ni9 Y12Cr18Ni9 Y12Cr18Ni9Cu3 06Cr19Ni9 022Cr19Ni10 10Cr18Ni12 06Cr20Ni11	0.50～1.0 >1.0～3.0 >3.0～6.0 >6.0～10.0 >10.0～16.0	850～1200 830～1150 800～1100 770～1050 750～1030
16Cr23Ni13 06Cr23Ni13 06Cr25Ni20 20Cr25Ni20Si2 06Cr17Ni12Mo2 022Cr17Ni14Mo2 06Cr19Ni13Mo3 06Cr17Ni12Mo2Ti	0.50～1.0 >1.0～3.0 >3.0～6.0 >6.0～10.0 >10.0～16.0	850～1200 830～1150 800～1100 770～1050 750～1030
06Cr13Al 06Cr11Ti 022Cr11Nb 10Cr17 Y10Cr17 10Cr17Mo 10Cr17MoNb	0.30～3.0 >3.0～6.0 >6.0～16.0	530～780 500～750 480～730

（续）

② 轻拉钢丝		
牌　　号	公称尺寸范围(mm)	抗拉强度 R_m(N/mm²)
12Cr13 Y12Cr13 20Cr13	1.0～3.0 >3.0～6.0 >6.0～16.0	600～850 580～820 550～800
30Cr13 32Cr13Mo Y30Cr13 Y16Cr17Ni2Mo	1.0～3.0 >3.0～6.0 >6.0～16.0	650～950 600～900 600～850
③ 冷拉钢丝的力学性能		
12Cr17Mn6Ni5N 12Cr18Mn9Ni5N 12Cr18Ni9 06Cr19Ni9 10Cr18Ni12 06Cr17Ni12Mo2	0.10～1.0 >1.0～3.0 >3.0～6.0 >6.0～12.0	1200～1500 1150～1450 1100～1400 950～1250

20. 冷顶锻用不锈钢丝(GB/T 4232—2009)

(1) 冷顶锻用不锈钢丝的类别、牌号、交货状态和状态代号

类　　别	新　牌　号	交货状态
奥氏体型	ML04Cr17Mn7Ni5CuN ML04Cr16Mn8Ni2Cu3N ML06Cr19Ni9 ML06Cr18Ni9Cu2 ML022Cr18Ni9Cu3 ML03Cr18Ni12	软态(S) 软态——钢丝进行光亮热处理或热处理后进行酸洗或类似的处理

(续)

类　别	新　牌　号	交货状态
奥氏体型	ML06Cr17Ni12Mo2 ML022Cr17Ni13Mo3 ML03Cr16Ni18	轻拉(LD) 轻拉——钢丝热处理后进行很小程度的拉拔
铁素体型	ML06Cr12Ti ML06Cr12Nb ML10Cr15 ML04Cr17 ML06Cr17Mo	
马氏体型	ML12Cr13 ML22Cr14NiMo ML16Cr17Ni2	

(2) 冷顶锻用不锈钢丝的力学性能

① 软态钢丝的力学性能				
牌　号	公称直径(mm)	抗拉强度 R_m(N/mm²)	断面收缩率 Z* (%)≥	断后伸长率 A* (%)≥
ML04Cr17Mn7Ni5CuN	0.80～3.00 >3.00～11.0	700～900 650～850	65 65	20 30
ML04Cr16Mn8Ni2Cu3N	0.80～3.00 >3.00～11.0	650～850 620～820	65 65	20 30
ML06Cr19Ni9	0.80～3.00 >3.00～11.0	580～740 550～710	65 65	30 40
ML06Cr18Ni9Cu2	0.80～3.00 >3.00～11.0	560～720 520～680	65 65	30 40

（续）

① 软态钢丝的力学性能				
牌　　号	公称直径（mm）	抗拉强度 R_m（N/mm²）	断面收缩率 Z*（%）≥	断后伸长率 A*（%）≥
ML022Cr18Ni9Cu3	0.80～3.00 >3.0～11.0	480～640 450～610	65 65	30 40
ML03Cr18Ni12	0.80～3.00 >3.00～11.0	480～640 450～610	65 65	30 40
ML06Cr17Ni12Mo2	0.80～3.00 >3.00～11.0	560～720 500～660	65 65	30 40
ML022Cr17Ni13Mo3	0.80～3.00 >3.00～11.0	540～700 500～660	65 65	30 40
ML03Cr16Ni18	0.80～3.00 >3.00～11.0	480～640 440～600	65 65	30 40
ML12Cr13	0.80～3.00 >3.00～11.00	440～640 400～600	55 55	— 15
ML22Cr14NiMo	0.80～3.00 >3.00～11.0	540～780 500～740	55 55	— 15
ML16Cr17Ni2	0.80～3.00 >3.00～11.0	560～800 540～780	55 55	— 15
② 轻拉钢丝的力学性能				
ML04Cr17Mn7Ni5CuN	0.80～3.00 >3.00～20.00	800～1000 750～950	55 55	15 20

(续)

② 轻拉钢丝的力学性能				
牌　　号	公称直径 (mm)	抗拉强度 R_m(N/mm^2)	断面收缩率 Z^* (%)≥	断后伸长率 A^* (%)≥
ML04Cr16Mn8Ni2Cu3N	0.80～3.00 >3.00～20.00	760～960 720～920	55 55	15 20
ML06Cr19Ni9	0.80～3.00 >3.00～20.0	640～800 590～750	55 55	20 25
ML06Cr18Ni9Cu2	0.80～3.00 >3.00～20.0	590～760 550～710	55 55	20 25
ML022Cr18Ni9Cu3	0.80～3.00 >3.00～20.0	520～680 480～640	55 55	20 25
ML03Cr18Ni12	0.80～3.00 >3.00～20.0	520～680 480～640	55 55	20 25
ML06Cr17Ni12Mo2	0.80～3.00 >3.00～20.0	600～760 550～710	55 55	20 25
ML022Cr17Ni13Mo3	0.80～3.00 >3.00～20.0	580～740 550～710	55 55	20 25
ML03Cr16Ni18	0.80～3.00 >3.0～20.0	520～680 480～640	55 55	20 25
ML06Cr12Ti	0.80～3.00 >3.00～20.0	≤650	55 55	— 10

（续）

② 轻拉钢丝的力学性能				
牌　　号	公称直径 (mm)	抗拉强度 R_m(N/mm²)	断面收缩率 Z^* (%)≥	断后伸长率 A^* (%)≥
ML06Cr12Nb	0.80～3.00 >3.00～20.0	≤650	55 55	— 10
ML10Cr15	0.80～3.00 >3.00～20.0	≤700	55 55	— 10
ML04Cr17	0.80～3.00 >3.00～20.0	≤700	55 55	— 10
ML06Cr17Mo	0.80～3.00 >3.00～20.0	≤720	55 55	— 10
ML12Cr13	0.80～3.00 >3.00～20.0	≤740	50 50	— 10
ML22Cr14NiMo	0.80～3.00 >3.00～20.0	≤780	50 50	— 10
ML16Cr17Ni2	0.80～3.00 >3.00～20.0	≤850	50 50	— 10

注：* 直径小于 3.00mm 的钢丝断面收缩率和伸长率仅供参考，不作判定依据。

21. 耐 热 钢 棒(GB/T 1221—2007)

(1) 耐热钢棒的化学成分

① 奥氏体型

序号	牌号	化学成分(质量分数,%)							
		碳	硅	锰	磷	硫	镍	铬	其他元素
6	53Cr21Mn9Ni4N	0.48～0.58	0.35	8.00～10.00	0.040	0.030	3.25～4.50	20.00～22.00	氮 0.35～0.50
7	26Cr18Mn12Si2N	0.22～0.30	1.40～2.20	10.50～12.50	0.050	0.030		17.00～19.00	氮 0.22～0.33
8	22Cr20Mn10Ni2Si2N	0.17～0.26	1.80～2.70	8.50～11.00	0.050	0.030	2.00～3.00	18.00～21.00	氢 0.20～0.30
17	06Cr19Ni10	0.08	1.00	2.00	0.045	0.030	8.00～11.00	18.00～20.00	—
30	22Cr21Ni12N	0.15～0.28	0.75～1.25	1.00～1.60	0.040	0.030	10.50～12.50	20.00～22.00	氮 0.15～0.30
31	16Cr23Ni13	0.20	1.00	2.00	0.040	0.030	12.00～15.00	22.00～24.00	—

(续)

① 奥氏体型									
序号	牌号	化学成分(质量分数,%)							
		碳	硅	锰	磷	硫	镍	铬	其他元素
32	06Cr23Ni13	0.08	1.00	2.00	0.045	0.030	12.00~15.00	22.00~24.00	—
34	20Cr25Ni20	0.25	1.50	2.00	0.040	0.030	19.00~22.00	24.00~26.00	—
35	06Cr25Ni20	0.08	1.50	2.00	0.040	0.030	19.00~22.00	24.00~26.00	—
38	06Cr17Ni12Mo2	0.08	1.00	2.00	0.045	0.030	10.00~14.00	16.00~18.00	钼 2.00~3.00
49	06Cr19Ni13Mo3	0.08	1.00	2.00	0.045	0.030	11.00~15.00	18.00~20.00	钼 3.00~4.00
55	06Cr18Ni11Ti	0.08	1.00	2.00	0.045	0.030	9.00~12.00	17.00~19.00	钛 5C~0.70

（续）

① 奥氏体型									
序号	牌　　号	化学成分（质量分数，%）							
		碳	硅	锰	磷	硫	镍	铬	其他元素
57	45Cr14Ni14W2Mo	0.40～0.50	0.80	0.70	0.040	0.030	13.00～15.00	13.00～15.00	钼 0.25～0.40 钨 2.00～2.75
60	12Cr16Ni35	0.15	1.50	2.00	0.040	0.030	33.00～37.00	14.00～17.00	—
62	06Cr18Ni11Nb	0.08	1.00	2.00	0.045	0.030	9.00～12.00	17.00～19.00	铌 10C～1.10
64	06Cr18Ni13Si4[a]	0.08	3.00～5.00	2.00	0.045	0.030	11.50～15.00	15.00～20.00	—
65	16Cr20Ni14Si2	0.20	1.50～2.50	1.50	0.040	0.030	12.00～15.00	19.00～22.00	—
66	16Cr25Ni20Si2	0.20	1.50～2.50	1.50	0.040	0.030	18.00～21.00	24.00～27.00	—

(续)

序号	牌号	化学成分(质量分数,%)							
		碳	硅	锰	磷	硫	镍	铬	其他元素
② 铁素体型									
78	06Cr13Al	0.08	1.00	1.00	0.040	0.030		11.50～14.50	铝 0.10～0.30
83	022Cr12	0.030	1.00	1.00	0.040	0.030	—	11.00～13.50	—
85	10Cr17	0.12	1.00	1.00	0.040	0.030	—	16.00～18.00	
93	16Cr25N	0.20	1.00	1.50	0.040	0.030	—	23.00～27.00	铜(0.30) 氮 0.25
③ 马氏体型									
98	12Cr13*	0.08～0.15	1.00	1.00	0.040	0.030	(0.60)	11.50～13.50	—
101	20Cr13	0.16～0.25	1.00	1.00	0.040	0.030	(0.60)	12.00～14.00	—
106	14Cr17Ni2	0.11～0.17	0.80	0.80	0.040	0.030	1.50～2.50	16.00～18.00	—
107	17Cr16Ni2	0.12～0.22	1.00	1.50	0.040	0.030	1.50～2.50	15.00～17.00	—
113	12Cr5Mo	0.15	0.50	0.60	0.040	0.030	0.60	4.00～6.00	钼 0.40～0.60

（续）

③ 马氏体型									
序号	牌号	化学成分（质量分数，%）							
		碳	硅	锰	磷	硫	镍	铬	其他元素
114	12Cr12Mo	0.10～0.15	0.50	0.30～0.50	0.035	0.030	0.30～0.60	11.50～13.00	钼 0.30～0.60 铜 0.30
115	13Cr13Mo	0.08～0.18	0.60	1.00	0.040	0.030	(0.60)	11.50～14.00	钼 0.30～0.60
119	14Cr11MoV	0.11～0.18	0.50	0.60	0.035	0.030	0.60	10.00～11.50	钼 0.50～0.70 钒 0.25～0.40
122	18Cr12MoVNbN	0.15～0.20	0.50	0.50～1.00	0.035	0.030	(0.60)	10.00～13.00	钼 0.30～0.90 氮 0.05～0.10 钒 0.10～0.40 铌 0.20～0.60

(续)

序号	牌号	化学成分(质量分数,%)							
③ 马氏体型									
		碳	硅	锰	磷	硫	镍	铬	其他元素
123	15Cr12WMoV	0.12～0.18	0.50	0.50～0.90	0.035	0.030	0.40～0.80	11.00～13.00	钼 0.50～0.70 钨 0.70～1.10 钒 0.15～0.30
124	22Cr12NiWMoV	0.20～0.25	0.50	0.50～1.00	0.040	0.030	0.50～1.00	11.00～13.00	钼 0.75～1.25 钨 0.75～1.25 钒 0.20～0.40
125	13Cr11Ni2W2MoV	0.10～0.16	0.60	0.60	0.035	0.030	1.40～1.80	10.50～12.00	钼 0.35～0.50 钨 1.50～2.00 钒 0.18～0.30

(续)

③ 马氏体型									
序号	牌　　号	化学成分(质量分数,%)							
		碳	硅	锰	磷	硫	镍	铬	其他元素
128	18Cr11NiMoNbVN*	0.15～0.20	0.50	0.50～0.80	0.030	0.025	0.30～0.60	10.00～12.00	钼 0.60～0.90 氮 0.04～0.09 钒 0.20～0.30 铝 0.30 铌 0.20～0.60
130	42Cr9Si2	0.35～0.50	2.00～3.00	0.70	0.035	0.030	0.60	8.00～10.00	—
131	45Cr9Si3	0.40～0.50	3.00～3.50	0.60	0.030	0.030	0.60	7.50～9.50	—
132	40Cr10Si2Mo	0.35～0.45	1.90～2.60	0.70	0.035	0.030	0.60	9.00～10.50	钼 0.70～0.90
133	80Cr20Si2Ni	0.75～0.85	1.75～2.25	0.20～0.60	0.030	0.030	1.15～1.65	19.00～20.50	—

（续）

④ 沉淀硬化型									
序号	牌号	化学成分（质量分数，%）							
		碳	硅	锰	磷	硫	镍	铬	其他元素
137	05Cr17Ni4Cu4Nb	0.07	1.00	1.00	0.040	0.030	3.00～5.00	15.00～17.50	铜 3.00～5.00 铌 0.15～0.45
138	07Cr17Ni7Al	0.09	1.00	1.00	0.040	0.030	6.50～7.75	16.00～18.00	铝 0.75～1.50
143	06Cr15Ni25Ti2MoAlVB	0.08	1.00	2.00	0.040	0.030	24.00～27.00	13.50～16.00	钼 1.00～1.50 铝 0.35 钛 1.90～2.35 硼 0.001～0.010 钒 0.10～0.50

注：1. 表中所列成分除标明范围或最小值外，其余均为最大值。
2. 本标准牌号与国外标准牌号对照参见 GB/T 20878。
3. * 相对于 GB/T 20878 调整成分牌号。

（2）耐热钢棒经热处理后的力学性能

① 经热处理的奥氏体型钢棒的力学性能*

序号	牌号	热处理状态	规定非比例延伸强度 $R_{p0.2}$①（N/mm²）	抗拉强度 R_m（N/mm²）	断后伸长率 A（%）	断面收缩率 Z②（%）	布氏硬度① HBW
			≥				≤
6	53Cr21Mn9Ni4N	固溶—时效	560	885	8	—	≥302
7	26Cr18Mn12Si2N	固溶处理	390	685	35	45	248
8	22Cr20Mn10Ni2Si2N		390	635	35	45	248
17	06Cr19Ni10		205	520	40	60	187
30	22Cr21Ni12N	固溶＋时效	430	820	26	20	269
31	16Cr23Ni13	固溶处理	205	560	45	50	201
32	06Cr23Ni13		205	520	40	60	187
34	20Cr25Ni20		205	590	40	50	201
35	06Cr25Ni20		205	520	40	50	187
38	06Cr17Ni12Mo2		205	520	40	60	187
49	06Cr19Ni13Mo3		205	520	40	60	187
55	06Cr18Ni11Ti		205	520	40	50	187
57	45Cr14Ni14W2Mo	退　火	315	705	20	35	248

(续)

① 经热处理的奥氏体型钢棒的力学性能*

序号	牌号	热处理状态	规定非比例延伸强度 $R_{p0.2}$①(N/mm^2)	抗拉强度 R_m(N/mm^2)	断后伸长率 A(%)	断面收缩率 Z②(%)	布氏硬度① HBW
			≥				≤
60	12Cr16Ni35	固溶处理	205	560	40	50	201
62	06Cr18Ni11Nb		205	520	40	50	187
64	06Cr18Ni13Si4		205	520	40	60	207
65	16Cr20Ni14Si2		295	590	35	50	187
66	16Cr25Ni20Si2		295	590	35	50	187

注：* 53Cr21Mn9Ni4N 和 22Cr21Ni12N 仅适用于直径、边长及对边距离或厚度小于或等于25mm 的钢棒；大于 25mm 的钢棒，可改锻成 25mm 的样坯检验或由供需双方协商确定允许降低其力学性能的数值。其余牌号仅适用于直径、边长及对边距离或厚度小于或等于180mm 的钢棒。大于 180mm 的钢棒，可改锻成 180mm 的样坯检验或由供需双方协商确定，允许降低其力学性能数值

② 经退火的铁素体型钢棒的力学性能*

序号	牌号	热处理状态	规定非比例延伸强度 $R_{p0.2}$①(N/mm^2)	抗拉强度 R_m(N/mm^2)	断后伸长率 A(%)	断面收缩率 Z②(%)	布氏硬度 HBW
			≥				≤
78	06Cr13Al	退火	175	410	20	60	183
83	022Cr12		195	360	22	60	183

(续)

② 经退火的铁素体型钢棒的力学性能*

序号	牌　　号	热处理状态	规定非比例延伸强度 $R_{p0.2}$①(N/mm^2)	抗拉强度 R_m(N/mm^2)	断后伸长率 A(%)	断面收缩率 Z②(%)	布氏硬度 HBW
			≥				≤
85	10Cr17	退　火	205	450	22	50	183
93	16Cr25N	退　火	275	510	20	40	201

注：* 仅适用于直径、边长及对边距离或厚度小于或等于 75mm 的钢棒；大于 75mm 的钢棒，可改锻成 75mm 的样坯检验或由供需双方协商确定允许降低其力学性能的数值

③ 经淬火回火的马氏体型钢棒的力学性能*

序号	牌　　号	热处理状态	规定非比例延伸强度 $R_{p0.2}$(N/mm^2)	抗拉强度 R_m(N/mm^2)	断后伸长率 A(%)	断面收缩率 Z②(%)	冲击吸收功 A_{kU}③(J)	经淬火回火后的硬度 HBW	退火后的硬度④ HBW
			≥						≤
98	12Cr13	淬火＋回火	345	540	22	55	78	159	200
101	20Cr13	淬火＋回火	440	640	20	50	63	192	223
106	14Cr17Ni2	淬火＋回火		1080	10		39	—	—
107	17Cr16Ni2⑤	淬火＋回火	700	900～1050	12	45	25(A_{kV})		295
			600	800～950	14				
113	12Cr5Mo	淬火＋回火	390	590	18	—			200

(续)

③ 经淬火回火的马氏体型钢棒的力学性能*

序号	牌号	热处理状态	规定非比例延伸强度 $R_{p0.2}$ (N/mm^2)	抗拉强度 R_m (N/mm^2)	断后伸长率 A (%)	断面收缩率 Z② (%)	冲击吸收功 A_{kU}③ (J)	经淬火回火后的硬度 HBW	退火后的硬度④ HBW
			≥						≤
114	12Cr12Mo	淬火+回火	550	685	18	60	78	217～248	255
115	13Cr13Mo		490	690	20	60	78	192	200
119	14Cr11MoV		490	685	16	55	47	—	200
122	18Cr12MoVNbN		685	835	15	30	—	≤321	269
123	15Cr12WMoV		585	735	15	45	47	—	—
124	22Cr12NiWMoV		735	885	10	25	—	≤341	269
125	13Cr11Ni2W2MoV⑤		735	885	15	55	71	269～321	269
			885	1080	12	50	55	311～388	
128	18Cr11NiMoNbVN		760	930	12	32	20(A_{kV})	277～331	255
130	42Cr9Si2		590	885	19	50	—	—	269
131	45Cr9Si3		685	930	15	35	—	≥269	—
132	40Cr10Si2Mo		685	885	10	35	—	—	269
133	80Cr20Si2Ni		685	885	10	15	8	≥262	321

注：*仅适用于直径、边长及对边距离或厚度小于或等于 75mm 的钢棒；大于 75mm 的钢棒，可改锻成 75mm 的样坯检验或由供需双方协商规定允许降低其力学性能的数值

（续）

④ 沉淀硬化型钢棒的力学性能*

序号	牌号	热处理 类型		热处理 组别	规定非比例延伸强度 $R_{p0.2}$ (N/mm²) ≥	抗拉强度 R_m (N/mm²) ≥	断后伸长率 A(%) ≥	断面收缩率 Z[②](%) ≥	硬度[⑥] HBW	硬度[⑥] HRC
137	05Cr17Ni4Cu4Nb	固溶处理		0	—	—	—	—	≤363	≤38
		沉淀硬化	480℃时效	1	1180	1310	10	40	≥375	≥40
			550℃时效	2	1000	1070	12	45	≥331	≥35
			580℃时效	3	865	1000	13	45	≥302	≥31
			620℃时效	4	725	930	16	50	≥277	≥28
138	07Cr17Ni7Al	固溶处理		0	≤380	≤1030	20	—	≤229	—
		沉淀硬化	510℃时效	1	1030	1230	4	10	≥388	—
			565℃时效	2	960	1140	5	25	≥363	—
143	06Cr15Ni25Ti2MoAlVB	固溶＋时效			590	900	15	18	≥248	—

注：*仅适用于直径、边长、厚度或对边距离小于或等于 75mm 的钢棒；大于 75mm 的钢棒，可改锻成 75mm 的样坯检验或由供需双方协商规定允许降低其力学性能的数值

注：① 规定非比例延伸强度和硬度，仅当需方要求时（合同中注明）才进行测定。
② 扁钢不适用，但需方要求时，可由供需双方协商确定。
③ 直径或对边距离小于等于 16mm 的圆钢、六角钢和边长厚度小于等于 12mm 的方钢、扁钢不做冲击试验。
④ 采用 750℃退火时，其硬度由供需双方协商。
⑤ 17Cr16Ni2 和 13Cr11Ni2W2MoV 钢的性能组别应在合同中注明，未注明时，由供方自行选择。
⑥ 供方可根据钢棒的尺寸或状态任选一种方法测定硬度。

22. 焊接用钢丝

(1) 熔化焊用钢丝(GB/T 14957—1994)

钢种	序号	牌号	化学成分(%)		
			碳	锰	硅
碳素结构钢	1	H08A	≤0.10	0.30~0.55	≤0.03
	2	H08E	≤0.10	0.30~0.55	≤0.03
	3	H08C	≤0.10	0.30~0.55	≤0.03
	4	H08MnA	≤0.10	0.80~1.10	≤0.07
	5	H15A	0.11~0.18	0.35~0.65	≤0.03
	6	H15Mn	0.11~0.18	0.80~1.10	≤0.03
合金结构钢	7	H10Mn2	≤0.12	1.50~1.90	≤0.07
	8	H08Mn2Si	≤0.11	1.70~2.10	0.65~0.95
	9	H08Mn2SiA	≤0.11	1.80~2.10	0.65~0.95
	10	H10MnSi	≤0.14	0.80~1.10	0.60~0.90
	11	H10MnSiMo	≤0.14	0.90~1.20	0.70~1.10
	12	H08MnSiMoTiA	0.08~0.12	1.00~1.30	0.40~0.70

序号	化学成分(%)					
	铬≤	镍≤	钼	钛	硫≤	磷≤
1	0.20	0.30	—	—	0.030	0.030
2	0.20	0.30	—	—	0.020	0.020
3	0.10	0.10	—	—	0.015	0.015
4	0.20	0.30	—	—	0.030	0.030
5	0.20	0.30	—	—	0.030	0.030
6	0.20	0.30	—	—	0.035	0.035
7	0.20	0.30	—	—	0.035	0.035
8	0.20	0.30	—	—	0.035	0.035
9	0.20	0.30	—	—	0.030	0.030
10	0.20	0.30	—	—	0.035	0.035
11	0.20	0.30	0.15~0.25	—	0.035	0.035
12	0.20	0.30	0.20~0.40	0.05~0.15	0.025	0.030

(续)

钢种	序号	牌号	化学成分(%)		
			碳	锰	硅
合金结构钢	13	H08MnMoA	≤0.10	1.20～1.60	≤0.25
	14	H08Mn2MoA	0.06～0.11	1.60～1.90	≤0.25
	15	H10Mn2MoA	0.08～0.13	1.70～2.00	≤0.40
	16	H08Mn2MoVA	0.06～0.11	1.60～1.90	≤0.25
	17	H10Mn2MoVA	0.08～0.13	1.70～2.00	≤0.40
	18	H08CrMoA	≤0.10	0.40～0.70	0.15～0.35
	19	H13CrMoA	0.11～0.16	0.40～0.70	0.15～0.35
	20	H18CrMoA	0.15～0.22	0.40～0.70	0.15～0.35
	21	H08CrMoVA	≤0.10	0.40～0.70	0.15～0.35
	22	H08CrNi2MoA	0.05～0.10	0.50～0.80	0.10～0.30
	23	H30CrMnSiA	0.25～0.35	0.80～1.10	0.90～1.20
	24	H10MoCrA	≤0.12	0.40～0.70	0.15～0.35

序号	化学成分(%)					
	铬	镍≤	钼	钛	硫≤	磷≤
13	≤0.20	0.30	0.30～0.50	0.15(加入量)	0.030	0.030
14	≤0.20	0.30	0.50～0.70	0.15(加入量)	0.030	0.030
15	≤0.20	0.30	0.60～0.80	0.15(加入量)	0.030	0.030
16	≤0.20	0.30	0.50～0.70	0.15(加入量) 钒 0.06～0.12	0.030	0.030
17	≤0.20	0.30	0.60～0.80	0.15(加入量) 钒 0.06～0.12	0.030	0.030
18	0.80～1.10	0.30	0.40～0.60	—	0.030	0.030
19	0.80～1.10	0.30	0.40～0.60	—	0.030	0.030
20	0.80～1.10	0.30	0.15～0.25	—	0.025	0.030
21	1.00～1.30	0.30	0.50～0.70	钒 0.15～0.35	0.030	0.030
22	0.70～1.00	1.40～1.80	0.20～0.40	—	0.025	0.030
23	0.80～1.10	0.30	—	—	0.025	0.025
24	0.45～0.65	0.30	0.40～0.60	—	0.030	0.030

注：钢中残余铜含量≤0.20%。

(2) 气体保护焊用钢丝(GB/T 14958—1994)

(1) 钢丝的化学成分

序号	牌号	化学成分(%)		
		碳	锰	硅
1	H08MnSi	≤0.11	1.20～1.50	0.40～0.70
2	H08Mn2Si	≤0.11	1.70～2.10	0.65～0.95
3	H08Mn2SiA	≤0.11	1.80～2.10	0.65～0.95
4	H11MnSi	0.07～0.15	1.00～1.50	0.65～0.95
5	H11Mn2SiA	0.07～0.15	1.40～1.85	0.85～1.15

序号	化学成分(%)						
	铬	镍	钼	钒	铜	硫	磷
	≤						
1	0.20	0.30	—	—	0.20	0.035	0.035
2	0.20	0.30	—	—	0.20	0.035	0.035
3	0.20	0.30	—	—	0.20	0.030	0.030
4	—	0.15	0.15	0.05	—	0.025	0.035
5	—	0.15	0.15	0.05	—	0.025	0.025

(2) 钢丝的熔敷金属力学性能

序号	牌号	抗拉强度 σ_b	条件屈服应力 $\sigma_{r0.2}$	伸长率 δ_5 (%)≥	室温冲击吸收功 A_{kV} (J)≥
		≥			
1	H08MnSi	420～520	320	22	27
2	H08Mn2Si	500	420	22	27
3	H08Mn2SiA	500	420	22	47
4	H11MnSi	500	420	22	—
5	H11Mn2SiA	500	420	22	27

注：1. 钢丝按表面状态分镀铜(代号 DT)和无镀铜(无代号)两种。

2. 镀铜钢丝的最大铜含量≤0.50%。

3. 根据需方要求,经供需双方协议,可进行钢丝的熔敷金属力学性能试验。

(3) 焊接用不锈钢丝(YB/T 5092—2005)

(a) 分类和牌号

类别	牌号		
奥氏体型	H05Cr22Ni11Mn6Mo3VN	H12Cr24Ni13	H03Cr19Ni12Mo2Si1
	H10Cr17Ni8Mn8Si4N	H03Cr24Ni13Si	H03Cr19Ni12Mo2Cu2
	H05Cr20Ni6Mn9N	H03Cr24Ni13	H08Cr19Ni14Mo3
	H05Cr18Ni5Mn12N	H12Cr24Ni13Mo2	H03Cr19Ni14Mo3
	H10Cr21Ni10Mn6	H03Cr24Ni13Mo2	H08Cr19Ni12Mo2Nb
	H09Cr21Ni9Mn4Mo	H12Cr24Ni13Si1	H07Cr20Ni34Mo2Cu3Nb
	H08Cr21Ni10Si	H03Cr24Ni13Si1	H02Cr20Ni34Mo2Cu3Nb
	H08Cr21Ni10	H12Cr26Ni21Si	H08Cr19Ni10Ti
	H06Cr21Ni10	H12Cr26Ni21	H21Cr16Ni35
	H03Cr21Ni10Si	H08Cr26Ni21	H08Cr20Ni10Nb
	H03Cr21Ni10	H08Cr19Ni12Mo2Si	H08Cr20Ni10SiNb
	H08Cr20Ni11Mo2	H08Cr19Ni12Mo2	H02Cr27Ni32Mo3Cu
	H04Cr20Ni11Mo2	H06Cr19Ni12Mo2	H02Cr20Ni25Mo4Cu
	H08Cr21Ni10Si1	H03Cr19Ni12Mo2Si	H06Cr19Ni10TiNb
	H03Cr21Ni10Si1	H03Cr19Ni12Mo2	H10Cr16Ni8Mo2
	H12Cr24Ni13Si	H08Cr19Ni12Mo2Si1	
奥氏体+铁素体(双相钢)型	H03Cr22Ni8Mo3N	H04Cr25Ni5Mo3Cu2N	H15Cr30Ni9
马氏体型	H12Cr13	H06Cr12Ni4Mo	H31Cr13
铁素体型	H06Cr14	H01Cr26Mo	H08Cr11Nb
	H10Cr17	H08Cr11Ti	
沉淀硬化型	H05Cr17Ni4Cu4Nb		

(b) 钢的牌号及化学成分(熔炼分析)

类型	序号	牌号	化学成分[1](质量分数)(%)									
			碳	硅	锰	磷	硫	铬	镍	钼	铜	其他元素
奥氏体	1	H05Cr22Ni11Mn6Mo3VN	≤0.05	≤0.90	4.00~7.00	≤0.030	≤0.030	20.50~24.00	9.50~12.00	1.50~3.00	≤0.75	氮 0.10~0.30 钒 0.10~0.30
	2	H10Cr17Ni8Mn8Si4N	≤0.10	3.40~4.50	7.00~9.00	≤0.030	≤0.030	16.00~18.00	8.00~9.00	≤0.75	≤0.75	氮 0.08~0.18
	3	H05Cr20Ni6Mn9N	≤0.05	≤1.00	8.00~10.00	≤0.030	≤0.030	19.00~21.50	5.50~7.00	≤0.75	≤0.75	氮 0.10~0.30
	4	H05Cr18Ni5Mn12N	≤0.05	≤1.00	10.50~13.50	≤0.030	≤0.030	17.00~19.00	4.00~6.00	≤0.75	≤0.75	氮 0.10~0.30
	5	H10Cr21Ni10Mn6	≤0.10	0.20~0.60	5.00~7.00	≤0.030	≤0.030	20.00~22.00	9.00~11.00	≤0.75	≤0.75	
	6	H09Cr21Ni9Mn4Mo	0.04~0.14	0.30~0.65	3.30~4.75	≤0.030	≤0.030	19.50~22.00	8.00~10.70	0.50~1.50	≤0.75	
	7	H08Cr21Ni10Si	≤0.08	0.30~0.65	1.00~2.50	≤0.030	≤0.030	19.50~22.00	9.00~11.00	≤0.75	≤0.75	

（续）

类型	序号	牌号	化学成分①（质量分数）（%）									
			碳	硅	锰	磷	硫	铬	镍	钼	铜	其他元素
奥氏体	8	H08Cr21Ni10	≤0.08	≤0.35	1.00～2.50	≤0.030	≤0.030	19.50～22.00	9.00～11.00	≤0.75	≤0.75	
	9	H06Cr21Ni10	0.04～0.08	0.30～0.65	1.00～2.50	≤0.030	≤0.030	19.50～22.00	9.00～11.00	≤0.50	≤0.75	
	10	H03Cr21Ni10Si	≤0.030	0.30～0.65	1.00～2.50	≤0.030	≤0.030	19.50～22.00	9.00～11.00	≤0.75	≤0.75	
	11	H03Cr21Ni10	≤0.030	≤0.35	1.00～2.50	≤0.030	≤0.030	19.50～22.00	9.00～11.00	≤0.75	≤0.75	
	12	H08Cr20Ni11Mo2	≤0.08	0.30～0.65	1.00～2.50	≤0.030	≤0.030	18.00～21.00	9.00～12.00	2.00～3.00	≤0.75	
	13	H04Cr20Ni11Mo2	≤0.04	0.30～0.65	1.00～2.50	≤0.030	≤0.030	18.00～21.00	9.00～12.00	2.00～3.00	≤0.75	
	14	H08Cr21Ni10Si1	≤0.08	0.65～1.00	1.00～2.50	≤0.030	≤0.030	19.50～22.00	9.00～11.00	≤0.75	≤0.75	
	15	H03Cr21Ni10Si1	≤0.030	0.65～1.00	1.00～2.50	≤0.030	≤0.030	19.50～22.00	9.00～11.00	≤0.75	≤0.75	

(续)

类型	序号	牌号	化学成分①(质量分数)(%)									
			碳	硅	锰	磷	硫	铬	镍	钼	铜	其他元素
奥氏体	16	H12Cr24Ni13Si	≤0.12	0.30~0.65	1.00~2.50	≤0.030	≤0.030	23.00~25.00	12.00~14.00	≤0.75	≤0.75	
	17	H12Cr24Ni13	≤0.12	≤0.35	1.00~2.50	≤0.030	≤0.030	23.00~25.00	12.00~14.00	≤0.75	≤0.75	
	18	H03Cr24Ni13Si	≤0.030	0.30~0.65	1.00~2.50	≤0.030	≤0.030	23.00~25.00	12.00~14.00	≤0.75	≤0.75	
	19	H03Cr24Ni13	≤0.030	≤0.35	1.00~2.50	≤0.030	≤0.030	23.00~25.00	12.00~14.00	≤0.75	≤0.75	
	20	H12Cr24Ni13Mo2	≤0.12	0.30~0.65	1.00~2.50	≤0.030	≤0.030	23.00~25.00	12.00~14.00	2.00~3.00	≤0.75	
	21	H03Cr24Ni13Mo2	≤0.030	0.30~0.65	1.00~2.50	≤0.030	≤0.030	23.00~25.00	12.00~14.00	2.00~3.00	≤0.75	
	22	H12Cr24Ni13Si1	≤0.12	0.65~1.00	1.00~2.50	≤0.030	≤0.030	23.00~25.00	12.00~14.00	≤0.75	≤0.75	
	23	H03Cr24Ni13Si1	≤0.030	0.65~1.00	1.00~2.50	≤0.030	≤0.030	23.00~25.00	12.00~14.00	≤0.75	≤0.75	

(续)

类型	序号	牌号	化学成分①(质量分数)(%)									
			碳	硅	锰	磷	硫	铬	镍	钼	铜	其他元素
奥氏体	24	H12Cr26Ni21Si	0.08～0.15	0.30～0.65	1.00～2.50	≤0.030	≤0.030	25.00～28.00	20.00～22.50	≤0.75	≤0.75	
	25	H12Cr26Ni21	0.08～0.15	≤0.35	1.00～2.50	≤0.030	≤0.030	25.00～28.00	20.00～22.50	≤0.75	≤0.75	
	26	H08Cr26Ni21	≤0.08	≤0.65	1.00～2.50	≤0.030	≤0.030	25.00～28.00	20.00～22.50	≤0.75	≤0.75	
	27	H08Cr19Ni12Mo2Si	≤0.08	0.30～0.65	1.00～2.50	≤0.030	≤0.030	18.00～20.00	11.00～14.00	2.00～3.00	≤0.75	
	28	H08Cr19Ni12Mo2	≤0.08	≤0.35	1.00～2.50	≤0.030	≤0.030	18.00～20.00	11.00～14.00	2.00～3.00	≤0.75	
	29	H06Cr19Ni12Mo2	0.04～0.08	0.30～0.65	1.00～2.50	≤0.030	≤0.030	18.00～20.00	11.00～14.00	2.00～3.00	≤0.75	
	30	H03Cr19Ni12Mo2Si	≤0.030	0.30～0.65	1.00～2.50	≤0.030	≤0.030	18.00～20.00	11.00～14.00	2.00～3.00	≤0.75	
	31	H03Cr19Ni12Mo2	≤0.030	≤0.35	1.00～2.50	≤0.030	≤0.030	18.00～20.00	11.00～14.00	2.00～3.00	≤0.75	

(续)

类型	序号	牌号	化学成分[①](质量分数)(%)									
			碳	硅	锰	磷	硫	铬	镍	钼	铜	其他元素
奥氏体	32	H08Cr19Ni12Mo2Si1	≤0.08	0.65~1.00	1.00~2.50	≤0.030	≤0.030	18.00~20.00	11.00~14.00	2.00~3.00	≤0.75	
	33	H03Cr19Ni12Mo2Si1	≤0.030	0.65~1.00	1.00~2.50	≤0.030	≤0.030	18.00~20.00	11.00~14.00	2.00~3.00	≤0.75	
	34	H03Cr19Ni12Mo2Cu2	≤0.030	≤0.65	1.00~2.50	≤0.030	≤0.030	18.00~20.00	11.00~14.00	2.00~3.00	1.00~2.50	
	35	H08Cr19Ni14Mo3	≤0.08	0.30~0.65	1.00~2.50	≤0.030	≤0.030	18.50~20.50	13.00~15.00	3.00~4.00	≤0.75	
	36	H03Cr19Ni14Mo3	≤0.030	0.30~0.65	1.00~2.50	≤0.030	≤0.030	18.50~20.50	13.00~15.00	3.00~4.00	≤0.75	
	37	H08Cr19Ni12Mo2Nb	≤0.08	0.30~0.65	1.00~2.50	≤0.030	≤0.030	18.00~20.00	11.00~14.00	2.00~3.00	≤0.75	铌[②]8×碳%~1.00
	38	H07Cr20Ni34Mo2Cu3Nb	≤0.07	≤0.60	≤2.50	≤0.030	≤0.030	19.00~21.00	32.00~36.00	2.00~3.00	3.00~4.00	铌[②]8×碳%~1.00
	39	H02Cr20Ni34Mo2Cu3Nb	≤0.025	≤0.15	1.50~2.00	≤0.015	≤0.020	19.00~21.00	32.00~36.00	2.00~3.00	3.00~4.00	铌[②]8×碳%~0.40

(续)

类型	序号	牌号	化学成分①(质量分数)(%)									
			碳	硅	锰	磷	硫	铬	镍	钼	铜	其他元素
奥氏体	40	H08Cr19Ni10Ti	≤0.08	0.30~0.65	1.00~2.50	≤0.030	≤0.030	18.50~20.50	9.00~10.50	≤0.75	≤0.75	钛 9×碳%~1.00
	41	H21Cr16Ni35	0.18~0.25	0.30~0.65	1.00~2.50	≤0.030	≤0.030	15.00~17.00	34.00~37.00	≤0.75	≤0.75	
	42	H08Cr20Ni10Nb	≤0.08	0.30~0.65	1.00~2.50	≤0.030	≤0.030	19.00~21.50	9.00~11.00	≤0.75	≤0.75	铌② 10×碳%~1.00
	43	H08Cr20Ni10SiNb	≤0.08	0.65~1.00	1.00~2.50	≤0.030	≤0.030	19.00~21.50	9.00~11.00	≤0.75	≤0.75	铌② 10×碳%~1.00
	44	H02Cr27Ni32Mo3Cu	≤0.025	≤0.50	1.00~2.50	≤0.020	≤0.030	26.50~28.50	30.00~33.00	3.20~4.20	0.70~1.50	
	45	H02Cr20Ni25Mo4Cu	≤0.025	≤0.50	1.00~2.50	≤0.020	≤0.030	19.50~21.50	24.00~26.00	4.20~5.20	1.20~2.00	
	46	H06Cr19Ni10TiNb	0.04~0.08	0.30~0.65	1.00~2.00	≤0.030	≤0.030	18.50~20.00	9.00~11.00	≤0.25	≤0.75	钛≤0.05 铌②≤0.05
	47	H10Cr16Ni8Mo2	≤0.10	0.30~0.65	1.00~2.00	≤0.030	≤0.030	14.50~16.50	7.50~9.50	1.00~2.00	≤0.75	

(续)

类型	序号	牌号	化学成分①(质量分数)(%)									
			碳	硅	锰	磷	硫	铬	镍	钼	铜	其他元素
奥氏体+铁素体	48	H03Cr22Ni8Mo3N	≤0.030	≤0.90	0.50~2.00	≤0.030	≤0.030	21.50~23.50	7.50~9.50	2.50~3.50	≤0.75	氮 0.08~0.20
	49	H04Cr25Ni5Mo3Cu2N	≤0.04	≤1.00	≤1.50	≤0.040	≤0.030	24.00~27.50	4.50~6.50	2.90~3.90	1.50~2.50	氮 0.10~0.25
	50	H15Cr30Ni9	≤0.15	0.30~0.65	1.00~2.50	≤0.030	≤0.030	28.00~32.00	8.00~10.50	≤0.75	≤0.75	
马氏体	51	H12Cr13	≤0.12	≤0.50	≤0.60	≤0.030	≤0.030	11.50~13.50	≤0.60	≤0.75	≤0.75	
	52	H06Cr12Ni4Mo	≤0.06	≤0.50	≤0.60	≤0.030	≤0.030	11.00~12.50	4.00~5.00	0.40~0.70	≤0.75	
	53	H31Cr13	0.25~0.40	≤0.50	≤0.60	≤0.030	≤0.030	12.00~14.00	≤0.60	≤0.75	≤0.75	

(续)

类型	序号	牌号	化学成分①(质量分数)(%)									
			碳	硅	锰	磷	硫	铬	镍	钼	铜	其他元素
铁素体	54	H06Cr14	≤0.06	0.30~0.70	0.30~0.70	≤0.030	≤0.030	13.00~15.00	≤0.60	≤0.75	≤0.75	
	55	H10Cr17	≤0.10	≤0.50	≤0.60	≤0.030	≤0.030	15.50~17.00	≤0.60	≤0.75	≤0.75	
	56	H01Cr26Mo	≤0.015	≤0.40	≤0.40	≤0.020	≤0.020	25.00~27.50	Ni+Cu ≤0.50%	0.75~1.50	Ni+Cu ≤0.50%	氮≤0.015
	57	H08Cr11Ti	≤0.08	≤0.80	≤0.80	≤0.030	≤0.030	10.50~13.50	≤0.60	≤0.50	≤0.75	钛 10×碳%~1.50
	58	H08Cr11Nb	≤0.08	≤1.00	≤0.80	≤0.040	≤0.030	10.50~13.50	≤0.60	≤0.50	≤0.75	铌② 10×碳%~0.75
沉淀硬化	59	H05Cr17Ni4Cu4Nb	≤0.05	≤0.75	0.25~0.75	≤0.030	≤0.030	16.00~16.75	4.50~5.00	≤0.75	3.25~4.00	铌② 0.15~0.30

注：① 在对表中给出元素进行分析时，如果发现有其他元素存在，其总量(除铁外)不应超过0.50%。
② 铌可报告为铌+钽。

第三章　黑色金属材料的品种和规格

1. 型　　钢

(1) 热轧圆钢、方钢及六角钢(GB/T 702—2008)

d或a(mm)	圆钢 d	方钢 a	六角钢 a	d或a(mm)	圆钢 d	方钢 a	六角钢 a
	理论重量(kg/m)				理论重量(kg/m)		
5.5	0.186	0.237	—	27	4.49	5.72	4.96
6	0.222	0.283	—	28	4.83	6.15	5.33
6.5	0.260	0.332	—	29	5.18	6.60	—
7	0.302	0.385	—	30	5.55	7.06	6.12
8	0.395	0.502	0.435	31	5.92	7.54	—
9	0.499	0.636	0.551	32	6.31	8.04	6.96
10	0.617	0.785	0.680	33	6.71	8.55	—
11	0.746	0.950	0.823	34	7.13	9.07	7.86
12	0.888	1.13	0.979	35	7.55	9.62	—
13	1.04	1.33	1.15	36	7.99	10.2	8.81
14	1.21	1.54	1.33	38	8.90	11.3	9.82
15	1.39	1.77	1.53	40	9.86	12.6	10.88
16	1.58	2.01	1.74	42	10.9	13.8	11.99
17	1.78	2.27	1.96	45	12.5	15.9	13.77
18	2.00	2.54	2.20	48	14.2	18.1	15.66
19	2.23	2.83	2.45	50	15.4	19.6	17.00
20	2.47	3.14	2.72	53	17.3	22.0	19.10
21	2.72	3.46	3.00	55	18.6	23.7	—
22	2.98	3.80	3.29	56	19.3	24.6	21.32
23	3.26	4.15	3.60	58	20.7	26.4	22.87
24	3.55	4.52	3.92	60	22.2	28.3	24.50
25	3.85	4.91	4.25	63	24.5	31.2	26.98
26	4.17	5.31	4.60	65	26.0	33.2	28.72

（续）

d或a（mm）	圆钢	方钢	六角钢	d或a（mm）	圆钢	方钢	六角钢
	理论重量(kg/m)				理论重量(kg/m)		
68	28.5	36.3	31.43	160	158	201	—
70	30.2	38.5	33.30	165	168	214	—
75	34.7	44.2	—	170	178	227	—
80	39.5	50.2	—	180	200	254	—
85	44.5	56.7	—	190	223	283	—
90	49.9	63.6	—	200	247	314	—
95	55.6	70.8	—	210	272	—	—
100	61.7	78.5	—	220	298	—	—
105	68.0	86.5	—	230	326	—	—
110	74.6	95.0	—	240	355	—	—
115	81.5	104	—	250	385	—	—
120	88.8	113	—	260	417	—	—
125	96.3	123	—	270	449	—	—
130	104	133	—	280	483	—	—
135	112	143	—	290	518	—	—
140	121	154	—	300	555	—	—
145	130	165	—	310	592	—	—
150	139	177	—				
155	148	189	—				

注：1. d—圆钢直径；a—方钢边长或六角钢平行对边距离。

2. 热轧圆钢、方钢及六角钢的通常长度见下表：

名　称		圆钢、方钢		六角钢
d或a(mm)		≤25	＞25	8～70
长度(m)	普通钢	4～12	3～12	3～8
	优质钢及特殊质量钢	2～12（工具钢d或a＞75mm时：1～8）		2～6

3. 理论重量按钢的密度7.85g/cm³计算。

(2) 热轧扁钢(GB/T 702—2008)

宽度(mm)	厚度 (mm)								
	3	4	5	6	7	8	9	10	11
	理论重量(kg/m)								
10	0.24	0.31	0.39	0.47	0.55	0.63	—	—	—
12	0.28	0.38	0.47	0.57	0.66	0.75	—	—	—
14	0.33	0.44	0.55	0.66	0.77	0.88	—	—	—
16	0.38	0.50	0.63	0.75	0.88	1.00	1.15	1.26	—
18	0.42	0.57	0.71	0.85	0.99	1.13	1.27	1.41	—
20	0.47	0.63	0.78	0.94	1.10	1.26	1.41	1.57	1.73
22	0.52	0.69	0.86	1.04	1.21	1.38	1.55	1.73	1.90
25	0.59	0.78	0.98	1.18	1.37	1.57	1.77	1.96	2.16
28	0.66	0.88	1.10	1.32	1.54	1.76	1.98	2.20	2.42
30	0.71	0.94	1.18	1.41	1.65	1.88	2.12	2.36	2.59
32	0.75	1.00	1.26	1.51	1.76	2.01	2.26	2.55	2.76
35	0.82	1.10	1.37	1.65	1.92	2.20	2.47	2.75	3.02
40	0.94	1.26	1.57	1.88	2.20	2.51	2.83	3.14	3.45
45	1.06	1.41	1.77	2.12	2.47	2.83	3.18	3.53	3.89
50	1.18	1.57	1.96	2.36	2.75	3.14	3.53	3.93	4.32
55	—	1.73	2.16	2.59	3.02	3.45	3.89	4.32	4.75
60	—	1.88	2.36	2.83	3.30	3.77	4.24	4.71	5.18
65	—	2.04	2.55	3.06	3.57	4.08	4.59	5.10	5.61
70	—	2.20	2.75	3.30	3.85	4.40	4.95	5.50	6.04
75	—	2.36	2.94	3.53	4.12	4.71	5.30	5.89	6.48
80	—	2.51	3.14	3.77	4.40	5.02	5.65	6.28	6.91
85	—	—	3.34	4.00	4.67	5.34	6.01	6.67	7.34
90	—	—	3.53	4.24	4.95	5.65	6.36	7.07	7.77
95	—	—	3.73	4.47	5.22	5.97	6.71	7.46	8.20
100	—	—	3.92	4.71	5.50	6.28	7.07	7.85	8.64
105	—	—	4.12	4.95	5.77	6.59	7.42	8.24	9.07
110	—	—	4.32	5.18	6.04	6.91	7.77	8.64	9.50
120	—	—	4.71	5.65	6.59	7.54	8.48	9.42	10.36
125	—	—	—	5.89	6.87	7.85	8.83	9.81	10.79
130	—	—	—	6.12	7.14	8.16	9.18	10.20	11.23
140	—	—	—	—	7.69	8.79	9.89	10.99	12.09
150	—	—	—	—	8.24	9.42	10.60	11.78	12.95
160	—	—	—	—	8.79	10.05	11.30	12.56	13.82
180	—	—	—	—	9.89	11.30	12.72	14.13	15.54
200	—	—	—	—	10.99	12.56	14.13	15.70	17.27

(续)

宽度(mm)	厚度 (mm)							
	12	14	16	18	20	22	25	28
	理论重量(kg/m)							
18	—	—	—	—	—	—	—	—
20	1.88	—	—	—	—	—	—	—
22	2.07	—	—	—	—	—	—	—
25	2.36	2.75	3.14	—	—	—	—	—
28	2.64	3.08	3.53	—	—	—	—	—
30	2.83	3.30	3.77	4.24	4.71	—	—	—
32	3.01	3.52	4.02	4.52	5.02	—	—	—
35	3.30	3.85	4.40	4.95	5.50	6.04	6.87	7.69
40	3.77	4.40	5.02	5.65	6.28	6.91	7.85	8.79
45	4.24	4.95	5.65	6.36	7.07	7.77	8.83	9.89
50	4.71	5.50	6.28	7.07	7.85	8.64	9.81	10.99
55	5.18	6.04	6.91	7.77	8.64	9.50	10.79	12.09
60	5.65	6.59	7.54	8.48	9.42	10.36	11.78	13.19
65	6.12	7.14	8.16	9.18	10.20	11.23	12.76	14.29
70	6.59	7.69	8.79	9.89	10.99	12.09	13.74	15.39
75	7.07	8.24	9.42	10.60	11.78	12.95	14.72	16.18
80	7.54	8.79	10.05	11.30	12.56	13.82	15.70	17.58
85	8.01	9.34	10.68	12.01	13.34	14.68	16.68	18.68
90	8.48	9.89	11.30	12.72	14.13	15.54	17.66	19.78
95	8.95	10.44	11.93	13.42	14.92	16.41	18.64	20.88
100	9.42	10.99	12.56	14.13	15.70	17.27	19.62	21.98
105	9.89	11.54	13.19	14.84	16.48	18.13	20.61	23.08
110	10.36	12.09	13.82	15.54	17.27	19.00	21.59	24.18
120	11.30	13.19	15.07	16.96	18.84	20.72	23.55	26.38
125	11.78	13.74	15.70	17.66	19.62	21.58	24.53	27.48
130	12.25	14.29	16.33	18.37	20.41	22.45	25.51	28.57
140	13.19	15.39	17.58	19.78	21.98	24.18	27.48	30.77
150	14.13	16.48	18.84	21.20	23.55	25.90	29.44	32.97
160	15.07	17.58	20.10	22.61	25.12	27.63	31.40	35.17
180	16.96	19.78	22.61	25.43	28.26	31.09	35.32	39.56
200	18.84	21.98	25.12	28.26	31.40	34.54	39.25	43.96

(续)

宽 度 (mm)	厚 度 (mm)							
	30	32	36	40	45	50	56	60
	理 论 重 量(kg/m)							
40	—	—	—	—	—	—	—	—
45	10.60	11.30	12.72	—	—	—	—	—
50	11.78	12.56	14.13	—	—	—	—	—
55	12.95	13.82	15.54	—	—	—	—	—
60	14.13	15.07	16.96	18.84	21.20	—	—	—
65	15.31	16.33	18.37	20.41	22.96	—	—	—
70	16.49	17.58	19.78	21.98	24.73	—	—	—
75	17.66	18.34	21.20	23.56	26.49	—	—	—
80	18.84	20.10	22.61	25.12	28.26	31.40	35.17	—
85	20.02	21.35	24.02	26.69	30.03	33.36	37.37	40.04
90	21.20	22.61	25.43	28.26	31.79	35.32	39.56	42.39
95	22.37	23.86	26.85	29.83	33.56	37.29	41.76	44.74
100	23.55	25.12	28.26	31.40	35.32	39.25	43.96	47.10
105	24.73	26.38	29.67	32.97	37.09	41.21	46.16	49.46
110	25.90	27.63	31.09	34.54	38.86	43.18	48.36	51.31
120	28.26	30.14	33.91	37.68	42.39	47.10	52.75	56.52
125	29.44	31.40	35.32	39.25	44.16	49.06	54.95	58.88
130	30.62	32.66	36.74	40.82	45.92	51.02	57.15	61.23
140	32.97	35.17	39.56	43.96	49.49	54.95	61.54	65.94
150	35.32	37.68	42.39	47.10	52.99	58.88	65.94	70.65
160	37.68	40.19	45.22	50.24	56.52	62.80	70.34	75.36
180	43.39	45.22	50.87	56.52	63.58	70.65	79.13	84.78
200	47.10	50.24	56.52	62.80	70.65	78.50	87.92	94.20

注：1. 理论重量按钢的密度 7.85g/cm^3 计算。

2. 扁钢按理论重量分组：

第 1 组，理论重量≤19kg/m，通常长度 3～9m；

第 2 组，理论重量＞19kg/m，通常长度 3～7m。

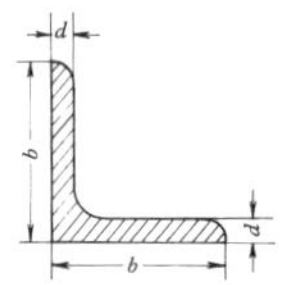

(3) 热轧等边角钢

(GB/T 706—2008)

b—边宽；*d*—边厚

型号	尺寸(mm)		理论重量(kg/m)	型号	尺寸(mm)		理论重量(kg/m)
	b	*d*			*b*	*d*	
2	20	3 4	0.889 1.145	5.6	56	3 4 5 8	2.624 3.446 4.251 6.568
2.5	25	3 4	1.124 1.459				
3	30	3 4	1.373 1.786	6	60	5 6 7 8	4.576 5.427 6.762 7.081
3.6	36	3 4 5	1.656 2.163 2.654	6.3	63	4 5 6 8 10	3.907 4.822 5.721 7.469 9.151
4	40	3 4 5	1.852 2.422 2.976				
4.5	45	3 4 5 6	2.088 2.736 3.369 3.985	7	70	4 5 6 7 8	4.372 5.397 6.406 7.398 8.373
5	50	3 4 5 6	2.332 3.059 3.770 4.465	7.5	75	5 6 7 8 10	5.818 6.905 7.976 9.030 11.089

(续)

型号	尺寸(mm)		理论重量(kg/m)	型号	尺寸(mm)		理论重量(kg/m)
	b	d			b	d	
8	80	5 6 7 8 10	6.211 7.376 8.525 9.658 11.874	12.5	125	8 10	15.504 19.133
				12.5	125	12 14	22.696 26.193
9	90	6 7 8 10 12	8.350 9.656 10.946 13.476 15.940	14	140	10 12 14 16	21.488 25.522 29.490 33.393
10	100	6 7 8 10 12 14 16	9.366 10.830 12.276 15.120 17.898 20.611 23.257	15	150	8 10 12 14 15 16	18.644 23.058 27.406 31.688 33.804 35.905
				16	160	10 12 14 16	24.729 29.391 33.987 38.518
11	110	7 8 10 12 14	11.928 13.532 16.690 19.782 22.809	18	180	12 14 16 18	33.159 38.383 43.542 48.634

(续)

型号	尺寸 (mm)		理论重量 (kg/m)	型号	尺寸 (mm)		理论重量 (kg/m)
	b	*d*			*b*	*d*	
20	200	14 16 18 20 24	42.894 48.680 54.401 60.056 71.168	22	220	24 26	78.902 84.987
22	220	16 18 20 22	53.901 60.250 66.533 72.751	25	250	18 20 24 26 28 30 32 35	68.956 76.180 90.433 97.461 104.422 111.318 118.149 128.271

注：1. 等边角钢按理论重量或实际重量交货。理论重量按钢的密度 7.85g/cm³ 计算。

2. 等边角钢的通常长度：2～9 号，长 4～12m；10～14 号，长 4～9m；16～20 号，长 6～19m。

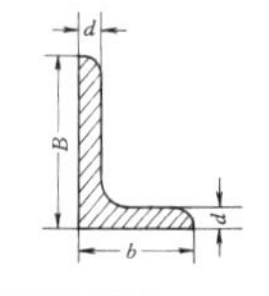

(4) 热轧不等边角钢

(GB/T 706—2008)

B—长边宽；*b*—短边宽；*d*—边厚

型号	尺寸 (mm)			理论重量 (kg/m)	型号	尺寸 (mm)			理论重量 (kg/m)
	B	*b*	*d*			*B*	*b*	*d*	
2.5/1.6	25	16	3 4	0.912 1.176	3.2/2	32	20	3 4	1.171 1.522

（续）

型号	尺寸 (mm)			理论重量 (kg/m)	型号	尺寸 (mm)			理论重量 (kg/m)
	B	b	d			B	b	d	
4/2.5	40	25	3 4	1.484 1.936	(7.5/5)	75	50	5 6 8 10	4.808 5.699 7.431 9.098
4.5/2.8	45	28	3 4	1.687 2.203	8/5	80	50	5 6 7 8	5.005 5.935 6.848 7.745
5/3.2	50	32	3 4	1.908 2.494	9/5.6	90	56	5 6 7 8	5.661 6.717 7.756 8.779
5.6/3.6	56	36	3 4 5	2.153 2.818 3.466	10/6.3	100	63	6 7 8 10	7.550 8.722 9.878 12.142
6.3/4	63	40	4 5 6 7	3.185 3.920 4.638 5.339	10/8	100	80	6 7 8 10	8.350 9.656 10.946 13.476
7/4.5	70	45	4 5 6 7	3.570 4.403 5.218 6.011					

(续)

型号	尺寸 (mm)			理论重量 (kg/m)	型号	尺寸 (mm)			理论重量 (kg/m)
	B	b	d			B	b	d	
11/7	110	70	6 7 8 10	8.350 9.656 10.946 13.476	15/9	150	90	14 15 16	25.007 26.652 28.281
12.5/8	125	80	7 8 10 12	11.066 12.551 15.474 18.330	16/10	160	100	10 12 14 16	19.872 23.592 27.247 30.835
14/9	140	90	8 10 12 14	14.160 17.475 20.724 23.908	18/11	180	110	10 12 14 16	22.273 26.464 30.589 34.649
15/9	150	90	8 10 12	14.788 18.260 21.666	20/12.5	200	125	12 14 16 18	29.761 34.436 39.045 43.588

注：1. 带括号的型号不推荐使用。
2. 不等边角钢按理论重量或实际重量交货。理论重量按钢的密度 7.85g/cm³ 计算。
3. 不等边角钢的通常长度：2.5/1.6～9/5.6 号，长 4～12m；10/6.3～14/9 号，长 4～19m；16/10～20/12.5 号，长 6～19m。

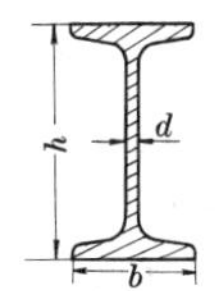

(5) 热轧工字钢(GB/T 706—2008)

斜度：1∶6

h—高度；b—腿宽；d—腰厚

型号	尺寸(mm)			理论重量(kg/m)	型号	尺寸(mm)			理论重量(kg/m)
	h	b	d			h	b	d	
10	100	68	4.5	11.261	32c	320	134	13.5	62.765
12	120	74	5.0	13.987	36a	360	136	10.0	60.037
12.6	126	74	5.0	14.223	36b	360	138	12.0	65.689
14	140	80	5.5	16.890	36c	360	140	14.0	71.341
16	160	88	6.0	20.513	40a	400	142	10.5	67.598
18	180	94	6.5	24.143	40b	400	144	12.5	73.878
20a	200	100	7.0	27.929	40c	400	146	14.5	80.158
20b	200	102	9.0	31.069	45a	450	150	11.5	80.420
22a	220	110	7.5	33.070	45b	450	152	13.5	87.485
22b	220	112	9.5	36.524	45c	450	154	15.5	94.550
24a	240	116	8.0	37.477	50a	500	158	12.0	93.654
24b	240	118	10.0	41.245	50b	500	160	14.0	101.504
25a	250	116	8.0	38.105	50c	500	162	16.0	109.354
25b	250	118	10.0	42.030	55a	550	166	12.5	105.355
27a	270	122	8.5	42.825	55b	550	168	14.5	113.970
27b	270	124	10.5	47.084	55c	550	170	16.5	122.605
28a	280	122	8.5	43.492	56a	560	166	12.5	106.316
28b	280	124	10.5	47.888	56b	560	168	14.5	115.108
30a	300	126	9.0	48.084	56c	560	170	16.5	123.900
30b	300	128	11.0	52.794	63a	630	176	13.0	121.407
30c	300	130	13.0	57.504	63b	630	178	15.0	131.298
32a	320	130	9.5	52.717	63c	630	180	17.0	141.189
32b	320	132	11.5	57.741					

注：1. 工字钢按理论重量或实际重量交货。理论重量按钢的密度7.85g/cm^3计算。
2. 工字钢通常长度：10～18 号，长 5～19m；20～63 号，长6～19m。

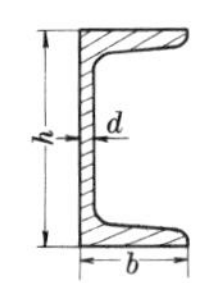

(6) 热轧槽钢(GB/T 706—2008)

斜度 1∶10

h—高度;b—腿宽;d—腰厚

型号	尺寸(mm)			理论重量(kg/m)	型号	尺寸(mm)			理论重量(kg/m)
	h	b	d			h	b	d	
5	50	37	4.5	5.438	25b	250	80	9.0	31.335
6.3	63	40	4.8	6.634	25c	250	82	11.0	35.260
6.5	65	40	4.8	6.709	27a	270	82	7.5	30.838
8	80	43	5.0	8.045	27b	270	84	9.5	35.077
10	100	48	5.3	10.007	27c	270	86	11.5	39.316
12	120	53	5.5	12.059	28a	280	82	7.5	31.427
12.6	126	53	5.5	12.318	28b	280	84	9.5	35.823
14a	140	58	6.0	14.535	28c	280	86	11.5	40.219
14b	140	60	8.0	16.733	30a	300	85	7.5	34.463
16a	160	63	6.5	17.240	30b	300	87	9.5	39.173
16b	160	65	8.5	19.752	30c	300	89	11.5	43.883
18a	180	68	7.0	20.174	32a	320	88	8.0	38.083
18b	180	70	9.0	23.000	32b	320	90	10.0	43.107
20a	200	73	7.0	22.637	32c	320	92	12.0	48.131
20b	200	75	9.0	25.777	36a	360	96	9.0	47.814
22a	220	77	7.0	24.999	36b	360	98	11.0	53.466
22b	220	79	9.0	28.453	36c	360	100	13.0	59.118
24a	240	78	7.0	26.860	40a	400	100	10.5	58.928
24b	240	80	9.0	30.628	40b	400	102	12.5	65.204
24c	240	82	11.0	34.396	40c	400	104	14.5	71.488
25a	250	78	7.0	27.410					

注:1. 槽钢按理论重量或实际重量交货。理论重量按钢的密度 $7.85g/cm^3$ 计算。

2. 槽钢的通常长度:5~8 号,长 5~12m;10~18 号,长 5~19m;20 ~40号,长 6~19m。

(7) 混凝土用钢筋

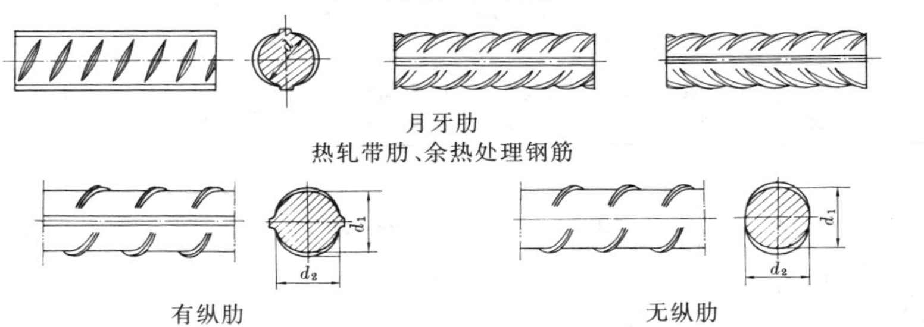

月牙肋

热轧带肋、余热处理钢筋

有纵肋　　无纵肋

热处理钢筋

品　　种	标准号(GB)	表面形状	公称直径(mm)	长度(m)或重量(kg)
钢筋混凝土用热轧光圆钢筋	1499.1—2008	光　圆	6～20(无 8.2)	直条,长度 3～12.5
钢筋混凝土用热轧带肋钢筋	1499.2—2007	月牙肋(有纵肋)	6～50(无 8.2)	*
钢筋混凝土用余热处理钢筋	13014—1991	月牙肋(有纵肋)	8～40(无 8.2)	直条,长度 3～12.5

（续）

品种	标准号(GB)	表面形状		公称直径(mm)	长度(m)或重量(kg)
预应力混凝土用热处理钢筋	4463—1984	月牙肋	无纵肋	6，8.2	盘状，重量≥60
			有纵肋	8.2，10	

公称直径 d_0(mm)	公称截面积 (mm^2)	内径 d (mm)	公称重量 (kg/m)	公称直径 d_0(mm)	公称截面积 (mm^2)	内径 d (mm)	公称重量 (kg/m)
6①	28.27	5.8/6.3	0.230	(18)	254.5	17.3	2.00
8.2①	52.73	7.9/8.5	0.424	20	314.2	19.3	2.47
8.2②	52.81	8.0/8.3	0.432	(22)	380.1	21.3	2.98
10②	78.54	9.6/9.6	0.617	25	490.9	24.2	3.85
6	28.27	5.8	0.222	(28)	615.8	27.2	4.83
8	50.27	7.7	0.395	32	804.2	31.0	6.31
10	78.54	9.6	0.617	(36)	1018	35.0	7.99
12	113.1	11.5	0.888	40	1257	38.7	9.87
(14)	153.9	13.4	1.21	(50)	1964	48.5	15.42
16	201.1	15.4	1.58				

注：1. 公称直径栏内，带符号①、②的公称直径，分别适用于无纵肋和有纵肋热处理钢筋；无符号①②的公称直径适用于其他钢筋；除热轧带肋钢筋外，推荐使用不带括号的公称直径。
2. 热处理钢筋（带符号①、②）的内径栏内，分子为垂直内径 d_1，分母为水平内径 d_2。
3. * 热轧带肋钢筋：通常长度按定尺长度交货，具体长度应在合同中注明；盘卷交货时，其盘重和盘径由供需双方协商规定。

(8) 低碳钢热轧圆盘条

(GB/T 701—2008,GB/T 14981—2009)

尺寸(mm)	5,5.5,6,6.5,7,7.5,8,8.5,9,9.5,10,10.5,11,11.5,12,12.5,13,13.5,14,14.5,15,15.5,16,17,18,19,20,21,22,23,24,25,26,27,28,29,30,31,32,33,34,35,36,37,38,39,40,41,42,43,44,45,46,47,48,49,50,51,52,53,54,55,56,57,58,59,60

牌号	化学成分(%)					
	碳	锰	硅≤	硫≤	磷≤	脱氧方法
Q195	≤0.12	0.25~0.50	0.30	0.040	0.035	F、b、Z
Q215	0.09~0.15	0.25~0.55	0.30	0.045	0.045	F、b、Z
Q235	0.12~0.20	0.30~0.70	0.30	0.045	0.045	F、b、Z
Q275	0.14~0.22	0.40~1.00				

牌号	力学性能			
	屈服点 R_m	抗拉强度 $R_{p0.2}$	伸长率 A (%)≥	冷弯试验180° (d—弯心直径 a—试样直径)
	(MPa)≥			
Q195	—	410	30	$d=0$
Q215	—	485	28	$d=0$
Q235	—	500	23	$d=0.5a$
Q275	—	540	21	$d=1.5a$

注:1. 沸腾钢的硅含量≤0.07%,半镇静钢的硅含量≤0.17%,镇静钢的硅含量下限值为0.12%。

2. 钢中残余元素含量:铬、镍、铜分别≤0.30%;砷≤0.08%。

2. 钢板和钢带

(1) 钢板(钢带)理论重量

厚度(mm)	理论重量(kg/m²)	厚度(mm)	理论重量(kg/m²)	厚度(mm)	理论重量(kg/m²)	厚度(mm)	理论重量(kg/m²)
0.20	1.570	2.0	15.70	15	117.8	70	549.5
0.25	1.963	2.2	17.27	16	125.6	75	588.8
0.30	2.355	2.5	19.63	17	133.5	80	628.0
0.35	2.748	2.8	21.98	18	141.3	85	667.3
0.40	3.140	3.0	23.55	19	149.2	90	706.5
0.45	3.533	3.2	25.12	20	157.0	95	745.8
0.50	3.925	3.5	27.48	21	164.9	100	785.0
0.55	4.318	3.8	29.83	24	188.4	105	824.3
0.56	4.396	3.9	30.62	25	196.3	110	863.5
0.60	4.710	4.0	31.40	26	204.1	120	942.0
0.65	5.103	4.2	32.97	28	219.8	125	981.3
0.70	5.495	4.5	35.33	30	235.5	130	1021
0.75	5.888	4.8	37.68	32	251.2	140	1099
0.80	6.280	5.0	39.25	34	266.9	150	1178
0.90	7.065	5.5	43.18	36	282.6	160	1256
1.0	7.850	6.0	47.10	38	298.3	165	1295
1.1	8.635	6.5	51.03	40	314.0	170	1335
1.2	9.420	7.0	54.95	42	329.7	180	1413
1.3	10.21	8.0	62.80	45	353.3	185	1452
1.4	10.99	9.0	70.65	48	376.8	190	1492
1.5	11.78	10	78.50	50	392.5	195	1531
1.6	12.56	11	86.35	52	408.2	200	1570
1.7	13.35	12	94.20	55	431.8		
1.8	14.13	13	102.1	60	471.0		
1.9	14.92	14	109.9	65	510.3		

注：钢板(钢带)理论重量的密度按 7.85g/cm³ 计算。高合金钢(如高合金不锈钢)的密度不同，不能使用本表。

(2) 热轧钢板品种与规格(GB/T 709—2006)

品　　种	公称厚度(mm)	进　级　倍　数
单轧钢板	3～400	<30,0.5 的倍数;≥30,1 的倍数
	600～4800	10 或 50 的倍数
钢带(包括连轧钢板)	0.8～25.4	0.1 的倍数
	600～2200	10 的倍数
纵切钢带	120～900	10 的倍数
钢板	2000～20000	50 或 100 的倍数

注:经供需双方协商,可以供应其他尺寸的钢板和钢带。

(3) 冷轧钢板和钢带品种与规格(GB/T 708—2006)

品　　种	规格(mm)	进　级　倍　数
钢板和钢带	公称厚度:0.30～4.00	<1,0.05 的倍数;≥1,0.1 的倍数
	公称宽度:600～2050	10 的倍数
钢板	公称长度:1000～6000	50 的倍数

注:经供需双方协商,可供应其他尺寸的钢板和钢带。

(4) 碳素结构钢和低合金结构钢热轧薄钢板和钢带

(GB/T 912—2008)

尺寸	钢板和钢带的尺寸,应符合第191页“GB/T 709—2006”中的规定
化学成分	应符合第65页“GB/T 700—2006”和第82页“GB/T 1591—2008”中的规定
交货状态	钢板和钢带以退火状态交货。经供需双方协议,也可以其他热处理状态交货,此时的力学性能,由供需双方协议规定
力学性能	① 厚度为2～4mm的钢板和钢带的抗拉强度和伸长率应符合“GB/T 700—2006或GB/T 1591—2008”中的规定。但伸长率允许比GB/T 700和GB/T 1591的规定降低5%(绝对值)。② 根据需方要求,屈服点可按“GB/T 700或GB/T 1591”中的规定
工艺性能	① 钢板和钢带应做180°弯曲试验,弯心直径应符合“GB/T 700或GB/T 1591”中的规定。② 经需方要求,对冷冲压用碳素结构钢中的牌号Q235或合金结构钢的钢板和钢带可进行弯心直径 d 等于试样厚度 a 的弯曲试验

(5) 碳素结构钢冷轧薄钢板和钢带

(GB/T 11253—2007)

尺寸	钢板和钢带的尺寸,应符合第191页“GB/T 708—2006”规定				
牌号	化学成分(质量分数)≤(%)				
	C	Si	Mn	P*	S
Q195	0.12	0.30	0.50	0.035	0.035
Q215	0.15	0.35	1.20	0.035	0.035
Q235	0.22	0.35	1.40	0.035	0.035
Q275	0.24	0.35	1.50	0.035	0.035
* 经需方同意,P为固溶强化元素添加时,上限应≤0.12%					
交货状态	钢板和钢带以退火状态交货。经供需双方协议,也可以其他热处理状态交货,此时的力学性能由供需双方协议规定				

（续）

	牌　号	下屈服强度 (N/mm^2)	抗拉强度 (N/mm^2)	断后伸长率(%)	
				A_{50} mm	A_{80} mm
力学性能	Q195	≥195	315～430	≥26	≥24
	Q215	≥215	335～450	≥24	≥22
	Q235	≥235	370～500	≥22	≥20
	Q275	≥275	410～540	≥20	≥18

	牌　号	试样方向	弯心直径 d
弯曲试验	Q195 Q215 Q235 Q275	横	0.5a 0.5a a a

注：试样宽度 B≥20mm，仲裁试验时 B=20mm。a 为试样厚度。

(6) 优质碳素结构钢热轧薄钢板和钢带(GB/T 710—2008)

钢板和钢带的尺寸应符合第 191 页“GB/T 709—2006”中的规定

分　类	表面质量		拉延级别		
	较高级精整表面	普通级精整表面	最深拉延级	深拉延级	普通拉延级
代　号	Ⅰ	Ⅱ	Z	S	P

牌　号	拉延级别				
	Z	S和P	Z	S	P
	抗拉强度 R_m(MPa)		断后伸长率 A(%)≥		
08、08Al	275～410	≥300	36	35	34
10	280～410	≥335	36	34	32
15	300～430	≥370	34	32	30
20	340～480	≥410	30	28	26
25	—	≥450	—	26	24
30	—	≥490	—	24	22
35	—	≥530	—	22	20
40	—	≥570	—	—	19
45	—	≥600	—	—	17
50	—	≥610	—	—	16

各牌号拉延级别的中压深度		
用08、08Al、10、15、20、25、30、35号钢轧制的钢板和钢带，在交货状态下应进行180°横向弯曲试验，弯心直径符合下表规定。弯曲处不得有裂纹、裂口和分层。		
牌　　号	弯心直径 d	
	板厚 $a\leqslant 2$mm	板厚 $a>2$mm
08、08Al	0	0.5a
10	0.5a	a
15	a	1.5a
20	2a	2.5a
25、30、35	2.5a	3a

(7) 优质碳素结构钢冷轧薄钢板和钢带(GB/T 13237—1991)

尺寸	钢板和钢带的尺寸应符合第191页“GB/T 708—2006”中的规定					
分类	表　面　质　量			拉　延　级　别		
	高级精整表面	较高级精整表面	普通级精整表面	最深拉延级	深拉延级	普通拉延级
代号	Ⅰ	Ⅱ	Ⅲ	Z	S	P

力　学　性　能														
牌　　号			08F	08、08Al、10F	10	15F	15	20	25	30	35	40	45	50
拉延级别	Z	伸长率	34	32	30	29	27	26	—	—	—	—	—	—
	S	δ_{10}	32	30	29	28	26	25	24	22	20	—	—	—
	P	(%)$\geqslant$	30	28	28	27	25	24	23	21	19	18	16	14
各牌号拉延级别的抗拉强度：厚度0.5～2.0mm，牌号08F、08、08Al、10F、10、15F、15、20钢的各拉延级别的冲压深度，均与上节“GB/T 710—1991”中的规定相同														

注：各牌号的化学成分应符合第65页“GB/T 700—2006”中的规定。

(8) 碳素结构钢和低合金结构钢热轧钢带(GB/T 3524—2005)

(1) 钢带按边缘状态分切边钢带(代号 EC)和不切边钢带(代号 EM)。钢带以热轧状态交货 (2) 钢带尺寸：厚度≤12mm；宽度 50～600mm；长度≥50m (3) 钢带采用碳素结构钢(GB/T 700—2006)或低合金高强度结构钢(GB/T 1591—2008)制造					
(4)钢带的力学性能	牌号	下屈服强度(N/mm^2)≥	抗拉强度(N/mm^2)	断后伸长率(%)≥	180°冷弯试验(a——试样厚度 d——弯心直径)
	Q195	(195)*	315～430	35	$d=0$
	Q215	215	335～450	31	$d=0.5a$
	Q235	235	375～500	26	$d=a$
	Q255	255	410～550	24	—
	Q275	275	490～630	20	—
	Q295	295	390～570	23	$d=2a$
	Q345	345	470～630	21	$d=2a$

注：1. 下屈服强度指试样在屈服期间不计初始瞬时的最低应力。
2. * 带括号的数据仅供参考,不作交货条件。

(9) 碳素结构钢冷轧钢带(GB 716—1991)

分类和代号	分类	制造精度				表面质量		边缘状态	
		普通精度	宽度较高精度	厚度较高精度	宽度、厚度较高精度	普通精度	较高精度	切边	不切边
	代号	P	K	H	KH	Ⅰ	Ⅱ	Q	BQ
力学性能	类别	代号	抗拉强度(MPa)		伸长率(%)≥		维氏硬度 HV		
	软	R	275～440		23		≤130		
	半软	BR	370～490		10		105～145		
	硬	Y	490～785		—		140～230		
尺寸	厚度：0.10～3.0mm；宽度：10～250mm 钢带应成卷交货,卷重≤2t								

注：钢带的牌号和化学成分应符合第 65 页“GB/T 700—2006”中的规定。

(10) 单张热镀锌薄钢板(YB/T5131—1993)

钢板厚度(mm)	0.35,0.40,0.45,0.50,0.55,0.60,0.65,0.70,0.75,0.8,0.90,1.0,1.1,1.2,1.3,1.4,1.5
钢板宽度×长度(mm)	710×1420,750×750,750×1500,750×1800 800×800,800×1200,800×1600,850×1700 900×900,900×1800,900×2000,1000×2000

钢板类别及代号	冷成型用(代号 L)			一般用途用(代号 Y)	
钢板厚度(mm)	0.35~0.80	>0.80~1.2	>1.2~1.5	0.35~0.80	>0.80~1.5
镀锌强度弯曲试验(*d*—弯心直径,*a*—试样厚度)	*d*=0 180°角	*d*=*a* 180°角	弯曲 90°角	*d*=*a* 180°角	弯曲 90°角

一般用途用钢板厚度(mm)	0.35~0.45	>0.45~0.70	>0.70~0.80	>0.80~1.0	>1.0~1.25	>1.25~1.5
反复弯曲次数≥	8	7	6	5	4	3

(冷成型用)钢板杯突试验

钢板厚度(mm)		0.35	0.40 0.45	0.50 0.55	0.60 0.65	0.70 0.75	0.80	0.90	1.0 1.1	1.2	1.3 1.4	1.5
深冲级别 Z	杯突深度(mm)≥	7.2	7.5	8.0	8.5	8.9	9.3	9.6	9.9	10.2	10.4	11.0
深冲级别 S	杯突深度(mm)≥	6.2	6.5	6.9	7.2	7.5	7.8	8.2	8.6	8.8	9.0	9.2
深冲级别 P	杯突深度(mm)≥	5.9	6.2	6.6	6.9	7.2	7.5	7.9	8.3	8.5	8.7	8.9

镀锌钢板表面质量组别	A组、B组(具体指标参见 YB/T 5131—1993)
钢板两面镀锌层重量	≥2.75g/m²

注:1. 镀锌钢板原板采用碳素结构钢“GB/T 700—2008”中的牌号 Q195、Q215、Q235A 钢制造。

2. 镀锌钢板交货状态:涂油或钝化处理,经钝化处理的镀锌钢板表面允许有轻微的钝化色。

(11) 连续热镀锌薄钢板和钢带(GB/T 2518—2008)

(1) 钢种类型及其代号						
无间隙原子钢	低合金钢	烘烤硬化钢	双相钢	相变诱导塑性钢	复相钢	不规定
Y	LA	B	DP	TR	CP	G

(2) 镀层种类、形式及公称镀层重量		
镀层种类	形　式	推荐的公称镀层重量(g/m²)
Z	等厚镀层	60,80,100,120,150,180,200,220,250,275,350,450,600
ZF	等厚镀层	60,90,120,140
Z	差厚镀层	30/40,40/60,40/100

(3) 镀层表面结构			
镀层种类	表面结构	代号	特　征
Z	普通锌花	N	自然条件下凝固得到的肉眼可见的锌花结构
	小锌花	M	经特殊方法得到的肉眼可见的锌花结构
	无锌花	F	经特殊方法得到的肉眼不可见的细小锌花结构
ZF	普通锌花	R	经热处理后获得的表面结构,通常灰色无光

(4) 钢板(带)的表面质量级别、代号和特征①			
级别	普通级表面	较高级表面	高级表面
代号	FA	FB	FC
特征	允许存在小腐点、大小不均匀锌花暗斑、轻微划伤和压痕、气刀条纹、小钝化斑等,可以有拉伸矫直痕和锌流纹	不得有腐蚀点,但在允许有轻微的不完美表面,如拉伸矫直痕、光整压痕、划痕、压印、锌花纹、锌流纹、轻微的钝化缺陷等	其较优一面不得对优质涂漆层的均匀一致外观产生不利影响;对其另一面的要求应不低于表面级别 FB

(续)

(5) 牌号、钢种特性及力学性能				
牌　　号	钢种特性	屈服强度(MPa)	抗拉强度(MPa)	断后伸长率(%)≥
DX51D+Z,DX51D+ZF	低碳钢	—	270～500	22
DX52D+Z,DX52D+ZF		140～300	270～420	26
DX53D+Z,DX53D+ZF		140+260	270～380	30
DX54D+Z	无间隙原子钢	120～220	260～350	36
DX54D+ZF				34
DX56D+Z		120～180	260～350	39
DX56D+ZF				37
DX57D+Z		120～170	260～350	41
DX57D+ZF				39
S220GD+Z,S220GD+ZF	结构钢	≥220	≥300	20
S250GD+Z,S250GD+ZF		≥250	≥330	19
S280GD+Z,S280GD+ZF		≥280	≥360	18
S320GD+Z,S320GD+ZF		≥320	≥390	17
S350GD+Z,S350GD+ZF		≥350	≥420	16
S550GD+Z,S550GD+ZF		≥550	≥560	—
HX180YD+Z	无间隙原子钢	180～240	340～400	34
HX180YD+ZF				32
HX220YD+Z		220～280	340～410	32
HX220YD+ZF				30
HX260YD+Z		260～320	380～440	30
HX260YD+ZF				28
HX180BD+Z	烘烤硬化钢	180～240	300～360	34
HX180BD+ZF				32

（续）

(5) 牌号、钢种特性及力学性能				
牌　　号	钢种特性	屈服强度(MPa)	抗拉强度(MPa)	断后伸长率(%)≥
HX220BD+Z	烘烤硬化钢	220～280	340～400	32
HX220BD+ZF				30
HX260BD+Z		260～320	360～440	28
HX260BD+ZF				26
HX300BD+Z		300～360	400～480	26
HX300BD+ZF				24
HX260LAD+Z	低合金钢	260～330	350～430	26
HX260LAD+ZF				24
HX300LAD+Z		300～380	380～480	23
HX300LAD+ZF				21
HX340LAD+Z		340～420	410～510	21
HX340LAD+ZF				19
HX380LAD+Z		380～480	440～560	19
HX380LAD+ZF				17
HX420LAD+Z		420～520	470～590	17
HX420LAD+ZF				15
HC260/450DPD+Z	双相钢	260～340	≥450	27
HC260/450DPD+ZF				25
HC300/500DPD+Z		300～380	≥500	23
HC300/500DPD+ZF				21
HC340/600DPD+Z		340～420	≥600	20
HC340/600DPD+ZF				18

(续)

(5) 牌号、钢种特性及力学性能				
牌　　号	钢种特性	屈服强度(MPa)	抗拉强度(MPa)	断后伸长率(%)≥
HC450/780DPD+Z	双相钢	450～560	≥780	14
HC450/780DPD+ZF				12
HC600/980DPD+Z		600～750	≥980	10
HC600/980DPD+ZF				8
HC430/690TRD+Z	相变诱导塑性钢	430～550	≥690	23
HC430/690TRD+ZF				21
HC470/780TRD+Z		470～600	≥780	21
HC470/780TRD+ZF				18
HC350/600CPD+Z	复相钢	350～500	≥600	16
HC350/600CPD+ZF				14
HC500/780CPD+Z		500～700	≥780	10
HC500/780CPD+ZF				8
HC700/980CPD+Z		700～900	≥980	7
HC700/980CPD+ZF				5

(6) 公称尺寸(mm)		
公　称　厚　度		0.30～5.0
公称宽度	钢板及钢带	600～2050
	纵切钢带	<600
公称长度	钢板	1000～8000
公称内径	钢带及纵切钢带	610 或 508

① 以热轧酸洗卷板为基材的钢板(带)的表面质量只有 FA 级。

(12) 冷轧电镀锡钢板和钢带(GB/T 2520—2008)

<table>
<tr><td colspan="4">(1) 镀锡钢板的尺寸(mm)</td></tr>
<tr><td>公称宽度</td><td>≥500</td><td>公称厚度</td><td>一次冷轧镀锡板 0.15～0.60
二次冷轧镀锡板 0.12～0.36</td></tr>
<tr><td>卷板内径</td><td colspan="3">406，420，450，508 外径(最小值)由供需双方商定</td></tr>
</table>

<table>
<tr><td colspan="3">(2) 分类及代号</td></tr>
<tr><td>分类方式</td><td>类　别</td><td>代　号</td></tr>
<tr><td>原板钢种</td><td>—</td><td>MR,L,D</td></tr>
<tr><td rowspan="2">调质度</td><td>一次冷轧钢板及钢带</td><td>T-1，T-1.5，T-2，T-2.5，T-3，T-3.5，T-4，T-5</td></tr>
<tr><td>二次冷轧钢板及钢带</td><td>DR-7M，DR-8，DR-8M，DR-9，DR-9M，DR-10</td></tr>
<tr><td rowspan="2">退火方式</td><td>连续退火</td><td>CA</td></tr>
<tr><td>罩式退火</td><td>BA</td></tr>
<tr><td rowspan="2">差厚镀锡标识</td><td>薄面标识方法</td><td>D</td></tr>
<tr><td>厚面标识方法</td><td>A</td></tr>
<tr><td rowspan="4">表面状态</td><td>光亮表面</td><td>B</td></tr>
<tr><td>粗糙表面</td><td>R</td></tr>
<tr><td>银色表面</td><td>S</td></tr>
<tr><td>无光表面</td><td>M</td></tr>
<tr><td rowspan="3">钝化方式</td><td>化学钝化</td><td>CP</td></tr>
<tr><td>电化学钝化</td><td>CE</td></tr>
<tr><td>低铬钝化</td><td>LCr</td></tr>
<tr><td rowspan="2">边部形状</td><td>直边</td><td>SL</td></tr>
<tr><td>花边</td><td>WL</td></tr>
</table>

(续)

(3) 镀锡量及其代号			
镀锡方式	镀锡量代号	公称镀锡量 (g/m^2)	最小平均镀锡量(g/m^2)
等厚镀锡	1.1/1.1	1.1/1.1	0.90/0.90
	2.2/2.2	2.2/2.2	1.80/1.80
	2.8/2.8	2.8/2.8	2.45/2.45
	5.6/5.6	5.6/5.6	5.05/5.05
	8.4/8.4	8.4/8.4	7.55/7.55
	11.2/11.2	11.2/11.2	10.1/10.1
差厚镀锡	1.1/2.8	1.1/2.8	0.90/2.45
	1.1/5.6	1.1/5.6	0.90/5.05
	2.8/5.6	2.8/5.6	2.45/5.05
	2.8/8.4	2.8/8.4	2.45/7.55
	5.6/8.4	5.6/8.4	5.05/7.55
	2.8/11.2	2.8/11.2	2.45/10.1
	5.6/11.2	5.6/11.2	5.05/10.1
	8.4/11.2	8.4/11.2	7.55/10.1
	2.8/15.1	2.8/15.1	2.45/13.6
	5.6/15.1	5.6/15.1	5.05/13.6

(4) 表面状态			
成　品	代号	区分	特　　征
一次冷轧钢板及钢带	B	光亮表面	在具有极细磨石花纹的光滑表面的原板上镀锡后进行锡的软熔处理得到的有光泽的表面
	R	粗糙表面	在具有一定方向性的磨石花纹为特征的原板上镀锡后进行锡的软熔处理得到的有光泽的表面

(续)

(4) 表面状态			
成　品	代号	区分	特　　征
一次冷轧钢板及钢带	S	银色表面	在具有粗糙无光泽表面的原板上镀锡后进行锡的软熔处理得到的有光泽的表面
	M	无光表面	在具有一般无光泽表面的原板上镀锡后不进行锡的软熔处理的无光表面
二次冷轧钢板及钢带	R	粗糙表面	在具有一定方向性的磨石花纹为特征的原板上镀锡后进行锡的软熔处理得到的有光泽的表面
	M	无光表面	在具有一般无光泽表面的原板上镀锡后不进行锡的软熔处理的无光泽表面

(5) 原板钢种类型	
原板钢种类型	特　　性
MR	绝大多数食品包装和其他用途镀锡板钢基,非金属夹杂物含量与L类钢相近,残余元素含量的限制没有L类钢严格
L	高耐蚀性用镀锡板钢基,非金属夹杂物及残余元素含量低,能改善某些食品罐内壁的耐蚀性
D	铝镇静钢,超深冲耐时效用镀锡板钢基,能使垂直于弯曲方向的折痕和拉伸变形现象减至最低程度

(6) 力学性能

① 一次冷轧钢板及钢带的硬度 HR30Tm								
调质度代号	T-1	T-1.5	T-2	T-2.5	T-3	T3.5	T4	T5
HR30Tm	49±4	51±4	53±4	55±4	57±4	59±4	61±4	65±4

② 二次冷轧钢板及钢带的硬度 HR30Tm 和屈服强度						
调质度代号	DR-7M	DR-8	DR-8M	DR-9	DR-9M	DR-10
HR30Tm	71±5	73±5	73±5	76±5	77±5	80±5
屈服强度(MPa)	520	550	580	620	660	690

(13) 热轧花纹钢板和钢带(GB/T 3277—1991)

菱形

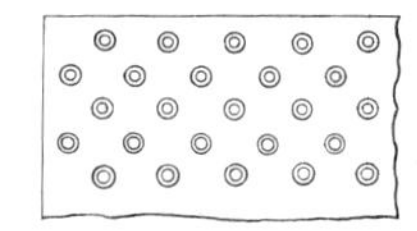

圆豆形

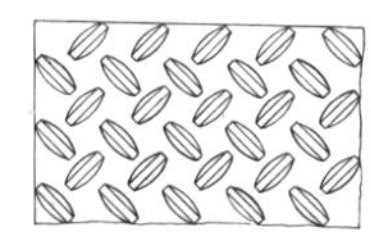

扁豆形

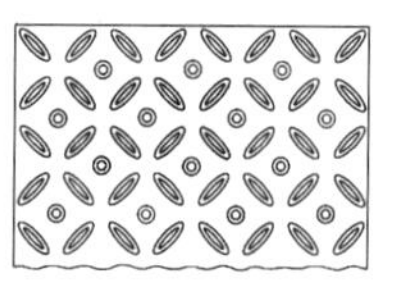

组合形

(1) 钢板(带)的分类和代号

① 按边缘形状分:切边(EC)、不切边(EM);
② 按花纹形状分:菱形(CX)、扁豆形(BD)、圆豆形(YD)、组合形(ZH)

(2) 钢板(带)的尺寸和纹高(mm)

基板厚度	宽　　度		长　　度			
2.0～10.0	600～1500		钢板	2000～12000		
			钢带	未规定		
基板厚度	2.0	2.5	3.0	3.5	4.0	4.5
纹高≥	0.4	0.4	0.5	0.5	0.6	0.6
基板厚度	5.0	5.5	6.0	7.0	8.0	10.0
纹高≥	0.6	0.7	0.7	0.7	0.9	1.0

(3) 钢板(带)的化学成分和交货状态

① 钢的牌号和化学成分(熔炼分析),应符合 GB/T 700—2006(碳素结构钢)、GB 712—2011(船体用结构钢)或 GB/T 4171—2000(高耐候性结构钢)中的规定。经供需双方协议,也可用其他牌号的钢板(带)

② 钢板(带)以热轧状态交货。如需方要求,并在合同中注明,可对钢板(带)进行拉伸、弯曲试验。其性能指标,应符合 GB/T 700—2006、GB 712—2011 或 GB/T 4171—2000 中的规定,或按双方协议

(续)

(4) 钢板(带)的理论重量(参考)									
基板厚度(mm)	理论重量(kg/m²)				基板厚度(mm)	理论重量(kg/m²)			
	菱形	圆豆形	扁豆形	组合形		菱形	圆豆形	扁豆形	组合形
2.0	17.7	16.1	16.8	16.5	5.0	42.2	39.8	40.1	40.3
2.5	21.6	20.4	20.7	20.4	5.5	46.6	43.8	44.9	44.4
3.0	25.9	24.0	24.8	24.5	6.0	50.5	47.7	48.8	48.4
3.5	29.9	27.9	28.8	28.4	7.0	58.4	55.6	56.7	56.2
4.0	34.4	31.9	32.8	32.4	8.0	67.1	63.6	64.9	64.4
4.5	38.3	35.9	36.7	36.4	10.0	83.2	79.3	80.8	80.27

注：1. 经供需双方协议，可供应规定尺寸以外的钢板(带)。
2. 钢板(带)通常以不切边状态供应。根据需方要求，并在合同中注明，也可以切边状态供应。
3. 钢板(带)按实际重量交货。根据需方要求，也可以按表中的理论重量交货。

(14) 彩色涂层钢板和钢带(GB/T 12754—2006)

(1) 彩涂板简介
彩色涂层钢板和钢带(以下简称彩涂板)是在经过表面预处理的基板(即钢板钢带)上涂覆有机涂料再烘烤固化而成 彩涂板的基板采用冷成型用钢或结构钢，其中冷成形用钢又分电镀基板和热镀基板两种
(2) 彩涂板的牌号表示方法
彩涂板的牌号表示方法如下： 1 2 3 4 5—6 说明： 1——彩涂代号，用“涂”字汉语拼音的第一个字母“T”表示 2、3、4、5——基板特性代号。其中： 2——冷成型用钢用字母“D”表示；结构钢用字母“S”表示 3——冷成型用钢用字母“C”表示；结构钢用3位数字(250、280、300、320、350、550)表示钢的最小屈服强度(单位为MPa)

(2) 彩涂板的牌号表示方法			
4——冷成型用钢用数字表示序号：电镀基板用3组数字(01、03、04)；热镀基板用4组数字(51、52、53、54)；结构钢用字母“G”表示热处理 5——冷成型用钢的热镀基板和结构钢用字母“D”表示热镀；电镀基板无代号 6——基板类型代号：字母“Z”表示热镀锌基板，“ZF”表示热镀锌铁合金基板，“AZ”表示热镀铝锌合金基板，“EA”表示热镀锌铝合金基板，“ZE”表示电镀锌基板			
(3) 彩涂板的牌号和用途			
序号	热镀锌基板牌号	热镀锌铁合金基板牌号	热镀铝锌合金基板牌号
1	TDC51D+Z	TDC51D+ZF	TDC51D+AZ
2	TDC52D+Z	TDC52D+ZF	TDC52D+AZ
3	TDC53D+Z	TDC53D+ZF	TDC53D+AZ
4	TDC54D+Z	TDC54D+ZF	TDC54D+AZ
5	TS250GD+Z	TS250GD+ZF	TS250GD+AZ
6	TS280GD+Z	TS280GD+ZF	TS280GD+AZ
7	—	—	TS300GD+AZ
8	TS320GD+Z	TS320GD+ZF	TS320GD+AZ
9	TS350GD+Z	TS350GD+ZF	TS350GD+AZ
10	TS550GD+Z	TS550GD+ZF	TS550GD+AZ
序号	热镀锌铝合金基板牌号	电镀锌基板牌号	用　　途
1	TDC51D+ZA	TDC03+ZE	一般用
2	TDC52D+ZA	TDC04+ZE	冲压用
3	TDC53D+ZA	TDC05+ZE	深冲压用
4	TDC54D+ZA	—	超深冲压用
5 6 7 8 9 10	TS250GD+ZA TS280GD+ZA — TS320GD+ZA TS350GD+ZA TS550GD+ZA	—	结构用

（续）

(4) 彩涂板的分类和代号								
用途	建筑外用	建筑内用	家电	其他	涂层表面状态	涂层板	压花板	印花板
代号	JW	JN	JD	QT	代号	TC	YA	YI

基板类型	热镀锌	热镀锌铁合金	热镀铝锌合金	热镀锌铝合金	电镀锌
代号	Z	ZF	AZ	ZA	ZE

面漆种类	聚酯	硅改性聚酯	高耐久性聚酯	聚偏氟乙烯
代号	PE	SMP	HDP	PVDF

涂层结构	正面二层反面一层	正面二层反面二层	热镀锌基板表面结构	光整小锌花	光整无锌花
代号	2/1	2/2	代号	MS	FS

注：如需表中以外的用途、基板类型、涂层表面状态、面漆种类、涂层结构和热镀锌基板表面结构的彩涂板应在订货时协商

(5a) 彩涂板的尺寸、精度等级、重量和镀层重量

(1) 尺寸(mm)：公称厚度 0.2～2.0；公称宽度 600～1600；钢板公称长度 1000～6000；钢卷内径 450，508 或 610

(2) 彩涂板的厚度分普通精度(代号 PT. A)和高级精度(代号 PT. B)；彩涂板的厚度分普通精度(PW. A)和高级精度(代号 PW. B)

(3) 重量：彩涂板按实际重量交货

(5b) 彩涂板的基板类型和镀层重量

基板类型	使用环境的腐蚀性		
	低	中	高
	公称镀层厚度(g/m^2)		
热镀锌	90/90	125/125	140/140
热镀锌铁合金	60/60	75/75	90/90
热镀铝锌合金	50/50	60/60	75/75
热镀锌铝合金	65/65	90/90	110/110
电镀锌	40/40	60/60	—

注：1. 除电镀锌基板外，其余类型基板应进行光整处理，其中热镀锌基板的表面结构为光整小锌花或光整无锌花。
2. 使用环境腐蚀性很低或很高时，镀层重量由供需双方协商。

(续)

(6a) 热镀基板彩涂板的力学性能①				
牌号	屈服强度	抗拉强度	断后伸长率(%)≥	
			公称厚度(mm)	
	(MPa)		≤0.70	>0.70
TDC51D+Z(ZF*、AZ、ZA)	—	270～500	20	22
TDC52D+Z(ZF、AZ、ZA)	140～300	270～420	24	26
TDC53D+Z(ZF、AZ、ZA)	140～260	270～380	28	30
TDC54D+Z(AZ、ZA)	140～220	270～350	34	36
TDC54D+ZF	140～220	270～350	32	34
TS250GD+Z(ZF、AZ、ZA)	≥250	≥330	17	19
TS280GD+Z(ZF、AZ、ZA)	≥280	≥360	16	18
TS300GD+AZ	≥300	≥380	16	18
TS320GD+Z(ZF、AZ、ZA)	≥320	≥390	15	17
TS350GD+Z(ZF、AZ、ZA)	≥350	≥420	14	16
TS550GD+Z(ZF、AZ、ZA)	≥550	≥560	—	—

注：① 拉伸试验试样的方向为横向(垂直轧制方向)
② * 括号内的牌号 ZF,为 TDC51D+ZF 的缩写,余类推

(6b) 电镀锌基板彩涂板的力学性能					
牌号	屈服强度(MPa)	抗拉强度(MPa)≥	断后伸长率(%)≥		
			公称厚度(mm)		
			≤0.50	>0.50～0.7	>0.7
TDC01+ZE	140～280	270	24	26	28
TDC03+ZE	140～240	270	30	32	34
TDC04+ZE	140～220	270	33	35	37

(7) 彩涂板的其他技术要求

彩涂板的其他技术要求有：正面和反面涂层性能,如涂层厚度、色差、光泽、硬度、柔韧性、附着力、耐久性及其他性能等,参见 GB/T 12754—2006 的规定

(15) 冷轧晶粒取向、无取向电工钢带(片)

(GB/T 2521—2008)

(a) 普通级取向电工钢带(片)的磁特性和工艺特性

牌　号	公称厚度(mm)	最大比总损耗(W/kg) P1.7		最小磁极化强度(T) $H=800$A/m	最小叠装系数
		50Hz	60Hz	50Hz	
23Q110	0.23	1.10	1.45	1.78	0.950
23Q120	0.23	1.20	1.57	1.78	0.950
23Q130	0.23	1.30	1.65	1.75	0.950
27Q110	0.27	1.10	1.45	1.78	0.950
27Q120	0.27	1.20	1.58	1.78	0.950
27Q130	0.27	1.30	1.68	1.78	0.950
27Q140	0.27	1.40	1.85	1.75	0.950
30Q120	0.30	1.20	1.58	1.78	0.960
30Q130	0.30	1.30	1.71	1.78	0.960
30Q140	0.30	1.40	1.83	1.78	0.960
30Q150	0.30	1.50	1.98	1.75	0.960
35Q135	0.35	1.35	1.80	1.78	0.960
35Q145	0.35	1.45	1.91	1.78	0.960
35Q155	0.35	1.55	2.04	1.78	0.960

注：1. 电工钢带(片)分取向和无取向两类。每类又按最大铁损和材料的公称厚度分成不同牌号。

2. 电工钢带(片)的牌号表示意义，其中特征字符 Q 表示普通级取向电工钢，QG 表示高磁导率级取向电工钢。W 为无取向电工钢。

(b) 高磁导率级取向电工钢带(片)的磁特性和工艺特性

牌　号	公称厚度 (mm)	最大比总损耗 (W/kg) P1.7		最小磁极化强度 (T) H=800A/m	最小叠装系数
		50Hz	60Hz	50Hz	
23QG085	0.23	0.85	1.12	1.85	0.950
23QG090	0.23	0.90	1.19	1.85	0.950
23QG095	0.23	0.95	1.25	1.85	0.950
23QG100	0.23	1.00	1.32	1.85	0.950
27QG090	0.27	0.90	1.19	1.85	0.950
27QG095	0.27	0.95	1.25	1.85	0.950
27QG100	0.27	1.00	1.32	1.88	0.950
27QG105	0.27	1.05	1.36	1.88	0.950
27QG110	0.27	1.20	1.45	1.88	0.950
30QG105	0.30	1.05	1.38	1.88	0.960
30QG110	0.30	1.10	1.46	1.88	0.960
30QG120	0.30	1.20	1.58	1.85	0.960
35QG115	0.35	1.15	1.51	1.88	0.960
35QG125	0.35	1.25	1.64	1.88	0.960
35QG135	0.35	1.35	1.77	1.88	0.960

(c) 无取向电工钢带(片)的磁特性和工艺特性

牌　号	公称厚度 (mm)	理论密度 (kg/dm^3)	最小磁极化强度(T) 50Hz			最小弯曲次数	最小叠装系数
			H=2500A/m	H=5000A/m	H=10000A/m		
35W230	0.35	7.60	1.49	1.60	1.70	2	0.950
35W250		7.60	1.49	1.60	1.70	2	
35W270		7.65	1.49	1.60	1.70	2	
35W300		7.65	1.49	1.60	1.70	3	
35W330		7.65	1.50	1.61	1.71	3	
35W360		7.65	1.51	1.62	1.72	5	
35W400		7.65	1.53	1.64	1.74	5	
35W440		7.70	1.53	1.64	1.74	5	

(续)

牌　号	公称厚度(mm)	理论密度(kg/dm³)	最小磁极化强度(T)			最小弯曲次数	最小叠装系数
			50Hz				
			H=2500A/m	H=5000A/m	H=10000A/m		
50W230	0.50	7.60	1.49	1.60	1.70	2	0.970
50W250		7.60	1.49	1.60	1.70	2	
50W270		7.60	1.49	1.60	1.70	2	
50W290		7.60	1.49	1.60	1.70	2	
50W310		7.65	1.49	1.60	1.70	3	
50W330		7.65	1.49	1.60	1.70	3	
50W350		7.65	1.50	1.60	1.70	5	
50W400		7.70	1.53	1.63	1.73	5	
50W470		7.70	1.54	1.64	1.74	10	
50W530		7.70	1.56	1.65	1.75	10	
50W600		7.75	1.57	1.66	1.76	10	
50W700		7.80	1.60	1.69	1.77	10	
50W800		7.80	1.60	1.70	1.78	10	
50W1000		7.85	1.62	1.72	1.81	10	
50W1300		7.85	1.62	1.74	1.81	10	
65W600	0.65	7.75	1.56	1.66	1.76	10	0.970
65W700		7.75	1.57	1.67	1.76	10	
65W800		7.80	1.60	1.70	1.78	10	
65W1000		7.80	1.61	1.71	1.80	10	
65W1300		7.85	1.61	1.71	1.80	10	
65W1600		7.85	1.61	1.71	1.80	10	

(d) 无取向钢电工钢带(片)力学性能

<table>
<tr><th>牌　号</th><th>抗拉强度 R_m(N/mm²)≥</th><th>伸长率 A(%)≥</th><th>牌　号</th><th>抗拉强度 R_m(N/mm²)≥</th><th>伸长率 A(%)≥</th></tr>
<tr><td>35W230</td><td>450</td><td rowspan="2">10</td><td>50W400</td><td>400</td><td>14</td></tr>
<tr><td>35W250</td><td>440</td><td>50W470</td><td>380</td><td rowspan="2">16</td></tr>
<tr><td>35W270</td><td>430</td><td rowspan="2">11</td><td>50W530</td><td>360</td></tr>
<tr><td>35W300</td><td>420</td><td>50W600</td><td>340</td><td>21</td></tr>
<tr><td>35W330</td><td>410</td><td rowspan="2">14</td><td>50W700</td><td>320</td><td rowspan="11">22</td></tr>
<tr><td>35W360</td><td>400</td><td>50W800</td><td>300</td></tr>
<tr><td>35W400</td><td>390</td><td rowspan="2">16</td><td>50W1000</td><td>290</td></tr>
<tr><td>35W440</td><td>380</td><td>50W1300</td><td>290</td></tr>
<tr><td>50W230</td><td>450</td><td rowspan="4">10</td><td>65W600</td><td>340</td></tr>
<tr><td>50W250</td><td>450</td><td>65W700</td><td>320</td></tr>
<tr><td>50W270</td><td>450</td><td>65W800</td><td>300</td></tr>
<tr><td>50W290</td><td>440</td><td>65W1000</td><td>290</td></tr>
<tr><td>50W310</td><td>430</td><td rowspan="3">11</td><td>65W1300</td><td>290</td></tr>
<tr><td>50W330</td><td>425</td><td>65W1600</td><td>290</td></tr>
<tr><td>50W350</td><td>420</td><td></td><td></td></tr>
</table>

3. 钢　　管

(1) 无缝钢管品种(GB/T 17395—2008)

<table>
<tr><th colspan="4">(1) 普通钢管品种(mm)</th></tr>
<tr><th>外径系列</th><th>壁　　厚</th><th>外径系列</th><th>壁　　厚</th></tr>
<tr><td>6②</td><td>0.25～2.0</td><td>10(10.2)①</td><td>0.25～3.5(3.6)</td></tr>
<tr><td>7②</td><td>0.25～2.5(2.6)</td><td>11②</td><td>0.25～3.5(3.6)</td></tr>
<tr><td>8②</td><td>0.25～2.5(2.6)</td><td>12②</td><td>0.25～4.0</td></tr>
<tr><td>9②</td><td>0.25～2.8</td><td>13(12.7)②</td><td>0.25～4.0</td></tr>
</table>

（续）

(1) 普通钢管品种(mm)			
外径系列	壁　　厚	外径系列	壁　　厚
13.5①	0.25～4.0	80②	1.4～20
14③	0.25～4.0	83(82.5)③	1.4～22(22.2)
16②	0.25～5.0	85②	1.4～22(22.2)
17(17.2)①	0.25～5.0	89(88.9)①	1.4～24
18③	0.25～5.0	95②	1.4～24
19②	0.25～6.0	102(101.6)②	1.4～28
20②	0.25～6.0	108③	1.4～30
21(21.8)①	0.40～6.0	114(114.3)①	1.5～30
22③	0.40～6.0	121②	1.5～32
25②	0.40～7.0(7.1)	127②	1.8～32
25.4③	0.40～7.0(7.1)	133②	2.5(2.6)～36
27(26.9)①	0.40～7.0(7.1)	140(139.7)①	(2.9)3.0～36
28②	0.40～7.0(7.1)	142(141.3)③	(2.9)3.0～36
30③	0.40～8.0	146②	(2.9)3.0～40
32(31.8)②	0.40～8.0	152(152.4)③	(2.9)3.0～40
34(33.7)①	0.40～8.0	159③	3.5(3.6)～45
35③	0.40～8.8(9.0)	168(168.3)①	3.5(3.6)～45
38②	0.40～10	180(177.8)③	3.5(3.6)～50
40②	0.40～10	194(193.7)③	3.5(3.6)～50
42(42.4)①	1.0～10	203②	3.5(3.6)～55
45(44.5)③	1.0～12(12.5)	219(219.1)①	6.0～55
48(48.3)①	1.0～12(12.5)	232③	6.0～55
51②	1.0～12(12.5)	245(244.5)③	6.0～65
54③	1.0～14(14.2)	267(267.4)③	6.0～65
57②	1.0～14(14.2)	273①	(6.3)6.5～85
60(60.3)①	1.0～16	299②	7.5～100
63(63.5)②	1.0～16	302③	7.5～100
65②	1.0～16	318.5③	7.5～100
68②	1.0～16	325(323.9)①	7.5～100
70②	1.0～17(17.5)	340(339.7)②	8.0～100
73③	1.0～19	351②	8.0～100
76(76.1)①	1.0～20	356①	(8.8)9.0～100
77②	1.4～20	368③	(8.8)9.0～100

(续)

(1) 普通钢管品种(mm)			
外径系列	壁　厚	外径系列	壁　厚
377②	(8.8)9.0～100	610①	(8.8)9.0～120
402②	(8.8)9.0～100	630②	(8.8)9.0～120
406(406.4)①	(8.8)9.0～100	660③	(8.8)9.0～120
419③	(8.8)9.0～100	699③	12(12.5)～120
426②	(8.8)9.0～100	711①	12(12.5)～120
450②	(8.8)9.0～100	720②	12(12.5)～120
457①	(8.8)9.0～100	762②	20～120
473②	(8.8)9.0～100	788.5③	20～120
480②	(8.8)9.0～100	813①	20～120
500②	(8.8)9.0～110	864③	20～120
508①	(8.8)9.0～110	914①	25～120
530②	(8.8)9.0～120	965③	25～120
560(559)③	(8.8)9.0～120	1016①	25～120
壁厚系列(mm)	0.25、0.30、0.40、0.50、0.60、0.80、1.0、1.2、1.4、1.5、1.6、1.8、2.0、2.2(2.3)、2.5(2.6)、2.8、(2.9)3.0、3.2、3.5(3.6)、4.0、4.5、5.0、(5.4)5.5、6.0、(6.3)6.5、7.0(7.1)、7.5、8.0、8.5、(8.8)9.0、9.5、10、11、12(12.5)、13、14(14.2)、15、16、17(17.5)、18、19、20、22(22.2)、24、25、26、28、30、32、34、36、38、40、42、45、48、50、55、60、65、85、100、110、120		

(2) 精密钢管品种(mm)					
外径系列	壁　厚	外径系列	壁　厚	外径系列	壁　厚
4②	0.5～(1.2)	14③	0.5～(3.5)	30③	0.5～8.0
5②	0.5～(1.2)	16②	0.5～4.0	32②	0.5～8.0
6②	0.5～2.0	18③	0.5～(4.5)	35③	0.5～8.0
8②	0.5～2.5	20②	0.5～5.0	38②	0.5～10
10②	0.5～2.5	22③	0.5～5.0	40②	0.5～10
12②	0.5～3.0	25②	0.5～6.0	42②	(0.8)～10
12.7②	0.5～3.0	28③	0.5～8.0	45③	(0.8)～12.5

(续)

(2) 精密钢管品种(mm)					
外径系列	壁　厚	外径系列	壁　厚	外径系列	壁　厚
48②	1.0～12.5	90③	(1.2)～(22)	170②	(3.5)～255
50②	0.8～12.5	100②	(1.2)～25	180③	5～25
55③	(0.8)～14	110③	(1.2)～25	190②	(5.5)～25
60②	(0.8)～16	120②	(1.8)～25	200②	6～25
63②	(0.8)～16	130②	(1.8)～25	220③	(7)～25
70②	(0.8)～16	140③	(1.8)～25	240③	(7)～25
76②	(0.8)～16	150②	(1.8)～25	260③	(7)～25
80②	(0.8)～18	160②	(1.8)～25		
壁厚系列(mm)	0.5、(0.8)、1.0、(1.2)、1.5、(1.8)、2.0、(2.2)、2.5、(2.8)、3.0、(3.5)、4、(4.5)、5、(5.5)、6、(7)、8、(9)、10、(11)、12.5、(14)、16、18、20、(22)、25				

(3) 不锈钢钢管品种(mm)			
外径系列	壁　厚	外径系列	壁　厚
6②	0.5～1.2	25②	0.5～6.0
7②	0.5～1.2	25.4③	1.0～6.0
8②	0.5～1.2	27(26.9)①	1.0～6.0
9②	0.5～1.2	30③	1.0～6.5(6.3)
10(10.2)①	0.5～2.0	32(31.8)②	1.0～6.5(6.3)
12②	0.5～2.0	34(33.7)①	1.0～6.5(6.3)
12.7②	0.5～3.2	35①	1.0～6.5(6.3)
13(13.5)①	0.5～3.2	38②	1.0～6.5(6.3)
14③	0.5～3.5(3.6)	40②	1.0～6.5(6.3)
16②	0.5～4.0	42(42.4)①	1.0～7.5
17(17.2)①	0.5～4.0	45(44.5)③	1.0～8.5
18③	0.5～4.5	48(48.3)①	1.0～8.5
19②	0.5～4.5	51②	1.0～9.0(8.8)
20②	0.5～4.5	54③	1.6～10
21(21.3)①	0.5～5.0	57②	1.6～10
22③	0.5～5.0	60(60.3)①	1.6～10
24②	0.5～5.0	64(63.5)②	1.6～10

（续）

(3) 不锈钢钢管品种(mm)			
外径系列	壁　　厚	外径系列	壁　　厚
68②	1.6～12(12.5)		6.5(6.3)～18
70②	1.6～12(12.5)	219(219.1)①	2.0～5.5(5.6)、
73②	1.6～12(12.5)		6.5(6.3)～28
76(76.1)①	1.6～12(12.5)	245②	2.0～5.5(5.6)、
83(82.5)③	1.6～14(14.2)		6.5(6.3)～28
89(88.9)①	1.6～14(14.2)	273①	2.0～5.5(5.6)、
95②	1.6～14(14.2)		6.5(6.3)～28
102(101.6)②	1.6～14(14.2)	325(323.9)①	2.5(2.6)～5.5(5.6)、
108②	1.6～14(14.2)		6.5(6.3)～28
114(114.3)①	1.6～14(14.2)	351②	2.5(2.6)～5.5(5.6)、
127②	1.6～16		6.5(6.3)～28
133②	1.6～16	356(355.6)①	2.5(2.6)～5.5(5.6)、
146②	1.6～16		6.5(6.3)～28
152②	1.6～16	377②	2.5(2.6)～5.5(5.6)、
159③	1.6～16		6.5(6.3)～28
168(168.3)①	1.6～18	406(406.4)①	2.5(2.6)～28
180②	2.0～18	426②	3.2～20
194②	2.0～5.5(5.6)		
壁厚系列(mm)	0.5、0.6、0.7、0.8、0.9、1.0、1.2、1.4、1.5、1.6、2.0、2.2(2.3)、2.5(2.6)、2.8(2.9)、3.0、3.2、3.5(3.6)、4.0、4.5、5.0、5.5(5.6)、6.0、6.5(6.3)、7.0(7.1)、7.5、8.0、8.5、9.0(8.8)、10、11、12(12.5)、14(14.2)、15、16、17(17.5)、18、20、22(22.2)、24、25、26、28		

注：1. 钢管的外径系列栏中①、②、③分别表示钢管外径的第一系列(标准化钢管)、第二系列(非标准化为主的钢管)、第三系列(特殊用途钢管)。
2. 普通钢管和不锈钢钢管括号内的外径和壁厚尺寸表示相应的英制尺寸。通常应采用公制尺寸，不推荐使用英制尺寸。
3. 钢管的理论重量查阅 GB/T 17395—2008。

(2) 结构用无缝钢管(GB/T 8162—2008)

(1) 钢管的化学成分、制造方法、交货状态和尺寸重量
① 钢管由表中规定的牌号制造,化学成分应符合第 65 页“GB/T 700—2006”和第 82 页“GB/T 1591—2008”或第 87 页“GB/T 3077—1999”的规定 ② 钢管的制造方法:热轧(挤压、扩)和冷拔(轧) ③ 钢管的交货状态:热轧(挤压、扩)以热轧或热处理状态交货;冷拔(轧)以热处理状态交货,根据需方要求,经供需双方协商,也可以冷拔(轧)状态交货 ④ 钢管的尺寸精度分普通级和高级 ⑤ 钢管的外径、壁厚和理论重量,查阅第 212 页“GB/T 17395—2008”规定 ⑥ 钢管的通常长度:热轧(挤压、扩)3～12m;冷拔(轧)2～10.5m

(2) 优质钢、低合金钢钢管的纵向力学性能						
牌号	质量等级	抗拉强度 R_m(MPa)	下屈服强度 R_{eL} * (MPa)			断后伸长率 A(%)
			壁厚(mm)			
			≤16	>16～30	>30	
			≥			
10	—	≥335	205	195	185	24
15	—	≥375	225	215	205	22
20	—	≥410	245	235	225	20
25	—	≥450	275	265	255	18
35	—	≥510	305	295	285	17
45	—	≥590	335	325	315	14
20Mn	—	≥450	275	265	255	20
25Mn	—	≥490	295	285	275	18

(续)

(2) 优质钢、低合金钢钢管的纵向力学性能						
牌号	质量等级	抗拉强度 R_m(MPa)	下屈服强度 R_{eL} * (MPa)			断后伸长率 A(%)
			壁厚(mm)			
			≤16	>16～30	>30	
Q235	A	375～500	235	225	215	25
	B					
	C					
	D					
Q275	A	415～540	275	265	255	22
	B					
	C					
	D					
Q295	A	390～570	295	275	255	22
	B					
Q345	A	470～630	345	325	295	20
	B					
	C					21
	D					
	E					

(续)

(3) 合金钢钢管的力学性能										
序号	牌号	热处理(℃)					力学性能			退火或高温回火供应状态 HB≤
		淬火			回火		抗拉强度	屈服点	伸长率 δ_5 (%)≥	
		第一次	第二次	冷却剂	温度	冷却剂	(MPa)≥			
1	40Mn2	840	—	水、油	540	水、油	885	735	12	217
2	45Mn2	840	—	水、油	550	水、油	885	735	10	217
3	27SiMn	920	—	水	450	水、油	980	835	12	217
4	40MnB	850	—	油	500	水、油	980	785	10	207
5	45MnB	840	—	油	500	水、油	1030	835	9	217
6	20Mn2B	** 880	—	油	200	水、空	980	785	10	187
7	20Cr	** 880	800	水、油	200	水、空	* 835	540	10	179
							* 785	490	10	179
8	30Cr	860	—	油	500	水、油	885	685	11	187
9	35Cr	860	—	油	500	水、油	930	735	11	207
10	40Cr	850	—	油	520	水、油	980	785	9	207
11	45Cr	840	—	油	520	水、油	1030	835	9	217
12	50Cr	830	—	油	520	水、油	1080	930	9	229
13	38CrSi	900	—	油	600	水、油	980	835	12	255
14	12CrMo	900	—	空	650	空	410	265	24	179
15	15CrMo	900	—	空	650	空	440	295	22	179

（续）

（3）合金钢钢管的力学性能（续）

序号	牌号	热处理(℃)					力学性能			退火或高温回火供应状态 HB≤
		淬火			回火		抗拉强度	屈服点	伸长率 δ_5 (%)≥	
		第一次	第二次	冷却剂	温度	冷却剂	(MPa)≥			
16	20CrMo	** 880	—	水、油	500	水、油	* 885	* 685	* 11	197
							* 845	* 635	* 12	197
17	35CrMo	850	—	油	550	水、油	980	835	12	229
18	42CrMo	850	—	油	560	水、油	1080	930	12	217
19	12CrMoV	970	—	空	750	空	440	225	22	241
20	12Cr1MoV	970	—	空	750	空	490	245	22	179
21	38CrMoAl	940	—	水、油	640	水、油	* 980	* 835	* 12	229
							* 930	* 785	* 14	229
22	50CrVA	860	—	油	500	水、油	1275	1130	10	255
23	20CrMn	850	—	油	200	水、空	930	735	10	187
24	20CrMnSi	** 880	—	油	480	水、油	785	635	12	207
25	30CrMnSi	** 880	—	油	520	水、油	* 1080	* 885	* 8	229
							* 980	* 835	* 10	229
26	35CrMnSiA	** 880	—	油	230	水、空	1620	—	9	229
27	20CrMnTi	** 880	870	油	200	水、空	1080	835	10	217
28	30CrMnTi	** 880	850	油	200	水、空	1470	—	9	229

（续）

(3) 合金钢钢管的力学性能（续）										
序号	牌号	热处理(℃)					力学性能			退火或高温回火供应状态 HB≤
		淬火			回火		抗拉强度	屈服点	伸长率 δ_5	
		第一次	第二次	冷却剂	温度	冷却剂	(MPa)≥		(%)≥	
29	12CrNi2	860	780	水、油	200	水、空	785	590	12	207
30	12CrNi3	860	780	油	200	水、空	930	685	11	217
31	12CrNi4	860	780	油	200	水、空	1080	835	10	269
32	40CrNiMoA	850	—	油	600	水、油	980	835	12	269
33	45CrNiMoVA	860	—	油	460	油	1470	1325	7	269

注：1. 钢管的力学性能，可根据需方要求，经供需双方协商，并在合同中注明，外径>57mm，壁厚≥14mm 的钢管可做室温 V 型冲击试验，其冲击功应填入质量保证书，合金结构钢管可提供试样热处理后的断面收缩率，其值应符合 GB/T 3077—1999 规定。

2. 热轧状态或热处理（正火或回火）状态交货的优质钢、低合金结构钢管的纵向力学性能应符合表中规定；合金结构钢用热处理毛坯制成试样测出的纵向力学性能和钢管退火或高温回火供应状态布氏硬度应符合规定。

3. 热处理温度允许调整范围：淬火±20℃，低温回火±30℃，高温回火±50℃。

4. 硼钢在淬火前可先正火，铬锰钛钢第一次淬火可用正火代替。

5. 带 * 符号的牌号表示可按其中一种数据交货。

6. 带 * * 符号的牌号表示于 280～320℃等温淬火。

7. 对壁厚≤5mm 的钢管不做布氏硬度试验。

(3) 输送流体用无缝钢管(GB/T 8163—2008)

<table>
<tr><td colspan="7">(1) 钢管的化学成分、制造方法、尺寸和重量</td></tr>
<tr><td colspan="7">① 钢管由表中规定的牌号制造、化学成分分别参见第68页“GB/T 699—1999”、第82页“GB/T 1591—2008”规定。根据需方要求,经供需双方协商,可生产其他牌号的钢管
② 钢管的制造方法:热轧(挤压、扩)和冷拔(轧),需方指定某一方法制造时应在合同中注明
③ 钢管的外径、壁厚和理论重量,查阅第212页“GB/T 17395—2008”规定。尺寸精度分普通级和高级
④ 钢管的通常长度:热轧(挤压、扩)3~12m;冷拔(轧)3~10.5m</td></tr>
<tr><td colspan="7">(2) 钢管的纵向力学性能</td></tr>
<tr><td rowspan="4">牌号</td><td rowspan="4">质量等级</td><td rowspan="4">抗拉强度(MPa)</td><td colspan="3">下屈服强度(MPa)</td><td rowspan="3">断后伸长率(%)≥</td></tr>
<tr><td colspan="3">壁厚(mm)</td></tr>
<tr><td>≤16</td><td>>16~30</td><td>>30</td></tr>
<tr><td colspan="4">≥</td></tr>
<tr><td>10</td><td>—</td><td>335~475</td><td>205</td><td>195</td><td>185</td><td>24</td></tr>
<tr><td>20</td><td>—</td><td>410~530</td><td>245</td><td>215</td><td>225</td><td>20</td></tr>
<tr><td rowspan="2">Q295</td><td>A</td><td rowspan="2">390~570</td><td rowspan="2">295</td><td rowspan="2">275</td><td rowspan="2">255</td><td rowspan="2">22</td></tr>
<tr><td>B</td></tr>
<tr><td rowspan="5">Q345</td><td>A</td><td rowspan="5">470~630</td><td rowspan="5">345</td><td rowspan="5">325</td><td rowspan="5">295</td><td rowspan="2">20</td></tr>
<tr><td>B</td></tr>
<tr><td>C</td><td rowspan="3">21</td></tr>
<tr><td>D</td></tr>
<tr><td>E</td></tr>
<tr><td rowspan="5">Q390</td><td>A</td><td rowspan="5">490~650</td><td rowspan="5">390</td><td rowspan="5">370</td><td rowspan="5">350</td><td rowspan="2">18</td></tr>
<tr><td>B</td></tr>
<tr><td>C</td><td rowspan="3">19</td></tr>
<tr><td>D</td></tr>
<tr><td>E</td></tr>
</table>

(续)

(2) 钢管的纵向力学性能						
牌号	质量等级	抗拉强度(MPa)	下屈服强度(MPa) 壁厚(mm)			断后伸长率(%)≥
			≤16	>16～30	>30	
Q420	A	520～680	420	400	380	18
	B					
	C					19
	D					
	E					
Q480	C	550～720	480	440	420	17
	D					
	E					

注：钢管的交货状态：热轧(挤压、扩)以热轧状态或热处理交货；冷拔(轧)以热处理状态交货。

(4) 冷拔或冷轧精密无缝钢管(GB/T 3639—2009)

(1) 钢管的外径和壁厚(mm)					
外　径	壁　厚	外　径	壁　厚	外　径	壁　厚
4，5	0.5～1.2	16,18	0.5～6	85,90	1.5～16
6，7	0.5～2	20,22	0.5～7	95,100,110,120	2～18
8	0.5～2.5	25,26,28	0.5～8	130,140	2.5～18
9	0.5～2.8	30，32，35，38,40	0.5～10	150,160,170	3～20
10	0.5～3	42,45,48,50	1～10	180	3.5～20
12	0.5～4	55,60	1～12	190,200	3.5～22
14	0.5～4.5	65,70	1～14		
15	0.5～5	75,80	1～16		
壁厚系列：0.5、0.8、1、1.2、1.5、1.8、2、2.2、2.5、2.8、3、3.5、4、4.5、5、5.5、6、7、8、9、10、12、14、18、20、22					

（续）

（2）钢管的交货状态		
交货状态	代号	说明
冷加工/硬	+C	最后冷加工后，不进行热处理
冷加工/软	+LC	最后热处理后，进行恰当的冷加工
冷加工后消除应力退火	+SR	最后冷加工后，在控制气氛中进行去应力退火
退火	+A	最后冷加工后，在控制气氛中进行完全退火
正火	+N	最后冷加工后，在控制气氛中进行正火

（3）钢管的力学性能

牌号	交货状态					
	+C		+LC		+A	
	抗拉强度（MPa）≥	伸长率（%）≥	抗拉强度（MPa）≥	伸长率（%）≥	抗拉强度（MPa）≥	伸长率（%）≥
10	430	8	380	10	335	24
20	550	5	520	8	390	21
35	590	5	550	7	510	17
45	645	4	630	6	590	14
Q345B	640	4	580	7	450	22

牌号	交货状态					
	+SR			+N		
	抗拉强度（MPa）≥	屈服点（MPa）≥	伸长率（%）≥	抗拉强度（MPa）≥	屈服点（MPa）≥	伸长率（%）≥
10	400	300	16	320～450	215	27
20	520	375	12	440～570	255	21
35	—	—	—	≥460	280	21
45	—	—	—	≥540	340	18
Q345B	580	450	10	490～630	355	22

注：1. 外径≤30mm 和壁厚＞3mm 的钢管，其最小屈服点可降低 10MPa。
2. 受冷加工变形程度的影响，屈服强度非常接近抗拉强度，因此，推荐下列关系式计算：
——+C 状态：$R_{eH} \geqslant 0.8R_m$；——+LC 状态：$R_{eH} \geqslant 0.7R_m$。
3. 推荐下列关系式计算：$R_{eH} \geqslant 0.5R_m$。

(5) 低中压锅炉用无缝钢管(GB 3087—2008)

(1) 钢管的化学成分、制造方法、尺寸和重量
① 钢管用牌号10、20优质碳素结构钢制造,化学成分参见第68页“GB/T 699—1999”规定 ② 钢管制造方法:热轧(挤压、扩)或冷拔(轧)无缝方法。需方指定某一种方法时,应在合同中注明 ③ 钢管的外径、壁厚和理论重量查阅第212页“GB/T 17395—2008”规定 ④ 钢管的通常长度:热轧(挤压、扩)4~12m;冷拔(轧)4~10.5m

(2) 钢管的纵向力学性能

牌号	壁厚(mm)	抗拉强度(MPa)	屈服点(MPa)	伸长率(%)
			≥	
10	≤16 >16	335~475	205 195	24
20	≤16 >16	410~550	245 235	20

(3) 钢管在高温下屈服强度($\sigma_{0.2}$)最小值

牌号	试样状态	温度(℃)					
		200	250	300	350	400	450
10 20	供货状态	165 188	145 170	122 149	111 137	109 134	107 132

注:1. 钢管以热轧或热处理状态交货。热轧状态交货时,钢管终轧温度应≥Ar_3。

2. 用于中压锅炉过热蒸气管用钢管的高温瞬时性能,需方在合同中应注明钢管的用途。

3. 根据需方要求,经供需双方协商,并在合同中注明试验温度,供方可提供钢管的实际高温瞬时性能数据。

(6) 低压流体输送用焊接钢管(GB/T 3091—2008)

(1) 钢管公称外径(≤168.3mm)壁厚和理论重量					
公称口径(mm)	公称外径(mm)	普通钢管		加厚钢管	
		壁厚(mm)	理论重量(kg/m)	壁厚(mm)	理论重量(kg/m)
6	10.2	2.0	0.40	2.5	0.47
8	13.5	2.5	0.68	2.8	0.74
10	17.2	2.5	0.91	2.8	0.99
15	21.3	2.8	1.28	3.5	1.54
20	26.9	2.8	1.66	3.5	2.02
25	33.7	3.2	2.41	4.0	2.93
32	42.4	3.5	3.36	4.0	3.79
40	48.3	3.5	3.87	4.5	4.86
50	60.3	3.8	5.29	4.5	6.19
65	76.1	4.0	7.11	4.5	7.95
80	88.0	4.0	8.38	5.0	10.35
100	114.3	4.0	10.88	5.0	13.48
125	139.7	4.0	13.39	5.5	18.20
150	168.3	4.5	18.18	6.0	24.02

(2) 钢管的力学性能					
牌号	下屈服强度 R_{eL}(N/mm²)≥		抗拉强度 R_m(N/mm²)≥	断后伸长率 A(%)≥	
	t≤16mm	t>16mm		D≤168.3mm	D>168.3mm
Q195	195	185	315	15	20
Q215A、Q215B	215	205	335		
Q235A、Q235B	235	225	370		
Q295A、Q295B	295	275	390	13	18
Q345A、Q345B	345	325	470		

注：1. 钢管牌号的化学成分应符合 GB/T 700—2006 中 Q195、Q215(A、B)、Q235(A、B、C、D)、Q275(A、B、C、D)(见第 65

页）和 GB/T 1591—2008 中 Q345、Q390、Q420、Q460、Q500、Q550、Q620、Q690（见第 82 页）的规定。

2. 钢管公称口径近似内径尺寸，它不等于外径减 2 倍壁厚之差，其外径决定于圆锥管螺纹的尺寸（见第 1348 页）。
3. 钢管的交货状态：未镀锌和管端加工的钢管按原制造状态交货；公称外径≤323.9mm 的钢管可镀锌交货；经供需双方协议，并在合同中注明，钢管管端可加工螺纹。
4. 钢管的通常长度：电阻焊（ERW）钢管 4～12m；埋弧焊（SAW）钢管 3～12m。
5. 钢管公称外径（>168.3mm）的理论重量查阅“GB/T 3091”规定。
6. 未镀锌钢管按实际重量交货，也可按理论重量交货。镀锌钢管比未镀锌钢管增加的重量系数为 c。

壁厚 (mm)	0.5	0.6	0.8	1.0	1.2	1.4	1.6	1.8	2.0	2.3
系数 c	1.255	1.112	1.159	1.127	1.106	1.091	1.080	1.071	1.064	1.055
壁厚 (mm)	2.6	2.9	3.2	3.6	4.0	4.5	5.0	5.4	5.6	6.3
系数 c	1.049	1.044	1.040	1.035	1.032	1.028	1.025	1.024	1.023	1.020
壁厚 (mm)	7.1	8.0	8.8	10	11	12.5	14.2	16	17.5	20
系数 c	1.018	1.016	1.014	1.013	1.012	1.010	1.009	1.008	1.009	1.006

7. 采用其他牌号的钢管力学性能，由供需双方商定。
8. 钢管的屈服点：公称外径≤114.3mm 不测定；>114.3mm 其值供参考，不作交货条件。

(7) 普通碳素钢电线套管(GB/T 3640—1988)

序号	钢管公称口径 (mm)	钢管外径 (mm)	钢管壁厚 (mm)	理论重量 (kg/m)	钢管和管接头螺纹(mm)		
					每25.4 mm牙数	螺距	钢管螺纹有效长度
1	13	12.70	1.60	0.438	18	1.411	12～16
2	16	15.88	1.60	0.581	18	1.411	12～16
3	19	19.05	1.80	0.766	16	1.588	16～20
4	25	25.40	1.80	1.048	16	1.588	16～20
5	32	31.75	1.80	1.329	16	1.588	18～22
6	38	38.10	1.80	1.611	14	1.814	22～26
7	51	50.80	2.00	2.407	14	1.814	24～28
8	64	63.50	2.50	3.760	11	2.309	32～36
9	76	76.20	3.20	5.761	11	2.309	32～36

序号	口径	螺纹部位	钢管或管接头牙形角55°圆柱管螺纹直径(mm)					
			大径		中径		小径	
			最小	最大	最小	最大	最小	最大
1	13	钢管	12.430	12.700	11.571	11.796	10.534	10.893
		接头	12.800	13.159	11.896	12.255	10.993	11.352
2	16	钢管	15.606	15.875	14.764	14.971	13.709	14.068
		接头	15.975	16.334	15.071	15.430	14.168	14.527
3	19	钢管	18.764	19.050	17.795	18.033	16.635	17.016
		接头	19.150	19.531	18.133	18.514	17.116	17.497
4	25	钢管	25.114	25.400	24.145	24.383	22.985	23.366
		接头	25.500	25.881	24.483	24.864	23.466	23.847
5	32	钢管	31.464	31.750	30.495	30.733	29.335	29.716
		接头	31.850	32.231	30.833	31.214	29.816	30.197
6	38	钢管	37.795	38.100	36.683	36.938	35.370	35.777
		接头	38.200	38.607	37.038	37.445	35.877	36.284
7	51	钢管	50.495	50.800	49.383	49.638	48.070	48.477
		接头	50.900	51.307	49.738	50.145	48.577	48.984
8	64	钢管	63.155	63.500	61.734	62.021	60.083	60.543
		接头	63.600	64.060	62.121	62.581	60.643	61.103
9	76	钢管	75.855	76.200	74.434	74.721	72.783	73.243
		接头	76.300	76.760	74.821	75.281	73.343	73.803

注：1. 钢管通常长度为3～9m。钢管公称直径与钢管壁厚参见GB/T 21835—2008。
2. 交货时每根钢管带一个管接头，表中理论重量不计管接头。
3. 钢管表面分不镀锌、镀锌和其他涂层三种。

(8) 结构用和流体输送用不锈钢无缝钢管

(GB/T 14975、14976—2002)

(1) 钢管的分类和代号

① 钢管按产品加工方式分:
热轧(挤、扩)钢管(代号为 WH)
冷拔(轧)钢管(代号为 WC)

② 钢管按尺寸精度分:
普通级(代号为 PA)
高级(代号为 PC)

(2) 钢管的化学成分和交货状态

① 钢管的化学成分参见第 120 页“结构用和流体输送用不锈钢无缝钢管”中规定

② 钢管经热处理并酸洗状态交货

a. 奥氏体型热挤压管,凡在规定温度范围内淬火,均可视为钢管经过了成品热处理

b. 凡经整体磨、镗或经保护气氛热处理的钢管,可不经酸洗交货

c. 供机械加工用钢管,可不经酸洗交货

(3) 钢管的尺寸和重量

① 钢管的外径、壁厚和理论重量查阅第 212 页“无缝钢管品种”或 GB/T 17395—2008 规定。根据需方要求,并在合同中注明,可供应其他尺寸的钢管

② 钢管按实际重量交货,也可按理论重量交货

③ 钢管一般以通常长度交货
热轧(挤、扩)钢管为 2～12m;
冷拔(轧)钢管为 1～10.5m

4. 钢 丝

(1) 冷拉圆钢丝的尺寸与理论重量(GB/T 342—1997)

直径(mm)	理论重量(kg/km)	直径(mm)	理论重量(kg/km)	直径(mm)	理论重量(kg/km)	直径(mm)	理论重量(kg/km)
0.050	0.016	0.25	0.385	1.0	6.165	4.5	124.8
0.055	0.019	0.28	0.483	1.1	7.460	5.0	154.1
0.063	0.024	0.30	0.555	1.2	8.878	5.5	186.5
0.070	0.030	0.32	0.631	1.4	12.08	6.0	222.0
0.080	0.039	0.35	0.755	1.6	15.78	6.3	244.7
0.090	0.050	0.40	0.986	1.8	19.98	7.0	302.1
0.10	0.062	0.45	1.248	2.0	24.66	8.0	394.6
0.11	0.075	0.50	1.541	2.2	29.84	9.0	499.4
0.12	0.089	0.55	1.865	2.5	38.53	10	616.5
0.14	0.121	0.60	2.220	2.8	48.34	11	746.0
0.16	0.158	0.63	2.447	3.0	55.49	12	887.8
0.18	0.199	0.70	3.021	3.2	63.13	14	1208.4
0.20	0.247	0.80	3.946	3.5	75.53	16	1578.3
0.22	0.298	0.90	4.994	4.0	98.65		

注：理论重量按钢的密度 7.85kg/dm³ 计算。

(2) 一般用途低碳钢丝(YB/T 5294—2009)

(1) 钢丝的分类和代号

分类	按交货状态			按用途			按镀锌层重量(g/m²)		
	冷拉	退火	镀锌	普通用	制钉用	建筑用	D级	E级	F级
代号	WCD	TA	SZ	Ⅰ类	Ⅱ类	Ⅲ类	D	E	F

(2) 钢丝的尺寸、重量和捆内径

钢丝直径(mm)		≤0.3	>0.3~0.5	>0.5~1.0	>1.0~1.2	>1.2~3.0	>3.0~4.5	>4.5~6.0	>6.0
捆重(kg)	标准捆	5	10	25	25	50	50	50	
	非标准捆	0.5	1	2	3	4	10	12	
钢丝捆内径(mm)		100~300			250~560		400~700		供需双方协议

(续)

(3) 钢丝的力学性能							
直径(mm)	抗拉强度(MPa)			180°弯曲试验(次)≥		伸长率 δ_{10}(%)≥	
	冷拉普通用	制钉用	建筑用	冷拉普通用	建筑用	建筑用	镀锌钢丝
≤0.8	≤980	—	—	*	—	—	10
>0.8～1.2 >1.2～1.8 >1.8～2.5	≤980 ≤1060 ≤1010	880～1320 785～1220 735～1170	—	6	—	—	12
>2.5～3.5 >3.5～5.0 >5.0～6.0	≤960 ≤890 ≤790	685～1120 590～1030 540～930	≥550 ≥550 ≥550	4	4	≥2	12
>6.0	≤690	—	—	—	—	—	—

(4) 镀锌钢丝的镀锌层重量(YB/T 5357—2006)			
直径(mm)	锌层重量(g/m^2)≥		
	D	E	F
≤0.25	15	12	5
>0.25～0.40	20	12	5
>0.40～0.50	20	15	8
>0.50～0.60	20	15	8
>0.60～0.80	20	15	10
>0.80～1.00	25	18	10
>1.00～1.20	25	18	10
>1.20～1.40	25	18	14
>1.40～1.60	35	30	20
>1.60～1.80	40	30	20
>1.80～2.00	45	30	20
>2.00～2.20	50	40	25
>2.20～2.50	55	40	25
>2.50～2.80	65	45	25
>2.80～3.00	70	45	25

(续)

(4) 镀锌钢丝的镀锌层重量(YB/T 5357—2006)			
直径(mm)	锌层重量(g/m^2)≥		
	D	E	F
>3.00~3.20	80	50	25
>3.20~3.60	80	50	30
>3.60~4.00	85	60	30
>4.00~4.40	95	70	35
>4.40~5.20	95	70	40
>5.20~6.00	100	80	50
>6.00~7.50	—	—	—
>7.50~10.00	—	—	—

(5) 镀锌钢丝的缠绕试验(D—芯棒直径,d—钢丝直径)					
钢丝直径(mm)	≤0.30	>0.30~1.00	>1.00~2.00	>2.00~7.50	>7.50~10.00
D/d	1	4	5	7	5
缠绕圈数	6				*

(6) 镀锌钢丝米制直径与英制 BWG 线规号对照								
米制直径(mm)	英制		米制直径(mm)	英制		米制直径(mm)	英制	
	线规号 BWG	相当毫米		线规号 BWG	相当毫米		线规号 BWG	相当毫米
0.20	33	0.20	—	23	0.64	2.5	13	2.41
0.22	32	0.23	0.70	22	0.71	2.8	12	2.77
0.25	31	0.25	0.80	21	0.81	3.0	11	3.05
0.28	—	—	0.90	20	0.89	3.5	10	3.40
0.30	30	0.31	1.00	—	—	—	9	3.76
—	29	0.33	—	19	1.07	4.0	8	4.19
0.35	28	0.36	1.2	18	1.25	4.5	7	4.57
0.40	27	0.41	1.4	17	1.47	5.0	6	5.16
0.45	26	0.46	1.6	16	1.65	5.5	5	5.59
0.50	25	0.51	1.8	15	1.83	6.0	4	6.05
0.55	24	0.56	2.0	—	—	—	—	—
0.60	—	—	2.2	14	2.11			

注:1. 硫酸铜试验,参见 YB/T 5357—2006。
2. * 钢丝试样应绕芯棒至少弯曲 90°,芯棒直径为钢丝直径的 5 倍。

(3) 通讯线用镀锌低碳钢丝(GB 346—1984)

直径(mm)	力学性能		20℃电阻率(Ω·mm²/m)	理论重量(kg/km)	每捆重量(kg)
	抗拉强度(MPa)	伸长率(%)			
1.2	353～539	≥12	含铜的钢丝(铜0.2%～0.4%)≤0.146,普通的钢丝(铜<0.2%)≤0.132	8.88	50
1.5				13.9	
2.0				24.7	
2.5	353～490			38.5	
3.0				55.5	
4.0				98.6	
5.0				154	
6.0				222	

直径(mm)	锌层重量		浸硫酸铜溶液				钢丝缠绕试验(圈)
	Ⅰ组	Ⅱ组	Ⅰ组		Ⅱ组		
	(g/m²)≥		60s	30s	60s	30s	
			(次数)≥				
1.2	120	—	2	—	—	—	芯棒直径等于5倍钢丝直径,缠绕6圈
1.5	150	230	2	—	2	1	
2.0	210	240	2	—	3	—	
2.5	230	260	2	—	3	—	
3.0	230	275	3	—	3	1	
4.0,5.0,6.0	245	290	3	—	3	1	

注:1. 钢丝按锌层表面状态分为钝化处理(代号DH)和未钝化处理(无代号)。
2. 钢丝采用"低碳钢热轧圆盘条(GB/T 701—2008)"中规定的牌号制造。

(4) 铠装电缆用低碳镀锌钢丝(GB/T 3082—2008)

<table>
<tr><th rowspan="2">公称直径(mm)</th><th rowspan="2">抗拉强度(N/mm²)</th><th rowspan="2">断后伸长率(%)≥</th><th rowspan="2">扭转次数(标距150mm)≥</th><th colspan="2">镀层重量(g/mm²)≥1</th><th colspan="2">缠绕试验</th></tr>
<tr><th>Ⅰ组</th><th>Ⅱ组</th><th>芯棒直径为钢丝直径的倍数</th><th>缠绕圈数</th></tr>
<tr><td>0.9</td><td rowspan="11">345
～
495</td><td rowspan="9">10</td><td rowspan="2">24</td><td>112</td><td>150</td><td rowspan="2">2</td><td rowspan="11">6</td></tr>
<tr><td>1.2</td><td>150</td><td>200</td></tr>
<tr><td>1.6</td><td>22</td><td>150</td><td>220</td><td rowspan="4">4</td></tr>
<tr><td>2.0</td><td rowspan="2">20</td><td>190</td><td>240</td></tr>
<tr><td>2.5</td><td>210</td><td>260</td></tr>
<tr><td>3.2</td><td>19</td><td>240</td><td>275</td></tr>
<tr><td>4.0</td><td>15</td><td rowspan="3">270</td><td rowspan="3">290</td><td rowspan="5">5</td></tr>
<tr><td>5.0</td><td rowspan="2">10</td></tr>
<tr><td>6.0</td></tr>
<tr><td>7.0</td><td rowspan="2">9</td><td rowspan="2">7</td><td rowspan="2">280</td><td rowspan="2">300</td></tr>
<tr><td>8.0</td></tr>
</table>

注：1. 钢丝按锌层表面状态分为钝化处理(代号 DH)和未钝化处理(无代号)。
2. 钢丝采用“低碳钢热轧圆盘条(GB/T 701—2008)”中规定的牌号制造。

(5) 棉花打包用镀锌低碳钢丝(GB/T 21530—2008)

<table>
<tr><th rowspan="2">公称直径(mm)</th><th colspan="2">镀层重量(g/m²)≥</th><th colspan="2">抗拉强度(MPa)</th><th colspan="2">伸长率(100mm/%)≥</th><th colspan="2">反复弯曲180°的次数</th></tr>
<tr><th>热镀锌</th><th>电镀锌</th><th>A类</th><th>B类</th><th>A类</th><th>B类</th><th>A类</th><th>B类</th></tr>
<tr><td>2.50</td><td>55</td><td>25</td><td rowspan="6">400
～
510</td><td rowspan="6">1400
～
1650</td><td rowspan="6">15</td><td rowspan="6">4</td><td rowspan="6">15</td><td rowspan="6">8</td></tr>
<tr><td>2.80</td><td>65</td><td>25</td></tr>
<tr><td>3.20</td><td>80</td><td>25</td></tr>
<tr><td>3.40</td><td>85</td><td>25</td></tr>
<tr><td>3.75</td><td>85</td><td>25</td></tr>
<tr><td>4.00</td><td>90</td><td>30</td></tr>
</table>

注：1. 按力学性能分为 A 类(低碳)和 B 类(高碳)两种，按镀锌方式分为热镀锌和电镀锌两种。
2. 钢丝的缠绕试验芯棒直径均为钢丝直径的 5 倍。
3. 棉包为套扣式结扣，如棉花等级高，含水率低于规定，应适当降低棉包密度或捆绑道数；否则可适当提高棉包密度或捆绑道数。其他包型可适当增加。
4. 每捆钢丝重量为 50kg。

(6) 重要用途低碳钢丝(YB/T 5032—2006)

按表面状况分类			Ⅰ类—镀锌钢丝(代号 Zd) Ⅱ类—光面钢丝(代号 Zg)				
公称直径(mm)	抗拉强度(MPa)≥		360°扭转试验(次)≥	180°弯曲试验(次)	镀锌层重量(g/m²)≥	镀锌钢丝缠绕试验	每盘重量(kg)≥
	镀锌	光面					
0.3,0.4	365	395	30	*	10	芯棒直径等于5倍钢丝直径,缠绕20圈	0.3
0.5,0.6			30	*	12		0.5
0.8			30	*	15		1.0
1.0			25	22	25		1.0
1.2			25	18	25		5.0
1.4			20	14	25		5.0
1.6			20	12	45		5.0
1.8			18	12	45		10
2.0			18	10	45		10
2.3			15	10	65		10
2.6			15	8	65		10
3.0,3.5			12	10	80		10
4.0,4.5			10	8	95		20
5.0			8	6	110		20
6.0			6	3	110		20

注:1. 钢丝采用“优质碳素结构钢(GB/T 699—1999)”制造。牌号由生产厂确定。

2. * 钢丝直径 0.3~0.8mm 的打结拉力试验的抗拉强度(MPa):光面钢丝≥225;镀锌钢丝≥185。

3. 每盘钢丝由一根钢丝组成。

(7) 冷拉碳素弹簧钢丝(GB/T 4357—2009)

直径(mm)	抗拉强度(MPa)			直径(mm)	抗拉强度(MPa)		
	B级	C级	D级		B级	C级	D级
0.08	2400～2800	2740～3140	2840～3240	1.20	1620～1960	1910～2250	2250～2550
0.09	2350～2750	2690～3090	2840～3240	1.40	1620～1910	1860～2210	2150～2450
0.10	2300～2700	2650～3040	2790～3190	1.60	1570～1860	1810～2160	2110～2400
0.12	2250～2650	2600～2990	2740～3140	1.80	1520～1810	1760～2110	2010～2300
0.14	2200～2600	2550～2940	2740～3140	2.00	1470～1760	1710～2010	1910～2200
0.16	2150～2550	2500～2890	2690～3090	2.20	1420～1710	1660～1960	1810～2110
0.18	2150～2550	2450～2840	2690～3090	2.50	1420～1710	1660～1960	1760～2060
0.20	2150～2550	2400～2790	2690～3090	2.80	1370～1670	1620～1910	1710～2010
0.22	2100～2500	2350～2750	2690～3090	3.00	1370～1670	1570～1860	1710～1960
0.25	2060～2450	2300～2700	2640～3040	3.20	1320～1620	1570～1810	1660～1910
0.28	2010～2400	2300～2700	2640～3040	3.50	1320～1620	1570～1810	1660～1910
0.30	2010～2400	2300～2700	2640～3040	4.00	1320～1620	1520～1760	1620～1860
0.32	1960～2350	2250～2650	2600～2990	4.50	1320～1570	1520～1760	1620～1860
0.35	1960～2350	2250～2650	2600～2990	5.00	1320～1570	1470～1710	1570～1810
0.40	1910～2300	2250～2650	2600～2990	5.50	1270～1520	1470～1710	1570～1810
0.45	1860～2260	2200～2600	2550～2940	6.00	1220～1470	1420～1660	1520～1760
0.50	1860～2260	2200～2600	2550～2940	6.30	1220～1470	1420～1610	—
0.55	1810～2210	2150～2550	2500～2890	7.00	1170～1420	1370～1570	—
0.60	1760～2160	2110～2550	2450～2840	8.00	1170～1420	1370～1570	—
0.63	1760～2160	2110～2500	2450～2840	9.00	1130～1320	1320～1520	—
0.70	1710～2110	2060～2450	2450～2840	10.00	1130～1320	1320～1520	—
0.80	1710～2060	2010～2400	2400～2840	11.00	1080～1270	1270～1470	—
0.90	1710～2060	2010～2350	2350～2750	12.00	1080～1270	1270～1470	—
1.00	1660～2010	1960～2300	2300～2690	13.00	1030～1220	1220～1420	—

(a) 强度级别、载荷类型与直径范围

强度等级	静载荷	公称直径范围(mm)	动载荷	公称直径范围(mm)
低抗拉强度	SL 型	1.00～10.00	—	—
中等抗拉强度	SM 型	0.30～13.00	DM 型	0.08～13.00
高抗拉强度	SH 型	0.30～13.00	DH 型	0.05～13.00

(b) 钢丝公称直径与抗拉强度

钢丝公称直径①(mm)	抗拉强度②(MPa)						
	DM 型	DH③ 型	钢丝公称直径①(mm)	SM 型	DM 型	SH 型	DH③ 型
0.05	—	2800～3520	0.30	2370～2650	2370～2650	2660～2940	2660～2940
0.06	—	2800～3520	0.32	2350～2630	2350～2630	2640～2920	2640～2920
0.07	—	2800～3520	0.34	2330～2600	2330～2600	2610～2890	2610～2890
0.08	2780～3100	2800～3480	0.36	2310～2580	2310～2580	2590～2890	2590～2890
0.09	2740～3060	2800～3430	0.38	2290～2560	2290～2560	2570～2850	2570～2850
0.10	2710～3020	2800～3380	0.40	2270～2550	2270～2550	2560～2830	2570～2830
0.11	2690～3000	2800～3350	0.43	2250～2520	2250～2520	2530～2800	2570～2800
0.12	2660～2960	2800～3320	0.46	2240～2500	2240～2500	2510～2780	2570～2780
0.14	2620～2910	2800～3250	0.48	2220～2480	2240～2500	2490～2760	2570～2760
0.16	2570～2860	2800～3200	0.50	2200～2470	2200～2470	2480～2740	2480～2740
0.18	2530～2820	2800～3160	0.53	2180～2450	2180～2450	2460～2720	2460～2720
0.20	2500～2790	2800～3110	0.56	2170～2430	2170～2430	2440～2700	2440～2700
0.22	2470～2760	2770～3080	0.60	2140～2400	2140～2400	2410～2670	2410～2670
0.25	2420～2710	2720～3010	0.63	2130～2380	2130～2380	2390～2650	2390～2650
0.28	2390～2670	2680～2970	0.65	2120～2370	2120～2370	2380～2640	2380～2640

(续)

钢丝公称直径①(mm)	抗拉强度②(MPa)				
	SL 型	SM 型	DM 型	SH 型	DH③ 型
0.70	—	2090～2350	2090～2350	2360～2610	2360～2610
0.80		2050～2300	2050～2300	2310～2560	2310～2560
0.85		2030～2280	2030～2280	2290～2530	2290～2530
0.90		2010～2260	2010～2260	2270～2510	2270～2510
0.95		2000～2240	2000～2240	2250～2490	2250～2490
1.00	1720～1970	1980～2220	1980～2220	2230～2470	2230～2470
1.05	1710～1950	1960～2220	1960～2220	2210～2450	2210～2450
1.10	1690～1940	1950～2190	1950～2190	2200～2430	2200～2430
1.20	1670～1910	1920～2160	1920～2160	2170～2400	2170～2400
1.25	1660～1900	1910～2130	1910～2130	2140～2380	2140～2380
1.30	1640～1890	1900～2130	1900～2130	2140～2370	2140～2370
1.40	1620～1860	1870～2100	1870～2100	2110～2340	2110～2340
1.50	1600～1840	1850～2080	1850～2080	2090～2310	2090～2310
1.60	1590～1820	1830～2050	1830～2050	2060～2290	2060～2290
1.70	1570～1800	1810～2030	1810～2030	2040～2260	2040～2260
1.80	1550～1780	1790～2010	1790～2010	2020～2240	2020～2240

（续）

钢丝公称直径[1]（mm）	抗拉强度[2]（MPa）				
	SL 型	SM 型	DM 型	SH 型	DH[3] 型
1.90	1540～1760	1770～1990	1770～1990	2000～2220	2000～2220
2.00	1520～1750	1760～1970	1760～1970	1980～2200	1980～2200
2.10	1510～1730	1740～1960	1740～1960	1970～2180	1970～2180
2.25	1490～1710	1720～1930	1720～1930	1940～2150	1940～2150
2.40	1470～1690	1700～1910	1700～1910	1920～2130	1920～2130
2.50	1460～1680	1690～1890	1690～1890	1900～2110	1900～2110
2.60	1450～1660	1670～1880	1670～1880	1890～2100	1890～2100
2.80	1420～1640	1650～1850	1650～1850	1860～2070	1860～2070
3.00	1410～1620	1630～1830	1630～1830	1840～2040	1840～2040
3.20	1390～1600	1610～1810	1610～1810	1820～2020	1820～2020
3.40	1370～1580	1590～1780	1590～1780	1790～1990	1790～1990
3.60	1350～1560	1570～1760	1570～1760	1770～1970	1770～1970
3.80	1340～1540	1550～1740	1550～1740	1750～1950	1750～1950
4.00	1320～1520	1530～1730	1530～1730	1740～1930	1740～1930
4.25	1310～1500	1510～1700	1510～1700	1710～1900	1710～1900
4.50	1290～1490	1500～1680	1500～1680	1690～1880	1690～1880

(续)

钢丝公称直径[①]（mm）	抗拉强度[②]（MPa）				
	SL 型	SM 型	DM 型	SH 型	DH[③] 型
4.75	1270～1470	1480～1670	1480～1670	1680～1840	1680～1840
5.00	1260～1450	1460～1650	1460～1650	1660～1830	1660～1830
5.30	1240～1430	1440～1630	1440～1630	1640～1820	1640～1820
5.60	1230～1420	1430～1610	1430～1610	1620～1800	1620～1800
6.00	1210～1390	1400～1580	1400～1580	1590～1770	1590～1770
6.30	1190～1380	1390～1560	1390～1560	1570～1750	1570～1750
6.50	1180～1370	1380～1550	1380～1550	1560～1740	1560～1740
7.00	1160～1340	1350～1530	1350～1530	1540～1710	1540～1710
7.50	1140～1320	1330～1500	1330～1500	1510～1680	1510～1680
8.00	1120～1300	1310～1480	1310～1480	1490～1660	1490～1660
8.50	1110～1280	1290～1460	1290～1460	1470～1630	1470～1630
9.00	1090～1260	1270～1440	1270～1440	1450～1610	1450～1610
9.50	1070～1250	1260～1420	1260～1420	1430～1590	1430～1590
10.00	1060～1230	1240～1400	1240～1400	1410～1570	1410～1570
10.50	—	1220～1380	1220～1380	1390～1550	1390～1550
11.00	—	1210～1370	1210～1370	1380～1530	1380～1530

(续)

钢丝公称直径①(mm)	抗拉强度②(MPa)				
	SL 型	SM 型	DM 型	SH 型	DH③ 型
12.00	—	1180～1340	1180～1340	1350～1500	1350～1500
12.50		1170～1320	1170～1320	1330～1480	1330～1480
13.00		1160～1310	1160～1310	1320～1470	1320～1470

注：① 中间尺寸钢丝抗拉强度值按表中相邻较大钢丝的规定执行。

② 对特殊用途的钢丝，可商定其他抗拉强度。

③ 对直径为 0.08mm～0.18mm 的 DH 型钢丝，经供需双方协商，其抗拉强度波动值范围可规定为 300MPa。

直条定尺钢丝的极限强度最多可能低 10%；矫直和切断作业也会降低扭转值。

(c) 钢丝扭转试验要求

钢丝公称直径 d(mm)	最少扭转次数	
	静载荷	动载荷
$0.70 < d \leqslant 0.99$	40	50
$0.99 < d \leqslant 1.40$	20	25
$1.40 < d \leqslant 2.00$	18	22
$2.00 < d \leqslant 3.50$	16	20
$3.50 < d \leqslant 4.99$	14	18
$4.99 < d \leqslant 6.00$	7	9
$6.00 < d \leqslant 8.00$	4*	5*
$8.00 < d \leqslant 10.00$	3*	4*

注：* 表示该值仅作为双方协商时的参考。

(8) 重要用途碳素弹簧钢丝(YB/T 5311—2006)

直径(mm)	抗拉强度(MPa)			直径(mm)	抗拉强度(MPa)		
	E组	F组	G组		E组	F组	G组
0.08	2330～2710	2710～3060	—	0.70	2120～2500	2500～2850	—
0.09	2320～2700	2700～3050	—	0.80	2110～2490	2490～2840	—
0.10	2310～2690	2690～3040	—	0.90	2060～2390	2390～2690	—
0.12	2300～2680	2680～3030	—	1.00	2020～2350	2350～2650	1850～2110
0.14	2290～2670	2670～3020	—	1.20	1920～2270	2270～2570	1820～2080
0.16	2280～2660	2660～3010	—	1.40	1870～2200	2200～2500	1780～2040
0.18	2270～2650	2650～3000	—	1.60	1830～2140	2160～2480	1750～2010
0.20	2260～2640	2640～2990	—	1.80	1800～2130	2060～2360	1700～1960
0.22	2240～2620	2620～2970	—	2.00	1760～2090	1970～2230	1670～1910
0.25	2220～2600	2600～2950	—	2.20	1720～2000	1870～2130	1620～1860
0.28	2220～2600	2600～2950	—	2.50	1680～1960	1770～2030	1620～1860
0.30	2210～2600	2600～2950	—	2.80	1630～1910	1720～1980	1570～1810
0.32	2210～2590	2590～2940	—	3.00	1610～1890	1690～1950	1570～1810
0.35	2210～2590	2590～2940	—	3.20	1560～1840	1670～1930	1570～1810
0.40	2200～2580	2580～2930	—	3.50	1520～1750	1620～1840	1470～1710
0.45	2190～2570	2570～2920	—	4.00	1480～1710	1570～1790	1470～1710
0.50	2180～2560	2560～2910	—	4.50	1410～1640	1500～1720	1470～1710
0.55	2170～2550	2550～2900	—	5.00	1380～1610	1480～1700	1420～1660
0.60	2160～2540	2540～2890	—	5.50	1330～1560	1440～1660	1400～1640
0.63	2140～2520	2520～2870	—	6.00	1320～1550	1420～1660	1350～1590

（续）

钢丝直径(mm)		≤2.00	>2.00~3.00	>3.00~4.00	>4.00~5.00	>5.00~6.00
扭转次数≥	E组	25	20	16	12	8
	F组	18	13	10	6	4
	G组	20	18	15	10	6

缠绕试验（D—芯棒直径，d—钢丝直径）	钢丝在芯棒上缠绕5圈
$d<4$mm，$D=d$	钢丝在芯棒上缠绕5圈
$d\geqslant 4$mm，$D=2d$	钢丝在芯棒上缠绕5圈

牌号	化学成分（%）							
	碳	锰	硅	铬	镍	铜	硫	磷
				≤				
65Mn	0.62~0.69	0.70~1.00	0.17~0.37	0.10	0.15	0.20	0.020	0.025
70	0.67~0.74	0.30~0.60	0.17~0.37	0.10	0.15	0.20	0.020	0.025
T9A	0.85~0.93	≤0.40	≤0.35	0.10	0.12	0.20	0.020	0.025
T8MnA	0.80~0.89	0.40~0.60	≤0.35	0.10	0.12	0.20	0.020	0.025

钢丝直径(mm)	≤0.10	>0.10~0.20	>0.20~0.30	>0.30~0.80	>0.80~1.80	>1.80~3.00	>3.00~6.00
最小盘重(kg)	0.1	0.2	0.4	0.5	2.0	5.0	8.0

注：1. 中间尺寸钢丝的抗拉强度按相邻较大尺寸的规定执行。
2. 钢丝化学成分在保证力学性能的前提下，65Mn、70钢的锰含量可分别调整为0.90%~1.20%，0.50%~0.80%。
3. 每盘钢丝由一根钢丝组成。

(9) 不 锈 钢 丝(GB/T 4240—2009)

① 钢丝的直径范围(mm):软态钢丝 0.05～16.00,轻拉钢丝 0.50～16.00,冷拉钢丝 0.10～12.0

② 钢丝直径系列参见第 230 页(YB/T 5294—2009)

③ 钢丝盘内径应符合下列规定:

钢丝直径(mm)	0.05～0.50	>0.50～1.50	>1.50～3.00	>3.00～6.00	>6.00～12.0	>12.0～16.0
盘内径(mm)≥	线轴或150	200	250	400	500	800

④ 钢丝的牌号、化学成分和力学性能应符合第 141 页(GB/T 4240—2009)中的规定

(10) 冷顶锻用不锈钢丝(GB/T 4232—2009)

① 钢丝直径范围(mm):软态钢丝 0.80～11.0,轻拉钢丝 0.80～20.0

② 钢丝直径系列参见第 230 页(YB/T 5294—2009)

③ 钢丝的牌号、化学成分和力学性能应符合第 145 页(GB/T 4232—2009)中的规定

(11) 焊 接 用 钢 丝

(1) 熔化焊用钢丝(GB/T 14957—1994)

公称直径(mm)	碳素结构钢		合金结构钢		捆(盘)的内径(mm)≥
	一般	最小	一般	最小	
	每捆(盘)重量(kg)≥				
1.6, 2.0, 2.5, 3.0	30	15	10	5	350
3.2, 4.0, 5.0, 6.0	40	20	15	8	400

注:1. 钢丝制造精度分为普通精度和较高精度
2. 钢丝的牌号、化学成分应符合第 163 页(GB/T14957—1994)中的规定
3. 钢丝适用于电弧焊、埋弧自动焊和半自动焊、电渣焊和气焊等

（续）

(2) 气体保护焊用钢丝(GB/T 14958—1994)			
公称直径(mm)	0.6，0.8	1.0，1.2	1.6，2.0，2.2
每捆(盘)重量(kg)≥	4	10	15
捆(盘)内径(mm)≥	250	300	300
分类	按制造精度分：普通精度和较高精度 按表面状态分：镀铜钢丝(代号 DT)和未镀铜钢丝(无代号) 按交货状态分：捆(盘)状(代号 KZ)和缠轴(代号 CZ)		
注：1. 缠轴钢丝应紧密地缠绕在钢丝轴上，尾端应明显易拆解，每轴钢丝重量一般应为 15～20kg 2. 钢丝的牌号、化学成分应符合第 165 页(GB/T 14958—1994)中的规定 3. 钢丝适用于低碳钢、低合金钢和合金钢等气体保护焊			

(3) 焊接用不锈钢丝(YB/T 5092—2006)
① 钢丝的直径参见第 230 页(YB/T 5294—2009) ② 钢丝的牌号、化学成分应符合第 166 页(YB/T 5092—2006)中的规定 ③ 钢丝适用于电弧焊、气焊、埋弧自动焊、电渣焊和气体保护焊

5. 钢 丝 绳

(1) 钢丝绳分类(GB/T 8706—2006)

(1) 钢丝绳总分类
钢丝绳按结构分为： 单捻钢丝绳和多股钢丝绳
(2) 钢丝绳分类
按结构分： a. 单捻钢丝绳，又分： i. 单股钢丝绳　由一层或多层圆钢丝螺旋状缠绕在一根芯丝上捻制而成的钢丝绳 ii. 半密封钢丝绳　中心钢丝周围螺旋状缠绕着一层或多层圆钢丝，在外层是由异形丝和圆形丝相间捻制而成的钢丝绳 iii. 密封钢丝绳　中心钢丝周围螺旋状缠绕着一层或多层圆钢丝，其外面由一层或数层异形钢丝捻制而成的钢丝绳 b. 多股钢丝绳　由一层或多层股绕着一根绳芯呈螺旋状捻制而成的单层多股或多层股钢丝绳，又分为： i. 单层股钢丝绳　由一层股围绕一个芯螺旋捻制而成的多股钢丝绳 ii. 阻旋转钢丝绳　当承受载荷时能产生减小扭矩或旋转程度的多股钢丝绳 iii. 平行捻密实钢丝绳　至少由两层平行捻股围绕一个芯螺旋捻制而成的多股钢丝绳 iv. 压实钢钢丝绳　压绳之前，股经过模拔、轧制成锻打等压实加工的多股钢丝绳 v. 缆式钢丝绳　由多个作为独立单元的圆股钢丝绳围绕一个绳芯紧密螺旋捻制而成的多股钢丝绳

(2) 钢丝绳的标记代号(GB/T 8706—2006)

(1) 钢丝绳的有关名称和代号

代 号	名 称
① 钢丝绳	
—	圆钢丝绳
Y	编织钢丝绳
P	扁钢丝绳
T	面接触钢丝绳
S*	西鲁式钢丝绳
W*	瓦林吞式钢丝绳
WS*	瓦林吞-西鲁钢丝绳
Fi	填充钢丝绳
② 股(横截面)	
—	圆股
V	三角股
R	扁带股
Q	椭圆股
③ 钢 丝	
—	圆形钢丝
V	三角形钢丝
R	矩形或扁形钢丝
T	梯形钢丝
Q	椭圆形钢丝
H	半密封钢丝(或钢轨形钢丝)与圆形钢丝搭配
Z	Z形钢丝
④ 钢丝表面状态	
U	光面或无镀层
B	B级镀锌

代 号	名 称
④ 钢丝表面状态	
A	A级镀锌
B(Zn/Al)	B级锌合金镀层
A(Zn/Al)	A级锌合金镀层
⑤ 绳(股)芯	
FC	纤维芯(天然或合成)
NFC	天然纤维芯
SFC	合成纤维芯
WSC	钢丝芯
IWRC	独立钢丝芯
SPC	固态聚合物芯
⑥ 捻 向	
Z	右捻
S	左捻
ZZ	右同向捻
SS	左同向捻
ZS	右交互捻
SZ	左交互捻
aZ	右混合捻
aS	左混合捻
⑦ 其 他	
R_0	钢丝公称抗拉强度
F_{min}	钢丝绳最小破断拉力
M	公称长度重量
d	公称直径

注:带*符号是标记中常用的简称代号

(2) 钢丝绳的标记

钢丝绳的标记及示例:

22	6×36 WS	-IWRC	1770	B	SZ
尺寸	钢丝绳结构	芯结构	钢丝绳级别	钢丝表面状况	捻制类型及方向

(3) 钢丝绳直径的测量方法(GB/T 8918—2006)

钢丝绳直径应用带有宽度钳口的游标卡尺测量,其钳口的宽度要足以跨越两个相邻的股。测量应在无张力的情况下,于钢丝绳端15m外的直线部位上,并在同一截面不同方向上各测量一个直径。四个测量点结果的平均值作为钢丝绳的实测直径,该直径应符合(GB/T 8918—2006)规定的直径允许偏差和不圆度(不圆度是指同一截面测量结果的差与实测直径之比),在有争议的情况下,直径的测量可在给钢丝绳施加其最小破断拉力5%的张力情况下进行

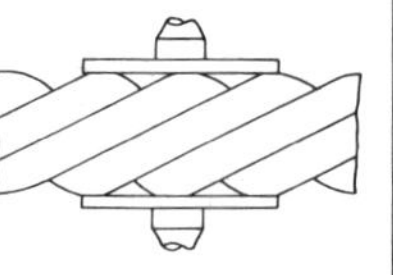

钢丝绳直径测量方法

(4) 常用钢丝绳品种(GB/T 8918—2006)

(a) 6×7类圆股钢丝绳

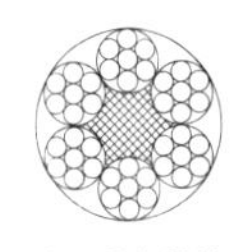

6×7+FC

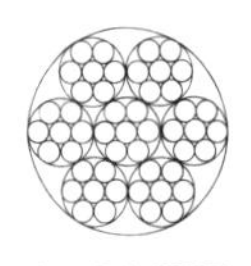

6×7+IWS

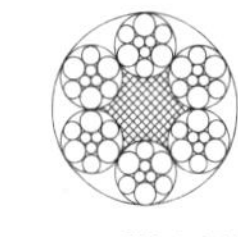

6×9W+FC

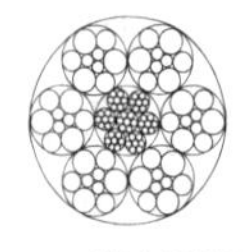

6×9W+IWR

FC—纤维芯;IWS—钢(丝股)芯;IWR—钢(丝绳)芯

钢丝绳公称直径 d^* (mm)	钢丝绳近似重量(kg/100m)			钢丝绳公称抗拉强度(MPa)			
				1570		1670	
	天然纤维芯钢丝绳	合成纤维芯钢丝绳	钢芯钢丝绳	钢丝绳最小破断拉力(kN)			
				纤维芯	钢芯	纤维芯	钢芯
8	22.5	22.0	24.8	33.4	36.1	35.5	38.4
9	28.4	27.9	31.3	42.2	45.7	44.9	48.6
10	35.1	34.4	38.7	52.1	56.4	55.4	60.0
11	42.5	41.6	46.8	63.1	68.2	67.1	72.5
12	50.5	49.5	55.7	75.1	81.2	79.8	86.3
13	59.3	58.1	65.4	88.1	95.3	93.7	101
14	68.8	67.4	75.9	102	110	109	118

(续)

钢丝绳公称直径 d^* (mm)	钢丝绳近似重量 (kg/100m)			钢丝绳公称抗拉强度(MPa)			
				1570		1670	
	天然纤维芯钢丝绳	合成纤维芯钢丝绳	钢芯钢丝绳	钢丝绳最小破断拉力(kN)			
				纤维芯	钢芯	纤维芯	钢芯
16	89.9	88.1	99.1	133	144	142	153
18	114	111	125	169	183	180	194
20	140	138	155	208	225	222	240
22	170	166	187	252	273	268	290
24	202	198	223	300	325	319	345
26	237	233	262	352	381	375	405
28	275	270	303	409	442	435	470
30	316	310	348	469	507	499	540
32	359	352	396	534	577	565	614
34	406	398	447	603	652	641	693
36	455	446	502	676	730	719	777

钢丝绳公称直径 d^* (mm)	钢丝绳公称抗拉强度(MPa)					
	1770		1870		1960	
	钢丝绳最小破断拉力(kN)					
	纤维芯	钢芯	纤维芯	钢芯	纤维芯	钢芯
8	37.6	40.7	39.7	43.0	41.6	45.0
9	47.6	51.5	50.3	54.4	52.7	57.0
10	58.8	63.5	62.1	67.1	65.1	70.4
11	71.1	76.9	75.1	81.2	78.7	85.1
12	84.6	91.5	89.4	96.7	93.7	101
13	99.3	107	105	113	110	119
14	115	125	122	132	128	138
16	150	163	159	172	167	180
18	190	206	201	218	211	228
20	235	254	248	269	260	281
22	284	308	300	325	315	341
24	338	366	358	387	375	405
26	397	430	420	454	440	476

(续)

钢丝绳公称直径 d^* (mm)	钢丝绳公称抗拉强度(MPa)					
	1770		1870		1960	
	钢丝绳最小破断拉力(kN)					
	纤维芯	钢芯	纤维芯	钢芯	纤维芯	钢芯
28	461	498	487	526	510	552
30	520	572	559	604	586	633
32	602	651	636	687	666	721
34	679	735	718	776	752	813
36	762	824	805	870	843	912

注：* 钢丝绳公称直径允许偏差为 0～5%。

1. 6×7＋FC 纤维芯钢丝绳和 6×7＋IWS 钢(丝股)芯钢丝绳直径为 2～36mm；6×9W＋FC 纤维芯瓦林吞钢丝绳和6×9W＋IWR 钢(丝绳)芯瓦林吞钢丝绳直径为 14～36mm。
2. 最小钢丝破断拉力总和＝钢丝绳最小破断拉力×1.134(纤维芯)或 1.214(钢芯)。
3. 新设计设备不得选用括号内钢丝绳直径。

(b) 6×19(a)类圆股钢丝绳

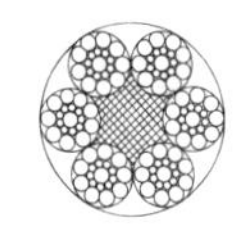
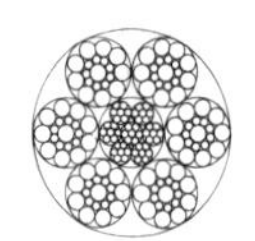
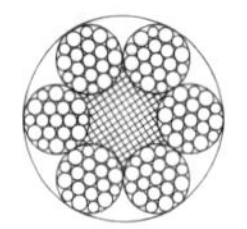
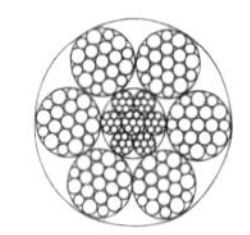

6×19S＋FC　　6×19S＋IWR　　6×19W＋FC　　6×19W＋IWR

FC—纤维芯；IWS—钢(丝股)芯；IWR—钢(丝绳)芯

钢丝绳公称直径 d^* (mm)	钢丝绳近似重量(kg/100m)			钢丝绳公称抗拉强度(MPa)			
				1570		1670	
	天然纤维芯钢丝绳	合成纤维芯钢丝绳	钢芯钢丝绳	钢丝绳最小破断拉力(kN)			
				纤维芯	钢芯	纤维芯	钢芯
12	53.1	51.8	58.4	74.6	80.5	79.4	85.6
13	62.3	60.8	68.5	87.6	94.5	93.1	100

(续)

钢丝绳公称直径 d*(mm)	钢丝绳近似重量(kg/100m)			钢丝绳公称抗拉强度(MPa)			
				1570		1670	
	天然纤维芯钢丝绳	合成纤维芯钢丝绳	钢芯钢丝绳	钢丝绳最小破断拉力(kN)			
				纤维芯	钢芯	纤维芯	钢芯
14	72.2	70.5	79.5	102	110	108	117
16	94.4	92.1	104	133	143	141	152
18	119	117	131	168	181	179	193
20	147	144	162	207	224	220	238
22	178	174	196	251	271	267	288
24	212	207	234	298	322	317	342
26	249	243	274	350	378	373	402
28	289	282	318	406	438	432	466
30	332	324	365	466	503	496	535
32	377	369	415	531	572	564	609
34	426	416	469	599	646	637	687
36	478	466	525	671	724	714	770
38	532	520	585	748	807	796	858
40	590	576	649	829	894	882	951

钢丝绳公称直径 d*(mm)	钢丝绳公称抗拉强度(MPa)					
	1770		1870		1960	
	钢丝绳最小破断拉力(kN)					
	纤维芯	钢芯	纤维芯	钢芯	纤维芯	钢芯
12	84.1	90.7	88.9	95.9	93.1	100
13	98.7	106	104	113	109	118
14	114	124	121	130	127	137
16	150	161	158	170	166	179

(续)

钢丝绳公称直径 d^* (mm)	钢丝绳公称抗拉强度(MPa)					
	1770		1870		1960	
	钢丝绳最小破断拉力(kN)					
	纤维芯	钢芯	纤维芯	钢芯	纤维芯	钢芯
18	189	204	200	216	210	226
20	234	252	247	266	259	279
22	283	304	299	322	313	338
24	336	363	355	383	373	402
26	395	426	417	450	437	472
28	458	494	484	522	507	547
30	526	567	555	599	582	628
32	598	645	632	682	662	715
34	675	728	713	770	748	807
36	757	817	800	863	838	904
38	843	910	891	961	934	1010
40	935	1010	987	1070	1030	1120

注：* 钢丝绳公称直径允许偏差为0～5%。

1. 6×19S+FC钢丝绳直径为6～36mm；
   6×19S+IWR钢(丝绳)芯西鲁钢丝绳直径为11～36mm；
   6×19W+FC纤维芯瓦林吞钢丝绳直径为6～40mm；
   6×19W+IWR钢(丝绳)芯瓦林吞钢丝绳直径为11～40mm。
2. 最小钢丝破断拉力总和=钢丝绳最小破断拉力×1.24(纤维芯)或1.308(钢芯)。
3. 新设计的设备不得选用括号内的钢丝绳直径。

(c) 其他类圆股钢丝绳

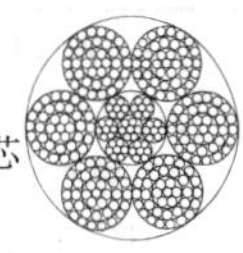

钢丝绳公称直径 d (mm)	钢丝绳近似重量 (kg/100m)			钢丝绳公称抗拉强度(MPa)			
				1570		1670	
				钢丝绳最小破断拉力(kN)			
	天然纤维芯钢丝绳	合成纤维芯钢丝绳	钢芯钢丝绳	纤维芯	钢芯	纤维芯	钢芯
12	54.7	53.4	60.2	74.6	80.5	79.4	85.6
13	64.2	62.7	70.6	87.6	94.5	93.1	100
14	74.5	72.7	81.9	102	110	108	117
16	97.3	95.0	107	133	143	141	152
18	123	120	135	168	181	179	193
20	152	148	167	207	224	220	238
22	184	180	202	251	271	267	288
24	219	214	241	298	322	317	342

钢丝绳公称直径 d (mm)	钢丝绳公称抗拉强度(MPa)					
	1770		1870		1960	
	钢丝绳最小破断拉力(kN)					
	纤维芯	钢芯	纤维芯	钢芯	纤维芯	钢芯
12	84.1	90.7	88.9	95.9	93.1	100
13	98.7	106	104	113	109	118
14	114	124	121	130	127	137
16	150	161	158	170	166	179
18	189	204	200	216	210	226
20	234	252	247	266	259	279
22	283	305	299	322	313	338
24	336	363	355	383	373	402

(续)

钢丝绳公称直径 d (mm)	钢丝绳近似重量 (kg/100m)			钢丝绳公称抗拉强度(MPa)			
				1570		1670	
				钢丝绳最小破断拉力(kN)			
	天然纤维芯钢丝绳	合成纤维芯钢丝绳	钢芯钢丝绳	纤维芯	钢芯	纤维芯	钢芯
26	257	251	283	350	378	373	402
28	298	291	328	406	438	432	466
30	342	334	376	466	503	496	535
32	389	380	428	531	572	564	609
34	439	429	483	599	646	637	687
36	492	481	542	671	724	714	770
38	549	536	604	748	807	796	858
40	608	594	669	829	894	882	951
42	670	654	737	914	986	972	1050
44	736	718	809	1000	1080	1070	1150

钢丝绳公称直径 d (mm)	钢丝绳公称抗拉强度(MPa)					
	1770		1870		1960	
	钢丝绳最小破断拉力(kN)					
	纤维芯	钢芯	纤维芯	钢芯	纤维芯	钢芯
26	395	426	417	450	437	472
28	458	494	484	522	507	547
30	526	567	555	599	582	628
32	598	645	632	682	662	715
34	675	728	713	770	748	807
36	757	817	800	863	838	904
38	843	910	891	961	934	1010
40	935	1010	987	1070	1030	1120
42	1030	1110	1090	1170	1140	1230
44	1130	1220	1190	1290	1250	1350

（续）

钢丝绳公称直径 d (mm)	钢丝绳近似重量 (kg/100m)			钢丝绳公称抗拉强度(MPa)			
				1570		1670	
				钢丝绳最小破断拉力(kN)			
	天然纤维芯钢丝绳	合成纤维芯钢丝绳	钢芯钢丝绳	纤维芯	钢芯	纤维芯	钢芯
46	804	785	884	1100	1180	1170	1260
48	876	855	963	1190	1290	1270	1370
50	950	928	1040	1300	1400	1380	1490
52	1030	1000	1130	1400	1510	1490	1610
54	1110	1080	1220	1510	1630	1610	1730
56	1190	1160	1310	1620	1750	1730	1860
58	1280	1250	1410	1740	1880	1850	2000
60	1370	1340	1500	1870	2010	1980	2140
62	1460	1430	1610	1990	2150	2120	2290
64	1560	1520	1710	2120	2290	2260	2440

钢丝绳公称直径 d (mm)	钢丝绳公称抗拉强度(MPa)					
	1770		1870		1960	
	钢丝绳最小破断拉力(kN)					
	纤维芯	钢芯	纤维芯	钢芯	纤维芯	钢芯
46	1240	1330	1310	1410	1370	1480
48	1350	1450	1420	1530	1490	1610
50	1460	1580	1540	1660	1620	1740
52	1580	1700	1670	1800	1750	1890
54	1700	1840	1800	1940	1890	2030
56	1830	1980	1940	2090	2030	2190
58	1960	2120	2080	2240	2180	2350
60	2100	2270	2220	2400	2330	2510
62	2250	2420	2370	2560	2490	2680
64	2390	2580	2530	2730	2650	2860

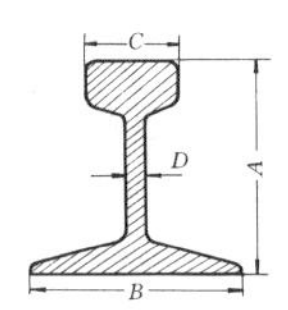

6. 铁道用钢

(1) 钢　　轨

A—轨高；B—底宽；C—头宽；D—腰厚

规　格 (型号)	截面尺寸 (mm)				理论重量 (kg/m)	长　　度 (m)
	A	B	C	D		
轻　　轨(GB/T 11264—1989)						
9kg/m	63.50	63.50	32.10	5.90	8.94	5～7
12kg/m	69.85	69.85	38.10	7.54	12.20	6～10
15kg/m	79.37	79.37	42.86	8.33	15.20	6～10
22kg/m	93.66	93.66	50.80	10.72	22.30	7～10
30kg/m	107.95	107.95	60.33	12.30	30.10	7～10
重　　轨(GB/T 181～183—1963)						
38kg/m	134	114	68	13	38.73	12.5，25
43kg/m	140	114	70	14.5	44.65	12.5，25
50kg/m	152	132	70	15.5	51.51	12.5，25
60kg/m	176	150	73	16.5	60.64	125.25
起重机钢轨(YB/T 5055—1993)						
QU 70	120	120	70	28	52.80	9，9.5，10，10.5，11，11.5，12，12.5
QU 80	130	130	80	32	63.69	
QU 100	150	150	100	38	88.96	
QU 120	170	170	120	44	118.10	

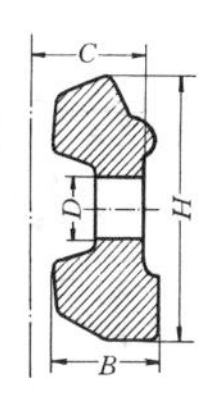

(2) 钢轨用接头夹板(鱼尾板)

H—高度;B—厚度;D—孔径;
C—侧面与钢轨中心线距离

规　　格	主要尺寸(mm)				每块加工后重量(kg)	长度(mm)
	H	B	C	D		
轻轨用接头夹板(GB 11265—1989)						
9kg/m	43.13	8	16.05	18	0.81	385
12kg/m	46.50	12	19.05	—	1.39	409
15kg/m	53.54	17	21.43	20	2.20	409
22kg/m	61.73	22	30.15	24	3.80	510
30kg/m	71.48	24	35.17	28	5.54	561
重轨用鱼尾板(GB 184～185—1963)						
38kg/m	94.03	40	51	24	15.57	790
43kg/m	94.03	40	51	24	15.57	790
50kg/m	104.22	46	59	26	18.72	820

7. 热轧窗框钢(GB/T 2597—1994)

截面型号	形状	用途	窗框钢型号	截面主要尺寸(mm)			理论重量(kg/m)
				高度	宽度	壁厚	
01		门窗外框	2501 3201 4001 4001b	25 32 40 40	28.5 31 34.5 50	3 4 4.5 4.5	1.538 2.296 3.007 3.550
02		门窗开启扇	2502 3202 4002	25 32 40	32 31 34.5	3 4 4.5	1.394 1.996 2.669
03		门窗开启扇	2503 3203 4003	25 32 40	32 31 34.5	3 4 4.5	1.394 1.996 2.669
04		单面或双面开启的中梃	2504a 2504b 3204 4004	25 25 32 40	32 40 31 34.5	3 3 4 4.5	1.394 1.771 1.996 2.669
05		双面开启的中梃	2505 3205 4005	25 32 40	42 47 56	3 4 4.5	2.028 2.962 4.212
06		内外活动纱窗框	2506	25	22	3	1.092

（续）

截面型号	形　　状	用　　途	窗框钢型号	截面主要尺寸（mm）			理论重量（kg/m）
				高度	宽度	壁厚	
07		门窗玻璃分格窗芯	2207 2507a 2507b 3507a 3507b 5007	25 25 25 35 35 50	19 19 25 20 35 22	3 3 3 3 3.5 4	0.898 0.969 1.110 1.228 1.823 2.209
08		披　　水	3208	32	10.5	2.5	0.799
09		天窗、百叶窗、固定纱窗密封窗框	2009 5509	20 55	10 25	2.5 4	0.690 3.051
10		组窗的横竖拼窗	6810	68	19	5	2.770

注：1. 窗框钢型号由四位数字组成。左边两位数字表示截面高度（mm），右边两位数字表示截面形状。若同一型号中形状大体一致，尺寸略有不同时，则在数字后加注 a 或 b。
2. 窗框钢用牌号 CK335 钢制造，其抗拉强度≥335MPa，伸长率 $\delta_5 \geq 26\%$。
3. 窗框钢通常长度为 3～8m。
4. 窗框钢按理论重量交货，也可按实际重量交货，但应在合同中注明（理论重量按钢的密度 7.85g/cm³ 计算）。

第四章　有色金属材料的化学成分和力学性能

1. 铜(纯铜)

(1) 加工铜的化学成分与产品形状(GB/T 5231—2001)

组别	序号	牌号①	化学成分②(%)				
			铜+银≥	磷≤	铋≤	锑≤	砷≤
纯铜	1	T1	99.95	0.001	0.001	0.002	0.002
	2	T2③	99.90	—	0.001	0.002	0.002
	3	T3	99.70	—	0.002		
无氧铜	4	TU0*	铜 99.99	0.0003	0.0001	0.0004	0.0005
			银≤0.0025;硒≤0.0003;碲≤0.0002;锰≤0.00005;镉≤0.0001				
	5	TU1	99.97	0.002	0.001	0.002	0.002
	6	TU2	99.95	0.002	0.001	0.002	0.002
磷脱氧铜	7	TP1*	99.90	0.004～0.012	—	—	—
	8	TP2*	99.9	0.015～0.040	—	—	—
银铜	9	TAg0.1	铜 99.5	银 0.06～0.12	0.002	0.005	0.01

序号	牌号①	化学成分②(%)≤(续)						
		铁	镍	铅	锡	硫	锌	氧
1	T1	0.005	0.002	0.003	0.002	0.005	0.005	0.02
2	T2	0.005	—	0.005	—	0.005	—	—
3	T3	—	—	0.01	—	—	—	—
4	TU0	0.0010	0.0010	0.0005	0.0002	0.0015	0.0001	0.0005
5	TU1	0.004	0.002	0.003	0.002	0.004	0.003	0.002
6	TU2	0.004	0.002	0.004	0.002	0.004	0.003	0.003
7	TP1	—	—	—	—	—	—	—
8	TP2	—	—	—	—	—	—	—
9	TAg0.1	0.05	0.2	0.01	0.05	0.01	—	0.1

（续）

牌号—产品形状	牌号—产品形状
T1—板、带、箔、管	TU0—板、带、箔、管、棒、线
T2—板、带、箔、管、棒、线、型	TU1—板、带、箔、管、棒、线
T3—板、带、箔、管、棒、线	TU2—板、带、管、棒、线
TP1、TP2—板、带、管	TAg 0.1—板、管、线

注：① 每个牌号有“名称”和“代号”两种表示方法。表中为牌号的代号表示方法。牌号的名称表示方法举例如下：T1 的名称为“一号铜”；TU0 的名称为“零号无氧铜”；TP1 的名称为“一号脱氧铜”；TAg 0.1 的名称为“0.1 银铜”；余类推。
② 经双方协商，可限制表中未规定的元素或要求加严限制表中规定的元素。
③ 经双方协商，可供应磷≤0.001%的导电用 T2 铜。
* 我国加工铜牌号/等同的美国加工铜牌号：
TU0/C10100；TP1/C12000；TP2/C12200。

(2) 加工铜产品的力学性能

本表介绍的常见加工铜产品的名称和标准号如下：
(1) 铜及铜合金拉制棒（GB/T 4423—2007）和挤制棒（GB/T 13808—1992）
(2) 铜及铜合金板材(GB/T 2040—2008)
(3) 铜导电板(GB/T 2529—2005)
(4) 照相制版用铜板(YS/T 567—2006)
(5) 铜及铜合金带材(GB/T 2059—2008)
(6) 纯铜箔(GB/T 5187—2008)
(7) 电解铜箔(GB/T 5230—1995)
(8) 铜及铜合金控制管(GB/T 1527—2006)和挤制管(YS/T 662—2007)
(9) 铜及铜合金毛细管(GB/T 1531—2009)
(10) 铜及铜合金线材(GB/T 21652—2008)
(11) 铜及铜合金扁线(GB/T 3114—2010)

(续)

牌　　号	制造方法和状态①		规　　格② (mm)	抗拉强度 (MPa)≥	伸长率③ (%)≥	硬度 HV
					δ_{10}	
(1) 铜拉制棒(GB/T 4423—2007)和挤制棒(YS/T 649—2007)						
T2、T3	拉制	Y	3～40 >40～60 >60～80	275 245 210	5 8 13	— — —
		M	3～80	200	35	—
	挤制	R	120	186	40	—
TU1、TU2 TP2	拉制	Y	3～80	—	—	—
	挤制	R	120	186	40	—
(2) 铜矩形棒(GB/T 13809—1992)						
T2	拉制	M Y	(3～80)× (3～80)	196 245	— —	— —
	挤制	R	20～120	186	40	—
(3) 纯铜板(GB/T 2040—2008)④						
T2、T3 TP1、TP2 TU1、TU2	热轧	R	4～14	195	30	—
	冷轧	M Y_1 Y_2 Y T	0.3～10	205 215～275 245～345 295～380 ≥350	30 25 8 — —	≤70 60～90 80～110 90～120 ≥110
(4) 铜导电板(GB/T 2529—2008)④						
T2	热轧	R	4～100	≥195	≥30	—
	冷轧	M Y_8 Y_2 Y	4～20	≥195 215～275 245～335 ≥295	≥35 ≥25 ≥10 ≥3	— — 75～120 ≥80
(5) 照相制版用铜板(GB/T 2530—1989)						
TAg0.1	Y		0.7～2.0	—	—	HB 95

(续)

牌　　号	制造方法和状态①	规　　格②(mm)	抗拉强度(MPa)≥	伸长率③(%)≥ δ_{10}	硬度HV
(6) 纯铜带(GB/T 2059—2008)					
T2、T3、TU1、TU2、TP1、TP2	M	≥0.2	≥195	30	≤70
	Y_4		215～275	25	60～90
	Y_2		245～345	8	80～110
	Y		295～380	3	90～120
	T		≥350	—	≥110
(7) 纯铜箔(GB/T 5187—2008)					
T1、T2、T3、TU1、TU2	M	厚度×宽度 (0.012～<0.025)×≤300 (0.025～0.15)×≤600	205	30	≤70
	Y_4		215～275	25	60～90
	Y_2		245～345	8	80～110
	Y		295	—	≥90

(8) 电解铜箔(GB/T 5230—1995)						
		规格(g/m²)	名义厚度(μm)	标准箔/高延箔(伸长率,符号为δ)		质量电阻率≤
未经表面处理的铜箔的"铜+银"的含量≥99.8%	按表面分经处理和未经处理;按等级分标准箔和高延箔	44.6	5.0	—	—	0.181
		80.3	9.0	—	—	0.171
		107.0	12.0	—	—	0.170
		158.0	18.0	205/103	2/5	0.166
		230.0	25.0	235/156	2.5/7.5	0.164
		305.0	35.0	275/205	3/10	0.162
		≥610.0	≥69.0	275/205	3/15	0.162

注：① 制造方法和状态栏：R—挤制、热轧；M—软；Y_4—1/4 硬；Y_2—半硬；Y—硬；T—特硬。
② 规格栏：圆棒(线)指直径；方、六角、八角棒(线)指内切圆直径；矩形棒指厚度×宽度；板、带、箔指厚度；管材指外径。
③ 伸长率指标，如有 δ_{10} 和 δ_5 两种时，仲裁时以 δ_{10} 为准。
④ 需方如有要求，并在合同中注明，热轧板和冷轧板可在常温下沿轧制方同做弯曲试验。具体要求分别参见 GB/T 2040—2002 和 GB/T 2529—1989 中的规定。

（续）

牌号	制造方法和状态[1]	规格[2] (mm)	抗拉强度 (MPa)≥	伸长率[3] (%)≥ δ_{10}	硬度 HV
(9) 铜拉制管(GB/T 1527—2006)和挤制管(YS/T 662—2007)					
T2、T3、TU1、TU2、TP1、TP2	拉制 M	3～360	200	40	35～60
	拉制 M_2	3～360	220	40	45～75
	拉制 Y_2	3～100	250	20	70～100
	拉制 Y	3～360 壁厚≤6	290	—	95～120
		3～360 壁厚>6～10	265	—	75～110
		3～360 壁厚>10～15	250	—	70～100
	拉制 T	3～360	360	—	≥110
	挤制 R	30～300	185	42	—
(10) 铜毛细管(GB/T 1531—2009)					
T2、TP1、TP2	M	外径(0.5～6.1)×内径(0.3～4.45)	205	35	—
	Y_2		245～370	—	—
	Y		345	—	—
(11) 铜及铜合金线材(GB/T 21652—2008)					
TU1、TU2	M	0.05～8.0	255	25	—
	Y	0.05～4.0	345	—	—
		>4.0～8.0	310	10	—
T2、T3	M	0.05～0.3	195	15	—
		>0.3～1.0	195	20	—
		>1.0～2.5	205	25	—
		>2.5～8.0	205	30	—
	Y_2	0.05～8.0	255～365	—	—
	Y	0.05～2.5	380	—	—
		>2.5～8.0	365	—	—
(12) 铜扁线(GB/T 3114—2010)					
T2、TU1、TP2	M	对边距 0.5～15.0	175	25	—
	Y		325	—	—

2. 黄　　铜

(1) 加工黄铜的化学成分与产品形状(GB/T 5231—2001)

组别	序号	牌号①	化学成分(%)(余量为锌)		
			铜	铁②	铅
普通黄铜	1	H96	95.0～97.0	≤0.10	≤0.03
	2	H90	88.0～91.0	≤0.10	≤0.03
	3	H85	84.0～86.0	≤0.10	≤0.03
	4	H80③	79.0～81.0	≤0.10	≤0.03
	5	H70③	68.5～71.5	≤0.10	≤0.03
	6	H68	67.0～70.0	≤0.10	≤0.03
	7	H65	63.5～68.0	≤0.10	≤0.03
	8	H63	62.0～65.0	≤0.15	≤0.08

序号	牌号①	化学成分(%)			产品形状
		镍④	铝	杂质总和≤	
1	H96	≤0.5	—	0.2	板、带、管、棒、线
2	H90	≤0.5	—	0.2	板、带、棒、线、管、箔
3	H85	≤0.5	—	0.3	管
4	H80③	≤0.5	—	0.3	板、带、管、棒、线
5	H70③	≤0.5	—	0.3	板、带、管、棒、线
6	H68	≤0.5	—	0.3	板、带、箔、管、棒、线
7	H65	≤0.5	—	0.3	板、带、线、管、箔
8	H63	≤0.5	—	0.5	板、带、管、棒、线

注：① 每个牌号有名称和代号两种表示方法。表中为牌号的代号表示方法。牌号的名称表示方法举例：H96 的名称为“96 黄铜”；HNi65-3 的名称为“65-3 镍黄铜”；HFe 59-1-1 的名称为“59-1-1 铁黄铜”；余类推。

② 抗磁用黄铜的铁含量不大于 0.030%。

③ 特殊用途的 H70、H80 的杂质最大含量：铁 0.07%；锑 0.002%；磷 0.005%；砷 0.005%；硫 0.002%；杂质总和为 0.20%。

(续)

组别	序号	牌号①	化学成分(%)(余量为锌)		
			铜	铁②	铅
普通黄铜	9 10	H62 H59	60.5～63.5 57.0～60.0	≤0.15 ≤0.3	≤0.08 ≤0.5
镍黄铜	11 12	HNi65-5 HNi56-3	64.0～67.0 54.0～58.0	≤0.15 0.15～0.5	≤0.03 ≤0.2
铁黄铜	13	HFe59-1-1	57.0～60.0	0.6～1.2	≤0.20
			锰 0.5～0.8;锡 0.3～0.7		
	14	HFe58-1-1	56.0～58.0	0.7～1.3	0.7～1.3
铅黄铜	15 16 17 18 19 20 21 22	HPb89-2* HPb66-0.5* HPb63-3 HPb63-0.1 HPb62-0.8 HPb62-3* HPb62-2* HPb61-1*	87.5～90.5⑥ 65.0～68.0⑥ 62.0～65.0 61.5～63.5 60.0～63.0 60.0～63.0⑦ 60.0～63.0⑦ 58.0～62.0⑥	≤0.10 ≤0.07 ≤0.10 ≤0.15 ≤0.2 ≤0.35 ≤0.15 ≤0.15	1.3～2.5 0.25～0.7 2.4～3.0 0.05～0.3 0.5～1.2 2.5～3.7 1.5～2.5 0.6～1.2

序号	牌号①	化学成分(%)			产品形状
		镍④	铝	杂质总和≤	
9 10	H62 H59	≤0.5 ≤0.5	— —	0.5 1.0	板、带、管、棒、线、型、箔 板、带、线、管
11 12	HNi65-5 HNi56-3	5.0～6.5 2.0～3.0	— 0.3～0.5	0.3 0.6	板、棒 棒
13 14	HFe59-1-1 HFe58-1-1	≤0.5 ≤0.5	0.1～0.5 —	0.3 0.5	板、棒、管 棒
15 16 17 18 19 20 21 22	HPb89-2 HPb66-0.5 HPb63-3 HPb63-0.1 HPb62-0.8 HPb62-3 HPb62-2 HPb61-1	≤0.7 — ≤0.5 ≤0.5 ≤0.5 — — —	— — — — — — — —	— — 0.75 0.5 0.75 — — —	棒 管 板、带、棒、线 管、棒 线 棒 板、带、棒 板、带、棒、线

(续)

组别	序号	牌号①	化学成分(%)(余量为锌)		
			铜	铁②	铅
铅黄铜	23	HPb60-2*	58.0～61.0⑦	≤0.30	1.5～2.5
	24	HPb59-3	57.5～59.5	≤0.50	2.0～3.0
	25	HPb59-1	57.0～60.0	≤0.5	0.8～1.9
铝黄铜	26	HAl77-2*	76.0～79.0	≤0.06	≤0.07
	27	HAl67-2.5	66.0～68.0⑦	≤0.6	≤0.5
	28	HAl66-6-3-2	64.0～68.0	2.0～4.0	≤0.5
			锰 1.5～2.5		
	29	HAl61-4-3-1	59.0～62.0	0.3～1.3	—
			硅 0.5～1.5;钴 0.5～1.0		
	30	HAl60-1-1	58.0～61.0	0.70～1.50	≤0.40
			锰 0.1～0.6		
	31	HAl59-3-2	57.0～60.0	≤0.50	≤0.10
锰黄铜	32	HMn62-3-3-0.7	60.0～63.0	≤0.1	≤0.05
			锰 2.7～3.7;锡≤0.1;硅 0.5～1.5		
	33	HMn58-2⑤	57.0～60.0	≤1.0	≤0.1
	34	HMn57-3-1⑤	55.0～58.5	≤1.0	≤0.2
			锰 2.3～3.5		
	35	HMn55-3-1⑤	53.0～58.0	0.5～1.5	≤0.5

序号	牌号①	化学成分(%)			产品形状
		镍④	铝	杂质总和≤	
23	HPb60-2	—	—	—	板、带
24	HPb59-3	≤0.5	—	1.2	板、带、管、棒、线
25	HPb59-1	≤1.0	—	1.0	板、带、管、棒、线
26	HAl77-2	砷 0.02～0.06	1.8～2.5	—	管
27	HAl67-2.5	≤0.5	2.0～3.0	1.5	板、棒
28	HAl66-6-3-2	≤0.5	6.0～7.0	1.5	板、棒
29	HAl61-4-3-1	2.5～4.0	3.5～4.5	0.7	管
30	HAl60-1-1	≤0.5	0.70～1.50	0.7	板、棒
31	HAl59-3-2	2.0～3.0	2.5～3.5	0.9	板、管、棒
32	HMn62-3-3-0.7	≤0.5	2.4～3.4	1.2	管
33	HMn58-2⑤	≤0.5	锰 1.0～2.0	1.2	板、带、棒、线、管
34	HMn57-3-1⑤	≤0.5	0.5～1.5	1.3	板、棒
35	HMn55-3-1⑤	≤0.5	锰 3.0～4.0	1.5	板、棒

(续)

组别	序号	牌号[1]	化学成分(%)(余量为锌)		
			铜	锡	砷
锡黄铜	36 37 38 39	HSn90-1 HSn70-1 HSn62-1 HSn60-1	88.0～91.0 69.0～71.0 61.0～63.0 59.0～61.0	0.25～0.75 0.8～1.3 0.7～1.1 1.0～1.5	— 0.03～0.06 — —
加砷黄铜	40 41 42	H85A H70A* H68A	84.0～86.0 68.5～71.5[8] 67.0～70.0	— — —	0.02～0.08 0.02～0.08 0.03～0.06
硅黄铜	43	HSi80-3	79.0～81.0	硅 2.5～4.0	—

序号	牌号[1]	化学成分(%)				产品形状
		铁	铅	镍[4]	杂质总和≤	
36 37 38 39	HSn90-1 HSn70-1 HSn62-1 HSn60-1	≤0.10 ≤0.10 ≤0.10 ≤0.10	≤0.03 ≤0.05 ≤0.10 ≤0.30	≤0.5 ≤0.5 ≤0.5 ≤0.5	0.2 0.3 0.3 1.0	板、带 管 板、带、棒、线、管 线、管
40 41 42	H85A H70A* H68A	≤0.10 ≤0.05 ≤0.10	≤0.03 ≤0.05 ≤0.03	≤0.5 — ≤0.5	0.3 — 0.3	管 管 管
43	HSi80-3	≤0.6	≤0.1	≤0.5	1.5	棒

注：④ 无对应外国牌号的黄铜(镍为主成分者除外)的镍含量计入铜含量中。
⑤ 供异型铸造和热锻用的 HMn57-3-1 和 HM58-2 中的磷含量不大于 0.03%。供特殊使用的 HMn55-3-1 的铝含量不大于 0.1%。
⑥ 铜+所列出元素总和不小于 99.6%。
⑦ 铜+所列出元素总和不小于 99.5%。
⑧ 铜+所列出元素总和不小于 99.7%。
* 我国加工黄铜牌号等同的美国加工黄铜牌号：
HPb89-2/C31400；HPb66-0.5/C33000；
HPb62-3/C36000；HPb62-2/C35300；
HPb61-1/C37100；HPb60-2/C37700；
HAl77-2/C68700；H70A/C261300。

(2) 加工黄铜产品的力学性能

本节介绍的常见加工黄铜产品的名称和标准号如下：
(1) 黄铜拉制棒(GB/T 4423—2007)和挤制棒(YS/T 649—2007)
(2) 黄铜矩形棒(GB/T 13809—1992)
(3) 黄铜磨光棒(GB/T 13812—1992)
(4) 黄铜板(GB/T 2040—2002)
(5) 黄铜带(GB/T 2059—2008)
(6) 热交换器固定板用黄铜板(GB/T 2531—1981)
(7) 电容器专用黄铜带(YS/T 29—1992)
(8) 拉制黄铜管(GB/T 1527—2008)
(9) 挤制黄铜管(YS/T 662—2007)
(10) 热交换器用铜合金无缝管—黄铜部分(GB/T 8890—2007)
(11) 黄铜毛细管(GB/T 1531—2009)
(12) 黄铜线(GB/T 14954—1994)
(13) 专用黄铜线(GB/T 14956—1994)
(14) 黄铜扁线(GB/T 3114—2010)

牌号	制造方法和状态[1]		规格[2] (mm)	抗拉强度 (MPa) ≥	伸长率[3] (%)≥	硬度 HB ≥
(1) 黄铜拉制棒(GB/T 4423—2007)和挤制棒(YS/T 649—2007)[4]						
H96	拉制	Y	3～40 >40～60 >60～80	275 245 205	8 10 14	— — —
		M	3～80	200	40	—
	热挤	R	≤120	186 —	40 —	— —
H80	拉制	Y M	3～40	390 275	— 50	— —
	热挤	R	≤120	275	45	—
H68	拉制	Y_2	3～12 >12～40 >40～80	370 315 295	18 30 34	— — —
		M	≤80	295	45	—

（续）

牌　　号	制造方法和状态[1]		规　格[2]（mm）	抗拉强度（MPa）≥	伸长率[3]（%）≥	硬度HB ≥
(1) 黄铜拉制棒（GB/T 4423—2007）和挤制棒（YS/T 649—2007）[4]						
H68	热挤	R	≤80	295 —	45	— —
H65	拉制	Y M	3～40	390 295	44	— —
H63	拉制	Y_2	3～20 >20～40	370 340	18 21	— —
H62	拉制	Y_2	3～40 >40～80	370 335	18 24	— —
	热挤	R	≤160	295	35	—
H59	热挤	R	≤120	295	30	—
HPb59-1	拉制	Y_2	3～20 >20～40 >40～80	420 390 370	12 14 19	— — —
	热挤	R	≤160	340	17	—
HPb63-0.1	拉制	Y_2	与牌号H63相同			
HPb63-3	拉制	Y	3～15 >15～20 >20～30	490 450 410	4 9 12	— — —
		Y_2	3～20 >20～60	390 360	12 16	— —
HSn62-1	拉制	Y	4～40 >40～60	390 360	17 23	— —
	热挤	R	≤120	365 —	22	— —
HSn70-1	热挤	R	≤75	245 —	45	— —
HMn55-3-1	热挤	R	≤75	490 —	17	— —

(续)

牌　　号	制造方法和状态[1]		规　格[2] (mm)	抗拉强度 (MPa) ≥	伸长率[3] (%)≥	硬度 HB ≥
(1) 黄铜拉制棒(GB/T 4423—2007)和挤制棒(YS/T 649—2007)[4]						
HMn57-3-1	热挤	R	≤70	490 —	16	— —
HMn58-2	拉制	Y	4～12 >12～40 >40～60	440 410 390	24 24 29	— — —
	热挤	R	≤120	395 —	29	— —
HFe58-1-1	拉制	Y	4～40 >40～60	440 390	11 13	— —
	热挤	R	≤120	295 —	22	— —
HFe59-1-1	拉制	Y	4～12 >12～40 >40～60	490 440 410	17 19 22	— — —
	热挤	R	≤120	430 —	31	— —
HAl60-1-1	热挤	R	≤120	440 —	20	— —
HAl66-6-3-2	热挤	R	≤75	735[5] —	8	— —
HAl67-2.5	热挤	R	≤75	395 —	17	— —
HAl77-2	热挤	R	≤75	245 —	45	— —

注：① 状态栏：TM—特软；M—软(退火)；Y_4—1/4 硬；Y_3—1/3 硬；Y_2—半硬；Y_1—3/4 硬；T—特硬；R—热挤(轧)。
② 规格栏：圆棒(线)指直径；方、六角棒(线)指内切圆直径；矩形棒指厚度×宽度；板、带、箔材指厚度；管材指外径。
③ 伸长率：如有 δ_{10} 和 δ_5 两个指标，仲裁时以 δ_{10} 为准。
④ 除牌号 96 外，Y 和 T 状态的拉制棒应进行消除力应力退火。

(续)

牌　　号	制造方法和状态①		规　格②(mm)	抗拉强度(MPa) ≥	伸长率③(%)≥	硬度HB ≥
(1) 黄铜拉制棒(GB/T 4423—2007)和挤制棒(YS/T 649—2007)④						
HNi56-3	热挤	R	≤75	440 —	28	— —
HSi80-3	热挤	R	≤75	295 —	28	— —
(2) 黄铜矩形棒(GB/T 4423—2007)⑥						
H62	拉制	Y_2	3～20 20～80	335 335	17 23	— —
	热挤	R	≤160	295	35	—
HPb59-1	拉制	Y_2	3～40 40～80	370 335	18 24	— —
	热挤	R	≤160	340	17	—
HPb63-3	拉制	Y_2	3～20 20～80	380 365	14 19	— —
(3) 黄铜磨光棒(GB/T 13812—1992)⑥						
H62	拉制	Y Y_2	5～19	390 370	12 17	— —
HPb59-1	拉制	Y Y_2	5～19	430 390	12 12	— —
HPb63-3	拉制	Y Y_2	5～19	430 350	6 14	— —
(4) 黄铜板(GB/T 2040—2002)⑦						
H96	冷轧	M Y	0.3～10	215 320	30 3	— —
H90	冷轧	M Y_2 Y	0.3～10	245 330～440 390	35 5 3	— — —

注：⑤ 标准原文是“>35”，有误；应是“735”。
⑥ 拉制棒以及棒材磨光前，应进行消除内应力处理。

（续）

牌　　号	制造方法和状态[1]		规　格[2] (mm)	抗拉强度 (MPa) ≥	伸长率[3] (%)≥	硬度 HB ≥
(4) 黄铜板(GB/T 2040—2002)[7]						
H80	冷轧	M Y	0.3～10	265 390	50 3	— —
H68	热轧	R	4～14	290	40	—
H70 H68 H65	冷轧	M Y_4 Y_2 Y T	0.3～10	290 325～410 340～460 390～530 490	40 35 25 10 3	— 75～215 85～145 105～175 145
H62	热轧	R	4～14	290	30	—
	冷轧	M Y_2 Y T	0.3～10	290 350～470 410～630 585	35 20 10 2.5	— 85～145 105～175 145
H59	热轧	R	4～14	290	25	—
	冷轧	M Y	0.3～10	290 410	10 5	— 130
HPb59-1	热轧	R	4～14	370	18	—
	冷轧	M Y_2 Y	0.3～10	340 390～490 440	25 12 5	— — —
HMn58-2	冷轧	M Y_2 Y	0.3～10	380 440～610 585	30 25 3	— — —
HSn62-1	热轧	R	4～14	340	20	—
	冷轧	M Y_2 Y	0.3～10	295 350～400 390	35 15 5	— — —

（续）

牌　　号	制造方法和状态[1]		规　格[2] (mm)	抗拉强度 (MPa) ≥	伸长率[3] (%)≥	硬度 HB ≥
(4) 黄铜板(GB/T 2040—2002)[7]						
HMn57-3-1 HMn55-3-1 HAl60-1-1 HAl67-2.5 HAl66-6-3-2 HNi65-5	热轧	R	4～8 4～15 4～15 4～15 4～8 4～15	440 490 440 390 685 290	10 15 15 15 3 35	— — — — — —
(5) 黄铜带(GB/T 2059—2008)						
H96	M Y		0.2	215 320	30 3	— —
H90	M Y_2 Y		0.2	245 330～440 390	35 5 5	— — —
H80	M Y		0.2	265 390	50 3	— —
H70 H68 H65	M Y_4 Y_2 Y T TY		0.2	290 325～410 355～460 410～540 520～620 ≥570	40 35 25 13 4 2.5	≤90 85～115 100～130 120～160 150～190 ≥180
H62、H63	M Y_2 Y T		0.2	290 350～470 410～630 585	35 20 10 2.5	≤95 90～130 125～165 155
H59	M Y		0.2	290 410	10 5	— 130

注：⑦ 需方如有要求，并在合同中注明，可对板材进行弯曲试验和对软状板材进行晶粒度检验。具体要求，参见 GB/T 2040—2002 中的规定。

⑧ 对黄铜带的其他技术要求（如杯突试验、弯曲试验、晶粒度等），参见 GB/T 2059—2008 中的规定。

（续）

牌　　号	制造方法和状态①	规　格② (mm)	抗拉强度 (MPa) ≥	伸长率③ (%)≥	硬度 HB ≥
(5) 黄铜带(GB/T 2059—2008)⑧					
HPb59-1	M Y_2 Y	0.2	340 390～490 440	25 12 5	— — —
	T	≥0.32	≥590	≥3	—
HMn58-2	M Y_2 Y	0.2	380 440～610 585	30 25 3	— — —
HSn62-1	Y	0.2	390	5	—
(6) 热交换器固定板用黄铜板(GB/T 2040—2008)					
HSn62-1	热轧 R	4～14	340	20	—
	热轧 M Y_1 Y	0.3～10	295 350～400 390	35 15 5	—
(7) 电容器专用黄铜带(YS/T 29—1992)⑨					
H62	Y_2 Y	0.10～ 1.00	372 412	20 10	— —
(8) 拉制黄铜管(GB/T 1527—2006)⑩					
H96	M M_2 Y_2 Y	3～200	205 220 260 320	42 35 18 —	40～65 45～70 70～100 ≥90
H90	M M_2 Y_2 Y	3～200	220 240 300 360	42 35 18 —	40～70 45～75 70～100 ≥95

（续）

牌　　号	制造方法和状态[①]	规　格[②] (mm)	抗拉强度 (MPa) ≥	伸长率[③] (%)≥	硬度 HB ≥
(8) 拉制黄铜管(GB/T 1527—2006)[⑩]					
H80	M M_2 Y_2 Y	3～200	240 260 320 390	43 40 25 —	40～70 50～80 80～115 ≥110
H63、H62	M M_2 Y_2 Y	3～200	300 360 370 440	43 25 18 —	55～85 70～105 80～115 ≥110
HSn70-1	M M_2 Y_2 Y	3～100	295 320 370 455	40 35 20 —	55～85 65～95 80～105 ≥105
HSn62-1	M M_2 Y_2 Y	3～100	295 335 370 455	35 30 20 —	55～85 70～100 80～105 ≥105
BFe10-1-1	软(M) 半硬(Y_2) 硬(Y)	8～160	290 310 480	30 12 8	70～105 100 145
BFe30-1-1	软(M) 半硬(Y_2)	8～80	370 480	35 12	130 80～115

注：⑨ 当需方有要求，并在合同中注明，才做拉伸试验。带材的杯突试验，参见 YS/T 29—1992 的规定。

⑩ 对硬态管、半硬态管应进行消除内应力退火。

(续)

牌　　号	制造方法和状态[①]	规　格[②] (mm)	抗拉强度 (MPa) ≥	伸长率[③] (%)≥	硬度 HRB ≥
(9) 挤制黄铜管(YS/T 662—2007)					
H96	R	≤42.5,壁薄	185	42	—
H80	R	≤30,壁薄	185	42	—
H68	R	≤30,壁薄	275	40	—
H65、H62	R	≤42.5,壁薄	295	45	—
HPb59-1	R	≤42.5,壁薄	295	43	—
HFe59-1-1	R	≤42.5,壁薄	390	24	—
HSn62-1	R	≤30,壁薄	430	31	—
HSi80-3	R	≤30,壁薄	320	25	—
HMn58-2	R	≤30,壁薄	295	28	—
HMn57-3-1	R	≤30,壁薄	490	29	—
(10) 热交换器用铜合金无缝管—黄铜管部分(GB/T 8890—2007)[⑪]					
HAl77-2	M	6～76	345	50	—
	Y_2		370	45	—
HSn70-1、HSn70-1B、HSn70-1AB	M	6～76	295	42	—
	Y_2		320	38	—
H68A、H70A	M	6～76	295	42	—
	Y_2		320	38	
H85A	M	6～76	245	28	—
	Y_2		295	22	—

(续)

牌　　号	制造方法和状态[①]	规　格[②] (mm)	抗拉强度 (MPa) ≥	伸长率[③⑪] (%)≥	硬度 HV ≥
(11) 黄铜毛细管(GB/T 1531—2009)					
H96	M Y	(外径×内径)(0.5～6.10)×(0.3～4.45)	205 320	42 —	45～70 —
H90	M Y		220 360	42 —	40～70 ≥90
H85	M Y_2 Y		240 310 370	43 18 —	40～70 75～105 ≥100
H80	M Y_2 Y		240 320 390	43 25 —	40～70 80～115 ≥110
H70、H68	M Y_2 Y		280 370 420	43 18 —	50～80 90～120 ≥110
H65	M Y_2 Y		290 370 430	43 18 —	50～80 85～115 ≥105
H63、H62	M Y_2 Y		300 370 440	43 18 —	55～85 70～105 ≥110
(12a) 黄铜线—制锁、钟用线材(GB/T 14954—1994)[⑫⑬]					
H62	Y_1	1.0～3.0	345～540	8	—
HPb63-3	Y T	0.5～6.0	540～685 690～735	— —	160～180 180～200
HPb59-1	Y_2 Y T	0.5～6.0	390～590 540～685 590～735	6 — —	140～160 160～180 180～200
(12b) 黄铜线—焊条用线材(GB/T 14954—1994)					
HSn60-1 HSn62-1	M、Y	0.5～6.0	—	—	—

注：⑪ 黄铜线的伸长率符号为 δ，采用 $l_0 = 100\text{mm}$ 试样。
⑫ 硬态和特硬态线材应进行消除残余应力热处理。牌号 H68、H65、H62 的硬态线材的反复弯曲次数应分别不小于 6 次、5 次、4 次。
⑬ 硬度值(HV)仅作为钟用黄铜线的参考值。

(续)

牌　号	制造方法和状态①	规　格②(mm)	抗拉强度(MPa)≥	伸长率δ⑪(%)≥	硬度HV≥
(12c) 黄铜线—其他用途线材(GB/T 14954—1994)⑫⑭					
H68	M	0.05～0.25	375	18	—
		>0.25～1.0	355	25	—
		>1.0～2.0	335	30	—
		>2.0～4.0	315	35	—
		>4.0～6.0	295	40	—
	Y_2	0.05～0.25	410	—	—
		>0.25～1.0	390	5	—
		>1.0～2.0	375	10	—
		>2.0～4.0	355	12	—
		>4.0～6.0	345	14	—
	Y_1	0.05～0.25	540～735	—	—
		>0.25～1.0	490～685	—	—
		>1.0～2.0	440～635	—	—
		>2.0～4.0	390～590	—	—
		>4.0～6.0	345～540	—	—
	Y	0.05～0.25	735～930	—	—
		>0.25～1.0	685～885	—	—
		>1.0～2.0	635～835	—	—
		>2.0～4.0	590～785	—	—
		>4.0～6.0	540～735	—	—
H65	M	0.05～0.25	335	18	—
		>0.25～1.0	325	24	—
		>1.0～2.0	315	28	—
		>2.0～4.0	305	32	—
		>4.0～6.0	295	35	—
	Y_2	0.05～0.25	410	—	—
		>0.25～1.0	400	4	—
		>1.0～2.0	390	7	—
		>2.0～4.0	380	10	—
		>4.0～6.0	375	13	—

注：⑭ 其他用途线材指制造各种零件等用的线材。

(续)

牌号	制造方法和状态[1]	规格[2] (mm)	抗拉强度 (MPa) ≥	伸长率 δ[11] (%)≥	硬度 HV ≥
(12c) 黄铜线—其他用途线材(GB/T 14954—1994)[12][14]					
H65(续)	Y_1	0.05~0.25	540~735	—	—
		>0.25~1.0	490~685	—	—
		>1.0~2.0	440~635	—	—
		>2.0~4.0	390~590	—	—
		>4.0~6.0	375~570	—	—
	Y	0.05~0.25	685~885	—	—
		>0.25~1.0	635~835	—	—
		>1.0~2.0	590~785	—	—
		>2.0~4.0	540~735	—	—
		>4.0~6.0	490~685	—	—
H62	M	0.05~0.25	345	18	—
		>0.25~1.0	335	22	—
		>1.0~2.0	325	26	—
		>2.0~4.0	315	30	—
		>4.0~6.0	315	34	—
	Y_2	0.05~0.25	430	—	—
		>0.25~1.0	410	4	—
		>1.0~2.0	390	7	—
		>2.0~4.0	375	10	—
		>4.0~6.0	355	12	—
	Y_1	0.05~0.25	590~785	—	—
		>0.25~1.0	540~735	—	—
		>1.0~2.0	490~685	—	—
		>2.0~4.0	440~635	—	—
		>4.0~6.0	390~590	—	—

(续)

牌　　号	制造方法和状态[1]	规　格[2] (mm)	抗拉强度 (MPa) ≥	伸长率 δ[11] (%)≥	硬度 HV ≥
(12c) 黄铜线—其他用途线材(GB/T 14954—1994)[12][14]					
H62(续)	Y	0.05～0.25	785～980	—	—
		>0.25～1.0	685～885	—	—
		>1.0～2.0	635～835	—	—
		>2.0～4.0	590～785	—	—
		>4.0～6.0	540～735	—	—
HSn62-1 HSn60-1	M	0.5～2.0	315	15	—
		>2.0～4.0	305	20	—
		>4.0～6.0	295	25	—
	Y	0.5～2.0	590～835	—	—
		>2.0～4.0	540～785	—	—
		>4.0～6.0	490～735	—	—
HPb63-3	M	0.5～2.0	305	32	—
		>2.0～4.0	295	35	—
		>4.0～6.0	285	35	—
	Y_1	0.5～2.0	390～610	3	—
		>2.0～4.0	390～600	4	—
		>4.0～6.0	390～590	4	—
	Y	0.5～6.0	570～735	—	—
HPb59-1	M	0.5～2.0	345	25	—
		>2.0～4.0	335	28	—
		>4.0～6.0	325	30	—
	Y_1	0.5～4.0	390～590	—	—
		>4.0～6.0	375～570	—	—
	Y	0.5～2.0	490～735	—	—
		>2.0～4.0	490～685	—	—
		>4.0～6.0	440～635	—	—

(续)

牌　号	制造方法和状态①	规　格② (mm)	抗拉强度 (MPa) ≥	伸长率 δ⑪ (%)≥	硬度 HV ≥
(13) 专用黄铜线(GB/T 14956—1994)					
H62 H63	M	0.05～0.25	≥345	≥18	—
		>0.25～1.0	≥335	≥22	—
		>1.0～2.0	≥325	≥26	—
		>2.0～4.0	≥315	≥30	—
		>4.0～6.0	≥315	≥34	—
		>6.0～13.0	≥305	≥36	—
	Y_8	0.05～0.25	≥360	≥8	—
		>0.25～1.0	≥350	≥12	—
		>1.0～2.0	≥340	≥18	—
		>2.0～4.0	≥330	≥22	—
		>4.0～6.0	≥320	≥26	—
		>6.0～13.0	≥310	≥30	—
	Y_4	0.05～0.25	≥380	≥6	—
		>0.25～1.0	≥370	≥8	—
		>1.0～2.0	≥360	≥10	—
		>2.0～4.0	≥350	≥15	—
		>4.0～6.0	≥340	≥20	—
		>6.0～13.0	≥330	≥25	—
	Y_2	0.05～0.25	≥430	—	—
		>0.25～1.0	≥410	≥4	—
		>1.0～2.0	≥390	≥7	—

(续)

牌　　号	制造方法和状态①	规　格②(mm)	抗拉强度(MPa)≥	伸长率δ⑪(%)≥	硬度HV≥
(13) 专用黄铜线(GB/T 14956—1994)					
H62 H63	Y_2	>2.0~4.0	≥375	≥10	—
		>4.0~6.0	≥355	≥12	—
		>6.0~13.0	≥350	≥14	—
	Y_1	0.05~0.25	590~785	—	—
		>0.25~1.0	540~735	—	—
		>1.0~2.0	490~685	—	—
		>2.0~4.0	440~635	—	—
		>4.0~6.0	390~590	—	—
		>6.0~13.0	360~560	—	—
	Y	0.05~0.25	785~980	—	—
		>0.25~1.0	685~885	—	—
		>1.0~2.0	635~835	—	—
		>2.0~4.0	590~785	—	—
		>4.0~6.0	540~735	—	—
		>6.0~13.0	490~685	—	—
	T	0.05~0.25	≥850	—	—
		>0.25~1.0	≥830	—	—
		>1.0~2.0	≥800	—	—
		>2.0~4.0	≥770	—	—
H65	M	0.05~0.25	≥335	≥18	—
		>0.25~1.0	≥325	≥24	—

(续)

牌　　号	制造方法和状态[1]	规　格[2] (mm)	抗拉强度 (MPa) ≥	伸长率 δ[11] (%)≥	硬度 HV ≥
(13) 专用黄铜线(GB/T 14956—1994)					
H65	M	>1.0~2.0	≥315	≥28	—
		>2.0~4.0	≥305	≥32	—
		>4.0~6.0	≥295	≥35	—
		>6.0~13.0	≥285	≥40	—
	Y_8	0.05~0.25	≥350	≥10	—
		>0.25~1.0	≥340	≥15	—
		>1.0~2.0	≥330	≥20	—
		>2.0~4.0	≥320	≥25	—
		>4.0~6.0	≥310	≥28	—
		>6.0~13.0	≥300	≥32	—
	Y_4	0.05~0.25	≥370	≥6	—
		>0.25~1.0	≥360	≥10	—
		>1.0~2.0	≥350	≥12	—
		>2.0~4.0	≥340	≥18	—
		>4.0~6.0	≥330	≥22	—
		>6.0~13.0	≥320	≥28	—
	Y_2	0.05~0.25	≥410	—	—
		>0.25~1.0	≥400	≥4	—
		>1.0~2.0	≥390	≥7	—
		>2.0~4.0	≥380	≥10	—
		>4.0~6.0	≥375	≥13	—
		>6.0~13.0	≥360	≥15	—

（续）

牌　　号	制造方法和状态①	规　格②（mm）	抗拉强度（MPa）≥	伸长率 δ⑪（%）≥	硬度 HV ≥
（13）专用黄铜线（GB/T 14956—1994）					
H65	Y_1	0.05～0.25	540～735	—	—
		>0.25～1.0	490～685	—	—
		>1.0～2.0	440～635	—	—
		>2.0～4.0	390～590	—	—
		>4.0～6.0	375～570	—	—
		>6.0～13.0	370～550	—	—
	Y	0.05～0.25	685～885	—	—
		>0.25～1.0	635～835	—	—
		>1.0～2.0	590～785	—	—
		>2.0～4.0	540～735	—	—
		>4.0～6.0	490～685	—	—
		>6.0～13.0	440～635	—	—
	T	0.05～0.25	≥830	—	—
		>0.25～1.0	≥810	—	—
		>1.0～2.0	≥800	—	—
		>2.0～4.0	≥780	—	—
H68 H70	M	0.05～0.25	≥375	≥18	—
		>0.25～1.0	≥355	≥25	—
		>1.0～2.0	≥335	≥30	—
		>2.0～4.0	≥315	≥36	—
		>4.0～6.0	≥295	≥40	—
		>6.0～8.5	≥275	≥45	—

(续)

牌　　号	制造方法和状态①	规　格② (mm)	抗拉强度 (MPa) ≥	伸长率 δ⑪ (%)≥	硬度 HV ≥
(13) 专用黄铜线(GB/T 14956—1994)					
H68 H70	Y_8	0.05～0.25	≥385	≥18	—
		>0.25～1.0	≥365	≥20	—
		>1.0～2.0	≥350	≥24	—
		>2.0～4.0	≥340	≥28	—
		>4.0～6.0	≥330	≥33	—
		>6.0～8.5	≥320	≥35	—
	Y_4	0.05～0.25	≥400	≥10	—
		>0.25～1.0	≥380	≥15	—
		>1.0～2.0	≥370	≥20	—
		>2.0～4.0	≥350	≥25	—
		>4.0～6.0	≥340	≥30	—
		>6.0～8.5	≥330	≥32	—
	Y_2	0.05～0.25	≥410	—	—
		>0.25～1.0	≥390	≥5	—
		>1.0～2.0	≥375	≥10	—
		>2.0～4.0	≥355	≥12	—
		>4.0～6.0	≥345	≥14	—
		>6.0～8.5	≥340	≥16	—
	Y_1	0.05～0.25	540～735	—	—
		>0.25～1.0	490～685	—	—
		>1.0～2.0	440～635	—	—
		>2.0～4.0	390～590	—	—
		>4.0～6.0	345～540	—	—
		>6.0～8.5	340～520	—	—

(续)

牌　　号	制造方法和状态[1]	规　格[2] (mm)	抗拉强度 (MPa) ≥	伸长率 δ[11] (%)≥	硬度 HV ≥
(13) 专用黄铜线(GB/T 14956—1994)					
H68 H70	Y	0.05～0.25	735～930	—	—
		>0.25～1.0	685～885	—	—
		>1.0～2.0	635～835	—	—
		>2.0～4.0	590～785	—	—
		>4.0～6.0	540～735	—	—
		>6.0～8.5	490～685	—	—
	T	0.1～0.25	≥800	—	—
		>0.25～1.0	≥780	—	—
		>1.0～2.0	≥750	—	—
		>2.0～4.0	≥720	—	—
		>4.0～6.0	≥690	—	—
HPb62-0.8	Y_2	0.5～6.0	410～540	≥12	—
	Y	0.5～6.0	450～560	—	—
(14) 黄铜扁线(GB/T 3114—2010)					
H68、H65	M Y_2 Y	厚度×宽度 (0.5～6.0)× (0.5～15.0)	245 340 440	28 12 —	— — —
H62	M Y_2 Y	(0.5～6.0)× (0.5～15.0)	295 345 460	25 10 —	— — —

(3) 铸造黄铜的化学成分(GB/T 1176—1987)

序号	合金牌号	化学成分(%)(余量为锌)					
		铜	铝	铁	锰	铅	杂质总和≤
(1) 铸造黄铜							
1	ZCuZn38	60.0~63.0	—	—	—	—	1.5
(2) 铸造铝黄铜							
2	ZCuZn25Al6Fe3Mn3	60.0~66.0	4.5~7.0	2.0~4.0	1.5~4.0	—	2.0
3	ZCuZn26Al4Fe3Mn3	60.0~66.0	2.5~5.0	1.5~4.0	1.5~4.0	—	2.0
4	ZCuZn31Al2	66.0~68.0	2.0~3.0	—	—	—	1.5
5	ZCuZn35Al2Mn2Fe1	57.0~65.0	0.5~2.5	0.5~2.0	0.1~3.0	—	2.0
(3) 铸造锰黄铜							
6	ZCuZn38Mn2Pb2	57.0~60.0	—	—	1.5~2.5	1.5~2.5	2.0
7	ZCuZn40Mn2	57.0~60.0	—	—	1.0~2.0	—	2.0
8	ZCuZn40Mn3Fe1	53.0~58.0	—	0.5~1.5	3.0~4.0	—	1.5
(4) 铸造铅黄铜							
9	ZCuZn33Pb2	63.0~67.0	—	—	—	1.0~3.0	1.5
10	ZCuZn40Pb2	58.0~63.0	0.2~0.8	—	—	0.5~2.5	1.5
(5) 铸造硅黄铜							
11	ZCuZn16Si4	79.0~81.0	硅 2.5~4.5	—	—	—	2.0

注：1. 每个合金牌号还有一个合金名称。例:ZCuZn38 的名称为“38 黄铜”,ZCuZn25Al6Fe3Mn3 的名称为“25-6-3-3 铝黄铜”,其余类推。

2. 序号 8 锰黄铜用于船舶螺旋桨,铜含量允许为 55.0%~59.0%。

(4) 铸造黄铜的力学性能(GB/T 1176—1987)

序号	合金牌号	铸造方法	力学性能≥			
			抗拉强度(MPa)	屈服强度(MPa)	伸长率 δ_5(%)	硬度HB
1	ZCuZn38	S J	295 295	—	30 30	590 685
2	ZCuZn25Al6Fe3Mn3	S J Li，La	725 740 740	380 (400) 400	10 7 7	(1570) (1665) (1665)
3	ZCuZn26Al4Fe3Mn3	S J Li,La	600 600 600	300 300 300	18 18 18	(1175) (1275) (1275)
4	ZCuZn31Al2	S J	295 390	— —	12 15	785 885
5	ZCuZn35Al2Mn2Fe1	S J Li,La	450 475 475	170 200 200	20 18 18	(980) (1080) (1080)
6	ZCuZn38Mn2Pb2	S J	245 345	— —	10 18	685 785
7	ZCuZn40Mn2	S J	345 390	— —	20 25	785 885
8	ZCuZn40Mn3Fe1	S J	440 490	— —	18 15	980 1080
9	ZCuZn33Pb2	S	180	(70)	12	(490)
10	ZCuZn40Pb2	S J	220 280	— (120)	15 20	(785) (885)
11	ZCuZn16Si4	S J	345 390	— —	15 20	885 980

注：1. S—砂型铸造；J—金属型铸造；La—连续铸造；Li—离心铸造。

2. 带括号的数据为参考值。

3. 表中硬度HB数值，因其试验力单位是N，按GB/T 231—1984规定，应用时须将表中数值乘以系数0.102。例：表中HB≥590，将590×0.102≈60，即其HB应≥60。

(5) 压铸铜合金(GB/T 15116—1994)

合金牌号	化学成分—主要成分(%)(余量为锌)					
	铜	铅	铝	硅	锰	铁
YZCuZn40Pb	58.0~63.0	0.5~1.5	0.2~0.5	—	—	—
YZCuZn16Si4	79.0~81.0	—	—	2.5~4.5	—	—
YZCuZn30Al3	66.0~68.0	—	2.0~3.0	—	—	—
YZCuZn35Al2Mn2Fe	57.0~65.0	—	0.5~2.5	—	0.1~3.0	0.5~2.0

合金牌号	化学成分—杂质含量(%)≤								
	硅	镍	锡	铅	铁	锑	锰	铝	总和
YZCuZn40Pb	0.05	—	—	—	0.8	1.0	0.5	—	1.5
YZCuZn16Si4	—	—	0.3	0.5	0.6	0.1	0.5	0.1	2.0
YZCuZn30Al3	—	—	1.0	1.0	0.8	—	0.5	—	3.0
YZCuZn35Al2Mn2Fe	0.1	3.0	1.0	0.5	锑+铅+砷 0.4				2.0*

合金牌号	合金代号	力学性能≥		
		抗拉强度 σ_b (MPa)	伸长率 δ_5 (%)	硬度 HB
YZCuZn40Pb	YT40-1 铅黄铜	300	6	85
YZCuZn16Si4	YT16-4 硅黄铜	345	25	85
YZCuZn30Al3	YT30-3 铝黄铜	400	15	110
YZCuZnAl2Mn2Fe	YT35-2-2-1 铝锰铁黄铜	475	3	130

注：带 * 符号表示杂质总和中不含镍。

3. 青　　铜

(1) 加工青铜的化学成分与产品形状(GB/T 5231—2001)

组别	序号	牌　号①	化学成分(%)(余量为铜)			
			锡	锌	铅	磷
锡青铜②⑤	1	QSn1.5-0.2*	1.0~1.7	—	—	0.03~0.35
	2	QSn4-0.3*	3.5~4.9	—	—	0.03~0.35
	3	QSn4-3	3.5~4.5	2.7~3.3	—	—
	4	QSn4-4-2.5	3.0~5.0	3.0~5.0	1.5~3.5	—
	5	QSn4-4-4	3.0~5.0	3.0~5.0	3.5~4.5	—
	6	QSn6.5-0.1	6.0~7.0	—	—	0.10~0.25
	7	QSn6.5-0.4	6.0~7.0	—	—	0.26~0.40
	8	QSn7-0.2	6.0~8.0	—	—	0.10~0.25
	9	QSn8-0.3*	7.0~9.0	—	—	0.03~0.35
铝青铜	10	QAl5	—	—	—	—
	11	QAl7*	—	—	—	—

序号	牌　号①	化学成分(%)			产品形状
		铝	锰	杂质总和≤	
1	QSn1.5-0.2	—	—	—⑥	管
2	QSn4-0.3	—	—	—⑥	管
3	QSn4-3	—	—	0.2	板、带、箔、棒、线
4	QSn4-4-2.5	—	—	0.2	板、带
5	QSn4-4-4	—	—	0.2	板、带
6	QSn6.5-0.1	—	—	0.1	板、带、箔、棒、线、管
7	QSn6.5-0.4	—	—	0.1	板、带、箔、棒、线、管
8	QSn7-0.2	—	—	0.15	板、带、箔、棒、线
9	QSn8-0.3	—	—	—⑥	板、带
10	QAl5	4.0~6.0	—	1.6	板、带
11	QAl7	6.0~8.5	—	—⑥	板、带

注：① 每个牌号有名称和代号两种表示方法。表中为牌号的代号表示方法。牌号的名称表示方法举例：QSn4-0.3 的名称为“4-0.3 锡青铜”;QAl17 的名称为“17 铝青铜”;余类推。

(续)

组别	序号	牌　号①	化学成分(%)(余量为铜)			
			铝	铁	锰	镍
铝青铜⑤	12	QAl9-2	8.0~10.0	—	1.5~2.5	—
	13	QAl9-4	8.0~10.0	2.0~4.0	—	—
	14	QAl9-5-1-1	8.0~10.0	0.5~1.5	0.5~1.5	4.0~6.0
	15	QAl10-3-1.5③	8.5~10.0	2.0~4.0	1.0~2.0	—
	16	QAl10-4-4④	9.5~11.0	3.5~5.5	—	3.5~5.5
	17	QAl10-5-5	8.0~11.0	4.0~6.0	0.5~2.6	4.0~6.0
	18	QAl11-6-6	10.0~11.5	5.0~6.5	—	5.0~6.5
铍青铜	19	QBe2	—	—	—	0.2~0.5
	20	QBe1.9	—	—	—	0.2~0.4
	21	QBe1.9-0.1	镁 0.07~0.13		—	0.2~0.4
	22	QBe1.7	—	—	—	0.2~0.4
	23	QBe0.6-2.5*	钴 2.4~2.7		—	—
	24	QBe0.4-1.8*	—	—	—	1.4~2.2
	25	QBe0.3-1.5	钴 1.40~1.70;银 0.90~1.10			—

序号	牌　号①	化学成分(%)			产品形状
		铍	钛	杂质总和≤	
12	QAl9-2	—	—	1.7	板、带、箔、棒、线
13	QAl9-4	—	—	1.7	管、棒
14	QAl9-5-1-1	—	—	0.6	棒
15	QAl10-3-1.5	—	—	0.75	管、棒
16	QAl10-4-4	—	—	1.0	管、棒
17	QAl10-5-5	—	—	1.2	棒
18	QAl11-6-6	—	—	1.5	棒
19	QBe2	1.80~2.1	—	0.5	板、带、棒
20	QBe1.9	1.85~2.1	0.10~0.25	0.5	板、带
21	QBe1.9-0.1	1.85~2.1	0.10~0.25	0.5	带
22	QBe1.7	1.6~1.85	0.10~0.25	0.5	板、带
23	QBe0.6-2.5	0.40~0.7	—	—	板、带
24	QBe0.4-1.8	0.20~0.6	—	—	带
25	QBe0.3-1.5	0.25~0.50	—	—	板、带

(续)

组别	序号	牌号[1]	化学成分(%)(余量为铜)		
			硅	锰	锆
硅青铜	26	QSi3-1[2]	2.7~3.5	1.0~1.5	—
	27	QSi1-3	0.6~1.1	0.1~0.4	镍 2.4~3.4
	28	QSi3.5-3-1.5	3.0~4.0	0.5~0.9	锌 2.5~3.5
锰青铜	29	QMn1.5	—	1.20~1.80	—
	30	QMn2	—	1.5~2.5	—
	31	QMn5	—	4.5~5.5	—
锆青铜	32	QZr0.2	—	—	0.15~0.30
	33	QZr0.4	—	—	0.30~0.50
铬青铜	34	QCr0.5	—	—	—
	35	QCr0.5-0.2-0.1	镁 0.1~0.25		铝 0.1~0.25
	36	QCr0.6-0.4-0.05	镁 0.04~0.08		0.3~0.6
	37	QCr1*	—	—	—

序号	牌号[1]	化学成分(%)		产品形状
		铬	杂质总和≤	
26	QSi3-1	—	1.1	板、带、箔、棒、线、管
27	QSi1-3	—	0.5	棒
28	QSi3.5-3-1.5	铁 1.2~1.8	1.1	管
29	QMn1.5	—	0.3	板、带
30	QMn2	—	0.5	板、带
31	QMn5	—	0.9	板、带
32	QZr0.2	—	0.5	棒
33	QZr0.4	—	0.5	棒
34	QCr0.5	0.4~1.1	0.5	板、棒、线、管
35	QCr0.5-0.2-0.1	0.4~1.0	0.5	板、棒、线
36	QCr0.6-0.4-0.05	0.4~0.8	0.5	棒
37	QCr1	0.6~1.2	—[6]	棒、线、管

(续)

组别	序号	牌号[①]	化学成分(%)(余量为铜)			
			镉	镁	铁	碲
镉青铜	38	QCd1	0.7～1.2	—	—	—
镁青铜	39	QMg0.8	—	0.70～0.85	—	—
铁青铜	40	QFe2.5*	铜≥97.0		2.1～2.6	—
碲青铜	41	QTe0.5*	铜≥99.90[⑦]		—	0.4～0.7

序号	牌号[①]	化学成分(%)			产品形状
		磷	锌	杂质总和≤	
38	QCd1	—	—	—	板、带、棒、线
39	QMg0.8	—	—	0.3[⑥]	线
40	QFe2.5	0.015～0.15	0.05～0.20	—	带
41	QTe0.5	0.004～0.012	—	—	棒

注：② 抗磁用锡青铜的铁含量≤0.020%；QSi3-1 的铁含量≤0.030%。

③ 非耐磨材料用 QAl10-3-1.5 的锌含量可达 1%，但杂质总和应≤1.25%。

④ 经双方协商，焊接或特殊要求的 QAl10-4-4 的锌含量≤0.2%。

⑤ 锡青铜和铝青铜的杂质镍计入铜含量中。

⑥ 铜+所列出元素总和≥99.5%。

⑦ 包括碲+锡。

* 我国加工青铜的牌号等同的美国加工青铜牌号：
QSn1.5-0.2/C50500；QSn4-0.3/C51100；
QSn8-0.3/C52100；QAl7/C61000；
QBe0.6-2.5/C17500；QSn0.4-1.8/C17510；
QCr1/C18200；QCd1/C16200；
QFe2.5/C19400；QTe0.5/C14500。

(2) 加工青铜产品的力学性能

本节介绍的常见加工青铜产品的名称和标准号如下：
(1) 青铜拉制棒(GB/T 4423—2007)和挤制棒(YS/T 649—2007)
(2) 铍青铜棒(YS/T 334—1995)
(3) 锡青铜板(GB/T 2040—2008)
(4) 铝青铜板(GB/T 2040—2008)
(5) 锡锌铅青铜板(GB/T 2040—2008)
(6) 硅青铜板(GB/T 2040—2008)
(7) 锰青铜板(GB/T 2040—2008)
(8) 铬青铜板(GB/T 2040—2008)
(9) 镉青铜板(GB/T 2040—2008)
(10) 青铜带(GB/T 2059—2008)
(11) 铍青铜板材和带材(YS/T 323—2002)
(12) 青铜箔(GB/T 5189—2008)
(13) 挤制铝青铜管(YS/T 662—2007)
(14) 压力表用锡青铜管(GB/T 8892—2005)
(15) 青铜毛细管(GB/T 1531—1994)
(16) 青铜线(GB/T 21652—2008)
(17) 铍青铜线(YS/T 571—2006)
(18) 青铜扁线(GB/T 3114—2010)

牌号	制造方法和状态[①]		规格[②] (mm)	抗拉强度 (MPa) ≥	伸长率[③] (%)≥	硬度 HB ≥
(1) 青铜拉制棒(GB/T 4423—2007)和挤制棒(YS/T 649—2007)[④]						
QSn4-3	拉制	Y	4～12 >12～25 >25～35 >35～40	430 370 335 315	14 21 23 23	— — — —
	挤制	R	40～120	275	30	—

注：① 状态栏：M—软(退火)；Y_1—1/4 硬；Y_3—1/3 硬；Y_2—半硬；Y_1—3/4 硬；Y—硬；T—特硬；R—热轧、热挤；TF00—固溶热处理＋沉淀热处理；TH04—固溶热处理＋冷加工＋沉淀热处理。

(续)

牌　　号	制造方法和状态①		规　格②(mm)	抗拉强度(MPa)≥	伸长率③(%)≥	硬度HB≥
(1) 青铜拉制棒(GB/T 4423—2007)和挤制棒(YS/T 649—2007)④						
QSn6.5-0.1 QSn6.5-0.4	拉制	Y	3～12 >12～25 >25～40	470 440 410	13 15 18	— — —
	热挤	R	≤40 >40～100 >100	355 345 305	55 60 64	— — —
QSn7-0.2	拉制	Y T	4～40	440 —	19 —	130～200 180
	热挤	R	40～120	355	64	70
QSn4-0.3	拉制	Y	4～12 >12～25 >25～40	410 390 355	10 13 15	— — —
QAl9-2	拉制	Y	4～40	540	16	—
	热挤	R	≤45 >45～160	490 470 —	18 24 —	— — —
QAl9-4	拉制	Y	4～40	580	13	—
	热挤	R	≤120 >120	540 450	17 13	110～190 110～190
QAl10-3-1.5⑤	拉制	Y	4～40	630	8	—
	热挤	R	≤16 >16	610 590	9 13	130～190 130～190

注：② 规格栏：圆棒(线)指直径、方、六角棒(线)指内切圆直径或平行对边距离；板、带、箔材指厚度；圆形管指外径；椭圆形管、扁圆形管指外径(长轴)。

③ 伸长率如有 δ_{10} 和 δ_5 两个指标，仲裁时以 δ_{10} 为准。

④ 直径小于 10mm 的拉制棒可不做拉伸试验；小于 16mm 的热挤棒，可不做硬度试验。半硬、硬和特硬态锡青铜、硅青铜棒材，应进行消除内应力处理。

(续)

牌号	制造方法和状态①		规格②(mm)	抗拉强度(MPa)≥	伸长率③(%)≥	硬度HB≥
(1) 青铜拉制棒(GB/T 4423—2007)和挤制棒(YS/T 649—2007)④						
QAl10-4-4	热挤	R	≤29 >29～120 >120	690 635 590	5 6 6	170～260 170～260 170～260
QAl11-6-6	热挤	R	≤28 >28～50	690 635	4 5	— —
QSi3-1	拉制	Y	4～12 >12～40	490 470	13 19	— —
	热挤	R	≤100	345 —	23 —	— —
QSi1-3	热挤	R	≤80	490 —	11 —	— —
QSi3.5-3-1.5	热挤	R	40～120	380	35	—
QCr0.5	拉制	Y M	4～40	390 230	6 40	— —
	热挤	R	20～160	230	35	—
QCd1	拉制	Y M	4～60	370 215	5 36	100 ≤75
	热挤	R	20～120	196	35	≤75
(2a) 铍青铜棒(锻造、挤制、拉制)(YS/T 334—1995)⑥						
QBe2 QBe1.9 QBe1.9-0.1 QBe1.7	锻造	D	35～100	500～660	8	HRB78
	热挤	R	20～120	400	20	—
	拉制	M Y_2	5～40 5～40	400 500～660	30 8	100 HRB78
	拉制	Y	5～10 >10～25 >25～40	660～900 620～860 590～830	2 2 2	150 150 150

注：⑤ 直径>50mm的QAl10-3-1.5棒材，当伸长率≥15%时，其抗拉强度可以≥540MPa。

（续）

牌号	制造方法和状态[1]		规格[2]（mm）	抗拉强度（MPa）≥	伸长率[3]（%）≥	硬度 HV ≥
（2a）铍青铜棒（锻造、挤制、拉制）（YS/T 334—1995）[6]						
QBe0.6-2.5 QBe0.4-1.8 QBe0.3-1.5	拉制	M	5～40	240	20	HRB ≤50
		Y	5～40	450	2	60
（2b）铍青铜棒（拉制，时效热处理后）（YS/T 334—1995）[6]						
QBe2 QBe1.9 QBe1.9-0.1 QBe1.7	软态时效 TF00		5～40	1000～1380	2	HRC 30～40
	硬态时效 TH04		5～10 >10～25 >25～40	1200～1500 1150～1450 1100～1400	1 1 1	35～45 35～44 35～44
QBe0.6-2.5 QBe0.4-1.8 QBe0.3-1.5	TF00		5～40	690～895	6	HRB 92～100
	TH04		5～40	760～965	3	95～102
（3）锡青铜板（GB/T 2040—2008）[7]						
QSn6.5-0.1	热轧	R	9～14	290	38	—
	冷轧	M Y_4 Y_2 Y	0.2～12	315 390～510 490～610 540～690	40 35 8 5	≤120 110～155 150～190 180～230
		T	0.2～5	635～720	1	200～240
		TY	0.2～5	≥690	—	≥210
QSn6.5-0.4 QSn7-0.2	冷轧	M Y T	0.2～12	295 540～690 665	40 8 2	— — —
QSn4-3 QSn4-0.2	冷轧	M Y T	0.2～12	290 540～690 635	40 3 2	— — —

注：⑥ 铍青铜棒硬度试验，须在合同中注明。棒径≤16mm不做硬度试验。时效工艺：QBe2等4个牌号为（320±5）℃×3h（TH04状态直径5～10mm棒材为2h）；QBe0.6-2.5等3个牌号为（480±5）℃×3h（TH04状态，棒材为2h）。

(续)

牌　　号	制造方法和状态①		规　格②(mm)	抗拉强度(MPa)≥	伸长率③(%)≥	硬度HRB≥
(4) 铝青铜板(GB/T 2040—2008)⑦						
QAl5	冷轧	M Y	0.4～12	275 585	33 2.5	— —
QAl7	冷轧	Y_2 Y	0.4～12	585～740 635	10 5	— —
QAl9-2	冷轧	M Y	0.4～12	440 585	18 5	— —
QAl9-4	冷轧	Y	0.4～12	585	—	—
(5) 锡锌铅青铜板(GB/T 2040—2008)						
QSn4-4-2.5 QSn4-4-4	冷轧	M Y_3 Y_2 Y	0.8～5.0	290 390～490 420～510 510	35 10 9 5	— 65～85 70～90 —
(6) 硅青铜板(GB/T 2040—2008)						
QSi3-1	冷轧	M Y T	0.5～10	340 585～735 685	40 3 1	— — —
(7) 锰青铜板(GB/T 2040—2008)						
QMn1.5	冷轧	M	0.5～5.0	205	30	—
QMn5	冷轧	M Y	0.5～5.0	290 440	30 3	— —
(8) 铬青铜板(GB/T 2040—2008)						
QCr0.5-0.2-0.1 QGr0.5	冷轧	Y	0.5～15	—	—	HB≥110
(9) 镉青铜板(GB/T 2040—2008)						
QCd1	冷轧	Y	0.5～10	390	—	—

注：⑦ 厚度超出规定范围的板材，其性能由供需双方商定。

（续）

牌　　号	制造方法和状态①	规　格② (mm)	抗拉强度 (MPa) ≥	伸长率③ (%)≥	硬度 HRB ≥
(10) 青铜带(GB/T 2059—2008)					
QAl5	M Y	≥0.2	275 585	33 2.5	— —
QAl7	Y_2 Y	≥0.2	585～740 635	10 5	— —
QAl9-2	M Y T	≥0.2	440 585 880	18 5 —	— — —
QAl9-4	Y	≥0.2	635	—	—
QSn6.5-0.1	R M Y_4 Y_2 Y T TY	9～14 0.2～12 0.2～12 0.2～12 0.2～3 >3～12 0.2～5 0.2～5	290 315 390～510 490～610 590～690 540～690 635～720 690	38 40 35 8 5 5 1 —	HV ≤120 110～155 150～190 180～230 180～230 200～240 ≥210
QSn7-0.2 QSn6.5-0.5	M Y T	0.2～12	295 540～690 635	40 8 2	— — —
QSn4-3 QSn4-0.3	M Y T	0.2～12	290 540～690 635	40 3 2	— — —
QSn4-4-2.5 QSn4-4-4	M Y_3 Y_2 Y	0.8～5	290 390～490 420～510 510	35 10 9 5	— 65～85 70～90 —
QCd1	Y	0.5～10	390	—	—
QMn1.5	M	0.5～5	205	30	—
QMn5	M Y	0.5～5	290 440	30 3	— —

(续)

牌　　号	制造方法和状态[1]	规　格[2] (mm)	抗拉强度 (MPa) ≥	伸长率[3] (%)≥	硬度 HV ≥
(10) 青铜带(GB/T 2059—2008)					
QSi3-1	M Y T	≥0.05	370 635～785 735	45 5 2	— — —
(11) 铍青铜板材和带材(YS/T 323—2002)[8]					
QBe2 QBe1.9	C CY_4 CY_2	板材 0.45～6.0 带材 0.05～1.0	390～590 520～630 570～695	30 10 6	≤140 120～220 140～240
QBe2 QBe1.9	CY		635	2.5	170 160
QBe2 QBe1.9	CS		1125	2.0	370 350
QBe2 QBe1.9	CY_4S		1135	2.0	320～420
	CY_2S		1145	1.5	340～440
QBe2 QBe1.9	CYS		1175	1.5	360 370
QBe1.7	CY_2 CY CY_2S CYS		570～695 590 1030 1080	6 2.5 2.0 2.0	140～240 150 340～440 340
(12) 青铜箔(GB/T 5187—2008)					
QSn6.5-0.1 QSn7-0.2	Y T	厚度×宽度 (0.012～0.025)×≤300 (0.025～0.15)×≤600	540～690 650	6 —	170～200 190
QSn3-1	Y	同上	635	5	—
(13) 挤制铝青铜管(YS/T 662—2007)[9]					
QAl9-2 QAl9-4 QAl10-4-4	R	壁厚≤50	470 450 635	16 17 6	HB — 110～190 170～230

(续)

牌　　号	制造方法和状态[1]	规　格[2] (mm)	抗拉强度 (MPa) ≥	伸长率[3] (%)≥	硬度 HV ≥
(13) 挤制铝青铜管(YS/T 662—2007)[9]					
QAl10-3-1.5	R	壁厚<16 壁厚≥16	590 540	14 15	140～200 135～200
(14) 压力表用锡青铜管(GB/T 8892—2005)					
QSn4-0.3 QSn6.5-0.1	M	圆管 2～25 椭圆管 5～15 扁管 7.5～20	325～480	35	—
	Y		490～635	2	—
	Y_2		450～550	8	—
(15) 青铜毛细管(GB/T 1531—1994)					
QSn4-0.3 QSn6.5-0.1	M	0.5～3.0	325	30	90
	Y		490	—	120
(16) 青铜线(GB/T 21652—2008)[10][11]					
QCd1[14]	M	0.1～4.0	275	20	—
	Y	0.1～0.5 >0.5～4.0 >4.0～6.0	590～880 490～735 470～685	— — —	— — —
QSn6.5-0.1 QSn6.5-0.4 QSn7-0.2 QSn5-0.2 QSi3-1	M	0.1～1.0	≥350	≥35	—
		>1.0～8.5		≥45	—
	Y_4	0.1～1.0	480～680	—	—
		>1.0～2.0	450～650	≥10	—
		>2.0～4.0	420～620	≥15	—
		>4.0～6.0	400～600	≥20	—

(续)

牌号	制造方法和状态[1]	规格[2] (mm)	抗拉强度 (MPa) ≥	伸长率[3] (%)≥	硬度 HV ≥
(16) 青铜线(GB/T 21652—2008)[10][11]					
QSn6.5-0.1 QSn6.5-0.4 QSn7-0.2 QSn5-0.2 QSi3-1	Y_4	>6.0~8.5	380~580	≥22	—
		0.1~1.0	540~740	—	—
		>1.0~2.0	520~720	—	—
		>2.0~4.0	500~700	≥4	—
	Y_2	>4.0~6.0	480~680	≥8	—
		>6.0~8.5	460~660	≥10	—
	Y_1	0.1~1.0	750~950	—	—
		>1.0~2.0	730~920	—	—
		>2.0~4.0	710~900	—	—
		>4.0~6.0	690~880	—	—
		>6.0~8.5	640~860	—	—
	Y	0.1~1.0	880~1130	—	—
		>1.0~2.0	860~1060	—	—
		>2.0~4.0	830~1030	—	—
		>4.0~6.0	780~980	—	—
		>6.0~8.5	690~950	—	—
(17a) 铍青铜线(硬化调质前)(YS/T 571—2006)					
QBe2	M	0.03~6.00	400~580	—	—
QBe2-0.4	Y_2 Y	>0.5 >2.0	710~930 915~1140	— —	— —

（续）

牌　　号	制造方法和状态①	规　格②（mm）	抗拉强度（MPa）≥	伸长率（%）≥	硬度HV≥
（17b）铍青铜线（硬化调质后）（YS/T 571—2006）⑫					
QBe2	M	0.03～6.00	1050～1380	—	—
QBe2-0.4	Y_2 Y	>0.5 >2.0	1200～1480 1300～1585	— —	— —
（18）青铜扁线（GB/T 3114—2010）					
QSn6.5-0.1 QSn6.5-0.4 QSn7-0.2 QSn5-0.2	M Y_2 Y	宽度 0.5～12.0	370 390 540	30 10 —	— — —
QSn4-3 QSi3-1	Y	宽度 0.5～12.0	735	—	—

注：⑧ 需方如有需要，并在合同中注明时，可进行硬度试验。厚度≤0.25mm带材：抗拉强度、伸长率不作规定；C、CY_4、CY_2带材的硬度不作规定。

⑨ 外径≥200mm的管材，一般不做拉伸试验，但必须保证。硬度试验应在合同中注明，方予进行。

⑩ 青铜线的伸长率符号为δ，采用$l_0 = 100$mm试样。

⑪ 硬态锡青铜线和硅青铜线应进行消除内应力处理。

⑫ 镉青铜线在（20±10）℃时的电阻ρ（$\Omega \cdot mm^2/m$）：软态线≤0.028，硬态线≤0.030。这项试验仅根据用户要求，并在订货合同中注明，方予进行。

⑬ 硬化调质工艺：温度，均为（315±15）℃；时间（min）：M态线为180；Y_2态线为120；Y态线为60。

(3) 铸造青铜的化学成分(GB 1176—1987)

组别	序号	合金牌号[1]	化学成分(%,余量为铜)				
			锡	锌	铅	铝	杂质总和≤
铸造锡青铜	1	ZCuSn3Zn8Pb6Ni1	2.0~4.0	6.0~9.0	4.0~7.0	镍 0.5~1.5	1.0
	2	ZCuSn3Zn11Pb4	2.0~4.0	9.0~13.0	3.0~6.0	—	1.0
	3	ZCuSn5Pb5Zn5[2]	4.0~6.0	4.0~6.0	4.0~6.0	—	1.0
	4	ZCuSn10P1	9.0~11.5	—	—	磷 0.5~1.0	0.75
	5	ZCuSn10Pb5	9.0~11.0	—	4.0~6.0	—	1.0
	6	ZCuSn10Zn2[2]	9.0~11.0	1.0~3.0	—	—	1.5
铸造铅青铜	7	ZCuPb10Sn10[2]	9.0~11.0	—	8.0~11.0	—	1.0
	8	ZCuPb15Sn8[2]	7.0~9.0	—	13.0~17.0	—	1.0
	9	ZCuPb17Sn4Zn4	3.5~5.0	2.0~6.0	14.0~20.0	—	0.75
	10	ZCuPb20Sn5[2]	4.0~6.0	—	18.0~23.0	—	1.0
	11	ZCuPb30	—	—	27.0~33.0	—	1.0
铸造铝青铜	12	ZCuAl8Mn13Fe3	锰 12.0~14.5	—	铁 2.0~4.0	7.0~9.0	1.0
	13	ZCuAl8Mn13Fe3Ni2[3]	锰 11.5~14.0	镍 1.8~2.5	铁 2.5~4.0	7.0~8.5	1.0
	14	ZCuAl9Mn2	锰 1.5~2.5	—	—	8.0~10.0	1.0
	15	ZCuAl9Fe4Ni4Mn2	锰 0.8~2.5	镍 4.0~5.0	铁 4.0~5.0	8.5~10.0	1.0
	16	ZCuAl10Fe3[3]	—	—	铁 2.0~4.0	8.5~11.0	1.0
	17	ZCuAl10Fe3Mn2	锰 1.0~2.0	—	铁 2.0~4.0	9.0~11.0	0.75

注:①每个合金牌号还有一个合金名称。例:ZCuSn10Pb5 的名称为"10-5 锡青铜";ZCuAl9Mn2 的名称为"9-2 铝青铜";余类推。②经需方认可,序号 3、6 锡青铜和序号 7、8、10 铅青铜用于离心铸造和连续铸造,磷含量允许增加到 1.5%,并不计入杂质总和。③序号 16 铝青铜用于金属型铸造,铁含量允许 1.0%~4.0%。序号 13 铝青铜用于金属型铸造和离心铸造,铝含量允许为 6.8%~8.5%。

(4) 铸造青铜的力学性能

(GB 1176—1987)

序号	合金牌号	铸造方法	力学性能 ≥			
			抗拉强度(MPa)	屈服强度(MPa)	伸长率 δ_5 (%)	硬度 HB
1	ZCuSn3Zn8Pb6Ni1	S J	175 215	— —	8 10	590 685
2	ZCuSn3Zn11Pb4	S J	175 215	— —	8 10	590 590
3	ZCuSn5Pb5Zn5	S,J Li,La	200 250	90 (100)	13 13	(590) (635)
4	ZCuSn10Pb1	S J Li La	220 310 330 360	130 170 (170) (170)	3 2 4 6	(785) (885) (885) (885)
5	ZCuSn10Pb5	S J	195 245	— —	10 10	685 685
6	ZCuSn10Zn2	S J Li,La	240 245 270	120 (140) (140)	12 6 7	(685) (785) (785)
7	ZCuPb10Sn10	S J Li,La	180 220 220	80 (140) (110)	7 5 6	(635) (685) (685)
8	ZCuPb15Sn8	S J Li,La	170 200 220	80 100 (100)	5 6 8	(590) (635) (635)
9	ZCuPb17Sn4Zn4	S J	150 175	— —	5 7	540 590
10	ZCuPb20Sn5	S J La	150 150 180	60 (70) (80)	5 6 7	440 (540) (540)
11	ZCuPb30	J	—	—	—	245
12	ZCuAl8Mn13Fe3	S J	600 650	(270) (280)	15 10	1570 1665

（续）

序号	合金牌号	铸造方法	力学性能 ≥			
			抗拉强度(MPa)	屈服强度(MPa)	伸长率 δ_5 (%)	硬度HB
13	ZCuAl8Mn13Fe3Ni2	S J	645 670	280 (310)	20 18	1570 1665
14	ZCuAl9Mn2	S J	390 440	— —	20 20	835 930
15	ZCuAl9Fe4Ni4Mn2	S	630	250	16	1570
16	ZCuAl10Fe3	S J Li,La	490 540 540	180 200 200	13 15 15	(980) (1080) (1080)
17	ZCuAl10Fe3Mn2	S J	490 540	— —	15 20	1080 1175

注：1. S—砂型铸造；J—金属型铸造；La—连续铸造；Li—离心铸造。

2. 带括号的数据为参考值。

3. 表中硬度HB数值引自GB/T 1176—1987，因其硬度单位采用试验力单位N，按GB/T 231—1984《金属布氏硬度试验方法》的规定，应用时须将表中数值乘以系数0.102。例：表中HB ≥1570，将 $1570 \times 0.102 \approx 160$，即其HB应≥160。（编者按）

4. 白　　铜

(1) 加工白铜的化学成分与产品形状(GB/T 5231—2001)

组别	序号	牌　号[①]	化学成分(%)		
			镍+钴	铁	锰
普通白铜	1	B0.6	0.57～0.63	—	—
	2	B5	4.4～5.0	—	—
	3	B19[②]	18.0～20.0	—	—
	4	B25	24.0～26.0	—	—
	5	B30	29～33	—	—
铁白铜	6	BFe5-1.5-0.5*	4.8～6.2	1.3～1.7	0.30～0.8
	7	BFe10-1-1	9.0～11.0	1.0～1.5	0.5～1.0
	8	BFe30-1-1	29.0～32.0	0.5～1.0	0.5～1.2
锰白铜	9	BMn3-12[③]	2.0～3.5	0.20～0.50	11.5～13.5
	10	BMn40-1.5[③]	39.0～41.0	—	1.0～2.0
	11	BMn43-0.5[③]	42.0～44.0	—	0.10～1.0

序号	牌　号[①]	化学成分(%)			产品形状
		硅	铜	杂质总和≤	
1	B0.6	—	余量	0.1	线
2	B5	—	余量	0.5	管、棒
3	B19	—	余量	1.8	板、带
4	B25	—	余量	1.8	板
5	B30	—	余量	—	板、管、线
6	BFe5-1.5-0.5	—	余量[④]	—	管
7	BFe10-1-1	—	余量	0.7	板、管
8	BFe30-1-1	—	余量	0.7	板、管
9	BMn3-12	0.1～0.3	余量	0.5	板、带、线
10	BMn40-1.5	—	余量	0.9	板、带、箔、棒、线、管
11	BMn43-0.5	—	余量	0.6	线

(续)

组别	序号	牌　号①	化学成分(%)		
			镍+钴	铅	铜
锌白铜	12	BZn18-18*	16.5~19.5	—	63.5~66.5④
	13	BZn18-26*	16.5~19.5	—	53.5~56.5④
	14	BZn15-20	13.5~16.5	—	62.0~65.0
	15	BZn15-21-1.8	14.0~16.0	1.5~2.0	60.0~63.0
	16	BZn15-24-1.5	12.5~15.5	1.4~1.7	58.0~60.0
铝白铜	17	BAl13-3	12.0~15.0	—	余量
	18	BAl6-1.5	5.5~6.5	—	余量

序号	牌　号①	化学成分(%)			产品形状
		铝	锌	杂质总和≤	
12	BZn18-18	—	余量	—	板、带
13	BZn18-26	—	余量	—	板、带
14	BZn15-20	—	余量	0.9	板、带、箔、管、棒、线
15	BZn15-21-1.8	—	余量	0.9	棒
16	BZn15-24-1.5	锰 0.05~0.5	余量	0.75	棒
17	BAl13-3	2.3~3.0	—	1.9	棒
18	BAl6-1.5	1.2~1.8	—	1.1	板

注：① 每个牌号有名称和代号两种表示方法，表中为牌号的代号表示方法。牌号的名称表示方法举例：B5 的名称为“5 白铜”；BF10-1-1 的名称为“10-1-1 铁白铜”；余类推。

② 特殊用途的 B19 白铜带，可供应硅含量≤0.05%(标准规定：硅≤0.15%)的材料。

③ BMn3-12 合金、作热电耦用的 BMn40-1.5 和 BMn43-0.5 合金，为保证电气性能，对规定有最大值和最小值的成分，允许略微超出表中的规定。

④ 铜+所列出元素总和≥99.5%。

* 我国加工白铜代号等同的美国加工白铜代号：BFe5-1.5-0.5/C70400；BZn18-18/C75200；BZn18-26/C77000。

(2) 加工白铜产品的力学性能

本节介绍的常见加工白铜产品的名称和标准号如下：
(1) 白铜拉制棒(GB/T 4423—2007)和挤制棒(YS/T 649—2007)
(2) 普通白铜板(GB/T 2040—2008)
(3) 铁白铜板(GB/T 2040—2008)
(4) 锌白铜板(GB/T 2040—2008)
(5) 铝白铜板(GB/T 2040—2008)
(6) 锰白铜板(GB/T 2052—2008)
(7) 白铜带(GB/T 2059—2008)
(8) 锌白铜管(GB/T 1527—2006)
(9) 热交换器用白铜管(GB/T 8890—2007)
(10) 锌白铜毛细管
(11) 白铜线(GB 21652—2008)

牌号	制造方法和状态[1]		规格[2] (mm)	抗拉强度 (MPa) ≥	伸长率 (%)≥	硬度 HV ≥
(1) 白铜拉制棒(GB/T 4423—2007)和挤制棒(YS/T 649—2007)						
BFe30-1-1	拉制	M Y	16～50	345 490	25 —	— —
	热挤	R	≤80	345 —	28 —	— —
BMn40-1.5	拉制	Y	7～20 >20～30 >30～40	540 490 440	6 8 11	— — —
	热挤	R	≤80	345 —	28 —	— —
BZn15-20	拉制[3]	M	3～40	295	33	—
		Y	4～12 >12～25 >25～40	440 390 345	6 8 13	— — —
	热挤	R	≤80	295 —	33 —	— —

（续）

牌　号	制造方法和状态①		规　格②（mm）	抗拉强度（MPa）≥	伸长率（%）≥	硬度 HV ≥
(1) 白铜拉制棒（GB/T 4423—2007）和挤制棒（GB/T 13808—1992）						
BZn15-24-1.5	拉制	M Y T	3～18	295 440 590	30 5 3	— — —
BAl13-3	挤制	R	≤80	685 —	7 —	— —
(2) 普通白铜板（GB/T 2040—2008）④						
B5	热轧	R	7～14	215	20	—
	冷轧	M Y	0.5～10	215 370	30 10	— —
B19	热轧	R	7～14	295	20	—
	冷轧	M Y	0.5～10	290 390	25 3	— —
(3) 铁白铜板（GB/T 2040—2008）④						
BFe10-1-1	热轧	R	7～14	275	20	—
	冷轧	M Y	0.5～10	275 370	28 3	— —
BFe30-1-1	热轧	R	7～14	345	15	—
	冷轧	M Y	0.5～10	370 530	20 3	— —
(4) 锌白铜板（GB/T 2040—2008）④						
BZn15-20	冷轧	M Y_2 Y T	0.5～10	340 440～570 540～690 640	35 5 1.5 1	— — — —

注：① 状态栏：M—软（退火）；Y_2—半硬；Y—硬；T—特硬；R—热轧、热挤；CS—热处理。
② 规格栏：圆棒（线）指直径；方、六角棒（线）指内切圆直径或平行对边距离；板、带材指厚度；圆形管指外径。
③ 锌白铜拉制棒应进行消除内应力处理。

(续)

牌　　号	制造方法和状态①		规　格②(mm)	抗拉强度(MPa)≥	伸长率(%)≥	硬度HV≥
(5) 铝白铜板(GB/T 2040—2008)④						
BAl6-1.5 BAl13-3	冷轧	Y CYS	0.5～12	535 635	3 5	— —
(6) 锰白铜板(GB/T 2040—2008)⑤						
BMn3-12	冷轧	M	0.5～10	350	25	—
BMn40-1.5	冷轧	M Y	0.5～10	390～590 590	实测 实测	— —
(7) 白铜带(GB/T 2059—2008)④⑦⑧						
B5	M Y		≥0.2	215 370	32 10	— —
B19	M Y		≥0.2	290 390	25 3	— —
BFe10-1-1	M Y		≥0.2	275 370	28 3	— —
BFe30-1-1	M Y		≥0.2	370 540	23 3	— —
BMn3-12	M		≥0.2	350	25	—
BMn40-1.5	M Y		≥0.2	390～590 635	实测 实测	— —
BZn15-20	M Y_2 Y T		≥0.2	340 440～570 540～690 640	35 5 1.5 1	— — — —

注：④ 厚度超出规定范围的板材，其性能由供需双方规定。
⑤ 板材的供应状态，须在合同中注明，否则按硬态供应。软态板材可经酸洗后供应。板材的电性能应符合GB/T 2052—1980的规定。
⑥ 厚度超出规定的带材，其性能由供需双方商定。

(续)

牌　　号	制造方法和状态[①]	规　格[②] (mm)	抗拉强度 (MPa) ≥	伸长率 (%)≥	硬度 HV ≥
(8) 铝白铜带(GB/T 2059—2008)[⑨]					
BAl6-1.5 BAl13-3	Y CYS	≥0.2	600 —	5 —	— —
(9) 锌白铜管(GB/T 1527—2006)[⑩]					
BZn15-20	M Y_2 Y	4～40	295 390 490	35 20 8	— — —
(10) 热交换器用白铜管(GB/T 8890—2007)[⑪]					
BFe10-1-1	M Y_2 Y	4～160 6～76 6～76	290 345 480	30 10 —	— — —
BFe30-1-1	M Y_2	6～76	370 490	30 10	— —
(11) 白铜线(GB/T 21652—2008)[⑫]					
B19	M	0.10～0.50 >0.50～6.0	295 295	20 25	— —
	Y	0.10～0.50 >0.50～6.0	590～880 490～785	— —	— —

注：⑦ BMn3-12 和 BMn40-1.5 带材的电性能应符合 GB/T 2059—2000 的规定。
⑧ 需方如有要求，并在合同中注明时，可对 BMn40-1.5(M、Y 状态)和 BZn15—20(Y、T 状态)带材进行弯曲试验。具体要求参见 GB/T 2059—2008 的规定。
⑨ 厚度>0.30mm 带材的拉伸试验结果，应符合表中的规定。
⑩ 半硬、硬态，管材应消除内应力。
⑪ 伸长率指标，仲裁时以 δ_{10} 为准。
⑫ 白铜线的伸长率测试，采用 L_0 = 100mm 试样。

(续)

牌　　号	制造方法和状态[1]	规　格[2] (mm)	抗拉强度 (MPa) ≥	伸长率 (%)≥	硬度 HB ≥
(12) 白铜线(GB/T 21652—2008)[12][13]					
BFe30-1-1	M	0.10～0.50 >0.50～6.0	345 345	20 25	— —
	Y	0.10～0.50 >0.50～6.0	685～980 590～880	— —	— —
BMn3-12	M	0.05～1.0 >1.0～6.0	440 390	12 20	— —
	Y	0.05～1.0 >1.0～6.0	785 685	— —	— —
BMn40-1.5	M	0.05～0.20 >0.20～0.50 >0.50～0.60	390 390 390	15 20 25	— — —
	Y	0.05～0.20 >0.20～0.50 >0.50～6.0	685～980 685～880 635～835	— — —	— — —
BZn15-20 BZn18-20	M	0.10～0.20 >0.20～0.50 >0.50～2.0 >2.0～8.0	345 345 345 345	15 20 25 30	— — — —
	Y_2	0.10～0.20 >0.20～0.50 >0.50～2.0 >2.0～8.0	510～780 490～735 440～685 440～635	— — — —	— — — —
	Y_8	0.1～0.2 >0.2～0.5 >0.5～2.0 >2.0～8.0	450～600 435～570 420～550 410～520	12 15 20 24	— — — —
	Y_4	0.1～0.2 >0.2～0.5 >0.5～2.0 >2.0～8.0	470～660 460～620 440～600 420～570	10 12 14 16	— — — —
	T	0.5～1.0 >1.0～2.0 >2.0～4.0	750 740 730	— — —	— — —

注：⑬ 锰白铜线的电气性能试验结果应符合 GB/T 21652—2008 的规定。

5. 镍及镍合金

(1) 电解镍的化学成分(GB/T 6516—2010)

牌号	化学成分(质量分数,%)								
	镍+钴	其中钴	杂质 ≤						
	≥	≤	碳	硅	磷	硫	铁	铜	锌
Ni9999	99.99	0.005	0.005	0.001	0.001	0.001	0.002	0.0015	0.001
Ni9996	99.96	0.02	0.01	0.002	0.001	0.001	0.01	0.01	0.0015
Ni9990	99.90	0.08	0.01	0.002	0.001	0.001	0.02	0.02	0.002
Ni9950	99.50	0.15	0.02	—	0.003	0.003	0.20	0.04	0.005
Ni9920	99.20	0.50	0.10	—	0.02	0.02	0.50	0.15	—

牌号	化学成分(%)								
	杂质 ≤								
	砷	镉	锡	锑	铅	铋	镁	铝	锰
Ni9999	0.0008	0.0003	0.0003	0.0003	0.0003	0.0003	0.001	0.001	0.001
Ni9996	0.0008	0.0003	0.0003	0.0003	0.0015	0.0003	0.001	—	—
Ni9990	0.001	0.0008	0.0008	0.0008	0.0015	0.0008	0.002	—	—
Ni9950	0.002	0.002	0.0025	0.0025	0.002	0.0025	—	—	—
Ni9920	—	—	—	—	0.005	—	—	—	—

注:1. 电解镍的牌号以符号 Ni 和“镍+钴”最低含量的 100 倍表示。
2. 牌号 Ni9990 以上电解镍以板状供应,板的平均厚度应不小于 3mm。牌号 Ni9920 电解镍形状不定。
3. 电解镍供制造合金钢、镍基合金、电镀等工业采用。

(2) 加工镍及镍合金的化学成分及产品形状

(GB/T 5235—2007)

组别	牌号	化学成分(质量分数,%)			
		镍+钴	硅	碳	镁
纯镍	N2	≥99.98	≤0.003	≤0.005	≤0.003
	N4	≥99.9	≤0.03	≤0.01	≤0.01
	N6	≥99.5	≤0.1	≤0.10	≤0.10
	N8	≥99.0	≤0.15	≤0.2	≤0.10
	DN	≥99.35	0.02～0.10	0.02～0.10	0.02～0.10
阳极镍	NY1	≥99.7	≤0.1	≤0.2	≤0.1
	NY2	≥99.4	≤0.10	≤0.3	≤0.3
	NY3	≥99.0	≤0.2	≤0.1	≤0.1
镍锰合金	NMn3	余量	锰 2.30～3.30	≤0.03	≤0.10
	NMn5	余量	锰 4.60～5.40	≤0.03	≤0.10

牌号	化学成分(质量分数,%)			常见产品形状
	铜	硫	杂质总和 ≤	
N2	≤0.001	≤0.001	0.02	板、带、箔
N4	≤0.015	≤0.001	0.1	板、带、箔
N6	≤0.10	≤0.005	0.5	板、带、箔、管、棒、线
N8	≤0.15	≤0.015	1.0	板、带、棒、线
DN	≤0.06	≤0.005	0.35	板、带、管、棒、线
NY1	≤0.1	≤0.005	0.3	板、棒
NY2	0.01～0.1	0.002～0.01	0.6	板、棒
NY3	≤0.15	≤0.005	1.0	板
NMn3	≤0.50	≤0.03	1.5	线
NMn5	≤0.50	≤0.03	2.0	线

(续)

组别	牌号	化学成分 (质量分数,%)			
		镍+钴	铜	锰	硅
镍铜合金	NCu40-2-1 NCu28-2.5-1.5	余量 余量	38.0～42.0 27.0～29.0	1.25～2.25 1.2～1.8	≤0.15 ≤0.1
电子用镍合金	NMg0.1 NSi0.19 NW4-0.15 NW4-0.1 NW4-0.07	≥99.6 ≥99.4 余量 余量 余量	≤0.05 ≤0.05 ≤0.02 ≤0.005 ≤0.02	≤0.05 ≤0.05 ≤0.005 ≤0.005 ≤0.005	≤0.02 0.15～0.25 ≤0.01 ≤0.005 ≤0.01
热电合金	NSi3 NCr10	97 90	钴 0.05～0.6 钴 0.1～1.2	0.05～0.7 0.01～0.2	2～3 0.05～0.6

牌号	化学成分(质量分数,%)			常见产品形状
	铁	碳	杂质总和 ≤	
NCu40-2-1 NCu28-2.5-1.5	0.2～1.0 2.0～3.0	≤0.30 ≤0.20	0.6 0.6	板、带、管、棒、线 板、带、管、棒、线
NMg0.1 NSi0.19 NW4-0.15 NW4-0.1 NW4-0.07	≤0.07 ≤0.07 ≤0.03 ≤0.03 ≤0.03	≤0.05 ≤0.10 ≤0.01 ≤0.01 ≤0.01	0.40 0.50 0.15 0.12 0.2	板、棒 带、管 带、线 带 带
NSi3 NCr10	— 铬 9.0～10.0		— —	线 线

注：1. 每个牌号有名称和代号两种表示方法。表中为牌号的代号表示方法。牌号的名称表示方法举例：代号 N2 的牌号名称为"2 号镍"；DN 的牌号名称为"电真空镍"；NW4-0.1 的牌号名称为"4-0.1 镍钨锆合金"；其余类推。

2. 经供需双方协商，可供应"镍+钴+镁+碳"不小于 99.65% 的 DN 镍硅镁合金。

(3) 加工镍及镍合金产品的力学性能

本节介绍的常见加工镍及镍合金产品的名称和标准号如下：
(1) 镍及镍合金棒(GB/T 4435—2010)
(2) 镍及镍合金板(GB/T 2054—2005)
(3) 镍及镍合金带(GB/T 2072—2007)
(4) 镍及镍铜合金管(GB/T 2882—2005)
(5) 镍线(GB/T 21653—2008)

牌号	制造方法和状态①		规格② (mm)	抗拉强度 (MPa) ≥	伸长率 (%)≥	硬度 HRB
(1) 镍及镍铜合金棒(GB/T 4435—2010)						
N4、N5、N6、N7、N8	拉制	Y	3～20	590	5	—
			>20～30	540	6	—
			>30～65	510	6	—
		M	3～30	380	34	—
			>30～65	345	34	—
	挤制	R	32～60	345	25	—
			>60～254	345	20	—
NCu28-2.5-1.5	拉制	Y	3～15	665	4	—
			>15～30	635	6	—
			>30～65	590	8	—
		Y_2	3～20	590	10	—
			>20～30	540	12	—
		M	3～65	440	20	—
	挤制	R	6～254	390	25	—
NCu40-2-1	拉制	Y	3～20	635	4	—
			>20～40	590	5	—
		M	5～30	390	25	—
	挤制	R	6～254	实测		—

注：① 状态栏：R—热轧、热挤；M—软；Y_2—半硬；Y—硬。
② 规格栏：圆棒(线)指直径；板、带材指厚度；圆管指外径。

（续）

牌号	制造方法和状态①	规格②(mm)	抗拉强度(MPa)≥	伸长率(%)≥	硬度HRB
(2) 镍及镍合金板(GB/T 2054—2005)③④⑥					
N6、N7、DN NSi0.19、NMg0.1	M	≤1.5	380⑤	35	—
		>1.5	380	40	—
	R	>4	380	30	—
	Y	>1.5	620	2	90～95
		≤1.5	540	2	—
	Y_2	>1.5	490	20	79～85
NCu28-2.5-1.5	M	—	440	25	—
	R	>4	440	25	—
	Y_2	—	570	6.5	82～90
(3) 镍及镍合金带(GB/T 2072—2007)⑥⑦					
N6、NSi0.19 NMg0.1、DN	M	0.05～1.2	393	30	—
	Y		539	2	—
NCu28-2.5-1.5	M Y_2	0.5～1.2	441 568	25 6.5	— —
N4，NW4-0.15 NW4-0.1，NW4-0.07	M	0.25～1.2	345	30	—
	Y		490	2	—
N5	M	0.25～1.2	350	35	—
N7	M	0.25～1.2	380	35	—
	Y		620	2	—

注：③ 热轧板不经酸洗供应。软板可经酸洗供应。
④ 厚度≥15mm 热轧板不做拉伸试验。
⑤ N6 热轧板的抗拉强度为≥345MPa。

(续)

牌　　号	制造方法和状态[1]	规　格[2] (mm)	抗拉强度 (MPa) ≥	伸长率 (%)≥	硬度 HRB
(3) 镍及镍合金带(GB/T 2072—2007)[6][7]					
NCu30	M	0.25～1.2	480	25	—
	Y_2		550	25	—
	Y		680	2	—
(4) 镍及镍合金管(GB/T 2882—2005)					
N6	M	<0.9	390	35	—
	Y		540	—	—
	M	≥0.9	370	35	—
	Y_2		450	12	—
	Y		520	6	—
NCu28-2.5-1.5 NCu40-2-1 NSi0.19 NMg0.1	M	0.35～90	440	20	—
	Y		585	3	—
	Y_2	0.35～18	540	6	—
(5) 镍及镍合金无缝薄壁管(GB/T 2882—2005)					
N2、N4 DN	M	0.35～18	390	35	—
	Y	0.35～18	540	—	—
(6) 镍线(GB/T 21653—2008)[8]					
N4/N6、N8	M	0.03～0.20 >0.20～0.48 >0.50～1.00 >1.00～6.00	370/420 340/390 310/370 290/340	15 20 20 25	— — — —

注：⑥ 未列入表中的NCu40-2-1各种状态板材、带材；提供实测数据。⑦ 厚度<0.5mm的带材不做拉伸试验。⑧ 供农用飞机做喷头用的NCu28-2.5-1.5硬态管材，其抗拉强度≥645MPa，伸长率≥2%。

（续）

牌　　号	制造方法和状态[1]	规　格[2]（mm）	抗拉强度（MPa）≥	伸长率（%）≥	硬度 HRB
(6) 镍线（GB/T 21653—2008）[8]					
N4/N6、N8	Y_2	0.10～0.50	685～885/780～980	—	—
		>0.50～1.00	580～785/655～835	—	—
		>1.00～5.00	490～640/540～685	—	—
	Y	0.03～0.09	780～1275/880～1325	—	—
		>0.09～0.50	735～980/830～1080	—	—
		>0.50～1.00	685～880/735～980	—	—
		>1.00～6.00	535～835/640～885	—	—
		>6.00～10.00	490～785/585～835	—	—
(7) 镍铜合金线（GB/T 21653—2008）[9,10]					
NCu28-2.5-1.5、NCu30	M	0.05～0.50	470	15	—
		>0.50～4.0	450	25	—
		>4.0～6.0	440	30	—
	Y	0.05～0.50	785～980	—	—
		>0.50～4.0	685～885	—	—
		>4.0～6.0	635～835	—	—
NCu40-2-1	M	0.10～6.0	441	实测	—
	Y		637	实测	—

（续）

牌　　号	制造方法和状态[1]	规　格[2] (mm)	抗拉强度 (MPa) ≥	伸长率 (%)≥	硬度 HRB
(8) 电真空器件用镍及镍合金线(GB/T 21653—2008)[9]					
NMg0.1、NSi0.19、NSi3、DN	Y	0.03～0.09	880～1325	—	
		>0.09～0.50	830～1080	—	
		>0.50～1.00	735～980	—	
		>1.00～6.00	640～885	—	
		>6.00～10.00	585～835	—	
	Y_2	0.10～0.50	780～980	—	
		>0.50～1.00	685～835	—	
		>1.00～10.00	540～685	—	
	M	0.03～0.20	≥420	15	
		>0.20～0.50	≥390	20	
		>0.50～1.00	≥370	20	
		>1.00～10.00	≥340	25	

注：⑨ 镍线的伸长率符号为 δ,采用 l_0 = 100mm 试样。抗拉强度栏中的分数：分子为 N4 数据；分母为 N6、N8 数据。

⑩ NCu28-2.5-1.5 线材在 20℃时的电阻率应符合下列规定。试验仅根据用户要求,并在合同注明方予进行。NCu40-2-1 线材不做此项试验,如用户要求,供方可提供实测结果,供参考。

材料状态	M	Y
电阻率 $\rho(\Omega \cdot mm^2/m) \geq$	0.40	0.42

6. 铝 及 铝 合 金

(1) 重熔用铝锭的化学成分(GB/T 1196—2008)

牌号	化学成分(质量分数,%)								
	铝 ≥	杂质 ≤							
		铁	硅	铜	镓	镁	锌	其他每种	总和
Al99.90	99.90	0.07	0.05	0.005	0.020	0.01	0.025	0.010	0.10
Al99.85	99.85	0.12	0.08	0.005	0.030	0.02	0.030	0.015	0.15
Al99.70	99.70	0.20	0.10	0.01	0.03	0.02	0.03	0.03	0.30
Al99.60	99.60	0.25	0.16	0.01	0.03	0.03	0.03	0.03	0.40
Al99.50	99.50	0.30	0.22	0.02	0.03	0.05	0.05	0.03	0.50
Al99.00	99.00	0.50	0.42	0.02	0.05	0.05	0.05	0.05	1.00
Al99.7E	99.70	0.20	0.07	0.01	—	0.02	0.04	0.03	0.30
Al99.6E	99.60	0.30	0.10	0.01	—	0.02	0.04	0.03	0.40

注:1. 铝含量为100%与表中所列有数值要求的杂质元素含量实测值及等于或大于0.010%的其他杂质总和的差值,求和前数值修约至与表中所列极限数位一致,求和后将数值修约至0.0X再与100%求差。
2. 对于表中未规定的其他杂质元素含量,如需方有特殊要求时,可由供需双方另行协议。
3. 分析数值的判定采用修约比较法,数值修约规则按GB/T 8170的有关规定进行。修约数位与表中所列极限值数位一致。

(2) 高纯铝的化学成分及用途(YS/T 275—2008)

牌号	铝(%)≥	杂质($\times10^{-4}$%)≤										
		铜	硅	铁	钛	锌	铅	镓	镉	银	铟	总和
Al99.999	99.999	2.8	2.5	2.5	1.0	0.9	0.5	0.5	0.2	0.2	0.2	10.0
Al99.9995	99.9995	铜+硅+铁+钛+锌+镓≤5.0										

注:1. 产品以半圆锭(重量≤40kg)、长板锭(重量≤20kg)或梯形锭(重量10kg左右)供货。
2. 高纯铝供电子工业、高纯合金和激光材料等采用。
3. Al99.9995的铜、硅、铁、钛、锌、镓之和不大于5%。

(3) 变形铝及铝合金的化学成分(GB/T 3190—2008)

序号	牌号	化学成分(质量分数,%)							
		硅	铁	铜	锰	镁	锌	钛	铝
1	1035	0.35	0.6	0.10	0.05	0.05	0.10	0.03	99.35
2	1040	0.30	0.50	0.10	0.05	0.05	0.10	0.03	99.40
3	1045	0.30	0.45	0.10	0.05	0.05	0.05	0.03	99.45
4	1050	0.25	0.40	0.05	0.05	0.05	0.05	0.03	99.50
5	1050A	0.25	0.40	0.05	0.05	0.05	0.07	0.05	99.50
6	1060	0.25	0.35	0.05	0.03	0.03	0.05	0.03	99.60
7	1065	0.25	0.30	0.05	0.03	0.03	0.05	0.03	99.65
8	1070	0.20	0.25	0.04	0.03	0.03	0.04	0.03	99.70
9	1070A	0.20	0.25	0.03	0.03	0.03	0.07	0.03	99.70
10	1080	0.15	0.15	0.03	0.02	0.02	0.03	0.03	99.80
11	1080A	0.15	0.15	0.03	0.02	0.02	0.06	0.02	99.80
12	1085	0.10	0.12	0.03	0.02	0.02	0.03	0.02	99.85
13	1100	0.95Si+Fe		0.05～0.20	0.05	—	0.10	—	99.00
14	1200	1.00Si+Fe		0.05	0.05	—	0.10	0.05	99.00
15	1200A	1.00Si+Fe		0.10	0.30	0.30	0.10	—	99.00
16	1120	0.10	0.40	0.05～0.35	0.01	0.20	0.05	—	99.20
17	1230	0.70Si+Fe		0.10	0.05	0.05	0.10	0.03	99.30
18	1235	0.65Si+Fe		0.05	0.05	0.05	0.10	0.06	99.35
19	1435	0.15	0.30～0.50	0.02	0.05	0.05	0.10	0.03	99.35
20	1145	0.55Si+Fe		0.05	0.05	0.05	0.05	0.03	99.45
21	1345	0.30	0.40	0.10	0.05	0.05	0.05	0.03	99.45
22	1350	0.10	0.40	0.05	0.01	—	0.05	—	99.50
23	1450	0.25	0.40	0.05	0.05	0.05	0.07	0.10～0.20	99.50

(续)

序号	牌号	化学成分(质量分数,%)							
		硅	铁	铜	锰	镁	锌	钛	铝
24	1260	0.40Si+Fe		0.04	0.01	0.03	0.05	0.03	99.60
25	1370	0.10	0.25	0.02	0.01	0.02	0.04	—	99.70
26	1275	0.08	0.12	0.05~0.10	0.02	0.02	0.03	0.02	99.75
27	1185	0.15Si+Fe		0.01	0.02	0.02	0.03	0.02	99.85
28	1285	0.08	0.08	0.02	0.01	0.01	0.03	0.02	99.85
29	1385	0.05	0.12	0.02	0.01	0.02	0.03	—	99.85
30	2004	0.20	0.20	5.5~6.5	0.10	0.50	0.10	0.05	余量
31	2011	0.40	0.7	5.0~6.0	—	—	0.30	—	余量
32	2014	0.50~1.2	0.7	3.9~5.0	0.40~1.2	0.20~0.8	0.25	0.15	余量
33	2014A	0.50~0.9	0.50	3.9~5.0	0.40~1.2	0.20~0.8	0.25	0.15	余量
34	2214	0.50~1.2	0.30	3.9~5.0	0.40~1.2	0.20~0.8	0.25	0.15	余量
35	2017	0.20~0.8	0.7	3.5~4.5	0.40~1.0	0.40~0.8	0.25	0.15	余量
36	2017A	0.20~0.8	0.7	3.5~4.5	0.40~1.0	0.40~1.0	0.25	—	余量
37	2117	0.8	0.7	2.2~3.0	0.20	0.20~0.50	0.25	—	余量
38	2218	0.9	1.0	3.5~4.5	0.20	1.2~1.8	0.25	—	余量
39	2618	0.10~0.25	0.9~1.3	1.9~2.7	—	1.3~1.8	0.10	0.04~0.10	余量
40	2618A	0.15~0.25	0.9~1.4	1.8~2.7	0.25	1.2~1.8	0.15	0.20	余量

（续）

序号	牌号	化学成分（质量分数，%）							
		硅	铁	铜	锰	镁	锌	钛	铝
41	2219	0.20	0.30	5.8～6.8	0.20～0.40	0.02	0.10	0.02～0.10	余量
42	2519	0.25	0.30	5.3～6.4	0.10～0.50	0.05～0.40	0.10	0.02～0.10	余量
43	2024	0.50	0.50	3.8～4.9	0.30～0.9	1.2～1.8	0.25	0.15	余量
44	2024A	0.15	0.20	3.7～4.5	0.15～0.8	1.2～1.5	0.25	0.15	余量
45	2124	0.20	0.30	3.8～4.9	0.30～0.9	1.2～1.8	0.25	0.15	余量
46	2324	0.10	0.12	3.8～4.4	0.30～0.9	1.2～1.8	0.25	0.15	余量
47	2524	0.06	0.12	4.0～4.5	0.45～0.7	1.2～1.6	0.15	0.10	余量
48	3002	0.08	0.10	0.15	0.05～0.25	0.05～0.20	0.05	0.03	余量
49	3102	0.40	0.7	0.10	0.05～0.40	—	0.30	0.10	余量
50	3003	0.6	0.7	0.05～0.20	1.0～1.5	—	0.10	—	余量
51	3103	0.50	0.7	0.10	0.9～1.5	0.30	0.20	—	余量
52	3103A	0.50	0.7	0.10	0.7～1.4	0.30	0.20	0.10	余量
53	3203	0.6	0.7	0.05	1.0～1.5	—	0.10	—	余量
54	3004	0.30	0.7	0.25	1.0～1.5	0.8～1.3	0.25	—	余量
55	3004A	0.40	0.7	0.25	0.8～1.5	0.8～1.5	0.25	0.05	余量

(续)

序号	牌号	化学成分(质量分数,%)							
		硅	铁	铜	锰	镁	锌	钛	铝
56	3104	0.6	0.8	0.05～0.25	0.8～1.4	0.8～1.3	0.25	0.10	余量
57	3204	0.30	0.7	0.10～0.25	0.8～1.5	0.8～1.5	0.25	—	余量
58	3005	0.6	0.7	0.30	1.0～1.5	0.20～0.6	0.25	0.10	余量
59	3105	0.6	0.7	0.30	0.30～0.8	0.20～0.8	0.40	0.10	余量
60	3105A	0.6	0.7	0.30	0.30～0.8	0.20～0.8	0.25	0.10	余量
61	3006	0.50	0.7	0.10～0.30	0.50～0.8	0.30～0.6	0.15～0.40	0.10	余量
62	3007	0.50	0.7	0.05～0.30	0.30～0.8	0.6	0.40	0.10	余量
63	3107	0.6	0.7	0.05～0.15	0.40～0.9	—	0.20	0.10	余量
64	3207	0.30	0.45	0.10	0.40～0.8	0.10	0.10	—	余量
65	3207A	0.35	0.6	0.25	0.30～0.8	0.40	0.25	—	余量
66	3307	0.6	0.8	0.30	0.50～0.9	0.30	0.40	0.10	余量
67	4004	9.0～10.5	0.8	0.25	0.10	1.0～2.0	0.20	—	余量
68	4032	11.0～13.5	1.0	0.50～1.3	—	0.8～1.3	0.25	—	余量
69	4043	4.5～6.0	0.8	0.30	0.05	0.05	0.10	0.20	余量
70	4043A	4.5～6.0	0.6	0.30	0.15	0.20	0.10	0.15	余量

(续)

序号	牌号	化学成分(质量分数,%)							
		硅	铁	铜	锰	镁	锌	钛	铝
71	4343	6.8～8.2	0.8	0.25	0.10	—	0.20	—	余量
72	4045	9.0～11.0	0.8	0.30	0.05	0.05	0.10	0.20	余量
73	4047	11.0～13.0	0.8	0.30	0.15	0.10	0.20	—	余量
74	4047A	11.0～13.0	0.6	0.30	0.15	0.10	0.20	0.15	余量
75	5005	0.30	0.7	0.20	0.20	0.50～1.1	0.25	—	余量
76	5005A	0.30	0.45	0.05	0.15	0.7～1.1	0.20	—	余量
77	5205	0.15	0.7	0.03～0.10	0.10	0.6～1.0	0.05	—	余量
78	5006	0.40	0.8	0.10	0.40～0.8	0.8～1.3	0.25	0.10	余量
79	5010	0.40	0.7	0.25	0.10～0.30	0.20～0.6	0.30	0.10	余量
80	5019	0.40	0.50	0.10	0.10～0.6	4.5～5.6	0.20	0.20	余量
81	5049	0.40	0.50	0.10	0.50～1.1	1.6～2.5	0.20	0.10	余量
82	5050	0.40	0.7	0.20	0.10	1.1～1.8	0.25	—	余量
83	5050A	0.40	0.7	0.20	0.30	1.1～1.8	0.25	—	余量
84	5150	0.08	0.10	0.10	0.03	1.3～1.7	0.10	0.06	余量
85	5250	0.08	0.10	0.10	0.04～0.15	1.3～1.8	0.05	—	余量

(续)

序号	牌号	化学成分(质量分数,%)							
		硅	铁	铜	锰	镁	锌	钛	铝
86	5051	0.40	0.7	0.25	0.20	1.7～2.2	0.25	0.10	余量
87	5251	0.40	0.50	0.15	0.10～0.50	1.7～2.4	0.15	0.15	余量
88	5052	0.25	0.40	0.10	0.10	2.2～2.8	0.10	—	余量
89	5154	0.25	0.40	0.10	0.10	3.1～3.9	0.20	0.20	余量
90	5154A	0.50	0.50	0.10	0.50	3.1～3.9	0.20	0.20	余量
91	5454	0.25	0.40	0.10	0.50～1.0	2.4～3.0	0.25	0.20	余量
92	5554	0.25	0.40	0.10	0.50～1.0	2.4～3.0	0.25	0.05～0.20	余量
93	5754	0.40	0.40	0.10	0.50	2.6～3.6	0.20	0.15	余量
94	5056	0.30	0.40	0.10	0.05～0.20	4.5～5.6	0.10	—	余量
95	5356	0.25	0.40	0.10	0.05～0.20	4.5～5.5	0.10	0.06～0.20	余量
96	5456	0.25	0.40	0.10	0.50～1.0	4.7～5.5	0.25	0.20	余量
97	5059	0.45	0.50	0.25	0.6～1.2	5.0～6.0	0.40～0.9	0.20	余量
98	5082	0.20	0.35	0.15	0.15	4.0～5.0	0.25	0.10	余量
99	5182	0.20	0.35	0.15	0.20～0.50	4.0～5.0	0.25	0.10	余量
100	5083	0.40	0.40	0.10	0.40～1.0	4.0～4.9	0.25	0.15	余量

（续）

序号	牌号	化学成分(质量分数,%)							
		硅	铁	铜	锰	镁	锌	钛	铝
101	5183	0.40	0.40	0.10	0.50～1.0	4.3～5.2	0.25	0.15	余量
102	5383	0.25	0.25	0.20	0.7～1.0	4.0～5.2	0.40	0.15	余量
103	5086	0.40	0.50	0.10	0.20～0.7	3.5～4.5	0.25	0.15	余量
104	6101	0.30～0.7	0.50	0.10	0.03	0.35～0.8	0.10	—	余量
105	6101A	0.30～0.7	0.40	0.05	—	0.40～0.9	—	—	余量
106	6101B	0.30～0.6	0.10～0.30	0.05	0.05	0.35～0.6	0.10	—	余量
107	6201	0.50～0.9	0.50	0.10	0.03	0.6～0.9	0.10	—	余量
108	6005	0.6～0.9	0.35	0.10	0.10	0.40～0.6	0.10	0.10	余量
109	6005A	0.50～0.9	0.35	0.30	0.50	0.40～0.7	0.20	0.10	余量
110	6105	0.6～1.0	0.35	0.10	0.15	0.45～0.8	0.10	0.10	余量
111	6106	0.30～0.6	0.35	0.25	0.05～0.20	0.40～0.8	0.10	—	余量
112	6009	0.6～1.0	0.50	0.15～0.6	0.20～0.8	0.40～0.8	0.25	0.10	余量
113	6010	0.8～1.2	0.50	0.15～0.6	0.20～0.8	0.6～1.0	0.25	0.10	余量
114	6111	0.6～1.1	0.40	0.50～0.9	0.10～0.45	0.50～1.0	0.15	0.10	余量
115	6016	1.0～1.5	0.50	0.20	0.20	0.25～0.6	0.20	0.15	余量

(续)

序号	牌号	化学成分(质量分数,%)							
		硅	铁	铜	锰	镁	锌	钛	铝
116	6043	0.40～0.9	0.50	0.30～0.9	0.35	0.6～1.2	0.20	0.15	余量
117	6351	0.7～1.3	0.50	0.10	0.40～0.8	0.40～0.8	0.20	0.20	余量
118	6060	0.30～0.6	0.10～0.30	0.10	0.10	0.35～0.6	0.15	0.10	余量
119	6061	0.40～0.8	0.7	0.15～0.40	0.15	0.8～1.2	0.25	0.15	余量
120	6061A	0.40～0.8	0.7	0.15～0.40	0.15	0.8～1.2	0.25	0.15	余量
121	6262	0.40～0.8	0.7	0.15～0.40	0.15	0.8～1.2	0.25	0.15	余量
122	6063	0.20～0.6	0.35	0.10	0.10	0.45～0.9	0.10	0.10	余量
123	6063A	0.30～0.6	0.15～0.35	0.10	0.15	0.6～0.9	0.15	0.10	余量
124	6463	0.20～0.6	0.15	0.20	0.05	0.45～0.9	0.05	—	余量
125	6463A	0.20～0.6	0.15	0.25	0.05	0.30～0.9	0.05	—	余量
126	6070	1.0～1.7	0.50	0.15～0.40	0.40～1.0	0.50～1.2	0.25	0.15	余量
127	6181	0.8～1.2	0.45	0.10	0.15	0.6～1.0	0.20	0.10	余量
128	6181A	0.7～1.1	0.15～0.50	0.25	0.40	0.6～1.0	0.30	0.25	余量
129	6082	0.7～1.3	0.50	0.10	0.40～1.0	0.6～1.2	0.20	0.10	余量
130	6082A	0.7～1.3	0.50	0.10	0.40～1.0	0.6～1.2	0.20	0.10	余量

（续）

序号	牌号	化学成分（质量分数，%）							
		硅	铁	铜	锰	镁	锌	钛	铝
131	7001	0.35	0.40	1.6～2.6	0.20	2.6～3.4	6.8～8.0	0.20	余量
132	7003	0.30	0.35	0.20	0.30	0.50～1.0	5.0～6.5	0.20	余量
133	7004	0.25	0.35	0.05	0.20～0.7	1.0～2.0	3.8～4.6	0.05	余量
134	7005	0.35	0.40	0.10	0.20～0.7	1.0～1.8	4.0～5.0	0.01～0.06	余量
135	7020	0.35	0.40	0.20	0.05～0.50	1.0～1.4	4.0～5.0	—	余量
136	7021	0.25	0.40	0.25	0.10	1.2～1.8	5.0～6.0	0.10	余量
137	7022	0.50	0.50	0.50～1.0	0.10～0.40	2.6～3.7	4.3～5.2	—	余量
138	7039	0.30	0.40	0.10	0.10～0.40	2.3～3.3	3.5～4.5	0.10	余量
139	7049	0.25	0.35	1.2～1.9	0.20	2.0～2.9	7.2～8.2	0.10	余量
140	7049A	0.40	0.50	1.2～1.9	0.50	2.1～3.1	7.2～8.4	—	余量
141	7050	0.12	0.15	2.0～2.6	0.10	1.9～2.6	5.7～6.7	0.06	余量
142	7150	0.12	0.15	1.9～2.5	0.10	2.0～2.7	5.9～6.9	0.06	余量
143	7055	0.10	0.15	2.0～2.6	0.05	1.8～2.3	7.6～8.4	0.06	余量
144	7072	0.7Si+Fe		0.10	0.10	0.10	0.8～1.3	—	余量
145	7075	0.40	0.50	1.2～2.0	0.30	2.1～2.9	5.1～6.1	0.20	余量

(续)

序号	牌号	化学成分(质量分数,%)							
		硅	铁	铜	锰	镁	锌	钛	铝
146	7175	0.15	0.20	1.2~2.0	0.10	2.1~2.9	5.1~6.1	0.10	余量
147	7475	0.10	0.12	1.2~1.9	0.06	1.9~2.6	5.2~6.2	0.06	余量
148	7085	0.06	0.08	1.3~2.0	0.04	1.2~1.8	7.0~8.0	0.06	余量
149	8001	0.17	0.45~0.7	0.15	—	—	0.05	—	余量
150	8006	0.40	1.2~2.0	0.30	0.30~1.0	0.10	0.10	—	余量
151	8011	0.50~0.9	0.6~1.0	0.10	0.20	0.05	0.10	0.08	余量
152	8011A	0.40~0.8	0.50~1.0	0.10	0.10	0.10	0.10	0.05	余量
153	8014	0.30	1.2~1.6	0.20	0.20~0.6	0.10	0.10	0.10	余量
154	8021	0.15	1.2~1.7	0.05	—	—	—	—	余量
155	8021B	0.40	1.1~1.7	0.05	0.03	0.01	0.05	0.05	余量
156	8050	0.15~0.30	1.1~1.2	0.05	0.45~0.55	0.05	0.10	—	余量
157	8150	0.30	0.9~1.3	—	0.20~0.7	—	—	0.05	余量
158	8079	0.05~0.30	0.7~1.3	0.05	—	—	0.10	—	余量
159	8090	0.20	0.30	1.0~1.6	0.10	0.6~1.3	0.25	0.10	余量

序号	牌号	化学成分(质量分数,%)							
		硅	铁	铜	锰	镁	锌	钛	铝
1	1A99	0.003	0.003	0.005	—	—	0.001	0.002	99.99
2	1B99	0.0013	0.0015	0.0030	—	—	0.001	0.001	99.993
3	1C99	0.0010	0.0010	0.0015	—	—	0.001	0.001	99.995
4	1A97	0.015	0.015	0.005	—	—	0.001	0.002	99.97
5	1B97	0.015	0.030	0.005	—	—	0.001	0.005	99.97
6	1A95	0.030	0.030	0.010	—	—	0.003	0.008	99.95
7	1B95	0.030	0.040	0.010	—	—	0.003	0.008	99.95
8	1A93	0.040	0.040	0.010	—	—	0.005	0.010	99.93
9	1B93	0.040	0.050	0.010	—	—	0.005	0.010	99.93
10	1A90	0.060	0.060	0.010	—	—	0.008	0.015	99.90
11	1B90	0.060	0.060	0.010	—	—	0.008	0.010	99.90
12	1A85	0.08	0.10	0.01	—	—	0.01	0.01	99.85
13	1A80	0.15	0.15	0.03	0.02	0.02	0.03	0.03	99.80
14	1A80A	0.15	0.15	0.03	0.02	0.02	0.06	0.02	99.80
15	1A60	0.11	0.25	0.01	—	—	—	0.02V+Ti+Mn+Cr	99.60
16	1A50	0.30	0.30	0.01	0.05	0.05	0.03	—	99.50
17	1R50	0.11	0.25	0.01	—	—	—	0.02V+Ti+Mn+Cr	99.50
18	1R35	0.25	0.35	0.05	0.03	0.03	0.05	0.03	99.35
19	1A30	0.10~0.20	0.15~0.30	0.05	0.01	0.01	0.02	0.02	99.30
20	1B30	0.05~0.15	0.20~0.30	0.03	0.12~0.18	0.03	0.03	0.02~0.05	99.30
21	2A01	0.50	0.50	2.2~3.0	0.20	0.20~0.50	0.10	0.15	余量

(续)

序号	牌号	化学成分(质量分数,%)							
		硅	铁	铜	锰	镁	锌	钛	铝
22	2A02	0.30	0.30	2.6～3.2	0.45～0.7	2.0～2.4	0.10	0.15	余量
23	2A04	0.30	0.30	3.2～3.7	0.50～0.8	2.1～2.6	0.10	0.05～0.40	余量
24	2A06	0.50	0.50	3.8～4.3	0.50～1.0	1.7～2.3	0.10	0.03～0.15	余量
25	2B06	0.20	0.30	3.8～4.3	0.40～0.9	1.7～2.3	0.10	0.10	余量
26	2A10	0.25	0.20	3.9～4.5	0.30～0.50	0.15～0.30	0.10	0.15	余量
27	2A11	0.7	0.7	3.8～4.8	0.40～0.8	0.40～0.8	0.30	0.15	余量
28	2B11	0.50	0.50	3.8～4.5	0.40～0.8	0.40～0.8	0.10	0.15	余量
29	2A12	0.50	0.50	3.8～4.9	0.30～0.9	1.2～1.8	0.30	0.15	余量
30	2B12	0.50	0.50	3.8～4.5	0.30～0.7	1.2～1.6	0.10	0.15	余量
31	2D12	0.20	0.30	3.8～4.9	0.30～0.9	1.2～1.8	0.10	0.10	余量
32	2E12	0.06	0.12	4.0～4.6	0.40～0.7	1.2～1.8	0.15	0.10	余量
33	2A13	0.7	0.6	4.0～5.0	—	0.30～0.50	0.6	0.15	余量
34	2A14	0.6～1.2	0.7	3.9～4.8	0.40～1.0	0.40～0.8	0.30	0.15	余量
35	2A16	0.30	0.30	6.0～7.0	0.40～0.8	0.05	0.10	0.10～0.20	余量
36	2B16	0.25	0.30	5.8～6.8	0.20～0.40	0.05	—	0.08～0.20	余量
37	2A17	0.30	0.30	6.0～7.0	0.40～0.8	0.25～0.45	0.10	0.10～0.20	余量

(续)

序号	牌号	化学成分(质量分数,%)							
		硅	铁	铜	锰	镁	锌	钛	铝
38	2A20	0.20	0.30	5.8～6.8	—	0.02	0.10	0.07～0.16	余量
39	2A21	0.20	0.20～0.6	3.0～4.0	0.05	0.8～1.2	0.20	0.05	余量
40	2A23	0.05	0.06	1.8～2.8	0.20～0.6	0.6～1.2	0.15	0.15	余量
41	2A24	0.20	0.30	3.8～4.8	0.6～0.9	1.2～1.8	0.25	0.20Ti+Zr	余量
42	2A25	0.06	0.06	3.6～4.2	0.50～0.7	1.0～1.5	—	—	余量
43	2B25	0.05	0.15	3.1～4.0	0.20～0.8	1.2～1.8	0.10	0.03～0.07	余量
44	2A39	0.05	0.06	3.4～5.0	0.30～0.8	0.30～0.8	0.30	0.15	余量
45	2A40	0.25	0.35	4.5～5.2	0.40～0.6	0.50～1.0	—	0.04～0.12	余量
46	2A49	0.25	0.8～1.2	3.2～3.8	0.30～0.6	1.8～2.2	—	0.08～0.12	余量
47	2A50	0.7～1.2	0.7	1.8～2.6	0.40～0.8	0.40～0.8	0.30	0.15	余量
48	2B50	0.7～1.2	0.7	1.8～2.6	0.40～0.8	0.40～0.8	0.30	0.02～0.10	余量
49	2A70	0.35	0.9～1.5	1.9～2.5	0.20	1.4～1.8	0.30	0.02～0.10	余量
50	2B70	0.25	0.9～1.4	1.8～2.7	0.20	1.2～1.8	0.15	0.10	余量
51	2D70	0.10～0.25	0.9～1.4	2.0～2.6	0.10	1.2～1.8	0.10	0.05～0.10	余量
52	2A80	0.50～1.2	1.0～1.6	1.9～2.5	0.20	1.4～1.8	0.30	0.15	余量
53	2A90	0.50～1.0	0.50～1.0	3.5～4.5	0.20	0.40～0.8	0.30	0.15	余量

(续)

序号	牌号	化学成分(质量分数,%)							
		硅	铁	铜	锰	镁	锌	钛	铝
54	2A97	0.15	0.15	2.0~3.2	0.20~0.6	0.25~0.50	0.17~1.0	0.001~0.10	余量
55	3A21	0.6	0.7	0.20	1.0~1.6	0.05	0.10[2]	0.15	余量
56	4A01	4.5~6.0	0.6	0.20	—	—	0.10Zn+Sn	0.15	余量
57	4A11	11.5~13.5	1.0	0.50~1.3	0.20	0.8~1.3	0.25	0.15	余量
58	4A13	6.8~8.2	0.50	0.15Cu+Zn	0.50	0.05	—	0.15	余量
59	4A17	11.0~12.5	0.50	0.15Cu+Zn	0.50	0.05	—	0.15	余量
60	4A91	1.0~4.0	0.7	0.7	1.2	1.0	1.2	0.20	余量
61	5A01	0.40Si+Fe		0.10	0.30~0.7	6.0~7.0	0.25	0.15	余量
62	5A02	0.40	0.40	0.10	或Cr0.15~0.40	2.0~2.8	—	0.15	余量
63	5B02	0.40	0.40	0.10	0.20~0.6	1.8~2.6	0.20	0.10	余量
64	5A03	0.50~0.8	0.50	0.10	0.30~0.6	3.2~3.8	0.20	0.15	余量
65	5A05	0.50	0.50	0.10	0.30~0.6	4.8~5.5	0.20	—	余量
66	5B05	0.40	0.40	0.20	0.20~0.6	4.7~5.7	—	0.15	余量
67	5A06	0.40	0.40	0.10	0.50~0.8	5.8~6.8	0.20	0.02~0.10	余量
68	5B06	0.40	0.40	0.10	0.50~0.8	5.8~6.8	0.20	0.10~0.30	余量
69	5A12	0.30	0.30	0.05	0.40~0.8	8.3~9.6	0.20	0.05~0.15	余量

（续）

序号	牌号	化学成分(质量分数,%)							
		硅	铁	铜	锰	镁	锌	钛	铝
70	5A13	0.30	0.30	0.05	0.40～0.8	9.2～10.5	0.20	0.05～0.15	余量
71	5A25	0.20	0.30	—	0.05～0.50	5.0～6.3	—	0.10	余量
72	5A30	0.40Si+Fe		0.10	0.50～1.0	4.7～5.5	0.25	0.03～0.15	余量
73	5A33	0.35	0.35	0.10	0.10	6.0～7.5	0.50～1.5	0.05～0.15	余量
74	5A41	0.40	0.40	0.10	0.30～0.6	6.0～7.0	0.20	0.02～0.10	余量
75	5A43	0.40	0.40	0.10	0.15～0.40	0.6～1.4	—	0.15	余量
76	5A56	0.15	0.20	0.10	0.30～0.40	5.5～6.5	0.50～1.0	0.10～0.18	余量
77	5A66	0.005	0.01	0.005	—	1.5～2.0	—	—	余量
78	5A70	0.15	0.25	0.05	0.30～0.7	5.5～6.3	0.05	0.02～0.05	余量
79	5B70	0.10	0.20	0.05	0.15～0.40	5.5～6.5	0.05	0.02～0.05	余量
80	5A71	0.20	0.30	0.05	0.30～0.7	5.8～6.8	0.05	0.05～0.15	余量
81	5B71	0.20	0.30	0.10	0.30	5.8～6.8	0.30	0.02～0.05	余量
82	5A90	0.15	0.20	0.05	—	4.5～6.0	—	0.10	余量
83	6A01	0.40～0.9	0.35	0.35	0.50	0.40～0.8	0.25	—	余量
84	6A02	0.50～1.2	0.50	0.20～0.6	或Cr0.15～0.35	0.45～0.9	0.20	0.15	余量

(续)

序号	牌号	化学成分(质量分数,%)							
		硅	铁	铜	锰	镁	锌	钛	铝
85	6B02	0.7~1.1	0.40	0.10~0.40	0.10~0.30	0.40~0.8	0.15	0.01~0.04	余量
86	6R05	0.40~0.9	0.30~0.50	0.15~0.25	0.10	0.20~0.6	—	0.10	余量
87	6A10	0.7~1.1	0.50	0.30~0.8	0.30~0.9	0.7~1.1	0.20	0.02~0.10	余量
88	6A51	0.50~0.7	0.50	0.15~0.35	—	0.45~0.6	0.25	0.01~0.04	余量
89	6A60	0.7~1.1	0.30	0.6~0.8	0.50~0.7	0.7~1.0	0.20~0.40	0.04~0.12	余量
90	7A01	0.30	0.30	0.01	—	—	0.9~1.3	—	余量
91	7A03	0.20	0.20	1.8~2.4	0.10	1.2~1.6	6.0~6.7	0.02~0.08	余量
92	7A04	0.50	0.50	1.4~2.0	0.20~0.6	1.8~2.8	5.0~7.0	0.10	余量
93	7B04	0.10	0.05~0.25	1.4~2.0	0.20~0.6	1.8~2.8	5.0~6.5	0.05	余量
94	7C04	0.30	0.30	1.4~2.0	0.30~0.50	2.0~2.6	5.5~6.5	—	余量
95	7D04	0.10	0.15	1.4~2.2	0.10	2.0~2.6	5.5~6.7	0.10	余量
96	7A05	0.25	0.25	0.20	0.15~0.40	1.1~1.7	4.4~5.0	0.02~0.06	余量
97	7B05	0.30	0.35	0.20	0.20~0.7	1.0~2.0	4.0~5.0	0.20	余量
98	7A09	0.50	0.50	1.2~2.0	0.15	2.0~3.0	5.1~6.1	0.10	余量
99	7A10	0.30	0.30	0.50~1.0	0.20~0.35	3.0~4.0	3.2~4.2	0.10	余量

(续)

序号	牌号	化学成分(质量分数,%)							
		硅	铁	铜	锰	镁	锌	钛	铝
100	7A12	0.10	0.06~0.15	0.8~1.2	0.10	1.6~2.2	6.3~7.2	0.03~0.06	余量
101	7A15	0.50	0.50	0.50~1.0	0.10~0.40	2.4~3.0	4.4~5.4	0.05~0.15	余量
102	7A19	0.30	0.40	0.08~0.30	0.30~0.50	1.3~1.9	4.5~5.3	—	余量
103	7A31	0.30	0.6	0.10~0.40	0.20~0.40	2.5~3.3	3.6~4.5	0.02~0.10	余量
104	7A33	0.25	0.30	0.25~0.55	0.05	2.2~2.7	4.6~5.4	0.05	余量
105	7B50	0.12	0.15	1.8~2.6	0.10	2.0~2.8	6.0~7.0	0.10	余量
106	7A52	0.25	0.30	0.05~0.20	0.20~0.50	2.0~2.8	4.0~4.8	0.05~0.18	余量
107	7A55	0.10	0.10	1.8~2.5	0.05	1.8~2.8	7.5~8.5	0.01~0.05	余量
108	7A68	0.15	0.35	2.0~2.6	0.15~0.40	1.6~2.5	6.5~7.2	0.05~0.20	余量
109	7B68	0.05	0.05	2.0~2.6	0.05	1.8~2.8	7.8~9.0	0.01~0.05	余量
110	7D68	0.12	0.25	2.0~2.6	0.10	2.3~3.0	8.0~9.0	0.03	余量
111	7A85	0.05	0.08	1.2~2.0	0.10	1.2~2.0	7.0~8.2	0.05	余量
112	7A88	0.50	0.75	1.0~2.0	0.20~0.6	1.5~2.8	4.5~6.0	0.10	余量
113	8A01	0.05~0.30	0.18~0.40	0.15~0.35	0.08~0.35	—	—	0.01~0.03	余量
114	8A06	0.55	0.50	0.10	0.10	0.10	0.10	—	余量

(4) 变形铝及铝合金新牌号与曾用牌号对照

新牌号	曾用牌号	新牌号	曾用牌号	新牌号	曾用牌号
1A99	LG5	2A10	LY10	2D70	—
1B99	—	2A11	LY11	2A80	LD8
1C99	—	2B11	LY8	2A90	LD9
1A97	LG4	2A12	LY12	2A97	—
1B97	—	2B12	LY9	3A21	LF21
1A95	—	2D12	—	4A01	LT1
1B95	—	2E12	—	4A11	LD11
1A93	LG3	2A13	LY13	4A13	LT13
1B93	—	2A14	LD10	4A17	LT17
1A90	LG2	2A16	LY16	4A91	491
1B90	—	2B16	LY16-1	5A01	2102、LF15
1A85	LG1	2A17	LY17	5A02	LF2
1A80	—	2A20	LY20	5B02	—
1A80A	—	2A21	214	5A03	LF3
1A60	—	2A23	—	5A05	LF5
1A50	LB2	2A24	—	5B05	LF10
1R50	—	2A25	225	5A06	LF6
1R35	—	2B25	—	5B06	LF14
1A30	L4-1	2A39	—	5A12	LF12
1B30	—	2A40	—	5A13	LF13
2A01	LY1	2A49	149	5A25	—
2A02	LY2	2A50	LD5	5A30	2103、LF16
2A04	LY4	2B50	LD6	5A33	LF33
2A06	LY6	2A70	LD7	5A41	LT41
2B06	—	2B70	LD7-1	5A43	LF43

(续)

新牌号	曾用牌号	新牌号	曾用牌号	新牌号	曾用牌号
5A56	—	6A60	—	7A19	919、LC19
5A66	LT66	7A01	LB1	7A31	183-1
5A70	—	7A03	LC3	7A33	LB733
5B70	—	7A04	LC4	7B50	—
5A71	—	7B04	—	7A52	LC52、5210
5B71	—	7C04	—	7A55	—
5A90	—	7D04	—	7A68	—
6A01	6N01	7A05	705	7B68	—
6A02	LD2	7B05	7N01	7D68	7A60
6B02	LD2-1	7A09	LC9	7A85	—
6R05	—	7A10	LC10	7A88	—
6A10	—	7A12	—	8A01	—
6A51	651	7A15	LC15、157	8A06	L6

(5) 常见变形铝及铝合金产品的力学性能

本节介绍的常见变形铝及铝合金产品的名称及其标准号如下：
(1) 铝及铝合金挤压棒材(GB/T 3191—2010)
(2) 工业用铝及铝合金热挤压型材(GB/T 6892—2006)
(3) 铝合金建筑型材(GB/T 5237.1—2004)
(4) 铝及铝合金轧制板材(GB/T 3880—2006)
(5) 表盘及装饰用纯铝板(YS/T 242—2000)
(6) 瓶盖用铝及铝合金板、带材(YS/T 91—2002)
(7) 钎接用铝合金板材(YS/T 69—1993)
(8) 铝及铝合金花纹板(GB/T 3618—2006)
(9) 铝及铝合金热轧带材(GB/T 16501—1996)
(10) 铝及铝合金箔(GB/T 3198—2010)
(11) 空调器散热片用铝箔(GB/T 95.1～95.2—2001)
(12) 铝及铝合金热挤压无缝圆管(GB/T 4437.1—2000)
(13) 铝及铝合金拉(轧)制无缝管(GB/T 6893—2010)
(14) 铝及铝合金焊接管(坯料)(GB/T 10571—1989)
(15) 导电用铝线(GB/T 3195—1997)
(16) 铆钉用铝及铝合金线材(GB/T 3196—2001)
(17) 焊条用铝及铝合金线材(GB/T 3197—2001)

(续)

<table>
<tr><td rowspan="2">牌 号</td><td rowspan="2">供应状态</td><td rowspan="2">试样状态</td><td rowspan="2">直径(方、六角棒内切圆直径)(mm)</td><td>抗拉强度 R_m</td><td>规定非比例伸长应力 $R_{p0.2}$</td><td colspan="2">伸长率(%)≥</td></tr>
<tr><td colspan="2">(MPa) ≥</td><td>A</td><td>A_{50} mm</td></tr>
<tr><td colspan="8">(1) 铝及铝合金挤压棒材(GB/T 3191—2010)</td></tr>
<tr><td>1070A</td><td>H112</td><td>H112</td><td>≤150.00</td><td>55</td><td>15</td><td>—</td><td>—</td></tr>
<tr><td rowspan="2">1060</td><td>O</td><td>O</td><td rowspan="2">≤150.00</td><td>60～95</td><td>15</td><td>22</td><td>—</td></tr>
<tr><td>H112</td><td>H112</td><td>60</td><td>15</td><td>22</td><td>—</td></tr>
<tr><td>1050A</td><td>H112</td><td>H112</td><td>≤150.00</td><td>65</td><td>20</td><td>—</td><td>—</td></tr>
<tr><td>1350</td><td>H112</td><td>H112</td><td>≤150.00</td><td>60</td><td>—</td><td>25</td><td>—</td></tr>
<tr><td>1200</td><td>H112</td><td>H112</td><td>≤150.00</td><td>75</td><td>20</td><td>—</td><td>—</td></tr>
<tr><td rowspan="2">1035、8A06</td><td>O</td><td>O</td><td rowspan="2">≤150.00</td><td>60～120</td><td>—</td><td>25</td><td>—</td></tr>
<tr><td>H112</td><td>H112</td><td>60</td><td>—</td><td>25</td><td>—</td></tr>
<tr><td>2A02</td><td>T1、T6</td><td>T62、T6</td><td>≤150.00</td><td>430</td><td>275</td><td>10</td><td>—</td></tr>
<tr><td rowspan="3">2A06</td><td rowspan="3">T1、T6</td><td rowspan="3">T62、T6</td><td>≤22.00</td><td>430</td><td>285</td><td>10</td><td>—</td></tr>
<tr><td>>22.00～100.00</td><td>440</td><td>295</td><td>9</td><td>—</td></tr>
<tr><td>>100.00～150.00</td><td>430</td><td>285</td><td>10</td><td>—</td></tr>
<tr><td>2A11</td><td>T1、T4</td><td>T42、T4</td><td>≤150.00</td><td>370</td><td>215</td><td>12</td><td>—</td></tr>
<tr><td rowspan="2">2A12</td><td rowspan="2">T1、T4</td><td rowspan="2">T42、T4</td><td>≤22.00</td><td>390</td><td>255</td><td>12</td><td>—</td></tr>
<tr><td>>22.00～150.00</td><td>420</td><td>255</td><td>12</td><td>—</td></tr>
<tr><td rowspan="2">2A13</td><td rowspan="2">T1、T4</td><td rowspan="2">T42、T4</td><td>≤22.00</td><td>315</td><td>—</td><td>4</td><td>—</td></tr>
<tr><td>>22.00～150.00</td><td>345</td><td>—</td><td>4</td><td>—</td></tr>
</table>

(续)

牌 号	供应状态	试样状态	直径(方、六角棒内切圆直径)(mm)	抗拉强度 R_m	规定非比例伸长应力 $R_{p0.2}$	伸长率(%)≥	
				(MPa)	≥	A	A_{50} mm
(1) 铝及铝合金挤压棒材(GB/T 3191—2010)							
2A14	T1、T6、T6511	T62、T6、T6511	≤22.00	440	—	10	—
			>22.00～150.00	450	—	10	—
2014、2014A	T4、T4510、T4511	T4、T4510、T4511	≤25.00	370	230	13	11
			>25.00～75.00	410	270	12	—
			>75.00～150.00	390	250	10	—
			>150.00～200.00	350	230	8	—
2014、2014A	T6、T6510、T6511	T6、T6510、T6511	≤25.00	415	370	6	5
			>25.00～75.00	460	415	7	—
			>75.00～150.00	465	420	7	—
			>150.00～200.00	430	350	6	—
			>200.00～250.00	420	320	5	—
2A16	T1、T6、T6511	T62、T6、T6511	≤150.00	355	235	8	—
2017	T4	T42、T4	≤120.00	345	215	12	—

（续）

牌 号	供应状态	试样状态	直径（方、六角棒内切圆直径）（mm）	抗拉强度 R_m	规定非比例伸长应力 $R_{p0.2}$	伸长率（%）≥	
				（MPa）	≥	A	$A_{50\ mm}$
（1）铝及铝合金挤压棒材（GB/T 3191—2010）							
2017A	T4、T4510、T4511	T4、T4510、T4511	≤25.00	380	260	12	10
			>25.00～75.00	400	270	10	—
			>75.00～150.00	390	260	9	—
			>150.00～200.00	370	240	8	—
			>200.00～250.00	360	220	7	—
2024	O	O	≤150.00	≤250	≤150	12	10
	T3、T3510、T3511	T3、T3510、T3511	≤50.00	450	310	8	6
			>50.00～100.00	440	300	8	—
			>100.00～200.00	420	280	8	—
			>200.00～250.00	400	270	8	—
2A50	T1、T6	T62、T6	≤150.00	355	—	12	—
2A70、2A80、2A90	T1、T6	T62、T6	≤150.00	355	—	8	—
3102	H112	H112	≤250.00	80	30	25	23
3003	O	O	≤250.00	95～130	35	25	20
	H112	H112		90	30	25	20

(续)

牌号	供应状态	试样状态	直径(方、六角棒内切圆直径)(mm)	抗拉强度 R_m	规定非比例伸长应力 $R_{p0.2}$	伸长率(%)≥	
				(MPa)	≥	A	A_{50} mm
(1) 铝及铝合金挤压棒材(GB/T 3191—2010)							
3103	O	O	≤250.00	95	35	25	20
	H112	H112		95～135	35	25	20
3A21	O	O	≤150.00	≤165	—	20	20
	H112	H112		90	—	20	—
4A11、4032	T1	T62	100.00～200.00	360	290	2.5	2.5
5A02	O	O	≤150.00	≤225	—	10	—
	H112	H112		170	70	—	—
5A03	H112	H112	≤150.00	175	80	13	13
5A05	H112	H112	≤150.00	265	120	15	15
5A06	H112	H112	≤150.00	315	155	15	15
5A12	H112	H112	≤150.00	370	185	15	15
5052	H112	H112	≤250.00	170	70	—	—
	O	O		170～230	70	17	15
5005、5005A	H112	H112	≤200.00	100	40	18	16
	O	O	≤60.00	100～150	40	18	16
5019	H112	H112	≤200.00	250	110	14	12
	O	O	≤200.00	250～320	110	15	13
5049	H112	H112	≤250.00	180	80	15	15
5251	H112	H112	≤250.00	160	60	16	14
	O	O		160～220	60	17	15

（续）

牌 号	供应状态	试样状态	直径（方、六角棒内切圆直径）(mm)	抗拉强度 R_m	规定非比例伸长应力 $R_{p0.2}$	伸长率(%)≥	
				(MPa)	≥	A	$A_{50\ mm}$
(1) 铝及铝合金挤压棒材(GB/T 3191—2010)							
5154A、5454	H112	H112	≤250.00	200	85	16	16
	O	O		200～275	85	18	18
5754	H112	H112	≤150.00	180	80	14	12
			>150.00～250.00	180	70	13	—
	O	O	≤150.00	180～250	80	17	15
5083	O	O	≤200.00	270～350	110	12	10
	H112	H112		270	125	12	10
5086	O	O	≤250.00	240～320	95	18	15
	H112	H112	≤200.00	240	95	12	10
6101A	T6	T6	≤150.00	200	170	10	10
6A02	T1、T6	T62、T6	≤150.00	295	—	12	12
6005、6005A	T5	T5	≤25.00	260	215	8	—
	T6	T6	≤25.00	270	225	10	8
			>25.00～50.00	270	225	8	—
			>50.00～100.00	260	215	8	—
6110A	T5	T5	≤120.00	380	360	10	8
	T6	T6	≤120.00	410	380	10	8

(续)

牌号	供应状态	试样状态	直径(方、六角棒内切圆直径)(mm)	抗拉强度 R_m	规定非比例伸长应力 $R_{p0.2}$	伸长率(%)≥	
				(MPa) ≥		A	A_{50} mm
(1) 铝及铝合金挤压棒材(GB/T 3191—2010)							
6351	T4	T4	≤150.00	205	110	14	12
	T6	T6	≤20.00	295	250	8	6
			>20.00～75.00	300	255	8	—
			>75.00～150.00	310	260	8	—
			>150.00～200.00	280	240	6	—
			>200.00～250.00	270	200	6	—
6060	T4	T4	≤150.00	120	60	16	14
	T5	T5		160	120	8	6
	T6	T6		190	150	8	6
6061	T6	T6	≤150.00	260	240	9	—
	T4	T4		180	110	14	—
6063	T4	T4	≤150.00	130	65	14	12
			>150.00～200.00	120	65	12	—
	T5	T5	≤200.00	175	130	8	6
	T6	T6	≤150.00	215	170	10	8
			>150.00～200.00	195	160	10	—

（续）

牌号	供应状态	试样状态	直径(方、六角棒内切圆直径)(mm)	抗拉强度 R_m	规定非比例伸长应力 $R_{p0.2}$	伸长率(%)≥	
				(MPa) ≥		A	A_{50} mm
(1) 铝及铝合金挤压棒材(GB/T 3191—2010)							
6063A	T4	T4	≤150.00	150	90	12	10
			>150.00～200.00	140	90	10	—
	T5	T5	≤200.00	200	160	7	5
	T6	T6	≤150.00	230	190	7	5
			>150.00～200.00	220	160	7	—
6463	T4	T4	≤150.00	125	75	14	12
	T5	T5		150	110	8	6
	T6	T6		195	160	10	8
6082	T6	T6	≤20.00	295	250	8	6
			>20.00～150.00	310	260	8	—
			>150.00～200.00	280	240	6	—
			>200.00～250.00	270	200	6	—
7003	T5	T5	≤250.00	310	260	10	8
	T6	T6	≤50.00	350	290	10	8
			>50.00～150.00	340	280	10	8
7A04、7A09	T1、T6	T62、T6	≤22.00	490	370	7	—
			>22.00～150.00	530	400	6	—

(续)

牌号	供应状态	试样状态	直径(方、六角棒内切圆直径)(mm)	抗拉强度 R_m	规定非比例伸长应力 $R_{p0.2}$	伸长率(%)≥	
				(MPa) ≥		A	A_{50} mm
(1) 铝及铝合金挤压棒材(GB/T 3191—2010)							
7A15	T1、T6	T62、T6	≤150.00	490	420	6	—
7005	T6	T6	≤50.00	350	290	10	8
			>50.00~150.00	340	270	10	—
7020	T6	T6	≤50.00	350	290	10	8
			>50.00~150.00	340	275	10	—
7021	T6	T6	≤40.00	410	350	10	8
7022	T6	T6	≤80.00	490	420	7	5
			>80.00~200.00	470	400	7	—
7049A	T6、T6510、T6511	T6、T6510、T6511	≤100.00	610	530	5	4
			>100.00~125.00	560	500	5	—
			>125.00~150.00	520	430	5	—
			>150.00~180.00	450	400	3	—
7075	O	O	≤200.00	≤275	≤165	10	8
	T6、T6510、T6511	T6、T6510、T6511	≤25.00	540	480	7	5
			>25.00~100.00	560	500	7	—
			>100.00~150.00	530	470	6	—
			>150.00~250.00	470	400	5	—

(续)

牌 号	供应状态	试样状态	直径(方、六角棒内切圆直径)(mm)	抗拉强度 R_m	规定非比例伸长应力 $R_{p0.2}$	伸长率(%)≥	
				(MPa) ≥		A	A_{50} mm
(1) 铝及铝合金挤压棒材(GB/T 3191—2010)							
2A11	T1、T4	T42、T4	20.00～120.00	390	245	8	—
2A12	T1、T4	T42、T4	20.00～120.00	440	305	8	—
6A02	T1、T6	T62、T6	20.00～120.00	305	—	8	—
2A50	T1、T6	T62、T6	20.00～120.00	380	—	10	—
2A14	T1、T6	T62、T6	20.00～120.00	460	—	8	—
7A04，7A09	T1、T6	T62、T6	≤20.00～100.00	550	450	6	—
			>100.00～120.00	530	430	6	—

牌 号	状 态	试样部位(厚度)(mm)	抗拉强度 R_m	规定非比例伸长应力 $R_{p0.2}$	伸长率(%)≥	
			(MPa) ≥		$A_{5.65}$	A_{50} mm
(2) 工业用铝及铝合金热挤压型材(GB/T 6892—2006)						
1050A	H112	—	60	20	25	23
1060	0	—	60～95	15	22	20
	H112	—	60	15	22	20
1100	0	—	75～105	20	22	20
	H112	—	75	20	22	20

(续)

<table>
<tr><th rowspan="2">牌号</th><th rowspan="2">状态</th><th rowspan="2">试样部位(厚度)(mm)</th><th>抗拉强度 R_m</th><th>规定非比例伸长应力 $R_{p0.2}$</th><th colspan="2">伸长率(%)≥</th></tr>
<tr><th colspan="2">(MPa) ≥</th><th>$A_{5.65}$</th><th>A_{50} mm</th></tr>
<tr><td colspan="7">(2) 工业用铝及铝合金热挤压型材(GB/T 6892—2006)</td></tr>
<tr><td>1200</td><td>H112</td><td>—</td><td>75</td><td>25</td><td>20</td><td>18</td></tr>
<tr><td>1350</td><td>H112</td><td>—</td><td>60</td><td>—</td><td>25</td><td>23</td></tr>
<tr><td rowspan="4">2A11</td><td>0</td><td>—</td><td>≤245</td><td>—</td><td>12</td><td>10</td></tr>
<tr><td rowspan="3">T4</td><td>≤10</td><td>335</td><td>190</td><td>—</td><td>10</td></tr>
<tr><td>>10～20</td><td>335</td><td>200</td><td>10</td><td>8</td></tr>
<tr><td>>20</td><td>365</td><td>210</td><td>10</td><td>—</td></tr>
<tr><td rowspan="5">2A12</td><td>0</td><td>—</td><td>≤245</td><td>—</td><td>12</td><td>10</td></tr>
<tr><td rowspan="4">T4</td><td>≤5</td><td>390</td><td>295</td><td>—</td><td>8</td></tr>
<tr><td>>5～10</td><td>410</td><td>295</td><td>—</td><td>8</td></tr>
<tr><td>>10～20</td><td>420</td><td>305</td><td>10</td><td>8</td></tr>
<tr><td>>20</td><td>440</td><td>315</td><td>10</td><td>—</td></tr>
<tr><td rowspan="3">2017</td><td rowspan="2">0</td><td>≤3.2</td><td>≤220</td><td>≤140</td><td>—</td><td>11</td></tr>
<tr><td>>3.2～12</td><td>≤225</td><td>≤145</td><td>—</td><td>11</td></tr>
<tr><td>T4</td><td>—</td><td>390</td><td>245</td><td>15</td><td>13</td></tr>
<tr><td>2017A</td><td>T4
T4510
T4511</td><td>≤30</td><td>380</td><td>260</td><td>10</td><td>8</td></tr>
<tr><td rowspan="5">2014
2014A</td><td>0</td><td>—</td><td>≤250</td><td>≤135</td><td>12</td><td>10</td></tr>
<tr><td rowspan="2">T4
T4510
T4511</td><td>≤25</td><td>370</td><td>230</td><td>11</td><td>10</td></tr>
<tr><td>>25～75</td><td>410</td><td>270</td><td>10</td><td>—</td></tr>
<tr><td rowspan="2">T6
T6510
T6511</td><td>≤25</td><td>415</td><td>370</td><td>7</td><td>5</td></tr>
<tr><td>>25～75</td><td>460</td><td>415</td><td>7</td><td>—</td></tr>
</table>

(续)

<table>
<tr><th rowspan="2">牌 号</th><th rowspan="2">状 态</th><th rowspan="2">试样部位
(厚度)
(mm)</th><th>抗拉强度
R_m</th><th>规定非
比例伸长
应力 $R_{p0.2}$</th><th colspan="2">伸长率
(%)≥</th></tr>
<tr><th colspan="2">(MPa) ≥</th><th>$A_{5.65}$</th><th>A_{50} mm</th></tr>
<tr><td colspan="7">(2) 工业用铝及铝合金热挤压型材(GB/T 6892—2006)</td></tr>
<tr><td rowspan="4">2024</td><td>0</td><td>—</td><td>≤250</td><td>≤150</td><td>12</td><td>10</td></tr>
<tr><td rowspan="2">T3
T3510
T3511</td><td>≤15</td><td>395</td><td>290</td><td>8</td><td>6</td></tr>
<tr><td>>15～50</td><td>420</td><td>290</td><td>8</td><td>—</td></tr>
<tr><td>T8
T8510
T8511</td><td>≤50</td><td>455</td><td>380</td><td>5</td><td>4</td></tr>
<tr><td>3A21</td><td>0、H112</td><td>—</td><td>≤185</td><td>—</td><td>16</td><td>14</td></tr>
<tr><td>3003
3103</td><td>H112</td><td>—</td><td>95</td><td>35</td><td>25</td><td>20</td></tr>
<tr><td>5A02</td><td>0、H112</td><td>—</td><td>≤245</td><td>—</td><td>12</td><td>10</td></tr>
<tr><td>5A03</td><td>0、H112</td><td>—</td><td>180</td><td>80</td><td>12</td><td>10</td></tr>
<tr><td>5A05</td><td>0、H112</td><td>—</td><td>255</td><td>130</td><td>15</td><td>13</td></tr>
<tr><td>5A06</td><td>0、H112</td><td>—</td><td>315</td><td>160</td><td>15</td><td>13</td></tr>
<tr><td>5005
5005A</td><td>H112</td><td>—</td><td>100</td><td>40</td><td>18</td><td>16</td></tr>
<tr><td>5051A</td><td>H112</td><td>—</td><td>150</td><td>60</td><td>16</td><td>14</td></tr>
<tr><td>5251</td><td>H112</td><td>—</td><td>160</td><td>60</td><td>16</td><td>14</td></tr>
<tr><td>5052</td><td>H112</td><td>—</td><td>170</td><td>70</td><td>15</td><td>13</td></tr>
<tr><td>5154A
5454</td><td>H112</td><td>≤25</td><td>200</td><td>85</td><td>16</td><td>14</td></tr>
<tr><td>5754</td><td>H112</td><td>≤25</td><td>180</td><td>80</td><td>14</td><td>12</td></tr>
<tr><td>5019</td><td>H112</td><td>≤30</td><td>250</td><td>110</td><td>14</td><td>12</td></tr>
<tr><td>5083</td><td>H112</td><td>—</td><td>270</td><td>125</td><td>12</td><td>10</td></tr>
</table>

（续）

牌 号	状 态	试样部位（厚度）（mm）	抗拉强度 R_m	规定非比例伸长应力 $R_{p0.2}$	伸长率（%）≥	
			（MPa） ≥		$A_{5.65}$	A_{50} mm
（2）工业用铝及铝合金热挤压型材（GB/T 6892—2006）						
5086	H112	—	240	95	12	10
6A02	T4	—	180	—	12	10
	T6	—	295	230	10	8
6101A	T6	≤50	200	170	10	8
6101B	T6	≤15	215	160	8	6
6005 6005A	T5	≤6.3	260	215	—	7
	T4	≤25	180	90	15	13
	T6 实心型材	≤5	270	225	—	6
		>5～10	260	215	—	6
		>10～25	250	200	8	6
	T6 空心型材	≤5	255	215	—	6
		>5～15	250	200	8	6
6106	T6	≤10	250	200	—	6
6351	0	—	≤160	≤110	14	12
	T4	≤25	205	110	14	12
	T5	≤5	270	230	—	6
	T6	≤5	290	250	—	6
		>5～25	300	255	10	8
6060	T4	≤25	120	60	16	14
	T5	≤5	160	120	—	6
		>5～25	140	100	8	6
	T6	≤3	190	150	—	6
		>3～25	170	140	8	6

(续)

牌号	状态		试样部位(厚度)(mm)	抗拉强度 R_m	规定非比例伸长应力 $R_{p0.2}$	伸长率(%)≥	
				(MPa) ≥		$A_{5.65}$	A_{50} mm
(2) 工业用铝及铝合金热挤压型材(GB/T 6892—2006)							
6061	T4		≤25	180	110	15	13
	T5		≤16	240	205	9	7
	T6		≤5	260	240	—	7
			>5～25	260	240	10	8
6261	0		—	≤170	≤120	14	12
	T4		≤25	180	100	14	12
	T5		≤5	270	230	—	7
			>5～25	260	220	9	8
			>25	250	210	9	—
	T6	实心型材	≤5	290	245	—	7
			>5～10	280	235	—	7
		空心型材	≤5	290	245	—	7
			>5～10	270	230	—	8
6063	T4		≤25	130	65	14	12
	T5		≤3	175	130	—	6
			>3～25	160	110	7	5
	T6		≤10	215	170	—	6
			>10～25	195	160	8	6
6063A	T4		≤25	150	90	12	10
	T5		≤10	200	160	—	5
			>10～25	190	150	6	4
	T6		≤10	230	190	—	5
			>10～25	220	180	5	4

（续）

牌 号	状 态	试样部位（厚度）(mm)	抗拉强度 R_m	规定非比例伸长应力 $R_{p0.2}$	伸长率(%)≥	
			(MPa) ≥		$A_{5.65}$	A_{50} mm
(2) 工业用铝及铝合金热挤压型材(GB/T 6892—2006)						
6463	T4	≤50	125	75	14	12
	T5	≤50	150	110	8	6
	T6	≤50	195	160	10	8
6463A	T1	≤12	115	60	—	10
	T5	≤12	150	110	—	6
	T6	≤3	205	170	—	6
		>3～12	205	170	—	8
6081	T6	≤25	275	240	8	6
6082	0	—	≤160	≤110	14	12
	T4	≤25	205	110	14	12
	T5	≤5	270	230	—	6
	T6	≤5	290	250	—	6
		>5～25	310	260	10	8
7A04	0	—	≤245	—	10	8
	T6	≤10	500	430	—	4
		>10～20	530	440	6	4
		>20	560	460	6	—
7003	T5	—	310	260	10	8
	T6	≤10	350	290	—	8
		>10～25	340	280	10	8
7005	T5	≤25	345	305	10	8
	T6	≤40	350	290	10	8

(续)

牌号	状态	试样部位(厚度)(mm)	抗拉强度 R_m	规定非比例伸长应力 $R_{p0.2}$	伸长率(%)≥	
			(MPa) ≥		$A_{5.65}$	A_{50} mm
(2) 工业用铝及铝合金热挤压型材(GB/T 6892—2006)						
7020	T6	≤40	350	290	10	8
7022	T6 T6510 T6511	≤30	490	420	7	5
7049A	T6	≤30	610	530	5	4
7075	T6 T6510 T6511	≤25	530	460	6	4
		>25~60	540	470	6	—
	T73 T73510 T73511	≤25	485	420	7	5
	T76 T76510 T76511	≤6	510	440	—	5
		>6~50	515	450	6	5
7178	T6 T6510 T6511	≤1.6	565	525	—	—
		>1.6~6	580	525	—	3
		>6~35	600	540	4	3
		>35~60	595	530	4	—
	T76 T76510 T76511	>3~6	525	455	—	5
		>6~25	530	460	6	5

(续)

牌号	状态	壁厚(mm)	抗拉强度 R_m (MPa) ≥	规定非比例伸长应力 $R_{p0.2}$ (MPa) ≥	伸长率 δ (%) ≥	硬度试验 试样厚度(mm)	硬度试验 维氏硬度 HV	硬度试验 韦氏硬度 HW
(3) 铝合金建筑型材(GB/T 5237.1—2004)								
6063	T5 T6	所有	160 205	110 180	8 8	0.8 —	58 —	8 —
6063A	T5	≤10 >10	200 190	160 150	5 5	0.8	65	10
	T6	≤10 >10	230 220	190 180	5 4	—	—	—
6061	T4 T6	所有	180 265	110 245	16 8	—	—	—

牌号	供应状态	试样状态	厚度(mm)	抗拉强度 R_m (MPa) ≥	规定非比例伸长应力 $R_{p0.2}$ (MPa) ≥	伸长率(%) ≥ 5D	伸长率(%) ≥ 50mm
(4) 铝及铝合金轧制板材(GB/T 3880.2—2006)							
1A97 1A93	H112		>4.50~80.00	附实测值			
	F	—	>4.50~150.00	—			
1A90 1A85	H112		>4.50~12.50	60	—		21
			>12.50~20.00				19
			>20.00~80.00	附实测值			
	F	—	>4.50~150.00	—			
1235	H12 H22		>0.20~0.30	95~130	—		2
			>0.30~0.50				3
			>0.50~1.50				6
			>1.50~3.00				8
			>3.00~4.50				9

（续）

牌号	供应状态	试样状态	厚度(mm)	抗拉强度 R_m	规定非比例伸长应力 $R_{p0.2}$	伸长率(%) ≥	
				(MPa) ≥		5D	50mm
(4) 铝及铝合金轧制板材(GB/T 3880.2—2006)							
1235	H14 H24		>0.20～0.30	115～150	—		1
			>0.30～0.50				2
			>0.50～1.50				3
			>1.50～3.00				4
	H16 H26		>0.20～0.50	130～165	—		1
			>0.50～1.50				2
			>1.50～4.00				3
	H18		>0.20～0.50	145	—		1
			>0.50～1.50				2
			>1.50～3.00				3
1070	0		>0.20～0.30	55～95	—		15
			>0.30～0.50				20
			>0.50～0.80				25
			>0.80～1.50		15		30
			>1.50～6.00				35
			>6.00～12.50				35
			>12.50～50.00				30
	H12 H22		>0.20～0.30	70～100	—		2
			>0.30～0.50				3
			>0.50～0.80				4
			>0.80～1.50		55		6
			>1.50～3.00				8
			>3.00～6.00				9

（续）

牌号	供应状态	试样状态	厚度 (mm)	抗拉强度 R_m	规定非比例伸长应力 $R_{p0.2}$	伸长率 (%) ≥	
				(MPa) ≥		5D	50mm
(4) 铝及铝合金轧制板材(GB/T 3880.2—2006)							
1070	H14 H24		>0.20~0.30	85~120	—	1	
			>0.30~0.50			2	
			>0.50~0.80			3	
			>0.80~1.50		65	4	
			>1.50~3.00			5	
			>3.00~6.00			6	
	H16 H26		>0.20~0.50	100~135	—	1	
			>0.50~0.80			2	
			>0.80~1.50		75	3	
			>1.50~4.00			4	
	H18		>0.20~0.50	120	—	1	
			>0.50~0.80			2	
			>0.80~1.50			3	
			>1.50~3.00			4	
	H112		>4.50~6.00	75	35	13	
			>6.00~12.50	70	35	15	
			>12.50~25.00	60	25	20	
			>25.00~75.00	55	15	25	
	F	—	>2.50~150.00	—			
1060	0		>0.20~0.30	60~100	15	15	
			>0.30~0.50			18	
			>0.50~1.50			23	

(续)

牌号	供应状态	试样状态	厚度(mm)	抗拉强度 R_m	规定非比例伸长应力 $R_{p0.2}$	伸长率(%) ≥	
				(MPa) ≥		5D	50mm
(4) 铝及铝合金轧制板材(GB/T 3880.2—2006)							
1060	0		>1.50～6.00	60～100	15		25
			>6.00～80.00				25
	H12 H22		>0.50～1.50	80～120	60		0
			>1.50～6.00				12
	H14 H24		>0.20～0.30	95～135	70		1
			>0.30～0.50				2
			>0.50～0.80				2
			>0.80～1.50				4
			>1.50～3.00				6
			>3.00～6.00				10
	H16 H26		>0.20～0.30	110～155	75		1
			>0.30～0.50				2
			>0.50～0.80				2
			>0.80～1.50				3
			>1.50～4.00				5
	H18		>0.20～0.30	125	85		1
			>0.30～0.50				2
			>0.50～1.50				3
			>1.50～3.00				4
	H112		>4.50～6.00	75	—		10
			>6.00～12.50	75			10
			>12.50～40.00	70			18
			>40.00～80.00	60			22
	F	—	>2.50～150.00	—			

(续)

<table>
<tr><th rowspan="2">牌号</th><th rowspan="2">供应状态</th><th rowspan="2">试样状态</th><th rowspan="2">厚度
(mm)</th><th>抗拉强度 R_m</th><th>规定非比例伸长应力 $R_{p0.2}$</th><th colspan="2">伸长率(%)≥</th></tr>
<tr><th colspan="2">(MPa) ≥</th><th>5D</th><th>50mm</th></tr>
<tr><td colspan="8">(4) 铝及铝合金轧制板材(GB/T 3880.2—2006)</td></tr>
<tr><td rowspan="21">1050</td><td rowspan="5" colspan="2">0</td><td>>0.20~0.50</td><td rowspan="5">60~100</td><td rowspan="2">—</td><td colspan="2">15</td></tr>
<tr><td>>0.50~0.80</td><td colspan="2">20</td></tr>
<tr><td>>0.80~1.50</td><td rowspan="3">20</td><td colspan="2">25</td></tr>
<tr><td>>1.50~6.00</td><td colspan="2">30</td></tr>
<tr><td>>6.00~50.00</td><td colspan="2">28</td></tr>
<tr><td rowspan="6" colspan="2">H12
H22</td><td>>0.20~0.30</td><td rowspan="6">80~120</td><td rowspan="3">—</td><td colspan="2">2</td></tr>
<tr><td>>0.30~0.50</td><td colspan="2">3</td></tr>
<tr><td>>0.50~0.80</td><td colspan="2">4</td></tr>
<tr><td>>0.80~1.50</td><td rowspan="3">65</td><td colspan="2">6</td></tr>
<tr><td>>1.50~3.00</td><td colspan="2">8</td></tr>
<tr><td>>3.00~6.00</td><td colspan="2">9</td></tr>
<tr><td rowspan="6" colspan="2">H14
H24</td><td>>0.20~0.30</td><td rowspan="6">95~130</td><td rowspan="3">—</td><td colspan="2">1</td></tr>
<tr><td>>0.30~0.50</td><td colspan="2">2</td></tr>
<tr><td>>0.50~0.80</td><td colspan="2">3</td></tr>
<tr><td>>0.80~1.50</td><td rowspan="3">75</td><td colspan="2">4</td></tr>
<tr><td>>1.50~3.00</td><td colspan="2">5</td></tr>
<tr><td>>3.00~6.00</td><td colspan="2">6</td></tr>
<tr><td rowspan="4" colspan="2">H16
H26</td><td>>0.20~0.50</td><td rowspan="4">120~150</td><td>—</td><td colspan="2">1</td></tr>
<tr><td>>0.50~0.80</td><td rowspan="3">85</td><td colspan="2">2</td></tr>
<tr><td>>0.80~1.50</td><td colspan="2">3</td></tr>
<tr><td>>1.50~4.00</td><td colspan="2">4</td></tr>
</table>

(续)

牌号	供应状态	试样状态	厚度(mm)	抗拉强度 R_m	规定非比例伸长应力 $R_{p0.2}$	伸长率(%)≥	
				(MPa) ≥		5D	50mm
(4) 铝及铝合金轧制板材(GB/T 3880.2—2006)							
1050	H18		>0.20~0.50	130	—	1	
			>0.50~0.80			2	
			>0.80~1.50			3	
			>1.50~3.00			4	
	H112		>4.50~6.00	85	45	10	
			>6.00~12.50	80	45	10	
			>12.50~25.00	70	35	16	
			>25.00~50.00	65	30	22	
			>50.00~75.00	65	30	22	
	F	—	>2.50~150.00	—			
1050A	0		>0.20~0.50	>65~95	20	20	
			>0.50~1.50			22	
			>1.50~3.00			26	
			>3.00~6.00			29	
			>6.00~12.50			35	
			>6.00~50.00			32	
	H12		>0.20~0.50	>85~125	65	2	
			>0.50~1.50			4	
			>1.50~3.00			5	
			>3.00~6.00			7	
	H22		>0.20~0.50	>85~125	55	4	
			>0.50~1.50			5	

(续)

牌号	供应状态	试样状态	厚度(mm)	抗拉强度 R_m	规定非比例伸长应力 $R_{p0.2}$	伸长率(%) ≥	
				(MPa) ≥		5D	50mm
(4) 铝及铝合金轧制板材(GB/T 3880.2—2006)							
1050A	H22		>1.50~3.00	>85~125	55	6	
			>3.00~6.00			11	
	H14		>0.20~0.50	>105~145	85	2	
			>0.50~1.50			3	
			>1.50~3.00			4	
			>3.00~6.00			5	
	H24		>0.20~0.50	>105~145	75	3	
			>0.50~1.50			4	
			>1.50~3.00			5	
			>3.00~6.00			8	
	H16		>0.20~0.50	>120~160	100	1	
			>0.50~1.50			2	
			>1.50~4.00			3	
	H26		>0.20~0.50	>120~160	90	2	
			>0.50~1.50			3	
			>1.50~4.00			4	
	H18		>0.20~0.50	140	120	1	
			>0.50~1.50			2	
			>1.50~3.00			2	
	H112		>4.50~12.50	75	30	20	
			>12.50~75.00	70	25	20	
	F	—	>2.50~150.00	—			

（续）

<table>
<tr><th rowspan="2">牌号</th><th rowspan="2">供应
状态</th><th rowspan="2">试样
状态</th><th rowspan="2">厚度
(mm)</th><th>抗拉
强度
R_m</th><th>规定非比
例伸长应
力 $R_{p0.2}$</th><th colspan="2">伸长率
(%)
≥</th></tr>
<tr><th colspan="2">(MPa) ≥</th><th>5D</th><th>50mm</th></tr>
<tr><td colspan="8">(4) 铝及铝合金轧制板材(GB/T 3880.2—2006)</td></tr>
<tr><td rowspan="21">1145</td><td rowspan="5" colspan="2">0</td><td>>0.20～0.50</td><td rowspan="5">600～
100</td><td rowspan="2">—</td><td colspan="2">15</td></tr>
<tr><td>>0.50～0.80</td><td colspan="2">20</td></tr>
<tr><td>>0.80～1.50</td><td rowspan="3">20</td><td colspan="2">25</td></tr>
<tr><td>>1.50～6.00</td><td colspan="2">30</td></tr>
<tr><td>>6.00～10.00</td><td colspan="2">28</td></tr>
<tr><td rowspan="6" colspan="2">H12
H22</td><td>>0.20～0.30</td><td rowspan="6">80～
120</td><td rowspan="3">—</td><td colspan="2">2</td></tr>
<tr><td>>0.30～0.50</td><td colspan="2">3</td></tr>
<tr><td>>0.50～0.80</td><td colspan="2">4</td></tr>
<tr><td>>0.80～1.50</td><td rowspan="3">65</td><td colspan="2">6</td></tr>
<tr><td>>1.50～3.00</td><td colspan="2">8</td></tr>
<tr><td>>3.00～4.50</td><td colspan="2">9</td></tr>
<tr><td rowspan="6" colspan="2">H14
H24</td><td>>0.20～0.30</td><td rowspan="6">95～
125</td><td rowspan="3">—</td><td colspan="2">1</td></tr>
<tr><td>>0.30～0.50</td><td colspan="2">2</td></tr>
<tr><td>>0.50～0.80</td><td colspan="2">3</td></tr>
<tr><td>>0.80～1.50</td><td rowspan="3">75</td><td colspan="2">4</td></tr>
<tr><td>>1.50～3.00</td><td colspan="2">5</td></tr>
<tr><td>>3.00～4.50</td><td colspan="2">6</td></tr>
<tr><td rowspan="4" colspan="2">H16
H26</td><td>>0.20～0.50</td><td rowspan="4">120～
145</td><td rowspan="2">—</td><td colspan="2">1</td></tr>
<tr><td>>0.50～0.80</td><td colspan="2">2</td></tr>
<tr><td>>0.80～1.50</td><td rowspan="2">85</td><td colspan="2">3</td></tr>
<tr><td>>1.50～4.50</td><td colspan="2">4</td></tr>
</table>

(续)

牌号	供应状态	试样状态	厚度 (mm)	抗拉强度 R_m	规定非比例伸长应力 $R_{p0.2}$	伸长率 (%) ≥	
				(MPa) ≥		5D	50mm
(4) 铝及铝合金轧制板材(GB/T 3880.2—2006)							
1145	H18		>0.20~0.50	125	—		1
			>0.50~0.80				2
			>0.80~1.50				3
			>1.50~4.50				4
	H112		>4.50~6.50	85	45		10
			>6.50~12.50	85	45		10
			>12.50~25.00	70	35		16
	F	—	>2.50~150.00	—			
1100	0		>0.20~0.30	75~105	25		15
			>0.30~0.50				17
			>0.50~1.50				22
			>1.50~6.00				30
			>6.00~80.00				28
	H12 H22		>0.20~0.50	95~130	75		3
			>0.50~1.50				5
			>1.50~6.00				8
	H14 H24		>0.20~0.30	110~145	95		1
			>0.30~0.50				2
			>0.50~1.50				3
			>1.50~4.00				5
	H16 H26		>0.20~0.30	130~165	115		1
			>0.30~0.50				2

(续)

牌号	供应状态	试样状态	厚度(mm)	抗拉强度 R_m	规定非比例伸长应力 $R_{p0.2}$	伸长率(%) ≥	
				(MPa) ≥		5D	50mm
(4) 铝及铝合金轧制板材(GB/T 3880.2—2006)							
1100	H16 H26		>0.50~1.50	130~165	115	3	
			>1.50~4.00			4	
	H18		>0.20~0.50	150	—	1	
			>0.50~1.50			2	
			>1.50~3.00			4	
	H112		>6.00~12.50	90	50	9	
			>12.50~40.00	85	40	12	
			>40.00~80.00	80	30	18	
	F	—	>2.50~150.00	—			
1200	0 H111		>0.20~0.50	75~105	25	19	
			>0.50~1.50			21	
			>1.50~3.00			24	
			>3.00~6.00			28	
			>6.00~12.50			33	
			>12.50~50.00			30	
	H12		>0.20~0.50	95~135	75	2	
			>0.50~1.50			4	
			>1.50~3.00			5	
			>3.00~6.00			6	
	H14		>0.20~0.50	115~155	95	2	
			>0.50~1.50			3	
			>1.50~3.00			4	
			>3.00~6.00			5	

(续)

牌号	供应状态	试样状态	厚度(mm)	抗拉强度 R_m	规定非比例伸长应力 $R_{p0.2}$	伸长率(%) ≥	
				(MPa) ≥		5D	50mm
(4) 铝及铝合金轧制板材(GB/T 3880.2—2006)							
1200	H16		>0.20~0.50	130~170	115		1
			>0.50~1.50				2
			>1.50~4.00				3
	H18		>0.20~0.50	150	130		1
			>0.50~1.50				2
			>1.50~3.00				2
	H22		>0.20~0.50	95~135	65		4
			>0.50~1.50				5
			>1.50~3.00				6
			>3.00~6.00				10
	H24		>0.20~0.50	115~155	90		3
			>0.50~1.50				4
			>1.50~3.00				5
			>3.00~6.00				7
	H26		>0.20~0.50	130~170	105		2
			>0.50~1.50				3
			>1.50~4.00				4
	H112		6.00~12.50	85	35		16
			>12.50~80.00	80	30		16
	F	—	>2.50~150.00	—			

(续)

牌号	供应状态	试样状态	厚度(mm)	抗拉强度 R_m	规定非比例伸长应力 $R_{p0.2}$	伸长率(%) ≥	
				(MPa) ≥		5D	50mm
(4) 铝及铝合金轧制板材(GB/T 3880.2—2006)							
2017	0	0	>0.50~1.50	≤215	≤110	12	
			>1.50~3.00				
			>3.00~6.00				
			>12.50~25.00				
		T42[e]	>0.50~1.50	355	195	15	
			>1.50~3.00			17	
			>3.00~6.50			15	
			>6.50~12.50	335	185	12	
			>12.50~25.00				
	T3	T3	>0.50~1.50	375	215	15	
			>1.50~3.00			17	
			>3.00~6.00			15	
	T4	T4	>0.50~1.50	355	195	15	
			>1.50~3.00			17	
			>3.00~6.00			15	
	H112	T42	>4.50~6.50	355	195	15	
			>6.50~12.50		185	12	
			>12.50~25.00		185	12	
			>25.00~40.00	330	195	8	
			>40.00~70.00	310	195	6	
			>70.00~80.00	285	195	4	
	F	—	>4.50~150.00	—	—	—	

(续)

牌号	供应状态	试样状态	厚度(mm)	抗拉强度 R_m	规定非比例伸长应力 $R_{p0.2}$	伸长率(%)≥	
				(MPa) ≥		5D	50mm
(4) 铝及铝合金轧制板材(GB/T 3880.2—2006)							
2A11	0	0	>0.50～3.00	≤225	—	12	
			>3.00～10.00	≤235	—	12	
		T42[e]	>0.50～3.00	350	185	15	
			>3.00～10.00	355	195	15	
	T3	T3	>0.50～1.50	375	215	15	
			>1.50～3.00			17	
			>3.00～10.00			15	
	T4	T4	>0.50～3.00	360	185	15	
			>3.00～10.00	370	195	15	
	H112	T42	>4.50～10.00	355	195	15	
			>10.00～12.50	370	215	11	
			>12.50～25.00	370	215	11	
			>25.00～40.00	330	195	8	
			>40.00～70.00	310	195	6	
			>70.00～80.00	285	195	4	
	F	—	>4.50～150.00	—			
2014	0	0	>0.50～12.50	≤220	≤110	16	
			>12.50～25.00	≤220	—	9	
		T62[e]	>0.50～1.00	440	395	6	
			1.00～6.00	455	400	7	
			6.00～12.50	460	405	7	
			>12.50～25.00	460	405	5	

（续）

牌号	供应状态	试样状态	厚度 (mm)	抗拉强度 R_m	规定非比例伸长应力 $R_{p0.2}$	伸长率 (%) ≥	
				(MPa) ≥		5D	50mm
(4) 铝及铝合金轧制板材(GB/T 3880.2—2006)							
2014	0	T42[e]	>0.50～12.50	400	235	14	
			>12.50～25.00	400	235	12	
	T6	T6	>0.50～1.00	440	395	6	
			>1.00～6.00	455	400	7	
			>6.00～12.50	460	405	7	
	T4	T4	>0.50～5.00	405	240	14	
			>5.00～12.50	400	250	14	
	T3	T3	>0.50～1.00	405	240	14	
			>1.00～5.00	405	250	14	
	F	—	>4.50～150.00	—	—	—	
	0	0	>0.50～12.50	≤205	≤95	16	
			>12.50～25.00	≤220	—	9	
		T62[e]	>0.50～1.00	420	370	7	
			1.00～12.50	440	395	8	
			>12.50～25.00	460	405	5	
		T42[e]	>0.50～1.00	370	215	14	
			>1.00～12.50	395	235	15	
			>12.50～25.00	400	235	12	
	T6	T6	>0.50～1.00	425	370	7	
			>1.00～12.50	440	395	8	
	T4	T4	>0.50～1.00	370	215	14	
			>1.00～6.00	395	235	15	
			>6.00～12.50	395	250	15	

(续)

牌号	供应状态	试样状态	厚度(mm)	抗拉强度 R_m	规定非比例伸长应力 $R_{p0.2}$	伸长率(%) ≥	
				(MPa) ≥		5D	50mm
(4) 铝及铝合金轧制板材(GB/T 3880.2—2006)							
2014	T3	T3	>0.50~1.00	380	235	14	
			>1.00~6.00	395	240	15	
	F	—	>4.50~150.00	—			
2024	0	0	>0.50~12.50	≤220	≤95	12	
			>12.50~45.00	≤220	—	10	
		T42[e]	>0.50~6.00	425	260	15	
			>6.00~12.50	425	260	12	
			>12.50~25.00	420	260	7	
		T62[e]	>0.50~12.50	440	345	5	
			>12.50~25.00	435	345	4	
	T3	T3	>0.50~6.00	435	290	15	
			>6.00~12.50	440	290	12	
	T4	T4	>0.50~6.00	425	275	15	
	F	—	>4.50~150.00	—			
	0	0	>0.50~1.50	≤205	≤95	12	
			>1.50~12.50	≤220	≤95	12	
			>12.50~45.00	220	—	10	
		T42[e]	>0.50~1.50	395	235	15	
			>1.50~6.00	415	250	15	
			>6.00~12.50	415	250	12	
			>12.50~25.00	420	260	7	
			>25.00~40.00	415	260	6	

(续)

牌号	供应状态	试样状态	厚度 (mm)	抗拉强度 R_m	规定非比例伸长应力 $R_{p0.2}$	伸长率 (%) ≥	
				(MPa) ≥		5D	50mm
(4) 铝及铝合金轧制板材(GB/T 3880.2—2006)							
2024	0	T62[e]	>0.50~1.50	415	325	5	
			>1.50~12.50	425	335	5	
	T3	T3	>0.50~1.50	405	270	15	
			>1.50~6.00	420	275	15	
			>6.00~12.50	425	275	12	
	T4	T4	>0.50~1.50	400	245	15	
			>1.50~6.00	420	275	15	
	F	—	>4.50~150.00	—			
3003	0		>0.20~0.50	95~140	35	15	
			>0.50~1.50			17	
			>1.50~3.00			20	
			>3.00~6.00			23	
			>6.00~12.50			24	
			>12.50~50.00			23	
	H12		>0.20~0.50	120~160	90	3	
			>0.50~1.50			4	
			>1.50~3.00			5	
			>3.00~6.00			6	
	H14		>0.20~0.50	145~195	125	2	
			>0.50~1.50			2	
			>1.50~3.00			3	
			>3.00~6.00			4	

(续)

牌号	供应状态	试样状态	厚度(mm)	抗拉强度 R_m	规定非比例伸长应力 $R_{p0.2}$	伸长率(%) ≥	
				(MPa) ≥		5D	50mm
(4) 铝及铝合金轧制板材(GB/T 3880.2—2006)							
3003	H16		>0.20~0.50	170~210	150	1	
			>0.50~1.50			2	
			>1.50~4.00			2	
	H18		>0.20~0.50	190	170	1	
			>0.50~1.50			2	
			>1.50~4.00			2	
	H22		>0.20~0.50	120~150	80	6	
			>0.50~1.50			7	
			>1.50~3.00			8	
			>3.00~6.00			9	
	H24		>0.20~0.50	145~195	115	4	
			>0.50~1.50			4	
			>1.50~3.00			5	
			>3.00~6.00			6	
	H26		>0.20~0.50	170~210	140	2	
			>0.50~1.50			3	
			>1.50~4.00			3	
	H28		>0.20~0.50	190	160	2	
			>0.50~1.50			2	
			>1.50~3.00			3	
	H112		>6.00~12.50	115	70	10	
			>12.50~80.00	100	40	18	
	F	—	>2.50~150.00	—			

(续)

牌号	供应状态	试样状态	厚度（mm）	抗拉强度 R_m	规定非比例伸长应力 $R_{p0.2}$	伸长率（%）≥	
				（MPa） ≥		5D	50mm
（4）铝及铝合金轧制板材（GB/T 3880.2—2006）							
3004 3104	0 H111		>0.20～0.50	155～200	60	13	
			>0.50～1.50			14	
			>1.50～3.00			15	
			>3.00～6.00			16	
			>6.00～12.50			16	
			>12.50～50.00			14	
	H12		>0.20～0.50	190～240	155	2	
			>0.50～1.50			3	
			>1.50～3.00			4	
			>3.00～6.00			5	
	H14		>0.20～0.50	220～265	180	1	
			>0.50～1.50			2	
			>1.50～3.00			2	
			>3.00～6.00			3	
	H16		>0.20～0.50	240～265	200	1	
			>0.50～1.50			1	
			>1.50～3.00			2	
	H18		>0.20～0.50	260	230	1	
			>0.50～1.50			1	
			>1.50～3.00			2	
	H22 H32		>0.20～0.50	190～240	145	4	
			>0.50～1.50			5	

(续)

牌号	供应状态	试样状态	厚度(mm)	抗拉强度 R_m	规定非比例伸长应力 $R_{p0.2}$	伸长率(%)≥	
				(MPa) ≥		5D	50mm
(4) 铝及铝合金轧制板材(GB/T 3880.2—2006)							
3004 3104	H22 H32		>1.50～3.00	190～240	145		6
			>3.00～6.00				7
	H24 H34		>0.20～0.50	220～265	170		3
			>0.50～1.50				4
			>1.50～3.00				4
	H26 H36		>0.20～0.50	240～285	190		3
			>0.50～1.50				3
			>1.50～3.00				3
	H28 H38		>0.20～0.50	260	220		2
			>0.50～1.50				3
	H112		>6.00～12.50	160	60		7
			>12.50～40.00				6
			>40.00～80.00				6
	F	—	>2.50～80.00	—			
3005	0 H111		>0.20～0.50	115～165	45		12
			>0.50～1.50				14
			>1.50～3.00				16
			>3.00～6.00				19
	H12		>0.20～0.50	145～195	125		3
			>0.50～1.50				4
			>1.50～3.00				4
			>3.00～6.00				5

(续)

牌号	供应状态	试样状态	厚度 (mm)	抗拉强度 R_m	规定非比例伸长应力 $R_{p0.2}$	伸长率 (%) ≥	
				(MPa) ≥		5D	50mm
(4) 铝及铝合金轧制板材(GB/T 3880.2—2006)							
3005	H14		>0.20～0.50	170～215	150		1
			>0.50～1.50				2
			>1.50～3.00				2
			>3.00～6.00				3
	H16		>0.20～0.50	195～240	175		1
			>0.50～1.50				2
			>1.50～4.00				2
	H18		>0.20～0.50	220	200		1
			>0.50～1.50				2
			>1.50～3.00				2
	H22		>0.20～0.50	145～195	110		5
			>0.50～1.50				5
			>1.50～3.00				6
			>3.00～6.00				7
	H24		>0.20～0.50	170～215	130		4
			>0.50～1.50				4
			>1.50～3.00				4
	H26		>0.20～0.50	195～240	160		3
			>0.50～1.50				3
			>1.50～3.00				3
	H28		>0.20～0.50	220	190		2
			>0.50～1.50				2
			>1.50～3.00				3

(续)

牌号	供应状态	试样状态	厚度(mm)	抗拉强度 R_m	规定非比例伸长应力 $R_{p0.2}$	伸长率(%) ≥	
				(MPa) ≥		5D	50mm
(4) 铝及铝合金轧制板材(GB/T 3880.2—2006)							
3105	0 H111		>0.20~0.50	100~155	40	14	
			>0.50~1.50			15	
			>1.50~3.00			17	
	H12		>0.20~0.50	130~180	105	3	
			>0.50~1.50			4	
			>1.50~3.00			4	
	H14		>0.20~0.50	150~200	130	2	
			>0.50~1.50			2	
			>1.50~3.00			2	
	H16		>0.20~0.50	175~235	160	1	
			>0.50~1.50			2	
			>1.50~3.00			2	
	H18		>0.20~3.00	195	180	1	
	H22		>0.20~0.50	130~180	105	6	
			>0.50~1.50			6	
			>1.50~3.00			7	
	H24		>0.20~0.50	150~200	120	1	
			>0.50~1.50			4	
			>1.50~3.00			5	
	H26		>0.20~0.50	175~225	150	3	
			>0.50~1.50			3	
			>1.50~3.00			3	
	H28		>0.20~1.50	195	170	2	

(续)

牌号	供应状态	试样状态	厚度(mm)	抗拉强度 R_m	规定非比例伸长应力 $R_{p0.2}$	伸长率(%) ≥	
				(MPa) ≥		5D	50mm
(4) 铝及铝合金轧制板材(GB/T 3880.2—2006)							
3102	H18		>0.20～0.50	160	—	3	
			>0.50～3.00			2	
5182	0 H111		>0.20～0.50	255～315	110	11	
			>0.50～1.50			12	
			>1.50～3.00			13	
	H19		>0.20～0.50	380	320	1	
			>0.50～1.50			1	
5A03	0		>0.50～4.50	195	100	16	
	H14、H24 H34		>0.50～4.50	225	195	8	
	H112		>4.50～10.00	185	80	16	
			>10.00～12.50	175	70	13	
			>12.50～25.00	175	70	13	
			>25.00～50.00	165	60	12	
	F	—	>4.50～150.00	—	—	—	
5A05	0		0.50～4.50	275	145	16	
	H112		>4.50～10.00	275	125	16	
			>10.00～12.50	265	115	14	
			>12.50～25.00	265	115	14	
			>25.00～50.00	255	105	13	
	F	—	>4.50～150.00	—	—	—	

(续)

牌号	供应状态	试样状态	厚度 (mm)	抗拉强度 R_m	规定非比例伸长应力 $R_{p0.2}$	伸长率 (%) ≥	
				(MPa) ≥		5D	50mm
(4) 铝及铝合金轧制板材(GB/T 3880.2—2006)							
5A06	0		0.50～4.50	315	155	16	
	H112		>4.50～10.00	315	155	16	
			>10.00～12.50	305	145	12	
			>12.50～25.00	305	145	12	
			>25.00～50.00	295	135	6	
	F	—	>4.50～150.00	—	—	—	
5082	H18 H38		>0.20～0.50	335	—	1	
	H19 H39		>0.20～0.50	355	—	1	
	F	—	>4.50～150.00	—	—	—	
5005	0 H111		>0.20～0.50	100～145	35	15	
			>0.50～1.50			19	
			>1.50～3.00			20	
			>3.00～6.00			22	
			>6.00～12.50			24	
			>12.50～50.00			20	
	H12		>0.20～0.50	125～165	95	2	
			>0.50～1.50			2	
			>1.50～3.00			4	
			>3.00～6.00			5	

(续)

牌号	供应状态	试样状态	厚度 (mm)	抗拉强度 R_m	规定非比例伸长应力 $R_{p0.2}$	伸长率 (%) ≥	
				(MPa) ≥		5D	50mm
(4) 铝及铝合金轧制板材(GB/T 3880.2—2006)							
5005	H14		>0.20～0.50	145～185	120		2
			>0.50～1.50				2
			>1.50～3.00				3
			>3.00～6.00				4
	H16		>0.20～0.50	165～205	145		1
			>0.50～1.50				2
			>1.50～3.00				3
			>3.00～4.00				3
	H18		>0.20～0.50	185	165		1
			>0.50～1.50				2
			>1.50～3.00				2
	H22 H32		>0.20～0.50	125～165	80		4
			>0.50～1.50				5
			>1.50～3.00				6
			>3.00～6.00				8
	H24 H34		>0.20～0.50	145～185	110		3
			>0.50～1.50				4
			>1.50～3.00				5
			>3.00～6.00				6
	H26 H36		>0.20～0.50	165～205	135		2
			>0.50～1.50				3
			>1.50～3.00				4
			>3.00～4.00				4

(续)

牌号	供应状态	试样状态	厚度(mm)	抗拉强度 R_m	规定非比例伸长应力 $R_{p0.2}$	伸长率(%) ≥	
				(MPa) ≥		5D	50mm
(4) 铝及铝合金轧制板材(GB/T 3880.2—2006)							
5005	H28 H38		>0.20~0.50	185	160		1
			>0.50~1.50				2
			>1.50~3.00				3
	H112		>6.00~12.50	115	—		8
			>12.50~40.00	105			10
			>40.00~80.00	100			16
	F	—	>2.50~150.00	—	—		—
5052	0 H111		>0.20~0.50	170~215	65		12
			>0.50~1.50				14
			>1.50~3.00				16
			>3.00~6.00				18
			>6.00~12.50				19
			>12.50~50.00				18
	H12		>0.20~0.50	210~260	160		4
			>0.50~1.50				5
			>1.50~3.00				6
			>3.00~6.00				8
	H14		>0.20~0.50	230~280	180		3
			>0.50~1.50				3
			>1.50~3.00				4
			>3.00~6.00				4

（续）

牌号	供应状态	试样状态	厚度（mm）	抗拉强度 R_m	规定非比例伸长应力 $R_{p0.2}$	伸长率（%）≥	
				（MPa） ≥		5*D*	50mm
（4）铝及铝合金轧制板材（GB/T 3880.2—2006）							
5052	H16		>0.20～0.50	250～300	210	2	
			>0.50～1.50			3	
			>1.50～3.00			3	
			>3.00～4.00			3	
	H18		>0.20～0.50	270	240	1	
			>0.50～1.50			2	
			>1.50～3.00			2	
	H22 H32		>0.20～0.50	210～260	130	5	
			>0.50～1.50			6	
			>1.50～3.00			7	
			>3.00～6.00			10	
	H24 H34		>0.20～0.50	230～280	150	4	
			>0.50～1.50			5	
			>1.50～3.00			6	
			>3.00～6.00			7	
	H26 H36		>0.20～0.50	250～300	180	3	
			>0.50～1.50			4	
			>1.50～3.00			5	
			>3.00～4.00			6	
	H38		>0.20～0.50	270	210	3	
			>0.50～1.50			3	
			>1.50～3.00			4	

(续)

牌号	供应状态	试样状态	厚度(mm)	抗拉强度 R_m	规定非比例伸长应力 $R_{p0.2}$	伸长率(%) ≥	
				(MPa) ≥		5D	50mm
(4) 铝及铝合金轧制板材(GB/T 3880.2—2006)							
5052	H112		>6.00~12.50	190	80	7	
			>12.50~40.00	170	70	10	
			>40.00~80.00	170	70	14	
	F	—	>2.50~150.00	—			
5083	0 H111		>0.20~0.50	275~350	125	11	
			>0.50~1.50			12	
			>1.50~3.00			13	
			>3.00~6.00			15	
			>6.00~12.50			16	
			>12.50~50.00			15	
			>50.00~80.00	270~345	115	14	
	H12		>0.20~0.50	315~375	250	3	
			>0.50~1.50			4	
			>1.50~3.00			5	
			>3.00~6.00			6	
	H14		>0.20~0.50	340~400	280	2	
			>0.50~1.50			3	
			>1.50~3.00			3	
			>3.00~6.00			3	
	H16		>0.20~0.50	360~420	300	1	
			>0.50~1.50			2	
			>1.50~3.00			2	
			>3.00~4.00			2	

(续)

牌号	供应状态	试样状态	厚度(mm)	抗拉强度 R_m	规定非比例伸长应力 $R_{p0.2}$	伸长率(%) ≥	
				(MPa) ≥		5D	50mm
(4) 铝及铝合金轧制板材(GB/T 3880.2—2006)							
5083	H22 H32		>0.20~0.50	305~380	215	5	
			>0.50~1.50			6	
			>1.50~3.00			7	
			>3.00~6.00			8	
	H24 H34		>0.20~0.50	340~400	250	4	
			>0.50~1.50			5	
			>1.50~3.00			6	
			>3.00~6.00			7	
	H26 H36		>0.20~0.50	360~420	280	2	
			>0.50~1.50			3	
			>1.50~3.00			3	
			>3.00~4.00			3	
	H112		>6.00~12.50	275	125	12	
			>12.50~40.00	275	125	10	
			>40.00~50.00	270	115	10	
	F	—	>4.50~150.00	—	—	—	
5086	0 H111		>0.20~0.50	240~310	100	11	
			>0.50~1.50			12	
			>1.50~3.00			13	
			>3.00~6.00			15	
			>6.00~12.50			17	
			>12.50~80.00			16	

(续)

牌号	供应状态	试样状态	厚度 (mm)	抗拉强度 R_m	规定非比例伸长应力 $R_{p0.2}$	伸长率 (%) ≥	
				(MPa) ≥		5D	50mm
(4) 铝及铝合金轧制板材(GB/T 3880.2—2006)							
5086	H12		>0.20～0.50	275～335	200		3
			>0.50～1.50				4
			>1.50～3.00				5
			>3.00～6.00				6
	H14		>0.20～0.50	300～360	240		2
			>0.50～1.50				3
			>1.50～3.00				3
			>3.00～6.00				3
	H16		>0.20～0.50	325～385	270		1
			>0.50～1.50				2
			>1.50～3.00				2
			>3.00～4.00				2
	H18		>0.20～0.50	345	290		1
			>0.50～1.50				1
			>1.50～3.00				1
	H22 H32		>0.20～0.50	275～335	185		5
			>0.50～1.50				6
			>1.50～3.00				7
			>3.00～6.00				8
	H24 H34		>0.20～0.50	300～360	220		4
			>0.50～1.50				5
			>1.50～3.00				6
			>3.00～6.00				7

(续)

牌号	供应状态	试样状态	厚度 (mm)	抗拉强度 R_m	规定非比例伸长应力 $R_{p0.2}$	伸长率 (%) ≥	
				(MPa) ≥		5*D*	50mm
(4) 铝及铝合金轧制板材(GB/T 3880.2—2006)							
5086	H26 H36		>0.20～0.50	325～385	250		2
			>0.50～1.50				3
			>1.50～3.00				3
			>3.00～4.00				3
	H112		>6.00～12.50	250	105		8
			>12.50～40.00	240	105		9
			>40.00～50.00	240	100		12
	F	—	>4.50～150.00	—	—		—
6061	0	0	0.40～1.50	≤150	≤85		14
			>1.50～3.00				16
			>3.00～6.00				19
			>6.00～12.50				16
			>12.50～25.00				16
		T42[e]	0.40～1.50	205	95		12
			>1.50～3.00				14
			>3.00～6.00				16
			>6.00～12.50				18
			>12.50～40.00				15
		T62[e]	>0.40～1.50	205	240		6
			>1.50～3.00				7
			>3.00～6.00				10
			>6.00～12.50				9
			>12.50～40.00				8

（续）

牌号	供应状态	试样状态	厚度（mm）	抗拉强度 R_m	规定非比例伸长应力 $R_{p0.2}$	伸长率（%）≥	
				（MPa） ≥		5D	50mm
（4）铝及铝合金轧制板材（GB/T 3880.2—2006）							
6061	T4	T4	>0.40～1.50	205	110		12
			>1.50～3.00				14
			>3.00～6.00				16
			>6.00～12.50				18
	T6	T6	>0.40～1.50	205	240		6
			>1.50～3.00				7
			>3.00～6.00				10
			>6.00～12.50				9
	F	F	>2.50～160.0	—	—		—
6063	0	0	0.50～5.00	≤130	—		20
			>5.00～12.50				15
			>12.50～20.00				15
		T62[e]	0.50～5.00	230	180		8
			>5.00～12.50	220	170		6
			>12.50～20.00	220	170		6
	T4	T4	0.50～5.00	150	—		10
			5.00～10.00	130			10
	T6	T6	0.50～5.00	240	190		8
			>5.00～10.00	230	180		8
6A02	0	0	>0.50～4.50	≤145	—		21
			>4.50～10.00				16
		T62[e]	>0.50～4.50	295	—		11
			>4.50～10.00				8

（续）

牌号	供应状态	试样状态	厚度(mm)	抗拉强度 R_m	规定非比例伸长应力 $R_{p0.2}$	伸长率(%) ≥	
				(MPa) ≥		5D	50mm
(4) 铝及铝合金轧制板材(GB/T 3880.2—2006)							
6A02	T4	T4	>0.50～0.80	195	—	19	
			>0.80～3.00			21	
			>3.00～4.50			19	
			>4.50～10.00	175		17	
	T6	T6	>0.50～4.50	295	—	11	
			>4.50～10.00			8	
	H112	T62[e]	>4.50～12.50	295	—	8	
			>12.50～25.00	295		7	
			>25.00～40.00	285		6	
			>40.00～80.00	275		6	
		T42[e]	>4.50～12.50	175	—	17	
			>12.50～25.00	175		14	
			>25.00～40.00	165		12	
			>40.00～80.00	165		10	
	F	—	>4.50～150.00	—	—	—	
6082	0	0	0.40～1.50	≤150	≤85	14	
			>1.50～3.00			16	
			>3.00～6.00			18	
			>6.00～12.50			17	
			>12.50～25.00	≤155	—	16	
		T42[e]	0.40～1.50	205	95	12	
			>1.50～3.00			14	

(续)

牌号	供应状态	试样状态	厚度(mm)	抗拉强度 R_m	规定非比例伸长应力 $R_{p0.2}$	伸长率(%) ≥	
				(MPa) ≥		5D	50mm
(4) 铝及铝合金轧制板材(GB/T 3880.2—2006)							
6082	0	T42[e]	>3.00～6.00	205	95	15	
			>6.00～12.50			14	
			>12.50～25.00			13	
		T62[e]	0.40～1.50	310	260	6	
			>1.50～3.00			7	
			>3.00～6.00			10	
			>6.00～12.50	300	255	9	
			>12.50～25.00	295	240	8	
	T4	T4	0.40～1.50	205	110	12	
			>1.50～3.00			14	
			>3.00～6.00			15	
			>6.00～12.50			14	
	T6	T6	0.40～1.50	310	260	6	
			>1.50～3.00			7	
			>3.00～6.00			10	
			>6.00～12.50	300	255	9	
	F	F	>4.50～150.00	—	—	—	
7075	0	0	>0.50～1.50	≤250	≤140	10	
			>1.50～4.00	≤260	≤140	10	
			>4.00～12.50	≤270	≤145	10	
			>12.50～25.00	≤275	—	—	

(续)

牌号	供应状态	试样状态	厚度(mm)	抗拉强度 R_m	规定非比例伸长应力 $R_{p0.2}$	伸长率(%) ≥	
				(MPa) ≥		5D	50mm
(4) 铝及铝合金轧制板材(GB/T 3880.2—2006)							
7075	0	T62[e]	>0.50~1.00	485	415	7	
			>1.00~1.50	495	425	8	
			>1.50~4.00	505	435	8	
			>4.00~6.00	515	440	8	
			>6.00~12.50	525	445	9	
			>12.50~25.00	540	470	6	
	T6	T6	>0.50~1.00	485	415	7	
			>1.00~1.50	495	425	8	
			>1.50~4.00	505	435	8	
			>4.00~6.00	515	440	8	
	F	—	>6.00~100.00	—	—	—	
	0	0	>0.50~12.50	≤275	≤445	10	
			>12.50~50.00	≤275		9	
		T62[e]	>0.50~1.00	525	460	7	
			>1.00~3.00	540	470	8	
			>3.00~6.00	540	475	8	
			>6.00~12.50	540	460	9	
			>12.50~25.00	540	470	6	
			>25.00~50.00	530	460	5	
	T6	T6	>0.50~1.00	525	460	7	
			>1.00~3.00	540	470	8	
			>3.00~6.00	540	475	8	
	F	—	>6.00~100.00	—	—	—	

(续)

牌号	供应状态	试样状态	厚度(mm)	抗拉强度 R_m	规定非比例伸长应力 $R_{p0.2}$	伸长率(%)≥	
				(MPa) ≥		5D	50mm
(4) 铝及铝合金轧制板材(GB/T 3880.2—2006)							
8A06	0		>0.20~0.30	≤110	—		16
			>0.30~0.50				21
			>0.50~0.80				26
			>0.80~10.00				30
	H14 H24		>0.20~0.30	100	—		1
			>0.30~0.50				3
			>0.50~0.80				4
			>0.80~1.00				5
			>1.00~4.50				6
	H18		>0.20~0.30	135	—		1
			>0.30~0.80				2
			>0.80~4.50				3
	H112		>4.50~10.00	70	—		19
			>10.00~12.50	80			19
			>12.50~25.00	80			19
			>25.00~80.00	65			16
	F	—	>2.50~150.00	—	—		—
8011A	0 H111		>0.20~0.50	80~130	30		19
			>0.50~1.50				21
			>1.50~3.00				24
	H14		>0.20~0.50	125~165	110		2
			>0.50~3.00				3

（续）

牌号	供应状态	试样状态	厚度（mm）	抗拉强度 R_m	规定非比例伸长应力 $R_{p0.2}$	伸长率（%）≥	
				（MPa） ≥		5D	50mm
（4）铝及铝合金轧制板材（GB/T 3880.2—2006）							
8011A	H24		>0.20～0.50	125～165	100		3
			>0.50～1.50				4
			>1.50～3.00				5
	H18		>0.20～0.50	165	145		1
			>0.50～3.00				2

牌号	供应状态	试样状态	厚度（mm）	抗拉强度 R_m	规定非比例伸长应力 $R_{p0.2}$	伸长率（%）≥
				（MPa） ≥		50mm
（5）表盘及装饰用纯铝板（YS/T 242—2000）						
1070A 1060	O		>0.3～0.5	55～95	—	20
			>0.5～0.8			25
			>0.8～1.3			30
			>1.3～4.0			35
	H14 H24		>0.3～0.5	85～120	—	2
			>0.5～0.8			3
			>0.8～1.3			4
			>1.3～4.0			5
	H18		>0.3～0.5	120	—	1
			>0.5～0.8			2
			>0.8～1.3			3
			>1.3～2.0			4

(续)

牌号	供应状态	试样状态	厚度(mm)	抗拉强度 R_m	规定非比例伸长应力 $R_{p0.2}$	伸长率(%) ≥
				(MPa) ≥		50mm
(5) 表盘及装饰用纯铝板(YS/T 242—2000)						
1050A	O		>0.3～0.5 >0.5～0.8 >0.8～1.3 >1.3～4.0	60～100	—	15 20 25 30
	H14 H24		>0.3～0.5 >0.5～0.8 >0.8～1.3 >1.3～4.0	95～125	—	2 3 4 5
	H18		>0.3～0.5 >0.5～0.8 >0.8～1.3 >1.3～2.0	125	—	1 2 3 4
1035 1100 1200	O		>0.3～0.5 >0.5～0.8 >0.8～1.3 >1.3～4.0	75～110	—	15 20 25 30
	H14 H24		>0.3～0.5 >0.5～0.8 >0.8～1.3 >1.3～4.0	120～145	—	2 3 4 5
	H18		>0.3～0.5 >0.5～0.8 >0.8～1.3 >1.3～2.0	155	—	1 2 3 4

（续）

牌号	供应状态	试样状态	厚度（mm）	抗拉强度 R_m	规定非比例伸长应力 $R_{p0.2}$	伸长率（%）≥
				（MPa） ≥		50mm
（6）瓶盖用铝及铝合金板、带材（YS/T 91—2002）						
1100	H14 H24		0.20～0.30	110～145	制耳率（%）≥3	2 3
	H16 H26			130～165		1 2
	H18			150		1
8011 8011A	H14 H24			125～155		2 3
	H16 H26			145～180		1 2
	H18			165		1
3003	H14 H24			145～180	制耳率（%）≥4	2 4
	H16 H26			170～210		1 2
	H18			190		1
3105	H14 H24			150～200		2 4
	H16 H24			175～220		1 3
	H18			195		1
5052	H18 H19			280～320 285		3 2

（续）

牌号	供应状态	试样状态	厚度（mm）	抗拉强度 R_m	规定非比例伸长应力 $R_{p0.2}$	伸长率（%）≥
				（MPa） ≥		50mm
（7）钎接用铝合金板材室温横向力学性能（YS/T 69—1993）						
LQ1	O、H14、H24		所有尺寸	附 实 测 结 果		
LQ2	O		0.8～1.3 >1.3～4.0	≤147	—	δ_5 18 20
	H14、H24		0.8～1.3 >1.3～4.0	137	—	13 5
（8）铝及铝合金花纹板（GB/T 3618—2006）						
2A12	T4		所有尺寸	405	255	10
2A11	H234、H194			215	—	3
3003	H114、H234			120		4
	H194			140		3
1×××	H114			80		4
	H194			100		3
5A02、5052	0			≤150		14
	H114			180		3
	H194			195		3
5A43	0			≤100		15
	H114			120		4
6061	0			≤150		12

（续）

牌　号	供应状态	试样状态	厚度（mm）	抗拉强度 R_m	规定非比例伸长应力 $R_{p0.2}$	伸长率（%）≥
				（MPa）≥		50mm
（9）铝及铝合金热轧带材（GB/T 3880.2—2006）						
1070、1070A 1060、1050 1050A、1035 1200、1100 8A06、3A21 3003、3004 5A02、5005 5052	F		2.5～8.0	—	—	—

牌　号	状态	厚度（mm）	抗拉强度 R_m（N/mm²）	伸长率（%）≥	
				50mm	100mm
（10）铝及铝合金箔（GB/T 3198—2010）					
1050、1060、1070、1100、1145、1200、1235	O	0.0045～<0.0060	40～95	—	—
		0.0060～0.0090	40～100	—	—
		>0.0090～0.0250	40～105	—	1.5
		>0.0250～0.0400	50～105	—	2.0
		>0.0400～0.0900	55～105	—	2.0
		>0.0900～0.1400	60～115	12	—
		>0.1400～0.2000	60～115	15	—
	H22	0.0045～0.0250	—	—	—
		>0.0250～0.0400	90～135	—	2
		>0.0400～0.0900	90～135	—	3
		>0.0900～0.1400	90～135	4	—
		>0.1400～0.2000	90～135	6	—

(续)

牌　号	状态	厚度(mm)	抗拉强度 R_m(N/mm²)	伸长率(%)≥	
				50mm	100mm
(10) 铝及铝合金箔(GB/T 3198—2010)					
1050、1060、1070、1100、1145、1200、1235	H14、H24	0.0045～0.0250	—	—	—
		>0.0250～0.0400	110～160	—	2
		>0.0400～0.0900	110～160	—	3
		>0.0900～0.1400	110～160	4	—
		>0.1400～0.2000	110～160	6	—
	H16、H26	0.0045～0.0250	—	—	—
		>0.0250～0.0900	125～180	—	1
		>0.0900～0.2000	125～180	2	—
	H18	0.0045～0.0060	≥115	—	—
		>0.0060～0.2000	≥140	—	—
	H19	>0.0060～0.2000	≥150	—	—
2A11	O	0.0300～0.0490	≤195	1.5	—
		>0.0490～0.2000	≤195	3.0	—
	H18	0.0300～0.0490	≥205	—	—
		>0.0490～0.2000	≥215	—	—
2A12	O	0.0300～0.0490	≤195	1.5	—
		>0.0490～0.2000	≤205	3.0	—
	H18	0.0300～0.0490	≥225	—	—
		>0.0490～0.2000	≥245	—	—
3003	O	0.0090～0.0120	80～135	—	—
		>0.0180～0.2000	80～140	—	—
	H22	0.0200～0.0500	90～130	—	3.0
		>0.0500～0.2000	90～130	10.0	—

（续）

牌　号	状态	厚度(mm)	抗拉强度 R_m(N/mm²)	伸长率(%)≥	
				50mm	100mm
(10) 铝及铝合金箔(GB/T 3198—2010)					
3003	H14	0.0300～0.2000	140～170	—	—
	H24	0.0300～0.2000	140～170	1.0	—
	H16	0.1000～0.2000	≥180	—	—
	H26	0.1000～0.2000	≥180	1.0	—
	H18	0.0100～0.2000	≥190	1.0	—
	H19	0.0180～0.1000	≥200	—	—
3A21	O	0.0300～0.0400	85～140	—	3.0
	H22	>0.0400～0.2000	85～140	8.0	—
	H24	0.1000～0.2000	130～180	1.0	—
	H18	0.0300～0.2000	≥190	0.5	—
5A02	O	0.0300～0.0490	≤195	—	—
		0.0500～0.2000	≤195	4.0	—
	H16	0.0500～0.2000	≤195	4.0	—
	H16、H26	0.1000～0.2000	≥255	—	—
	H18	0.0200～0.2000	≥265	—	—
5052	O	0.0300～0.2000	175～225	4	—
	H14、H24	0.0500～0.2000	250～300	—	—
	H16、H26	0.1000～0.2000	≥270	—	—
	H18	0.0500～0.2000	≥275	—	—
	H19	0.1000～0.2000	≥285	1	—

(续)

牌　号	状态	厚度(mm)	抗拉强度 R_m(N/mm²)	伸长率(%)≥	
				50mm	100mm
(10) 铝及铝合金箔(GB/T 3198—2010)					
8006	O	0.0060～0.0090	80～135	—	1
		>0.0090～0.0250	85～140	—	2
		>0.0250～0.040	85～140	—	3
		>0.040～0.0900	90～140	—	4
		>0.0900～0.1400	110～140	15	—
		>0.1400～0.200	110～140	20	—
	H22	0.0350～0.0900	120～150	5.0	—
		>0.0900～0.1400	120～150	15	—
		>0.1400～0.2000	120～150	20	—
	H24	0.0350～0.0900	125～150	5.0	—
		>0.0900～0.1400	125～155	15	—
		>0.1400～0.2000	125～155	18	—
	H26	0.0900～0.1400	130～160	10	—
		0.1400～0.2000	130～160	12	—
	H18	0.0060～0.0250	≥140	—	—
		>0.0250～0.0400	≥150	—	—
		>0.0400～0.0900	≥160	—	1
		>0.0900～0.2000	≥160	0.5	—
8011 8011A 8079	O	0.0060～0.0090	50～100	—	0.5
		>0.0090～0.0250	55～100	—	1
		>0.0250～0.0400	55～110	—	4
		>0.0400～0.0900	60～120	—	4
		>0.0900～0.1400	60～120	13	—
		>0.1400～0.2000	60～120	15	—
	H22	0.0350～0.0400	90～150	—	1.0
		>0.0400～0.0900	90～150	—	2.0
		>0.0900～0.1400	90～150	5	—
		>0.1400～0.2000	90～150	6	—

(续)

牌　号	状态	厚度(mm)	抗拉强度 R_m(N/mm²)	伸长率(%)≥	
				50mm	100mm
(10) 铝及铝合金箔(GB/T 3198—2010)					
8011 8011A 8079	H24	0.0350～0.0400	120～170	2	—
		>0.0400～0.0900	120～170	3	—
		>0.0900～0.1400	120～170	4	—
		>0.1400～0.2000	120～170	5	—
	H26	0.0350～0.0900	140～190	1	—
		>0.0900～0.2000	140～190	2	—
	H18	0.0350～0.2000	≥160	—	—
	H19	0.0350～0.2000	≥170	—	—

牌　号	供应状态	试样状态	厚度、壁厚(mm)	抗拉强度 R_m	规定非比例伸长应力 $R_{p0.2}$	伸长率(%)≥	
				(MPa)　≥		50mm	其他
(11) 空调器散热片用素铝箔(YS/T 95.1—2001)							
1100 1200 8011	O H22 H24 H26 H18		0.08～0.20	80～110 100～130 115～145 135～165 160	50 65 90 120 —	20 16 12 6 1	— — — — —
(12) 铝及铝合金热挤压无缝圆管(GB/T 4437.1—2000)							
1070A、1060	O H112		所有	60～95 60	—	25	22
1050A、1035	O		所有	60～100	—	25	23
1100、1200	O H112		所有	75～105 75	—	25	22
2A11	O H112		所有	≤245 350	— 195	—	10

(续)

<table>
<tr><th rowspan="3">牌　号</th><th rowspan="3">供应状态</th><th rowspan="3">试样状态</th><th rowspan="3">厚度、壁厚 (mm)</th><th>抗拉强度 R_m</th><th>规定非比例伸长应力 $R_{p0.2}$</th><th colspan="2">伸长率 (%)≥</th></tr>
<tr><th colspan="2" rowspan="2">(MPa)　≥</th><th rowspan="2">50 mm</th><th rowspan="2">其他</th></tr>
<tr></tr>
<tr><td colspan="8">(12) 铝及铝合金热挤压无缝圆管(GB/T 4437.1—2000)</td></tr>
<tr><td rowspan="2">2017</td><td colspan="2">O</td><td rowspan="2">所有</td><td>≤245</td><td>≤125</td><td>—</td><td>16</td></tr>
<tr><td>H112
T4</td><td>T4</td><td>345</td><td>215</td><td>—</td><td>20</td></tr>
<tr><td rowspan="2">2A12</td><td colspan="2">O</td><td rowspan="2">所有</td><td>≤245</td><td>—</td><td>—</td><td>10</td></tr>
<tr><td>H112
T4</td><td>T4</td><td>390</td><td>255</td><td>—</td><td>10</td></tr>
<tr><td rowspan="2">2017*</td><td colspan="2">O</td><td>所有</td><td>≤245</td><td>≤130</td><td>12</td><td>10</td></tr>
<tr><td>H112</td><td>T4</td><td>≤18
>18</td><td>395</td><td>260</td><td>12
—</td><td>10
9</td></tr>
<tr><td>3A21</td><td colspan="2">H112</td><td>所有</td><td>≤165</td><td>—</td><td>—</td><td>—</td></tr>
<tr><td>3003</td><td colspan="2">O
H112</td><td>所有</td><td>95～150
95</td><td>—</td><td>25
25</td><td>22
22</td></tr>
<tr><td>5A02
5052
5A03
5A05
5A06</td><td colspan="2">H112
O
H112
H112
O、H112</td><td>所有</td><td>≤225
170～240
175
225
315</td><td>—
70
70
110
145</td><td>—
—
—
—
—</td><td>—
—
15
15
15</td></tr>
<tr><td>5083</td><td colspan="2">O
H112</td><td>所有</td><td>270～350
270</td><td>110
110</td><td>14
12</td><td>12
20</td></tr>
<tr><td>5454</td><td colspan="2">O
H112</td><td>所有</td><td>215～285
215</td><td>85
85</td><td>14
12</td><td>12
10</td></tr>
<tr><td>5086</td><td colspan="2">O
H112</td><td>所有</td><td>240～315
240</td><td>95
95</td><td>14
12</td><td>12
10</td></tr>
<tr><td rowspan="2">6A02</td><td colspan="2">O
T4</td><td>所有</td><td>≤145
205</td><td>—
—</td><td>—
—</td><td>17
14</td></tr>
<tr><td>H112
T6</td><td>T6</td><td>所有</td><td>295</td><td>—</td><td>—</td><td>8</td></tr>
<tr><td rowspan="2">6061</td><td colspan="2">T4</td><td>所有</td><td>180</td><td>110</td><td>16</td><td>14</td></tr>
<tr><td colspan="2">T6</td><td>≤6.3
>6.3</td><td>260
260</td><td>240
240</td><td>8
10</td><td>—
9</td></tr>
</table>

注：* 原文是 2017，拟是 2024 之误(编者)。

牌　号	供应状态	试样状态	壁厚(mm)	抗拉强度 R_m	规定非比例伸长应力 $R_{p0.2}$	伸长率(%)≥	
				(MPa) ≥		50 mm	其他
(12) 铝及铝合金热挤压无缝圆管(GB/T 4437.1—2000)							
6063	T4		≤12.5 >12.5～25	130 125	70 60	14 —	12 12
	T6		所有	205	170	10	9
7A04、7A09	H112 T6	T6	所有	530	400	—	5
7075	H112 T6	T6	≤6.3 >6.3≤12.5 >12.5	540 560 560	485 505 495	7 7 —	— 6 6
7A15	H112 T6	T6	所有	470	420	—	6
8A06	H112		所有	≤120	—	—	20
(13) 铝及铝合金拉(轧)制无缝管(GB/T 6893—2010)							
1035、1050A 1050	O		所有	60～95	—	22	25
	H14			95	70	5	6
1060、1070A 1070	O		所有	60～95	—	—	
	H14			85	70	—	
1100、1200	O		所有	70～105	—	16	20
	H14			110～145	80	4	5
2A11	O		所有	≤245	—	10	
	T4		外径≤22 壁厚≤1.5 >1.5～2.0 >2.0～5.0	375	195	13 14 —	
			外径>22～50 壁厚≤1.5 >1.5～5.0	390	225	12 13	
			外径>50 所有壁厚	390	225	11	

（续）

牌号	供应状态	试样状态	壁厚(mm)	抗拉强度 R_m	规定非比例伸长应力 $R_{p0.2}$	伸长率(%)≥		
				(MPa) ≥		全截面试样标距50mm	50mm定标距	其他
(13) 铝及铝合金拉(轧)制无缝管(GB/T 6893—2010)								
2017	O T4		所有	≤245 375	≤125 215	17 13	16 12	16 12
2A12	O		所有	≤245	—	10		
	T4		外径≤22 壁厚≤2.0 >2.0～5.0	410	225	13 —		
			外径>22～50 所有壁厚	420	275	12		
			外径>50 所有壁厚	420	275	10		
2A14	T4		外径≤22 壁厚 1.0～2.0 >2.0～5.0	360 360	205 205	10 —		
			外径>22	360	205	10		
2024	O		所有	≤240	≤140	—	10	12
	T4		0.63～1.2 >1.2～5.0	440 440	290 290	12 14	10 10	— —
3003	O		所有	95～130	35	—	20	25
	H14		所有	130～165	110	—	4	6
3A21	O H14		所有	≤135 135	—	—		
	H18		外径<60,壁厚0.5～5.0	185	—	—		
			外径≥60,壁厚2.0～5.0	175	—	—		
	H24		外径<60,壁厚0.5～5.0	145	—	8		
			外径≥60,壁厚2.0～5.0	135	—	8		

(续)

牌号	供应状态	试样状态	壁厚(mm)	抗拉强度 R_m	规定非比例伸长应力 $R_{p0.2}$	伸长率(%)≥		
				(MPa) ≥		全截面试样标距50mm	50mm定标距	其他
(13) 铝及铝合金拉(轧)制无缝管(GB/T 6893—2010)								
5A02	O		所有	≤225	—	—		
	H14		外径≤55，壁厚≤2.5	225	—	—		
			外径其他，壁厚其他	195	—	—		
5A03	O		所有	175	80	15		
	H34			215	125	8		
5A05	O		所有	215	90	15		
	H32			245	145	8		
5A06	O		所有	315	145	15		
5052	O		所有	170～230	65	—	17	20
	H14			230～270	180	—	4	5
5056	O		所有	≤315	100	16		
	H32			305	—	—		
5083	O		所有	270～350	110	—	14	16
	H32			280	200	—	4	6
5754	O		所有	180～250	80	—	14	16
6A02	O		所有	≤155	—	14		
	T4			205	—	14		
	T6			305	—	8		
6061	O		所有	≤150	≤110	—	14	16
	T4		所有	205	110	—	14	16
	T6		所有	290	240	—	8	10
6063	O		所有	≤130	—	—	15	20
	T6		所有	220	190	—	8	10
7A04	O		所有	≤265	—	8		
7020	T6		所有	350	280	—	8	10
8A06	O		所有	≤120	—	20		
	H14			100	—	5		

(续)

牌号	供应状态	试样状态	厚度(管材)直径(线材)(mm)	抗拉强度 R_m	规定非比例伸长应力 $R_{p0.2}$	伸长率(%) ≥
				(MPa) ≥		
(14) 铝及铝合金焊接管(坯料)(GB/T 10571—1989)						
1070A、1060 1050A、1035 1200、8A06	O		1.0～3.0	≤108	—	28
	H×4		0.8～1.0 >1.0～3.0	98	—	5 6
	H×8		0.5～3.0	137	—	3
5A02	O		0.8～1.0 >1.0～3.0	167～220	—	16 18
	H×4		0.8～1.0 >1.0～3.0	235	—	4 6
	H×8		0.8～1.0 >1.0～3.0	265	—	3 4
3A21	O		1.0～3.0	98～147	—	22
	H×4		0.8～3.0	147～216	—	6
	H×8		0.5 >0.5～0.8 >0.8～1.2 >1.2～3.0	186	—	1 2 3 4
(15) 导电用铝线(GB/T 3195—1997)						
1A60	H19		0.80～1.00 >1.00～1.50 >1.50～3.00 >3.00～4.00 >4.00～5.00	162 157 157 137 137	— — — — —	1.0 1.2 1.5 1.5 2.0
	O		0.80～1.00 >1.00～2.00 >2.00～3.00 >3.00～5.00	74	—	10 12 15 18

(续)

牌 号	供应状态	试样状态	直径 (mm)	抗剪强度 τ (MPa) ≥	伸长率 (%)≥
(16a) 铆钉用铝及铝合金线材(热处理不可强化)(GB/T 3196—2001)					
1035	H18 H14		1.6～3.0 >3.0～10	— 60	— —
5A02 5A06 5B05 3A21	H14 H12 H12 H14		1.6～10 1.6～10 1.6～10 1.6～10	115 165 155 80	— — — —
(16b) 铆钉用铝及铝合金线材(热处理可强化)(GB/T 3196—2001)					
2A01	T4		所有	185	—
2A04	T4		≤6.0 >6.0	275 265	— —
2B11 2B12	T4 T4		所有 所有	235 265	— —
2A10	T4		≤8.0 >8.0	245 235	— —
7A03	T6		所有	285	—
(17) 焊条用铝及铝合金线材(GB/T 3197—2001)					
1070A、1060 1050A、1035 1200、8A06	H18、O		0.8～10	—	—
	H14、O		>3.0～10		
2A14、2A16 3A21、4A01 5A02、5A03	H18、O H14、O		>0.8～10	—	—
	H12、O		>7.0～10	—	—
5A05、5B05 5A06、5B06 5A33、5183	H18、O H14、O		0.8～7.0	—	—
	H12、O		>7.0～10	—	—

(6) 铸造铝合金的化学成分(GB/T 1173—1995)

序号	合金牌号	合金代号	化学成分(%,余量为铝)①②			
			硅	铜	镁	锌
1	ZAlSi7Mg	ZL101	6.5～7.5	—	0.25～0.45	—
2	ZAlSi7MgA	ZL101A	6.5～7.5	—	0.25～0.45	—
3	ZAlSi12	ZL102	10.0～13.0	—	—	—
4	ZAlSi9Mg	ZL104	8.0～10.5	—	0.17～0.35	—
5	ZAlSi5Cu1Mg	ZL105	4.5～5.5	1.0～1.5	0.4～0.6	—
6	ZAlSi5Cu1MgA	ZL105A	4.5～5.5	1.0～1.5	0.4～0.55	—
7	ZAlSi8Cu1Mg	ZL106	7.5～8.5	1.0～1.5	0.3～0.5	—
8	ZAlSi7Cu4	ZL107	6.5～7.5	3.5～4.5	—	—
9	ZAlSi12Cu2Mg1	ZL108	11.0～13.0	1.0～2.0	0.4～1.0	—

序号	合金代号	化学成分(%)(续)						
		锰	钛	镍	铍	锑	杂质总和≤	
							S	J
1	ZL101	—	—	—	—	③	1.1	1.5
2	ZL101A	—	0.08～0.20	—	—	—	0.7	0.7
3	ZL102	—	—	—	—	③	2.0	2.2
4	ZL104	0.2～0.5	—	—	—	—	1.1	1.4
5	ZL105	—	—	—	—	—	1.1	1.4
6	ZL105A	—	—	—	—	—	0.5	0.5
7	ZL106	0.3～0.5	0.10～0.25	—	—	—	0.9	1.0
8	ZL107	—	—	—	—	—	1.0	1.2
9	ZL108	0.3～0.9	—	—	—	—	—	1.2

注：① S—砂型铸造，J—金属型铸造。熔模、壳型铸造的主要元素及杂质含量按砂型铸造的规定。各牌号的杂质具体含量，参见 GB/T 1173—1995 的规定。

（续）

序号	合金牌号	合金代号	化学成分(%,余量为铝)①②			
			硅	铜	镁	锌
10	ZAlSi12Cu1Mg1Ni1	ZL109	11.0～13.0	0.5～1.5	0.8～1.3	—
11	ZAlSi5Cu6Mg	ZL110	4.6～6.0	5.0～8.0	0.2～0.5	—
12	ZAlSi9Cu2Mg	ZL111	8.0～10.0	1.3～1.8	0.4～0.6	—
13	ZAlSi7Mg1A	ZL114A	6.5～7.5	—	0.45～0.60	—
14	ZAlSi5Zn1Mg	ZL115	4.8～6.2	—	0.4～0.65	1.2～1.8
15	ZAlSi8MgBe	ZL116	6.5～8.5	—	0.35～0.55	—
16	ZAlCu5Mn	ZL201	—	4.5～5.3	—	—
17	ZAlCu5MnA	ZL201A	—	4.8～5.3	—	—
18	ZAlCu4	ZL203	—	4.0～5.0	—	—
19	ZAlCu5MnCdA	ZL204A	—	4.6～5.3	—	—

序号	合金代号	化学成分(%)(续)						
		锰	钛	镉	铍	锑	杂质总和≤	
							S	J
10	ZL109	—	—	镍 0.8～1.5	—	—	—	1.2
11	ZL110	—	—	—	—	—	—	2.7
12	ZL111	0.10～0.35	0.10～0.35	—	—	—	1.0	1.0
13	ZL114A	—	0.10～0.20	—	0.04～0.07④	—	0.75	0.75
14	ZL115	—	—	—	—	0.1～0.25	0.8	1.0
15	ZL116	—	0.10～0.30	—	0.15～0.40	—	1.0	1.0
16	ZL201	0.6～1.0	0.15～0.35	—	—	⑤	1.0	1.0
17	ZL201A	0.6～1.0	0.15～0.35	—	—	⑤	0.4	—
18	ZL203	—	③	—	—	—	2.1	2.1
19	ZL204A	0.6～0.9	0.15～0.35	0.15～0.25	—	—	0.4	—

注：② 与食品接触的铝合金制品：不得含铍，砷≤0.015%，锌≤0.3%，铅≤0.15%。

（续）

序号	合金牌号	合金代号	化学成分(%,余量为铝)[1,2]			
			硅	铜	镁	锌
20	ZAlCu5MnCdVA	ZL205A	—	4.6～5.3	钒0.05～0.3	—
21	ZAlRE5Cu3Si2	ZL207	1.6～2.0	3.0～3.4	0.15～0.25	—
22	ZAlMg10	ZL301	—	—	9.5～11.0	—
23	ZAlMg5Si1	ZL303	0.8～1.3	—	4.5～5.5	—
24	ZAlMg8Zn1	ZL305	—	—	7.5～9.0	1.0～1.5
25	ZAlZn11Si7	ZL401	6.0～8.0	—	0.1～0.3	9.0～13.0
26	ZAlZn6Mg	ZL402	—	—	0.5～0.65	5.0～6.5

序号	合金代号	化学成分(%)(续)						
		锰	钛	镉	锆	混合稀土	杂质总和≤ S	杂质总和≤ J
20	ZL205A	0.3～0.5	0.15～0.35	0.15～0.25	0.05～0.2	硼 0.005～0.06	0.3	0.3
21	ZL207	0.9～1.2	—	镍 0.2～0.3	0.15～0.25	4.4～5.0[6]	0.8	0.8
22	ZL301	—	—	—	—	—	1.0	1.0
23	ZL303	0.1～0.4	—	—	—	—	0.7	0.7
24	ZL305	—	0.1～0.2	—	—	铍 0.03～0.1	0.9	—
25	ZL401	—	—	—	—	—	1.8	2.0
26	ZL402	—	0.15～0.25	—	—	铬 0.4～0.6	1.35	1.65

注：③ 为提高合金力学性能，ZL101、ZL102 中允许含钇 0.08%～0.20%；ZL203 中允许含钛 0.08%～0.20%；此时它们的铁含量应 ≤0.3%。

④ 在保证合金力学性能前提下，可以不加铍。

⑤ ZL201、ZL201A 用作高温条件下工作的零件时，应加入锆 0.05%～0.20%。

⑥ 混合稀土(RE)中含各种稀土总量应 ≥98%，其中铈含量约 45%。

(7) 铸造铝合金的力学性能(GB/T 1173—1995)

序号	合金代号	铸造方法	合金状态	力学性能≥		
				抗拉强度(MPa)	伸长率(%)	布氏硬度HB
1	ZL101	S、R、J、K	F	155	2	50
		S、R、J、K	T2	135	2	45
		JB	T4	185	4	50
		S、R、K	T4	175	4	50
		J、JB	T5	205	2	60
		S、R、K	T5	195	2	60
		SB、RB、KB	T5	195	2	60
		SB、RB、KB	T6	225	1	70
		SB、RB、KB	T7	195	2	60
		SB、RB、KB	T8	155	3	55
2	ZL101A	S、R、K	T4	195	5	60
		J、JB	T4	225	5	60
		S、R、K	T5	235	4	70
		SB、RB、KB	T5	265	4	70
		JB、J	T5	265	4	70
		SB、RB、KB	T6	275	2	80
		JB、J	T6	295	3	80
3	ZL102	SB、JB、RB、KB	F	145	4	50
		J	F	155	2	50
		SB、JB、RB、KB	T2	135	4	50
		J	T2	145	3	50
4	ZL104	S、J、R、K	F	145	2	50
		J	T1	195	1.5	65
		SB、RB、KB	T6	225	2	70
		J、JB	T6	235	2	70

(续)

序号	合金代号	铸造方法	合金状态	力学性能≥		
				抗拉强度(MPa)	伸长率(%)	布氏硬度HB
5	ZL105	S、J、R、K S、R、K J S、R、K S、J、R、K	T1 T5 T5 T6 T7	155 195 235 225 175	0.5 1 0.5 0.5 1	65 70 70 70 65
6	ZL105A	SB、R、K J、JB	T5 T5	275 295	1 2	80 80
7	ZL106	SB JB SB JB SB JB SB J	F T1 T5 T5 T6 T6 T7 T7	175 195 235 255 245 265 225 245	1 1.5 2 2 1 2 2 2	70 70 60 70 80 70 60 60
8	ZL107	SB SB J J	F T6 F T6	165 245 195 275	2 2 2 2.5	65 90 70 100
9	ZL108	J J	T1 T6	195 255	— —	85 90
10	ZL109	J J	T1 T6	195 245	0.5 —	90 100
11	ZL110	S J S J	F F T1 T1	125 155 145 165	— — — —	80 80 80 90

(续)

序号	合金代号	铸造方法	合金状态	力学性能≥		
				抗拉强度(MPa)	伸长率(%)	布氏硬度 HB
12	ZL111	J SB J、JB	F T6 T6	205 255 315	1.5 1.5 2	80 90 100
13	ZL114A	SB J、JB	T5 T5	290 310	2 3	85 90
14	ZL115	S J S J	T4 T4 T5 T5	225 275 275 315	4 6 3.5 5	70 80 90 100
15	ZL116	S J S J	T4 T4 T5 T5	255 275 295 335	4 6 2 4	70 80 85 90
16	ZL201	S、J、R、K S、J、R、K S	T4 T5 T7	295 335 315	8 4 2	70 90 80
17	ZL201A	S、J、R、K	T5	390	8	100
18	ZL203	S、R、K J S、R、K J	T4 T4 T5 T5	195 205 215 225	6 6 3 3	60 60 70 70
19	ZL204A	S	T5	440	4	100
20	ZL205A	S S S	T5 T6 T7	440 470 460	7 3 2	100 120 110

(续)

序号	合金代号	铸造方法	合金状态	力学性能≥		
				抗拉强度(MPa)	伸长率(%)	布氏硬度HB
21	ZL207	S J	T1 T1	165 175	— —	75 75
22	ZL301	S、J、R	T4	280	10	60
23	ZL303	S、J、R、K	F	145	1	55
24	ZL305	S	T4	290	8	90
25	ZL401	S、R、K J	T1 T1	195 245	2 1.5	80 90
26	ZL402	J S	T1 T1	235 215	4 4	70 65

注：1. 合金代号：ZL表示铸铝合金；左起第一位数字，1、2、3、4分别表示铝硅、铝铜、铝镁、铝锌系列合金；第二、三位数字表示顺序号；A表示优质合金。

2. 铸造方法：S—砂型铸造，J—金属型铸造，R—熔模铸造，K—壳型铸造，B—变质处理。

3. 合金状态：F—铸态，T1—人工时效，T2—退火，T4—固溶处理加自然时效，T5—固溶处理加不完全人工时效，T6—固溶处理加完全人工时效，T7—固溶处理加稳定化处理，T8—固溶处理加软化处理。

(8) 铸造铝合金的热处理工艺规范

(GB/T 1173—1995)

<table>
<tr><th rowspan="3">序号</th><th rowspan="3">合金代号</th><th rowspan="3">合金状态</th><th colspan="4">热处理工艺规范(参考)*</th></tr>
<tr><th colspan="2">固溶处理</th><th colspan="2">时　效</th></tr>
<tr><th>温度
(℃)</th><th>时间
(h)</th><th>温度
(℃)</th><th>时间
(h)</th></tr>
<tr><td>2</td><td>ZL101A</td><td>T4
T5

T6</td><td>535
535

535</td><td>6～12
6～12

6～12</td><td>—
室温
再 155
室温
再 180</td><td>—
≥8
2～12
≥8
3～8</td></tr>
<tr><td>6</td><td>ZL105A</td><td>T5</td><td>525</td><td>4～12</td><td>160</td><td>3～5</td></tr>
<tr><td>13</td><td>ZL114A</td><td>T5</td><td>535</td><td>10～14</td><td>室温
再 160</td><td>≥8
4～8</td></tr>
<tr><td>14</td><td>ZL115</td><td>T4
T5</td><td>540
540</td><td>10～12
10～12</td><td>—
150</td><td>—
3～5</td></tr>
<tr><td>15</td><td>ZL116</td><td>T4
T5</td><td>535
535</td><td>10～14
10～14</td><td>—
175</td><td>—
6</td></tr>
<tr><td>16</td><td>ZL201A</td><td>T5</td><td>535
再 545</td><td>7～9
7～9</td><td>—
160</td><td>—
6～9</td></tr>
<tr><td>19</td><td>ZL204A</td><td>T5</td><td>530
再 540</td><td>9
9</td><td>—
175</td><td>—
3～5</td></tr>
<tr><td>20</td><td>ZL205A</td><td>T5
T6
T7</td><td>538
538
538</td><td>10～18
10～18
10～18</td><td>155
175
190</td><td>8～10
4～5
2～4</td></tr>
<tr><td>21</td><td>ZL207</td><td>T1</td><td>—</td><td>—</td><td>200</td><td>5～10</td></tr>
<tr><td>24</td><td>ZL305</td><td>T4</td><td>435
再 490</td><td>8～10
6～8</td><td>—</td><td>—</td></tr>
</table>

注：* 温度允许偏差：±5℃。

(9) 压铸铝合金的化学成分(GB/T 15115—2009)

序号	合金牌号	合金代号	化学成分(质量分数,%)								
			硅	铜	锰	镁	铁	镍	锌	铅	锡
1	YZAlSi10Mg	YL101	9.0～10.0	≤0.6	≤0.35	0.45～0.65	≤1.0	≤0.50	≤0.40	≤0.10	≤0.15
2	YZAlSi12	YL102	10.0～13.0	≤1.0	≤0.35	≤0.10	≤1.0	≤0.50	≤0.40	≤0.10	≤0.15
3	YZAlSi10	YL104	8.0～10.5	≤0.3	0.2～0.5	0.30～0.50	0.5～0.8	≤0.10	≤0.30	≤0.05	≤0.01
4	YZAlSi9Cu4	YL112	7.5～9.5	3.0～4.0	≤0.50	≤0.10	≤1.0	≤0.50	≤2.90	≤0.10	≤0.15
5	YZAlSi11Cu3	YL113	9.5～11.5	2.0～3.0	≤0.50	≤0.10	≤1.0	≤0.30	≤2.90	≤0.10	—
6	YZAlSi17Cu5Mg	YL117	16.0～18.0	4.0～5.0	≤0.50	0.50～0.70	≤1.0	≤0.10	≤1.40	≤0.10	—
7	YZAlMg5Si1	YL302	≤0.35	≤0.25	≤0.35	7.60～8.60	≤1.1	≤0.15	≤0.15	≤0.10	≤0.15

注:1. 除有范围的元素和铁为必检元素外,其余元素在有要求时抽检。
2. 表中序号 6 合金的钛含量为≤0.20%。
3. 表中序号 1～7 合金的铝为除去其他化学成分外的余量。

7. 锌及锌合金

(1) 锌锭的化学成分及用途(GB/T 470—1997)

牌号	锌(%)≥	杂质(%)≤			
		铅	铁	镉	铜
Zn99.995	99.995	0.003	0.001	0.002	0.001
Zn99.99	99.99	0.005	0.003	0.003	0.002
Zn99.95	99.95	0.020	0.02	0.01	0.002
Zn99.5	99.5	0.45	0.05	0.01	—
Zn98.5	98.5	1.4	0.05	0.01	—

牌号	杂质(%)≤(续)			锌锭颜色标志
	锡	铝	总和	
Zn99.995	0.001	0.001	0.0050	红色二条
Zn99.99	0.001	0.002	0.010	红色一条
Zn99.95	0.001	0.01	0.050	黑色一条
Zn99.5	—	—	0.50	绿色二条
Zn98.7	—	—	1.5	绿色一条

牌号	用途举例
Zn-0	高级合金和特殊用途
Zn-1	压铸零件、电镀锌、高级氧化锌、医药和化学试剂
Zn-2	电池锌片、黄铜、压铸零件和锌合金
Zn-4	锌板、热镀锌、氧化锌和锌粉
Zn-5	含锌铜铅合金、普通氧化锌和普通铸件

注:1. Zn99.995锌锭用于间接法制造氧化锌时,铜含量≤0.0001%;除Zn98.5锌锭外,用于制造锌铜合金时,铜含量不作规定。
2. Zn99.5锌锭用于制造锡合金时,锡含量允许≤0.05%。
3. Zn99.995、Zn99.99和Zn99.95锌锭中的铝含量应≤0.003%。
4. Zn99.99锌锭用于生产压铸合金时,铅含量应≤0.003%。
5. 每块锌锭重量为20~25kg。

(2) 热镀用锌合金锭(YS/T 310—2008)

(1) 锌铝合金类热镀用锌合金锭化学成分

合金种类	牌号	主要成分(质量分数,%)		杂质含量(质量分数,%)≤				
		Zn	Al	Fe	Cd	Sn	Pb	Cu
锌铝合金类	RZnAl0.4	余量	0.25～0.55	0.004	0.003	0.001	0.004	0.002
	RZnAl0.6	余量	0.55～0.70	0.005	0.003	0.001	0.005	0.002
	RZnAl0.8	余量	0.70～0.85	0.006	0.003	0.001	0.005	0.002
	RZnAl5	余量	4.8～5.2	0.01	0.003	0.005	0.008	0.003
	RZnAl10	余量	9.5～10.5	0.03	0.003	0.005	0.01	0.005
	RZnAl15	余量	13.0～17.0					

注:热镀用锌合金锭中杂质 Cu、Cd、Sb 可根据需方要求取舍

(2) 锌铝锑合金类热镀用锌合金锭化学成分

合金种类	牌号	主要成分(质量分数,%)			杂质含量(质量分数,%)≤				
		Zn	Al	Sb	Fe	Cd	Sn	Pb	Cu
锌铝锑合金类	RZnAl0.4Sb	余量	0.30～0.60	0.05～0.30	0.006	0.003	0.002	0.005	0.003
	RZnAl0.7Sb	余量	0.60～0.90						

注:热镀用锌合金锭中杂质 Cu、Cd、Sb 可根据需方要求取舍

(3) 锌铝硅合金类热镀用锌合金锭化学成分

合金种类	牌号	主要成分(质量分数,%)			杂质含量(质量分数,%)≤				
		Zn	Al	Si	Pb	Fe	Cu	Cd	Mn
锌铝硅合金类	RAl56ZnSi1.5	余量	52.0～60.0	1.2～1.8	0.02	0.15	0.03	0.01	0.03
	RAl65.0ZnSi1.7	余量	60.0～70.0	1.4～2.0	0.015	—	—	—	—

注:热镀用锌合金锭中杂质 Cu、Cd、Sb 可根据需方要求取舍

(续)

(4) 锌铝稀土合金类热镀用锌合金锭化学成分											
合金种类	牌　号	主要成分(质量分数,%)			杂质含量(质量分数,%)≤						
		Zn	Al	La+Ce	Fe	Cd	Sn	Pb	Si	其他杂质元素	
										单个	总和
锌铝稀土合金类	RZnAl5RE	余量	4.2～6.2	0.03～0.10	0.075	0.005	0.002	0.005	0.015	0.02	0.04

注：锌合金锭按形状和规格分大锭和小锭两种。大锭呈短"T"字形，重量分(1000±100)kg和(380±50)kg两种；小锭呈方梯形，重量为(20±5)kg和(8±2)kg。锭上应有代号、锭重等标志。

(3) 加工锌及锌合金的化学成分及力学性能

序号	牌号	化学成分(%)				
		锌	铅	镉	铁	镁
(1) 照相制版用微晶锌板(YS/T 225—1994)①						
1	XI2	余量	铝 0.02～0.10		—	0.05～0.10
(2) 胶印锌板(GB/T 3496—1983)②						
2	XJ	余量	0.3～0.5	0.09～0.14	0.008～0.02	—
(3) 电池锌饼(GB/T 3610—1997)③						
3	XB1	余量	0.35～0.80	0.03～0.06	—	—
4	XB2	余量	0.10～0.20	0.05～0.10	—	—
5	XB3	余量	0.50～0.80	0.05～0.10	—	—

序号	牌号	杂质(%)≤						
		铁	铅	镉	铜	锡	铝	总和
1	XI2	0.006	0.005	0.005	0.001	0.001	—	0.013
2	XJ	—	—	—	0.005	0.001	0.03	0.05
3	XB1	0.015	—	—	0.002	0.003		0.025
4	XB2	0.006	—	—	0.002	0.001		0.01
5	XB2	0.004	—	—	0.002	0.001		0.01

（续）

序号	牌号	化学成分（%）						
		锌	铅	镉	铁	铜≤	锡≤	杂质总和≤
（4）电池锌板（GB/T 1978—1988）								
6	XD1	余量	0.30～0.50	0.20～0.35	≤0.011	0.002	0.002	0.02
7	XD2	余量	0.35～0.80	0.03～0.06	0.008～0.015	0.002	0.003	0.025
（5）锌阳极板（GB/T 2058—1989）								
8	Zn1	应符合 Zn99.99 的规定，参见第×××页						
9	Zn2	应符合 Zn99.98 的规定，参见第×××页						
（6）嵌线锌板								
10	Zn5	应符合 Zn98.7 的规定，参见第×××页						

序号	组别	牌号	主要成分（%）				力学性能（参考）④		
			铝	铜	镁	锌	σ_b	δ	HB
（7）加工锌合金									
11	锌铜合金	ZnCu1.5	—	1.2～1.7	—	余量	250～400	10～40	60～100
12	锌铜合金	ZnCu1	—	0.8～1.2	—	余量	200～300	20～30	45～75
13	锌铝合金	ZnAl10-5	9～11	4.5～5.5	—	余量	350～450	12～18	90～110
14	锌铝合金	ZnAl10-1	9～10	0.6～1.0	0.02～0.05	余量	400～460	8～12	90～110
15	锌铝合金	ZnAl4-1	3.7～4.3	0.6～1.0	0.02～0.05	余量	370～440	8～12	90～105
16	锌铝合金	ZnAl0.2-4	0.2～0.25	3.5～4.5	—	余量	300～360	20～30	75～90

注：①微晶锌板的硬度 > HB50。②胶印锌板的力学性能：$\delta_b \geq$ 155MPa；$\delta \geq 15\%$。③电池锌饼的硬度为 HB38.0～45.9。④力学性能栏：δ_b—抗拉强度（MPa），δ—伸长率（%），HB—布氏硬度。

（续）

(7) 加工锌合金(续)
ZnCu1.5、ZnCu1—适用于轧制和挤制，可作 H68、H70 等黄铜的代用品，如制造拉链、千层锁、日用五金等 ZnAl10-5、ZnAl10-1—适用于挤制，可作黄铜的代用品 ZnAl4-1—适用于轧制和挤制，可作 59 黄铜的代用品 ZnAl0.2-4—适用于轧制和挤制，供制造尺寸要求稳定的零件

(4) 铸造锌合金(GB/T 1175—1997)

序号	合金牌号	合金代号	合金元素(%)		
			锌	铝	铜
1	ZZnAl4Cu1Mg	ZA4-1	余量	3.5～4.5	0.75～1.25
2	ZZnAl4Cu3Mg	ZA4-3	余量	3.5～4.5	2.5～3.2
3	ZZnAl6Cu1	ZA6-1	余量	5.6～6.0	1.2～1.6
4	ZZnAl8Cu1Mg	ZA8-1	余量	8.0～8.8	0.8～1.3
5	ZZnAl9Cu2Mg	ZA9-2	余量	8.0～10.0	1.0～2.0
6	ZZnAl11Cu1Mg	ZA11-1	余量	10.0～11.5	0.5～1.2
7	ZZnAl11Cu5Mg	ZA11-5	余量	10.0～12.0	4.0～5.5
8	ZZnAl27Cu2Mg	ZA27-2	余量	25.0～28.0	2.0～2.5

序号	合金元素(续)	杂质 (%) ≤							
	镁(%)	铁	锡	铅	镉	锰	铬	镍	总和
1	0.03～0.08	0.1	0.003	0.015	0.005	—	—	—	0.2
2	0.03～0.06	0.075	0.002	铅+镉 0.009			—	—	—
3	—	0.075	0.002	铅+镉 0.009			镁 0.005		—
4	0.015～0.030	0.075	0.003	0.006	0.006	0.01	0.01	0.01	—
5	0.03～0.06	0.2	0.01	0.03	0.02	—	硅 0.1		0.35
6	0.015～0.030	0.075	0.003	0.006	0.006	0.01	0.01	0.01	—
7	0.03～0.06	0.2	0.01	0.03	0.02	—	硅 0.05		0.35
8	0.010～0.020	0.075	0.003	0.006	0.006	0.01	0.01	0.01	—

(续)

序号	合金代号	铸造方法及状态	抗拉强度 σ_b (MPa)≥	伸长率 δ_5 (%)≥	布氏硬度 HBS≥
1	ZA4-1	JF	175	0.5	80
2	ZA4-3	SF JF	220 240	0.5 1	90 100
3	ZA6-1	SF JF	180 220	1 1.5	80 80
4	ZA8-1	SF JF	250 225	1 1	80 85
5	ZA9-2	SF JF	275 315	0.7 1.5	90 105
6	ZA11-1	SF JF	280 310	1 1	90 90
7	ZA11-5	SF JF	275 295	0.5 1.0	80 100
8	ZA27-2	SF ST3 JF	400 310 420	3 8 1	110 90 110

注：1. 合金代号表示方法："ZA"，分别是锌、铝两个化学元素的第一个字母；其右边的第一组数字，表示该合金中的铝的平均百分含量；第二组数字，表示该合金中的铜的平均百分含量。如某种铝的百分平均含量的合金，只有一种铜的百分平均含量(如ZA27-2)，其合金代号可简写成"ZA27"。

2. 合金代号的读法：如"ZA4-1"，读作"锌铝四一"，或"ZA四一"(其中"ZA"各按英语字母发音)；"ZA27"，读作"锌铝二七"，或"ZA27"。

3. 铸造方法及状态栏：SF—砂型，铸态；JF—金属型，铸态；ST3—砂型，均匀化处理，T3工艺为320℃，3h，炉冷。

(5) 压铸锌合金(GB/T 13818—2008)

合金牌号	合金代号	除锌外主要成分			杂质含量(%)≤			
		铝	铜	镁	铁	铅	锑	镉
YZZnAl4A	YX040A	3.9～4.3	≤0.1	0.030～0.060	0.035	0.004	0.0015	0.003
YZZnAl4B	YX040B	3.9～4.3	≤0.1	0.010～0.020	0.075	0.003	0.0010	0.002
YZZnAl4Cu1	YX041	3.9～4.3	0.7～1.1	0.030～0.060	0.035	0.004	0.0015	0.003
YZZnAl4Cu3	YX043	3.9～4.3	2.7～3.3	0.025～0.050	0.035	0.004	0.0015	0.003
YZZnAl8Cu1	YX081	8.2～8.8	0.9～1.3	0.020～0.030	0.035	0.005	0.0050	0.002
YZZnAl11Cu1	YX111	10.8～11.5	0.5～1.2	0.020～0.030	0.050	0.005	0.0050	0.002
YZZnAl27Cu2	YX272	25.5～28.0	2.0～2.5	0.012～0.020	0.070	0.005	0.0050	0.002

注:1. YZZnAl4B Ni 含量为 0.005～0.020。

2. 合金代号表示方法:“YX”为“压”、“锌”两字的汉语拼音第一个字母;左起前两位数字表示铝的名义百分含量;最后一位数字表示铜的名义百分含量。

8. 铅、锡、铅锑合金及轴承合金

(1) 铅锭的化学成分(GB/T 469—2005)

牌号	除铅外化学成分(%)												标志颜色
	Pb ≥	杂质≤											
		银	铜	铋	砷	锑	锡	锌	铁	镉	镍	总和	
Pb99.994	99.994	0.0008	0.001	0.004	0.0005	0.0008	0.0005	0.0004	0.0005	—	—	0.006	不加颜色
Pb99.990	99.990	0.0015	0.001	0.010	0.0005	0.0008	0.0005	0.0004	0.0010	0.0002	0.0002	0.010	竖画一条黄色线
Pb99.985	99.985	0.0025	0.001	0.015	0.0005	0.0008	0.0005	0.0004	0.0010	0.0002	0.0005	0.015	竖画两条黄色线
Pb99.970	99.970	0.0050	0.003	0.030	0.0010	0.0010	0.0010	0.0005	0.0020	0.0010	0.0010	0.030	竖画一条白色线
Pb99.940	99.940	0.0080	0.005	0.060	0.0010	0.0010	0.0010	0.0005	0.0020	0.0020	0.0020	0.060	竖画两条白色线

注：铅锭分为大锭和小锭。大锭为梯形，单重可为：(950±50)kg、(500±25)kg；小锭为长方梯形，单重可为：(48±3)kg、(42±2)kg、(40±2)kg、(24±1)kg。

（2）铅阳极板、铅和铅锑合金加工产品的化学成分及用途

分类	牌号	主成分（%）			杂质（%）≤					
		银	锑	铜	砷	锡	铋	铁	锌	杂质总和
纯铅	Pb1	—	—	—	0.0005	0.001	0.003	0.0005	0.0005	0.006
	Pb2	—	—	—	0.01	0.005	0.03	0.002	0.002	0.10
铅锑合金	PbSb0.5	—	0.3～0.8	—	0.005	0.008	0.06	0.005	0.005	0.15
	PbSb1	—	0.8～1.3	—	0.005	0.008	0.06	0.005	0.005	0.15
	PbSb2	—	1.5～2.5	—	0.01	0.008	0.06	0.005	0.005	0.2
	PbSb4	—	3.5～4.5	—	0.01	0.008	0.06	0.005	0.005	0.2
	PbSb6	—	5.5～6.5	—	0.015	0.01	0.08	0.01	0.01	0.3
	PbSb8	—	7.5～8.5	—	0.015	0.01	0.08	0.01	0.01	0.3
硬铅锑合金	PbSb4-0.2-0.5	—	3.5～4.5	0.05～0.2	0.015	—	0.08	0.01	0.01	0.3
	PbSb6-0.2-0.5	—	5.5～6.5	0.05～0.2	0.015	—	0.08	0.01	0.01	0.3
	PbSb8-0.2-0.5	—	7.5～8.5	0.05～0.2	0.015	—	0.08	0.01	0.01	0.3

（续）

分类	牌号	主成分(%)			杂质(%)≤					
		银	锑	铜	砷	锡	铋	铁	锌	杂质总和
特硬铅锑合金	PbSb1-0.1-0.05	0.01～0.5	0.5～1.5	0.05～0.2	0.015	0.01	0.08	0.01	0.01	0.3
	PbSb2-0.1-0.05	0.01～0.5	1.6～2.5	0.05～0.2	0.015	0.01	0.08	0.01	0.01	0.3
	PbSb3-0.1-0.05	0.01～0.5	2.6～3.5	0.05～0.2	0.015	0.01	0.08	0.01	0.01	0.3
	PbSb4-0.1-0.05	0.01～0.5	3.6～4.5	0.05～0.2	0.015	0.01	0.08	0.01	0.01	0.3
	PbSb5-0.1-0.05	0.01～0.5	4.6～5.5	0.05～0.2	0.015	0.01	0.08	0.01	0.01	0.3
	PbSb6-0.1-0.05	0.01～0.5	5.6～6.5	0.05～0.2	0.015	0.01	0.08	0.01	0.01	0.3
	PbSb7-0.1-0.05	0.01～0.5	6.6～7.5	0.05～0.2	0.015	0.01	0.08	0.01	0.01	0.3
	PbSb8-0.1-0.05	0.01～0.5	7.6～8.5	0.05～0.2	0.015	0.01	0.08	0.01	0.01	0.3

分类	牌号	主成分	杂质(%)≤								
		铅	锑	铜	砷	锡	铋	铁	锌	银	总和
纯铅	Pb1	≥99.994	0.001	0.001	0.0005	0.01	0.003	0.0005	0.0005	0.0005	0.006
	Pb2	≥99.9	0.05	0.01	0.01	0.005	0.03	0.002	0.002	0.002	0.10

注：1. 产品标准号：GB/T 1470-1988《铅及铅锑合金板》，GB/T 1471—2005《铅阳极板》，GB/T 1472—1988《铅及铅锑合金管》。

2. 铅阳极板供电解工业用；铅及铅锑加工产品供化学、染料、制药及其他行业用作耐酸材料和放射性防护材料等。

3. 铅含量按 100%，减去所列杂质含量的总和计算，所得结果不再进行修约。

(3) 锡锭和高纯锡的化学成分

(1) 锡锭的化学成分(GB/T 728—2010)①②

牌　号		Sn99.90		Sn99.95		Sn99.99
级　别		A	AA	A	AA	A
Sn(%)≥		99.90	99.90	99.95	99.95	99.99
杂质(%)≤	As	0.0080	0.0080	0.0030	0.0030	0.0005
	Fe	0.0070	0.0070	0.0040	0.0040	0.0020
	Cu	0.0080	0.0080	0.0040	0.0040	0.0005
	Pb	0.0320	0.0100	0.0200	0.0100	0.0035
	Bi	0.0150	0.0150	0.0060	0.0060	0.0025
	Sb	0.0200	0.0200	0.0140	0.0140	0.0015
	Cd	0.0008	0.0008	0.0005	0.0005	0.0003
	Zn	0.0010	0.0010	0.0008	0.0008	0.0003
	Al	0.0010	0.0010	0.0008	0.0008	0.0005
	S	0.0005	0.0005	0.0005	0.0005	0.0003
	Ag	0.0050	0.0050	0.0001	0.0001	0.0001
	Ni+Co	0.0050	0.0050	0.0050	0.0050	0.0006
	杂质总和	0.10	0.10	0.05	0.05	0.01

注：表中杂质总和指表中所列杂质元素实测值之和
本产品按杂质铅含量分为A、AA级两个级

(2) 高纯锡的化学成分(YS/T 44—1992)③④

牌　号	锡(%)≥	杂　质　($\times 10^{-4}$%)						
		银	铝	钙	铜	铁	镁	镍
Sn-05	99.999	0.5	0.3	0.5	0.5	0.5	0.5	0.5
Sn-06	99.9999	0.01	0.05	0.05	0.05	0.05	0.05	0.05

牌　号	杂　质　($\times 10^{-4}$%)(续)							
	锌	锑	铋	砷	铅	金	钴	铟
Sn-05	0.5	0.5	0.5	1.0	0.5	0.1	0.1	0.2
Sn-06	0.05	—	—	—	—	0.01	0.01	—

注：① 每块锡锭的重量为(25±1.5)kg。
② 锡锭供制造镀锡产品、含锡合金(锡青铜、轴承合金、锡焊料)及其他产品用。
③ 高纯锡以锭状或粒度供货。锭状产品用涤纶薄膜包裹，塑料袋封装，每袋净重≤5kg。粒状产品用瓶装，每瓶净重≤3kg。
④ 高纯锡供制造高纯合金、半导体化合物、超导材料和焊料等用。

(4) 铸造轴承合金的化学成分(GB/T 1174—1992)

种类	合金牌号	主要化学成分(%)					
		锡	铅	铜	锑	镍	其他元素总和
锡基	ZSnSb12Pb10Cu4	其余	9.0～11.0	2.5～5.0	11.0～13.0	—	≤0.55
	ZSnSb12Cu6Cd1	其余	—	4.5～6.8	10.0～13.0	0.3～0.6	—
		砷 0.4～0.7,镉 1.1～1.6					
	ZSnSb11Cu6	其余	—	5.5～6.5	10.0～12.0	—	≤0.55
	ZSnSb8Cu4	其余	—	3.0～4.0	7.0～8.0	—	≤0.55
	ZSnSb4Cu4	其余	—	4.0～5.0	4.0～5.0	—	≤0.50
铅基	ZPbSb16Sn16Cu2	15.0～17.0	其余	1.5～2.0	15.0～17.0	—	≤0.6
	ZPbSb15Sn5Cu3Cd2	5.0～6.0	其余	2.5～3.0	14.0～16.0	—	≤0.4
		砷 0.6～1.0,镉 1.75～2.25					
	ZPbSb15Sn10	9.0～11.0	其余	≤0.7	14.0～16.0	—	≤0.45
	ZPbSb15Sn5	4.0～5.5	其余	0.5～1.0	14.0～15.5	—	≤0.75
	ZPbSb10Sn6	5.0～7.0	其余	≤0.7	9.0～11.0	—	≤0.7
铜基	ZCuSn5Pb5Zn5	4.0～6.0	4.0～6.0	其余	锌 4.0～6.0	≤2.5	≤0.7
	ZCuSn10P1	9.0～11.5	—	其余	磷 0.5～1.0	—	≤0.7
	ZCuPb10Sn10	9.0～11.0	8.0～11.0	其余	锌≤2.0	≤2.0	≤1.0
	ZCuPb15Sn8	7.0～9.0	13.0～17.0	其余	锌≤2.0	≤2.0	≤1.0
	ZCuPb20Sn5	4.0～6.0	18.0～23.0	其余	锌≤2.0	≤2.5	≤1.0
	ZCuPb30	—	27.0～33.0	其余	—	—	≤1.0
	ZCuAl10Fe3	铝 8.5～11.0	铁 2.0～4.0	其余	锰≤1.0	≤3.0	≤1.0
铝基	ZAlSn6Cu1Ni1	5.5～7.0	其余为铝	0.7～1.3	—	0.7～1.3	≤1.5

(5) 铸造轴承合金的力学性能(GB/T 1174—1992)

种类	合金牌号	铸造方法	力学性能 ≥		
			抗拉强度 σ_b (MPa)	伸长率 δ_5 (%)	布氏硬度 HB
锡基	ZSnSb12Pb10Cu4	J	—	—	29
	ZSnSb12Cu6Cd1	J	—	—	34
	ZSnSb11Cu6	J	—	—	27
	ZSnSb8Cu4	J	—	—	24
	ZSnSb4Cu4	J	—	—	20
铅基	ZPbSb16Sn16Cu2	J	—	—	30
	ZPbSb15Sn5Cu3Cd2	J	—	—	32
	ZPbSb15Sn10	J	—	—	24
	ZPbSb15Sn5	J	—	—	20
	ZPbSb10Sn6	J	—	—	18
铜基	ZCuSn5Pb5Zn5	S,J	200	13	60*
		Li	250	13	65*
	ZCuSn10P1	S	200	3	80*
		J	310	2	90*
		Li	330	4	90*
	ZCuPb10Sn10	S	180	7	65*
		J	220	5	70*
		Li	220	6	70*
	ZCuPb15Sn8	S	170	5	60*
		J	200	6	65*
		Li	220	8	65*
	ZCuPb20Sn5	S	150	5	45*
		J	150	6	55*
	ZCuPb30	J	—	—	25*
	ZCuAl10Fe3	S	490	13	100*
		J,Li	540	15	110*
铝基	ZAlSn6Cu1Ni1	S	110	10	35*
		J	130	15	40*

注：1. 铸造方法栏中：S—砂型铸造，J—金属型铸造，Li—离心铸造。
2. 带 * 符号的硬度值为参考数值。

9. 硬 质 合 金

(1) 切削工具用硬质合金(GB/T 18376.1—2008)

(1) 切削工具用硬质合金牌号表示规则	
切削工具用硬质合金牌号按使用领域的不同分成P、M、K、N、S、H六类。各个类别为满足不同的使用要求,以及根据切削工具用硬质合金材料的耐磨性和韧性的不同,分成若干个组,用01、10、20……两位数字表示组号。必要时,可在两个组号之间插入一个补充组号,用05、15、25……表示	
类别	使用领域
P	长切屑材料的加工,如钢、铸钢、长切削可锻铸铁等的加工
M	通用合金,用于不锈钢、铸钢、锰钢、可锻铸铁、合金钢、合金铸铁等的加工
K	短切屑材料的加工,如铸铁、冷硬铸铁、短切屑可锻铸铁、灰口铸铁等的加工
N	有色金属、非金属材料的加工,如铝、镁、塑料、木材等的加工
S	耐热和优质合金材料的加工,如耐热钢,含镍、钴、钛的各类合金材料的加工
H	硬切削材料的加工,如淬硬钢、冷硬铸铁等材料的加工

(2) 切削工具用硬质合金的基本组成和力学性能					
类别	分组号	基本成分	洛氏硬度 HRA≥	维氏硬度 HV_3≥	抗弯强度 R_{tr}(MPa) ≥
P	01	以TiC、WC为基,以Co(Ni+Mo、Ni+Co)作粘结剂的合金/涂层合金	92.3	1750	700
	10		91.7	1680	1200
	20		91.0	1600	1400
	30		90.2	1500	1550
	40		89.5	1400	1750

(续)

(2) 切削工具用硬质合金的基本组成和力学性能					
类别	分组号	基本成分	洛氏硬度 HRA≥	维氏硬度 HV_3≥	抗弯强度 R_{tr}(MPa)≥
M	01	以 WC 为基,以 Co 作粘结剂,添加少量 TiC(TaC、NbC)的合金/涂层合金	92.3	1730	1200
	10		91.0	1600	1350
	20		90.2	1500	1500
	30		89.9	1450	1650
	40		88.9	1300	1800
K	01	以 WC 为基,以 Co 作粘结剂,或添加少量 TaC、NbC 的合金/涂层合金	92.3	1750	1350
	10		91.7	1680	1460
	20		91.0	1600	1550
	30		89.5	1400	1650
	40		88.5	1250	1800
N	01	以 WC 为基,以 Co 作粘结剂,或添加少量 TaC、NbC 或 CrC 的合金/涂层合金	92.3	1750	1450
	10		91.7	1680	1560
	20		91.0	1600	1650
	30		90.0	1450	1700
S	01	以 WC 为基,以 Co 作粘结剂,或添加少量 TaC、NbC 或 TiC 的合金/涂层合金	92.3	1730	1500
	10		91.5	1650	1580
	20		91.0	1600	1650
	30		90.5	1550	1750
H	01	以 WC 为基,以 Co 作粘结剂,或添加少量 TaC、NbC 或 TiC 的合金/涂层合金	92.3	1730	1000
	10		91.7	1680	1300
	20		91.0	1600	1650
	30		90.5	1520	1500

注:1. 洛氏硬度和维氏硬度中任选一项

2. 以上数据为非涂层硬质合金要求,涂层产品可按对应的维氏硬度下降 30～50

（续）

<table>
<tr><th colspan="5">（3）切削工具用硬质合金的作业条件</th></tr>
<tr><th rowspan="2">组别</th><th colspan="2">作　业　条　件</th><th colspan="2">性能提高方向</th></tr>
<tr><th>被加工材料</th><th>适应的加工条件</th><th>切削性能</th><th>合金性能</th></tr>
<tr><td>P01</td><td>钢、铸钢</td><td>高切削速度、小切屑截面，无震动条件下精车、精镗</td><td rowspan="5">↑切削速度 进给量↓</td><td rowspan="5">↑耐磨性 韧性↓</td></tr>
<tr><td>P10</td><td>钢、铸钢</td><td>高切削速度、中、小切屑截面条件下的车削、仿形车削、车螺纹和铣削</td></tr>
<tr><td>P20</td><td>钢、铸钢、长切削可锻铸铁</td><td>中等切削速度、中等切屑截面条件下的车削、仿形车削和铣削、小切削截面的刨削</td></tr>
<tr><td>P30</td><td>钢、铸钢、长切削可锻铸铁</td><td>中或低等切削速度、中等或大切屑截面条件下的车削、铣削、刨削和不利条件下*的加工</td></tr>
<tr><td>P40</td><td>钢、含砂眼和气孔的铸钢件</td><td>低切削速度、大切屑角、大切屑截面以及不利条件下*的车、刨削、切槽和自动机床上加工</td></tr>
<tr><td>M01</td><td>不锈钢、铁素体钢、铸钢</td><td>高切削速度、小载荷，无震动条件下精车、精镗</td><td rowspan="3">↑切削速度 进给量↓</td><td rowspan="3">↑耐磨性 韧性↓</td></tr>
<tr><td>M10</td><td>不锈钢、铸钢、锰钢、合金钢、合金铸铁、可锻铸铁</td><td>中和高等切削速度、中、小切屑截面条件下的车削</td></tr>
<tr><td>M20</td><td>不锈钢、铸钢、锰钢、合金钢、合金铸铁、可锻铸铁</td><td>中等切削速度、中等切屑截面条件下车削、铣削</td></tr>
</table>

(续)

(3) 切削工具用硬质合金的作业条件				
组别	作业条件		性能提高方向	
	被加工材料	适应的加工条件	切削性能	合金性能
M30	不锈钢、铸钢、锰钢、合金钢、合金铸铁、可锻铸铁	中和高等切削速度、中等或大切屑截面条件下的车削、铣削、刨削	↑切削速度 进给量↓	↑耐磨性 韧性↓
M40	不锈钢、铸钢、锰钢、合金钢、合金铸铁、可锻铸铁	车削、切断、强力铣削加工		
K01	铸铁、冷硬铸铁、短屑可锻铸铁	车削、精车、铣削、镗削、刮削	↑切削速度 进给量↓	↑耐磨性 韧性↓
K10	布氏硬度高于220的铸铁、短切屑的可锻铸铁	车削、铣削、镗削、刮削、拉削		
K20	布氏硬度低于220的灰口铸铁、短切屑的可锻铸铁	用于中等切削速度下、轻载荷粗加工、半精加工的车削、铣削、镗削等		
K30	铸铁、短切屑的可锻铸铁	用于在不利条件下*可能采用大切削角的车削、铣削、刨削、切槽加工，对刀片的韧性有一定的要求		
K40	铸铁、短切屑的可锻铸铁	用于在不利条件下*的粗加工，采用较低的切削速度，大的进给量		

(续)

(3)切削工具用硬质合金的作业条件				
组别	作业条件		性能提高方向	
	被加工材料	适应的加工条件	切削性能	合金性能
N01	有色金属、塑料、木材、玻璃	高切削速度下,有色金属铝、铜、镁、塑料、木材等非金属材料的精加工	↑切削速度 进给量↓	↑耐磨性 韧性↓
N10		较高切削速度下,有色金属铝、铜、镁、塑料、木材等非金属材料的精加工或半精加工		
N20	有色金属、塑料	中等切削速度下,有色金属铝、铜、镁、塑料等的半精加工或粗加工		
N30		中等切削速度下,有色金属铝、铜、镁、塑料等的粗加工		
S01	耐热和优质合金:含镍、钴、钛的各类合金材料	中等切削速度下,耐热钢和钛合金的精加工	↑切削速度 进给量↓	↑耐磨性 韧性↓
S10		低切削速度下,耐热钢和钛合金的半精加工或粗加工		
S20		较低切削速度下,耐热钢和钛合金的半精加工或粗加工		
S30		较低切削速度下,耐热钢和钛合金的断续切削,适于半精加工或粗加工		
H01	淬硬钢、冷硬铸铁	低切削速度下,淬硬钢、冷硬铸铁的连续轻载精加工	↑切削速度 进给量↓	↑耐磨性 韧性↓
H10		低切削速度下,淬硬钢、冷硬铸铁的连续轻载精加工、半精加工		

（续）

<table>
<tr><td colspan="5">（3）切削工具用硬质合金的作业条件</td></tr>
<tr><td rowspan="2">组别</td><td colspan="2">作 业 条 件</td><td colspan="2">性能提高方向</td></tr>
<tr><td>被加工材料</td><td>适应的加工条件</td><td>切削性能</td><td>合金性能</td></tr>
<tr><td>H20</td><td rowspan="2">淬硬钢、冷硬铸铁</td><td>较低切削速度下，淬硬钢、冷硬铸铁的连续轻载半精加工、粗加工</td><td rowspan="2">↑切削速度 进给量↓</td><td rowspan="2">↑耐磨性 韧性↓</td></tr>
<tr><td>H30</td><td>较低切削速度下，淬硬钢、冷硬铸铁的半精加工、粗加工</td></tr>
</table>

注：* 不利条件系指原材料或铸造、锻造的零件表面硬度不匀，加工时的切削深度不匀，间断切削以及振动等情况。

(2) 地质、矿山工具用硬质合金牌号(GB/T 18376.2—2001)

<table>
<tr><td colspan="8">（1）地质矿山工具用硬质合金牌号表示规则</td></tr>
<tr><td colspan="8">地质矿山工具用硬质合金牌号由分类代号和分组代号两部分组成。分类代号用“G”表示。分组代号用10、20、30…表示；根据需要，可在两个分组代号之间插入一个中间代号(15、25、35…)；若需要再细分时，可在分组代号后加一位数字(1、2…)或英文字母作细分号，并用小数点“.”隔开，以资区别</td></tr>
<tr><td colspan="8">（2）地质、矿山工具用硬质合金的基本组成和力学性能</td></tr>
<tr><td colspan="2" rowspan="3">分类分组代号</td><td colspan="3">基本组成(参考值)</td><td colspan="3">力学性能</td></tr>
<tr><td rowspan="2">钴</td><td rowspan="2">碳化钨</td><td rowspan="2">其他</td><td colspan="2">硬度* ≥</td><td rowspan="2">抗弯强度(MPa)≥</td></tr>
<tr><td>洛氏硬度HRA</td><td>维氏硬度HV</td></tr>
<tr><td rowspan="6">G</td><td>05</td><td>3～6</td><td rowspan="6">余量</td><td rowspan="6">微量</td><td>88.0</td><td>1200</td><td>1600</td></tr>
<tr><td>10</td><td>5～9</td><td>87.0</td><td>1100</td><td>1700</td></tr>
<tr><td>20</td><td>6～11</td><td>86.5</td><td>1050</td><td>1800</td></tr>
<tr><td>30</td><td>8～12</td><td>86.0</td><td>1050</td><td>1900</td></tr>
<tr><td>40</td><td>10～15</td><td>85.5</td><td>1000</td><td>2000</td></tr>
<tr><td>50</td><td>12～17</td><td>85.0</td><td>950</td><td>2100</td></tr>
</table>

(续)

分类分组代号	作业条件（推荐适用于）	合金性能	
(3) 地质、矿山工具用硬质合金的作业条件			
G05	单轴抗压强度<60MPa 的软岩或中硬岩	↑耐磨性	韧性↓
G10	单轴抗压强度 60～120MPa 的软岩或中硬岩		
G20	单轴抗压强度 120～200MPa 的中硬岩或硬岩		
G30	单轴抗压强度 120～200MPa 的中硬岩或硬岩		
G40	单轴抗压强度 120～200MPa 的中硬岩或坚硬岩		
G50	单轴抗压强度>200MPa 的坚硬岩或极坚硬岩		

(4) 供方的地质、矿山工具用硬质合金牌号表示规则

供方不允许直接采用标准规定的地质、矿山工具用硬质合金牌号作为供方的(地质矿山工具用)硬质合金牌号。供方的硬质合金牌号由供方特征号(不多于两个英文字母或数字)、供方分类号、分组代号(10、20、30…)组成。根据需要,也可以在分组代号之间插入中间代号(15、25、35…);若需要再细分时,也可在分组代号后加一位数字(1、2…)或英文字母作细分号,并用小数点隔开,以资区别。

例：某供方的地质、矿山工具用地质、矿山工具用硬质合金牌号：YK20.J

说明：Y—某供方的特征号;K—某供方产品分类代号;20—分组代号;J—细分号

注：* 两种硬度可任选其中一种。

(3) 耐磨零件用硬质合金(GB/T 18376.3—2001)

(1) 耐磨零件用硬质合金牌号表示规则

耐磨零件用硬质合金牌号由分类代号和分组代号两部分组成

分类代号有 LS、LT、LQ、LV 四种。其中：

LS—表示金属线、棒、管拉制用硬质合金；

LT—表示冲压模具用硬质合金；

LQ—表示高温高压构件用硬质合金；

LV—表示线材轧制辊环用硬质合金

分组代号用两位数字(10、20、30…)表示。根据需要,可在两个分组代号之间插入一个中间代号(15、25、35…);若需要再细分时,可在分组代号后加一位数字(1、2…)或英文字母作细分号,并用小数点“.”隔开,以资区别

(续)

(2) 耐磨零件用硬质合金的基本组成和力学性能							
分类分组代号		基本组成(参考值)			力学性能		
		钴(镍、钼)	碳化钨	其他	硬度* ≥		抗弯强度(MPa) ≥
					洛氏硬度 HRA	维氏硬度 HV	
LS	10	3~6	余量	微量	90.0	1500	1300
	20	5~9			89.0	1400	1600
	30	7~12			88.0	1200	1800
	40	11~17			87.0	1100	2000
LT	10	13~18	余量	微量	85.0	950	2000
	20	17~25			82.5	850	2100
	30	23~30			79.0	650	2200
LQ	10	5~7	余量	微量	89.0	1300	1800
	20	6~9			88.0	1200	2000
	30	8~15			86.5	1050	2100
LV	10	14~18	余量	微量	85.0	950	2100
	20	17~22			82.5	850	2200
	30	20~26			81.0	750	2250
	40	25~30			79.0	650	2300

(3) 耐磨零件用硬质合金的作业条件		
分类代	分组号	作业条件(推荐适用于)
LS	10	金属线材直径<6mm 的拉制用模具、密封环等
	20	金属线材直径<20mm,管材直径<10mm 的拉制用模具、密封环等
	30	金属线材直径<50mm,管材直径<35mm 的拉制用模具
	40	大应力、大压缩力的拉制用模具
LT	10	M9 以下小规格标准紧固件冲压用模具
	20	M12 以下小规格标准紧固件冲压用模具
	30	M20 以下大、中规格标准紧固件、钢球冲压用模具

(续)

(3) 耐磨零件用硬质合金的作业条件(续)		
分类代号	分组号	作业条件 (推荐适用于)
LQ	10 20 30	人工合成金刚石用顶锤 人工合成金刚石用顶锤 人工合成金刚石用顶锤、压缸
LV	10 20 30 40	高速线材高水平轧制精轧机组用辊环 高速线材较高水平轧制精轧机组用辊环 高速线材一般水平轧制精轧机组用辊环 高速线材预精轧机组用辊环
(4) 供方的耐磨零件用硬质合金牌号表示规则		
供方不允许直接采用标准规定的耐磨零件用硬质合金牌号作为供方的(耐磨零件用)硬质合金牌号。供方的硬质合金牌号由供方特征号(不多于两个英文字母或数字)、供方分类代号、分组代号(10、20、30…)组成。根据需要,也可以在分组代号之间插入中间代号(15、25、35…);若需要再细分时,也可以分组代号后加一位数字(1、2…)或英文字母,并用小数点隔开,以资区别 例:某供方的耐磨零件用硬质合金牌号:YL20.J 说明:Y—某供方的特征号;L—某供方产品分类代号;20—分组代号;J—细分号		

注:* 两种硬度可任选其中一种。

第五章　有色金属材料的品种与规格

1. 有色金属棒材

(1) 铜及铜合金棒理论重量

(1) 纯铜棒理论重量(密度按 8.9g/cm³ 计算)							
规格(mm)	理论重量(kg/m)			规格(mm)	理论重量(kg/m)		
	圆棒	方棒	六角棒		圆棒	方棒	六角棒
3	0.0629	0.0801	0.0694	29	5.88	7.48	6.48
3.5	0.0856	0.109	0.0944	30	6.29	8.01	6.94
4	0.112	0.142	0.123	32	7.16	9.11	7.89
4.5	0.142	0.180	0.156	34	8.08	10.29	8.91
5	0.175	0.223	0.193	35	8.56	10.90	9.44
5.5	0.211	0.269	0.233	36	9.06	11.53	9.99
6	0.252	0.320	0.278	38	10.10	12.85	11.13
6.5	0.295	0.376	0.326	40	11.18	14.24	12.33
7	0.343	0.436	0.378	42	12.33	15.70	13.60
7.5	0.393	0.501	0.434	44	13.53	17.23	14.92
8	0.447	0.570	0.493	45	14.15	18.02	15.61
8.5	0.505	0.643	0.557	46	14.79	18.83	16.30
9	0.566	0.721	0.644	48	16.11	20.51	17.76
9.5	0.631	0.803	0.696	50	17.48	22.25	19.27
10	0.699	0.890	0.771	52	18.90	24.07	20.84
11	0.846	1.08	0.933	54	20.38	25.95	22.48
12	1.01	1.28	1.11	55	21.14	26.92	23.32
13	1.18	1.50	1.30	56	21.92	27.91	24.17
14	1.37	1.74	1.51	58	23.51	29.94	25.93
15	1.57	2.00	1.73	60	25.16	32.04	27.75
16	1.79	2.28	1.97	65	29.53	37.60	32.56
17	2.02	2.57	2.23	70	34.25	43.61	37.77
18	2.26	2.88	2.50	75	39.32	50.06	43.36
19	2.52	3.21	2.78	80	44.74	56.96	49.33
20	2.80	3.56	3.08	85	50.50	64.30	55.69
21	3.08	3.92	3.40	90	56.62	72.09	64.43
22	3.38	4.31	3.73	95	63.08	80.32	69.56
23	3.70	4.71	4.08	100	69.90	89.00	77.08
24	4.03	5.13	4.44	105	77.07	98.12	84.98
25	4.37	5.56	4.82	110	84.58	107.69	93.26
26	4.73	6.02	5.21	115	92.44	117.70	101.93
27	5.10	6.49	5.62	120	100.66	128.16	110.99
28	5.48	6.98	6.04				

(续)

(2) 黄铜棒理论重量(密度按 8.5g/cm³ 计算)							
规格(mm)	理论重量(kg/m)			规格(mm)	理论重量(kg/m)		
	圆棒	方棒	六角棒		圆棒	方棒	六角棒
5	0.169	0.213	0.184	35	8.18	10.41	9.02
5.5	0.202	0.257	0.223	36	8.65	11.02	9.54
6	0.240	0.304	0.265	38	9.64	12.27	10.63
6.5	0.282	0.359	0.311	40	10.68	13.60	11.78
7	0.327	0.417	0.361	42	11.78	14.99	12.99
7.5	0.376	0.478	0.414	44	12.92	16.46	14.25
8	0.427	0.544	0.471	45	13.52	17.21	14.91
8.5	0.482	0.614	0.532	46	14.13	17.99	15.57
9	0.541	0.688	0.596	48	15.33	19.58	16.96
9.5	0.603	0.767	0.664	50	16.69	21.25	18.40
10	0.668	0.850	0.736	52	18.05	22.98	19.90
11	0.808	1.03	0.891	54	19.47	24.79	21.47
12	0.961	1.22	1.06	55	20.19	25.71	22.27
13	1.13	1.44	1.24	56	20.94	26.66	23.08
14	1.31	1.67	1.44	58	22.46	28.59	24.79
15	1.50	1.91	1.66	60	24.03	30.60	26.50
16	1.71	2.18	1.88	65	28.21	35.91	31.10
17	1.93	2.46	2.13	70	32.71	41.65	36.07
18	2.16	2.75	2.39	75	37.55	47.81	41.40
19	2.41	3.07	2.66	80	42.73	54.40	47.11
20	2.67	3.40	2.94	85	48.23	61.41	53.18
21	2.94	3.75	3.25	90	54.07	68.85	59.63
22	3.23	4.11	3.56	95	60.25	76.71	66.43
23	3.53	4.50	3.89	100	66.76	85.00	73.61
24	3.85	4.90	4.24	105	73.60	86.71	81.16
25	4.17	5.31	4.60	110	80.78	102.85	89.07
26	4.51	5.75	4.98	115	88.29	112.41	97.35
27	4.87	6.20	5.36	120	96.13	122.40	106.00
28	5.23	6.66	6.79	130	112.82	143.65	124.40
29	5.61	7.15	6.19	140	130.85	166.60	144.28
30	6.01	7.65	6.63	150	150.21	191.25	165.63
32	6.84	8.70	7.54	160	170.90	217.60	188.45
34	7.72	9.83	8.51				

注：1. 规格栏：圆棒指直径，方棒和六角棒指内切圆直径或平行面之间距离。

2. 黄铜牌号密度为 8.5g/cm³ 的棒材的理论重量，可直接引用第 440 页"(2)黄铜棒理论重量"。黄铜牌号密度不是 8.5g/cm³ 的棒材的理论重量，需将上述理论重量，再乘上相应的"理论重量换算系数"。各种黄铜牌号的"密度(g/cm³)/理论重量换算系数"如下：

H96：8.85/1.041　H80：8.6/1.012
H68：8.5/1.000　H65：8.5/1.000
H63：8.5/1.000　H62：8.5/1.000
H59：8.4/0.988　HPb63-3：8.5/1.000
HPb63-0.1：8.5/1.000　HPb59-1：8.5/1.000
HSn70-1：8.54/1.005　HSn62-1：8.5/1.000
HMn58-2：8.5/1.000　HMn55-3-1：8.5/1.000
HMn57-3-1：8.5/1.000　HSi80-3：8.6/1.012
HFe59-1-1：8.5/1.000　HFe58-1-1：8.5/1.000
HAl77-2：8.6/1.012　HAl67-2.5：8.5/1.000
HAl66-6-3：8.5/1.000　HNi65-5：8.5/1.000

3. 青铜和白铜棒材的理论重量，可将第 439 页"(1)纯铜棒理论重量(按密度 8.9g/cm³ 计算)"，再乘上相应的"理论重量换算系数"。各种青铜和白铜牌号的"密度(g/cm³)/理论重量换算系数"如下：

QSn4-3：8.8/0.989　QSn6.5-0.1：8.8/0.989
QSn6.5-0.4：8.8/0.989　QSn7-0.2：8.8/0.989
QSn4-0.3：8.9/1.000　QCr0.5：8.9/1.000
QCd1：8.8/0.989　QSi3-1：8.4/0.844
QSi1-3：8.6/0.966　QSi3.5-3-1.5：8.8/0.989
QAl9-2：7.6/0.853　QAl9-4：7.5/0.843
QAl10-3-1.5：7.5/0.843　QAl10-4-4：7.5/0.843
QAl11-6-6：7.5/0.843　QBe2：8.3/0.933
QBe1.9：8.3/0.933　QBe1.7：8.3/0.933
BZn15-20：8.6/0.966　BZn15-24-1.5：8.6/0.966
BMn40-1.5：8.9/1.000　BFe30-1-1：8.9/0.966

(2) 铜及铜合金拉制棒的品种和规格(GB/T 4423—2007)

品　种	牌　　　　号	供应状态	规格(mm)
纯铜棒	T2、T3 TU1、TU2、TP2	Y、M	3～80
黄铜棒	H96 H80、H65 H68 H63、HPb63-0.1 H62、HPb59-1 HPb63-3 HSn62-1、HFe58-1-1 HMn58-2、HFe59-1-1	Y、M Y、M { Y_2 { M Y_2 Y_2 { Y { Y_2 Y Y	3～80 3～40 3～80 13～35 3～40 3～80 3～30 3～60 4～60 4～60
青铜棒	QAl9-2、QAl10-3-1.5 QAl9-4、QSn6.5-0.1 QSn4-3、QSn4-0.3 QSn6.5-0.4、QSi3-1 QSn7-0.2 QCd1 QCr0.5	Y Y Y Y Y、T Y、M Y、M	4～40 4～40 4～40 4～40 4～40 4～60 4～40
白铜棒	BZn15-20 BZn15-24-1.5 BFe30-1-1 BMn40-1.5	Y、M T、Y、M Y、M Y	4～40 3～18 16～50 7～40

规　格(mm)	3～50	>50～80
供应长度(m)	1～5	0.5～5

注：1. 规格：圆棒指直径，方棒、六角棒指内切圆直径或平行面之间距离。
2. 供应状态代号：M—软，Y_2—半硬，Y—硬，T—特硬。
3. 棒的规格系列和理论重量，参见第 439 页“(1)铜及铜合金棒理论重量”。
4. 棒按直径允许偏差大小分普通级、高精级两种。

(3) 铜及铜合金挤制棒的品种和规格(GB/T 13808—1992)

品　种	牌　号	规　格(mm)
纯铜棒	T2、T3 TU1、TU2	圆、方、六角棒 3～120 圆、方、六角棒 16～120
黄铜棒	H96、H62、HPb59-1	圆棒 10～160 方、六角棒 10～120
	H80、H68、H59	圆、方、六角棒 16～120
	HSn70-1、HSn62-1、HMn58-2 HFe59-1-1、HFe58-1-1 HAl77-2、HAl60-1-1	圆棒 10～160 方、六角棒 10～120
	HMn55-3-1、HMn57-3-1 HAl66-3-2、HAl67-2.5	圆棒 16～160 方、六角棒 16～120
青铜棒	QAl9-2、QAl9-4、QAl11-6-6 QAl10-3-1.5、QAl10-4-4 QCd1、QSi1-3 QSi3-1 QSi3.5-3-1.5 QCr0.5 QSn7-0.2、QSn4-3 QSn6.5-0.1、QSn6.5-0.4	圆棒 10～160 圆棒 10～160 圆棒 20～100、圆棒 20～120 圆棒 20～160 圆棒 40～120 圆棒 18～160 圆、方、六角棒 40～120 圆、方、六角棒 30～120
白铜棒	BFe30-1-1、BAl13-3 BMn40-1.5 BZn15-20	圆棒 40～120 圆棒 40～120 圆棒 25～120

规　格(mm)	10～50	>50～75	>75～160
供应长度(m)	1～5	0.5～5	0.5～4

注：参见第 442 页“(2)铜及铜合金拉制棒的品种和规格”的注 1、3、4(无高级棒)。

(4) 铜及铜合金矩形棒的品种和规格(GB/T 4423—2007)

牌号	T2	H62、HPb59-1	HPb63-3
状态	软(M)、硬(Y)、挤制(R)	半硬(Y_2)、挤制(R)	半硬(Y_2)
规格(厚度 a×宽度 b)(mm)：拉制(M、Y_2、Y)为(3～80)×(3～80)；挤制(R)：牌号 T2 为(20～80)×(30～120)，其他牌号为(5～40)×(8～50)；厚度(a)/宽厚比(b/a)：≤10/2.0，>10～20/3.0，>20/3.5；供应长度(m)：1～5；按尺寸允许偏差大小分普通级和高精级两种			

（5）黄铜磨光棒的品种和规格（GB/T 13812—1992）

牌号：HPb59-1、HPb63-3、H62；状态：Y（硬）、Y_2（半硬）
直径（mm）/不定尺长度（m）：5～9/1.5～2，＞9～19/1.5～2
棒按直径允许偏差大小分普通级和较高级两种
棒的规格系列和理论重量，参见第440页“黄铜棒理论重量”

（6）铍青铜棒的品种和规格（YS/T 334—1995）

牌　号	制造方法	供货状态	直径（mm）	长度（m）
QBe2 QBe1.9 QBe1.9-0.1 QBe1.7	拉　制	M（软）、Y（硬） Y_2（半硬）	5～10 ＞10～20 ＞20～40	1.5～4 1～4 0.5～3
		TF00（软时效） TH04（硬时效）	5～40	0.3～2
QBe0.6-2.5 QBe0.4-1.8 QBe0.3-1.5	挤　制	R（挤制）	20～50 ＞50～120	0.5～3 0.5～2.5
	锻　造	D（锻造）	35～100	＞0.3

注：棒按直径允许偏差大小分普通级、较高级和高级（拉制棒无高级）；规格系列和理论重量，参见第441页“铜及铜合金棒理论重量”的注3。

（7）镍及镍铜合金棒的品种和规格（GB/T 4435—2010）

牌　　号	状态	直径（mm）	长度（mm）
N4、N5、N6、N7、N8、 NCu28-2.5-1.5、 NCu30-3-0.5、 NCu40-2-1、 NMn5、NCu30、 NCu35-1.5-1.5	Y（硬） Y_2（半硬） M（软）	3～65	300～6000
	R（热加工）	6～254	

注：经双方协商，可供应其他规格棒材，具体要求应在合同中注明。

(8) 铝及铝合金棒理论重量

直径 (mm)	理论重量 (kg/m)	直径 (mm)	理论重量 (kg/m)	直径 (mm)	理论重量 (kg/m)	直径 (mm)	理论重量 (kg/m)
(1) 圆形棒							
5	0.0550	24	1.267	63	8.728	220	106.4
5.5	0.0665	25	1.374	65	9.291	230	116.3
6	0.0792	26	1.487	70	10.78	240	126.7
6.5	0.0929	27	1.603	75	12.37	250	137.4
7	0.1078	28	1.724	80	14.07	260	148.7
7.5	0.1237	30	1.979	85	15.89	270	160.3
8	0.1407	32	2.252	90	17.81	280	172.4
8.5	0.1589	34	2.542	95	19.85	290	184.9
9	0.1781	35	2.694	100	21.99	300	197.9
9.5	0.1985	36	2.850	105	24.25	320	225.2
10	0.2199	38	3.176	110	26.61	330	239.5
10.5	0.2425	40	3.519	115	29.08	340	254.2
11	0.2661	41	3.697	120	31.67	350	269.4
11.5	0.2908	42	3.879	125	34.36	360	285.0
12	0.3167	45	4.453	130	37.16	370	301.1
13	0.3716	46	4.653	135	40.08	380	317.6
14	0.4310	48	5.067	140	43.10	390	334.5
15	0.4948	50	5.498	145	46.24	400	351.9
16	0.5630	51	5.720	150	49.48	450	445.3
17	0.6355	52	5.946	160	56.30	480	506.7
18	0.7125	55	6.652	170	63.55	500	549.8
19	0.7939	58	7.398	180	71.25	520	594.6
20	0.8796	59	7.655	190	79.39	550	665.2
21	0.9698	60	7.917	200	87.96	600	791.7
22	1.064	62	8.453	210	96.98	630	872.8
(2) 方形棒							
5	0.070	8	0.179	11	0.339	16	0.717
5.5	0.085	8.5	0.202	11.5	0.370	17	0.809
6	0.101	9	0.227	12	0.403	18	0.907
6.5	0.118	9.5	0.253	13	0.473	19	1.011
7	0.137	10	0.280	14	0.549	20	1.120
7.5	0.158	10.5	0.309	15	0.630	21	1.235

(续)

直径 (mm)	理论重量 (kg/m)	直径 (mm)	理论重量 (kg/m)	直径 (mm)	理论重量 (kg/m)	直径 (mm)	理论重量 (kg/m)
(2) 方形棒(续)							
22	1.355	40	4.480	65	11.83	125	43.75
24	1.613	41	4.707	70	13.72	130	47.32
25	1.750	42	4.939	75	15.75	135	51.03
26	1.893	45	5.670	80	17.92	140	54.88
27	2.041	46	5.925	85	20.23	145	58.87
28	2.195	48	6.451	90	22.68	150	63.00
30	2.520	50	7.000	95	25.27	160	71.68
32	2.867	51	7.283	100	28.00	170	80.92
34	3.237	52	7.571	105	30.87	180	90.72
35	3.430	55	8.470	110	33.87	190	101.1
36	3.629	58	9.419	115	37.03	200	112.0
38	4.043	60	10.08	120	40.32		
(3) 六角形棒							
5	0.0606	16	0.6207	40	3.880	95	21.88
5.5	0.0735	17	0.7008	41	4.076	100	24.25
6	0.0873	18	0.7856	42	4.277	105	26.73
6.5	0.1025	19	0.8754	45	4.910	110	29.34
7	0.1188	20	0.9699	46	5.131	115	32.07
7.5	0.1364	21	1.070	48	5.587	120	34.92
8	0.1552	22	1.174	50	6.062	125	37.89
8.5	0.1752	24	1.394	51	6.307	130	40.98
9	0.1964	25	1.516	52	6.557	135	44.19
9.5	0.2188	26	1.639	55	7.335	140	47.53
10	0.2425	27	1.768	58	8.157	145	50.98
10.5	0.2673	28	1.901	60	8.730	150	54.56
11	0.2934	30	2.182	65	10.25	160	62.07
11.5	0.3207	32	2.483	70	11.88	170	70.08
12	0.3492	34	2.803	75	13.64	180	78.56
13	0.4098	35	2.970	80	15.52	190	87.54
14	0.4753	36	3.143	85	17.52	200	96.99
15	0.5456	38	3.502	90	19.64		

注：1. 规格栏：圆棒指直径；方棒、六角棒指内切圆直径。
2. 理论重量是按2A11、2A12、2A14、2A70、2A80、2A90等牌号的密度2.8g/cm³计算。其他密度不是2.8g/cm³的牌号理论重量，需再乘上相应的"理论重量换算系数"。其他牌号的"密度(g/cm³)/理论重量换算系数"如下：

7A04、7A09：2.85/1.018	1A30、1100：2.71/0.968
2A16：2.84/1.014	1200、8A06：2.71/0.968
2A06：2.76/0.985	6A02：2.70/0.964
2A02：2.75/0.982	6061、6063：2.70/0.964
2A50、2B50：2.75/0.982	5A02：2.68/0.957
3A21：2.73/0.975	5A03、5083：2.67/0.954
1070A、1060：2.71/0.968	5A05：2.65/0.946
1050A、1035：2.71/0.968	5A06：2.64/0.943

(9) 铝及铝合金挤压棒的品种和规格(GB/T 3191—2010)

规格(mm)	圆棒直径 5～600	方棒、六角棒内切圆直径 5～200	长度 1～6m

牌　号	供货状态
1070、1050A、1350、3102、5A03、5A05、5A06、5A12、5019、1200	H112
1060、1035、3A21、3003、3103、5A02、5005、5005A、5251、5052、5154A、5454、5754、5083、5086、8A06	O、H112
2A02、2A06、2A50、2A70、2A80、2A90、6A02、7A04、7A09、7A15	T1、T6
2A11、2A12、2A13	T1、T4
6101A、7005、7020、7021、7022	T6
2A14、2A16	T1、T6、T6511
2014、2014A	T4、T4510、T4511、T6、T6510、T6511
2017	T4

(续)

规格(mm)	圆棒直径 5～600	方棒、六角棒内切圆直径 5～200	长度 1～6m

牌　　号	供货状态
2017A	T4、T4510、T4511
2024	0、T3、T3510、T3511
4A11、4032	T1
6005、6005A、7003	T5、T6
7049A	T6、T6510、T6511
7075	0、T6、T6510、T6511

(10) 铅及铅锑合金棒和线材的规格和理论重量(YS/T 636—2007)

(1) 棒和线材的牌号、状态、规格

牌　号	状态	品种	规格(mm)	
			直径	长度
Pb1、Pb2 PbSb0.5、 PbSb2、PbSb4、PbSb6	挤制(R)	盘线*	0.5～6.0	—
		盘棒	>6.0～<20	≥2500
		直棒	20～180	≥1000

注：1. 经供需双方协商，可供应其他牌号、规格、形状的棒、线材
　　2. * 为一卷(轴)线的重量应不少于0.5kg

(2) 纯铅棒、线的理论重量

直径(mm)	理论重量(kg/m)	直径(mm)	理论重量(kg/m)
0.5	0.002	1.0	0.009
0.6	0.003	1.2	0.013
0.8	0.006	1.5	0.020

(续)

(2) 纯铅棒、线的理论重量			
直径(mm)	理论重量(kg/m)	直径(mm)	理论重量(kg/m)
2.0	0.036	55	26.920
2.5	0.056	60	32.040
3.0	0.080	65	37.600
4.0	0.142	70	43.610
5.0	0.223	75	50.060
6	0.320	80	56.960
8	0.570	85	64.300
10	0.890	90	72.090
12	1.282	95	80.322
15	2.003	100	89.000
18	2.884	110	107.690
20	3.560	120	128.160
22	4.308	130	150.410
25	5.570	140	174.440
30	8.010	150	200.250
35	10.900	160	227.840
40	14.240	170	257.210
45	18.020	180	288.360
50	22.250		

注：1. 理论重量按纯铅棒密度(g/cm^3)11.34 计算。铅锑合金棒理论重量应乘以下列理论重量换算系数：PbSb0.5(密度 11.32)—0.9982，PbSb2(密度 11.25)—0.9921，PbSb4(密度 11.15)—0.9832，PbSb6(密度 11.06)—0.9753。

2. 按直径允许偏差大小分普通级和高精级两种。

2. 有色金属板材、带材及箔材

(1) 铜及黄铜板(带、箔)理论重量

厚　度 (mm)	理论重量 (kg/m²)		厚　度 (mm)	理论重量 (kg/m²)	
	铜　板	黄铜板		铜　板	黄铜板
0.005	0.0445	0.0425	0.52	—	4.42
0.008	0.0712	0.0680	0.55	4.90	4.68
0.010	0.0890	0.0850	0.57	—	4.85
0.012	0.107	0.102	0.60	5.34	5.10
0.015	0.134	0.128	0.65	5.79	5.53
0.02	0.178	0.170	0.70	6.23	5.95
0.03	0.267	0.255	0.72	—	6.12
0.04	0.356	0.340	0.75	6.68	6.38
0.05	0.445	0.425	0.80	7.12	6.80
0.06	0.534	0.510	0.85	7.57	7.23
0.07	0.623	0.595	0.90	8.01	7.65
0.08	0.712	0.680	0.93	—	7.91
0.09	0.801	0.765	1.00	8.90	8.50
0.10	0.890	0.850	1.10	9.79	9.35
0.12	1.07	1.02	1.13	—	9.61
0.15	1.34	1.28	1.20	10.68	10.20
0.18	1.60	1.53	1.22	—	10.37
0.20	1.78	1.70	1.30	11.57	11.05
0.22	1.96	1.87	1.35	12.02	11.48
0.25	2.23	2.13	1.40	12.46	11.90
0.30	2.67	2.55	1.45	—	12.33
0.32	—	2.72	1.50	13.35	12.75
0.34	—	2.89	1.60	14.24	13.60
0.35	3.12	2.98	1.65	14.69	14.03
0.40	3.56	3.40	1.80	16.02	15.30
0.45	4.01	3.83	2.00	17.80	17.00
0.50	4.45	4.25	2.20	19.58	18.70

(续)

厚　度 (mm)	理论重量 (kg/m²)		厚　度 (mm)	理论重量 (kg/m²)	
	铜　板	黄铜板		铜　板	黄铜板
2.25	20.03	19.13	22	195.8	187.0
2.50	22.25	21.25	23	204.7	195.5
2.75	24.48	23.38	24	213.6	204.0
2.80	24.92	23.80	25	222.5	212.5
3.00	26.70	25.50	26	231.4	221.0
3.5	31.15	29.75	27	240.3	229.8
4.0	35.60	34.00	28	249.2	238.0
4.5	40.05	38.25	29	258.1	246.5
5.0	44.50	42.50	30	267.0	255.0
5.5	48.95	46.75	32	284.8	272.0
6.0	53.40	51.00	34	302.6	289.0
6.5	57.85	55.25	35	311.5	297.5
7.0	62.30	59.50	36	320.4	306.0
7.5	66.75	63.75	38	338.2	323.0
8.0	71.20	68.00	40	356.0	340.0
9.0	80.10	76.50	42	373.8	357.0
10	89.00	85.00	44	391.6	374.0
11	97.90	93.50	45	400.5	382.5
12	106.8	102.0	46	409.3	391.0
13	115.7	110.5	48	427.2	408.0
14	124.6	119.0	50	445.0	425.0
15	133.5	127.5	52	462.8	442.0
16	142.4	136.0	54	480.6	459.0
17	151.3	144.5	55	489.5	467.5
18	160.2	153.0	56	498.4	476.0
19	169.1	161.5	58	516.2	493.0
20	178.0	170.0	60	534.0	510.0
21	186.9	178.5			

注：1. 计算理论重量的密度(g/cm³)：铜板为8.9；黄铜板为8.5。其他密度的黄铜板牌号的理论重量，须将本表中的黄铜板理论重量乘上相应的换算系数。

注：2. 各种牌号黄铜的密度和理论重量换算系数见下表：

黄铜牌号	密度 (g/cm^3)	理论重量换算系数
H68、H65、H62 HPb63-3、HPb59-1 HAl67-2.5、HAl66-6-3-2 HMn58-2、HMn57-3-1 HMn55-3-1	8.5	1
H59、HAl60-1-1	8.4	0.9882
HSn62-1	8.45	0.9941
HAl77-2、HSi80-3	8.6	1.0118
HNi65-5	8.66	1.0188
H90	8.8	1.0353
H96	8.85	1.0412

(2) 铜及铜合金板材的品种和规格(GB/T 2040—2008)

牌号	状态	规格(mm)		
		厚度	宽度	长度
(1) 纯铜板				
T2、T3 TP1、TP2 TU1、TU2	R	4～60	≤3000	≤6000
	M、Y_4 Y_2、Y	0.2～12	≤3000	≤6000
(2) 黄铜板				
H96、H80	M、Y	0.2～10	≤9000	≤6000
H90、H85	M、Y_2、Y			
H65	M、Y_4 Y_2、Y、T			
H68、H70	R	4～60		
	M、Y_4 Y_2、Y、T	0.2～10		
H62、H63	R	4～60		
	M、Y Y、T	0.2～10		
H59	R	4～60		
	M、Y	0.2～10		

(续)

牌号	状态	规格(mm)		
		厚度	宽度	长度
(2) 黄铜板(续)				
HPb59-1	R	4～60	≤9000	≤6000
	M、Y_2、Y	0.2～10		
HPb60-2	YT	0.5～10		
HMn58-2	M、Y_2、Y	0.2～10		
HSn62-1	R	4～60		
	M、Y_2、Y	0.2～10		
HMn55-3-1、HMn57-3-1 HAl60-1-1、HAl67-2.5 HAl66-6-3-2、HNi65-5	R	4～40	≤1000	≤2000
(3) 青铜板				
QSn6.5-0.1	R	9～50	≤600	≤2000
	M、Y_4 Y_2、Y、T	0.2～12		
QSn6.5-0.4、QSn4-3 QSn4-0.3、QSn7-0.2	M、Y、T	0.2～12		
QSn8-0.3	M、Y_4、Y_3、Y、T	0.2～5	≤600	≤2000
QAl15、QAl9-2	M、Y	0.4～12	≤1000	≤2000
QAl7	Y_2、Y			
QAl9-4	Y			
(4) 白铜板				
BAl6-1.5、BAl13-3	Y、CS	0.5～12	≤600	≤1500
BZn15-20	M Y_2、Y、T	0.5～10		
BZn18-17	M、Y_2、Y	0.5～5	≤600	≤1500
B5、B19 BFe10-1-1、BFe30-1-1	R	7～60	≤2000	≤4000
	M、Y	0.5～10	≤600	≤1500

注：状态栏：R—热轧，M—软，Y_4—1/4 硬，Y_2—半硬，Y—硬，T—特硬，CS—淬火(人工时效)。

(3) 铜及铜合金带材的品种和规格(GB/T 2059—2008)

牌　　号	状　　态①	规格②(mm)	
		厚度	宽度
(1) 纯铜带			
T2、T3、TU1、TU2 TP1、TP2	M、Y_4 Y_2、Y、T	0.15～<0.5	≤600
		0.5～3.0	≤1200
(2) 黄铜带			
H96、H80、H59	M、Y	0.15～<0.5	≤600
		0.5～3.0	≤1200
H90、H85	M、Y_2、Y	0.15～<0.5	≤600
		0.5～3.0	≤1200
H70、H68、H65	M、Y_4、Y_2 Y、T、TY	0.15～<0.5	≤600
		0.5～3.0	≤1200
H62、H63	M、Y_2 Y、T	0.15～<0.5	≤600
		0.5～3.0	≤1200
HPb59-1、HMn58-2	M、Y_2、Y	0.15～0.20	≤300
		>0.20～2.0	≤550
HSn62-1	Y	0.15～0.20	≤300
		>0.20～2.0	≤550
(3) 青铜带			
QAl5	M、Y	0.15～1.20	≤300
QAl7	Y_2、Y		
QAl9-2	M、Y、T		
QAl9-4	Y		
QSn6.5-0.1	M、Y_4、Y_2 Y、T、TY	>0.15～2.0	≤610
QSn7-0.2、QSn6.5-0.4 QSn4-3、QSn4-0.3	M、Y、T	>0.15～2.0	≤610
QCd1	Y	0.15～1.20	≤300

注：① 状态栏：M—软；Y_4—1/4 硬；Y_3—1/3 硬；Y_2—半硬；Y—硬；T—特硬。

② 经供需双方协商，也可以供应其他规格的带材。

(续)

牌　　号	状　　态①	规格②(mm)	
		厚度	宽度
(3) 青铜带(续)			
QMn1.5 QMn5	M M、Y	0.15～1.20	≤300
QSi3-1	M、Y、T	0.15～1.20	≤300
QSn4-4-2.5 QSn4-4-4	M、Y_3 Y_2、Y	0.80～1.2	≤200
(4) 白铜带			
BZn15-20	M、Y_2、Y、T	0.15～1.20	≤400
B5、B19 BFe10-1-1、BFe30-1-1 BMn40-1.5、BMn3-12	M、Y		

(4) 其他纯铜及黄铜板(带)材的品种和规格

牌　　号		状态①	规格(mm)		
			厚度	宽度	长度
(1) 铜阳极板(GB/T 2056—2005)					
T2、T3		R Y	6～20 2～15	100～1000	300～2000
(2) 铜导电板(GB/T 2529—2005)					
T2		R、 M、Y_8、 Y_2、Y	4～100 4～20	50～650	≤8000
(3) 照相制版用铜板(GB/T 2530—1989)					
TAg0.1		Y	0.7、0.8、1、1.12、 1.2、1.4、1.5、2②	400、600	550～1200
(4) 无氧铜板、带(GB/T 14594—2005)③					
TU0 TU1 TU2	板	M、Y_2、Y	0.40～10	200～1000	1000～2500
	带	M、Y、 Y_2、Y_4	0.05～4.0	≤1000	—

(续)

牌　　号	状态[1]	规格(mm)		
		厚度	宽度	长度
(5) 热交换器固定板用黄铜板(GB/T 2040—2008)				
HSn62-1	R	4～60	≤3000	≤6000
	M、Y_2、Y	0.2～10		
(6) 散热器散热片专用纯铜及黄铜带、箔材(GB/T 2061—2004)				
T3	Y T	0.07～0.15 0.035～0.06	20～200 12～150	
H90 H65、H62	Y Y	0.035～0.06 0.07～0.15	12～150 20～200	
(7) 散热器冷却管专用黄铜带(GB/T 11087—2001)				
H90、H70、H70A、H68、H68A	Y_1 Y_2 Y_3	0.08～0.18	20～100	
(8) 电容器专用黄铜带(YS/T 29—1992)				
H62	Y_2、Y	0.10～0.53 >0.53～1.00	100～130	≥20000 ≥10000

注：① 状态栏：R—热轧，M—软，Y_2—半硬，Y—硬。
② 厚度按允许偏差分普通级和较高级。
③ 经供需双方协商，可供应热轧(R)状态板材。
④ 板的厚度(mm)：9，10，11，12，13，14，15，16，17，18，19，20，21，22，23，24，25，26，28，30，32，34，35，36，38，40，42，44，45，46，48，50，55，60。
⑤ 板的宽度按100mm进级。
⑥ 板应经酸洗后供应。但长度>3000mm者，不经酸洗供应。
⑦ 厚度>15mm板，可不切边、头供应。

(5) 其他青铜板(带)材的品种和规格

牌　　号	状态[1]	规格(mm)		
		厚度	宽度	长度
(1) 锡锌铅青铜板(GB/T 2040—2008)				
QSn4-4-2.5 QSn4-4-4	M、Y_3 Y_2、Y	0.8～5.0	200～600	800～2000

（续）

牌　　号	状态①		规格(mm)		
			厚度	宽度	长度
(2) 硅青铜板(GB/T 2040—2008)					
QSi3-1	M、Y、T		0.5～10.0	100～1000	≥500
(3) 锰青铜板(GB/T 2040—2008)					
QMn1.5、QMn5	M		0.5～5	100～600	≤1500
QMn5	Y		0.5～5	100～600	≤1500
(4) 铬青铜板(GB/T 2040—2008)					
QCr0.5 QCr0.5-0.2-0.1	Y		0.5～15.0	100～600	≥300(应不小于宽度)
(5) 镉青铜板(GB/T 2040—2008)					
QCd1	Y		0.5～10.0	200～300	800～1500
(6) 铍青铜板材和带材(YS/T 323—2002)*					
QBe2 QBe1.9 QBe1.7	C CY_4 CY_2 CY	板材	0.45～6.0	30～200	200～1500
		带材	0.05～1.0	30～200	状态C ≥1500 其余状态 ≥2000

注：1. 状态栏：M—软，Y—硬，T—特硬，C—淬火，CY_4—淬火、1/4硬，CY_2—淬火、半硬，C—淬火、硬。

2. * 铍青铜板材和带材的厚度允许偏差：板材只有普通级，带材则有普通级和较高级两种。

3. 青铜板材和带材的理论重量：密度(g/cm^3)为8.9的青铜牌号(QSn4-4-4，QCr 0.5，QCr 0.5-0.2-0.1)可按第450页“铜板理论重量”计算。其他密度(非8.9)的青铜牌号，需乘上相应的“理论重量换算系数”。其他密度(非8.9)的“牌号/密度/理论重量换算系数”如下：
QMn1.5，QCd1/8.8/0.989；
QSn4-4-2.5/8.75/0.983；
QMn5/8.6/0.966；
QSi3-1/8.4/0.944；
QBe2，QBe1.9，QBe1.7/8.3/0.933。

(6) 其他白铜板(带)材的品种和规格

牌　　号	状态	规格(mm)		
		厚度	宽度	长度
(1) 锰白铜板(GB/T 2040—2008)				
BMn40-1.5 BMn3-12	M、Y M	0.5～10.0	100～600	800～1500
(2) 铝白铜带(GB/T 2069—1980)				
BAl6-1.5	Y	0.5～12	≤600	≤1500
BAl13-3	CYS			

注：1. 状态栏：M—软；Y—硬；CS—淬火(人工时效)。
2. 白铜板材和带材的理论重量：密度(g/cm^3)为 8.9 的白铜牌号(BMn40-1.5)可按第 450 页“铜板理论重量”计算。密度为 8.5 的白铜牌号可按第 450 页“黄铜板理论重量”计算。其他密度(非 8.9)的青铜牌号需将“铜板理论重量”乘上相应的“理论重量换算系数”。其他密度(非 8.9)的“牌号/密度/理论重量换算系数”如下：
BAl6-1.5/8.7/0.978；
BMn3-12/8.4/0.944。

(7) 镍及镍合金板(带)材的品种和规格

牌　　号	状态	规格(mm)		
		厚度	宽度	长度*
(1) 镍及镍合金板(GB/T 2054—2005)				
N4,N5,N6,N7,NSi0.19,NMg-0.1,NW4-0.15,NW4-0.1,NW4-0.07,DN,NCu28-2.5-1.5,NCu30	R、M	4～50	300～3000	500～4500
	M、Y_2、Y	0.3～4	300～1000	500～4000
(2) 镍及镍合金带(GB/T 2072—2007)				
N4,N5,N6,N7,NMg 0.1,DN, NSi0.19, NCu40-2-1,NCu28-2.5-1.5,NW4-0.15,NW4-0.1,NW4-0.07,NCu30	M、 Y_2、Y	0.05～0.15	20～250	≥5000
		>0.15～0.55		≥3000
		>0.55～1.2		≥2000

注：* 表示厚度为 0.55mm～1.20mm 的带材，允许交付不超过批重 15%的长度不短于 1m 的带材。

注：1. 状态栏：R—热轧，M—软，Y_2—半硬，Y—硬。

2. 镍及镍合金板(带)的密度为8.85g/cm³，其理论重量可按第450页“铜板理论重量”，再乘上“理论重量换算系数(0.994)”计算。

(8) 镍阳极板(GB/T 2056—2005)

牌号	状态	厚度(mm)	宽度(mm)	长度(mm)
NY1	热轧(R)	6～20	100～500	300～2000
NY3	软(M)	4～20		
NY2	热轧后淬火(C)	6～20		

(9) 铝及铝合金板(带)理论重量

厚度 (mm)	铝板	铝带	厚度 (mm)	铝板	铝带	厚度 (mm)	铝板	厚度 (mm)	铝板
	理论重量 (kg/m²)			理论重量 (kg/m²)			理论重量 (kg/m²)		理论重量 (kg/m²)
0.20	—	0.542	1.1	—	2.981	5.0	14.25	35	99.75
0.25	—	0.678	1.2	3.420	3.252	6.0	17.10	40	114.0
0.30	0.855	0.813	1.3	—	3.523	7.0	19.95	50	142.5
0.35	—	0.949	1.4	—	3.794	8.0	22.80	60	171.0
0.40	1.140	1.084	1.5	4.275	4.065	9.0	25.65	70	199.5
0.45	—	1.220	1.8	5.130	4.878	10	28.50	80	228.0
0.50	1.425	1.355	2.0	5.700	5.420	12	34.20	90	256.5
0.55	—	1.491	2.3	6.555	6.233	14	39.90	100	285.0
0.60	1.710	1.626	2.4	—	6.504	15	42.75	110	313.5
0.65	—	1.762	2.5	7.125	6.775	16	45.60	120	342.0
0.70	1.995	1.897	2.8	7.980	7.588	18	51.30	130	370.5
0.75	—	2.033	3.0	8.550	8.130	20	57.00	140	399.0
0.80	2.280	2.168	3.5	9.975	9.485	22	62.70	150	427.5
0.90	2.565	2.439	4.0	11.40	10.84	25	71.25		
1.0	2.850	2.710	4.5	—	12.20	30	85.50		

注：1. 板材理论重量按7A04、7A09、7075等牌号的密度2.85g/cm³计算。其他牌号的理论重量，须将表中的数值乘上相应的理论重量换算系数。密度不是2.85的牌号的"密度(g/cm³)/换算系数"如下：

2A16：2.84/0.996　　2A11：2.80/0.982
2A14：2.80/0.982　　2A12：2.78/0.975
2A06：2.76/0.969　　LQ1、LQ2：2.74/0.960
3A21：2.73/0.958　　3003：2.73/0.958
1×××系(纯铝)：2.71/0.951　　8A06：2.71/0.951
6A02：2.70/0.947　　5A02：2.68/0.940
5A43：2.68/0.940　　5A03：2.67/0.937
5083：2.67/0.937　　5A05：2.65/0.930
5A06：2.64/0.926　　5A41：2.64/0.926

2. 带材理论重量按纯铝的密度2.71g/cm³计算。其他牌号的"密度(g/cm³)/换算系数"如下：

5A02：2.68/0.989　　3A21：2.73/1.007

（10）铝及铝合金板材、带材的品种和规格(GB/T 3880—2006)

（1）板材的牌号、状态及厚度范围				
牌　号	类别	状　态	板材厚度(mm)	带材厚度(mm)
1A97、1A93、1A90、1A85	A	F	>4.50～150.00	—
		H112	>4.50～80.00	—
1235	A	H12、H22	>0.20～4.50	>0.20～4.50
		H14、H24	>0.20～3.00	>0.20～3.00
		H16、H26	>0.20～4.00	>0.20～4.00
		H18	>0.20～3.00	>0.20～3.00
1060	A	F	>4.50～150.00	>2.50～8.00
		H112	>4.50～80.00	—
		O	>0.20～80.00	>0.20～6.00
		H12、H22	>0.50～6.00	>0.50～6.00
		H14、H24	>0.20～6.00	>0.20～6.00
		H16、H26	>0.20～4.00	>0.20～4.00
		H18	>0.20～3.00	>0.20～3.00

(续)

(1) 板材的牌号、状态及厚度范围				
牌 号	类别	状 态	板材厚度(mm)	带材厚度(mm)
1050、1050A、1070	A	F	>4.50~150.00	>2.50~8.00
		H112	>4.50~75.00	—
		O	>0.20~50.00	>0.20~6.00
		H12、H22、H14、H24	>0.20~6.00	>0.20~6.00
		H16、H26	>0.20~4.00	>0.20~4.00
		H18	>0.20~3.00	>0.20~3.00
1145	A	F	>4.50~150.00	>2.50~8.00
		H112	>4.50~25.00	—
		O	>0.20~10.00	>0.20~6.00
		H12、H22、H14、H24、H16、H26、H18	>0.20~4.50	>0.20~4.50
1100	A	F	>4.50~150.00	>2.50~8.00
		H112	>6.00~80.00	—
		O	>0.20~80.00	>0.20~6.00
		H12、H22	>0.20~6.00	>0.20~6.00
		H14、H24、H16、H26	>0.20~4.00	>0.20~4.00
		H18	>0.20~3.00	>0.20~3.00
1200	A	F	>4.50~150.00	>2.50~8.00
		H112	>6.00~80.00	—
		O	>0.20~50.00	>0.20~6.00
		H111	>0.20~50.00	—
		H12、H22、H14、H24	>0.20~6.00	>0.20~6.00
		H16、H26	>0.20~4.00	>0.20~4.00
		H18	>0.20~3.00	>0.20~3.00

(续)

(1) 板材的牌号、状态及厚度范围				
牌　号	类别	状　态	板材厚度(mm)	带材厚度(mm)
2024	B	F	>4.50～150.00	—
		O	>0.50～45.00	>0.50～6.00
		T3	>0.50～12.50	—
		T3(工艺包铝)	>4.00～12.50	—
		T4	>0.50～6.00	—
3003	A	F	>4.50～150.00	>2.50～8.00
		H112	>6.00～80.00	—
		O	>0.20～50.00	>0.20～6.00
		H12、H22、H14、H24	>0.20～6.00	>0.20～6.00
		H16、H26、H18	>0.20～3.00	>0.20～4.00
		H28	>0.20～3.00	>0.20～3.00
3004、3104	A	F	>6.30～80.00	>2.50～8.00
		H112	>6.00～80.00	—
		O	>0.20～50.00	>0.20～6.00
		H111	>0.20～50.00	—
		H12、H22、H32、H14	>0.20～6.00	>0.20～6.00
		H24、H34、H16、H26、H36、H18	>0.20～3.00	>0.20～3.00
		H28、H38	>0.20～1.50	>0.20～1.50
3005	A	O、H111、H12、H22、H14	>0.20～6.00	>0.20～6.00
		H111	>0.20～6.00	—
		H16	>0.20～4.00	>0.20～4.00
		H24、H26、H18、H28	>0.20～3.00	>0.20～3.00

（续）

(1) 板材的牌号、状态及厚度范围				
牌　号	类别	状　态	板材厚度(mm)	带材厚度(mm)
3105	A	O、H12、H22、H14、H24、H16、H26、H18	>0.20～3.00	>0.20～3.00
		H111	>0.20～3.00	—
		H28	>0.20～1.50	>0.20～1.50
3102	A	H18	>0.20～3.00	>0.20～3.00
5005	A	F	>4.50～150.00	>2.50～8.00
		H112	>6.00～80.00	—
		O	>0.20～50.00	>0.20～6.00
		H111	>0.20～50.00	—
		H12、H22、H32、H14、H24、H34	>0.20～6.00	>0.20～6.00
		H16、H26、H36	>0.20～4.00	>0.20～4.00
		H18、H28、H38	>0.20～3.00	>0.20～3.00
5083	B	F	>4.50～150.00	—
		H112	>6.00～50.00	—
		O	>0.20～80.00	>0.50～4.00
		H111	>0.20～80.00	—
		H12、H14、H24、H34	>0.20～6.00	—
		H22、H32	>0.20～6.00	>0.50～4.00
		H16、H26、H36	>0.20～4.00	—
6061	B	F	>4.50～150.00	>2.50～8.00
		O	>0.40～40.00	>0.40～6.00
		T4、T6	>0.40～12.50	—
6063	B	O	>0.50～20.00	—
		T4、T6	0.50～10.00	—

(续)

(1) 板材的牌号、状态及厚度范围				
牌 号	类别	状 态	板材厚度(mm)	带材厚度(mm)
6A02	B	F	>4.50~150.00	—
		H112	>4.50~80.00	—
		O、T4、T6	>0.50~10.00	—
6082	B	F	>4.50~150.00	—
		O	0.40~25.00	—
		T4、T6	0.40~12.50	—
7075	B	F	>6.00~100.00	—
		O(正常包铝)	>0.50~25.00	—
		O(不包铝或工艺包铝)	>0.50~50.00	—
		T6	>0.50~6.00	—
8A06	A	F	>4.50~150.00	>2.50~8.00
		H112	>4.50~80.00	—
		O	0.20~10.00	—
		H14、H24、H18	>0.20~4.50	—
8011A	A	O	>0.20~3.00	>0.20~3.00
		H111	>0.20~3.00	—
		H14、H24、H18	>0.20~3.00	>0.20~3.00

(2) 板材和带材的厚度对应的宽度及长度及内径(mm)				
板、带材厚度	板材的宽度和长度		带材的宽度和内径	
	板材的宽度	板材的长度	带材的宽度	带材的内径
>0.20~0.50	500~1660	1000~4000	1660	ϕ75、ϕ150、ϕ200、ϕ300、ϕ405、ϕ505、ϕ610、ϕ650、ϕ750
>0.50~0.80	500~2000	1000~10000	2000	
>0.80~1.20	500~2200	1000~10000	2200	
>1.20~8.00	500~2400	1000~10000	2400	
>1.20~150.00	500~2400	1000~10000	—	—

注：带材是否带套筒及套筒材质，由供需双方商定后在合同中注明。

(续)

(3) 板材和带材的正常包铝包覆合金及轧制后的包覆层厚度*					
包铝分类	基体合金牌号	包覆材料牌号	板材状态	板材厚度(mm)	每面包覆层厚度占板材厚度的百分比≥
正常包铝	2A11、2017、2024	1A50	0、T3、T4	0.50～1.60	4%
				>1.60～10.00	2%
	7075	7A01	0、T6	0.50～1.60	4%
				>1.60～10.00	2%
工艺包铝	2A11、2014、2024、2017、5A06	1A50	所有	所有	≤1.5%
	7075	7A01	所有	所有	≤1.5%

注：需方有特殊要求时，需与供方商定后，在合同中注明。

(11) 表盘及装饰用纯铝板的品种和规格(YS/T 242—2000)

牌　　号	状　　态	厚度(mm)	宽度(mm)	长度(mm)
1070A，1060 1050A，1035 1200，1100	O，H14 H24，H18	0.3～4.0	1000 1200 1500	2000，2500 3000，3500 4000，4500

注：厚度 ≤ 0.4mm，只供应宽度 1000mm、长度 2000mm 板材。

(12) 瓶盖用铝及铝合金板、带材的品种和规格(YS/T 91—2002)

牌　号	状　态	规格(mm)				
		厚度	宽度		板材长度	带　材卷内径
			板材	带材		
1100，3003 3105，8011 8011A	H14，H24 H16，H26 H18	0.20～0.30	500～1500	50～150	500～2000	75，150 200，300 350，405 485，505
5052	H18，H19					

(13) 钎接用铝合金板材的品种和规格(YS/T 69—1993)

板材类别	合金牌号		状态	
	包覆层	基体		标准厚度(mm):0.8,0.9,1.0,1.2,1.5,1.6,2.0,2.5,3.0,3.5,4.0 宽度(mm):1000～1600 长度(mm):2000～10000
LQ1 板	4A17	3A21	O	
LQ2 板	4A13	3A21	H14	

板材(双面)包覆层厚度(mm)	板材厚度		0.8,1.0	1.2	2.0
	每面包覆层厚度范围	A 级	0.08～0.12	0.08～0.13	0.08～0.14
		B 级	0.07～0.15	0.08～0.16	0.08～0.16

注:其他厚度板材包覆层厚度,须供需双方协商并在合同中注明。

(14) 铝及铝合金花纹板的品种和规格(GB/T 3618—2006)

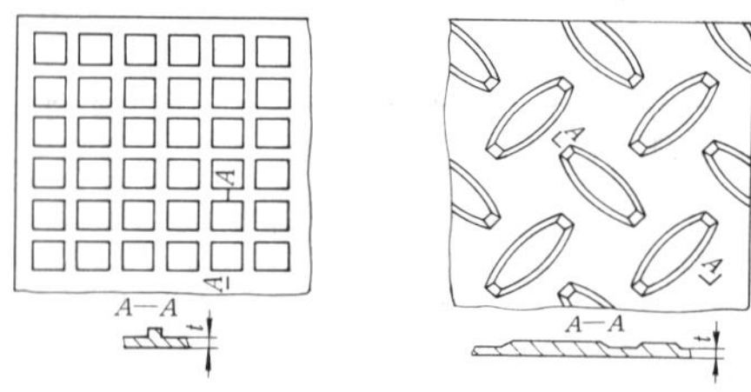

1 号花纹板(方格型)　　2 号花纹板(扁豆型)

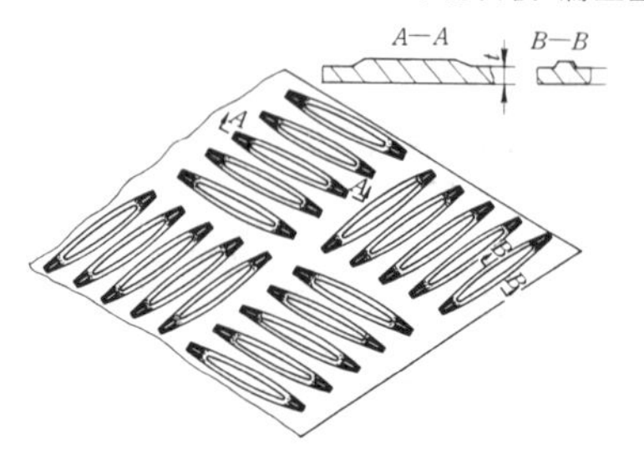

3 号花纹板(五条型)

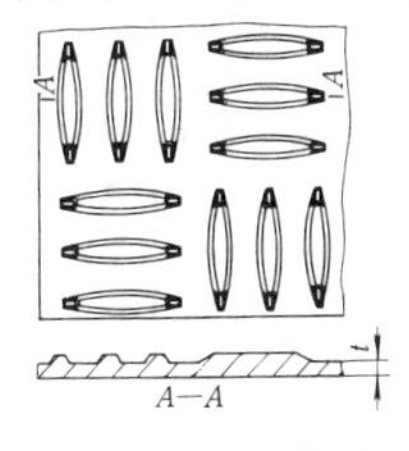

4 号花纹板(三条型)

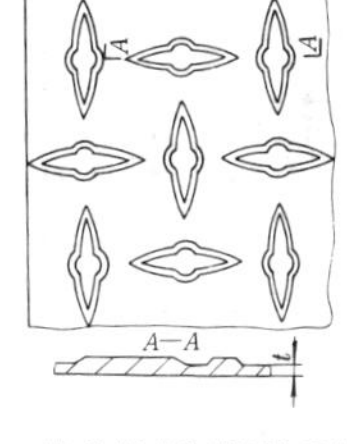

5 号花纹板(指针型)

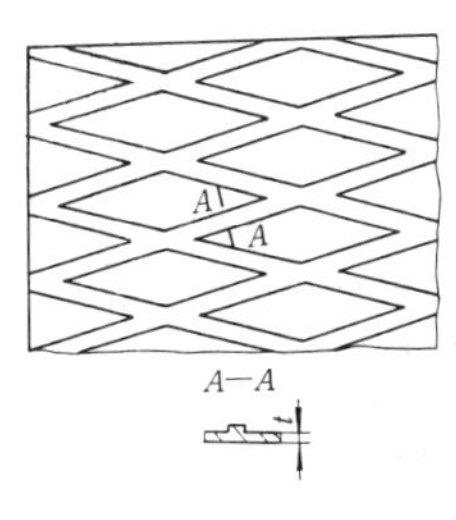

6 号花纹板(菱型)

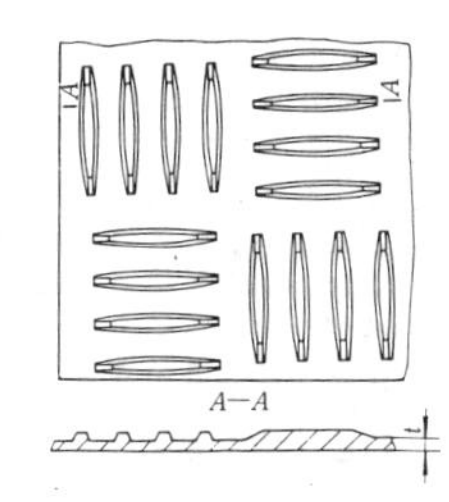

7 号花纹板(四条型)

8 号花纹板(三条型)

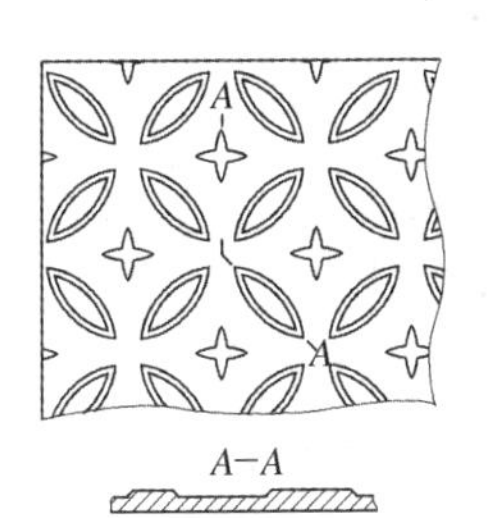

9 号花纹板(星月型)

花纹代号	花纹图案	牌号	状态	底板厚度	筋高	宽度	长度
				(mm)			
1号	方格型	2A12	T4	1.0～3.0	1.0	1000～1600	2000～10000
2号	扁豆型	2A11、5A02、5052	H234	2.0～4.0	1.0		
		3105、3003	H194				
3号	五条型	1×××、3003	H194	1.5～4.5	1.0		
		5A02、5052、3105、5A43、3003	O、H114				
4号	三条型	1×××、3003	H194	1.5～4.5	1.0		
		2A11、5A02、5052	H234				
5号	指针型	1×××	H194	1.5～4.5	1.0		
		5A02、5052、5A43	O、H114				
6号	菱型	2A11	H234	3.0～8.0	0.9		
7号	四条型	6061	O	2.0～4.0	1.0		
		5A02、5052	O、H234				
8号	三条型	1×××	H114、H234、H194	1.0～4.5	0.3		
		3003	H114、H194				
		5A02、5052	O、H114、H194				
9号	星月型	1×××	H114、H234、H194	1.0～4.0	0.7		
		2A11	H194				
		2A12	T4	1.0～3.0			
		3003	H114、H234、H194	1.0～4.0			
		5A02、5052	H114、H234、H194				

注：1. 要求其他合金、状态及规格时，应由供需双方协商并在合同中注明。

2. 2A11、2A12 合金花纹板双面可带有 1A50 合金包覆层，其每面包覆层平均厚度应不小于底板公称厚度的 4%。

当花纹板花型不变，只改变牌号时，按该牌号的密度及比密度换算系数，换算该牌号花纹板单位面积的理论重量。

牌　　号	密度(g/cm³)	比密度换算系数
2A11	2.80	1.000
纯铝	2.71	0.968
2A12	2.78	0.993
3A21	2.73	0.975
3105	2.72	0.971
5A02、5A43、5052	2.68	0.957
6061	2.70	0.964

(15) 一般工业用铝及铝合金板材带材(GB/T 3880.1—2006)

牌　号	类别	状　态	板材厚度(mm)	带材厚度(mm)
1A97、1A93、1A90、1A85	A	F	>4.50～150.00	—
		H112	>4.50～80.00	—
1235	A	H12、H22	>0.20～4.50	>0.20～4.50
		H14、H24	>0.20～3.00	>0.20～3.00
		H16、H26	>0.20～4.00	>0.20～4.00
		H18	>0.20～3.00	>0.20～3.00
1070	A	F	>4.50～150.00	>2.50～8.00
		H112	>4.50～75.00	—
		O	>0.20～50.00	>0.20～6.00
		H12、H22、H14、H24	>0.20～6.00	>0.20～6.00
		H16、H26	>0.20～4.00	>0.20～4.00
		H18	>0.20～3.00	>0.20～3.00

(续)

牌　号	类别	状　态	板材厚度(mm)	带材厚度(mm)
1060	A	F	>4.50～150.00	>2.50～8.00
		H112	>4.50～80.00	—
		O	>0.20～80.00	>0.20～6.00
		H12、H22	>0.50～6.00	>0.50～6.00
		H14、H24	>0.20～6.00	>0.20～6.00
		H16、H26	>0.20～4.00	>0.20～4.00
		H18	>0.20～3.00	>0.20～3.00
1050、1050A	A	F	>4.50～150.00	>2.50～8.00
		H112	>4.50～75.00	—
		O	>0.20～50.00	>0.20～6.00
		H12、H22、H14、H24	>0.20～6.00	>0.20～6.00
		H16、H26	>0.20～4.00	>0.20～4.00
		H18	>0.20～3.00	>0.20～3.00
1145	A	F	>4.50～150.00	>2.50～8.00
		H112	>4.50～25.00	—
		O	>0.20～10.00	>0.20～6.00
		H12、H22、H14、H24、H16、H26、H18	>0.20～4.50	>0.20～4.50
1100	A	F	>4.50～150.00	>2.50～8.00
		H112	>6.00～80.00	—
		O	>0.20～80.00	>0.20～6.00
		H12、H22	>0.20～6.00	>0.20～6.00
		H14、H24、H16、H26	>0.20～4.00	>0.20～4.00
		H18	>0.20～3.00	>0.20～3.00

(续)

牌　号	类别	状　态	板材厚度(mm)	带材厚度(mm)
1200	A	F	>4.50～150.00	>2.50～8.00
		H112	>6.00～80.00	—
		O	>0.20～50.00	>0.20～6.00
		H111	>0.20～50.00	—
		H12、H22、H14、H24	>0.20～6.00	>0.20～6.00
		H16、H26	>0.20～4.00	>0.20～4.00
		H18	>0.20～3.00	>0.20～3.00
3003	A	F	>4.50～150.00	>2.50～8.00
		H112	>6.00～80.00	—
		O	>0.20～50.00	>0.20～6.00
		H12、H22、H14、H24	>0.20～6.00	>0.20～6.00
		H16、H26、H18	>0.20～4.00	>0.20～4.00
		H28	>0.20～3.00	>0.20～3.00
3004、3104	A	F	>6.30～80.00	>2.50～8.00
		H112	>6.00～80.00	—
		O	>0.20～50.00	>0.20～6.00
		H111	>0.20～50.00	—
		H12、H22、H32、H14	>0.20～6.00	>0.20～6.00
		H24、H34、H16、H26、H36、H18	>0.20～3.00	>0.20～3.00
		H28、H38	>0.20～1.50	>0.20～1.50

(续)

牌　号	类别	状　态	板材厚度(mm)	带材厚度(mm)
3005	A	O、H111、H12、H22、H14	>0.20～6.00	>0.20～6.00
		H111	>0.20～6.00	—
		H16	>0.20～4.00	>0.20～4.00
		H24、H26、H18、H28	>0.20～3.00	>0.20～3.00
3105	A	O、H12、H22、H14、H24、H16、H26、H18	>0.20～3.00	>0.20～3.00
		H111	>0.20～3.00	—
		H28	>0.20～1.50	>0.20～1.50
3102	A	H18	>0.20～3.00	>0.20～3.00
5005	A	F	>4.50～150.00	>2.50～8.00
		H112	>6.00～80.00	—
		O	>0.20～50.00	>0.20～6.00
		H111	>0.20～50.00	—
		H12、H22、H32、H14、H24、H34	>0.20～6.00	>0.20～6.00
		H16、H26、H36	>0.20～4.00	>0.20～4.00
		H18、H28、H38	>0.20～3.00	>0.20～3.00
8A06	A	F	>4.50～150.00	>2.50～8.00
		H112	>4.50～80.00	—
		O	0.20～10.00	—
		H14、H24、H18	>0.20～4.50	—
8011A	A	O	>0.20～3.00	>0.20～3.00
		H111	>0.20～3.00	—
		H14、H24、H18	>0.20～3.00	>0.20～3.00

板、带材厚度(mm)	板材的宽度和长度(mm)		带材的宽度和内径(mm)	
	板材的宽度	板材的长度	带材的宽度	带材的内径
>0.20～0.50	500～1660	1000～4000	1660	ϕ75、ϕ150、ϕ200、ϕ300、ϕ405、ϕ505、ϕ610、ϕ650、ϕ750
>0.50～0.80	500～2000	1000～10000	2000	
>0.80～1.20	500～2200	1000～10000	2200	
>1.20～8.00	500～2400	1000～10000	2400	
>1.20～150.00	500～2400	1000～10000	—	—

注：带材是否带套筒及套筒材质，由供需双方商定后在合同中注明。

(16) 锌及锌合金板(带)的品种和规格

品种及标准号	规格 (mm)			牌号及密度(g/cm^3)	理论重量(kg/m^2)
	厚度	宽度	长度		
锌阳极板(GB/T 2056—2005)	6～20	100～500	300～2000	Zn1、Zn2(密度 7.15)	35.8 42.9 57.2 71.5 85.8
胶印锌板(GB/T 3496—1983)	0.55	640 762 765 1144	680 915 975 1219	XJ(密度 7.2)	3.96
照相制版用微晶锌板(YS/T 225—1994)	0.8 1.0 1.2 1.5 1.6	381～510	600～1200 550～1200 550～1200 600～1200 600～1200	XI2(密度 7.15)	5.72 7.15 8.58 10.73 11.44

(续)

品种及标准号	规格 (mm)			牌号及密度 (g/cm³)	理论重量 (kg/m²)
	厚度	宽度	长度		
电池锌板 (GB/T 1978—1988)	0.25 0.28 0.30 0.35 0.40 0.45 0.50 0.60	100～510	750～1200	XD1、XD2 (密度 7.15)	1.79 2.00 2.15 2.50 2.86 3.22 3.58 4.29
嵌线锌板	0.38 0.45	315	610	Zn98.7 (密度 7.15)	2.72 3.22
锌铜合金带	0.25 0.27 0.30 0.35 0.44 0.80 1.00	36～110 36～110 36～110 36～110 36～110 76～110 76～110	≥3000	ZnCu1.5 (密度 7.2)	1.80 1.94 2.16 2.52 3.17 5.76 7.20

(17) 铅及铅锑合金板的品种和规格(GB/T 1470—2005)

产品规格	厚度(mm)	宽度(mm)	长度(mm)
铅 板	0.5～110.0	≤2500	≥1000
铅锑合金板	1.0～110.0		

厚度 (mm)	理论重量(kg/m^2)					
	Pb1,Pb2	PbSb0.5	PbSb2	PbSb4	PbSb6	PbSb8
0.5	5.67	5.66	5.63	5.58	5.53	5.48
1.0	11.34	11.32	11.25	11.15	11.06	10.97
2.0	22.68	22.64	22.50	22.30	22.12	21.94
3.0	34.02	33.96	33.75	33.45	33.18	32.91
4.0	45.36	45.28	45.00	44.60	44.24	43.88

(续)

厚度(mm)	理论重量(kg/m²)					
	Pb1,Pb2	PbSb0.5	PbSb2	PbSb4	PbSb6	PbSb8
5.0	56.70	56.60	56.25	55.75	55.30	54.85
6.0	68.04	67.92	67.50	66.9	66.36	65.82
7.0	79.38	79.24	78.75	78.05	77.42	76.79
8.0	90.72	90.56	90.00	89.20	88.48	87.76
9.0	102.06	101.88	101.25	100.35	99.54	98.73
10.0	113.40	113.20	112.50	111.50	110.60	109.70
15.0	170.10	169.80	168.75	167.25	165.90	164.55
20.0	226.80	226.40	225.00	223.00	221.20	219.40
25.0	283.50	283.00	281.25	278.75	276.50	274.25
30.0	340.20	339.60	337.50	334.50	331.80	329.10
40.0	453.60	452.80	450.00	446.00	442.40	438.80
50.0	567.00	566.00	562.50	557.50	553.00	548.50
60.0	680.40	679.20	675.00	669.00	663.60	658.20
70.0	793.80	792.40	787.50	780.50	774.20	767.90
80.0	907.20	905.60	900.00	892.00	884.80	877.60
90.0	1020.60	1018.80	1012.50	1003.50	995.40	987.30
100.0	1134.00	1132.00	1125.00	1115.00	1106.00	1097.00
110.0	1247.40	1245.20	1237.50	1226.50	1216.60	1206.70

(18) 电解铜箔的品种和规格(GB/T 5230—1995)

规格(g/m²)	44.6	80.3	107.0	153.0	230.0	305.0
名义厚度(μm)	5.0	9.0	12.0	18.0	25.0	35.0
规格(g/m²)	610.0	916.0	1221.0	1526.0	1831.0	—
名义厚度(μm)	69.0	103.0	137.0	172.0	206.0	—

注：1. 规格按单位面积质量供货,名义厚度只作规格的代称。
2. 化学成分：未经表面处理的铜箔的(铜＋银)含量 ≥ 99.8%。
3. 铜箔按精度分标准箔(STD-E,规格为 44.6～1831g/m²)和高延箔(HD-E,规格为 153～916g/m²)两级;按表面处理分经处理的和未经处理的两种。
4. 铜箔供货方式分卷状(最短 ≥ 50m)和片状(长度按供需双方协议)。

(19) 铜、镍及其合金箔的品种和规格

(1) 铜及铜合金箔材(GB/T 5187—2008)		
牌　　号	状　　态	(厚度×宽度,mm)
T1,T2,T3,TU1,TU2	软(M),1/4 硬(Y_4),半硬(Y_2),硬(Y)	(0.012~<0.025)×≤300 (0.025~0.15)×≤600
H62,H65,H68	软(M),1/4 硬(Y_4),半硬(Y_2),硬(Y),特硬(T),弹硬(TY)	
QSn6.5-0.1,QSn7-0.2	硬(Y)、特硬(T)	
QSi3-1	硬(Y)	
QSn8-0.3	特硬(T)、弹硬(TY)	
BMn40-1.5	软(M)、硬(Y)	
BZn15-20	软(M)、半硬(Y_2)、硬(Y)	
BZn18-18,BZn18-26	半硬(Y_2)、硬(Y)、特硬(T)	

(2) 镍箔及白铜箔(GB/T 5190—1985)					
厚　　度(mm)	宽度(mm)	状态	牌　号	密　度(g/cm^3)	理论重量换算系数
0.005	40~80	硬	N2,N4,N6	8.85	0.994
0.008,0.01,0.012,0.015,0.02,0.03	40~100	硬	BZn15-20	8.6	0.966
0.04,0.05	40~200	软	BMn40-1.5	8.9	1.000

注:1. 箔材宽度系列(mm):40,50,60,80,100,120,150,200。箔材长度 ≥ 5m。

2. 铜及黄铜箔的理论重量,分别参见第 450 页表。青铜、镍及白铜箔的理论重量,可按铜箔(密度 8.9g/cm^3)的理论重量,再乘上本表中各牌号的理论重量换算系数即得。

(20) 铝及铝合金箔的品种和规格(GB/T 3198—2010)

牌号	状态	规格(mm)			
		厚度	宽度	管芯内径	卷外径
1050、1060、1070、1100、1145、1200、1235	O	0.0045～0.2000	50.0～1820.0	75.0、76.2、150.0、152.4、300.0、400.0、406.0	150～1200
	H22	＞0.0045～0.2000			
	H14、H24	0.0045～0.0060			
	H16、H26	0.0045～0.2000			
	H18	0.0045～0.2000			
	H19	＞0.0060～0.2000			
2A11、2A12	O、H18	0.0300～0.2000			100～1500
3003	O	0.0090～0.0200			100～1500
	H22	0.0200～0.2000			
	H14、H24	0.0300～0.2000			
	H16、H26	0.1000～0.2000			
	H18	0.0100～0.2000			
	H19	0.0180～0.1000			
3A21	O	0.0300～0.0400			
	H22	＞0.0400～0.2000			
	H24	0.1000～0.2000			
	H18	0.0300～0.2000			
4A13	O、H18	0.0300～0.2000			
5A02	O	0.0300～0.2000			
	H16、H26	0.1000～0.2000			
	H18	0.0200～0.2000			

(续)

牌　号	状　态	规格(mm)			
		厚　　度	宽度	管芯内径	卷外径
5052	O	0.0300～0.2000	50.0～1820.0	75.0、76.2、150.0、152.4、300.0、400.0、406.0	100～1500
	H14、H24	0.0500～0.2000			
	H16、H26	0.1000～0.2000			
	H18	0.0500～0.2000			
	H19	>0.1000～0.2000			
5082、5083	O、H18、H38	0.1000～0.2000			
8006	O	0.0060～0.2000			250～1200
	H22	0.0350～0.2000			
	H24	0.0350～0.2000			
	H26	0.0350～0.2000			
	H18	0.0180～0.2000			
8011、8011A、8079	O	0.0060～0.2000	50.0～1820.0	75.0、76.2、150.0、152.4、300.0、400.0、406.0	250～1200
	H22	0.0350～0.2000			
	H24	0.0350～0.2000			
	H26	0.0350～0.2000			
	H18	0.0180～0.2000			
	H19	0.0350～0.2000			

(21) 空调器散热片用素铝箔的品种和规格(YS/T 95.1—2009)

牌　号	状　态	规格(mm)		卷径(mm)	
		厚度	宽度	内径	外径
1050,1100,1200,3102,8006,8011	O, H22, H24, H26, H18	0.080～0.200	≤1400	75, 150, 200, 300, 505	供需双方协商

(22) 锌、锡、铅及其合金箔的品种和规格(GB/T 5191—1985)

厚度(mm)	锌箔：0.010，0.012，0.015，0.020，0.030，0.040，0.050 锡、铅及其合金箔：0.010，0.015，0.020，0.030，0.040，0.050
宽度：100mm；长度：≥5000mm。卷状，箔卷轴直径：≥100mm	
供应状态：轧制状态	

牌号	化学成分(%)				
	主要成分≥				杂质总和≤
	锌	锡	铅	锑	
(1) 锌箔					
Zn99.95(旧牌号 Zn2)	99.95	—	—	—	0.05
Zn99.90(旧牌号 Zn3)	99.90	—	—	—	0.10
(2) 锡箔					
Sn1	—	99.90	—	—	0.10
Sn2	—	99.80	—	—	0.20
Sn3	—	99.50	—	—	0.50
(3) 铅箔					
Pb2	—	—	99.99	—	0.01
Pb3	—	—	99.98	—	0.02
Pb4	—	—	99.95	—	0.05
Pb5	—	—	99.90	—	0.10
(4) 锡合金箔					
SnSb2.5	—	余量	—	1.9～3.1	—
SnSb1.5	—	余量	—	1.0～2.0	—
SnPb13.5-2.5	—	余量	12.0～15.0	1.75～3.25	—
SnPb12.5-1.5	—	余量	10.5～13.5	1.0～2.0	—
(5) 铅合金箔					
PbSb3.5	—	—	余量	3.0～4.5	—
PbSn4.5-2.5	—	4.0～5.0	余量	2.0～3.0	—
PbSn2-2	—	1.5～2.5	余量	1.5～2.5	—
PbSn6.5	—	5.0～8.0	余量	—	—

3. 有色金属管材

(1) 铜及铜合金挤制管的品种和规格

(1) 铜及铜合金挤制管牌号、状态、规格范围(YS/T 662—2007)

牌　　号	状态	规格(mm)		
		外径	壁厚	长度
TU1,TU2,T2,T3,TP1,TP2	挤制(R)	30～300	5～65	300～6000
H96,H62,HPb59－1,HFe59－1－1		20～300	1.5～42.5	
H80,H65,H68,HSn62－1,HSi80－3,HMn58－2,HMn57－3－1		60～220	7.5～30	
QAl9－2,QAl9－4,QAl10－3－1.5,QAl10－4－4		20～250	3～50	500～6000
QSi3.5－3－1.5		80～200	10～30	
QCr0.5		100～220	17.5～37.5	500～3000
BFe10－1－1		70～250	10～25	300～3000
BFe30－1－1		80～120	10～25	

(2) 挤制铜及铜合金圆形管具体规格(GB/T 16866—2006)

公　称　外　径　(mm)	公　称　壁　厚　(mm)
20, 21, 22	1.5～3.0, 4.0
23, 24 25, 26	1.5～4.0
27, 28, 29, 30, 32, 34, 35, 36	2.5～6.0
38, 40, 42, 44, 45, 46, 48	2.5～10
50, 52, 54, 55	2.5～17.5
56, 58, 60	4.0～17.5
62, 64, 65, 68, 70	4.0～20
72, 74, 75, 78, 80	4.0～25
85, 90, 95, 100	7.5, 10～30
105, 110	10～30
115, 120	10～37.5
125, 130	10～35

(续)

(2) 挤制铜及铜合金圆形管具体规格(GB/T 16866—2006)	
公　称　外　径　(mm)	公　称　壁　厚　(mm)
135，140	10～37.5
145，150	10～35
155，160，165，170，175，180	10～42.5
185，190，195，200，210，220	10～45
230，240，250	10～15，20，25～50
260，280	10～15，20，25，30
290，300	20，25，30
壁厚系列(mm)：1.5，2.0，2.5，3.0，3.5，4.0，4.5，5.0，6.0，7.5，9.0，10，12.5，15，17.5，20，22.5，25，27.5，30，32.5，35，37.5，40，42.5，45，50	

注：外径≤100mm，供应长度 1～7m；其他管材供应长度为 0.5～6m。

(2) 铜及铜合金拉制管的品种和规格

<table>
<tr><th colspan="6">(1) 铜及铜合金拉制管的牌号、状态、规格范围(GB/T 1527—2006)</th></tr>
<tr><th rowspan="3">牌　　号</th><th rowspan="3">状态</th><th colspan="4">规格(mm)</th></tr>
<tr><th colspan="2">圆形</th><th colspan="2">矩(方)形</th></tr>
<tr><th>外径</th><th>壁厚</th><th>对边距</th><th>壁厚</th></tr>
<tr><td rowspan="2">T2、T3、TU1、TU2、TP1、TP2</td><td>软(M)、轻软(M_2)
硬(Y)、特硬(T)</td><td>3～360</td><td rowspan="2">0.5～15</td><td rowspan="6">3～100</td><td rowspan="2">1～10</td></tr>
<tr><td>半硬(Y_2)</td><td>3～100</td></tr>
<tr><td>H96、H90</td><td rowspan="4">软(M)、
轻软(M_2)
半硬(Y_2)、
硬(Y)</td><td rowspan="2">3～200</td><td rowspan="4">0.2
～
10</td><td rowspan="4">0.2～7</td></tr>
<tr><td>H85、H80、H85A</td></tr>
<tr><td>H70、H68、H59、HPb59-1、HSn62-1、HSn70-1、H70A、H68A</td><td>3～100</td></tr>
<tr><td>H65、H63、H62、HPb66-0.5、H65A</td><td>3～200</td></tr>
</table>

(续)

(1) 铜及铜合金拉制管的牌号、状态、规格范围(GB/T 1527—2006)

牌　　号	状　态	规格(mm)			
		圆　形		矩(方)形	
		外径	壁厚	对边距	壁厚
HPb63－0.1	半硬(Y_2)	18～31	6.5～13	—	—
	1/3 硬(Y_3)	8～31	3.0～13		
BZn15－20	硬(Y)、半硬(Y_2)、软(M)	4～40	0.5～8	—	—
BFe10－1－1	硬(Y)、半硬(Y_2)、软(M)	8～160			
BFe30－1－1	半硬(Y_2)、软(M)	8～80			

注：1. 外径≤100mm 的圆形直管,供应长度为 1000～7000mm;其他规格的圆形直管供应长度为 500～6000mm
2. 矩(方)形直管的供应长度为 1000～5000mm
3. 外径≤30mm、壁厚<3mm 的圆形管材和圆周长≤100mm 或圆周长与壁厚之比≤15 的矩(方)形管材,可供应长度≥6000mm 的盘管

(2) 拉制铜及铜合金圆形管具体规格(GB/T 16866—2006)

公称外径(mm)	公称壁厚(mm)	公称外径(mm)	公称壁厚(mm)
3, 4	0.2～1.25	31, 32, 33, 34, 35, 36, 37, 38, 39, 40	0.4～5.0
5, 6, 7	0.2～1.5	42, 44, 45, 46, 48, 49, 50	0.75～6.0
8, 9, 10, 11, 12, 13, 14, 15	0.2～3.0	52, 54, 55, 56, 58, 60	0.75～7.0
16, 17, 18, 19, 20	0.3～4.5	62, 64, 65, 66, 68, 70	1.0～11.0
21, 22, 23, 24, 25, 26, 27, 28, 29, 30	0.4～5.0	72, 74, 75, 76, 78, 80	2.0～13.0

(续)

(2) 拉制铜及铜合金圆形管具体规格(GB/T 16866—2006)			
公称外径(mm)	公称壁厚(mm)	公称外径(mm)	公称壁厚(mm)
82, 84, 85, 86, 88, 90, 92, 94, 96, 100	2.0～15.0	210, 220, 230, 240, 250	3.0～15.0
105, 110, 115, 120, 125, 130, 135, 140, 145, 150	2.0～15.0	260, 270, 280, 290, 300, 310, 320, 330, 340, 350, 360	4.0～5.0
155, 160, 165, 170, 175, 180, 185, 190, 195, 200	3.0～15.0		
壁厚系列(mm): 0.2, 0.3, 0.4, 0.5, 0.6, 0.75, 1.0, 1.25, 1.5, 2.0, 2.5, 3.0, 3.5, 4.0, 4.5, 5.0, 6.0, 7.0, 8.0, 9.0, 10.0, 11.0, 12.0, 13.0, 14.0, 15.0			

(3) 铜及铜合金毛细管的品种和规格(GB/T 1531—2009)

牌　号	供应状态	规格(外径×内径,mm)	长度(mm)	
			盘管	直管
T2、TP1、TP2、H85、H80、H70、H68、H65、H63、H62	硬(Y)、半硬(Y_2)、软(M)	(ϕ0.5～ϕ6.10)×(ϕ0.3～ϕ4.45)	≥3000	50～6000
H96、H90 QSn4-0.3、QSn6.5-0.1	硬(Y)、软(M)			

注：1. 状态栏：M—软，Y_2—半硬，Y—硬。

2. 根据用户需要，可供应其他牌号、状态和规格的管材。

(4) 热交换器用铜合金无缝管的品种和规格(GB/T 8890—2007)

牌　号	种类	供应状态	规格(mm)		
			外径	壁厚	长度
BFe10-1-1	盘管	软(M)、半硬(Y_2)、硬(Y)	3～20	0.3～1.5	—
	直管	软(M)	4～160	0.5～4.5	<6000
		半硬(Y_2)、硬(Y)	6～76	0.5～4.5	<18000
BFe30-1-1	直管	软(M)、半硬(Y_2)	6～76	0.5～4.5	<18000
HA177-2, HSn70-1, HSn70-1B, HSn70-1ABH68A, H70A、H85A	直管	软(M) 半硬(Y_2)	6～76	0.5～4.5	<18000
外径(mm): 10, 11, 12, 13, 14, 15, 16, 18, 19, 20, 21, 22, 23, 24, 25, 26, 28, 30, 32, 35, 38, 40, 42, 45;壁厚(mm): 0.75, 1, 1.25, 1.5, 2, 2.5, 3, 3.5					

(5) 压力表用铜合金管的品种和规格(GB/T 8892—2005)

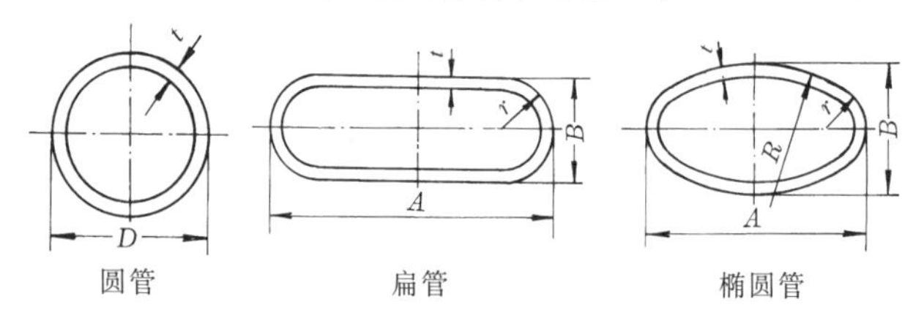

圆管　　扁管　　椭圆管

(1) 管材的牌号、状态、品种和规格范围			
牌号	状态	形　状	规格(mm)
QSn4－0.3 QSn6.5－0.1	M(软) Y_2(半硬) Y(硬)	圆管 (*D*×*t*)	(ϕ2～ϕ25)× (0.11～1.80)
		椭圆管 (*A*×*B*×*t*)	(5～15)×(2.5～6)× (0.15～1.0)
H68	Y_2(半硬) Y(硬)	扁管 (*A*×*B*×*t*)	(7.5～20)×(5～7)× (0.15～1.0)
注：经双方协商可供应其他牌号、形状、状态和规格的产品			

(2) 圆管的规格(mm)			
外　径　*D*	壁　厚　*t*	外　径　*D*	壁　厚　*t*
4，(4.2)	0.15～1.0	14，(14.34)，15	0.15～1.8
4.5	0.15～1.3	16，(16.5)	>0.30～1.8
5，(5.56)，6，(6.35)	0.15～1.8	17	>0.50～1.8
7，(7.14)，8，9，(9.5)	0.15～1.8	18，(19.5)，20	>0.80～1.8
(9.52)，10，(10.5)	0.15～1.8	>20～25	>1.3～1.8
11，12，(12.6)，13	0.15～1.8		

(3) 扁管和椭圆管的规格(mm)					
扁　管			椭　圆　管		
长轴 *A*	短轴 *B*	壁　厚　*S*	长轴 *A*	短轴 *B*	壁　厚　*S*
7.5	5	0.15～0.25	5	3	0.15～0.25
10	5.5	0.25～0.40	8	3	0.25～0.40
14	6	>0.40～0.60	10	2.5	>0.40～0.60
16	7	>0.60～0.80	15	5	>0.60～0.80
20	6	>0.80～1.00	15	6	>0.80～1.00

注：1. 带括号的规格表示限制使用规格。
　　2. 扁管和椭圆管按壁厚分普通精度和较高精度两种。
　　3. 管材长度为10～40m。

(6) 镍及镍铜合金管的品种和规格(GB/T 2882—2005)

牌号	状态	规格(mm)		
		外径	壁厚	长度
N2、N4、DN	软(M) 硬(Y)	0.35～18	0.05～0.90	100～8000
N6	软(M) 半硬(Y2) 硬(Y)	0.35～90	0.05～5.00	
NCu28-2.5-1.5	软(M) 硬(Y)	0.35～90	0.05～5.00	
	半硬(Y2)	0.35～18	0.05～0.90	
NCu40-2-1	软(M) 硬(Y)	0.35～90	0.05～5.00	
	半硬(Y2)	0.35～18	0.05～0.90	
NSi0.19 NMg0.1	软(M) 半硬(Y2) 硬(Y)	0.35～18	0.05～0.90	

外径(mm)	壁厚(mm)	长度(mm)	外径(mm)	壁厚(mm)	长度(mm)
0.35～0.40	>0.05～0.06	≤3000	>2.50～3.50	>0.06～0.90	≤3000
>0.40～0.50	>0.05～0.09		>3.50～4.20	>0.09～0.90	
>0.50～0.60	>0.05～0.12		>4.20～6.00	>0.12～0.90	
>0.60～0.70	>0.05～0.15		>6.00～8.50	>0.12～1.50	
>0.70～0.80	>0.05～0.20		>8.50～10	>0.20～1.50	
>0.80～0.90	>0.05～0.30		>10～12	>0.25～3.00	
>0.90～1.50	>0.05～0.40		>12～14	>0.30～3.00	
>1.50～1.75	>0.05～0.50		>14～15	>0.30～3.50	
>1.75～2.00	>0.06～0.50		>15～18	>0.40～3.50	
>2.00～2.25	>0.06～0.60		>18～20	>0.70～4.00	
>2.25～2.50	>0.06～0.70				

(续)

外径(mm)	壁厚(mm)	长度(mm)	外径(mm)	壁厚(mm)	长度(mm)
>20～30	>1.00～4.00	≤5000	>35～40	>1.50～5.00	≤8000
>30～35	>1.25～4.00		>40～60	>1.80～5.00	
			>60～90	>2.00～5.00	
壁厚系列(mm)：1.0，1.25，1.5，2.0，2.5，3.0，3.5，4.0					

(7) 铝及铝合金管材的品种和规格(GB/T 4436—1995)

(1) 挤压圆管的规格(mm)*					
外径	壁厚	外径	壁厚	外径	壁厚
25	5	60，62	5～12.5	100～115	5～32.5
28	5，6	65，70	5～20	120～130	7.5～32.5
30，32	5～8	75，80	5～22.5	135～145	10～32.5
34～38	5～10	85，90	5～25	150，155	10～35
40，42	5～12.5	95	5～27.5	160～200	10～40
45～48	5～15	100	5～30	205～400	15～50
外径系列：25，28，30，32，34，36，38，40，42，45，48，50，52，55，58，60，62，65，70，75，80，85，90，95，100，105，110，115，120，125，130，135，140，145，150，155，160，165，170，175，180，185，190，195，200，205，210，215，220，225，230，235，240，245，250，255，260，270，280，290，300，310，320，330，340，350，360，370，380，390，400 壁厚系列：5，6，7，7.5，8，9，10，12.5，15，17.5，20，22.5，25，27.5，30，32.5，35，37.5，40，42.5，45，47.5，50 长度范围：300～5800					

(续)

(2) 冷拉(轧)圆管的规格(mm)*					
外径	壁厚	外径	壁厚	外径	壁厚
6	0.5～1.0	20	0.5～3.5	100～110	2.5～5.0
8	0.5～2.0	22～25	0.5～5.0	115	3.0～5.0
10	0.5～2.5	26～60	0.75～5.0	120	3.5～5.0
12～15	0.5～3.0	65～75	1.5～5.0		
16，18	0.5～3.5	80～95	2.0～5.0		
外径系列：6，8，10，12，14，15，16，18，20，22，24，25，26，28，30，32，34，35，36，38，40，42，45，48，50，52，55，58，60，65，70，75，80，85，90，95，100，105，110，115，120 壁厚系列：0.5，0.75，1.0，1.5，2.0，2.5，3.0，3.5，4.0，4.5，5.0					

(3) 冷拉正方形管的规格(mm)*							
公称边长	10，12	14，16	18，20	22，25	28，32 36，40	42，45 50	55，60 65，70
壁厚	1.0 1.5	1.0～ 2.0	1.0～ 2.5	1.5～ 3.0	1.5～ 4.5	1.5～ 5.0	2.0～ 5.0
壁厚系列：1.0，1.5，2.0，2.5，3.0，4.5，5.0							

(4) 冷拉矩形管的规格(mm)*			
公称边长(长边×短边)	壁厚	公称边长(长边×短边)	壁厚
14×10，16×12，18×10	1.0～2.0	32×25，36×20，36×28	1.0～5.0
18×14，20×12，22×14	1.0～2.5	40×25，40×30，45×30	1.5～5.0
25×15，28×16	1.0～3.0	50×30，55×40	1.5～5.0
28×22，32×18	1.0～4.0	60×40，70×50	2.0～5.0
壁厚系列：1.0，1.5，2.0，2.5，3.0，4.0，5.0			

(5) 冷拉椭圆形管的规格(mm)											
长轴 短轴 壁厚	27.0 11.5 1.0	33.5 14.5 1.0	40.5 17.0 1.0	40.5 17.0 1.5	47.0 20.0 1.0	47.0 20.0 1.5	54.0 23.0 1.5	54.0 23.0 2.0	60.5 25.5 1.5	60.5 25.5 2.0	67.5 28.5 1.5
长轴 短轴 壁厚	67.5 28.5 2.0	74.0 31.5 1.5	74.0 31.5 2.0	81.0 34.0 2.0	81.0 34.0 2.5	87.5 37.0 2.0	87.5 40.0 2.5	94.5 40.0 2.5	101.0 43.0 2.5	108.0 45.5 2.5	114.5 48.5 2.5

(续)

(6) 各种管材的精度等级和供货长度
各种管材按其外径(边长、长轴、短轴)和壁厚的允许偏差分普通级和高精级两种精度。其中同一精度级别,(1)挤压圆管又按管材的牌号分高镁合金和其他合金两类,两类合金管材的具体允许偏差数值不同;(2)冷拉(轧)圆管又按热处理和管材的牌号分退火、淬火、高镁、其他四类,这四类的具体允许偏差数值也不相同;当管材既是退火管又是高镁管时,其偏差按退火管确定;上述高镁合金指平均镁含量大于或等于 3%的铝镁合金(如牌号为 5A03、5A05、5056 等铝合金) 各种管材的供货长度:挤压圆管为 300～5800mm,其余管材为 1000～5500mm

(7) 铝及铝合金挤压无缝圆管的合金牌号和状态(GB/T 4437.1—2000)	
合金牌号	状态
1070A, 1060, 1100, 1200, 2A11, 2017, 2A12, 2024, 3003, 3A21, 5A02, 5052, 5A03, 5A05, 5A06, 5083, 5086, 5454, 6A02, 6061, 6063, 7A09, 7075, 7A15, 8A06	H112, F
1070A, 1060, 1050A, 1035, 1100, 1200, 2A11, 2017, 2A12, 2024, 5A06, 5083, 5454, 5086, 6A02	O
2A11, 2017, 2A12, 6A02, 6061, 6063	T4
6A02, 6061, 6063, 7A04, 7A09, 7075, 7A15	T6

(8) 铝及铝合金拉(轧)制无缝管的合金牌号和状态(GB/T 6893—2000)			
合金牌号	状态	合金牌号	状态
1035, 1050, 1050A, 1060, 1070, 1070A, 1100, 1200, 8A06	O, H14	5052, 5A02	O, H14
		5A03	O, H34
		5A05, 5056, 5083	O, H32
2017, 2024, 2A11, 2A12	O, T4	5A06	O
		6061, 6A02	O, T4, T6
3003, 3A21	O, H14	6063	O, T6

注:1. * 需方需要这种管材的其他规格,可由供需双方协商。
2. 各种精度级别管材的具体允许偏差数值,参见 GB/T 4436—1995 中的规定。

(8) 铝及铝合金焊接管的品种和规格

(GB/T 10571—1989)

(1) 焊接管的牌号、状态和壁厚(mm)		
牌　　号	状态	壁厚
1070A，1060，1050A，1035，1200，1100，8A06，3A21	O	1.0～3.0
	H14	0.8～3.0
	H18	0.5～3.0
5A02	O，H14，H18	0.8～3.0

(2) 焊接圆管的标准规格(mm)			
外　　径	壁　　厚	外　　径	壁　　厚
9.5，12.7，15.9	0.5～1.2	30，31.8	1.2～2.0
16，19.1，20	0.5～1.2	32，33，36，40	1.2～2.5
22，22.2	0.5～1.8	50.8，65，75，76.2	1.2～3.0
25，25.4	0.8～2.0	80，85，90	1.2～3.0
28	1.0～2.0	100，105，120	1.5～3.0
壁厚系列：0.5，0.8，1.0，1.2，1.5，1.8，2.0，2.5，3.0			

(3) 焊接方管的标准规格(mm)								
宽度×高度	16×16 20×15 20×20	22×10	22×20 25×15	30×16	32×30 36×20	40×20	40×25	40×40 50×30
壁厚	1.0～2.0	0.8～1.5	1.0～2.0	0.8～1.5	1.0～2.0	1.0～1.5	1.2～2.0	1.2～2.5
壁厚系列：0.5，0.8，1.0，1.2，1.5，1.8，2.0，2.5，3.0								

注：1. GB/T 10571—1989 中规定的牌号和状态符号是旧牌号和旧符号，本表中改为相应的新牌号和新符号。
2. 如需方要求其他规格时，可由供需双方协商，并在合同中注明。

(9) 铅及铅锑合金管的品种和规格(GB/T 1472—2005)

(1) 管材的牌号和规格(mm)		
牌　号	内　径	壁　厚
Pb1、Pb2	5～230	2～12
PbSb0.5、PbSb2、PbSb4、PbSb6、PbSb8	10～200	3～14

(2) 管材的内径和壁厚	
内　径	壁　厚
纯铅管	
5, 6, 8, 10, 13, 16, 20	2, 3, 4, 5, 6, 7, 8, 9, 10, 12
25, 30, 35, 38, 40, 45, 50	3, 4, 5, 6, 7, 8, 9, 10, 12
55, 60, 65, 70, 75, 80, 90, 100	4, 5, 6, 7, 8, 9, 10, 12
110	5, 6, 7, 8, 9, 10, 12
125, 150,	6, 7, 8, 9, 10, 12
180, 200, 230	8, 9, 10, 12
铅锑合金管	
10, 15, 17, 20, 25, 30, 35, 40, 45, 50	3, 4, 5, 6, 7, 8, 9, 10, 12, 14
55, 60, 65, 70	4, 5, 6, 7, 8, 9, 10, 12, 14
75, 80, 90, 100	5, 6, 7, 8, 9, 10, 12, 14
110	6, 7, 8, 9, 10, 12, 14
125, 150	7, 8, 9, 10, 12, 14
180, 200	8, 9, 10, 12, 14

注：管材供应长度：

卷管长度应 ≥ 2.5m，直管长度≤4m。

4. 有色金属线材

(1) 铜及铜合金圆线理论重量

直径(mm)	铜及铜合金密度(g/cm³)						
	8.2	8.3	8.4	8.5	8.6	8.8	8.9
	圆线理论重量(kg/km)						
0.02	0.00258	0.00261	0.00264	0.00267	0.00270	0.00276	0.00280
0.03	0.00580	0.00587	0.00594	0.00602	0.00608	0.00623	0.00629
0.035	0.00789	0.00799	0.00808	0.00818	0.00827	0.00847	0.00856
0.04	0.01020	0.01043	0.01056	0.01068	0.01081	0.01106	0.01118
0.045	0.01304	0.01320	0.01337	0.01352	0.0168	0.01400	0.01416
0.05	0.01610	0.01630	0.01650	0.01669	0.01689	0.1727	0.02225
0.06	0.02320	0.02346	0.02380	0.02403	0.02431	0.02488	0.02516
0.07	0.03155	0.03195	0.03230	0.03271	0.03309	0.03387	0.03425
0.08	0.04122	0.04172	0.04223	0.04273	0.04323	0.04424	0.04474
0.09	0.05217	0.05280	0.05344	0.05408	0.05471	0.05598	0.05662
0.10	0.06440	0.06519	0.06597	0.06676	0.06754	0.06912	0.06990
0.11	0.07793	0.07887	0.07983	0.08078	0.08173	0.08363	0.08458
0.12	0.09274	0.09387	0.09500	0.09614	0.09727	0.09953	0.1007
0.13	0.1088	0.1101	0.1115	0.1129	0.1141	0.1168	0.1180
0.14	0.1262	0.1278	0.1293	0.1308	0.1324	0.1353	0.1370
0.15	0.1449	0.1467	0.1484	0.1502	0.1520	0.1555	0.1573
0.16	0.1649	0.1669	0.1689	0.1709	0.1729	0.1769	0.1789
0.17	0.1860	0.1884	0.1905	0.1929	0.1952	0.1997	0.2020
0.18	0.2087	0.2112	0.2138	0.2163	0.2189	0.2240	0.2265
0.19	0.2325	0.2353	0.2381	0.2410	0.2438	0.2495	0.2523
0.20	0.2576	0.2608	0.2639	0.2671	0.2702	0.2765	0.2796
0.21	0.2840	0.2875	0.2910	0.2944	0.2979	0.3048	0.3083
0.22	0.3117	0.3155	0.3193	0.3231	0.3269	0.3345	0.3383
0.23	0.3405	0.3447	0.3489	0.3530	0.3572	0.3655	0.3696
0.24	0.3710	0.3755	0.3800	0.3845	0.3891	0.3981	0.4026
0.25	0.4025	0.4074	0.4124	0.4173	0.4222	0.4320	0.4369
0.26	0.4354	0.4406	0.4460	0.4513	0.4566	0.4672	0.4725
0.27	0.4695	0.4753	0.4810	0.4867	0.4924	0.5039	0.5096
0.28	0.5050	0.5111	0.5173	0.5234	0.5296	0.5419	0.5481

（续）

直径(mm)	铜及铜合金密度(g/cm³)						
	8.2	8.3	8.4	8.5	8.6	8.8	8.9
	圆线理论重量(kg/km)						
0.29	0.5412	0.5478	0.5544	0.5610	0.5676	0.5808	0.5874
0.30	0.5797	0.5867	0.5938	0.6009	0.6079	0.6221	0.6291
0.32	0.6595	0.6675	0.6756	0.6836	0.6917	0.7077	0.7158
0.34	0.7445	0.7536	0.7627	0.7717	0.7808	0.7890	0.8080
0.35	0.7889	0.7986	0.8082	0.8180	0.8274	0.8467	0.8563
0.36	0.8347	0.8449	0.8550	0.8652	0.8754	0.8958	0.9059
0.38	0.9300	0.9413	0.9526	0.9640	0.9753	0.9980	1.009
0.40	1.030	1.043	1.056	1.068	1.081	1.106	1.118
0.42	1.136	1.150	1.164	1.178	1.191	1.219	1.233
0.45	1.304	1.320	1.336	1.352	1.368	1.400	1.415
0.48	1.484	1.502	1.520	1.538	1.556	1.592	1.611
0.50	1.610	1.630	1.649	1.669	1.689	1.728	1.748
0.53	1.809	1.831	1.853	1.875	1.897	1.941	1.964
0.55	1.948	1.972	1.996	2.019	2.043	2.091	2.114
0.56	2.020	2.044	2.069	2.094	2.118	2.167	2.192
0.60	2.318	2.347	2.375	2.403	2.432	2.488	2.516
0.63	2.556	2.587	2.618	2.650	2.681	2.743	2.774
0.65	2.721	2.754	2.787	2.821	2.854	2.920	2.953
0.67	3.137	3.175	3.214	3.252	3.290	3.367	3.405
0.70	3.156	3.194	3.233	3.271	3.310	3.387	3.425
0.75	3.623	3.667	3.711	3.755	3.799	3.888	3.932
0.80	4.122	4.172	4.222	4.273	4.323	4.424	4.474
0.85	4.653	4.710	4.767	4.823	4.880	4.994	5.050
0.90	5.217	5.280	5.344	5.407	5.471	5.598	5.662
0.95	5.812	5.883	5.954	6.025	6.096	6.238	6.309
1.00	6.440	6.519	6.597	6.676	6.754	6.912	6.990
1.05	7.100	7.187	7.274	7.310	7.447	7.620	7.707
1.10	7.793	7.888	7.983	8.078	8.173	8.363	8.458
1.15	8.517	8.621	8.725	8.829	8.933	9.140	9.244
1.20	9.274	9.387	9.500	9.613	9.726	9.953	10.07
1.30	10.88	11.02	11.15	11.28	11.41	11.68	11.81

（续）

直径(mm)	铜及铜合金密度(g/cm³)						
	8.2	8.3	8.4	8.5	8.6	8.8	8.9
	圆线理论重量(kg/km)						
1.40	12.62	12.78	12.93	13.08	13.24	13.55	13.70
1.50	14.49	14.67	14.84	15.02	15.20	15.55	15.73
1.60	16.49	16.69	16.89	17.09	17.29	17.69	17.89
1.70	18.61	18.84	19.07	19.29	19.52	19.97	20.20
1.80	20.87	21.12	21.38	21.63	21.88	22.39	22.65
1.90	23.25	23.53	23.82	24.10	24.38	24.95	25.23
2.00	25.76	26.08	26.39	26.70	27.02	27.65	27.96
2.10	28.40	28.75	29.09	29.44	29.79	30.48	30.83
2.20	31.17	31.55	31.93	32.31	32.69	33.45	33.83
2.30	34.07	34.48	34.90	35.32	35.73	36.56	36.98
2.40	37.10	37.55	38.00	38.45	38.91	39.81	40.26
2.50	40.25	40.74	41.23	41.72	42.21	43.20	43.69
2.60	43.54	44.07	44.60	45.13	45.66	46.72	47.25
2.70	46.95	47.52	48.10	48.67	49.24	50.39	50.96
2.80	50.49	51.11	51.72	52.34	52.95	54.19	54.80
2.90	54.16	54.82	55.48	56.14	56.80	58.13	58.79
3.00	57.96	58.67	59.38	60.08	60.79	62.20	62.91
3.20	65.95	66.75	67.56	68.36	69.17	70.77	71.58
3.40	74.45	75.36	76.27	77.17	78.08	78.90	80.80
3.50	78.89	79.86	80.82	81.78	82.74	84.67	85.63
3.80	93.00	94.13	95.26	96.40	97.53	99.80	100.9
4.00	103.0	104.3	105.6	106.8	108.1	110.6	111.8
4.20	113.6	115.0	116.4	117.8	119.1	121.9	123.3
4.50	130.4	132.0	133.6	135.2	136.8	140.0	141.5
4.80	148.4	150.2	152.0	153.8	155.6	159.2	161.1
5.00	161.0	163.0	164.9	166.9	168.9	172.8	174.8
5.30	180.9	183.1	185.3	187.5	189.7	194.1	196.4
5.50	194.8	197.2	199.6	201.9	204.3	209.1	211.4
5.60	202.0	204.4	206.9	209.4	211.8	216.7	219.2
6.00	231.8	234.7	237.5	240.3	243.2	248.8	251.6

(2) 铜及铜合金线材的品种和规格(GB/T 21652—2008)

类别	牌　号	状　　态	直径(对边距)(mm)
纯铜线	T2、T3	软(M),半硬(Y_2),硬(Y)	0.05～8.0
	TU1、TU2	软(M),硬(Y)	0.05～8.0
黄铜线	H62、H63、H65	软(M),1/8 硬(Y_8),1/4 硬(Y_4),半硬(Y_2),3/4 硬(Y_1),硬(Y)	0.05～13.0
		特硬(T)	0.05～4.0
	H68、H70	软(M),1/8 硬(Y_8),1/4 硬(Y_4),半硬(Y_2),3/4 硬(Y_1),硬(Y)	0.05～8.5
		特硬(T)	0.1～6.0
	H80、H85、H90、H96	软(M),半硬(Y_2),硬(Y)	0.05～12.0
	HSn60-1、HSn62-1	软(M),硬(Y)	0.5～6.0
	HPb63-3、HPb69-1	软(M),半硬(Y_2),硬(Y)	
	HPb59-3	半硬(Y_2),硬(Y)	1.0～8.5
	HPb61-1	半硬(Y_2),硬(Y)	0.5～8.5
	HPb62-0.8	半硬(Y_2),硬(Y)	0.5～6.0
	HSb60-0.9、HSb61-0.8-0.5、HBi60-1.3	半硬(Y_2),硬(Y)	0.8～12.0
	HMn62-13	软(M),1/4 硬(Y_4),半硬(Y_2),3/4 硬(Y_1),硬(Y)	0.5～6.0

(续)

类别	牌　号	状态	直径(对边距)(mm)
青铜线	QSn6.5-0.1、QSn6.5-0.4、QSn7-0.2、QSn5-0.2、QSi3-1	软(M),1/4 硬(Y_4),半硬(Y_2),3/4 硬(Y_1),硬(Y)	0.1~8.5
	QSn4-3	软(M),1/4 硬(Y_4),半硬(Y_2),3/4 硬(Y_1)	0.1~8.5
		硬(Y)	0.1~6.0
	QSn4-4-4	半硬(Y_2),硬(Y)	0.1~8.5
	QSn15-1-1	软(M),1/4 硬(Y_4),半硬(Y_2),3/4 硬(Y_1),硬(Y)	0.5~6.0
	QAl7	半硬(Y_2),硬(Y)	1.0~6.0
	QAl9-2	硬(Y)	0.6~6.0
	QCr1、QCr1-0.18	固溶+冷加工+时效(CYS),固溶+时效+冷加工(CSY)	1.0~12.0
	QCr4.5-2.5-0.6	软(M),固溶+冷加工+时效(CYS),固溶+时效+冷加工(CSY)	0.5~6.0
	QCd1	软(M),硬(Y)	0.1~6.0
白铜线	B19	软(M),硬(Y)	0.1~6.0
	BFe10-1-1,BFe30-1-1		
	BMn3-12	软(M),硬(Y)	0.05~6.0
	BMn40-1.5		
	BZn9-29,BZn12-26,BZn15-20 BZn18-20	软(M),1/8 硬(Y_8),1/4 硬(Y_4),半硬(Y_2),3/4 硬(Y_1),硬(Y)	0.1~8.0
		特硬(T)	0.5~4.0

(续)

类别	牌　号	状态	直径(对边距)(mm)
白铜线	BZn22-16，BZn25-18	软(M)，1/8 硬(Y_8)，1/4 硬(Y_4)，半硬(Y_2)，3/4 硬(Y_1)，硬(Y)	0.1～8.0
		特硬(T)	0.1～4.0
	BZn40-20	软(M)，1/4 硬(Y_4)，半硬(Y_2)，3/4 硬(Y_1)，硬(Y)	1.0～6.0

(3) 铍青铜线的品种和规格(GB/T 3134—1982)

牌　号	状　态	直　径　(mm)			
QBe2	M(软)，Y_2(半硬)，Y(硬)	0.03～6.00			
线材直径(mm)	0.03～0.05	>0.05～0.10	>0.10～0.20	>0.20～0.30	>0.30～0.40
每卷重量(kg)≥	0.0005	0.002	0.010	0.025	0.050
线材直径(mm)	>0.40～0.60	>0.60～0.80	>0.80～2.00	>2.00～4.00	>4.00～6.00
每卷重量(kg)≥	0.100	0.150	0.300	1.000	2.000

(4) 镍及镍合金线的品种和规格(GB/T 21653—2008)

牌　号	状　态	直径(对边距)(mm)
N4、N6、N5(NW2201) N7(NW2200)、N8	Y(硬) Y_2(半硬) M(软)	0.03～10.0
NCu28-2.5-1.5　NCu40-2-1 NCu30(NW4400)　NMn3　NMn5	Y(硬) M(软)	0.05～10.0
NCu30-3-0.5(NW5500)	CYS (淬火、冷加工、时效)	0.5～7.0

(续)

牌　号	状　态	直径(对边距)(mm)
NMg0.1、NSi0.19、NSi3、DN	Y(硬) Y_2(半硬) M(软)	0.03～10.0

注：经双方协商，可供其他牌号和规格线材，具体要求应在合同中注明。

(5) 导电用铝线的品种和规格(GB/T 3195—1997)

牌　号	状　态	直　径　(mm)
1A50	H19、O	0.80～5.00

线材直径(mm)		0.80～1.00	>1.00～1.50	>1.50～2.50	>2.50～4.00	>4.00～5.00
线盘重量(kg)≥	一般的 不足规定重量的	3 1	6 1.5	10 3	15 5	20 5

注：1. 线材按直径允许偏差大小分普通级和高精级两种。
2. 线材的每盘重量应不小于表中规定，并应不超过40kg。每批线材允许交付不超过重量15%的不足规定重量的线盘。

(6) 铆钉用铝及铝合金线材的品种和规格(GB/T 3196—2001)

牌　号	状态	直径(mm)
1035	H18 H14	1.6～3.0 >3.0～10.0
2A01，2A04，2B11，2B12，2A10 3A21，5A02，7A03	H14	>1.6～10.0
5A06，5B05	H12	>1.6～10.0
直径系列(mm)：1.60，2.00，2.27，2.30，2.58，2.60，2.90，3.00，3.41，3.45，3.48，3.50，3.84，3.98，4.00，4.10，4.35，4.40，4.48，4.50，4.75，4.84，5.00，5.10，5.23，5.27，5.50，5.75，5.84，6.00，6.50，7.00，7.10，7.50，7.76，7.80，8.00，8.50，8.94，9.00，9.50，9.76，9.94，10.0(牌号5A06只供应直径≥2.00以上线材) 线材按直径允许偏差分普通级和较高级两种精度 直径(mm)/单根线材重量(kg)：≤4.0/>1.5；≥4.0/≥3		

(7) 焊条用铝及铝合金线材的品种和规格(GB/T 3197—2001)

牌　　　号	状态	直径(mm)
1070A, 1060, 1050A, 1035, 1200, 8A06	H18, O H14, O	0.80～10.0 >3.00～10.0
2A14, 2A16, 3A21, 4A01, 5A02, 5A03	H18, O H14, O H12, O	>0.80～10.0 >0.80～10.0 >7.00～10.0
5A05, 5B05, 5A06, 5B06, 5A33, 5183	H18, O H14, O H12, O	>0.80～10.0 >0.80～10.0 >7.00～10.0

注：1. 线材按直径允许偏差分普通级和较高级两种精度。
　　2. 经供需双方协商,可供应表中规定之外的焊条用线材。

(8) 铅及铅锑合金线材的品种和规格(GB/T 1474—1988)

牌　　　号	交货形式	直径(mm)
Pb1、Pb2、Pb3 PbSb0.5、PbSb2、PbSb4、PbSb6	成卷(轴)	0.5～5.0

直径(mm)	0.5	0.6	0.8	1.0	1.2	1.5
理论重量(kg/km)	2.227	3.206	5.700	8.906	12.83	20.04
直径(mm)	2.0	2.5	3.0	4.0	5.0	—
理论重量(kg/km)	35.63	55.66	80.16	142.5	222.7	—

注：1. 表中的线材理论重量按纯铅(Pb1～Pb3)的密度11.34g/cm³计算。密度与之不同的各牌号铅锑合金线理论重量,须将表中的数值乘以相应的"理论重量换算系数"。各牌号铅锑合金的"密度(g/cm³)/理论重量换算系数"如下：
PbSb0.5：11.32/0.9982　　PbSb2：11.25/0.9921
PbSb4：11.15/0.9850　　PbSb6：11.06/0.9753
　　2. 每一卷(轴)线材应由一根线材组成,重量应 ≥ 0.5kg。

第二篇　通用配件及器材

第六章　紧 固 件

1. 普 通 螺 纹

(1) 普通螺纹基本牙型(GB/T 192—2003)

普通螺纹是米制规格紧固件用螺纹。

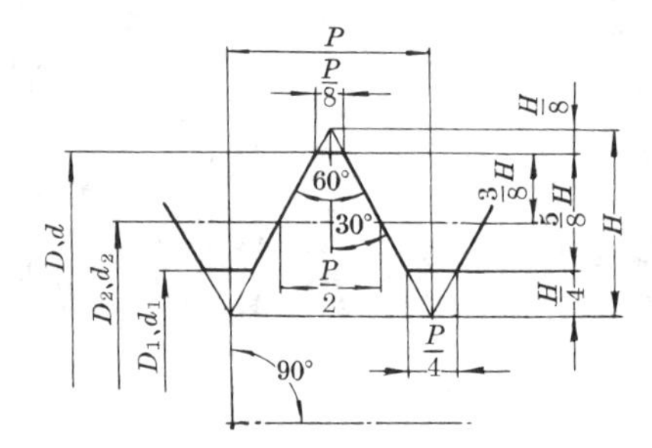

螺距　P，　原始三角形高度　$H=0.866025P$，

内螺纹大径(公称直径)　D，　外螺纹大径(公称直径)　$d=D$，

内螺纹中径 $D_2=D-0.649519P$，外螺纹中径　$d_2=d-0.649519P$，

内螺纹小径 $D_1=D-1.082532P$，外螺纹小径　$d_1=d-1.082532P$，

牙高(牙型高度)　$\frac{5}{8}H=0.541266P$

(2) 普通螺纹规格表示方法(GB/T 197—2003)

粗牙普通螺纹规格用字母“M”及“公称直径”表示，细牙普通螺纹规格用字母“M”及“公称直径×螺距”表示，其中尺寸单位“毫米”或“mm”不需注明；当螺纹为左旋时，在规格后加注字母“LH”。

【例】 M24，表示公称直径为24mm的粗牙普通螺纹；

M24×1.5，表示公称直径为24mm，螺距为1.5mm的细牙普通螺纹；

M24×1.5-LH，表示公称直径为24mm，螺距为1.5mm的左旋细牙普通螺纹。

(3) 普通螺纹公称直径与螺距系列(GB/T 193—2003)

公称直径 D、d(mm)			螺　距　P　(mm)				
第1系列	第2系列	第3系列	粗牙	细　　牙			
1	**1.1**		**0.25**	0.2			
1.2			**0.25**	0.2			
	1.4		**0.3**	0.2			
1.6	**1.8**		**0.35**	0.2			
2			**0.4**	0.25			
	2.2		**0.45**	0.25			
2.5			**0.45**	0.35			
3			**0.5**	0.35			
	3.5		**(0.6)**	0.35			
4			**0.7**	0.5			
	4.5		**(0.75)**	0.5			
5			**0.8**	0.5			
		5.5		0.5			
6			**1**	0.75			
		7	**(1)**	0.75			
8			**1.25**	**1**	0.75		
		9	(1.25)	1	0.75		
10			**1.5**	**(1.25)**	**1**	0.75	
		11	(1.5)		1	0.75	
12			**1.75**	**1.5**	**(1.25)**	1	
	14		**2**	**1.5**	1.25*	1	
		15		1.5		(1)	
16			**2**	**1.5**		1	
		17		1.5		(1)	
	18		**2.5**	2	**1.5**	1	
20			**2.5**	**2**	**1.5**	1	
	22		**2.5**	2	**1.5**	1	
24			**3**	**2**	1.5	1	
		25		2	1.5	(1)	
		26			1.5		
	27		**3**	**2**	1.5	1	
		28		2	1.5	1	

(续)

公称直径 D、d(mm)			螺距 P (mm)				
第1系列	第2系列	第3系列	粗牙	细牙			
30			**3.5**	(3)	**2**	1.5	1
		32			2	1.5	
	33		**3.5**	(3)	**2**	1.5	
		35*				1.5	
36			**4**	**3**	2	1.5	
		38				1.5	
	39		**4**	**3**	2	1.5	
		40		(3)	(2)	1.5	
42	**45**		**4.5**	(4)	**3**	2	1.5
48			**5**	(4)	**3**	2	1.5
		50			(3)	(2)	1.5
	52		**5**	(4)	**3**	2	1.5
		55		(4)	(3)	2	1.5
56			**5.5**	**4**	3	2	1.5
		58		(4)	(3)	2	1.5
	60		**(5.5)**	**4**	3	2	1.5
		62		(4)	(3)	2	1.5
64			**6**	**4**	3	2	1.5

注：1. 选择螺纹公称直径时，优先选用第1系列，其次选用第2系列，最后选择第3系列。

2. 带括号的螺距尽可能地避免选用。

3. * M14×1.25仅用于发动机的火花塞，M35×1.5仅用于滚动轴承的锁紧螺母。

4. M70～M300的公称直径及螺距系列本表从略，可查阅GB/T 193—2003。

5. 粗体字表示的公称直径和螺距，是GB/T 9144—2003《普通螺纹优选系列》中规定的紧固件的普通螺纹选用系列，其中公称直径1～39mm为商品紧固件的普通螺纹选用系列。

(4) 普通螺纹基本尺寸(部分)(GB/T 196—2003)

普通螺纹基本尺寸(mm)			
公称直径(大径) D, d	螺距 P	中径 D_2, d_2	小径 D_1, d_1
1	0.25	0.838	0.729
1.2	0.25	1.038	0.929
1.4	0.3	1.205	1.075
1.6	0.35	1.373	1.221
2	0.4	1.740	1.567
2.5	0.45	2.208	2.013
3	0.5	2.675	2.459
3.5	0.6	3.110	2.850
4	0.7	3.545	3.242
4.5	0.75	4.013	3.688
5	0.8	4.480	4.134
6	1	5.350	4.917
8	1	7.350	6.917
	1.25	7.188	6.647
10	1	9.350	8.917
	1.25	9.188	8.647
	1.5	9.026	8.376
12	1.25	11.188	10.647
	1.5	11.026	10.376
	1.75	10.863	10.106
14	1.5	13.026	12.376
	2	12.701	11.835
16	1.5	15.026	14.376
	2	14.701	13.835
18	2.5	16.376	15.294
20	1.5	19.026	18.376
	2	18.701	17.835
	2.5	18.376	17.294
22	1.5	21.026	20.376
	2.5	20.376	19.294
24	2	22.701	21.835
	3	22.051	20.752
27	2	25.701	24.835
	3	25.051	23.752
30	2	28.701	27.835
	3.5	27.727	26.211
33	2	31.701	30.835
	3.5	30.727	29.211
36	3	34.051	32.752
	4	33.042	31.670
39	3	37.051	35.752
	4	36.042	34.670
42	3	40.051	38.752
	4.5	39.077	37.129
45	3	43.051	41.752
	4.5	42.077	40.129
48	3	46.051	44.752
	5	44.752	42.587
52	4	49.402	47.670
	5	48.752	46.587
58	4	53.402	51.670
	5.5	52.428	50.046
60	4	57.402	55.670
	5.5	56.428	54.046
64	4	61.402	59.670
	6	60.103	57.505

2. 惠 氏 螺 纹

(1) 惠氏螺纹牙型

惠氏螺纹是英制规格紧固件用螺纹。

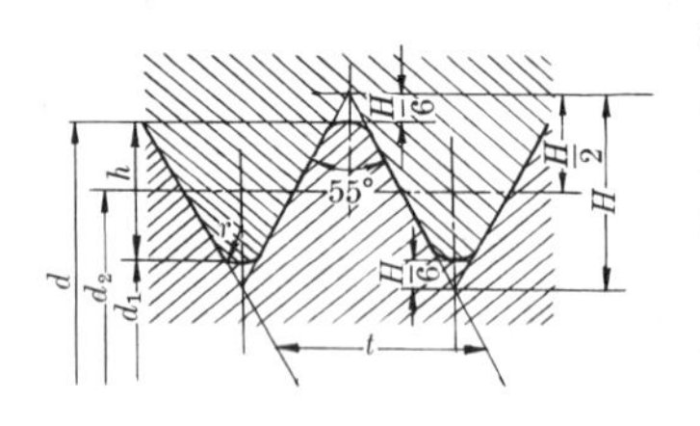

螺距 $t = 1/$ 每英寸牙数，

三角形高度 $H = 0.960491t$，

工作高度 $h = 2H/3 = 0.640327t$，

大径(公称直径)d，

中径 $d_2 = d - 0.640327t$，

小径 $d_1 = d - 1.280655t$，

圆角半径 $r = 0.137329t$

(2) 惠氏螺纹规格表示方法

惠氏螺纹规格用公称直径(单位为 in,习惯用符号"″"表示)、每英寸牙数和代号(粗牙为 BSW、细牙为 BSF)表示。

【例】 3/8″-16BSW,表示公称直径为 3/8″、每英寸 16 牙的粗牙惠氏螺纹。

1″-10BSF,表示公称径为 1″、每英寸 10 牙的细牙惠氏螺纹。

(3) 惠氏螺纹公称直径与每英寸牙数系列(部分)

公称直径(in)	每英寸牙数		公称直径(in)	每英寸牙数		公称直径(in)	每英寸牙数	
	粗牙	细牙		粗牙	细牙		粗牙	细牙
1/8	40	—	1/2	12	16	1¼	7	9
3/16	24	32	9/16	12	16	1⅜	—	8
7/32	—	28	5/8	11	14	1½	6	8
1/4	20	26	11/16	11	14	1⅝	—	8
9/32	—	26	3/4	10	12	1¾	5	7
5/16	18	22	7/8	9	11	2	4.5	7
3/8	16	20	1	8	10	2¼	4	6
7/16	14	18	1⅛	7	9	2½	4	6

3. 统 一 螺 纹

(1) 统一螺纹基本尺寸(GB/T 20668—2006)

统一螺纹是美制规格紧固件用螺纹。

螺距 $P=1/$ 每英寸牙数，

原始三角形高度 $H=0.866025P$，

工作高度 $h=0.625H$，

大径(公称直径)D，

中径 $D_2=D-0.75H$，

小径 $D_1=D-2h=D-1.25H$

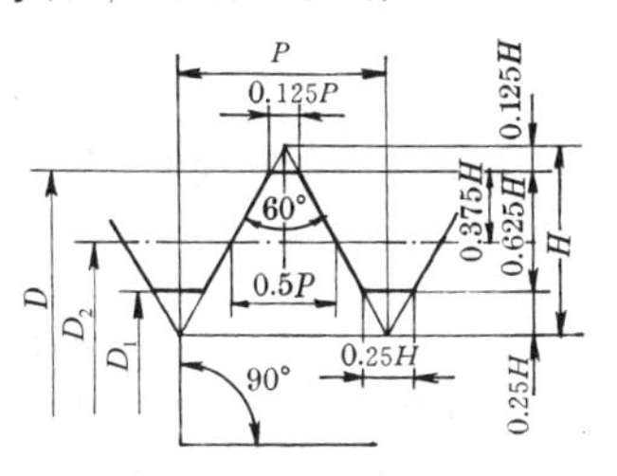

(2) 统一螺纹规格表示方法

统一螺纹的规格用号码(公称直径 < 1/4″)或公称直径的英寸分数(≥1/4″)、每英寸牙数和代号(UNC—粗牙,UNF—细牙等)表示。

【例】 1/2″-13UNC,表示公称直径为 1/2″,每英寸 13 牙粗牙统一螺纹;

1″-12UNF,表示公称直径为 1″,每英寸 12 牙细牙统一螺纹。

(3) 统一螺纹公称直径与每英寸牙数系列(部分)

尺寸代号	公称直径(in)	每英寸牙数		尺寸代号	公称直径(in)	每英寸牙数	
		粗牙	细牙			粗牙	细牙
0(号)	0.0600	—	80	7/16	0.4375	14	20
1(号)	0.0730	64	72	1/2	0.5000	13	20
2(号)	0.0860	56	64	9/16	0.5625	12	18
3(号)	0.0990	48	56	5/8	0.6250	11	18
4(号)	0.1120	40	48	3/4	0.7500	10	16
5(号)	0.1250	40	44	7/8	0.8750	9	14
6(号)	0.1380	32	40	1	1.0000	8	12
8(号)	0.1640	32	36	1⅛	1.1250	7	12
10(号)	0.1900	24	32	1¼	1.2500	7	12
12(号)	0.2160	24	28	1⅜	1.3750	6	12
1/4	0.2500	20	28	1½	1.5000	6	12
5/16	0.3125	18	24	1¾	1.7500	5	—
3/8	0.3750	16	24	2	2.0000	4.5	—

4. 螺栓、螺钉、螺柱、螺母的机械性能及材料

(1) 碳钢与合金钢螺栓、螺钉、螺柱的机械性能及材料

(GB/T 3098.1—2010)

(a) 碳钢与合金钢螺栓、螺钉、螺柱的性能等级标记

螺栓、螺钉和螺柱性能等级的代号,由点隔开的两部分数字组成:

——点左边的一或二位数字表示公称抗拉强度($R_{m,公称}$)的1/100,以 MPa 计;

——点右边的数字表示公称屈服强度(下屈服强度)($R_{eL,公称}$)或规定非比例延伸 0.2%的公称应力($R_{P0.2,公称}$)或规定非比例延伸 0.0048d 的公称应力($R_{Pf,公称}$)与公称抗拉强度($R_{m,公称}$)比值的 10 倍,见下表。

点右边的数字	.6	.8	.9
$\frac{R_{eL,公称}}{R_{m,公称}}$ 或 $\frac{R_{P0.2,公称}}{R_{m,公称}}$ 或 $\frac{R_{Pf,公称}}{R_{m,公称}}$	0.6	0.8	0.9

示例:紧固件的公称抗拉强度 $R_{m,公称}$ = 800MPa 和屈强比为0.8,其性能等级标记为“8.8”。

(b) 碳钢与合金钢螺栓、螺钉、螺柱的机械性能

机械或物理性能		性能等级									
		4.6	4.8	5.6	5.8	6.8	8.8		9.8	10.9	12.9
							$d \leqslant$ 16mm	$d>$ 16mm	$d \leqslant$ 16mm		
抗拉强度 R_m (MPa)	公称	400		500		600	800		900	1000	1200
	min	400	420	500	520	600	800	830	900	1040	1220
下屈服强度 R_{eL} (MPa)	公称	240	—	300	—	—	—	—	—	—	—
	min	240	—	300	—	—	—	—	—	—	—
规定非比例延伸 0.2%的应力 $R_{P0.2}$ (MPa)	公称	—	—	—	—	—	640	640	720	900	1080
	min	—	—	—	—	—	640	660	720	940	1100

(续)

机械或物理性能		性能等级									
		4.6	4.8	5.6	5.8	6.8	8.8		9.8	10.9	12.9
							$d \leqslant$ 16mm	$d >$ 16mm	$d \leqslant$ 16mm		
保证应力 S_p(MPa)	公称	225	310	280	380	440	580	600	650	830	970
保证应力比	$S_{P,公称}/R_{eL,min}$ 或 $S_{P,公称}/R_{P0.2,min}$ 或 $S_{P,公称}/R_{Pf,min}$	0.94	0.91	0.93	0.90	0.92	0.91	0.91	0.90	0.88	0.88
机械加工试件的断后伸长率 A(%)	min	22	—	20	—	—	12	12	10	9	8
机械加工试件的断面收缩率 Z(%)	min	—					52		48	48	44
紧固件实物的断后伸长率 A_f(%)	min	—	0.24	—	0.22	0.20	—	—	—	—	—
头部坚固性			不得断裂或出现裂缝								
维氏硬度(HV), $F \geqslant 98N$	min	120	130	155	160	190	250	255	290	320	385
	max	220^K				250	320	335	360	380	435

(c) 碳钢与合金钢螺栓、螺钉、螺柱的材料

性能等级	材料和热处理	化学成分极限(熔炼分析%)[①]					回火温度℃ (min)
		C		P	S	B[②]	
		min	max	max	max	max	
4.6[③④]	碳钢或添加元素的碳钢	—	0.55	0.050	0.060	未规定	—
4.8[④]							
5.6[⑤]		0.13	0.55	0.050	0.060		
5.8[④]		—	0.55	0.050	0.060		
6.8[④]		0.15	0.55	0.050	0.060		
8.8[⑥]	添加元素的碳钢(如硼或锰或铬)淬火并回火	0.15[⑤]	0.40	0.025	0.025	0.003	425
	碳钢淬火并回火	0.25	0.55	0.025	0.025		
	合金钢淬火并回火[⑦]	0.20	0.55	0.025	0.025		

(续)

性能等级	材料和热处理	化学成分极限(熔炼分析%)①					回火温度℃ (min)
		C		P	S	B②	
		min	max	max	max	max	
9.8⑥	添加元素的碳钢(如硼或锰或铬)淬火并回火	0.15⑤	0.40	0.025	0.025	0.003	425
	碳钢淬火并回火	0.25	0.55	0.025	0.025		
	合金钢淬火并回火⑦	0.20	0.55	0.025	0.025		
10.9⑥	添加元素的碳钢(如硼或锰或铬)淬火并回火	0.20⑤	0.55	0.025	0.025	0.003	425
	碳钢淬火并回火	0.25	0.55	0.025	0.025		
	合金钢淬火并回火⑦	0.20	0.55	0.025	0.025		
12.9⑥⑧⑨	合金钢淬火并回火⑦	0.30	0.50	0.025	0.025	0.003	425
12.9⑥⑧⑨	添加元素的碳钢(如硼或锰或铬或钼)淬火并回火	0.28	0.50	0.025	0.025	0.003	380

注：① 有争议时，实施成品分析。
② 硼的含量可达0.005%，非有效硼由添加钛和(或)铝控制。
③ 对4.6和5.6级冷镦紧固件，为保证达到要求的塑性和韧性，可能需要对其冷镦用线材或冷镦紧固件产品进行热处理。
④ 这些性能等级允许采用易切钢制造，其硫、磷和铅的最大含量为：硫0.34%；磷0.11%；铅0.35%。
⑤ 对含碳量低于0.25%的添加硼的碳钢，其锰的最低含量分别为：8.8级为0.6%；9.8级和10.9级为0.7%。
⑥ 对这些性能等级用的材料，应有足够的淬透性，以确保紧固件螺纹截面的芯部在"淬硬"状态、回火前获得约90%的马氏体组织。
⑦ 这些合金钢至少应含有下列的一种元素，其最小含量分别为：铬0.30%；镍0.30%；钼0.20%；钒0.10%。当含有二、三或四种复合的合金成分时，合金元素的含量不能少于单个合金元素含量总和的70%。
⑧ 对12.9/12.9级表面不允许有金相能测出的白色磷化物聚集层。去除磷化物聚集层应在热处理前进行。
⑨ 当考虑使用12.9/12.9级，应谨慎从事。紧固件制造者的能力、服役条件和扳拧方法都应仔细考虑。除表面处理外，使用环境也可能造成紧固件的应力腐蚀开裂。

(2) 不锈钢螺栓、螺钉、螺柱的机械性能及材料

(GB/T 3098.6—2000)

(a) 不锈钢螺栓、螺钉、螺柱的性能等级标记

不锈钢螺栓、螺钉、螺柱的性能等级标记，由字母和两组数字组成。字母表示材料类别：A—奥氏体不锈钢，C—马氏体不锈钢，F—铁素体不锈钢。字母右面第一组数字，表示材料组别，即钢的化学成分范围。第二组数字，表示材料的最小抗拉强度 σ_b 的 1/10(单位为 MPa)，并用短横线与第一组数字隔开。

例：A2-80，表示奥氏体钢，化学成分符合该类钢第 2 组的要求，其最小抗拉强度为 800MPa。

又含碳量低于 0.03%的奥氏体钢(A2、A4 组)，可增加标记“L”。例：A4L-80。

(b) 不锈钢螺栓、螺钉、螺柱的机械性能(一)

性能等级标记			螺纹直径 ≤	抗拉强度 σ_b	规定非比例伸长应力 $\sigma_{p0.2}$	断后伸长量 δ**
类别	组别	性能等级		(MPa)≥		(mm)≥
A 奥氏体	A1、A2、A3、A4、A5	50①	M39	500	210	0.6d
		70②	M24*	700	450	0.4d
		80③	M24*	800	600	0.3d
C 马氏体	C1	50①	M39	500	250	0.2d
		70④	M39	700	410	0.2d
		110④	M39	1100	820	0.2d
	C3	80④	M39	800	640	0.2d
	C4	50①	M39	500	250	0.2d
		70④	M39	700	410	0.2d
F 铁素体	F1	45①	M24	450	250	0.2d
		60②	M24	600	410	0.2d

注：1. 奥氏体类螺栓(螺钉、螺柱)的 A1～A5 组，每组均有 50、70、80 三个性能等级。

注：2. 性能等级栏中数字①～④表示材料状态，其中：①—软，②—冷加工，③—高强度，④—淬火并回火。又 C1-110 的最低回火温度为 275℃。

3. * 螺纹直径>M24 的螺栓(螺钉、螺柱)的机械性能，应由供需双方协议，并可给出本标准规定的性能等级标记和标志。

4. ** 断后伸长量栏中的数据，按规定测量螺栓(螺钉、螺柱)实物的长度计算，其中 d—螺纹公称直径。

(c) 不锈钢螺栓、螺钉、螺柱的机械性能(二)

类别	组别	性能等级	螺栓、螺钉、螺柱的硬度		
			HB	HRC	HV
C 马氏体	C1	50 70 110	147～209 209～314 —	— 20～34 36～45	155～220 220～330 350～440
	C3	80	228～323	21～35	240～340
	C4	50 70	147～209 209～314	— 20～34	155～220 220～330
F 铁素体	F1	45 60	128～209 171～271	— —	135～220 180～285

性能等级	螺纹直径(粗牙螺纹)										
	M1.6	M2	M2.5	M3	M4	M5	M6	M8	M10	M12	M16
	奥氏体钢螺栓、螺钉的破坏扭矩 M_B(N·m)≥										
50	0.15	0.3	0.6	1.1	2.7	5.5	9.3	23	46	80	210
70	0.2	0.4	0.9	1.6	3.8	7.8	13	32	65	110	290
80	0.24	0.48	0.96	1.8	4.3	8.8	15	37	74	130	330

注：对马氏体和铁素体钢螺栓、螺钉的破坏扭矩值，应由供需双方协议。

(d) 不锈钢螺栓、螺钉、螺柱的材料

材料组别	化学成分(%) ≤						
	碳	锰	磷	铬	钼	镍	铜
A1	0.12	6.5	0.2	16～19	0.7	5～10	1.75～2.25
A2	0.1	2	0.05	15～20	*	8～19	4
A3	0.08	2	0.045	17～19	*	9～12	1
A4	0.08	2	0.045	16～18.5	2～3	10～15	1
A5	0.08	2	0.045	16～18.5	2～3	10.5～14	1
C1	0.09～0.15	1	0.05	11.5～14	—	1	—
C3	0.17～0.25	1	0.04	16～18	—	1.5～2.5	—
C4	0.08～0.15	1.5	0.06	12～14	0.6	1	—
F1	0.12	1	0.04	15～18	**	1	—

注：1. * A2、A3 组的钼含量可能在制造者的说明书中出现。在某些使用场合，如有必要限定钼的极限含量，则用户必须在订单中注明。

2. ** F1 组的钼含量可能在制造者的说明书中出现。

3. 不锈钢的硅含量≤1%。

4. 不锈钢的硫含量：A1 和 C4 组为 0.15%～0.35%，但其中的硫可用硒代替；其余各组均应≤0.03%。

5. A1 组的镍含量低于 8%，则锰的最小含量必须为 5%；如镍含量大于 8%时，对铜的最小含量不予限制。

6. A2 组的铬含量如低于 17%时，则其镍的含量应≥12%。

7. A2、A4 组的最大碳含量达到 0.03%时，其氮含量最高可达到 0.22%。

8. A3、A5 组为了稳定组织，其钛含量应≥5×C%～0.8%，或其铌和(或)钽含量应≥10×C%～1.0%。

9. 用 A4、A5、C1、C4 组不锈钢制造的较大直径产品，为达到规定的机械性能，在制造者的说明书中，可能有较高的碳含量，但对 A4、A5 组钢的碳含量应≤0.12%。

10. F1 组的钛含量可能为≥5×C%～0.8%，铌含量可能为≥10×C%～1.0%。

(3) 碳钢与合金钢(粗牙)螺母的机械性能及材料

(GB/T 3098.2—2000)

(a) 碳钢与合金钢(粗牙)螺母的性能等级标记

碳钢与合金钢(粗牙)螺母的性能等级标记有两种。

① 公称高度≥0.8D(螺纹有效长度≥0.6D, D—螺纹公称直径)(粗牙)螺母的性能等级标记：用一位数字表示。该数字取自与之相配的螺栓性能等级标记中的左边第一组数字，而该螺栓应认为可与该螺母相配的螺栓中性能等级最高的。例：性能等级为5级的螺母，表示最高可与5.6或5.8级螺栓相配。

② 公称高度≥0.5D，而<0.8D(螺纹有效长度≥0.4D，而≤0.6D)(粗牙)螺母的性能等级标记：用两位数字表示，第2位(个位)数字表示用淬硬试验芯棒测出的公称保证应力的1/100(以MPa计)，第1位(十位)数字"0"则表示这种螺栓-螺母组合件的承载能力要比淬硬芯棒测出的承载能力要小，同时也比上述螺栓-螺母(公称高度≥0.8D)的承载能力小。

这两种(粗牙)螺母的标记制度见下表：

<table>
<tr><th colspan="5">(1) 公称高度≥0.8D 螺母的标记制度*</th></tr>
<tr><th rowspan="3">螺母
性能等级</th><th colspan="2" rowspan="2">相配的螺栓、螺钉、螺柱</th><th colspan="2">螺母</th></tr>
<tr><th>1型</th><th>2型</th></tr>
<tr><th>性能等级</th><th>螺纹规格范围</th><th colspan="2">螺纹规格范围</th></tr>
<tr><td>4</td><td>3.6, 4.6, 4.8</td><td>>M16</td><td>>M16</td><td>—</td></tr>
<tr><td rowspan="2">5</td><td>3.6, 4.6, 4.8</td><td>≤M16</td><td rowspan="2">≤M39</td><td rowspan="2">—</td></tr>
<tr><td>5.6, 5.8</td><td>≤M39</td></tr>
<tr><td>6</td><td>6.8</td><td>≤M39</td><td>≤M39</td><td>—</td></tr>
<tr><td>8</td><td>8.8</td><td>≤M39</td><td>≤M39</td><td>>M16, ≤M39</td></tr>
<tr><td>9</td><td>9.8</td><td>≤M16</td><td>—</td><td>≤M16</td></tr>
<tr><td>10</td><td>10.9</td><td>≤M39</td><td>≤M39</td><td>—</td></tr>
<tr><td>12</td><td>12.9</td><td>≤M39</td><td>≤M16</td><td>≤M39</td></tr>
</table>

注：* 一般来说，性能等级较高的螺母，可以替换性能等级较低的螺母。螺栓-螺母组合件的应力高于螺栓的屈服强度或保证应力是可行的。

(续)

(2) 公称高度≥0.5D,而<0.6D(粗牙)螺母的标记制度		
螺母性能等级标记	公证保证应力(MPa)	实际保证应力(MPa)
04 05	400 500	380 500

(b) 碳钢与合金钢(粗牙)螺母的机械性能

<table>
<tr><td colspan="3">螺纹规格</td><td>>
≤</td><td>—
M4</td><td>M4
M7</td><td>M7
M10</td><td>M10
M16</td><td>M16
M39</td></tr>
<tr><td rowspan="16">性能等级</td><td rowspan="3">04</td><td colspan="2">保证应力 S_P(MPa)</td><td colspan="5">380</td></tr>
<tr><td>维氏硬度 HV</td><td>最小
最大</td><td colspan="5">188
302</td></tr>
<tr><td colspan="2">螺母(热处理/型式)</td><td colspan="5">不淬火回火/薄型</td></tr>
<tr><td rowspan="3">05</td><td colspan="2">保证应力 S_P(MPa)</td><td colspan="5">500</td></tr>
<tr><td>维氏硬度 HV</td><td>最小
最大</td><td colspan="5">272
353</td></tr>
<tr><td colspan="2">螺母(热处理/型式)</td><td colspan="5">淬火并回火/薄型</td></tr>
<tr><td rowspan="4">4</td><td colspan="2">保证应力 S_P(MPa)</td><td colspan="4">—</td><td>510</td></tr>
<tr><td>维氏硬 HV</td><td>最小
最大</td><td colspan="4">—
—</td><td>117
302</td></tr>
<tr><td rowspan="2">螺母</td><td>热处理</td><td colspan="4">—</td><td>不淬火回火</td></tr>
<tr><td>型式</td><td colspan="4">—</td><td>1 型</td></tr>
<tr><td rowspan="3">5</td><td colspan="2">保证应力 S_P(MPa)</td><td>520</td><td>580</td><td>590</td><td>610</td><td>630</td></tr>
<tr><td>维氏硬度 HV</td><td>最小
最大</td><td colspan="4">130
302</td><td>146
302</td></tr>
<tr><td colspan="2">螺母(热处理/型式)</td><td colspan="5">不淬火回火/1 型</td></tr>
<tr><td rowspan="3">6</td><td colspan="2">保证应力 S_P(MPa)</td><td>600</td><td>670</td><td>680</td><td>700</td><td>720</td></tr>
<tr><td>维氏硬度 HV</td><td>最小
最大</td><td colspan="4">150
302</td><td>170
302</td></tr>
<tr><td colspan="2">螺母(热处理/型式)</td><td colspan="5">不淬火回火/1 型</td></tr>
</table>

（续）

螺纹规格			>/≤	— M4	M4 M7	M7 M10	M10 M16	M16 M39
性能等级	8	保证应力 S_P(MPa)		180	855	870	880	920
		维式硬度 HV	最小 最大	180 302	200 233			233 353
		螺母	热处理	不淬火回火				淬火并回火
			型　式	1 型				1 型
	8	保证应力 S_P(MPa)		—				890
		维式硬度 HV	最小 最大	— —				180 302
		螺母	热处理	—				不淬火回火
			型　式	—				2 型
	9	保证应力 S_P(MPa)		900	915	940	950	920
		维式硬度 HV	最小 最大	170 302	188 302			
		螺母(热处理/型式)		不淬火回火/2 型				
	10	保证应力 S_P(MPa)		1040			1050	1060
		维式硬度 HV	最小 最大	272 353				
		螺母(热处理/型式)		淬火并回火/1 型				
	12	保证应力 S_P(MPa)		1140			1170	—
		维氏硬度 HV	最小 最大	295 353				— —
		螺母(热处理/型式)		淬火并回火/1 型				—
	12	保证应力 S_P(MPa)		1150		1160	1190	1200
		维氏硬度 HV	最小 最大	272 353				
		螺母(热处理/型式)		淬火并回火/2 型				

注：1. 最低硬度一项指标，仅对热处理的螺母或规格太大而不能进行保证载荷试验的螺母，才是强制性的；对其他螺母不是强制性的，是指导性的。对不淬火回火，而又能满足保证载荷试验的螺母，最低硬度不合格可不作为拒收条件。

2. 螺母的其他机械性能项目(保证载荷、失效载荷)的具体要求，参见GB/T 3098.2—2000中的规定。

3. 螺母的公差，在其他公差或大于6H的情况下，应考虑螺母的螺纹强度降低情况，参见下表：

螺纹规格		螺纹公差		
>	≤	6H	7H	6G
		试验载荷比例(%)		
—	M2.5	100	—	95.5
M2.5	M7	100	95.5	97
M7	M16	100	96	97.5
M16	M39	100	98	98.5

(c) 碳钢与合金钢(粗牙)螺母的材料

性能等级		化学成分(%)			
		碳≤	锰≥	磷≤	硫≤
4①、5①、6①	—	0.50	—	0.060	0.150
8、9	04①	0.58	0.25	0.060	0.150
10②	05①	0.58	0.30	0.048	0.058
12②	—	0.58	0.45	0.048	0.058

注：① 该性能等级可以用易切削钢制造(供需双方另有协议除外)，其硫、磷和铅的最大含量分别为：硫0.30%，磷0.11%，铅0.35%。

② 为改善螺母的机械性能，该性能等级必要时可增添合金元素。

(4) 碳钢与合金钢细牙螺母的机械性能及材料

(GB/T 3098.4—2000)

(a) 碳钢与合金钢细牙螺母的性能等级标记

碳钢与合金钢细牙螺母的性能等级标记有两种。

① 公称高度≥0.8D(螺纹有效长度≥0.6D, D—螺纹公称直径)细牙螺母的性能等级标记,有 5, 6, 8, 10, 12 级五种。

② 公称高度≥0.5D,而<0.8D(螺纹有效长度≥0.4D,而<0.6D)细牙螺母的性能等级标记有 04, 05 两种。

这两种细牙螺母的性能等级标记的表示方法及其含义,与上节"(3)碳钢与合金钢(粗牙)螺母的性能等级标记"相同(参见第 9.13 页)。这两种细牙螺母的标记制度见下表。

(1) 公称高度≥0.8D 细牙螺母的标记制度*				
细牙螺母性能等级	相配的螺栓、螺钉、螺柱		细牙螺母	
			1 型	2 型
	性能等级	螺纹规格范围(mm)	螺纹规格范围(mm)	
5	3.6, 4.6, 4.8	≤39	≤39	—
	5.6, 5.8			
6	6.8	≤39	≤39	—
8	8.8	≤39	≤39	≤16
10	10.9	≤39	≤16	≤39
12	12.9	≤16	—	≤16

(2) 公称高度≥0.5D,而<0.8D 细牙螺母的标记制度		
细牙螺母性能等级	公称保证应力(MPa)	实际保证应力(MPa)
04	400	380
05	500	500

注: * 一般来说,性能等级较高的螺母,可以替换性能等级较低的螺母。螺栓—螺母组合件的应力高于螺栓的屈服强度或保证应力是可行的。

(b) 碳钢与合金钢细牙螺母的机械性能

螺纹直径 D(mm)				> ≤	≥8 10	10 16	16 33	33 39
性能等级	04	保证应力 S_P(MPa)			380			
		维氏硬度 HV	最小 最大		188 302			
		螺母(热处理/型式)			不淬火回火/薄型			
	05	保证应力 S_P(MPa)			500			
		维氏硬度 HV	最小 最大		272 353			
		螺母(热处理/型式)			淬火并回火/薄型			
	5	保证应力 S_P(MPa)			690		720	
		维氏硬度 HV	最小 最大		175 302		190 302	
		螺母(热处理/型式)			不淬火回火/1 型			
	6	保证应力 S_P(MPa)			770	780	870	930
		维氏硬度 HV	最小 最大		188 302		233 302	
		螺母(热处理/型式)			不淬火回火* /1 型			
	8	保证应力 S_P(MPa)			955		1030	1090
		维氏硬度 HV	最小 最大		250 353		295 853	
		螺母(热处理/型式)			淬火并回火/1 型			
	8	保证应力 S_P(MPa)			890		—	
		维氏硬度 HV	最小 最大		195 302		— —	
		螺母	热处理		不淬火回火		—	
			型　式		2 型			

注：1. 参见第 517 页“(b)碳钢与合金钢(粗牙)螺母中机械性能”的注 1。
2. * $D>16$mm 的螺母，可以淬火并回火，由制造者确定。

（续）

螺纹直径 D(mm)			>\ ≤	≥8\ 10	10\ 16	16\ 33	33\ 39
性能等级	10	保证应力 S_P(MPa)		1100	1110	—	
		维氏硬度 HV	最小\ 最大	295\ 353		—\ —	
		螺母	热处理	淬火并回火		—	
			型式	1 型		—	
	10	保证应力 S_P(MPa)		1055		1080	
		维氏硬度 HV	最小\ 最大	250\ 353		260\ 353	
		螺母(热处理/型式)		淬火并回火/2 型			
	12	保证应力 S_P(MPa)		1200		—	
		维氏硬度 HV	最小\ 最大	295\ 353		—	
		螺母	热处理	淬火并回火		—	
			型式	2 型		—	

注：3. 螺母的其他机械性能项目(保证载荷、失效载荷)的具体要求，参见 GB/T 3098.4—2000 中的规定。

(c) 碳钢与合金钢细牙螺母的材料

性能等级		化学成分(%)			
		碳≤	锰≥	磷≤	硫≤
5①，6	—	0.50	—	0.060	0.150
8②	04①	0.58	0.25	0.060	0.150
10②	05②	0.58	0.30	0.048	0.058
12②	—	0.58	0.45	0.048	0.058

注：① 该性能等级可以用易切削钢制造(供需双方另有协议除外)，其硫、磷和铅的最大含量分别为：硫 0.34%，磷 0.11%，铅 0.35%。
② 为改善螺母的机械性能，该性能等级必要时可增添合金元素。

(5) 不锈钢螺母的机械性能及材料

(GB/T 3098.15—2000)

(a) 不锈钢螺母的性能等级标记

不锈钢1型螺母的性能等级标记，参见第511页“不锈钢螺栓（螺钉、螺柱）的性能等级标记”，两者基本相同，仅其第二组数字表示螺母的最小保证应力的1/10。

不锈钢薄螺母的性能等级标记，与不锈钢螺母的性能等级标记不同之处是：第二组数字前面加一个“0”，表示降低承载能力的螺母。

例：A2-70，表示奥氏体钢，化学成分符合奥氏体钢第2组的要求，最小保证应力为700MPa的1型螺母。

C1-025，表示马氏体钢，化学成分符合马氏体钢第1组的要求，最小保证应力为250MPa的薄螺母。

又含碳量低于0.03%的奥氏体不锈钢（A2、A4组），可增加标记“L”。例：A4L-80。

(b) 不锈钢螺母的机械性能

(1) 奥氏体钢(A)螺母的机械性能

组　别	性能等级		螺纹直径范围 D (mm)	保证应力 S_P (MPa)	
	1型螺母	薄螺母		1型螺母	薄螺母
A1、A2、A3、A4、A5	50①	025①	≤39	500	250
	70②	035②	≤24*	700	350
	80③	040③	≤24*	800	400

注：1. 1型螺母，指 $m \geqslant 0.8D$ 螺母；薄螺母，指 $0.5D \leqslant m < 0.8D$ 螺母。

2. 奥氏体钢的A1～A5组，每组均有50、70、80三个性能等级。

3. 性能等级栏中：①、②…表示材料状态，①—软；②—冷加工；③—高强度；④—淬火并回火。

（续）

(2) 马氏体钢(C)和铁素体钢(F)螺母的机械性能							
组别	性能等级		保证应力 S_P (MPa)		硬　　度		
	1型螺母	薄螺母	1型螺母	薄螺母	HB	HRC	HV
C1	50①	025①	500	250	147～209	—	155～220
	70④	—	700	—	209～314	20～34	220～330
	110④	055④	1100	550	—	36～45	350～440
C3	80④	040④	800	400	228～323	21～35	240～340
C4	50①	—	500	—	147～209	—	155～220
	70④	035④	700	350	209～314	20～34	220～330
F1	45①	020①	450	200	128～209	—	135～220
	60②	030②	600	300	171～271	—	180～285

注：4. C1-110、C1-055 组的最低回火温度为 275℃。
5. 螺母的螺纹直径范围 D(mm)：马氏体钢螺母 $D \leqslant 39$mm，铁素体钢螺母 $D \leqslant 24$mm。
6. ＊螺纹直径 $D > 24$mm 的螺母，其机械性能由供需双方协议，并可按本表给出的组别和性能等级进行标记和标志。

(c) 不锈钢螺母的材料

不锈钢螺母的材料，参见第 513 页“不锈钢螺栓（螺钉、螺柱）的材料”，两者相同。

(6) 有色金属螺栓、螺钉、螺柱、螺母的机械性能及材料(GB/T 3098.10—1993)

(a) 各性能等级适用的材料

性能等级	材料牌号	标准编号(GB/T)	性能等级	材料牌号	标准编号(GB/T)
CU1	T2	5231	AL1	LF2(5A02)	3190
CU2	H63	5232	AL2	LF5(5A05)、LF11	3190
CU3	HPb58-2	5232	AL3	LF43(5A43)	3190
CU4	QSn6.5-0.4	5233	AL4	LY8（2B11）、LD9(2A90)	3190
CU5	QSi1-3	5233	AL5	＊＊	＊＊
CU6	＊	＊	AL6	LC9(7A10)	3190
CU7	QAl10-4-4	5233			

注：1. 性能等级的标记用字母和数字表示，其中字母：CU—表示铜和铜合金，AL—表示铝和铝合金，数字表示性能等级序号。

2. 表中铝合金牌号为旧牌号，括号内为相应的新牌号。

3. * CU6 的相应国际标准材料牌号为 CuZn40Mn1Pb。

4. ** AL5 的相应国际标准材料牌号为 AlZnMgCu0.5。

5. 根据供需双方协议，如供方能够保证机械性能时，可以采用表中以外的材料。为保证产品符合有关机械性能的要求，由制造者确定是否进行热处理。

(b) 常温下外螺纹紧固件各性能等级的机械性能

性能等级	螺纹直径 d (mm)	抗拉强度 $\sigma_b \geqslant$ (MPa)	屈服强度 $\sigma_{r0.2} \geqslant$ (MPa)	伸长率 $\delta \geqslant$ (%)
CU1	≤39	240	160	14
CU2	≤6 >6～39	440 370	340 250	11 19
CU3	≤6 >6～39	440 370	340 250	11 19
CU4	≤12 >12～39	470 400	340 200	22 33
CU5	≤39	590	540	12
CU6	>6～39	440	180	18
CU7	>12～39	640	270	15
AL1	≤10 >10～20	270 250	230 180	3 4
AL2	≤14 >14～36	310 280	205 200	6 6
AL3	≤6 >6～39	320 310	250 260	7 10
AL4	≤10 >10～39	420 380	290 260	6 10
AL5	≤39	460	380	7
AL6	≤39	510	440	7

注：螺栓、螺钉、螺柱的最小拉力载荷等于 $A_s \times \sigma_b$，螺母的最小保证载荷等于 $A_s \times S_P$。其中：A_s—公称应力截面积(mm^2)，具体数值参见 GB/T 3098.10—1993；σ_b—抗拉强度(MPa)，具体数值见上表；S_P—螺母的保证应力，具体数值与 σ_b 相同。

(c) 螺栓和螺钉的最小破坏力矩

螺纹直径 d(mm)			1.6	2	2.5	3	3.5	4	5
性能级别代号	CU1	最小破坏力矩(N·m)	0.06	0.12	0.24	0.4	0.7	1.0	2.1
	CU2		0.10	0.21	0.45	0.8	1.3	1.9	3.8
	CU3		0.10	0.21	0.45	0.8	1.3	1.9	3.8
	CU4		0.11	0.23	0.5	0.9	1.4	2.0	4.1
	CU5		0.14	0.28	0.6	1.1	1.7	2.5	5.1
	AL1		0.06	0.13	0.27	0.5	0.8	1.1	2.4
	AL2		0.07	0.15	0.30	0.6	0.9	1.3	2.7
	AL3		0.08	0.16	0.30	0.6	0.9	1.4	2.8
	AL4		0.10	0.20	0.43	0.8	1.2	1.8	3.7
	AL5		0.11	0.22	0.47	0.8	1.3	1.9	4.0
	AL6		0.12	0.25	0.50	0.9	1.5	2.2	4.5

(7) 碳钢与合金钢紧定螺钉的机械性能及材料

(GB/T 3098.3—2000)

性能等级①			14H	22H	33H	45H
材　　料			碳钢			合金钢
热 处 理			—	淬火并回火		
化学成分②③④⑤(%)	碳	最小	—			0.19
		最大	0.50			
	磷	最大	0.11	0.05		
	硫	最大	0.15	0.05		

注：① 紧定螺钉性能等级的标记用数字和字母“H”表示。数字表示最低维氏硬度值的1/10，H表示硬度。内六角紧定螺钉没有14H、22H和33H级。

（续）

性能等级①			14H	22H	33H	45H
维氏硬度 HV10		最小 最大	140 290	220 300	330 440	450 560
布氏硬度 HB, $F = 30D^2$		最小 最大	133 276	209 285	314 418	428 532
洛氏硬度	HRB	最小 最大	75 106	95 ⑥	— —	— —
	HRC	最小 最大	— —	⑥ 30	33 44	45 53
螺纹未脱碳层的高度 E_{min}		最小	—	$\frac{1}{2}H_1$	$\frac{2}{3}H_1$	$\frac{3}{4}H_1$
全脱碳层的深度 G_{max}(mm)		最大	—	0.015	0.015	⑦
表面硬度 HV0.3		最大	—	320	450	580

螺纹公称直径 d(mm)		3	4	5	6	8	10	12	16	20	24
保证扭矩试验的45H级内六角紧定螺钉最小长度(mm)	平端	4	5	6	8	10	12	16	20	25	30
	锥端	5	6	8	8	10	12	16	20	25	30
	圆柱端	6	8	8	10	12	16	20	25	30	35
	凹端	5	6	6	8	10	12	16	20	25	30
保证扭矩(N·m)		0.9	2.5	5	8.5	20	40	65	160	310	520

注：② 14H级，使用易切削钢时，其磷、硫和铅的最大含量分别为0.11%、0.34%和0.35%。

③ 14H级方头紧定螺钉允许表面硬化。

④ 22H～45H级，可以采用最大铅含量为0.35%的钢材。

⑤ 45H级用的合金钢，应含有一种或几种铬、镍、钒或硼的合金元素。

⑥ 22H级，如需要采用洛氏硬度试验，应采用HRB最小值，HRC最大值。

⑦ 45H级，不允许有全脱碳层。

⑧ H_1—最大实体条件下的外螺纹牙型高度。H_1和E_{min}具体数值参见GB/T 3098.3—2000的规定。

(8) 不锈钢紧定螺钉的机械性能及材料(GB/T 3098.16—2000)

不锈钢紧定螺钉的完整性能等级标记,由不锈钢组别标记和性能等级标记两部分组成,中间用短横线隔开。

钢的组别标记有 A1、A2、A3、A4、A5 五个。其中 A 表示奥氏体钢,数字 1、2、3、4、5 分别表示该组钢的化学成分范围。这五组钢的材料的化学成分,参见第 511 页"(2)不锈钢螺栓、螺钉、螺柱的机械性能及材料"中奥氏体钢的化学成分的规定,两者相同。

性能等级标记有 12H 和 21H 两个(材料状态分别为"软"和"冷加工")。其中数字表示最小维氏硬度的 1/10,字母 H 表示硬度。

不锈钢紧定螺钉的完整性能等级标记举例:A1-12H, A2-21H。

不锈钢紧定螺钉的机械性能有保证扭矩和硬度两项见下表。

螺纹公称直径 d (mm)	内六角紧定螺钉试件的最小长度(mm)				性能等级	
					12H	21H
	平端	锥端	圆柱端	凹端	保证扭矩(N·m)	
1.6	2.5	3	3	2.5	0.03	0.05
2	4	4	4	3	0.06	0.1
2.5	4	4	5	4	0.18	0.3
3	4	5	6	5	0.25	0.42
4	5	6	8	6	0.8	1.4
5	6	8	8	6	1.7	2.8
6	8	8	10	8	3	5
8	10	10	12	10	7	12
10	12	12	16	12	14	24
12	16	16	20	16	25	42
16	20	20	25	20	63	105
20	25	25	30	25	126	210
24	30	30	35	30	200	332

试验方法			维氏硬度 HV	布氏硬度 HB	洛氏硬度 HRB
性能等级	12H	硬度	125～209	123～213	70～95
	21H		≥210	≥214	≥96

5. 螺栓、螺钉、螺柱、螺母和平垫圈的产品等级及公差(GB/T 3103.1—2002、3103.2—1982)

螺栓、螺钉、螺柱、螺母和平垫圈的产品等级，由产品质量和公差大小确定，分A、B、C三级，其中A级最精确，C级最不精密

产品名称及标准号	项目	产品部位	产品等级		
			A级	B级	C级
螺栓、螺钉、螺柱和螺母(GB/T 3103.1—2002)	确定公差原则	螺纹、杆部及支承面	紧的	紧的	松的
		其他部位	紧的	松的	松的
	螺纹公差	内螺纹	6H	6H	7H
		外螺纹	6g	6g	8g
平垫圈(GB/T 3103.3—2000)	确定公差原则	通孔、外径及厚度等	紧的	—	松的

6. 六角头螺栓

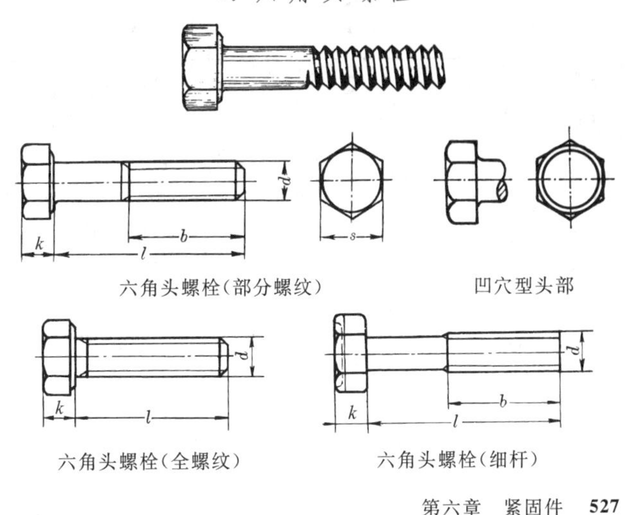

六角头螺栓(部分螺纹)　　凹穴型头部

六角头螺栓(全螺纹)　　六角头螺栓(细杆)

【用　　途】 与螺母配合，利用螺纹连接方法，使两个零件（结构件）连接成为一个整体。这种连接的特点是可拆卸的，即把螺母旋下，就可使两个零件分开。产品等级（精度）为C级的螺栓，主要适用于表面比较粗糙、对精度要求不高的钢（木）结构、机械、设备上；A级和B级的螺栓，主要适用于表面光洁、对精度要求高的机器、设备上。螺栓上的螺纹，一般均为粗牙普通螺纹；细牙普通螺纹螺栓的自锁性较好，主要适用于薄壁零件或承受交变载荷、振动和冲击载荷的零件，还可用于微调机构的调整。通常都采用部分螺纹螺栓；要求较长螺纹长度的场合，可采用全螺纹螺栓。

(1) 六角头螺栓—C级(GB/T 5780—2000)
与六角头螺栓—全螺纹—C级(GB/T 5781—2000)

【其他名称】 六角头螺栓（粗制）、毛六角头螺栓、毛螺栓。

【规　　格】 GB/T 5780—部分螺纹，GB/T 5781—全螺纹。

螺纹规格 d	公称长度 l(mm)		螺纹规格 d	公称长度 l(mm)	
	GB/T 5780	GB/T 5781		GB/T 5780	GB/T 5781
优选的螺纹规格			优选的螺纹规格		
M5	25～50	10～50	M56	240～500	110～500
M6	30～60	12～60	M64	260～500	120～500
M8	40～80	16～80	非优选的螺纹规格		
M10	45～100	20～100	M14	60～140	30～140
M12	55～120	25～120	M18	80～180	35～180
M16	65～160	30～160	M22	90～220	45～220
M20	80～200	40～200	M27	110～260	55～280
M24	100～240	50～240	M33	130～320	65～360
M30	120～300	60～300	M39	150～400	80～400
M36	140～360	70～360	M45	180～440	90～440
M42	180～420	80～420	M52	200～500	100～500
M48	200～480	100～480	M56	240～500	120～500

注：1. 公称长度 l 系列(mm)：10，12，16，20，25，30，35，40，45，50，55，60，65，70，80，90，100，110，120，130，140，150，160，180，200，220，240，260，280，300，320，340，360，380，400，420，440，460，480，500。
2. 螺纹公差：8g。
3. 性能等级：钢—$d\leqslant$39mm 为 3.6，4.6，4.8 级；$d>$39mm 按协议。
4. 表面处理：钢—不经处理、电镀(锌)、非电解锌粉覆盖层。

(2) 六角头螺栓(GB/T 5782—2000)、六角头螺栓—全螺纹(GB/T 5783—2000)与六角头螺栓—细杆—B 级(GB/T 5784—1986)

【其他名称】 六角头螺栓(精制)、光六角头螺栓、光螺栓。

【规　　格】 GB/T 5782—部分螺纹，GB/T 5783—全螺纹，GB/T 5784—细杆。

螺纹规格 d	公称长度 l(mm)			螺纹规格 d	公称长度 l(mm)	
	GB/T 5782	GB/T 5783	GB/T 5784		GB/T 5782	GB/T 5783
M1.6	12，16	2～16	—	(M22)	90～220	45～200
M2	16，20	4～20	—	M24	90～240	50～200
M2.5	16～25	5～25	—	(M27)	100～260	55～200
M3	20～30	6～30	20～30	M30	110～300	60～200
(M3.5)	20～35	8～35	—	(M33)	130～320	65～200
M4	25～40	8～40	20～40	M36	140～360	70～200
M5	25～50	10～50	25～50	(M39)	150～380	80～200
M6	30～60	12～60	25～60	M42	160～440	80～200
M8	40～80	16～80	30～80	(M45)	180～440	90～200
M10	45～100	20～100	40～100	M48	180～480	100～200
M12	50～120	25～120	45～120	(M52)	200～480	100～200
(M14)	60～140	30～140	50～140	M56	220～500	110～200
M16	65～160	30～200	55～150	(M60)	240～500	120～200
(M18)	70～180	35～200	—	M64	260～500	120～200
M20	80～200	40～200	65～150			

注：1. 螺纹规格 d 栏中，带括号的规格是非优选的螺纹规格；其余规格均是优选的螺纹规格。

2. 公称长度 l 系列(mm)：2，3，4，5，6，8，10，12，16，20，25，30，35，40，45，50，55，60，65，70，80，90，100，110，120，130，140，150，160，180，200，220，240，260，280，300，320，340，360，380，400，420，440，460，480，500。

3. GB/T 5782、5783 的产品等级均为 A 和 B 级。其中：A 级适用于 $d \leqslant 24$mm 和 $l \leqslant 10d$ 或 $l \leqslant 150$mm(按较小值)；B 级适用于 $d>24$mm 和 $l>10d$ 或 $l>150$mm(按较小值)的螺栓。

4. 螺纹公差：6g。

5. GB/T 5782、5783 的性能等级：① 钢——$d=3 \sim 39$mm 有 5.6，8.8，10.9 级；$d=3 \sim 16$mm 还有 9.8 级；$d<3$mm 和 $d>39$mm 按协议。② 不锈钢——$d \leqslant 24$mm 有 A2-70，A4-70 级；$d>24 \sim 39$mm 有 A2-50，A4-50 级；$d>39$mm 按协议。有色金属——CU2，CU3，AL4 级。GB/T 5784 的性能等级：① 钢——5.8，6.8，8.8 级。② 不锈钢——A2-70 级。

6. 表面处理：① GB/T 5782、5783：钢——氧化、电镀(锌)、非电解锌粉覆盖层；不锈钢、有色金属——简单处理。② GB/T 5784：钢——不经处理、镀锌钝化、氧化；不锈钢——不经处理。

(3) 六角头螺栓—细牙(GB/T 5785—2000) 与六角头螺栓—细牙—全螺纹(GB/T 5786—2000)

【其他名称】 细牙六角头螺栓(精制)、细牙光六角头螺栓、细牙光螺栓。

【规　　格】 GB/T 5785—部分螺纹，GB/T 5786—全螺纹。

螺纹规格 $d \times P$	公称长度 l(mm)		螺纹规格 $d \times P$	公称长度 l(mm)	
	GB/T 5785	GB/T 5786		GB/T 5785	GB/T 5786
优选的螺纹规格					
M8×1 M10×1 M12×1.5	40～80 45～100 50～120	16～80 20～100 25～120	M16×1.5 M20×1.5 M24×2	65～160 80～200 100～240	35～160 40～200 40～200

(续)

螺纹规格 $d \times P$	公称长度 l(mm)		螺纹规格 $d \times P$	公称长度 l(mm)	
	GB/T 5785	GB/T 5786		GB/T 5785	GB/T 5786
优选的螺纹规格					
M30×2 M36×3 M42×3	120～300 140～360 160～440	40～200 40～200 90～420	M48×3 M56×4 M64×4	200～480 220～500 280～500	100～480 120～500 130～500
非优选的螺纹规格					
M10×1.25 M12×1.25 M14×1.5 M18×1.5 M20×2 M22×1.5	45～100 50～120 60～140 70～180 80～200 90～220	20～100 25～120 30～140 35～180 40～200 45～220	M27×2 M33×2 M39×3 M45×3 M52×4 M60×4	110～260 130～320 150～380 180～440 200～480 240～500	55～260 65～360 80～380 90～440 100～500 120～500

注：这两种螺栓的公称长度 l 系列、产品等级、螺纹公差、性能等级及表面处理，与第 529 页“六角头螺栓(GB/T 5782—2000)”相同。

(4) 六角头螺栓的头部尺寸和部分螺纹螺栓的螺纹长度

螺纹规格 d(mm)		1.6	2	2.5	3	3.5	4	5	6	8	10
对边宽度 s(mm)		3.2	4	5	5.5	6	7	8	10	13	16
头部高度 k(mm)		1.1	1.4	1.7	2	2.4	2.8	3.6	4	5.3	6.4
螺纹长度 b (mm)	①	9	10	11	12	13	14	16	18	22	26
	②	15	16	17	18	19	20	22	24	28	32
	③	28	29	30	31	32	33	35	37	41	45
螺纹规格 d(mm)		12	14	16	18	20	22	24	27	30	33
对边宽度 s(mm)		18	21	24	27	30	34	36	41	46	50
头部高度 k(mm)		7.5	8.8	10	11.5	12.5	14	15	17	18.7	21
螺纹长度 b (mm)	①	30	34	38	42	46	50	54	60	66	72
	②	36	40	44	48	52	56	60	66	72	78
	③	49	53	57	61	65	69	73	79	85	91

注：螺纹长度 b 栏中：① 适用于 $l \leqslant 125$mm 螺栓；② 适用于 $l > 125$～200mm 螺栓；③ 适用于 $l > 200$mm 螺栓。

（续）

螺纹规格 d(mm)		36	39	42	45	48	52	56	60	64
对边宽度 s(mm)		55	60	65	70	75	80	85	90	95
头部高度 k(mm)		22.5	25	26	28	30	33	35	38	40
螺纹长度 b (mm)	①	—	—	—	—	—	—	—	—	—
	②	84	90	96	102	108	116	124	132	140
	③	97	103	109	115	121	129	137	145	153

7. 六角法兰面螺栓

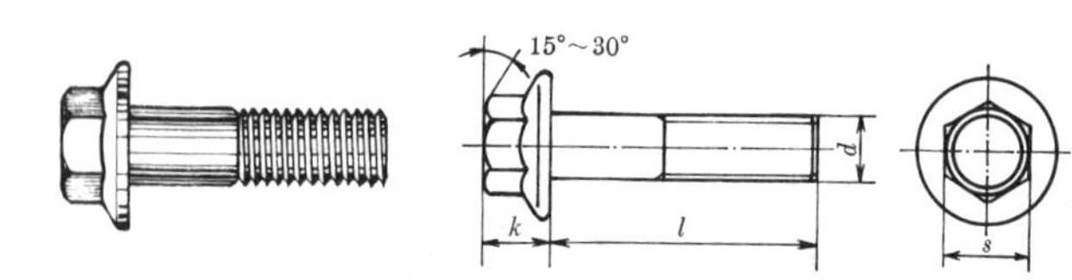

【用　　途】 这种螺栓的特点是扳拧部分由六角头与法兰面组成，比同一直径的六角头螺栓具有更大的“支承面积与应力面积的比值”，能承受更高的预紧力。因此，被广泛应用于汽车发动机、重型机械等产品上。常见品种有六角法兰面螺栓—加大系列—B级(GB/T 5789—1986)和六角法兰面螺栓—加大系列—细杆—B级(GB/T 5790—1986)。

【规　　格】

螺纹规格 d(mm)		M5	M6	M8	M10	M12	(M14)	M16	M20
对边宽度 $s\leqslant$(mm)		8	10	13	15	18	21	24	30
头部高度 $k\leqslant$(mm)		5.4	6.6	8.1	9.2	10.4	12.4	14.1	17.7
法兰面直径 $d_c\leqslant$(mm)		11.8	14.2	18	22.3	26.6	30.5	35	43
公称长度 l(mm)	GB/T 5789	10～50	12～60	16～80	20～100	25～120	30～140	35～160	40～200
	BG/T 5790	30～50	35～60	40～80	45～100	50～120	55～140	60～160	70～200
公称长度 l 系列(mm)：10，12，16，20，25，30，35，40，45，50，(55)，60，(65)，70，80，90，100，110，120，130，140，150，160，180，200。带括号的螺纹规格和公称长度尽可能不采用。螺纹公差：6g。性能等级：钢—8.8，10.9(GB/T 5790)，12.9(GB/T 5789)；不锈钢—A2-70。表面处理：钢—氧化或镀锌钝化；不锈钢—不经处理									

8. 方头螺栓—C级(GB/T 8—1988)

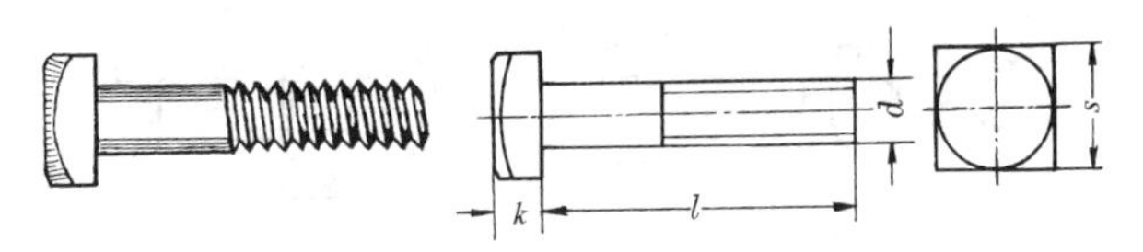

【其他名称】 毛方头螺栓、毛方螺栓、方头螺栓(粗制)。

【用　　途】 与六角头螺栓—C级相同,但这种螺栓的方头尺寸较大,受力表面也较大,并便于扳手卡住其头部,或使螺栓头部靠住其他零件起止转作用,常用于比较粗糙的结构上,也可用于带T形槽的零件中,以便于调整螺栓位置。

【规　　格】

螺纹规格 d	方头 边宽 s	方头 高度 k	公称长度 l	螺纹规格 d	方头 边宽 s	方头 高度 k	公称长度 l	螺纹规格 d	方头 边宽 s	方头 高度 k	公称长度 l
(mm)				(mm)				(mm)			
M10	16	7	20～100	M20	30	13	35～200	M36	55	23	80～300
M12	18	8	25～120	(M22)	34	14	50～220	M42	65	26	80～300
(M14)	21	9	25～140	M24	36	15	55～240	M48	75	30	110～300
M16	24	10	30～160	(M27)	41	17	60～260				
(M18)	27	12	35～180	M30	46	19	60～300				

注：1. 公称长度系列(mm)：20，25，30，35，40，45，50，(55)，60，(65)，70，80，90，100，110，120，130，140，150，160，180，200，220，240，260，280，300。

2. 带括号的螺纹规格和公称长度尽可能不采用。

3. 螺纹公差：8g。

4. 性能等级：$d \leqslant 39$mm 的为 4.8，$d > 39$mm 的按协议。

5. 表面处理：不经处理、氧化或镀锌钝化。

9. 半圆头方颈螺栓与大半圆头方颈螺栓

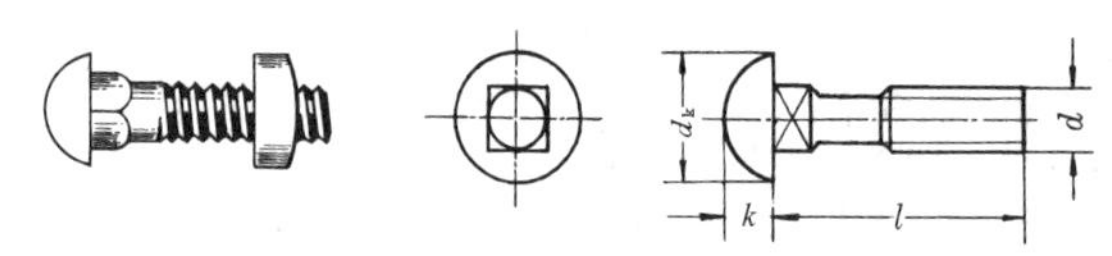

【其他名称】 毛半圆头方颈螺栓、马车螺丝(栓)、圆头方身螺丝。

【用　　途】 用于铁木结构联接,如汽车车身、纺织机械、面粉机械、救生艇及铁驳船的连接等。

【规　　格】 半圆头(GB/T 12—1988)、大半圆头(GB/T 14—1998)。

螺纹规格 d(mm)	头部直径 d_k(mm)		头部高度 k(mm)		公称长度 l(mm)	
	半圆头	大半圆头	半圆头	大半圆头	半圆头	大半圆头
M5	—	13	—	2.5～3.1	—	20～50
M6	12	16	3.6	3～3.6	16～60	30～60
M8	16	20	4.8	4～4.8	16～80	40～80
M10	20	24	6	5～5.8	25～100	45～100
M12	24	30	8	6～6.8	30～120	55～120
(M14)	28	—	9	—	40～140	—
M16	32	38	10	8～8.9	45～160	65～200
M20	40	46	12	10～10.9	60～200	75～200

注：1. 公称长度系列(mm)：16，20，25，30，35，40，45，50，55，60，65，70，75，80，90，100，110，120，130，140，150，160，180，200。

2. 公差产品等级：除标准(GB/T 12、GB/T 14)中规定的尺寸公差外,其余尺寸按C级规定。

3. 性能等级：3.6(大半圆头无),4.6，4.8，8.8(半圆头无)。

4. 螺纹公差：8g、6g(仅适用于8.8级大半圆头)。

5. 表面处理：不经处理、氧化(大半圆头仅适用于8.8级)或镀锌钝化。

10. 镀锌半圆头螺栓

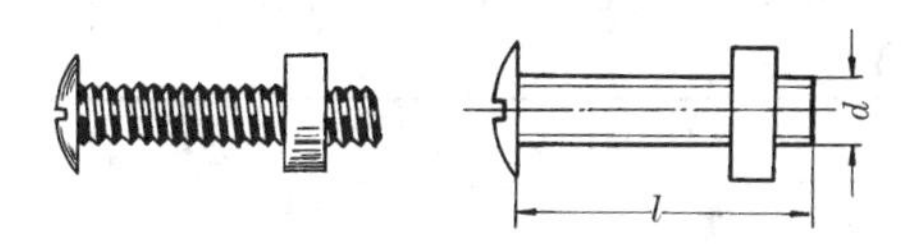

【其他名称】 镀锌螺栓、镀锌对销螺丝、白铅螺丝。

【用　　途】 螺栓头部较薄，制有一字槽，表面镀锌钝化，防锈能力较强。连方扁螺母供应。用于处在露天或潮湿场合的结构件上，如镀锌薄钢板屋顶、玻璃石棉瓦天棚、隔离壁、公园休息椅以及车辆、小农具等。

【规　　格】

螺纹规格 $d\times$公称长度 l(mm)：M5×10～50，M6×12～100
公称长度系列(mm)：10，12，14，16，18，20，22，25，28，30，32，35，38，40，45，50，55，60，65，70，75，80，85，90，95，100

11. T形槽用螺栓(GB/T 37—1988)

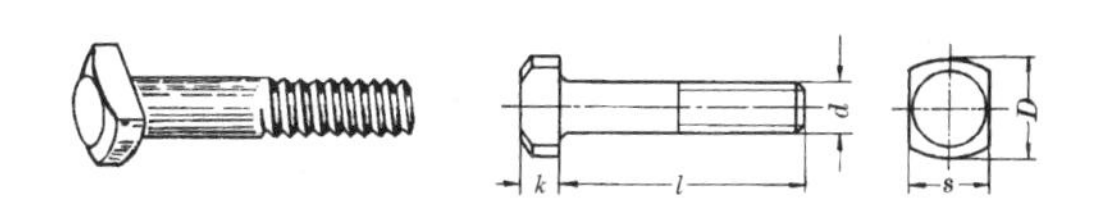

【用　　途】这种螺栓的特点是，可在只旋松螺母而不卸下螺栓的情况下，使被连接件脱出或回松，但在另一连接件上须制出相应的T形槽。主要用于机床、机床附件等。

【规　　格】

螺纹规格 d	头部尺寸			公称长度 l	T形槽宽（参考）
	对边宽度 s	高度 k	直径 D		
(mm)					
M5	9	4	12	25～50	6
M6	12	5	16	30～60	8
M8	14	6	20	35～80	10
M10	18	7	25	40～100	12
M12	22	9	30	45～120	14
M16	28	12	38	55～160	18
M20	34	14	46	65～200	22
M24	44	16	58	80～240	28
M30	57	20	75	90～300	36
M36	67	24	85	110～300	42
M42	76	28	95	130～300	48
M48	86	32	105	140～300	54

注：1. 公称长度系列(mm)：25，30，35，40，45，50，(55)，60，(65)，70，80，90，100，110，120，130，140，150，160，180，200，220，240，260，280，300。带括号的长度尽可能不采用。
2. 产品等级：B级。
3. 螺纹公差：6g。
4. 性能等级：8.8。
5. 表面处理：氧化或镀锌钝化。

12. 地 脚 螺 栓(GB/T 799—1988)

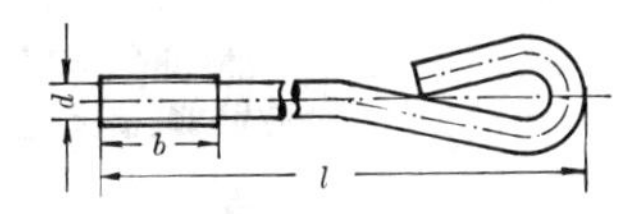

【其他名称】 地脚螺丝。

【用　　途】 专供埋于混凝土地基中,作固定各种机器、设备的底座用。

【规　　格】

螺纹规格 d(mm)	公称长度 l(mm)	螺纹长度 b(mm)	螺纹规格 d(mm)	公称长度 l(mm)	螺纹长度 b(mm)
M6	80～160	24～27	M24	300～800	60～68
M8	120～220	28～31	M30	400～1000	72～80
M10	160～300	32～36	M36	500～1000	84～94
M12	160～400	36～40	M42	630～1250	96～106
M16	220～500	44～50	M48	630～1500	108～118
M20	300～600	52～58			

注：1. 公称长度系列(mm)：80，120，160，220，300，400，500，630，800，1000，1250，1500。

2. 产品等级：C 级。

3. 螺纹公差：8g。

4. 性能等级：$d \leqslant 39$mm 的为 3.6 级，$d > 39$mm 的按协议。

5. 表面处理：不经处理、镀锌钝化或氧化。

13. 双 头 螺 柱

(GB/T 897～900—1988)

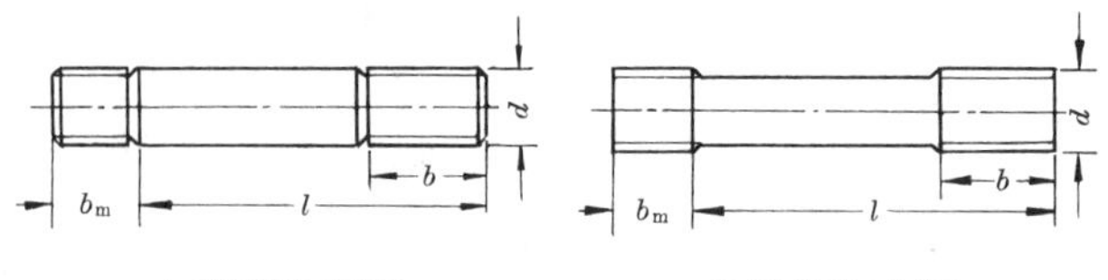

A 型(倒角末端)　　　　　　B 型(辗制末端)

【其他名称】 双头螺栓、司搭子螺丝、螺柱。

【用　　途】 两端都制有螺纹,带螺纹长度 b_m 一端拧入并固定在被连接件的螺纹孔中,带标准螺纹长度 b 一端穿过另一被连接件的通孔,再旋上六角螺母,使两个被连接件连接成为一个整体。把螺母旋下,又可以使两个被连接件分开。主要用于带螺纹孔的被连接件不能或不便安装带头螺栓的场合,例如:汽车、拖拉机、柴油机、压缩机等的气缸与气缸盖之间即采用这种螺柱连接。

【规　　格】 按螺柱的螺纹长度 b_m(螺柱与被连接件螺纹孔相连接的一端螺纹),分以下四种:

① $b_m=1d$, M5～M48(GB/T 897—1988),一般用于钢、铜质被连接件;

② $b_m=1.25d$, M5～M48(GB/T 898—1988),一般用于铜质被连接件;

③ $b_m=1.5d$, M2～M48(GB/T 899—1988),一般用于铸铁质被连接件;

④ $b_m=2d$, M2～M48(GB/T 900—1988),一般用于铝质被连接件。

其中 d—螺纹规格。

螺栓的另一端螺纹长度,按标准螺纹长度 b 制造。

螺纹规格 d (mm)	螺纹长度 b_m=				公称长度 l/标准螺纹长度 b(mm) (表列 l 数值是按品种③$b_m=1.5d$ 的规定，其他品种的少数 l 数值与③的 l 数值不同时，另在括号内注明)
	① 1d	② 1.25d	③ 1.5d	④ 2d	
	(mm)				
M2	—	—	3	4	12～16/6，18～25/10
M2.5	—	—	3.5	5	14～18/8，20～30/11
M3	—	—	4.5	6	16～20/6，22～40(④38)/12
M4	—	—	6	8	16～22/8，25～40(④38)/14
M5	5	6	8	10	16～22/10，25～50(④38)/16
M6	6	8	10	12	20(④18)～22/10，25～30(④25)/14，32(④28)～75/18
M8	8	10	12	16	20(④18)～22/12，25～30(④25)/16，32～90(④28～75)/22
M10	10	12	15	20	25～28(④22～25)/14，30～38(④28～30)/16，40(④32)～120/26，130/32
M12	12	15	18	22	25～30(④22～25)/16，32～40(④28～35)/20，45(④38)～120/30，130～180(②、④170)/36
(M14)	14	18	21	24	30～35(④28)/18，38～45(④30～38)/25，50(④40)～120/34，130～180(④170)/40
M16	16	20	24	32	30～38(④28～30)/20，40～55(②50，④32～40)/30，60(②55，④45)～120/38，130～200/44
(M18)	18	22	27	36	35～40/22，45～60/35，65～120/42，130～200/48
M20	20	25	30	40	35～40/25，45～65(②60)/35，70(②65)～120/46，130～200/52
(M22)	22	28	33	44	40～45/30，50～70/40，75～120/50，130～200/56
M24	24	30	36	48	45～50/30，55～75/45，80～120/54，130～200/60
(M27)	27	35	40	54	50～60(④55)/35，65～85(④60～80)/50，90(④85)～120/60，130～200/66
M30	30	38	45	60	60～65(④55～60)/40，70～90(④65～85)/50，95(④90)～120/66，130～200/72，210～250/85

(续)

螺纹规格 d (mm)	螺纹长度 b_m =				公称长度 l/标准螺纹长度 b(mm)(表列 l 数值是按品种③$b_m=1.5d$ 的规定,其他品种的少数 l 数值与③的 l 数值不同时,另在括号内注明)
	① 1d	② 1.25 d	③ 1.5 d	④ 2d	
	(mm)				
(M33)	33	41	49	66	65～70(④60～65)/45,75～95(④70～90)/60,100(④95)～120/72,130～200/78,210～300/91
M36	36	45	54	72	65～75(④60～70)/45,80(④75)～110/60,120/78,130～200/84,210～300/97
(M39)	39	49	58	78	70～80(②85,④65～75)/50,85(②90,④80)～110/65,120/84,130～200/90,210～300/103
M42	42	52	63	84	70～80(④65～75)/50,85(④80)～110/70,120/90,130～200/96,210～300/109
M48	48	60	72	96	80(④75)～90/60,95～110/80,120/102,130～200/108,210～300/121

注:1. 公称长度 l(包括螺纹长度 b,不包括螺纹长度 b_m)系列(mm):12,(14),16,(18),20,(22),25,(28),30,(32),35,(38),40,45,50,(55),60,(65),70,(75),80,(85),90,(95),100,110,120,130,140,150,160,170,180,190,200,210,220,230,240,250,260,280,300。带括号的螺纹规格和公称长度,尽可能不采用。

2. 产品等级:B级。

3. 普通螺纹公差:6g;过渡配合螺纹代号:GM,G2M。

4. 性能等级:钢—4.8,5.8,6.8,8.8,10.9,12.9;不锈钢—A2-50,A2-70。

5. 表面处理:钢—不经处理、镀锌钝化或氧化;不锈钢—不经处理。

14. 开槽机器螺钉

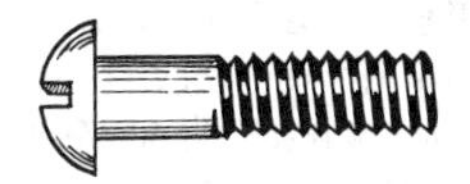

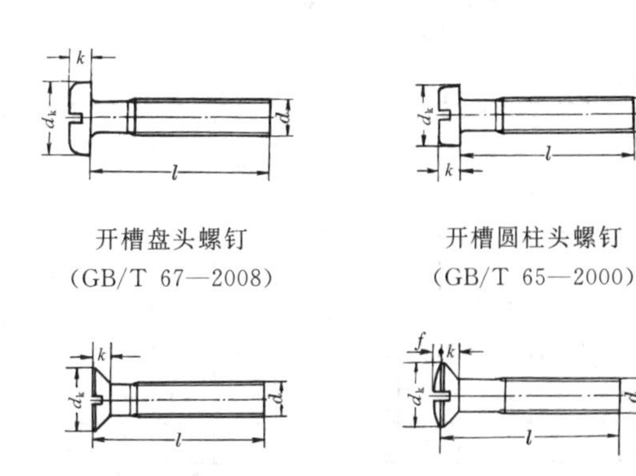

开槽盘头螺钉
(GB/T 67—2008)

开槽圆柱头螺钉
(GB/T 65—2000)

开槽沉头螺钉(沉头角 90°)
(GB/T 68—2000)

开槽半沉头螺钉(沉头角 90°)
(GB/T 69—2000)

【其他名称】 盘头螺钉——半圆头螺钉、圆头机器螺丝、圆机螺丝。
圆柱头螺钉——高圆头螺丝、起司头螺丝。
沉头螺钉——平头机器螺丝、平机螺丝、埋头螺丝。
半沉头螺钉——半埋头螺丝、圆平螺丝。

【用　　途】 利用螺纹连接方法,用来使两个零件连接成为一个整体。使用时,须先在一被连接零件上制出通孔,在另一被连接零件上制出螺纹孔。也可以将两个被连接零件均制出通孔,用螺母配合进行连接。旋下螺钉或螺母,即可使两个零件分开。以盘头螺钉应用最广。沉头螺钉主要用于不允许钉头露出的场合。半沉头螺钉与沉头螺钉相似，但头部弧形顶端略露在外面，比较美观和光滑，多用于仪器或比较精密的机件上。圆柱头螺钉与盘头相似，钉头强度较好，如在被连接件表面上制出相应的圆柱形孔，也可以使钉头不外露。这类螺钉的装拆，须用专用工具——一字形螺钉旋具进行。

【规　　格】

主要尺寸 (mm)											
d		M1.6	M2	M2.5	M3	M3.5	M4	M5	M6	M8	M10
d_k ≤	盘　头	3.2	4	5	5.6	7	8	9.5	12	16	20
	圆柱头	3	3.8	4.5	5.5	6	7	8.5	10	13	16
	沉　头	3	3.8	4.7	5.5	7.3	8.4	9.3	11.3	15.8	18.3
	半沉头	3	3.8	4.7	5.5	7.3	8.4	9.3	11.3	15.8	18.3
k ≤	盘　头	1	1.3	1.5	1.8	2.1	2.4	3	3.6	4.8	6
	圆柱头	1.1	1.4	1.8	2	2.4	2.6	3.3	3.9	5	6
	沉　头	1	1.2	1.5	1.65	2.35	2.7	2.7	3.3	4.65	5
	半沉头	1	1.2	1.5	1.65	2.35	2.7	2.7	3.3	4.65	5
f	半沉头	0.4	0.5	0.6	0.7	0.8	1	1.2	1.4	2	2.3
l	盘　头 圆柱头	2～16	2.5～20	3～25	4～30	5～35	5～40	6～50	8～60	10～80	12～80
	沉　头 半沉头	2.5～16	3～20	4～25	5～30	6～35	6～40	8～50	8～60	10～80	12～80

注：1. d—螺纹规格；d_k—头部直径；k—头部高度；f—半沉头球面高度(≈)；l—公称长度。
2. 公称长度 l 系列(mm)：2，2.5(圆柱头无)，3，4，5，6，8，10，12，(14)，16，20，25，30，35，40，45，50，(55)，60，(65)，70，(75)，80。螺纹规格 M3.5 和带括号的公称长度尽可能不采用。
3. 产品等级：A 级；螺纹公差：6g。
4. 性能等级：钢—4.8，5.8；不锈钢—A2-50，A2-70；有色金属—CU2，CU3，AL4。
5. 表面处理：钢—不经处理或电镀；不锈钢、有色金属—简单处理。

15. 十字槽机器螺钉

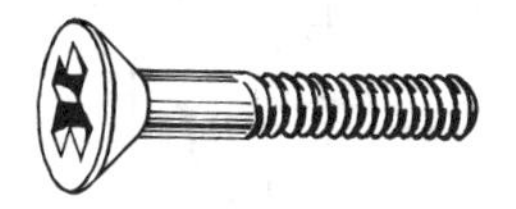

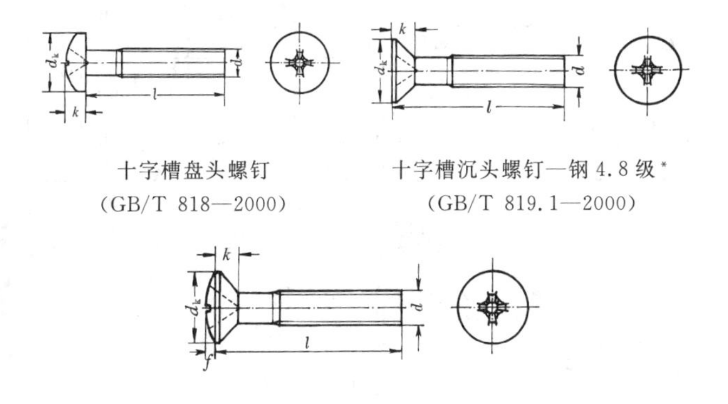

十字槽盘头螺钉
(GB/T 818—2000)

十字槽沉头螺钉—钢 4.8 级*
(GB/T 819.1—2000)

十字槽半沉头螺钉
(GB/T 820—2000)

注：*十字槽沉头螺钉—钢 8.8、不锈钢 A2-70 和有色金属 CU2 或 CU3，另按 GB/T 819.2—2000 的规定，本书从略。

【其他名称】 十字槽机器螺丝。

【用　　途】 与头部形状相似的开槽机器螺钉相同，可以互相代用。其特点是头部制成十字槽，槽形强度好，便于实现自动化装拆螺钉，但须用相应规格（十字槽号）的十字形螺钉旋具配合使用。

【规　　格】

主要尺寸 (mm)											
d		M1.6	M2	M2.5	M3	M3.5	M4	M5	M6	M8	M10
d_k ≤	盘　头	3.2	4	5	5.6	7	8	9.5	12	16	20
	沉　头	3	3.8	4.7	5.5	7.3	8.4	9.3	11.3	15.8	18.3
	半沉头	3	3.8	4.7	5.5	7.3	8.4	9.3	11.3	15.8	18.3
k ≤	盘　头	1.3	1.6	2.1	2.4	2.6	3.1	3.7	4.6	6	7.5
	沉　头	1	1.2	1.5	1.65	2.35	2.7	2.7	3.3	4.65	5
	半沉头	1	1.2	1.5	1.65	2.35	2.7	2.7	3.3	4.65	5
f	半沉头	0.4	0.5	0.6	0.7	0.8	1	1.2	1.4	2	2.3
l	盘　头	3～16	3～20	3～25	4～30	5～35	5～40	6～45	8～60	10～60	12～60
	沉　头 半沉头	3～16	3～20	3～25	4～30	5～35	5～40	6～50	8～60	10～60	12～60
十字槽号		0	0	1	1	2	2	2	3	4	4

注：1. d—螺纹规格；d_k—头部直径；k—头部高度；f—半沉头球面高度；l—公称长度。
2. 公称长度 l 系列(mm)：3，4，5，6，8，10，12，(14)，16，20，25，30，35，40，45，50，(55)，60。螺纹规格 M3.5 和带括号的公称长度尽可能不采用。
3. 产品等级：A 级；螺纹公差：6g。
4. 性能等级：钢—4.8 级；不锈钢—A2-50，A2-70；有色金属—CU2，CU3，AL4。
5. 表面处理：钢—不经处理、电镀；不锈钢、有色金属—简单处理。

16. 内六角圆柱头螺钉

(GB/T 70.1—2008)

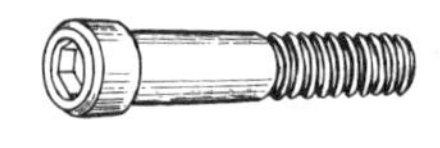

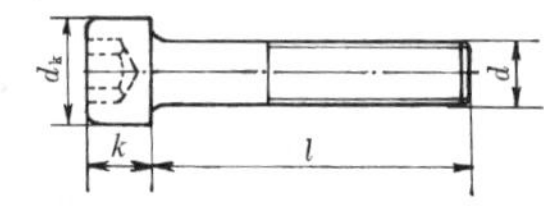

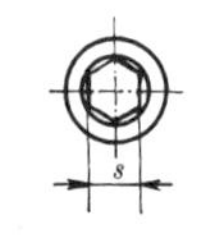

【其他名称】 内六角螺丝。

【用　　途】 与沉头螺钉相似，钉头埋入机件中(机件中须制出相应尺寸的圆柱形孔)，连接强度较大，但须用相应规格的内六角扳手装拆螺钉。一般多用于各种机床及其附件上。

【规　　格】

螺纹规格 d	头部尺寸		内六角尺寸 s	公称长度 l	螺纹规格 d	头部尺寸		内六角尺寸 s	公称长度 l
	直径 d_k	高度 k				直径 d_k	高度 k		
(mm)					(mm)				
M1.6	3	1.6	1.5	2.5～16	(M14)	21	14	12	25～140
M2	3.8	2	1.5	3～20	M16	24	16	14	25～160
M2.5	4.5	2.5	2	4～25	M20	30	20	17	30～200
M3	5.5	3	2.5	5～30	M24	36	24	19	40～240
M4	7	4	3	6～40	M30	45	30	22	45～300
M5	8.5	5	4	8～50	M36	54	36	27	55～300
M6	10	6	5	10～60	M42	63	42	32	60～300
M8	13	8	6	12～80	M48	72	48	36	70～300
M10	16	10	8	16～100	M56	84	56	41	80～300
M12	18	12	10	20～120	M64	96	64	46	90～300

注：1. 公称长度 l 系列(mm)：2.5，3，4，5，6，8，10，12，16，20，25，30，35，40，45，50，55，60，65，70，80，90，100，110，120，130，140，150，160，180，200，220，240，260，280，300。

2. 带括号的螺纹规格尽可能不采用。

3. 产品等级：A 级。

4. 螺纹公差：性能等级 12.9 的为 5g 6g，其他等级的为 6g。

5. 性能等级：钢—d=3～39mm 的为 8.8，10.9，12.9；d<3mm 和 d>39mm 的按协议。不锈钢—d≤24mm 的为 A2-70，A4-70，A3-70，A5-70；d>24～39mm 的为 A2-50，A3-50，A4-50；d>39mm 的按协议。有色金属—CU2，CU3。

6. 表面处理：钢—氧化或电镀；不锈钢、有色金属—简单处理。

17. 紧定螺钉

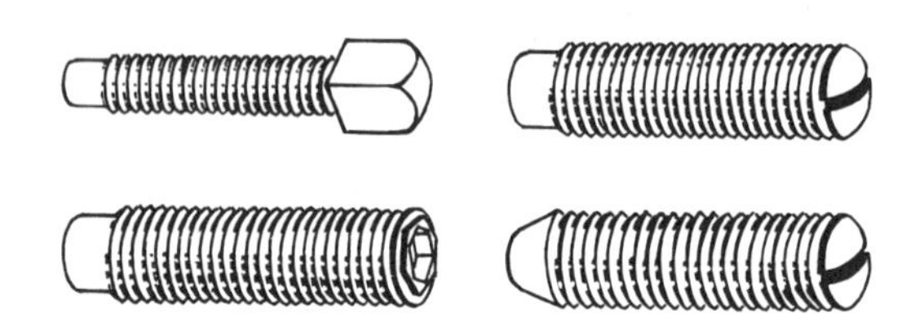

【其他名称】 支头螺丝、定位螺丝。

【用　　途】 专供固定机件相对位置用的一种螺钉。使用时，把紧定螺钉旋入待固定的机件的螺孔中，以螺钉的末端紧压在另一机件的表面上，即使前一机件固定在后一机件上。开槽和内六角紧定螺钉适用于钉头不允许外露的机件上，方头紧定螺钉适用钉头允许外露的机件上。螺钉的压紧力以开槽螺钉最小，方头螺钉最大，内六角螺钉居中。锥端螺钉适用于硬度小的机件上；无尖锥端螺钉适用于压紧面上制有凹坑的机件上，以增加传递载荷的能力；平端螺钉（压紧面应是平面）和凹端螺钉，均适用于硬度较大或经常调节位置的机件上；长圆柱端螺钉适用于管形轴（薄壁件）上，圆柱端进入管形轴的孔眼中，以传递较大的载荷，但使用时应有防止螺钉松脱的装置。

【规　　格】

（1）开槽紧定螺钉

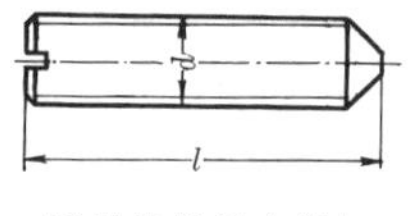

开槽锥端紧定螺钉
（GB/T 71—1985）

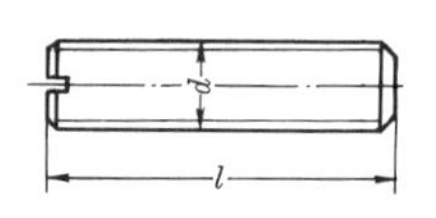

开槽平端紧定螺钉
（GB/T 73—1985）

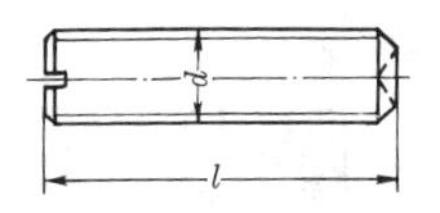

开槽凹端紧定螺钉
(GB/T 74—1985)

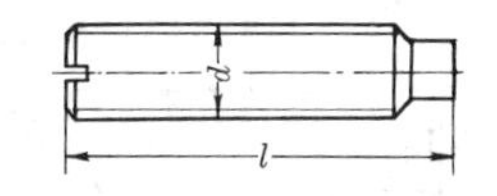

开槽长圆柱端紧定螺钉
(GB/T 75—1985)

螺纹规格 d(mm)	公　称　长　度　l(mm)			
	锥　端	平　端	凹　端	长圆柱端
M1.2	2～6	2～6	—	—
M1.6	2～8	2～8	2～8	2.5～8
M2	3～10	2～10	2.5～10	3～10
M2.5	3～12	2.5～12	3～12	4～12
M3	4～16	3～16	3～16	5～16
M4	6～20	4～20	4～20	6～20
M5	8～25	5～25	5～25	8～25
M6	8～30	6～30	6～30	8～30
M8	10～40	8～40	8～40	10～40
M10	12～50	10～50	10～50	12～50
M12	14～60	12～60	12～60	14～60

注：1. 公称长度 l 系列(mm)：2，2.5，3，4，5，6，8，10，12，(14)，16，20，25，30，35，40，45，50，(55)，60。带括号的长度尽可能不采用。

2. 产品等级：A 级；螺纹公差：6g。

3. 性能等级：钢—14H，22H；不锈钢—A1-50。

4. 表面处理：钢—氧化或镀锌钝化；不锈钢—不经处理。

(2) 内六角紧定螺钉

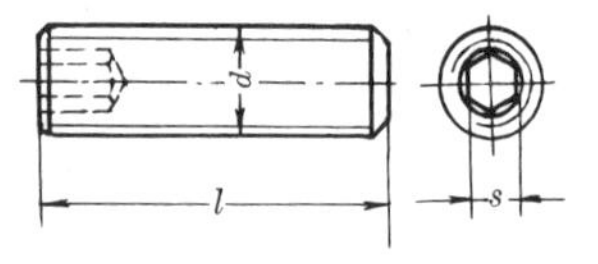

内六角平端紧定螺钉
(GB/T 77—2007)

内六角锥端紧定螺钉
(GB/T 78—2007)

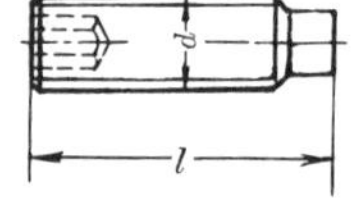

内六角圆柱端紧定螺钉
(GB/T 79—2007)

内六角凹端紧定螺钉
(GB/T 80—2007)

螺纹规格 d(mm)	内六角对边宽度 s(mm)	公称长度 l(mm)			
		平端	锥端	圆柱端	凹端
M1.6	0.7	2～8	2～8	2～8	2～8
M2	0.9	2～10	2～10	2.5～10	2～10
M2.5	1.3	2～12	2.5～12	3～12	2～12
M3	1.5	2～16	2.5～16	4～16	2.5～16
M4	2	2.5～20	3～20	5～20	3～20
M5	2.5	3～25	4～25	6～25	4～25
M6	3	4～30	5～30	8～30	5～30
M8	4	5～40	6～40	8～40	6～40
M10	5	6～50	8～50	10～50	8～50
M12	6	8～60	10～60	12～60	10～60
M16	8	10～60	12～60	16～60	12～60
M20	10	12～60	16～60	20～60	16～60
M24	12	16～60	20～60	25～60	20～60

注：1. 公称长度 l 系列(mm)：2，2.5，3，4，5，6，8，10，12，16，20，25，30，35，40，45，50，55，60。

2. 产品等级：A 级。

3. 螺纹公差：性能等级 45H 的为 5g 6g，其他等级的为 6g。

4. 性能等级：钢—45H，45H；不锈钢—A1-12H、A2-21H、A3-21H、A4-21H、A5-21H，有色金属—CU2、CU3、ALA。

5. 表面处理：钢—氧化，电镀；不锈钢、有色金属—简单处理或电镀。

(3) 方头紧定螺钉

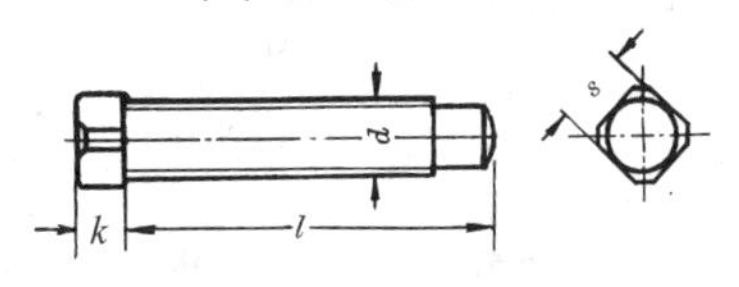

方头长圆柱球面端紧定螺钉
(GB/T 83—1988)

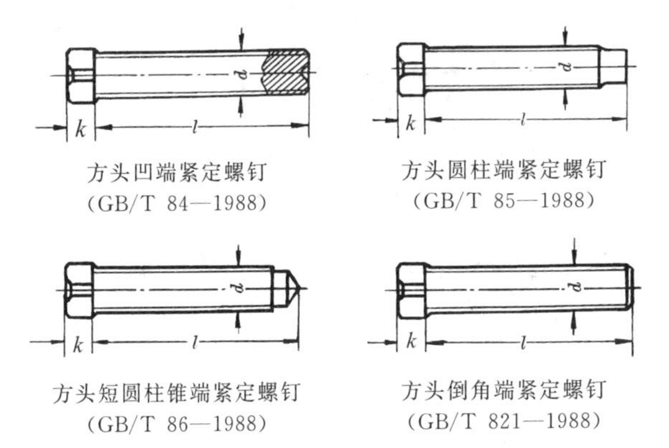

方头凹端紧定螺钉
(GB/T 84—1988)

方头圆柱端紧定螺钉
(GB/T 85—1988)

方头短圆柱锥端紧定螺钉
(GB/T 86—1988)

方头倒角端紧定螺钉
(GB/T 821—1988)

公称直径 d	方头边宽 s	头部高度 k(mm)		公　称　长　度　l(mm)			
(mm)		GB/T 83	其他品种	GB/T 83	GB/T 84	GB/T 85、86	GB/T 821
5	5	—	5	—	10～30	12～30	8～30
6	6	—	6	—	12～30	12～30	8～30
8	8	9	7	16～40	14～40	14～40	10～40
10	10	11	8	20～50	20～50	20～50	12～50
12	12	13	10	25～60	25～60	25～60	14～60
16	17	18	14	30～80	30～80	25～80	20～80
20	22	23	18	35～100	40～100	40～100	40～100

注：1. 公称长度 l 系列(mm)：8，10，12，(14)，16，20，25，30，35，40，45，50，(55)，60，70，80，90，100。带括号的长度尽可能不采用。
2. 产品等级：A 级。
3. 螺纹公差：性能等级 45H 的为 5g 6g，其他等级的为 6g。
4. 性能等级：钢—33H，45H；不锈钢—A1-50，C4-50。
5. 表面处理：钢—氧化、镀锌钝化；不锈钢—不经处理。

18. 自攻螺钉

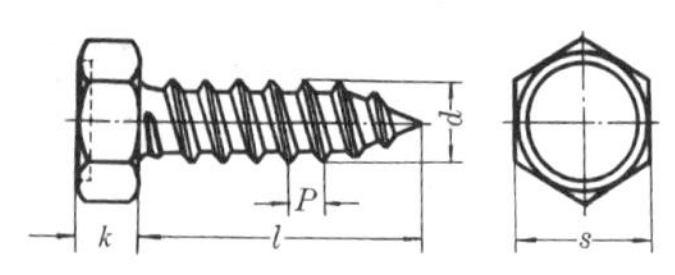

六角头自攻螺钉(GB/T 5285—1985)

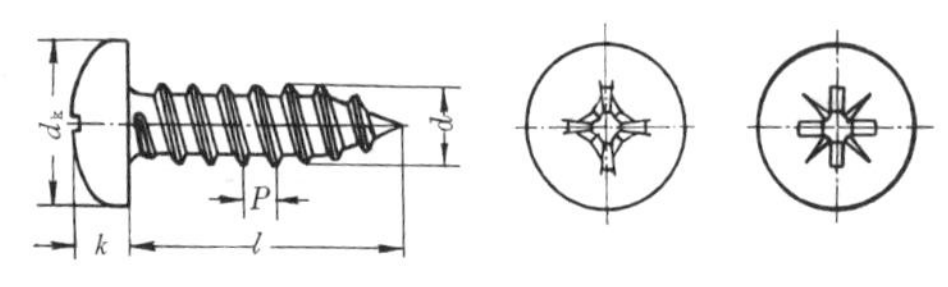

十字槽盘头自攻螺钉(GB/T 845—1985)

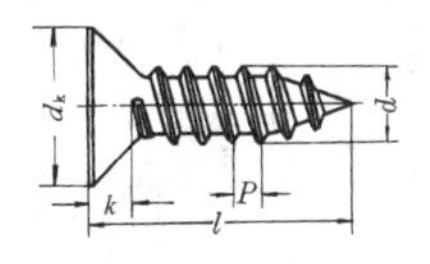

十字槽沉头自攻螺钉
(GB/T 846—1985)

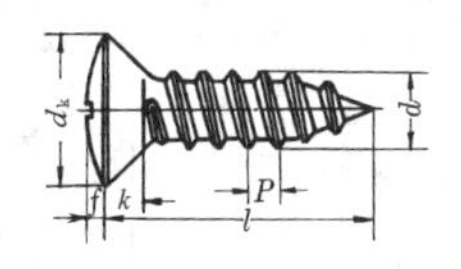

十字槽半沉头自攻螺钉
(GB/T 847—1985)

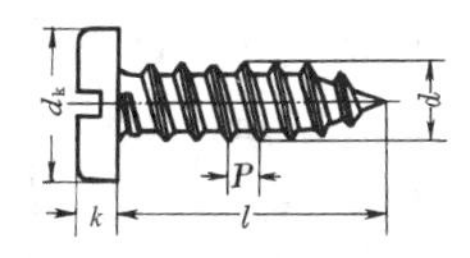

开槽盘头自攻螺钉
(GB/T 5282—1985)

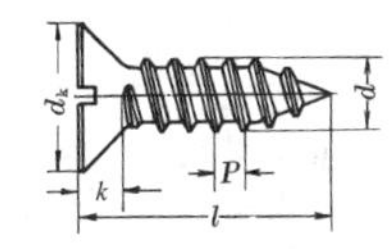

开槽沉头自攻螺钉
(GB/T 5283—1985)

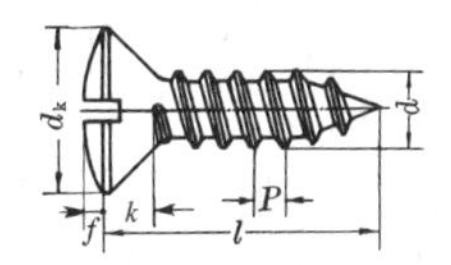

开槽半沉头自攻螺钉
(GB/T 5284—1985)

【其他名称】 快牙螺丝。

【用　　途】 用于薄金属(铝、铜、低碳钢等)制件与较厚金属制件(主体)之间的螺纹连接件,如汽车车厢的装配等。螺钉本身具有较高的硬度,事先另用钻头在主体制件上钻一相应的小孔,始可将螺钉旋入主体制件中,形成螺纹联接。各种自攻螺钉的装拆,须用专用工具。开槽自攻螺钉用一字形螺钉旋具;十字槽自攻螺钉用十字形螺钉旋具;六角头自攻螺钉用呆扳手或活扳手等。

【规　　格】

自攻螺钉用螺纹规格	螺纹外径 $d_1 \leqslant$	螺距 P	头部直径 d_k(mm)$\leqslant$		对边宽度 s	球面高度 $f \approx$	头部高度 k(mm)$\leqslant$			
			盘头	沉头 半沉头			盘头		沉头 半沉头	六角头
(mm)					(mm)		十字槽	开槽		
ST2.2	2.24	0.8	4	3.8	3.2	0.5	1.6	1.3	1.1	1.6
ST2.9	2.90	1.1	5.6	5.5	5	0.7	2.4	1.8	1.7	2.3
ST3.5	3.53	1.3	7	7.3	5.5	0.8	2.6	2.1	2.35	2.6
ST4.2	4.22	1.4	8	8.4	7	1	3.1	2.4	2.6	3
ST4.8	4.80	1.6	9.5	9.3	8	1.2	3.7	3	2.8	3.8
ST5.5	5.46	1.8	11	10.3	8	1.3	4	3.2	3	4.1
ST6.3	6.25	1.8	12	11.3	10	1.4	4.6	3.6	3.15	4.7
ST8	8.00	2.1	16	15.8	13	2	6	4.8	4.65	6
ST9.5	9.65	2.1	20	18.3	16	2.3	7.5	6	5.25	7.5

自攻螺钉用螺纹规格(mm)	螺纹号码(参考)	十字槽号	公称长度 l(mm)				
			十字槽自攻螺钉		开槽自攻螺钉		六角头自攻螺钉
			盘头	沉头 半沉头	盘头	沉头 半沉头	
ST2.2	2	0	4.5～16	4.5～16	4.5～16	4.5～16	4.5～50
ST2.9	4	1	6.5～19	6.5～19	6.5～19	6.5～19	6.5～50
ST3.5	6	2	9.5～25	9.5～25	6.5～22	9.5～25/22	6.5～50
ST4.2	8	2	9.5～32	9.5～32	9.5～25	9.5～32/25	9.5～50
ST4.8	10	2	9.5～38	9.5～32	9.5～32	9.5～32	9.5～50
ST5.5	12	3	13～38	13～38	13～32	16/13～38/32	13～50
ST6.3	14	3	13～38	13～38	13～38	16/13～38	13～38
ST8	16	4	16～50	16～50	16～50	19/16～50	13～50
ST9.5	20	4	16～50	16～50	16～50	22/19～50	16～50

注：1. 自攻螺钉用螺纹按 GB/T 5280—2002 规定。自攻螺钉用螺纹规格相当于螺纹外径基本尺寸。

2. 公称长度 l 系列(mm)：4.5，6.5，9.5，13，16，19，22，25，32，38，45，50。分数形式的公称长度，分子为沉头自攻螺钉长度，分母为半沉头自攻螺钉长度。

3. 产品等级：A 级。表面处理：镀锌钝化。

4. 自攻螺钉机械性能按 GB/T 3098.5—1985 规定。表面硬度应≥450HV，心部硬度应为 270～390HV。

19. 自钻自攻螺钉

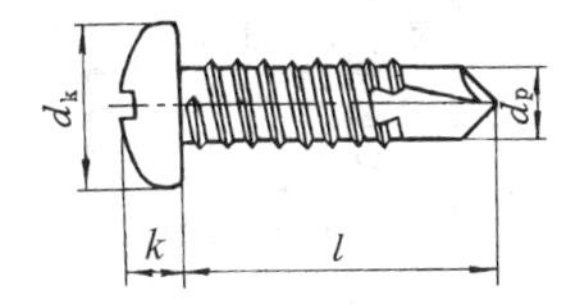

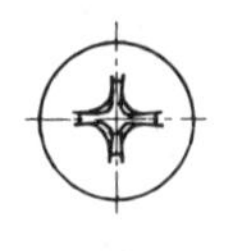

十字槽盘头自钻自攻螺钉(GB/T 15856.1—2002)

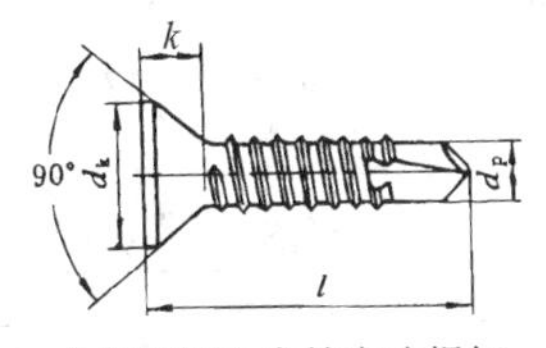

十字槽沉头自钻自攻螺钉
(GB/T 15856.2—2002)

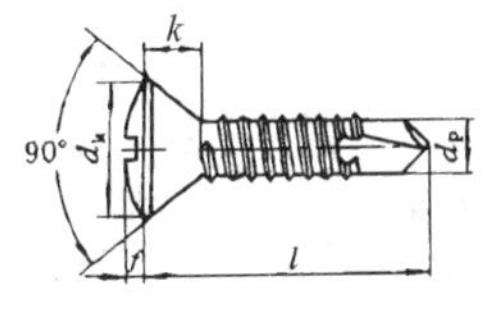

十字槽半沉头自钻自攻螺钉
(GB/T 15856.3—2002)

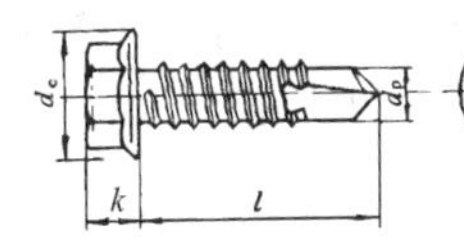

六角法兰面自钻自攻螺钉
(GB/T 15856.4—2002)

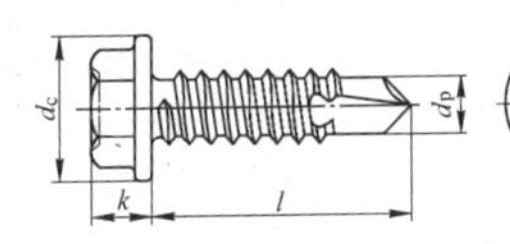

六角凸缘自钻自攻螺钉
(GB/T 15856.5—2002)

【用　　途】 与普通自攻螺钉不同之处是：普通自攻螺钉在连接时，须经过对被连接件钻孔(另用钻头钻螺纹底孔)和攻丝(包括紧固连接)两道工序；而自钻自攻螺钉在连接时，就将钻孔和攻丝两道工序合并一次完成，它先用螺钉前面的钻头进行钻孔，接着就用螺钉进行攻丝(包括紧固连接)，节省施工时间，提高施工效率。螺钉的连接，须用带十字形旋具头或六角套筒的电动(或气动)螺钉旋具进行。

【规　　格】

自攻螺钉用螺纹规格	螺纹外径 d_1≤	螺距 P	头部直径 d_k(mm)≤		法兰(凸缘)直径 d_c≤	对边宽度 s	球面高度 f≈	头部高度 k(mm)≤		
			盘头	沉半沉头头				盘头	沉半沉头头	六角法兰面/凸缘
(mm)					(mm)					
ST2.9	2.90	1.1	3.5	5.5	6.3	4	0.7	2.4	1.7	—/2.8
ST3.5	3.53	1.3	4.1	7.3	8.3	5.5	0.8	2.6	2.35	3.45/3.4
ST4.2	4.22	1.4	4.9	8.4	8.8	7	1	3.1	2.6	4.25/4.1
ST4.8	4.80	1.6	5.6	9.3	10.5	8	1.2	3.7	2.8	4.45/4.4
ST5.5	5.46	1.8	6.3	10.3	11	8	1.3	4	3	5.45/5.4
ST6.3	6.25	1.8	7.3	11.3	13.5	10	1.4	4.6	3.15	5.45/5.9

自攻螺钉用螺纹规格(mm)	十字槽号	公称长度 l(mm)			钻头直径 d_p≈	钻削范围(板厚)	
		盘头	沉头半沉头	六角法兰面(凸缘)		≥	≤
					(mm)		
ST2.9	1	9.5～19	13～19	9.5～19	2.3	0.7	1.9
ST3.5	2	9.5～25	13～25	9.5～25	2.8	0.7	2.25
ST4.2	2	13～38	13～38	13～38	3.6	1.75	3
ST4.8	2	13～50	13～50	13～50	4.1	1.75	4.4
ST5.5	3	16～50	16～50	16～50	4.8	1.75	5.25
ST6.3	3	19～50	19～50	19～50	5.8	2	6

注：1. 自攻螺钉用螺纹按 GB/T 5280—2002 规定。螺纹规格相当于螺纹外径基本尺寸。
2. 公称长度 l 系列(mm)：9.5，13，16，19，22，25，32，38，45，50。
3. 头部高度栏中的分数：分子为“六角法兰面”数值；分母为“六角为凸缘”数值。
4. 产品等级：A 级。
5. 表面处理：镀锌钝化、氧化或磷化。
6. 自钻自攻螺钉机械性能按 GB/T 3098.11—2002 规定。螺钉表面硬度应≥560$HV_{0.3}$；心部硬度为 270～425HV_5。其他要求(拧入性能、钻孔性能、破坏力矩等)，参见 GB/T 3098.11—2002。

20. 墙板自攻螺钉(GB/T 14210—1993)

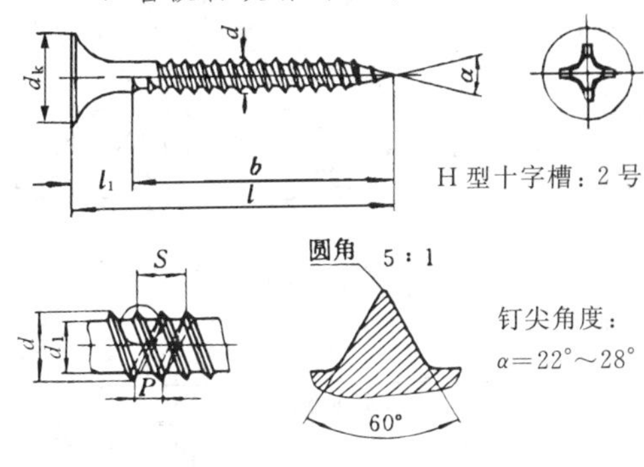

螺纹形式

【用　　途】 用于石膏墙板等和金属龙骨之间的联接。其螺纹为双头螺纹，螺纹表面具有很高的硬度(≥560HV)，能在不制出预制孔的条件下，快速拧入金属龙骨中，从而形成联接。

【规　　格】

螺纹规格 d(mm)	3.5	3.9	4.2
螺距 P(mm) 导程 S(mm) 螺纹大径 $d \leq$(mm) 螺纹小径 $d_1 \geq$(mm)	1.4 2.8 3.65 2.46	1.6 3.2 3.95 2.74	1.7 3.4 4.30 2.93
头部直径 d_k(mm) 边缘厚度 C(mm)	8.00～8.58 0.5～0.8		
公称长度范围 l(mm)	19～45	35～55	40～70

注：1. 公称长度系列 l(mm)：19，25，(32)，35，(38)，40，45，50，55，60，70。带括号的公称长度尽量不采用。

2. $l \leq 50$mm 的螺钉制成全螺纹，无螺纹部分 $l_1 = l - b \approx 6$mm；$l > 50$mm 的螺钉，螺纹长度 $b \geq 45$mm。

21. 吊 环 螺 钉(GB/T 825—1988)

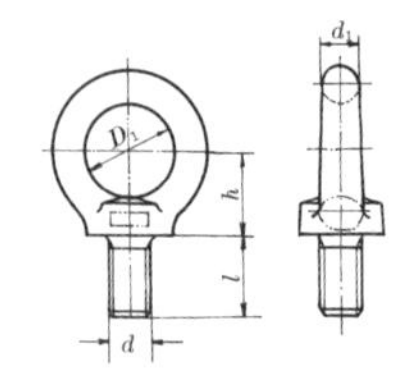

吊环螺钉

单螺钉起吊

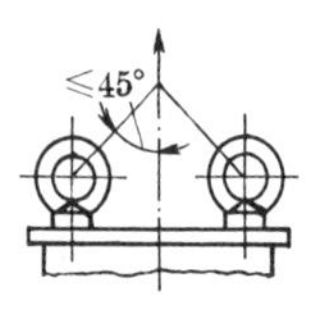

双螺钉起吊

【用　　途】 配合起重、吊装机具作起吊重物用。

【规　　格】

螺纹规格 d(mm)		M8	M10	M12	M16	M20	M24	M30	M36
公称长度 l(mm)		16	20	22	28	35	40	45	55
环顶直径 d_1(mm)		8.4	10.4	12.4	14.4	16.5	20.5	24.6	28.8
环孔内径 D_1(mm)		20	24	28	34	40	48	56	67
环中心距 h(mm)		18	22	26	31	36	44	53	63
起吊重量(t) ≤	单螺钉起吊	0.16	0.25	0.4	0.63	1	1.6	2.5	4
	双螺钉起吊	0.08	0.125	0.2	0.32	0.5	0.8	1.25	2

螺纹规格 d(mm)		M42	M48	M56	M64	M72×6	M80×6	M100×6
公称长度 l(mm)		65	70	80	90	100	115	140
环顶直径 d_1(mm)		32.8	38.9	42.9	49.2	61.3	69.3	76.4
环孔内径 D_1(mm)		80	95	112	125	140	160	200
环中心距 h(mm)		74	87	100	115	130	150	175
起吊重量(t) ≤	单螺钉起吊	6.3	8	10	16	20	25	40
	双螺钉起吊	3.2	4	5	8	10	12.5	20

注：1. M8～M36 螺钉为商品规格，其余为通用规格。
2. 螺钉采用 20 钢或 25 钢，经整体锻造，并进行正火处理。成品的晶粒度不低于 5 级。硬度为 67～95HRB。
3. 螺纹公差：8g。螺纹表面一般不进行处理。可根据使用要求，进行镀锌或镀铬。

22. 六 角 螺 母

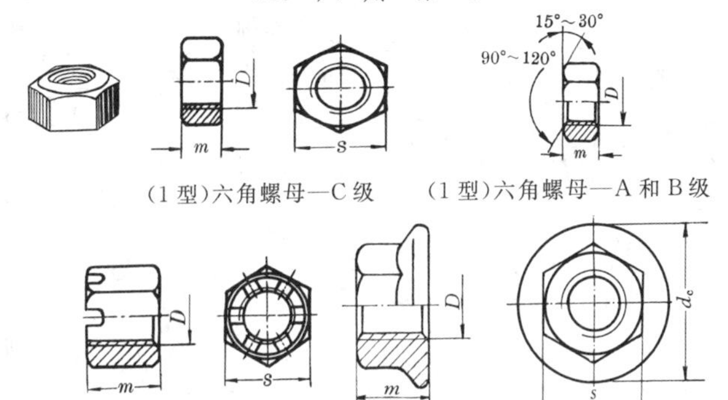

(1 型)六角螺母—C 级　　(1 型)六角螺母—A 和 B 级

六角开槽螺母—A 和 B 级　　六角法兰面螺母

【其他名称】 六角螺帽、六角帽。

【用　　途】 利用螺纹联接方法,与螺栓、螺钉配合使用,起联接紧固机件(零件、结构件)作用。其中以(1 型)六角螺母应用最广。C 级螺母用于表面比较粗糙、对精度要求不高的机器、设备或结构上;A 级(适用于螺纹公称直径 $D \leqslant$ 16mm)和 B 级(适用于 $D>$16mm)螺母用于表面粗糙度较小、对精度要求较高的机器、设备或结构上。2 型六角螺母的厚度 m 较厚,多用于经常需要装拆的场合。六角薄螺母的厚度 m 较薄,多用于被联接机件的表面空间受限制的场合,也常用作防止主螺母回松的锁紧螺母。六角开槽螺母专供与螺杆末端带孔的螺栓配合使用,以便把开口销从螺母的槽中插入螺杆的孔中,防止螺母自动回松,主要用于具有振动载荷或交变载荷的场合。六角法兰面螺母,是与六角法兰面螺栓配合使用,其特点是法兰面有较大的支承面积,能承受更大的预紧力。一般六角螺母均制成粗牙普通螺纹。各种细牙普通螺纹的六角螺母必须配合细牙六角头螺栓使用,用于薄壁零件或承受交变载荷、振动载荷、冲击载荷的机件上。

【规　　格】

(1) 常见六角螺母品种

螺母品种、标准号与产品等级	其他名称	规格范围	螺纹公差	材料与性能等级	表面处理
(1 型)六角螺母—C 级* GB/T 41—2000	精制六角螺母、毛六角螺母、毛螺母、毛螺帽	M5～M64	7H	钢： $D \leqslant$ M16 为 5； $D >$ M16 为 4，5	① ④ ⑤
1 型六角螺母 GB/T 6170—2000（A 和 B 级）	六角螺母、精制六角螺母、光六角螺母、光螺母、光螺帽	M1.6～M64	6H	钢：6，8，10	①④ ⑤
			6H	不锈钢： $D \leqslant$ M24 为 A2-70，A4-70； $D >$ M24 为 A2-50，A4-50	②
1 型六角螺母—细牙 GB/T 6171—2000（A 和 B 级）	细牙六角螺母、精制细牙六角螺母	M8×1～M64×4	6H	有色金属： CU2，CU3， Al4	②
2 型六角螺母 GB/T 6175—2000(A 和 B 级)	六角厚螺母、精制六角厚螺母	M5～M36	6H	钢：9，12	⑥ ④ ⑤
2 型六角螺母—细牙 GB/T 6176—2000（A 和 B 级）	细牙六角厚螺母、精制细牙六角厚螺母	M8×1～M36×3	6H	钢：$D \leqslant$ M16 为 8、12；$D \leqslant$ M39 为 10	⑥ ④ ⑤
六角薄螺母 GB/T 6172.1—2000（A 和 B 级）	六角扁螺母、精制六角扁螺母	M1.6～M64	6H	钢：04，05	①④ ⑤
			6H	不锈钢： $D \leqslant$ M24 为 A2-035，A4-035； $D >$ M24 为 A2-025，A4-025	②
六角薄螺母—细牙 GB/T 6173—2000（A 和 B 级）	细牙六角薄螺母、精制六角细牙薄螺母	M8×1～M64×4	6H	有色金属： CU2，CU3，Al4	②

（续）

螺母品种、标准号与产品等级	其他名称	规格范围	螺纹公差	材料与性能等级	表面处理
六角薄螺母—无倒角 GB/T 6174—2000（B级）	六角扁螺母（无倒角）、精制六角扁螺母（无倒角）	M1.6～M10	6H	钢：110HV（≥）	①④⑤
				有色金属：CU2、CU3、AL4	②
1型六角开槽螺母—C级 GB/T 6179—1986	粗制六角槽形螺母	M5～M36	7H	钢：4，5	①③
1型六角开槽螺母—A和B级 GB/T 6178—1986	六角槽形螺母、精制六角槽形螺母	M4～M36	6H	钢：6，8，10	⑥①③
2型六角开槽螺母—A和B级 GB/T 6180—1986	六角槽形厚螺母、精制六角槽形厚螺母	M4～M36	6H	钢：9，12	⑥③
六角开槽薄螺母—A和B级 GB/T 6181—1986	六角槽形扁螺母、精制六角槽形扁螺母	M5～M36	6H	钢：04，05	①③⑥
				不锈钢：A2-50	①
六角法兰面螺母 GB/T 6177.1—2000		M5～M20	6H	钢：$D \leqslant$ M16为8（1型）；$D >$ M16为8（2型）；$D \leqslant$ M20为9（2型），10（1型），12（2型）	⑤④
				不锈钢：A2-70	②

注：1. 材料与性能等级栏中数据，适用于 $D =$ M3 ～ M39 螺母，$D <$ M3 和 $D >$ M39 螺母按协议。
2. 表面处理栏中：①—不经处理；②—简单处理；③—镀锌钝化；④——电镀；⑤—非电解锌粉覆盖层；⑥—氧化。
3. * 六角螺母—C级，旧名称为1型六角螺母—C级。

(2) 常见六角螺母的规格及主要尺寸

螺纹规格 D (mm)	对边宽度 s(mm)	螺母最大高度 m(mm)								
		六角螺母			六角开槽螺母				六角薄螺母	
		1型 C级	1型 A和B级	2型 A和B级	1型 C级	薄型 A和B级	1型 A和B级	2型 A和B级	B级无倒角	A和B级倒角
M1.6	3.2	—	1.3	—	—	—	—	—	1	1
M2	4	—	1.6	—	—	—	—	—	1.2	1.2
M2.5	5	—	2	—	—	—	—	—	1.6	1.6
M3	5.5	—	2.4	—	—	—	—	—	1.8	1.8
(M3.5)	6	—	2.8	—	—	—	—	—	1.8	2
M4	7	—	3.2	—	—	—	5	—	2.2	2.2
M5	8	5.6	4.7	5.1	7.6	5.1	6.7	7.1	2.7	2.7
M6	10	6.4	5.2	5.7	8.9	5.7	7.7	8.2	3.2	3.2
M8	13	7.9	6.8	7.5	10.94	7.5	9.8	10.5	4	4
M10	16	9.5	8.4	9.3	13.54	9.3	12.4	13.3	5	5
M12	18	12.2	10.8	12	17.17	12	15.8	17	—	6
(M14)	21	13.9	12.8	14.1	18.9	14.1	17.8	19.1	—	7
M16	24	15.9	14.8	16.4	21.9	16.4	20.8	22.4	—	8
(M18)	27	16.9	15.8	17.6	—	17.6	21.8	23.6	—	9
M20	30	19	18	20.3	25	20.3	24	26.3	—	10
(M22)	34	20.2	19.4	21.8	—	21.8	27.4	29.8	—	11
M24	36	22.3	21.5	23.9	30.3	23.9	29.5	31.9	—	12
(M27)	41	24.7	23.8	26.7	—	26.7	31.8	34.7	—	13.5
M30	46	26.4	25.6	28.6	35.4	28.6	34.6	37.6	—	15
(M33)	50	29.5	28.7	32.5	—	32.5	37.7	41.5	—	16.5
M36	55	31.9	31	34.7	40.9	34.7	40	43.7	—	18
(M39)	60	34.3	33.4	—	—	—	—	—	—	19.5
M42*	65	34.9	34							21
(M45)	70	36.9	36							22.5
M48*	75	38.9	38							24
(M52)	80	42.9	42							26
M56*	85	45.9	45							28
(M60)	90	48.9	48							30
M64*	95	52.4	51							32

注：1. 螺纹规格：带括号的尽可能不采用，标有 * 符号的是通用规格，其余是商品规格。2. 各种规格细牙六角螺母的对边宽度 s 和螺母高度 m 的尺寸，参见相同品种和规格的（粗牙）六角螺母的规定

(3) 六角法兰面螺母的规格及主要尺寸

螺纹规格 D(mm)	M5	M6	M8	M10	M12	(M14)	M16	M20
法兰直径 d_c(mm)≤	11.8	14.2	17.9	21.8	26	29.9	34.5	42.8
螺母高度 m(mm)≤	5	6	8	10	12	14	16	20
对边宽度 s(mm)	8	10	13	15	18	21	24	30

23. 方螺母—C级(GB/T 39—1988)

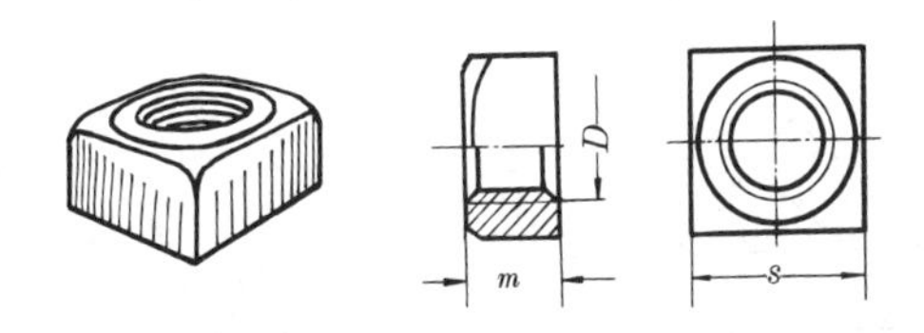

【其他名称】 毛方螺母、毛方螺帽、方螺母(粗制)。

【用　　途】 常与半圆头方颈螺栓配合,用于简单、粗糙的机件上,作紧固联接用。其特点是扳手转动角度较大(90°),不易打滑。

【规　　格】

螺纹规格 D(mm)	M3	M4	M5	M6	M8	M10	M12
对边宽度 s(mm)	5.5	7	8	10	13	16	18
螺母高度 m(mm)	2.4	3.2	4	5	6.5	8	10

螺纹规格 D(mm)	(M14)	M16	(M18)	M20	(M22)	M24
对边宽度 s(mm)	21	24	27	30	34	36
螺母高度 m(mm)	11	13	15	16	18	19

注:1. 带括号的螺纹规格尽可能不采用。

2. 螺纹公差:7H。性能等级:4、5级。表面处理:不经处理或镀锌钝化。

24. 蝶形螺母

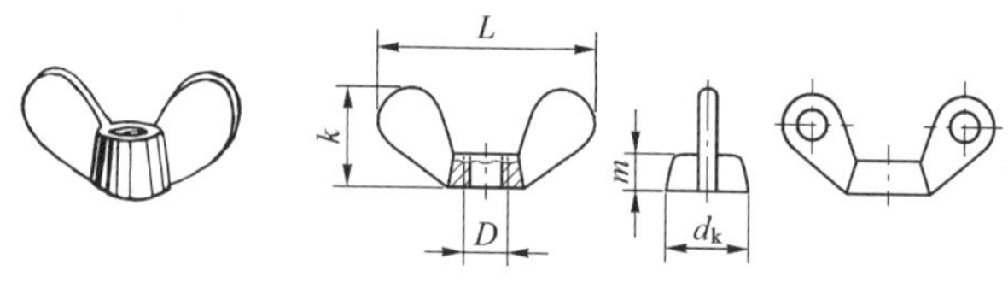

蝶形螺母—圆翼(GB/T 62.1—2004)

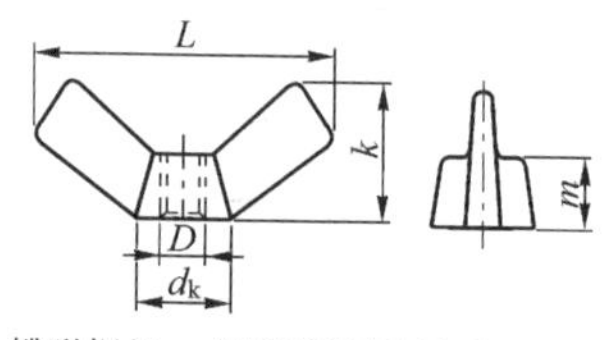

蝶形螺母—方翼(GB/T 62.2—2004)

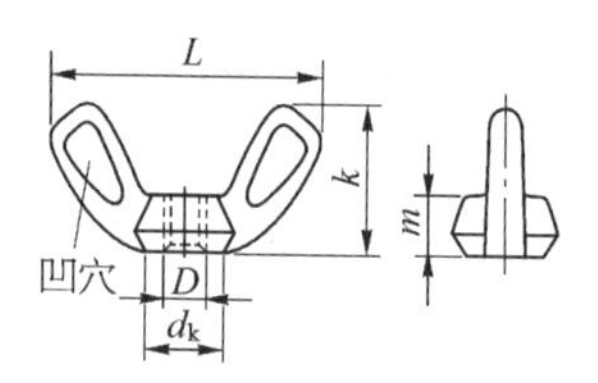

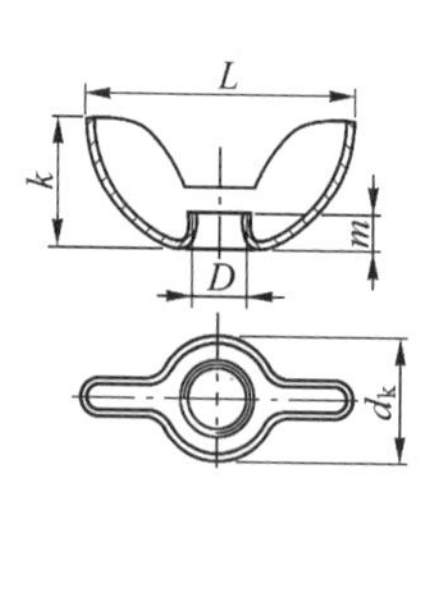

蝶形螺母—压铸(GB/T 62.4—2004)　螺型螺母—冲压(GB/T 62.3—2004)

【其他名称】 翼形螺母、元宝螺丝帽。

【用　　途】 能用手直接装拆,配合螺栓用于连接强度要求不高并要经常装拆的场合,如钢锯架、手虎钳和报纸夹等。

【规　格】

蝶形螺母尺寸(mm)														
D	d_k	m	L	k	D	d_k	m	L	k	D	d_k	m	L	k
(1) 蝶形螺母—圆翼					(1) 蝶形螺母—圆翼					(2) 蝶形螺母—方翼				
M2	4	2	12	6	(M14)	26	14	70	35	M5	8	4	21	11
M2.5	5	3	16	8	M16	26	14	70	35	M6	10	4.5	27	13
M3	5	3	16	8	(M18)	30	16	80	40	M8	13	6	31	16
M4	7	4	20	10	M20	34	18	90	45	M10	16	7.5	36	18
M5	8.5	5	25	12	(M22)	38	20	100	50	M12	20	9	48	23
M6	10.5	6	32	16	M24	43	22	112	56	(M14)	20	9	48	23
M8	14	8	40	20	(2) 蝶形螺母—方翼					M16	27	12	68	35
M10	18	10	50	25	M3	6.5	9	17	3	(M18)	27	12	68	35
M12	22	12	60	30	M4	6.5	9	17	3	M20	27	12	68	35

蝶形螺母尺寸(mm)				
D	d_k	m	L	k
蝶形螺母—冲压*				
M3	10	3.5/1.4	16	6.5
M4	12	4/1.6	19	8.5
M5	13	4.5/1.8	22	9
M6	15	5/2.4	25	9.5
M8	17	6/3.1	28	11
M10	20	7/3.8	35	12
蝶形螺母—压铸				
M3	5	2.4	16	8.5
M4	7	3.2	21	11
M5	8.5	4	21	11
M6	10.5	5	23	14
M8	13	6.5	30	16
M10	16	8	37	19

保证扭矩(N·m)			
D	Ⅰ级	Ⅱ级	Ⅲ级
M2	0.20	0.15	—
M2.5	0.39	0.29	—
M3	0.69	0.49	0.29
M4	1.57	1.08	0.59
M5	3.14	2.16	1.08
M6	5.39	3.92	1.96
M8	12.7	8.83	4.41
M10	25.5	17.7	8.83
M12	45.1	31.4	—
M14	71.6	50.0	—
M16	113	78.5	—
M18	157	108	—
M20	216	147	—
M22	294	206	—
M24	382	265	—

螺母品种	螺母制造材料		扭矩等级
圆翼	钢		Ⅰ级
	不锈钢		Ⅰ级
	黄铜		Ⅱ级
方翼	钢、铁		Ⅰ级
	不锈钢		Ⅰ级
	黄铜		Ⅱ级
冲压	钢	A型	Ⅱ级
		B型	Ⅲ级
压铸	锌合金		Ⅱ级
制造材料牌号			
钢 Q215、Q235 铁 KHT300-06 不锈钢 1Cr18Ni9 黄铜 H62 锌合金 ZZnAlD4-3			

注：1. 尺寸代号：D—螺纹规格；d_k—螺母底部外径；m—螺母高度；L—两翼最大宽度；k—螺母总高度。2. * 冲压螺母按尺寸 m 分 A 型(高型)和 B 型(低型)两种。分子为 A 型尺寸，分母为 B 型尺寸。3. 保证扭矩摘自 GB/T 3098.20—2004《紧固件机械性能—蝶形螺母—保证扭矩》。4. ZZnAlD4-3 锌合金的化学成分，参见 GB/T 8738—1988《铸造锌合金锭》的规定。5. 螺母表面处理：钢—氧化或电镀；不锈钢、黄铜—简单处理；锌合金—未规定。螺纹公差：7H。

25. 圆 螺 母

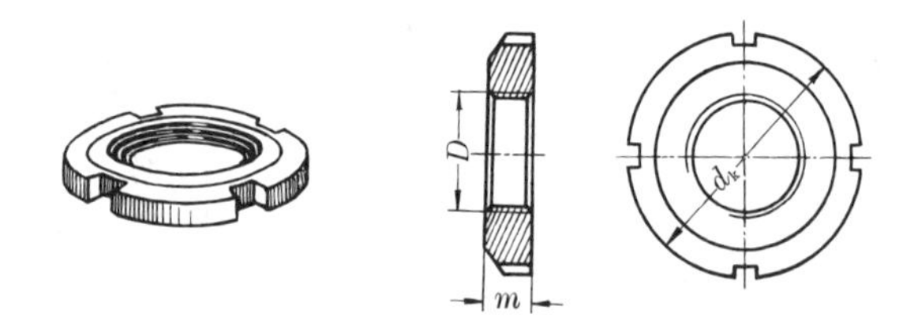

【用　　途】 通常成对地用于机器的轴类零件上，用以防止轴向位移；也常配合止退垫圈，用于装有滚动轴承的轴上，锁紧轴承内圈。圆螺母的装拆须用专用扳手(钩形扳手)。小圆螺母的外径和厚度比普通圆螺母小，用于强度要求较低的场合。

【规　　格】有圆螺母(GB/T 812—1988)和小圆螺母(GB/T 810—1988)两种。

<table>
<tr><th rowspan="2">螺纹规格
$D\times P$
(mm)</th><th colspan="2">外径 d_k
(mm)</th><th colspan="2">高度 m
(mm)</th><th rowspan="2">螺纹规格
$D\times P$
(mm)</th><th colspan="2">外径 d_k
(mm)</th><th colspan="2">高度 m
(mm)</th></tr>
<tr><th>圆螺母</th><th>小圆螺母</th><th>圆螺母</th><th>小圆螺母</th><th>圆螺母</th><th>小圆螺母</th><th>圆螺母</th><th>小圆螺母</th></tr>
<tr><td>M10×1</td><td>22</td><td>20</td><td rowspan="6">8</td><td rowspan="6">6</td><td>M64×2</td><td>95</td><td>85</td><td rowspan="3">12</td><td rowspan="3">10</td></tr>
<tr><td>M12×1.25</td><td>25</td><td>22</td><td>M65×2*</td><td>95</td><td>—</td></tr>
<tr><td>M14×1.5</td><td>28</td><td>25</td><td>M68×2</td><td>100</td><td>90</td></tr>
<tr><td>M16×1.5</td><td>30</td><td>28</td><td>M72×2</td><td>105</td><td>95</td><td rowspan="5">15</td><td rowspan="7">12</td></tr>
<tr><td>M18×1.5</td><td>32</td><td>30</td><td>M75×2*</td><td>105</td><td>—</td></tr>
<tr><td>M20×1.5</td><td>35</td><td>32</td><td>M76×2</td><td>110</td><td>100</td></tr>
<tr><td>M22×1.5</td><td>38</td><td>35</td><td rowspan="12">10</td><td rowspan="12">8</td><td>M80×2</td><td>115</td><td>105</td></tr>
<tr><td>M24×1.5</td><td>42</td><td>38</td><td>M85×2</td><td>120</td><td>110</td></tr>
<tr><td>M25×1.5*</td><td>42</td><td>—</td><td>M90×2</td><td>125</td><td>115</td><td rowspan="5">18</td></tr>
<tr><td>M27×1.5</td><td>45</td><td>42</td><td>M95×2</td><td>130</td><td>120</td></tr>
<tr><td>M30×1.5</td><td>48</td><td>45</td><td>M100×2</td><td>135</td><td>125</td><td rowspan="7">15</td></tr>
<tr><td>M33×1.5</td><td>52</td><td>48</td><td>M105×2</td><td>140</td><td>130</td></tr>
<tr><td>M35×1.5*</td><td>52</td><td>—</td><td>M110×2</td><td>150</td><td>135</td></tr>
<tr><td>M36×1.5</td><td>55</td><td>52</td><td>M115×2</td><td>155</td><td>140</td><td rowspan="4">22</td></tr>
<tr><td>M39×1.5</td><td>58</td><td>55</td><td>M120×2</td><td>160</td><td>145</td></tr>
<tr><td>M40×1.5*</td><td>58</td><td>—</td><td>M125×2</td><td>165</td><td>150</td></tr>
<tr><td>M42×1.5</td><td>62</td><td>58</td><td>M130×2</td><td>170</td><td>160</td></tr>
<tr><td>M45×1.5</td><td>68</td><td>62</td><td>M140×2</td><td>180</td><td>170</td><td rowspan="4">26</td><td rowspan="4">18</td></tr>
<tr><td>M48×1.5</td><td>72</td><td>68</td><td rowspan="6">12</td><td rowspan="6">10</td><td>M150×2</td><td>200</td><td>180</td></tr>
<tr><td>M50×1.5*</td><td>72</td><td>—</td><td>M160×3</td><td>210</td><td>195</td></tr>
<tr><td>M52×1.5</td><td>78</td><td>72</td><td>M170×3</td><td>220</td><td>205</td></tr>
<tr><td>M55×2*</td><td>78</td><td>—</td><td>M180×3</td><td>230</td><td>220</td><td rowspan="3">30</td><td rowspan="3">22</td></tr>
<tr><td>M56×2</td><td>85</td><td>78</td><td>M190×3</td><td>240</td><td>230</td></tr>
<tr><td>M60×2</td><td>90</td><td>80</td><td>M200×3</td><td>250</td><td>240</td></tr>
</table>

注：1. 带 * 符号的圆螺母，仅用于滚动轴承锁紧装置。

2. 螺纹公差为 6H。热处理及表面处理：① 槽或全部热处理，硬度为 35～45HRC；② 调质，硬度为 24～30HRC；③ 氧化。

26. 铆 螺 母

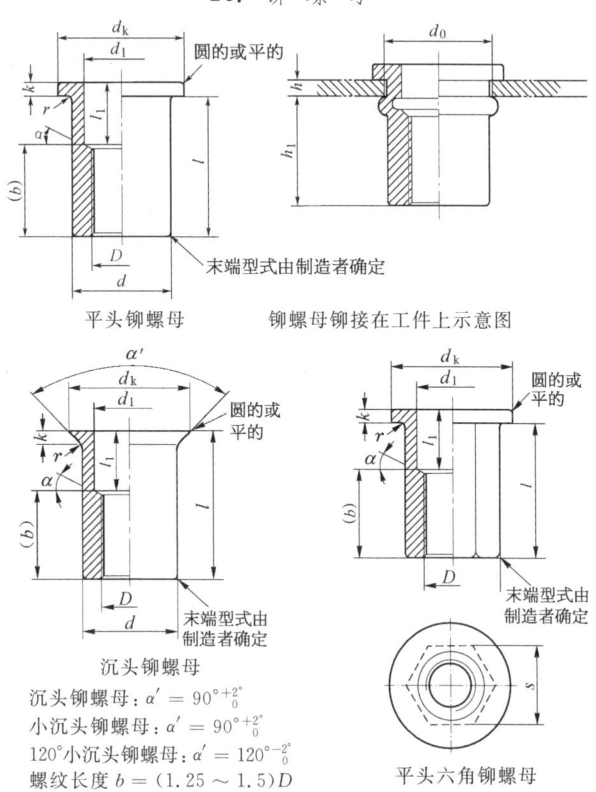

平头铆螺母　　铆螺母铆接在工件上示意图

沉头铆螺母　　平头六角铆螺母

沉头铆螺母：$\alpha' = 90^{\circ}{}^{+2^{\circ}}_{0}$

小沉头铆螺母：$\alpha' = 90^{\circ}{}^{+2^{\circ}}_{0}$

120°小沉头铆螺母：$\alpha' = 120^{\circ}{}^{-2^{\circ}}_{0}$

螺纹长度 $b = (1.25 \sim 1.5)D$

【用　　途】 先利用铆螺母枪，将铆螺母铆接在工件上，然后借助螺钉(栓)，可以将其他零件联接在铆螺母上。

【规　　格】

(1) 铆螺母品种
① 平头铆螺母(GB/T 17880.1—1999) ② 沉头铆螺母(GB/T 17880.2—1999) ③ 小沉头铆螺母(GB/T 17880.3—1999) ④ 120°小沉头铆螺母(GB/T 17880.4—1999) ⑤ 平头六角铆螺母(GB/T 17880.5—1999)
(2) 铆螺母材料
钢铆螺母(①~⑤五种)：材料牌号为 08F、ML10 钢 铝铆螺母(主要是①②两种)：材料牌号为 5056、6061 铝合金

(3) 铆螺母主要尺寸(mm)

螺纹规格 D(或 $D\times P$)		M3	M4	M5	M6	M8	M10、M10×1	M12、M12×1.5
铆螺母外径 d	①~④	5	6	7	9	11	13	15
铆螺母对边宽度 s	⑤	—	—	—	9	11	13	15
头部直径 $d_k\leqslant$	①②⑤ ③ ④	8 5.5 6.5	9 6.75 8	10 8 9	12 10 11	14 12 13	16 14.5 16	18 16.5 18
头部高度 k	①⑤ ② ③④	0.8 1.5 0.35	0.8 1.5 0.5	1 1.5 0.6	1.5 1.5 0.6	1.5 1.5 0.6	1.8 1.5 0.85	1.8 1.5 0.85
光孔直径 d_1	①~④ ⑤	4 —	4.8 —	5.6 —	7.5 8	9.2 10	11 11.5	13 13.5
公称长度 l	①⑤	7.5 8.5 9.5 10.5	9 10 11 12	11 12 13 14	13.5 15 16.5 18	15 16.5 18 19.5	18 19.5 21 22.5	21 22.5 24 25.5
	②	9 10 11	10.5 11.5 12.5	12.5 13.5 14.5	15 16.5 18	16.5 18 19.5	19.5 21 22.5 24	22.5 24 25.5 27
	③④	7.5 8.5 9.5	9 10 11	11 12 13	13.5 15 16.5	15 16.5 18	18 19.5 21	21 22.5 24
铆接厚度 h 推荐计算公式	最小	$l-7.5$	$l-9$	$l-11$	$l-13.5$	$l-15$	$l-18$	$l-21$
	最小	$l-6.5$	$l-8$	$l-10$	$l-12$	$l-13.5$	$l-16.5$	$l-19.5$

注：1. 平头六角铆螺母螺纹规格 D = M6 ~ M12(M12 × 1.5)。
　　2. 表中①②③④⑤，分别表示该项规定适用的铆螺母品种。

(续)

(4) 铆螺母技术条件									
螺纹规格 D			M3	M4	M5	M6	M8	M10	M12
保证载荷 (kN) ≥	钢	①~⑤	3.90	6.80	11.5	16.5	25.0	32.0	34.0
	铝	①②	1.90	4.00	6.50	7.80	12.5	17.5	—
头部结合力 (kN) ≥	钢	①②⑤	2.24	3.20	4.35	6.15	9.03	11.9	13.9
	铝	①②	1.24	1.79	2.45	3.42	5.02	6.63	—
剪切力 (kN) ≥	钢	①~⑤	1.10	2.10	2.60	3.80	5.40	6.90	7.50
	铝	①②	0.64	1.20	1.90	2.70	3.90	4.20	—
破坏扭矩 (N·m) ≥	钢	①⑤	2	5	8.5	15	26	50	80
		②	1	4	8	15	26	45	70
		③④	1	3	6	11	20	32	50
	铝	①②	0.7	2.5	5	8	20	25	—
转动扭矩 (N·m) ≥	钢	①	0.5	1	2	4.5	5.5	11	30
		②	0.4	0.8	1.5	3.6	4.5	8.5	24
	铝	①	0.25	0.9	1.5	3.5	5	6.5	21
		②	0.2	0.7	1.2	2.5	4	5	16

注：3. 工件上铆螺母圆孔内径 $d_0 = d + 0.15$mm；六角孔对边宽度 $s_0 = s + 0.15$mm。

4. 各种螺纹规格(D)的最小公称长度(l)铆螺母，根据公式计算最小铆接厚度结果 $h = 0$ 时，应加 0.5mm ($D \leqslant$ M5 的平头铆螺母则加 0.25mm)；$h > 0$ 时，则加 0.2mm。例：$D =$ M3、$l = 7.5$mm 平头铆螺母的最小铆接厚度 $h = (7.5 - 7.5) + 0.25 = 0.25$mm。$D =$ M3、$l = 9$mm 沉头铆螺母的最小铆接厚度 $h = (9 - 7.5) + 0.2 = 1.7$mm。

5. M10×1 和 M12×1.5 铆螺母的各项技术条件，由供需双方协议。

6. 螺纹公差：6H。

7. 表面处理：钢铆螺母应进行电镀锌；铝铆螺母一般不进行处理。

8. 允许在铆螺母的支承面和(或)d 圆周表面制出花纹，其型式与尺寸由制造者确定。

27. 垫　　圈

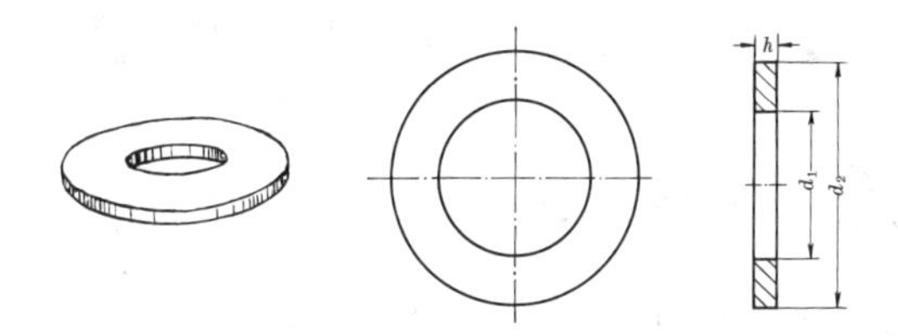

【其他名称】 华司、介子。

【用　　途】 装置于螺母(或螺栓、螺钉头部)与被连接件表面之间,保护被连接件表面避免被螺母擦伤,增大被连接件与螺母之间接触面积,降低螺母作用在被连接表面上的单位面积压力。A 级垫圈与 A 和 B 级螺母、螺栓、螺钉配合使用;C 级垫圈与 C 级螺母、螺栓配合使用。小垫圈主要用于圆柱头螺钉上,特大垫圈主要用于钢木结构上的螺母、螺栓、螺钉上。

【规　　格】

(1) 常见垫圈品种

垫圈名称	其他名称	国家标准号码	规格范围 d (mm)	性能等级	表面处理
小垫圈—A 级	小垫圈、精制小垫圈、小光垫圈	GB/T 848—2002	1.6～36	钢: 200HV 300HV 不锈钢: (A2、F1、C1、A4、C4): 200HV	① ② ③
平垫圈—A 级	垫圈 A 型、精制垫圈 A 型、光垫圈 A 型	GB/T 97.1—2002	1.6～64		
平垫圈—倒角型—A 级	垫圈 B 型、精制垫圈 B 型、光垫圈 B 型	GB/T 97.2—2002	5～64		

(续)

垫圈名称	其他名称	国家标准号码	规格范围 d (mm)	性能等级	表面处理
平垫圈—C级	粗制垫圈、毛垫圈	GB/T 95—2002	1.6～36	钢：100HV	① ②
大垫圈—A级	精制大垫圈、大光垫圈	GB/T 96.1—2002	3～36	同"小垫圈—A级"	
大垫圈—C级	粗制大垫圈、大毛垫圈	GB/T 96.2—2002	3～36	钢：100HV	① ②
特大垫圈—C级	粗制特大垫圈、特大毛垫圈	GB/T 5287—2002	5～36	钢：100HV	① ②

注：1. 垫圈各种性能等级的HV硬度值：

材料	钢			不锈钢
硬度等级	100HV	200HV	300HV	200HV
硬度范围HV	100～200	200～300	300～400	200～300

2. 表面处理栏中：① 表示钢制品—不经处理或电镀层；② 表示钢制品—电镀或非电解锌片涂层；③ 表示不锈钢制品—不经处理。

3. 垫圈的规格 d 指垫圈适用的螺栓(螺钉、螺柱)螺纹大径。

(2) 垫圈的规格及主要尺寸

公称规格(螺纹大径 d, mm)		内径 d_1 (mm)		外径 d_2(mm)				厚度 h(mm)			
		A级	C级	小垫圈	平垫圈	大垫圈	特大垫圈	小垫圈	平垫圈	大垫圈	特大垫圈
优选尺寸	1.6	1.7	1.8	3.5	4	—	—	0.3	0.3	—	—
	2	2.2	2.4	4.5	5	—	—	0.3	0.3	—	—
	2.5	2.7	2.9	5	6	—	—	0.5	0.5	—	—
	3	3.2	3.4	6	7	9	—	0.5	0.5	0.8	—
	4	4.3	4.5	8	9	12	—	0.5	0.8	1	—
	5	5.3	5.5	9	10	15	18	1	1	1	2
	6	6.4	6.6	11	12	18	22	1.6	1.6	1.6	2
	8	8.4	9	15	16	24	28	1.6	1.6	2	3
	10	10.5	11	18	20	30	34	1.6	2	2.5	3
	12	13	13.5	20	24	37	44	2	2.5	3	4
	16	17	17.5	28	30	50	56	2.5	3	3	5
	20	21	22	34	37	60	72	3	3	4	6
	24	25	26	39	44	72	85	4	4	5	6
	30	31	33	50	56	92	105	4	4	6	6
	36	37	39	60	66	110	125	5	5	8	8
	42	45	45	—	78	—	—	—	8	—	—
	48	52	52	—	92	—	—	—	8	—	—
	56	62	62	—	105	—	—	—	10	—	—
	64	70	70	—	115	—	—	—	10	—	—
非优选尺寸	3.5	3.7	3.9	7	8	11	—	0.5	0.5	0.8	—
	14	15	15.5	24	28	44	50	2.5	2.5	3	4
	18	19	20	30	34	56	60	3	3	4	5
	22	23	24	37	39	66	80	3	3	5	6
	27	28	30	44	50	85	98	4	4	6	6
	33	34/36	36	56	60	105	115	5	5	6	8
	39	42	42	—	72	—	—	—	6	—	—
	45	48	48	—	85	—	—	—	8	—	—
	52	56	56	—	98	—	—	—	8	—	—
	60	66	66	—	110	—	—	—	10	—	—

注：1. 平垫圈—A级无公称规格3.5mm。
2. 内径 d_1 栏中的分数，分子适用于小垫圈和平垫圈；分母适用于大垫圈和特大垫圈。

28. 弹 簧 垫 圈

【用　　途】装置在螺母下面用来防止螺母松动。

【规　　格】有标准型(GB/T 93—1987)、轻型(GB/T 859—1987)和重型(GB/T 7244—1987)三种。

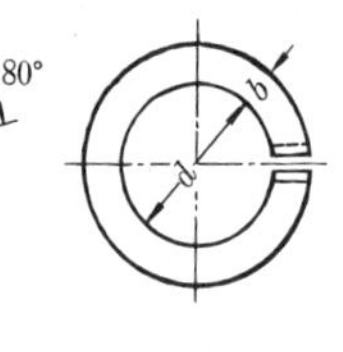

规格 (螺纹大径) (mm)	弹簧垫圈主要尺寸(mm)										
	内径 d		高度 S			宽度 b			自由高度 $H\geq$		
	最小	最大	标准	轻型	重型	标准	轻型	重型	标准	轻型	重型
2	2.1	2.35	0.5	—	—	0.5	—	—	1	—	—
2.5	2.6	2.85	0.65	—	—	0.65	—	—	1.3	—	—
3	3.1	3.4	0.8	0.6	—	0.8	1	—	1.6	1.2	—
4	4.1	4.4	1.1	0.8	—	1.1	1.2	—	2.2	1.6	—
5	5.1	5.4	1.3	1.1	—	1.3	1.5	—	2.6	2.2	—
6	6.1	6.68	1.6	1.3	1.8	1.6	2	2.6	3.2	2.6	3.6
8	8.1	8.68	2.1	1.6	2.4	2.1	2.5	3.2	4.2	3.2	4.8
10	10.2	10.9	2.6	2	3	2.6	3	3.8	5.2	4	6
12	12.2	12.9	3.1	2.5	3.5	3.1	3.5	4.3	6.2	5	7
(14)	14.2	14.9	3.6	3	4.1	3.6	4	4.8	7.2	6	8.2
16	16.2	16.9	4.1	3.2	4.8	4.1	4.5	5.3	8.2	6.4	9.6
(18)	18.2	19.04	4.5	3.6	5.3	4.5	5	5.8	9	7.2	10.6
20	20.2	21.04	5	4	6	5	5.5	6.4	10	8	12
(22)	22.5	23.34	5.5	4.5	6.6	5.5	6	7.2	11	9	13.2
24	24.5	25.5	6	5	7.1	6	7	7.5	12	10	14.2
(27)	27.5	28.5	6.8	5.5	8	6.8	8	8.5	13.6	11	16
30	30.5	31.5	7.5	6	9	7.5	9	9.3	15	12	18
(33)	33.5	34.7	8.5	—	9.9	8.5	—	10.2	17	—	19.8
36	36.5	37.7	9	—	10.8	9	—	11	18	—	21.6
(39)	39.5	40.7	10	—	—	10	—	—	20	—	—
42	42.5	43.7	10.5	—	—	10.5	—	—	21	—	—
(45)	45.5	46.7	11	—	—	11	—	—	22	—	—
48	48.5	49.7	12	—	—	12	—	—	24	—	—

注：带括号的规格尽可能不采用。弹簧钢制品的硬度为 42～50HRC。表面处理：氧化、磷化或镀锌钝化。

29. 圆螺母用止动垫圈(GB/T 858—1988)

【其他名称】 止退垫圈、止动垫圈、爪形垫圈。

【用　　途】 配合圆螺母防止圆螺母松动的一种专用垫圈，主要用于制有外螺纹的轴或紧定套上，作固定轴上零件或紧定套上的轴承用。

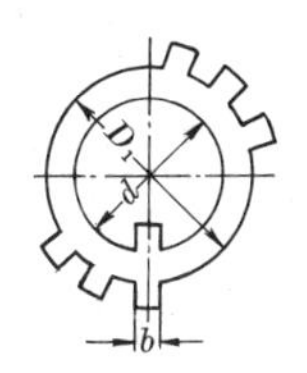

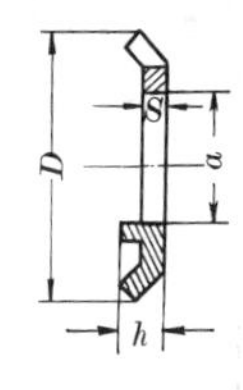

【规　　格】

规　格 (螺纹大径)	内　径 d	外　径 D_1	齿外径 D(参考)	齿　宽 b	厚　度 S	高　度 h	齿　距 a
(mm)							
10	10.5	16	25	3.8	1	3	8
12	12.5	19	28				9
14	14.5	20	32				11
16	16.5	22	34	4.8			13
18	18.5	24	35			4	15
20	20.5	27	38				17
22	22.5	30	42				19
24	24.5	34	45				21
25*	25.5	34	45				22
27	27.5	37	48			5	24
30	30.5	40	52				27
33	33.5	43	56	5.7	1.5		30
35*	35.5	43	56				32
36	36.5	46	60				33
39	39.5	49	62				36
40*	40.5	49	62				37
42	42.5	53	66				39
45	45.5	59	72				42

(续)

规格(螺纹大径)	内径 d	外径 D_1	齿外径 D(参考)	齿宽 b	厚度 S	高度 h	齿距 a
(mm)							
48	48.5	61	76	7.7	1.5	5	45
50*	50.5	61	76				47
52	52.5	67	82			6	49
55*	56	67	82				52
56	57	74	90				53
60	61	79	94				57
64	65	84	100				61
65*	66	84	100				62
68	69	88	105	9.6		7	65
72	73	93	110				69
75*	76	93	110				71
76	77	98	115				72
80	81	103	120				76
85	86	108	125				81
90	91	112	130	11.6	2		86
95	96	117	135				91
100	101	122	140				96
105	106	127	145				101
110	111	135	156	13.5			106
115	116	140	160				111
120	121	145	166				116
125	126	150	170				121
130	131	155	176				126
140	141	165	186				136
150	151	180	206	15.5	2.5		146
160	161	190	216			8	156
170	171	200	226				166
180	181	210	236				176
190	191	220	246				186
200	201	230	256				196

注：1. 带 * 符号的规格，专用于滚动轴承锁紧装置。
2. 材料为低碳钢，制品应进行退火处理。
3. 表面处理：氧化。

30. 孔用弹性挡圈(GB/T 893.1、893.2—1986)

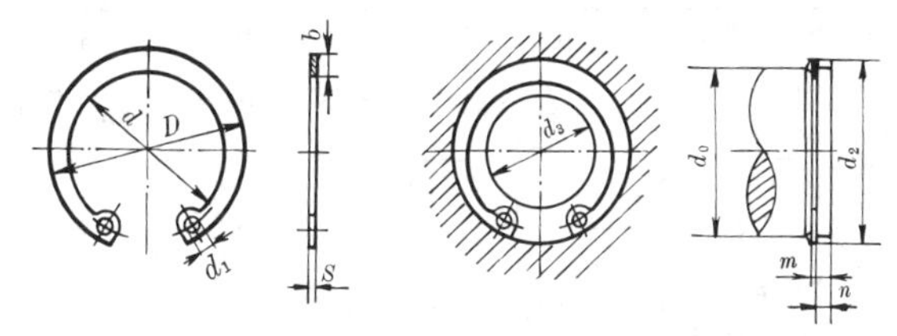

挡圈装配示意图

【用　　途】 用于固定装在孔内的零件(如滚动轴承外圈)的位置,防止零件退出孔外。装拆挡圈时应采用专用工具——孔用挡圈钳来进行。A型挡圈适用于板材冲切制造(GB/T 893.1),B型挡圈适用于线材冲切制造(GB/T 893.2)。

【规　　格】

孔径 d_0 (mm)	挡圈主要尺寸(mm)					孔径 d_0 (mm)	挡圈主要尺寸(mm)				
	外径 D	内径 d	厚度 S	宽度 $b\approx$	钳孔 d_1		外径 D	内径 d	厚度 S	宽度 $b\approx$	钳孔 d_1
8	8.7	7	0.6	1	1	21	22.5	18.7	1	2.5	2
9	9.8	8	0.6	1.2	1	22	23.5	19.7	1	2.5	2
10	10.8	8.3	0.8	1.7	1.5	24	25.9	22.1	1.2	2.5	2
11	11.8	9.2	0.8	1.7	1.5	25	26.9	22.7	1.2	2.8	2
12	13	10.4	0.8	1.7	1.5	26	27.9	23.7	1.2	2.8	2
13	14.1	11.5	0.8	1.7	1.7	28	30.1	25.7	1.2	3.2	2
14	15.1	11.9	1	2.1	1.7	30	32.1	27.3	1.2	3.2	2
15	16.2	13	1	2.1	1.7	31	33.4	28.6	1.2	3.2	2.5
16	17.3	14.1	1	2.1	1.7	32	34.4	29.6	1.2	3.2	2.5
17	18.3	15.1	1	2.1	1.7	34	36.5	31.1	1.5	3.6	2.5
18	19.5	16.3	1	2.1	1.7	35	37.8	32.4	1.5	3.6	2.5
19	20.5	16.7	1	2.5	2	36	38.8	33.4	1.5	3.6	2.5
20	21.5	17.7	1	2.5	2	37	39.8	34.4	1.5	3.6	2.5

（续）

孔径 d_0 (mm)	挡圈主要尺寸(mm)					孔径 d_0 (mm)	挡圈主要尺寸(mm)				
	外径 D	内径 d	厚度 S	宽度 $b\approx$	钳孔 d_1		外径 D	内径 d	厚度 S	宽度 $b\approx$	钳孔 d_1
38	40.8	35.4	1.5	3.6	2.5	95	100.5	88.9	2.5	7.7	3
40	43.5	37.3	1.5	4	2.5	98	103.5	92	2.5	7.7	3
42	45.5	39.3	1.5	4	3	100	105.5	93.9	2.5	7.7	3
45	48.5	41.5	1.5	4.7	3	102	108	95.9	3	8.1	4
(47)	50.5	43.5	1.5	4.7	3	105	112	99.6	3	8.1	4
48	51.5	44.5	1.5	4.7	3	108	115	101.8	3	8.8	4
50	54.2	47.5	2	4.7	3	110	117	103.8	3	8.8	4
52	56.2	49.5	2	4.7	3	112	119	105.1	3	9.3	4
55	59.2	52.2	2	4.7	3	115	122	108	3	9.3	4
56	60.2	52.4	2	5.2	3	120	127	113	3	9.3	4
58	62.2	54.4	2	5.2	3	125	132	117	3	10	4
60	64.2	56.4	2	5.2	3	130	137	121	3	10.7	4
62	66.2	58.4	2	5.2	3	135	142	126	3	10.7	4
63	67.2	59.4	2	5.2	3	140	147	131	3	10.7	4
65	69.2	61.4	2.5	5.2	3	145	152	135.7	3	10.9	4
68	72.5	63.9	2.5	5.7	3	150	158	141.2	3	11.2	4
70	74.5	65.9	2.5	5.7	3	155	164	146.6	3	11.6	4
72	76.5	67.9	2.5	5.7	3	160	169	151.6	3	11.6	4
75	79.5	70.1	2.5	6.3	3	165	174.5	156.8	3	11.8	4
78	82.5	73.1	2.5	6.3	3	170	179.5	161	3	12.3	4
80	85.5	75.3	2.5	6.8	3	175	184.5	165.5	3	12.7	4
82	87.5	77.3	2.5	6.8	3	180	189.5	170.2	3	12.8	4
85	90.5	80.3	2.5	6.8	3	185	194.5	175.3	3	12.9	4
88	93.5	82.6	2.5	7.3	3	190	199.5	180	3	13.1	4
90	95.5	84.5	2.5	7.3	3	195	204.5	184.9	3	13.1	4
92	97.5	86.0	2.5	7.7	3	200	209.5	189.7	3	13.2	4

注：1. A型孔径 d_0 为8～200mm，B型孔径 d_0 为20～200mm。

2. 放置挡圈用的挡圈槽尺寸（d_2、m、n 等）和轴径尺寸 d_3，参见GB/T 893.1、893.2—1986的规定。

3. 硬度（参考）：$d_0 \leqslant 48$mm 为47～54HRC或470～580HV，$d_0 > 48$mm 为44～51HRC或435～530HV。

4. 表面处理：氧化或镀锌钝化。

31. 轴用弹性挡圈(GB/T 894.1、894.2—1986)

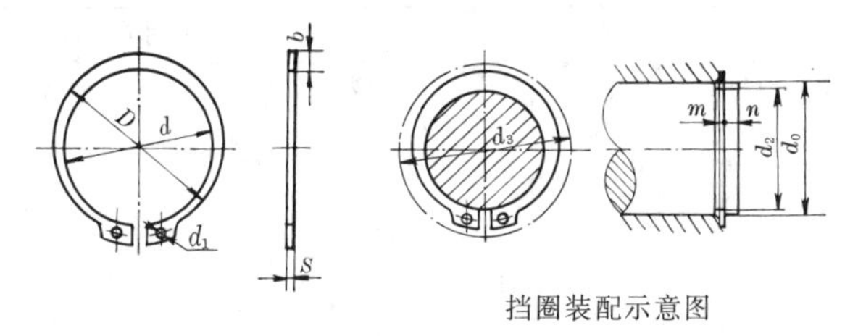

挡圈装配示意图

【用　　途】 用于固定装在轴上的零件(如滚动轴承内圈)的位置,防止零件退出轴外。装拆挡圈时应采用专用工具——轴用挡圈钳来进行。A 型挡圈(GB/T 894.1)适用于板材冲切制造;B 型挡圈(GB/T 894.2)适用于线材冲切制造。

【规　　格】

轴径 d_0 (mm)	挡圈主要尺寸(mm)					轴径 d_0 (mm)	挡圈主要尺寸(mm)				
	内径 d	外径 D	厚度 S	宽度 $b\approx$	钳孔 d_1		内径 d	外径 D	厚度 S	宽度 $b\approx$	钳孔 d_1
3	2.7	3.9	0.4	0.8	1	17	15.7	19.4	1	2.48	1.7
4	3.7	5	0.4	0.88	1	18	16.5	20.2	1	2.48	1.7
5	4.7	6.4	0.6	1.12	1	19	17.5	21.2	1	2.48	2
6	5.6	7.6	0.6	1.32	1.2	20	18.5	22.5	1	2.68	2
7	6.5	8.48	0.6	1.32	1.2	21	19.5	23.5	1	2.68	2
8	7.4	9.38	0.8	1.32	1.2	22	20.5	24.5	1	2.68	2
9	8.4	10.56	0.8	1.44	1.2	24	22.2	27.2	1.2	3.32	2
10	9.3	11.5	1	1.44	1.5	25	23.2	28.2	1.2	3.32	2
11	10.2	12.5	1	1.52	1.5	26	24.2	29.2	1.2	3.32	2
12	11	13.6	1	1.72	1.5	28	25.9	31.3	1.2	3.6	2
13	11.9	14.7	1	1.88	1.7	29	26.9	32.5	1.2	3.72	2
14	12.9	15.7	1	1.88	1.7	30	27.9	33.5	1.2	3.72	2
15	13.8	16.8	1	2	1.7	32	29.6	35.5	1.2	3.92	2.5
16	14.7	18.2	1	2.32	1.7	34	31.5	38	1.5	4.32	2.5

(续)

轴径 d_0 (mm)	挡圈主要尺寸(mm)					轴径 d_0 (mm)	挡圈主要尺寸(mm)				
	内径 d	外径 D	厚度 S	宽度 $b\approx$	钳孔 d_1		内径 d	外径 D	厚度 S	宽度 $b\approx$	钳孔 d_1
35	32.2	39	1.5	4.52	2.5	88	82.5	93	2.5	7	3
36	33.2	40	1.5	4.52	2.5	90	84.5	96	2.5	7.6	3
37	34.2	41	1.5	4.52	2.5	95	89.5	103.3	2.5	9.2	3
38	35.2	42.7	1.5	5	2.5	100	94.5	108.5	2.5	9.2	3
40	36.5	44	1.5	5	2.5	105	98	114	3	10.7	3
42	38.5	46	1.5	5	3	110	103	120	3	11.3	4
45	41.5	49	1.5	5	3	115	108	126	3	12	4
48	44.5	52	1.5	5	3	120	113	131	3	12	4
50	45.8	54	2	5.48	3	125	118	137	3	12.6	4
52	47.8	56	2	5.48	3	130	123	142	3	12.6	4
55	50.8	59	2	5.48	3	135	128	148	3	13.2	4
56	51.8	61	2	6.12	3	140	133	153	3	13.2	4
58	53.8	63	2	6.12	3	145	138	158	3	13.2	4
60	55.8	65	2	6.12	3	150	142	162	3	13.2	4
62	57.8	67	2	6.12	3	155	146	167	3	14	4
63	58.8	68	2	6.12	3	160	151	172	3	14	4
65	60.8	70	2.5	6.12	3	165	155.5	177.1	3	14.4	4
68	63.5	73	2.5	6.32	3	170	160.5	182	3	14.4	4
70	66.5	75	2.5	6.32	3	175	165.5	187.5	3	14.75	4
72	67.5	77	2.5	6.32	3	180	170.5	193	3	15	4
75	70.5	80	2.5	6.32	3	185	175.5	198.3	3	15.2	4
78	73.5	83	2.5	6.32	3	190	180.5	203.3	3	15.2	4
80	74.5	85	2.5	7	3	195	185.5	209	3	15.6	4
82	76.5	87	2.5	7	3	200	190.5	214	3	15.6	4
85	79.5	90	2.5	7	3						

注：1. A型轴径 d_0 为 3～200mm，B型轴径 d_0 为 20～200mm。

2. 放置挡圈用的挡圈槽尺寸(d_2、m、n 等)和孔径尺寸 d_3，参见 GB/T 894.1、894.2—1986 的规定。

3. 硬度(参考)：$d_0 \leqslant 48$mm 为 47～54HRC 或 470～580HV；$d_0 > 48$mm 为 44～51HRC 或 435～530HV。

4. 表面处理：氧化或镀锌钝化。

32. 开 口 销(GB/T 91—2000)

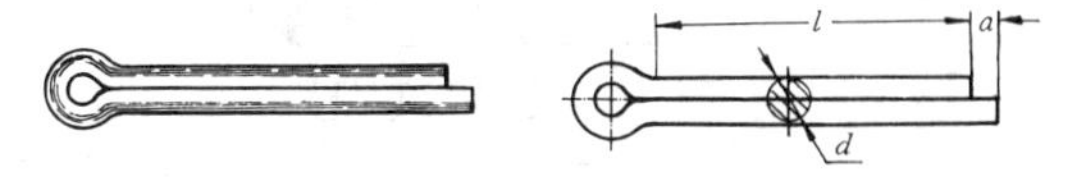

【用　　途】 用于经常要拆卸的轴、螺杆带孔的螺栓上,使轴上的机件和螺栓上的螺母不能脱落。

【规　　格】

开口销公称规格 d_0	开口销直径 d		销身长度 l	伸出长度 a ≤	开口销公称规格 d_0	开口销直径 d		销身长度 l	伸出长度 a ≤
	最小	最大				最小	最大		
(mm)					(mm)				
0.6	0.4	0.5	4~12	1.6	4	3.5	3.7	18~80	4
0.8	0.6	0.7	5~16	1.6	5	4.4	4.6	22~100	4
1	0.8	0.9	6~20	1.6	6.3	5.7	5.9	30~120	4
1.2	0.9	1	8~25	2.5	8	7.3	7.5	40~160	4
1.6	1.3	1.4	8~32	2.5	10	9.3	9.5	45~200	6.3
2	1.7	1.8	10~40	2.5	13	12.1	12.4	71~250	6.3
2.5	2.1	2.3	12~50	2.5	16	15.1	15.4	112~280	6.3
3.2	2.7	2.9	14~63	3.2	20	19.0	19.3	160~280	6.3

注:1. 开口销公称规格 d_0 指被销零件(轴、螺栓)上的销孔直径。

2. 销身长度系列(mm):4,5,6,8,10,12,14,16,18,20,22,25,28,32,36,40,45,50,56,63,71,80,90,100,112,125,140,160,180,200,224,250,280。

3. 表面处理:低碳钢—不经处理、氧化或镀锌钝化、磷化;不锈钢、黄铜—简单处理、钝化。

33. 圆柱销与内螺纹圆柱销

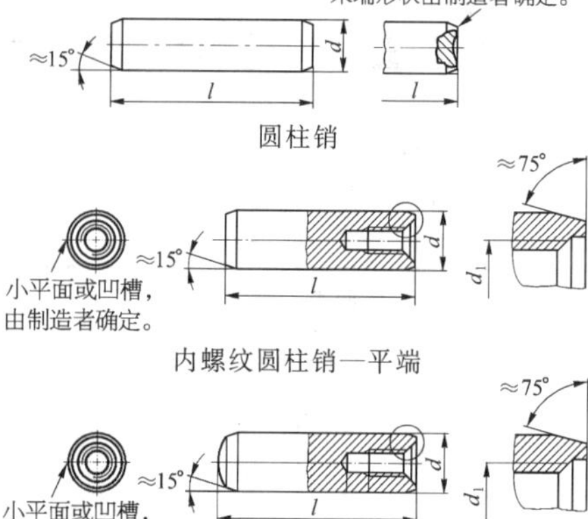

圆柱销

内螺纹圆柱销—平端

内螺纹圆柱端—球面圆柱端

【用　　途】 用于机器的轴上作固定零件、传递动力用，或用于工具、模具上作零件定位用。内螺纹圆柱销上有内螺纹孔，供旋入螺栓取出圆柱销用。

【规　　格】

(1) 圆柱销和内螺纹圆柱销品种
① 圆柱销—不淬硬钢和奥氏体不锈钢(GB/T 119.1—2000)：直径 d 公差为 m6、h8；不锈钢牌号为 A1 ② 圆柱销—淬硬钢和马氏体不锈钢(GB/T 119.2—2000)：直径 d 公差为 m6；不锈钢牌号为 C1；其中淬硬钢圆柱销又按淬火方法分 A 型(普通淬火)和 B 型(表面淬火)两种 ③ 内螺纹圆柱销—不淬硬钢和奥氏体不锈钢(GB/T 120.1—2000)：直径 d 公差为 m6；不锈钢牌号为 A1；结构为平端 ④ 内螺纹圆柱销—淬硬钢和马氏体不锈钢(GB/T 120.2—2000)：直径 d 公差为 m6；不锈钢牌号为 C1；结构分 A 型和 B 型两种；A 型—球面圆柱端，适用于普通淬火钢和马氏体不锈钢制品；B 型—平端，适用于表面淬火制品

(续)

(2) 圆柱销—不淬硬钢和奥氏体不锈钢主要尺寸(mm)											
公称直径 d		0.6	0.8	1	1.2	1.5	2	2.5	3	4	5
公称长度 l	自	2	2	4	4	4	6	6	8	8	10
	至	6	8	10	12	16	20	24	30	40	50
公称直径 d		6	8	10	12	16	20	25	30	40	50
公称长度 l	自	12	14	18	22	26	35	50	60	80	95
	至	20	80	95	140	180	200	200	200	200	200

(3) 圆柱销—淬硬钢和马氏体不锈钢主要尺寸(mm)							
公称直径 d	1	1.5	2	2.5	3	4	5
公称长度 l	3～10	4～16	5～20	6～24	8～30	10～40	12～50
公称直径 d	6	8	10	12	16	20	
公称长度 l	14～60	18～80	22～100	26～100	40～100	50～100	

(4) 内螺纹圆柱销—不淬硬钢和奥氏体不锈钢主要尺寸(mm)											
公称直径 d		6	8	10	12	16	20	25	30	40	50
螺纹直径 d_1		M4	M5	M6	M6	M8	M10	M16	M20	M20	M24
公称长度 l	自	16	18	22	26	32	40	50	60	80	100
	至	60	80	100	120	160	200	200	200	200	200

(5) 内螺纹圆柱销—淬硬钢和马氏体不锈钢主要尺寸(mm)											
公称直径 d		6	8	10	12	16	20	25	30	40	50
螺纹直径 d_1		M4	M5	M6	M6	M8	M10	M16	M20	M20	M24
公称长度 l	自	16	18	22	26	32	40	50	60	80	100
	至	60	80	100	120	160	200	200	200	200	200

(6) 圆柱销和内螺纹圆柱销公称长度 l 系列(mm)

2, 3, 4, 5, 6, 8, 10, 12, 14, 16, 18, 20, 22, 24, 26, 28, 30, 32, 35, 40, 45, 50, 55, 60, 65, 70, 75, 80, 85, 90, 95, 100, 120, 140, 160, 180, 200

(7) 圆柱销和内螺纹圆柱销技术条件						
材料	不淬硬钢	淬硬钢		奥氏体不锈钢	马氏体不锈钢	螺纹公差
		A 型	B 型			
硬度	125～245 HV_{30}	550～650 HV_{30}	600～700 HV_1	210～280 HV_{30}	460～560 HV_{30}	6H
表面处理	钢制品—不经处理,氧化,镀锌钝化,磷化 不锈钢制品—简单处理					

34. 弹性圆柱销

对 $d \geqslant 10$ mm 的弹性圆柱销,也可由制造者选用单面倒角的型式。

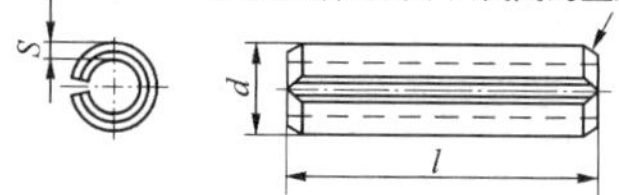

弹性圆柱销—直槽

两端挤压倒角。

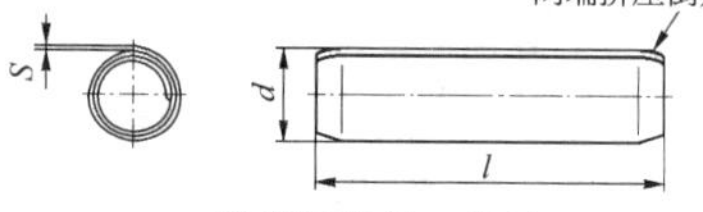

弹性圆柱销—卷制

【用　　途】 具有弹性,装入销孔后不易松脱,对销孔精度要求不高,可多次使用。适用于具有冲击、振动的场合,但不适用于高精度定位及不穿通的销孔中。

【规　　格】

(1) 弹性圆柱销品种
① 弹性圆柱销—直槽—重型(GB/T 879.1—2000)
② 弹性圆柱销—直槽—轻型(GB/T 879.2—2000)
③ 弹性圆柱销—卷制—重型(GB/T 879.3—2000)
④ 弹性圆柱销—卷制—标准型(GB/T 879.4—2000)
⑤ 弹性圆柱销—卷制—轻型(GB/T 879.5—2000)

(2.1) 弹性圆柱销—直槽—重型主要尺寸(mm)

公称直径 d		1	1.5	2	2.5	3	3.5	4	4.5	5	6
厚　度 S		0.2	0.3	0.4	0.5	0.6	0.75	0.8	1	1	1.2
公称长度 l	自	4	4	4	4	4	4	4	5	5	10
	至	20	20	30	30	40	40	50	50	80	100
公称直径 d		8	10	12	13	14	16	18	20	21	
厚　度 S		1.5	2	2.5	2.5	3	3	3.5	4	4	
公称长度 l	自	10	10	10	10	10	10	10	10	14	
	至	120	160	180	180	200	200	200	200	200	

(续)

(2.1) 弹性圆柱销—直槽—重型主要尺寸(mm)(续)										
公称直径 d		25	28	30	32	35	38	40	45	50
厚　　度 S		5	5.5	6	6	7	7.5	7.5	8.5	9.5
公称长度 l	自	14	14	14	20	20	20	20	20	20
	至	200	200	200	200	200	200	200	200	200

(2.2) 弹性圆柱销—直槽—轻型主要尺寸(mm)									
公称直径 d		2	2.5	3	3.5	4	4.5	5	6
厚　　度 S		0.2	0.25	0.3	0.35	0.5	0.5	0.5	0.75
公称长度 l	自	4	4	4	4	4	5	5	10
	至	30	30	40	40	50	50	80	100
公称直径 d		8	10	12	13	14	16	18	20
厚　　度 S		0.75	1	1	1.2	1.5	1.5	1.7	2
公称长度 l	自	10	10	10	10	10	10	10	10
	至	120	160	180	180	200	200	200	200
公称直径 d		21	25	28	30	35	40	45	50
厚　　度 S		2	2	2.5	2.5	3.5	4	4	5
公称长度 l	自	14	14	14	14	20	20	20	20
	至	200	200	200	200	200	200	200	200

(2.3) 弹性圆柱销—卷制—重型主要尺寸(mm)								
公称直径 d		1.5	2	2.5	3	3.5	4	5
厚　　度 S		0.17	0.22	0.28	0.33	0.39	0.45	0.56
公称长度 l	自	4	4	5	6	6	8	10
	至	26	40	45	50	50	60	60
公称直径 d		6	8	10	12	14	16	20
厚　　度 S		0.67	0.9	1.1	1.3	1.6	1.8	2.2
公称长度 l	自	12	16	20	24	28	35	45
	至	75	120	120	160	200	200	200

(2.4) 弹性圆柱销—卷制—标准型主要尺寸(mm)										
公称直径 d		0.8	1	1.2	1.5	2	2.5	3	3.5	4
厚　　度 S		0.07	0.08	0.1	0.13	0.17	0.21	0.25	0.29	0.33
公称长度 l	自	4	4	4	4	4	5	6	6	8
	至	16	16	16	24	40	45	50	50	60

（续）

(2.4) 弹性圆柱销—卷制—标准型主要尺寸(mm)(续)									
公称直径 d		5	6	8	10	12	14	16	20
壁　　厚 S		0.42	0.5	0.67	0.84	1	1.2	1.3	1.7
公称长度 l	自	10	12	16	20	24	28	32	45
	至	60	75	120	120	160	200	200	200

(2.5) 弹性圆柱销—卷制—轻型主要尺寸(mm)										
公称直径 d		1.5	2	2.5	3	3.5	4	5	6	8
壁　　厚 S		0.08	0.11	0.14	0.17	0.19	0.22	0.28	0.33	0.45
公称长度 l	自	4	4	5	6	6	8	10	12	16
	至	24	40	45	50	50	60	60	75	120

(3) 弹性圆柱销—直槽、卷制公称长度(l)系列(mm)
4，5，6，8，10，12，14，16，18，20，22，24，26，28，30，32，35，40，45，50，55，60，65，70，75，80，85，90，95，100，120，140，160，180，200

(4.1) 弹性圆柱销—直槽—重型双面剪切载荷(kN)* ≥										
d(mm)	1	1.5	2	2.5	3	3.5	4	4.5	5	6
剪切载荷	0.7	1.58	2.82	4.38	6.32	9.06	11.24	15.36	17.54	26.04
d(mm)	8	10	12	13	14	16	18	20	21	
剪切载荷	42.76	70.16	104.1	115.1	144.7	171	222.5	280.6	298.2	
d(mm)	25	28	30	32	35	38	40	45	50	
剪切载荷	438.5	542.6	631.4	684	859	1003	1068	1360	1685	

(4.2) 弹性圆柱销—直槽—轻型双面剪切载荷(kN)* ≥								
d(mm)	2	2.5	3	3.5	4	4.5	5	6
剪切载荷	1.5	2.4	3.5	4.6	8	8.8	10.4	18
d(mm)	8	10	12	13	14	16	18	20
剪切载荷	24	40	48	66	84	98	126	158
d(mm)	21	25	28	30	35	40	45	50
剪切载荷	168	202	280	302	490	634	720	1000

注：1. * 表列剪切载荷值，仅适用于碳素钢、硅锰钢和马氏体不锈钢制品；对奥氏体不锈钢制品，未规定剪切载荷值。

(续)

(4.3) 弹性圆柱销—卷制—重型双面剪切载荷(kN)** ≥								
d(mm)		1.5	2	2.5	3	3.5	4	5
剪切载荷	①	1.9	3.5	5.5	7.6	10	13.5	20
	②	1.45	2.5	3.8	5.7	7.6	10	15.5
d(mm)		6	8	10	12	14	16	20
剪切载荷	①	30	53	84	120	165	210	340
	②	23	41	64	91	—	—	—

(4.4) 弹性圆柱销—卷制—标准型双面剪切载荷(kN)** ≥										
d(mm)		0.8	1	1.2	1.5	2	2.5	3	3.5	4
剪切载荷	①	0.4	0.6	0.9	1.45	2.5	3.9	5.5	7.5	9.6
	②	0.3	0.45	0.65	1.05	1.9	2.9	4.2	5.7	7.6

d(mm)		5	6	8	10	12	14	16	20
剪切载荷	①	15	22	39	62	89	120	155	250
	②	11.5	16.8	30	48	67	—	—	—

(4.5) 弹性圆柱销—卷制—轻型双面剪切载荷(kN)** ≥										
d(mm)		1.5	2	2.5	3	3.5	4	5	6	8
剪切载荷	①	0.8	1.5	2.3	3.3	4.5	5.7	9	13	23
	②	0.65	1.1	1.8	2.5	3.4	4.4	7	10	18

(5) 弹性圆柱销—直槽、卷制技术条件

(1) 材料与硬度

碳素钢直槽销：淬火并回火，硬度为 420～520HV_{30}；

奥氏体回火，硬度为 500～560HV_{30}；

硅锰钢直槽销：淬火并回火，硬度为 420～560HV_{30}；

碳素钢卷制销：淬火并回火，硬度为 420～545HV_{30}；

奥氏体不锈钢(A)直槽销、卷制销：冷加工，无硬度要求；

马氏体不锈钢(C)直槽销：淬火并回火，硬度为 440～560HV_{30}；

卷制销：淬火并回火，硬度为 460～560HV_{30}

(2) 表面处理

碳素钢和硅锰钢制品：不经处理、氧化、磷化、镀锌钝化；奥氏体和马氏体不锈钢制品：简单处理

注：2. ** 表列剪切载荷值：① 适用于碳素钢、硅锰钢和马氏体不锈钢制品；② 适用于奥氏体不锈钢制品。

35. 圆锥销与内螺纹圆锥销

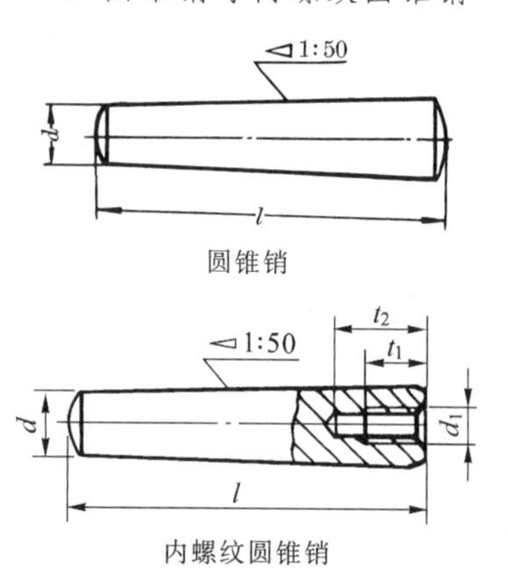

圆锥销

内螺纹圆锥销

【其他名称】 锥销、斜销、推拔销。

【用　　途】 销和销孔表面上制有 1∶50 锥度，销与销孔之间连接紧密可靠，具有对准容易、在承受横向载荷时能自锁等优点。主要用于定位，也可作固定零件、传递动力用，多用于经常拆卸场合。内螺纹圆锥销多一螺纹孔，以便旋入螺栓，把圆锥销从销孔中取出，适用于不穿通的销孔或从销孔中很难取出普通圆锥销的场合。按制造方法又分 A 型（磨削）和 B 型（切削或冷镦）两种。

【规　　格】

(1) 圆锥销主要尺寸(mm)(GB/T 117—2000)										
公称直径 d	0.6	0.8	1	1.2	1.5	2	2.5	3	4	5
公称长度 l (商品规格)	4～ 8	5～ 12	6～ 16	6～ 20	8～ 24	10～ 35	10～ 35	12～ 45	14～ 55	18～ 60
公称直径 d	6	8	10	12	16	20	25	30	40	50
公称长度 l (商品规格)	22～ 90	22～ 120	26～ 160	32～ 180	40～ 200	45～ 200	50～ 200	55～ 200	60～ 200	65～ 200

(续)

(2) 内螺纹圆锥销主要尺寸(mm)(GB/T 118—2000)										
公称直径 d	6	8	10	12	16	20	25	30	40	50
螺纹直径 d_1	M4	M5	M6	M8	M10	M12	M16	M20	M20	M24
螺纹长度 t	6	8	10	12	16	18	24	30	30	36
螺孔深度 t_1	10	12	16	20	25	28	35	40	40	50
公称长度 l (商品规格)	16～ 60	18～ 80	22～ 100	26～ 120	32～ 160	40～ 200	50～ 200	60～ 200	80～ 200	100～ 200

(3) 圆锥销和内螺纹圆锥销公称长度(l)系列(mm)

2，3，4，5，6，8，10，12，14，16，18，20，22，24，26，28，30，32，35，40，45，50，55，60，65，70，75，80，85，90，95，100，120，140，160，180，200,大于 200(20 进位)

(4) 圆锥销和内螺纹圆锥销技术条件

(1) 材料与硬度
易切钢：牌号 Y12、Y15,未规定硬度要求；
碳素钢：牌号 35,硬度为 28～38HRC；
牌号 45,硬度为 38～46HRC；
合金钢：牌号 30CrMnSiA,硬度为 35～41HRC；
不锈钢：牌号 1Cr13、2Cr13，Cr17Ni2，0Cr18Ni9Ti；
未规定硬度要求

(2) 表面粗糙度(R_a)
锥面：A 型，R_a = 0.8μm；
B 型，R_a = 3.2μm；
端面：R_a = 6.3μm

(3) 公称直径(d)公差
h10;其他公差：如 a11、c11 和 f8,由供需双方协议

(4) 表面处理
易切钢、碳素钢和合金钢：不经处理、氧化、磷化、镀锌钝化；不锈钢：简单处理

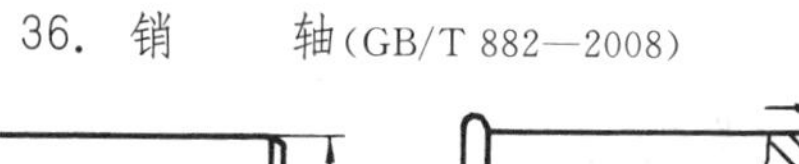

36. 销　　轴(GB/T 882—2008)

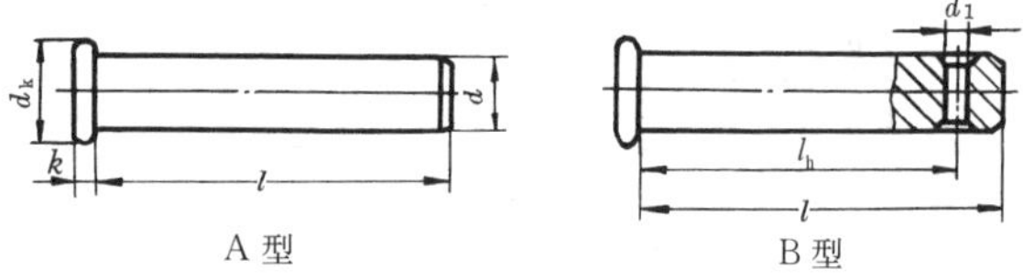

【用　　途】 作零件之间的铰连接用。其特点是:连接比较松动,装拆方便。B型带有销孔,尚可配合开口销使用。

【规　　格】 商品规格。

d 公称直径	3	4	5	6	8	10	12	14	16	18
d_k 头部直径	5	6	8	10	14	18	20	22	25	28
d_1 销孔直径	0.8	1	1.2	1.6	2	3.2	3.2	4	4	5
k 头部高度	1	1	1.6	2	3	4	4	4	4.5	5
l 公称长度	6~30	8~40	10~50	12~60	16~80	20~100	24~120	28~140	32~160	35~180
d 公称直径	20	22	24	27	30	33	36	40		
d_k 头部直径	30	33	36	40	44	47	50	55		
d_1 销孔直径	5	5	6.3	6.3	8	8	8	8		
k 头部高度	5	5.5	6	6	8	8	8	8		
l 公称长度	40~200	45~200	50~200	55~200	60~200	65~200	20~200	80~200		
d 公称直径	45	50	55	60	70	80	90	100		
d_k 头部直径	60	66	72	78	90	100	110	120		
d_1 销孔直径	10	10	10	10	13	13	13	13		
k 头部高度	9	9	11	12	13	13	13	13		
l 公称长度	90~200	100~200	120~200	120~200	140~200	160~200	180~200	200		

注:1. 公称长度 l 系列(mm):6,8,10,12,14,16,18,20,22,24,26,28,30,32,35,40,45,50,55,60,65,70,75,80,85,90,95,100,120,140,160,180,200。

2. 材料/硬度(HRC):易切钢或冷镦钢:125~245HV。

3. 表面处理:氧化、磷化、镀锌铬酸盐转化膜。

37. 半圆头铆钉(粗制)与半圆头铆钉

(GB/T 863.1、867—1986)

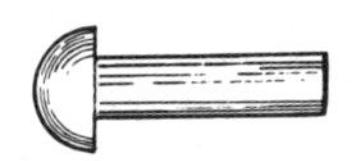

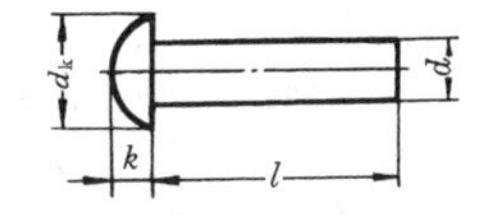

【其他名称】 圆头铆钉。

【用　　途】 应用最广的一种铆接用紧固件。用于锅炉、容器、桥梁和桁架等钢结构上作铆接用紧固件。铆接的特点是不可拆卸的,如要把两个被铆接件分开,必须把铆钉破坏掉。精制铆钉表面粗糙度较小,尺寸精度较高,用于对尺寸精度和表面状况要求较高的场合。

【规　　格】 商品规格。

公称直径 d	头部尺寸		公称长度 l
	直径 d_k	高度 k	精　制
(mm)			
0.6	1.1	0.4	1～6
0.8	1.4	0.5	1.5～8
1	1.8	0.6	2～8
(1.2)	2.1	0.7	2.5～8
1.4	2.5	0.8	3～12
(1.6)	3	1	3～12
2	3.5	1.2	3～16
2.5	4.6	1.6	5～20
3	5.3	1.8	5～26
(3.5)	6.3	2.1	7～26
4	7.1	2.4	7～50
5	8.8	3	7～55
6	11	3.6	8～60

公称直径 d	头部尺寸		公称长度 l	
	直径 d_k	高度 k	粗　制	精　制
(mm)				
8	14	4.8	—	16～65
10	17	6	—	16～85
12	21	8	20～90	20～90
(14)	24	9	22～100	22～100
16	29	10	26～110	26～110
(18)	32	12.5	32～150	—
20	35	14	32～150	—
(22)	39	15.5	38～180	—
24	43	17	52～180	—
(27)	48	19	55～180	—
30	53	21	55～180	—
36	62	25	58～200	—

注：1. 带括号的规格尽可能不采用。

2. 公称长度 l 系列(mm)：1,1.5,2,2.5,3,3.5,4,5,6,7,8,9,10,11,12,13,14,15,16,17,18,19,20,22,24,26,28,30,32,34*,35**,36*,38,40,42,44*,45**,46*,48,50,52,55,58,60,62*,65,68*,70,75,80,85,90,95,100,110,120,130,140,150,160,170,180,190,200。其中带 * 符号的长度，只有(精制)铆钉(GB/T 867—1986)；带 ** 符号的长度，只有粗制铆钉(GB/T 863.1—1986)。粗制铆钉的长度均为商品规格；(精制)铆钉只有 $d=2\sim10$mm 的长度为商品规格，其余 d 的长度为通用规格。

3. 碳钢制品：冷镦制品须经退火处理，表面不经处理或镀锌钝化。不锈钢制品：表面不经处理。铜及黄铜制品：表面不经处理或钝化。铝、硬铝及防锈铝：表面不经处理或阳极氧化。

38. 沉头铆钉(粗制)与沉头铆钉

(GB/T 865、869—1986)

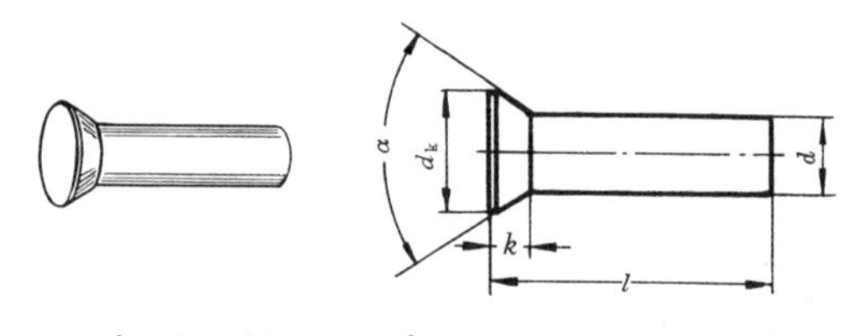

$d=1\sim10$，$\alpha=90°$；$d=12\sim36$，$\alpha=60°$

【其他名称】 埋头铆头、康特生头铆钉。

【用　　途】 一种铆接用紧接固件。用于表面需要平滑、不允许钉头外露的场合(被铆接件表面须制出相应的锥孔)。

【规　　格】 商品规格。

公称直径 d	头部尺寸		公称长度 l	公称直径 d	头部尺寸		公称长度 l	
	直径 d_k	高度 k	精　制		直径 d_k	高度 k	粗　制	精　制
(mm)				(mm)				
1	1.9	0.5	2～8	10	17.6	4	—	16～75
(1.2)	2.1	0.5	2.5～8	12	18.6	6	20～75	18～75
1.4	2.7	0.7	3～12	(14)	21.5	7	20～100	20～100
(1.6)	2.9	0.7	3～12	16	24.7	8	24～100	24～100
2	3.9	1	3.5～16	(18)	28	9	28～150	—
2.5	4.6	1.1	5～18	20	32	11	30～150	—
3	5.2	1.2	5～22	(22)	36	12	38～180	—
(3.5)	6.1	1.4	6～24	24	39	13	50～180	—
4	7	1.6	6～30	(27)	43	14	55～180	—
5	8.8	2	6～50	30	50	17	60～200	—
6	10.4	2.4	6～50	36	58	19	65～200	—
8	14	3.2	12～60					

注：1. 带括号的规格尽可能不采用。

2. 公称长度 l 系列(mm)：2,2.5,3,3.5,4,5,6,7,8,9,10,11,12,13,14,15,16,17,18,19,20,22,24,26,28,30,32,34*,35**,36*,38,40,42,44*,45**,46*,48,50,52,55,58,60,62*,65,68*,70,75,80,85,90,95,100,110,120,130,140,150,160,170,180,190,200。其中带 * 符号的长度只有(精制)铆钉(GB/T 869—1986),带 ** 符号的长度只有粗制铆钉(GB/T 865—1986)。粗制铆钉均为商品规格;(精制)铆钉只有 d =2～10mm的长度为商品规格,其余 d 的长度为通用规格。

3. 材料及表面处理：参见第 590 页“半圆头铆钉”的注 3。

39. 平头铆钉与号头铆钉

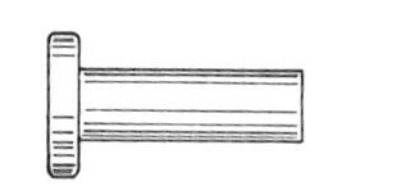

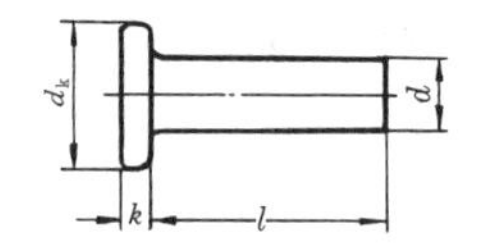

【其他名称】 扁头铆钉、白铁工铆钉、箍桶铆钉、锅钉。

【用　　途】 用于打包钢带、木桶、木盆的箍圈等扁薄件的铆接。

【规　　格】 商品规格。

(1) 平头铆钉(GB/T 109—1986)

公称直径 d(mm)	2	2.5	3	(3.5)	4	5	6	8	10
头部直径 d_k(mm)	4	5	6	7	8	10	12	16	20
头部高度 k(mm)	1	1.2	1.4	1.6	1.8	2	2.4	2.8	3.2
公称长度 l(mm)	4～8	5～10	6～14	6～18	8～22	10～26	12～30	16～30	20～30

注：1. 公称长度 l 系列(mm)：4,5,6,7,8,9,10,11,12,13,14,15,16,17,18,19,20,22,24,26,28,30。带括号的规格尽可能不采用。

2. 材料及表面处理：参见第 590 页“半圆头铆钉”的注 3。

(2) 号头铆钉(上海产品)

号　　码	6	7	8	9	10	12	14	16	18	20
公称直径 d(mm)	2.77	2.84	3.05	3.30	3.66	4.09	4.72	5.59	6.05	7.21
公称长度 l(mm)	4.76	5.08	5.56	5.95	6.75	7.94	9.53	10.32	11.90	13.10

注：碳钢制品，表面不经处理。

40. 抽 芯 铆 钉

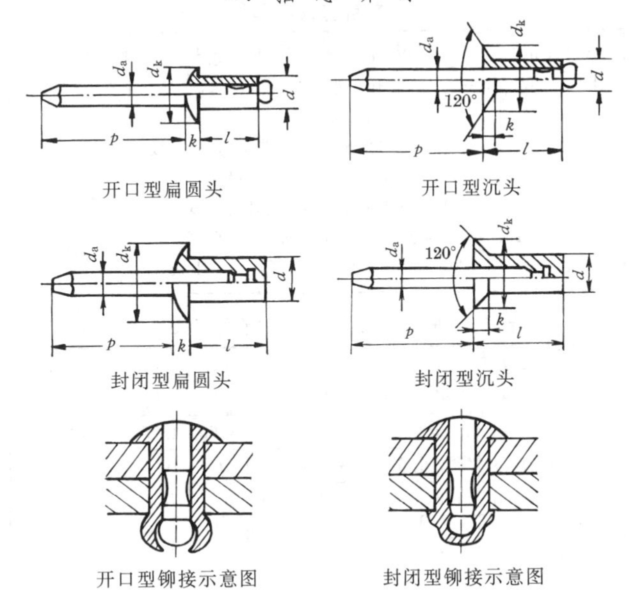

开口型扁圆头　　开口型沉头

封闭型扁圆头　　封闭型沉头

开口型铆接示意图　　封闭型铆接示意图

【其他名称】 盲铆钉。

【用　　途】 用于铆接两个零件，使之成为一件整体的一种特殊铆钉。其特点是单面进行铆接操作，但须使用专用工具——拉铆枪（手动、电动、气动），特别适用于不便采用普通铆钉（须从两面进行铆接）的零件。广泛用于建筑、汽车、船舶、飞机、机器、电器、家具等行业。其中以开口型扁圆头抽芯铆钉应用最广，沉头抽芯铆钉应用于表面不允许钉头露出的场合；封闭型抽芯铆钉应用于要求较高强度和一定密封性能的场合。

【规　　格】

(1) 抽芯铆钉品种和标准号

GB/T 12618.1～2—2006 开口型平圆头抽芯铆钉—10、11、30 级
GB/T 12617.1～5—2006 开口型沉头抽芯铆钉—10、11、30、12、51、20、21、22 级
GB/T 12615.1—2004 封闭型平圆头抽芯铆钉—11 级
GB/T 12615.2—2004 封闭型平圆头抽芯铆钉—30 级
GB/T 12615.3—2004 封闭型平圆头抽芯铆钉—06 级
GB/T 12615.4—2004 封闭型平圆头抽芯铆钉—51 级
GB/T 12616.1—2004 封闭型沉头抽芯铆钉—11 级

(2) 开口型(平圆头、沉头)抽芯铆钉主要尺寸(mm)

公称直径 d		公称	2.4	3	3.2	4	4.8	5	6*	6.4*
		max	2.48	3.08	3.28	4.08	4.88	5.08	6.08	6.48
		min	2.25	2.85	3.05	3.85	4.65	4.85	5.85	6.25
钉体头直径 d_k		max	5.0	6.3	6.7	8.4	10.1	10.5	12.6	13.4
		min	4.2	5.4	5.8	6.9	8.3	8.7	10.8	11.6
钉体头高度 k		max	1	1.3	1.3	1.7	2	2.1	2.5	2.7
钉芯直径 d_a		max	1.55	2	2	2.45	2.95	2.95	3.4	3.9
钉芯长度 p		min	25			27				
公称长度 l	半圆头	max	5～13	5～26	7～26	7～26	7～31	7～31	9～31	13～31
		min	4～12	4～25	6～25	6～25	6～30	6～30	8～30	12～30
	沉头	max	5～13	7～26		9～26	9～31		—	
		min	4～12	6～25		8～25	8～30		—	

注：标 * 仅限平圆头抽芯铆钉。

(3) 封闭型(平圆头、沉头)抽芯铆钉主要尺寸

封闭型(平圆头、沉头)抽芯铆钉主要尺寸(mm)							
公称直径 d			3.2	4	4.8	5	6.4
钉体头直径 d_{kmax}			6.7	8.4	10.1	10.5	13.4
钉体头高度 k_{max}			1.3	1.7	2	2.1	2.7
钉芯直径 d_{amax}	平圆头	其余等级	1.85	2.35	2.77	2.8	3.75
		30 级	2	2.35	2.95	—	3.9
		51 级	2.15	2.75	3.2	—	3.9
	沉头	11 级	1.85	2.35	2.77	2.8	3.75
钉芯伸出长度 p			25		27		
铆钉孔直径			$d+(0.1\sim0.2)$				

性能等级	主要尺寸(mm)	
	d	l(公称长度)
封闭型平圆头抽芯铆钉		
11	3.2	6.5, 8, 9.5, 11, 12.5
	4	8, 9.5, 11, 12.5, 14.5
	4.8	8.5, 9.5, 11, 13,
	5	14.5, 16, 18, 21
	6.4	12.5, 15.5
30	3.2	6, 8, 10, 12
	4	6, 8, 10, 12, 15
	4.8	8, 10, 12, 15
	6.4	15, 16, 21
06	3.2	8, 9.5, 11
	4	9.5, 11.5, 12.5
	4.8	8, 11, 14.5, 18

性能等级	主要尺寸(mm)	
	d	l(公称长度)
封闭型平圆头抽芯铆钉		
06	6.4	12.5, 14.5, 18
51	3.2	6, 8, 10, 12, 14
	4	6, 8, 10, 12, 14, 16
	4.8	8, 10, 12, 16, 20
	6.4	12, 16, 20
封闭型沉头抽芯铆钉		
11	3.2	8, 9.5, 11, 12.5
	4	8, 9.5, 11, 12.5, 14.5
	4.8	8.5, 9.5, 11, 13,
	5	14.5, 16, 18, 21
	6.4	12.5, 15.5

注:封闭型(平圆头、沉头)抽芯铆钉的铆接范围,分别参见 GB/T 12615.1～12615.4、12616.1—2004 中的规定。

(4) 抽芯铆钉性能等级与材料组合(GB/T 3098.19—2004)

性能等级	钉体材料		钉芯材料	
	名 称	牌 号	名 称	牌 号
06	铝	1035	铝合金	7A03，5183
08 10 11	铝合金	5005，5A05 5052，5A02 5056，5A05	碳素钢	10，15，35，45
12	铝合金	5052，5A02	铝合金	7A03，5183
15	铝合金	5056，5A05	不锈钢	0Cr18Ni9 1Cr18Ni9
20 21	铜	T1，T2，T3	碳素钢 青铜	10，15，35，45 待定
22	铜	T1，T2，T3	不锈钢	0Cr18Ni9 1Cr18Ni9
23	黄铜	待定	待定	待定
30	碳素钢	08F，10	碳素钢	10，15，35，45
40	镍铜合金	NiCu28-2.5-1.5	碳素钢	10，15，35，45
41	镍铜合金	NiCu28-2.5-1.5	不锈钢	0Cr18Ni9 2Cr13
50	不锈钢	0Cr18Ni9 1Cr18Ni9	碳素钢	10，15，35，45
51	不锈钢	0Cr18Ni9 1Cr18Ni9	不锈钢	0Cr18Ni9 2Cr13

(5) 抽芯铆钉机械性能(GB/T 3098.19—2004)

(1) 开口型抽芯铆钉最小剪切载荷和最小拉力载荷									
性能等级	载荷项目	公称直径 d(mm)							
		2.4	3	3.2	4	4.8	5	6	6.4
		最小剪切载荷和最小拉力载荷(N)							
06	剪切载荷	—	240	285	450	660	710	940	1070
06	拉力载荷	—	310	370	590	860	920	1250	1430
08	剪切载荷	172	300	360	540	935	990	1170	1460
08	拉力载荷	258	380	450	750	1050	1150	1560	2050

（续）

(1) 开口型抽芯铆钉的最小剪切载荷和最小拉力载荷									
性能等级	载荷项目	公称直径 d(mm)							
		2.4	3	3.2	4	4.8	5	6	8
		最小剪切载荷和最小拉力载荷(N)							
10，12	剪切载荷	250	400	500	850	1200	1400	2100	2200
	拉力载荷	350	550	700	1200	1700	2000	3000	3150
11，15	剪切载荷	350	550	750	1250	1850	2150	3200	3400
	拉力载荷	550	850	1100	1800	2600	3100	4600	4850
20，21	剪切载荷	—	760	800	1500*	2000	—	—	—
	拉力载荷	—	950	1000	1800	2500	—	—	—
30	剪切载荷	650	950	1100*	1700	2900*	3100	4300	4900
	拉力载荷	700	1100	1200	2200	3100	4000	4800	5700
40，41	剪切载荷	—	—	1400	2200	3300	—	—	5500
	拉力载荷	—	—	1900	3000	3700	—	—	6800
50，51	剪切载荷	—	1800*	1900*	2700	4000	4700	—	—
	拉力载荷	—	2200*	2500*	3500	5000	5800	—	—

(2) 开口型抽芯铆钉的钉芯断裂载荷									
钉体材料	钉芯材料	公称直径 d(mm)							
		2.4	3	3.2	4	4.8	5	6	6.4
		钉芯断裂载荷(N)							
铝	铝	1100	—	1800	2700	3700	—	—	6300
铝	钢，不锈钢	2000	3000	3500	5000	6500	6500	9000	11000
铜	钢，不锈钢	—	3000	3000	4500	5000	—	—	—
钢	钢	2000	3200	4000	5800	7500	8000	12500	13000
镍铜合金	钢，不锈钢	—	—	4500	6500	8500	—	—	14700
不锈钢	钢，不锈钢	—	4100	4500	6500	8500	9000	—	—

注：带 * 符号数据待生产验证(含选用材料牌号)。

（续）

(3) 开口型抽芯铆钉钉头保持能力								
性能等级	公称直径 d(mm)							
	2.4	3	3.2	4	4.8	5	6	6.4
	钉头保持能力(N)							
06，08 10，11，12，15 20，21，40，41	10	15	15	20	25	25	30	30
30，50，51	30	35	35	40	45	45	50	50

(4) 封闭型抽芯铆钉的最小剪切载荷和最小拉力载荷								
性能等级	载荷项目	公称直径 d(mm)						
		3	3.2	4	4.8	5	6	6.4
		最小剪切载荷和最小拉力载荷(N)						
06	抗剪载荷	—	460	720	1000*	—	—	1220
	拉力载荷	—	540	760	1400*	—	—	1580
11，15	抗剪载荷	930	1100	1600	2200	2420	3350	3600*
	拉力载荷	1080	1450	2200	3100	3500	4285	4900*
20，21	抗剪载荷	—	850	1350	1950	—	—	—
	拉力载荷	—	1300	2000	2800	—	—	—
30	抗剪载荷	—	1150	1700	2400	—	—	3600
	拉力载荷	—	1300	1550	2800	—	—	4000
50，51	抗剪载荷	—	2000	3000	4000	—	—	6000
	拉力载荷	—	2200	3500	4400	—	—	8000

(5) 封闭型抽芯铆钉钉芯断裂载荷								
钉体材料	钉芯材料	公称直径 d(mm)						
		3	3.2	4	4.8	5	6	6.4
		钉芯断裂载荷(N)　max						
铝	铝		1780	2670	3560	4200		8000
铝	钢，不锈钢		3500	5000	7000	8000		10200
钢	钢		4000	5700	7500	8500		10500
不锈钢	钢，不锈钢		4500	6500	8500	—		16000

41. 击 芯 铆 钉(GB/T 15855.1、15855.2—1995)

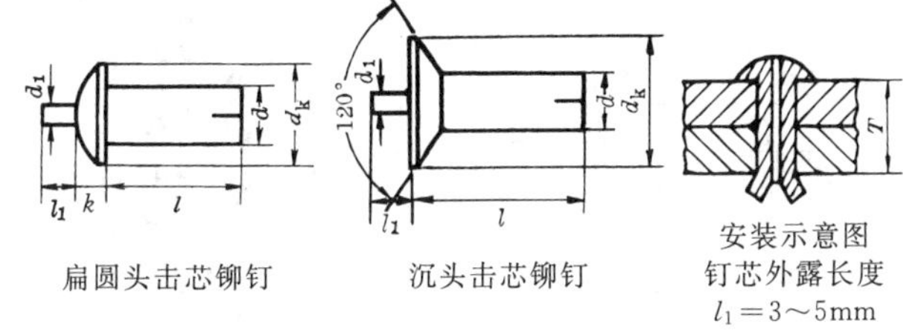

扁圆头击芯铆钉　　沉头击芯铆钉　　安装示意图
钉芯外露长度
$l_1=3\sim5$mm

【用　　途】用于铆接两个零件,使之成为一件整体。将铆钉插入零件的铆钉孔中,用手锤敲击钉芯头部,使钉芯端面与铆钉头端面平齐,即完成铆接操作,甚为方便。特别适用于不便采用普通铆钉(须两面进行铆接)或抽芯铆钉(缺乏拉铆枪)的场合。通常用扁圆头击芯铆钉(GB/T 15855.1—1995),沉头击芯铆钉(GB/T 15855.2—1995)用于表面不允许露出的场合。

【规　　格】

公称直径 d(mm)		3	4	5	(6)	6.4
头部直径 d_k(mm)≤		6.24	8.29	9.89	12.35	13.29
头部高度 k(mm)≤		1.4	1.7	2	2.4	3
钉芯直径 d_1(mm)≈		1.8	2.18	2.8	3.6	3.8
钻孔直径(mm)		3.1	4.1	5.1	6.1	6.5
公称长度 l(mm)		6～15	6～20	8～25	8～45	8～45
推荐铆接厚度(mm)	最小值	$l-3.5$	$l-4.5$	$l-5$		
	最大值	$l-3$	$l-3.5$	$l-3.5$		
试验载荷(N)≥(铝钉体/钢钉芯)	抗拉力	—	—	2940	—	4700
	抗剪力	—	—	4900	—	7640
公称长度 l 系列(mm):6,(7),8,(9),10,(11),12,(13),14,(15),16,(17),18,(19),20,(21),22,(23),24,(25),26,(27),28,(29),30,(31),32,(33),34,(35),36,(37),38,(39),40,(41),42,(43),44,(45)。带括号的规格(d, l)尽量不采用						
材料与牌号	钉体	铝合金(LF5-1)		低碳钢(08F、10、15)		
	钉芯	低(中)碳钢,不锈钢		低(中)碳钢		

注:试验载荷摘自上海安字实业有限公司资料。

42. 钢膨胀螺栓

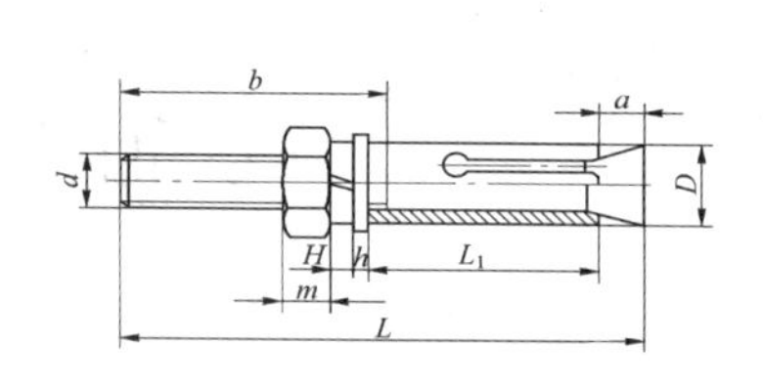

Ⅰ型钢膨胀螺栓(普通型)

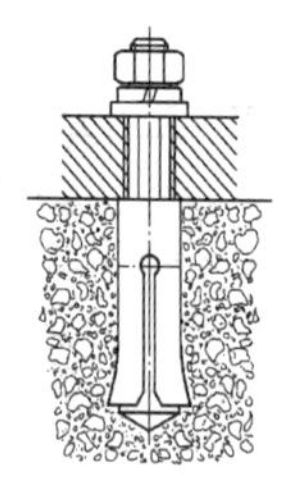

安装示意图

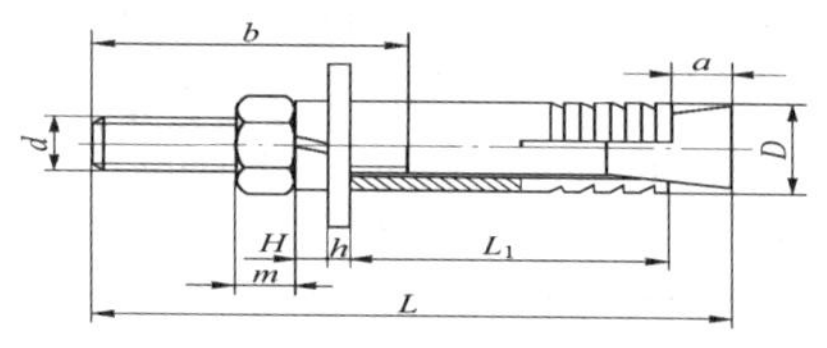

Ⅱ型钢膨胀螺栓(电梯专用型)

【其他名称】 金属膨胀螺栓、膨胀螺栓、胀铆螺栓。

【用　　途】 把机器、设备或结构件等固定安装在混凝土地基、墙壁等上面用的一种特殊螺纹联接件。Ⅰ型(普通型)由沉头螺栓、胀管、平垫圈、弹簧垫圈和六角螺母组成。使用时,先用冲击钻(锤)在地基(或墙壁)上面钻一个相应尺寸的孔,再把螺栓、胀管装入孔中,然后依次把机器(或设备、结构件)和平垫圈、弹簧垫圈套在螺栓上面,最后旋紧螺母,即可使螺栓、胀管、螺母、机器与地基联接成为一个整体。Ⅱ型(电梯专用型)由沉头螺栓、胀管、大垫圈、弹簧垫圈和六角螺母组成。专供电梯安装用。

【规　　格】

钢膨胀螺栓的主要尺寸(mm)和允许承受载荷(kN)												
型　　式			Ⅰ型								Ⅱ型	
螺纹规格 d			M6	M8	M10	M12	M14	M16	M18	M20	M12	M16
胀管	直径 D		10	12	14	16	18	22	25	25	18	22
	长度 L_1		35	45	55	65	75	90	100	100	50	65
安装尺寸 $a\approx$			3	3.5	4	5	7	7	10	12	7.5	7
公称长度 L			65 75 85	80 90 100	95 100 110 120 130 150	110 120 130 150 180 200	130	150 175 200 250 300	175 200 250 300	175 200 250 300	100	125
钻孔直径 ϕ			10.5	12.5	14.5	16.5	19	23	26	26	19	23
钻孔深度 h_1			40	50	60	75	85	100	115	115	65	90
被连接件厚度 L_2 计算公式			$L-$55	$L-$65	$L-$75	$L-$90	$L-$100	$L-$120	$L-$130	$L-$130	$L-$75	$L-$95
允许承受载荷	静止状态	抗拉	2.35	4.31	6.86	10.1	14.6	19.0	24.3	31.0	10.1	19.0
		抗剪	1.77	3.24	5.10	7.26	10.7	14.1	18.2	23.3	7.26	14.1
	悬吊状态	抗拉	1.67	2.35	4.31	6.36	6.23	10.1	13.4	16.4	6.36	10.1
		抗剪	1.23	1.77	3.24	5.10	6.18	7.26	10.0	12.3	5.10	7.26

注：1. 其他零件的尺寸和技术要求：平垫圈，按第569页“GB/T 97.1—2002 平垫圈—A级”的规定；大垫圈，按第570页“GB/T 96—2002 大垫圈—A级”的规定；弹簧垫圈，按第572页“GB/T 93—1987 标准型弹簧垫圈”的规定；六角螺母，按第558页“GB/T 6170—2000 1型六角螺母”的规定。

2. 产品等级：螺栓，$l\leqslant 10d$ 或 $l\leqslant$ 150mm(按最小值)为A级；$l>10d$ 或 $l>$ 150mm(按最小值)为B级；平垫圈和大垫圈为A级；六角螺母，$D\leqslant$ M16为A级；$D>$ M16为 B 级。

3. 螺纹公差：螺栓为6g；六角螺母为6H。

4. 表面处理：镀锌钝化。

5. 本产品的有关数据，摘自上海徐浦标准件有限公司样本。

43. 膨 胀 螺 母

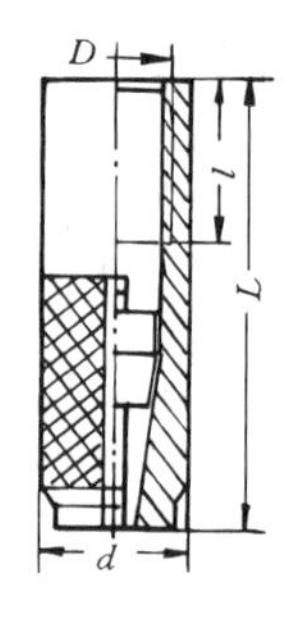

钢膨胀螺母

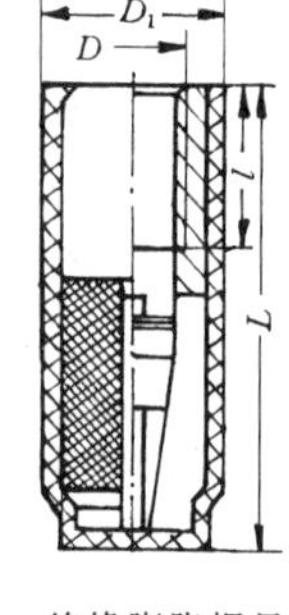

绝缘膨胀螺母

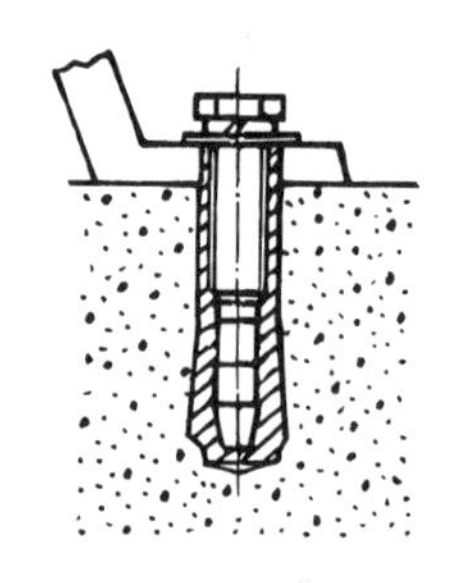

安装示意图

【其他名称】 嵌入式膨胀螺母。

【用　　途】 用途与膨胀螺栓相似的一种特殊螺纹联接件。由圆形管状螺母和锥销两个零件组成。配合六角头螺栓、平垫圈和弹簧垫圈，用于把机件固定安装在混凝土地基（或墙壁等）上。其特点是安装方便。使用时，先用冲击钻（锤）在地基上钻一个孔，再把螺母放入孔中，锥销放入螺母中，另用手锤和专用芯棒锤击锥销，使锥销底端与螺母底端平齐，从而使螺母底部四周胀开，因而能够牢固地固定在地基中。然后把待安装的机件上的安装孔对准螺母孔，依次放上平垫圈和弹簧垫圈，再把相应尺寸的六角头螺栓旋入螺母中，使这个机件牢固地固定在地基上。

【规　　格】

（1）品种
① 低碳钢膨胀螺母——代号 KT，规格自 M6～M20，一般用；如用于较高抗拉力场合时，可订购中碳钢制膨胀螺母 ② 不锈钢膨胀螺母——代号 KB，规格自 M12～M20，用于需要防腐蚀场合 ③ 尼龙膨胀螺母——代号 KS，全用尼龙制造，规格自 M3～M6，用于对抗拉力要求不高的场合 ④ 绝缘膨胀螺母——代号 KF，在低碳钢膨胀螺母外面包覆一层尼龙绝缘层，规格现有 M6、M8、M10、M12 四种，用于需要电绝缘场合

（2）钢膨胀螺母（尼龙膨胀螺母尺寸与之相同）										
主要尺寸（mm）	螺纹规格 D	M3	M4	M5	M6	M8	M10	M12	M16	M20
	螺母全长 L	28	28	28	28	30	40	50	60	80
	螺纹长度 l	8	9	11	11	13	15	18	23	34
	螺母外径 D_1	5	6	8	8	10	12	16	20	25
	钻孔直径≤	5	6	8	8	10	12	16	20	25
允许横向抗拉静载荷（N）		—	—	—	4710	7140	11440	14680	24010	36120

（3）绝缘膨胀螺母	
主要尺寸（mm）	螺纹规格 D 为 M6、M8、M10、M12；螺母全长 L 分别为 30，32，43，53；螺纹全长 l 分别为 11，13，15，18；螺母外径 D_1 分别为 10，12，16，20；钻孔直径分别为 10，12，16，20
性能	允许横向抗拉静载荷分别为 2000，3500，6000，8000N；在电压2000V、时间 1min 条件下绝缘电阻为 5MΩ

注：1. 产品等级：$D \leqslant$ M16 为A级，$D >$ M16 为B级。螺纹公差：6H。
2. 表面处理：碳钢：镀锌钝化、热镀锌或热渗锌；不锈钢：不经处理。
3. 配用螺栓长度 L_2 的计算公式：
L_2(mm)＝螺母螺纹长度(l)＋平垫圈厚度
＋弹簧垫圈厚度＋被紧固机件厚度＋5
4. 安装膨胀螺母的混凝土抗压强度不小于 27MPa 时，才能保证允许横向抗拉静载荷。
5. 本产品的有关数据，摘自上海沪日特种紧固件厂资料。

44. 塑料胀管

甲型

乙型

【其他名称】 塑料膨胀螺栓。

【用　　途】 配合木螺钉使小型被联接件(如金属制品、电器等)固定安装在混凝土墙壁、天花板等上用的一种特殊联接件。使用时,须先用冲击钻(锤)在墙壁上钻一相应尺寸的孔,再把胀管塞入孔中,然后用木螺钉穿过被联接件的通孔,再旋入胀管中,即使木螺钉、胀管和墙壁三者胀紧成一整体,并使被联接件固定安装在墙壁上。

【规　　格】 上海产品。

<table>
<tr><td colspan="2">型　式</td><td colspan="4">甲　　型</td><td colspan="4">乙　　型</td></tr>
<tr><td colspan="2">直径(mm)</td><td>6</td><td>8</td><td>10</td><td>12</td><td>6</td><td>8</td><td>10</td><td>12</td></tr>
<tr><td colspan="2">长度(mm)</td><td>31</td><td>48</td><td>59</td><td>60</td><td>36</td><td>42</td><td>46</td><td>64</td></tr>
<tr><td rowspan="2">适　用
木螺钉
(mm)</td><td>直径</td><td>3.5,4</td><td>4,4.5</td><td>5,5.5</td><td>5.5,6</td><td>3.5,4</td><td>4,4.5</td><td>5,5.5</td><td>5.5,6</td></tr>
<tr><td>长度</td><td colspan="4">被联接件厚度+胀管长度+10</td><td colspan="4">被联接件厚度+胀管长度+3</td></tr>
<tr><td rowspan="2">钻　孔
尺　寸
(mm)</td><td>直径</td><td colspan="8">混凝土:等于或小于胀管直径 0.3
加气混凝土:小于胀管直径 0.5～1
硅酸盐砌块:小于胀管直径 0.3～0.5</td></tr>
<tr><td>深度</td><td colspan="4">大于胀管长度 10～12</td><td colspan="4">大于胀管长度 3～5</td></tr>
</table>

45. 拉花型抽芯铆钉

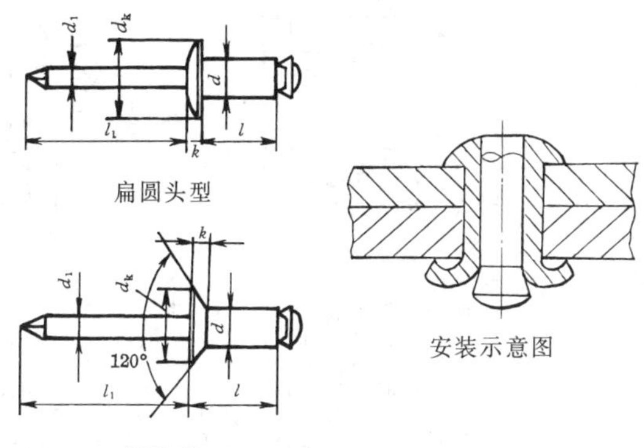

【用　　途】 与普通抽芯铆钉不同之处是：铆接后，铆钉钉芯将铆钉体末端拉成四爿花瓣状铆钉头，从而把两个被铆接结构件夹紧，并且不会压坏结构件表面。主要用于易破易碎和软性材料结构件，如薄金属件、塑料、木材、橡胶、瓦楞纸板等。

【规　　格】

公称直径 d	钉头直径 d_k	钉头高度 $k\geqslant$	钉芯直径 $d_1\approx$	钉芯长度 $l_1\geqslant$	公称长度 l	铆接件厚度 T 计算公式	LF5-1 防锈铝试验载荷 (N)≥	
(mm)							抗拉力	抗剪力
3.2	6	1.4	1.80	26			700	765
4	8	1.7	2.20	27	8～16	$l-8$	1150	1260
4.8	9.6	2.0	2.65		10～20	(±1)	1600	1855

注：1. 公称长度系列 l(mm)：8,10,12,14,16,18,20。

2. 铆接件厚度 T 计算举例：$d=4$mm、$l=12$mm 拉花型抽芯铆钉，允许铆接件厚度 $T=12-8(\pm1)=3\sim5$mm。

3. 本产品的有关数据，摘自上海安宇实业有限公司资料。

46. 环 槽 铆 钉

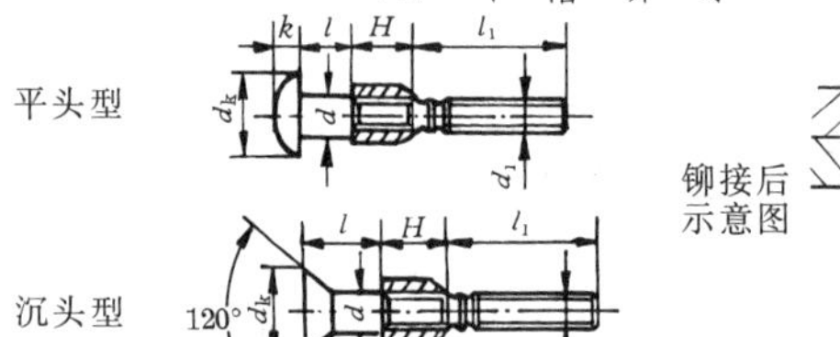

【用　　途】 用于铆接两个结构件,使之成为一件整体。由铆钉和钉套两个零件组成。铆钉钉杆(直径 d 部分)一端联接钉头(又分平头和沉头两种),另一端联接两段环(形)槽钉杆,接近钉杆一段为工作段环槽,远离钉杆一段为夹持段环槽。使用时,先将铆钉插入被联接件的钉孔中,再从被联接件另一面将钉套套在钉杆上,然后将专用工具——气动环槽铆钉枪枪口套在钉杆上,并将枪口抵住钉套端面,扣动枪上扳机,铆钉枪即将夹紧段环槽钉杆拉紧,直到断裂为止。此时,钉套内壁挤入工作段钉杆环槽中,形成新铆钉头,从而把被联接件铆紧。其特点是:操作方便,效率高,噪声低,抗震性好,故广泛应用于各种车辆、船舶、航空、机械设备、建筑结构等领域中。

【规　　格】

主要尺寸(mm)							铆钉材料			
							碳　钢		铝合金	
							最小试验载荷(N)			
公称直径 d	公称长度 l	钉头直径 D_1	钉头高度 k	环槽外径 d_1	钉套高度 H	露出长度 $l_1\geqslant$	拉脱力	抗剪力	拉脱力	抗剪力
5	4～14	9.5	3	4.5	6	25	5000	7000	2900	4300
6.4	4～16	12.5	3.8	6	8	26	6760	8820	6500	7540
8	4～18	16	5	7.5	9.5	28.5	10500	13500	7560	10000
10	4～20	19	6	9	11.5	34	20000	25000	11500	15000
公称长度系列 l(mm):4,6,8,10,12,14,16,18,20										
铆钉材料	碳钢:铆钉为 35 钢,钉套为 10 钢 铝合金:铆钉为 LC3 超硬铝,钉套为 LF2 防锈铝									

注:1. 结构件上铆钉孔直径为 $d+0.1$mm。

2. 铆接件厚度 T(mm)计算公式:$d=5$、6.4,$T=l\pm0.5$;$d=8$,$T=l+1$ 或 $l-1.5$;$d=10$,$T=l+1$ 或 $l-2$。

3. 本产品的有关数据,摘自上海安宇实业有限公司资料。

第七章 传 动 件

1. 滚动轴承代号表示方法(GB/T 272—1993)

(1) 滚动轴承代号构成

代号构成	轴承代号				
	前置代号	基本代号			后置代号
表示方法	字母	数字或字母	数字	数字	字母或字母和数字
表示意义	成套轴承分部件	轴承类型	尺寸系列—直径和宽度系列	轴承内径	轴承在结构形状、尺寸、公差、技术要求等方面有所改变

注：1. 轴承代号中的基本代号表示方法,见第 10.2 页;前置代号表示方法,见第 10.4 页;后置代号表示方法,见第 10.5 页。

2. 本节及以后各节叙及的轴承代号或新代号,均指 GB/T 272—1993 规定的代号;旧代号则指已被代替的标准 GB 272—1988 规定的代号。

3. 由于轴承的旧代号在我国应用时间很长,影响较大,因此,特将轴承的旧代号的构成简介于下;另在后面介绍新代号时,同时列入新旧代号对照,供参考。

适用轴承内径(mm)	代号构成	轴承(旧)代号									
		前置代号		基本代号*							补充代号
	表示方法	数字	字母	数字(数字位置从右边数起)							字母或字母和数字
				七	六	五	四	三	二	一	
≥10	表示意义	轴承游隙	轴承公差等级	宽度系列	轴承结构特点		轴承类型	直径系列	轴承内径		轴承零件材料、结构及技术条件等有所改变
<10								标以数字“0”	直径系列	轴承内径	

注：* 基本代号中：第一、二位数字,对于装在紧定套上的轴承,则表示紧定衬套内径;第七位数字,对于推力轴承,则表示高度系列;数字(不包括 0)左边的“0”不写出。例：代号为 0000205,应写成 205。

(2) 轴承基本代号表示方法

(a) 轴承类型代号表示方法

代号 新	代号 旧	轴承类型	代号 新	代号 旧	轴承类型
0	6	双列角接触球轴承	6	0	深沟球轴承
1	1	调心球轴承	7	6	角接触球轴承
2	3	调心滚子轴承	8	9	推力圆柱滚子轴承
2	9	推力调心滚子轴承	N	2	圆柱滚子轴承,双列或多列用字母 NN 表示
3	7	圆锥滚子轴承	U	0	外球面球轴承
4	0	双列深沟球轴承	QJ	6	四点接触球轴承
5	8	推力球轴承			

注：1. 在新代号的后面或前面,还可加注字母或数字表示该类型轴承中的不同结构。
2. 滚针轴承的基本代号表示方法在第 610 页有专题介绍。

(b) 向心轴承尺寸系列代号表示方法

直径系列 新代号	直径系列 旧代号 名称	直径系列 旧代号 代号	宽度系列 新代号	宽度系列 旧代号 名称	宽度系列 旧代号 代号
7	超特轻	7	1	正常	1
			3	特宽	3
8	超轻	8	0	窄	7
			1	正常	1
			2	宽	2
			3, 4, 5, 6	特宽	3, 4, 5, 6
9	超轻	9	0	窄	7
			1	正常	1
			2	宽	2
			3, 4, 5, 6	特宽	3, 4, 5, 6
0	特轻	1	0	窄	7
			1	正常	0
			2	宽	2
			3, 4, 5, 6	特宽	3, 4, 5, 6
1	特轻	7	0	窄	7
			1	正常	1

直径系列 新代号	直径系列 旧代号 名称	直径系列 旧代号 代号	宽度系列 新代号	宽度系列 旧代号 名称	宽度系列 旧代号 代号
1	特轻	7	2	宽	2
			3, 4	特宽	3, 4
			5, 6	—	—
2	轻	2	8	特窄	8
		2	0	窄	0
		2	1	正常	1
		5	2	宽	0
		2	3,4	特宽	3, 4
		—	5,6	—	—
3	中	3	8	特窄	8
		3	0	窄	0
		3	1	正常	1
		6	2	宽	0
		3	3	特宽	3
4	重	4	0	窄	0
			2	宽	2

注：尺寸系列代号由宽度(在推力轴承中为高度)系列代号和直径系列代号组合而成,例：19 和 02,其中 1 和 0 分别为宽度系列代号,9 和 2 分别为直径系列代号。

(c) 推力轴承尺寸系列代号表示方法

直径系列			高度系列		
新代号	旧代号		新代号	旧代号	
	名称	代号		名称	代号
0	超轻	9	7 9 1	特低 低 正常	7 9 1
1	特轻	1	7 9 1	特低 低 正常	7 9 1
2	轻	2	7 9 1 2	特低 低 正常 正常	7 9 0 0*
3	中	3	7 9 1 2	特低 低 正常 正常	7 9 0 0*
4	重	4	7 9 1 2	特低 低 正常 正常	7 9 0 0*
5	特重	5	9	低	9

注：带 * 符号的为双向推力轴承高度系列。

(d) 轴承内径代号表示方法

轴承公称内径(mm)	内径代号表示方法及举例
0.6～10 (非整数)	用公称内径 mm 数值直接表示，尺寸系列代号与内径代号之间用“/”分开；例：深沟球轴承 618/2.5
1～9(整数)	用公称内径 mm 数值直接表示，对 7，8，9 直径系列的深沟球轴承及角接触球轴承，尺寸系列代号与内径代号之间须用“/”分开；例：深沟球轴承 625，618/5
10，12，15，17	分别用 00，01，02，03 表示；例：深沟球轴承 6203
20～480 (22，28，32 除外)	用 5 除公称内径 mm 数值的商数表示，商数为 1 位数时，尚须在商数左边加“0”；例：调心滚子轴承 23208
≥500，以及 22，28，32	用公称内径 mm 数值直接表示，尺寸系列代号与内径代号之间用“/”分开；例：深沟球轴承 62/22，调心滚子轴承 230/500

注：轴承内径旧代号的表示方法与新代号的表示方法相同。

(e) 滚针轴承基本代号表示方法

轴承类型及标准号	类型代号	代号用轴承配合安装特征的尺寸表示	轴承基本代号表示方法
滚针和保持架组件 (JB/T 7918—1997)	K (K)	$F_W \times E_W \times B_C$ ($F_W E_W B_C$)	K$F_W \times E_W \times B_C$ (K $F_W E_W B_C$)
推力滚针和保持架组件 (GB/T 4605—2003)	AXK (889)	$D_{C1} D_C$* (用尺寸系列和内径代号表示)	AXK$D_{C1} D_C$ (889100)
滚针轴承 (GB/T 5801—2006)	NA (544)	新旧代号均用尺寸系列代号(48，49，69)和内径代号(按上页规定)表示	NA4800 NA4900 (4544800 4544900)
穿孔型冲压外圈滚针轴承(GB/T 290—1998)	HK (HK)	$F_W B$* ($F_W DB$)	HK$F_W B$ (HK$F_W DB$)
封口型冲压外圈滚针轴承(GB/T 290—1998)	BK (BK)	$F_W B$* ($F_W DB$)	BK$F_W B$ (BK$F_W DB$)

注：1. 各代号栏中，括号内的代号为相应的旧代号。
2. 表中：F_W—无内圈滚针轴承滚针总体内径，滚针保持架组件内径；E_W—滚针保持架组件外径；B—轴承公称宽度；B_C—滚针保持架组件宽度；D_{C1}—推力滚针保持架组件内径；D_C—推力滚针保持架组件外径；D—冲压外圈公称外径。
3. * 尺寸直接用 mm 数值表示时，如仅有 1 位数，应在其左边加“0”。例：8mm，即用 08 表示。

(3) 轴承前置代号表示方法

代号	表示意义	代号举例
L	可分离轴承的可分离内圈或外圈	LNU207，LN207
R	不带可分离内圈或外圈的轴承 (滚针轴承仅适用 NA 型)	RNU207(292207) RNA6904(6354904)
K	滚子和保持架组件	K81107(309707)
WS	推力圆柱滚子轴承轴圈	WS81107
GS	推力圆柱滚子轴承座圈	GS81107

注：旧代号中无此项，少数用轴承结构型式代号表示。括号内为相应的旧代号。

(4) 轴承后置代号表示方法

(a) 轴承后置代号分组

分组序号	后置代号(组)							
	1	2	3	4	5	6	7	8
表示意义	内部结构	密封与防尘套圈变形	保持架及其材料	轴承材料	公差等级	游隙	配置	其他

注：1. 后置代号用字母或字母加数字表示。后置代号置于基本代号的右面，并与基本代号空半个汉字距(代号中有符号"-"、"/"时除外)。当改变项目多，具有多组后置代号时，则按上表所列组次顺序从左至右顺序排列。

2. 如改变内容为4组(含4组)以后的内容，则在其代号前用"/"符号与前面代号隔开。例：6205-2Z/P6。

3. 如改变内容为第4组后的两组，在前组与后组代号中的数字或字母表示含义可能混淆时，两代号之间应空半个汉字距。例：6208/P63 V1。

(b) 轴承后置代号(组)表示方法

代号	表示意义及代号举例(括号内为相应的旧代号)
(1) 内部结构组代号表示方法*	
A、B、C、D、E	① 表示轴承内部结构改变，② 表示标准设计轴承，其含义随不同类型、结构而异。例： 7210B(66210)，公称接触角 $\alpha=40°$ 的角接触球轴承 33210B 接触角加大的圆锥滚子轴承 7210C(36210)，公称接触角 $\alpha=15°$ 的角接触球轴承 23122C(3053722)，C 型调心滚子轴承 NU207E(32207E)，加强型内圈无挡边圆柱滚子轴承
AC D ZW	7210AC(46210)，公称接触角 $\alpha=25°$ 的角接触球轴承 K50 × 55 × 20D(KS505520)，剖分式滚针和保持架组件 K20 × 25 × 40ZW(KK202540)，双列滚针和保持架组件
注：* 旧代号中无此项，用轴承结构特点代号表示	

(续)

代号	表示意义及代号举例(括号内为相应的旧代号)
(2) 密封、防尘与外部形状变化组代号表示方法	
K	圆锥孔轴承,锥度 1:12(外球面轴承除外)。例:1210 K(111210)
K30	圆锥孔轴承,锥度 1:30。例:24122 K30(4453722)
R	轴承外圈有止动挡边(凸缘外圈)(不适用于内径<10mm向心球轴承)。例:30307 R(67307)
N	轴承外圈上有止动槽。例:6210 N(50210)
NR	轴承外圈上有止动槽,并带止动环。例:6210 NR
-RS	轴承一面带骨架式橡胶密封圈(接触式)。例:6210-RS(160210)
-2RS	轴承两面带骨架式橡胶密封圈(接触式)。例:6210-2RS(180210)
-RZ	轴承一面带骨架式橡胶密封圈(非接触式)。例:6210-RZ(160210K)
-2RZ	轴承两面带骨架式橡胶密封圈(非接触式)。例:6210-2RZ(180210K)
-Z	轴承一面带防尘盖。例:6210-Z(60210)
-2Z	轴承两面带防尘盖。例:6210-2Z(80210)
-RSZ	轴承一面带骨架式橡胶密封圈(接触式),一面带防尘盖。例:6210-RSZ
-RZZ	轴承一面带骨架式橡胶密封圈(非接触式),一面带防尘盖。例:6210-RZZ
-ZN	轴承一面带防尘盖,另一面外圈有止动槽。例:6210-ZN(150210)
-2ZN	轴承两面带防尘盖,外圈有止动槽。例:6210-2ZN(250210)
-ZNR	轴承一面带防尘盖,另一面外圈有止动槽,并带止动环。例:6210-ZNR
-ZNB	轴承一面带防尘盖,同一面外圈有止动槽。例:6210-ZNB
U	推力球轴承,带球面座圈。例:53210 U(18210)
注:1. 密封圈代号与防尘盖代号同样可以与止动槽代号进行多种组合 2. 旧代号无此项,用轴承结构特点代号表示	

(续)

代号	表示意义及代号举例(括号内为相应的旧代号)
(3) 保持架及其材料组代号表示方法 (4) 轴承材料组代号表示方法	
	这两组的代号表示方法,参见 JB/T 2974—2004《滚动轴承代号方法的补充规定》中的规定(略)
(5) 公差等级组代号表示方法	
/P0	公差等级符合标准规定的 0 级,代号中省略,不表示出;旧代号为 G 级(普通级)。例:6203(203)
/P6	公差等级符合标准规定的 6 级,旧代号为 E 级(高级)。例:6203/P6(E203)
/P6X	公差等级符合标准规定的 6x 级,旧代号为 Ex 级。例:30210/P6x(Ex7210)
/P5	公差等级符合标准规定的 5 级,旧代号为 D 级(精密级)。例:6203/P5(D203)
/P4	公差等级符合标准规定的 4 级,旧代号为 C 级(超精级)。例:6203/P4(C203)
/P2	公差等级符合标准规定的 2 级,旧代号为 B 级(超精密)。例:6203/P2(B203)
(6) 游隙组代号表示方法	
/C1	游隙符合标准规定的 1 组。例:NN3006 K/C1(1G3182106)
/C2	游隙符合标准规定的 2 组。例:6210/C2(2G210)
—	游隙符合标准规定的 0 组。例:6210(210)
/C3	游隙符合标准规定的 3 组。例:6210/C3(3G210)
/C4	游隙符合标准规定的 4 组。例:NN3006 K/C4(4G3182106)
/C5	游隙符合标准规定的 5 组。例:NNU4920 K/C5(5G4382920)
注:1. 公差等级代号与游隙代号同时表示时,可简化,取公差等级代号加上游隙组合号(0 组不表示)组合表示。例:/P63,/P52 2. 旧代号无字母 C,而且将游隙组代号位置位于轴承代号最左边	

(续)

代号	表示意义及代号举例(括号内为相应的旧代号)
(7) 配置组代号表示方法	
/DB /DF /DT	成对背对背安装的轴承。例:7210C/DB(326210) 成对面对面安装的轴承。例:7210C/DF(336210) 成对串联安装的轴承。例:7210C/DT(436210)
注:旧代号无此项,用轴承结构特点代号表示	
(8) 其他组代号表示方法	
	其他组代号,指在轴承振动、噪声、摩擦力矩、工作温度、润滑等方面有特殊要求时的代号,其表示方法另按JB/T 2974—2004《滚动轴承代号方法的补充规定》的规定,此处从略。又在JB/T 2974—2004中,对后置代号中1,2,5,6和7组的代号和前置代号,以及其他轴承代号特殊表示方法,也有补充规定,可供参考

(5) 常用轴承的类型、结构、尺寸系列代号及轴承代号的新旧对照

轴承名称	新代号			旧代号				
	类型代号	尺寸系列代号	轴承代号	宽度系列代号	结构特点代号	类型代号	直径系列代号	轴承代号
双列角接触球轴承	(0)	32	3200	3	05	6	2	3056200
	(0)	33	3300	3	05	6	3	3056300
调心球轴承	1	(0)2	1200	0	00	1	2	1200
	(1)	22	2200	0	00	1	5	1500
	1	(0)3	1300	0	00	1	3	1300
	(1)	23	2300	0	00	1	6	1600
调心滚子轴承	2	13	21300C	0	05	3	3	53300
	2	22	22200C	0	05	3	5	53500
	2	23	22300C	0	05	3	6	53600

(续)

轴承名称	新代号			旧代号				
	类型代号	尺寸系列代号	轴承代号	宽度系列代号	结构特点代号	类型代号	直径系列代号	轴承代号
调心滚子轴承(续)	2	30	23000C	3	05	3	1	3053100
	2	31	23100C	3	05	3	7	3053700
	2	32	23200C	3	05	3	2	3053200
	2	40	24000C	4	05	3	1	4053100
	2	41	24100C	5	05	3	7	5053700
推力调心滚子轴承	2	92	29200	9	03	9	2	9039200
	2	93	29300	9	03	9	3	9039300
	2	94	29400	9	03	9	4	9039400
圆锥滚子轴承	3	02	30200	0	00	7	2	7200
	3	03	30300	0	00	7	3	7300
	3	13	31300	0	02	7	3	27300
	3	20	32000	2	00	7	1	2007100
	3	22	32200	0	00	7	5	7500
	3	23	32300	0	00	7	6	7600
	3	29	32900	2	00	7	9	2007900
	3	30	33000	3	00	7	1	3007100
	3	31	33100	3	00	7	7	3007700
	3	32	33200	3	00	7	2	3007200
双列深沟球轴承	4	(2)2	4200	0	81	0	5	810500
	4	(2)3	4300	0	81	0	6	810600
推力球轴承	5	11	51100	0	00	8	1	8100
	5	12	51200	0	00	8	2	8200
	5	13	51300	0	00	8	3	8300
	5	14	51400	0	00	8	4	8400
双向推力球轴承	5	22	52200	0	03	8	2	38200
	5	23	52300	0	03	8	3	38300
	5	24	52400	0	03	8	4	38400
带球面座圈推力球轴承	5	12*	53200	0	02	8	2	28200
	5	13*	53300	0	02	8	3	28300
	5	14*	53400	0	02	8	4	28400

(续)

轴承名称	新代号			旧代号				
	类型代号	尺寸系列代号	轴承代号	宽度系列代号	结构特点代号	类型代号	直径系列代号	轴承代号
带球面座圈双向推力球轴承	5	22*	54200	0	05	8	2	58200
	5	23*	54300	0	05	8	3	58300
	5	24*	54400	0	05	8	4	58400
深沟球轴承	6	17	61700	1	00	0	7	1000700
	6	37	63700	3	00	0	7	3000700
	6	18	61800	1	00	0	8	1000800
	6	19	61900	1	00	0	9	1000900
	16	(0)0	16000	7	00	0	1	7000100
	6	(1)0	6000	0	00	0	1	100
	6	(0)2	6200	0	00	0	2	200
	6	(0)3	6300	0	00	0	3	300
	6	(0)4	6400	0	00	0	4	400
角接触球轴承	7	19	71900	1	03	6	9	1036900
	7	(1)0	7000	0	03	6	1	3— —6100
	7	(0)2	7200	0	04	6	2	4— —6200
	7	(0)3	7300	0	06	6	3	6— —6300
	7	(0)4	7400	0		6	4	6400
推力圆柱滚子轴承	8	11	81100	0	00	9	1	9100
	8	12	81200	0	00	9	2	9200
内圈无挡边圆柱滚子轴承	NU	10	NU1000	0	03	2	1	32100
	NU	(0)2	NU200	0	03	2	2	32200
	NU	22	NU2200	0	03	2	5	32500
	NU	(0)3	NU300	0	03	2	3	32300
	NU	23	NU2300	0	03	2	6	32600
	NU	(0)4	NU400	0	03	2	4	32400
内圈单挡边圆柱滚子轴承	NJ	(0)2	NJ200	0	04	2	2	42200
	NJ	22	NJ2200	0	04	2	5	42500
	NJ	(0)3	NJ300	0	04	2	3	42300
	NJ	23	NJ2300	0	04	2	6	42600
	NJ	(0)4	NJ400	0	04	2	4	42400

（续）

轴承名称	新代号			旧代号				
	类型代号	尺寸系列代号	轴承代号	宽度系列代号	结构特点代号	类型代号	直径系列代号	轴承代号
内圈单挡边并带平挡圈圆柱滚子轴承	NUP NUP NUP NUP	(0)2 22 (0)3 23	NUP200 NUP2200 NUP300 NUP2300	0 0 0 0	09 09 09 09	2 2 2 2	2 5 3 6	92200 92500 92300 92600
外圈无挡边圆柱滚子轴承	N N N N N N	10 (0)2 22 (0)3 23 (0)4	N1000 N200 N2200 N300 N2300 N400	0 0 0 0 0 0	00 00 00 00 00 00	2 2 2 2 2 2	1 2 5 3 6 4	2100 2200 2500 2300 2600 2400
外圈单挡边圆柱滚子轴承	NF NF NF	(0)2 (0)3 23	NF200 NF300 NF2300	0 0 0	01 01 01	2 2 2	3 3 6	12200 12300 12600
双列圆柱滚子轴承	NN	30	NN3000	3	28	2	1	3282100
内圈无挡边双列圆柱滚子轴承	NNU	49	NNU4900	4	48	2	9	4482900
带顶丝外球面球轴承	UC UC	2 3	UC200 UC300	0 0	09 09	0 0	5 6	90500 90600
带偏心套外球面球轴承	UEL UEL	2 3	UEL200 UEL300	0 0	39 39	0 0	5 6	390500 390600
圆锥孔外球面球轴承	UK UK	2 3	UK200 UK300	0 0	19 19	0 0	5 6	190500 190600
四点接触球轴承	QJ QJ	(0)2 (0)3	QJ200 QJ300	0 0	17 17	6 6	2 3	176200 176300
滚针轴承	NA	48 49 69	NA4800 NA4900 NA6900	4 4 6	54 54 25	4 4 4	8 9 9	4544800 4544900 6254900

注：1. 新代号的类型代号和尺寸系列代号栏内，带括号的数字在轴承代号中可省略。

2. 新代号中，带 * 符号的尺寸系列代号：12、13、14 在轴承代号中分别写成 32、33、34；22、23、24 在轴承代号中分别写成 42、43、44。

2. 深沟球轴承(GB/T 276—1994)

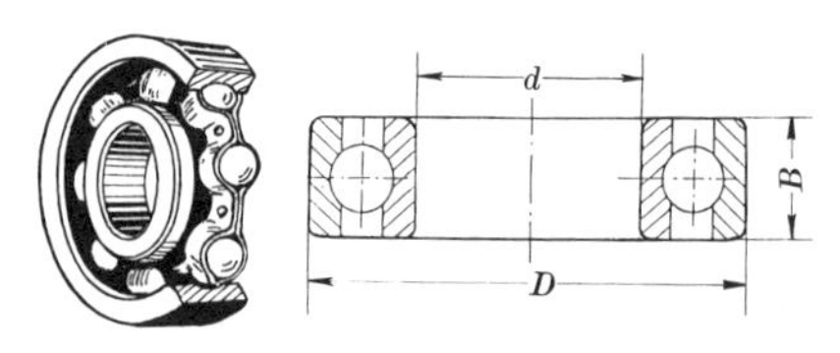

【其他名称】 向心球轴承、单列向心滚珠轴承、弹子盘、钢珠轴承。

【用　　途】 应用最广泛的一种滚动轴承。其特点是摩擦阻力小、转速高，用于承受径向负荷或径向和轴向同时作用的联合负荷，也可用于承受一定量的轴向负荷。例如，用于小功率电动机、汽车及拖拉机变速箱、机床齿轮箱、轻便运输车辆轴承箱、运输工具小轮以及一般机器、工具等。

【规　　格】 6000 型。

轴承代号	内径 *d*	外径 *D*	宽度 *B*	重量(kg)(参考)	轴承代号	内径 *d*	外径 *D*	宽度 *B*	重量(kg)(参考)
	(mm)					(mm)			
(1) 0 系列					(1) 0 系列				
604	4	12	4	0.0040	6003	17	35	10	0.036
605	5	14	5	0.0045	6004	20	42	12	0.069
606	6	17	6	0.0057	60/22	22	44	12	—
607	7	19	6	0.0073	6005	25	47	12	0.075
608	8	22	7	0.012	60/28	28	52	12	—
609	9	24	7	0.016	6006	30	55	13	0.090
6000	10	26	8	0.019	60/32	32	58	13	—
6001	12	28	8	0.021	6007	35	62	14	0.160
6002	15	32	9	0.026	6008	40	68	15	0.203

（续）

轴承代号	内径 d	外径 D	宽度 B	重量(kg)(参考)	轴承代号	内径 d	外径 D	宽度 B	重量(kg)(参考)
	(mm)					(mm)			
(1) 0 系列					(1) 0 系列				
6009	45	75	16	0.24	6080	400	600	90	87.4
6010	50	80	16	0.26	6084	420	620	90	91.5
6011	55	90	18	0.38	6088	440	650	94	107
6012	60	95	18	0.41	6092	460	680	100	120
6013	65	100	18	0.43	6096	480	700	100	125
6014	70	110	20	0.60	60/500	500	720	100	135
6015	75	115	20	0.63	(0) 2 系列				
6016	80	125	22	0.86	623	3	10	4	0.0016
6017	85	130	22	0.90	624	4	13	5	0.0031
6018	90	140	24	1.16	625	5	16	5	0.0050
6019	95	145	24	1.18	626	6	19	6	0.0078
6020	100	150	24	1.25	627	7	22	7	0.014
6021	105	160	26	1.62	628	8	24	8	0.016
6022	110	170	28	2.1	629	9	26	8	0.019
6024	120	180	28	2.4	6200	10	30	9	0.030
6026	130	200	33	3.3	6201	12	32	10	0.037
6028	140	210	33	3.9	6202	15	35	11	0.046
6030	150	225	35	4.8	6203	17	40	12	0.065
6032	160	240	38	5.9	6204	20	47	14	0.107
6034	170	260	42	7.9	62/22	22	50	14	0.123
6036	180	280	46	10.7	6205	25	52	15	0.125
6038	190	290	46	11.1	62/28	28	58	16	0.166
6040	200	310	51	14.8	6206	30	62	16	0.205
6044	220	340	56	19.0	62/32	32	65	17	—
6048	240	360	56	20.7	6207	35	72	17	0.285
6052	260	400	65	28.8	6208	40	80	18	0.370
6056	280	420	65	32.1	6209	45	85	19	0.408
6060	300	460	74	42.8	6210	50	90	20	0.462
6064	320	480	74	48.4	6211	55	100	21	0.598
6068	340	520	82	67.2	6212	60	110	22	0.80
6072	360	540	82	68.0	6213	65	120	23	0.99
6076	380	560	82		6214	70	125	24	1.07

(续)

轴承代号	内径 d	外径 D	宽度 B	重量(kg)(参考)	轴承代号	内径 d	外径 D	宽度 B	重量(kg)(参考)
	(mm)					(mm)			
(0) 2 系列					(0) 3 系列				
6215	75	130	25	1.39	6304	20	52	15	0.142
6216	80	140	26	1.92	63/22	22	56	16	0.175
6217	85	150	28	1.92	6305	25	62	17	0.229
6218	90	160	30	2.12	63/28	28	68	18	0.287
6219	95	170	32	2.61	6306	30	72	19	0.340
6220	100	180	34	3.19	63/32	32	75	20	0.401
6221	105	190	36	3.66	6307	35	80	21	0.435
6222	110	200	38	4.44	6308	40	90	23	0.636
6224	120	215	40	5.11	6309	45	100	25	0.825
6226	130	230	40	6.19	6310	50	110	27	1.05
6228	140	250	42	9.44	6311	55	120	29	1.36
6230	150	270	45	10.4	6312	60	130	31	1.67
6232	160	290	48	15.0	6313	65	140	33	2.08
6234	170	310	52	16.5	6314	70	150	35	2.55
6236	180	320	52	17.8	6315	75	160	37	3.02
6238	190	340	55	23.2	6316	80	170	39	3.66
6240	200	360	58	24.8	6317	85	180	41	4.22
6244	220	400	65	36.5	6318	90	190	43	4.91
6248	240	440	72	52.6	6319	95	200	45	5.70
6252	260	480	80	68.3	6320	100	215	47	7.20
(0) 3 系列					6321	105	225	49	7.84
633	3	13	5	0.0030	6322	110	240	50	9.22
634	4	16	5	0.0053	6324	120	260	55	14.78
635	5	19	6	0.0082	6326	130	280	58	16.52
6300	10	35	11	0.049	6328	140	300	62	22.0
6301	12	37	12	0.059	6330	150	320	65	26.0
6302	15	42	13	0.082	6332	160	340	68	—
6303	17	47	14	0.109	6334	170	360	72	35.6

注：新旧轴承代号对照举例：

新代号	604	6002	623	6208	635	6310
旧代号	14	102	23	208	35	310

3. 调心球轴承(GB/T 281—1994)

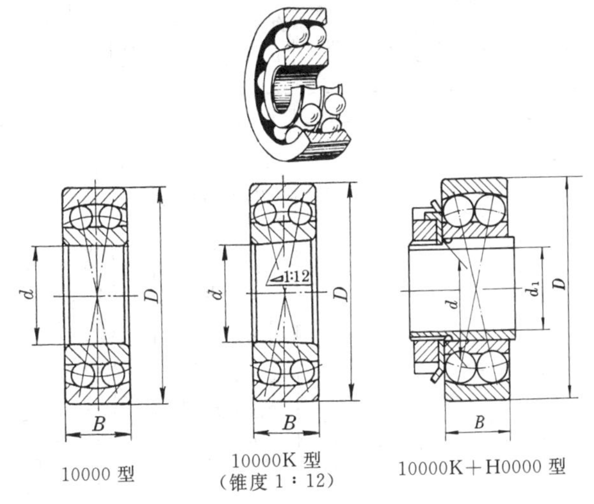

10000 型　　10000K 型（锥度 1∶12）　　10000K＋H0000 型

【其他名称】 双列向心球面球轴承、双列向心球面滚珠轴承。

【用　　途】 10000 型轴承能自动调心(即轴承外圈和内圈有 2°～3°倾斜时,轴承仍能正常进行工作),适用于承受径向负荷,也可用于承受径向和不大的轴向作用的联合负荷。例如,用于长的传动轴、通风机的轴、联合收割机的轴、圆锯及织布机的轴和滚筒、砂轮机的主轴、中型蜗杆减速器的轴等。10000K 型轴承具有 10000 型轴承的特点,但内孔为圆锥孔,安装在锥形轴端上,可微量调整轴承的游隙。10000K＋H0000 型轴承,带有紧定套,主要用于无轴肩的光轴上,轴承的安装和拆卸都比较方便,利用紧定套还可调整轴承的径向游隙。

【规　　格】

(1) 10000 型调心球轴承

轴承代号	内径 d	轴径 d_1^*	外径 D	宽度 B	重量(kg)(参考)
	(mm)				
(0) 2 系列					
126	6	—	19	6	0.0096
127	7	—	22	7	0.015
129	9	—	26	8	0.023
1200	10	—	30	9	0.035
1201	12	—	32	10	0.042
1202	15	—	35	11	0.051
1203	17	—	40	12	0.076
1204	20	17	47	14	0.119
1205	25	20	52	15	0.144
1206	30	25	62	16	0.226
1207	35	30	72	17	0.318
1208	40	35	80	18	0.418
1209	45	40	85	19	0.469
1210	50	45	90	20	0.545
1211	55	50	100	21	0.722
1212	60	55	110	22	0.869
1213	65	60	120	23	0.915
1214	70	—	125	24	1.29
1215	75	65	130	25	1.35
1216	80	70	140	26	1.65
1217	85	75	150	28	2.10
1218	90	80	160	30	2.51
1219	95	85	170	32	3.06
1220	100	90	180	34	3.68
1221	105	—	190	36	4.40
1222	110	100	200	38	5.20
22 系列					
2200	10	—	30	14	0.050
2201	12	—	32	14	0.059
2202	15	—	35	14	0.060
2203	17	—	40	16	0.088
2204	20	17	47	18	0.152
2205	25	20	52	18	0.187
2206	30	25	62	20	0.260
2207	35	30	72	23	0.441
2208	40	35	80	23	0.530
2209	45	40	85	23	0.553
2210	50	45	90	23	0.678
2211	55	50	100	25	0.810
2212	60	55	110	28	1.15
2213	65	60	120	31	1.50
2214	70	—	125	31	1.63
2215	75	65	130	31	1.71
2216	80	70	140	33	2.19
2217	85	75	150	36	2.53
2218	90	80	160	40	3.40
2219	95	85	170	43	4.20
2220	100	90	180	46	4.95
2221	105	—	190	50	6.66
2222	110	100	200	53	7.20
(0) 3 系列					
135	5	—	19	6	0.01
1300	10	—	35	11	0.06
1301	12	—	37	12	0.07
1302	15	—	42	13	0.099
1303	17	—	47	14	0.138

（续）

轴承代号	内径 d	轴径 d_1^*	外径 D	宽度 B	重量(kg)(参考)	轴承代号	内径 d	轴径 d_1^*	外径 D	宽度 B	重量(kg)(参考)
	(mm)						(mm)				
(1) 10000 型调心球轴承(续)											
(0) 3 系列						23 系列					
1304	20	17	52	15	0.174	2302	15	—	42	17	0.110
1305	25	20	62	17	0.258	2303	17	—	47	19	0.170
1306	30	25	72	19	0.39	2304	20	17	52	21	0.219
1307	35	30	80	21	0.54	2305	25	20	62	24	0.355
1308	40	35	90	23	0.71	2306	30	25	72	27	0.501
1309	45	40	100	25	0.96	2307	35	30	80	31	0.675
1310	50	45	110	27	1.21	2308	40	35	90	33	0.959
1311	55	50	120	29	1.58	2309	45	40	100	36	1.25
1312	60	55	130	31	1.96	2310	50	45	110	40	1.66
1313	65	60	140	33	2.39	2311	55	50	120	43	2.09
1314	70	—	150	35	2.98	2312	60	55	130	46	2.66
1315	75	65	160	37	3.55	2313	65	60	140	48	3.22
1316	80	70	170	39	4.19	2314	70	—	150	51	3.92
1317	85	75	180	41	4.95	2315	75	65	160	55	4.71
1318	90	80	190	43	5.99	2316	80	70	170	58	5.70
1319	95	85	200	45	6.98	2317	85	75	180	60	6.73
1320	100	90	215	47	8.66	2318	90	80	190	64	7.93
1321	105	—	225	49	9.55	2319	95	85	200	67	9.20
1322	110	100	240	50	11.8	2320	100	90	215	73	12.4
23 系列						2321	105	—	225	77	14.4
2300	10	—	35	17	0.090	2322	110	100	240	80	17.6
2301	12	—	37	17	0.095						

注：1. 轴径 d_1 仅适用于 10000K＋H0000 型轴承。
2. 10000K 型和 10000K＋H0000 型轴承的尺寸(d、D、B)，均与相同尺寸系列和内径代号的 10000 型轴承的尺寸相同。例：1308K 轴承和 1308K＋H308 轴承的尺寸，均可参见表中 1308 轴承的尺寸。

（续）

(2) 10000K 型圆锥孔调心球轴承							
轴承代号	重量(kg)(参考)	轴承代号	重量(kg)(参考)	轴承代号	重量(kg)(参考)	轴承代号	重量(kg)(参考)
1200K 型		1222K	5.20	1300K 型		1322K	11.9
1200K	0.035	2200K 型		1300K	0.060	2300K 型	
1201K	0.042	2202K	—	1301K	0.070	2304K	0.21
1202K	0.051	2203K	—	1302K	0.100	2305K	0.35
1203K	0.070	2204K	0.149	1303K	0.140	2306K	0.50
1204K	0.107	2205K	0.160	1304K	0.171	2307K	—
1205K	0.144	2206K	0.254	1305K	0.258	2308K	0.94
1206K	0.222	2207K	0.400	1306K	0.383	2309K	1.23
1207K	0.312	2208K	0.519	1307K	0.529	2310K	1.65
1208K	0.411	2209K	0.55	1308K	0.696	2311K	2.05
1209K	0.460	2210K	0.60	1309K	0.947	2312K	2.43
1210K	0.535	2211K	0.82	1310K	1.19	2313K	3.21
1211K	0.709	2212K	1.09	1311K	1.57	2314K	4.30
1212K	0.877	2213K	1.46	1312K	1.98	2315K	4.63
1213K	1.15	2214K	1.52	1313K	2.37	2316K	5.55
1214K	1.26	2215K	1.62	1314K	3.00	2317K	6.56
1215K	1.35	2216K	2.00	1315K	3.49	2318K	7.80
1216K	1.59	2217K	2.48	1316K	4.18	2319K	9.16
1217K	2.07	2218K	3.17	1317K	4.88	2320K	12.3
1218K	2.50	2219K	4.20	1318K	5.50	2321K	—
1219K	3.02	2220K	4.94	1319K	6.96	2322K	17.3
1220K	3.70	2221K	—	1320K	8.30		
1221K	4.40	2222K	7.00	1321K	10.0		
注：10000K 型轴承的尺寸(*d*、*D*、*B*)参见第 622 页的注 2							

(3) 10000K+H0000 型带紧定套的调心球轴承					
轴承代号	重量(kg)(参考)	轴承代号	重量(kg)(参考)	轴承代号	重量(kg)(参考)
1200K+H200 型		1207K+H207	0.45	1211K+H211	1.03
1204K+H204	0.16	1208K+H208	0.58	1212K+H212	1.25
1205K+H205	0.21	1209K+H209	0.72	1213K+H213	1.32
1206K+H206	0.33	1210K+H210	0.81	1215K+H215	2.06

(续)

(3) 10000K＋H0000 型带紧定套的调心球轴承(续)

轴承代号	重量(kg)(参考)
1216K＋H216	2.47
1217K＋H217	3.17
1218K＋H218	3.69
1219K＋H219	4.39
1220K＋H220	5.19
1222K＋H222	7.13
2200K＋H300 型	
2204K＋H304	0.19
2205K＋H305	0.35
2206K＋H306	0.37
2207K＋H307	0.58
2208K＋H308	0.72
2209K＋H309	0.80
2210K＋H310	0.98
2211K＋H311	1.20
2212K＋H312	1.46
2213K＋H313	1.87
2215K＋H315	2.38
2216K＋H316	3.19
2217K＋H317	3.73

轴承代号	重量(kg)(参考)
2218K＋H318	4.57
2219K＋H319	5.75
2220K＋H320	6.70
2222K＋H322	9.40
1300K＋H300 型	
1304K＋H304	0.20
1305K＋H305	0.33
1306K＋H306	0.49
1307K＋H307	0.68
1308K＋H308	0.90
1309K＋H309	1.21
1310K＋H310	1.51
1311K＋H311	1.97
1312K＋H312	2.35
1313K＋H313	2.87
1315K＋H315	4.43
1316K＋H316	5.21
1317K＋H317	6.70
1318K＋H318	7.35
1319K＋H319	

轴承代号	重量(kg)(参考)
1320K＋H320	10.34
1322K＋H322	14.10
2300K＋H2300 型	
2304K＋H2304	0.26
2305K＋H2305	0.43
2306K＋H2306	0.63
2307K＋H2307	0.85
2308K＋H2308	1.15
2309K＋H2309	1.52
2310K＋H2310	2.00
2311K＋H2311	2.52
2312K＋H2312	3.09
2313K＋H2313	3.75
2315K＋H2315	5.75
2316K＋H2316	7.00
2317K＋H2317	8.15
2318K＋H2318	9.60
2319K＋H2319	11.6
2320K＋H2320	14.5
2322K＋H2322	20.7

注：10000K＋H0000 型轴承的尺寸(d、d_1、D、B)参见第 623 页的注

(4) 新旧轴承代号对照举例

新代号	旧代号	新代号	旧代号	新代号	旧代号
10000 型		10000K 型		10000K＋H0000 型	
1210	1210	1204K	111204	1207K＋H207	11206
2205	1505	2216K	111516	2215K＋H315	11513
135	1035	1308K	111308	1309K＋H309	11309
2306	1606	2312K	111612	2320K＋H320	11618

4. 圆柱滚子轴承(GB/T 283—2007)

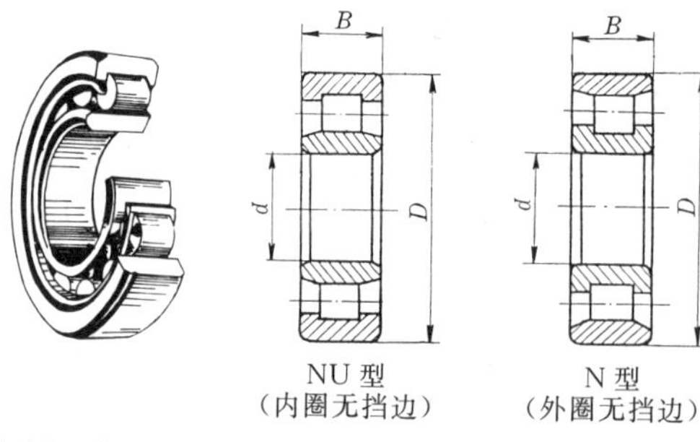

NU 型
(内圈无挡边)

N 型
(外圈无挡边)

【其他名称】 单列向心短圆柱滚子轴承、向心短圆柱滚子轴承、罗拉轴承。

【用　　途】 这类轴承由于带挡边的套圈(内圈或外圈)与保持架和滚子组成一组合件,可与另一无挡边的套圈(外圈或内圈)分离,装拆比较方便,但不能限制轴和外壳之间的轴向位移,故只能用于承受径向负荷,但比同尺寸的深沟球轴承承受的径向负荷能力大,极限转速接近,对与这类轴承配合的轴和壳体孔的加工要求也较高,允许内圈轴线与外圈轴线倾斜度很小(2′~4′),如机床主轴、大功率电动机、电车和铁路车辆的轴箱等。

【规　　格】

(1) 10 系列									
轴承型号		内径	外径	宽度	轴承型号		内径	外径	宽度
NU 型	N 型	*d*	*D*	*B*	NU 型	N 型	*d*	*D*	*B*
NU1005	N1005	25	47	12	NU1010	N1010	50	80	16
NU1006	N1006	30	55	13	NU1011	N1011	55	90	18
NU1007	N1007	35	62	14	NU1012	N1012	60	95	18
NU1008	N1008	40	68	15	NU1013	N1013	65	100	18
NU1009	N1009	45	75	16	NU1014	N1014	70	110	20

(续)

(1) 10 系列									
轴承型号		内径	外径	宽度	轴承型号		内径	外径	宽度
NU 型	N 型	d	D	B	NU 型	N 型	d	D	B
NU1015	N1015	75	115	20	NU1048	N1048	240	360	56
NU1016	N1016	80	125	22	NU1052	N1052	260	400	65
NU1017	N1017	85	130	22	NU1056	N1056	280	420	65
NU1018	N1018	90	140	24	NU1060	N1060	300	460	74
NU1019	N1019	95	145	24	NU1064	N1064	320	480	74
NU1020	N1020	100	150	24	NU1068	N1068	340	520	82
NU1021	N1021	105	160	26	NU1072	N1072	360	540	82
NU1022	N1022	110	170	28	NU1076	N1076	380	560	82
NU1024	N1024	120	180	28	NU1080	—	400	600	90
NU1026	N1026	130	200	33	NU1084	—	420	620	90
NU1028	N1028	140	210	33	NU1088	—	440	650	94
NU1030	N1030	150	225	35	NU1092	—	460	680	100
NU1032	N1032	160	240	38	NU1096	—	480	700	100
NU1034	N1034	170	260	42	NU10/500	—	500	720	100
NU1036	N1036	180	280	46	NU10/530	—	530	780	112
NU1038	N1038	190	290	46	NU10/560	—	560	820	115
NU1040	N1040	200	310	51	NU10/600	—	600	870	118
NU1044	N1044	220	340	56					

(2) 2 系列									
轴承型号		内径	外径	宽度	轴承型号		内径	外径	宽度
		mm					mm		
NU 型	N 型	d	D	B	NU 型	N 型	d	D	B
NU202E	N202E	15	35	11	NU206E	N206E	30	62	16
NU203E	N203E	17	40	12	NU207E	N207E	35	72	17
NU204E	N204E	20	47	14	NU208E	N208E	40	80	18
NU205E	N205E	25	52	15	NU209E	N209E	45	85	19

(2) 2 系列									
轴承型号		内径	外径	宽度	轴承型号		内径	外径	宽度
		mm					mm		
NU 型	N 型	*d*	*D*	*B*	NU 型	N 型	*d*	*D*	*B*
NU210E	N210E	50	90	20	NU226E	N226E	130	230	40
NU211E	N211E	55	100	21	NU228E	N228E	140	250	42
NU212E	N212E	60	110	22	NU230E	N230E	150	270	45
NU213E	N213E	65	120	23	NU232E	N232E	160	290	48
NU214E	N214E	70	125	24	NU234E	N234E	170	310	52
NU215E	N215E	75	130	25	NU236E	N236E	180	320	52
NU216E	N216E	80	140	26	NU238E	N238E	190	340	55
NU217E	N217E	85	150	28	NU240E	N240E	200	360	58
NU218E	N218E	90	160	30	NU244E	N244E	220	400	65
NU219E	N219E	95	170	32	NU248E	N248E	240	440	72
NU220E	N220E	100	180	34	NU252E	—	260	480	80
NU221E	N221E	105	190	36	NU256E	—	280	500	80
NU222E	N222E	110	200	38	NU260E	—	300	540	85
NU224E	N224E	120	215	40	NU264E	—	320	580	92

(3) 22 系列									
轴承型号		内径	外径	宽度	轴承型号		内径	外径	宽度
		mm					mm		
NU 型	N 型	*d*	*D*	*B*	NU 型	N 型	*d*	*D*	*B*
NU2203E	N2203E	17	40	16	NU2209E	N2209E	45	85	23
NU2204E	N2204E	20	47	18	NU2210E	N2210E	50	90	23
NU2205E	N2205E	25	52	18	NU2211E	N2211E	55	100	25
NU2206E	N2206E	30	62	20	NU2212E	N2212E	60	110	28
NU2207E	N2207E	35	72	23	NU2213E	N2213E	66	120	31
NU2208E	N2208E	40	80	23	NU2214E	N2214E	70	125	31

（续）

轴承型号		内径	外径	宽度	轴承型号		内径	外径	宽度
		mm					mm		
(3) 22 系列									
NU 型	N 型	d	D	B	NU 型	N 型	d	D	B
NU2215E	N2215E	75	130	31	NU2232E	N2232E	160	290	80
NU2216E	N2216E	80	140	33	NU2234E	N2234E	170	310	86
NU2217E	N2217E	85	150	36	NU2236E	N2236E	180	320	86
NU2218E	N2218E	90	160	40	NU2238E	N2238E	190	340	92
NU2219E	N2219E	95	170	43	NU2240E	N2240E	200	360	98
NU2220E	N2220E	100	180	46	NU2244E	—	220	400	108
NU2222E	N2222E	110	200	53	NU2248E	—	240	440	120
NU2224E	N2224E	120	215	58	NU2252E	—	260	480	130
NU2226E	N2226E	130	230	64	NU2256E	—	280	500	130
NU2228E	N2228E	140	250	68	NU2260E	—	300	540	140
NU2230E	N2230E	150	270	73	NU2264E	—	320	580	150
(4) 3 系列									
轴承型号		内径	外径	宽度	轴承型号		内径	外径	宽度
NU 型	N 型	d	D	B	NU 型	N 型	d	D	B
NU303E	N303E	17	47	14	NU313E	N313E	65	140	33
NU304E	N304E	20	52	15	NU314E	N314E	70	150	35
NU305E	N305E	25	62	17	NU315E	N315E	75	160	37
NU306E	N306E	30	72	19	NU316E	N316E	80	170	39
NU307E	N307E	35	80	21	NU317E	N317E	85	180	41
NU308E	N308E	40	90	23	NU318E	N318E	90	190	43
NU309E	N309E	45	100	25	NU319E	N319E	95	200	45
NU310E	N310E	50	110	27	NU320E	N320E	100	215	47
NU311E	N311E	55	120	29	NU321E	N321E	105	225	49
NU312E	N312E	60	130	31	NU322E	N322E	110	240	50

（续）

(4) 3 系列									
轴承型号		内径	外径	宽度	轴承型号		内径	外径	宽度
NU 型	N 型	*d*	*D*	*B*	NU 型	N 型	*d*	*D*	*B*
NU324E	N324E	120	260	55	NU338E	—	190	400	78
NU326E	N326E	130	280	58	NU340E	—	200	420	80
NU328E	N328E	140	300	62	NU344E	—	220	460	88
NU330E	N330E	150	320	65	NU348E	—	240	500	95
NU332E	N332E	160	340	68	NU352E	—	260	540	102
NU334E	N334E	170	360	72	NU356E	—	280	580	108
NU336E	—	180	380	75					

(5) 23 系列									
轴承型号		内径	外径	宽度	轴承型号		内径	外径	宽度
NU 型	N 型	*d*	*D*	*B*	NU 型	N 型	*d*	*D*	*B*
NU2304E	N2304E	20	52	21	NU2320E	N2320E	100	215	73
NU2305E	N2305E	25	62	24	NU2322E	N2322E	110	240	80
NU2306E	N2306E	30	72	27	NU2324E	N2324E	120	260	86
NU2307E	N2307E	35	80	31	NU2326E	N2326E	130	280	93
NU2308E	N2308E	40	90	33	NU2328E	N2328E	140	300	102
NU2309E	N2309E	45	100	36	NU2330E	N2330E	150	320	108
NU2310E	N2310E	50	110	40	NU2332E	N2332E	160	340	114
NU2311E	N2311E	55	120	43	NU2334E	—	170	360	120
NU2312E	N2312E	60	130	46	NU2336E	—	180	380	126
NU2313E	N2313E	65	140	48	NU2338E	—	190	400	132
NU2314E	N2314E	70	150	51	NU2340E	—	200	420	138
NU2315E	N2315E	75	160	55	NU2344E	—	220	460	145
NU2316E	N2316E	80	170	58	NU2348E	—	240	500	155
NU2317E	N2317E	85	180	60	NU2352E	—	260	540	165
NU2318E	N2318E	90	190	64	NU2356E	—	280	580	175
NU2319E	N2319E	95	200	67					

5. 圆锥滚子轴承(GB/T 297—1994)

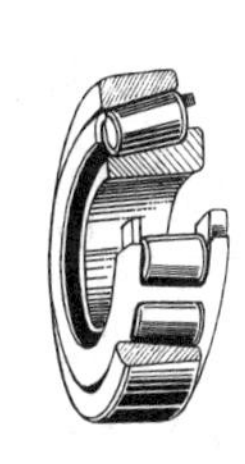

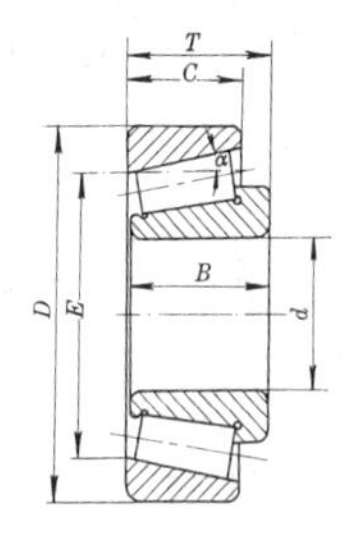

【其他名称】 单列圆锥滚子轴承、单列圆锥滚柱轴承。

【用　　途】 应用比较广泛的一类轴承,适用于承受径向(为主)和轴向同时作用的联合负荷,例如,中、大功率减速器的轴、载重汽车轮轴、拖拉机履带辊轴、机床主轴等。由于其内圈(带保持架和全组滚子)和外圈可以分别装拆,并可调整游隙,比较方便。

【规　　格】 30000型圆锥滚子轴承。

轴承代号	内径 d	外径 D	轴承宽度 T	内圈宽度 B	外圈宽度 C	重量(kg)(参考)	轴承代号	内径 d	外径 D	轴承宽度 T	内圈宽度 B	外圈宽度 C	重量(kg)(参考)
	(mm)							(mm)					
02系列							02系列						
30202	15	35	11.75	11	10	0.050	30209	45	85	20.75	19	16	0.442
30203	17	40	13.25	12	11	0.078	30210	50	90	21.75	20	17	0.520
30204	20	47	15.25	14	12	0.120	30211	55	100	22.75	21	18	0.705
30205	25	52	16.25	15	13	0.144	30212	60	110	23.75	22	19	0.886
30206	30	62	17.25	16	14	0.232	30213	65	120	24.75	23	20	1.16
302/32	32	65	18.25	17	15	0.267	30214	70	125	26.25	24	21	1.25
30207	35	72	18.25	17	15	0.327	30215	75	130	27.25	25	22	1.34
30208	40	80	19.75	18	16	0.400	30216	80	140	28.25	26	22	1.65

(续)

轴承代号	内径 d	外径 D	轴承宽度 T	内圈宽度 B	外圈宽度 C	重量(kg)(参考)	轴承代号	内径 d	外径 D	轴承宽度 T	内圈宽度 B	外圈宽度 C	重量(kg)(参考)
	(mm)							(mm)					
02 系列							03 系列						
30217	85	150	30.5	28	24	2.03	30310	50	110	29.25	27	23	1.25
30218	90	160	32.5	30	26	2.56	30311	55	120	31.5	29	25	1.63
30219	95	170	34.5	32	27	3.17	30312	60	130	33.5	31	26	1.90
30220	100	180	37	34	29	3.73	30313	65	140	36	33	28	2.41
30221	105	190	39	36	30	4.40	30314	70	150	38	35	30	3.04
30222	110	200	41	38	32	5.27	30315	75	160	40	37	31	3.74
30224	120	215	43.5	40	34	6.21	30316	80	170	42.5	39	33	4.27
30226	130	230	43.75	40	34	7.02	30317	85	180	44.5	41	34	5.30
30228	140	250	45.75	42	36	8.80	30318	90	190	46.5	43	36	5.73
30230	150	270	49	45	38	10.2	30319	95	200	49.5	45	38	6.80
30232	160	290	52	48	40	13.5	30320	100	215	51.5	47	39	8.20
30234	170	310	57	52	43	—	30321	105	225	53.5	49	41	9.38
30236	180	320	57	52	43	18.5	30322	110	240	54.5	50	42	11.40
30238	190	340	60	55	46	20.6	30324	120	260	59.5	55	46	13.75
30240	200	360	64	58	48	27.8	30326	130	280	63.75	58	49	17.40
30244	220	400	72	65	54	35.5	30328	140	300	67.75	62	53	21.20
03 系列							30330	150	320	72	65	55	27.40
30302	15	42	14.25	13	11	0.096	30332	160	340	75	68	58	32.96
30303	17	47	15.25	14	12	0.130	30334	170	360	80	72	62	35.31
30304	20	52	16.25	15	13	0.168	30336	180	380	83	75	64	45.5
30305	25	62	18.25	17	15	0.259	30338	190	400	86	78	65	46.9
30306	30	72	20.75	19	16	0.390	30340	200	420	89	80	67	53.4
30307	35	80	22.75	21	18	0.522	30344	220	460	97	88	73	69.6
30308	40	90	25.25	23	20	0.747	30348	240	500	105	95	80	89.8
30309	45	100	27.25	25	22	0.984	30352	260	540	113	102	85	111.3

新旧轴承代号对照举例	新代号	30203	30224	30305	30312
	旧代号	7203E	7224E	7305E	7312E

6. 推力球轴承(GB/T 301—1995)

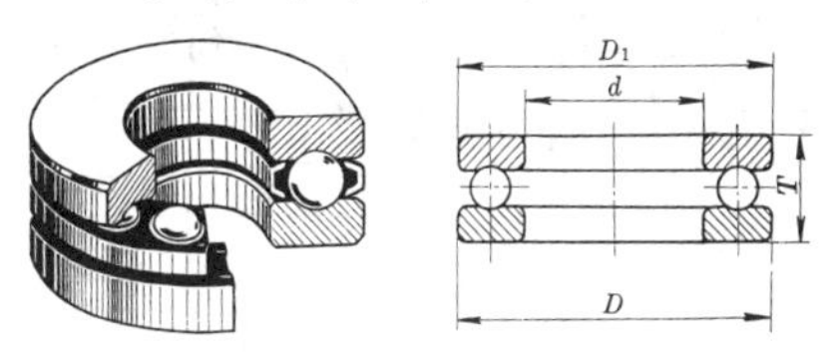

【其他名称】 单向推力球轴承、单向推力滚珠轴承、止推轴承。

【用　　途】 只适用于承受一面轴向负荷、转速较低的机件上,例如起重机吊钩、立式水泵、立式离心机、千斤顶、低速减速器等。轴承的轴圈(与轴紧配合的套圈)、座圈(与轴有间隙的套圈)和滚动体(连保持架)是分离的,可以分别装拆。

【规　　格】 51000 型。

轴承代号	内径 d	外径 D	高度 T	重量(kg)(参考)	轴承代号	内径 d	外径 D	高度 T	重量(kg)(参考)
	(mm)					(mm)			
11 系列					11 系列				
51100	10	24	9	0.0193	51114	70	95	18	0.360
51101	12	26	9	0.0214	51115	75	100	19	0.392
51102	15	28	9	0.0243	51116	80	105	19	0.404
51103	17	30	9	0.0253	51117	85	110	19	0.430
51104	20	35	10	0.0376	51118	90	120	22	0.645
51105	25	42	11	0.0562	51120	100	135	25	0.953
51106	30	47	11	0.0665	51122	110	145	25	1.08
51107	35	52	12	0.0826	51124	120	155	25	1.16
51108	40	60	13	0.120	51126	130	170	30	1.70
51109	45	65	14	0.150	51128	140	180	31	1.87
51110	50	70	14	0.160	51130	150	190	31	2.20
51111	55	78	16	0.240	51132	160	200	31	2.30
51112	60	85	17	0.269	51134	170	215	34	2.75
51113	65	90	18	0.324	51136	180	225	34	3.23

(续)

轴承代号	内径 d	外径 D	高度 T	重量 (kg) (参考)	轴承代号	内径 d	外径 D	高度 T	重量 (kg) (参考)
	(mm)					(mm)			
11 系列					12 系列				
51138	190	240	37	4.05	51210	50	78	22	0.380
51140	200	250	37	4.20	51211	55	90	25	0.575
51144	220	270	37	4.65	51212	60	95	26	0.675
51148	240	300	45	7.49	51213	65	100	27	0.750
51152	260	320	45	7.91	51214	70	105	27	0.790
51156	280	350	53	11.8	51215	75	110	27	0.850
51160	300	380	62	17.5	51216	80	115	28	0.925
51164	320	400	63	18.9	51217	85	125	31	1.24
51168	340	420	64	20.5	51218	90	135	35	1.77
51172	360	440	65	22.0	51220	100	150	38	2.16
51176	380	460	65	—	51222	110	160	38	2.42
51180	400	480	65	23.8	51224	120	170	39	2.63
51184	420	500	65	25.2	51226	130	190	45	4.32
51188	440	540	80	40.3	51228	140	200	46	4.60
51192	460	560	80	41.7	51230	150	215	50	5.80
51196	480	580	80	42.5	51232	160	225	51	6.70
511/500	500	600	80	45.7	51234	170	240	55	7.10
12 系列					51236	180	250	56	7.94
					51238	190	270	62	11.8
51200	10	26	11	0.0293	51240	200	280	62	12.4
51201	12	28	11	0.0324	51244	220	300	63	13.3
51202	15	32	12	0.0444	51248	240	340	78	21.8
51203	17	35	12	0.0506	51252	260	360	79	24.1
51204	20	40	14	0.0773	51256	280	380	80	26.2
51205	25	47	15	0.109	51260	300	420	95	41.2
51206	30	52	16	0.142	51264	320	440	95	44.3
51207	35	62	18	0.147	51268	340	460	96	45.5
51208	40	68	19	0.278	51272	360	500	110	64.7
51209	45	73	20	0.338					

新旧轴承代号对照举例	新代号	51106	511/500	51201	51230
	旧代号	8106	81/500	8201	8230

7. 钢　　球

【其他名称】 钢珠、钢弹子。

【用　　途】 装于各种滚动轴承或其他机件上，以减少滚动轴承或机件转动时的摩擦。

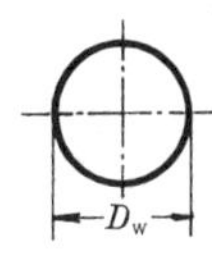

【规　　格】

(1) 钢　球　品　种
(1)(轴承钢)钢球(GB/T 308—2002)：用GCr15或GCr15SiMn高碳铬轴承钢制造；公差等级分G3、G5、G10、G16、G20、G24、G28、G40、G60、G100、G200 11个级别，其精度依次由高到低(以下同) (2) 碳钢球(JB/T 5301—2007)：用10或15号优质碳素结构钢制造；公差等级分G100、G200、G500、G1000四个级别；在标记中，在钢球公称直径前加注“C”字。例：C5(5为钢球公称直径)

(2) 米制钢球规格							
公称直径 D_w (mm)	每千个重量 (kg)	公称直径 D_w (mm)	每千个重量 (kg)	公称直径 D_w (mm)	每千个重量 (kg)	公称直径 D_w (mm)	每千个重量 (kg)
0.3	0.00011	5.5	0.684	16	16.8	35	176.2
0.4	0.00026	6	0.888	17	20.2	36	191.8
0.5	0.00051	6.5	1.13	18	24.0	38	225.6
0.6	0.00089	7	1.41	19	28.2	40	263.1
0.68	0.00128	7.5	1.73	20	32.9	45	374.6
0.7	0.00141	8	2.10	20.5		50	513.8
0.8	0.00210	8.5	2.52	21	38.1	55	683.8
1	0.00411	9	3.00	22	43.8	60	887.8
1.2	0.00710	9.5	3.52	22.5		65	1129
1.5	0.0139	10	4.11	23	50.0	70	1410
2	0.0329	11	5.47	24	56.8	75	1734
2.5	0.0642	11.5	6.25	25	64.2	80	2104
3	0.111	12	7.10	26	72.2	85	2524
3.5	0.176	12.5	8.03	28	90.2	90	2996
4	0.263	13	9.03	30	111.0	95	3524
4.5	0.375	14	11.3	32	134.7	100	4110
5	0.514	15	13.9	34	160.5		

（续）

(3) 相应英制钢球规格							
公称直径 D_w			每千个重量(kg)	公称直径 D_w			每千个重量(kg)
(mm)	(in)			(mm)	(in)		
	轴承钢	碳钢			轴承钢	碳钢	
0.397	1/64	—	0.00026	9.922	25/64	—	3.98
0.794	1/32	—	0.00206	10.319	13/32	13/32	4.52
1.191	3/64	—	0.00691	11.112	7/16	7/16	5.64
1.588	1/16	—	0.0164	11.509	29/64	(29/64)	6.27
1.984	5/64	—	0.0318	11.906	15/32	(15/32)	6.93
2.381	3/32	3/32	0.0555	12.303	31/64	31/64	7.65
2.778	7/64	—	0.0881	12.700	1/2	1/2	8.42
3.175	1/8	1/8	0.132	13.494	17/32	—	10.1
3.572	9/64	—	0.187	14.288	9/16	9/16	12.0
3.969	5/32	(5/32)	0.257	15.081	19/32	(19/32)	14.1
4.366	11/64	—	0.355	15.875	5/8	5/8	16.4
4.762	3/16	3/16	0.444	16.669	21/32	21/32	19.0
5.159	13/64	—	0.559	17.462	11/16	11/16	21.9
5.556	7/32	(7/32)	0.705	18.256	23/32	23/32	25.0
5.953	15/64	(15/64)	0.867	19.050	3/4		28.4
6.350	1/4	1/4	1.05	19.844	25/32	25/32	32.1
6.747	17/64	17/64	1.26	20.638	13/16	13/16	36.1
7.144	9/32	9/32	1.50	21.431	27/32	—	40.1
7.541	19/64	—	1.75	22.225	7/8	7/8	45.1
7.938	5/16	(5/16)	2.06	23.019	29/32	(29/32)	50.1
8.334	21/64	—	2.38	23.812	15/16	15/16	55.5
8.731	11/32	11/32	2.74	24.606	31/32	—	61.0
9.128	23/64	—	3.13	25.400	1	1	67.4
9.525	3/8	(3/8)	3.55	26.194	$1\frac{1}{32}$	—	73.2

（续）

（3）相应英制钢球规格（续）							
公称直径 D_w			每千个重量（kg）	公称直径 D_w			每千个重量（kg）
（mm）	（in）			（mm）	（in）		
	轴承钢	碳钢			轴承钢	碳钢	
26.988	1 1/16	—	80.8	57.150	2 1/4	—	768.0
28.575	1 1/8	—	95.9	60.325	2 3/8	—	890.0
30.162	1 3/16	—	112.7	63.500	2 1/2	—	1055
31.750	1 1/4	—	131.6	66.675	2 5/8	—	1219
33.338	1 5/16	—	152.3	69.850	2 3/4	—	1404
34.925	1 3/8	—	175.1	73.025	2 7/8	—	1600
36.512	1 7/16	—	200.1	76.200	3	—	1818
38.100	1 1/2	—	227.3	79.375	3 1/8	—	2054
39.688	1 9/16	—	256.8	82.550	3 1/4	—	2310
41.275	1 5/8	—	289.0	85.725	3 3/8	—	2590
42.862	1 11/16	—	323.7	88.900	3 1/2	—	2811
44.450	1 3/4	—	361.0	92.075	3 5/8	—	3206
46.038	1 13/16	—	400.8	95.250	3 3/4	—	3500
47.625	1 7/8	—	440.0	98.425	3 7/8	—	3904
49.212	1 15/16	—	488.0	101.600	4	—	4311
50.800	2	—	538.8	104.775	4 1/8	—	4685
53.975	2 1/8	—	646.4				

注：1. 米制碳钢球的规格为 2～25mm。

2. 带括号的碳钢球规格为非优选规格。

3. 每千个钢球重量数据供参考。

8. 紧定套

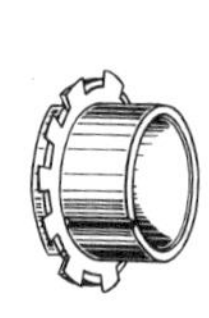

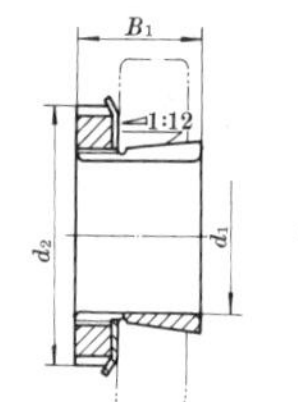

紧定套
(JB/T 7919.2—1999)

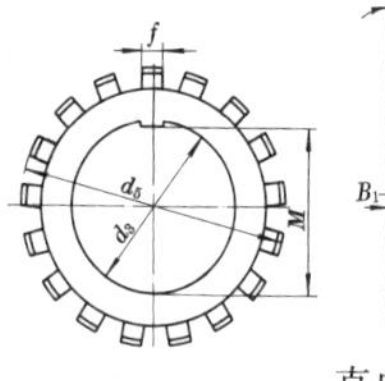

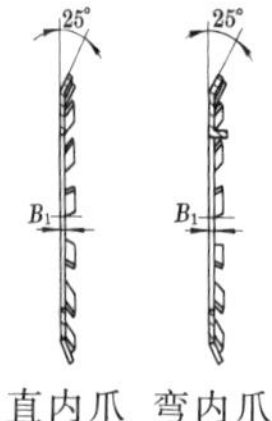

锁紧垫圈
(JB/T 7919.3—1999)

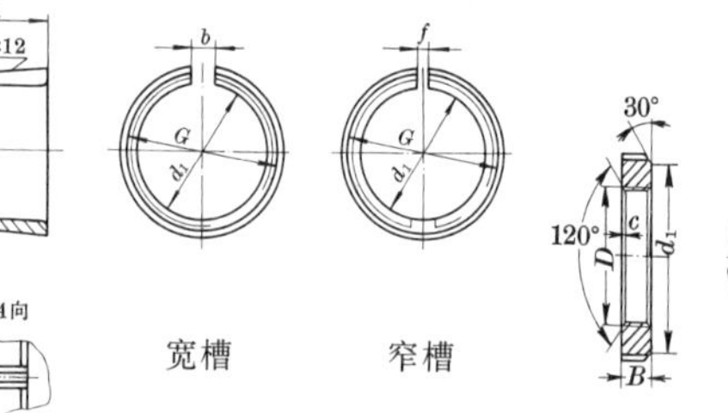

紧定衬套
(JB/T 7919.2—1999)

锁紧螺母
(JB/T 7919.3—1999)

【其他名称】 套筒。

【用　　途】 紧定套是滚动轴承的附件之一,由紧定衬套、锁紧螺母、锁紧垫圈(或锁紧卡和锁紧螺钉)组成,配合带圆锥孔(锥度1∶12)的调心轴承,使轴承固定在无轴肩轴(光轴)上。其中锁紧垫圈适用于小规格紧定套上,锁紧卡和锁紧螺钉适用于大规格紧定套上。下面介绍的是配用锁紧垫圈的紧定套的常见系列及适用的调心轴承。

H2 系列—1200K(111200)型轴承;

H3 系列—1300K(111300)、2200K(111500)、21300CK(153300)、22200CK(153500)型轴承;

H23 系列—2300K(111600)、22300CK(153600)、23200CK(315300)型轴承。

注:括号内为相应的旧轴承代号。

【规　　格】

(1) 常见紧定套与其组成零件代号对照(JB/T 7919.2—1999)

紧定套系列			紧定衬套系列			锁紧螺母代号	锁紧垫圈(直内爪)代号
H2	H3	H23	A2	A3	A23		
紧定套代号			紧定衬套代号				
H202	H302	H2302	A202	A302	A2302	KM02	MB02
H203	H303	H2303	A203	A303	A2303	KM03	MB03
H204	H304	H2304	A204	A304	A2304	KM04	MB04
H205	H305	H2305	A205	A305	A2305	KM05	MB05
H206	H306	H2306	A206	A306	A2306	KM06	MB06
H207	H307	H2307	A207	A307	A2307	KM07	MB07
H208	H308	H2308	A208	A308	A2308	KM08	MB08
H209	H309	H2309	A209	A309	A2309	KM09	MB09
H210	H310	H2310	A210	A310	A2310	KM10	MB10
H211	H311	H2311	A211	A311	A2311	KM11	MB11
H212	H312	H2312	A212	A312	A2312	KM12	MB12
H213	H313	H2313	A213	A313	A2313	KM13	MB13
H214	H314	H2314	A214	A314	A2314	KM14	MB14
H215	H315	H2315	A215	A315	A2315	KM15	MB15
H216	H316	H2316	A216	A316	A2316	KM16	MB16
H217	H317	H2317	A217	A317	A2317	KM17	MB17
H218	H318	H2318	A218	A318	A2318	KM18	MB18
H219	H319	H2319	A219	A319	A2319	KM19	MB19
H220	H320	H2320	A220	A320	A2320	KM20	MB20
H221	H321	—	A221	A321	—	KM21	MB21
H222	H322	H2322	A222	A322	A2322	KM22	MB22

注：1. 紧定套每一代号，由相应系列代号的紧定衬套、锁紧螺母和锁紧垫圈组成。例：代号 H205 紧定套，即由代号 A205 紧定衬套、KM05 锁紧螺母和 MB05 锁紧垫圈(直内爪)组成。向内弯内爪锁紧垫圈代号为 MBA××。代号 H2324～H2356 及 H30、H31、H32、H39 系列紧定套的组成零件代号，本书从略；参见 JB/T 7919.2—1999。

2. 表中代号适用于带窄槽型紧定衬套的紧定套，带宽槽型紧定衬套的紧定套，须在紧定衬套和紧定套的代号后面加注“X”。例：A205X。其锁紧垫圈应改用弯内爪锁紧垫圈(MBA 型)。

3. 紧定套代号最后两位数字，与适用轴承代号最后两位数字表示意义相同，将该数字(02、03 除外)乘 5，也表示该代号适用的轴承内径(d)。例：代号 H205 紧定套，适用 1205K 轴承，该轴承内径 d=25mm。

(2) 紧定衬套主要尺寸

(窄槽)紧定衬套代号			主要尺寸 (mm)							
			螺纹 G	适用轴承内径 d	紧定衬套内径 d_1	长度 B_1			切槽宽度	
A2系列	A3系列	A23系列				A2系列	A3系列	A23系列	f	b
A203	—	—	M17×1	17	14	20	—	—	2	5
A204	A304	A2304	M20×1	20	17	24	28	31	2	5
A205	A305	A2305	M25×1.5	25	20	26	29	35	2	6
A206	A306	A2306	M30×1.5	30	25	27	31	38	2	6
A207	A307	A2307	M35×1.5	35	30	29	35	43	2	8
A208	A308	A2308	M40×1.5	40	35	31	36	46	2	8
A209	A309	A2309	M45×1.5	45	40	33	39	50	2	8
A210	A310	A2310	M50×1.5	50	45	35	42	55	2	8
A211	A311	A2311	M55×2	55	50	37	45	59	3	10
A212	A312	A2312	M60×2	60	55	38	47	62	3	10
A213	A313	A2313	M65×2	65	60	40	50	65	3	10
A214	A314	A2314	M70×2	70	63	41	52	68	3	10
A215	A315	A2315	M75×2	75	65	43	55	73	3	10
A216	A316	A2316	M80×2	80	70	46	59	78	3	12
A217	A317	A2317	M85×2	85	75	50	63	82	3	12
A218	A318	A2318	M90×2	90	80	52	65	86	3	12
A219	A319	A2319	M95×2	95	85	55	68	90	4	12
A220	A320	A2320	M100×2	100	90	58	71	97	4	14
A221	A321	—	M105×2	105	95	60	74	—	4	14
A222	A322	A2322	M110×2	110	100	63	77	105	4	14

注：紧定衬套分宽槽和窄槽两种。表列为窄槽衬套的代号，宽槽衬套的代号须在窄槽衬套代号后面加注“X”。例：A306(窄槽衬套)，A306X(宽槽衬套)。两种衬套的尺寸除切槽宽度不同外，其余均相同。窄槽衬套的切槽宽度为 f，宽槽衬套的切槽宽度等于 b；衬套近螺纹部分的锁紧宽度均等于 b。

(3) 锁紧螺母和锁紧垫圈主要尺寸(JB/T 7919.3—1999)及紧定套重量

锁紧螺母主要尺寸(mm)						锁紧垫圈主要尺寸(mm)						紧定套系列			
锁紧螺母代号	螺纹 D (G)	外径 d_2	厚度 B	槽宽	槽深	锁紧垫圈代号	内径 d_3	外径 d_5 ≈	厚度 B_1	爪宽 f	距离 M	代号最后两位数字	H2系列	H3系列	H23系列
													紧定套重量(kg)≈		
KM02	M15×1	21	5	4	2.0	MB02	15	28	1.0	4	13.5	02	—	—	—
KM03	M17×1	28	5	4	2.0	MB03	17	32	1.0	4	15.5	03	—	—	—
KM04	M20×1	32	6	4	2.0	MB04	20	36	1.0	4	18.5	04	0.041	0.045	0.049
KM05	M25×1.5	38	7	5	2.0	MB05	25	42	1.25	5	23.5	05	0.070	0.075	0.087
KM06	M30×1.5	45	7	5	2.0	MB06	30	49	1.25	5	27.5	06	0.099	0.109	0.126
KM07	M35×1.5	52	8	5	2.0	MB07	35	57	1.25	5	32.5	07	0.125	0.142	0.165
KM08	M40×1.5	58	9	6	2.5	MB08	40	62	1.25	6	37.5	08	0.174	0.189	0.224
KM09	M45×1.5	65	10	6	2.5	MB09	45	69	1.25	6	42.5	09	0.227	0.248	0.280
KM10	M50×1.5	70	11	6	2.5	MB10	50	74	1.25	6	47.5	10	0.274	0.303	0.362
KM11	M55×2	75	11	7	3.0	MB11	55	81	1.5	7	52.5	11	0.308	0.345	0.420
KM12	M60×2	80	11	7	3.0	MB12	60	86	1.5	7	57.5	12	0.346	0.394	0.481
KM13	M65×2	85	12	7	3.0	MB13	65	92	1.5	7	62.5	13	0.401	0.458	0.557
KM14	M70×2	92	12	8	3.5	MB14	70	98	1.5	8	66.5	14	—	—	—
KM15	M75×2	98	13	8	3.5	MB15	75	104	1.5	8	71.5	15	0.707	0.831	1.05
KM16	M80×2	105	15	8	3.5	MB16	80	112	1.8	8	76.5	16	0.882	1.03	1.28
KM17	M85×2	110	16	8	3.5	MB17	85	119	1.8	8	81.5	17	1.02	1.18	1.45
KM18	M90×2	120	16	10	4.0	MB18	90	126	1.8	10	86.5	18	1.19	1.37	1.69
KM19	M95×2	125	17	10	4.0	MB19	95	133	1.8	10	91.5	19	1.37	1.56	1.92
KM20	M100×2	130	18	10	4.0	MB20	100	142	1.8	10	96.5	20	1.49	1.69	2.15
KM21	M105×2	135	18	12	5.0	MB21	105	145	1.8	12	100.5	21	—	—	—
KM22	M110×2	145	19	12	5.0	MB22	110	154	1.8	12	105.5	22	1.93	2.18	2.74

9. 等径孔二螺柱轴承座(GB/T 7813—2008)

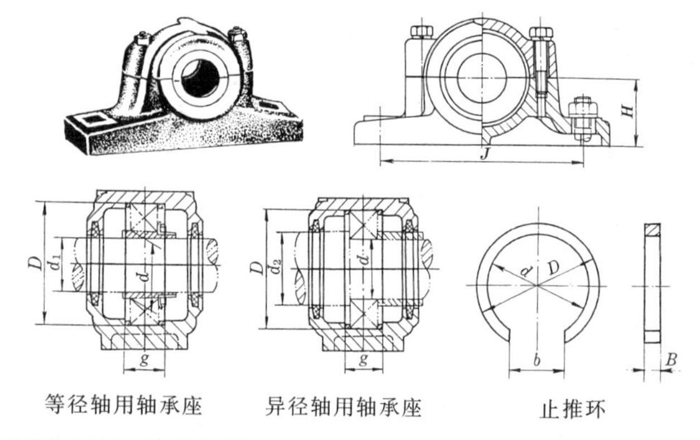

【其他名称】 轴承座、轴壳、座式轴承箱、剖分立式滚动轴承座。

【用　　途】 用于传动轴上,作固定滚动轴承的外圈用。SN5 和 SN6 系列轴承座,配合带圆锥孔(或紧定套)的滚动轴承,用于等径传动轴(光轴)上;SN2 和 SN3 系列轴承座,配合带圆柱孔的滚动轴承,用于异径传动轴(带轴肩的轴)上。各系列轴承座配合使用的轴承型号如下:

SN5 系列轴承座—1200K、2200K、22200CK、1200K+H200、2200K+H300、22200CK+H300 型轴承等;

SN2 系列轴承座—1200、2200、22200C、23200C 型轴承等;

SN6 系列轴承座—1300K、2300K、22300CK、1300K+H300、2300K+H2300、22300CK+H2300 型轴承等;

SN3 系列轴承座—1300、2300、22300C、21300C 型轴承等。

当轴承宽度小于轴承座内宽度时,应选用适当规格($D\times B$)止推环安装于轴承一侧或两侧,以阻止轴承产生轴向位移。

【规　　格】

(1) 轻系列轴承座(SN5、SN2 系列)

型号		轴承内径	适用轴径		内腔尺寸		座中心高	螺栓孔距	螺栓直径	重量(参考)	
SN5系列	SN2系列	d	SN5 d_1	SN2 d_2	直径 D	宽度 g	H	J		SN5	SN2
		(mm)								(kg)	
505	205	25	20	30	52	25	40	130	M12	1.4	1.3
506	206	30	25	35	62	30	50	150	M12	1.9	1.8
507	207	35	30	45	72	33	50	150	M12	2.1	2.1
508	208	40	35	50	80	33	60	170	M12	3.1	2.6
509	209	45	40	55	85	31	60	170	M12	2.9	2.8
510	210	50	45	60	90	33	60	170	M12	3.3	3.1
511	211	55	50	65	100	33	70	210	M16	4.6	4.3
512	212	60	55	70	110	38	70	210	M16	5.4	5.0
513	213	65	60	75	120	43	80	230	M16	6.7	6.3
—	214	70	—	80	125	44	80	230	M16	—	6.1
515	215	75	65	85	130	41	80	230	M16	7.3	7.0
516	216	80	70	90	140	43	95	260	M20	9.3	9.3
517	217	85	75	95	150	46	95	260	M20	9.8	9.8
518	218	90	80	100	160	62.4	100	290	M20	12.5	12.3
520	220	100	90	115	180	70.3	112	320	M24	17.0	16.5
522	222	110	100	125	200	80	125	350	M24	18.5	19.3
524	224	120	110	135	215	86	140	350	M24	24.5	24.6
526	226	130	115	145	230	90	150	380	M24	30.0	30.0
528	228	140	125	155	250	98	150	420	M30	38.0	37.0
530	230	150	135	165	270	106	160	450	M30	45.6	45.0
532	232	160	140	175	290	114	170	470	M30	53.8	53.0

注：1. 表列 SN 系列轴承座的完整型号，由 SN 和数字两部分组成。例：SN513、SN615。
2. 轴承座型号与适用轴承代号的最后两位数字之间关系，对于现行轴承代号，两者相同；对于不带紧定套的旧轴承型号，两者也相同；对于带紧定套的旧轴承代号，轴承座型号大于旧轴承代号(大 1～4，随型号增大而增大)。例：SN513 轴承座，适用现行轴承代号为 1213K(111213)、1213K＋H213(11212)；SN615 轴承座，适用现行轴承代号为 1315K(111315)、1315K＋H315(11313)。括号内为旧轴承代号。
3. SN524(SN224)～SN532(SN232)轴承座，一般装有吊环螺钉。

(2) 中系列轴承座(SN6、SN3 系列)

型号		轴承内径 d	适用轴径		内腔尺寸		座中心高 H	螺栓孔距 J	螺栓直径	重量(参考)	
			SN6	SN3	直径 D	宽度 g					
SN6系列	SN3系列		d_1	d_2						SN6	SN3
		(mm)								(kg)	
605	305	25	20	30	62	34	50	150	M12	2.0	1.9
606	306	30	25	35	72	37	50	150	M12	2.2	2.1
607	307	35	30	45	80	41	60	170	M12	3.3	3.0
608	308	40	35	50	90	43	60	170	M12	3.4	3.3
609	309	45	40	55	100	46	70	210	M16	4.7	4.6
610	310	50	45	60	110	50	70	210	M16	5.0	5.1
611	311	55	50	65	120	53	80	230	M16	6.6	6.5
612	312	60	55	70	130	56	80	230	M16	7.3	7.3
613	313	65	60	75	140	58	95	260	M20	9.9	9.7
—	314	70	—	80	150	61	95	260	M20	—	11.0
615	315	75	65	85	160	65	100	290	M20	13.3	14.0
616	316	80	70	90	170	68	112	290	M20	14.3	13.8
617	317	85	75	95	180	70	112	320	M24	15.0	15.8
618	—	90	80	—	190	74	112	320	M24	—	—
619	—	95	85	—	200	77	125	350	M24	—	—
620	—	100	90	—	215	83	140	350	M24	—	—
622	—	110	100	—	240	90	150	390	M24	—	—
624	—	120	110	—	260	96	160	450	M30	—	—
626	—	130	115	—	280	103	170	470	M30	—	—
628	—	140	125	—	300	112	180	520	M30	—	—
630	—	150	135	—	320	118	190	560	M30	—	—
632	—	160	140	—	340	124	200	580	M36	—	—

注：参见上节"(1) 轻系列轴承座"的注 1～3。

(3) 轴承座止推环

型号 (SR)	外径 D	宽度 B	内径 d	开口 b	型号 (SR)	外径 D	宽度 B	内径 d	开口 b
	(mm)					(mm)			
52×5	52	5	45	32	125×10	125	5	113	84
52×7	52	7	54	38	125×13	125	13	113	84
62×7	62	7	54	38	130×8	130	8	118	88
62×8.5	62	8.5	54	38	130×10	130	10	118	88
62×10	62	10	54	38	130×12.5	130	12.5	118	88
72×8	72	8	64	47	140×8.5	140	8.5	127	93
72×9	72	9	64	47	140×10	140	10	127	93
72×10	72	10	64	47	140×12.5	140	12.5	127	93
80×7.5	80	7.5	70	52	150×9	150	9	135	98
80×10	80	10	70	52	150×10	150	10	135	98
85×6	85	6	75	57	150×13	150	13	135	98
85×8	85	8	75	57	160×10	160	10	144	105
90×6.5	90	6.5	80	62	160×11.2	160	11.2	144	105
90×10	90	10	80	62	160×14	160	14	144	105
100×6	100	6	90	68	160×16.2	160	16.2	144	105
100×8	100	8	90	68	170×10	170	10	154	112
100×10	100	10	90	68	170×10.5	170	10.5	154	112
100×10.5	100	10.5	90	68	170×14.5	170	14.5	154	112
110×8	110	8	99	73	180×10	180	10	163	120
110×10	110	10	99	73	180×12.1	180	12.1	163	120
110×11.5	110	11.5	99	73	180×14.5	180	14.5	163	120
120×10	120	10	108	78	180×18.1	180	18.1	163	120
120×12	120	12	108	78	190×10	190	10	173	130

（续）

型号 (SR)	外径 D	宽度 B	内径 d	开口 b	型号 (SR)	外径 D	宽度 B	内径 d	开口 b
	(mm)					(mm)			
190×15.5	190	15.5	173	130	310×10	310	10	285	190
200×10	200	10	180	130	320×5	320	5	296	200
200×13.5	200	13.5	180	130	320×10	320	10	296	200
200×16	200	16	180	130	340×5	340	5	314	210
200×21	200	21	180	130	340×10	340	10	314	210
215×10	215	10	195	140	360×6	360	6	332	210
215×14	215	14	195	140	360×10	360	10	332	210
215×18	215	18	195	140	370×10	370	10	337	210
230×10	230	10	210	150	380×5	380	5	342	210
230×13	230	13	210	150	400×5	400	5	369	210
240×10	240	10	218	150	400×10	400	10	369	210
240×20	240	20	218	150	420×5	420	5	379	220
250×10	250	10	230	160	440×5	440	5	420	220
250×15	250	15	230	160	440×10	440	10	420	220
260×10	260	10	238	170	460×5	460	5	430	200
270×10	270	10	248	170	460×10	460	10	430	200
270×16.5	270	16.5	248	170	480×5	480	5	451	240
280×10	280	10	255	170	500×5	500	5	461	220
290×10	290	10	268	180	500×10	500	10	461	220
290×17	290	17	268	180	540×5	540	5	487	240
300×10	300	10	275	190	540×10	540	10	487	240
310×5	310	5	285	190	580×5	580	5	524	260

注：止推环型号由 SR 和 $D \times B$ 两部分组成。例：SR52×5。

10. 带座外球面球轴承(GB/T 7810—1995)

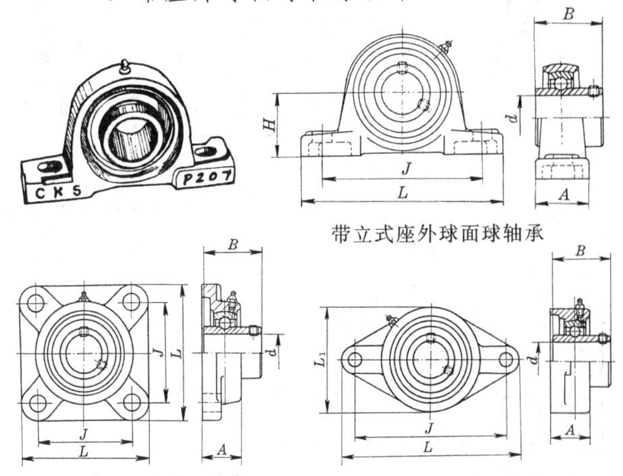

带立式座外球面球轴承

带方形座外球面球轴承　　　带菱形座外球面球轴承

【用　　途】 这是一种外球面球轴承与整体轴承座组成的组合件。由于轴承外表面呈球面,使轴承具有良好的调心性能;轴承内圈加宽,可使用顶丝(或偏心套、紧定套)使内圈与光轴在任意位置上固定;密封装置可靠,添加润滑油脂方便;因而使这种轴承具有结构紧凑、体积小、重量轻、承受负荷大、转速高、装拆方便等特点,并有多种组合型式,便于不同场合选用。广泛用于机械、冶金、轻工、纺织、造船等行业的机械设备上。

【规　　格】

(1) 带座外球面球轴承新旧型号对照(部分)		
轴　承　型　号	新型号(现行标准)	旧型号(GB 7810—87)
带立式座外球面球轴承 带方形座外球面球轴承 带菱形座外球面球轴承	UCP200、UCP300 UCFU200、UCFU300 UCFLU200、UCFLU300	Z90500、Z90600 F90500、F90600 L90500、L90600

（续）

(2) 带座外球面球轴承主要尺寸(部分)														
轴承型号			主要尺寸 (mm)											
UC P	UC FU	UC FLU	d	B	H	$A\leqslant$ P	$A\leqslant$ FU	$A\leqslant$ FLU	J P	J FU	J FLU	$L\leqslant$ P	$L\leqslant$ FU	$L/L_1\leqslant$ FLU
2 系列														
201	201	201	12	27.4	30.2	39	32	32	96	54	76.5	129	78	99/61
202	202	202	15	27.4	30.2	39	32	32	96	54	76.5	129	78	99/61
203	203	203	17	27.4	30.2	39	32	32	96	54	76.5	129	78	99/61
204	204	204	20	31	33.3	39	34	34	96	63.5	90	134	88	113/62
205	205	205	25	34.1	36.5	39	35	35	105	70	99	142	97	125/70
206	206	206	30	38.1	42.9	48	38	38	121	82.5	116.5	167	110	142/83
207	207	207	35	42.9	47.6	48	38	38	126	92	130	172	119	156/96
208	208	208	40	49.2	49.2	55	43	43	136	101.5	143.5	186	132	172/105
209	209	209	45	49.2	54	55	45	45	146	105	148.5	192	139	180/112
210	210	210	50	51.6	57.2	61	48	48	159	111	157	208	145	190/117
211	211	211	55	55.6	63.5	61	51	51	172	130	184	233	164	222/134
212	212	212	60	65.1	69.9	71	60	60	186	143	202	243	177	238/142
213	213	—	65	65.1	76.2	73	52	—	203	149.5	—	268	189	—
214	214	—	70	74.6	79.4	74	54	—	210	152	—	269	195	—
215	215	—	75	77.8	82.6	83	58	—	217	159	—	278	202	—
216	216	—	80	82.6	88.9	84	65	—	232	165	—	295	213	—
217	217	—	85	85.7	95.2	95	75	—	247	175	—	313	222	—
218		—	90	96	101.6	100	75	—	262	187	—	330	240	—
220	220	—	100	108	115	111	80	—	308	210	—	390	270	—

注：d—轴承内径，B—轴承内圈宽度，H—立座中心高，A—轴承座宽度，J—轴承座螺孔中心距，L—轴承座长度或长轴长度，L_1—轴承座短轴长度。

（续）

（2）带座外球面球轴承主要尺寸（部分）														
轴承型号			主要尺寸（mm）											
UC P	UC FU	UC FLU	d	B	H	A P	A FU	A FLU	J P	J FU	J FLU	$L\leqslant$ P	$L\leqslant$ FU	$L/L_1\leqslant$ FLU
3 系列														
305	305	305	25	38	45	45	29	29	132	80	113	175	110	150/80
306	306	306	30	43	50	50	32	32	140	95	134	180	125	180/90
307	307	307	35	48	56	56	36	36	160	100	141	210	135	185/100
308	308	308	40	52	60	60	40	40	170	112	158	220	150	200/112
309	309	309	45	57	67	67	44	44	190	125	177	245	160	230/125
310	310	310	50	61	75	75	48	48	212	132	187	275	175	240/140
311	311	311	55	66	80	80	52	52	236	140	198	310	185	250/150
312	312	312	60	71	85	85	56	56	250	150	212	330	195	270/160
313	313	313	65	75	90	90	58	58	260	166	240	340	208	295/175
314	314	314	70	78	95	90	61	61	280	178	250	360	226	315/185
315	315	315	75	82	100	100	66	66	290	184	260	380	236	320/195
316	316	316	80	86	106	110	68	68	300	196	285	400	250	355/210
317	317	317	85	96	112	110	74	74	320	204	300	420	260	370/220
318	318	318	90	96	118	110	76	76	330	216	315	430	280	385/235
319	319	319	95	103	125	120	94	94	360	228	330	470	290	405/250
320	320	320	100	108	140	120	94	94	380	242	360	490	310	440/270
321	321	321	105	112	140	120	94	94	380	242	360	490	310	440/270
322	322	322	110	117	150	140	96	96	400	266	390	520	340	470/300
324	324	324	120	126	160	140	110	110	450	290	430	570	370	520/330
326	326	326	130	135	180	140	115	115	480	320	460	600	410	550/360
328	328	328	140	145	220	140	125	125	500	350	500	620	450	600/400

11. 平型传动带(GB/T 524—2007)

切边式　　包边式(边部封口)

包边式(中部封口)　　包边式(双封口)

【其他名称】 传动胶带、平型胶带、普通平带、胶布传动带。

【用　　途】 平型传动带由涂覆有橡胶或塑料的一层或数层布或整体织物构成,并经硫化或熔合为一体。按其结构可分为切边式和包边式(见上图)。一般配合带轮,作机械传动用。按平带的形状又分有端平带和环形平带两种。有端平带在使用时,须用机用皮带扣或皮带螺栓把平带两端连接起来。

【规　　格】

拉伸强度$\left(\frac{kN}{m}\right)$	规格	190/40	190/60	240/40	240/60	290/40	290/60	340/40	340/60	385/60	425/60	450	500	560
	纵向(≥)	190	190	240	240	290	290	340	340	385	425	450	500	560
	横向(≥)	75	110	95	140	115	175	130	200	225	250			
织物材料粘合类型		通用橡胶材料用“R”表示,氯丁胶材料用“C”表示,塑料材料用“P”表示												
伸长率		对平带进行纵向拉伸试验时,在与拉伸强度规格对应的拉力下,伸长率应≤20%												
平带宽度系列(mm)		16, 20, 25, 32, 40, 50, 63, 71, 80, 90, 100, 112, 125, 140, 160, 180, 200, 224, 250, 280, 315, 355, 400, 450, 500												
有端平带最小长度		$b \leqslant$ 90mm, 长度 ≥ 8m; 90 < $b \leqslant$ 250mm, 长度 ≥ 15m; b > 250mm, 长度 ≥ 20m　(b— 平带宽度)												
环形平带内周长度系列(mm)		500, 530*, 560, 600*, 630, 670*, 710, 750*, 800, 850*, 900, 950*, 1000, 1060*, 1120, 1180*, 1250, 1320*, 1400, 1500*, 1600, 1700*, 1800, 1900*, 2000, 2240, 2500, 2800, 3150, 3550, 4000, 4500, 5000(不带“*”长度为优选系列,带“*”长度为第二系列)												

注：1. 有端平带规格以拉伸强度规格、织物材料粘合类型代号和宽度表示。例：340/40 R 160。环形平带还应增加内周长度(单位为“m”,不标出)。例：190/40 P 50-20。

2. 分数形式的“拉伸强度规格”：分子为纵向强度,分母为“横向强度与纵向强度的百分比”,单位为%(表中未注明)。规格为450～560kN/m 的“横向与纵向强度比”只有40%一种。

12. 机用皮带扣(QB/T 2291—1997)

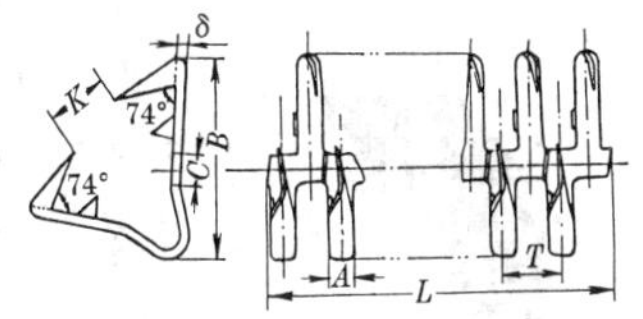

【其他名称】 皮带扣、皮带搭扣、胶带扣。
【用　　途】 适用于连接平型结构的各种传动带和输送带的两端。
【规　　格】

规格(号)		15	20	25	27	35	45	55	65	75
基本尺寸(mm)	长　度 L	190	290	290	290	290	290	290	290	290
	宽边宽 B	15	20	22	25	30	34	40	47	60
	齿　宽 A	2.30	2.60	3.30	3.30	3.90	5.00	6.70	6.90	8.50
	齿　距 T	5.59	6.44	8.06	8.06	9.67	12.08	16.11	16.11	20.71
	筋　宽 C	3.00	3.00	3.30	3.30	4.70	5.50	6.50	7.20	9.00
	齿尖距 K	5	6	7	8	9	10	12	14	18
	厚　度 δ	1.10	1.20	1.30	1.30	1.50	1.80	2.30	2.50	3.00
每支齿数		34	45	36	36	30	24	18	18	14
每盒数量	皮带扣支数	16	10	16	16	8	8	8	8	8
	竹节销根数	10	6	10	10	5	5	5	5	5
适用平带厚度(mm)		3～4	4～5	5～6	6～7	7～8	8～9.5	9.5～11	11～12.5	12.5～16

13. 皮带螺栓

【其他名称】 皮带螺丝、蟹壳螺丝、平型胶带螺栓。
【用　　途】 用途与皮带扣相同,但其连接强度较高,特别适用于一些皮带扣不能连接的较宽、较厚的平型结构传动带和输送带。
【规　　格】 市场产品。

螺栓规格(mm)	直径	M5	M6	M8	M10
	长度	20	25	32	42
适用平带规格(mm)	宽度	20～40	40～100	100～125	125～300
	厚度	3～4	4～6	5～7	7～12

14. 普通 V 带和窄 V 带

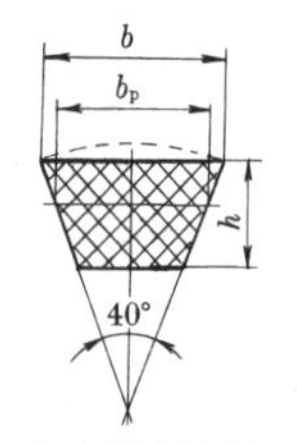

V 带截面示意图

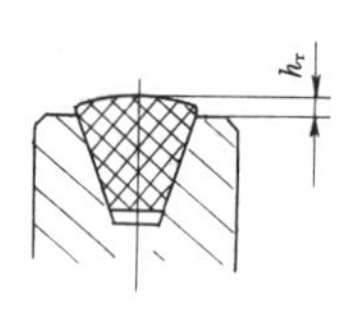

露出高度示意图

【其他名称】 三角胶带、固定三角带、三角皮带、三角带。

【用　　途】 装于两个V带带轮之间作传递动力用。适用于两轴中心距较短、传动比较大、振动较小的一般机械传动装置上。

【规　　格】

(1) 普通 V 带和窄 V 带尺寸(GB/T 11544—1997)

V 带型号		截面基本尺寸(mm)					基准长度 L_d(mm)		基准圆周长 C_d (mm)	测量力 f (N)
		节宽 b_p	顶宽 b	高度 h	露出高度 h_r					
					最大	最小	自	至		
普通V带	Y	5.3	6.0	4.0	+0.8	−0.8	200	500	90	40
	Z	8.5	10.0	6.0	+1.6	−1.6	405	1540	180	110
	A	11.0	13.0	8.0	+1.6	−1.6	630	2700	300	220
	B	14.0	17.0	11.0	+1.6	−1.6	930	6070	400	300
	C	19.0	22.0	14.0	+1.5	−2.0	1565	10700	700	750
	D	27.0	32.0	19.0	+1.6	−3.2	2740	15200	1000	1400
	E	32.0	38.0	25.0	+1.6	−3.2	4660	16800	1800	1800
窄V带	SPZ	8.5	10.0	8.0	+1.1	−0.4	630	3550	300	300
	SPA	11.0	13.0	10.0	+1.3	−0.6	800	4500	450	560
	SPB	14.0	17.0	14.0	+1.4	−0.7	1250	8000	600	900
	SPC	19.0	22.0	18.0	+1.5	−1.0	2000	12500	1000	1500
基准长度系列 L_d (mm)	普通V带	Y 型：200，224，250，280，315，355，400，450，500								
		Z 型：405，475，530，625，700，780，820，1080，1330，1420，1540								
		A 型：630，700，790，890，990，1100，1250，1430，1550，1640，1750，1940，2050，2200，2300，2480，2700								
		B 型：930，1000，1100，1210，1370，1560，1760，1950，2180，2300，2500，2700，2870，3200，3600，4060，4430，4820，5370，6070								

（续）

<table>
<tr><th colspan="3">(1) 普通 V 带和窄 V 带尺寸(GB/T 11544—1997)</th></tr>
<tr><td rowspan="2">基准长度系列 L_d (mm)</td><td>普通V带</td><td>C 型：1565，1760，1950，2195，2420，2715，2880，3080，3520，4060，4600，5380，6100，6815，7600，9100，10700
D 型：2740，3100，3330，3730，4080，4620，5400，6100，6840，7620，9140，10700，12200，13700，15200
E 型：4660，5040，5420，6100，6850，7650，9150，12230，13750，15280，16800</td></tr>
<tr><td>窄V带</td><td>630，710，800，900，1000，1120，1250，1400，1600，1800，2000，2240，2500，2800，3150，3550，4000，4500，5000，5600，6300，7100，8000，9000，10000，11200，12500</td></tr>
</table>

<table>
<tr><th colspan="7">(2) 普通 V 带和窄 V 带力学性能(GB/T 1171—2006，GB 12730—2008)</th></tr>
<tr><th rowspan="2">型　号</th><th rowspan="2">拉伸强度(kN)≥</th><th colspan="2">参考力伸长率(%)≤</th><th colspan="2">线绳粘合强度(kN/m)≥</th><th rowspan="2">布与顶胶间粘合强度(kN/m)≥</th></tr>
<tr><th>包边V带</th><th>切边V带</th><th>包边V带</th><th>切边V带</th></tr>
<tr><td colspan="7">(a) 普通 V 带的物理性能</td></tr>
<tr><td>Y</td><td>1.2</td><td rowspan="7">7.0</td><td rowspan="5">5.0</td><td>10.0</td><td>15.0</td><td rowspan="3">—</td></tr>
<tr><td>Z</td><td>2.0</td><td>13.0</td><td>25.0</td></tr>
<tr><td>A</td><td>3.0</td><td>17.0</td><td>28.0</td></tr>
<tr><td>B</td><td>5.0</td><td>21.0</td><td>28.0</td><td rowspan="4">2.0</td></tr>
<tr><td>C</td><td>9.0</td><td>27.0</td><td>35.0</td></tr>
<tr><td>D</td><td>15.0</td><td rowspan="2">—</td><td>31.0</td><td>—</td></tr>
<tr><td>E</td><td>20.0</td><td>31.0</td><td>—</td></tr>
<tr><td colspan="7">(b) 窄 V 带的物理性能</td></tr>
<tr><td>SPZ、9N</td><td>2.3</td><td rowspan="3">4.0</td><td rowspan="3">3.0</td><td>13.0</td><td>20.0</td><td rowspan="2">—</td></tr>
<tr><td>SPA</td><td>3.0</td><td>17.0</td><td>25.0</td></tr>
<tr><td>SPB、15N</td><td>5.4</td><td>21.0</td><td>28.0</td><td rowspan="3">2.0</td></tr>
<tr><td>SPC</td><td>9.8</td><td rowspan="2">5.0</td><td rowspan="2">4.0</td><td>27.0</td><td>35.0</td></tr>
<tr><td>25N</td><td>12.7</td><td>31.0</td><td>—</td></tr>
<tr><td colspan="7">注：V 带由包布、顶胶、抗拉体和底胶等部分构成，按抗拉体结构分绳芯 V 带和帘布芯 V 带。绳芯 V 带可以仅在其上下两面覆有涂胶布，帘布芯 Z～C 型 V 带可无顶胶。窄 V 带只有绳芯 V 带一种
包布　顶胶　抗拉体　底胶
绳芯 V 带　　帘布芯 V 带</td></tr>
</table>

15. 活络三角带

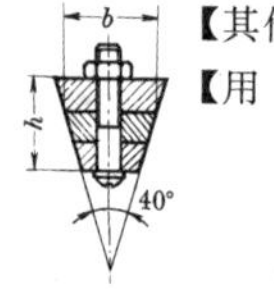

【其他名称】 活络V带、活络胶带。

【用　　途】 与普通V带相同，特别适用于普通V带长度系列以外的一般低速轻载机械传动设备上。

【规　　格】

活络三角带截型		A	B	C	D	E
截面尺寸(mm)	宽度 b	12.7	16.5	22	32	38
	高度 h	11	11	15	23	27
截面组成片数		3	3	4	5	6
整根扯断力(kN)≥		1.57	2.06	4.22	7.85	9.81
每米节数		40	32	32	30	30
每盘三角带长度(m)		30	30	30	15	15

16. 活络三角带螺栓

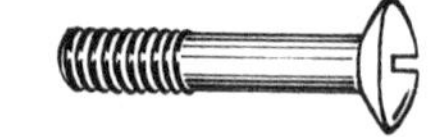

【其他名称】 活络胶带螺钉、三角带螺钉。

【用　　途】 专用于连接活络三角带的各个胶布片。

【规　　格】

型　号	螺栓尺寸(mm)		螺母尺寸(mm)		垫圈尺寸(mm)	
	公称直径	钉杆长度	扳手尺寸	厚　度	直　径	厚　度
A	3.5	16	10	2.5	8	0.8
B	3.5	16	10	2.5	9	0.8
C	5	21	12	3.0	12	1.0
D	6	30	13	3.5	15	1.2
E	6	34	13	3.5	18	1.2

17. 畚斗带

【其他名称】 输送带、线轮带。

【用　　途】 用作短距离输送物资的输送带，或装上畚斗作为升降机输送物资的传动带，亦可作为机械上传递动力用。

【规　　格】

幅宽 (mm)	经线总数 (根)	每厘米纬线数 (根)	幅宽 (mm)	经线总数 (根)	每厘米纬线数 (根)	幅宽 (mm)	经线总数 (根)	每厘米纬线数 (根)
51	264	5.1	178	834	5.1	305	1394	5
76	374	5.1	203	944	5.1	330	1514	5
102	494	5.1	229	1054	5.1	356	1634	5
127	604	5.1	254	1174	5.1			
152	714	5.1	279	1284	5			

注：每条长度为 50m，允许有两段，其中短的一段不短于 10m。

18. 畚斗螺栓

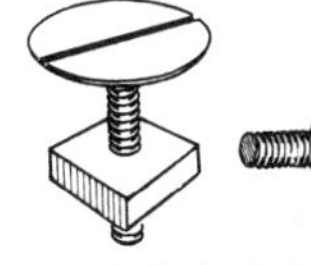

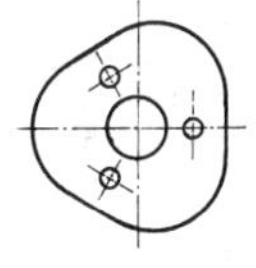
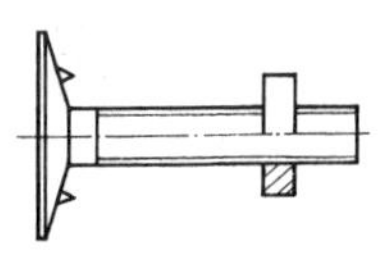

螺栓支承面带肋的　　螺栓支承面带尖钉头的

【其他名称】 畚斗螺丝、畚斗带螺栓。

【用　　途】 用于将畚斗固定在畚斗带上，以便畚斗和畚斗带在升降机上循环运转。

【规　　格】 螺栓直径(mm)：M6；
螺栓长度(mm)：16，20，25。

19. 短节距传动用精密滚子链(GB/T 1243—2006)

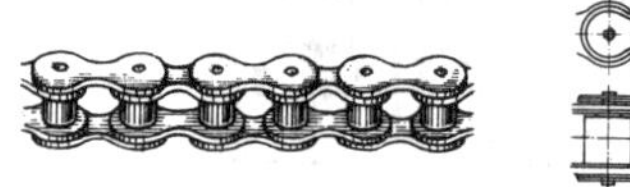

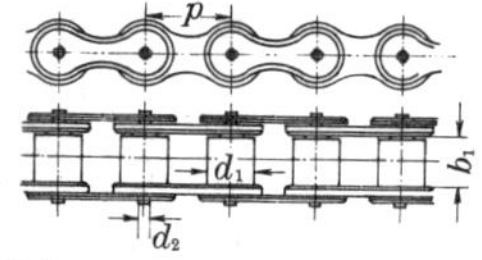

【其他名称】 套筒滚子传动链、滚子链条。

【用　　途】 装于链轮之间传递动力用。适用于两轴中心距较大、要求传动比准确而负荷分布均匀的机械传动装置上,如拖拉机、摩托车、机床、纺织机及其他机械等。

【规　　格】

主要尺寸(mm)								
链号	节距 p nom	滚子直径 d_1 max	内节内宽 b_1 min	销轴直径 d_2 max	排距 p_t	销轴长度		
						单排 b_4 max	双排 b_5 max	三排 b_6 max
04C	6.35	3.30[R]	3.10	2.31	6.40	9.1	15.5	21.8
06C	9.525	5.08[g]	4.68	3.60	10.13	13.2	23.4	33.5
05B	8.00	5.00	3.00	2.31	5.64	8.6	14.3	19.9
06B	9.525	6.35	5.72	3.28	10.24	13.5	23.8	34.0
08A	12.70	7.92	7.85	3.98	14.38	17.8	32.3	46.7
08B	12.70	8.51	7.75	4.45	13.92	17.0	31.0	44.9
081	12.70	7.75	3.30	3.66	—	10.2	—	—
083	12.70	7.75	4.88	4.09	—	12.9	—	—
084	12.70	7.75	4.88	4.09	—	14.8	—	—
085	12.70	7.77	6.25	3.60	—	14.0	—	—
10A	15.875	10.16	9.40	5.09	18.11	21.8	39.9	57.9
10B	15.875	10.16	9.65	5.08	16.59	19.6	36.2	52.8
12A	19.05	11.91	12.57	5.96	22.78	26.9	49.8	72.6
12B	19.05	12.07	11.68	5.72	19.46	22.7	42.2	61.7
16A	25.40	15.88	15.75	7.94	29.29	33.5	62.7	91.9
16B	25.40	15.88	17.02	8.28	31.88	36.1	68.0	99.9
20A	31.75	19.05	18.90	9.54	35.76	41.1	77.0	113.0
20B	31.75	19.05	19.56	10.19	36.45	43.2	79.7	116.1
24A	38.10	22.23	25.22	11.11	45.44	50.8	96.3	141.7
24B	38.10	25.40	25.40	14.63	48.36	53.4	101.8	150.2
28A	44.45	25.40	25.22	12.71	48.87	54.9	103.6	152.4
28B	44.45	27.94	30.99	15.90	59.56	65.1	124.7	184.3

(续)

主要尺寸(mm)								
链号	节距 p nom	滚子直径 d_1 max	内节内宽 b_1 min	销轴直径 d_2 max	排距 p_t	销轴长度		
						单排 b_4 max	双排 b_5 max	三排 b_6 max
32A	50.80	28.58	31.55	14.29	58.55	65.5	124.2	182.9
32B	50.80	29.21	30.99	17.81	58.55	67.4	126.0	184.5
36A	57.15	35.71	35.48	17.46	65.84	73.9	140.0	206.0
40A	63.50	39.68	37.85	19.85	71.55	80.3	151.9	223.5
40B	63.50	39.37	38.10	22.89	72.29	82.6	154.9	227.2
48A	76.20	47.63	47.35	23.81	87.83	95.5	183.4	271.3
48B	76.20	48.26	45.72	29.24	91.21	99.1	190.4	281.6
56B	88.90	53.98	53.34	34.32	106.60	114.6	221.2	327.8
64B	101.60	63.50	60.96	39.40	119.89	130.9	250.8	370.7
72B	114.30	72.39	68.58	44.48	136.27	147.4	283.7	420.0

主要力学性能									
链号	抗拉强度 F_u			动载强度单排 F_d min	链号	抗拉强度 F_u			动载强度单排 F_d min
	单排 min	双排 min	三排 min			单排 min	双排 min	三排 min	
	kN			N		kN			N
04C	3.5	7.0	10.5	630	20A	87.0	174.0	261.0	14600
06C	7.9	15.8	23.7	1410	20B	95.0	170.0	250.0	13500
05B	4.4	7.8	11.1	820	24A	125.0	250.0	375.0	20500
06B	8.9	16.9	24.9	1290	24B	160.0	280.0	425.0	19700
08A	13.9	27.8	41.7	2480	28A	170.0	340.0	510.0	27300
08B	17.8	31.1	44.5	2480	28B	200.0	360.0	530.0	27100
081	8.0	—	—		32A	223.0	446.0	669.0	34800
083	11.6	—	—		32B	250.0	450.0	670.0	29900
084	15.6	—	—		36A	281.0	562.0	843.0	44500
085	6.7	—	—	1340	40A	347.0	694.0	1041.0	53600
10A	21.8	43.6	65.4	3850	40B	355.0	630.0	950.0	41800
10B	22.2	44.5	66.7	3330	48A	500.0	1000.0	1500.0	73100
12A	31.3	62.6	93.9	5490	48B	560.0	1000.0	1500.0	63600
12B	28.9	57.8	86.7	3720	56B	850.0	1600.0	2240.0	88900
16A	55.6	111.2	166.8	9550	64B	1120.0	2000.0	3000.0	106900
16B	60.0	106.0	160.0	9530	72B	1400.0	2500.0	3750.0	132700

20. 方框链

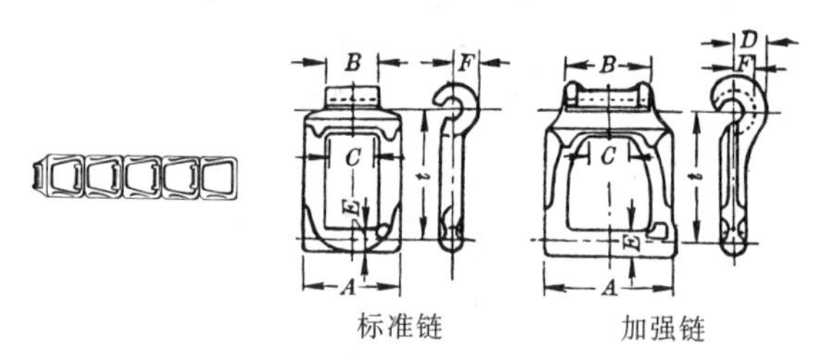

标准链　　加强链

【其他名称】 方钢链、耳钩方钢链。

【用　　途】 装于链轮之间传递动力用。其特点是构造简单,装配便利,适用于低速传动装置上,如农业机械、运输带等。

【规　　格】

链号	节距 t (mm)	每10m的近似只数	尺寸 (mm)					
			A	B	C	D	E	F
25	22.911	436	19.84	10.32	9.53	—	3.57	5.16
32	29.312	314	24.61	14.68	12.70	—	4.37	6.35
33	35.408	282	26.19	15.48	12.70	—	4.37	6.35
34	35.509	282	29.37	17.46	12.70	—	4.76	6.75
42	34.925	289	32.54	19.05	15.88	—	5.56	7.14
45	41.402	243	33.34	19.84	17.46	—	5.56	7.54
50	35.052	285	34.13	19.05	15.88	—	6.75	7.94
51	29.337	314	31.75	16.67	14.29	—	6.75	9.13
52	38.252	262	38.89	20.64	15.88	—	6.75	8.73
55	41.427	243	35.72	19.84	17.46	—	6.75	9.13
57	58.623	171	46.04	27.78	17.46	—	6.75	10.32
62	42.012	239	42.07	24.61	20.64	—	7.94	10.72
66	51.130	197	46.04	27.78	23.81	—	7.94	10.72
67	58.623	171	51.59	34.93	17.46	13.49	7.94	10.32
75	66.269	151	53.18	25.58	23.81	—	9.92	12.30
77	58.344	171	56.36	36.51	17.46	15.48	9.53	9.13

第八章　橡胶制品及石棉制品

1. 普通全胶管

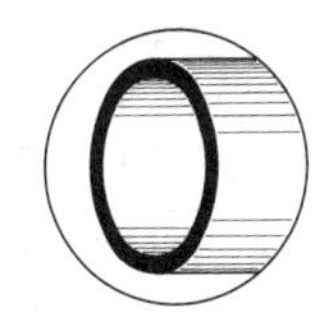
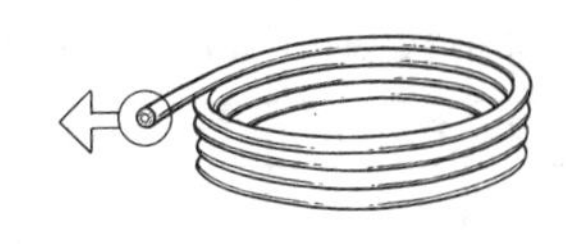

【其他名称】 纯胶管、橡胶管、橡皮管。

【用　　途】 用于输送温度为－5～45℃、低压条件下的液体和气体，如水、空气、沼气等。

【规　　格】 市场产品。

内径	外径	壁厚	内径	外径	壁厚	内径	外径	壁厚
(mm)			(mm)			(mm)		
3	6	1.5	10	14	2	22	29	3.5
5	8	1.5	13	18	2.5	25	32	3.5
6	9	1.5	16	21	2.5	32	39	4.5
8	12	2	19	26	3.5	38	47	4.5

2. 输水胶管

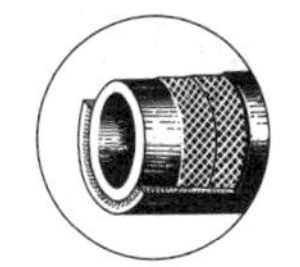
夹布胶管

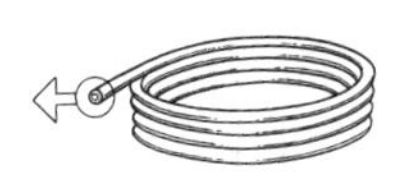

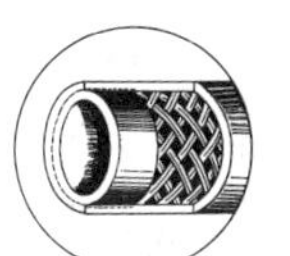
纤维编织胶管

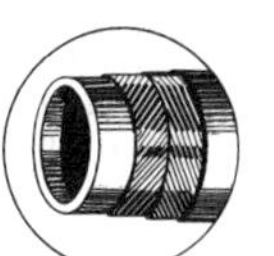
纤维缠绕胶管

【用　　途】 适用于输送具有一定压力、工作温度不大于－25～70℃的水(除饮用水)及一般中性液体。

【规　　格】

(1) 标准产品—通用输水织物增强橡胶软管(HG/T 2184—2008)					
型　号	1 型(低压型)			2 型(中压型)	3 型(高压型)
级　别	a 级	b 级	c 级	d 级	e 级
工作压力(MPa)	≤0.3	0.3～0.5	0.3～0.7	0.7～1.0	1.0～2.5
公称内径(mm)	10～100			≤50	≤25
公称内径系列(mm)	10、12.5、16、19、20、22、25、27、32、38、40、50、63、76、80、100				
注：适用于工作温度≤60℃的生活用水(除饮用水)和工业用水					

(2) 市场产品			
胶管品种	公称内径(mm)	工作压力(MPa)	长度(m)
夹布输水胶管	13～76 89～152	0.3，0.5，0.7	20 8
纤维编织输水胶管	5～10	1.0，2.0	30
纤维缠绕输水胶管	13～25	1.0	40

公称内径(mm)	工作压力(MPa) 0.3	0.5	0.7	1.0	2.0
	每米约重(kg)				
5	—	—	—	0.15	0.16
6	—	—	—	0.17	0.19
8	—	—	—	0.20	0.23
10	—	—	—	0.26	0.29
13	0.34	0.34	0.34	0.46	—
16	0.39	0.39	0.39	0.55	—
19	0.47	0.47	0.53	0.66	—
22	0.53	0.53	0.59	0.72	—
25	0.67	0.73	0.73	0.89	—
32	0.84	0.84	0.93	—	—

公称内径(mm)	工作压力(MPa) 0.3	0.5	0.7
	每米约重(kg)		
38	1.02	1.02	1.13
45	1.18	1.30	1.42
51	1.32	1.45	1.58
64	1.61	1.95	2.11
76	2.11	2.34	2.61
89	2.55	2.81	3.13
102	3.04	3.70	4.01
127	4.12	4.87	5.32
152	4.87	5.78	6.71

注：1. 适用于工作温度≤45℃的水及一般中性液体
2. 胶管的最小爆破压力为工作压力的 3 倍

3. 空 气 胶 管

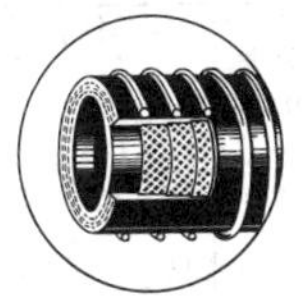

铠装夹布胶管

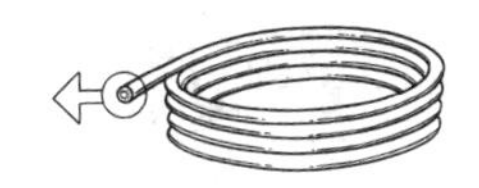

【用　　途】 适用于输送具有一定压力的空气和惰性气体，工作温度为－20～45℃。

【规　　格】

(1) 标准产品—压缩空气用织物增强橡胶软管(2.5MPa 以下)(GB/T 1186—2007)							
型　　号	1	2	3	4	5	6	7
工作压力(MPa)	1.0			1.6		2.5	
试验压力(MPa)	2.0			3.2		5.0	
最小爆破压力(MPa)	4.0			6.4		10.0	
公称内径(mm)	5、6.3、8、10、12.5、16、(20)、20、25、31.5、40(38)、50、63、80(76)、100、(102)						
注：括号中的数据是供选择的							

(2) 市 场 产 品			
胶 管 品 种	公称内径(mm)	工作压力(MPa)	长　度(m)
夹布空气胶管	13～76 89～152	0.6，0.8，1.0	20 8
铠装夹布空气胶管	13～76	1.5	20
纤维编织空气胶管	5～10	1.0，2.0	30
纤维缠绕空气胶管	13～25	1.0	40

（续）

公称内径(mm)	工作压力(MPa)					
	0.6	0.8	1.0		1.5	2.0
			夹布	纤维		
	每米约重(kg)					
5	—	—	—	0.15	—	0.17
6	—	—	—	0.17	—	0.19
8	—	—	—	0.21	—	0.24
10	—	—	—	0.25	—	0.28
13	0.36	0.40	0.45	0.50	0.59	—
16	0.47	0.52	0.57	0.55	0.74	—
19	0.56	0.62	0.69	0.65	0.86	—
22	0.58	0.65	0.72	0.72	0.93	—
25	0.83	0.90	0.99	0.89	1.34	—
32	0.99	1.09	1.18	—	1.59	—

公称内径(mm)	工作压力(MPa)			
	0.6	0.8	1.0	1.5
	每米约重(kg)			
38	1.3	1.4	1.6	2.1
45	1.5	1.7	1.8	2.4
51	1.7	1.8	2.0	2.8
64	2.3	2.5	2.7	3.7
76	2.6	3.1	3.4	4.6
89	3.6	4.0	4.8	—
102	4.3	5.0	5.7	—
127	5.7	6.7	—	—
152	7.1	—	—	—

注：1. 其他（夹布、纤维编织、纤维缠绕）空气胶管的外形图参见第659页输水胶管的外形图
2. 胶管的最小爆破压力为工作压力的4倍

4. 饱和蒸汽用蒸汽橡胶软管

钢丝编织蒸汽橡胶软管

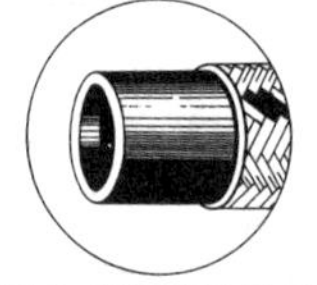

熨斗蒸汽橡胶软管

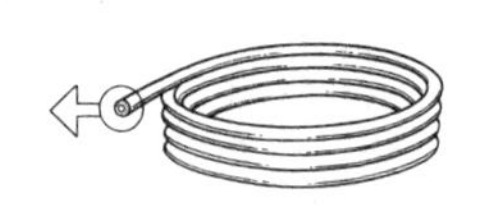

(1) 标准产品(HG/T 3036—2009)

用途：由耐蒸汽老化的内胶层、织物层（1型、2型）或钢丝编织组成的增强层和耐臭氧要求的外胶层，构成的蒸汽橡胶软管分为Ⅰ类（外胶层不耐油），Ⅱ类（外胶层耐油）两种。适用于工作压力为0.3～1.6MPa、工作温度为144～204℃蒸汽或过热水的机器设备，如蒸汽锤、平板硫化机、注塑机等。本产品不适用于食品加工或特殊用途

(续)

(1) 标准产品(HG/T 3036—2009)		
胶管型号	最大工作压力(MPa)	对应温度(℃)
Ⅰ型低压蒸汽软管	0.6	164
Ⅱ型高压蒸汽软管	1.8	210
公称内径(mm):12.5,16,19,20,25,31.5,38,40,50,51,63,80		
注:特殊尺寸及软管长度由供需双方协商确定		

(2) 市 场 产 品

用途:夹布、铠装夹布和纤维编织胶管适用于输送工作温度不高于150℃、工作压力不高于0.4MPa的饱和蒸汽或过热水。钢丝编织蒸汽胶管的工作温度不高于165℃、工作压力不高于0.6MPa,主要用于蒸汽锤、平板硫化机、注塑机和蒸汽清扫器等设备上。熨斗蒸汽胶管的工作温度不高于148℃、工作压力不高于0.35MPa,主要用于服装、针织、洗衣业的蒸汽熨斗上

公称内径(mm)	每米约重(kg)					公称内径(mm)	每米约重(kg)		
	夹布	铠装	纤维编织	钢丝编织	熨斗		夹布	铠装	钢丝编织
5	—	—	—	—	0.07	25	1.10	1.46	1.00
6	—	—	—	—	0.08	32	1.30	1.73	1.20
8	—	—	0.27	—	—	38	1.50	1.93	1.30
10	—	—	0.34	—	—	45	2.00	2.48	—
13	0.51	0.66	—	0.55	—	51	2.40	3.24	—
16	0.58	0.75	—	0.65	—	64	3.10	4.15	—
19	0.73	0.93	—	0.75	—	76	3.90	5.12	—
22	0.81	1.03	—	0.80	—				

注:1. 胶管长度(m):夹布蒸汽胶管和铠装夹布蒸汽胶管为20,纤维编织蒸汽胶管为30,钢丝编织蒸汽胶管为5,熨斗蒸汽胶管为1~60
2. 其他蒸汽胶管的外形图,参见第659页输水胶管和第661页空气胶管的外形图
3. 胶管的最小爆破压力为工作压力的10倍

5. 输稀酸、碱胶管

【用　　途】 适用于输送工作温度不高于45℃、浓度在40%以下，具有一定压力的各类稀酸、碱溶液（硝酸除外）。

【规　　格】

(1) 标准产品(HG/T 2183—2009)

型号	结构	公称内径(mm)	工作压力(MPa)
A	有增强层	12.5，16，20，22，25，31.5，40，45，50，63，80	0.3，0.5，0.7
B	有增强层和钢丝螺旋线	31.5，40，45，50，63，80	负压
C	有增强层和钢丝螺旋线	31.5，40，45，50，63，80	负压，0.3，0.5，0.7

(2) 市场产品

胶管品种	公称内径(mm)	工作压力(MPa)	长度(m)
夹布输稀酸、碱胶管	13～76 89～152	0.3，0.5，0.7	20 8
纤维编织输稀酸、碱胶管	5～10	1.0	30

公称内径(mm)	工作压力(MPa) 0.3	0.5	0.7	1.0	公称内径(mm)	工作压力(MPa) 0.3	0.5	0.7
	每米约重(kg)					每米约重(kg)		
5	—	—	—	0.166	38	1.0	1.1	1.3
6	—	—	—	0.194	45	1.3	1.4	1.6
8	—	—	—	0.232	51	1.4	1.7	1.9
10	—	—	—	0.271	64	1.4	2.0	2.3
13	0.34	0.38	0.43	—	76	2.1	2.6	2.9
16	0.44	0.44	0.59	—	89	3.1	3.4	4.0
19	0.50	0.56	0.62	—	102	3.5	4.1	4.5
22	0.56	0.62	0.68	—	127	4.2	5.4	6.3
25	0.72	0.79	0.94	—	152	5.5	6.8	8.4
32	0.90	1.00	1.10	—				

注：1. 各种输稀酸、碱胶管的外形图，参见第659页输水胶管的外形图
　　2. 胶管的最小爆破压力为工作压力的4倍

6. 输 油 胶 管

(1) 油槽车输送燃油用橡胶软管(HG/T 3041—2009)				
用途：用于油槽车排输液体烃类燃油，适用于工作温度在－40～55℃范围内的芳香烃含量体积分数占50%以下的燃油。分为两个类别三种型号。不适用于燃油计量器装置、液化石油气和航空燃油				
类　别	型　号	1型	2型	3型
A类：可折叠式	工作压力(MPa)	0.3	0.7	1.0
	试验压力(MPa)	0.6	1.4	2.0
B类：不可折叠式 通常螺旋钢丝增强	爆破压力(MPa)	1.2	2.8	4.0
	公称内径(mm)	25，31.5，38，40，50 63，75，80，100		

(2) 普通输油胶管(市场产品)			
用途：普通输油胶管适用于输送温度在40℃以下，有一定压力的汽油、煤油、柴油、机油、润滑油及其他矿物油			
胶管品种	公称内径(mm)	工作压力(MPa)	长　度(m)
夹布输油胶管	13～76 89～152	0.5，0.7，1.0	20 8
纤维编织输油胶管	3 5～10 13～25	1.5 1.0 1.0	30 40 40
	5～8 10	2.0 1.8	30 30
纤维缠绕输油胶管	13～25	1.5	40

公称内径(mm)	工作压力(MPa)						
	0.5	0.7	1.0 夹布	1.0 编织	1.5	1.8	2.0
	每米约重(kg)						
3	—	—	—	—	0.10	—	—
5	—	—	—	0.15	—	—	0.18
6	—	—	—	0.17	—	—	0.20
8	—	—	—	0.24	—	—	0.27
10	—	—	—	0.28	—	0.31	—
13	0.38	0.42	0.48	0.38	0.46	—	—
16	0.44	0.49	0.61	0.58	0.56	—	—
19	0.58	0.65	0.77	0.68	0.65	—	—
22	0.61	0.68	0.76	0.79	0.74	—	—
25	0.74	0.86	0.95	0.90	0.85	—	—

公称内径(mm)	工作压力(MPa)		
	0.5	0.7	1.0 夹布
	每米约重(kg)		
32	1.04	1.14	1.25
38	1.3	1.4	1.6
45	1.4	1.5	1.7
51	1.8	1.9	2.0
64	2.1	2.3	—
76	2.7	3.0	—
89	3.3	3.9	—
102	4.1	4.8	—
127	5.4	6.1	—
152	6.9	8.0	—

注：1. 各种输油胶管的外形图，参见第 659 页输水胶管的外形图。

2. 胶管的最小爆破压力为工作压力的 4 倍。

7. 焊接、切割和类似作业用橡胶软管

(GB/T 2550—2007)

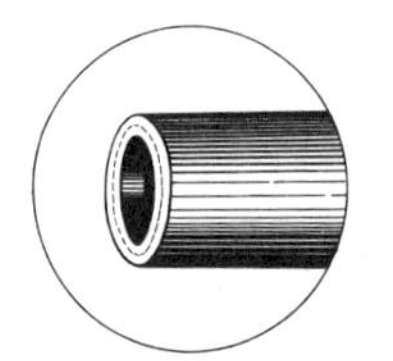

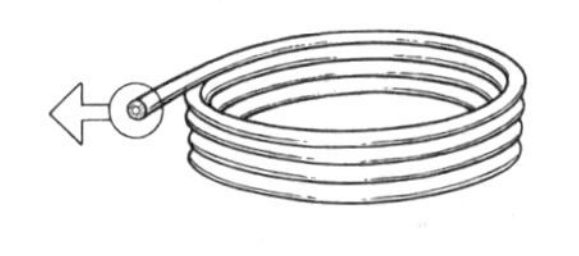

【用　　途】 供各种焊接器材作焊接、切割金属时，输送氧气、乙炔和其他可燃气体，如天然气、甲烷等用。工作温度为 −20～60℃。

【规　　格】

橡胶软管品　　种	氧气橡胶软管	乙炔橡胶软管	其他可燃气体橡胶软管
公称内径(mm)	4、5、6.3、8、10、12.5、16、20、25、32、40、50		
工作压力(MPa)	2	≤1.5	
表面色泽	蓝　色	红　色	红　色

注：1. 胶管试验压力为工作压力的 2 倍，最小爆破压力为工作压力的 3 倍。

2. 胶管全长有供需双方协商确定。

3. 本标准另有轻负荷橡胶软管，其公称内径≤6.3mm，最大工作压力为 1MPa，试验压力为 2MPa，最小爆破压力为 3MPa。

8. 喷雾胶管

【用　　途】供各类型喷雾器械作农业、林业、果园、公园喷洒农药、化肥用。其中机动喷雾胶管适用于工作压力较高的机动喷雾器械；手动喷雾胶管适用于工作压力较低的手动喷雾器。适用温度－10～60℃。

【规　　格】

(1) 标准产品—农业喷雾用橡胶软管 (HG/T 3043—2009)

类　　型	A 型	B 型	C 型
设计工作压力(MPa)	1	4	6
试验压力(MPa)	2	8	12
最小爆破压力(MPa)	6	12	24

公称内径(mm)：6.3，8.0，10.0，12.5，16.0，20.0，25.0
长度：由供需双方协商确定
结构：由内胶层、纤维增强层和外胶层组成

(2) 市场产品

胶管名称	公称内径(mm)	工作压力(MPa)	每米约重(kg)	长度(m)
纤维编织喷雾胶管	6 8 10	1.0	0.17 0.23 0.25	30
	10	2.0	0.28	
纤维编织机动喷雾胶管	8	2.5/3.0	0.23	30
	13	2.5	0.40	20
纤维缠绕机动喷雾胶管	13	2.0/2.5	0.50	20～40
纤维编织手动喷雾胶管	8	0.8	0.21	30

注：1. 各种喷雾胶管外形图，参见第 659 页输水胶管的外形图。
2. 机动喷雾胶管的工作压力中的分数，分子为正常工作压力，分母为承受最大冲击时的工作压力。
3. 胶管的爆破压力不低于工作压力的 3 倍。

9. 吸水和排水用橡胶软管

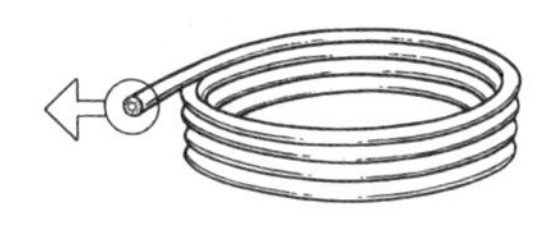

【其他名称】 吸水胶管—吸水管、进水管。

【用　　途】 装在抽水(油)机器的进口一端,利用真空的原理,把水(油)源中的水(油)吸引到机器内。

【规　　格】

(1) 标准产品—织物增强吸水橡胶软管(HG/T 3035—2011)

(1) 结构和材料:软管由内胶层、增强层和外胶层组成。内、外胶层由橡胶或橡胶与热塑性材料并用。增强层由适合的纺织材料,带或不带适合的增强螺旋线组成

(2) 分类:分 1 型(轻型)、2 型(中型)和 3 型(重型)三种

(3) 公称内径(mm):16, 20, 25, 31.5, 40, 50, 63, 80, 100, 125, 160, 200, 250, 315

(4) 性能(MPa):

类型	真空度	排水压力	试验压力	最小爆破压力	适用温度
1	0.063	0.3	0.5	1.0	−25～70℃
2	0.08	0.5	0.8	1.6	−25～70℃
3	0.097	1.0	1.5	3.0	−25～70℃

（续）

(2) 市场产品								
公称内径(mm)	夹布层数	每米约重(kg)	公称内径(mm)	夹布层数	每米约重(kg)	公称内径(mm)	夹布层数	每米约重(kg)
吸水胶管			农业吸水胶管			吸油胶管		
25	2	0.97	38	2	1.10	45	2	2.00
	3	1.10	51	3	1.80		3	2.20
32	2	1.17	64	3	2.20	51	3	2.40
	3	1.30	76	3	2.50		4	2.50
38	2	1.30	89	4	3.70	64	3	2.90
	3	1.50	102	4	4.10		4	3.10
45	2	1.50	127	5	5.70	76	4	4.00
	3	1.70	152	5	7.40		5	4.70
51	3	2.10	203	5	9.20	89	4	4.60
	4	2.30	254	6	14.1		5	5.20
64	3	2.60	305	7	17.0	102	4	5.00
	4	2.70	357	8	19.9		5	6.60
76	4	3.20	吸油胶管			127	5	7.80
89	4	4.10	25	2	1.20		6	8.50
102	4	5.00		3	1.30	152	5	9.20
127	5	6.40	32	2	1.30		6	10.0
152	5	8.40		3	1.50	203	6	14.0
203	5	11.0	38	2	1.60	254	6	18.0
254	6	16.4		3	1.70			
305	7	20.1						
357	8	24.1						

注：1. 胶管软接头长度(mm)：

公称内径	25～45	51～89	102，127	152	203，254	305，357
软接头长度	75	100	125	150	200	250

2. 胶管长度(m)：8。

10. 钢丝编织增强液压型适用油基橡胶软管

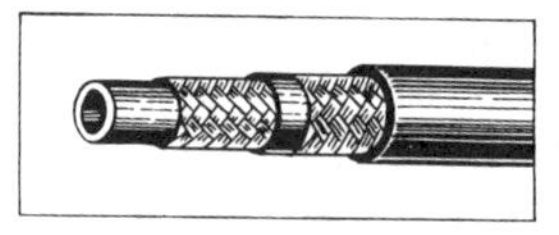

钢丝编织液压胶管
（2W）

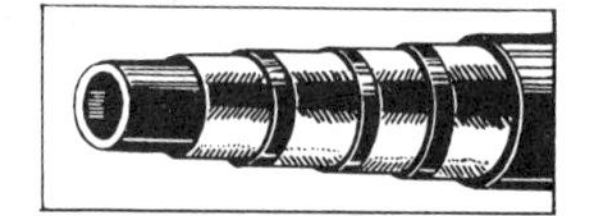

钢丝缠绕液压胶管
（4S）

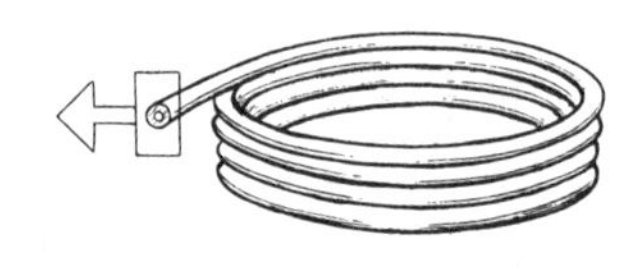

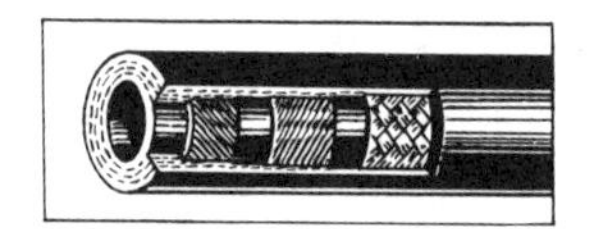

钢丝缠编液压胶管
（2S×1W）

【用　　途】 供各种工程建筑、起重运输、注塑、农业机械，冶金、锻压、矿山设备、船舶、机床，以及各种机械化、自动化系统中输送高压液体和液压传动用。其中工具用液压胶管，主要用于各种手动、电动液压千斤顶或类似工具上，作传递压力源用。适用介质为液压油、燃料油、润滑油以及水、空气和水基液体（蓖麻油、脂基液体除外），介质温度为－40～100℃。

【规　　格】

<table>
<tr><td colspan="8">(1) 标准产品—钢丝编织增强液压油基橡胶软管(GB/T 3683—2011)</td></tr>
<tr><td>型号</td><td colspan="7">1ST 型：具有单层钢丝编织层和厚外覆层的软管
2ST 型：具有两层钢丝编织层和厚外覆层的软管
1SN 和 R1ATS 型：具有单层钢丝编织层和薄外覆层的软管
2SN 和 R2ATS 型：具有两层钢丝编织层和薄外覆层的软管</td></tr>
<tr><td>结构</td><td colspan="7">各型号软管均由耐液压流体橡胶内衬层、一层或两层高强度钢丝和耐油、耐天气环境性能优良橡胶外覆层构成</td></tr>
<tr><td>适用液体</td><td colspan="7">适用普通液压液体，如矿物油、可溶性油、油水乳浊液及乙二醇水溶液及水等</td></tr>
<tr><td rowspan="3">公称内径(mm)</td><td colspan="6">软管外径(mm)</td><td rowspan="3">最小弯曲半径(mm)</td></tr>
<tr><td>1SN、1ST、R1ATS 型</td><td>1ST 型</td><td>1SN、R1ATS 型</td><td>2SN、2ST、R2ATS 型</td><td>2ST 型</td><td>2SN、R2ATS 型</td></tr>
<tr><td>增强层外径</td><td>软管外径</td><td>软管外径</td><td>增强层外径</td><td>软管外径</td><td>软管外径</td></tr>
<tr><td>5</td><td>10.1</td><td>13.5</td><td>12.5</td><td>11.7</td><td>16.7</td><td>14.1</td><td>90</td></tr>
<tr><td>6.3</td><td>11.7</td><td>16.7</td><td>14.1</td><td>13.3</td><td>18.3</td><td>15.7</td><td>100</td></tr>
<tr><td>8</td><td>13.3</td><td>18.3</td><td>15.7</td><td>14.9</td><td>19.9</td><td>17.3</td><td>115</td></tr>
<tr><td>10</td><td>15.7</td><td>20.6</td><td>18.1</td><td>17.3</td><td>22.2</td><td>19.7</td><td>130</td></tr>
<tr><td>12.5</td><td>19.1</td><td>23.8</td><td>21.5</td><td>20.6</td><td>25.4</td><td>23.1</td><td>180</td></tr>
<tr><td>16</td><td>22.2</td><td>27.0</td><td>24.7</td><td>23.8</td><td>28.6</td><td>26.3</td><td>200</td></tr>
<tr><td>19</td><td>26.2</td><td>31.0</td><td>28.6</td><td>27.8</td><td>32.6</td><td>30.2</td><td>240</td></tr>
<tr><td>25</td><td>34.1</td><td>39.3</td><td>36.6</td><td>35.7</td><td>40.9</td><td>38.9</td><td>300</td></tr>
<tr><td>31.5</td><td>41.7</td><td>47.6</td><td>44.8</td><td>45.7</td><td>52.4</td><td>49.6</td><td>420</td></tr>
<tr><td>38</td><td>48.0</td><td>54.0</td><td>52.1</td><td>52.0</td><td>58.8</td><td>56.0</td><td>500</td></tr>
<tr><td>51</td><td>61.9</td><td>68.3</td><td>65.9</td><td>64.7</td><td>71.4</td><td>68.6</td><td>630</td></tr>
<tr><td>63*</td><td></td><td></td><td></td><td>77.8</td><td></td><td>81.8</td><td>760</td></tr>
</table>

(续)

(1) 标准产品—钢丝编织增强液压油基橡胶软管(GB/T 3683—2011)						
最大工作压力、验证压力和最小爆破压力						
公称内径(mm)	最大工作压力(MPa)		验证压力(MPa)		最小爆破压力(MPa)	
	1ST、1SN、R1ATS型	2ST、2SN、R2ATS型	1ST、1SN、R1ATS型	2ST、2SN、R2ATS型	1ST、1SN、R1ATS型	2ST、2SN、R2ATS型
5	25.0	41.5	50.0	83.0	100.0	166.0
6.3	22.5	40.0	45.0	80.0	90.0	160.0
8	21.5	35.0	43.0	70.0	86.0	140.0
10	18.0	33.0	36.0	66.0	72.0	132.0
12.5	16.0	27.5	32.0	55.0	64.0	110.0
16	13.0	25.0	26.0	50.0	52.0	100.0
19	10.5	21.5	21.0	43.0	42.0	86.0
25	8.7	16.5	18.0	33.0	36.0	66.0
31.5	6.2	12.5	13.0	25.0	26.0	50.0
38	5.0	9.0	10.0	18.0	20.0	36.0
51	4.0	8.0	8.0	16.0	16.0	32.0
63*		7.0		14.0		28.0
注:* 表示此公称内径仅适用于R2ATS型						

(2) 市场产品—钢丝缠绕液压胶管									
公称内径(mm)	缠绕型式代号	工作压力(MPa)	最小弯曲半径(mm)	每米约重(kg)	公称内径(mm)	缠绕型式代号	工作压力(MPa)	最小弯曲半径(mm)	每米约重(kg)
A型钢丝缠绕液压胶管(合股丝)					A型钢丝缠绕液压胶管(合股丝)				
6	2S 4S 6S	27 42 49	120 160 190	0.6 1.0 1.6	8	2S 4S 6S	24 35 42	130 180 210	0.7 1.2 1.7

（2）市场产品—钢丝缠绕液压胶管

公称内径(mm)	缠绕型式代号	工作压力(MPa)	最小弯曲半径(mm)	每米约重(kg)
A 型钢丝缠绕液压胶管（合股丝）				
10	2S	20	160	0.8
	4S	30	190	1.3
	6S	35	230	2.0
13	2S	17	190	0.9
	4S	27	230	1.5
	6S	30	260	2.3
16	2S	15	240	1.3
	4S	23	290	2.3
	6S	27	340	3.4
19	2S	14	280	1.4
	4S	20	320	2.5
	6S	23	370	2.8
22	2S	11	300	1.6
	4S	18	350	2.8
	6S	21	400	4.1
25	2S	11	330	1.8
	4S	17	370	3.1
	6S	20	430	4.5
32	2S	13	430	2.6
	4S	19	510	4.5
	6S	22	580	6.8
A 型钢丝缠绕液压胶管（合股丝）				
38	2S	11	510	3.0
	4S	15	580	5.2
	6S	18	640	7.6
45	2S	8	590	3.4
	4S	13	650	5.9
	6S	16	720	8.6
B 型钢丝缠绕液压胶管（单丝）				
16	2S	21	225	—
	4S	38	265	—
	6S	48	310	—
19	2S	18	265	—
	4S	34.5	310	—
	6S	43	330	—
22	2S	17	280	—
	4S	30	330	—
	6S	40	360	—
25	2S	16	310	—
	4S	27.5	350	—
	6S	34.5	400	—
32	4S	21	420	—
	6S	26	490	—

注：1. 胶管代号用“胶管型别”、“公称内径(mm 值)”、“缠绕型式代号”和“工作压力(MPa 值)”表示

例： A6×2S-27，B16×6S-48

2. 胶管长度：A 型胶管，公称内径≤8mm 的为 3m，公称内径≥10mm 的为 5m；如有特殊需要，可协商供应，长度为 10m 的胶管。B 型胶管长度，由供需双方协商确定

(续)

(3) 市场产品—钢丝缠编液压胶管									
公称内径(mm)	缠绕型式代号	工作压力(MPa)	最小弯曲半径(mm)	每米约重(kg)	公称内径(mm)	缠绕型式代号	工作压力(MPa)	最小弯曲半径(mm)	每米约重(kg)
6	2S 4S	39 55	130 170	— —	16	2S 4S	28 45	255 280	— —
8	2S 4S	37 50	160 190	— —	19	2S 4S	26 40	270 310	— —
10	2S 4S	32 47.5	170 210	— —	22	2S 4S	25 35	310 340	— —
13	2S 4S	30 45	215 255	— —	25	2S 4S	22.5 32	340 380	— —

注：1. 胶管代号用"公称内径(mm 值)"、"缠绕型式代号"、"编织型式代号(1W)"和"工作压力(MPa 值)"表示。例：13×2S×1W-30
2. 胶管长度由供需双方协商确定

(4) 市场产品—工具用液压胶管(钢丝编织液压胶管)					
胶管代号	公称内径(mm)	工作压力(MPa)	爆破压力(MPa)	弯曲半径(mm)≥	胶管长度(m)
6×2W-70 6×3W-80 8×2W-60	6 6 8	70 80 60	150 170 120	120 140 160	2～50

11. 液化石油气(LPG)橡胶软管(GB 10546—2003)

【用　途】软管由内胶层、一层或多层钢丝织物增强层和橡胶外覆层组成。适用于铁路油罐车、汽车油槽车输送液化石油气。如有需要,可将外覆层针刺打孔。但不得有气泡和海绵孔等缺陷。适用温度范围为－40～60℃。

【规　格】

公称内径(mm)：8，10，12.5，16，20，25，31.5，40，50，63，80，100，160，200 性能(MPa)：工作压力为 2.0,试验压力为 6.3,爆破压力为 12.6

12. 其他胶管

(1) 家用煤气软管

【用　　途】 用于家用管道煤气、液化石油气、天然气减压装置的截流阀与燃烧器具之间连接的软管。由橡胶或热塑性材料制成。

【规　　格】

<table>
<tr><td rowspan="5">(1)
标准
产品
(HG/T 2486—2010)</td><td>品种</td><td colspan="6">① 单层：黑色，表面光滑
② 双层(内胶层，外胶层)：其外胶层为橘黄色并带有与轴线平行的凹槽花
③ 三层(内胶层，中胶层，外胶层)：其外胶层为橘黄色并带有与轴线平行的凹槽花</td></tr>
<tr><td>公称内径</td><td>壁厚</td><td rowspan="2">气体透过量
(ml/h)</td><td colspan="2">适用温度(℃)</td><td>气密试验</td><td>耐压试验</td></tr>
<tr><td colspan="2">(mm)</td><td>树脂</td><td>橡胶</td><td colspan="2">(MPa)</td></tr>
<tr><td>9</td><td>3</td><td>≤5</td><td rowspan="2">−10~70</td><td rowspan="2">−10~90</td><td rowspan="2">0.1</td><td rowspan="2">0.2</td></tr>
<tr><td>13</td><td>3.3</td><td>≤7</td></tr>
<tr><td rowspan="2">(2)
市场
产品</td><td>公称内径(mm)</td><td>8</td><td>10</td><td colspan="2">长度(m)</td><td colspan="2">5~30</td></tr>
<tr><td>每米约重(kg)</td><td>0.14</td><td>0.20</td><td colspan="2">色泽</td><td colspan="2">深蓝色</td></tr>
</table>

(2) 打气胶管

【用　　途】 供轮胎、力车胎、自行车胎打气用。具有轻便柔软、曲挠性好的特点。

【规　　格】 市场产品。

<table>
<tr><td>公称内径(mm)</td><td>5</td><td>6</td><td>8</td><td>编织层数</td><td>1</td></tr>
<tr><td>每米约重(kg)</td><td>0.147</td><td>0.166</td><td>0.210</td><td>长度(m)</td><td>30</td></tr>
<tr><td colspan="6">性能(MPa)：工作压力为1.2，爆破压力为4.8</td></tr>
</table>

13. 工业用橡胶板

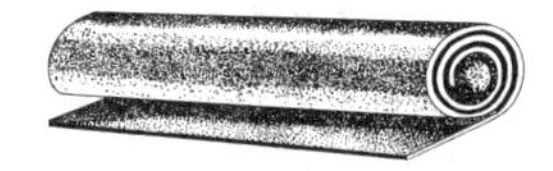

【其他名称】 工业用硫化橡胶板、橡胶平板。

【用　　途】 用作橡胶垫圈、密封衬垫、缓冲零件以及铺设地板、工作台。根据需要橡胶板可制成光面或带花纹、布纹及夹织物的橡胶板。花纹橡胶板有防滑作用，主要用于铺地。带夹织物的橡胶板，具有较高的强度和不易伸长的特点，多用于具有一定压力和不允许过度伸长的场合。耐酸碱、耐油和耐热橡胶板，分别适宜在稀酸碱溶液、油类和蒸汽、热空气等介质中使用。

【规　　格】

<table>
<tr><td colspan="12">(1) 标 准 产 品(GB/T 5574—2008)</td></tr>
<tr><td rowspan="11">橡胶板性能分类及代号</td><td>耐油性能</td><td colspan="10">A 类：不耐油，B 类：中等耐油，C 类：耐油</td></tr>
<tr><td rowspan="2">拉伸强度</td><td>代号</td><td>03</td><td>04</td><td>05</td><td>07</td><td>10</td><td>14</td><td colspan="3">17</td></tr>
<tr><td>MPa</td><td>≥3</td><td>≥4</td><td>≥5</td><td>≥7</td><td>≥10</td><td>≥14</td><td colspan="3">≥17</td></tr>
<tr><td rowspan="2">拉断伸长率</td><td>代号</td><td>1</td><td>1.5</td><td>2</td><td>2.5</td><td>3</td><td>3.5</td><td>4</td><td>5</td><td>6</td></tr>
<tr><td>%</td><td>≥100</td><td>≥150</td><td>≥200</td><td>≥250</td><td>≥300</td><td>≥350</td><td>≥400</td><td>≥500</td><td>≥600</td></tr>
<tr><td>国际橡胶硬度(IRHD)</td><td colspan="10">H3：30，H4：40，H5：50，H6：60，H7：70，H8：80(注：也可以按邵尔 A 硬度分类)</td></tr>
<tr><td>耐热性能(℃)</td><td colspan="10">Hr1：100，Hr2：125，Hr3：150</td></tr>
<tr><td>耐低温性能(℃)</td><td colspan="10">Tb1：−20，Tb2：−40</td></tr>
<tr><td>公称尺寸</td><td colspan="11">厚度(mm)：0.5，1，1.5，2，2.5，3，4，5，6，8，10，12，14，16，18，20，22，25，30，40，50；宽度(mm)：500～2000</td></tr>
<tr><td colspan="12">注：1. 橡胶板尚有按“耐热空气老化性能(代号 Ar)”分类：Ar1(70℃ × 72h)，Ar2(100℃ × 72h)。老化后，其拉伸强度降低率分别 ≤ 30% 和 ≤ 20%；扯断伸长率降低率分别 ≤ 35% 和 ≤ 40%。B 类和 C 类橡胶板必须符合 Ar2 要求；如不能满足需要，由供需双方商定
2. 耐热性能和耐低温性能为附加性能，由供需双方商定
3. 橡胶板的公称长度，以及表面花纹型式和颜色，由供需双方商定</td></tr>
</table>

（续）

(2) 市场产品—品种、代号及适用范围		
品种	代号	适用范围
普通橡胶板	1704 1804	硬度较高，物理力学性能一般，可在压力不大，温度为−30～60℃的空气中工作；用于冲制密封垫圈和铺设地板、工作台等
	1608 1708	中等硬度，物理力学性能较好，可在压力不大，温度为−30～60℃的空气中工作；用于冲制各种密封缓冲胶圈、胶垫、门窗密封条和铺设工作台及地板
	1613	硬度中等，有较好的耐磨性和弹性，能在较高压力，温度为−35～60℃空气中工作；用于冲制具有耐磨、耐冲击及缓冲性能的垫圈、门窗密封条和垫板
	1615	低硬度，高弹性，能在较高压力，温度为−35～60℃空气中工作；用于冲制耐冲击、密封性能好的垫圈和垫板
耐酸碱橡胶板	2707 2807	硬度较高，耐酸碱，可在温度为−30～60℃的20%的酸碱液体介质中工作；用于冲制各种形状的垫圈及铺盖机械设备
	2709	硬度中等，耐酸碱，可在温度为−30～60℃的20%的酸碱液体介质中工作；用于冲制密封性能较好的垫圈
耐油橡胶板	3707 3807	硬度较高，具有较好的耐溶剂、介质膨胀性能，可在温度为−30～100℃的机油、变压器油、汽油等介质中工作；用于冲制各种形状的垫圈
	3709 3809	硬度较高，具有耐溶剂、介质膨胀性能，可在温度为−30～80℃的机油、润滑油、汽油等介质中工作；用于冲制各种形状的垫圈
耐热橡胶板	4708 4808	硬度较高，具有耐热性，可在温度为−30～100℃、压力不大的蒸汽、热空气介质中工作；用于冲制各种垫圈和隔热垫板
	4710	硬度中等，具有耐热性，可在温度为−30～100℃、压力不大的蒸汽和热空气介质中工作；用于冲制各种垫圈和隔热垫板
	4604	低硬度，具有优良的耐热老化、耐臭氧等性能，可在温度为−60～250℃条件下的介质中工作；供冲制各种密封垫圈、垫板等用
代号中，左起第1位数字，表示橡胶板品种；第2位数字的10倍，表示橡胶板硬度值；第3、4位数字，表示橡胶板拉伸强度(MPa)		

14. 液压气动用O形橡胶密封圈(GB/T 3452.1—2005)

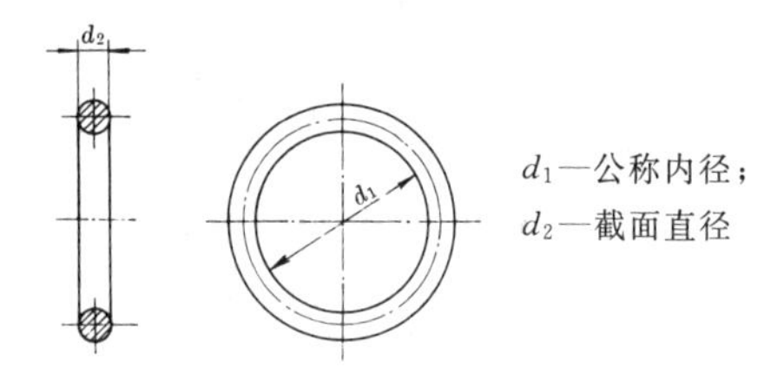

【其他名称】 O形橡胶密封圈、O形圈。

【用　　途】 用作各种液压、气动的机械设备(如液压千斤顶、空压机等)上的密封,使液体、气体不致泄漏。

【规　　格】

① G系列一般用O形圈内径、截面直径尺寸													
d_1 (mm)	d_2	d_1 (mm)	d_2		d_1 (mm)	d_2			d_1 (mm)	d_2			
	A		A	B		A	B	C		A	B	C	D
1.80	*	6.00	*		11.80	*	*		22.40	*	*	*	
2.00	*	6.30	*		12.10	*	*		23.00	*	*	*	
2.24	*	6.70	*		12.50	*	*		23.60	*	*	*	
2.50	*	6.90	*		12.80	*	*		24.3	*	*	*	
2.80	*	7.10	*		13.20	*	*		25.00	*	*	*	
3.15	*	7.50	*		14.00	*	*		25.80	*	*	*	
3.55	*	8.00	*		14.50	*	*		26.50	*	*	*	
3.75	*	8.50	*		15.00	*	*		27.30	*	*	*	
4.00	*	8.75	*		15.50	*	*		28.00	*	*	*	
4.50	*	9.00	*		16.00	*	*		29.00	*	*	*	
4.75	*	9.50	*		17.00	*	*		30.00	*	*	*	
4.87	*	9.75	*		18.00	*	*	*	31.50	*	*	*	
5.00	*	10.00	*		19.00	*	*	*	32.50	*	*	*	
5.15	*	10.60	*	*	20.00	*	*	*	33.50	*	*	*	
5.3	*	11.20	*	*	20.60	*	*	*	34.50	*	*	*	
5.6	*	11.60	*	*	21.20	*	*	*	35.50	*	*	*	

(续)

① G系列一般用O形圈内径、截面直径尺寸

d_1 (mm)	d_2				d_1 (mm)	d_2				d_1 (mm)	d_2			d_1 (mm)	d_2	
	A	B	C	D		B	C	D	E		C	D	E		D	E
36.50	*	*	*		77.50	*	*	*		152.5	*	*	*	239	*	*
37.50	*	*	*		80.00	*	*	*		155	*	*	*	243	*	*
38.70	*	*	*		82.50	*	*	*		157.5	*	*	*	250	*	*
40.00	*	*	*	*	85.00	*	*	*		160	*	*	*	254	*	*
41.20	*	*	*	*	87.50	*	*	*		162.5	*	*	*	258	*	*
42.50	*	*	*	*	90.00	*	*	*		165	*	*	*	261	*	*
43.70	*	*	*	*	92.50	*	*	*		167.5	*	*	*	265	*	*
45.00	*	*	*	*	95.00	*	*	*		170	*	*	*	268	*	*
46.20	*	*	*	*	97.50	*	*	*		172.5	*	*	*	272	*	*
47.50	*	*	*	*	100	*	*	*		175	*	*	*	276	*	*
48.70	*	*	*	*	103	*	*	*		177.5	*	*	*	280	*	*
50.00	*	*	*	*	106	*	*	*		180	*	*	*	283	*	*
51.50		*	*	*	109	*	*	*	*	182.5	*	*	*	286	*	*
53.00		*	*	*	112	*	*	*	*	185	*	*	*	290	*	*
54.5		*	*	*	115	*	*	*	*	187.5	*	*	*	295	*	*
56.00		*	*	*	118	*	*	*	*	190	*	*	*	300	*	*
58.00		*	*	*	122	*	*	*	*	195	*	*	*	303	*	*
60.00		*	*	*	125	*	*	*	*	200	*	*	*	307	*	*
61.50		*	*	*	128	*	*	*	*	203		*	*	311	*	*
63.00		*	*	*	132	*	*	*	*	206		*	*	315	*	*
65.00		*	*	*	136	*	*	*	*	212		*	*	320	*	*
67.00		*	*	*	140	*	*	*	*	218		*	*	325	*	*
69.00		*	*	*	142.5	*	*	*	*	224		*	*	330	*	*
71.00		*	*	*	145	*	*	*	*	227		*	*	335	*	*
73.00		*	*	*	147.5	*	*	*	*	230		*	*	340	*	*
75.00		*	*	*	150	*	*	*	*	236		*	*	345	*	*

(续)

① G系列一般用O形圈内径、截面直径尺寸											
d_1 (mm)	d_2		d_1 (mm)	d_2		d_1 (mm)	d_2		d_1 (mm)	d_2	
	D	E		D	E		D	E		D	E
350	*	*	412		*	479		*	570		*
355	*	*	418		*	483		*	580		
360	*	*	425		*	487		*	590		
365	*	*	429		*	493		*	600		
370	*	*	433		*	500		*	608		
375	*	*	437		*	508		*	615		
379	*	*	443		*	515		*	623		
383	*	*	450		*	523		*	630		
387	*	*	456		*	530		*	640		
391	*	*	462		*	538		*	650		
395	*	*	466		*	545		*	660		
400	*	*	470		*	553		*	670		
406		*	475		*	560		*			

② A系列航空及类似用的O形圈内径、截面直径尺寸											
d_1 (mm)	d_2		d_1 (mm)	d_2		d_1 (mm)	d_2		d_1 (mm)	d_2	
	A	B		A	B		A	B		A	B
1.8	*		4	*		6.3	*		9	*	*
2	*		4.5	*	*	6.7	*		9.5	*	*
2.24	*		4.87	*		6.9	*	*	10	*	*
2.5	*		5	*		7.1	*		10.6	*	*
2.8	*		5.15	*		7.5	*		11.2	*	*
3.15	*		5.3	*	*	8	*	*	11.8	*	*
3.55	*		5.6	*		8.5	*		12.5	*	*
3.75	*		6.0	*	*	8.75	*		13.2	*	*

(续)

② A系列航空及类似用的O形圈内径、截面直径尺寸

d_1	d_2				d_1	d_2				d_1	d_2					d_1	d_2			
(mm)	A	B	C	D	(mm)	A	B	C	D	(mm)	A	B	C	D	E	(mm)	B	C	D	E
14	*	*	*		43.7	*	*	*	*	92.5			*	*		195	*	*	*	*
15	*	*	*		45	*	*	*	*	95	*	*	*	*		200	*	*	*	*
16	*	*	*		46.2		*	*	*	97.5			*	*		206			*	*
17	*	*	*		47.5	*	*	*	*	100	*	*	*	*		212	*		*	*
18	*	*	*		48.7		*	*	*	103			*	*		218	*		*	*
19	*	*	*		50	*	*	*	*	106	*	*	*	*		224	*		*	*
20	*	*	*		51.5		*	*	*	109			*	*	*	230	*		*	*
21.2	*	*	*		53	*	*	*	*	112	*	*	*	*	*	236	*		*	*
22.4	*	*	*		54.5		*	*	*	115			*	*	*	243			*	*
23.6	*	*	*		56	*	*		*	118	*	*	*	*	*	250	*		*	*
25	*	*	*		58		*	*	*	122			*	*	*	258	*		*	*
25.8		*	*		60	*	*	*	*	125	*	*	*	*	*	265	*		*	*
26.5	*	*	*		61.5		*	*	*	128			*	*	*	272			*	*
28	*	*	*		63	*	*	*	*	132		*	*	*	*	280	*		*	*
30	*	*	*		65			*	*	136			*	*	*	290	*		*	*
31.5	*	*	*		67	*	*	*	*	140		*	*	*	*	300	*		*	*
32.5	*	*	*		69		*	*	*	145		*	*	*	*	307	*		*	*
33.5	*	*	*		71	*	*	*	*	150		*	*	*	*	315	*		*	*
34.5	*	*	*		73		*	*	*	155		*	*	*	*	325			*	*
35.5	*	*	*		75	*	*	*	*	160		*	*	*	*	335	*		*	*
36.5	*	*	*		77.5			*	*	165		*	*	*	*	345			*	*
37.5	*	*	*	*	80	*	*	*	*	170		*	*	*	*	355	*		*	*
38.7	*	*	*	*	82.5			*	*	175		*	*	*	*	365			*	*
40	*	*	*	*	85	*	*	*	*	180		*	*	*	*	375			*	*
41.2	*	*	*	*	87.5			*	*	185		*	*	*	*	387			*	*
42.5	*	*	*	*	90	*	*	*	*	190		*	*	*	*	400			*	*

注：1. d_2 截面直径 d_2 的代号表示意义：A—1.80mm、B—2.65mm、C—3.55mm、D—5.30mm、E—7.00mm。

2. d_2 栏中，* 表示为列入标准中的规格。

3. O形圈还须有N(一般用途)和S(航空航天场合特殊用途)的两种等级代号标明。

15. 石 棉 绳(JC/T 222—2009)

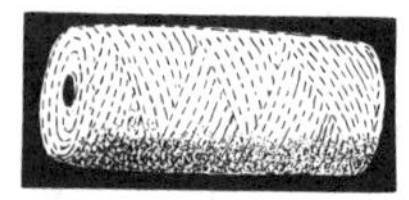

石棉扭绳

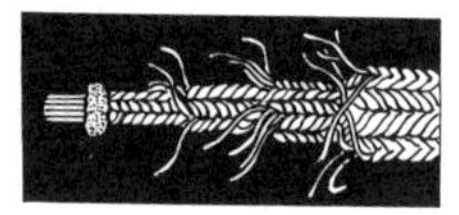

石棉圆绳

石棉方绳

石棉松绳

【用　　途】 除石棉方绳主要用作密封填料外,其余三种石棉绳主要均用作保温隔热材料。其中石棉松绳密度小,多用于具有振动或多弯曲的热管道上。

【规　　格】

名称(代号)	制造方法和规格(直径或边长,mm)		密度(g/cm³)
石棉扭绳(SN)	用石棉纱、线扭合而成;直径:3,5,6,8,10		≤1.00
石棉圆绳(SY)	用石棉纱、线编结成圆形的绳;直径:6,8,10,13,16,19,22,25,28,32,35,38,42,45,50		≤1.00
石棉方绳(SF)	用石棉纱、线编结成方形的绳;边长:4,5,6,8,10,13,16,19,22,25,28,32,35,38,42,45,50		≥0.80
石棉松绳(SC)	用石棉绒作芯,以石棉纱、线编织菱形网状外皮的松软的圆形绳	直径:13,16,19	≤0.55
		直径:22,25,32	≤0.45
		直径:38,45,50	≤0.35

石棉绳按烧失量的分级、代号及分等

烧失量分级	分级代号	烧失量(%)≤ 一等品	烧失量(%)≤ 二等品	烧失量分级	分级代号	烧失量(%)≤ 一等品	烧失量(%)≤ 二等品
AAAA级	4A	15.0	16.0	A级	A	27.0	28.0
AAA级	3A	18.0	19.0	B级	B	31.0	32.0
AA级	2A	23.0	24.0	S级	S	34.0	35.0

16. 石 棉 布(JC/T 210—2009)

【用　　途】 由石棉纱、线机织而成。主要用于各种高温、发热设备上,起隔热、保温、防护作用。

【规　　格】

(1) 按所用石棉纱线加工工艺分为两种:
代号 SB—由干法工艺生产的石棉纱线织成的;
代号 WSB—由湿法工艺生产的石棉纱线织成的

(2) 按原料组成分为五类:
1 类—未夹有增强物的石棉纱线织成的;
2 类—夹有金属增强丝(铜、铅、锌或其他金属丝及合金丝)的石棉纱线织成的;
3 类—夹有有机增强丝(棉、尼龙、人造丝等)的石棉纱线织成的;
4 类—夹有非金属无机增强丝(玻璃丝、陶瓷纤维等)的石棉纱线织成的;
5 类—用 1～4 类中的两种或两种以上的石棉纱线织成的

(3) 按石棉的烧失量为六级:

分级代号	4A 级	3A 级	2A 级	A 级	B 级	S 级
烧失量(%)≤	16.0	19.0	24.0	28.0	32.0	35.0

种　　类		SB							WSB						
宽度(mm)		1000,1200,1500							800,1000,1200,1500						
厚度(mm)		0.8	1.0	1.5	2.0	2.5	3.0	3.0*	0.6	0.8	1.0	1.5	2.0	2.5	3.0
密度	经线≥	80	75	72	64	60	52	84	140	132	120	72	64	60	48
	纬线≥	40	38	36	32	30	26	60	70	66	60	36	32	30	24

注:1. 夹有增强丝的石棉布,可在石棉布代号后面加注增强丝代号:其中金属丝用化学符号表示,如铜(Cu)、铅(Pb)、锌(Zn)……;其他增强丝用汉语拼音表示,如玻璃丝(B)、陶瓷纤维(T)、棉(M)、尼龙(N)、人造丝(R)……。
2. 经线、纬线密度的单位为“根/100mm”。
3. 石棉布的织纹结构:除带 * 符号的规格为平斜纹,其余规格均为平纹。

（续）

厚度 (mm)	石棉布断裂强度(N)≥												单位面积重量 $\left(\frac{kg}{m^2}\right)$≤
	4A、3A级				2A、A级				B、S级				
	常温		加热后		常温		加热后		常温		加热后		
	经向	纬向	经向	纬向	经向	纬向	经向	纬向	经向	纬向	经向	纬向	
SB种石棉布													
0.8	294	147	147	78	245	137	137	68	196	98	98	59	0.60
1.0	392	196	196	98	412	176	147	68	294	147	137	59	0.75
1.5	490	245	245	127	441	196	157	68	441	196	137	59	1.10
2.0	588	294	294	147	461	216	167	78	461	216	137	69	1.50
2.5	686	343	343	176	490	245	176	88	490	215	147	78	1.90
3.0	784	392	392	196	588	294	206	108	588	294	176	88	2.30
3.0*	882	441	441	245	784	392	274	157	784	392	235	137	2.40
WSB种石棉布													
0.6	294	147	147	74	245	123	123	62	—	—	—	—	0.45
0.8	392	196	196	98	294	147	147	74	—	—	—	—	0.55
1.0	490	245	245	123	392	196	196	98	—	—	—	—	0.75
1.5	590	295	295	147	490	245	245	100	—	—	—	—	1.00
2.0	690	345	345	172	580	255	255	105	—	—	—	—	1.20
2.5	785	392	392	196	685	275	275	110	—	—	—	—	1.40
3.0	850	425	425	213	750	290	295	115	—	—	—	—	1.70

注：4. 石棉布的断裂强力指1类石棉布。含其他金属丝或其增强纤维石棉布的断裂强力由供需双方商定。

5. 表中的单位面积重量不适用于夹金属丝石棉布。

6. 石棉布的产品标记由种、类和分级代号以及厚度和标准号组成。

例1：SB种2类3A级2mm石棉铜丝布的标记：

SB_2(Cu) 3A 2mm　JC/T 210—2009

例2：WSB种4类2A级2mm玻璃丝布的标记：

WSB_4(B) 2A 2mm　JC/T 210—2009

17. 石棉纸板

【其他名称】 白纸柏、纸柏板、鸡毛纸。

【用　　途】 石棉纸板由石棉纤维、植物纤维和粘结剂混合制成，具有电绝缘、绝热、保温、隔音、密封等性能。电绝缘石棉纸：Ⅰ号能经受较高电压，可作大型电机磁极线圈匝间绝缘；Ⅱ号能经受较低电压，可作一般电器开关、仪表隔弧绝缘材料。热绝缘石棉纸可用于电机工业、铝浇铸工艺及电器罩壳或其他隔热保温材料。衬垫石棉纸板用于各类内燃机气缸垫及化工管道连接件上的密封衬垫。

【规　　格】

品　　种		电绝缘石棉纸（JC/T 41—2009）							
厚度(mm)		Ⅰ　号				Ⅱ　号			
		0.2	0.3	0.4	0.6	0.2	0.3	0.4	0.5
密度(g/cm^3)		1.2	1.1			1.1			
含水量(%)		<3.5							
烧失量(%)		<25				<23			
抗张强度(MPa)	纵向	0.20	0.25	0.28	0.32	0.16	0.20	0.22	0.25
	横向	0.06	0.08	0.12	0.14	0.04	0.06	0.08	0.10
击穿电压(V)		1200	1400	1700	2000	500	500	1000	1000

（续）

<table>
<tr><td colspan="2">项　目</td><td colspan="4">热绝缘、保温类和包覆式密封热片(JC/T 69—2009)</td></tr>
<tr><td rowspan="4">尺寸及偏差(mm)</td><td></td><td colspan="2">热绝缘和保温类 A—/</td><td colspan="2">包覆式密封垫片</td></tr>
<tr><td rowspan="2">长度</td><td rowspan="2">1000×1000</td><td>偏差</td><td rowspan="2">1000×1000</td><td>偏差</td></tr>
<tr><td>±5</td><td>±5</td></tr>
<tr><td>厚度</td><td>0.2≤t≤0.5
0.5≤t≤1.0
1.0≤t≤1.5
1.5≤t≤2.0
2.0≤t≤5.0
t>5.0</td><td>±0.05
±0.10
±0.15
±0.20
±0.30
±0.5</td><td>0.2≤t≤0.5
0.5≤t≤1.0
1.0≤t≤1.5
1.5≤t≤2.0
2.0≤t≤5.0
—</td><td>±0.05
±0.07
±0.08
±0.09
±0.10
—</td></tr>
<tr><td colspan="2">水分(%)≤</td><td colspan="4">3.0</td></tr>
<tr><td colspan="2">烧失量(%)≤</td><td colspan="4">24</td></tr>
<tr><td colspan="2">密度(g/cm^3)≤</td><td colspan="4">1.5</td></tr>
<tr><td colspan="2">横向拉伸强度(MPa)</td><td colspan="2">0.8</td><td colspan="2">2.0</td></tr>
</table>

注：厚度超过3mm不作横向拉伸强度考核。

18. 石棉橡胶板(GB/T 3985—2008)

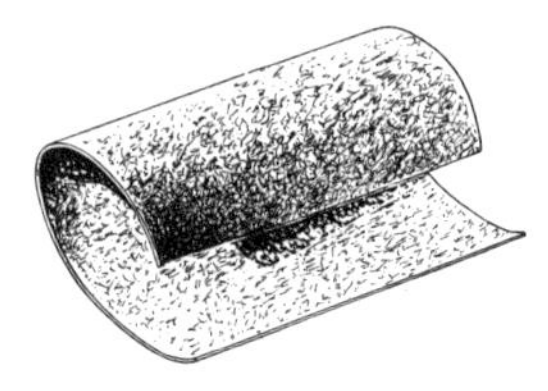

【其他名称】 橡胶石棉板、纸柏。

【用　　途】 以温石棉为增强纤维，以橡胶为粘合剂，经辊压形成的耐热、耐压的板材。适用温度510℃、压力为7MPa以下，用作水、蒸汽、空气、煤气、惰性气体、氨、碱液等非油、非酸介质的设备和管道法兰连接处的密封衬垫材料。

【规　　格】

<table>
<tr><th>等级牌号</th><th>颜色</th><th>横向拉伸强度(MPa)</th><th>压缩率(%)</th><th>回弹率(%)</th><th>老化系数≥</th><th>烧失量(%)≤</th><th>密度(g/cm³)</th><th>耐压性(MPa)</th><th>厚度(mm)</th></tr>
<tr><td>XB510</td><td>墨绿色</td><td>21.0</td><td rowspan="7">7～17</td><td rowspan="3">45</td><td rowspan="7">0.9</td><td rowspan="3">28.0</td><td rowspan="7">1.6～2.0</td><td>13～14</td><td rowspan="2">0.5、1、1.5、2、2.5、3</td></tr>
<tr><td>XB450</td><td rowspan="2">紫色</td><td>18.0</td><td>11～12</td></tr>
<tr><td>XB400</td><td>15.0</td><td>8～9</td><td rowspan="5">0.8、1、1.5、2、2.5、3、3.5、4、4.5、5、5.5、6</td></tr>
<tr><td>XB350</td><td rowspan="2">红色</td><td>12.0</td><td rowspan="2">40</td><td rowspan="4">30.0</td><td>7～8</td></tr>
<tr><td>XB300</td><td>9.0</td><td>4～5</td></tr>
<tr><td>XB200</td><td rowspan="2">灰色</td><td>6.0</td><td rowspan="2">35</td><td>2～3</td></tr>
<tr><td>XB150</td><td>5.0</td><td>1.5～2</td></tr>
</table>

注：2008年标准取消厚度规定，表中厚度仅供选购者参考。

19. 耐油石棉橡胶板(GB/T 539—2008)

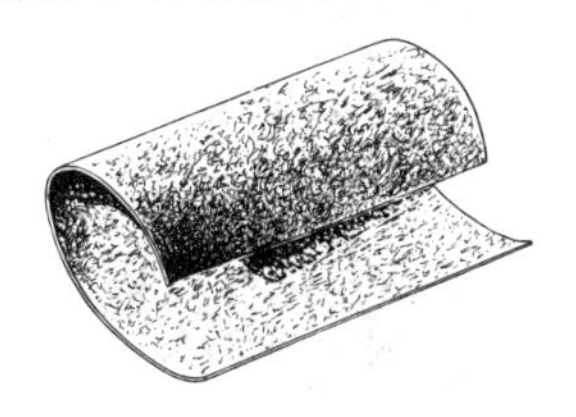

【用　　途】以温石棉为增强纤维，以耐油橡胶为粘合剂经辊压形成的耐油橡胶石棉板，可用作介质为油品、溶剂及碱液的设备和管道、法兰连接处的密封衬垫材料。适用温度为510℃，压力为5MPa以下。

【规　　格】

<table>
<tr><th>分类</th><th>等级牌号及颜色</th><th>横向拉伸强度（MPa）≥</th><th>压缩率（%）</th><th>回弹率（%）≥</th><th>密度（g/cm³）</th><th>浸油后增重率（%）≤</th><th>常温油密封性（MPa）</th><th>厚度（mm）</th></tr>
<tr><td rowspan="5">一般工业用</td><td>NY510 草绿色</td><td>18.0</td><td rowspan="6">7～17</td><td rowspan="3">50</td><td rowspan="6">1.6～2</td><td rowspan="6">30</td><td>18 无渗漏</td><td rowspan="6">0.4、0.5、0.6、0.8、1、1.1、1.2、1.5、2、2.5、3</td></tr>
<tr><td>NY400 灰褐色</td><td>15.0</td><td>16 无渗漏</td></tr>
<tr><td>NY300 蓝色</td><td>12.7</td><td>15 无渗漏</td></tr>
<tr><td>N250 绿色</td><td>11.0</td><td>45</td><td>10 无渗漏</td></tr>
<tr><td>NY150 暗红色</td><td>9.0</td><td>35</td><td>8 无渗漏</td></tr>
<tr><td>航空工业用</td><td>HNY 300 蓝色</td><td>12.7</td><td>50</td><td>15 无渗漏</td></tr>
</table>

注：2008年标准取消厚度规定，表中厚度仅供选购时参考。

20. 橡胶石棉密封填料(JC/T 1019—2006)

【用　　途】用石棉布、石棉线（或石棉金属布、线）浸渍橡胶粘合剂，卷制或编织后压成方形，外涂高碳石墨制成，作蒸汽机往复泵的活塞和阀门杆上的密封材料。

【规　　格】

牌号	正方形边长 (mm)	密　度 (g/cm^3)	适用温度 (℃)	适用压力 (MPa)	烧失量 (%)	适用介质
XS550	3，4，5，6，8，10，13，16，19，22，25，28，32，35，38，42，45，50	无金属丝：≥0.9；夹金属丝：≥1.1	≤550	≤8	≤24	高压蒸汽
XS450			≤450	≤6	≤27	
XS350			≤350	≤4.5	≤32	
XS250			≤250	≤4.5	≤40	

注：1. 夹金属丝的在牌号后边加注该金属丝的化学元素。
2. 编织用(A)、卷制用(B)的代号，加注于牌号后。

21. 油浸石棉密封填料(JC/T 1019—2006)

【用　　途】用石棉线或金属石棉线浸渍润滑油和石墨编织或扭制而成，用于回转轴往复活塞或阀门杆作密封材料。

【规　　格】

<table>
<tr><th>牌　号</th><th>形状</th><th>直径或方形边长(mm)</th><th>密　度(g/cm³)</th><th>适用压力(MPa)</th><th>适用温度(℃)</th><th>适用介质</th></tr>
<tr><td rowspan="3">YS350</td><td>F</td><td>3～50</td><td rowspan="4">无金属丝：≥0.9；
夹金属丝：≥1.1</td><td rowspan="4">≤4.5</td><td rowspan="3">≤350</td><td rowspan="4">蒸汽、空气、工业用水、重质石油产品</td></tr>
<tr><td>Y</td><td>5～50</td></tr>
<tr><td>N</td><td>3～50</td></tr>
<tr><td>YS250</td><td colspan="2">与 YS350 相同</td><td>≤250</td></tr>
</table>

注：1. 形状：F—方形，穿心或一至多层编织；Y—圆形，中间是扭制芯子，外边是一至多层编织；N—圆形扭制。
2. 夹金属丝的在牌号后用括弧加注该金属化学元素符号。
3. 直径(边长)系列(mm)：3，4，5，6，8，10，13，16，19，22，25，28，32，35，38，42，45，50。

22. 油浸棉、麻密封填料(JC/T 332—2006)

【用　　途】 以棉线、麻线浸渍润滑油脂编织而成，用于管道、阀门、旋塞、转轴、活塞杆等作密封材料。

【规　　格】 正方形边长(mm)：3，4，5，6，8，10，13，16，19，22，25，28，32，35，38，42，45，50。密度(g/cm³)：≥0.9。适用压力(MPa)：≤12。适用温度(℃)：120。适用介质：水、空气、润滑油、碳氢化合物、石油类燃料等(油浸棉盘根)；油浸麻盘根除适用于上述介质外，还适用于碱溶液等介质。

第九章　焊接及喷涂器材

1. 电焊条牌号表示方法

(1) 电焊条牌号表示形式

代号	1	2	3	补充代号

牌号中各单元表示方法：

① 代号——用字母表示电焊条的大类(主要用途)；

② 第1、2位——用数字表示电焊条的强度等级、具体用途或焊缝金属主要化学成分组成等级；

③ 第3位——用数字表示电焊条的药皮类型和适用电源；

④ 补充代号——用字母和数字表示电焊条的性能补充说明。

注：在各种电焊条的国家标准中，规定了电焊条的型号。但电焊条行业在电焊条产品样本、目录或说明书中，仍习惯采用牌号表示，另用“符合国标型号××××”表示。国标型号的表示方法，将于后面各类焊条中分别进行介绍。

【例】 J422低碳钢焊条，符合国标型号E4303。

(2) 电焊条牌号中代号表示意义

代　号	电焊条大类名称	代　号	电焊条大类名称
J	结构钢焊条	Z	铸铁焊条
R	钼和铬钼耐热钢焊条	Ni	镍及镍合金焊条
G	铬不锈钢焊条	T	铜及铜合金焊条
A	奥氏体不锈钢焊条	L	铝及铝合金焊条
W	低温钢焊条	TS	特殊用途焊条
D	堆焊焊条		

(3) 电焊条牌号中第1、2位数字表示意义

电焊条大类	第1、2位数字表示意义
结构钢焊条	表示熔敷金属抗拉强度等级，各牌号表示的抗拉强度等级/屈服强度等级如下，单位为MPa(括号内数值单位为 kgf/mm^2)： J42—420(43)/330(34)　J75—740(75)/640(65) J50—490(50)/400(41)　J80—780(80)/690(70) J55—540(55)/440(45)　J85—830(85)/740(75) J60—590(60)/490(50)　J90—880(90)/780(80) J70—690(70)/590(60)　J10—980(100)/880(90)
钼和铬钼耐热钢焊条	第1位数字表示熔敷金属主要化学成分组成等级，第2位数字表示同一熔敷金属主要化学成分组成等级中的不同牌号，各牌号表示意义如下，单位为%： R1×—Mo≈0.5　R5×—Cr≈5、Mo≈0.5 R2×—Cr≈0.5、Mo≈0.5　R6×—Cr≈7、Mo≈1 R3×—Cr≈1～2、Mo≈0.5～1.0　R7×—Cr≈9、Mo≈1 R4×—Cr≈2.5、Mo≈1　R8×—Cr≈11、Mo≈1
不锈钢焊条	表示方法与上述耐热钢焊条相同，各牌号表示意义如下，单位为%： G2×—Cr≈13　A4×—Cr≈26、Ni≈21 G3×—Cr≈17　A5×—Cr≈16、Ni≈25 A0×—C≤0.04、Cr≈19、Ni≈10～24　A6×—Cr≈15、Ni≈35 A7×—Cr≈17、Mn≈13 A1×—Cr≈19、Ni≈9　A8×—Cr≈19、Ni≈18 A2×—Cr≈18、Ni≈12　A9×—Cr≈20、Ni≈34 A3×—Cr≈23、Ni≈13
低温钢焊条	表示焊条工作温度等级，各牌号表示工作温度如下： 牌号　W60　W70　W80　W90　W100 工作温度(℃)　−60　−70　−80　−90　−100
堆焊焊条	第1位数字表示焊条的用途、组织或熔敷金属主要化学成分组成等级，第2位数字表示同一用途、组织或熔敷金属主要化学成分组成等级中的不同牌号，各牌号表示意义如下： D0×—不规定　D5×—阀门用 D1×—常温不同硬度用　D6×—合金铸铁型 D2×—常温高锰钢用　D7×—碳化钨型 D3×—刀具及工具用　D8×—钴基合金型 D4×—刀具及工具用　D9×—(待发展)

（续）

电焊条大类	第1、2位数字表示意义
铸铁焊条	表示方法与耐热钢焊条相同，各牌号表示意义如下： Z1×—碳钢或高钒钢型　Z5×—镍铜型 Z2×—铸铁(包括球墨铸铁)型　Z6×—铜铁型 Z3×—纯镍型　Z7×—(待发展) Z4×—镍铁型
镍及镍合金焊条 铜及铜合金焊条 铝及铝合金焊条	表示方法与耐热钢焊条相同，各牌号表示意义如下： Ni1×—纯镍型　Ni2×—镍铜型 Ni3×—镍铬型　Ni4×—(待发展) T1×—纯铜型　T2×—青铜型 T3×—白铜型　T4×—(待发展) L1×—纯铝型　L2×—铝硅型 L3×—铝锰型　L4×—铝镁型
特殊用途焊条	第1位数字表示焊条的用途，第2位数字表示同一用途中的不同牌号，各牌号表示意义如下： TS2×—水下焊接用　TS6×—铁锰铝焊条 TS3×—水下切割用　TS7×—高硫堆焊焊条 TS4×—铸铁件焊补前开坡口用 TS5×—电渣焊用管状焊条

(4) 电焊条牌号中第3位数字表示意义

第3位数字	药皮类型/适用电源	药皮性能及用途
1	氧化钛型/交、直流	药皮中含有35%以上氧化钛，焊接工艺性能良好，电弧稳定，熔深较浅，脱渣容易，飞溅极少，焊缝波细密、平整、美观，适用于各种位置(平、立、仰、横)焊接，特别适用于焊接薄板，短焊缝间接焊和要求焊缝表面光洁的盖面焊，但焊缝塑性及抗裂性较差
2	氧化钛钙型/交、直流	药皮中含有30%以上氧化钛、20%以下含钙、镁的碳酸盐，焊接工艺性能良好，电弧稳定，熔深一般，熔渣流动性好，脱渣方便，飞溅少，适用于各种位置焊接

(续)

第3位数字	药皮类型 适用电源	药皮性能及用途
3	钛铁矿型 交、直流	药皮中含有30%以上钛铁矿，使焊条熔化速度快，流动性好，熔深稍深，电弧稳定，平焊、平角焊性能较好，立焊操作性能稍次于氧化钛型，但具有良好的抗裂性能
4	氧化铁型 交、直流	药皮中含有多量氧化铁和锰铁脱氧剂，熔深大，熔化速度快，焊接生产率比较高，电弧稳定，再引弧方便，抗热裂性能较好，飞溅稍大，采用立焊、仰焊较为困难，适用于中厚板焊接和在野外焊接
5	纤维素型 交、直流	药皮中含有15%以上有机物、30%左右氧化钛，焊接工艺性能良好，电弧稳定，焊缝成型美观，熔渣与熔池金属流动性能适中，熔渣少，易脱渣，可用于立向下焊、深熔焊、单面焊、双面成型焊，也适用于其他位置焊接以及薄板结构、油箱管道和车辆壳体等焊接
6	低氢钾型 交、直流	除具有低氢钠型药皮的各种特性外，由于用硅酸钾作粘合剂，加入稳弧组成物，也适用交流电源
7	低氢钠型 直流	药皮中主要组成物是碳酸盐矿和萤石，熔渣呈碱性，流动性好，焊接工艺性能一般，焊波较高，适用于各种位置焊接，焊缝金属中含氢量比较低，具有良好的抗裂性能和机械性能，使用时，要求药皮干燥、电弧短，主要用于焊接较重要的结构件
8	石墨型 交、直流	药皮中含有多量石墨，使焊缝金属获得较多的游离碳或碳化物，通常用于铸铁焊条和堆焊焊条上；采用低碳钢焊芯时，焊接工艺性能较差，飞溅较多，烟雾较大，熔渣较少，适用于平焊；如采用有色金属焊芯时，可改善其工艺性能
9	盐基型 直流	药皮中含有多量氯化物和氟化物，用于铝和铝合金焊条，药皮熔点低，熔化速度快，焊接工艺性能比较差，熔渣有一定的腐蚀性，焊接后需用热水洗净焊缝，药皮吸潮性强，焊前须烘干
0	特殊型	不属上述类型，对电源也不作规定

(5) 电焊条牌号中补充代号表示意义

补充代号	表示意义
Fe、Fe15	药皮中加入30%以上铁粉，使其焊缝熔敷效率≥105%时，在牌号后加注“Fe”，并将其药皮类型改称“铁粉××型”；如效率达到120%以上时，加注数字；例：Fe15，即其效率达150%
Z	重力焊条
X	立向下焊专用焊条
D	底层焊专用焊条
GM	盖面焊专用焊条
XG	管子下行焊专用焊条
DF	焊条焊接时的烟尘发生量及烟尘中可熔性氟化物含量低于一般低氢焊条
R	高韧性焊条
H	超低氢焊条
RH	高韧性超低氢焊条
Cu、P、Cr、W、Mo、Nb等	焊缝金属中含有该项合金元素

2. 结构钢焊条

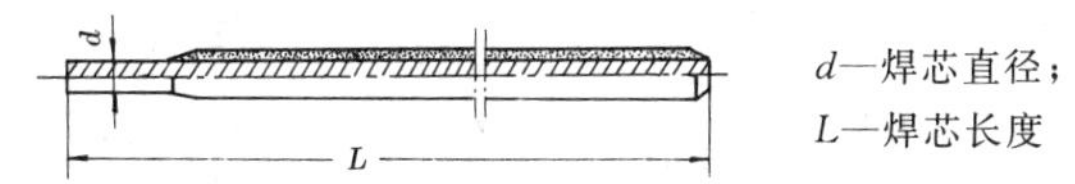

d—焊芯直径；
L—焊芯长度

【用　　途】包括非合金钢及细晶粒钢焊条(GB/T 5117—2012)和热强钢焊条(GB/T 5118—2012)。供手工电弧焊接各种低碳钢、中碳钢、普通低合金钢和低合金高强度钢结构时作电极和填充金属之用。

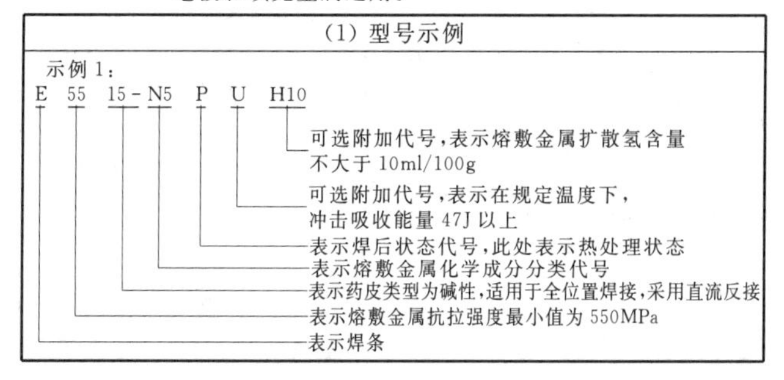

(续)

(1) 型号示例			
示例 2： E 43 03 03—表示药皮类型为钛型，适用于全位置焊接，采用交流或直流正反接 43—表示熔敷金属抗拉强度最小值为 430MPa E—表示焊条			
(2) 熔敷金属抗拉强度代号			
抗拉强度代号		最小抗拉强度值(MPa)	
43		430	
50		490	
55		550	
57		570	
(3) 药皮类型代号			
代号	药皮类型	焊接位置①	电流类型
03	钛型	全位置②	交流和直流正、反接
10	纤维素	全位置	直流反接
11	纤维素	全位置	交流和直流反接
12	金红石	全位置②	交流和直流正接
13	金红石	全位置②	交流和直流正、反接
14	金红石＋铁粉	全位置②	交流和直流正、反接
15	碱性	全位置②	直流反接
16	碱性	全位置②	交流和直流反接
18	碱性＋铁粉	全位置②	交流和直流反接
19	钛铁矿	全位置②	交流和直流正、反接
20	氧化铁	PA、PB	交流和直流正接
24	金红石＋铁粉	PA、PB	交流和直流正、反接

（续）

(3) 药皮类型代号			
代号	药皮类型	焊接位置①	电流类型
27	氧化铁＋铁粉	PA、PB	交流和直流正、反接
28	碱性＋铁粉	PA、PB、PC	交流和直流反接
40	不做规定	由制造商确定	
45	碱性	全位置	直流反接
48	碱性	全位置	交流和直流反接

注：① 焊接位置见 GB/T 16672，其中 PA＝平焊、PB＝平角焊、PC＝横焊、PG＝向下立焊
② 此处“全位置”并不一定包含向下立焊，由制造商确定

(4) 主要型号及与旧标准的对照

本标准	GB/T 5117—1995	GB/T 5118—1995	本标准	GB/T 5117—1995	GB/T 5118—1995	本标准	GB/T 5117—1995	GB/T 5118—1995
碳钢			碳钢			碳钢		
E4303	E4303	—	E4327	E4327	—	E5016-1	—	—
E4310	E4310	—	E4328	E4328	—	E5018	E5018	—
E4311	E4311	—	E4340	E4300	—	E5018-1	—	—
E4312	E4312	—	E5003	E5003	—	E5019	E5001	—
E4313	E4313	—	E5010	E5010	—	E5024	E5024	—
E4315	E4315	—	E5011	E5011	—	E5024-1	—	—
E4316	E4316	—	E5012	—	—	E5027	E5027	—
E4318	—	—	E5013	—	—	E5028	E5028	—
E4319	E4301	—	E5014	E5014	—	E5048	E5048	—
E4320	E4320	—	E5015	E5015	—	E5716	—	—
E4324	E4324	—	E5016	E5016	—	E5728	—	—

（续）

（4）主要型号及与旧标准的对照					
本标准	GB/T 5117—1995	GB/T 5118—1995	本标准	GB/T 5117—1995	GB/T 5118—1995
管线钢			镍　　钢		
E5010-P1	—	—	E5016-N1	—	—
E5510-P1	—	—	E5028-N1	—	—
E5518-P2	—	—	E5515-N1	—	—
E5545-P2	—	—	E5516-N1	—	—
碳钼钢			E5528-N1	—	—
E5003-1M3	—	E5003-A1	E5015-N2	—	—
E5010-1M3	—	E5010-A1	E5016-N2	—	—
E5011-1M3	—	E5011-A1	E5018-N2	—	—
E5015-1M3	—	E5015-A1	E5515-N2	—	E5515-C3
E5016-1M3	—	E5016-A1	E5516-N2	—	E5516-C3
E5018-1M3	—	E5018-A1	E5518-N2	—	E5518-C3
E5019-1M3	—	—	E5015-N3	—	—
E5020-1M3	—	E5020-A1	E5016-N3	—	—
E5027-1M3	—	E5027-A1	E5515-N3	—	—
锰钼钢			E5516-N3	—	—
E5518-3M2	—	—	E5516-3N3	—	—
E5515-3M3	—	E5515-D3	E5518-N3	—	—
E5516-3M3	—	E5516-D3	E5015-N5	—	E5015-C1L
E5518-3M3	—	E5518-D3	E5016-N5	—	E5016-C1L
镍　　钢			E5018-N5	—	E5018-C1L
E5015-N1	—	—	E5028-N5	—	—

(续)

(4) 主要型号及与旧标准的对照					
本标准	GB/T 5117—1995	GB/T 5118—1995	本标准	GB/T 5117—1995	GB/T 5118—1995
镍　　钢			耐候钢		
E5515-N5	—	E5515-C1	E5028-CC	—	—
E5516-N5	—	E5516-C1	E5716-CC	—	—
E5518-N5	—	E5518-C1	E5728-CC	—	—
E5015-N7	—	E5015-C2L	E5003-NCC	—	—
E5016-N7	—	E5016-C2L	E5016-NCC	—	—
E5018-N7	—	E5018-C2L	E5028-NCC	—	—
E5515-N7	—	—	E5716-NCC	—	—
E5516-N7	—	E5516-C2	E5728-NCC	—	—
E5518-N7	—	E5518-C2	E5003-NCC1	—	—
E5515-N13	—	—	E5016-NCC1	—	—
E5516-N13	—	—	E5028-NCC1	—	—
镍钼钢			E5516-NCC1	—	—
E5518-N2M3	—	E5518-NM	E5518-NCC1	—	E5518-W
耐候钢			E5716-NCC1	—	—
E5003-NC	—	—	E5728-NCC1	—	—
E5016-NC	—	—	E5016-NCC2	—	—
E5028-NC	—	—	E5018-NCC2	—	E5018-W
E5716-NC	—	—	其　　他		
E5728-NC	—	—	E50XX-G	—	E50XX-G
E5003-CC	—	—	E55XX-G	—	E55XX-G
E5016-CC	—	—	E57XX-G	—	—

3. 耐热钢焊条

【用　　途】供手工电弧焊接要求在高温下具有化学稳定性和足够强度，并有抵抗气体侵蚀能力的耐热钢结构件时作电极和填充金属之用。

【规　　格】常用牌号。

牌　号	符合国标型号	焊　条　名　称
R107	E5015-A1	钼珠光体耐热钢焊条
R207	E5515-B1	铬钼珠光体耐热钢焊条
R307	E5515-B2	铬钼珠光体耐热钢焊条
R317	E5515-B2-V	铬钼钒珠光体耐热钢焊条
R327	E5515-B2-VW	铬钼钒钨珠光体耐热钢焊条
R337	E5515-B2-VNb	铬钼钒铌珠光体耐热钢焊条
R347	E5515-B3-VWB	铬钼钒钨硼珠光体耐热钢焊条
R407	E6015-B3	铬钼珠光体耐热钢焊条
R417Fe	E5515-B3-VNb	铬钼钒铌珠光体耐热钢焊条
R507	E5MoV-15	铬钼珠光体耐热钢焊条

牌　号	熔敷金属主要化学成分(%)				
	碳≤	铬	钼	钒	其　他
R107	0.12		0.40～0.65	—	—
R207	0.12	0.40～0.65	0.40～0.65	—	—
R307	0.12	1.00～1.50	0.40～0.65	—	—
R317	0.12	1.00～1.50	0.40～0.65	0.10～0.35	—
R327	0.12	1.00～1.50	0.70～1.00	0.20～0.35	钨 0.25～0.50
R337	0.12	1.00～1.50	0.70～1.00	0.15～0.40	铌 0.10～0.25
R347	0.12	1.50～2.50	0.30～0.80	0.20～0.60	钨 0.20～0.60 硼 0.001～0.003
R407	0.12	2.00～2.50	0.90～1.20	—	—
R417Fe	0.12	2.40～3.00	0.70～1.00	0.25～0.50	铌 0.35～0.65
R507	0.12	4.50～6.00	0.40～0.70	0.10～0.35	—

（续）

牌号	R_m	R_{el}	$A\geqslant$	主　要　用　途
	(MPa) $\geqslant$		%	
R107	490	390	22	焊接工作温度≤510℃ 15钼珠光体耐热钢等
R207	540	440	17	焊接工作温度≤510℃ 12铬钼珠光体耐热钢等
R307	540	440	17	焊接工作温度≤540℃ 15铬钼珠光体耐热钢
R317	540	440	17	焊接工作温度≤540℃铬钼钒珠光体耐热钢
R327	540	440	17	焊接工作温度≤570℃ 15铬钼钒耐热钢
R337	540	440	17	焊接工作温度≤570℃ 15铬钼钒耐热钢
R347	540	440	17	焊接工作温度≤620℃相应的珠光体耐热钢
R407	590	530	15	焊接工作温度≤550℃铬2.5钼类珠光体耐热钢
R417Fe	540	440	17	焊接工作温度≤620℃ 12铬3钼钒硅钛硼类珠光体耐热钢
R507	540	—	14	焊接工作温度400℃铬5钼类珠光体耐热钢

注：1. 耐热钢焊条凡符合国标型号的，分别按GB/T 5118—1995《低合金钢焊条》和GB/T 983—1995《不锈钢焊条》规定考核。

2. 熔敷金属机械性能栏中：R_m—抗拉强度，R_{el}(或σ_s)—屈服强度(或屈服点)，A—伸长率。

4. 不锈钢焊条(GB/T 983—2012)

【用　　途】供手工电弧焊接不锈钢以及部分耐热钢、碳钢和合金钢结构件时作电极和填充金属之用。

【规　　格】常用牌号。

(1) 熔敷金属化学成分							
焊条型号①	主要化学成分(质量分数)②(%)						
	碳	锰	硅	铬	镍	钼	铜
E209-XX	0.06	4.0～7.0	1.00	20.5～24.0	9.5～12.0	1.5～3.0	0.75

(续)

(1) 熔敷金属化学成分							
焊条型号[①]	主要化学成分(质量分数)[②](%)						
	碳	锰	硅	铬	镍	钼	铜
E219-XX	0.06	8.0～10.0	1.00	19.0～21.5	5.5～7.0	0.75	0.75
E240-XX	0.06	10.5～13.5	1.00	17.0～19.0	4.0～6.0	0.75	0.75
E307-XX	0.04～0.14	3.30～4.75	1.00	18.0～21.5	9.0～10.7	0.5～1.5	0.75
E308-XX	0.08	0.5～2.5	1.00	18.0～21.0	9.0～11.0	0.75	0.75
E308H-XX	0.04～0.08	0.5～2.5	1.00	18.0～21.0	9.0～11.0	0.75	0.75
E308L-XX	0.04	0.5～2.5	1.00	18.0～21.0	9.0～12.0	0.75	0.75
E308Mo-XX	0.08	0.5～2.5	1.00	18.0～21.0	9.0～12.0	2.0～3.0	0.75
E308LMo-XX	0.04	0.5～2.5	1.00	18.0～21.0	9.0～12.0	2.0～3.0	0.75
E309L-XX	0.04	0.5～2.5	1.00	22.0～25.0	12.0～14.0	0.75	0.75
E309-XX	0.15	0.5～2.5	1.00	22.0～25.0	12.0～14.0	0.75	0.75
E309H-XX	0.04～0.15	0.5～2.5	1.00	22.0～25.0	12.0～14.0	0.75	0.75
E309LNb-XX	0.04	0.5～2.5	1.00	22.0～25.0	12.0～14.0	0.75	0.75
E309Nb-XX	0.12	0.5～2.5	1.00	22.0～25.0	12.0～14.0	0.75	0.75

(续)

(1) 熔敷金属化学成分							
焊条型号①	主要化学成分(质量分数)②(%)						
	碳	锰	硅	铬	镍	钼	铜
E309Mo-XX	0.12	0.5～2.5	1.00	22.0～25.0	12.0～14.0	2.0～3.0	0.75
E309LMo-XX	0.04	0.5～2.5	1.00	22.0～25.0	12.0～14.0	2.0～3.0	0.75
E310-XX	0.08～0.20	1.0～2.5	0.75	25.0～28.0	20.0～22.5	0.75	0.75
E310H-XX	0.35～0.45	1.0～2.5	0.75	25.0～28.0	20.0～22.5	0.75	0.75
E310Nb-XX	0.12	1.0～2.5	0.75	25.0～28.0	20.0～22.0	0.75	0.75
E310Mo-XX	0.12	1.0～2.5	0.75	25.0～28.0	20.0～22.0	2.0～3.0	0.75
E312-XX	0.15	0.5～2.5	1.00	28.0～32.0	8.0～10.5	0.75	0.75
E316-XX	0.08	0.5～2.5	1.00	17.0～20.0	11.0～14.0	2.0～3.0	0.75
E316H-XX	0.04～0.08	0.5～2.5	1.00	17.0～20.0	11.0～14.0	2.0～3.0	0.75
E316L-XX	0.04	0.5～2.5	1.00	17.0～20.0	11.0～14.0	2.0～3.0	0.75
E316LCu-XX	0.04	0.5～2.5	1.00	17.0～20.0	11.0～16.0	1.20～2.75	1.00～2.50
E316LMn-XX	0.04	5.0～8.0	0.90	18.0～21.0	15.0～18.0	2.5～3.5	0.75
E317-XX	0.08	0.5～2.5	1.00	18.0～21.0	12.0～14.0	3.0～4.0	0.75

(1) 熔敷金属化学成分							
焊条型号[①]	主要化学成分(质量分数)[②](%)						
	碳	锰	硅	铬	镍	钼	铜
E317L-XX	0.04	0.5～2.5	1.00	18.0～21.0	12.0～14.0	3.0～4.0	0.75
E317MoCu-XX	0.08	0.5～2.5	0.90	18.0～21.0	12.0～14.0	2.0～2.5	2
E317LMoCu-XX	0.04	0.5～2.5	0.90	18.0～21.0	12.0～14.0	2.0～2.5	2
E318-XX	0.08	0.5～2.5	1.00	17.0～20.0	11.0～14.0	2.0～3.0	0.75
E318V-XX	0.08	0.5～2.5	1.00	17.0～20.0	11.0～14.0	2.0～2.5	0.75
E320-XX	0.07	0.5～2.5	0.60	19.0～21.0	32.0～36.0	2.0～3.0	3.0～4.0
E320LR-XX	0.03	1.5～2.5	0.30	19.0～21.0	32.0～36.0	2.0～3.0	3.0～4.0
E330-XX	0.18～0.25	1.0～2.5	1.00	14.0～17.0	33.0～37.0	0.75	0.75
E330H-XX	0.35～0.45	1.0～2.5	1.00	14.0～17.0	33.0～37.0	0.75	0.75
E330MoMn-WNb-XX	0.20	3.5	0.70	15.0～17.0	33.0～37.0	2.0～3.0	0.75
E347-XX	0.08	0.5～2.5	1.00	18.0～21.0	9.0～11.0	0.75	0.75
E347L-XX	0.04	0.5～2.5	1.00	18.0～21.0	9.0～11.0	0.75	0.75
E349-XX	0.13	0.5～2.5	1.00	18.0～21.0	8.0～10.0	0.35～0.65	0.75

（续）

(1) 熔敷金属化学成分							
焊条型号①	主要化学成分(质量分数)②(%)						
	碳	锰	硅	铬	镍	钼	铜
E383-XX	0.03	0.5～2.5	0.90	26.5～29.0	30.0～33.0	3.2～4.2	0.6～1.5
E385-XX	0.03	1.0～2.5	0.90	19.5～21.5	24.0～26.0	4.2～5.2	1.2～2.0
E409Nb-XX	0.12	1.00	1.00	11.0～14.0	0.60	0.75	0.75
E410-XX	0.12	1.0	0.90	11.0～14.0	0.70	0.75	0.75
E410NiMo-XX	0.06	1.0	0.90	11.0～12.5	4.0～5.0	0.40～0.70	0.75
E430-XX	0.10	1.0	0.90	15.0～18.0	0.6	0.75	0.75
E430Nb-XX	0.10	1.00	1.00	15.0～18.0	0.60	0.75	0.75
E630-XX	0.05	0.25～0.75	0.75	16.00～16.75	4.5～5.0	0.75	3.25～4.00
E16-8-2-XX	0.10	0.5～2.5	0.60	14.5～16.5	7.5～9.5	1.0～2.0	0.75
E16-25MoN-XX	0.12	0.5～2.5	0.90	14.0～18.0	22.0～27.0	5.0～7.0	0.75
E2209-XX	0.04	0.5～2.0	1.00	21.5～23.5	7.5～10.5	2.5～3.5	0.75
E2553-XX	0.05	0.5～1.5	1.0	24.0～27.0	6.5～8.5	2.9～3.9	1.5～2.5
E2593-XX	0.04	0.5～1.5	1.0	24.0～27.0	8.5～10.5	2.9～3.9	1.5～3.0

(续)

(1) 熔敷金属化学成分							
焊条型号[1]	主要化学成分(质量分数)[2](%)						
	碳	锰	硅	铬	镍	钼	铜
E2594-XX	0.04	0.5～2.0	1.00	24.0～27.0	8.0～10.5	3.5～4.5	0.75
E2595-XX	0.04	2.5	1.2	24.0～27.0	8.0～10.5	2.5～4.5	0.4～1.5
E3155-XX	0.10	1.0～2.5	1.00	20.0～22.5	19.0～21.0	2.5～3.5	0.75
E33-31-XX	0.03	2.5～4.0	0.9	31.0～35.0	30.0～32.0	1.0～2.0	0.4～0.8

注：表中单值均为最大值

① 焊条型号中-XX表示焊接位置和药皮类型

② 化学分析应按表中规定的元素进行分析。如果在分析过程中发现其他化学成分,则应进一步分析这些元素的含量,除铁外,不应超过0.5%

(2) 熔敷金属力学性能					
焊条型号	抗拉强度 R_m (MPa)	断后伸长率 A (%)	焊条型号	抗拉强度 R_m (MPa)	断后伸长率 A (%)
E209-XX	690	15	E308LMo-XX	520	30
E219-XX	620	15	E309L-XX	510	25
E240-XX	690	25	E309-XX	550	25
E307-XX	590	25	E309H-XX	550	25
E308-XX	550	30	E309LNb-XX	510	25
E308H-XX	550	30	E309Nb-XX	550	25
E308L-XX	510	30	E309Mo-XX	550	25
E308Mo-XX	550	30	E309LMo-XX	510	25

(续)

(2) 熔敷金属力学性能					
焊条型号	抗拉强度 R_m (MPa)	断后伸长率 A (%)	焊条型号	抗拉强度 R_m (MPa)	断后伸长率 A (%)
E310-XX	550	25	E347-XX	520	25
E310H-XX	620	8	E347L-XX	510	25
E310Nb-XX	550	23	E349-XX	690	23
E310Mo-XX	550	28	E383-XX	520	28
E312-XX	660	15	E385-XX	520	28
E316-XX	520	25	E409Nb-XX①	450	13
E316H-XX	520	25	E410-XX②	450	15
E316L-XX	490	25	E410NiMo-XX③	760	10
E316LCu-XX	510	25	E430-XX①	450	15
E316LMn-XX	550	15	E430Nb-XX①	450	13
E317-XX	550	20	E630-XX④	930	6
E317L-XX	510	20	E16-8-2-XX	520	25
E317MoCu-XX	540	25	E16-25MoN-XX	610	30
E317LMoCu-XX	540	25	E2209-XX	690	15
E318-XX	550	20	E2553-XX	760	13
E318V-XX	540	25	E2593-XX	760	13
E320-XX	550	28	E2594-XX	760	13
E320LR-XX	520	28	E2595-XX	760	13
E330-XX	520	23	E3155-XX	690	15
E330H-XX	620	8	E33-31-XX	720	20
E330MoMnWNb-XX	590	25			

注：表中单值均为最小值。

① 加热到 760～790℃，保温 2h，以不高于 55℃/h 的速度炉冷至 595℃以下，然后空冷至室温。

② 加热到 730～760℃，保温 1h，以不高于 110℃/h 的速度炉冷至 315℃以下，然后空冷至室温。

③ 加热到 595～620℃，保温 1h，然后空冷至室温。

④ 加热到 1025～1050℃，保温 1h，空冷至室温，然后在610～630℃，保温 4h 沉淀硬化处理，空冷至室温。

5. 堆 焊 焊 条（GB/T 984—2001）

【用　　途】 用于手工电弧堆焊机件上具有耐磨、耐蚀或耐热等特殊性能合金的表面，以及修复机件上被磨损、腐蚀的表面。

【规　　格】 常用牌号。

牌　号	符合国标型号	焊条名称	堆硬层硬度 HRC ≥
D107	EDPMn2-15	普通锰型堆焊焊条	22
D112	EDPCrMo-A1-03	铬钼型堆焊焊条	22
D127	EDPMn4-15	普通锰型堆焊焊条	28
D132	EDPCrMo-A2-03	铬钼型堆焊焊条	30
D167	EDPMn6-15	锰硅型堆焊焊条	50
D172	EDPCrMo-A3-03	铬钼型堆焊焊条	40
D212	EDPCrMo-A4-03	铬钼型堆焊焊条	50
D256	EDPMn-A-16	高锰钢堆焊焊条	HB ≥ 170
D266	EDPMn-B-16	高锰钢堆焊焊条	HB ≥ 170
D276	EDPCrMn-B16	高铬锰钢耐气蚀堆焊焊条	20
D307	EDD-D-15	高速钢堆焊焊条	55
D322	EDRCrMoWV-A1-03	铬钨钼钒冷冲模堆焊焊条	55
D337	EDRCrW-15	铬钨热锻模堆焊焊条	48
D397	EDRCrMnMo-15	铬锰钼热锻模堆焊焊条	40
D502	EDCr-A1-03	1 铬 13 型阀门堆焊焊条	40
D507	EDCr-A1-15	1 铬 13 型阀门堆焊焊条	40
D507Mo	EDCr-A2-15	1 铬 13 型阀门堆焊焊条	37
D512	EDCr-B-03	2 铬 13 型阀门堆焊焊条	45
D517	EDCr-B-15	2 铬 13 型阀门堆焊焊条	45

(续)

牌　号	符合国标型号	焊条名称	堆硬层硬度 HRC≥
D557	EDCrNi-C-15	铬镍硅型阀门堆焊焊条	37
D667	EDZCr-C-15	高铬铸铁1号堆焊焊条	48
D802	EDCoCr-A-03	钴基1号堆焊焊条	40
D812	EDCoCr-B-03	钴基2号堆焊焊条	44

牌　号	堆焊金属主要成分(%)	主　要　用　途
D107	1锰3	用于堆焊常温低硬度磨损机件表面
D112	2铬1.5钼	
D127	2锰4	用于堆焊常温中硬度磨损机件表面
D132	4铬2钼	
D167	4锰6硅	用于堆焊常温高硬度磨损机件表面
D172	4铬2钼	用于堆焊常温中高硬度磨损机件表面
D212	5铬4钼3	用于堆焊常温高硬度磨损机件表面
D256	锰13	高锰钢堆焊用
D266	锰13钼2	
D276	7锰12铬13	耐气蚀和高锰钢堆焊用
D307	钨18铬4钒	中碳钢刀具毛坯堆焊高速钢刃口用
D322	5铬5钨9钼2钒	冷冲模及切削刀具堆焊用
D337	3铬2钨8	热模锻堆焊用
D397	5铬锰钼	
D502	1铬13	堆焊工作温度≤450℃的碳钢或合金钢的轴和阀门等用
D507	1铬13	
D507Mo	1铬13钼钨	堆焊工作温度≤510℃高压截止阀密封面用
D512	2铬13	与D502、D507同,但堆焊层硬度更高
D517	2铬13	
D557	铬18镍8硅7	堆焊工作温度≤600℃高压阀门密封面用
D667	碳3铬28镍4硅	强烈耐腐蚀耐气蚀件堆焊用
D802	钴基铬30钨5	堆焊工作温度≤650℃高压阀门、热剪切机刀刃等用
D812	钴基铬30钨8	

焊条主要尺寸(mm)	焊芯直径	3.2	4,5	6,7,8
	焊芯长度	300,350	350,400,450	400,450

注：1. 焊条的国标型号中：(1) ED表示焊条堆焊用；(2) ED后第1个字母(P、R、D等)或第1个元素符号(Cr、Mn、W等)表示堆焊焊条型号分类；(3) 以后的元素符号和元素符号后面的数字表示堆焊层金属中含有的合金元素及其含量(%)；(4) 横线后的字母和数字表示细分的型号；(5) 最后一组数字表示焊条的药皮类型及适用电源，参见第697页结构钢焊条的注。

2. 熔敷金属主要成分栏中，元素名称后面的数字表示该元素的平均含量(%)；开头数字表示平均碳含量(‰)，超过1%时，一般不标出。

6. 低温钢焊条

【用　途】 专供手工电弧焊接在低温下工作的液化气体等用的压力容器、管道和设备等，均可全位置焊接。

【规　格】 常用牌号。

牌　号	焊条名称	R_m	R_{el}	A	A_{kV}	
		(MPa) ≥		(%) ≥	(℃)	(J) ≥
W707	−70℃低温钢焊条	490	—	18	−70	27
W707Ni	−70℃低温钢焊条	540	440	16	−70	27
W907Ni	−90℃低温钢焊条	540	440	17	−90	27
W107Ni	−100℃低温钢焊条	490	340	16	−100	27

牌　号	熔敷金属化学成分(%)							
	碳 ≤	锰 ≤	硅 ≤	镍	硫 ≤	磷 ≤	铜≈	钼 ≈
W707	0.10	≈2.0	≈0.20		0.035	0.040	0.7	
W707Ni	0.12	1.25	0.60	2.0～2.75	0.035	0.035		
W907Ni	0.12	1.25	0.60	3.0～3.75	0.035	0.035		
W107Ni	0.08	≈0.50	0.30	4.0～5.5	0.020	0.020	0.5	0.30

牌　号	主　要　用　途
W707	用于焊接−70℃工作的09Mn2V、09MnTiCuRe钢
W707Ni	用于焊接−70℃工作的09Mn2V、06MnVAl等钢
W907Ni	用于焊接−90℃工作的含Ni 3.5%的低温用低合金结构钢
W107Ni	用于焊接−100℃工作的06AlNbCuN、06MnNb和含Ni 3.5%钢
焊芯直径为2，2.5，3.2，4，5mm(焊芯长度参考结构钢焊条规定)	

注：牌号W707Ni和W907Ni分别相当于GB/T 5118—2012中型号E5515-C1和E5515-C2。熔敷金属力学性能栏中：R_m—抗拉强度；R_{el}—屈服点；A—伸长率；A_{kV}—冲击吸收功。

7. 铸 铁 焊 条(GB/T 10044—2006)

【用　　途】 用于手工电弧焊补灰铸铁件、球墨铸铁件的缺陷。

【规　　格】 常用牌号。

(1) 铸铁焊接用焊条、填充焊丝、气保护焊丝及药芯焊丝类别与型号

类　别	型　号	名　称
铁基焊条	EZC	灰口铸铁焊条
	EZCQ	球墨铸铁焊条
镍基焊条	EZNi	纯镍铸铁焊条
	EZNiFe	镍铁铸铁焊条
	EZNiCu	镍铜铸铁焊条
	EZNiFeCu	镍铁铜铸铁焊条
其他焊条	EZFe	纯铁及碳钢焊条
	EZV	高钒焊条
铁基填充焊丝	RZC	灰口铸铁填充焊丝
	RZCH	合金铸铁填充焊丝
	RZCQ	球墨铸铁填充焊丝
镍基气体保护焊焊丝	ERZNi	纯镍铸铁气保护焊丝
	ERZNiFeMn	镍铁锰铸铁气保护焊丝
镍基药芯焊丝	ET3ZNiFe	镍铁铸铁自保护药芯焊丝

(2) 焊条的直径和长度　　(mm)

焊芯类别	焊条直径		焊条长度	
	基本尺寸	极限偏差	基本尺寸	极限偏差
铸造焊芯	4.0	±0.3	350～400	±4.0
	5.0,6.0,8.0,10.0		350～500	
冷拔焊芯	2.5	±0.05	200～300	±2.0
	3.2,4.0,5.0		300～450	
	6.0		400～500	

8. 有色金属焊条

【用　　途】镍及镍合金焊条主要用于手工电弧焊接镍及高镍合金，也用于异种金属的焊接或堆焊。铜及铜合金焊条主要用于焊接铜、铜合金、铜与钢零件，也常用于堆焊表面要求耐腐蚀或耐磨损的零件。铝及铝合金焊条主要用于手工电弧焊接、焊补铝和铝合金零件。

【规　　格】其中镍及镍合金焊条为常用牌号。

(1) 镍及镍合金焊条熔敷金属力学性能和主要化学成分(GB/T 13814—2008)

焊条型号	化学成分代号	屈服强度* R_{el} (MPa)	抗拉强度 R_m (MPa)	伸长率 A(%)	主要化学成分(%)				
		不小于			镍(≥)	铜	铬	铁	钼
镍									
ENi2061	NiTi3	200	410	18	92	1.2	—	0.7	—
ENi2061A	NiNbTi				92	1.5	—	4.5	—
镍　铜									
ENi4060	NiCu30Mn3Ti	200	480	27	62	27～34	—	2.5	—
ENi4061	NiCu27Mn3NbTi					24～31			
镍　铬									
ENi6082	NiCr20Mn3Nb	360	600	22	63	0.5	18～22	4	2
ENi6231	NiCr22W14Mo	350	620	18	45	0.5	20～24	3	1～3

（1）镍及镍合金焊条熔敷金属力学性能和主要化学成分（GB/T 13814—2008）									
焊条型号	化学成分代号	屈服强度* R_{el}（MPa）	抗拉强度 R_m（MPa）	伸长率 A（%）	主要化学成分（%）				
		不小于			镍（≥）	铜	铬	铁	钼
镍铬铁									
ENi6025	NiCr25Fe10AlY	400	690	12	55	—	24～26	8～11	—
ENi6062	NiCr15Fe8Nb	360	550	27	62	0.5	13～17	11	—
ENi6093	NiCr15Fe8NbMo	360	650	18	60	0.5	13～17	12	1～3.5
ENi6094	NiCr14Fe4NbMo				55		12～17		2.5～3.5
ENi6095	NiCr15Fe8NbMoW						13～17		1～3.5
ENi6133	NiCr16Fe12NbMo	360	550	27	62		13～17		0.5～2.5
ENi6152	NiCr30Fe9Nb				50		28～31.5	7～12	0.5
ENi6182	NiCr15Fe6Mn				60		13～17	10	—
ENi6333	NiCr25Fe16CoNbW	360	550	18	44～47		24～26	≥16	2.5～3.5
ENi6701	NiCr36Fe7Nb	450	650	8	42～48	—	33～39	7	—
ENi6702	NiCr28Fe6W				47～50		27～30	6	
ENi6704	NiCr25Fe10Al3YC	400	690	12	55		24～26	8～11	
ENi8025	NiCr29Fe30Mo	240	550	22	35～40	1.5～3	27～31	30	2.5～4.5
ENi8165	NiCr25Fe30Mo				37～42		23～27		3.5～7.5

（续）

(1) 镍及镍合金焊条熔敷金属力学性能和主要化学成分(GB/T 13814—2008)

焊条型号	化学成分代号	屈服强度* R_{el} (MPa)	抗拉强度 R_m (MPa)	伸长率 A(%)	主要化学成分(%)				
		不小于			镍(≥)	铜	铬	铁	钼
镍　钼									
ENi1001	NiMo28Fe5	400	690	22	55	0.5	1	4～7	26～30
ENi1004	NiMo25Cr5Fe5				60		2.5～5.5		23～27
ENi1008	NiMo19WCr	360	650	22			0.5～3.5	10	17～20
ENi1009	NiMo20WCu				62	0.3～1.3	—	7	18～22
ENi1062	NiMo24Cr8Fe6	360	550	18	60	—	6～9	4～7	22～26
ENi1066	NiMo28	400	690	22	64.5	0.5	1	2.2	26～30
ENi1067	NiMo30Cr	350	690	22	62		1～3	1～3	27～32
ENi1069	NiMo28Fe4Cr	360	550	20	65	—	0.5～1.5	2～5	26～30
镍　铬　钼									
ENi6002	NiCr22Fe18Mo	380	650	18	45	0.5	20～23	17～20	8～10
ENi6012	NiCr22Mo9	410	650	22	58			3.5	8.5～10.5
ENi6022	NiCr21Mo13W3	350	690	22	49		20～22.5	2～6	12.5～14.5
ENi6024	NiCr26Mo14				55		25～27	1.5	13.5～15
ENi6030	NiCr29Mo5Fe15W2	350	585	22	36	1～2.4	28～31.5	13～17	4～6
ENi6059	NiCr23Mo16	350	690	22	56	—	22～24	1.5	15～16.5

(续)

(1) 镍及镍合金焊条熔敷金属力学性能和主要化学成分(GB/T 13814—2008)

焊条型号	化学成分代号	屈服强度* R_{el} (MPa)	抗拉强度 R_m (MPa)	伸长率 A(%)	主要化学成分(%)				
		不小于			镍(≥)	铜	铬	铁	钼
镍 铬 钼									
ENi6200	NiCr23Mo16Cu2	400	690	22	45	1.3~1.9	20~24	3	15~17
ENi6275	NiCr15Mo16Fe5W3				50	0.5	14.5~16.5	4~7	15~18
ENi6276	NiCr15Mo15Fe6W4								15~17
ENi6205	NiCr25Mo16	350	690	22			22~27	5	13.5~16.5
ENi6452	NiCr19Mo15				56		18~20	1.5	14~16
ENi6455	NiCr16Mo15Ti	300	690	22			14~18	3	14~17
ENi6620	NiCr14Mo7Fe	350	620	32	55		12~17	10	5~9
ENi6625	NiCr22Mo9Nb	420	760	27			20~23	7	8~10
ENi6627	NiCr21MoFeNb	400	650	32	57		20.5~22.5	5	8.8~10
ENi6650	NiCr20Fe14Mo11WN	420	660	30	44		19~22	12~15	10~13
ENi6686	NiCr21Mo16W4	350	690	27	49		19~23	5	15~17
ENi6985	NiCr22Mo7Fe19	350	620	22	45	1.5~2.5	21~23.5	18~21	6~8
镍 铬 钴 钼									
ENi6117	NiCr22Co12Mo	400	620	22	45	0.5	20~26	5	8~10

注：* 屈服发生不明显时，应采用0.2%的屈服强度($R_{p0.2}$)；除镍外所有单值元素均为最大值

(续)

(2) 铜及铜合金、铝及铝合金焊条			
牌 号	熔敷金属主要化学成分(%)	R_m (MPa)	A (%)
T107	铜 > 95	≥ 170	≥ 20
T207	铜 > 92,硅 2.5~4	≥ 270	≥ 20
T227	铜余量,锡 7~9	≥ 270	≥ 12
T237	铜余量,铝 6.5~10	≥ 390	≥ 15
T307	铜余量,镍 29~33,铁 ≤ 2.5	≥ 350	≥ 20
L109	铝 ≥ 99.5	≥ 64	—
L209	铝余量,硅 4.5~6	≥ 118	—
L309	铝余量,锰 1~1.5	≥ 118	—

注:1. 国家标准号:镍及镍合金焊条为 GB/T 13814—2008,铜及铜合金焊条为 GB/T 3670—1995,铝及铝合金焊条为 GB/T 3669—2001。焊条国标型号中,E 表示焊条,后面的化学元素符号表示焊芯的主要成分类型,最后的字母表示同一类型的细分类。
2. 熔敷金属机械性能:R_m—抗拉强度,A—伸长率。
3. 焊条主要尺寸(mm):焊芯直径—镍及镍合金焊条一般为 2,2.5,3.2,4,5;铜、铝及其合金焊条一般为 3.2, 4, 5。焊芯长度一般 230~350mm。

9. 实 芯 焊 丝

(1) 实芯焊丝牌号表示方法

(1) 实芯焊丝牌号表示形式	代号 1 2 3 牌号中各单元表示方法: ① 代号——用字母 HS(也有用 S)表示实芯焊丝 ② 第 1 位——用数字表示实芯焊丝的类型(按焊丝主要化学成分组成分类) ③ 第 2 位——用数字表示同一类型实芯焊丝类型的细分类 ④ 第 3 位——用数字表示同一细分类实芯焊丝中的不同牌号

（续）

(2)牌号中第1位数字表示意义	牌号	焊丝主要化学成分组成类型	牌号	焊丝主要化学成分组成类型
	HS1××	硬质合金焊丝	HS6××	铬钼耐热钢焊丝
	HS2××	铜及铜合金焊丝	HS7××	铬不锈钢焊丝
	HS3××	铝及铝合金焊丝	HS8××	铬镍不锈钢焊丝
	HS4××	（待发展）	HS9××	（待发展）
	HS5××	低碳钢及低合金钢焊丝	HS0××	其他类型焊丝

(2) 硬质合金堆焊焊丝

【用　　途】 用于要求耐磨、抗氧化、耐气蚀和耐热性机件表面的堆焊（一般采用氧-乙炔焰，也有采用气电焊）。

【规　　格】 常用牌号。

牌号	焊丝名称	焊丝主要化学成分(%)≈						
		碳	铬	硅	铁	钴	钨	其他
HS101	高铬铸铁1号堆焊焊丝	3	28	3.5	余量			镍4
HS103	高铬铸铁3号堆焊焊丝	3.5	28		余量	5		硼0.8
HS111	钴基1号堆焊焊丝	1	28	1.0		余量	4	
HS112	钴基2号堆焊焊丝	1.4	28	1.0		余量	8	
HS113	钴基3号堆焊焊丝	2.7	30			余量	17	
HS114	钴基4号堆焊焊丝	2.7	30			余量	12	

牌号	堆焊层硬度		性能及用途
	常温HRC	高温(℃)/HV≈	
HS101	48～54	300/483 400/473 500/460 600/289	相当于索尔马依特1号合金，堆焊层具有优良的抗氧化性和耐气蚀性，硬度较高，耐磨性好，但工作温度不宜超过500℃，加工须用硬质合金刀具，但也比较困难；适用于要求耐磨损、抗氧化或耐气蚀的机件的堆焊，如铲斗齿、泵套、柴油机气门、排气叶片等

(续)

牌号	堆焊层硬度		性能及用途
	常温 HRC	高温(℃) / HV≈	
HS103	58～64	300/857 400/848 500/798 600/520	堆焊层具有优良的抗氧化性，硬度高，耐磨性好，但抗冲击性差，用硬质合金刀具也难以加工，只能研磨；适用于要求高度耐磨损的机件的堆焊，如牙轮钻头小轴、煤孔挖掘器、提升戽斗、破碎机辊、泵框筒、混合叶片等
HS111	40～45	500/365 600/310 700/274 800/250	一种铸造低碳钴铬钨(司太立)合金，堆焊层能承受冷热条件下的冲击，不易产生裂缝，具有优良的耐蚀、耐热、耐磨性能，并在650℃左右高温中也能保持这些性能，用硬质合金刀具易进行切削加工；适用于高温高压阀门、热剪切刀刃、热锻模等机件的堆焊
HS112	45～50	500/410 600/390 700/360 800/295	一种中碳钴铬钨合金，与S111比较耐磨性较好，塑性较差，堆焊层具有良好的耐蚀、耐热、耐磨性能，并在650℃左右高温中也能保持这些性能，用硬质合金刀具可进行切削加工；适用于高温高压阀门、内燃机阀、化纤剪刀刃口、高压泵的轴套筒和内衬套筒、热轧孔型的堆焊
HS113	55～60	500/623 600/550 700/485 800/320	一种铸造高碳钴铬钨合金，堆焊层硬度高，耐磨性非常好，冲击性较差，容易产生裂缝，具有良好的耐蚀、耐热、耐磨性能，并在600℃以上高温中保持这些性能；适用于粉碎机刀口、牙轮钻头轴承、螺旋送料机等磨损部件的堆焊

（续）

牌号	堆焊层硬度		性 能 及 用 途
	常温 HRC	高温(℃) / HV≈	
HS114	≥52	500/623 600/530 700/485 800/300	一种铸造高碳钴铬钼钒合金，堆焊层的耐磨性非常好，但抗冲击性较差，在600℃以上高温中仍具有良好的耐蚀、耐热、耐磨性能，用硬质合金刀具也不易进行切削加工；适用于牙轮钻头、轴承、锅炉的旋转叶片、粉碎机刀口、螺旋送料机等磨损件的堆焊

注：1. 焊丝呈铸态供应。尺寸(mm)：直径 3.2，4，5，6；长度 250～350。

2. 焊丝牌号，也有写成 S×××。例：S111。

(3) 铜及铜合金焊丝(GB/T 9460—2008)

【其他名称】 铜基焊丝、铜基气焊条。

【用　　途】 本标准适用于熔化极气体保护电弧焊、钨极气体保护电弧焊、气焊及等离子弧焊等焊接用铜及铜合金实心焊丝和填充丝(以下简称焊丝)。

【规　　格】 常用牌号。

(1) 焊丝主要化学成分及型号对照						
焊丝型号	化学成分(质量分数,%)					
	铜	锌	锡	锰	铁	硅
铜						
SCu1897	≥99.5(含 Ag)	—	—	≤0.2	≤0.05	≤0.1
SCu1898	≥98.0		≤1.0	≤0.50	—	≤0.5
SCu1898A	余量		0.5～1.0	0.1～0.4	≤0.03	0.1～0.4

（续）

<table>
<tr><th colspan="7">(1) 焊丝主要化学成分及型号对照</th></tr>
<tr><th rowspan="2">焊丝型号</th><th colspan="6">化学成分(质量分数)(%)</th></tr>
<tr><th>铜</th><th>锌</th><th>锡</th><th>锰</th><th>铁</th><th>硅</th></tr>
<tr><td colspan="7">黄　铜</td></tr>
<tr><td>SCu4700</td><td>57.0～61.0</td><td rowspan="6">余量</td><td>0.25～1.0</td><td>—</td><td>—</td><td>—</td></tr>
<tr><td>SCu4701</td><td>58.5～61.5</td><td>0.2～0.5</td><td>0.05～0.25</td><td>≤0.25</td><td>0.15～0.4</td></tr>
<tr><td>SCu6800</td><td rowspan="2">56.0～60.0</td><td rowspan="2">0.8～1.1</td><td rowspan="2">0.01～0.50</td><td rowspan="2">0.25～1.20</td><td>0.04～0.15</td></tr>
<tr><td>SCu6810</td><td>0.04～0.25</td></tr>
<tr><td>SCu6810A</td><td>58.0～62.0</td><td>≤1.0</td><td>≤0.3</td><td>≤0.2</td><td>0.1～0.5</td></tr>
<tr><td>SCu7730</td><td>46.0～50.0</td><td>—</td><td>—</td><td>—</td><td>0.04～0.25</td></tr>
<tr><td colspan="7">青　铜</td></tr>
<tr><td>SCu6511</td><td rowspan="18">余量</td><td>≤0.2</td><td>0.1～0.3</td><td>0.5～1.5</td><td>≤0.1</td><td>1.5～2.0</td></tr>
<tr><td>SCu6560</td><td>≤1.0</td><td>≤1.0</td><td>≤1.5</td><td>≤0.5</td><td>2.8～4.0</td></tr>
<tr><td>SCu6560A</td><td>≤0.4</td><td>—</td><td>0.7～1.3</td><td>≤0.2</td><td>2.7～3.2</td></tr>
<tr><td>SCu6561</td><td>≤1.5</td><td>≤1.5</td><td>≤1.5</td><td>≤0.5</td><td>2.0～2.8</td></tr>
<tr><td>SCu5180</td><td>—</td><td>4.0～6.0</td><td rowspan="3">—</td><td>—</td><td rowspan="3">—</td></tr>
<tr><td>SCu5180A</td><td>≤0.1</td><td>4.0～7.0</td><td rowspan="3">≤0.1</td></tr>
<tr><td>SCu5210</td><td>≤0.2</td><td>7.5～8.5</td></tr>
<tr><td>SCu5211</td><td>≤0.1</td><td>9.0～10.0</td><td>0.1～0.5</td><td>0.1～0.5</td></tr>
<tr><td>SCu5410</td><td>≤0.05</td><td>11.0～13.0</td><td>—</td><td>—</td><td>—</td></tr>
<tr><td>SCu6061</td><td rowspan="4">≤0.2</td><td rowspan="2">—</td><td>0.1～1.0</td><td>≤0.5</td><td rowspan="2">≤0.1</td></tr>
<tr><td>SCu6100</td><td rowspan="2">≤0.5</td><td>—</td></tr>
<tr><td>SCu6100A</td><td>≤0.1</td><td>≤0.5</td><td>≤0.2</td></tr>
<tr><td>SCu6180</td><td rowspan="3">—</td><td rowspan="2">—</td><td>≤1.5</td><td rowspan="3">≤0.1</td></tr>
<tr><td>SCu6240</td><td rowspan="2">≤0.1</td><td>2.0～4.5</td></tr>
<tr><td>SCu6325</td><td>0.5～3.0</td><td>1.8～5.0</td></tr>
<tr><td>SCu6327</td><td>≤0.2</td><td rowspan="3">—</td><td>0.5～2.5</td><td>0.5～2.5</td><td>≤0.2</td></tr>
<tr><td>SCu6328</td><td>≤0.1</td><td>0.6～3.5</td><td>3.0～5.0</td><td rowspan="2">≤0.1</td></tr>
<tr><td>SCu6338</td><td>≤0.15</td><td>11.0～14.0</td><td>2.0～4.0</td></tr>
</table>

(续)

(1) 焊丝主要化学成分及型号对照						
焊丝型号	化学成分(质量分数,%)					
	铜	锌	锡	锰	铁	硅
白 铜						
SCu7158	余量	—	—	0.5～1.5	0.4～0.7	≤0.25
SCu7061					0.5～2.0	≤0.2

(2) 焊丝尺寸及允许偏差 (mm)		
包装形式	焊丝直径	允许偏差
直 条	1.6, 1.8, 2.0, 2.4, 2.5, 2.8, 3.0, 3.2, 4.0, 4.8, 5.0, 6.0, 6.4	±0.1
焊丝卷*		+0.01 −0.04
直径 100mm 和 200mm 焊丝盘	0.8, 0.9, 1.0, 1.2, 1.4, 1.6	
直径 270mm 和 300mm 焊丝盘	0.5, 0.8, 0.9, 1.0, 1.2, 1.4, 1.6, 2.0, 2.4, 2.5, 2.8, 3.0, 3.2	

注：根据供需双方协议,可生产其他尺寸、偏差的焊丝
* 表示当用于手工填充丝时,其直径允许偏差为±0.1

(3) 焊丝松弛直径和翘距 (mm)			
焊丝盘直径	100	200	270、300
松弛直径	54～380	280～885	320～1020
翘 距	≤13	≤19	≤25

(4) 铝及铝合金焊丝(GB/T 10858—2008)

【其他名称】 铝基焊丝、铝基气焊丝。

【用　　途】 用于氩弧焊、氧-乙炔气焊铝及铝合金,施焊时应配用铝气焊熔剂。

【规　　格】

(1) 焊丝化学成分及标准对比						
焊丝型号	化学成分(质量分数,%)					
	硅	铁	铜	锰	镁	铝
铝						
SAl1070	0.20	0.25	0.04	0.03	0.03	99.70
SAl1080A	0.15	0.15	0.03	0.02	0.02	99.80
SAl1188	0.06	0.06	0.005	0.01	0.01	99.88
SAl1100	Si+Fe0.95		0.05～0.20	0.05	—	99.00
SAl1200	Si+Fe1.00		0.05			
SAl1450	0.25	0.40			0.05	99.50
铝 铜						
SAl2319	0.20	0.30	5.8～6.8	0.20～0.40	0.02	余量
铝 锰						
SAl3103	0.50	0.7	0.10	0.9～1.5	0.30	余量
铝 硅						
SAl4009	4.5～5.5	0.20	1.0～1.5	0.10	0.45～0.6	余量
SAl4010	6.5～7.5		0.20		0.30～0.45	
SAl4011					0.45～0.7	
SAl4018			0.05		0.50～0.8	
SAl4043	4.5～6.0	0.8	0.30	0.05	0.05	
SAl4043A		0.6		0.15	0.20	
SAl4046	9.0～11.0	0.50		0.40	0.20～0.50	
SAl4047	11.0～13.0	0.8		0.15	0.10	
SAl4047A		0.6				
SAl4145	9.3～10.7	0.8	3.3～4.7		0.15	
SAl4643	3.6～4.6	0.8	0.10	0.05	0.10～0.30	

（续）

（1）焊丝化学成分及标准对比						
焊丝型号	化学成分(质量分数,%)					
	硅	铁	铜	锰	镁	铝
铝 镁						
SAl5249	0.25	0.40	0.05	0.50～1.1	1.6～2.5	余量
SAl5554			0.10	0.50～1.0	2.4～3.0	
SAl5654	Si+Fe0.45		0.50	0.01	3.1～3.9	
SAl5654A						
SAl5754	0.40	0.40	0.10	0.50	2.6～3.6	
SAl5356	0.25			0.05～0.20	4.5～5.5	
SAl5356A						
SAl5556				0.50～1.0	4.7～5.5	
SAl5556C						
SAl5556A				0.6～1.0	5.0～5.5	
SAl5556B						
SAl5183	0.40			0.50～1.0	4.3～5.2	
SAl5183A						
SAl5087	0.25		0.05	0.7～1.1	4.5～5.2	
SAl5187						

（2）圆形焊丝尺寸及允许偏差(mm)		
包装形式	焊丝直径	允许偏差
直条①	1.6、1.8、2.0、2.4、2.5、2.8、3.0、3.2、4.0、4.8、5.0、6.0、6.4	±0.1
焊丝卷②		+0.01 −0.04
直径100mm和200mm焊丝盘	0.8、0.9、1.0、1.2、1.4、1.6	
直径270mm和300mm焊丝盘	0.8、0.9、1.0、1.2、1.4、1.6、2.0、2.4、2.5、2.8、3.0、3.2	
注：根据供需双方协议,可生产其他尺寸、偏差的焊丝 ① 铸造直条填充丝不规定直径偏差 ② 当用于手工填充丝时,其直径允许偏差为±0.1		

(续)

(3) 扁平焊丝尺寸(mm)		
当量直径	厚　　度	宽　　度
1.6	1.2	1.8
2.0	1.5	2.1
2.4	1.8	2.7
2.5	1.9	2.6
3.2	2.4	3.6
4.0	2.9	4.4
4.8	3.6	5.3
5.0	3.8	5.2
6.4	4.8	7.1

注：国标型号中：S表示焊丝，后面的元素符号表示焊丝的主要组成元素，最后的数字表示同类主要组成元素型号的顺序号。

(5) 铸铁焊丝(GB/T 10044—2006)

【其他名称】 铸铁气焊丝、铸铁气焊条、生铁气焊条。

【用　　途】 用于氧-乙炔气焊补或堆焊灰铸铁件(采用HS401焊丝)或球墨铸铁件、高强度灰铸铁件和可锻铸铁件(采用HS402焊丝)的缺陷，施焊时应配用铸铁气焊熔剂。

【规　　格】

① 铸铁焊接用焊条、填充焊丝、气保护焊丝及药芯焊丝类别与型号

类　　别	型　　号	名　　称
铁基焊条	EZC	灰铸铁焊条
	EZCQ	球墨铸铁焊条

(续)

<table>
<tr><th>类　别</th><th>型　号</th><th>名　称</th></tr>
<tr><td rowspan="4">镍基焊条</td><td>EZNi</td><td>纯镍铸铁焊条</td></tr>
<tr><td>EZNiFe</td><td>镍铁铸铁焊条</td></tr>
<tr><td>EZNiCu</td><td>镍铜铸铁焊条</td></tr>
<tr><td>EZNiFeCu</td><td>镍铁铜铸铁焊条</td></tr>
<tr><td rowspan="2">其他焊条</td><td>EZFe</td><td>纯铁及碳钢焊条</td></tr>
<tr><td>EZV</td><td>高钒焊条</td></tr>
<tr><td rowspan="3">铁基填充焊丝</td><td>RZC</td><td>灰铸铁填充焊丝</td></tr>
<tr><td>RZCH</td><td>合金铸铁填充焊丝</td></tr>
<tr><td>RZCQ</td><td>球墨铸铁填充焊丝</td></tr>
<tr><td rowspan="2">镍基气体
保护焊焊丝</td><td>ERZNi</td><td>纯镍铸铁气保护焊丝</td></tr>
<tr><td>ERZNiFeMn</td><td>镍铁锰铸铁气保护焊丝</td></tr>
<tr><td>镍基药芯焊丝</td><td>ET3ZNiFe</td><td>镍铁铸铁自保护药芯焊丝</td></tr>
</table>

② 各类铸铁焊丝化学成分

<table>
<tr><th colspan="10">① 焊条和药芯焊丝熔敷金属化学成分(%)</th></tr>
<tr><th>型号</th><th>碳</th><th>硅</th><th>锰</th><th>硫</th><th>磷</th><th>铁</th><th>镍</th><th>铜</th><th>铝</th></tr>
<tr><td colspan="10">焊　条</td></tr>
<tr><td>EZC</td><td>2.0～4.0</td><td>2.5～6.5</td><td>≤0.75</td><td rowspan="2">≤0.10</td><td rowspan="2">≤0.15</td><td rowspan="2">余量</td><td rowspan="2">—</td><td rowspan="2">—</td><td rowspan="2">—</td></tr>
<tr><td>EZCQ</td><td>3.2～4.2</td><td>3.2～4.0</td><td>≤0.80</td></tr>
<tr><td>EZNi-1</td><td rowspan="3">≤2.0</td><td>≤2.5</td><td>≤1.0</td><td rowspan="3">≤0.03</td><td rowspan="3">—</td><td rowspan="3">≤8.0</td><td>≥90</td><td>—</td><td>—</td></tr>
<tr><td>EZNi-2</td><td rowspan="2">≤4.0</td><td rowspan="2">≤2.5</td><td rowspan="2">≥85</td><td rowspan="2">≤2.5</td><td>≤1.0</td></tr>
<tr><td>EZNi-3</td><td>1.0～3.0</td></tr>
</table>

（续）

① 焊条和药芯焊丝熔敷金属化学成分（%）									
型号	碳	硅	锰	硫	磷	铁	镍	铜	铝
焊　　条									
EZNiFe-1	≤2.0	≤4.0	≤2.5	≤0.03	—	余量	45～60	≤2.5	≤1.0
EZNiFe-2									1.0～3.0
EZNiFeMn		≤1.0	10～14				35～45		≤1.0
EZNiCu-1	0.35～0.55	≤0.75	≤2.3	≤0.025		3.0～6.0	60～70	25～35	—
EZNiCu-2							50～60	35～45	
EZNiFeCu	≤2.0	≤2.0	≤1.5	≤0.03		余量	45～60	4～10	
EZV	≤0.25	≤0.70	≤1.50	≤0.04	≤0.04		—	—	
药芯焊丝									
ET3ZNiFe	≤2.0	≤1.0	3.0～5.0	≤0.03	—	余量	45～60	≤2.5	≤1.0

② 纯铁及碳钢焊条焊芯化学成分（%）						
型　号	碳	硅	锰	硫	磷	铁
EZFe-1	≤0.04	≤0.10	≤0.60	≤0.010	≤0.015	余量
EZFe-2	≤0.10	≤0.03		≤0.030	≤0.030	

③ 填充焊丝化学成分（%）								
型　号	碳	硅	锰	硫	磷	铁	镍	钼
RZC-1	3.2～3.5	2.7～3.0	0.60～0.75	≤0.10	0.50～0.75	余量	—	—
RZC-2	3.2～4.5	3.0～3.8	0.30～0.80		≤0.50			
RZCH	3.2～3.5	2.0～2.5	0.50～0.70		0.20～0.40		1.2～1.6	0.25～0.45
RZCQ-1	3.2～4.0	3.2～3.8	0.10～0.40	≤0.015	≤0.05		≤0.50	—
RZCQ-2	3.5～4.2	3.5～4.2	0.50～0.80	≤0.03	≤0.10		—	—

（续）

④ 气体保护焊焊丝化学成分(%)									
型号	碳	硅	锰	硫	磷	铁	镍	铜	铝
ERZNi	≤1.0	≤0.75	≤2.5	≤0.03	—	≤4.0	≥90	≤4.0	—
ERZNiFeMn	≤0.50	≤1.0	10～14	≤0.03		余量	35～45	≤2.5	≤1.0

③ 焊丝的尺寸

焊丝类别	焊丝横截面尺寸(mm)		焊丝长度(mm)	
	基本尺寸	极限偏差	基本尺寸	极限偏差
铁基填充焊丝	3.2	±0.8	400～500	±5
	4.0，5.0，6.0，8.0，10.0		450～550	
	12.0		550～650	

气体保护焊焊丝和药芯焊丝的直径(mm)	
基本尺寸	极限偏差
1.0，1.2，1.4，1.6	±0.05
2.0，2.4，2.8，3.0	±0.08
3.2，4.0	±0.10

注：1. 国标型号中：R 表示焊丝，Z 表示用于铸铁焊接，后面的字母(或化学元素符号)表示焊丝的金属类型(C—灰铸铁，CQ—球墨铸铁)，最后的数字表示该类型焊丝的细分。

2. 焊丝是铸造芯，截面一般为圆形，也有制成方形。

10. 气焊熔剂

【其他名称】 气焊粉。

【用　　途】 用氧-乙炔焰进行气焊时的助熔剂，其作用是用以驱除焊接过程形成的氧化物，改善润湿性能，并起精炼作用，以获得致密的焊缝组织。

【规　　格】

牌号	熔剂名称	性　　能	用　途
CJ 101	不锈钢及耐热钢气焊熔剂	熔点约 900℃，焊时有良好的润湿作用，能防止熔化金属被氧化，除渣容易	气焊不锈钢及耐热钢件的助熔剂
CJ 201	铸铁气焊熔剂	熔点约 650℃，易潮解，能有效地驱除铸铁中气焊过程所产生的硅酸盐和氧化物，并加速金属熔化	气焊铸铁件的助熔剂
CJ 301	铜气焊熔　剂	熔点约 650℃，呈酸性反应，能有效地熔解氧化铜和氧化亚铜，焊接时呈液态覆盖在焊缝表面，防止金属氧化	气焊铜及黄铜件的助熔剂
CJ 401	铝气焊熔　剂	熔点约 560℃，呈碱性反应，能有效地破坏氧化铝膜，富有潮解性，能在空气中引起铝的腐蚀，焊接后须将残渣从金属表面洗涮干净	气焊铝、铝合金及铝青铜件的助熔剂

牌　号	熔剂的组成物（%）
CJ101	瓷土粉：30，大理石：28，钛白粉：20，低碳锰铁：10，硅铁：6，钛铁：6
CJ201	H_3BO_3：18，Na_2CO_3：40，$NaHCO_3$：20，MnO_2：7，$NaNO_3$：15
CJ301	H_3BO_3：76～79，$Na_2B_4O_7$：16.5～18.5，$AlPO_4$：4～5.5
CJ401	KCl：49.5～52，NaCl：27～30，LiCl：13.5～15，NaF：7.5～9
熔剂包装	熔剂呈粉末状，用密封瓶装，每瓶净重 500g

注：熔剂牌号中，CJ（旧牌号为“气剂”）表示气焊熔剂，左起第 1 位数字表示熔剂用途（类型），第 2、3 位数字表示同一类型的不同牌号。

11. 自动焊丝(实芯)

(1) CO_2 气体保护焊丝(GB/T 8110—2008)

【用　　途】 利用CO_2(或Ar+CO_2)作为保护气体的电弧焊用焊丝，其特点是高效率、低成本、能进行全方位焊接，并容易实现机械化和自动化焊接。

【规　　格】

<table>
<tr><th colspan="7">(1) 焊丝化学成分(质量分数,%)</th></tr>
<tr><th>焊丝型号</th><th>碳</th><th>锰</th><th>硅</th><th>磷</th><th>硫</th><th>铜</th></tr>
<tr><td colspan="7">碳　铜</td></tr>
<tr><td>ER50-2</td><td>0.07</td><td rowspan="2">0.90～1.40</td><td>0.40～0.70</td><td rowspan="5">0.025</td><td rowspan="5">0.025</td><td rowspan="6">0.50</td></tr>
<tr><td>ER50-3</td><td rowspan="3">0.06～0.15</td><td>0.45～0.75</td></tr>
<tr><td>ER50-4</td><td>1.00～1.50</td><td>0.65～0.85</td></tr>
<tr><td>ER50-6</td><td>1.40～1.85</td><td>0.80～1.15</td></tr>
<tr><td>ER50-7</td><td>0.07～0.15</td><td>1.50～2.00</td><td>0.50～0.80</td></tr>
<tr><td>ER49-1</td><td>0.11</td><td>1.80～2.10</td><td>0.65～0.95</td><td>0.030</td><td>0.030</td></tr>
<tr><td colspan="7">碳　钼　钢</td></tr>
<tr><td>ER49-A1</td><td>0.12</td><td>1.30</td><td>0.30～0.70</td><td>0.025</td><td>0.025</td><td>0.35</td></tr>
<tr><td colspan="7">铬　钼　钢</td></tr>
<tr><td>ER55-B2</td><td>0.07～0.12</td><td rowspan="2">0.40～0.70</td><td rowspan="2">0.40～0.70</td><td rowspan="2">0.025</td><td rowspan="8">0.025</td><td rowspan="8">0.35</td></tr>
<tr><td>ER49-B2L</td><td>0.05</td></tr>
<tr><td>ER55-B2-MnV</td><td rowspan="2">0.06～0.10</td><td>1.20～1.60</td><td rowspan="2">0.60～0.90</td><td rowspan="2">0.030</td></tr>
<tr><td>ER55-B2-Mn</td><td>1.20～1.70</td></tr>
<tr><td>ER62-B3</td><td>0.07～0.12</td><td rowspan="4">0.40～0.70</td><td rowspan="2">0.40～0.70</td><td rowspan="4">0.025</td></tr>
<tr><td>ER55-B3L</td><td>0.05</td></tr>
<tr><td>ER55-B6</td><td>0.10</td><td rowspan="2">0.50</td></tr>
<tr><td>ER55-B8</td><td>0.10</td></tr>
<tr><td>ER62-B9</td><td>0.07～0.13</td><td>1.20</td><td>0.15～0.50</td><td>0.010</td><td>0.010</td><td>0.20</td></tr>
</table>

(续)

(1) 焊丝化学成分(质量分数,%)						
焊丝型号	碳	锰	硅	磷	硫	铜
镍　钢						
ER55-Ni1	0.12	1.25	0.40～0.80	0.025	0.025	0.35
ER55-Ni2						
ER55-Ni3						
锰　钼　钢						
ER55-D2	0.07～0.12	1.60～2.10	0.50～0.80	0.025	0.025	0.50
ER62-D2						
ER55-D2-Ti	0.12	1.20～1.90	0.40～0.80			
其他低合金钢						
ER55-1	0.10	1.20～1.60	0.60	0.025	0.020	0.20～0.50
ER69-1	0.08	1.25～1.80	0.20～0.55	0.010	0.010	0.25
ER76-1	0.09	1.40～1.80				
ER83-1	0.10		0.25～0.60			
ERXX-G	供需双方协商确定					

(2) 力学性能				
焊丝型号	保护气体	抗拉强度 R_m(MPa)	屈服强度 $R_{p0.2}$(MPa)	伸长率 A(%)
碳　钢				
ER50-2	CO_2	≥500	≥420	≥22
ER50-3				
ER50-4				
ER50-6				
ER50-7				
ER49-1		≥490	≥372	≥20

（续）

(2) 力学性能				
焊丝型号	保护气体	抗拉强度 R_m(MPa)	屈服强度 $R_{p0.2}$(MPa)	伸长率 A(%)
碳　钼　钢				
ER49-A1	Ar+(1%～5%)O_2	≥515	≥400	≥19
铬　钼　钢				
ER55-B2	Ar+(1%～5%)O_2	≥550	≥470	≥19
ER49-B2L		≥515	≥400	
ER55-B2-MnV	Ar+20%CO_2	≥550	≥440	
ER55-B2-Mn				≥20
ER62-B3	Ar+(1%～5%)O_2	≥620	≥540	≥17
ER55-B3L		≥550	≥470	
ER55-B6				
ER55-B8				
ER62-B9	Ar+5%O_2	≥620	≥410	≥16
镍　钢				
ER55-Ni1	Ar+(1%～5%)O_2	≥550	≥470	≥24
ER55-Ni2				
ER55-Ni3				
锰　钼　钢				
ER55-D2	CO_2	≥550	≥470	≥17
ER62-D2	Ar+(1%～5%)O_2	≥620	≥540	≥17
ER55-D2-Ti	CO_2	≥550	≥470	≥17
其他低合金钢				
ER55-1	Ar+20%CO_2	≥550	≥450	≥22

(续)

(2) 力学性能				
焊丝型号	保护气体	抗拉强度 R_m(MPa)	屈服强度 $R_{p0.2}$(MPa)	伸长率 A(%)
其他低合金钢				
ER69-1	Ar+2%O_2	≥690	≥610	≥16
ER76-1		≥760	≥660	≥15
ER83-1		≥830	≥730	≥14
ERXX-G	供需双方协商			

(3) 焊丝尺寸及允许偏差 (mm)		
包装形式	焊丝直径	允许偏差
直　条	1.2、1.6、2.0、2.4、2.5	+0.01 −0.04
	3.0、3.2、4.0、4.8	+0.01 −0.07
焊丝卷	0.8、0.9、1.0、1.2、1.4、1.6、2.0、2.4、2.5	+0.01 −0.04
	2.8、3.0、3.2	+0.01 −0.07
焊丝桶	0.9、1.0、1.2、1.4、1.6、2.0、2.4、2.5	+0.01 −0.04
	2.8、3.0、3.2	+0.01 −0.07
焊丝盘	0.5、0.6	+0.01 −0.03
	0.8、0.9、1.0、1.2、1.4、1.6、2.0、2.4、2.5	+0.01 −0.04
	2.8、3.0、3.2	+0.01 −0.07

注：根据供需双方协议，可生产其他尺寸及偏差的焊丝。

(2) 埋弧焊丝(GB/T 14957—1994)

【用　　途】埋弧焊用焊丝。焊接时,须配用相应的焊剂。其特点是:电弧在焊剂层下燃烧,无弧光,保护完善,能量损失少,一般为自动或半自动焊接,生产率高,焊缝光滑和美观,接头力学性能高,但只能在平焊位置施焊。广泛应用于锅炉、压力容器、造船等工业部门。

【规　　格】常用牌号。

牌　号	焊丝化学成分(%)							熔敷金属力学性能* ≥		
	碳 ≤	锰	硅 ≤	铬 ≤	镍 ≤	磷 ≤	硫 ≤	σ_b (MPa)	σ_s (MPa)	δ_5 (%)
H08A	0.10	0.30～0.60	0.03	0.20	0.30	0.030	0.030	410～550	330	22
H08MnA	0.10	0.80～1.10	0.07	0.20	0.30	0.030	0.030	410～550	300	22
H10Mn2	0.12	1.50～1.90	0.07	0.20	0.30	0.035	0.035	410～550	300	22

牌　号	配用焊剂牌号、焊丝性能、用途及焊丝直径
H08A	配合焊剂 HJ430、HJ431*、HJ433 等焊接低碳钢及某些低合金钢(如 16Mn)结构,是埋弧焊中用量最大的焊剂
H08MnA	配合焊剂 HJ431* 等焊接低碳钢及某些低合金钢(如 16Mn)锅炉、压力容器等
H10Mn2	镀铜焊丝,配合焊剂 HJ130、HJ330、HJ350*、HJ360 等焊接碳钢和低合金钢(如 16Mn、14MnNb)结构
焊丝直径(mm):2.0,2.5,3.2,4.0,5.0,5.8	

注:1. 铜含量 ≤0.20%。
2. 焊丝的熔敷金属力学性能,是配合带 * 符号焊剂的保证值(按 GB/T 5293—1999《埋弧焊用碳钢焊丝和焊剂》的规定)。σ_b—抗拉强度,σ_s—屈服点,δ_5—伸长率。

12. 埋弧焊用焊剂

(1) 焊剂牌号(型号)表示方法

(1) 埋弧焊及电渣焊用熔炼焊剂牌号表示方法

牌号表示形式： [HJ] [1][2][3][X]

说明：

1. HJ 表示埋弧焊及电渣焊用熔炼型焊剂

2. 第 1 位：用数字表示焊剂中氧化锰含量类型，1 为无锰型，2 为低锰型，3 为中锰型，4 为高锰型

3. 第 2 位：用数字表示焊剂中二氧化锰和氟化钙含量类型，1 为低硅低氟型，2 为中硅低氟型，3 为高硅低氟型，4 为低硅中氟型，5 为中硅中氟型，6 为高硅中氟型，7 为低硅高氟型，8 为中硅高氟型，9 为其他型

4. 第 3 位：用数字表示焊剂中同一类型焊剂中的不同牌号

5. 如同一牌号焊剂生产两种粒度规格时，对细颗粒焊剂则用 X 表示，普通颗粒焊剂则省略此项

例：HJ 431X 焊剂——表示细颗粒、1 号、高锰高硅低氟型埋弧焊及电渣焊用熔炼焊剂

(2) 埋弧焊用烧结焊剂牌号表示方法

牌号表示形式： [SJ] [1][2][3]

说明：

1. SJ 表示埋弧焊用烧结焊剂

2. 第 1 位：用数字焊剂熔渣的渣系，1 为氟碱型，2 为高铝型，3 为硅钙型，4 为硅锰型，5 为铝钛型，6 为其他型

3. 第 2、3 位：用数字表示同一渣系类型焊剂中的不同牌号，用 01，02，…，09 依次表示

例：SJ 501 焊剂——表示 1 号铝钛型埋弧用烧结焊剂

(3) 碳素钢埋弧焊用焊剂型号表示方法

型号表示形式： [HJ] [1][2][3] - [H×××]

说明：

1. HJ 表示碳素钢埋弧焊用焊剂

2. 第 1 位：用数字表示焊缝金属的拉伸力学性能：

(续)

(3) 碳素钢埋弧焊用焊剂型号表示方法
3 表示 $\sigma_b = 410 \sim 550MPa$，$\sigma_{r0.2} \geqslant 300MPa$，$\delta_5 \geqslant 22\%$； 4 表示 $\sigma_b = 410 \sim 550MPa$，$\sigma_{r0.2} \geqslant 330MPa$，$\delta_5 \geqslant 22\%$； 5 表示 $\sigma_b = 480 \sim 650MPa$，$\sigma_{r0.2} \geqslant 400MPa$，$\delta_5 \geqslant 22\%$ 3. 第 2 位：用数字表示力学性能试样状态：0 表示焊态，1 表示焊后热处理状态 4. 第 3 位：用数字表示冲击试验的试验温度，0 为无要求，1 为 0℃，2 为 −20℃，3 为 −30℃，4 为 −40℃，5 为 −50℃，6 为 −60℃；冲击吸收功均应 ≥ 27J 5. H××× 表示焊接试样(板)所用的按 GB/T 14957—1994 规定的焊丝牌号 例：HJ301-H10Mn2 表示按 GB/T 5293—1999 规定，采用 H10Mn2 焊丝，牌号为 HJ301 埋弧用焊剂

(2) 埋弧焊用焊剂

【用　　途】 配合埋弧焊丝，用于埋弧焊。埋弧焊具有焊接生产率高、焊接质量稳定可靠、劳动条件好等特点，故广泛应用于许多重要结构中，如锅炉、化工容器、桥梁、船舶、核电等。

【规　　格】 常用牌号。

焊剂牌号	HJ 130	HJ 330	HJ 331	HJ 350	HJ 360	HJ 430	HJ 431	HJ 433
焊剂成分(%)								
SiO_2	35～40	44～48	} 40	30～35	33～37	38～45	40～44	42～45
TiO_2	7～11	—		—	—	—	—	—
CaF_2	4～7	3～6	10 *	14～20	10～19	5～9	3～7	2～4
FeO	～2.0	≤1.5	—	≤1.0	≤1.0	≤1.8	≤1.8	≤1.8
MgO	14～19	16～20	} 25	—	5～9	—	5～8	—
CaO	10～18	≤3		10～18	4～7	≤6	≤8	≤4
Al_2O_3	12～16	≤4	} 23	13～18	11～15	≤5	≤6	≤3
MnO	—	22～26		14～19	20～26	38～47	32～38	44～47
R_2O	—	≤1	—	—	—	—	—	≤0.5
S	≤0.05	≤0.06	—	≤0.06	≤0.10	≤0.06	≤0.06	≤0.06
P	≤0.05	≤0.08	—	≤0.07	≤0.10	≤0.08	≤0.08	≤0.08

注：1. * 为“CaF_2＋其他”的含量。
　　2. R_2O 为钾钠氧化物($K_2O + Na_2O$)。

焊剂牌号、符合国标型号、类型、色泽、粒度、性能及用途
HJ130：符合 GB HJ300-H10Mn2，熔炼型无锰高硅低氟焊剂，黑色半浮石状颗粒，粒度为 2.5～0.45mm，可交直流两用，直流时焊丝接正极，焊接工艺性能良好，脱渣容易；配合 H10Mn2 或其他低合金钢焊丝，焊接低碳钢或其他低合金钢结构
HJ330：符合 GB HJ301-H10Mn2，熔炼型中锰高硅低氟焊剂，棕红色玻璃状颗粒，粒度为 2.5～0.45mm，可交直流两用，直流时焊丝接正极，焊接工艺性能良好；配合 H08MnA、H08Mn2SiA、H10MnSi 等焊丝，焊接低碳钢和某些低合金钢结构，如锅炉、压力容器等
HJ331：符合 GB HJ502-H10Mn2G 等，熔炼型中锰高硅低氟中性焊剂，褐绿色玻璃状，粒度为 1.6～0.25mm，交直流两用，坡口内脱渣容易，适用大电流、较快速度焊接，低温韧性和抗裂性良好；配合 H08A、H10Mn2G 等焊丝，焊接低碳钢、低合金钢等结构，如船舶、压力容器、桥梁等，还可管道式多层多道焊接及双丝埋弧焊
HJ350：符合 GB HJ402-H10Mn2，熔炼型中锰中硅中氟焊剂，棕色至浅黄色玻璃状颗粒，粒度为 2.5～0.45mm 和 1.18～0.18mm（细粒度），可交直流两用，直流时焊丝接正极，焊接工艺性能良好；配合适当焊丝，可焊接低合金钢重要结构，如船舶、锅炉、高压容器等；细粒度焊剂用于细焊丝埋弧焊，焊接薄板结构
HJ360：熔炼型中锰高硅中氟焊剂，棕红色至浅黄色玻璃状颗粒，粒度为 2～0.28mm，可交直流两用，直流时焊丝接正极，电渣时具有稳定的电渣过程，并有一定的脱硫能力；配合 H10MnSi、H10Mn2、H08Mn2MoVA 等焊丝，焊接低碳钢和某些大型合金钢结构，如轧钢机架、大型立柱或轴等
HJ430：符合 HJ401-H08A，熔炼型高锰高硅低氟焊剂，棕色到褐绿色玻璃状颗粒，粒度为 2.5～0.45mm 和 1.18～0.18mm（细粒度），可交直流两用，直流时焊丝接正极，焊接工艺性能良好，抗锈能力较强；配合 H08A、H08MnA、H10MnSi 等焊丝，焊接低碳钢及某些低合金钢结构，如锅炉、船舶、压力容器、管道等；细粒度焊剂用于细焊丝埋弧焊，焊接薄板结构
HJ431：符合 HJ401-H08A，熔炼型高锰高硅低氟焊剂，红棕色至浅黄色玻璃状颗粒，粒度为 2.5～0.45mm，可交直流两用，直流时焊丝接正极，焊接工艺性能良好；配合 H08A、H08MnA、H10MnSi 等焊丝，焊接低碳钢及某些低合金钢结构，如锅炉、船舶、压力容器等；也可用于电渣焊及铜的焊接
HJ433：符合 HJ401-H08A，熔炼型高锰高硅低氟焊剂，棕色至浅褐色玻璃状颗粒，粒度为 2.5～0.45mm，可交直流两用，直流时焊丝接正极，因有较高熔化温度和粘度，宜快速焊接；配合 H08A 焊丝，适合快速焊接低碳钢结构，如管道、容器，常用于输油、输气管道的焊接

13. 钎　　料

(1) 钎料牌号表示方法

钎料型号由两部分组成，第一部分用“B”表示硬钎焊，第二部分由主要合金组分的化学元素符号组成。在第二部分中，第一个化学元素符号表示钎料的基本组分，第一个化学元素后标出其公称质量百分数(公称质量百分数取整数误差±1%，若其元素公称质量百分数仅规定最低值时应将其取整)，其他元素符号按其质量百分数由大到小顺序列出，当几种元素具有相同的质量百分数时，按其原子序数顺序排列。公称质量百分数小于1%的元素在型号中不必列出，如某元素是钎料的关键组分一定要列出时，可在括号中列出其化学元素符号。

钎料标记中应有标准号“GB/T 6418”和“钎料型号”的描述。一种铜磷钎料含磷6.0%～7.0%、锡6.0%～7.0%、硅0.01%～0.4%、铜为余量，钎料标记如图所示。

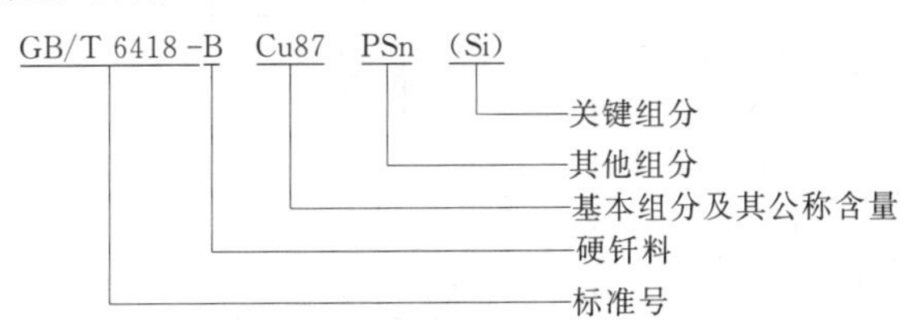

(2) 铜锌及铜磷钎料(GB/T 6418—2008)

【其他名称】 铜锌钎料——铜锌钎焊料、铜锌钎焊条；
铜磷钎料——铜磷钎焊料、铜磷钎焊条。

【用　　途】 铜锌钎料主要用于气体火焰钎焊、高频钎焊、盐浴浸沾钎焊铜、铜合金和镍、钢、铸铁、硬质合金等。铜磷钎料主要用于电接触钎焊、气体火焰钎焊、高频钎焊及某些炉钎焊铜及黄铜，但不适宜钎焊黑色金属。除铜磷钎料钎焊纯铜不用熔剂外，一般均须配用钎焊熔剂。

【规　　格】 常用型号。

	型　号	化学成分（质量分数，%）			
		铜	磷	银	其他元素
铜磷钎料	BCu95P	余量	4.8～5.3	—	—
	BCu94P	余量	5.9～6.5	—	—
	BCu93P－A	余量	7.0～7.5	—	—
	BCu93P－B	余量	6.6～7.4	—	—
	BCu92P	余量	7.5～8.1	—	—
	BCu92PAg	余量	5.9～6.7	1.5～2.5	—
	BCu91PAg	余量	6.8～7.2	1.8～2.2	—
	BCu89PAg	余量	5.8～6.2	4.8～5.2	—
	BCu88PAg	余量	6.5～7.0	4.8～5.2	—
	BCu87PAg	余量	7.0～7.5	5.8～6.2	—
	BCu80AgP	余量	4.8～5.2	14.5～15.5	—
	BCu76AgP	余量	6.0～6.7	17.2～18.0	—
	BCu75AgP	余量	6.6～7.5	17.0～19.0	—
	BCu80SnPAg	余量	4.8～5.8	4.5～5.5	锡 9.5～10.5
	BCu87PSn(Si)	余量	6.0～7.0	—	锡 6.0～7.0 硅 0.01～0.04
	BCu86SnP	余量	6.4～7.2	—	锡 6.5～7.5
	BCu86SnPNi	余量	4.8～5.8	—	锡 7.0～8.0 镍 0.4～1.2
	BCu92PSb	余量	5.6～6.4	—	锑 1.8～2.2

(续)

	型　号	化学成分(质量分数,%)				
		铜	锌	锡	硅	锰
高铜钎料	BCu48ZnNi(Si)	46.0～50.0	余量	—	0.15～0.20	—
	BCu54Zn	53.0～55.0	余量	—	—	—
	BCu57ZnMnCo	56.0～58.0	余量	—	—	1.5～2.5
	BCu58ZnMn	57.0～59.0	余量	—	—	3.7～4.3
	BCu58ZnFeSn(Si)(Mn)	57.0～59.0	余量	0.7～1.0	0.05～0.16	0.03～0.09
	BCu58ZnSn(Ni)(Mn)(Si)	56.0～60.0	余量	0.8～1.1	0.1～0.2	0.2～0.5
	BCu58Zn(Sn)(Si)(Mn)	56.0～60.0	余量	0.2～0.5	0.15～0.20	0.05～0.25
	BCu59Zn(Sn)	57.0～61.0	余量	0.2～0.5	—	—
	BCu60ZnSn(Si)	59.0～61.0	余量	0.8～1.2	0.15～0.35	—
	BCu60Zn(Si)	58.5～61.5	余量	—	0.2～0.4	—
	BCu60Zn(Si)(Mn)	58.5～61.5	余量	≤0.2	0.15～0.40	0.05～0.25

	型　号	化学成分(质量分数,%)					
		铜(包括银)	锡	银	镍	磷	铋
铜锌钎料	BCu87	≥86.5	—	—	—	—	—
	BCu99	≥99	—	—	—	—	—
	BCu100-A	≥99.95	—	—	—	—	—
	BCu100-B	≥99.9	—	—	—	—	—
	BCu100(P)	≥99.9	—	—	—	0.015～0.040	—

（续）

<table>
<tr><td rowspan="4">铜锌钎料</td><td rowspan="2">型　号</td><td colspan="7">化学成分（质量分数，%）</td></tr>
<tr><td colspan="2">铜（包括银）</td><td>锡</td><td>银</td><td>镍</td><td>磷</td><td>铋</td></tr>
<tr><td>BCu99(Ag)</td><td colspan="2">余量</td><td>—</td><td>0.8～1.2</td><td>—</td><td>—</td><td>≤0.1</td></tr>
<tr><td>BCu97Ni(B)</td><td colspan="2">余量</td><td>—</td><td>—</td><td>2.5～3.5</td><td>—</td><td>0.02～0.05</td></tr>
<tr><td rowspan="12">其他铜钎料</td><td rowspan="2">型　号</td><td colspan="7">化学成分（质量分数，%）</td></tr>
<tr><td>铜</td><td colspan="2">铝</td><td>铁</td><td colspan="2">锡</td><td>锌</td></tr>
<tr><td>BCu94Sn(P)</td><td>余量</td><td colspan="2">—</td><td>—</td><td colspan="2">5.5～7.0</td><td>—</td></tr>
<tr><td>BCu88Sn(P)</td><td>余量</td><td colspan="2">—</td><td>—</td><td colspan="2">11.0～13.0</td><td>—</td></tr>
<tr><td>BCu98Sn(Si)(Mn)</td><td>余量</td><td colspan="2">≤0.01</td><td>≤0.03</td><td colspan="2">0.5～1.0</td><td>—</td></tr>
<tr><td>BCu97SiMn</td><td>余量</td><td colspan="2">≤0.01</td><td>≤0.1</td><td colspan="2">0.1～0.3</td><td>≤0.2</td></tr>
<tr><td>BCu96SiMn</td><td>余量</td><td colspan="2">≤0.05</td><td>≤0.2</td><td colspan="2">—</td><td>≤0.4</td></tr>
<tr><td>BCu92AlNi(Mn)</td><td>余量</td><td colspan="2">4.5～5.5</td><td>≤0.5</td><td colspan="2">—</td><td>≤0.2</td></tr>
<tr><td>BCu92Al</td><td>余量</td><td colspan="2">7.0～9.0</td><td>≤0.5</td><td colspan="2">≤0.1</td><td>≤0.2</td></tr>
<tr><td>BCu89AlFe</td><td>余量</td><td colspan="2">8.5～11.5</td><td>0.5～1.5</td><td colspan="2">—</td><td>≤0.02</td></tr>
<tr><td>BCu74MnAlFeNi</td><td>余量</td><td colspan="2">7.0～8.5</td><td>2.0～4.0</td><td colspan="2">—</td><td>≤0.15</td></tr>
<tr><td>BCu84MnNi</td><td>余量</td><td colspan="2">≤0.5</td><td>≤0.5</td><td colspan="2">≤1.0</td><td>≤1.0</td></tr>
</table>

棒状钎料尺寸(mm)：直径：1，1.5，2，2.5，3，4，5；长度：450，500，750，1000。

(3) 银钎料(GB/T 10046—2008)

【其他名称】 银基焊料、银焊料、银焊条、银焊片。

【用　　途】 银钎料工艺性能优良，熔点不高，漫流性和填满间隙能力良好，并且强度高，塑性好，导电性和耐蚀性优良，故被广泛用于钎焊大部分黑色金属和有色金属(铝、镁及其他低熔点的金属除外)。除在真空或保护气氛中钎焊外，一般须配用银钎焊熔剂。

【规　　格】 常用型号。

分　类	钎料型号	分　类	钎料型号
银　铜	BAg72Cu	银铜锌锡	BAg30CuZnSn
银　锰	BAg85Mn		BAg34CuZnSn
银铜锂	BAg72CuLi		BAg38CuZnSn
银铜锌	BAg5CuZn(Si)		BAg40CuZnSn
	BAg12CuZn(Si)		BAg45CuZnSn
	BAg20CuZn(Si)		BAg55ZnCuSn
	BAg25CuZn		BAg56CuZnSn
	BAg30CuZn		BAg60CuZnSn
	BAg35ZnCu	银铜锌镉	BAg20CuZnCd
	BAg44CuZn		BAg21CuZnCdSi
	BAg45CuZn		BAg25CuZnCd
	BAg50CuZn		BAg30CuZnCd
	BAg60CuZn		BAg35CuZnCd
	BAg63CuZn		BAg40CuZnCd
	BAg65CuZn		BAg45CdZnCu
	BAg70CuZn		BAg50CdZnCu
银铜锡	BAg60CuSn		BAg40CuZnCdNi
银铜镍	BAg56CuNi		BAg50ZnCdCuNi
银铜锌锡	BAg25CuZnSn	银铜锌铟	BAg40CuZnIn
银铜锌铟	BAg34CuZnIn	银铜锌镍	BAg54CuZnNi
	BAg30CuZnIn	银铜锡镍	BAg63CuSnNi
	BAg56CuInNi	银铜锌镍锰	BAg25CuZnMnNi
银铜锌镍	BAg40CuZnNi	银铜锌镍锰	BAg27CuZnMnNi
	BAg49ZnCuNi		BAg49ZnCuMnNi

棒状钎料的尺寸(mm)：直径：1，1.5，2，2.5，3，5；长度：450，500，750，1000。

(4) 铝 基 钎 料(GB/T 13815—1992)

【其他名称】 铝基焊料。

【用　　途】 主要用于火焰钎焊、炉钎焊和盐浴浸沾钎焊各种铝及铝合金。除在真空或保护气氛中钎焊外,一般均须配用相应的铝钎焊熔剂。

【规　　格】

牌号	符合国标型号	主要化学成分(%)	熔化温度(℃)	钎焊接头强度举例		
				母材	σ_b (MPa)	σ_τ (MPa)
HL400	BAl88Si	硅 11～13,铝余量	577～582	3A21	96	56
HL401	BAl67CuSi	硅 5.5～6.7,铜 27～29,铝余量	525～535	3A21	96	57
HL402	BAl86SiCu	硅 9.3～10.7,铜 3.3～4.7,铝余量	520～585	6A02	152	88
HL403	BAl76SiZnCu	硅 9～11,铜 3.3～4.7,锌 9～11,铝余量	516～560	3A21	94	58

牌号	性能及用途
HL400	铝硅共晶型钎料,漫流性和耐蚀性良好,特别容易填满均匀的接头间隙;主要用于炉钎焊和火焰钎焊纯铝及铝合金
HL401	铝铜共晶型钎料,熔点低,漫流性较好,钎料性脆,只能以铸条状使用;主要用于火焰钎焊纯铝及铝合金
HL402	熔点较高,漫流性及耐蚀性良好,并可填满较大的间隙,主要用于炉钎焊及盐浴浸沾钎焊 6A02 锻铝,也用于火焰钎焊 1050A 纯铝、3A21、5A02 防锈铝
HL403	熔点较低,但漫流性稍差,耐蚀性亦如此,由于含锌量较高,容易溶解基体金属,故须控制好加热温度;主要用于炉钎焊及盐浴浸沾钎焊 6A02 锻铝和 ZL103、ZL104 铸铝合金,也可用于钎焊 1030A 纯铝和 3A21、5A02 防锈铝
钎料尺寸(mm):除 L401 为 4×5×350 或 5×20×350 铸条外,其余牌号均为 4×5×350 铸条或 0.15×20 箔片	

注:铝基钎料的国标型号表示方法以及 σ_b 和 σ_τ 的意义,参见第 744 页铜基钎料的注。

(5) 锌基钎料

【其他名称】 锌基焊料。

【用　　途】 主要用于气体火焰、刮擦、超声波、烙铁及炉中钎焊各种铝及铝合金。除刮擦及超声波钎焊外，一般情况下，均须配用铝钎焊熔剂。

【规　　格】

牌号	钎料名称	钎料主要化学成分(%)	熔化温度(℃)	钎焊接头强度举例	
				母材	σ_b/σ_τ (MPa)
HL501	锌锡铜合金铝钎料	锌 58，锡 40，铜 2	200～350	纯铝	62/38
HL505	锌铝合金铝钎料	锌 72.5，铝 27.5	430～500	2A12	138/83

牌号	性能及用途
HL501	由于结晶温度区间大，特别适用于铝及铝合金的刮擦钎焊，也可用于铝-铜、铝-钢等异种金属的钎焊
HL505	漫流性及填满间隙能力良好，耐蚀性也较好，但钎缝在阳极氧化处理时发黑；用于铝及铝合金的火焰钎焊
钎料尺寸(mm)：HL501 为 5×20×350，HL505 为 4×5×350，铸条	

(6) 锡铅钎料(GB/T 3131—2001)

【其他名称】 锡铅焊料、焊锡。

【用　　途】 这类钎料包括锡基合金和铅基合金两类钎料。由于锡与铅的合金在铜、铜合金及钢上具有良好的漫流性，熔点低，操作容易，抗蚀性好，故应用很广。锡铅钎料中通常加入少量的锑，以减少钎料在液态时氧化和提高接头的热稳定性；加入银可使晶粒细化并提高耐蚀性。主要应用于钎焊铜及铜合金(须配用松香、焊锡膏作为钎焊熔剂)、钢、锌、镀锌薄钢板(须配用氯化锌水溶液作为钎焊熔剂)、不锈钢(须配用氯化锌盐酸溶液或磷酸作为钎焊熔剂)。

【规　　格】 常用牌号。

牌号	符合国标型号	钎料名称	钎料主要化学成分(%)(铅余量)	熔化温度(℃)
HL600	S-Sn60Pb	60%锡铅钎料	锡 59～61,锑 < 0.1	183～190
HL601	S-Sn18PbSb	18%锡铅钎料	锡 17～19,锑 1.5～2.0	183～279
HL602	S-Sn30PbSb	30%锡铅钎料	锡 29～31,锑 1.5～2.0	183～258
HL603	S-Sn40PbSb	40%锡铅钎料	锡 39～41,锑 1.5～2.0	183～238
HL604	S-Sn90Pb	90%锡铅钎料	锡 89～91,锑≤0.1	183～215
HL608	S-Sn5PbAg	铅银钎料	锡 4～6,银 1～2	296～301

牌号	母材	钎焊接头强度 σ_b/σ_τ (MPa)	性能与用途
HL 600	纯铜 黄铜 钢	93/34 78/34 96/35	含锡 60%锡铅钎料,熔点低,流动性好,电阻率约 0.145Ω·mm²/m;用于钎焊工作温度较低和要求钎缝光洁的零件,如无线电零件、电器开关零件、计算机零件、易熔金属制品及淬火工作
HL 601	纯铜 黄铜 钢	84/37 92/37 98/44	含锡 18%锡铅钎料,熔点高,结晶间隙大,用烙铁钎焊时操作比较困难,电阻率约 0.22Ω·mm²/m;用于钎焊强度要求不高的铜、铜合金、镀锌薄钢板
HL 602	纯铜 黄铜 钢	76/36 86/37 113/49	含锡 30%锡铅钎料漫流性及力学性能较好,电阻率约 0.182Ω·mm²/m;应用较广,用于钎焊铜、黄铜、钢、镀锌薄钢板,如散热器、仪表、无线电元件、电缆护套及电动机扎线等
HL 603	纯铜 黄铜 钢	76/36 78/45 112/59	含锡 40%锡铅钎料熔点较低,漫流性良好,钎缝表面较光洁,力学性能较好,电阻率约 0.182Ω·mm²/m;应用最广,用于钎焊铜、铜合金、钢、镀锌薄钢板,如散热器、无线电及电气开关设备、工业仪表等
HL 604	纯铜 黄铜	88/45 89/44	含锡 90%锡铅钎料,抗蚀性好;可用于钎焊大多数钢材、铜材及其他金属,特别适用于钎焊食品器皿(锅、茶壶)及医疗器材
HL 608	纯铜 黄铜	54/36 87/39	含少量银、锡的铅银钎料,熔点较高,漫流性及填满间隙能力良好,具有一定的高温强度,工作温度可达 250℃;用于烙铁及火焰钎焊铜、铜合金及钢
钎料尺寸(mm):丝状,除 HL608 为直径 2.5, 3外,其余牌号为直径 3, 4, 5			

注:1. 国标型号中:S表示软钎料,元素符号表示钎料主要化学成分,数字表示锡含量。2. 强度栏中:σ_b—抗拉强度,σ_τ—抗剪强度。

14. 钎 焊 熔 剂

【其他名称】 钎焊剂、钎剂。

【用　　途】 在钎焊过程中，配合钎料共同使用，以保证钎焊过程顺利进行和获得致密的接头，改善钎料对母材的润湿作用，清除液体钎料和表面氧化物，使钎料和母材免于氧化。

【规　　格】

钎焊熔剂牌号表示形式	代号　1　2　3 牌号中各单元表示方法： ① 代号——用字母 QJ 表示钎焊熔剂 ② 第 1 位——用数字表示钎焊熔剂类别，1 为银钎焊熔剂，2 为铝钎焊熔剂 ③ 第 2、3 位——用数字表示同一类型的不同牌号

牌号	钎焊熔剂名称及符合行标型号	钎焊熔剂组成物(%)
QJ101	银钎焊熔剂 JB FB101	KBF_4：68～71，H_3BO_3：30～31
QJ102	银钎焊熔剂 JB FB102	B_2O_3：33～37，KBF_4：21～25，KF：40～44
QJ103	特制银钎焊熔剂 JB FB103	$KBF_4 \geqslant 95$
QJ104	银钎焊熔剂 JB FB104	$Na_2B_4O_7$：49～51，H_3BO_3：34～36，KF：14～16
QJ201	铝钎焊熔剂	KCl：47～51，LiCl：31～35，$ZnCl_2$：6～10，NaF：9～11
QJ203	铝电缆钎焊熔剂	ZnCl：53～58，$SnCl_2$：27～30，NH_4Br：13～16，NaF：1.7～2.3
QJ207	高温铝钎焊熔剂	KCl：43.5～47.5，NaCl：18～22 LiCl：25.5～29.5，$ZnCl_2$：1.5～2.5 CaF_2：1.5～2.5，LiF：2.5～4.0

注：行标型号中：JB 为行标代号，FB 表示钎焊熔剂，后面数字表示方法，与牌号相同。

（续）

牌号	性　　能	用　　途
QJ101	熔点约500℃，吸潮性强，能有效地清除各种金属的氧化物，促进钎料漫流	在550～850℃范围内，配合银钎料钎焊铜、铜合金、钢及不锈钢等时作助熔剂
QJ102	熔点约550℃，极易吸潮，能有效地清除各种金属的氧化物，促进钎料漫流，活性极强	在550～850℃范围内，配合银钎料钎焊铜、铜合金、钢及不锈钢等时作助熔剂
QJ103	熔点约530℃，易吸潮，能有效地清除各种金属的氧化物，促进钎料的漫流	在550～750℃范围内，配合银钎料钎焊铜、铜合金、钢及不锈钢等时作助熔剂
QJ104	熔点约650℃，吸潮性极强，能有效地清除各种金属的氧化物，促进钎料的漫流	在650～850℃范围内，配合银钎料炉中钎焊或盐浴浸沾钎焊铜、铜合金、钢及不锈钢等时作助熔剂
QJ201	熔点约420℃，极易吸潮，能有效地除去氧化铝膜，促进钎料在铝合金上漫流，活性极强	在450～620℃范围内，火焰钎焊铝及铝合金时作助熔剂，也用于某些炉中钎焊，应用较广
QJ203	熔点约160℃，极易吸潮，在270℃以上能有效地破坏铝的氧化铝膜和借助于重金属锡和锌的沉淀作用，促进钎料在铝合金上的漫流活性增强	在270～360℃范围内，钎焊铝及铝合金、铜及铜合金、钢等时作助熔剂，常用于铝芯电缆接头的软钎焊（熔点低于450℃的钎焊称软钎焊，高于450℃的钎焊称硬钎焊）
QJ207	熔点约550℃，极易吸潮，接近中性，抗腐蚀性比QJ201好，粘度小，能有效地去除氧化铝膜，润湿性强，流动性好，钎缝光滑	高温铝钎焊熔剂，在550～620℃范围内，火焰钎焊或炉中钎焊铝及铝合金时作助熔剂
钎焊熔剂呈粉末状，用密封瓶装，每瓶净重一般为250g或500g		

15. 喷焊喷涂用合金粉末(焊粉)

(1) 焊粉牌号表示方法

焊粉牌号表示形式：

代号	1	2	3	补充代号

牌号中各单元表示方法：

① 代号——用字母 F(旧用汉字“粉”)表示焊粉；

② 第 1 位——用数字表示焊粉的化学成分组成类型；

1：镍基合金粉末；2：钴基合金粉末；3：铁基合金粉末；4：铜基合金粉末；5：复合粉末；

③ 第 2 位——用数字表示焊粉的工艺方法；0：用于氧-乙炔喷焊；1：用于氧-乙炔或等离子喷涂；2：用于等离子喷焊；

④ 第 3 位——用数字表示同一类型、同一工艺方法焊粉中不同的牌号；

⑤ 补充代号——用字母表示同一牌号中的派生牌号(个别化学成分组成略有差异)。

(2) 氧-乙炔焰喷焊用合金粉末

【用　　途】 用氧-乙炔焰喷焊在要求具有耐磨、耐蚀或耐热等性能的机件表面上。这类粉末属自熔性合金，即粉末在喷焊熔化过程中，能与基材得到良好的冶金结合的合金(结合强度 ≥ 343MPa)，其熔点也都比较低。镍基粉末应用最早和最广；钴基粉末的耐热和高温抗氧化性能较好，但价格较贵；铁基粉末具有良好的耐磨性和一定的耐热、耐蚀性，而且价格较便宜。

【规　　格】 常用型号。

牌号	粉末化学成分(%)						硬度 HRC
	碳	铬	硅	硼	铁	镍	
(1) 镍基合金粉末							
F101	0.30～0.70	8.0～12.0	2.5～4.5	1.8～2.6	≤4	余量	40～50
F102	0.60～1.0	14.0～18.0	3.5～4.5	3.0～4.5	≤5	余量	≥55
F103	≤0.15	8.0～12.0	2.5～4.5	1.3～1.7	≤8	余量	20～30
F105	F102＋50%WC(碳化钨)						≥55

（续）

牌号	粉末化学成分(%)							硬度 HRC
	碳	铬	硅	硼	铁	镍	其他	
(2) 钴基合金粉末								
F202	0.5～1.0	19.0～23.0	1.0～3.0	1.5～2.0	≤5	—	钨7.0～9.0 钴余量	48～54
(3) 铁基合金粉末								
F301	0.4～0.8	4.0～6.0	3.0～5.0	3.5～4.5	余量	28.0～32.0		40～50
F302	1.0～1.5	8.0～12.0	3.0～5.0	3.5～4.5	余量	28.0～32.0	钼4.0～6.0	≥50
F303	0.4～0.8	4.0～6.0	2.5～3.5	1.1～1.6	余量	28.0～32.0		26～30

牌号	粉末符合国标或行标型号、基本性能和主要用途
F101	相当JB型号F11-40，熔点约1000℃，中硬度，喷焊层耐蚀，有较好的耐磨性和抗高温氧化性，可以切削加工，常用于要求耐磨、耐蚀和在≤650℃下工作的零件的修复或预防性保护，如耐蚀、耐高温阀门、泵转子、泵柱塞等
F102	符合JB型号F11-55，熔点约1000℃，高硬度，喷焊层耐蚀，抗高温氧化性较好，耐金属间磨损性能优良，可用特殊刀具切削加工；常用于耐磨、耐蚀和在≤650℃下工作的零件的修复或预防性保护，如耐蚀、耐高温阀门、模具、泵转子、泵柱塞等
F103	相当GB型号FZNCr-25B，熔点约1050℃，低硬度，喷焊层耐蚀，抗高温氧化性和可塑性较好，有一定的耐磨性，可用锉刀加工；常用于修复或预防性保护在高温或常温条件下使用的铸铁件，如玻璃模具、发动机气缸、机床导轨
F105	熔点约1000℃，高硬度，具有良好的抗低应力磨粒磨损性能，但抗冲击性能有所下降，有较好的耐蚀性和抗高温氧化性能，很难加工；常用于要求抗强烈磨粒磨损的场合，如导板、刮板、风机叶片等

注：1. JB型号：是指JB/T 3168.1—1999《喷焊合金粉末技术条件》中规定的型号表示方法。其中："F"表示合金粉末；第一位数字"1、2、3"，分别表示"镍基、钴基、铁基"粉末；第二位数字"1、2"，分别表示"氧乙炔火焰喷熔(焊)和等离子弧喷熔(焊)；横线后面一组数字表示喷熔(焊)层硬度(HRC)参考值。"

（续）

牌号	粉末符合国标或行标型号、基本性能和主要用途（续）
F202	熔点约 1080℃，较高硬度，喷焊层具有很好的红硬性和抗高温氧化性，良好的耐磨、耐蚀性，可以切削加工；适用于在≤700℃下工作的、要求具有良好耐磨、耐蚀性能的场合，如热剪刀片、内燃机阀头或凸轮、高压泵封口圈等
F301	符合 GB 型号 FZFeCr05-40H；JB 型号 F31-50；熔点约 1100℃，中硬度，喷焊层具有较好的耐磨性，可以切削加工；推荐用于农机、建筑机械、矿山机械等易磨损部位的修复或预防性保护，如齿轮、刮板、车轴、铧犁等
F302	符合 GB 型号 FZFeCr10-50H，熔点约 1100℃，高硬度，喷焊层具有良好的耐磨性，可用特殊刀具切削加工；推荐用于农机、建筑机械、矿山机械等易磨损部位的修复或预防性保护，如耙片、锄齿、刮板、车轴等
F303	符合 GB 型号 FZFeCr05-25H，相当 JB 型号 F31-28；熔点约 1100℃，低硬度，喷焊层具有优良的抗疲劳性能，可塑性好，可以用锉刀加工；常用于要求承受反复冲击的或硬度要求不高的场合，如铸件修补、齿轮修复等

注：2. 采用中、小型喷焊枪时宜选用≤150 目/25.4mm 的粉末；采用大型喷焊枪时，宜选用 150～300 目/25.4mm 的粉末。焊粉一般用瓶装，每瓶净重 2kg。

（3）氧-乙炔焰或等离子喷涂用合金粉末

【用　途】喷涂用合金粉末通常分复合型自结合粉末和工作层粉末两类。自结合粉末用氧-乙炔焰或等离子喷涂在机件表面上，当粉末加热到一定温度以后会自行进行再放热，大大提高粉末的温度，使粉末能和机件基体形成显微扩散，达到牢固地结合（结合强度一般可达到 30～50MPa），并为工作层粉末的喷涂提供活性的表面。工作层粉末用氧-乙炔焰或等离子喷涂在机件表面上，使之具有要求的某种性能（如耐磨、耐蚀或耐热等）；这种粉末不一定具有自熔性，但粉末的塑性、抗氧化性都较好，沉积效率也高；按其化学成分可分为以下三个系列：镍基合金粉末有很好的综合性能，喷涂工艺规范宽，容易得到满意的喷涂层，致密、耐蚀、耐磨和耐热抗氧化；铁基合金粉末价格低，耐磨，且有一定的耐蚀性；铜基合金粉末涂层致密、耐蚀、减磨和很好的耐金属间磨损性能。

【规　　格】 常用牌号。

牌号	粉末化学成分(%)					
	铬	铁	硅	硼	镍	铜
(1) 镍基合金粉末						
F111	13.0～17.0	6.0～8.0	—	—	余量	—
F112	13.0～17.0	5.0～10.0	铝 3.0～7.0		余量	—
F113	8.0～12.0	≤8	2.5～4.5	1.3～1.7	余量	—
(2) 铁基合金粉末						
F313	13.0～17.0	余量	1.0～3.0	0.5～1.5	—	—
F314	16.0～20.0	余量	1.0～3.0	0.5～1.5	8.0～12.0	—
F316	13.0～17.0	余量	1.0～3.0	0.5～1.5	碳 1.5～2.5	
(3) 铜基合金粉末						
F411	—	—	铝 8.0～12.0		4.0～6.0	余量
F412	磷 0.10～0.50		锡 9.0～11.0		—	余量
(4) 复 合 粉 末						
F512	—	—	铝 6.0～8.0		余量	—

牌号	粉末的基本性能和主要用途
F111	镍铬铁型镍基合金粉末，喷涂工艺规范较宽，喷涂层硬度为 HV130～170，耐蚀性好，表面光洁，切削性能好；用作喷涂层中的工作层粉末，喷涂前须先用自结合粉末作过渡，常用于轴承部位的修复
F112	镍铬铁铝型镍基合金粉末，喷涂工艺规范较宽，喷涂层致密，硬度为 HV200～250，表面光洁，耐蚀性好，有一定的耐磨性；用作喷涂层中的工作层粉末，喷涂前须先用自结合粉末作过渡，常用于轴类、泵柱塞的修复或预防性保护

（续）

牌号	粉末的基本性能和主要用途（续）
F113	镍铬硅硼型镍基合金粉末，喷涂工艺规范较宽，喷涂层硬度为 HV250～350，表面光洁，耐蚀、耐磨性好；用作喷涂层中的工作层粉末，喷涂前须先用自结合粉末作过渡，用于各种滚筒、柱塞、耐蚀、耐磨轴的修复或预防性保护；也可用作氧-乙炔焰喷焊层粉末
F313	铬不锈钢型铁基合金粉末，喷涂层硬度为 HV200～300，具有较好的耐磨性和一定的耐蚀性；用作喷涂层中的工作层粉末，喷涂前须先用自结合粉末作过渡，常用于造纸机烘缸和轴类的修复或预防性保护
F314	镍铬不锈钢型铁基合金粉末，喷涂层硬度为 HV200～300，具有较好的耐磨性和耐蚀性；用作喷涂层中的工作层粉末，喷涂前须先用自结合粉末作过渡，常用于轴类、柱塞的修复或预防性保护
F316	高铬铸铁型铁基合金粉末，喷涂层硬度为 HV400～500，耐磨性良好；用作喷涂层中的工作层粉末，喷涂前须先用自结合粉末作过渡，常用于要求耐磨的轴类、滚筒的修复或预防性保护
F411	铝青铜型铜基合金粉末，喷涂工艺性能好，喷涂层硬度为 HV120～160，具有良好的耐金属间磨损性能和耐蚀性能，易切削加工；用作喷涂层中的工作层粉末，喷涂前须先用自结合粉末作过渡，常用于轴、轴承、十字头连接体摩擦面的修复或预防性保护
F412	锡磷青铜型铜基合金粉末，喷涂工艺性能好，喷涂层硬度为 HV80～120，具有良好的耐金属间磨损性能和耐蚀性能，易切削加工；用作喷涂层中的工作层粉末，喷涂前须先用自结合粉末作过渡，常用于轴、轴承的修复或预防性保护
F512	铝粉与镍粉的复合型粉末，具有自放热性能，能与机件基体形成微扩散以获得牢固的结合层，并为喷涂层中的工作层提供活性的表面，喷涂时无烟雾，放热缓慢，结合力强；用作喷涂层中的结合层材料，即用于工作层与基体之间的过渡

注：一般用瓶装，每瓶净重 2kg。粉末规格一般为 150～300 目/25.4mm。

(4) 等离子喷焊用合金粉末

【用　　途】用等离子喷焊在要求具有某种特殊性能的机件表面上。这类粉末具有一定的自熔性，喷焊层与机件基体的结合强度同熔焊。按其化学成分可以分为以下四个系列：镍基合金粉末熔点低、流动性好、具有良好的耐磨、耐蚀、耐热和抗氧化等综合性能；钴基合金粉末耐磨和耐蚀性好，红硬性和耐热抗氧化性优于镍基合金粉末，但价格较贵；铁基合金粉末耐磨性好，也有一定耐蚀、耐热性能，而且价格低；铜基合金粉末有很好的耐磨性能，耐金属间磨损，耐蚀性也好。

【规　　格】常用牌号。

牌号	粉末化学成分(%)								硬度 HRC
	碳	铬	硅	钨	硼	铁	镍	钴	
(1) 镍基合金粉末									
F121	0.3～0.7	8.0～12.0	2.5～4.5	—	1.8～2.6	≤4	余量	—	40～50
(2) 钴基合金粉末									
F221	0.5～1.0	24.0～28.0	1.0～3.0	4.0～6.0	0.5～1.0	≤5	—	余量	40～50
(3) 铁基合金粉末									
F321	≤0.15	12.5～14.5	0.5～1.5	—	1.3～1.8	余量	钼 0.5～1.5	—	40～50
F322	≤0.15	21.0～25.0	4.0～5.0	2.0～3.0	1.5～2.0	余量	12.0～15.0	钼 2.0～3.0	36～45
F323	2.5～3.5	25.0～32.0	2.8～4.2	—	0.5～1.0	余量	3.5～5.0	—	≥55
(4) 铜基合金粉末									
F422	锡 9.0～11.0，磷 0.10～0.50，铜余量，HB80～120								

（续）

牌号	粉末的基本性能和主要用途
F121	镍铬硅硼镍基合金粉末，熔化温度约1000℃，中等硬度，喷焊层耐热抗氧化，在650℃以下环境中具有良好的耐磨和耐蚀性能，可以切削加工；常用于耐高温耐蚀阀门的密封面
F221	钴铬钨硅硼钴基合金粉末，熔化温度约1200℃，中等硬度，喷焊层红硬性好，耐磨、耐蚀性良好，抗高温氧化，在700℃以下环境中具有良好性能，可以切削加工；常用于高温高压阀门的密封面、热剪切刃口等
F321	铬13铁素体不锈钢铁基合金粉末，熔化温度约1300℃，喷焊层红硬性优于2Cr13，耐磨性好，价格低廉；适用于喷焊中温中压阀门的闸板（如与用F322粉末喷焊的阀座可组成优良的抗擦伤密封件副）或其他耐磨件
F322	镍铬奥氏体不锈钢铁基合金粉末，熔化温度约1250℃，喷焊层红硬性、耐蚀性均优于2Cr13，耐磨性好；适用于喷焊中温中压阀门的阀座（如与用F321粉末喷焊的闸板可组成优良的抗擦伤密封件副）或其他耐磨耐蚀件
F323	高铬铸铁型铁基合金粉末，熔化温度约1250℃，喷焊层抗磨粒磨损性能好，价格低廉；常用于冶金矿山机械中耐土砂磨损的场合，如刮板、挖泥船耙齿、挖掘机铲齿等
F422	锡磷青铜铜基合金粉末，熔化温度约1020℃，喷焊层耐金属间磨损性能和耐蚀性能良好，硬度低，易切削加工；常用于轴或轴承的修复或预防性保护

注：一般用瓶装，每瓶净重2kg。粉末规格一般为60～200目/25.4mm。

16. 电 焊 钳(QB/T 1518—1992)

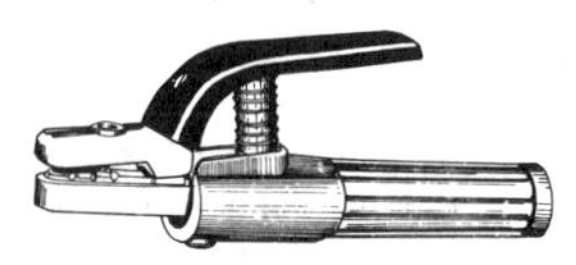

【用　　途】 夹持电焊条进行手工电弧焊接。

【规　　格】

规格(A)	额定焊接电流(A)	负载持续率(%)	工作电压(V)≈	适用焊条直径(mm)	能接电缆截面积(mm^2)	温升≤(℃)
160(150)	160(150)	60	26	2.0～4.0	≥25	35
250	250	60	30	2.5～5.0	≥35	40
315(300)	315(300)	60	32	3.2～5.0	≥35	40
400	400	60	36	3.2～6.0	≥50	45
500	500	60	40	4.0～(8.0)	≥70	45

注：括号中的数值为非推荐数值。

17. 焊 接 防 护 具

(GB/T 3609.1—2008)

【其他名称】 焊接面罩、电焊面罩。

【用　　途】 用以保护电焊工人头部和眼睛，不受电弧的紫外线及飞溅熔珠的灼伤。

【规　　格】

长度：手持式和头戴式≥310mm，安全帽与面罩组合式≥230mm。

宽度：≥210mm。

深度：≥120mm。

观察窗：长×宽≥90mm×40mm。

质量：除去镜片、安全帽等附件，质量≤500g。

手持式

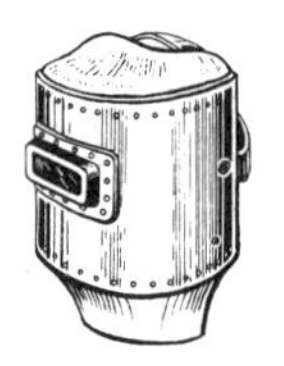

头戴式

18. 焊接滤光片(电焊护目镜片)(GB/T 3609.1—2008)

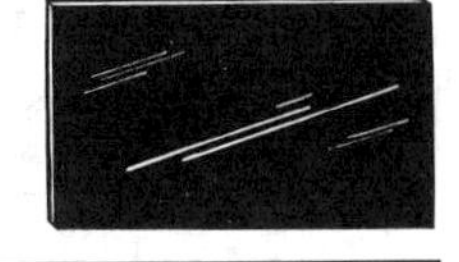

【其他名称】 电焊玻璃、护目玻璃。

【用　　途】 装在电焊面罩上,保护眼睛不受电弧的紫外线灼伤。

【规　　格】

焊接滤光片颜色:
a. 接滤光片的颜色为混合色,其透射比最大值的波长应在 500～620nm
b. 左右眼滤光片的色差应满足 GB 14866—2006 中 5.6.3 的要求

遮光号	紫外线透射比		可见光透射比		红外线透射比	
	313nm	365nm	380～780nm 最大	380～780nm 最小	近红外 780～1300nm	中近红外 1300～2000nm
1.2	0.000003	0.5	1.00	0.744	0.37	0.37
1.4	0.000003	0.35	0.745	0.581	0.33	0.33
1.7	0.000003	0.22	0.581	0.432	0.26	0.26
2	0.000003	0.14	0.432	0.291	0.21	0.13
2.5	0.000003	0.064	0.291	0.178	0.15	0.096
3	0.000003	0.028	0.178	0.085	0.12	0.085
4	0.000003	0.0095	0.085	0.032	0.064	0.054
5	0.000003	0.0030	0.032	0.012	0.032	0.032
6	0.000003	0.0010	0.012	0.0044	0.017	0.019
7	0.000003	0.00037	0.0044	0.0016	0.0081	0.012
8	0.000003	0.00013	0.0016	0.00061	0.0043	0.0068
9	0.000003	0.000045	0.00061	0.00023	0.0020	0.0039
10	0.000003	0.000016	0.00023	0.000085	0.0010	0.0025
11	0.000003	0.000006	0.000085	0.000032	0.0005	0.0015

（续）

遮光号	紫外线透射比		可见光透射比		红外线透射比	
			380～780nm		近红外 780～1300nm	中近红外 1300～2000nm
	313nm	365nm	最大	最小		
12	0.000002	0.000002	0.000032	0.000012	0.00027	0.00097
13	0.00000076	0.00000076	0.000012	0.0000044	0.00014	0.0006
14	0.00000027	0.00000027	0.0000044	0.0000016	0.00007	0.0004
15	0.000000094	0.000000094	0.0000016	0.00000061	0.00003	0.0002
16	0.000000034	0.000000034	0.00000061	0.00000029	0.00003	0.0002

滤光片遮光号	1.2,1.4 1.7,2	3 4	5 6	7 8	9,10 11	12 13	14	15 16
适用电弧作业	防侧光与杂散光	辅助工	≤30A	30～75A	75～200A	200～400A	≥400A	—

19. 电焊手套

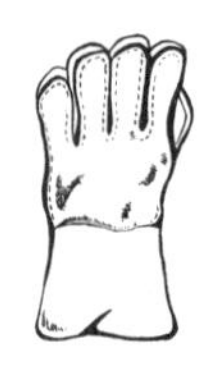
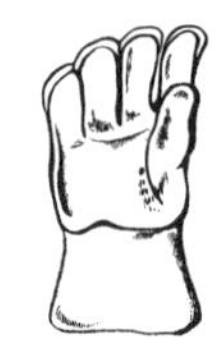

【用　　途】供电焊和气焊工人工作时应用，以防熔珠灼伤皮肤。

【规　　格】制造材料：牛皮，猪皮，帆布等。

型　　号：大号，中号，小号。

20. 电焊脚套

【用　　途】保护电焊工人的脚部，避免熔珠灼伤。

【规　　格】制造材料：帆布，牛皮，猪皮。

21. 气焊眼镜

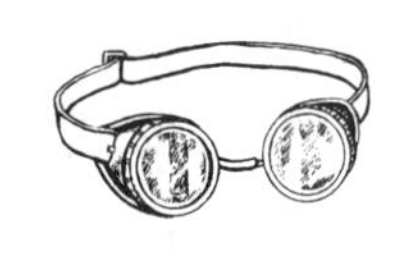

【用　　途】 保护气焊工人眼睛，在焊接工作中不致受到强化照射和避免熔珠飞溅入目。

【规　　格】 镜片有深绿色和浅绿色两种。

22. 射吸式焊炬(JB/T 6969—1993)

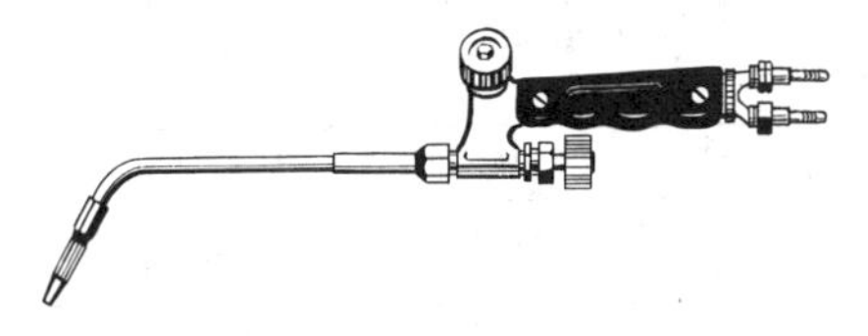

【其他名称】 低压熔接器、熔接器、焊枪。

【用　　途】 利用氧气和低压乙炔(也可用中压乙炔)作为热源，焊接或预热黑色金属或有色金属工件。

【规　　格】

焊炬型号	焊接低碳钢厚度(mm)	可换焊嘴		工作压力(MPa)		焊炬总长度(mm)
		数目	焊嘴孔径(mm)	氧气	乙炔	
H01-2A	0.5～2	5	0.5, 0.6, 0.7, 0.8, 0.9	0.1～0.25	0.001～0.10	300
H01-6A	1～6	5	0.9, 1.0, 1.1, 1.2, 1.3	0.2～0.4		400
H01-12A	6～12	5	1.4, 1.6, 1.8, 2.0, 2.2	0.4～0.7		500
H01-20A	12～20	5	2.4, 2.6, 2.8, 3.0, 3.2	0.6～0.8		600
H01-40	20～40	5	3.2, 3.3, 3.4, 3.5, 3.6	0.8～1.0	0.001～0.12	1130

注：1. 上海产品焊炬型号与 JB/T 6969—1993 规定有所修改(后面加注 A 字)和增加(H01-40 型)。

2. 焊嘴型号用焊炬型号和焊嘴顺序号表示，序号大者孔径大，焊接厚度也大。例：H01-6A 型 2 号焊嘴(孔径为 1.0mm)。

23. 射吸式割炬(JB/T 6970—1993)

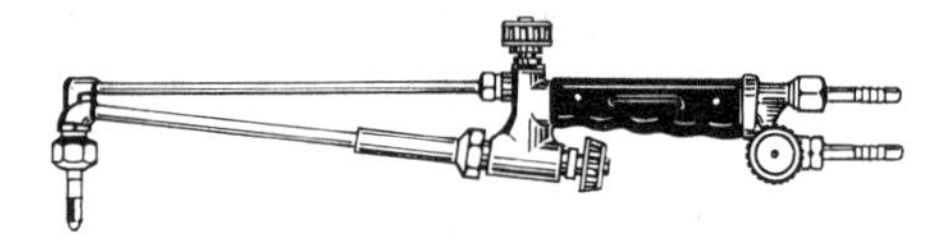

【其他名称】 低压切割器、切割器、割刀。

【用　　途】 利用氧气和低压乙炔(也可用中压乙炔)作为热源,以及高压氧气作为切割氧流,切割低碳钢材。

【规　　格】

割炬型号	切割低碳钢厚度(mm)	可换割嘴		工作压力(MPa)		割炬总长度(mm)
		数目	切割氧孔径(mm)	氧气	乙炔	
G01-30	2～30	3	0.7, 0.9, 1.1	0.2～0.3	0.001～0.1	500
G01-100	10～100	3	1.0, 1.3, 1.6	0.3～0.5		550
G01-300	100～300	4	1.8, 2.2, 2.6, 3.0	0.5～1.0		650

注:1. 割嘴型号用割炬型号和割嘴顺序号表示。序号大者孔径大,切割厚度也大。例:G01-100型3号割嘴(孔径为1.6mm)。

2. 如割炬配用丙烷割嘴时,则将型号中"G01"改为"G07",产品名称改为射吸式丙烷割炬,并用丙烷代替乙炔;除丙烷工作压力为不小于0.03MPa外,其余数据与G01型相同。

24. 射吸式焊割两用炬

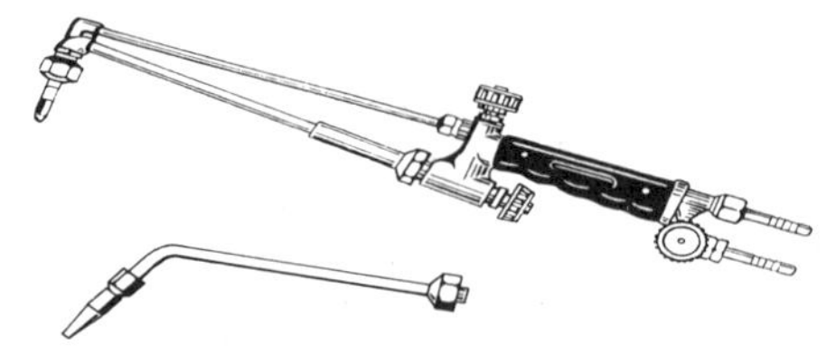

【其他名称】 低压焊割两用器、焊割两用器。

【用　　途】 利用氧气和低压乙炔(也可用中压乙炔)作为热源,以及高压氧气作为切割氧流,作割炬用;或取下割炬部件,换上焊炬部件,作焊炬用。多用于焊割任务不重的维修车间。

【规　　格】

焊割两用炬型号及总长度(mm)	应用方式	适用低碳钢厚度(mm)	可换焊嘴、割嘴		工作压力(MPa)	
			数目	切割氧孔径(mm)	氧气	乙炔
HG01-3/50A(总长度：400)	焊接	0.5～3	5	0.6，0.7，0.8，0.9，1.0	0.2～0.4	0.001～0.1
	切割	3～50	2	0.6，1.0	0.2～0.6	
HG01-6/60(总长度：500)	焊接	1～6	5	0.9，1.0，1.1，1.2，1.3	0.2～0.4	0.001～0.1
	切割	3～60	4	0.7，0.9，1.1，1.3	0.2～0.4	
HG01-12/200(总长度：550)	焊接	6～12	5	1.4，1.6，1.8，2.0，2.2	0.4～0.7	0.001～0.1
	切割	10～200	4	1.0，1.3，1.6，2.4	0.3～0.7	

注：1. 焊割两用炬的焊炬和割炬部分分别按 JB/T 6969、6970—1993 的规定考核。
2. 焊割两用炬的焊嘴和割嘴的型号，分别用焊割两用炬型号和顺序号表示。序号大者孔径大，焊接或切割厚度也大。例：HG01-6/60 型 3 号焊嘴，HG01-6/60 型 2 号割嘴。

25. 双头冰箱焊炬

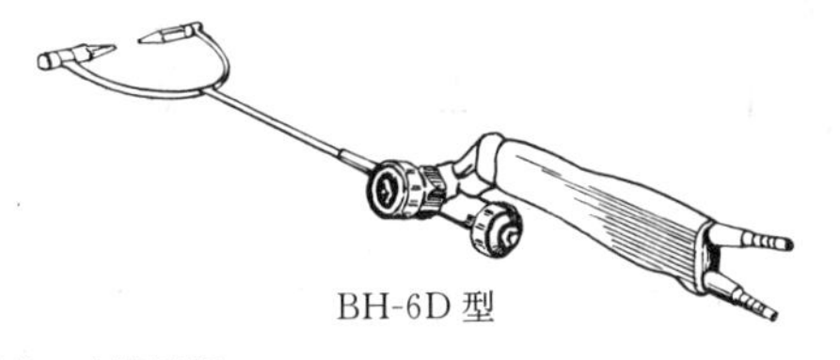

BH-6D 型

【其他名称】 冰箱焊炬。

【用　　途】 以氧气和低压乙炔(也可用中压乙炔)为热源，采用双头焊嘴以便同时加热焊接管件类工件，多用于冰箱等电器设备的制造和维修。

【规　　格】

焊炬型号	焊嘴		工作压力(MPa)		总长度(mm)	重量(kg)
	数目	孔径(mm)	氧气	乙炔		
BH-6A	2	0.8，1.0	0.45	0.001～0.1	380	0.38
BH-6B	2	0.8，1.0	0.40	0.001～0.1	380	0.38
BH-6C	2	0.8，1.0	0.45	0.001～0.1	380	0.36
BH-6D	2	0.8，1.0	0.30	0.001～0.1	380	0.36
BH-6E	2	0.8，1.0	0.40	0.001～0.1	380	0.38
BH-6F	2	0.8，1.0	0.40	0.001～0.1	380	0.38

26. 等压式焊炬(JB/T 7947—1999)

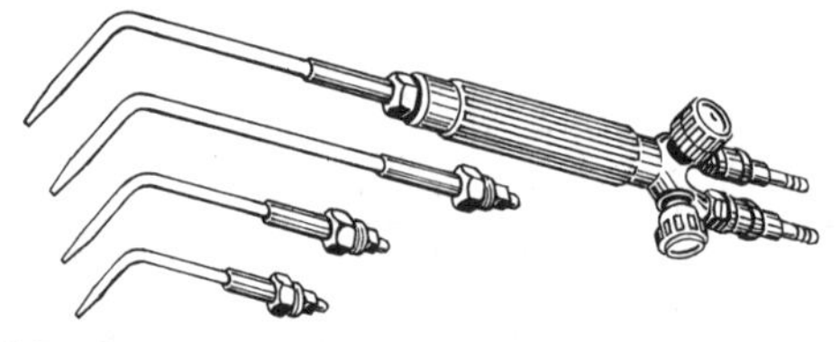

【其他名称】 中压焊炬。

【用　　途】 利用氧气和中压乙炔作为热源，焊接或预热黑色金属或有色金属工件。

【规　　格】

焊炬型号	焊接低碳钢厚度(mm)	换管式焊嘴		工作压力(MPa)		焊炬总长度(mm)
		数目	焊嘴孔径(mm)	氧气	乙炔	
H02-1	0.2～1	3	0.5，0.7，0.9	0.1～0.2	0.001～0.1	265
H02-4	0.5～4	3	0.7，0.9，1.2	0.2～0.3	0.02～0.1	365
H02-10	1～10	4	0.8，1.1，1.5，2.0	0.1～0.2	0.03～0.05	490
H02-20	0.5～20	7	0.6，1.0，1.4，1.8，2.2，2.6，3.0	0.2～0.6	0.02～0.08	600

注：1. 焊嘴的型号表示方法与射吸式焊炬相同。

2. H02-1 型的焊嘴结构与其他型号等压式焊炬相同(换管式)，其内部结构却与射吸式焊炬相同，故也可用于低压乙炔。

27. 等压式割炬(JB/T 7947—1999)

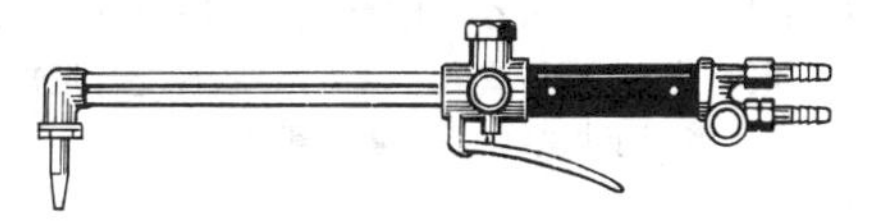

【其他名称】 中压割炬。

【用　　途】 利用氧气和中压乙炔作为热源，以及高压氧气作为切割氧流，主要用于切割低碳钢材，也可用于切割中碳钢和低合金结构钢。

【规　　格】

割炬型号	切割低碳钢厚度(mm)	可换割嘴 数目	可换割嘴 切割氧孔径(mm)	工作压力(MPa) 氧气	工作压力(MPa) 乙炔	割炬总长度(mm)
行业标准规定						
G02-100	3～100	5	0.7, 0.9, 1.1, 1.3, 1.6	0.2～0.5	0.04～0.06	550
G02-300	3～300	9	0.7, 0.9, 1.1, 1.3, 1.6, 1.8, 2.2, 2.6, 3.0	0.2～1.0	0.04～0.09	650
上海产品						
FEG-100	5～120	4	0.8, 1.2, 1.6, 2.0	0.2～0.5	>0.03	470
FEG-250	90～250	4	2.0, 2.4, 2.8, 3.2	0.4～0.6	>0.04	510

注：割嘴的型号表示方法与射吸式割炬相同。

28. 等压式焊割两用炬(JB/T 7947—1999)

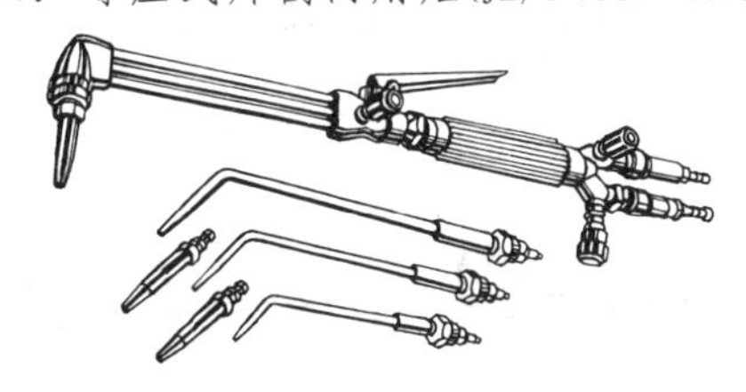

【其他名称】 中压焊割两用器。

【用　　途】 利用氧气和中压乙炔作为热源，以及高压氧气作为切割氧流，作割炬用；或取下割炬部件，换上焊炬部件，作焊炬用。多用于焊割任务不重的维修车间。

【规　　格】

焊割两用炬型号及总长度(mm)	应用方式	适用低碳钢厚度(mm)	可换焊嘴、割嘴		工作压力(MPa)	
			数目	切割氧孔径(mm)	氧气	乙炔
HG02-10/60 (总长度：470)	焊接	0.5～10	4	0.6，1.4，2.2，8×ϕ1 加热嘴	0.15～0.7	0.02～0.08
	切割	3～60	3	0.7，1.0，1.3	0.25～0.45	0.04～0.05
HG02-12/100 (总长度：550)	焊接	0.5～12	3	0.6，1.4，2.2	0.2～0.4	0.02～0.06
	切割	3～100	3	0.7，1.1，1.6	0.2～0.5	0.04～0.06
HG02-20/200 (总长度：600)	焊接	0.5～20	4	0.6，1.4，2.2，3.0	0.2～0.6	0.02～0.08
	切割	3～200	5	0.7，1.1，1.6，1.8，2.2	0.2～0.65	0.04～0.07

注：1. 焊割两用炬的焊嘴、割嘴的型号表示方法，与射吸式焊割两用炬相同。

2. HG02-10/60 型为上海市场产品，其 8(个孔)×ϕ1 (孔径)的焊嘴称为加热嘴，无顺序号，供加热用。

29. 等压式割嘴

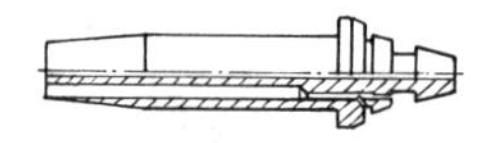

【其他名称】 整体式等压割嘴、中压割嘴。

【用　　途】 使用氧气和中压乙炔的自动或半自动气割机上的配件，主要用于造船、锅炉、金属结构等工厂的钢材的落料和切割焊件坡口，其特点是结构紧凑、使用灵活、效能高，并能防止回火，保证安全操作。

【规　　格】 型号：G02 型。

割嘴号	切割氧孔径(mm)	切割钢板厚度(mm)	工作压力(MPa)		气体消耗量(m^3/h)		气割速度(mm/min)
			氧气	乙炔>	氧气	乙炔	
00	0.8	5～10	0.2～0.3	0.03	0.9～1.3	0.34	600～450
0	1.0	10～20	0.2～0.3	0.03	1.3～1.8	0.34	480～380
1	1.2	20～30	0.25～0.35	0.03	2.5～3.0	0.47	400～320
2	1.4	30～50	0.25～0.35	0.03	3.0～4.0	0.47	350～280
3	1.6	50～70	0.3～0.4	0.04	4.5～6.0	0.62	300～240
4	1.8	70～90	0.3～0.4	0.04	5.5～7.0	0.62	260～200
5	2.0	90～120	0.4～0.5	0.04	8.5～10.5	0.62	210～170
6	2.4	120～160	0.4～0.5	0.05	12～15	0.78	180～140
7	3.0	160～200	0.5～0.6	0.05	21～24.5	1.0	150～110
8	3.2	200～270	0.5～0.6	0.05	26.5～32	1.0	120～90
9	3.5	270～350	0.6～0.7	0.05	40～46	1.3	90～60
10	4.0	350～450	0.6～0.7	0.05	49～58	1.6	70～50

注：割嘴的完整型号由型号和割嘴号两部分组成。例：G02-3。

30. 快速割嘴(JB/T 7950—1999)

【其他名称】 等压式快速割嘴、快速精密割嘴。

【用　　途】 其结构特点是以拉伐尔喷管作为割嘴的切割氧流孔道，以此来获得高速切割氧流，气割速度约比等压式割嘴提高20%～30%，气割表面光洁。GK1(GK2)型以氧气和乙炔(燃气)为热源，GK3(GK4)型以氧气和丙烷(燃气)为热源。主要装于CG1-11、CG1-18型等光跟踪及数控气割机上切断钢板。

【规　　格】 型号：GK1、GK3型。

割嘴号		切割氧孔径	切割钢板厚度	切口宽	燃气压力(MPa)		气割速度(mm/min)	
		(mm)			乙炔	液化石油气	1～7号割嘴	1A～5A号割嘴
1	1A	0.6	5～10	≤1	0.025	0.03	750～600	500～450
2	2A	0.8	10～20	≤1.5			600～450	450～340
3	3A	1.0	20～40	≤2	0.03	0.035	450～380	340～250
4	4A	1.25	40～60	≤2.3			380～320	250～210
5	5A	1.5	60～100	≤3.4			320～250	210～180
6	—	1.75	100～150	≤4	0.035	0.04	250～160	—
7	—	2.0	150～180	≤4.5			160～130	—

注：1. 割嘴型号中，GK表示割嘴用电铸法制造，如用机械加工法制造，则用GKJ表示；1和3型，表示割嘴尾锥面角度为30°，2和4型，则表示割嘴尾锥面角度为45°。割嘴的完整型号由型号和割嘴号两部分组成。例：GK1-4。

2. 氧气工作压力(MPa)：1～7号割嘴为0.7；1A～5A号割嘴为0.5。

31. 便携式微型焊炬(JB/T 6968—1999)

【其他名称】 便携式丁烷气体焊炬。

【用　　途】 由焊炬、氧气瓶、丁烷气瓶、压力表和回火防止器等部件组成,其中两个气瓶固定于手提架中,便于携带外出进行现场焊接之用。

【规　　格】 型号:HPJ-Ⅱ(上海产品)。

嘴号:1、2、3(3号焊嘴为双头式,须用户另购)。

工作压力(MPa):氧气0.1～0.3,丁烷气0.02～0.35。

焊接厚度(mm):0.5～3.0。

一次充气后连续工作时间(h):4。

总重量(kg):3.9。

注:HPJ-Ⅱ型焊炬为分体式。行业标准的型号为H03-BC-3。型号中,H表示焊炬,0表示手工,3表示微型,-B表示便携式,C表示分体式,最后的3,表示焊接最大厚度(mm)。如焊炬是整体式,则将C换成A或B。

32. 金属粉末喷焊炬

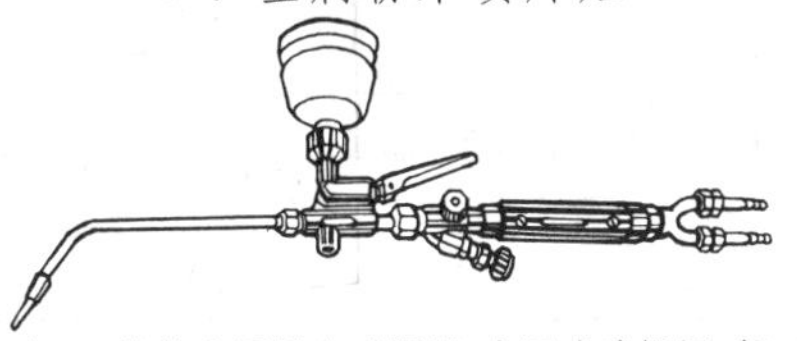

【其他名称】 氧-乙炔焰金属粉末喷焊炬、中压式喷焊炬、氧-乙炔喷焊枪。

【用　　途】喷焊用工具。利用氧-乙炔焰和特殊送粉机构，将一种喷焊用合金粉末喷射在工件表面上，形成一种与工件表面冶金结合的喷焊层，以达到耐磨、耐蚀、抗氧化、耐热或耐冲击等特殊要求，特别适用于修复已磨损或有缺陷的中、小型零件上。

【规　　格】

喷焊嘴		工作压力(MPa)		气体消耗量(m^3/h)		送粉量(kg/h)	总重量(kg)
嘴号	孔径(mm)	氧气	乙炔	氧气	乙炔		
QH-1/h 型(总长度：430mm)							
1 2 3	0.9 1.1 1.3	0.20 0.25 0.30	0.05～0.10	0.16～0.18 0.26～0.28 0.41～0.43	0.14～0.15 0.22～0.24 0.35～0.37	0.4～1.0	0.55
QH-2/h 型(总长度：470mm)							
1 2 3	1.6 1.9 2.2	0.30 0.35 0.40	0.05～0.10	0.65～0.70 0.80～1.00 1.00～1.20	0.55～0.65 0.70～0.80 0.90～1.10	1.0～2.0	0.59
QH-4/h 型(总长度：580mm)							
1 2 3	2.6 2.8 3.0	0.40 0.45 0.50	0.05～0.10	1.6～1.7 1.8～2.0 2.1～2.3	1.45～1.55 1.65～1.75 1.85～2.20	2.0～4.0	0.75
SPH-C 型圆形多孔(总长度：730mm)							
1 2 3	1.2(5孔) 1.2(7孔) 1.2(9孔)	0.5 0.6 0.7	≥0.05	1.3～1.6 1.9～2.2 2.5～2.8	1.1～1.4 1.6～1.8 2.1～2.4	4～6	1.25
SPH-D 型排形多孔(总长度：1号—730mm，2号—780mm)							
1 2	1.0(10孔) 1.2(10孔)	0.5 0.6	≥0.05	1.6～1.9 2.7～3.0	1.40～1.65 2.35～2.60	4～6	1.55 1.60

注：合金粉末粒度不大于150目/25.4mm。

33. 金属粉末喷焊喷涂两用炬

【其他名称】 多气源喷焊喷涂两用炬、高速火焰喷焊枪、两用枪。

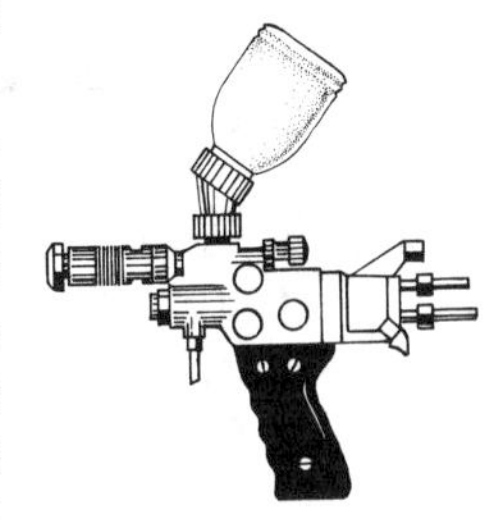

【用　　途】 可以进行喷焊或喷涂两用。装上氧-乙炔喷嘴，可利用氧-乙炔焰和压缩空气送粉机构，将喷焊或喷涂用合金粉末喷射在工件表面上。喷焊时，工件表面上形成一层冶金结合的喷焊层，以达到耐磨、耐蚀、抗氧化、耐热或耐冲击等特殊要求；通常采用两步法工艺，须用两用炬或重熔炬配合，对工件表面进行重熔。喷涂时，工件表面上形成一层机械结合的喷涂层，以达到耐磨或耐蚀等特殊要求。如装上氧-丙烷喷嘴，可利用氧-丙烷焰来进行喷焊、喷涂工艺。

【规　　格】 QHJ-7/hA 型。

喷嘴号	预热孔 孔数	预热孔 孔径 (mm)	喷粉孔径 (mm)	氧气工作压力 (MPa)	气体消耗量 (m^3/h) 氧气	乙炔、丙烷	空气	送粉量 (kg/h)
氧-乙炔喷嘴								
1	10	0.8	2.8	0.3～0.5	1.4～1.7	0.6～0.9	1.0～1.8	3～5
2	10	0.9	3.0	0.4～0.6	1.5～1.8	0.8～1.0	1.0～1.8	4～7
氧-丙烷喷嘴								
1	18	*	2.8	0.4～0.5	1.4～1.7	0.7～1.0	1.0～1.8	4～6
2	18	*	3.0	0.4～0.6	1.5～1.8	0.8～1.2	1.0～1.8	5～7

注：1. 带＊喷嘴的预热孔孔径为0.4和1.3mm。

2. 其他气体工作压力(MPa)：乙炔＞0.07，丙烷＞0.1，空气0.2～0.5。

3. 合金粉末粒度：150～250目/25.4mm。

34. 重 熔 炬

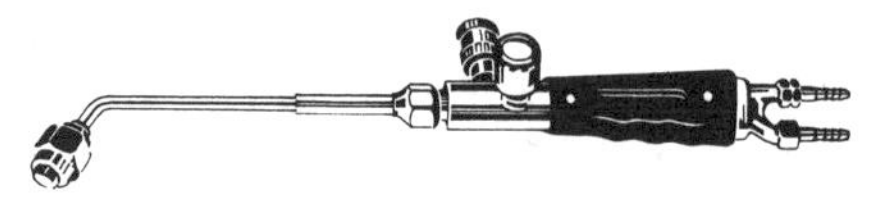

【其他名称】 重熔枪。

【用　　途】 利用氧气和乙炔作为热源，对采用两步法喷焊的工件进行喷粉后重熔，也可以对大面积喷涂、喷焊的工件进行喷前预热加温，保证喷涂、喷焊工艺的顺利进行。

【规　　格】

喷嘴号	喷嘴孔		工作压力(MPa)		气体消耗量(m^3/h)		总长度(mm)	总重量(kg)
	孔径(mm)	孔数	氧气	乙炔	氧　气	乙　炔		
SCR-100 型								
1 2	1.0 1.2	13 13	0.5 0.6	>0.05	2.7～2.9 4.1～4.3	2.4～2.6 3.7～3.9	645 710	0.94 0.97
SCR-120 型								
3 4	1.3 1.4	13 13	0.6 0.7	>0.05	4.5～5.2 5.5～6.1	4.2～4.9 5.2～6.0	710 850	0.97 1.10

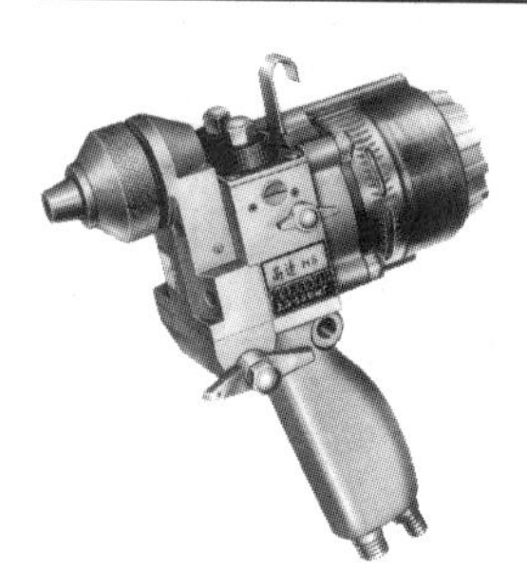

35. 火焰线材气体喷涂枪

【其他名称】 射吸式气体金属喷涂枪。

【用　　途】 利用氧气和乙炔作为热源，压缩空气为喷涂用线材进给气轮机构动力，并把被熔化的线材雾化成微粒(直径 4～40μm)喷射在工件表面上，形成一层具有耐磨、耐蚀或抗高温氧化等性能的喷涂层。广泛用于各种结构件的防腐蚀层或曲轴、滚筒、导轨等易磨损件的表面修复场合。喷焊时可手持或夹持在机床、专用设备上进行操作。凡熔点 ≤ 3000℃并能制成线材或棒材的金属(如低碳钢、工具钢、不锈钢、铜、铝、锌、铅、锡、巴氏合金等)或非金属(如氧化铝或陶瓷)均可用于喷涂。输送线材调速机构为离心力式无级调速机构。线材熔点 ≥ 750℃,使用直径 ≤ 2.3mm(中速);线材熔点 ≤ 750℃,使用直径 3mm(高速)。

【规　　格】 QX1 型。

气体工作压力 (MPa)			气体消耗量			引力 (N) ≥	外形尺寸 (mm)	重量 (kg)
氧气	乙炔	空气	氧气 (m^3/h)	乙炔 (m^3/h)	空气 (m^3/min)			
0.4～0.5	0.07～0.1	0.5～0.6	≈1.8	≈1.2	1.2～1.4	58.8	90×180×215	1.9

线材 材料	低碳钢	T8 钢	不锈钢	铜	铝	钼	锌	氧化铝
线材 直径 (mm)	2.3	2.3	2.3	3	3	2.3	3	2.2
喷涂效率 (kg/h)	2	1.6	1.8	4.3	2.7	0.9	8.2	0.4

36. 手持式电弧线材喷涂设备

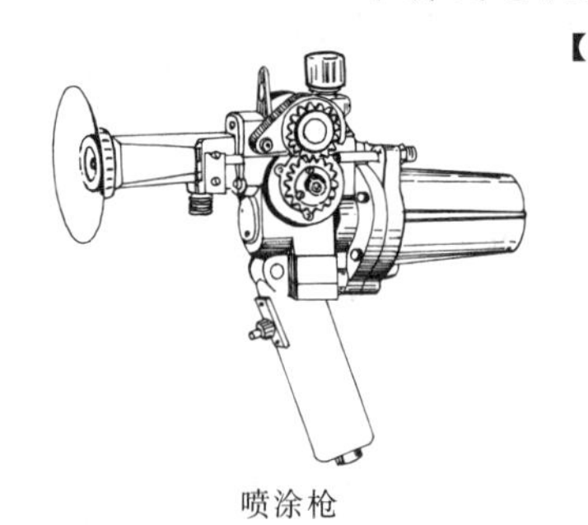
喷涂枪

【用　　途】 由喷涂枪和KD-350型喷涂控制箱组成，另配备电焊机和空气压缩机；利用电弧熔化喷涂用线材；压缩空气为输送线材气轮动力，并将熔化的线材雾化成微粒，喷射在工件表面上，形成一层具有耐磨、耐蚀或抗高温氧化性能的喷涂层。常用于喷涂大面积表面要求防腐或耐磨的钢结构件，加工零件的修复，电容和电瓷行业等。除用手持操作外，也可固定在机床、设备上操作。

【规　　格】 QD 7-250型。

压缩空气		200A时最大喷涂量(kg/h)		送　丝牵引力(N)	枪重量(kg)
工作压力(MPa)	消耗量(m^3/min)	锌	铝		
0.6～0.7	≈2.5	20	6.5	≥78	2.8

选用弧焊机时参考数据	喷涂材料	锌、铝、铅、锡	铜及铜合金	锌、铅	碳钢、不锈钢
	线材直径(mm)	1.2～1.3		2	1.6
	弧焊机品种	二氧化碳保护弧焊机			直流弧焊机
	电压(V)	36	44		60
	电流(A)	80～100	150～120		120～150
空气帽与滚轮选择	线材直径(mm)	1.2～1.3	2(锌)	2(铅)	1.6
	空气帽孔径(mm)	6	8	7	
	滚轮	带圆槽滚轮	带直槽滚轮		

37. 碳弧气刨碳棒(JB/T 8154-1995)

直流圆形

直流圆形空心

直流矩形

直流连接式圆形

交流圆形

【其他名称】 碳精棒、碳焊条、碳电极、气刨焊条。

【用　　途】 与碳弧气刨炬和直流(或交流)电焊机、空气压缩机配合，用于各种黑色或有色金属的气刨加工，如切割、开坡口、开槽(V或U形)、开孔、清除铸件的浇、冒口、毛边和焊件的缺陷，也可应用于蓄电池的熔焊、保温瓶的收口、混凝土预制件的切割和开孔等。

【规　　格】

(1) 直流圆形碳棒(长度：355,305*，430* mm)										
型　号	B504	B505	B506	B507	B508	B509	B510	B511	B512	B513
适用电流(A)	150～200	200～250	300～350	350～400	400～450	450～500	500～550	550～600	800～900	900～1000
应用范围	开V形槽、切割、开孔等									

(2) 直流圆形空心碳棒(长度：355mm)				
型　号	B507K	B508K	B509K	B510K
适用电流(A)	200～350	350～400	400～450	450～500
应用范围	开U形槽等			

(续)

(3) 直流矩形碳棒(长度：355mm)					
型号	B5412	B5512	B5518	B5520	B5525
适用电流(A)	200～500	300～350	400～450	450～500	600～650
应用范围	清除焊缝上凸起块、铸件的浇冒口，切割厚度 30mm 以下的不锈钢等金属板材				
(4) 直流连接式圆形碳棒(长度：355，430* mm)					
型号	B510L	B513L	B516L	B519L	B525L
适用电流(A)	400～450	800～900	900～1000	1100～1300	1600～1800
应用范围	配合碳弧气刨自动机，以便连续进行气刨加工，如开坡口、开槽等；配合碳棒自动进给机构，对工件的无切削力机械粗加工等，加工表面光滑，并可充分利用碳棒				
(5) 交流圆形有芯碳棒(长度：230mm)					
型号	B506J	B507J	B508J	B509J	B510J
适用电流(A)	250～300	300～350	350～400	400～450	450～500
应用范围	因碳棒内芯加入钾盐类稳弧剂，故可配合交流电焊机进行气刨加工，电弧稳定，噪声小，消耗低				

注：1. 型号中：B—碳棒；左起第1位数字"5"为碳弧气刨用；3位数字型号表示圆形碳棒，第2、3数字表示直径(mm)，例：05和12分别表示直径为5mm和12mm；4位数字型号表示矩形碳棒，第2位数字表示截面厚度，第3、4位数字表示宽度(mm)，例：412表示厚度为4mm，宽度为12mm；K—空心碳棒；L—连接式碳棒；J—交流用碳棒。
2. 带*符号的长度，主要供应出口。
3. 选择碳棒规格一般原则：开槽宽度(孔径)＝1.5×碳棒直径。

38. 碳弧气刨炬

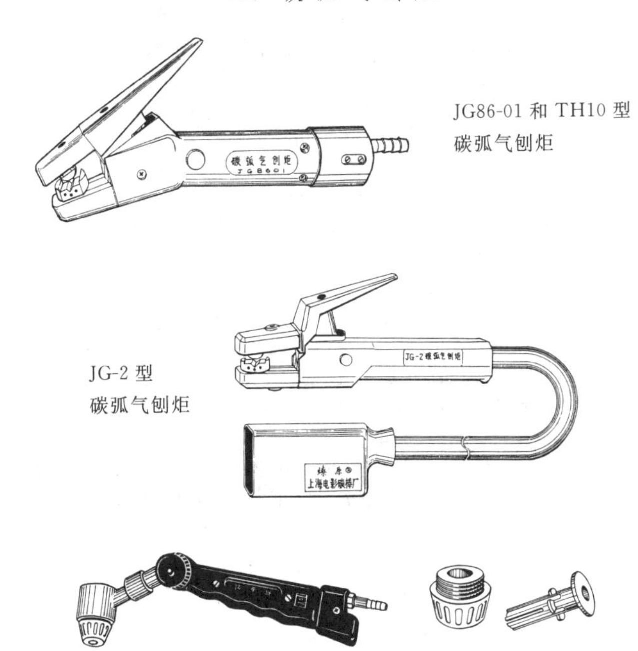

78-1 型碳弧气刨炬及夹头

【其他名称】 碳弧气刨枪、碳弧气割枪。

【用　　途】 供夹持碳弧气刨碳棒，配合直流（或交流）电焊机和空气压缩机，用于对各种金属工件进行碳弧气刨加工。按结构分为侧面送风式（JG86-01、TH-10 和 JG-2 型）和圆周送风式（78-1 型）两种。侧面送风式结构简单，夹持不同规格碳棒时不用调换喷气夹嘴；JG-2 型是 JG86-01 型的改进型，手感好，重量轻，而负载增加，压缩空气与电缆同走一根胶管，电缆容易散热，操作时可作 360°旋转等。圆周送风式的压缩空气由碳棒四周喷出，碳棒冷却均匀，适合各方向操作，但夹持不同规格碳棒时，需调换相应规格夹头。压缩空气工作压力为 0.5～0.6MPa。

【规　　格】

型　　号	适用电流 (A)	夹持力 (N)	外形尺寸(mm)	重量 (kg)
JG86-01 TH-10 JG-2	≤600 ≤500 ≤700	30 30 30	275×40×105 — 235×32×90	0.7 — 0.6
78-1	≤600	机械紧固	278×45×80	0.5

注：1. 适用碳棒规格(mm)：圆形(直径)为 4～10，矩形(厚×宽)为 4×12～5×20。

2. 78-1 型配备夹持直径 6mm 圆形碳棒夹头一只，另备有夹持不同规格(mm)碳棒夹头，供选购：圆形(直径)为 4，5，6，7，8，10，矩形(厚×宽)为 4×12.5×12。

3. JG-2 型分带电缆和不带电缆两种，其他型号均不带电缆。

4. TH-10 型外形与 JG86-01 型相似。

39. 干式回火保险器(JB/T 7437—1994)

钢瓶式

【其他名称】 干式回火防止器。

【用　　途】 供安装在焊(割)炬、喷焊(涂)炬等工具尾端或乙炔气瓶、输气管道上，用以防止乙炔气(或丙烷气等燃气)或氧气回火引起的燃烧爆炸事故的一种安全装置。

【规　　格】

型　　号		HF-W1 尾端式	HF-P1 钢瓶式	HF-P2 钢瓶式	HF-G1 管道式
工作压力 (MPa)	乙炔	0.01～0.15	0.01～0.15	0.01～0.15	0.01～0.15
	氧气	0.1～1	—	—	—
气体流量 (m^3/h)	乙炔	0.3～4.5	0.4～6	0.4～6	0.95～4.7
	氧气	3.5～15	—	—	—
外形尺寸 (mm)	直径	22	31.2	25.2	42
	长度	116	93	73	98
重量(kg)		0.11	0.25	0.15	0.43

注：尾端式干式回火保险器每盒内装乙炔用和氧气用各一只。

40. 节气阀

【用　　途】供焊(割)炬等工具使用的，能同时快速关闭或开启氧气和乙炔气的一种省时、省力、节气装置。将焊炬挂在节气阀的挂钩上，阀即自动关闭，火焰熄灭；须再使用时，取下焊炬，阀即自动开启，将焊炬移近点火焰点火，即能进行操作，只需事先调整好气体流量，使用中无需再作调整。适用于焊接、切割现场和流水线作业。

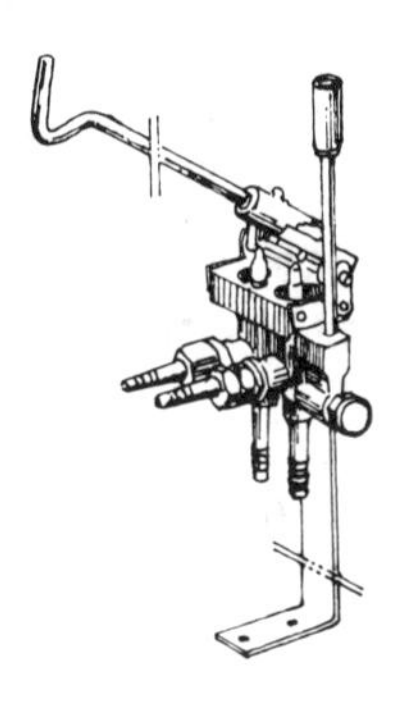

【规　　格】型号：QJ-Ⅱ(上海产品)。

工作压力(MPa)：氧气≤0.7，乙炔≤0.1。

气体流量(m^3/h)：氧气≤30，乙炔≤7。

外形尺寸(mm)：420×110×70。

重量(kg)：2.23。

41. 氧气快速接头和乙炔快速接头

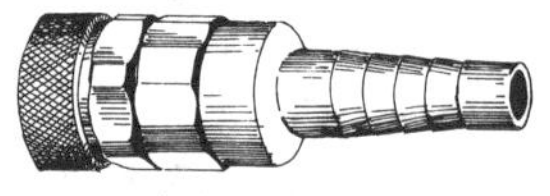

氧气快速接头

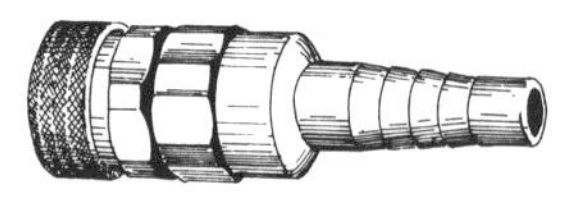

乙炔快速接头

【用　　途】 供各种气焊、气割工具与氧气、乙炔胶管之间用的一种快速连接件。其特点是：装拆迅速、使用方便、密封性好、节约气源。由(左边)锁紧圈(与工具尾端连接)和(右边)进气接头(与气体胶管连接)两部分组成。

【规　　格】

品　种	型　　号	进气接头连接处外径(mm)	连接状况总长度(mm)	气体工作压力(MPa)	总重量(g)	适用气体
氧气快速接头	JYJ75-Ⅰ JYJ75-Ⅱ	10.5	80 86	≤1	66 73.5	氧气或空气等其他中性气体
乙炔快速接头	JRJ75-Ⅰ JRJ75-Ⅱ	10.5	80 86	≤0.15	66 73.5	乙炔或丙烷、煤气等可燃气体

42. 氧 气 瓶

【用　　途】 贮存压缩氧气，供气焊、气割工作及其他方面使用。

【规　　格】

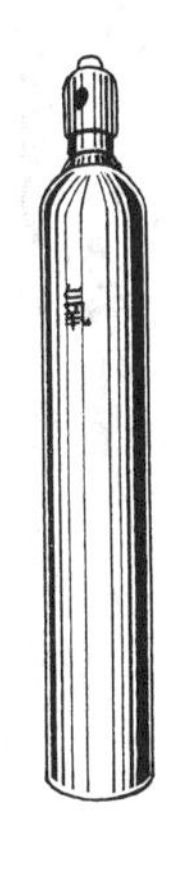

材质	公称容积(L)	主要尺寸 ϕ (mm)	主要尺寸 L (mm)	主要尺寸 S (mm)	公称重量(kg)
公称工作压力 15MPa					
锰钢	40	219 232	1360 1235	5.8 6.1	58 58
	45	219 232	1515 1370	5.8 6.1	63 64
	50	232	1505	6.1	69
铬钼钢	40	229 232	1250 1215	5.4 5.4	54 52
	45	229	1390	5.4	59
公称工作压力 15MPa					
铬钼钢	45	232	1350	5.4	57
	50	232	1480	5.4	62
公称工作压力 20MPa					
铬钼钢	40	229 232	1275 1240	6.4 6.4	62 60
	45	232	1375	6.4	66
	50	232	1510	6.4	72

注：1. 主要尺寸栏中：ϕ—公称外径，L—公称长度(不包括阀门)，S—最小设计壁厚；公称重量不包括阀门和瓶帽。

2. 氧气瓶为钢质无缝气瓶，一般为凹形底，外表漆色为淡蓝色，标注黑色“氧”和“严禁油火”字样。

3. 其他气体(空气、氮气、二氧化碳、氨气、氩气、氢气)用气瓶，规格与氧气瓶相同，但外表漆色与字样不同。

标注字样		空气	氮气	液化二氧化碳	氨	氩	氢
标注字样	字样	空气	氮气	液化二氧化碳	氨	氩	氢
	颜色	白	淡黄	黑	深绿	深绿	淡绿
外表漆色		黑	黑	铝白	银灰	银灰	大红

43. 溶解乙炔气瓶(GB 11638—2011)

【其他名称】 乙炔瓶。

【用　　途】 储存溶解乙炔,供气焊、气割工作使用。最高许用温度 40℃。特点是方便、安全、卫生,有逐步取代乙炔发生器的趋势。使用前,须先向瓶内充装多孔性物质和丙酮,再向瓶内充装乙炔,使之溶解于丙酮中。

【规　　格】

公称容积(L)	2	24	32	35	41
公称内径(mm)	102	250	228	250	250
总长度(mm)	380	705	1020	947	1030
最小设计壁厚(mm)	1.3	3.9	3.1	3.9	3.9
公称重量(kg)	7.1	36.2	48.5	51.7	58.2
储气量(kg)	0.35	4	5.7	6.3	7

注:1. 气瓶在基准温度 15℃时限定压力值为1.56MPa。
2. 公称重量包括瓶阀、瓶帽和丙酮。
3. 气瓶外表漆色为白色,标注红色"乙炔"和"不可近火"字样。

44. 液化石油气钢瓶(GB 5842—2006)

【其他名称】 液化气瓶。

【用　　途】 适用于正常环境温度(-40～60℃)下,公称工作压力为2.1MPa,公称容积≤150L,可重复盛装液化石油气。供轻纺、饮食、医疗等行业使用。

【规　　格】

型号	钢瓶内直径(mm)	公称容积(L)	最大充装量(kg)
YSP4.7	200	4.7	1.9
YSP12	244	12.0	5.0
YSP26.2	294	26.2	11.0
YSP35.5	314	35.5	14.9
YSP118	400	118	49.5

注:气瓶外表颜色为银灰色,标注红色"液化石油气"仿宋体汉字。

45. 乙炔发生器

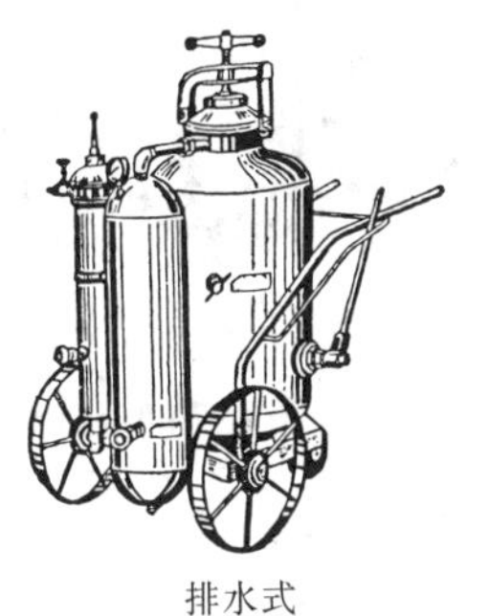
排水式

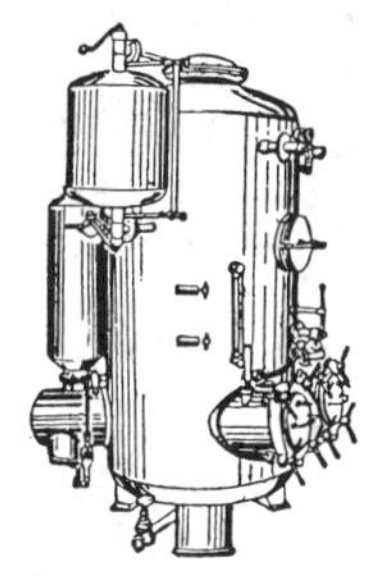
联合式

【用　　途】将电石(碳化钙)和水装入发生器内,使之产生乙炔气体,供气焊、气割用。

【规　　格】

型　　号		YJP-0.1-0.5	YJP-0.1-1	YJP-0.1-2.5	YDP-0.1-6	YDP-0.1-10
结构形式		(移动)排水式		(固定)排水式	(固定)联合式	
正常生产率(m^3/h)		0.5	1	2.5	6	10
乙炔工作压力(MPa)		0.045～0.1		0.045～0.1	0.045～0.1	0.045～0.1
外形尺寸(mm)	长	515	1210	1050	1450	1700
	宽	505	675	770	1375	1800
	高	930	1150	1730	2180	2690
净重(kg)		30	50	260	750	980

46. 气体减压器

氧气减压器
(气瓶用)

乙炔减压器
(气瓶用)

【其他名称】 气体压力调节器、气体减压阀。

【用　　途】 安装在气瓶(或管道)上,用以将气瓶(管道)内的高压气体调节成需要的低压气体,并使该压力保持稳定和显示气瓶(管道)内和调节后的气体压力值。按适用气体,分氧气、乙炔、丙烷、空气、二氧化碳、氩气、氢气等用减压器。

【规　　格】

型　　号	工作压力(MPa)		压力表规格(MPa)		公称流量 (m^3/h)	重量 (kg)
	输入 ≤	输出压力调节范围	高压表(输入)	低压表(输出)		
(1) 氧气减压器(气瓶用)						
YQY-1A YQY-12 YQY-352	15	0.1～2 0.1～1.25 0.1～1	0～25	0～4 0～2.5 0～1.6	50 40 30	2.2 1.27 1.5
(2) 乙炔减压器(气瓶用)						
YQE-213	3	0.01～0.15	0～4	0～0.25	6	1.75
(3) 丙烷减压器(气瓶用)						
YQW-213	1.6	0～0.06	0～2.5	0～0.16	1	1.42
(4) 空气减压器(管道用)						
YQK-12	4	0.4～1	0～6	0～1.6	160	3.5
(5) 二氧化碳减压器(带流量计,气瓶用)						
YQT-731L	15	0.1～0.6	0～25	—	1.5	2
(6) 氩气减压器(带流量计,气瓶用)						
YQAr-731L	15	0.15(调定)	0～25	—	1.5	1
(7) 氢气减压器(气瓶用)						
YQQ-9	15	0.02～0.25	0～25	0～0.4	40	1.9

47. 喷　　灯

煤油喷灯

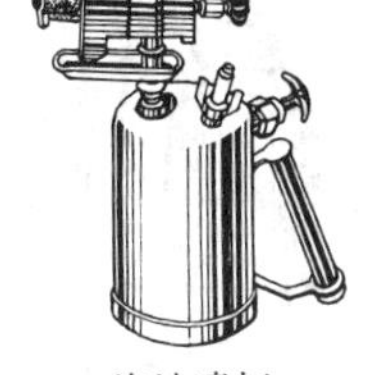

汽油喷灯

【其他名称】 喷火灯、冲灯。

【用　　途】 利用喷射火焰对工件进行加热的一种工具，常用于焊接时加热烙铁，铸造时烘烤砂型，热处理时加热工件，汽车水箱的加热解冻等。

【规　　格】

品种	型　　号	燃料	工作压力（MPa）	火焰有效长度（mm）	火焰温度（℃）	贮油量（kg）	耗油量（kg/h）	灯净重（kg）
煤油喷灯	MD-1 MD-1.5 MD-2 MD-2.5 MD-3 MD-3.5	灯用煤油	0.25～0.35	60 90 110 110 160 180	＞900	0.8 1.2 1.6 2.0 2.5 3.0	0.5 1.0 1.5 1.5 1.4 1.6	1.20 1.65 2.40 2.45 3.75 4.00
汽油喷灯	QD-0.5 QD-1 QD-1.5 QD-2 QD-2.5 QD-3 QD-3.5	工业汽油	0.25～0.35	70 85 100 150 170 190 210	＞900	0.4 0.7 1.05 1.4 2.0 2.5 3.0	0.45 0.9 0.6 2.1 2.1 2.5 3.0	1.10 1.60 1.45 2.38 3.20 3.40 3.75

48. 喷 漆 枪

PQ-1 型(小型)

PQ-2 型(大型)

【其他名称】 喷枪、喷花枪。

【用　　途】 以压缩空气为动力,将油漆等涂料喷涂在各种机械、设备、车辆、船舶、器具、仪表等物体表面上。

【规　　格】

型　　号	贮漆罐容量(L)	出漆嘴孔径(mm)	空气工作压力(MPa)	喷涂有效距离(mm)	喷涂表面	
					形状	直径或长度(mm)
PQ-1	0.6	1.8	0.25～0.4	50～250	圆形	≥35
PQ-1B	0.6	1.8	0.3～0.4	250	圆形	38
PQ-2	1	2.1	0.45～0.5	260	圆形 扁形	35 ≥140
PQ-2Y	1	3	①0.3～0.4 ②0.4～0.5	200～300	扁形	150～160
PQ-11	0.15	0.35	0.4～0.5	150	圆形	3～30
1	0.15	0.8	0.4～0.5	75～200	圆形	6～75
2A	0.15	0.4	0.4～0.5	75～200	圆形	5～40
2B	0.15	1.1	0.5～0.6	50～250	圆形 椭圆	5～30 长轴 100
3	0.9	2	0.5～0.6	50～200	圆形 椭圆	10～80 长轴 150
F75	0.6	1.8	0.3～0.35	150～200	圆形 扁形	35 120

注:PQ-2Y 型的工作压力:① 适用于彩色花纹涂料;② 适用于其他涂料(清洁剂、粘合剂、密封剂)。

49. 喷　　笔

V-7 型

【其他名称】 喷花笔。

【用　　途】 供绘画、花样图案、模型、雕刻、翻拍照片等喷涂颜料、银浆等液体用，动力为压缩空气。

【规　　格】

型　　号	贮液罐容量 (ml)	出料嘴孔径 (mm)	空气工作压力 (MPa)	喷涂有效距离	喷涂表面	
					形状	直径(mm)
V-3	70	0.3	0.4～0.5	20～150	圆形	2～8
V-7	2					

50. 多彩喷涂枪

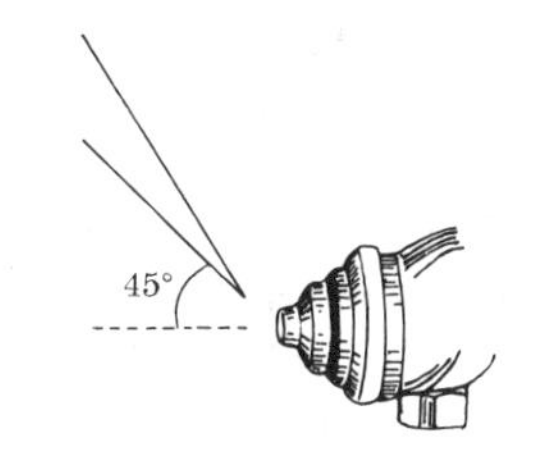

5°喷涂示意图

【其他名称】 多彩喷枪。

【用　　途】 以压缩空气为动力，喷涂内墙涂料、油漆、釉料、粘合剂、密封剂等液体之用。换上斜向扇形喷嘴，可进行向上 45° 扇形喷涂，如喷涂天花、顶棚等。

【规　　格】

型　　号	贮漆罐容量 (L)	出漆嘴孔径 (mm)	空气工作压力 (MPa)	有效喷涂距离 (mm)	喷涂表面	
					形状	直径或宽度 (mm)
DC-2	1	2.5	0.4～0.5	300～400	椭圆形 扇　形	长轴 300 300

51. 高压无气喷涂设备

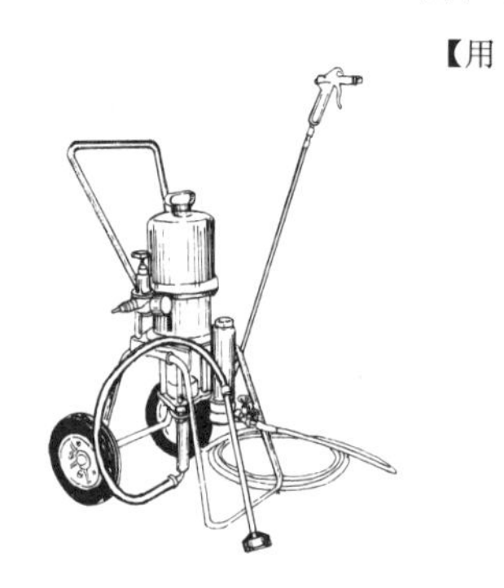

【用　　途】利用高压雾化(无气)漆料喷涂设备。由高压泵、吸漆器、高压喷枪、高压软管和推车等部件组成。以压缩空气为动力,利用高压泵将从储漆容器(另配置)中吸入的漆料,增加压力到 14.4～21.6MPa,再由喷枪的喷嘴中喷出,高压漆料即被雾化成极细的、有一定冲击力的漆流喷向工件表面上。其特点是:生产率高,漆膜附着力强和致密,可喷涂粘度≤100s(涂-4 粘度计)的各种底漆、油性漆、磁漆等。适用于船舶、飞机、汽车、车辆、化工设备、机器、桥梁、大型建筑物、家具等的油漆施工。

【规　　格】$GP2A_1$ 型(上海产品)。
空气工作压力(MPa):0.4～0.6。
空气缸直径(mm):180。
高压泵气缸和柱塞缸的压力转换比:36∶1。
泵行程(mm):≤80,每分钟往复次数:25～30。
喷枪移动速度(m/s):0.3～1.2。
喷枪与工件距离(mm):350～400。
喷枪配喷嘴 2 只,规格(ml/s):10～40(一般为 20)。
重量(kg):55。

52. 电动高压无气喷涂泵

【用　　途】 利用高压雾化(无气)漆料喷涂设备。由高压隔膜泵、电动机、吸漆器、高压喷枪、高压软管和机架等部件组成。电动机带动柱塞泵,利用泵的液压使隔膜跳动,将从贮漆容器(另配置)中吸入的漆料,增加压力到18MPa,再由喷枪的喷嘴中喷出,高压漆料即被雾化成极细的、有一定冲击力的漆流喷向工件表面上。其特点是:生产率高,漆膜附着力强和致密,可喷涂粘度≤30s(涂-4粘度计)的各种喷漆、油漆、磁漆、过氯乙烯及水溶性漆。适用于船舶、飞机、汽车、车辆、化工设备、机器、桥梁、建筑物、家具等的油漆施工。

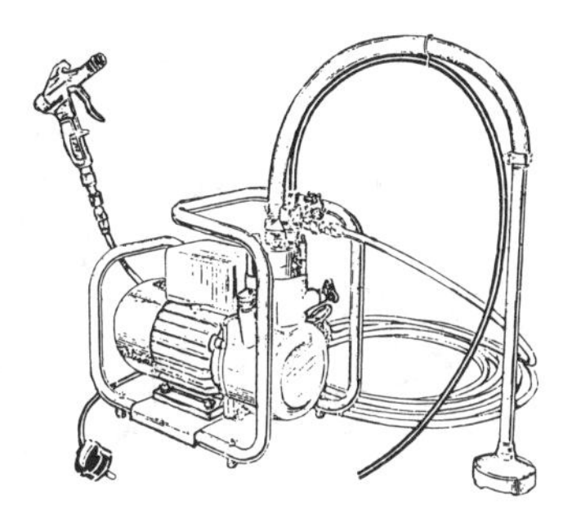

【规　　格】 DGP-1型(上海产品)。

隔膜泵涂料压力调节范围(MPa):≤18。

最大排量(L/min):1.8。

配高压胶管工作压力(MPa):25。

单相感应电动机:电压220V,输出功率400W,输出转速1450r/min。

喷枪配喷嘴2只,规格(ml/s):10~20(一般为15)。

重量(kg):30。

第十章　机床附件及润滑器

1. 机床用手动自定心卡盘(GB/T 4346—2008)

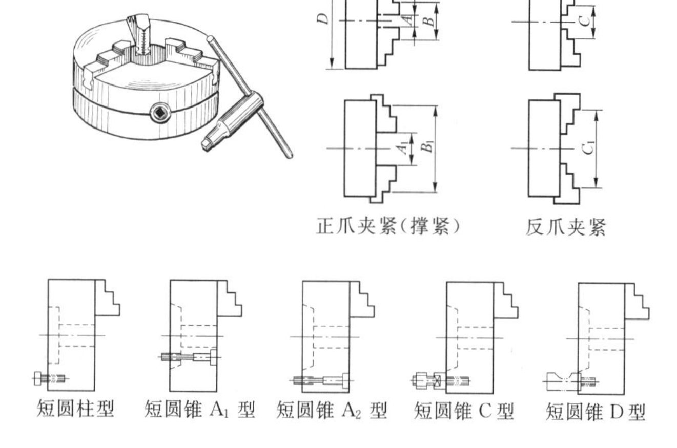

【其他名称】 三爪自定心卡盘、三脚卡盘、三脚自动轧头。

【用　　途】 机床的附件，用以夹持圆形或六角形、三角形工件，进行切削加工，特点是三爪联动，自定中心。

【规　　格】 按卡盘与机床主轴端部的连接形式分短圆柱卡盘和短圆锥卡盘两种。其中短圆锥卡盘按 GB/T 5900.1～5900.3—1997 的规定，可选用 A_1、A_2、C、D 四种型式中的一种。

卡盘直径 D	正爪夹紧尺寸范围 $A \sim A_1$	正爪撑紧尺寸范围 $B \sim B_1$	反爪夹紧尺寸范围 $C \sim C_1$	卡盘直径 D	正爪夹紧尺寸范围 $A \sim A_1$	正爪撑紧尺寸范围 $B \sim B_1$	反爪夹紧尺寸范围 $C \sim C_1$
(mm)				(mm)			
80	2～22	25～70	22～63	250	6～110	80～250	90～250
100	2～30	30～90	30～80	315	10～140	95～315	100～315
125	2.5～40	38～125	38～110	400	15～210	120～400	120～400
160	3～55	50～160	55～145	500	25～280	150～500	150～500
200	4～85	65～200	65～200	630	50～350	170～630	170～630
				800	150～450	300～800	400～800

2. 四爪单动卡盘(JB/T 6566—2005)

【其他名称】 四脚卡盘、四脚车床轧头。

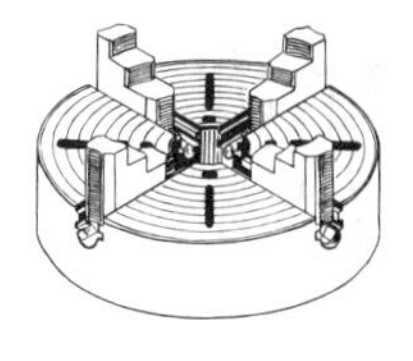

【用　　途】 车床附件，用以夹持圆形或方形、矩形工件，进行切削加工。这种卡盘的四爪不能联动，需分别扳动，故还能用来夹持单边的、不对中心的工件。

【规　　格】

<table>
<tr><td colspan="2">卡盘与车床主轴连接型式</td><td colspan="9">短圆柱型——卡盘直径 160～1000mm
短圆锥型（又分 A_2、C、D 型）——卡盘直径 200～1000mm</td></tr>
<tr><td colspan="2">卡盘直径
(mm)</td><td>160</td><td>200</td><td>250</td><td>315</td><td>400</td><td>500</td><td>630</td><td>800</td><td>1000</td></tr>
<tr><td rowspan="2">夹紧
范围
(mm)</td><td>正爪</td><td>8～80</td><td>10～100</td><td>15～130</td><td>20～170</td><td>25～250</td><td>35～300</td><td>50～400</td><td>70～540</td><td>100～680</td></tr>
<tr><td>反爪</td><td>50～160</td><td>63～200</td><td>80～250</td><td>100～315</td><td>118～400</td><td>125～500</td><td>160～630</td><td>200～800</td><td>250～1000</td></tr>
<tr><td colspan="2">短圆锥卡盘
连接型式代号</td><td>3
4</td><td>4
5
6</td><td>4.5
6.8</td><td>5
6
8</td><td>6
8
11</td><td>8
11</td><td>11
15</td><td>11
15
20</td><td>11
15
20</td></tr>
</table>

注：1. 连接型式代号由型式字母（A_2、C 或 D）和数字两部分组成。例：$A_2$4、C5、D15 型。带括号的代号数字按特殊订货制造；C4 和 D4 型尽量不采用。

2. 连接型式代号：$A_2$4～A15 型卡盘适配 A_1 和 A_2 型车床主轴端部，C4～C14 型卡盘适配 C 型车床主轴端部，D4～D15 型卡盘适配 D 型车床主轴端部。

3. A_2 型没有连接型式代号 3。

3. 扳手三爪钻夹头（GB/T 6087—2003）

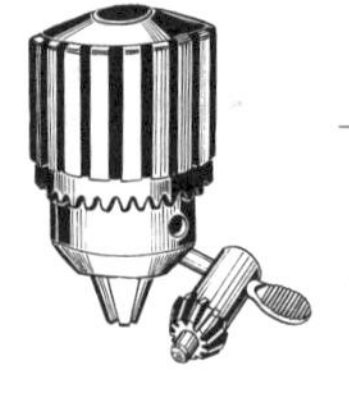

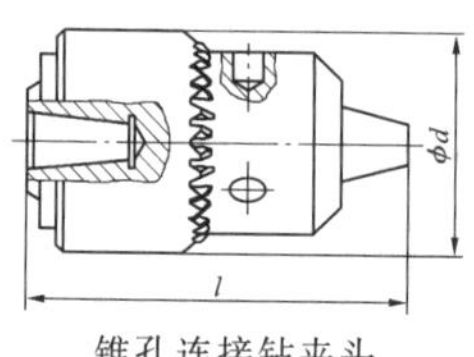

锥孔连接钻夹头

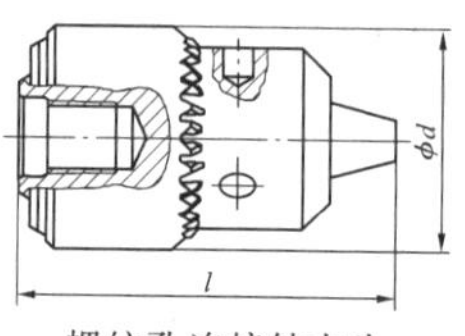

螺纹孔连接钻夹头

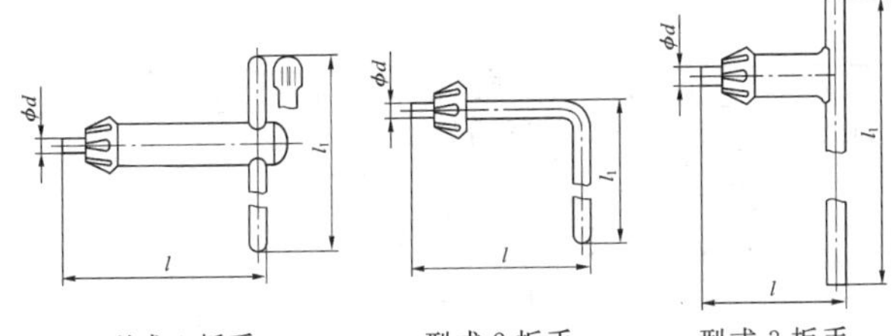

型式 1 扳手　　　　型式 2 扳手　　　　型式 3 扳手

【用　　途】 安装于钻床或电钻上，用来夹持直柄钻头。

【规　　格】

(1) 钻夹头的分类和代号								
按钻夹头(代号 J)与主轴连接形式分锥孔连接(代号 21)和螺纹孔连接(代号 31)两种；按其用途分重型、中型、轻型三种：重型(代号 H)用于机床和重负荷加工，中型(代号 M)主要用于轻负荷加工和便携式工具，轻型(代号 L)用于轻负荷加工和家用钻具；按其夹持钻头最大直径分 4、6.5 等型式								
(2) 钻夹头型式和主要外形尺寸								
钻夹头型式		夹持钻头直径范围(mm)	外形尺寸(mm) ≤		锥孔代号		螺纹规格	
			l	d	莫氏锥孔	贾格锥孔	英寸制螺纹	米制普通螺纹
H型	4H	0.5～4	50	26	B10	0	①	—
	6.5H	0.8～6.5	60	38/34	B10*，B12	1	②③	⑥⑦
	8H	0.8～8	62	38	B10*，B12	2S，2*	②③	⑥⑦
	10H	1～10	80	46	B12*，B16	2S，2，33	③	⑥⑦
	13H	1～13	93/90	55	B16，B18*	33，6	③④	⑦
	16H	1/3～16	106/100	60	B16*，B18	6*，(3)	③④	⑦⑧
	20H	5～20	120/110	65	B22	(3)	⑤	⑧
	26H	5～26	148	93	B24	(4)，(5)	—	—
M型	6.5M	0.8～6.5	58/56	35	B10	1	①②	⑥
	8M	0.8～8	58/56	35	B12	1	②③	⑥⑦
	10M	1～10	65	42.9	B12	2S，2，33	②③	⑥⑦
	13M	1.5～13	82	47/46	B16	2，33，6	③	⑥⑦
	16M	3～16	93/90	52	B16	4	③④	⑦⑧
L型	6.5L	0.8～6.5	56	30	B10	1	②	⑥
	8L	1～8	56	30	B10	1	②③	⑥⑦
	10L	1.5～10	65	34	B12	2S，2，33	②③	⑥⑦
	13L	2.5～13	82	42.9	B12，B16	2，33，6	③④	⑥⑦
	16L	3～16	88	51	B16	33，6	④⑤	⑦⑧

(续)

(3) 钻夹头扳手的型式和规格的代号

钻夹头扳手有 3 种型式,代号分别为 T1、T2、T3;规格用扳手号 1、2 … 21 表示,代号分别为 N1、N2 … N21

(4) 钻夹头扳手的主要外形尺寸(mm)

扳手号	外形尺寸			扳手号	外形尺寸			扳手号	外形尺寸		
	d	l	l_1		d	l	l_1		d	l	l_1
1	4	30	60	8	9	56	110	15	6.096	29	55
2	4	37.5	65	9	3.175	27	55	16	6.096	33	39.7
3	5.5	40	75	10	3.968	28	55	17	6.985	35	70
4	6	41	80	11	5.556	33	60	18	6.985	38	55
5	6.5	47	90	12	5.953	36	70	19	7.937	40	90
6	8	50	90	13	6.35	39	70	20	9.525	50	110
7	9	65	120	14	6.35	40	80	21	11.112	92	200

(5) 钻夹头适用的扳手号

钻夹头型式	4H	6.5H	8H	10H	13H	16H	20H	26H	6.5M
适用的扳手号	1 9	1, 3 11	4 12	4, 5 14	6 19	6, 7 19	8 20	8 21	1, 2 10
钻夹头型式	8M	10M	13M	16M	6.5L	8L	10L	13L	16L
适用的扳手号	1	3, 4 12 13	4, 5 14	6	1, 2 15 16	1 15 16	3, 4 15, 16 17, 18	4, 5 17 18	6

注: 1. 带 * 符号和括号的锥孔代号尽量不采用。2. 外形尺寸栏中用分数表示的数据,分子适用于锥孔连接钻夹头,分母适用于螺纹孔连接钻夹头。3. 螺纹规格栏中: ①为 5/16 × 24 螺纹,②为 3/8 × 24 螺纹,③为 1/2 × 20 螺纹,④为 5/8 × 16 螺纹,⑤为 3/4 ×16 螺纹,⑥为 M10 × 1 螺纹,⑦为 M12 × 1.25 螺纹,⑧为 M16 × 1.5 螺纹。4. 钻夹头的命名内容: 包括名称(简称为"扳手钻夹头");钻夹头类代号(J);锥孔连接代号(21)或螺纹孔连接代号(31);型式代号(4H, 6.5H …);重大改进序号(用 A、B … 表示);连接型式代号(莫氏锥孔号,贾格锥孔号,号数前加"J"字母,例"J2S",或螺纹规格)。例: 扳手钻夹头 J2110M-B12,即指 B12 莫氏锥孔连接,最大夹持直径 10mm,中型扳手钻夹头。5. 钻夹头扳手的命名内容: 包括名称;型式代号和规格代号。例: 钻夹头扳手 T1-N4,即指型式 1,扳手号 4 的钻夹头扳手。

4. 回 转 顶 尖(JB/T 3580—2011)

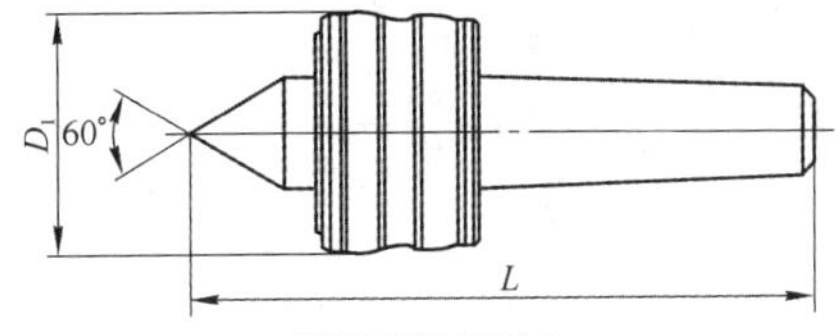

普通型回转顶尖

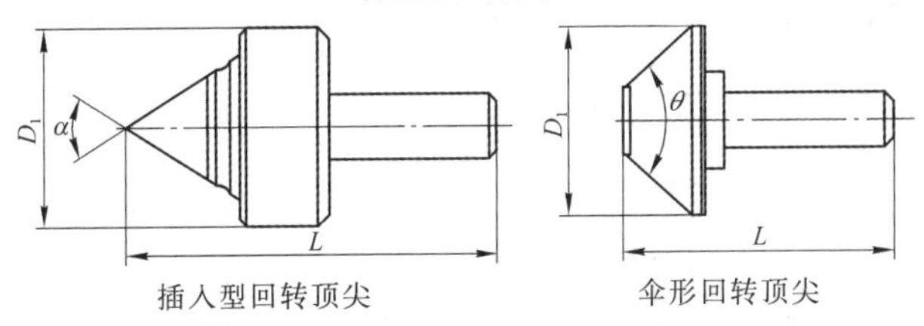

插入型回转顶尖　　　　伞形回转顶尖

【用　　途】 回转顶尖分为普通型、伞型和插入型三种，可用于普通机床和数控机床。

【规　　格】

(mm)

<table>
<tr><td colspan="2" rowspan="2"></td><td colspan="6">莫氏圆锥号</td><td colspan="4">米　　制</td></tr>
<tr><td>1</td><td>2</td><td>3</td><td>4</td><td>5</td><td>6</td><td>80</td><td>100</td><td>120</td><td>160</td></tr>
<tr><td rowspan="2">普通型</td><td>D_1</td><td>40</td><td>50</td><td>60</td><td>70</td><td>100</td><td>140</td><td>80</td><td>100</td><td>120</td><td>160</td></tr>
<tr><td>L</td><td>115</td><td>145</td><td>170</td><td>210</td><td>275</td><td>370</td><td>390</td><td>440</td><td>500</td><td>680</td></tr>
<tr><td rowspan="2">伞型及插入型</td><td>D_1</td><td></td><td>80</td><td>100</td><td>160</td><td>200</td><td>250</td><td colspan="4" rowspan="2">注：伞型 θ 角 60°、75°、90°；插入型 α 角莫氏圆锥号 2、3、4 为 60°、75°
莫氏圆锥号 5、6 为 60°、75°、90°</td></tr>
<tr><td>L</td><td></td><td>125</td><td>160</td><td>210</td><td>255</td><td>325</td></tr>
</table>

回转顶尖市场产品

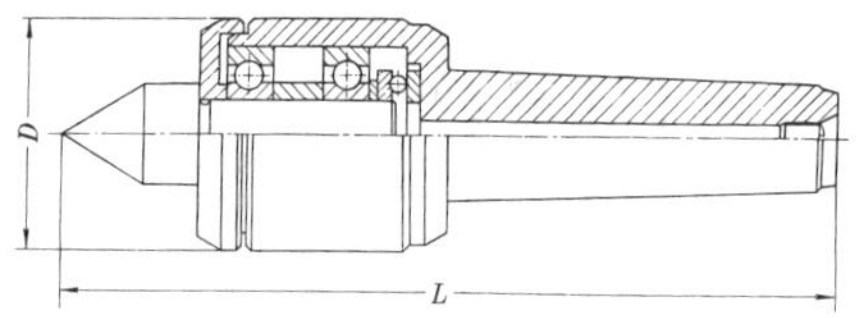

【规　　格】 又称活络顶针，只带莫氏圆锥尾柄，分为轻型和中型两种；按其精度又分为普通精度和高精度两种。

莫　氏 圆锥号	1	2	3		4		5	6
类　型	轻型	轻型	轻型	中型	轻型	中型	中型	中型
外径 D (mm)	35	42	52	57	64	67	90	130
全长 L (mm)	114	134	170	160	205	195	255	370
极限转速 (r/min)	2000	2000	1400	1200	1400	1200	800	600

注：轻型适用于高转速、轻载荷的精加工；中型适用于较高转速的粗加工和半精加工。

5. 车 刀 排

直　式

左弯式

【其他名称】 刀排。

【用　　途】 用来夹持车刀钢等刀具，以便在车床或刨床上对工件进行切削加工。

【规　　格】 有直式、左弯式、右弯式三种型式。

公称尺寸(mm)	6.35	7.94	9.53	12.70	15.87	19.05
柄　　阔(mm)	11.8	13.7	15.7	20.0	24.7	29.8
柄　　高(mm)	22	26	30	38	46	54
全　　长(mm)	123.0	134.5	147.5	178.0	214.5	257.0

6. 锥柄工具过渡套(JB/T 3411.67—1999)

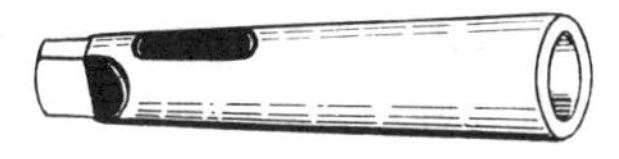

【其他名称】 扁头钻套、钻头套、钻套筒、钻套管、钻套、莫氏圆锥短衬套。

【用　　途】 用于钻床、车床及电钻等,用以夹持不同莫氏锥度号的锥柄钻头。

【规　　格】

圆锥号和主要尺寸(mm)							圆锥号和主要尺寸(mm)						
外圆锥号		内圆锥号		大端直径		全长	外圆锥号		内圆锥号		大端直径		全长
莫氏	米制	莫氏	米制	外锥体	内锥体		莫氏	米制	莫氏	米制	外锥体	内锥体	
2	—	1	—	17.780	12.065	92	6	—	4	—	63.348	31.267	218
3	—	1	—	23.825	12.065	99	6	—	5	—	63.348	44.399	218
3	—	2	—	23.825	17.780	112	—	80	5	—	80	44.399	228
4	—	2	—	31.267	17.780	124	—	80	6	—	80	63.348	280
4	—	3	—	31.267	23.825	140	—	100	6	—	100	63.348	296
5	—	3	—	44.399	23.825	156	—	100	—	80	100	80	310
5	—	4	—	44.399	31.267	171	—	120	—	80	120	80	321
6	—	3	—	63.348	23.825	218	—	120	—	100	120	100	365

7. 油　　壶

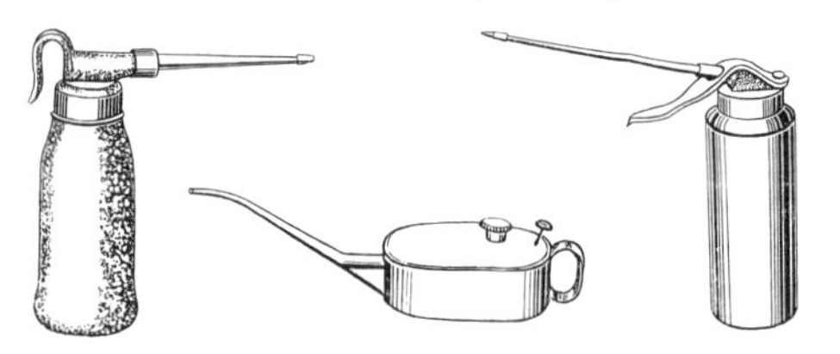

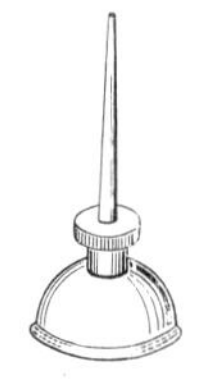

塑料油壶　　　鼠形油壶　　　压力油壶　　　喇叭油壶

【用　　途】 盛润滑油，供向机器上加油用。

【规　　格】

品　　种	规　　格
塑料油壶	容量(cm^3)：180
鼠形油壶	容重(kg)：0.25，0.5，0.75，1
压力油壶	容量(cm^3)：180
喇叭油壶	全高(mm)：100，200

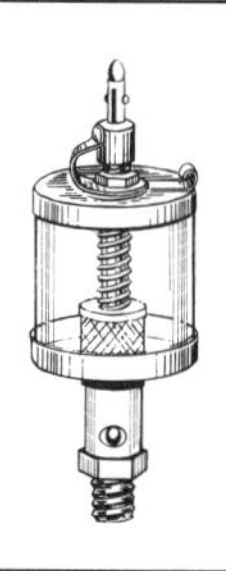

8. 针阀式注油油杯

(JB/T 7940.6—1995)

【其他名称】 针阀式油杯、玻璃油杯。

【用　　途】 杯体盛储润滑油，供向运动机件滴注润滑油用，通过透视管，可观察、调节油杯的针阀位置，控制滴油速度。

【规　　格】

最小容量(cm^3)	16	25	50	100	200	400
接头螺纹(mm)	M10×1	M14×1.5			M16×1.5	
杯套直径(mm) ≤	32	36	45	55	70	85
油杯最大高度(mm)	105	115	130	140	170	190
扳体尺寸(mm)	13	18			21	

9. 旋盖式油杯(JB/T 7940.3—1995)

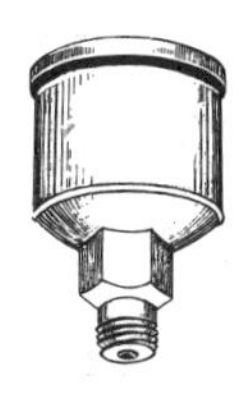

【其他名称】 铁皮牛油杯、牛油杯、黄油杯、旋盖润滑脂杯。

【用　　途】 装于机件上，内盛润滑脂，旋进旋盖，就可压出润滑脂，使运动机件得到润滑。一般用于转速不高的机器上。

【规　　格】

油杯最小容量(cm^3)	1.5	3，6	12，18，25	50，100	200
连接螺纹(mm)	M8×1	M10×1	M14×1.5	M16×1.5	M24×1.5
扳体尺寸(mm)	10	13	18	21	30

10. 弹簧盖油杯(JB/T 7940.5—1995)

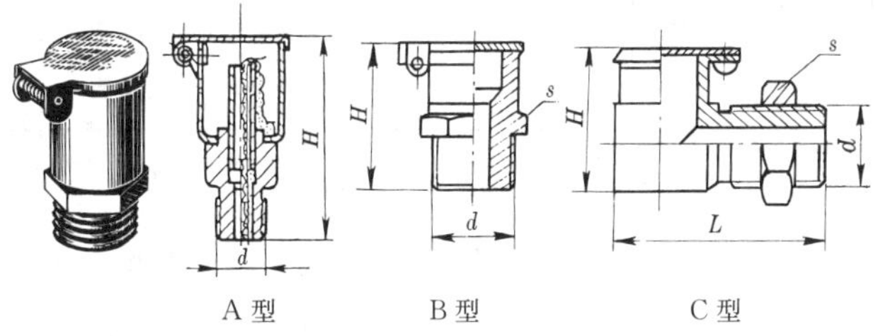

A型　　B型　　C型

【其他名称】 弹簧油杯。

【用　　途】 用润滑油对机件作间歇润滑的一种油杯。将润滑油加注于油杯中，自流于待润滑的机件表面上。杯盖上装有弹簧，可使杯盖自动关闭。

【规　　格】

(1) A型弹簧盖油杯

油杯最小容量(cm^3)	1	2	3	6	12	18	25	50
连接螺纹 d(mm)	M8×1		M10×1		M14×1.5			
杯身直径 D(mm)	16	18	20	25	30	32	35	45
油杯最大高度 H(mm)	38	40	42	45	55	60	65	68
扳体尺寸 s(mm)	10		11		18			

(2) B型和C型弹簧盖油杯

<table>
<tr><th rowspan="2">连接螺纹
d
(mm)</th><th rowspan="2">杯身直径
d_3
(mm)</th><th colspan="2">油杯最大高度
H(mm)</th><th rowspan="2">C型油杯
长度 L
(mm)</th><th colspan="2">扳体尺寸
s(mm)</th></tr>
<tr><th>B型</th><th>C型</th><th>B型</th><th>C型</th></tr>
<tr><td>M6</td><td>10</td><td>18</td><td>18</td><td>25</td><td>10</td><td rowspan="3">13</td></tr>
<tr><td>M8×1</td><td>12</td><td>24</td><td>24</td><td>28</td><td rowspan="2">13</td></tr>
<tr><td>M10×1</td><td>12</td><td>24</td><td>24</td><td>30</td></tr>
<tr><td>M12×1.5</td><td>14</td><td>26</td><td>26</td><td>34</td><td>16</td><td>16</td></tr>
<tr><td>M16×1.5</td><td>18</td><td>28</td><td>30</td><td>37</td><td>21</td><td>21</td></tr>
</table>

11. 直通式压注油杯(JB/T 7940.1—1995)

【其他名称】 压注式油杯、压注式油嘴、圆球阀式油杯。

【用　　途】 用润滑脂对机器作间歇润滑的一种油杯。用压力将润滑脂加注于油杯中，通过油杯使之涂敷于待润滑的机件表面。

【规　　格】

连接螺纹(mm)	M6	M8×1	M10×1
油杯全高(mm)	13	16	18
扳体尺寸(mm)	8	10	11
钢球直径(mm)	3		

12. 接头式压注油杯(JB/T 7940.2—1995)

【用　　途】 由螺纹接头和直通式油杯组成。倾角α分45°、90°两种。用压力将润滑油脂注入油杯，对机件作间歇性润滑。适用于场所狭窄、无法垂直注油的机械设备。

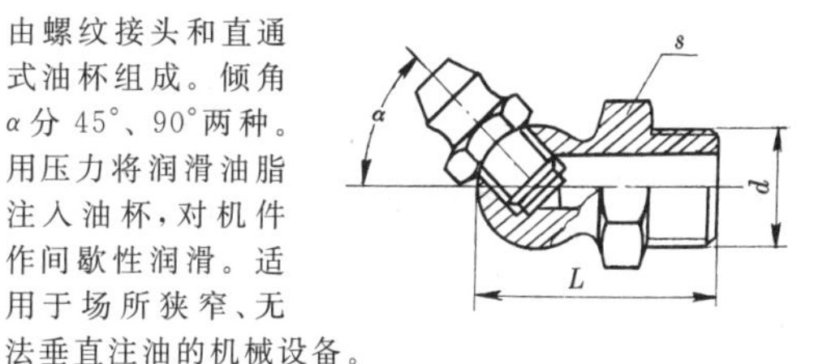

【规　　格】

连接螺纹 d(mm)	M6	M8×1	M10×1
接头长度 l(mm)	21		
扳体尺寸 s(mm)	11		
直通式压注油杯规格(mm)	M6		

13. 压配式压注油杯(JB/T 7940.4—1995)

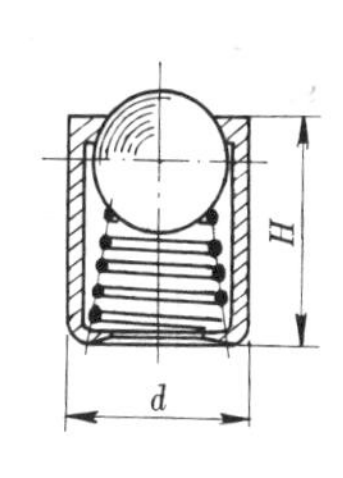

【用　　途】 油杯与机械设备之间的连接是过盈配合。须用压力将润滑油脂注入油杯，对机器作间歇润滑。其特点是结构简单，又不外露于机械设备表面。

【规　　格】

油杯外径 d(mm)	6	8	10	16	25
油杯高度 H(mm)	6	10	12	20	30
钢球直径 D(mm)	4	5	6	11	13

14. 油　　枪

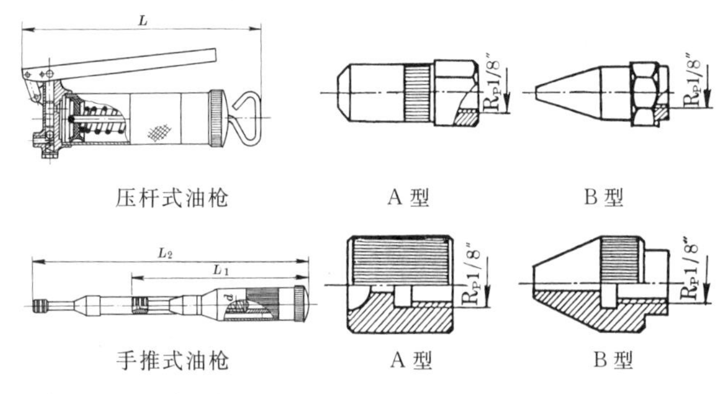

压杆式油枪　　A型　　B型

手推式油枪　　A型　　B型

【其他名称】 黄油枪。

【用　　途】 用于对各种机械、设备、汽车、拖拉机、船舶等上的油杯压注润滑油脂。压杆式油枪适用于压注润滑脂，其中A型油嘴仅用于直通式或接头式压注油杯。手推式油枪适用于压注润滑油或润滑脂，A型油嘴仅用于压注润滑脂。

【规　　格】

型　　式	储油量 (cm^3)	公称压力 (MPa)	出油量 (cm^3)	高度 B 或外径 D (mm)	全长 L (mm)
压杆式油枪 (JB/T 7942.1—1995)	100	16	0.6	$B=90$	255
	200	16	0.7	$B=96$	310
	400	16	0.8	$B=125$	385
手推式油枪 (JB/T 7942.2—1995)	50	6.3	0.3	$D=33$	330
	100	6.3	0.5	$D=33$	330

第十一章 消 防 器 材

1. 手提式水基型灭火器(GB 4351.1—2005)

【其他名称】 灭火机。

【用　　途】 手提式水基型灭火器,根据灭火器内充装的灭火剂的不同分为水型(MS)和泡沫型(MP)两种。

① 水型(MS)包括清洁水或带添加剂的水,如湿润剂、增稠剂、阻燃剂、发泡剂等。

② 泡沫型(MP)包括P蛋白泡沫、FP氟蛋白泡沫、AR抗溶性泡沫、AFFF水成膜泡沫、S合成泡沫、FFFP等。

手提式水基型灭火器

灭火器能在其内部压力作用下,将所装灭火剂喷出,覆盖在燃烧物的表面,隔绝空气,达到灭火的效果。用于扑救一般物质和油类的初起火灾。它适用于工厂、企业、商店、住宅及公共场所等场合;但不适宜扑救带电设备和珍贵物品的火灾。

【规　　格】

型式	型号	灭火剂量(L)	有效喷射时间(s)	有效喷射距离(m)	灭火性能级别代号
水基型	MS	2 3	≥15	3.0	1A 55B
	MP	6 9	≥30 ≥40	3.5 4.0	2A 89B 3A 144B

注:1. 灭火器型号编制方法。

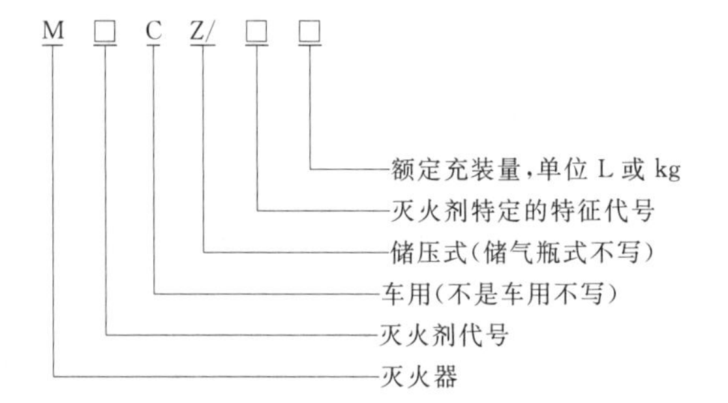

灭火剂代号：水型 S;泡沫型 P;干粉 F;二氧化碳 T;洁净气体 J。

2. 灭火器使用温度,应取下列的某一温度范围,能可靠使用,操作安全。

① +5～+55℃;② 0～+55℃;③ −10～+55℃;④ −20～+55℃;⑤ −30～+55℃;⑥ −40～+55℃;⑦ −55～+55℃。

3. 灭火性能以级别代号表示。代号中字母表示扑灭火灾类别;数字表示级别,数字大者灭火能力也大。例：5A,4B。

A 类火——固体有机物质燃烧的火灾；

B 类火——液体或可熔化固体燃烧的火灾；

C 类火——气体燃烧的火灾；

D 类火——可燃金属燃烧的火灾；

E 类火——燃烧时物质带电的火灾；

F 类火——烹饪器具内的烹饪物(动植物油脂)燃烧的火灾。

2. 手提式二氧化碳灭火器(GB 4351.1—2005)

【其他名称】 二氧化碳灭火机。

【用　　途】 利用器内喷出的细小雪花状二氧化碳(干冰)来排除、稀释燃烧区氧气或可燃气体的含量,以冷却和窒息作用起到灭火效果。适用于扑救燃烧面积不大的珍贵设备、档案资料、仪器仪表、600V以下的各种带电设备的初起火灾，但不宜用于扑救锂、钾、铝、镁和铝镁合金等轻金属及氢化物的火灾，也不能扑救能在惰性介质中由自身供氧燃烧的物质（如硝化纤维火药）的火灾。手提式的特点是用手压紧压把，即自动喷出二氧化碳；放松压把，即自动停止喷出。

手提式二氧化碳灭火器

【规　　格】

型式	型号	灭火剂量(kg)	最小有效喷射		灭火种类及级别
			时间(s)	距离(m)	
手提式	MTZ-2	2	8	2.0	C、≥21B、E
	MTZ-3	3	8	2.0	C、≥21B、E
	MTZ-5	5	9	2.5	C、≥34B、E
	MTZ-7	7	9	2.5	C、≥144B、E

注：1. 二氧化碳灭火剂应符合 GB 4396。
2. C、B、E代表火灾的种类，其中C、E不分级别，参阅第800页注3。

3. 手提式干粉灭火器

手提式储气瓶干粉（内装式）灭火器

悬挂式感温自动灭火器

【其他名称】 干粉灭火机。

【用　　途】 利用器内二氧化碳产生的压力，将器内灭火剂（干粉）喷在燃烧物上，构成阻碍燃烧的隔离层，同时分解出不燃性气体，稀释燃烧区含氧量，以扑灭火灾。常用的灭火剂为碳酸氢钠干粉或全硅化碳酸氢钠干粉。它适用于扑救易燃液体、可燃气体和带电设备火灾，也可与氟蛋白泡沫或轻水泡沫联用，扑救大面积的油类火灾。另一种磷酸铵盐干粉灭火剂（简称 ABC 干粉，又称通用干粉），除具有碳酸氢钠干粉灭火剂的灭火性能外，还能扑灭 A 类物质（如木材、纸张、橡胶、棉布等）火灾。手提式便于提拎，灭火时将喷管喷口对准火焰根部，扣动扳机（开关、拉环），即喷出干粉灭火。悬挂式可吊挂在室内天花板上。由于喷口装有感温定温阀，遇到火警时，室内温度上升，超过定温阀额定温度时，定温阀会自动开启喷口，进行灭火。

干粉灭火装置按灭火剂储存方式分为储压式和非储压式。按灭火装置的安装方法分悬挂式和壁挂式及其他。按灭火剂的驱动气体分惰性气体驱动和燃气驱动。按使用场所分为通用和专用。

【规　　格】

<table>
<tr><th rowspan="3">型号</th><th rowspan="3">灭火剂量(kg)</th><th colspan="3">有效喷射</th><th rowspan="3">电绝缘性能(kV)</th><th rowspan="3" colspan="2">灭火性能级别代号</th></tr>
<tr><th rowspan="2">时间(s)</th><th colspan="2">距离(m)</th></tr>
<tr><th>灭 A 火</th><th>灭 B 火</th></tr>
<tr><td>MF1</td><td>1</td><td>8</td><td>3</td><td>3</td><td rowspan="9">≥5</td><td rowspan="2">1A</td><td rowspan="2">21B</td></tr>
<tr><td>MF2</td><td>2</td><td>13</td><td>3</td><td>3</td></tr>
<tr><td>MF3</td><td>3</td><td>13</td><td>3</td><td>3.5</td><td rowspan="2">2A</td><td>34B</td></tr>
<tr><td>MF4</td><td>4</td><td>13</td><td>3</td><td>3.5</td><td>55B</td></tr>
<tr><td>MF5</td><td>5</td><td>13</td><td rowspan="2">3.5</td><td>3.5</td><td rowspan="2">3A</td><td rowspan="2">89B</td></tr>
<tr><td>MF6</td><td>6</td><td>13</td><td>4</td></tr>
<tr><td>MF8</td><td>8</td><td>13</td><td rowspan="2">4.5</td><td>4.5</td><td rowspan="2">4A</td><td rowspan="3">144B</td></tr>
<tr><td>MF9</td><td>9</td><td>13</td><td>5</td></tr>
<tr><td>MF12</td><td>12</td><td>13</td><td>5</td><td>5</td><td>6A</td></tr>
</table>

4. 悬挂式感温自动灭火器

悬挂式感温自动灭火器(GA 78—1994)										
规格		2kg	3kg	4kg	5kg	6kg	8kg	10kg	12kg	16kg
灭火剂充装量(kg) 有效喷射时间(s)		2 ≤5	3 ≤5	4 ≤7	5 ≤7	6 ≤9	8 ≤10	10 ≤10	12 ≤12	16 ≤14
灭火性能	灭火级别(B类) 保护半径(m)≥	6B 0.62	8B 0.71	10B 0.80	12B 0.87	14B 0.94	18B 1.07	20B 1.13	22B 1.18	26B 1.29
	灭火级别(A类) 保护半径(m)≥	5A 0.35	8A 0.47	8A 0.47	13A 0.70	13A 0.70	21A 1.08	21A 1.08	—	—

注：1. 型号中MF手提(储气瓶式)干粉灭火器,又分内置式和外挂式两种(型号上无区别),MFZ表示手提贮压式干粉灭火器;MFT表示推车式干粉灭火器。灭火器内的干粉一般为碳酸氢钠干粉(即BC干粉)。如采用磷酸铵盐干粉(即ABC干粉)时,灭火器的型号后须加注“L”。例：MFL,MFZL。

2. 悬挂式感温自动灭火器型式代号举例：XZFTL-3。其中：X表示悬挂式,Z表示自动灭火,F表示干粉灭火剂,T表示易熔合金闭式喷头(TB则表示玻璃球闭式喷头),L表示磷酸胺盐干粉灭火剂(G表示改性钠盐干粉灭火剂,J表示钾盐干粉灭火剂,A表示氨基干粉灭火剂;钠盐干粉灭火剂则无代号),3表示充装干粉重量(kg)。

3. 推荐使用温度范围为−10～55℃(或−20～55℃)。

4. 灭火性能级别代号,参见第800页注3。

5. 灭火器外形尺寸各厂不尽相同,表中数据仅供参考。

5. 手提式洁净气体灭火器(GB 4351.1—2005)

手提式洁净气体灭火器

【用　　途】利用器内氮气压力，喷射出非导电的气体，或汽化液体的灭火剂，包括卤代烷烃类灭火剂、惰性气体灭火剂和混合气体灭火剂，迅速中止燃烧连锁反应。并有冷却和窒息作用，以扑灭火灾。这种灭火器的优点是能效高，毒性小，腐蚀性低，绝缘性好，久储不会变质，灭火后能蒸发，不留药液污迹。适于扑灭油类、有机溶液、精密仪器、带电设备、文物档案等初起火灾。但不适宜用于扑救钠、钾、铝、镁等轻金属的燃烧。使用时需开启喷口进行灭火。

【规　　格】

型　号	灭火剂量(kg)	最小有效喷射		灭火级别、代号
		时间(s)	距离(m)	
MJ－1	1	8	2	1A　21B
MJ－2	2	8	2	1A　21B
MJ－4	4	8	2.5	1A　34B
MJ－6	6	9	3	1A　55B

6. 简易式灭火器(GA 86—2009)

【用　　途】灭火剂充装量小于1000ml，可任意移动或挂装墙上，用一只手指开启又不可重复充装使用的一次性储压式灭火器。根据灭火剂和驱动气体合装和分装的不同分为一元包装和二元包装两种。按充装灭火剂不同分为水基型、水雾型、ABC干粉型和氢氟烃类型三种。简易式灭火器能扑救A类火(氢氟烃类除外)、B类火和F类火。干粉和氢氟烃类灭火器还能扑救C类火和E类火的火灾。

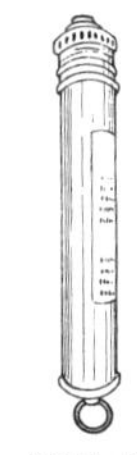
简易式灭火器

【规　　格】

灭火器类型	有效喷射率时间(s)	有效喷射距离(m)	喷射剩余率(%)	直径(mm)	开启力(N)
水基型	≥5	≥2	≤10	75	100
干粉型	≥5	≥2	≤10	75	100
氢氟烃类型	≥5	≥2	≤8	75	100

注：1. 灭火器使用温度范围应取下列规定的某一温度范围：5～55℃；0～55℃；－10～55℃；－20～55℃；－30～55℃。
2. 火灾类别参阅第800页注3。

7. 推车式灭火器(GB 8109—2005)

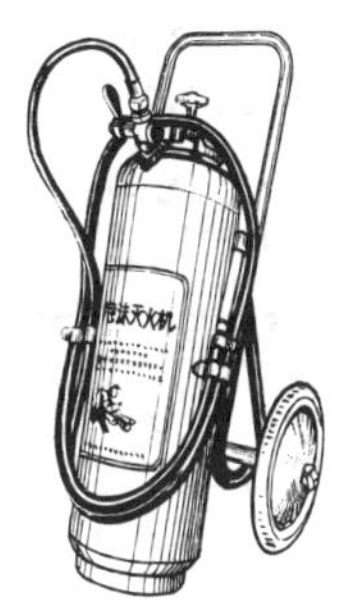

推车式(水基型)灭火器

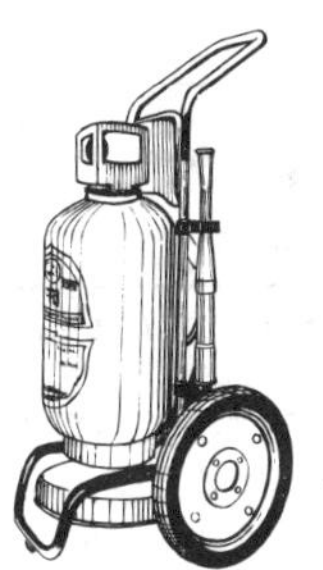

推车式储气瓶(内装式)(干粉型)灭火器

推车式(二氧化碳)灭火器

推车式(洁净气体)灭火器

【用　　途】利用储存在灭火器内的驱动气体的压力，喷射出相应的灭火剂，迅速扑灭燃烧物。具与同类型手提式有同等效果外，其特点是装有轮子，可由一人推(拉)至火场，移动灵便，灭火剂容量大，更适宜于仓库、码头等较大公共场所的火灾。

【规　　格】

类别	型号	灭火剂量(kg或L)	最小有效喷射		灭火性能级别
			时间(s)	距离(m)	
水基型	MST MPT	20 45 60 125	≥40 ≤210	≥6	≥4A～≤20A ≥144B～≤297B
干粉型	MFTZ	20 50 100 125	≥30	≥6	≥4A～≤20A ≥144B～≤297B 有灭C类火能力
二氧化碳型	MTT	10 20 30 50	≥20	≥3	≥4A～≤20A 43B～≤297B
洁净气体型	MJT	10 20 30 50	≥30	≥6	4A～20A ≥43B～≤297B

注：1. 灭火剂量一栏中水基型单位是(L)，其他均为(kg)。
2. 灭火级别代号参阅第800页注3。
3. 使用温度范围：推车式灭火器的使用温度范围，应取下例。规定的某一温度范围：+5～+55℃；−5～+55℃；−10～+55℃；−20～+55℃；−30～+55℃；−40～+55℃；−55～+55℃。

8. 灭火剂

化学泡沫灭火器用灭火剂

酸碱灭火器用灭火剂

【其他名称】 灭火器药剂、灭火机药剂、灭火机药粉。

【用　　途】 能够有效地破坏燃烧条件，终止燃烧的物质。灭火剂种类很多，主要有泡沫灭火剂、干粉灭火剂、气体灭火剂及其他如烟雾灭火剂、轻金属火灾灭火剂和水系灭火剂。各种不同的灭火剂按规定调制后，灌装在相应的灭火器中，供灭火时使用。灌装后的灭火剂需定期检查和更换，以保证灭火效能。

【规　　格】 常用灭火剂。

<table>
<tr><th rowspan="3">品　种</th><th rowspan="3">适　用
灭火器
型　号</th><th colspan="4">灭火剂成分及灌装量</th></tr>
<tr><th colspan="2">酸性剂</th><th colspan="2">碱性剂</th></tr>
<tr><th>组成成分
及包装</th><th>重量
(kg)</th><th>组成成分
及包装</th><th>重量
(kg)</th></tr>
<tr><td rowspan="2">(1) 化学泡沫灭火器用灭火剂
(GB 4395—2005)</td><td>MP 6
MPZ 6</td><td rowspan="2">硫酸铝(袋装)
(水)</td><td>0.6
(1)</td><td rowspan="2">碳酸氢钠(袋装)
(水)</td><td>0.43
(4.5)</td></tr>
<tr><td>MP 9
MPZ 9</td><td>0.9
(1)</td><td>0.65
(7.5)</td></tr>
<tr><td rowspan="2">(2) 酸碱灭火器用灭火剂</td><td>MS 7</td><td rowspan="2">纯度 60%～65%
硫酸(瓶装)</td><td>0.10*</td><td rowspan="2">纯度 85%～92%
碳酸氢钠(袋装)
(水)</td><td>0.43
(6.7)</td></tr>
<tr><td>MS 9</td><td>0.11*</td><td>0.46
(8.7)</td></tr>
</table>

注：1. 组成成分栏中带括号的水及重量栏中带括号的数字，表示该种灭火剂在使用时，须用该数量的清水(单位为 L)，调制成溶液后，再灌装在相应的灭火器中。

2. 重量栏中带 * 符号的数值为容积值，单位为 L。

3. 市场上习惯将碱性剂称为外药剂、外药粉、甲粉、甲种粉剂等；酸性剂称为内药剂、内药液、乙粉、乙种粉液。

灭火剂类别	(3) BC 干粉灭火剂	(4) ABC 干粉灭火剂	(5) 二氧化碳灭火剂 GB 4396—2005	
主要组分含量	厂方公 布值±3	厂方公 布值±3	纯度(%)	≥99.5
密度(g/ml)	≥0.85	≥0.80	水含量(%)	≤0.015
含水率(%)	≤0.20	≤0.20	油含量	无
吸湿率(%)	≤2.00	≤3.00	醇类含量 (mg/L)	≤30
抗结块性(mm)	≥16.00	≥16.00	总硫化含量 (mg/kg)	≤5.0
斥水性	无明显吸水， 不结块	无明显吸水， 不结块		
耐低温性(s)	≤5.00	≤5.00		
电绝缘性(kV)	≥5.00	≥5.00		

注：1. B、C 干粉灭火剂只能扑救 B、C 类火灾的灭火剂。

2. A、B、C 干粉灭火剂能扑救 A、B、C 类火灾的灭火剂。

(6) 泡沫灭火剂(GB 15308—2006)						
泡沫液种类	泡沫液性能			燃料类别及灭火性能		
	凝固点	pH	表面张力	橡胶工业溶剂油	99%丙酮	木垛
蛋白泡沫液(P)	在特征值*0～−4℃	6.0～9.5	与特征值的偏差不大于10%	≥4B	≥3B	≥1A
氟蛋白泡沫液(FP)				≥4B	≥3B	
合成泡沫液(S)				≥8B	≥3B	
水成膜泡沫液(AFFF)				≥12B	≥3B	
成膜氟蛋白泡沫液(FFFP)				≥12B		
抗醇泡沫液(AR)						

注：* 特征值，由供应商提供的泡沫液和溶液的物理、化学性能值。

灭火性能用灭火器规格为 6L。

9. 消 火 栓

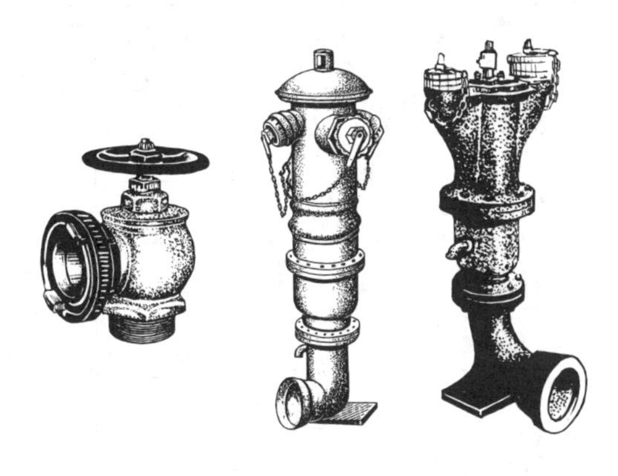

(SN 型)　　地上式 (SS 型)　　地下式 (SA 型)

室内消火栓　　室外消火栓

【用　　途】消火栓是安装在消防供水设备上的专用阀门。平时与消防供水管路连接,遇有火警时,将消防水带一端的接口接在消火栓的出口上,把阀开启,即能供水扑救火灾。室内消火栓装在公共场所、大楼的室内过道边;室外消火栓装在工矿企业、仓库的露天通道边和城市街道两旁的供水管路上。其中地上式露出地面;地下式埋于地下,平时加上井盖。

【规　　格】

(1) 室内消火栓(GB 3445—2005)						
公称通径 DN (mm)	型 号	进水口		基本尺寸(mm)		
		管螺纹	螺纹深度	关闭高度	出水口中心高度	阀杆中心距接口外沿距离
25	SN25	R_P1	18	135	48	82
50	SN50 SNZ50	R_P2	22	185	65	100
				205	65～71	
	SNS50 SNSS50	$R_P2\frac{1}{2}$	25	205	71	120
				230	100	112
65	SN65	$R_P2\frac{1}{2}$	25	205	71	120
	SNZ65			225	71～100	
	SNZJ65 SNZW65					126
	SNJ65 SNW65					
	SNS65	R_P3			75	
	SNSS65			270	110	
80	SN80	R_P3		225	80	126

(2) 地上消火栓(GB 4452—2011)									
SS100	法兰式	100	—	内扣式	100	1.6	400	340	1515
					65/65				
SS150	承插式	150	—		150	1.0	450	335	1590
					80/80				
(3) 地下消火栓(GB 4452—2011)									
SA100	法兰式 承插式	100	—	内扣式	100/65	1.6	476	285	1050
					65/65	1.0	472	285	1040

注：1. 室内消火栓型号：SN 型为直角单阀单出水口型；SNA 型为 45°单阀单出水口型；SNS 型为直角单阀双出水口型；SNSS 型为直角双阀双出水口 V 型；SNSSA 型为双阀双出水口并列型；SNSSB 型为双阀双出水口一字型。Z 代表旋转型；J 代表减压型；W 代表减压稳压型。

2. 表中消火栓高度为基本尺寸，加高型最大尺寸(mm)：地上消火栓为 3350；地下消火栓为 2250，每级差为 250。

10. 消防水带及其他水带

【其他名称】 水龙带、水带。

【用　　途】 消防水带主要用于输水灭火或输送其他液体灭火剂灭火；也可供工农业生产等方面用于输水或输送其他腐蚀性不大的液体。使用时，水带两端须另装接口，以便水带之间以及水带与其他设备之间进行连接。有衬里(消防)水带一般用合成纤维、棉与化纤混纺作为编织层，再用橡胶或塑料等作为衬里，具有耐磨、耐腐蚀，并能承受较高压力，在工农业生产中应用很广。

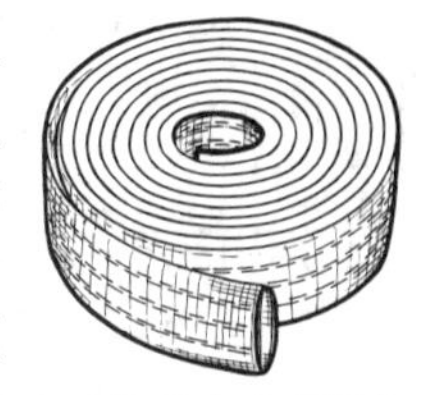

【规　　格】

品种		
消防水带	无衬里消防水带(GB 4580—1984)	棉消防水带
		麻(亚麻、苎麻)消防水带
	有衬里消防水带(GB 6246—2011)	
其他水带	衬胶水带(内胶出水管)：8 型	
	涂塑水带(涂塑出水管)	7102 型——工业用
		7551 型——农业用

(1) 有衬里消防水带(GB 6246—2011)

规格	公称尺寸	弯曲半径	折幅	每米质量(g)
(mm)				
25	25.0	250	42.0	180
40	38.0	500	64.0	280
50	51.0	750	84.0	380
65	63.5	1000	103.0	480
80	76.0		124.0	600
100	102.0	1500	164.0	1100
125	127.0		192.0	1600

设计工作压力	试验压力(MPa)	最小爆破压力
(MPa)		
0.8	1.2	2.4
1.0	1.5	3.0
1.3	2.0	3.9
1.6	2.4	4.8
2.0	3.0	6.0
2.5	3.8	7.5

(续)

(1) 有衬里消防水带(GB 6246—2011)							
规格	公称尺寸	弯曲半径	折幅	每米质量	设计工作压力	试验压力	最小爆破压力
(mm)				(g)	(MPa)		
150	152.0	2000	243.0	2200	水带长度(m)		
200	203.5	2500	325.5	3400	15, 20, 25, 30, 40, 60, 200		
250	254.0	3000	406.5	4600			
300	305.0	3500	520.0	5800			

(2) 棉、麻水带(GB 4580—1984)						涂塑水带		
公称口径(mm)	工作压力(MPa)	每米重量(kg)	公称口径(mm)	工作压力(MPa)	每米重量(kg)	公称口径(mm)	工作压力(MPa)	每米重量(kg)
棉消防水带			麻消防水带			7102型涂塑水带		
40*	0.8	0.22	40	1.0	0.23	50 65 80	0.8 0.8 0.8	0.40 0.53 0.65
50	0.8	0.29	50	1.0	0.30			
65	0.8	0.35	65	1.0	0.37	7551型涂塑水带		
80	0.8	0.43	80	1.0	0.45	50 65 80 100	0.6 0.6 0.6 0.6	0.35 0.42 0.58
100*	0.4	0.56	90*	0.6	0.57			

11. 水 带 包 布

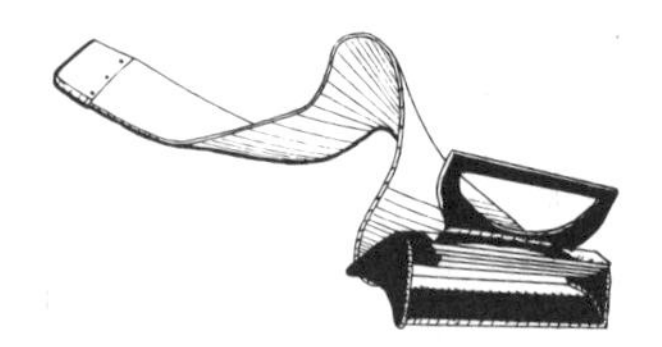

【用　　途】 用来包扎水带破裂漏水的部位。

【规　　格】

型　号	外形尺寸(mm)	重量(kg)
FP470	470×112×40	0.7

12. 内扣式消防接口(GB 12514.2—2006)

(1) 水带接口

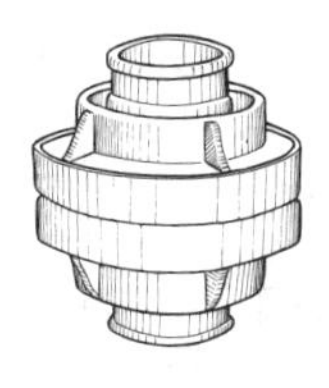

【其他名称】 水龙带接扣。

【用　　途】 装置于水带两端,用于水带与水带、消火栓或水枪之间的连接,以便进行输水或水和泡沫混合液,接口为内扣式。

【规　　格】

<table>
<tr><th colspan="2">接口形式</th><th colspan="2">规　　格</th><th rowspan="2">适用介质</th></tr>
<tr><th>名　　称</th><th>代号</th><th>公称通径
(mm)</th><th>公称压力
(MPa)</th></tr>
<tr><td rowspan="2">水带接口</td><td>KD</td><td rowspan="7">25、40、
50、65、
80、100、
125、135、
150</td><td rowspan="8">1.6
2.5</td><td rowspan="8">水泡混合液</td></tr>
<tr><td>KDN</td></tr>
<tr><td>管牙接口</td><td>KY</td></tr>
<tr><td>闷盖</td><td>KM</td></tr>
<tr><td>内螺纹固定接口</td><td>KN</td></tr>
<tr><td rowspan="2">外螺纹固定接口</td><td>KWS</td></tr>
<tr><td>KWA</td></tr>
<tr><td>异径接口</td><td>KJ</td><td>两端通径可在通径系列内组合</td></tr>
</table>

注:1. KD表示外箍式接口,KDN表示内扩张式接口,KWS地上消火栓用外螺纹固定接口,KWA表示地下消火栓用外螺纹固定接口。

2. 各种内扣式消防接口的工作压力为1.6和2.5MPa,其中2.5MPa内扣式消防接口须在型号后加注"Z"字,例KDN25Z。

3. 各种内扣式消防接扣的材料,可选用铸造铝合金(ZL104)或铸铅黄铜。市场上还有用带钢制造的水带接口。

内扣式消防接口外形尺寸

(mm)

公称通径		25	40	50	65	80	100	125	135	150
内径	KD,KDN	25	38	51	63.5	76	110	122.5	137	150
	KY,KN	G1″	G1½″	G2″	G2½″	G3″	G4″	G5″	G5½″	G6″
	KWS,KWA	G1″	G1½″	G2″	G2½″	G3″				
外径	D	55	83	98	111	126	182	196	207	240
总长	KD,KDN	≥59	67.5	67.5	≥82.5	≥82.5	≥170	≥205	≥245	≥270
	KY,KN	≥39	≥50	≥52	≥52	≥55	≥63	≥67	≥67	≥80
	KM	37	54	54	55	55	63	70	70	80
	KWS	≥62	≥71	≥78	≥80	≥89				
	KWA	≥82	≥92	≥99	≥101	≥101				

(2) 异径接口

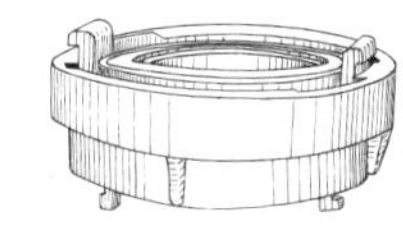

【其他名称】 异径接扣。

【用　　途】 用来连接两个不同口径的水带、水枪、消火栓等。接口为内扣式。

【规　　格】

型　　号	公称口径(mm)		外形尺寸(mm)		参考重量(kg)铝合金制
	小　端	大　端	外　径	全　长	
KJ25/40	25	40	83	67.5	0.25
KJ25/50	25	50	98		0.30
KJ40/50	40	50			0.38
KJ40/65	40	65			0.45
KJ50/65	50	65	111	82.5	0.50
KJ50/80	50	80			0.57
KJ65/80	65	80	126		0.62

注：1. 型号中，KJ 表示异径接口。

2. 参见第 813 页水带接口的注 2 和 3。

(3) 管 牙 接 口

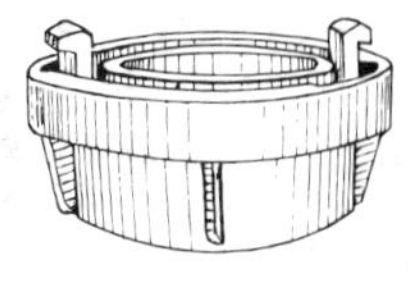

【其他名称】 管牙接扣。

【用　　途】 装配在水枪进口端或消火栓、消防泵的出口端，用以连接水带。接口连接水带一端为内扣式，另一端为管螺纹。

【规　　格】

型　　号	公称口径(mm)	外形尺寸(mm)		管螺纹(in)	参考重量(kg)	
		外径	全长		铝合金制	带钢制
KY25	25	55	43	G1	0.10	
KY40	40	83	55	G1½	0.24	
KY50	50	98	55	G2	0.26	0.45
KY65	65	111	57	G2½	0.35	0.60
KY80	80	126	57	G3	0.42	

注：1. 型号中 KY 表示管牙接口。
　　2. 参见第 813 页水带接口的注 2 和 3。

(4) 异 型 接 口

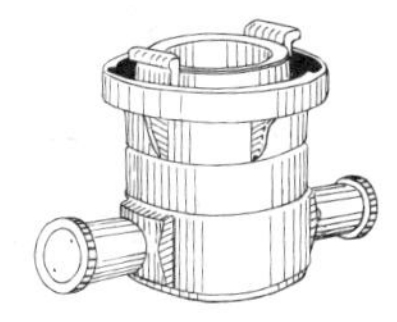

英式雌×内扣式

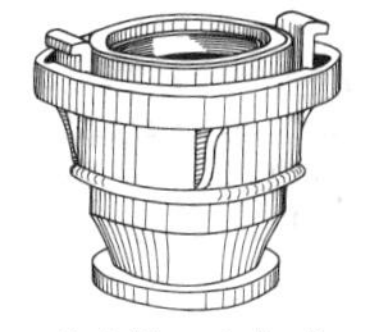

英式雄×内扣式

【其他名称】 异型接扣。

【用　　途】 用于旧英式接口与内扣式接口之间的连接。

【规　　格】

型　号	公称口径(mm)	接口式样	外形尺寸(mm)			参考重量(kg)铝合金制
			长	宽	高	
KX50 KXX50	50	英式雌×内扣式 英式雄×内扣式	162 98	105 98	98 97	0.9 0.5
KX65 KXX65	65	英式雌×内扣式 英式雄×内扣式	185 111	123 111	111 105	1.2 0.65

注：1. 型号中，KX 表示英式雌×内扣式异型接口，KXX 表示英式雄×内扣式异型接口。
2. 异型接口的工作压力为 1.6MPa。
3. 参见第 813 页水带接口的注 3。

13. 吸水管接口及吸水管同型接口

(1) 吸水管接口

【其他名称】 吸引管接口、吸水管接扣。

【用　　途】 分别装在消防泵吸水胶管两端。接口为螺纹式，每副有内、外螺纹接口各一，外螺纹接口用于连接滤水器，内螺纹接口用于连接水泵进水口或消火栓。

【规　　格】

型　号	公称口径(mm)	外形尺寸(mm)		螺　纹(mm)	密封试验压力(MPa)	参考重量(kg)铝合金制
		外径	长			
KG90 KG100	90 100	140 145	310 315	M125×6 M125×6	0.6	2.52 3.15

注：型号中，KG 表示吸水管接口，数字表示公称口径(mm)。

(2) 吸水管同型接口

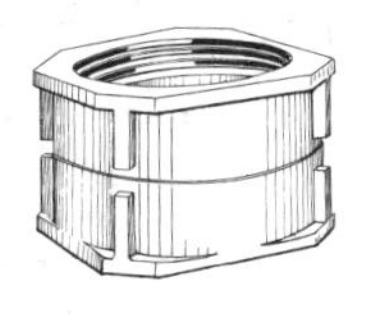

【其他名称】 吸引管同形接口、吸水管同形接扣。

【用　　途】 用于消防车吸水管与地上消火栓或地下消火栓之间的连接。接口为内螺纹式。

【规　　格】

型　号	公称口径(mm)	外形尺寸(mm)		螺　纹(mm)	工作压力(MPa)	参考重量(kg)铝合金制
		外径	高度			
KT100	100	140	113	M125×6	1	1.6

注：型号中，KT表示吸水管同型接口，数字表示公称口径(mm)。

14. 闷盖及进水口闷盖

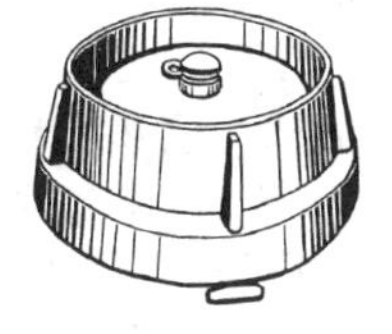

闷盖

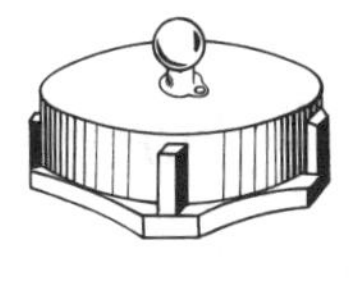

进水口闷盖

【其他名称】 闷盖——扪盖、盖头、出水口闷盖；
进水口闷盖——进水口盖头。

【用　　途】 闷盖供封盖消火栓、消防车、消防泵等出水口用，起密封和防尘作用，接口形式为内扣式。进水口闷盖供封盖消防车上的进水口用，也起密封防尘作用，接口形式为内螺纹式。

【规　　格】

品　种	型　号	公称口径(mm)	外形尺寸(mm)		接　口形　式	工作压力(MPa)	参考重量(kg)铝合金制
			外径	长			
闷　盖	KM25 KM40 KM50 KM60 KM80	25 40 50 60 80	55 83 98 111 126	37 54 54 55 55	内扣式	1.6	0.10 0.20 0.30 0.40 0.50
进水口闷　盖	KA100	100	140	73	螺纹式 M125×6	1	0.77

注：1. 型号中，KM表示闷盖，KA表示进水口闷盖，数字表示公称口径(mm)。
2. 参见第813页水带接口的注2和3。

15. 滤　水　器

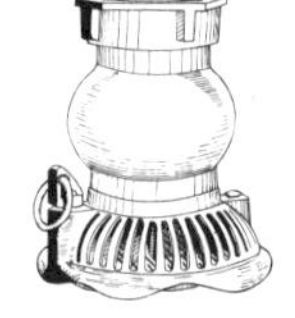

【用　　途】 装置在消防车的吸水管底部，用以阻止水源中的水藻、石子、杂草等吸入水管内，保障水泵正常运转；其底阀可防止吸水管内的水倒流，以免停泵后复用时重新引水。

【规　　格】

型　号	公称口径(mm)	外形尺寸(mm)		螺　纹(mm)	工作压力(MPa)	参考重量(kg)铝合金制
		外径	高			
FLF100	100	230	290	M125×6	≤0.4	4.25

注：型号中，FLF表示滤水器。

16. 分 水 器(GA 868—2010)

二分水器

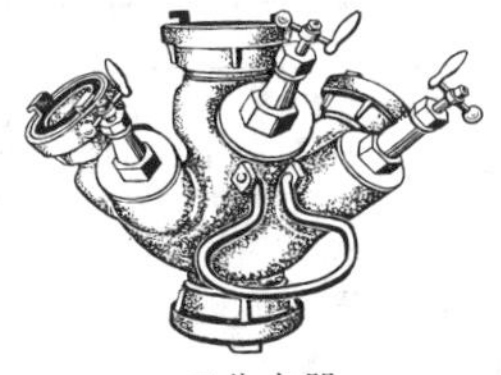

三分水器

【用　　途】 消防车上的一种附件，用以将单股进水水流分成两股或三股水流出水。每股水流出口处都装置有阀门，使用时，可根据需要，用一股出水或同时用几股出水。接口形式均为内扣式。

【规　　格】

名称	进水口		出水口		公称压力(MPa)	开启力(N)
	接口型式	公称通径(mm)	接口型式	公称通径(mm)		
二分水器 三分水器 四分水器	消防接口	65 80 100 125 150	消防接口	50 65 80 100 125	1.6 2.5	≤200

17. 集 水 器(GA 868—2010)

【用　　途】 消防车上的一种附件，用以将两股进水水流汇集成一股出水水流，即将两个小出水口径的消火栓与大进水口的消防车连接起来，以使消火栓集中向消防车供水。

【规　　格】

名称	进水口		出水口		公称压力(MPa)	开启力(N)
	接口型式	公称通径(mm)	接口型式	公称通径(mm)		
二集水器	消防接口	65 80 100 125	消防接口	80 100 125 150	1.0 1.6 2.5	≤200
三集水器						
四集水器						

18. 消　防　水　枪(GB 8181—2005)

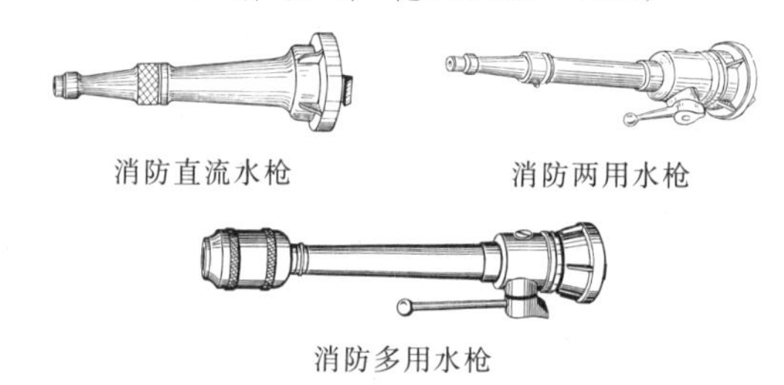

消防直流水枪　　消防两用水枪

消防多用水枪

【用　　途】各种不同型式的消防枪，用来喷射不同的灭火剂。

消防直流水枪，射出的是实心水柱。可以通过调换喷嘴大小，控制水流大小和射程。

消防喷雾水枪可以喷射雾状水流，用于扑救中小型重油火灾，还可隔离辐射热，掩护消防人员灭火。

消防两用水枪既能喷射实心水流，又能喷射雾状水流，并具有开启、关闭的功能。

消防多用水枪它能喷射出实心水柱、雾状水流和自卫水幕，掩护消防人员连续灭火，并具有开启、关闭的功能。

各种水栓接口均为内扣式。

【规　　格】

组别	代号	品种名称	喷嘴直径(mm)	工作压力(MPa)	喷雾角(°)
直流水枪 Z	QZ	直流水枪	13、16 19、22	0.35	
	QZG	开关直流水枪			
喷雾水枪 W	QWJ	撞击式喷雾水枪	13、16 19、22	0.35	
	QWL	离心式喷雾水枪			80
	QWP	簧片式喷雾水枪			30～50
多用水枪 D	QDH	球阀转换式多用水枪	13、16 19、22	0.6	30～50
两用水枪 L	QLH	球阀转换两用水枪	13、16 19、22	0.35	30～50
	QLD	导流式两用水枪		0.35	0～140
	QLZ	中压两用水枪		2	30～50
	QLG	高压两用水枪		3.5	30～50

19. 其他消防用枪

【用　　途】用来喷射不同的灭火剂，应用各种不同的消防枪、除消防水枪外，还有消防干粉枪，喷射各种干粉灭火剂专用，并具有开启、关闭的功能。

消防空气泡沫枪以喷射泡沫液为灭火剂的消防枪，并同样具有开启、关闭的功能。

消防蒸汽枪以喷射水蒸气灭火，并具有开启、关闭功能。

消防组合枪，可以喷射两种灭火剂的消防枪。通过调换喷嘴既可喷实心水流，雾状水流和空气泡沫，并具有开启、关闭的功能。

【规　　格】

<table>
<tr><th>组别</th><th>代号</th><th>品种名称</th><th colspan="2">喷射率
(kg/s)</th><th>工作压力
(MPa)</th><th>喷雾角
(°)</th></tr>
<tr><td>干粉枪 F</td><td>QF</td><td>消防干粉枪</td><td colspan="2">0.17～2.85</td><td>0.8～1.4</td><td></td></tr>
<tr><td rowspan="2">空气泡
沫枪 P</td><td>QPL</td><td>陆用空气泡沫枪</td><td rowspan="2">流量
(L/s)</td><td>4，8</td><td>0.3～0.7</td><td></td></tr>
<tr><td>QPC</td><td>船用空气泡沫枪</td><td>1，4，8</td><td>0.3～0.7</td><td></td></tr>
<tr><td>蒸汽
枪 Q</td><td>QQ</td><td>蒸汽枪</td><td colspan="2">10</td><td>0.4～0.6</td><td></td></tr>
<tr><td rowspan="2">组合枪
H</td><td>QHZ</td><td>中压组合枪</td><td colspan="2">9</td><td>≥0.7～2.5</td><td>30～50</td></tr>
<tr><td>QHG</td><td>高压组合枪</td><td colspan="2">7</td><td>>2.5～4.5</td><td>30～50</td></tr>
</table>

20. 消 防 斧

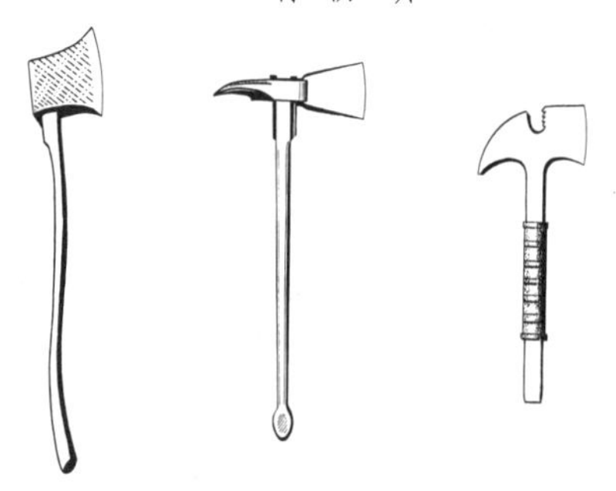

消防平斧　　消防尖斧　　消防腰斧

【其他名称】 太平斧、大尖斧、小手斧。

【用　　途】 供扑灭火灾时破拆障碍物用。平斧作一般劈破木质门窗等用。尖斧除用于劈破木质门窗外，还可用于凿洞、破墙。腰斧(小手斧)全用钢材制成，比较轻便，可挂于消防人员腰间，供登高上楼进行破拆工作用。

【规　　格】

型　号	外形尺寸 (mm)	斧　重 (kg)	型　号	外形尺寸 (mm)	斧　重 (kg)
消防平斧(GA 138—2010)			消防尖斧(GA 138—2010)		
GFP610	610×164×24	≤1.8	GFJ715	715×300×44	≤2.0
GFP710	710×172×25		GFJ815	815×330×53	≤3.5
GFP810	810×180×26	≤3.5	消防腰斧		
GFP910	910×188×27		GF285	285×160×25	0.8～1.0
			GF325	325×120×25	0.9～1.1

注：1. 型号中，GFP、GFJ 和 GF 分别表示消防平斧、消防尖斧和消防腰斧，数字表示消防斧的总长(mm)。

2. 外形尺寸为斧全长(连柄)×斧头长×斧顶厚(尖斧为“斧体厚”)。

21. 消 防 杆 钩

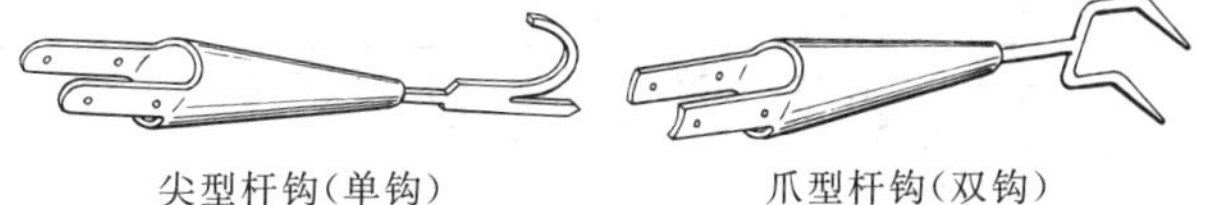

尖型杆钩(单钩)　　　　爪型杆钩(双钩)

【用　　途】 装上柄后，供扑灭火灾时穿洞、通气、拆除危险建筑物用。

【规　　格】

型　号	品　　种	外形尺寸(连柄，mm)	重量(kg)
GG378	尖型杆钩 爪型杆钩	3780×217×60 3630×160×90	4.5 5.5

22. 消 防 安 全 带(GA 89—1994)

【其他名称】 消防腰带、保险带、安全带。

【用　　途】 消防安全带必须与安全钩、安全绳配合使用。安全带围

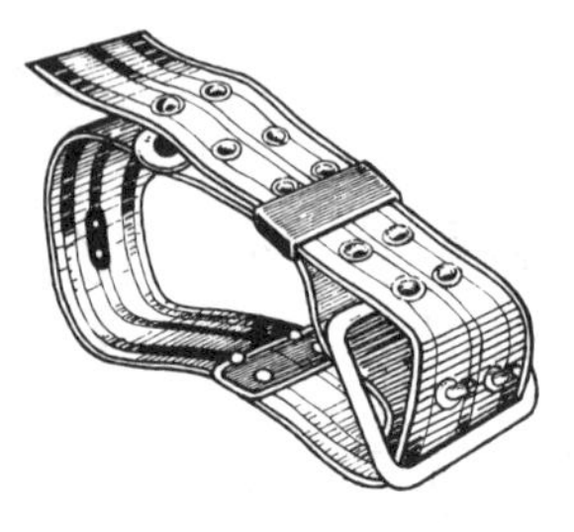

于消防人员的腰部，带上有两个半圆环（或三角环），一般使用一只安全钩挂钩在一个半圆环上，即可登高作业。如两个半圆环上各挂一只安全钩，消防人员在吊上或吊下时起到平衡作用。消防安全带是消防人员登高安全保护的可靠装备，亦可作为其他部门的劳保安全带用。

【规　　格】

规格		RD110	RD115	RD120	RD125	RD130	RD135	RD140
外形尺寸(mm)	长	1100	1150	1200	1250	1300	1350	1400
	宽	80						
	厚	2.8						
重量(kg)		≤0.65				≤0.75		

注：安全带整体在4500N静负荷下，不应产生明显的变形；在12000N静负荷下，安全带应无破断。

23. 消防用防坠落装备(GA 494—2004)

【用　　途】消防部队在灭火、救援、抢险救灾或日常训练中用于登高作业，防止人员坠落伤亡的装置和设备。包括：① 消防安全绳：在抢险救灾中，仅用于承载人的绳子；② 消防安全带：一种用来围于躯干或腰部，配有金属零件的织带，既保护人体安全，又可登梯作业和逃生自救的设备；③ 辅助设备：与安全绳、安全带、安全腰带配套使用的承载部件的统称，包括安全钩、上升器、下降器、抓绳器、便携式固定装置、滑轮装置等。

【规　　格】

装备名称	类别代号	类型代号	主要技术性能	设计负荷(kN)	极限负荷(kN)
安全绳	S	Q：轻型	长于10m的连续原纤维制成		20
		T：通用型			40
安全吊带	DD	Ⅰ：Ⅰ型	用于紧急逃生	1.33	
		Ⅱ：Ⅱ型	用于救援	2.67	
		Ⅲ：Ⅲ型	有分体或连体两种结构，适用于救援	2.67	
安全钩	G	Q：轻型	开口/闭口		7/27
		T：通用型	开口/闭口		11/40
上升器	SS	Q：轻型		5	
抓绳器	Z			11	
下降器	X	T：通用型		5	Q：13.5；T：22
滑轮装置	H			Q：5；T：22	Q：22；T：36
便携式固定装置	B	Q：轻型		5	22
		T：通用型		13	36

24. 安 全 钩

【用　　途】 安全钩分普通式和弹簧式(市场上俗称弹簧钩)两种。外形呈“8”字形。弹簧式在活瓣的一端装有弹簧，普通式不装弹簧。使用时与安全绳配合。安全绳的两端各连接安全钩，一端的安全钩挂钩在消防安全带上的半圆环上，另一端的安全钩在登高后挂钩在其他固定的建筑物上。

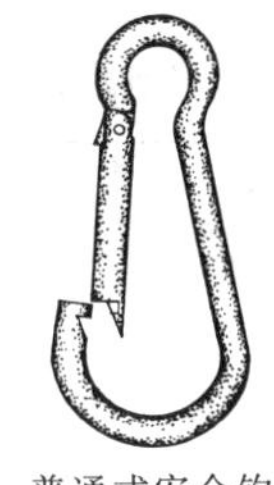

普通式安全钩

【规　　格】

型　　式	规　　格(mm)	材　　质
普 通 式	14	优质碳素结构钢
弹 簧 式	12	

注：规格指安全钩钩体直径。

25. 消 防 桶

扁形消防桶

圆形消防桶

【其他名称】 太平桶。

【用　　途】 供扑救火灾时，用以盛装黄沙，扑灭油脂、镁粉等燃烧物；也可用以盛水，扑灭一般物质的初起火灾。

【规　　格】

品　　种	外形尺寸(mm)					表面色泽
	部位	长度	宽度	高度	厚度	
扁形消防桶	上口	310	200	245	0.4～0.5	红　色
	底部	232	130			
圆形消防桶	上口	318	318	250		
	底部	220	220			

第十二章　金属丝网及筛滤器材

1. 一般用途镀锌低碳钢丝编织方孔网

(QB/T 1925.1—2009)

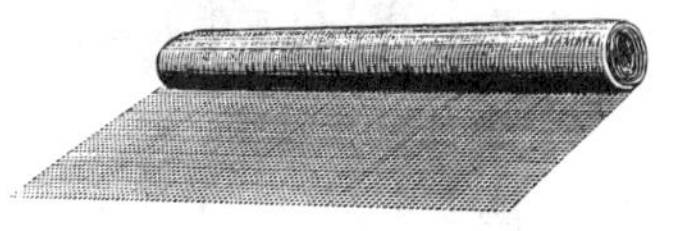

【其他名称】 镀锌低碳钢丝布、镀锌铁丝布、白铁丝布、铅丝布、铅丝网。

【用　　途】 用于筛选干的颗粒物质，如粮食、食用粉、石子、黄沙、矿砂等，也用于建筑、围栏等方面。

【规　　格】

网孔尺寸	钢丝直径	净孔尺寸	网的宽度	相当英制目数
(mm)				
0.50	0.20	0.30	914	50
0.55		0.35		46
0.60		0.40		42
0.64		0.44		40
0.66		0.46		38
0.70		0.50		36
0.75	0.25	0.50		34
0.80		0.55		32
0.85		0.60		30
0.90		0.65		28
0.95		0.70		26
1.05		0.80		24
1.15	0.30	0.85		22
1.30		1.00		20
1.40		1.10		18
1.60	0.30	1.25	1000	16

网孔尺寸	钢丝直径	净孔尺寸	网的宽度	相当英制目数
(mm)				
1.80	0.35	1.45	1000	14
2.10	0.45	1.65		12
2.55		2.05		10
2.80	0.55	2.25		9
3.20		2.65		8
3.60		3.05		7
3.90		3.35		6.5
4.25	0.70	3.55		6
4.60		3.90		5.5
5.10		4.40		5
5.65	0.90	4.75		4.5
6.35		5.45		4
7.25		6.35		3.5
8.46	1.20	7.26	1200	3
10.20		9.00		2.5
12.70		11.50		2

注：1. 一般用途镀锌低碳钢丝编织方孔网的代号为 FW，后面加注镀锌方式代号；电镀锌网代号为 D，热镀锌网代号为 R。例：FWR。

2. 每匹长度为 30m。

2. 黑低碳钢丝布

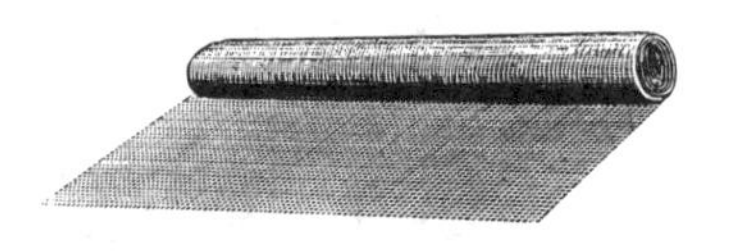

【其他名称】 黑铁丝布、黑钢丝布。

【用　　途】 强度较镀锌低碳钢丝布与铜丝布高，适用于具有压力或摩擦的筛选和过滤用。如用于筛去麸皮，挤压橡胶、塑料时过滤杂质等。

【规　　格】

每25.4mm长度目数	钢丝直径(mm)	孔宽近似值(mm)	每25.4mm长度目数	钢丝直径(mm)	孔宽近似值(mm)	每25.4mm长度目数	钢丝直径(mm)	孔宽近似值(mm)
18	0.41	1.00	30	0.31	0.54	42	0.24	0.36
20	0.37	0.90	32	0.29	0.50	44	0.23	0.35
22	0.37	0.78	34	0.28	0.46	46	0.22	0.33
24	0.35	0.71	36	0.27	0.44	48	0.21	0.32
26	0.35	0.63	38	0.26	0.40	50	0.20	0.30
28	0.31	0.60	40	0.25	0.39	56	0.18	0.27

注：门幅宽度一般为 914mm，每匹长度一般为 15m。

3. 不锈钢丝布(GB/T 19628.2—2005)

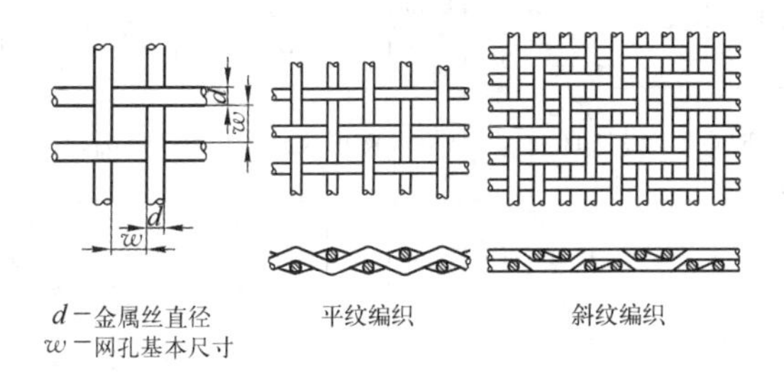

d—金属丝直径
w—网孔基本尺寸

平纹编织　　斜纹编织

【其他名称】 不锈钢丝编织网。

【用　　途】 不锈钢丝布强度高、耐酸碱，适用于化工、医药、卫生、轻工、电信、石油等工业。用作液体、气体和粒状物质的筛选、过滤以及用于传送带、烘焙、填料等场合。

【规　　格】

网孔尺寸及金属丝直径的优先组合

网孔基本尺寸 w(mm)			金属丝直径 d (mm)	开孔率 A_0 (%)	单位面积网重 ρ_A (kg/m^2)	网孔基本尺寸 w(mm)			金属丝直径 d (mm)	开孔率 A_0 (%)	单位面积网重 ρ_A (kg/m^2)
R10	R20	R40/3				R10	R20	R40/3			
16	16	16	1.60	83	1.85		14		1.40	83	1.62
			1.80	81	2.31				1.80	79	2.60
			2.00	79	2.82				2.24	74	3.92
			2.24	77	3.49				2.80	69	5.93
			3.15	70	6.58			13.2	2.80	68	6.22
			3.55	67	8.19	12.5	12.5		1.25	83	1.44

(续)

网孔基本尺寸 w(mm)			金属丝直径 d (mm)	开孔率 A_0 (%)	单位面积网重 ρ_A (kg/m²)	网孔基本尺寸 w(mm)			金属丝直径 d (mm)	开孔率 A_0 (%)	单位面积网重 ρ_A (kg/m²)
R10	R20	R40/3				R10	R20	R40/3			
12.5	12.5		1.60	79	2.31			9.5	2.80	60	8.09
			1.80	76	2.88				3.15	56	9.96
			2.00	74	3.50				3.55	53	12.27
			2.24	72	4.31		9		1.00	81	1.27
			2.80	67	6.51				1.25	77	1.94
	11.2	11.2	1.12	83	1.29				1.40	75	2.39
			1.25	81	1.59				1.60	73	3.07
			1.40	79	1.98				1.80	69	3.81
			1.80	74	3.17				2.24	64	5.67
			2.00	72	3.85	8	8	8	1.00	79	1.41
			2.24	69	4.74				1.25	75	2.15
			2.50	67	5.79				1.40	72	2.65
			2.80	64	7.11				1.60	69	3.39
			3.15	61	8.78				1.80	67	4.20
			3.55	57	10.58				2.00	64	5.08
10	10		1.12	81	1.43				2.24	61	6.22
			1.40	77	2.18				2.50	58	7.56
			1.60	74	2.80				2.80	55	9.22
			1.80	72	3.49		7.1		0.900	79	1.29
			2.00	69	4.23				1.12	75	1.94
			2.50	64	6.35				1.25	72	2.38
		9.5	1.40	76	2.28				1.40	70	2.93
			1.80	71	3.64				1.60	67	3.74
			2.00	68	4.42				1.80	64	4.62
			2.24	66	5.43				2.00	61	5.58
			2.50	63	6.61			6.7	1.80	62	4.84

（续）

网孔基本尺寸 w(mm)			金属丝直径 d (mm)	开孔率 A_0 (%)	单位面积网重 ρ_A (kg/m^2)
R10	R20	R40/3			
		6.7	3.15	46	12.80
6.3	6.3		0.800	79	1.14
			1.00	74	1.74
			1.12	72	2.15
			1.40	67	2.23
			1.80	60	5.08
			2.00	58	6.12
			2.24	54	7.46
			2.50	51	9.02
			2.80	48	10.94
			3.15	44	13.34
	5.6	5.6	0.710	79	1.01
			0.800	77	1.27
			0.900	74	1.58
			1.12	69	2.37
			1.25	67	2.90
			1.40	64	3.56
			1.60	60	4.52
			1.80	57	5.56
			2.24	51	8.13
5	5		0.710	77	1.12
			0.900	72	1.74
			1.00	69	2.12
			1.25	64	3.18
			1.40	61	3.89
			1.60	57	4.93
5	5		1.80	54	6.05
			2.00	51	7.26
			2.24	48	8.80
			2.50	44	10.58
			2.80	41	12.77
		4.75	0.900	71	1.82
			1.25	63	3.31
			1.40	60	4.06
			1.60	56	5.12
			1.80	53	6.28
			2.00	50	7.53
			2.24	46	9.12
			2.50	43	10.95
			2.80	40	13.19
	4.5		0.630	77	0.98
			0.800	72	1.53
			0.900	69	1.91
			1.00	67	2.31
			1.12	64	2.83
			1.25	61	3.45
			1.40	58	4.22
			1.60	54	5.33
			1.80	51	6.53
			2.00	48	7.82
			2.24	45	9.46
4	4	4	0.560	77	0.87

(续)

网孔基本尺寸 w(mm)			金属丝直径 d (mm)	开孔率 A_0 (%)	单位面积网重 ρ_A (kg/m²)	网孔基本尺寸 w(mm)			金属丝直径 d (mm)	开孔率 A_0 (%)	单位面积网重 ρ_A (kg/m²)
R10	R20	R40/3				R10	R20	R40/3			
4	4	4	0.630	75	1.09		2.8	2.8	0.450	74	0.79
			0.710	72	1.36				0.500	72	0.96
			0.900	67	2.10				0.560	69	1.19
			1.00	64	2.54				0.710	64	1.82
			1.12	61	3.11				0.800	60	2.26
			1.25	58	3.78				0.900	57	2.78
			1.40	55	4.61				1.12	51	4.06
	3.55		0.500	77	0.78				1.60	40	7.39
			0.560	75	0.97				1.80	37	8.95
			0.630	72	1.21				2.00	34	10.85
			0.800	67	1.87	2.5	2.5		0.400	74	0.70
			0.900	64	2.31				0.450	72	0.87
			1.00	61	2.79				0.500	69	1.06
			1.12	58	3.41				0.630	64	1.61
			1.25	55	4.13				0.710	61	1.99
		3.55	0.560	73	1.02				0.800	57	2.46
			0.900	62	2.42				0.900	54	3.08
			1.25	53	4.31				1.00	51	3.63
3.15	3.15		0.450	77	0.71			2.36	0.800	56	2.57
			0.500	74	0.87				1.00	49	3.78
			0.560	72	1.07				1.80	32	9.89
			0.710	67	1.66		2.24		0.355	75	0.62
			0.800	64	2.05				0.400	72	0.77
			0.900	60	2.54				0.450	69	0.96
			1.12	54	3.73				0.560	64	1.42
			1.25	51	4.51				0.630	61	1.76

（续）

网孔基本尺寸 w(mm)			金属丝直径 d (mm)	开孔率 A_0 (%)	单位面积网重 ρ_A (kg/m²)
R10	R20	R40/3			
	2.24		0.710	58	2.17
			0.900	51	3.28
2	2	2	0.315	74	0.60
			0.400	69	0.85
			0.560	61	1.56
			0.630	58	1.92
			0.710	54	2.36
			0.900	48	3.55
			1.00	44	4.23
			1.25	38	6.11
			1.60	31	9.03
	1.8		0.315	72	0.60
			0.355	70	0.74
			0.400	67	0.92
			0.500	61	1.38
			0.560	58	1.69
			0.630	55	2.07
			0.800	48	3.13
		1.7	0.400	66	0.97
			0.630	53	2.16
			0.800	46	3.25
			1.12	36	5.65
			1.40	30	8.03
1.6	1.6		0.280	72	0.53
			0.315	70	0.66
			0.355	67	0.82
1.6	1.6		0.450	61	1.25
			0.500	58	1.51
			0.560	55	1.84
			0.630	51	2.26
			0.710	48	2.77
			0.800	44	3.39
			1.00	38	4.88
		1.4	0.250	72	0.48
			0.315	67	0.73
			0.450	57	1.39
			0.560	51	2.03
			0.630	48	2.48
			0.710	44	3.03
			0.900	37	4.47
			1.25	28	7.49
1.25	1.25		0.250	69	0.53
			0.280	67	0.65
			0.315	64	0.81
			0.400	57	1.23
			0.500	51	1.81
			0.560	48	2.20
			0.630	44	2.68
			0.800	37	3.96
		1.18	0.450	52	1.58
			0.630	43	2.78
			0.800	36	4.11

（续）

网孔基本尺寸 w(mm)			金属丝直径 d (mm)	开孔率 A_0 (%)	单位面积网重 ρ_A (kg/m^2)
R10	R20	R40/3			
		1.18	1.00	29	5.83
	1.12		0.250	67	0.58
			0.315	61	0.88
			0.355	58	1.09
			0.400	54	1.34
			0.450	51	1.64
			0.560	44	2.37
			1.00	31	5.64
1	1	1	0.224	67	0.52
			0.250	64	0.64
			0.280	61	0.78
			0.315	58	0.96
			0.355	54	1.18
			0.400	51	1.45
			0.450	48	1.77
			0.500	44	2.12
			0.560	41	2.55
			0.710	34	3.74
			0.900	28	5.41
	0.9		0.200	67	0.46
			0.224	64	0.57
			0.250	61	0.69
			0.315	55	1.04
			0.355	51	1.28
			0.400	48	1.56
			0.450	45	1.91
	0.9		0.500	41	2.27
		0.85	0.355	50	1.33
			0.400	44	1.63
			0.500	40	2.35
			0.630	33	3.41
			0.800	27	4.93
0.8	0.8		0.200	64	0.51
			0.250	58	0.76
			0.280	55	0.92
			0.315	51	1.13
			0.355	48	1.39
			0.450	41	2.06
			0.500	38	2.44
	0.71	0.71	0.180	64	0.46
			0.200	61	0.56
			0.250	55	0.83
			0.280	51	1.01
			0.315	48	1.23
			0.355	44	1.50
			0.450	37	2.22
			0.560	31	3.14
0.63	0.63		0.160	64	0.41
			0.180	60	0.51
			0.224	54	0.75
			0.250	51	0.90
			0.280	48	1.09

(续)

网孔基本尺寸 w(mm)			金属丝直径 d (mm)	开孔率 A_0 (%)	单位面积网重 ρ_A (kg/m^2)	网孔基本尺寸 w(mm)			金属丝直径 d (mm)	开孔率 A_0 (%)	单位面积网重 ρ_A (kg/m^2)
R10	R20	R40/3				R10	R20	R40/3			
0.63	0.63		0.315	44	1.33	0.4	0.4		0.125	58	0.38
			0.400	37	1.97				0.180	48	0.71
		0.6	0.280	46	1.13				0.224	41	1.02
			0.400	36	2.03				0.250	38	1.22
			0.450	33	2.45				0.280	35	1.46
	0.56		0.160	60	0.45		0.355	0.355	0.125	55	0.41
			0.224	51	0.81				0.140	51	0.50
			0.280	44	1.19				0.180	44	0.77
			0.355	37	1.75				0.200	41	0.92
0.5	0.5	0.5	0.140	61	0.39				0.224	38	1.10
			0.160	57	0.49				0.250	34	1.31
			0.200	51	0.73				0.280	31	1.57
			0.224	48	0.88				0.315	28	1.88
			0.250	44	1.06				0.355	25	2.25
			0.280	41	1.28	0.315	0.315		0.112	54	0.37
			0.315	38	1.55				0.160	44	0.69
			0.355	34	1.87				0.200	37	0.99
			0.400	31	2.26				0.250	31	1.40
	0.45		0.140	58	0.42			0.3	0.160	43	0.71
			0.200	48	0.78				0.200	36	1.02
			0.250	41	1.13				0.224	33	1.18
			0.280	38	1.36				0.250	30	1.44
			0.315	35	1.65		0.28		0.100	54	0.33
		0.425	0.200	46	0.81				0.112	51	0.41
			0.280	36	1.41				0.140	44	0.59
			0.355	30	2.05				0.160	40	0.74

(续)

网孔基本尺寸 w(mm)			金属丝直径 d (mm)	开孔率 A_0 (%)	单位面积网重 ρ_A (kg/m^2)	网孔基本尺寸 w(mm)			金属丝直径 d (mm)	开孔率 A_0 (%)	单位面积网重 ρ_A (kg/m^2)
R10	R20	R40/3				R10	R20	R40/3			
	0.28		0.180	37	0.89		0.18	0.18	0.140	32	0.78
			0.224	31	1.26	0.16	0.16		0.071	48	0.28
0.25	0.25	0.25	0.100	51	0.36				0.100	38	0.49
			0.125	44	0.53				0.112	35	0.59
			0.140	41	0.64				0.125	32	0.70
			0.160	37	0.79			0.15	0.063	50	0.24
			0.180	34	0.96				0.080	43	0.36
			0.200	31	1.13				0.100	36	0.51
	0.224		0.090	51	0.33				0.112	33	0.61
			0.100	48	0.39		0.14		0.063	48	0.25
			0.125	41	0.57				0.090	37	0.45
			0.160	34	0.85				0.100	34	0.53
			0.180	31	1.02				0.112	31	0.63
		0.212	0.100	46	0.41	0.125	0.125	0.125	0.056	48	0.22
			0.140	36	0.71				0.063	44	0.27
			0.160	32	0.87				0.080	37	0.40
0.2	0.2		0.080	51	0.29				0.090	34	0.48
			0.090	48	0.35				0.100	31	0.56
			0.112	41	0.51		0.112		0.056	44	0.24
			0.125	38	0.61				0.071	38	0.35
			0.140	35	0.73				0.080	34	0.42
			0.160	31	0.90				0.090	31	0.51
	0.18	0.18	0.080	48	0.31			0.106	0.050	46	0.20
			0.090	44	0.38				0.056	43	0.25
			0.112	38	0.55				0.063	39	0.30
			0.125	35	0.65				0.071	36	0.36

（续）

网孔基本尺寸 w(mm)			金属丝直径 d (mm)	开孔率 A_0 (%)	单位面积网重 ρ_A (kg/m²)	网孔基本尺寸 w(mm)			金属丝直径 d (mm)	开孔率 A_0 (%)	单位面积网重 ρ_A (kg/m²)
R10	R20	R40/3				R10	R20	R40/3			
		0.106	0.080	31	0.45	0.063	0.063	0.063	0.050	31	0.28
0.1	0.1		0.050	44	0.21		0.056		0.032	41	0.15
			0.063	38	0.31				0.036	37	0.18
			0.071	34	0.37				0.040	34	0.21
			0.080	31	0.40				0.045	31	0.26
	0.09	0.09	0.040	48	0.16			0.053	0.036	36	0.19
			0.045	44	0.19				0.040	33	0.22
			0.050	41	0.23	0.05	0.05		0.028	41	0.13
			0.056	38	0.27				0.030	39	0.14
			0.063	35	0.33				0.032	37	0.16
			0.071	31	0.40				0.036	34	0.19
0.08	0.08		0.040	44	0.17				0.040	31	0.23
			0.045	41	0.21		0.045	0.045	0.032	34	0.17
			0.050	38	0.24				0.036	31	0.20
			0.056	35	0.29	0.04	0.04		0.025	38	0.12
			0.063	31	0.35				0.030	33	0.16
		0.075	0.036	46	0.15				0.032	31	0.18
			0.040	43	0.18			0.038	0.025	36	0.13
			0.050	36	0.25				0.030	30	0.17
			0.056	33	0.30		0.036		0.028	32	0.16
	0.071		0.040	41	0.18				0.030	30	0.17
			0.045	38	0.22	0.032	0.032	0.032	0.025	32	0.14
			0.050	34	0.26				0.028	28	0.17
			0.056	31	0.31	0.025	0.025		0.022	28	0.13
0.063	0.063	0.063	0.036	41	0.17				0.025	26	0.16
			0.040	37	0.20	0.02	0.02		0.020	25	0.13
			0.045	34	0.24						

注：1. 门幅宽度一般为1000mm，每匹长度一般为30m。
2. 制造材质为：(Cr17－19%，Ni8－10%)不锈钢丝。

4. 铜丝编织方孔网(QB/T 2031—2009)

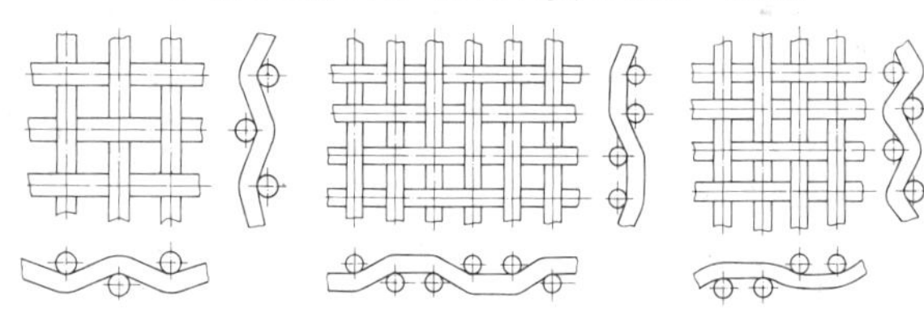

平纹编织(代号 P)　　斜纹编织(代号 E)　　珠丽纹编织(代号 Z)

【其他名称】 铜丝网、铜丝布、铜丝罗底。

【用　　途】 农业上用于筛选食用粉、粮食种籽等;工业上用于筛选各种颗粒原料、化工原料、淀粉和药粉,过滤溶液、油脂等;另外,还用作精密机械、仪表、电信器材的防护设备等。其中,黄铜丝网应用最广,但抗腐蚀性差,不宜用于空气中含二氧化硫和氨气较多的场合,不宜作窗纱用。紫铜丝网耐腐蚀性较好,但质软、强度低。锡青铜丝网(磷铜丝网)强度较高、弹性好、耐用,多用于造纸工业。

【规　　格】

网孔尺寸 W (mm)	金属丝直径 d (mm)	筛分面积 (%)
5.00①	1.60	57.4
	1.25	64.0
	1.12	66.7
	1.00	69.4
	0.90	71.8
4.75③	1.60	56.0
	1.25	62.7
	1.12	65.5
	1.00	68.2
	0.90	70.7
4.50②	1.40	58.2
	1.12	64.1
	1.00	66.9
	0.90	69.4
	0.80	72.1

网孔尺寸 W (mm)	金属丝直径 d (mm)	筛分面积 (%)
4.50②	0.71	74.6
4.0①	1.40	54.9
	1.25	58.0
	1.12	61.0
	1.00	64.0
	0.90	66.6
	0.71	72.1
3.55②	1.25	54.7
	1.00	60.9
	0.90	63.6
	0.80	66.6
	0.71	69.4
	0.63	72.1
	0.56	74.6
3.35③	1.25	53.0

网孔尺寸 W (mm)	金属丝直径 d (mm)	筛分面积 (%)
3.35③	0.90	62.1
	0.80	65.2
	0.71	68.1
	0.63	70.8
	0.56	73.4
3.15①	1.25	51.3
	1.12	54.4
	0.80	63.6
	0.71	66.6
	0.63	69.4
	0.56	72.1
	0.50	74.5
2.80②	1.12	51.0
	0.80	60.5
	0.71	63.6

（续）

网孔尺寸 W (mm)	金属丝直径 d (mm)	筛分面积 (%)
2.80②	0.63	66.6
	0.56	69.4
2.50①	1.00	51.0
	0.71	60.7
	0.63	63.8
	0.56	66.7
	0.50	69.4
2.36③	1.00	49.3
	0.80	55.8
	0.63	62.3
	0.56	65.3
	0.50	68.1
	0.45	70.5
2.24②	0.90	50.9
	0.63	60.9
	0.56	64.0
	0.50	66.8
	0.45	69.3
2.00①	0.90	47.6
	0.63	57.8
	0.56	61.0
	0.50	64.0
	0.45	66.6
	0.40	69.4
1.80②	0.80	47.9
	0.56	58.2
	0.50	61.2
	0.45	64.0
	0.40	66.9
1.70③	0.80	46.2
	0.63	53.2
	0.50	59.7
	0.45	62.5
1.70③	0.40	65.5
1.60①	0.80	44.4
	0.56	54.9
	0.50	58.0
	0.45	60.9
	0.40	64.0
1.40②	0.71	44.0
	0.56	51.0
	0.50	54.3
	0.45	57.3
	0.40	60.5
	0.355	63.5
1.25①	0.63	44.2
	0.56	47.7
	0.50	51.0
	0.40	57.4
	0.355	60.7
	0.315	63.8
1.18③	0.63	42.5
	0.50	49.3
	0.45	52.4
	0.40	55.8
	0.355	59.1
	0.315	62.3
1.12②	0.56	44.2
	0.45	50.9
	0.40	54.3
	0.355	57.6
	0.315	60.9
	0.28	64.0
1.00①	0.56	41.1
	0.50	44.4
	0.40	51.0
1.00①	0.355	54.5
	0.315	57.8
	0.28	61.0
	0.25	64
0.90②	0.50	41.3
	0.45	44.4
	0.355	51.4
	0.315	54.9
	0.25	61.2
	0.224	64.1
0.85③	0.50	39.6
	0.45	42.8
	0.355	49.8
	0.315	53.2
	0.28	56.6
	0.25	59.7
	0.224	62.6
0.80①	0.45	41.0
	0.355	48.0
	0.315	51.5
	0.28	54.9
	0.25	58.0
	0.20	64.0
0.71②	0.45	37.5
	0.355	44.4
	0.315	48.0
	0.280	51.4
	0.25	54.7
	0.20	60.9
0.63①	0.40	37.4
	0.315	44.4
	0.28	47.9
	0.25	51.3

(续)

网孔尺寸 W (mm)	金属丝直径 d (mm)	筛分面积 (%)
0.63①	0.224	54.4
	0.20	57.6
0.60③	0.40	36.0
	0.315	43.0
	0.28	46.5
	0.25	49.8
	0.20	56.3
	0.18	59.2
0.56②	0.355	37.5
	0.28	44.4
	0.25	47.8
	0.224	51.0
	0.18	57.3
0.50①	0.315	37.6
	0.25	44.4
	0.224	47.2
	0.22	51.0
	0.16	57.4
0.45②	0.28	38.0
	0.25	41.3
	0.20	47.9
	0.18	51.0
	0.16	54.4
	0.14	58.2
0.425③	0.28	36.3
	0.224	42.1
	0.20	46.2
	0.18	49.3
	0.16	52.8
	0.14	56.6
0.40①	0.25	37.9
	0.224	41.1
	0.20	44.4

网孔尺寸 W (mm)	金属丝直径 d (mm)	筛分面积 (%)
0.40①	0.18	47.6
	0.16	51.0
	0.14	54.9
0.355①	0.224	37.6
	0.20	40.9
	0.18	44.0
	0.14	51.4
	0.125	54.7
0.315①	0.20	37.4
	0.18	40.5
	0.16	44.0
	0.14	47.9
	0.125	51.3
0.30③	0.20	36.0
	0.18	39.1
	0.16	42.5
	0.14	46.5
	0.125	49.8
	0.112	53.0
0.28②	0.18	37.1
	0.16	40.5
	0.14	44.4
	0.112	51.0
0.25①	0.16	37.2
	0.14	41.4
	0.125	44.4
	0.112	47.7
	0.10	51.0
0.224②	0.16	34.0
	0.125	41.2
	0.10	47.8
	0.09	50.9
0.212③	0.14	36.3

网孔尺寸 W (mm)	金属丝直径 d (mm)	筛分面积 (%)
0.212③	0.125	39.6
	0.112	42.8
	0.10	46.2
	0.09	49.3
0.20①	0.14	34.6
	0.125	37.9
	0.112	41.1
	0.09	47.6
	0.08	51.0
0.18②	0.125	34.8
	0.112	38.0
	0.10	41.3
	0.09	44.4
	0.08	47.9
	0.071	51.4
0.16①	0.112	34.6
	0.10	37.9
	0.09	41.0
	0.08	44.4
	0.071	48.0
	0.063	51.5
0.15③	0.10	36.0
	0.09	39.1
	0.08	42.5
	0.071	46.1
	0.063	49.6
0.14②	0.10	34.0
	0.09	37.1
	0.071	44.0
	0.063	47.6
	0.056	51.0
0.125①	0.09	33.8
	0.08	37.2

(续)

网孔尺寸 W (mm)	金属丝直径 d (mm)	筛分面积 (%)
0.125①	0.071	40.7
	0.063	44.2
	0.056	47.7
	0.05	51.0
0.112②	0.08	34.0
	0.071	37.5
	0.063	41.0
	0.056	44.4
	0.05	47.8
0.106③	0.08	32.5
	0.071	35.9
	0.063	39.3
	0.056	42.8
	0.05	46.2
0.10①	0.08	30.9
	0.071	34.2
	0.063	37.6
	0.056	41.1
	0.05	44.4
0.09②	0.071	31.2
	0.063	34.6
	0.056	38.0

网孔尺寸 W (mm)	金属丝直径 d (mm)	筛分面积 (%)
0.09②	0.05	41.3
	0.045	44.4
0.08①	0.063	31.3
	0.056	34.6
	0.05	37.9
	0.045	41.0
	0.04	44.4
0.075③	0.063	29.5
	0.056	32.8
	0.05	36.0
	0.045	39.1
	0.040	42.5
0.071②	0.056	31.3
	0.05	34.4
	0.045	37.5
	0.04	40.9
0.063①	0.05	31.1
	0.045	34.0
	0.040	37.4
	0.036	40.5
0.056②	0.045	30.7
	0.040	34.0

网孔尺寸 W (mm)	金属丝直径 d (mm)	筛分面积 (%)
0.056②	0.036	37.1
	0.032	40.5
0.053③	0.04	32.5
	0.036	35.5
	0.032	38.9
0.050①	0.04	30.9
	0.036	33.8
	0.032	37.2
	0.030	39.1
0.045②	0.036	30.9
	0.032	34.2
	0.028	38.0
0.04①	0.032	30.9
	0.03	32.7
	0.025	37.9
0.038③	0.032	29.5
	0.03	31.2
	0.025	36.4
0.036②	0.03	29.8
	0.028	31.6
	0.022	38.5

网孔尺寸 W(mm)	≤0.075	0.080～0.125	0.140～0.180	0.200～0.300	≥0.315
每卷网段数量≤	5	5	4	3	3
最小网段长度(m)	2.5	2.5	6	5	5

注：1. 网孔尺寸(W)：标有①符号的为主要网孔尺寸，属 R10 系列；标有②、③符号的为补充网孔尺寸，分别属 R20(②)，R40/3(③)系列。
2. 网的宽度有 914 和 1000mm 两种，长度为 30m。
3. 铜丝编织方孔网的代号为 TW。后面加注网的材料代号和编织型式代号。例：TWQP。
4. 网的材料及代号：铜丝为 T，牌号有 T2、T3；黄铜丝为 H，牌号有 H80、H68、H65；锡青铜丝为 Q，牌号有 QSn6.5-0.1、QSn6.5-0.4。$W \geq 0.40$mm，有 T、H、Q 三种；$W = 0.063 \sim 0.355$mm ($d \geq 0.05$mm)，有 H、Q 两种；$W \leq 0.09$mm($d \leq 0.045$mm)，只有 Q 一种。

5. 镀锌低碳钢丝斜方眼网

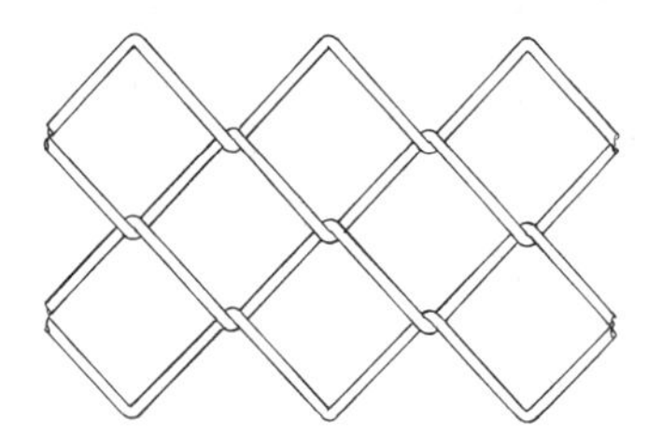

【其他名称】 斜方网、菱形网、围墙隔离网。

【用　　途】 适用于工厂、仓库、建筑工地等的围墙隔离网；窗栏及捕鱼栅栏等。

【规　　格】

钢丝直径(mm)	网孔宽度(mm)	开孔率(%)	每平方米重量(kg)	钢丝直径(mm)	网孔宽度(mm)	开孔率(%)	每平方米重量(kg)
1.2	12.5	82	1.9	2.8	40 50	86 89	2.9 2.3
1.6	12.5 16 20 25.4	76 81 85 88	3.4 2.5 2 1.45	3	25.4 32 38 40 50	78 82 85 85 88	5.6 4.3 3.5 3.3 2.6
2.2	12.5 16 20 25.4 32 38 40	69 74 79 83 87 89 89	6 5 3.7 2.8 2.2 1.8 1.7	3.5	32 38 40 50 64 76	81 82 83 86 89 91	5.9 4.9 4.5 3.6 2.7 2.3
2.8	20 25.4 32 38	74 79 83 86	6.4 4.8 3.7 3	4	50 64 76	85 88 90	4.7 3.5 3

注：门幅宽度为0.5～3m，每匹长度为10～20m。

6. 一般用途镀锌低碳钢丝编织六角网(QB/T 1925.2—2009)

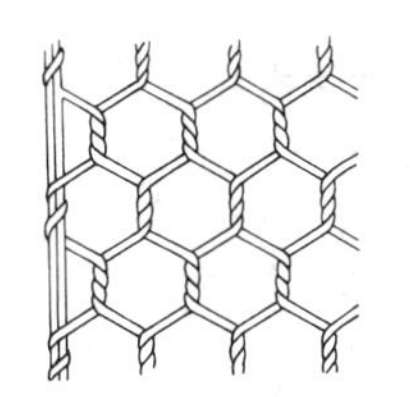

单向搓捻式(Q)

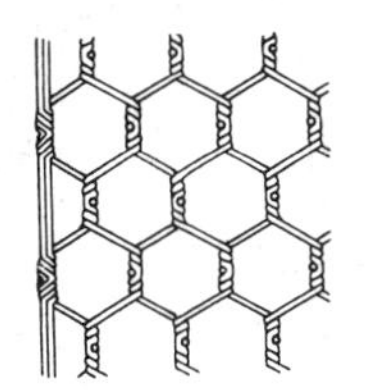

双向搓捻式(S)

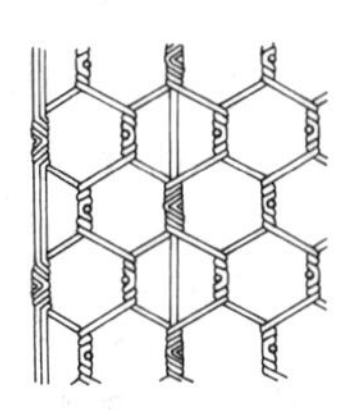

双向搓捻式有加强筋(J)

【其他名称】 六角网、软边网。

【用　　途】 用于建筑物门窗上的防护栏、园林的隔离围栏及石油、化工等设备、管道和锅炉上的保温包扎材料。

【规　　格】

分类	按镀锌方式分			按编织形式分		
	先编网后镀锌	先电镀锌后织网	先热镀锌后织网	单向搓捻式	双向搓捻式	双向搓捻式有加强筋
代号	B	D	R	Q	S	J

网孔尺寸 W(mm)		10	13	16	20	25	30	40	50	75
钢丝直径 d (mm)	自	0.40	0.40	0.40	0.40	0.40	0.45	0.50	0.50	0.50
	至	0.60	0.90	0.90	1.00	1.30	1.30	1.30	1.30	1.30

注：1. 钢丝直径系列 d(mm)：0.40，0.45，0.50，0.55，0.60，0.70，0.80，0.90，1.00，1.10，1.20，1.30。

2. 钢丝镀锌后直径应不小于 d+0.02mm。

3. 网的宽度(m)：0.5，1，1.5，2；网的长度(m)：25，30，50。

4. 一般用途镀锌低碳钢丝编织六角网的代号为 LW，后面加注镀锌方式代号和编织型式代号。例：LWBQ。

7. 一般用途镀锌低碳钢丝编织波纹方孔网

（QB/T 1925.3—2009）

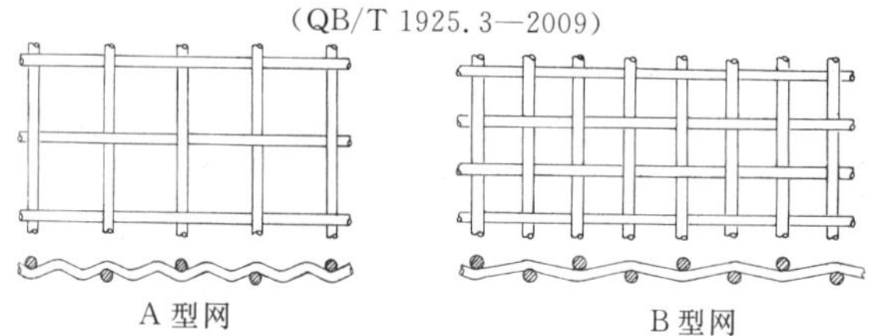

A 型网　　　　B 型网

【其他名称】 预弯曲丝平纹编织方孔网、波纹方孔网。

【用　　途】 因钢丝预先弯成波纹状，再以平纹编织成，能保证网孔尺寸和形状稳定正确。用于矿山、冶金、建筑及农业生产中固体颗粒的筛选，液体和泥浆的过滤，以及用作加强物或防护网等。

【规　　格】

分类	按编织型式分		按编织网的钢丝镀锌方式分	
	A　型	B　型	热镀锌钢丝	电镀锌钢丝
代号	A	B	R	D

钢丝直径 d (mm)	网孔尺寸 A型 Ⅰ系	网孔尺寸 A型 Ⅱ系	网孔尺寸 B型 Ⅰ系	网孔尺寸 B型 Ⅱ系
0.70	—	—	1.5 2.0	—
0.90	—	—	2.5	—
1.2	6	8	—	—
1.6	8 10	12	3	5
2.2	12	15 20	4	6

钢丝直径 d (mm)	网孔尺寸 A型 Ⅰ系	网孔尺寸 A型 Ⅱ系	网孔尺寸 B型 Ⅰ系	网孔尺寸 B型 Ⅱ系
2.8	15 20	25	6	10 12
3.5	20 25	30	6	8 10 15
4.0	20 25	30	6 8	12 16
5.0	25 30	28 36	20	22

钢丝直径 d (mm)	网孔尺寸 A型 Ⅰ系	网孔尺寸 A型 Ⅱ系	网孔尺寸 B型 Ⅰ系	网孔尺寸 B型 Ⅱ系
6.0	30 40 50	28 35 45	20 25	18 22
8.0	40 50	45	30	35
10.0	80 100 125	70 90 110	—	—

网的宽度(m)	片网	0.9	1	1.5	卷网	2
网的长度(m)		<1	1～5	>5～10		10～30

注：1. 网孔尺寸系列：Ⅰ系为优先选用规格，Ⅱ系为一般规格。
2. 一般用途镀锌低碳钢丝编织波纹方孔网代号为 BW。

8. 镀锌电焊网(QB/T 3897—2009)

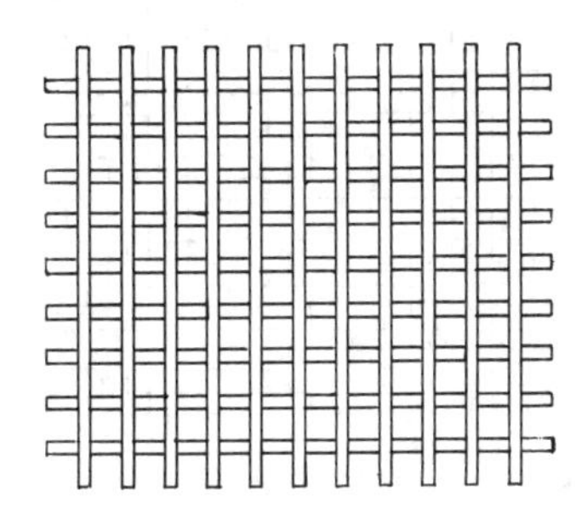

【其他名称】 电焊网。

【用　　途】 用低碳钢丝点焊成网状，经镀锌而成。适用于建筑、养殖、种植等行业的围栏。

【规　　格】 镀锌电焊网代号 DHW。

网　号	网孔尺寸 经向×纬向(mm)	钢丝直径 d(mm)	网边露头长 C(mm)	网宽 B(m)	网长 L(m)
20×20 10×20 10×10	50.80×50.80 25.40×50.80 25.40×25.40	2.5～1.80	≤2.5	0.914	30 30.48
04×10 06×06	12.70×25.40 19.05×19.05	1.80～1.00	≤2		
04×04 03×03 02×02	12.70×12.70 9.53×9.53 6.35×6.35	0.90～0.50	≤1.5		

钢丝直径(mm)	2.50	2.20	2.00	1.80	1.60	1.40	1.20
焊点抗拉力(N)>	500	400	330	270	210	160	120
钢丝直径(mm)	1.00	0.90	0.80	0.70	0.60	0.55	0.50
焊点抗拉力(N)>	80	65	50	40	30	25	20

9. 电　槽　网

【其他名称】 阴极网。

【用　　途】 由镀锌低碳钢丝预弯曲后再经平纹编织而成，用作化工厂电解槽的主要配件之一。

【规　　格】

每 25.4mm 目数	4	5	6	门幅宽度(m)：0.8～1.6
钢丝直径(mm)	3	2.8	2.2	每匹长度(m)：2

10. 金属丝编织密纹网(GB/T 21648—2008)

【用　　途】 密纹网具有编织密度高、表面不透光、阻污能力强、容易清洗、压力差小等特点，用于航空、航天、汽车、液压、化工、纺织、净化、环保、酿酒等行业的液体、气体过滤和汽化分离等。

【型　　式】 其结构型式分为平纹编织、斜纹编织两种。斜纹编织又分为经全包斜纹编织和经不全包斜纹编织，如图所示。

【型号与规格】 金属丝编织密纹网的规格用：
"经向基本目数×纬向基本目数/经丝基本直径×纬丝基本直径"表示。

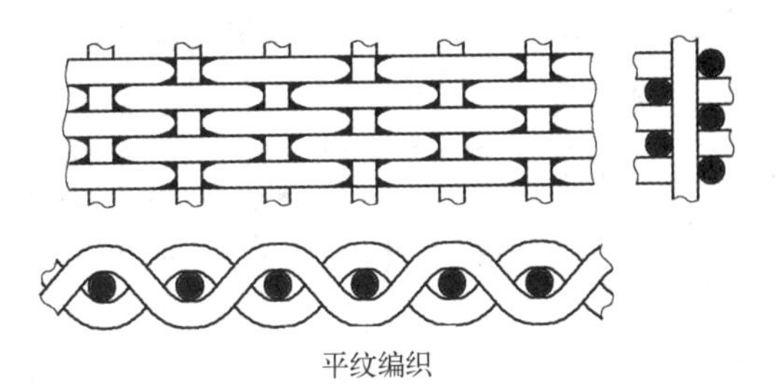

平纹编织

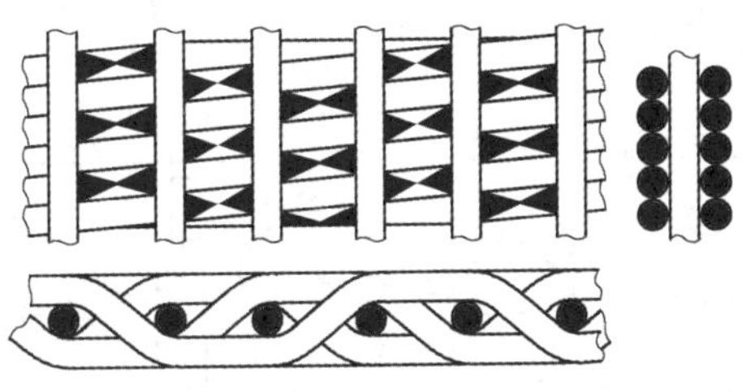

经全包斜纹编织

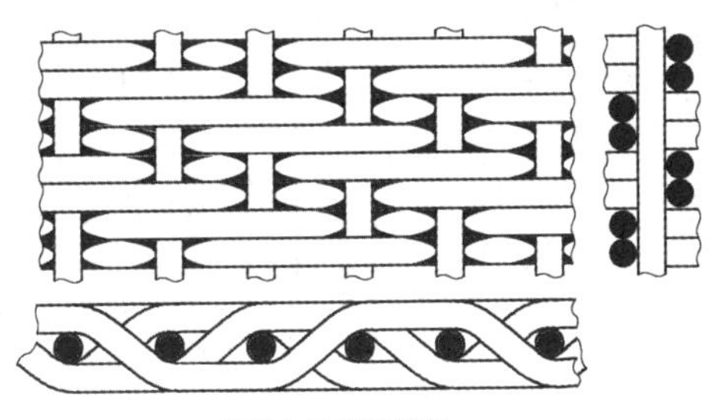

经不全包斜纹编织

型号	规格	经丝间网孔尺寸			纬丝密度		平均亮点数不多于（个/m^2）	每卷亮道数不多于（条/30.5m）
		基本尺寸（mm）	平均尺寸偏差（%）	大网孔尺寸偏差范围（%）	基本根数（根/10mm）	偏差（%）		
（1）平纹编织（MPW）								
MPW465/23	118×740/0.063×0.036	0.152	±6.3	28～50	291	+15 −5	16	2
MPW395/23	100×1200/0.063×0.023	0.191	±5.4	25～45	472		22	
MPW315/32	80×400/0.125×0.063	0.192			157		10	
MPW275/35	70×340/0.125×0.08	0.238		23～40	134		9	
MPW255/36	65×770/0.10×0.036	0.291			303		16	
MPW275/37	70×390/0.112×0.071	0.251			154		10	
MPW315/37	80×620/0.10×0.045	0.218		25～45	244		14	
MPW305/38	77×560/0.14×0.05	0.190			220		12	
MPW240/39	60×270/0.14×0.10	0.283		23～40	106		7	
MPW315/40	80×700/0.125×0.04	0.192		25～45	276		15	
MPW240/41	60×300/0.14×0.09	0.283		23～40	118		7	
MPW255/42	65×400/0.125×0.071	0.266			157		10	
MPW275/30	70×930/0.10×0.03	0.263			366		20	
MPW200/50	50×270/0.14×0.10	0.368		22～38	106		7	

（续）

型　号	规　格	经丝间网孔尺寸			纬丝密度		平均亮点数不多于（个/m^2）	每卷亮道数不多于（条/30.5m）
		基本尺寸（mm）	平均尺寸偏差（%）	大网孔尺寸偏差范围（%）	基本根数（根/10mm）	偏差（%）		
（1）平纹编织（MPW）								
MPW240/51	60×500/0.14×0.056	0.283	±5.4	23～40	197	+15 −5	13	2
MPW200/55	50×280/0.16×0.09	0.348		22～38	110		7	
MPW180/56	45×250/0.16×0.112	0.404		20～35	98.4		6	
MPW160/63	40×200/0.18×0.125	0.455	±5		78.7		5	
MPW140/69	35×170/0.224×0.16	0.502			66.9		4	
MPW140/74	35×190/0.224×0.14	0.502			74.8		5	
MPW120/77	30×140/0.315×0.20	0.532			55.1		3.5	
MPW120/82	30×150/0.25×0.18	0.597		18～32	59		4	
MPW110/92	28×150/0.28×0.18	0.627			59		4	
MPW95/97	24×110/0.355×0.25	0.703			43.3		4	1
MPW100/100	25×140/0.28×0.20	0.736			55.1		4	
MPW90/115	22×120/0.315×0.224	0.840		17～30	47.2		3.5	
MPW80/126	20×110/0.355×0.25	0.915			43.3		3.5	

（续）

型号	规格	经丝间网孔尺寸			纬丝密度		平均亮点数不多于（个/m^2）	每卷亮道数不多于（条/30.5m）
		基本尺寸（mm）	平均尺寸偏差（%）	大网孔尺寸偏差范围（%）	基本根数（根/10mm）	偏差（%）		
（1）平纹编织（MPW）								
MPW80/130	20×160/0.25×0.16	1.020	±5	17～28	63	+15 −5	4	1
MPW80/133	20×140/0.315×0.20	0.955			55.1		3.5	
MPW65/145	16×120/0.28×0.224	1.308		16～26	47.2		3.5	
MPW70/155	17.2×120/0.355×0.224	1.120			47.2		3.5	
MPW65/160	16×100/0.40×0.28	1.188			39.4		3.5	
MPW55/173	14×76/0.45×0.355	1.364			29.9		3	
MPW55/177	14×110/0.355×0.25	1.459			43.3		3.5	
MPW55/182	14×100/0.40×0.28	1.414			39.4		3.5	
MPW50/192	12.7×76/0.45×0.355	1.550			29.9		3	
MPW48/211 Ⅰ	12×64/0.56×0.40	1.556			25.2		3	
MPW48/211 Ⅱ	12×86/0.45×0.315	1.667		14～23	33.9		3	
MPW40/248	10×76/0.50×0.355	2.040			29.9		3	
MPW40/249	10×90/0.45×0.28	2.090			35.4		3.5	

(续)

型号	规格	经丝间网孔尺寸			纬丝密度		平均亮点数不多于（个/m^2）	每卷亮道数不多于（条/30.5m）
		基本尺寸（mm）	平均尺寸偏差（%）	大网孔尺寸偏差范围（%）	基本根数（根/10mm）	偏差（%）		
（1）平纹编织（MPW）								
MPW32/275	8×85/0.45×0.315	2.730			33.5		3	
MPW34/296	8.5×60/0.63×0.45	2.360			23.6		2	
MPW32/310	8×45/0.80×0.60	2.370	±5	13～21	17.7	+15 −5	2	1
MPW29/319	7.2×44/0.71×0.63	2.800			17.3		2	
MPW28/347	7×40/0.90×0.71	2.730			15.7		2	
注：断经亮点不超过表中规定的亮点总数的 1/10								
（2）全包斜纹编织（MXW）								
MXW1970/3	500×3500/0.025×0.015	0.0258			1378		63	
MXW1575/4	400×2700/0.028×0.02	0.0355			1063		49	
MXW1430/4	363×2300/0.028×0.022	0.038	±10	50～80	906	+10 −5	41	3
MXW1280/4Ⅰ	325×2100/0.036×0.025	0.042			827		38	
MXW1280/4Ⅱ	325×2300/0.036×0.025	0.042			906		41	
MXW1250/5	317×2100/0.036×0.025	0.044			827		38	

(续)

型号	规格	经丝间网孔尺寸			纬丝密度		平均亮点数不多于（个/m^2）	每卷亮道数不多于（条/30.5m）
		基本尺寸（mm）	平均尺寸偏差（%）	大网孔尺寸偏差范围（%）	基本根数（根/10mm）	偏差（%）		
（2）全包斜纹编织（MXW）								
MXW1180/6	300×2100/0.036×0.025	0.049	±10	50～80	827	+10 −5	38	3
MXW1120/7	285×2100/0.036×0.025	0.053	±8	40～70				
MXW985/5	250×1600/0.05×0.032	0.052			630		29	
MXW985/8	250×1900/0.04×0.028	0.062			748		34	
MXW800/9	203×1500/0.056×0.036	0.069			591		27	
MXW850/10	216×1800/0.045×0.03	0.073			709		32	
MXW800/10	203×1600/0.05×0.032	0.075			630		29	
MXW685/11	174×1400/0.063×0.04	0.083	±7.2	35～60	551		25	2
MXW650/13	165×1400/0.063×0.04	0.091						
MXW685/13	174×1700/0.063×0.032	0.083			669		31	
MXW650/14	165×1500/0.063×0.036	0.091			591		27	
MXW630/15	160×1500/0.063×0.036	0.096	±6.3	30～50				
MXW590/15	160×1400/0.063×0.04	0.106			551		25	

（续）

<table>
<tr><th rowspan="2">型　号</th><th rowspan="2">规　格</th><th colspan="3">经丝间网孔尺寸</th><th colspan="2">纬丝密度</th><th rowspan="2">平均亮点数不多于（个/m^2）</th><th rowspan="2">每卷亮道数不多于（条/30.5m）</th></tr>
<tr><th>基本尺寸（mm）</th><th>平均尺寸偏差（%）</th><th>大网孔尺寸偏差范围（%）</th><th>基本根数（根/10mm）</th><th>偏差（%）</th></tr>
<tr><td colspan="9">（2）全包斜纹编织（MXW）</td></tr>
<tr><td>MXW515/17</td><td>130×1100/0.071×0.05</td><td rowspan="2">0.124</td><td rowspan="7">±6.3</td><td rowspan="7">30～50</td><td>433</td><td rowspan="13">+10
−5</td><td>20</td><td rowspan="13">2</td></tr>
<tr><td>MXW515/18</td><td>130×1200/0.071×0.045</td><td>472</td><td>22</td></tr>
<tr><td>MXW395/20</td><td>100×760/0.10×0.071</td><td>0.154</td><td>299</td><td>16</td></tr>
<tr><td>MXW515/21</td><td>130×1600/0.063×0.036</td><td>0.132</td><td>630</td><td>29</td></tr>
<tr><td>MXW395/22</td><td>100×850/0.10×0.063</td><td>0.154</td><td>335</td><td>18</td></tr>
<tr><td>MXW360/24</td><td>90.7×760/0.10×0.071</td><td rowspan="2">0.180</td><td>299</td><td>16</td></tr>
<tr><td>MXW360/26</td><td>90.7×850/0.10×0.063</td><td>335</td><td>18</td></tr>
<tr><td>MXW315/28</td><td>80×700/0.112×0.08</td><td>0.206</td><td rowspan="6">±5.4</td><td rowspan="6">24～40</td><td>276</td><td>15</td></tr>
<tr><td>MXW310/29</td><td>78×700/0.112×0.08</td><td rowspan="2">0.214</td><td>276</td><td>15</td></tr>
<tr><td>MXW310/31</td><td>78×760/0.112×0.071</td><td>299</td><td>16</td></tr>
<tr><td>MXW275/31</td><td>70×600/0.14×0.09</td><td>0.223</td><td rowspan="2">236</td><td rowspan="3">13</td></tr>
<tr><td>MXW255/36</td><td>65×600/0.14×0.09</td><td>0.251</td></tr>
<tr><td>MXW200/47</td><td>50×500/0.14×0.112</td><td>0.368</td><td>197</td></tr>
</table>

（续）

型　号	规　格	经丝间网孔尺寸			纬丝密度		平均亮点数不多于（个/m^2）	每卷亮道数不多于（条/30.5m）
		基本尺寸（mm）	平均尺寸偏差（%）	大网孔尺寸偏差范围（%）	基本根数（根/10mm）	偏差（%）		
（2）全包斜纹编织（MXW）								
MXW200/51	50×600/0.125×0.09	0.383	±5.4	24～40	236	+10 −5	13	2
MXW160/63	40×430/0.18×0.125	0.455		22～36	169		11	
MXW160/70	40×560/0.18×0.10				220		12	
MXW120/77	30×250/0.28×0.20	0.567	±5	20～35	98		6	
MXW120/89	30×340/0.28×0.16				134		9	
MXW80/101	20×150/0.45×0.355	0.820		17～30	59		4	
MXW95/110	24×300/0.28×0.18	0.778			118		8	
MXW80/118	20×200/0.355×0.28	0.915		17～28	79		5	
MXW80/119	20×260/0.25×0.20	1.02			102		6	
（3）不全包斜纹编织（MBW）								
MBW1280/8	325×1900/0.036×0.025	0.042	±10	50～80	748	+10 −5	34	3
MBW1280/10	325×1600/0.036×0.025				630		29	
MBW985/10	250×1250/0.056×0.036	0.046			492		23	2

(续)

型号	规格	经丝间网孔尺寸			纬丝密度		平均亮点数不多于(个/m^2)	每卷亮道数不多于(条/30.5m)
		基本尺寸(mm)	平均尺寸偏差(%)	大网孔尺寸偏差范围(%)	基本根数(根/10mm)	偏差(%)		
(3) 不全包斜纹编织(MBW)								
MBW790/13	200×1200/0.063×0.04	0.064	±8	40～70	472	+10 −5	22	2
MBW790/14	200×900/0.063×0.045				354		20	
MBW650/19	165×800/0.071×0.05	0.083	±7.2	35～60	315		18	
MBW650/19－T	165×800/0.071×0.05							
MBW650/20	165×1000/0.071×0.04				394		22	
MBW790/20	200×540/0.063×0.05	0.064	±8	40～70	213		12	
MBW790/20－T	200×540/0.063×0.05							
MBW650/21	165×800/0.071×0.045	0.083	±7.2	35～60	315		18	
MBW650/21－T	165×800/0.071×0.045							
MBW790/22	200×600/0.063×0.045	0.064	±8	40～70	236		14	
MBW790/22－T	200×600/0.063×0.045							
MBW650/25Ⅰ	165×600/0.071×0.05	0.083	±7.2	35～60				
MBW650/25Ⅰ－T	165×600/0.071×0.05							

（续）

型　号	规　格	经丝间网孔尺寸			纬丝密度		平均亮点数不多于（个/m^2）	每卷亮道数不多于（条/30.5m）
		基本尺寸（mm）	平均尺寸偏差（%）	大网孔尺寸偏差范围（%）	基本根数（根/10mm）	偏差（%）		
（3）不全包斜纹编织（MBW）								
MBW650/25Ⅱ	165×800/0.071×0.04	0.083	±7.2	35～60	315	+10 −5	18	2
MBW650/25Ⅱ-T	165×800/0.071×0.04							
MBW475/29	120×600/0.10×0.063	0.112	±6.3	30～50	236		14	
MBW475/29-T	120×600/0.10×0.063							
MBW475/35	120×400/0.10×0.071				157		10	
MBW475/35-T	120×400/0.10×0.071							

注：型号上加字母“T”的经不全包斜纹编织密纹网，为提高纬密均匀度，可提供特殊型式的斜纹编织

金属丝编织密纹网应成卷供应，每卷网的网长可定长供货，也可以不定长供货。定长供货时，每卷网的长度按15m、25m、30.5m，亦可按供需双方协议执行。定长供货时偏差为$^{+0.3}_{0}$m。不定长供货时，每卷网可由一段或数段组成，同一卷网内必须是同一规格、同一材料牌号的网段组成，其最小网段长度必须符合如下规定：

——名义孔径≤10μm，最小网段长度1m；

——名义孔径11～40μm，最小网段长度2m；

——名义孔径>40μm，最小网段长度2.5m。

金属丝编织密纹网的规格，经丝间网孔尺寸及偏差、纬丝密度应符合表1～表3的规定。经供需双方协议，亦可以提供表中未有的规格。

经丝间大网孔允许数量不超过经丝总数的3%。

金属丝编织密纹网的网宽为800mm，1000mm，1250mm，其网宽偏差$^{+20}_{0}$mm，亦可按供需双方协议执行。

11. 输送用金属丝编织网带(JB/T 9155—2000)

【其他名称】 金属输送带。

【用　　途】 广泛应用于食品、机械、电子、化纤、冶金、石油、玻璃制品等工业中输送物件。

【型　　式】 网带由网条和串条以一定的规则编织构成。主要零件有网条、串条，主要参数有螺距、网条直径和串条直径。

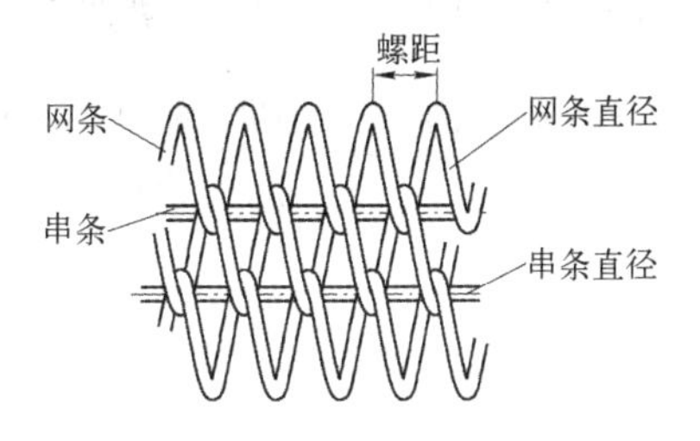

具体编织型式有以下几种：

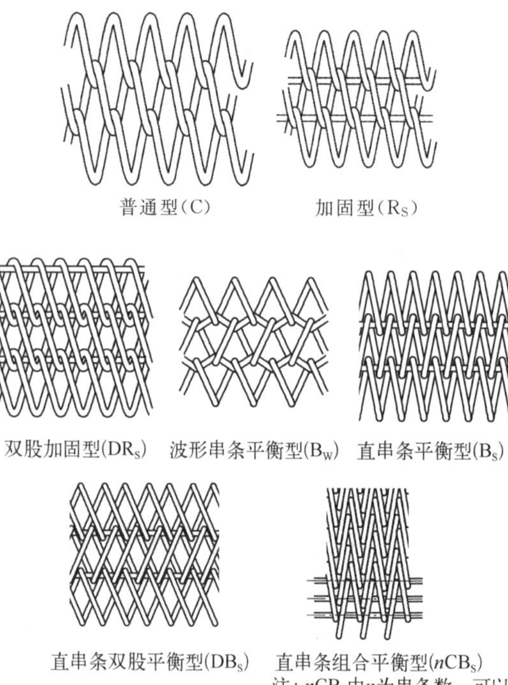

【规　　格】

网带型号	网条直径(mm)	螺旋数(圈/m)	网条数(根/m)	网带厚度(mm)	网边型式推荐
(1) 普通型网带的编织型式、型号及主要参数尺寸					
C2.8	2.8	84	63	10±0.5	Ⅲ
C2.2	2.2	100	76	8±0.4	
C1.6	1.6	69	80	7±0.4	
C1.2	1.2	100	150	6.5±0.4	
C1.1	1.1	182	175	6±0.4	
C0.9	0.9	153	158	6±0.4	
注：网带型号字母表示编织型式，数字表示网条直径					

网带型号	网条直径(mm)	串条直径(mm)	螺旋数(圈/m)	网条数(根/m)	网带厚度(mm)	网边型式推荐
(2) 加固型网带编织型式、型号及主要参数与尺寸						
R_S3.5/4	3.5	4	25	29	14±0.6	Ⅲ
R_S3.5/3.5	3.5	3.5	50	46	14±0.6	
R_S2.8/2.8	2.8	2.8	50	46	11±0.5	
R_S2.0/2.0	2.0	2.0	100	114	9±0.4	
R_S1.6/1.6	1.6	1.6	100	80	7±0.4	
R_S0.9/0.9	0.9	0.9	200	200	6±0.4	
注：网带型号字母表示编织型式，下标字母表示直形串条，数字表示网条直径/串条直径						
(3) 双股加固型网带编织型式、型号及主要参数与尺寸						
DR_S3.5/3.5	3.5	3.5	100	46	14±0.6	Ⅲ、Ⅳ
DR_S2.8/3.5	2.8	3.5	132	71	12±0.5	
DR_S2.8/2.8	2.8	2.8	118	60	11±0.5	

(续)

网带型号	网条直径(mm)	串条直径(mm)	螺旋数(圈/m)	网条数(根/m)	网带厚度(mm)	网边型式推荐
(3) 双股加固型网带编织型式、型号及主要参数与尺寸						
DR_S2.0/2.0	2.0	2.0	200	125	9±0.4	Ⅲ、Ⅳ
DR_S1.6/1.6	1.6	1.6	250	200	7.5±0.4	
注：网带型号字母表示编织型式，下标字母表示串条，数字表示网条直径/串条直径						
(4) 波形串条平衡型网带编织型式、型号及主要参数						
B_W3.5/3.5	3.5	3.5	80	72	12.5±0.5	Ⅲ、Ⅳ
B_W3.0/3.0	3.0	3.0	71	57	11±0.5	
B_W2.8/3.0	2.8	3.0	60	52	11±0.5	
B_W2.0/2.5	2.0	2.5	118	62	9±0.4	
B_W1.6/2.0	1.6	2.0	200	158	7.5±0.4	
B_W1.2/1.6	1.2	1.6	227	94	6±0.4	
B_W1.2/1.2	1.2	1.2	167	91	6±0.4	
注：网带型号字母表示编织型式，下标字母表示弯形串条，数字表示网条直径/串条直径						
(5) 直串条平衡型网带编织型式、型号及主要参数与尺寸						
B_S3.5/4.0	3.5	4.0	118	50	$14^{+0.5}_{-0.7}$	Ⅲ、Ⅳ
B_S3.5/3.5	3.5	3.5	118	49	$14^{+0.5}_{-0.7}$	
B_S2.5/3.0	2.5	3.0	132	69	10±0.5	
B_S2.2/2.8	2.2	2.8	154	75	9±0.4	
B_S2.0/3.0	2.0	3.0	227	69	10±0.5	
B_S1.6/2.2	1.6	2.2	132	66	7.5±0.4	
B_S1.2/1.6	1.2	1.6	200	170	6±0.4	
注：网带型号字母表示编织型式，下标字母表示直形串条，数字表示网条直径/串条直径						

(续)

网带型号	网条直径（mm）	串条直径（mm）	螺旋数（圈/m）	网条数（根/m）	网带厚度（mm）	网边型式推荐
(6) 直串条双股平衡型网带编织型式、型号及主要参数与尺寸						
DB_S2.8/3.5	2.8	3.5	100	50	12±0.5	Ⅲ、Ⅳ
DB_S2.8/2.8	2.8	2.8	118	50	11±0.5	
DB_S2.6/3.2	2.6	3.2	139	54	12±0.5	
DB_S1.8/2.8	1.8	2.8	157	80	9±0.4	
DB_S1.5/1.8	1.5	1.8	143	95	7.5±0.4	
DB_S1.1/2.0	1.1	2.0	426	108	6.5±0.4	
注：网带型号字母表示编织型式，下标字母表示直形串条，数字表示网条直径/串条直径						
(7) 直串条组合平衡型网带编织型式、型号及主要参数与尺寸						
nCB_S1.8/2.2	1.8	2.2	123	203	8.5±0.4	Ⅰ、Ⅱ
nCB_S1.6/2.2	1.6	2.2	132	197	7.5±0.4	
nCB_S1.6/2.2	1.6	2.2	133	200	7.5±0.4	
nCB_S1.2/1.6	1.2	1.6	167	306	7.0±0.4	
注：网带型号字母表示编织型式，下标字母表示直形串条，数字表示网条直径/串条直径						

① 网边型式及代号

U型(I)

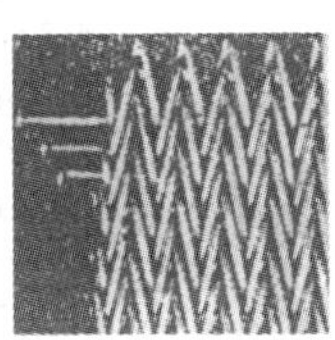

镦头型 (II)

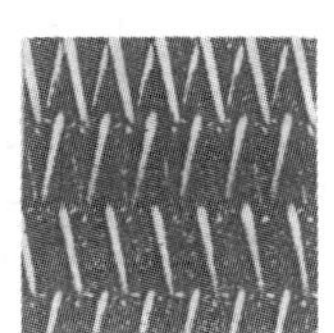

焊接型 (III)

阶梯弯边型 (IV)

② 网带宽度及长度

(1) 网带的宽度规定(mm)					
基本尺寸	≤300	>300～500	>500～800	>800～1200	>1200
极限偏差	2	3	4	5	6

(2) 网带的长度规定(mm)			
基本尺寸	≤2000	>2000～4000	>4000
极限偏差	+40 0	+50 0	+60 0

③ 金属丝材料

编织输送用金属丝编织带的金属材质为碳素结构钢、不锈钢、高电阻电热合金丝以及根据用户要求,经双方协商也可采用其他材料。

12. 蚕丝筛网(GB/T 14014—1992)及合成纤维筛网(GB/T 14014—2008)

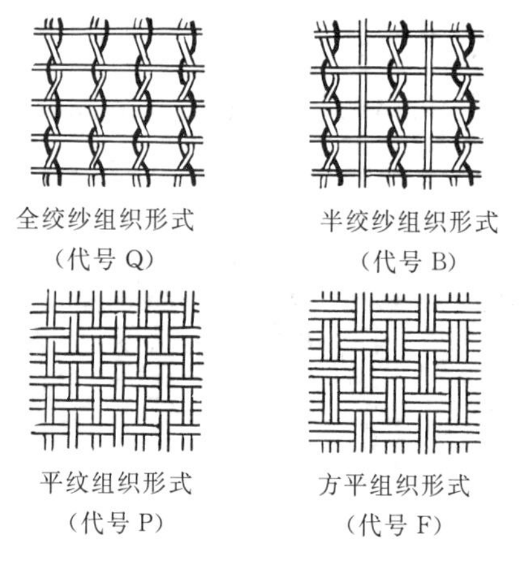

全绞纱组织形式
(代号 Q)

半绞纱组织形式
(代号 B)

平纹组织形式
(代号 P)

方平组织形式
(代号 F)

【其他名称】 箩底、筛绢、绢网。

【用　　途】 适用于粮食加工、化工、制药、造纸、染料、造漆、磨料等行业的粉末和粒状物质的筛选，液体、气体的过滤，以及用作印刷图案版、鱼苗捕捞兜、林业防面罩等。蚕丝筛网无毒，有一定弹性，耐磨性、耐热性和吸湿性较好，在常温下对无机酸类具有一定抵抗能力，但不耐碱。锦纶筛网强度高，耐磨性、耐碱性，耐油性好，但不耐酸，吸湿性和耐热性差。锦纶丝(经线)和蚕丝(纬线)交织筛绢具有上述两种材料性能特点。涤纶筛网强度高，弹性、耐磨性、吸湿性和耐热性好，耐无机酸、有机酸、氧化剂和一般溶剂的稳定性也比较好，但耐碱性较差。

【规　　格】

(1) 蚕丝筛网							
型号	孔宽近似值(mm)	有效筛滤面积(%)	相当的旧型号	型号	孔宽近似值(mm)	有效筛滤面积(%)	相当的旧型号
CQ4	2.107	71.00		CQ15	0.457	46.95	GG38、40
CQ5	1.632	66.50		CQ16	0.428	46.21	GG42
CQ6	1.326	63.31		CQ17	0.400	46.23	GG44
CQ7	1.118	61.21	GG18	CQ18	0.377	46.08	GG46
CQ8	0.956	58.43	GG20、22	CQ19	0.351	44.40	GG48、50
CQ9	0.833	56.23	GG24	CQ20	0.330	43.56	GG52
CQ10	0.757	54.30	GG26	CQ21	0.312	43.03	GG54
CQ11	0.663	53.16	GG28	CQ22	0.296	42.50	GG56
CQ12	0.593	50.56	GG30、32	CQ23	0.279	41.01	GG58、60
CQ13	0.537	48.74	GG34	CQ24	0.265	40.33	GG62
CQ14	0.495	47.98	GG36	CQ25	0.253	39.94	GG64

(续)

型号	孔宽近似值(mm)	有效筛滤面积(%)	相当的旧型号	型号	孔宽近似值(mm)	有效筛滤面积(%)	相当的旧型号
CQ26	0.246	40.91	GG66	CB58	0.099	33.00	XX14、15
CQ27	0.237	41.04	GG68、70	CB62	0.095	34.23	XX16
CQ28	0.226	40.08	GG72	CP30	0.218	43.93	SP28
CQ29	0.222	41.38		CP33	0.199	43.14	SP30、32
CB30	0.207	38.34	XX6	CP36	0.178	41.19	SP35
CB33	0.189	38.78	XX7	CP39	0.162	40.18	SP38
CB36	0.166	35.88	XX8	CP42	0.148	38.80	SP40
CB39	0.153	35.46	XX9	CP46	0.136	39.11	SP42、45
CB42	0.142	35.53	XX10	CP50	0.127	40.25	—
CB46	0.128	34.46	XX11	CP54	0.119	41.20	SP50
CB50	0.119	35.50	XX12	CP58	0.106	37.71	SP54、60
CB54	0.109	35.09	XX13	CP62	0.104	41.54	SP58

注：蚕丝筛网在新标准(GB/T 14014—2008)中未列入，但该网市场上仍有供应，厂家也在生产，故其供应的产品规格尺寸仍采用原标准(GB/T 14014—1992)规定

(2) 合成纤维筛网型号及规格

原料类别及代号	织物组织或用途及代号					
	方平组织 F		平纹组织 P		面粉网 M	
	有梭织机	片梭织机	有梭织机	片梭织机	P系列	G系列
锦纶丝　J	JF	JFP	JP	JPP	JMP	JMG
涤纶丝　D	DF	DFP	DP	DPP	DMP	

(3) 筛网孔宽和有效筛滤面积参考值									
型号	规格(孔/cm)	丝径(mm)	孔宽(参考值)(mm)	有效筛滤面积(参考值)(%)	型号	规格(孔/cm)	丝径(mm)	孔宽(参考值)(mm)	有效筛滤面积(参考值)(%)
JF JFP	30	0.06×2	0.212	40.32	JP JPP	20	0.15	0.350	49.00
	33	0.06×2	0.181	35.82			0.20	0.300	36.00
	36	0.06×2	0.156	31.56		24	0.15	0.267	40.96
	39	0.06×2	0.135	27.62		28	0.12	0.237	33.64
	42	0.06×2	0.116	23.89		30	0.12	0.213	41.00
	46	0.05×2	0.118	29.43		32	0.10	0.213	46.24
	50	0.05×2	0.101	25.25		36	0.10	0.178	40.96
	54	0.043×2	0.099	28.53		40	0.10	0.150	36.00
	58	0.043×2	0.086	25.08		43	0.08	0.152	43.00
	62	0.043×2	0.075	21.74		48	0.08	0.130	37.95
JP JPP	4	0.55	0.190	60.84		56	0.06	0.120	43.48
	5	0.50	1.500	56.25		59	0.06	0.110	42.00
	6	0.40	1.267	57.76		64	0.06	0.100	37.30
	7	0.35	1.079	57.00		72	0.05	0.090	41.24
	8	0.35	0.900	51.84		80	0.05	0.075	36.35
	9	0.25	0.860	60.00		88	0.043	0.071	38.76
	10	0.30	0.700	49.00		96	0.043	0.061	33.95
	12	0.25	0.583	49.00		100	0.043	0.060	36.00
		0.30	0.533	40.96		104	0.043	0.053	30.71
	14	0.30	0.414	34.00		120	0.043	0.040	23.75
	16	0.20	0.425	46.00		130	0.043	0.037	23.00
		0.25	0.375	36.00		140	0.038	0.033	21.61

(续)

型号	规格(孔/cm)	丝径(mm)	孔宽(参考值)(mm)	有效筛滤面积(参考值)(%)	型号	规格(孔/cm)	丝径(mm)	孔宽(参考值)(mm)	有效筛滤面积(参考值)(%)
DF DFP	30	0.055×2	0.223	45.00	DP DPP	16	0.20	0.425	46.00
	33	0.055×2	0.192	40.00		18	0.15	0.405	53.00
	36	0.055×2	0.167	36.00			0.18	0.375	46.00
	39	0.055×2	0.146	32.00		19	0.15	0.375	51.00
	42	0.045×2	0.148	39.00		20	0.08	0.420	71.00
	46	0.045×2	0.127	33.93			0.10	0.400	64.00
	54	0.045×2	0.094	25.66			0.15	0.350	49.00
	58	0.039×2	0.094	29.63		21	0.15	0.325	47.00
DP DPP	4	0.55	1.950	61.00		24	0.12	0.340	67.00
	5	0.50	1.550	60.00			0.15	0.270	42.00
	6	0.40	1.270	58.00		27	0.12	0.250	46.00
	7	0.35	1.080	57.00		28	0.08	0.280	62.00
	8	0.35	0.900	52.00			0.12	0.240	45.00
	9	0.35	0.760	47.00		29	0.12	0.225	43.00
	10	0.25	0.750	56.00		30	0.12	0.215	42.00
		0.30	0.700	49.00		32	0.08	0.230	54.00
	12	0.15	0.680	67.00			0.10	0.210	45.00
		0.25	0.580	48.00		34	0.08	0.215	53.00
		0.30	0.530	40.00			0.10	0.195	44.00
	14	0.20	0.515	52.00		36	0.10	0.180	42.00
	15	0.20	0.470	50.00		39	0.055	0.200	61.00
		0.25	0.420	40.00			0.064	0.190	55.00

（续）

型号	规格（孔/cm）	丝径（mm）	孔宽（参考值）（mm）	有效筛滤面积（参考值）（%）	型号	规格（孔/cm）	丝径（mm）	孔宽（参考值）（mm）	有效筛滤面积（参考值）（%）
DP DPP	40	0.08	0.150	36.00	DP DPP	72	0.055	0.085	38.00
	43	0.08	0.150	42.00		77	0.055	0.075	33.00
	47	0.055	0.160	57.00		80	0.045	0.080	41.00
		0.064	0.150	50.00		88	0.045	0.075	44.00
		0.071	0.140	43.00		90	0.039	0.070	40.00
	48	0.08	0.128	38.00			0.045	0.065	34.00
	49	0.064	0.140	47.00		100	0.039	0.060	36.00
		0.071	0.135	44.00		110	0.035	0.056	38.00
	53	0.055	0.135	51.00			0.039	0.052	33.00
		0.064	0.125	44.00		120	0.035	0.048	33.00
	59	0.055	0.115	46.00			0.039	0.044	28.00
		0.064	0.105	38.00		130	0.035	0.042	30.00
	64	0.055	0.100	41.00		140	0.035	0.036	25.00
		0.064	0.090	33.00		150	0.035	0.032	23.00
	72	0.045	0.095	47.00		165	0.031	0.029	23.00

（4）面粉网孔宽和有效筛滤面积参考值

型号	序号	丝径（mm）		孔宽（参考值）（mm）	有效筛滤面积（参考值）（%）
		经向	纬向		
JMP	6	0.06+0.05×2	0.06	0.207	55.63
	7	0.06+0.05×2	0.06	0.189	53.03
	8	0.06+0.05×2	0.06	0.173	50.34
	9	0.06+0.05×2	0.06	0.152	46.59

(续)

型号	序号	丝径(mm)		孔宽(参考值)(mm)	有效筛滤面积(参考值)(%)
		经向	纬向		
JMP	10	0.06+0.05×2	0.06	0.132	42.44
	11	0.06+0.05×2	0.06	0.119	39.39
	12	0.06+0.05×2	0.06	0.112	38.28
	13	0.06+0.043×2	0.06	0.102	36.56
	14	0.06+0.043×2	0.05	0.095	38.24

型号	序号	丝径(mm)	孔宽(参考值)(mm)	有效筛滤面积(参考值)(%)	型号	序号	丝径(mm)	孔宽(参考值)(mm)	有效筛滤面积(参考值)(%)
JMG	12	0.40	1.822	67.00	JMG	36	0.25	0.550	47.00
	14	0.40	1.600	64.00		38	0.20	0.514	51.90
	15	0.40	1.418	61.00		40	0.20	0.489	50.40
	16	0.35	1.317	62.00		42	0.20	0.466	49.00
	18	0.35	1.180	59.00		44	0.20	0.425	46.20
	19	0.35	1.079	57.00		45	0.20	0.406	44.90
	20	0.30	1.023	60.00		46	0.20	0.388	43.60
	22	0.30	0.950	58.00		47	0.20	0.371	42.30
	24	0.30	0.876	56.00		50	0.20	0.355	41.00
	26	0.30	0.811	54.00		52	0.15	0.338	47.90
	27	0.25	0.750	56.00		54	0.15	0.315	45.90
	28	0.25	0.702	54.00		58	0.15	0.304	44.90
	30	0.25	0.659	53.00		60	0.15	0.285	42.90
	31	0.25	0.619	51.00		62	0.15	0.275	41.90
	34	0.25	0.583	49.00		64	0.15	0.267	41.00

（续）

型号	序号	丝径(mm)	孔宽（参考值）(mm)	有效筛滤面积（参考值）(%)	型号	序号	丝径(mm)	孔宽（参考值）(mm)	有效筛滤面积（参考值）(%)
JMG	66	0.10	0.251	51.20	JMG	72	0.10	0.227	48.30
	68	0.10	0.245	50.40		74	0.10	0.213	46.20
	70	0.10	0.239	49.70					

型号	序号	丝径(mm)		孔宽(参考值)(mm)	有效筛滤面积(参考值)(%)
		经向	纬向		
DMP	6	0.08+0.064×2	0.08	0.209	49.00
	7	0.08+0.064×2	0.08	0.199	47.00
	8	0.08+0.064×2	0.07	0.174	45.00
	9	0.07+0.048×2	0.064	0.150	45.00
	10	0.064+0.04×2	0.064	0.122	43.00
	11	0.064+0.04×2	0.048	0.117	44.00
	12	0.064+0.04×2	0.048	0.110	42.00
	13	0.064+0.04×2	0.048	0.100	39.00
	14	0.048+0.04×2	0.048	0.097	40.00
	15	0.048+0.04×2	0.048	0.090	38.00

注：1. 筛网的门幅宽度：

① CQ、CB型为1030mm，CP型为1270mm；

② JF、JFP型常用幅宽为1020mm、1270mm、1450mm、2180mm、2760mm；

③ JP、JPP型常用幅宽为1150mm、1270mm、1580mm、1650mm、1820mm、2180mm、2540mm、3160mm；

④ DF、DFP型常用幅宽为1270mm、1450mm、1650mm、2180mm、2540mm、2760mm、3160mm；

⑤ DP、DPP型常用幅宽为1150mm、1270mm、1580mm、1650mm、1820mm、2180mm、2540mm、3160mm；

⑥ 面粉网JMP型常用幅宽为1030mm、1270mm；JMG型常用幅宽为1020mm、1270mm；DMP型常用幅宽为1030mm、1270mm、1450mm、1600mm。

2. 筛网每匹长度规定：① 10～50m为整匹，标准匹长为30m，3m以下为零料；

② 蚕丝筛网每匹长度一般为40m。

第十三章　常用衡器及仪表

1. 非自行指示秤(台秤)(GB/T 335—2002)

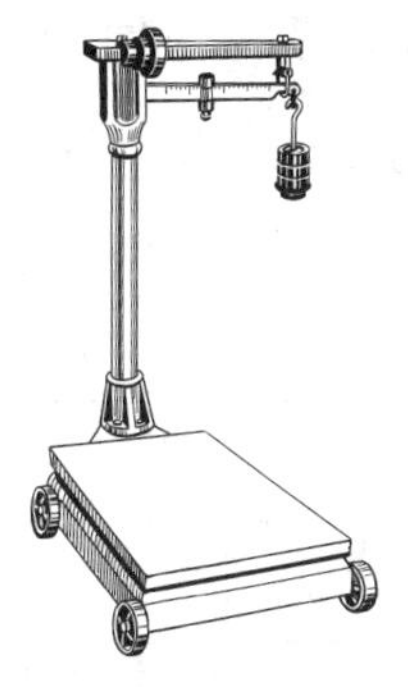

【其他名称】 落地台秤、磅秤、台秤。

【用　　途】 置于地上使用的一种秤(小型台秤也可放在台上使用)。适用于较重较大物体(如煤炭、钢材、粮食、棉花包等)的称重。

【规　　格】

型　号	最大称量(kg)	承重板长×宽(mm)	刻度值(kg)		砣的规格及数目(kg/数目)
			最小	最大	
TGT-50	50	400×300	0.02	2	1/1，2/1，5/1，10/2，20/1
TGT-100*	100	400×300	0.05	10	10/2，20/1，50/1
TGT-300	300	600×450	0.20	25	25/1，50/1，100/2
TGT-500	500	800×600	0.20	25	25/1，50/1，100/2，200/1
TGT-1000	1000	1000×750	0.50	50	50/1，100/1，200/4

注：带 * 符号的型号是市场产品。

2. 非自行指示秤(案秤)(GB/T 335—2002)

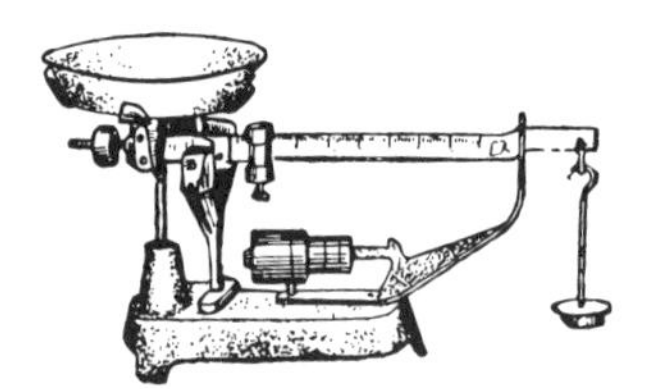

【其他名称】 龟形秤、鱼尾秤、案秤。

【用　　途】 放在台上使用的一种秤。适用于衡量颗粒、粉末及较小的物体(如饼干、糖果、南货等)的称重。

【规　　格】

型　号	最大称量(kg)	秤盘尺寸(mm)	刻度值(g)		砣的规格及数目(kg/数目)
			最小	最大	
AGT-3	3	ϕ250	2	200	0.1/1，0.2/1，0.5/1，1/2
AGT-5*	5	边长 240	5	500	0.5/1，1/2，2/1
AGT-6	6	ϕ270	5	500	0.5/1，1/1，2/2
AGT-10*	10	边长 260	5	500	0.5/1，1/2，2/1，5/1

注：带 * 符号的型号是市场产品。

3. 弹簧度盘秤(GB/T 11884—2008)

【其他名称】 弹簧秤、自动秤。

【用　　途】 放在台上使用的一种秤。适用于颗粒、粉状及较小物体的称重。其特点是采用高精度温度补偿弹簧和高精度齿轮传动机构，利用指针自动指示称重结果。操作方便，多用于食品零售商店。

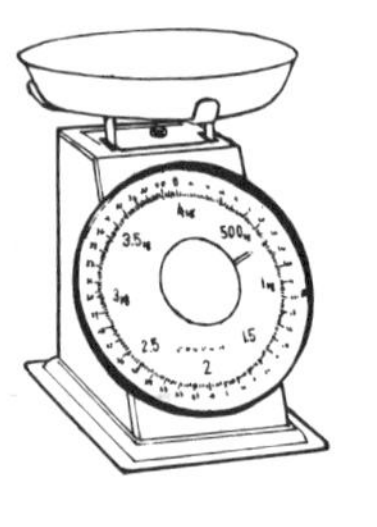

【规　　格】

型　号	最大称量(kg)	最小刻度值(g)	指针旋转圈　数	承重盘尺寸(mm)
ATZ-2	2	5	1	圆盘 250
ATZ-4	4	10	1	圆盘 250
		5	2	方盘 240×240
ATZ-8	8	20	1	圆盘 250
		10	2	方盘 240×240

4. 电子台案秤(GB/T 7722—2005)

【用　　途】 由称重台和显示器两部分组成。适用于较大较重的物体的称重。其特点是利用显示器自动迅速显示称重结果，而且精度高。并设有置零、零点自动跟踪、去皮、累计等功能。还可根据需要，连接打印输出机构。一般使用交流电，电压为 220V。

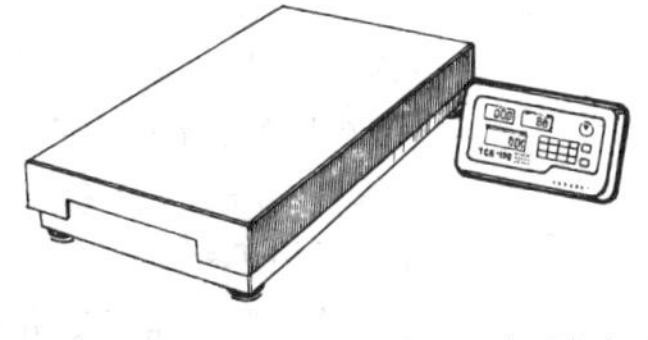

【规　　格】

型　号	最大称量(kg)	最小显示值(g)	承重台尺寸(mm)
TCS-30	30	5，10，20	350×550
TCS-60	60	10，20，50	
TCS-150	150	50，100，200	350×550 500×750
TCS-300	300	100，200，500	500×750
TCS-600	600	100，200，500	800×1000
TCS-1000	1000	200，500，1000	

5. 电子台案秤(电子计价秤)(GB/T 7722—2005)

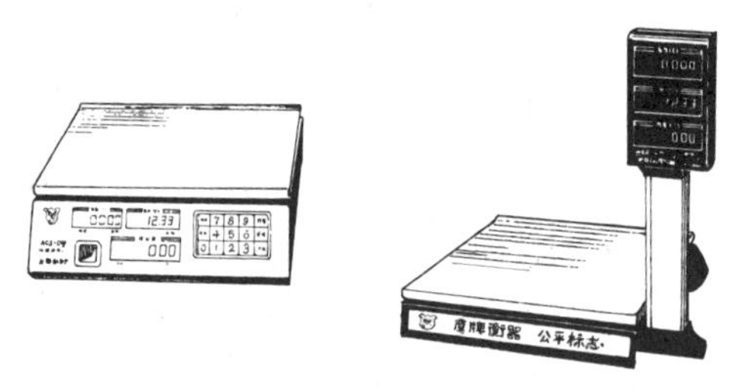

【用　　途】放在台上使用的一种秤。适用于较小较轻物体的称重。其特点是利用显示器,自动迅速显示称重结果,而且精度高;同时还显示货物的单价和金额;并设有置零、零点自动跟踪、去皮、重量和金额的累计、双面显示等多种功能。除广泛用于商店、集贸市场的货物称重、计价外,也广泛为集贸市场管理部门用作“公平秤”。一般使用交流电,电压为220V,工作温度为0～40℃。

【规　　格】

<table>
<tr><th>型　号</th><th>最大称量
(kg)</th><th>最小显示值
(g)</th><th>秤盘尺寸
(mm)</th></tr>
<tr><td>ACS-3</td><td>3</td><td>1</td><td rowspan="4">东方衡器厂
320×340

东昌大和衡器
有限公司
333×355</td></tr>
<tr><td>ACS-6</td><td>6</td><td>2</td></tr>
<tr><td>ACS-15</td><td>15</td><td>5</td></tr>
<tr><td>ACS-30</td><td>30</td><td>10</td></tr>
</table>

6. 电子计数秤

【用　　途】 与电子计价秤不同之处，除用于称重外，还可用于计数，均用显示器显示；并设有置零、去皮和零位跟踪等功能。多用于生产标准零件工厂的包装车间，用作零件的称重和计数。

【规　　格】 市场产品。

型号规格	最大称量 (kg)	最小显示值 (g)	最佳件重 (g)	秤盘尺寸 (mm)
JCS-500Y	0.5	0.1	0.1	180
JCS-1000Y	1	0.2	0.2	
JCS-2500Y	2.5	0.5	0.5	345×243
JCS-5000Y	5	1	1	
JCS-10000Y	10	2	2	
JCS-25000Y	25	5	5	

7. 电子吊秤(GB/T 11883—2002)

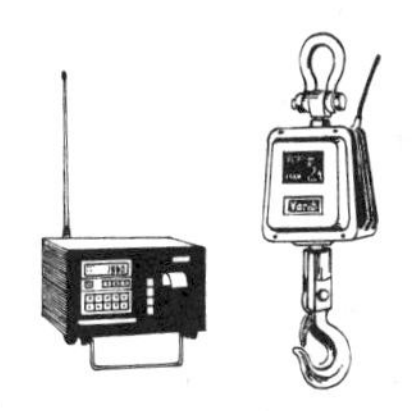

【用　　途】 随物体的起吊，通过电子吊秤上的称重传感器，有线或无线的传递，立即在接收器上显示出所吊物体的重量。适用于港口、仓库、交通运输、厂矿等称量大件物品。

【规　　格】

型　　号	YCH-M			
最大称量(kg)	1000	3000	5000	10000
最小显示值(kg)	1	2	5	10
计量精度(%)	0.1			

注：1. 产品型号 YCH-M 是参照引进产品型号编制的。

2. 标准(GB/T 11883—2002)规定的型号表示方法如下：

OCS-[1][2]-[3]

说明：OCS 表示电子吊秤；

1—用字母表示结构特点：S—无线数传式，X—勾头悬挂式，G—勾头式，C—吊车式，B—便携式；

2—用字母表示有线或无线：Y—有线式，Z—无线直示式；

3—用数字表示最大称量(t)；(对最大称量小于 1t 的电子吊秤，则用去掉小数点的数字表示，例：0.5t 用"05"表示)。

型号举例：OCS-CY-3。

8. 电子衡器名词简介

名　　词	简　　　　介
置零装置(调零装置)	空秤时，把衡器的示值置于零点和保持零点的一种装置；分自动、半自动和手动三种置零装置
零点跟踪装置	自动地保持衡器的零点示值的一种装置
皮重平衡装置(去皮装置)	将皮重负荷加到衡器的秤盘(承重台)上后，能将其平衡而不指示出皮重示值的一种装置，分自动、半自动和手动三种
预置皮重装置	可从衡器的称量示值中扣除预置皮重，并显示出净重的一种装置
累计装置	能将两次以上称量结果的重量或金额叠加，显示出其总重量或总金额的一种装置
打印装置	衡器内具有打印称重结果的一种装置

9. 转　速　表

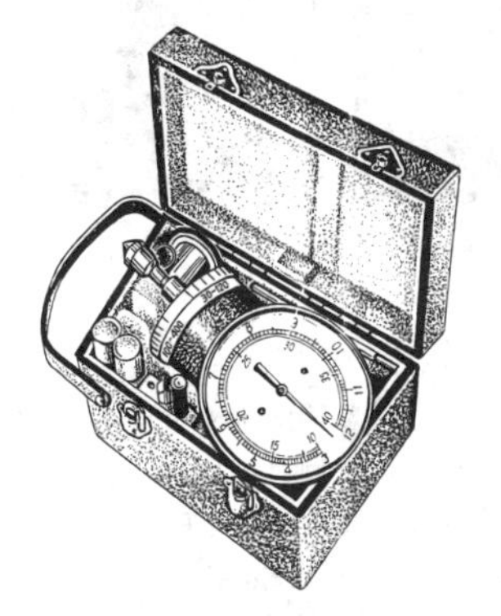

手持离心式
(LZ-30 型)

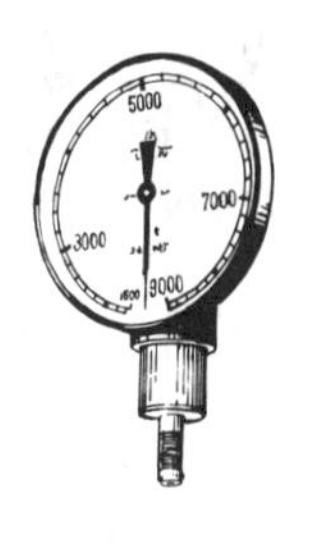

固定离心式
(LZ-806 型)

手持数字式
(SZG-20A 型)

电动式
(SZD-1 型)

固定磁性式
（CZ-20A 型）

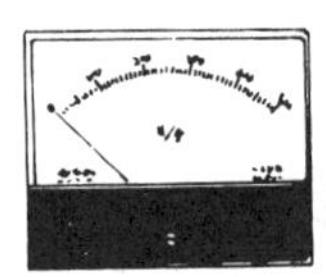

磁电式
（SZM-1 型）

【用　途】测量各类转动机械的转速，手持式转速表还可测量线速度。手持式转速表是手持着接触机械进行测量，固定式转速表是固定在机械上进行测量，而电动式和磁电式主要是用于远距离测量各种发动机的转速。转速表的工作原理：离心式利用离心机构原理；数字式利用光电转换原理；电动式利用测速电机工作原理；磁性式利用切割磁通量原理；磁电式利用磁电传感器工作原理。

【规　格】

(1) 手持式转速表

型　号	离　心　转　速　表			数字转速表
	LZ-30	LZ-45	LZ-60	SZG-20A
测量转速范围 (r/min)	30～12000	45～18000	60～24000	30～25000
测量线速范围 (m/min)	3～1200	4.5～1800	6～2400	3～2500
使用环境温度 (℃)	−20～45			5～40
相对湿度(%)	≤85			≤85

注：1. 离心转速表的表面直径均为 81mm。
2. 数字转速表：电源为 6V(4 节 5 号电池)，5 位数字液晶显示，外形尺寸(mm)为 192×63×43。

(2) 固定式转速表

型　号	测　量　范　围(r/min)	表盘外径(mm)
(1) 固 定 离 心 转 速 表①		
LZ-804	50～300，100～600，150～900，200～1200，300～1800，400～2400，500～3000，750～4500，1000～6000，1500～9000，2000～12000	100
LZ-806		150
(2) 固 定 磁 性 转 速 表①		
CZ-634	0～600，0～1000，0～1500，0～2000，0～2500，0～3000，0～4000，0～5000，0～8000，0～10000	100
CZ-636		150
CZ-10	0～500，0～1000，0～1500，0～2000	83
CZ-20	0～2000，0～5000，0～8000，0～10000	100
CZ-20A	0～200，0～400，0～600，0～800，0～1000	105
(3) 电 动 转 速 表		
SZD-1	0～1500①，0～3000①②，0～5000②，0～8000③，0～10000③，0～15000⑤，0～20000⑥	81
SZD-2	0～1500①，0～3000①②，0～5000②，0～8000③	174
(4) 磁 电 转 速 表		
SZM-1	50～5000，100～1000，200～2000，300～3000，400～4000，500～5000(转速比例均为①)	长方形 120×100
SZM-2	0～1000①，0～1500①，0～3000①②	107
SZM-3		98
SZM-4	0～1500①，0～3000②	107

注：1. 使用环境温度(℃)：除 SZM-1 型为 0～40，2 型和 3 型为 －10～60℃，4 型为 －25～55℃ 外；其余型号均为 －20～50℃。相对湿度(%)：除 SZM-4 型为 5～100 外，其余型号均为≤85。

2. 表中的“注”①、②、③、⑤、⑥，分别表示转速表转速与被测机械转速的比例为 1∶1、1∶2、1∶3、1∶5、1∶6；如需要特殊规格比例，须协商订货。

3. CZ-634、636 型可测量倒转、顺转或单方向转动的机械的转速。

4. 电动转速表由指示器(表头)和测速电机两部分组成。磁电转速表由指示器和转速传感器两部分组成，SZM-1 型还有一个频率转换器。

10. 转　数　表

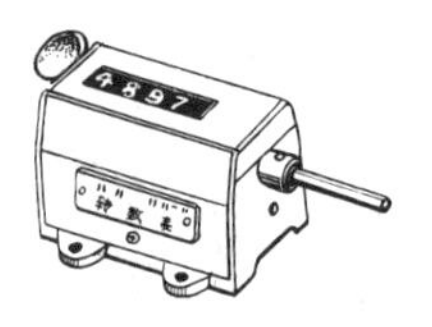

【用　　途】 用于测量长度和各种转动的机械记录，如制线、织带、绕线、矿井或深水探测等。

【规　　格】 型号：75-Ⅰ型。

计数范围：9999.9。

最高转速(r/min)：350。

11. 计　数　器

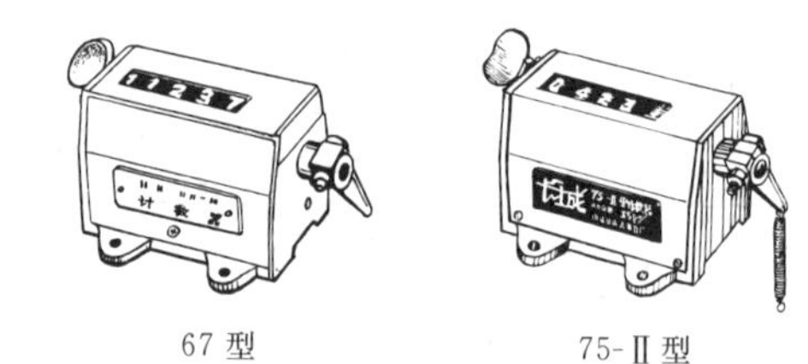

67 型　　　　75-Ⅱ型

【用　　途】 装于各种机床、包装、印刷、往复运动机械上，作数量累积计数之用。67 型多用于一般机械上，75-Ⅱ型多用于较大型机械上。

【规　　格】

型　　号	计数范围	拉杆摆动角度	每分钟计数次数
拉动式 67 型	1～99999	46°	350
拉动式 75-Ⅱ型	1～99999	46°	350

12. 压　力　表(GB/T 1226—2010)

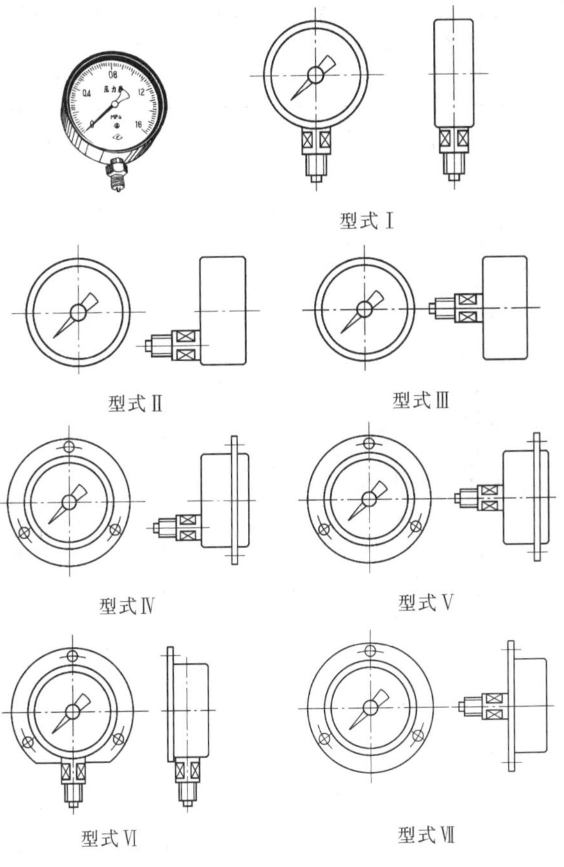

型式Ⅰ

型式Ⅱ

型式Ⅲ

型式Ⅳ

型式Ⅴ

型式Ⅵ

型式Ⅶ

【其他名称】 压力计、压强计。

【用　　途】 用于测量机器设备或容器内的水、蒸汽、压缩空气及其他液体的压力。

【规　　格】

表壳直径(mm)	40	60	100	150	200	250
精度等级	2.5，4.0		1.6，2.5	1.0，1.6		
接头螺纹	M10×1		M14×1.5	M20×1.5		
工作温度(℃)	−40～70					

安装类型	直接安装压力表			嵌装(盘装)压力表		凸装(墙装)压力表	
型式代号	Ⅰ	Ⅱ	Ⅲ	Ⅳ	Ⅴ	Ⅵ	Ⅶ
安装方式	径向直接式	轴向偏心直接式	轴向同心直接式	轴向偏心嵌装式	轴向同心嵌装式	径向凸装式	轴向同心凸装式
测量范围系列(MPa)	0～0.1，0～0.16，0～0.25，0～0.4，0～0.6，0～1，0～1.6，0～2.5，0～4，0～6，0～10，0～16，0～25，0～40，0～60，0～100，0～160，0～250，0～400，0～600						

13. 压力真空表(GB/T 1226—2010)

【其他名称】 真空气压联合表、联成表。

【用　　途】 测量机器、设备或容器内的中性气体和液体的压力和负压(真空度)。

【规　　格】

表壳公称直径(mm)		40，60，100，150，200，250
测量范围(MPa)	真空部分	－0.1～0
	压力部分系列	0～0.06，0～0.15，0～0.3，0～0.5，0～0.9，0～1.5，0～2.4

注：压力真空表结构型式、精度等级、接头螺纹、正常工作温度以及安装和结构形式，与压力表相同。

14. 真　空　表(GB/T 1226—2010)

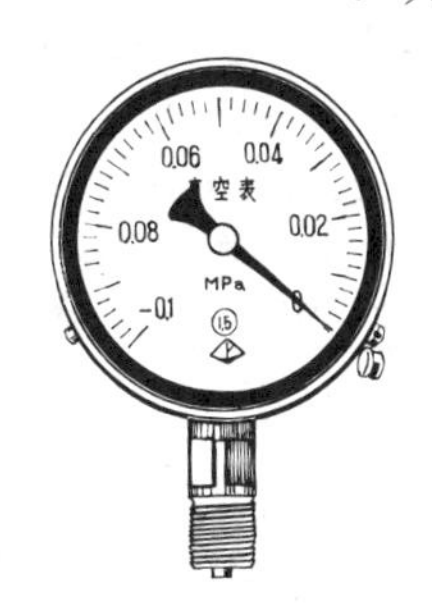

【用　　途】 测量机器、设备或容器内的中性气体的负压(真空度)。

【规　　格】 表壳公称直径(mm)：60，100，150。测量范围(MPa)：－0.1～0。其结构型式、精度等级、接头螺纹、正常工作环境温度以及安装，与压力表相同。

15. 水　表(GB/T 778.1—2007)

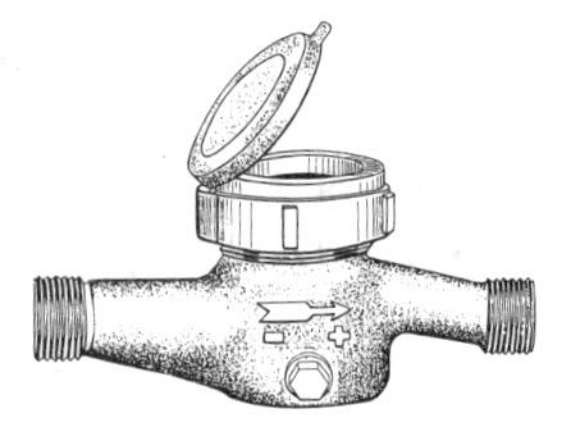

螺纹连接式水表

【其他名称】 液体流量计、水流量计。

【用　　途】 记录流经自来水管道的水的总量。按水表结构可分为容积式水表、速度式水表、螺翼式水表、单流束和多流束水表；按安装连接方式分螺纹连接和法兰连接两种。

【规　　格】

(1) 螺纹连接水表的代号、公称口径和安装尺寸

水表代号	公称口径 DN (mm)	连接螺纹代号	安装尺寸(mm)			水表代号	公称口径 DN (mm)	连接螺纹代号	安装尺寸(mm)		
			长	宽	高				长	宽	高
N0.6	15	G¾B	110	100	230	N3.5	25	G1¼B	225	170	325
N1	15	G¾B	130	100	230	N6	32	G1½B	230	170	350
N1.5	15	G¾B	165	100	230	N10	40	G2B	245	210	375
N2.5	20	G1B	195	130	300						

注：1. 水表代号：N 表示水表，数字表示该水表的常用流量(m^3/h)。
2. 水表的流量与水表的指示器范围对应关系：

常用流量 (m^3/h)	≤6.3	>6.3 ~63	>63 ~630	>630 ~6300
指示器范围 (m^3)≥	9999	99999	999999	9999999

3. GB/T 778.1—2007 标准对安装尺寸(长、宽、高)不作规定,表中数据仅供参考。
4. GB/T 778.1—2007 标准扩大了适用范围,它还可用作热水水表,增加了复式水表和同轴水表。
5. 水表公称口径扩大至 DN800,本手册不作介绍。

(2) 法兰连接水表的代号、公称口径和尺寸

水表代号		公称口径 DN (mm)	尺寸 (mm)					
			长		宽≤		高≤	
容积式、单流束式和多流束式	螺翼式		容、单、多	其他	容、单、多	螺翼式	容、单、多	螺翼式
N15	N15	50	280	200	270	270	415	490
N20	N25	65	—	—	300	270	450	500
N30	N40	80	370	225	360	270	470	530
N50	N60	100	370	250	450	270	535	550
—	N100	125	—	—	—	270	—	580
N100	N150	150	500	300	480	350	630	680
—	N250	200	—	350	—	360	—	700
—	N400	250	—	400	—	420	—	720
—	N600	300	—	450	—	480	—	750
—	N1000	400	—	550	—	580	—	820
—	N1500	500	—	800	—	730	—	900
—	N2500	600	—	1000	—	780	—	1050
—	N4000	800	—	1200	—	1020	—	1250

注:1. 表格中"容、单、多"分别指容积式、单流束式、多流束式水表。
2. 水表的公称口径及尺寸,原则上与水表代号有关。对于某一给定的公称口径,只要满足计量要求,允许采用表中与其直接相邻的较大或较小公称口径。在这种情况下,水表上不仅应标志其 N 的数值,而还应标志其公称口径 DN。
3. 参见上节"(1)螺纹连接水表的代号、公称口径和尺寸"的注 1 和 2。

第三篇　工　　具

第十四章　常用手工具

1. 钢　丝　钳(QB/T 2442.1—2007)

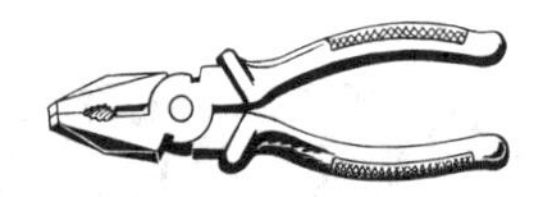
带塑料套钢丝钳

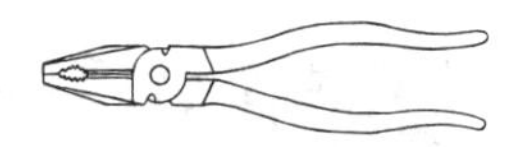
不带塑料套钢丝钳

【其他名称】 花腮钳、克丝钳。

【用　　途】 用于夹持或弯折薄片形、圆柱形金属零件及切断金属丝，其旁刃口也可用于切断细金属丝。

【规　　格】 分柄部不带塑料套(表面发黑或镀铬)和带塑料套两种。长度(mm):140，160，180，200，220，250。

2. 电　工　钳(QB/T 2442.2—2007)

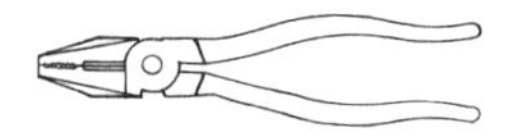
不带塑料套电工钳

【其他名称】 钢丝钳、克丝钳。

【用　　途】 用来夹持或弯折薄片形、细圆柱形金属零件及切断金属丝。

【规　　格】 分柄部不带塑料套(表面发黑或镀铬)和带塑料套两种。电工钳与钢丝钳不同之处是无旁刃口和前凹圆钳口。长度(mm):165，190，215，250。

3. 鲤　鱼　钳(QB/T 2442.4—2007)

【其他名称】 鱼钳。

【用　　途】 用于夹持扁形或圆柱形金属零件，其特点是钳口的开口宽度有两档调节位置，可以夹持尺寸较大的零件，刃口可用于切断金属丝，为自行车、汽车、内燃机、农业机械等维修工作中常用的工具。

【规　　格】 长度(mm)：125，160，180，200，250。

4. 水　泵　钳(QB/T 2440.4—2007)

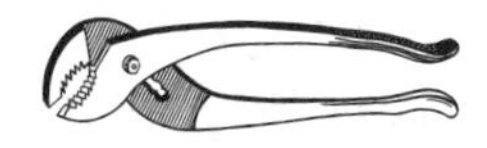

【用　　途】 用于夹持扁形或圆柱形金属零件，其特点是钳口的开口宽度有多档(三至四档)调节位置，以适应夹持不同尺寸的零件的需要，为汽车、内燃机、农业机械及室内管道等安装、维修工作中常用的工具。根据不同的用途，可分为滑动销轴式、榫槽叠置式、钳腮套入式和其他型式四种。

【规　　格】 长度(mm)：100，125，160，200，250，315，350，400，500。

5. 尖嘴钳及带刃尖嘴钳
(QB/T 2440.1、2442.3—2007)

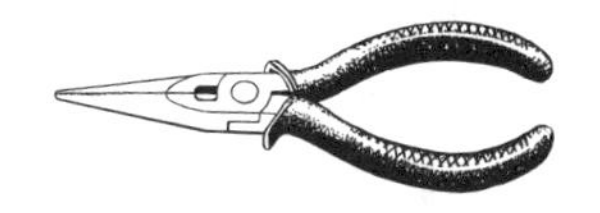

【其他名称】 尖头钳。

【用　　途】 用于在比较狭小的工作空间中夹持零件，带刃尖嘴钳还可用于切断细金属丝，为仪表、电信器材、家用电器等的装配、维修工作中常用的工具。

【规　　格】 分柄部不带塑料套和带塑料套两种。

长度(mm)：140，160，180，200，280。

注：带刃尖嘴钳无280mm规格。

6. 弯 嘴 钳

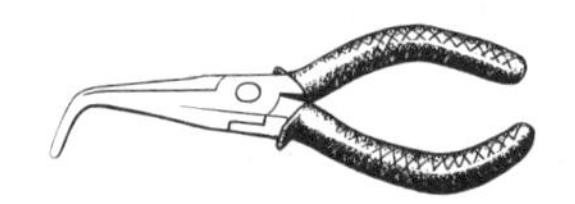

【其他名称】 弯头钳。

【用　　途】 与尖嘴钳相似，主要用于在狭窄或凹下的工作空间中夹持零件。

【规　　格】 分柄部不带塑料套和带塑料套两种。

长度(mm)：140，160，180，200。

7. 圆 嘴 钳(QB/T 2440.3—2007)

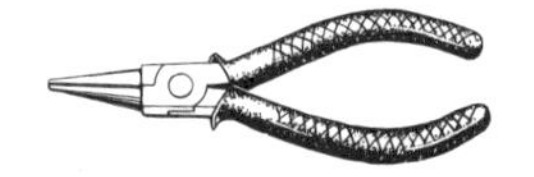

【其他名称】 圆头钳。

【用　　途】 用于将金属薄片或细丝弯曲成圆形，为仪表、电信器材、家用电器等装配、维修工作中常用的工具。

【规　　格】 分柄部不带塑料套和带塑料套两种。

全　　长(mm)		125	140	160	180
钳头长度(mm)	短嘴式	25	32	40	—
	长嘴式	—	40	50	63

8. 扁　嘴　钳(QB/T 2440.2—2007)

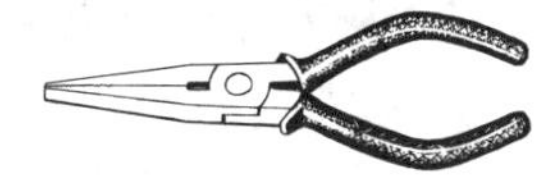

【用　　途】 用于将金属薄片或细丝弯曲成所需形状,或在维修工作中用以装拔销子、弹簧等。

【规　　格】 分柄部不带塑料套和带塑料套两种。

全　　长(mm)		125	140	160	180
钳 头 长 度(mm)	短嘴式	25	32	40	—
	长嘴式	—	40	50	63

9. 鸭　嘴　钳

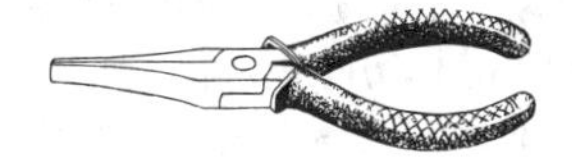

【用　　途】 与扁嘴钳相似,由于其钳口部分通常不制出齿纹,不会损伤被夹持零件表面,多用于纺织厂修理钢筘工作中。

【规　　格】 分柄部不带塑料套和带塑料套两种。
长度(mm):125,140,160,180,200。

10. 修　口　钳

【其他名称】 修筘钳。

【用　　途】 钳的头部比鸭嘴钳狭而薄,钳口内制有齿纹,多用于纺织厂修理钢筘工作中。

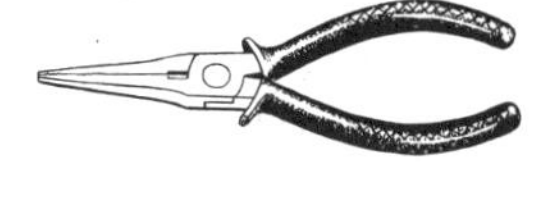

【规　　格】 长度(mm):160。

11. 斜　嘴　钳(QB/T 2441.1—2007)

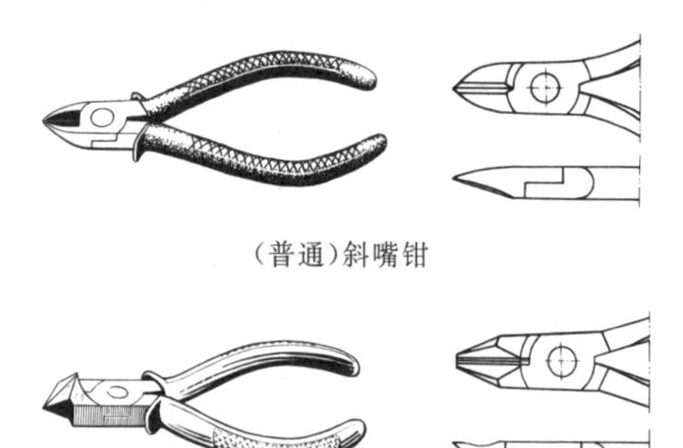

(普通)斜嘴钳

平口斜嘴钳

【其他名称】 斜口钳。

【用　　途】 用于切断金属丝,另有一种平口斜嘴钳适宜在凹下的工作空间中使用,为电线安装工作中常用的工具。

【规　　格】 分柄部不带塑料套和带塑料套两种。

长度(mm):125,140,160,180,200。

12. 胡　桃　钳(QB/T 1737—2011)

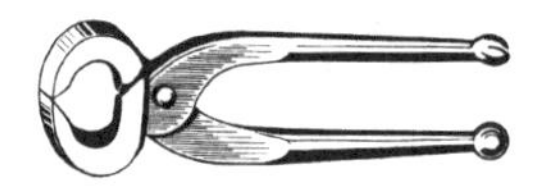

【其他名称】 鞋匠钳、起钉钳。

【用　　途】 制鞋工人拔鞋钉及木工起钉用,也可切断金属丝。

【规　　格】 长度(mm):160,180,200,224,250,280。

13. 大　力　钳(QB/T 4062—2010)

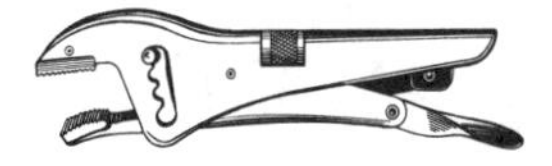

【其他名称】 多用钳。

【用　　途】 用以夹紧零件进行铆接、焊接、磨削等加工。其特点是钳口可以锁紧,并产生很大的夹紧力,使被夹紧零件不会松脱;而且钳口有多档调节位置,供夹紧不同厚度零件使用;另外,也可作扳手使用。

【规　　格】

全长(mm)		100	135	140	165	180	220
型式	直口型	—	—	140	—	180	220
	曲口型	100	—	140	—	180	220
	尖嘴型	—	135	—	165	—	220

14. 挡　圈　钳

直嘴式孔用挡圈钳　　弯嘴式孔用挡圈钳

直嘴式轴用挡圈钳　　弯嘴式轴用挡圈钳

【其他名称】 卡簧钳。

【用　　途】 专供装拆弹性挡圈用。由于挡圈有孔用、轴用之分以及安装部位的不同,可根据需要,分别选用直嘴式或弯嘴式、孔用或轴用挡圈钳。

【规　　格】 长度(mm):125,175,225。

15. 线　缆　剪

XLJ-S 型

XLJ-D 型

XLJ-G 型

【其他名称】 电缆剪。

【用　　途】 用于切断铜、铝导线，电缆，钢绞线，钢丝绳等，并能保持断面基本呈圆形，不散开。

【规　　格】

型　号	外形长度（缩/伸）(mm)	重量(kg)	适　用　范　围
XLJ-S-150	310/395	1.4	切断 ≤ 150mm² 铜铝电缆导线和直径 ≤ 5mm 低碳圆钢
XLJ-S-240	400/555	2.5	切断 ≤ 240mm² 铜铝电缆导线和直径 ≤ 6mm 低碳圆钢
XLJ-D-240	250	0.6	切断 ≤ 240mm² 或直径 ≤ 30mm 铜铝电缆
XLJ-D-300	240	1.0	切断直径 ≤ 40mm 或 ≤ 300mm² 铜铝电缆
XLJ-D-500	240/290	1.1	切断直径 ≤ 40mm 或 500mm² 铜铝电缆
XLJ-G-40	440/630	3.6	切断 ≤ 120mm² 钢绞线，≤ 800mm² 钢芯铝绞线，直径 ≤ 36mm 钢芯电缆和直径 ≤ 14mm 低碳圆钢
XLJ-G-40A	440/630	3.6	切断直径 ≤ 20mm 钢丝缆绳和直径 ≤ 36mm 铜铝电缆
XLJ-G-60	525/715	7.0	切断 ≤ 150mm² 钢绞线，≤ 1200mm 钢芯铝绞线，直径 ≤ 52mm 钢芯电缆和直径 ≤ 16mm 低碳圆钢
XLJ-G-60A	525/715	7.0	切断直径 ≤ 26mm 钢丝缆绳和直径 ≤ 52mm 铜铝电缆

16. 断　线　钳(QB/T 2206—2011)

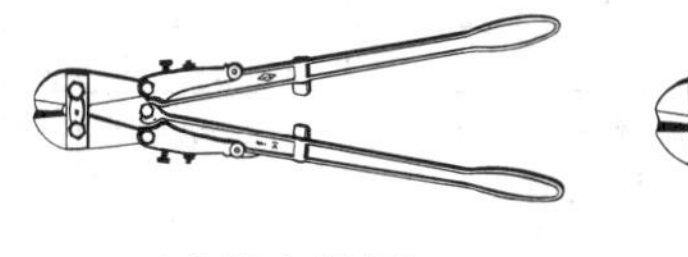

普通式(铁柄)

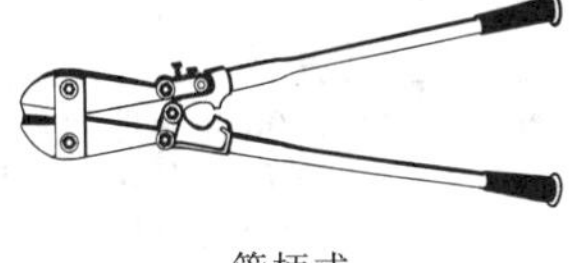

管柄式

【其他名称】 剪线钳。

【用　　途】 用于切断较粗的、硬度不大于30HRC的金属线材、刺丝及电线等。

【规　　格】

规　格(mm)	200	300	350	450	600	750	900	1050	1200
长　度(mm)	203	305	360	460	615	765	915	1070	1220
剪切直径(mm)	2	4	5	6	8	10	12	14	16

注：表内剪切直径指GB/T 699规定45圆钢，硬度不得超过28～30HRC。

17. 鹰嘴断线钳

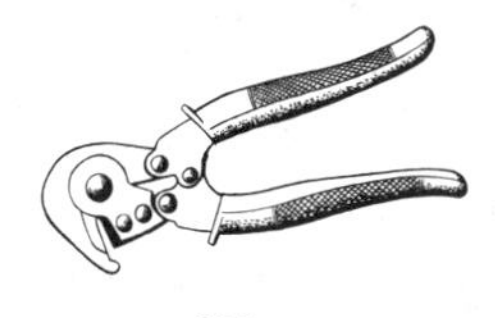

230mm

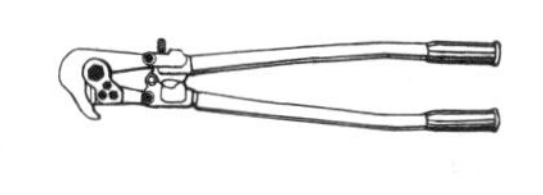

450～900mm

【用　　途】 用于切断较粗的、硬度不大于30HRC的金属线材等，特别适用于高空等露天作业。

【规　　格】 市场产品(YQ型)。

长　度(mm)		230	450	600	750	900
剪切直径(mm)	黑色金属	≤4/≤2.5	2～5	2～6	2～8	2～10
	有色金属	≤5	2～6	2～8	2～10	2～12

注：长度 230mm 的剪切黑色金属直径，分子为剪切抗拉强度≤490MPa 的低碳钢丝值，分母为剪切抗拉强度≤1265MPa 的碳素弹簧钢丝值。

18. 紧　线　钳

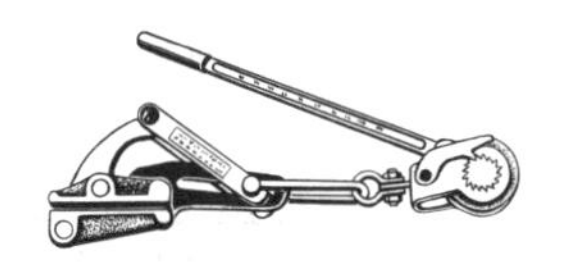

平口式　　　　虎头式

【其他名称】 拉线器、拉扦子。

【用　　途】 专供架设空中线路工程拉紧电线或钢绞线用。

【规　　格】

平　口　式　紧　线　钳

规格(号数)	钳口弹开尺寸(mm)	额定拉力(kN)	夹线直径范围(mm)			
			单股钢、铜线	钢绞线	无芯铝绞线	钢芯铝绞线
1	≥21.5	15	10～20	—	12.4～17.5	13.7～19
2	≥10.5	8	5～10	5.1～9.6	5.1～9	5.4～9.9
3	≥5.5	3	1.5～5	1.5～4.8	—	—

虎　头　式　紧　线　钳

长度(mm)	150	200	250	300	350	400	450	500
额定拉力(kN)	2	2.5	3.5	6	8	10	12	15
夹线直径范围(mm)	1～3	1.5～3.5	2～5.5	2～7	3～8.5	3～10.5	3～12	4～13.5

19. 剥　线　钳(QB/T 2207—1996)

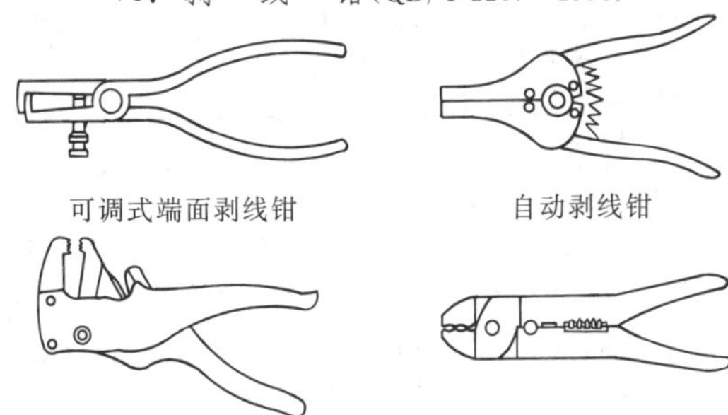

可调式端面剥线钳　　自动剥线钳

多功能剥线钳　　压接剥线钳

【用　途】 供电工用于在不带电的条件下,剥离线芯直径0.5～2.5mm的各类电信导线外部绝缘层。多功能剥线钳还能剥离带状电缆。

【规　格】

型　式	可调式端面剥线钳	自　动剥线钳	多功能剥线钳	压　接剥线钳
长度(mm)	160	170	170	200

20. 压　线　钳

JYJ-V 型

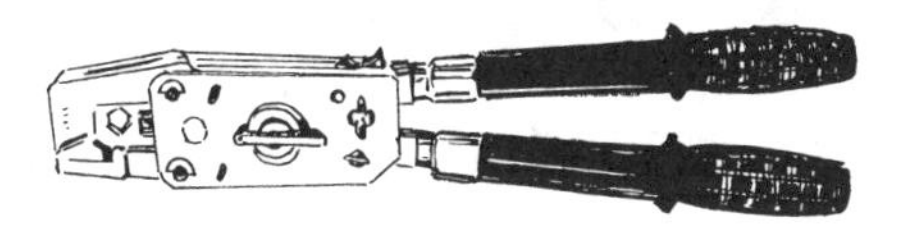

JYJ-1A 型

【其他名称】 机械式压线钳、冷压钳。
【用　　途】 用于冷轧压接(围压、点压、叠压)铜、铝导线,起中间连接或封端作用。
【规　　格】 上海产品。

型　号	手柄长度(mm)(缩/伸)	重量(kg)	适　用　范　围
JYJ-V_1	245	0.35	适用于压接(围压)0.5～6mm² 裸导线
JYJ-V_2	245	0.35	适用于压接(围压)0.5～6mm² 绝缘导线
JYJ-1	450/600	2.5	适用于压接(围压)6～240mm² 导线
JYJ-1A	450/600	2.5	适用于压接(围压)6～240mm² 导线,能自动脱模
JYJ-2	450/600	3	适用于压接(围压、点压、叠压)6～300mm² 导线
JYJ-3	450/600	4.5	适用于压接(围压、点压、叠压)16～400mm² 导线

21. 冷压接钳

【其他名称】 导线手动压接钳。
【用　　途】 专供压接铝或铜导线的接头或封端(利用压模使导线接头或封端紧密连接)。
【规　　格】 长度(mm):400;
压接导线断面积范围(mm²):10,16,25,35。

22. 冷轧线钳

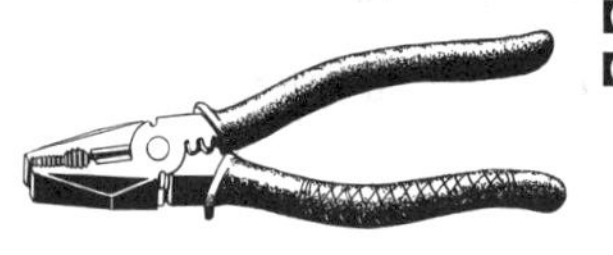

【其他名称】 冷轧钳。
【用　　途】 除具有一般钢丝钳的用途外,还可以利用轧线结构部分轧接电话线、小型导线的接头或封端。

【规　　格】 长度(mm):200;
轧接导线断面积范围(mm^2):2.5～6。

23. 铅　印　钳

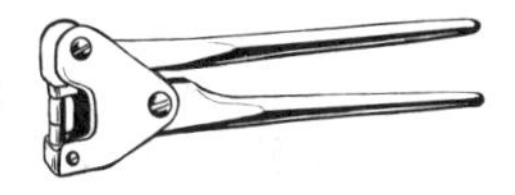

【其他名称】 封印钳、轧印钳。
【用　　途】 轧封仪表、包裹、文件、设备等上铅印。
【规　　格】

长度(mm)	150	175	200	250	240(拖板式)
轧封铅印直径(mm)	9	10	11	12	15

24. 羊角起钉钳

【其他名称】 开箱钩、S钩。
【用　　途】 开木箱、拆旧木结构件时起拔钢钉子。
【规　　格】 长度×直径(mm):250×16。

25. 开　箱　钳

【其他名称】 起钉钳。
【用　　途】 开木箱、拆旧木结构件时起拔钢钉子。
【规　　格】 总长(mm):450。

26. 双头呆扳手(GB/T 4388—2008)

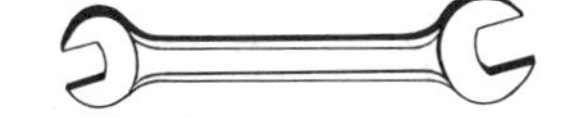

【其他名称】 双头扳手、双头呆扳头。
【用　　途】 用以紧固或拆卸六角头或方头螺栓(螺母)。双头扳手由于两端开口宽度不同,每把扳手可适用两种规格的六角头或方头螺栓。
【规　　格】 扳手规格指适用的螺栓的六角头或方头对边宽度。

(1) 双头呆扳手规格

单件双头呆扳手规格系列(mm)	
3.2×4，4×5，5×5.5，5.5×7，(6×7)，7×8，(8×9)，8×10，(9×11)，10×11，(10×12)，10×13，11×13，(12×13)，(12×14)，(13×14)，13×15，13×16，(13×17)，(14×15)，(14×16)，(14×17)，15×16，(15×18)，(16×17)，16×18，(17×19)，(18×19)，18×21，(19×22)，(19×24)，(20×22)，(21×22)，(21×23)，21×24，(22×24)，(24×26)，24×27，(24×30)，(25×28)，(27×29)，27×30，(27×32)，(30×32)，30×34，(30×36)，(32×34)，(32×36)，34×36，36×41，41×46，46×50，50×55，55×60，60×65，65×70，70×75，75×80	
成套双头呆扳手规格系列(mm)(市场产品)	
6 件组	6×7，8×10，12×14，14×17，17×19，22×24
8 件组	6×7，8×9，10×11，12×13，14×15，16×17，18×19，20×22
10 件组	6×7，8×10，10×12，12×14，14×17，17×19，19×22，24×24，24×27，30×32
12 件组	6×7，8×9，10×11，12×13，14×15，16×17，18×19，20×22,21×23，24×27，25×28，30×32

注：1. 括号内的尺寸为非优先组配。
2. 成套规格系列由各厂自行组配。

(2) 呆扳手和梅花扳手试验扭矩值

（QB/T 3001，3002—2008）

规格(mm)	最小试验扭矩(N·m)		规格(mm)	最小试验扭矩(N·m)		规格(mm)	最小试验扭矩(N·m)	
	梅花扳手	呆扳手		梅花扳手	呆扳手		梅花扳手	呆扳手
3.2	4.04	1.02	13	107	51.6	30	760	536
4	6.81	1.9	14	128	63.5	32	884	643
5	11.5	3.55	15	150	77	34	1019	761
5.5	14.4	4.64	16	175	92.3	36	1165	894
6	17.6	5.92	17	201	109	41	1579	1154
7	25.2	9.12	18	230	128	46	2067	1453
8	34.5	13.3	19	261	149	50	2512	1716
9	45.4	18.4	21	330	198	55	3140	2077
10	58.1	24.8	22	368	225	60	3849	2471
11	72.7	32.3	24	451	287	65	4021	2900
12	89.1	41.2	27	594	399	70	4658	3364

注：两用扳手两工作端分别按照呆扳手和梅花扳手的最小试验扭矩值。

27. 单头呆扳手(GB/T 4388—2008)

【其他名称】 单头扳手、单头呆扳头。

【用　　途】 用于紧固或拆卸一种规格的六角头或方头螺栓(螺母)。

【规　　格】 扳手规格指适用的螺栓的六角头或方头对边宽度(mm)：5.5，6，7，8，9，10，11，12，13，14，15，16，17，18，19，20，21，22，23，24，25，26，27，28，29，30，31，32，34，36，41，46，50，55，60，65，70，75，80。

注：单头呆扳手扭矩，参见上表呆扳手和梅花扳手试验扭矩值。

28. 梅花扳手(GB/T 4388—2008)

【其他名称】 闭口扳手、眼睛扳手。

【用　　途】 与双头呆扳手相似，但只适用于六角头螺栓(螺母)。其特点是：承受扭矩大，使用安全，特别适用于地位较狭小、位于凹处、不能容纳双头呆扳手的工作场合。

【规　　格】 扳手规格指适用的螺栓的六角头对边宽度。

成套梅花扳手规格系列(mm)(市场产品)	
6件组	5.5×7(或6×7)，8×10，12×14，14×17，17×19(或19×22)，24×27
8件组	6×7，8×9，10×11，12×13，14×15，16×17，18×19，20×22
10件组	5.5×7(或6×7)，8×10(或9×11)，10×12，12×14，14×17，17×19，19×22，22×24(或24×27)，27×30，30×32
12件组	6×7，8×9，10×11，12×13，14×15，16×17，18×19，20×22，21×23，24×27，25×28，30×32

注：1. 单件梅花扳手的规格系列为6×7～55×60mm，与单件呆扳手相同，参见第901页“单头呆扳手”。
2. 梅花扳手的试验扭矩系列及扭矩值，参见第901页。
3. 梅花扳手分高颈型、矮颈型、直颈型和弯颈型四种。
4. 成套规格系列由各厂自行组配。

29. 单头梅花扳手(GB/T 4388—2008)

【用　　途】 与单头呆扳手相似，但只适用于六角头螺栓(螺母)。其特点是：承受扭矩大，使用安全，特别适用于地位较狭小、位于凹处、不能容纳单头呆扳手的工作场合。

A型(矮颈型)

【规　　格】10mm起其余与单头呆扳手相同（参见第901页“单头呆扳手”）

注：单头梅花扳手分矮颈型和高颈型两种。

30. 敲击呆扳手及敲击梅花扳手(GB/T 4392—1995)

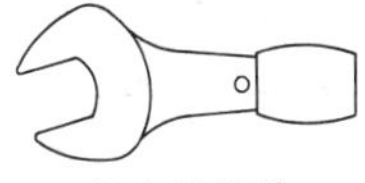

敲击呆扳手

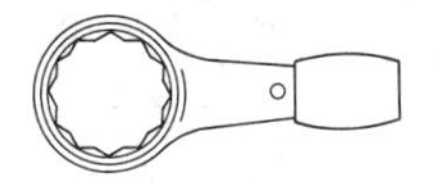

敲击梅花扳手

【用　　途】分别与单头呆扳手及单头梅花扳手相同。此外，其柄端还可以作锤子敲击用。

【规　　格】扳手规格指适用的螺栓的六角头或方头对边宽度。

规格	厚度		长度	规格	厚度		长度	规格	厚度		长度
	呆扳	梅扳			呆扳	梅扳			呆扳	梅扳	
(mm)				(mm)				(mm)			
50	20	25	300	95	38	42	450	150	60	62.5	700
55	22	27	300	100	40	44	500	155	62	64.5	700
60	24	29	350	105	42	45.6	500	165	66	68	700
65	26	30.6	350	110	44	47.5	500	170	68	70	700
70	28	32.5	375	115	46	49	500	180	72	74	800
75	30	34	375	120	48	51	600	185	74	75.6	800
80	32	36.5	400	130	52	55	600	190	76	77.5	800
85	34	38	400	135	54	57	600	200	80	81	800
90	36	40	450	145	58	60.6	600	210	84	85	800

31. 两用扳手(GB/T 4388—2008)

【其他名称】开口闭口扳手。

【用　　途】一端与单头呆扳手相同，另一端与梅花扳手相同，两端适用相同规格的螺栓(螺母)。

【规　　格】 扳手规格指适用的螺栓的六角头或方头对边宽度。

单件扳手规格系列 (mm)		3.2,4,5,5.5,6,7,8,9,10,11,12,13,14,15,16,17,18,19,20,21,22,23,24,25,26,27,28,29,30,31,32,34,36,41,46,50
成套扳手规格系列 (mm) (市场产品)	6 件组	10,12,14,17,19,22
	8 件组	8,9,10,12,14,17,19,22
	10 件组	8,9,10,12,14,17,19,22,24,27
	新 6 件组	10,13,16,18,21,24
	新 8 件组	8,10,13,16,18,21,24,27

注：参见第 900 页“双头呆扳手”的注和第 901 页“呆扳手和梅花扳手试验扭矩系列和扭矩值”。

32. 套 筒 扳 手

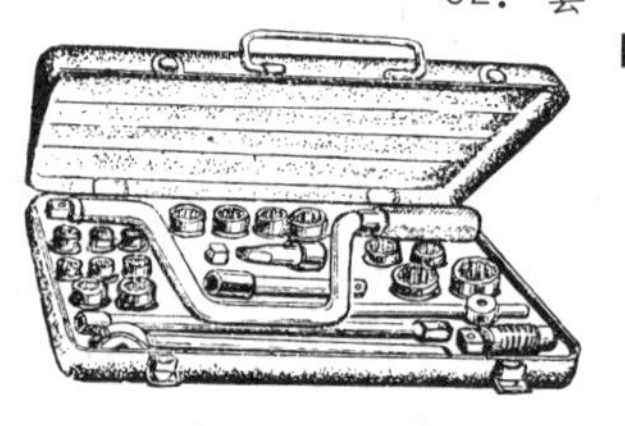

【用　　途】 分手动和机动(电动、气动)两种类型,以手动套筒扳手应用较广。由各种套筒(头)、传动附件和连接件组成,除具有一般扳手紧固或拆卸六角头螺栓、螺母的功能外,特别适用于工作空间狭小或深凹的场合。一般以成套(盒)形式供应,也可以单件形式供应。

【规　　格】

(1) 手动套筒扳手传动方孔(方榫)公称尺寸及基本尺寸(GB/T 3390.2—2004)

(mm)

公称尺寸			6.3	10	12.5	20	25
基本尺寸	方孔	max	6.63	9.80	13.03	19.44	25.79
		min	6.41	9.58	12.76	19.11	25.46
	方榫	max	6.35	9.53	12.70	19.05	25.40
		min	6.26	9.44	12.59	18.92	25.27

(2) 手动成套套筒扳手规格

传动方孔(榫)尺寸(mm)	每盒件数	每盒具体规格(mm)	
		套筒	附件
小型套筒扳手			
6.3×10	20	4，4.5，5，5.5，6，7，8(以上6.3方孔)，10，11，12，13，14，17，19和$^{13}/_{16}$ in火花塞套筒(以上10方孔)	200棘轮扳手，75旋柄，75、100接杆(以上10方孔、方榫)，10×6.3接头
10	10	10，11，12，13，14，17，19和$^{13}/_{16}$ in火花塞套筒	200棘轮扳手，75接杆
普通套筒扳手			
12.5	9	10，11，12，14，17，19，22，24	225弯柄
12.5	9*	8，10，13，15，16，18，21，24	225弯柄
12.5	13*	8，10，13，15，16，18，21，24，27	250棘轮扳手，直接头，250转向手柄，257通用手柄
12.5	13	10，11，12，14，17，19，22，24，27	250棘轮扳手，直接头，250转向手柄，257通用手柄
12.5	17	10，11，12，14，17，19，22，24，27，30，32	250棘轮扳手，直接头，250滑行头手柄，420快速摇柄，125、250接杆
12.5	24	10，11，12，13，14，15，16，17，18，19，20，21，22，23，24，27，30，32	250棘轮扳手，250滑行头手柄，420快速摇柄，125、250接杆，75万向接头

（续）

传动方孔(榫)尺寸(mm)	每盒件数	每盒具体规格（mm）	
		套筒	附件
普通套筒扳手			
12.5	28	10，11，12，13，14，15，16，17，18，19，20，21，22，23，24，26，27，28，30，32	250 棘轮扳手，直接头，250 滑行头手柄，420 快速摇柄，125、250 接杆，75 万向接头，52 旋具接头
12.5	32	8，9，10，11，12，13，14，15，16，17，18，19，20，21，22，23，24，26，27，28，30，32 和 $^{13}/_{16}$ in 火花塞套筒	250 棘轮扳手，250 滑行头手柄，420 快速摇柄，230、300 弯柄，75 万向接头，52 旋具接头，125、250 接杆
重型套筒扳手			
20	15*	18，21，24，27，30，34，36，41，46，50	棘轮扳手，长接杆，短接杆，滑行头手柄，套筒箱
20	21	19，21，22，23，24，26，27，28，30，32，34，36，38，41，46，50	棘轮扳手，长接杆，短接杆，滑行头手柄，套筒箱
20×25	26	21，22，23，24，26，27，28，29，30，31，32，34，36，38，41，46，50（以上20 方孔），55，60，65（以上 25 方孔）	125 棘轮扳头，525 滑行头手柄，525 加力杆，200 接杆（以上 20 方孔、方榫），83 大滑行头（20×25 方榫），万向接头
25	21	30，31，32，34，36，38，41，46，50，55，60，65，70，75，80	125 棘轮扳头，525 滑行头手柄，220 接杆，135 万向接头，525 加力杆，滑行头

注：每盒件数带 * 符号的成套套筒扳手，为贯彻螺纹紧固件新国家标准，市场上新增加品种。

33. 手动套筒扳手附件

(1) 棘轮扳手(GB/T 3390.3—2004)

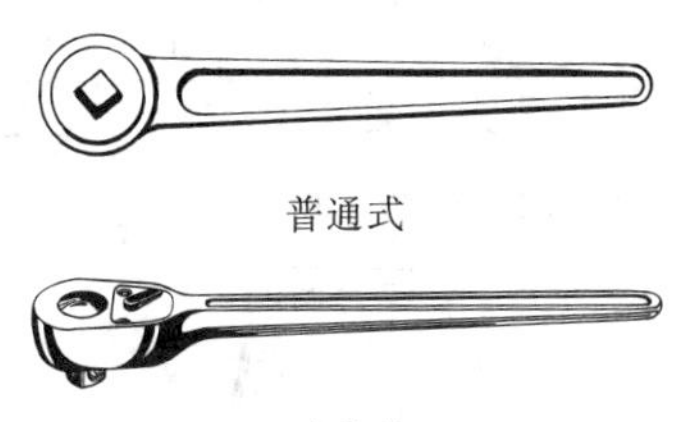

普通式

可逆式

【其他名称】 棘轮扳柄、棘轮柄。

【用　　途】 旋动套筒用的一种传动附件。其特点是利用棘轮机构可在旋转角度较小的工作场合进行操作。普通式带有方孔,需与方榫尺寸相应的直接头配合使用。

【规　　格】

方孔、方榫(mm)		6.3	10	12.5	20	25
长度(mm)		110～150	140～220	230～300	430～630	500～900
扭矩(N·m)	a级	62	202	512	1412	2515
	c级	49.4	162	410	1130	2012

注:普通式无25mm方孔规格。

(2) 滑行头手柄(GB/T 3390.3—2004)

【其他名称】 滑行柄、T形手柄。

【用　　途】 旋动套筒用的一种传动附件。其特点是滑行头的位置可以移动,以便根据不同需要调整旋动时的力臂大小;另外,它还特别适用于只能在180°角度范围内的操作场合。

【规　　格】

方榫(mm)		6.3	10	12.5	20	25
长度(mm)		110～160	150～250	220～320	430～510	500～760
扭矩 (N·m)	a 级	55	180	455	1255	2236
	c 级	43.9	144	364	1004	1789

(3) 快 速 摇 柄(GB/T 3390.3—2004)

【其他名称】 快速手柄、摇手柄、弓形手柄。

【用　　途】 旋动套筒用的一种传动附件。其特点是操作时利用弓形柄部可以快速、连续旋转，比较方便。

【规　　格】 方榫×长度(max)×高度(mm)/扭矩(a 级)(N·m)：6.3×420×(60～115)/24，10×470×(70～125)/79，12.5×510×(85～145)/199。

(4) 弯　　柄(GB/T 3390.3—2004)

【其他名称】 弯头手柄、L 形手柄。

【用　　途】 旋动套筒用的一种传动附件，主要配用于件数较少的套筒扳手中。

【规　　格】

方榫(mm)		6.3	10	12.5	20
长度(max)(mm)		110	210	250	500
扭矩(N·m)	a 级	62	202	512	1412
	c 级	49.4	162	410	1130

(5) 转 向 手 柄(GB/T 3390.3—2004)

【其他名称】 活络头手柄。

【用　　途】 旋动套筒用的一种传动附件。其特点是手柄可以围绕方榫轴线旋转,以便在不同角度范围内旋动螺栓、螺母;还可以将通用手柄插在转向手柄的上部孔中,配合使用,以加大旋动时力矩。

【规　　格】

方榫(mm)		6.3	10	12.5	20	25
长度(max)(mm)		165	270	490	600	850
扭矩(N·m)	a 级	62	202	512	1412	2515
	c 级	49.4	162	410	1130	2012

(6) 旋　　柄(GB/T 3390.3—2004)

【用　　途】 旋动套筒用的一种传动附件,特别适用于旋动位于深凹部位的螺栓、螺母。

【规　　格】 方榫×长度(max)(mm)/扭矩(a 级)(N·m):6.3×165/10,10×190/34。

(7) 通 用 手 柄

【其他名称】 通用柄。

【用　　途】 配合转向手柄旋动套筒用的一种传动附件。

【规　　格】 直径×长度(mm):7×115,9×257。

(8) 接　　杆(GB/T 3390.4—2004)

【其他名称】 伸长杆。

【用　　途】 用作各种传动附件与套筒之间的一种连接附件，以便旋动位于深凹部位的螺栓、螺母。

【规　　格】

方孔、方榫(mm)		6.3	10	12.5	20	25
长度(mm)		55，100，150	75，125，250	75，125，250	100，200，400	200，400
扭矩(N·m)	a级	62	202	512	1412	2515
	c级	49.4	162	410	1130	2012

(9) 万向接头(GB/T 3390.4—2004)

【用　　途】 用作各种传动附件与套筒之间的一种连接附件，其作用与转向手柄相似。

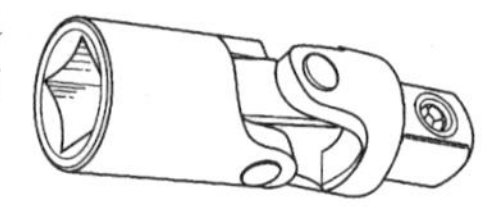

【规　　格】

方孔、方榫(mm)		6.3	10	12.5	20
长度(max)(mm)		45	68	80	110
扭矩(N·m)	a级	34	112	284	784
	c级	27.4	90	228	628

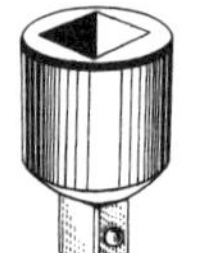

(10) 接　　头(GB/T 3390.4—2004)

【用　　途】 用作不同传动方尺寸的带方孔与带方榫的传动附件、接杆、套筒之间的一种连接附件。

【规　　格】

方榫(mm)		6.3	10	12.5	20	10	12.5	20	25
方孔(mm)		10	12.5	20	25	6.3	10	12.5	20
扭矩(N·m)	a级	62	202	512	1412	62	202	512	1412
	c级	49.4	162	410	1130	49.4	162	410	1130

(11) 直　接　头

【其他名称】 方榫接头。

【用　　途】 用作带方孔的棘轮扳手与套筒或接杆之间的连接附件。

【规　　格】 方榫×长度(mm):6.3×25，10×25，12.5×38，20×52。

(12) 旋 具 接 头

【其他名称】 旋凿接头、螺丝批接头、螺丝刀接头。

【用　　途】 安装在各种传动附件上,作旋动带槽螺钉、木螺钉用。

【规　　格】 方孔×长度(mm):12.5×52。

34. 套筒扳手套筒

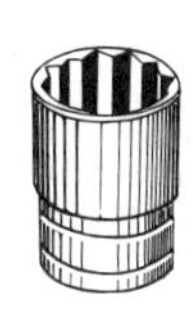

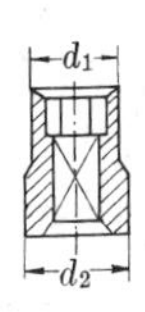

$d_1 < d_2$

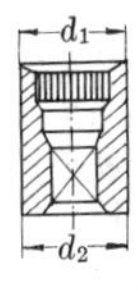

$d_1 = d_2$

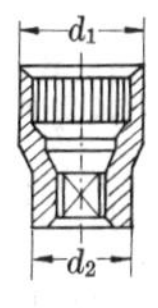

$d_1 > d_2$

d_1—套筒十二(六)角孔一端外径；d_2—套筒方孔一端外径

【其他名称】 套筒头。

【用　　途】 手动套筒扳手或机动套筒扳手的工作附件(工作头),带方孔的一端与传动附件或机动套筒扳手的方榫连接,带十二(六)角孔的一端套在六角头螺栓、螺母上,用于紧固或拆卸螺栓、螺母。

【规　　格】 基本尺寸 s(适用螺栓、螺母的六角对边宽度)。

(1) 手动套筒扳手套筒的尺寸与扭矩(GB/T 3390.1—2004)

基本尺寸 s	外径≤		长度≤		扭矩系列	
	d_1	d_2	普通型	加长型	a级	c级
					试验扭矩	
(mm)					(N·m)	
方孔6.3mm系列						
3.2	5.9	12.5	25	45	7.08	5.67
4	6.9				10.4	8.28
5	8.2				15.1	12.1
5.5	8.8				17.8	14.2
6	9.4				20.6	16.5
7	11				26.8	21.4
8	12.2				33.6	26.9
9	13.5	13.5			41.1	32.9
10	14.7	14.7			49.1	39.3
11	16	16			57.8	46.2
12	17.2	17.2			67.0	53.6
13	18.5	18.5			68.6	54.9
14	19.7	19.7			68.6	54.9
方孔10mm系列						
6	9.6	20	32	45	23.2	18.6
7	11				33.2	26.6
8	12.2				45.5	36.4
9	13.5				59.9	48.0
10	14.7				76.7	61.4
11	16				96	76.7
12	17.2				118	94.0
13	18.5				141	113
14	19.7	24			169	135
15	21				198	159
16	22.2		35	60	225	180
17	23.5	24	35	60	225	180
18	24.7	24.7			225	180
19	26	26			225	180
21	28.5	28.5	38		225	180
22	29.7	29.7			225	180
方孔12.5mm系列						
8	13.0	24	40	75	94.1	75.3
9	14.4				119	95.3
10	15.5				147	118
11	16.7				178	142
12	18.0				212	169
13	19.2				249	199
14	20.5				288	231
15	21.7				331	265
16	23.0	25.5			377	301
17	24.2				425	340
18	25.5		42		477	381
19	26.7	26.7			531	425
21	29.2	29.2	44		569	455
22	30.5	30.5			569	455
24	33.0	33.0	46		569	455
27	36.7	36.7	48		569	455
30	40.5	40.5	50		569	455
32	43.0	43.0			569	455

(续)

基本尺寸 s	外径≤ d_1	外径≤ d_2	长度≤ 普通型	长度≤ 加长型	扭矩系列 a级 试验扭矩	扭矩系列 c级 试验扭矩
(mm)					(N·m)	
方孔 20mm 系列						
19	30.0	38	50	85	531	425
21	32.1	40	55	85	569	455
22	33.3	40	55	85	569	455
24	35.8	40	55	85	569	455
27	39.6	40	60	85	665	532
30	43.3	43.3	60	85	795	636
32	45.8	45.8	60	85	888	710
34	48.3	48.3	65	85	984	787
36	50.8	50.8	65	85	1084	868
41	57.1	57.1	70	85	1353	1082
46	63.3	63.3	75	100	1569	1255
50	68.3	68.3	80	100	1569	1255
55	74.6	74.6	85	100	1569	1255

基本尺寸 s	外径≤ d_1	外径≤ d_2	长度≤ 普通型	长度≤ 加长型	扭矩系列 a级 试验扭矩	扭矩系列 c级 试验扭矩
(mm)					(N·m)	
方孔 25mm 系列						
27	42.7	50	65	—	1258	1006
30	47.0	50	65	—	1397	1118
32	49.4	52	65	—	1491	1192
34	51.9	52	70	—	1584	1267
36	54.2	52	70	—	1677	1342
41	60.3	52	75	—	1910	1528
46	66.4	55	80	—	2143	1714
50	71.4	55	85	—	2329	1863
55	77.6	57	90	—	2562	2050
60	83.9	61	95	—	2795	2236
65	90.3	65	100	—	2795	2236
70	96.9	68	105	—	2795	2236
75	104.0	72	110	—	2795	2236
80	111.4	75	115	—	2795	2236

(2) 冲击式机动四方传动套筒的尺寸(GB/T 3228—2000)

基本尺寸 s	外径≤ d_1	外径≤ d_2	长度 L≤
(mm)			
方孔 6.3mm 系列			
3.2	6.8	14.0	25
4	7.8	14.0	25
5	9.1	14.0	25
5.5	9.7	14.0	25
(6.3)	10.3	14.0	25
7	11.6	14.0	25

基本尺寸 s	外径≤ d_1	外径≤ d_2	长度 L≤
(mm)			
方孔 6.3mm 系列			
8	12.8	14.0	25
(9)	14.1	16.0	25
10	15.3	16.0	25
11	16.6	16.6	25
(12)	17.8	17.8	25
13	19.1	19.1	25

基本尺寸 s	外径≤ d_1	外径≤ d_2	长度 L≤
(mm)			
方孔 10mm 系列			
7	12.8	20.0	34
8	14.1	20.0	34
(9)	15.3	20.0	34
10	16.6	20.0	34
11	17.8	20.0	34
(12)	19.1	20.0	34

(续)

基本尺寸 s	外径≤		长度 L≤
	d_1	d_2	
(mm)			
方孔 10mm 系列			
13	20.3		
(14)	21.6		
(15)	22.8		
16	24.1	28.0	34
(17)	25.3		
18	26.6		
(19)	27.8		
方孔 12.5mm 系列			
10	17.8	28.0	
11	19.0		
(12)	20.3		
13	21.5		
(14)	22.8		
(15)	24.0		40
16	25.3		
(17)	26.5		
18	27.8	37.0	
(19)	29.0		
21	31.5		
(22)	32.8		
24	35.3		45
27	39.0	39.0	50
方孔 16mm 系列			
(14)	25.0		
(15)	26.3	35	48
16	27.5		
(17)	28.8		
18	30.0		
(19)	31.3	35	48
21	33.8		
(22)	35.0		
24	37.5	37.5	
27	41.3	41.3	51
30	45.0	45.0	
(32)	47.5	47.5	
34	50.0	50.0	55
36	52.5	52.5	
方孔 20mm 系列			
18	32.4		
(19)	33.6		
21	36.1		51
(22)	37.4	48.0	
24	39.9		
27	43.6		54
30	47.4		
(32)	49.9		
34	52.4	58.0	57
36	54.9		
41	61.1	61.1	58
46	67.4	67.4	63
方孔 25mm 系列			
27	46.7		60
30	50.4	58.0	62
(32)	52.9		63
方孔 25mm 系列			
34	55.4	58.0	63
36	57.9		67
41	64.2		70
46	70.4		76
50	75.4		82
55	81.7	68.0	87
60	87.9		91
65	94.2		95
70	100.4		100
方孔 40mm 系列			
36	64.2		78
41	70.4		80
46	76.7		84
50	81.7		87
55	87.9		90
60	94.2	86.0	95
65	100.4		100
70	106.7		105
75	112.9		110
80	119.2		116
85	125.4		121
90	131.7		
95	135.0		127
100	140.0	100	
105	145.0		
方孔 63mm 系列			
75	118.8	127.0	143

（续）

基本尺寸 s	外径 ≤		长度 L ≤	基本尺寸 s	外径 ≤		长度 L ≤	基本尺寸 s	外径 ≤		长度 L ≤
	d_1	d_2			d_1	d_2			d_1	d_2	
(mm)				(mm)				(mm)			
方孔 63mm 系列				方孔 63mm 系列				方孔 63mm 系列			
80	125.0	127.0	150	115	168.8	127.0	175	165	280.0	150	200
85	131.3		155	120	180.0	150	200	170	290.0		
90	137.5		160	130	200.0			180	300.0		
95	143.8			135	220.0			185	310.0		
100	150.0		165	145	230.0			200	330.0		
105	156.3			150	240.0			210	340.0		
110	162.5		175	155	260.0						

35. 十字柄套筒扳手(GB/T 14765—2008)

【用　　途】 用于装配汽车等车辆轮胎上的六角头螺栓(螺母)。每一型号套筒扳手上有 4 个不同规格套筒，也可用一个传动方榫代替其中一个套筒。

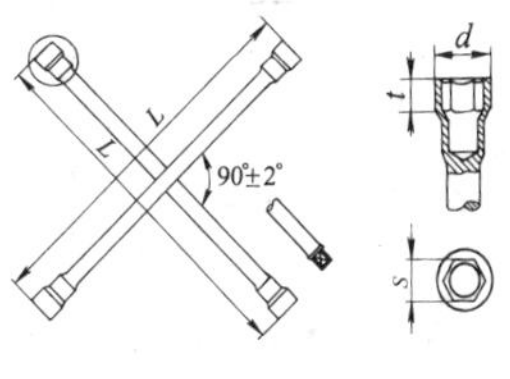

【规　　格】 规格 s 指适用螺栓六角头对边尺寸。

型号	最大套筒规格 s(mm)	方榫系列 (mm)	最大外径 d(mm)	最小柄长 L(mm)	最小套筒深度 t(mm)
1	24	12.5	38	355	0.8s
2	27	12.5	42.5	450	
3	34	20	49.5	630	
4	41	20	63	700	

套筒规格 s(mm)/套筒试验扭矩(N·m)：10/58.1，11/72.7，12/89.1，13/107，14/128，15/150，16/175，17/201，18/230，19/261，21/330，22/368，24/451，27/594，30/760，32/884，34/1019，36/1165，41/1579，46/2067

方榫系列(mm)/方榫试验扭矩(N·m)：12.5/512，20/1412

36. 活扳手及管活两用扳手

(1) 活　扳　手(GB/T 4440—2008)

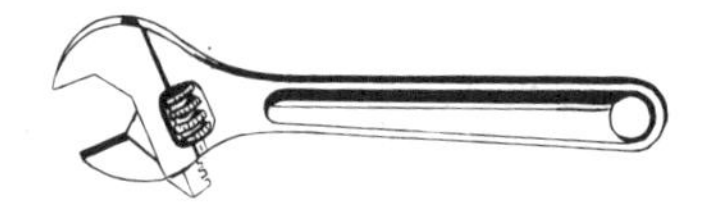

【其他名称】 活络扳头。

【用　　途】 开口宽度可以调节,可用于装拆一定尺寸范围内的六角头或方头螺栓、螺母。

【规　　格】

长　　　度(mm)	100	150	200	250	300	375	450	600
最大开口宽度(mm)	13	19	24	28	34	43	52	62
试验扭矩(N·m)	33	85	180	320	515	920	1370	1970

(2) 管活两用扳手

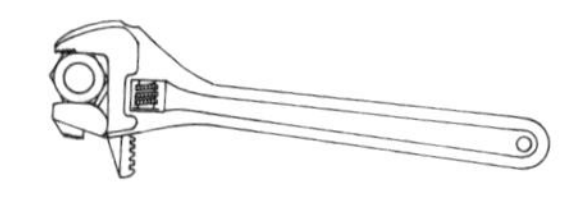

当活扳手使用

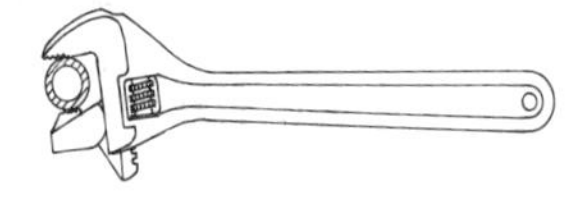

当管子钳使用

【其他名称】 楔紧式管活两用扳手。

【用　　途】 该扳手的结构特点是固定钳口制成带有细齿的平钳口;活动钳口一端制成平钳口,另一端制成带有细齿的凹钳口;向下按动蜗杆,活动钳口可迅速取下,调换钳口位置。如利用活动钳口的平钳口,即当活扳手使用,装拆六角头或方头螺栓、螺母;利用凹钳口,可当管子钳使用,装拆管子或圆柱形零件。

【规　　格】

型　　式	Ⅰ 型		Ⅱ 型			
长度(mm)	250	300	200	250	300	375
夹持六角对边宽度(mm)≤	30	36	24	30	36	46
夹持管子外径(mm)≤	30	36	25	32	40	50

37. 内六角扳手(GB/T 5356—2008)

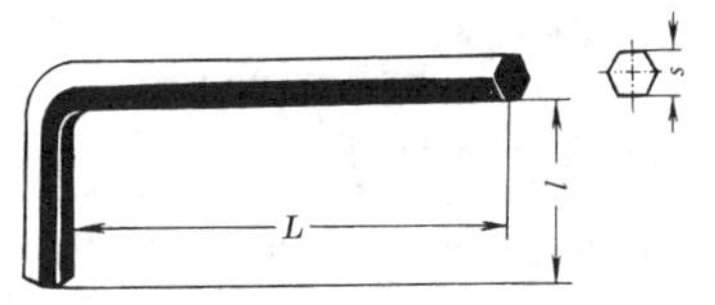

【用　　途】 供紧固或拆卸内六角螺钉用。

【规　　格】

公称尺寸 s	长脚长度 L 标准型	长脚长度 L 长型	长脚长度 L 加长型	短脚 l	最小试验扭矩	公称尺寸 s	长脚长度 L 标准型	长脚长度 L 长型	长脚长度 L 加长型	短脚 l	最小试验扭矩
(mm)					(N·m)	(mm)					(N·m)
0.7	33	—	—	7	0.08	12	137	202	262	57	370
0.9	33	—	—	11	0.18	13	145	213	277	63	470
1.3	41	63.5	81	13	0.53	14	154	229	294	70	590
1.5	46.5	63.5	91.5	15.5	0.82	15	161	240	307	73	725
2	52	77	102	18	1.9	16	168	240	307	76	880
2.5	58.5	87.5	114.5	20.5	3.8	17	177	262	337	80	980
3	66	93	129	23	6.6	18	188	262	358	84	1158
3.5	69.5	98.5	140	25.5	10.3	19	199	—	—	89	1360
4	74	104	144	29	16	21	211	—	—	96	1840
4.5	80	114.5	156	30.5	22	22	222	—	—	102	2110
5	85	120	165	33	30	23	233	—	—	108	2414
6	96	141	186	38	52	24	248	—	—	114	2750
7	102	147	197	41	80	27	277	—	—	127	3910
8	108	158	208	44	120	29	311	—	—	141	4000
9	114	169	219	47	165	30	315	—	—	142	4000
10	122	180	234	50	220	32	347	—	—	157	4000
11	129	191	247	53	282	36	391	—	—	176	4000

注：公称尺寸相当于内六角螺钉的内六角孔的对比尺寸。

38. 钩 形 扳 手

【其他名称】 月牙扳手、圆螺母扳手。
【用　　途】 专供紧固或拆卸机床、车辆、机械设备上的圆螺母用。
【规　　格】 适用圆螺母的外径范围(mm):22～26,28～32,34～36,38～42,45～52,55～62,68～72,78～85,90～95,100～110,115～130,135～145,150～160,165～170。

39. 扭 力 扳 手(GB/T 15729—2008)

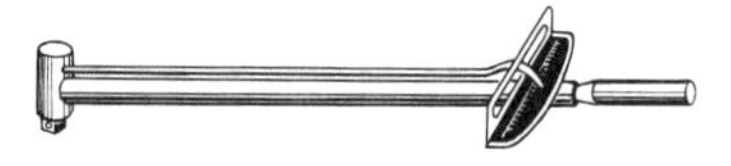

指示式(指针型)

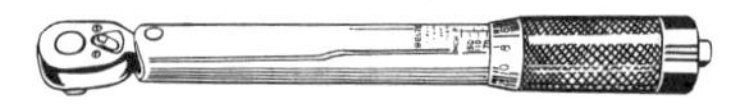

预置式(带刻度可调型)

【用　　途】 配合套筒扳手套筒,供紧固六角头螺栓、螺母用,在扭紧时可以表示出扭矩数值。凡是对螺栓、螺母的扭矩有明确规定的装配工作(如汽车、拖拉机等的气缸装配),都要使用这种扳手。预置式扭力扳手可事先设定(预置)扭矩值,操作时,如施加扭矩超过设定值,扳手即产生打滑现象,以保证螺栓(螺母)上承受的扭矩不超过设定值。
【规　　格】

传动方榫对边尺寸(mm)	最大扭矩(N·m)	传动方榫对边尺寸(mm)	最大扭矩(N·m)
6.3	30	20	1000
10	135	25	2100
12.5	340		

注:1. 方榫尺寸除上表中规定两种外,市面上另有6.3、9.5、12.5、38(mm)等外,另有英制规格。
2. 国标中仅规定以上两种式样,但市场上还有如表盘式、扭矩倍增式、数字式以及打滑定值式等。

40. 增 力 扳 手

【其他名称】 省力扳手、功率扳手。

【用　　途】 配合扭力扳手、棘轮扳手或套筒扳手套筒,紧固或拆卸六角头螺栓、螺母用。操作者施加正常的力,通过减速机构可输出数倍到数十倍的力矩。在缺乏动力源情况下,汽车、船舶、铁路、桥梁、石油、化工、电力等工程中,常用以手工安装和拆卸大型螺栓、螺母。

Z-300 型

【规　　格】

产地	型　号	输出扭矩 (N·m)≤	减速比	输入端方孔边长(mm)	输出端方孔边长(mm)
合肥	FDB-15	1500	4.8	12.5	25
	FDB-20	2000	14.0	12.5	25
	FDB-35	3500	17.0	12.5	30
	FDB-55	5500	19.0	12.5	35
	FDB-75	7500	22.0	12.5	40
	FDB-100	10000	61.0	12.5	50
	FDB-150	15000	74.8	12.5	55
	FDB-200	20000	96.8	12.5	60
青岛	Z4000	4000	16.0	12.5	六方 32
	Z5000	5000	18.4	12.5	六方 32
	Z7000	7000	68.6	12.5	六方 36

注:"六方"尺寸指对边宽度。

41. 管 子 钳

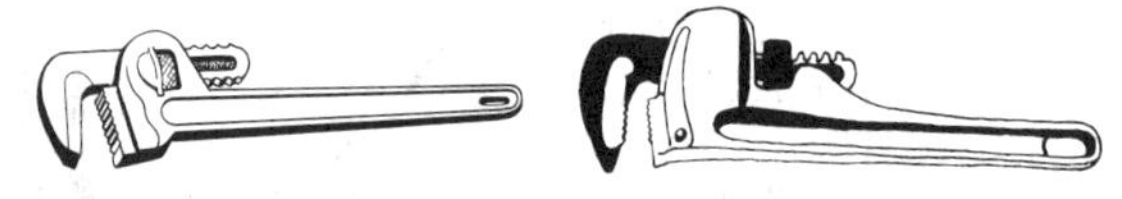

可锻铸铁(碳钢)管子钳　　　　铝合金管子钳

(QB/T 2508—2001)

【其他名称】 管子扳手。

【用　　途】 用于紧固或拆卸各种管子、管路附件或圆形零件。为管路安装和修理常用工具。其钳体用可锻铸铁(或碳钢)制造外,另有铝合金制造,其特点是重量轻,使用轻便,不易生锈。

【规　　格】 规格指夹持管子最大外径时管子钳全长。

规　格(mm)			150	200	250	300	350	450	600	900	1200
夹持管子外径(mm)≤			20	25	30	40	50	60	75	85	110
试验扭矩(N·m)	可锻铸铁	普通级	105	203	340	540	650	920	1300	2260	3200
		重　级	165	330	550	830	990	1440	1980	3300	4400
	铝合金		150	300	500	750	1000	1300	2000	3000	4000

42. 链 条 管 子 钳(QB/T 1200—1991)

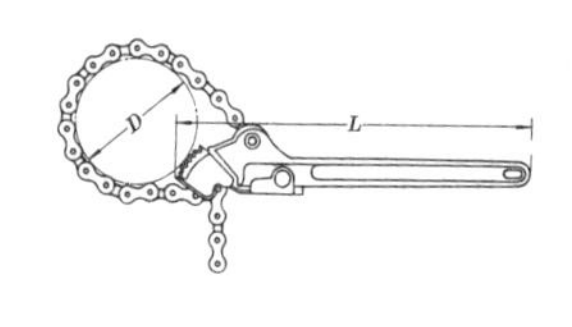

A 型

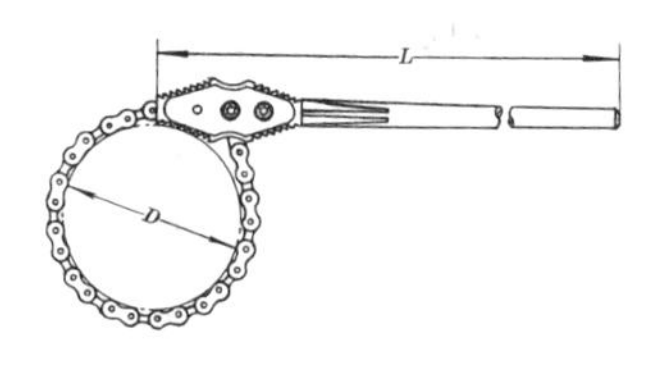

B 型

【其他名称】 链条管子扳手。

【用　　途】 用于紧固或拆卸较大金属管或圆柱形零件,为管路安装和修理工作常用工具。

【规　　格】

型　　号	A　型	B　　型			
公称尺寸 L(mm)	300	900	1000	1200	1300
夹持管子外径 D(mm)	50	100	150	200	250
试验扭矩(N·m)	300	830	1230	1480	1670

43. 快速管子扳手

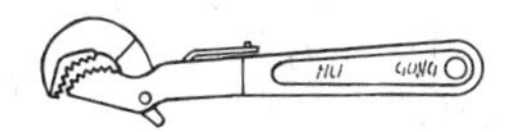

【其他名称】 多用扳手。

【用　　途】 用于紧固或拆卸小型金属和其他圆柱形零件，也可作扳手使用，为管路安装和修理工作常用工具。

【规　　格】

规格(长度,mm)	200	250	300
夹持管子外径(mm)	12～25	14～30	16～40
适用螺栓规格(mm)	M6～M14	M8～M18	M10～M24
试验扭矩(N·m)	196	323	490

44. 一字形螺钉旋具(QB/T 2564.4—2012)

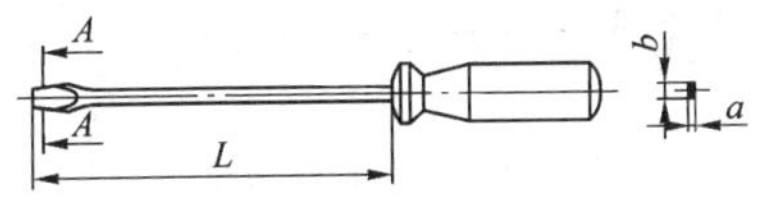

普通式(P 型)

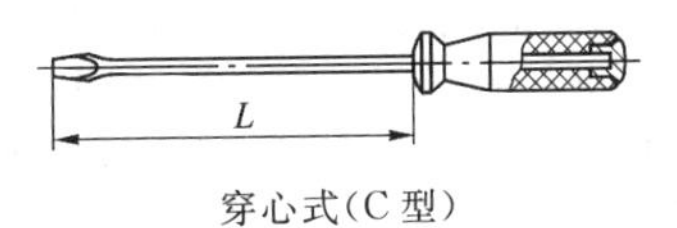

穿心式(C 型)

【其他名称】 螺丝批、螺丝起子、螺丝刀、旋凿、改锥。

【用　　途】 用于紧固或拆卸一字槽螺钉。木柄和塑柄螺钉旋具分普通和穿心式两种。穿心式能承受较大的扭矩，并可在尾部用手锤敲击。旋杆设有六角形断面加力部分的螺钉旋具能用相应的扳手夹住旋杆扳动，以增大扭矩。

【规　　格】 公称厚度×公称宽度：

规格 $a\times b$ (mm)	旋杆长度 L(mm)				规格 $a\times b$ (mm)	旋杆长度 L(mm)			
	A 系列	B 系列	C 系列	D 系列		A 系列	B 系列	C 系列	D 系列
0.4×2	—	40	—	—	1×5.5	25(35)	100	125	150
0.4×2.5	—	50	75	100	1.2×6.5	25(35)	100	125	150
0.5×3	—	50	75	100	1.2×8	25(35)	125	150	175
0.6×3	—	75	100	125	1.6×8	—	125	150	175
0.6×3.5	25(35)	75	100	125	1.6×10	—	150	175	200
0.8×4	25(35)	75	100	125	2×12	—	150	200	250
1×4.5	25(35)	100	125	150	2.5×14	—	200	250	300

注：括号内的规格为非推荐规格，规格在1×5.5mm以上的旋具，其旋杆靠近旋柄的部位可增设六角形断面加力部分。

45. 十字形螺钉旋具(QB/T 2564.5—2012)

【其他名称】 螺丝批、螺丝刀、螺丝起子、改锥。

【用　　途】 用于紧固或拆卸十字槽螺钉。木柄和塑柄螺钉旋具分普通式(P型)和穿心式(C型)两种。穿心式能承受较大的扭矩，并可在尾部用手锤敲击。旋杆设有六角形断面加力部分的螺钉旋具能用相应的扳手夹住旋杆扳动，以增大扭矩。

【规　　格】

槽　　号		0	1	2	3	4
旋杆长度(mm)	A 系列	25(35)	25(35)	25(35)	—	—
	B 系列	60	75(80)	100	150	200

注：括号内的尺寸为非推荐尺寸。2 号槽以上的旋具，其旋杆靠近旋柄的部位可增设六角断面加力部分。

46. 一字槽螺钉旋具旋杆(QB/T 2564.2—2012)

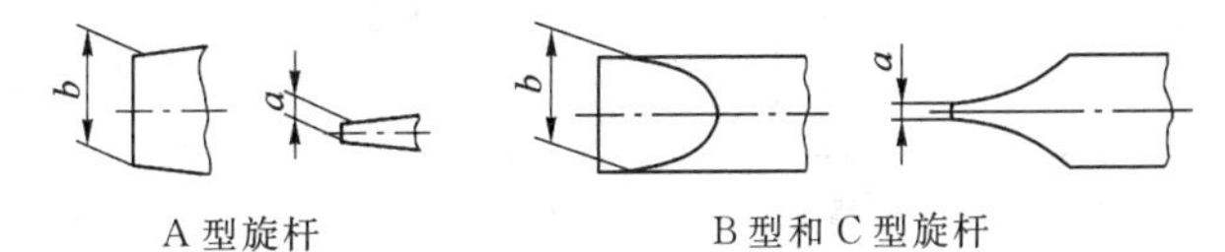

A 型旋杆　　　　B 型和 C 型旋杆

【其他名称】 螺丝批杆。

【用　　途】 旋杆分 A 型、B 型和 C 型三种，A 型和 B 型为手用旋杆，C 型为机用旋杆，与相应的手动、电动或气动工具配合，用于旋动一字槽螺钉、木螺钉和自攻螺钉。

【规　　格】

(1) A 型和 B 型手用旋杆

厚度(mm)	宽度(mm)	扭矩(N·m)	厚度(mm)	宽度(mm)	扭矩(N·m)	厚度(mm)	宽度(mm)	扭矩(N·m)
0.4	2	0.3	0.8	4	2.6	1.6	8	20.5
0.4	2.5	0.4	1	4.5	4.5	1.6	10	25.6
0.5	3	0.7	1	5.5	5.5	2	12	48
0.6	3	1.1	1.2	6.5	9.4	2.5	14	87.5
0.6	3.5	1.3	1.2	8	11.5			

(续)

(2) C型机用旋杆								
厚度	宽度	扭矩	厚度	宽度	扭矩	厚度	宽度	扭矩
(mm)		(N·m)	(mm)		(N·m)	(mm)		(N·m)
0.4	2	0.35	0.6	4.5	1.8	1.2	6.5	10.5
0.4	2.5	0.45	0.8	4	2.9	1.2	8	12.9
0.5	3	0.8	0.8	5.5	3.9	1.6	8	22.9
0.5	4	1.1	1	4.5	5	1.6	10	28.7
0.6	3	1.2	1	5.5	6.2	2	12	53.8
0.6	3.5	1.4	1	6.0	6.7	2.5	14	98

47. 十字槽螺钉旋具旋杆(QB/T 2564.3—2012)

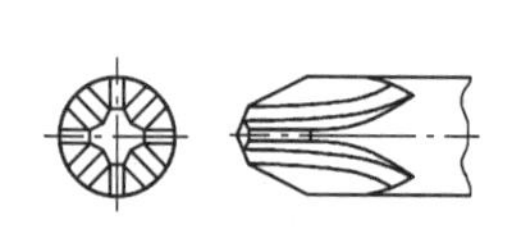

H型旋杆头部形状

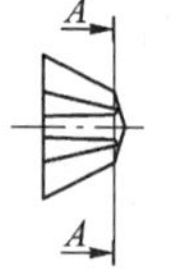

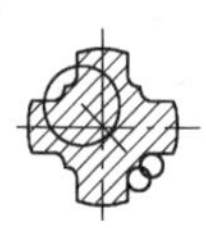

Z型旋杆头部形状

【其他名称】 螺丝批杆。

【用　　途】 旋杆按用途分手用和机用两种,按十字槽形状分H型和Z型两种,与相应的手动、电动或气动工具配合,用于旋动十字槽螺钉、木螺钉和自攻螺钉。

【规　　格】

槽　　号		0	1	2	3	4
旋杆直径(mm)		3	4.5	6	8	10
扭矩(N·m)	手用	1	3.5	8.2	19.5	38
	机用	1	3.9	10.3	32	88.7

48. 一字槽螺钉旋具头(QB/T 4207—2011)

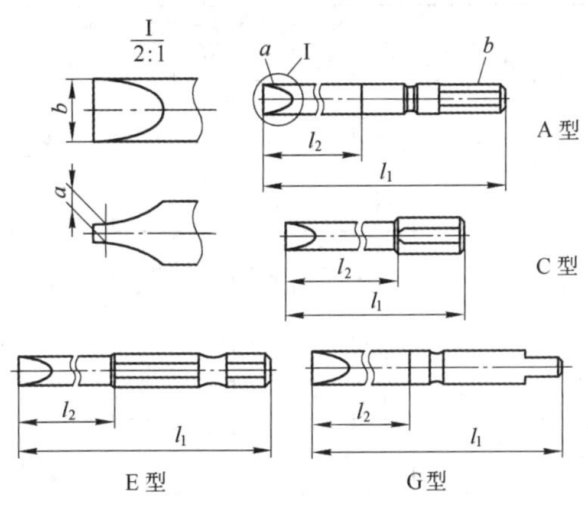

【其他名称】 一字槽螺钉旋具旋头。

【用　　途】 旋具头分 A 型、C 型、E 型和 G 型四种型式,与相应的电动或气动工具配合,用于旋动一字槽螺钉、木螺钉和自攻螺钉。

【规　　格】

工作部尺寸		旋具头型式和传动端规格(mm)									
		A3	A5.5	C4	C6.3	C8	C12.5	E6.3	E8	E11.2	G7
		l_1 max									
a	b	51		29	40	42	51	51	86		54
		l_2 min									
		25		11	13	14	14	24	52	47	25
0.4	2	×		×							
	2.5	×		×	×						

（续）

工作部尺寸		旋具头型式和传动端规格(mm)									
		A3	A5.5	C4	C6.3	C8	C12.5	E6.3	E8	E11.2	G7
		l_1 max									
a	b	51		29	40	42	51	51	86		54
		l_2 min									
		25		11	13	14	14	24	52	47	25
0.5	3	×	×	×	×			×			×
	4	×	×	×	×			×			×
0.6	3	×	×	×	×			×			×
	3.5	×	×	×	×			×			×
	4.5	×	×	×	×			×			×
0.8	4	×	×	×	×			×		×	×
	5.5	×	×	×	×	×		×	×	×	×
1	4.5	×	×	×	×	×		×	×	×	×
	5.5	×	×	×	×	×		×	×	×	×
	6		×		×	×		×	×	×	×
1.2	6.5		×		×	×		×	×	×	×
	8		×		×	×		×	×	×	×
1.6	8		×		×	×	×	×	×	×	×
	10		×		×	×	×	×	×	×	
2	12					×	×		×	×	
2.5	14					×	×		×	×	

注：表内为旋具头型式和传动端规格与工作部尺寸的组配。

49. 十字槽螺钉旋具头（QB/T 4208—2011）

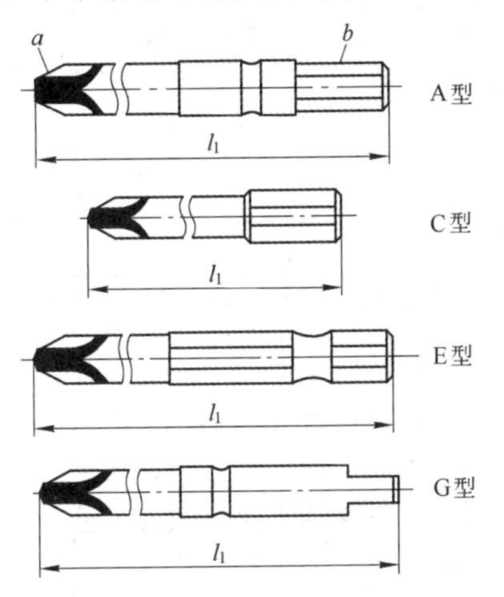

【其他名称】 十字槽螺钉旋具旋头。

【用　　途】 旋具分 A 型、C 型、E 型和 G 型四种型式，与相应的电动或气动工具配合，用于旋动十字槽螺、木螺钉和自攻螺钉。

【规　　格】

工作部槽号	旋具头型式和传动端规格(mm)																
	A3	A5.5	C4	C6.3				C8		E6.3				E8	E11.2	G7	
	$l_1 \pm 2$																
	50	50	28	25	32	40	50	32	40	50	70	89	152	53	75	53	70
0	×		×	×	×	×	×			×	×	×	×				
1	×	×	×	×	×	×	×	×	×	×	×	×	×	×		×	×
2		×	×	×	×	×	×	×	×	×	×	×	×	×	×	×	×

（续）

工作部槽号	旋具头型式和传动端规格(mm)																
	A3	A5.5	C4	C6.3				C8		E6.3				E8	E11.2	G7	
	$l_1 \pm 2$																
	50	50	28	25	32	40	50	32	40	50	70	89	152	53	75	53	70
3		×		×	×	×	×	×	×	×	×	×	×	×	×		
4								×	×					×	×		

注：1. 表内为旋具头型式和传动端规格与工作部槽号的组配。

2. 旋具头按其工作的类型分为PH型和PZ型两种型式(可参考十字槽螺钉旋具旋杆，见第927页)。

50. 内六角螺钉旋具头(QB/T 4209—2011)

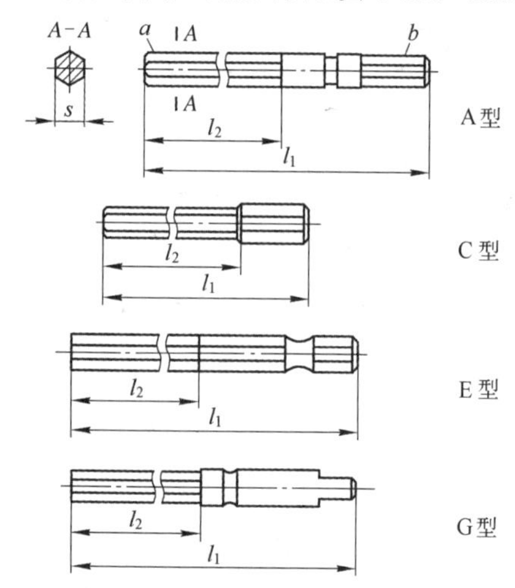

【其他名称】 内六角螺钉旋具旋头。

【用　　途】 旋具头分 A 型、C 型、E 型和 G 型四种型式，与相应的电动或气动工具配合，用于旋动内六角各种螺钉。

【规　　格】

对边尺寸 s	l_2 min	旋具头型式和传动端规格(mm)									
		A3	A5.5	C4	C6.3	C8	C12.5	E6.3	E8	E11.2	G7
		$l_1 \pm 2$									
		45	50	28	25	30	50	50	50	55	63
0.7	1.7	×		×							
0.9	1.9	×		×							
1.3	2.3	×		×							
1.5	2.3	×		×	×			×			
2	3	×		×	×			×			×
2.5	3.8	×	×	×	×			×			×
3	4.5	×	×	×	×	×	×	×	×		×
4	6		×		×	×	×	×	×		×
5	7.5		×		×	×	×	×	×	×	
6	9				×	×	×	×	×	×	
7	10.5					×	×		×	×	
8	12					×	×		×	×	
10	16						×			×	
12	18						×				

注：表内为旋具头型式和传动端规格与对比尺寸 s 的组配。

51. 夹柄螺钉旋具

【其他名称】 夹柄螺丝批、夹柄旋凿、夹柄起子、夹柄螺丝刀。

【用　　途】 用于紧固或拆卸一字槽螺钉，并可在尾部敲击，比一般螺钉旋具经久耐用，但禁止用于有电的场合。

【规　　格】 长度(连柄,mm):150，200，250，300。

52. 螺旋棘轮螺钉旋具(QB/T 2564.6—2002)

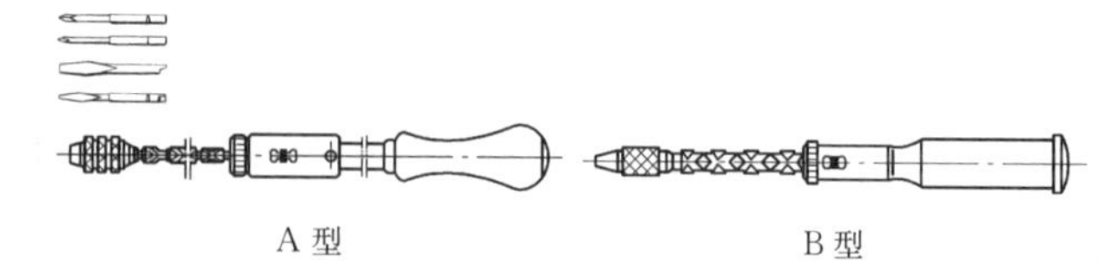

A 型　　　　B 型

【其他名称】 自动螺钉旋具、自动螺丝批、活动螺丝批。

【用　　途】 用于紧固或拆卸带一字槽或十字槽的各类螺钉。旋具具有顺旋、倒旋和同旋三种功能。当定位钮位于同旋时,作用与一般螺钉旋具相同;定位钮位于顺旋或倒旋时,旋杆可连续顺旋或倒旋,以减轻劳动强度,提高生产效率。适用于批量生产。换上木钻或三棱锥,可进行钻孔工作。

【规　　格】

型　　式	A 型		B 型	
全长(mm)	220	300	300	450
扭矩(N·m)	3.5	6.0	6.0	8.0

注:用户需要其他附件和规格,可与供方协商订货。

53. 多用螺钉旋具

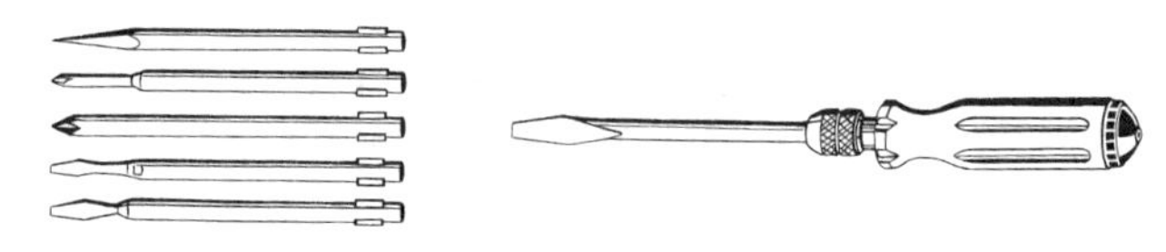

【其他名称】 多用螺丝批、组合螺丝批。

【用　　途】 紧固或拆卸带槽螺钉、木螺钉，钻木螺钉孔眼，并兼作测电笔用。

【规　　格】 全长（手柄加旋杆）(mm)：230，并分 6，8，12 件三种。

件数	一字形旋杆头宽(mm)	十字形旋杆(十字槽号)	钢锥(把)	刀片(片)	小锤(只)	木工钻(mm)	套筒(mm)
6	3，4，6	1，2	1	—	—	—	—
8	3，4，5，6	1，2	1	1	—	—	—
12	3，4，5，6	1，2	1	1	1	6	6，8

54. 电　工　刀(QB/T 2208—1996)

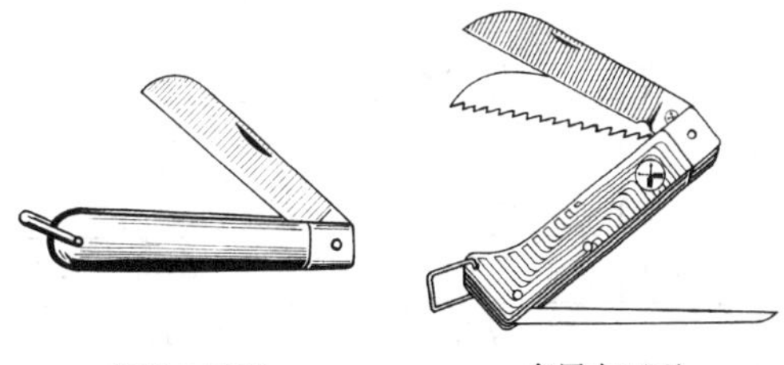

单用电工刀　　　　多用电工刀

【其他名称】 水手刀。

【用　　途】 适用于电工装修工作中割削电线绝缘层、绳索、木桩及软性金属。多用(二用、三用、四用)电工刀中的附件：锥子可用来锥电器用圆木上的钉孔，锯片可用来锯割槽板，旋具可用来紧固或拆卸带槽螺钉、木螺钉等。

【规　　格】

型　式	规格代号	刀柄长度(mm)	多用电工刀附件 二用	三用	四用
单用电工刀(A 型) 多用电工刀(B 型)	1	115	锥子	锥子 锯片	锥子 锯片 旋具
	2	105			
	3	95			

55. 皮　带　冲

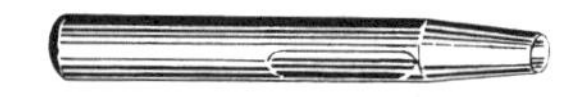

【其他名称】 打眼冲、皮带铳。

【用　　途】 用于在非金属材料(如皮革制品、橡胶板、石棉板等)上冲制圆孔。

【规　　格】

冲孔直径(mm)			
冲孔直径(mm)	单件		1.5，2.5，3，4，5，5.5，6，6.5，8，9.5，11，12.5，14，16，19，21，22，24，25，28，32
冲孔直径(mm)	成套产品	8件	3，4，5，6，8，9.5，11，13
冲孔直径(mm)	成套产品	8件	6，6.5，8，9.5，11，12.5，14，16
冲孔直径(mm)	成套产品	10件	3，4，5，6，8，9.5，11，13，14，16
冲孔直径(mm)	成套产品	12件	3，4，5，6，8，9.5，11，12.5，14，16，17.5，19
冲孔直径(mm)	成套产品	15件	3，4，5，5.5，6，6.5，8，9.5，11，12.5，14，16，19，22，25
冲孔直径(mm)	成套产品	16件	3，4，5，6，8，9.5，11，12.5，14，16，17.5，19，20.5，22，23.5，25

56. 钢　号　码

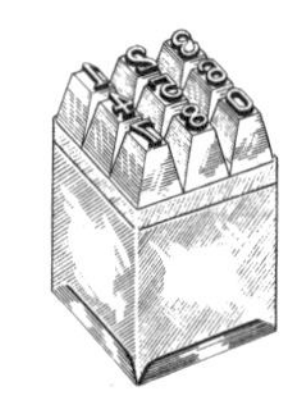

【用　　途】 用于在金属产品上或其他硬性物品上压印号码。

【规　　格】 每副9只，包括1～0，其中6和9共用。字身高度(mm)：1.5，2，2.5，3，4，5，6，8，10，12.5。

57. 钢　字　码

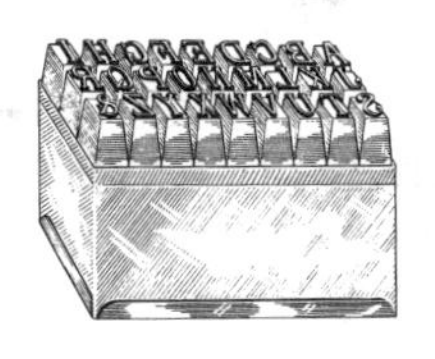

【用　　途】用于在金属产品上或其他硬性物品上压印字母。

【规　　格】英语字母(汉语拼音字母可通用)——每副 27 只,包括 A～Z及 &;俄语字母——每副 33 只,包括 A～Я。

字身高度(mm):1.5, 2, 2.5, 3, 4, 5, 6, 8, 10, 12.5。

58. 钢 带 打 包 机

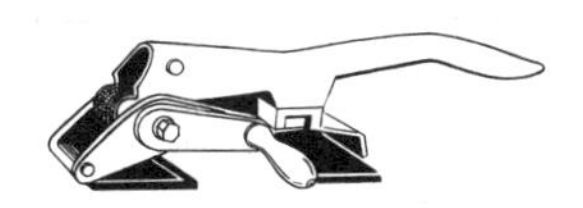

收紧机

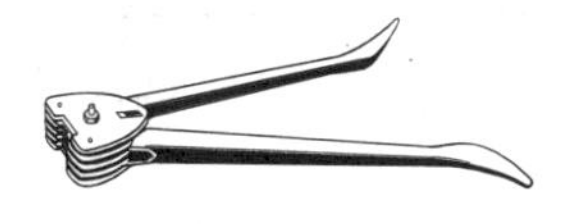

轧钳

【其他名称】铁皮打包机、打包轧机。

【用　　途】专供用钢带捆扎货箱或包件用,可收紧钢带,并将钢带两端接头与接头搭扣轧固,连接在一起。

【规　　格】适用钢带宽度(mm):普通式 12～16,重型式 20。

59. 纸塑带打包机

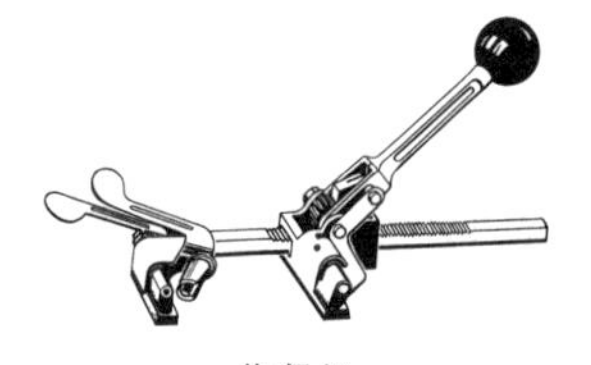

收紧机

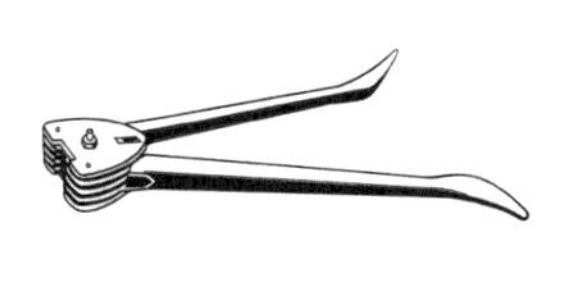

轧钳

【其他名称】 纸塑带两用打包机。

【用　　途】 专供用纸带或塑料带捆扎木箱、纸箱或包件用，可收紧带子，并将带子接头与钢皮搭扣轧牢，连接在一起。

【规　　格】 适用带子宽度(mm)：12～16。

塑料打包带的规格和性能见下表(GB/T 12023—1989)。

宽度(mm)	12	13.5	15	15.5	19	22
厚度(mm)	0.6～1.2					
断裂拉力(kN)>	1.1	1.2	1.4	1.4	2.5	3.5
断裂伸长率(%)<	25					
制造材料	聚丙烯(PP)，一般商品打包用 聚乙烯(PE)，冷冻食品打包用					

60. 钢丝打包机

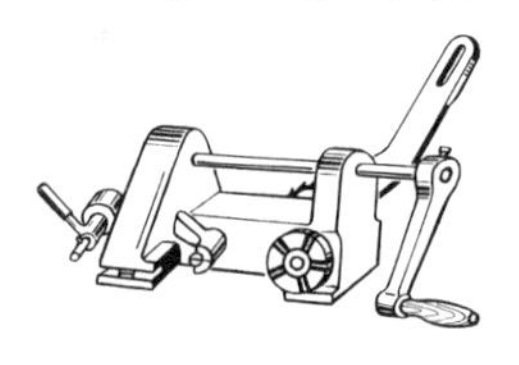

【其他名称】 铁丝打包机、铅丝打包机。

【用　　途】 专供用低碳镀锌钢丝或低碳黑钢丝捆扎货箱或包件之用，可收紧钢丝，并使接头处绕缠打结。

【规　　格】 适用钢丝直径(mm)：1.2～1.6，1.6～2。

第十五章　钳 工 工 具

1. 普通台虎钳(QB/T 1558.2—1992)

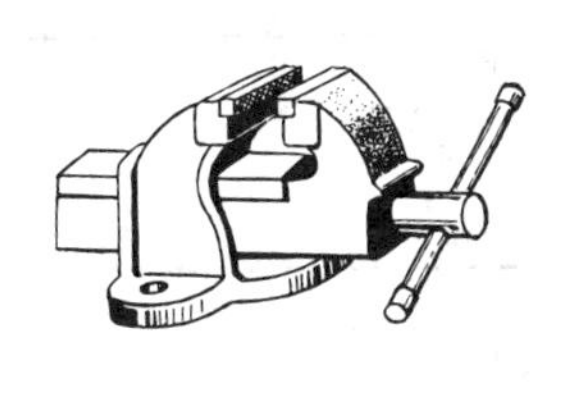

固定式

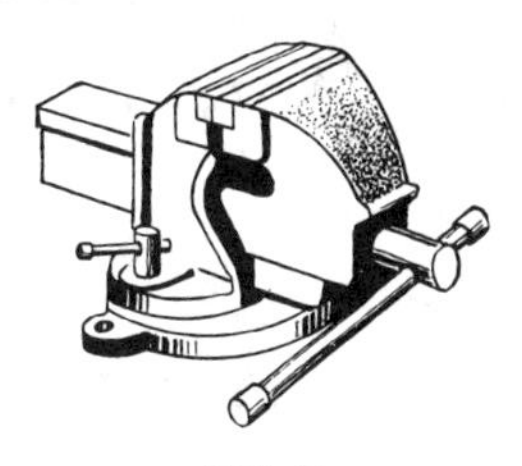

转盘式

【其他名称】 老虎钳、台虎钳。

【用　　途】 装置在工作台上,用以夹紧加工工件,为钳工车间必备工具。转盘式的钳体可以旋转,使工件旋转到合适的工作位置。

【规　　格】

钳口宽度(mm)		75	90	100	115	125	150	200
夹紧力(kN)≥	轻级	7.9	9.0	10.0	11.0	12.0	15.0	20.0
	重级	15.0	18.0	20.0	22.0	25.0	30.0	40.0

2. 手　虎　钳

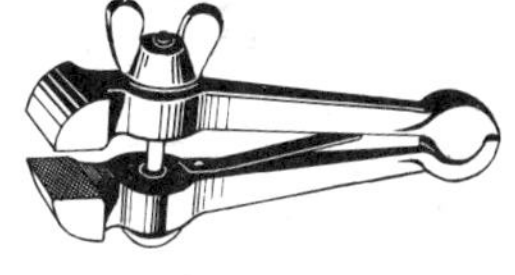

【其他名称】 手拿钳。

【用　　途】 夹持轻巧工件以便进行加工的一种手持工具。

【规　　格】 钳口宽度(mm):25, 40, 50。

3. 方孔桌虎钳(QB/T 2096.3—1995)

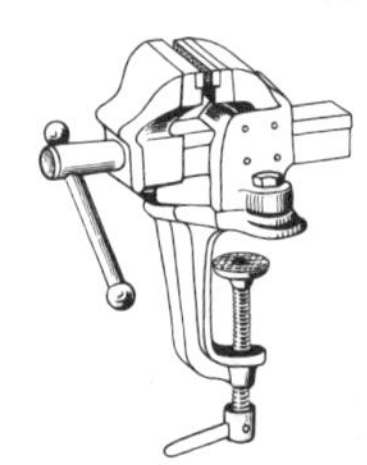

【其他名称】 桌虎钳。

【用　　途】 与台虎钳相似,但钳体安装方便,适用于夹持小型工件。

【规　　格】

钳口宽度(mm)	夹紧力(kN)≥
40	4
50	5
60, 65	6

4. 管子台虎钳(QB/T 2211—1996)

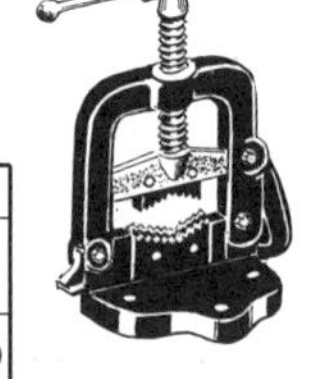

【其他名称】 龙门台虎钳、管子压力。

【用　　途】 夹紧金属管,以进行铰制螺纹或切割管子等。

【规　　格】

规格(号数)	1	2	3	4	5	6
能夹持的管子直径(mm)	10～60	10～90	15～115	15～165	30～220	30～300
夹紧力(kN)≥	88.2	117.6	127.4	137.2	166.6	196.0

5. 钢锯架(QB/T 1108—1991)

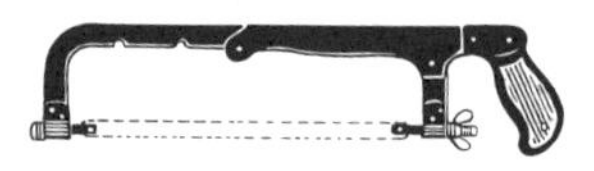

钢板制锯架(调节式)

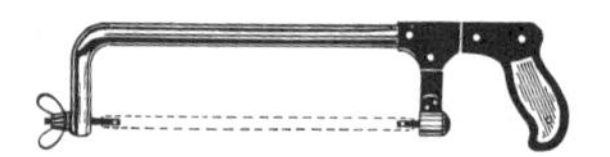

钢管制锯架(固定式)

【其他名称】 手锯架。

【用　　途】 装置手用钢锯条,以手工锯割金属材料等。

【规　　格】

种　　类		调节式	固定式
可装手用钢锯条长度(mm)	钢板制	200, 250, 300	300
	钢管制	250, 300	300

6. 手用钢锯条(GB/T 14764—2008)

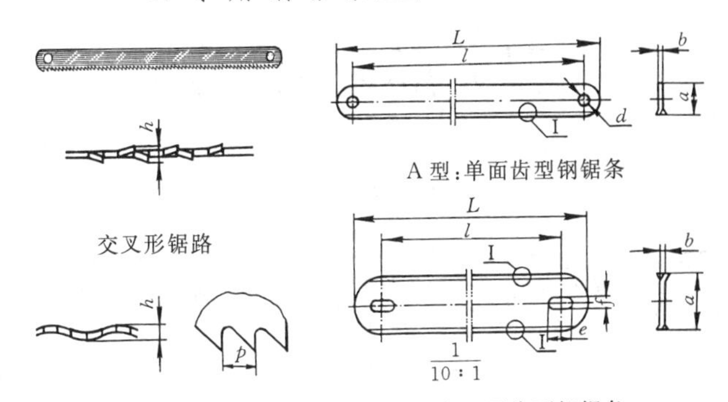

交叉形锯路

波浪形锯路　齿形放大图

A型:单面齿型钢锯条

B型:双面齿型钢锯条

【其他名称】 钢锯条、手用锯条、锯条。

【用　　途】 装在钢锯架上,用于手工锯割金属材料。双面齿型钢锯条,在工作中,一面锯齿出现磨损情况后,可用另一面锯齿继续工作。挠性型钢锯条在工作中不易折断。小齿距(细齿)钢锯条上多采用波浪形锯路。

【规　　格】

分类	① 按锯条型式分单面齿型(A型,普通齿型)和双面齿型(B型) ② 按锯条特性分全硬型(代号 H)和挠性型(代号 F) ③ 按锯路(锯齿排列)形状分交叉形锯路和波浪形锯路 ④ 按锯条材质分优质碳素结构钢(代号 D)、碳素(合金)工具钢(代号 T)、高速钢或双金属复合钢(代号 G)三种,锯条齿部最小硬度值分别为 HRA76、HRA81、HRA82						
型式	长度 l	宽度 a	厚度 b	齿距 p	销孔 $d(e \times f)$	全长 $L \leqslant$	齿数 每 25mm
	(mm)						
A型	300	12.0 或 10.7	0.65	0.8, 1.0, 1.2 1.4, 1.5, 1.8	3.8	315	32, 24, 20 18, 16, 1.4
	250					265	
B型	296	22	0.65	0.8,1.0,1.4	8×5	315	32,24,18
	292	25			12×6		

7. 机 用 锯 条(GB/T 6080.1—2006)

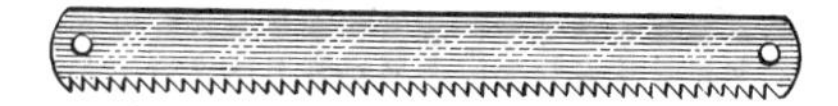

【其他名称】 锋钢锯条。

【用　　途】 装在弓锯床上用于锯割金属材料。

【规　　格】

公称长度	宽度	厚度	齿距
(mm)			
300	25	1.25	1.8，2.5
		1.5	1.8，2.5，4
350	25	1.25	1.8，2.5
		1.5	
	30	2	1.8，2.5，4
400	25，30	1.5	1.8，2.5，4
	40	2	2.5，4，6.3

公称长度	宽度	厚度	齿距
(mm)			
400	40	2	4，6.3
450	30	1.5	2.5，4
450，500	40	2	2.5，4，6.3
575	50	2.5	4，6.3，8.5
600			4，6.3
700			4，6.3，8.5

8. 钳 工 锉(QB/T 2569.1—2002)

钳工齐头扁锉

钳工尖头扁锉

钳 工 方 锉

钳 工 三 角 锉

钳 工 半 圆 锉

钳 工 圆 锉

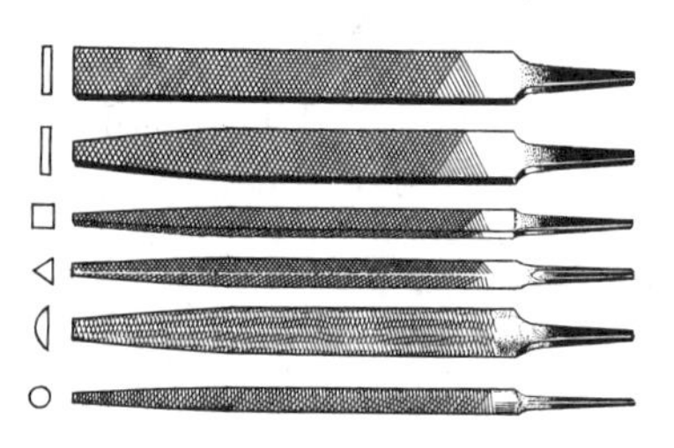

【其他名称】 锉刀、钢锉。

【用　　途】 锉削或修整金属工件的表面和孔、槽。

【规　　格】

锉纹号	习惯称呼	规格(长度,不连柄,mm)								
		100	125	150	200	250	300	350	400	450
		每 10mm 轴向长度内的主锉纹条数								
1	粗	14	12	11	10	9	8	7	6	5.5
2	中	20	18	16	14	12	11	10	9	8
3	细	28	25	22	20	18	16	14	12	11
4	双细	40	36	32	28	25	22	20	—	—
5	油光	56	50	45	40	36	32	—	—	—

注：1. 各种钳工锉的锉纹均为 1～5 号。
2. 钳工锉的规格：三角锉、半圆锉和圆锉为 100 ～400mm，其余钳工锉均为 100～450mm。
3. 辅锉纹的条数为主锉纹条数的 75%～95%。

9. 锯　　锉(QB/T 2569.2—2002)

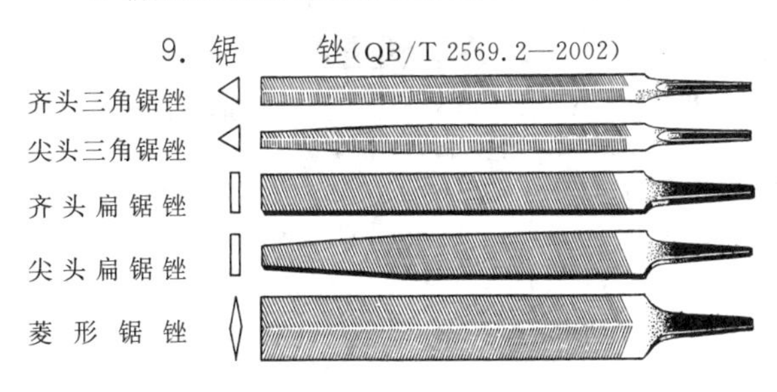

【其他名称】 木工锯锉。

【用　　途】 专供锉修各种木工锯的锯齿用。

【规　　格】

规格(长度,不连柄,mm)			60	80	100	125	150	175	200	250	300	350
每10mm轴向长度内的锉纹条数	三角锯锉	普通型	—	22	22	20	18	18	16	14	—	—
		窄　型	—	25	25	22	20	20	18	16	—	—
		特窄型	—	28	28	25	22	22	20	18	—	—
	扁锯锉	1号锉纹	—	—	25	22	20	20	18	16	14	12
		2号锉纹	—	—	28	25	22	22	20	18	16	14
	菱形锯锉		32	28	25	22*	20* (18)	—	18	—	—	—

注：1. 三角锯锉按断面三角形边长尺寸分普通型、窄型和特窄型三种。

2. 菱形锯锉的厚度,一般同普通型三角锯锉,带 * 符号的规格还有厚型。括号内的锉纹条数适用于厚型菱形锯锉。

3. 各种锯锉的锉纹均为单锉纹,但三角锯锉也可制成双锉纹。

10. 刀　　锉

【用　　途】用于锉削或修整金属工件上的凹槽,小规格锉也可用于修整木工锯条、横锯等的锯齿。

【规　　格】长度(不连柄,mm):100,125,150,200,250,300,350。

11. 锡　　锉

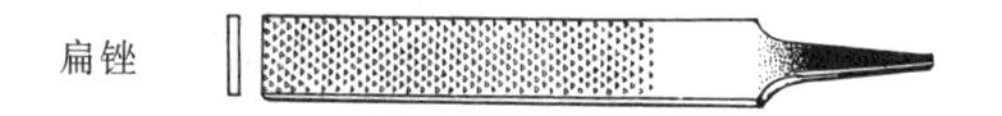

【用　　途】用于锉削或修整锡制品或其他软性金属制品的表面。

【规　　格】

品　　种	半　圆　锉	扁　　锉
长度(不连柄,mm)	200,250,300,350	200,250,300,350

12. 铝　　锉

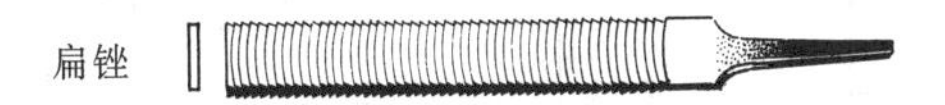

【用　　途】 用于锉削、修整铝、铜等软性金属或塑料制品的表面。

【规　　格】

品　　种	扁　　锉	方　　锉
长度(不连柄,mm)	200,250,300,350,400	200,250,300

13. 整　形　锉(QB/T 2569.3—2002)

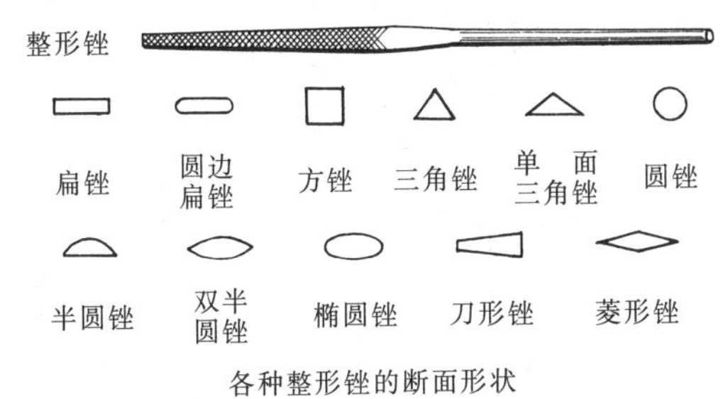

各种整形锉的断面形状

【其他名称】 什锦锉、组锉。

【用　　途】 锉削小而精细的金属零件,为制造模具、工夹具时的必需工具。习惯上以成组形式供应,也有单件供应。

【规　　格】

组别	齐头扁锉	尖头扁锉	齐头圆边扁锉	尖头圆边扁锉	方锉	三角锉	单面三角锉	圆锉	半圆锉	双半圆锉	椭圆锉	刀形锉	菱形锉
5件	✓				✓	✓		✓	✓				
8件	✓			✓	✓	✓	✓	✓	✓			✓	
10件	✓			✓	✓	✓	✓	✓	✓	✓	✓	✓	
12件	✓	✓	✓	✓	✓	✓	✓	✓	✓	✓	✓	✓	

全长 (mm)	100	120	140	160	180
工作部分长度(mm)	40	50	65	75	85
柄部直径(mm)	1.5	2	3	4	5

锉纹号			00	0	1	2	3	4	5	6	7	8
全长(mm)	100	每10mm轴向长度内的主锉纹条数	—	—	—	40	50	56	63	80	100	112
	120		—	—	32	40	50	56	63	80	100	—
	140		—	25	32	40	50	56	63	80	—	—
	160		20	25	32	40	50	—	—	—	—	—
	180		20	25	32	40	—	—	—	—	—	—

14. 电镀超硬磨料制品什锦锉(JB/T 7991.3—2001)

尖头扁锉(NF1)　尖头半圆锉(NF2)　尖头方锉(NF3)　尖头等边三角锉(NF4)　尖头圆锉(NF5)

尖头双圆边扁锉(NF6)　尖头刀形锉(NF7)　尖头三角锉(NF8)　尖头双半圆锉(NF9)　尖头椭圆锉(NF10)

各种什锦锉的断面形状(括号内为其代号)

【其他名称】 金刚石整形锉、电镀金刚石什锦锉。

【用　　途】 适用于锉削硬度较高的金属,如硬质合金、经过淬火或渗氮的工具钢、合金钢刀具、模具和工夹具等,工作效率较高。习惯上以成组形式供应,也有单件供应。

【规　　格】

组　　别	尖头扁锉	尖头半圆锉	尖头方锉	尖头等边三角锉	尖头圆锉	尖头双圆边扁锉	尖头刀形锉	尖头三角锉	尖头双半圆锉	尖头椭圆锉
140mm 10 支组	✓	✓	✓	✓	✓	✓	✓	✓	✓	✓
180mm　5 支组	✓	✓	✓	✓	✓					

全长×柄部直径(mm)		140×3	160×4	180×5
工作面长度(mm)		50，70		
磨　料	种类	人造金刚石:RVD，MBD;天然金刚石		
	常见粒度	120/140(粗)，140/170(中)，170/200(细)		

注:另有平头扁锉(代号 PF1)、平头等边三角锉(代号 PF2)和平头圆锉(代号 PF3),柄径为 3mm;全长有 50mm、60mm 和 100mm 三种;工作面长度有 15mm 和 25mm 两种。

15. 斩 口 锤

【其他名称】 斩口榔头。

【用　　途】 用于金属薄板、皮制品的敲平及翻边等。

【规　　格】 重量(不连柄,kg):0.0625,0.125,0.25,0.5。

16. 圆 头 锤(QB/T 1290.2—2010)

【其他名称】 奶子榔头、钳工锤。

【用　　途】 钳工使用,亦可作一般锤击用。

【规　　格】 市场供应分连柄和不连柄两种。

重量(不连柄,kg):0.11,0.22,0.34,0.45,0.68,0.91,1.13,1.36。

17. 什锦锤及其附件(QB/T 2209—1996)

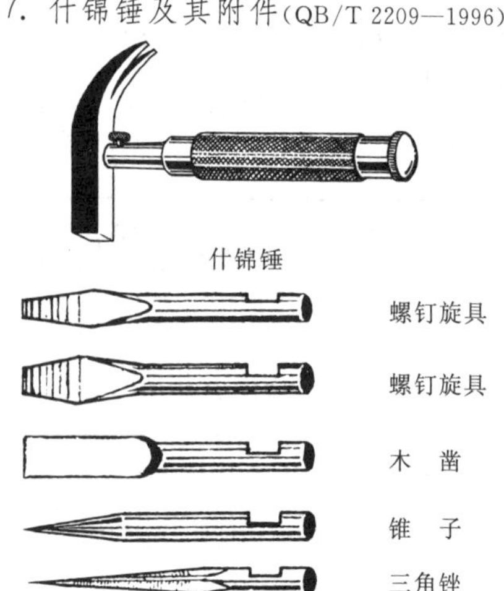

【其他名称】 什锦榔头。

【用　　途】除作锤击或起钉使用外，如将锤头取下，换上装在手柄内的附件，即可分别作三角锉、锥子、木凿或螺钉旋具使用。多用于普通量具检修工作中，也可供实验室或家庭使用。

【规　　格】手柄连锤头全长(mm)：162。

18. 滚　花　刀

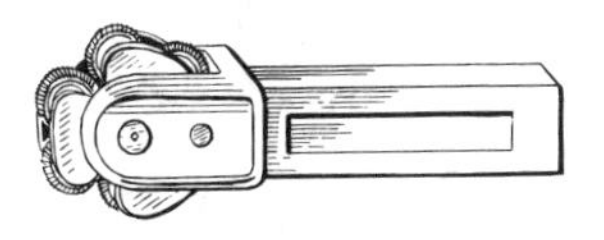

六轮滚花刀

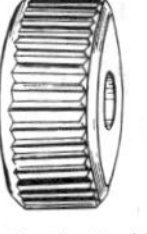

直纹滚花轮

右斜纹滚花轮

【其他名称】花纹刀、滚花刀排。

【用　　途】在金属制品的捏手处或其他工件外表滚压花纹。

【规　　格】

滚花轮数目	单轮，双轮，六轮
滚花轮花纹种类	直纹，右斜纹，左斜纹
滚花轮花纹齿距(mm)	0.6，0.8，1，1.2，1.6

19. 双 簧 扳 钻

【其他名称】手扳钻。

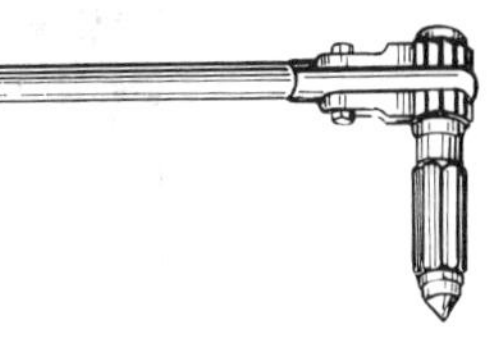

【用　　途】在各种大型钢铁工程上(如铁路、桥梁、船舶制造等)，无法使用钻床或电钻时，用来钻孔。

【规　　格】公称长度(手柄端部至顶尖中心距离，mm)：250，300，350，400，450，500，550，600。

钻孔直径(mm)：≤40。

20. 手　摇　钻(QB/T 2210—1996)

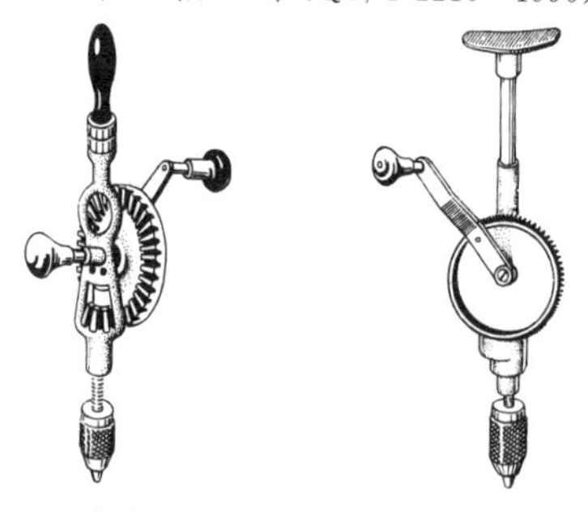

手持式　　　　　胸压式

【用　　途】 装夹圆柱柄钻头后，在金属或其他材料上手摇钻孔。

【规　　格】 夹持钻头最大直径/总长(mm)：

手持式(代号 S)：6/187，9/235；

胸压式(代号 X)：9/367，12/408。

21. 手摇台钻床

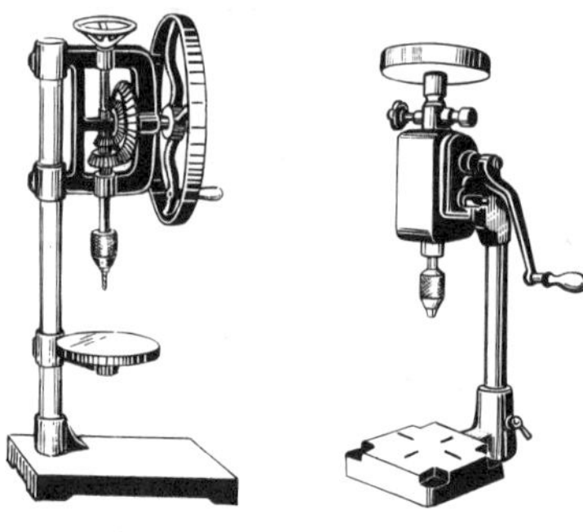

开启式　　　　　封闭式

【其他名称】 手摇台钻。
【用　　途】 专供在金属工件上钻孔，在缺乏电动设备的机械工场、修配厂和流动工地等尤为适宜。
【规　　格】

品　　种	钻孔直径(mm)	钻孔深度(mm)	转　速　比
开启式	1～12	80	1∶1，1∶2.5
封闭式	1.5～13	50	1∶2.6，1∶7

22. 划　线　规

普通式

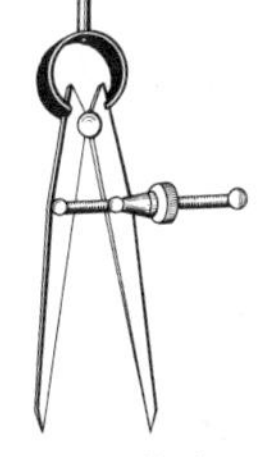
弹簧式

【其他名称】 矩叉、圆规。
【用　　途】 用于划圆或圆弧、分角度、排眼子等。
【规　　格】 长度(mm)：100*，150，200，250，300，350，400*，450*（*表示长度无弹簧式）。

23. 划　针　盘

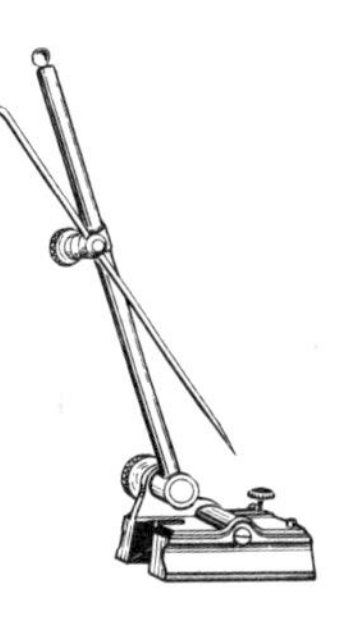

【用　　途】 供钳工划平行线、垂直线、水平线，以及在平板上定位和校准工件等用。
【规　　格】 主杆长度(mm)：200，250，300，400，450。

24. 管子割刀(QB/T 2350—1997)

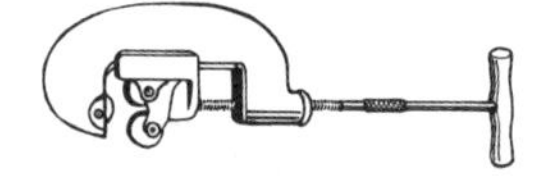

【用　　途】 切割各种金属管。

【规　　格】

型式		GQ-1	GT-1	GT-2	GT-3	GT-4
切割管子≤(mm)	外径	25	33	60	88.5	114
	壁厚	1	3.25	3.5	4	4

注：GQ 型适用切割塑料管和紫铜管；GT 型适用切割碳素钢管。

25. 胀管器

直通式胀管器

翻边式胀管器

【其他名称】 管子撑、扩管器。

【用　　途】 供制造、维修锅炉时，用来扩大钢管端部的内、外径，使钢管端部与锅炉管板接触部位紧密胀合，不会漏水、漏气。翻边式胀管器在胀管同时还可以对钢管端部进行翻边。

【规　　格】

公称规格	全长	适用管子范围		
		内　　径		胀管长度
		最小	最大	
(mm)				
01 型直通胀管器				
10	114	9	10	20
13	195	11.5	13	20
14	122	12.5	14	20
16	150	14	16	20
18	133	16.2	18	20
02 型直通胀管器				
19	128	17	19	20
22	145	19.5	22	20
25	161	22.5	25	25
28	177	25	28	20
32	194	28	32	20
35	210	30.5	35	25
38	226	33.5	38	25
40	240	35	40	25
44	257	39	44	25
48	265	43	48	27
51	274	45	51	28
57	292	51	57	30
64	309	57	64	32
02 型直通胀管器				
70	326	63	70	32
76	345	68.5	76	36
82	379	74.5	82.5	38
88	413	80	88.5	40
102	477	91	102	44
03 型特长直通胀管器				
25	170	20	23	38
28	180	22	25	50
32	194	27	31	48
38	201	33	36	52
04 型翻边胀管器				
38	240	33.5	38	40
51	290	42.5	48	54
57	380	48.5	55	50
64	360	54	61	55
70	380	61	69	50
76	340	65	72	61

26. 手动弯管机

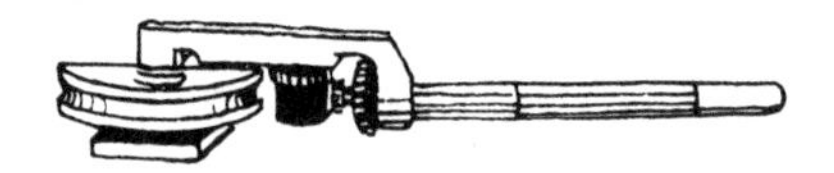

【其他名称】 手动弯管器。

【用　　途】 供手动冷弯金属管用。

【规　　格】 SWG 型。

钢管规格(mm)								
钢管规格(mm)	外径	8	10	12	14	16	19	22
	壁厚	2.25				2.75		
冷弯角度		180°						
弯曲半径(mm)≥		40	50	60	70	80	90	110

注：本机重量为22kg。弯22mm钢管时最大弯曲力矩为350N·m。

27. 刮　　刀

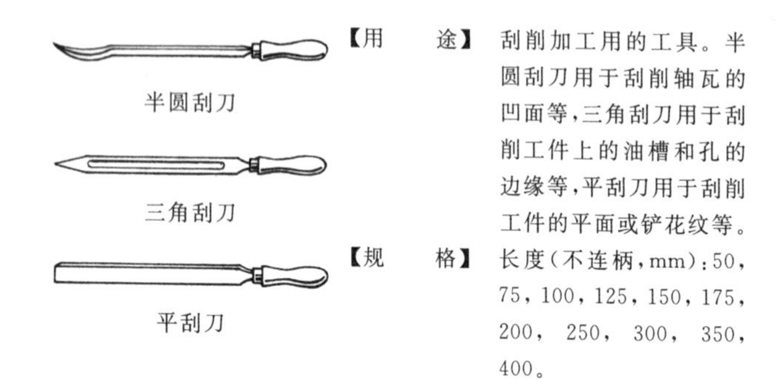

半圆刮刀

三角刮刀

平刮刀

【用　　途】 刮削加工用的工具。半圆刮刀用于刮削轴瓦的凹面等，三角刮刀用于刮削工件上的油槽和孔的边缘等，平刮刀用于刮削工件的平面或铲花纹等。

【规　　格】 长度(不连柄，mm)：50，75，100，125，150，175，200，250，300，350，400。

28. 丝　　锥

【其他名称】 螺丝攻。

【用　　途】 供加工螺母或其他机件上的普通螺纹内螺纹用(即攻丝)。机用丝锥通常是指高速钢磨牙丝锥,适用于在机床上攻丝;手用丝锥是指碳素工具钢或合金工具钢滚牙(或切牙)丝锥,适用于手工攻丝。但在生产中,两者也可互换使用。螺母丝锥主要供加工螺母的普通螺纹内螺纹用。

【规　　格】

(1) 普通螺纹用丝锥品种

① 机用和手用丝锥(GB/T 3464.1—2007):按结构分粗柄、粗柄带颈、细柄三种
② 粗、细长柄机用丝锥(GB/T 20326—2006, GB/T 3464.2—2007)
③ 短柄机用和手用丝锥(GB/T 3464.3—2007):按结构分粗短柄、粗短柄带颈和细短柄三种
④ 螺母丝锥(GB/T 967—2008)
以上每种丝锥又分粗牙普通螺纹用和细牙普通螺纹用丝锥两种

注:关于普通螺纹用丝锥的公称直径和螺距具体系列及应用原则,参见第 503 页"普通螺纹公称直径与螺距系列"。

(2) 通用柄机用和手用丝锥(GB/T 3464.1—2007)

公称直径	螺距		全长	刃长
	粗牙	细牙		
(mm)				
粗柄丝锥				
1～1.2	0.25	0.2	38.5	5.5
1.4	0.3	0.2	40	7
1.6，1.8	0.35	0.2	41	8
2	0.4	0.25	41	8
2.2	0.45	0.25	44.5	9.5
2.5	0.45	0.35	44.5	9.5
粗柄带颈丝锥				
3	0.5	0.35	48	11
3.5	(0.6)	0.35	50	13
4	0.7	0.5	53	13
4.5	(0.75)	0.5	53	13
5	0.8	0.5	58	16
5.5	—	0.5	62	17
6		0.5	66	19
6，7	1	0.75	66	19
8	—	0.5	66	19
8，9	—	0.75	66	19
8，9	1.25	1	72	22
10	—	0.75	73	20
10	—	1,1.25	80	24
10	1.5	—	80	24
细柄丝锥(部分)				
(11)	1.5	0.75,1	80	22
(11)			85	25
12		1	80	22
12	1.75	1.25,1.5	89	29
14		1	87	22
14,15	2	1.25，1.5	95	30
16		1	92	22
16	2	1，1.5	102	32
(17)		1.5	102	32
18		1	97	22
18	2.5	1.5，2	112	37
20		1	102	22
20	2.5	1.5，2	112	37
22		1	109	24
22	2.5	1.5，2	118	38
24		1	114	24
24	3	1.5,2	130	45
25		1.5，2	130	45
(26)		1.5	120	35
27		1	120	25
27		1.5，2	127	37
27	3		135	45
(28)		1	120	25
(28)		1.5，2	127	37
30		1	120	25
30		1.5，2	127	37
30	3.5	3	138	48
(32)		1.5，2	137	37
33		1.5，2	137	37
33	3.5	3	151	51
(35)		1.5	144	39
36		1.5，2	144	39
36	4	3	162	57

（续）

公称直径	螺距		全长	刃长	公称直径	螺距		全长	刃长
	粗牙	细牙				粗牙	细牙		
(mm)					(mm)				
细柄丝锥(部分)					细柄丝锥(部分)				
38		1.5	149	39	60	5.5		221	76
39		1.5，2	149	39	62		1.5，2	193	76
39	4	3	170	60	62		(3，4)	209	76
(40)		1.5，2	149	39	64		1.5，2	193	79
(40)		3	170	60	64		3，4	209	79
42		1.5，2	149	39	64	6		224	79
42	4.5	3，(4)	170	60	65		1.5，2	193	79
45		1.5，2	165	45	65		(3，4)	209	79
45	4.5	3，(4)	187	67	68		1.5，2	203	79
48		1.5，2	165	45	68		3，4	219	79
48	5	3，(4)	187	67	68			234	79
(50)		1.5，2	165	45	70		1.5，2	203	79
(50)		3	187	67	70		(3，4)	219	79
52		1.5，2	175	45	70		(6)	234	79
52	5	3，4	200	70	72		1.5，2	203	79
(55)		1.5，2	175	45	72		3，4	219	79
(55)		3，4	200	70	72		6	234	79
56		1.5，2	175	45	75		1.5，2	203	79
56	5.5	3，4	200	70	75		(3，4)	219	79
58		1.5，2	193	76	75		(6)	234	79
58		(3，4)	209	76	76		1.5，2	226	83
60		1.5，2	193	76	76		3，4	242	83
60		3，4	209	76	76		6	258	83

(续)

公称直径	螺距		全长	刃长	公称直径	螺距		全长	刃长
	粗牙	细牙				粗牙	细牙		
(mm)					(mm)				
细柄丝锥(部分)					细柄丝锥(部分)				
78		2	226	83	90		3，4	242	86
80		1.5，2	226	83	90		6	261	86
80		3，4	242	83	95		2	244	89
80		6	258	83	95		3，4	260	89
82		2	226	86	95		6	279	89
85		2	226	86	100		2	244	89
85		3，4	242	86	100		3，4	260	89
85		6	261	86	100		6	279	89
90		2	226	86					

注：1. 按 GB/T 968—2007 规定，各种中径公差带的丝锥所能加工的内螺纹公差带，见下表。

丝锥公差带代号	H1	H2	H3	H4
适用于内螺纹公差带代号	4H、5H	5G、6H	6G、7H、7G	6H、7H

2. 公称直径≤10mm 的丝锥可制成外顶尖。
3. 螺距≤2.5mm 丝锥，优先按中锥单支生产供应。当使用需要时亦可按成组不等径丝锥供应。
4. 括号内尺寸尽可能不用。

(3) 粗、细长柄机用丝锥(GB/T 20326—2006，GB/T 3464.2—2000)

公称直径	螺距		柄粗		全长	刃长
	粗牙	细牙	粗柄	细柄		
(mm)						
3	0.5	0.35	3.15	2.24	66	11
3.5	0.6	0.35	3.55	2.5	68	13
4	0.7	0.5	4	3.15	73	13
4.5	0.75	0.5	4.5	3.55	73	13
5	0.8	0.5	5	4	79	16
5.5	—	0.5	5.6	4	84	17
6，7	1	0.75	6.3，7.1	4.5，5.6	89	19
8，9	1.25	—	8，9	—	97	22
8，9	—	1	—	6.3，7.1	97	22
10	1.5	—	10	8	108	24
10	—	1，1.25	10	8	108	24
11	—	1.5	—	8	115	25
12	1.75	1.5	—	9	119	29
12	—	1.25	—	9	119	29
14	2	1.5	—	11.2	127	30
14	—	1.25	—	11.2	127	30
15	—	1.5	—	11.2	127	30
16	2	1.5	—	12.5	137	32
17	—	1.5	—	12.5	137	32
18，20	2.5	2	—	14	149	37
18，20	—	1.5	—	14	149	37
22	2.5	2	—	16	158	38
22	—	1.5	—	16	158	33
24	3	—	—	18	172	45
24	—	1.5，2	—	18	172	45

注：1. 颈部由制造商选择。

2. 根据 ISO 237 的规定：公差 h9 应用于精密柄，非精密柄的公差为 h11。

3. 根据 ISO 237 规定：当方头的形状误差和相对于柄部的位置误差考虑在内时，为 h12。

4. 细长柄机甲丝锥为 ISO 米制螺纹丝锥。

(4) 短柄机用和手用丝锥(GB/T 3464.3—2007)

公称直径	螺距		全长	刃长
	粗牙	细牙		
(mm)				
粗短柄机用和手用丝锥				
1～1.2	0.25	0.2	28	5.5
1.4	0.3	0.2	28	7
1.6, 1.8	0.35	0.2	32	8
2	0.4	0.25	36	8
2.2	0.45	0.25	36	9.5
2.5	0.45	0.35	36	9.5
粗柄带颈短柄机用和手用丝锥				
3	0.5	0.35	40	11
3, 5	(0.6)	0.35	40	13
4	0.7	0.5	45	13
4, 5	(0.75)	0.5	45	13
5	0.8	0.5	50	16
5.5	—	0.5	50	17
6	—	0.5,0.75	50	19
7	—	0.75	50	19
6, 7	1	—	55	19
8	—	0.5	60	19
8, 9	—	0.75	60	19
8, 9	—	1	60	22
8, 9	1.25	—	65	22
10	—	0.75	65	20
10	—	1, 1.25	65	24
10	1.5	—	70	24

公称直径	螺距		全长	刃长
	粗牙	细牙		
(mm)				
细短柄机用和手用丝锥				
3	0.5	0.35	40	11
3.5	(0.6)	0.35	40	13
4	0.7	0.50	45	13
4.5	(0.75)	0.50	45	13
5	0.8	0.50	50	16
(5.5)	—	0.50	50	17
6	1	—	55	19
6	—	0.75	50	19
(7)	1		55	19
(7)	—	0.75	50	19
8, (9)	1.25	—	65	22
8, (9)	—	0.75	60	19
8, (9)	—	1	60	22
10	1.5	—	70	24
10	—	1, 1.25	65	24
10		0.75	65	20
(11)	—	0.75, 1	65	22
(11)	1.5	—	70	25
12	1.75	—	80	29
12, 14	—	1	70	22
12	—	1.25,1.5	70	29
14	—	1.25	70	30
14, (15)	—	1.5	70	30

（续）

公称直径	螺距		全长	刃长	公称直径	螺距		全长	刃长
	粗牙	细牙				粗牙	细牙		
(mm)					(mm)				
细短柄机用和手用丝锥					细短柄机用和手用丝锥				
14	2	—	90	30	(35)	—	1.5	125	39
16	—	1	80	22	36	—	1.5, 2	125	39
16	2	—	90	32	36	—	3	125	57
16, (17)	—	1.5	80	32	36	4	—	145	57
18, 20	—	1	90	22	38	—	1.5	130	39
18, 20	—	1.5, 2	90	37	39～42	—	1.5, 2	130	39
18, 20	2.5	—	100	37	39～42	—	3	130	60
22, 24	—	1	90	24	39	4	—	145	60
22	—	1.5, 2	90	38	42	—	(4)	130	60
22	2.5	—	110	38	42	4.5	—	160	60
24, 25	—	1.5, 2	95	45	45	4.5		67	160
26	—	1.5	95	35	45		1.5, 2	45	140
24, 27	3	—	120	45	45		3, (4)	67	140
27	—	1	95	25	48	5		67	175
27	—	1.5, 2	95	37	48		1.5, 2	45	150
(28), 30	—	1	105	25	48		3, (4)	67	150
(28), 30	—	1.5, 2	105	37	(50)		1.5, 2	45	150
30	—	3	105	48	(50)		3	67	150
30	3.5	—	130	48	52	5		70	175
(32), 33	—	1.5, 2	115	37	52		1.5, 2	45	150
33	—	3	115	51	52		3, 4	70	150
33	3.5	—	130	51					

注：括号内尺寸尽可能不用。

(5) 螺母丝锥(GB/T 967—2008)

公称直径	螺距		全长	刃长	公称直径	螺距		全长	刃长
	粗牙	细牙				粗牙	细牙		
(mm)					(mm)				
普通螺纹用螺母丝锥					圆柄普通螺纹用螺母丝锥				
2	0.4		36	12	12，14		1.5	80	45
2.2，2.5	0.45		36	14	12		1.25	70	36
3	0.5		40	15	12		1	65	30
3		0.35	40	11	14		1	70	30
3.5	0.6		45	18	16	2		95	58
3.5		0.35	45	11	16		1.5	85	45
4	0.7		50	21	16		1	70	30
4		0.5	50	15	18，20，22	2.5		110	62
5	0.8		55	24	18，20，22		2	100	54
5		0.5	55	15	18，20，22		1.5	90	45
圆柄普通螺纹用螺母丝锥					18，20，22		1	80	30
6	1		60	30	24，27	3		130	72
6，8，10		0.75	55	22	24，27		2	110	54
8	1.25		65	36	24，27		1.5	100	45
8，10		1	60	30	24，27		1	90	30
10	1.5		70	40	30	3.5		150	84
10		1.25	65	36	30	2	2	120	54
12	1.75		80	47	30		1.5	110	45
14	2		90	54	30		1	100	30

（续）

公称直径	螺距		全长	刃长	公称直径	螺距		全长	刃长
	粗牙	细牙				粗牙	细牙		
(mm)					(mm)				
带方头普通螺纹用螺母丝锥					带方头普通螺纹用螺母丝锥				
6	1		60	30	24，27		1.5	100	45
6，8，10		0.75	55	22	24，27		1	90	30
8	1.25		65	36	30	3.5		150	84
8，10		1	60	30	30		2	120	54
10	1.5		70	40	30，33		1.5	110	45
12	1.75		80	47	30		1	100	30
12，14		1.5	80	45	33		2	120	45
12		1.25	70	36	36，39	4		175	96
12		1	65	36	36，39		3	160	80
14	2		90	54	36，39		2	135	55
14		1	70	30	36，39		1.5	125	45
16	2		95	58	42，45	4.5		195	108
16		1.5	85	45	42，45		3	170	80
18，20，22	2.5		110	62	42，45		2	145	55
18，20，22		2	100	54	42，45		1.5	135	45
18，20，22		1.5	90	45	48，52	5		220	120
18，20，22		1	80	30	48，52		3	180	80
24，27	3		130	72	48，52		2	155	55
24，27		2	110	54	48，52		1.5	145	45

29. 管螺纹丝锥

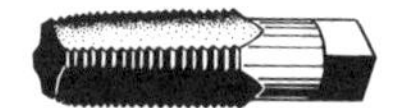

圆柱管螺纹丝锥

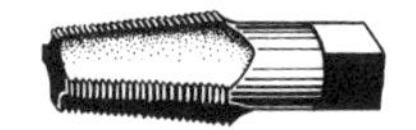

圆锥管螺纹丝锥

【其他名称】 管用丝锥、管牙用丝锥、管子螺丝攻。

【用　　途】 铰制管路附件和一般机件上内管螺纹。

【规　　格】 分 G 系列和 Rp 系列圆柱管螺纹，Rc 系列圆锥管螺纹和60°圆锥管螺纹丝锥三种。

(1) G 系列和 Rp 系列圆柱管螺纹丝锥(GB/T 20333—2006)					
螺纹代号	每英寸牙数	基本直径	螺距≈	刃长	全长
		(mm)			
1/16	28	7.723	0.907	14	52
1/8	28	9.728	0.907	15	59
1/4	19	13.157	1.337	19	67
3/8	19	16.662	1.337	21	75
1/2	14	20.955	1.814	26	87
(5/8)	14	22.911	1.814	26	91
3/4	14	26.441	1.814	28	96
(7/8)	14	30.201	1.814	29	102
1	11	33.249	2.309	33	109
1 1/4	11	41.910	2.309	36	119
1 1/2	11	47.803	2.309	37	125
(1 3/4)	11	53.746	2.309	39	132
2	11	59.614	2.309	41	140
(2 1/4)	11	65.710	2.309	42	142
2 1/2	11	75.184	2.309	45	153
3	11	87.884	2.309	48	164
3 1/2	11	100.330	2.309	50	173
4	11	113.03	2.309	53	185

注：括号内尺寸尽可能不用。

(续)

(2) Rc系列圆锥管螺纹丝锥(GB/T 20333—2006)					
螺纹代号	每英寸牙数	基本直径	螺距≈	刃长	全长
		(mm)			
1/16	28	7.723	0.907	14	52
1/8	28	9.728	0.907	15	59
1/4	19	13.157	1.337	19	67
3/8	19	16.662	1.337	21	75
1/2	14	20.955	1.814	26	87
3/4	14	26.441	1.814	28	96
1	11	33.249	2.309	33	109
1¼	11	41.910	2.309	36	119
1½	11	47.803	2.309	37	125
2	11	59.614	2.309	41	140
2½	11	75.184	2.309	45	153
3	11	87.884	2.309	48	164
3½	11	100.33	2.309	50	173
4	11	113.03	2.309	58	185

(3) 60°圆锥管螺纹丝锥(JB/T 8364.2—2010)					
螺纹代号 NPT	每英寸牙数	基面上大径	螺距	刃长	全长
		(mm)			
1/16	27	7.894	0.941	17	54
1/8	27	10.242	0.941	19	54
1/4	18	13.616	1.411	27	62
3/8	18	17.055	1.411	27	65
1/2	14	21.224	1.814	35	79
3/4	14	26.569	1.814	35	83
1	11.5	33.228	2.209	44	95
1¼	11.5	41.985	2.209	44	102
1½	11.5	48.054	2.209	44	108
2	11.5	60.092	2.209	44	108

注：1英寸=25.4mm

30. 圆　板　牙(GB/T 970.1—2008)

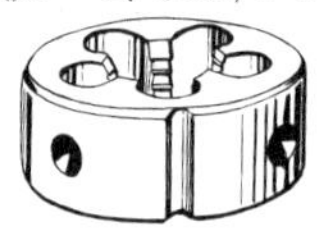

【其他名称】 圆形螺丝板牙、圆形板牙。

【用　　途】 供加工螺栓或其他机件上的普通螺纹外螺纹(即套丝)用。可装在圆板牙架中手工套丝或装在机床上套丝。

【规　　格】

(1) 普通粗牙细牙圆板牙规格

公称直径	螺距		圆板牙		公称直径	螺距		圆板牙	
	粗牙	细牙	外径	厚度		粗牙	细牙	外径	厚度
(mm)					(mm)				
1～1.2	0.25	0.2	16	5	18，20	2.5	—	45	18
1.4	0.3	0.2	16	5	22，24	—	1，1.5，2	55	16
1.6，1.8	0.35	0.2	16	5	22	2.5	—	55	22
2	0.4	0.25	16	5	24	3	—	55	22
2.2	0.45	0.25	16	5	25	—	1.5，2	55	16
2.5	0.45	0.35	16	5	27～30	—	1，1.5，2	65	18
3	0.5	0.35	20	5	27	3	—	65	25
3.5	0.6	0.35	20	5	30，33	3.5	3	65	25
4～5.5	—	0.5	20	5	32，33	—	1.5，2	65	18
4	0.7	—	20	5	35	—	1.5	65	18
4.5	0.75	—	20	7	36	—	1.5，2	65	18
5	0.8	—	20	7	36	4	3	65	25
6	1	0.75	20	7	39～42	—	1.5，2	75	20
7	1	0.75	25	9	39	4	3	75	30
8，9	1.25	0.75，1	25	9	40	—	3	75	30
10	1.5	0.75，1，1.25	30	11	42	4.5	3，4	75	30
11	1.5	0.75，1	30	11	45～52	—	1.5，2	90	22
12，14	—	1，1.25，1.5	38	10	45	4.5	3，4	90	36
12	1.75	—	38	14	48，52	5	3，4	90	36
14	2	—	38	14	50	—	3	90	36
15	—	1.5	38	10	55，56	—	1.5，2	105	22
16	—	1，1.5	45	14	55，56	—	3，4	105	36
16	2	—	45	18	56，60	5.5	—	105	36
17	—	1.5	45	14	64，68	6	—	120	36
18，20	—	1，1.5，2	45	14					

(2) 普通细牙圆板牙厚度补充规定

圆板牙厚度(mm)	7		8		14	10	12	14		16	18		22
公称直径(mm)	7,8,9	8,9	10,11		12,14,15	16,18,20	22,24	27,28,30	27,28,30,32,33,35,36	39,40,42	45,48,50,52		45,48,50,52,55,60
螺距(mm)	0.75	1	0.75	1	1.5	1	1	1	1.5	1.5	1.5	2	3

注:1. 普通螺纹的直径和螺距系列以及应用原则,见第503页“普通螺纹公称直径与螺距系列”。
2. 圆板牙加工普通螺纹的公差带,常用的为6g,根据需要,也可供应6h、6f、6e。

31. 管螺纹圆板牙

【其他名称】 管子板牙。

【用　　途】 装在圆板牙架或机床上,用于铰制管子、管件或其他机件上的管螺纹外螺纹。

【规　　格】 分55°圆柱管螺纹板牙、55°圆锥管螺纹板牙和60°圆锥管螺纹板牙三种。

(1) 55°G系列圆柱管螺纹圆板牙(GB/T 20324—2006)(mm)

代号	近似螺距	圆板牙尺寸		代号	近似螺距	圆板牙尺寸	
		外径	厚度			外径	厚度
1/16	0.907	25	7	7/8	1.814	65	16
1/8	0.907	30	8	1	2.309	65	18
1/4	1.337	38	10	1 1/4	2.309	75	20
3/8	1.337	45(38)	10	1 1/2	2.309	90	22
1/2	1.814	45	14	1 3/4	2.309	90	22
5/8	1.814	55(45)	16(14)	2	2.309	105	22
3/4	1.814	55	16	2 1/4	2.309	120	22

(续)

(2) 55°R 系列圆锥管螺纹圆板牙(GB/T 20328—2006)(mm)							
代号	近似螺距	圆板牙尺寸		代号	近似螺距	圆板牙尺寸	
		外径	厚度			外径	厚度
1/16	0.907	25	11	3/4	1.814	55	22
1/8	0.907	30	11	1	2.309	65	25
1/4	1.337	38	14	1 1/4	2.309	75	30
3/8	1.337	45	18	1 1/2	2.309	90	30
1/2	1.814	45	22	2	2.309	105	36
(3) 60°圆锥管螺纹圆板牙(JB/T 8364.1—2010)(mm)							
代号 NPT	近似螺距	圆板牙尺寸		代号 NPT	近似螺距	圆板牙尺寸	
		外径	厚度			外径	厚度
1/16	0.941	30	11	3/4	1.814	55	22
1/8	0.941	30	11	1	2.209	65	26
1/4	1.411	38	16	1 1/4	2.209	75	28
3/8	1.411	45	18	1 1/2	2.209	90	28
1/2	1.814	55	22	2	2.209	105	30

32. 滚 丝 轮(GB/T 971—2008)

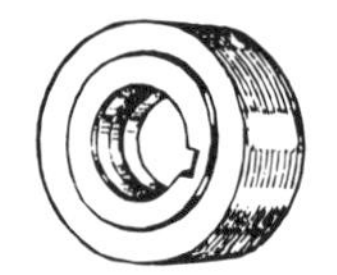

【用　　途】装在滚丝机上,供滚压机件上外螺纹用,由两只滚丝轮组成一副使用。

【规　　格】

被加工螺纹(mm)		滚丝轮								
		螺纹头数			中径 (mm)			宽度 (mm)		
公称直径	螺距	45型	54型	75型	45型	54型	75型	45型	54型	75型
(1) 粗牙普通螺纹用滚丝轮										
3	0.5	54	54	—	144.450	144.450	—	30	30	—
3.5	0.6	46	46	—	143.060	143.060	—	30	30	—
4	0.7	40	40	—	141.800	141.800	—	30	30	—
4.5	0.75	35	35	—	140.455	140.455	—	30	30	—
5	0.8	32	32	—	143.360	143.360	—	30	30	—
6	1.0	27	27	33	144.450	144.450	176.500	30,40	30,40	45
8	1.25	20	20	23	143.760	143.760	165.324	30,40	30,40	60,70
10	1.5	16	16	19	144.416	144.416	171.494	40,50	40,50	60,70
12	1.75	13	13	16	141.219	141.219	173.808	40,50	40,50	60,70
14	2.0	11	12	14	139.711	152.412	177.814	40,60	50,70	60,70
16	2.0	10	10	12	147.010	147.010	176.412	40,60	50,70	60,70
18	2.5	9	9	11	147.384	147.384	180.136	40,60	60,80	60,70
20	2.5	8	8	10	147.008	147.008	183.760	40,60	60,80	70,80
22	2.5	7	7	9	142.632	142.632	183.384	40,60	60,80	70,80
24	3	—	7	8	—	154.357	176.408	—	70,90	70,80
27	3	—	6	7	—	150.306	175.357	—	70,90	70,80
30	3.5	—	5	7	—	138.635	194.089	—	80,100	70,80
33	3.5	—	5	6	—	153.635	184.362	—	80,100	70,80
36	4.0	—	4	5	—	133.608	167.010	—	80,100	70,80
39	4.0	—	4	5	—	145.608	182.010	—	80,100	70,80
42	4.5	—	—	5	—	—	193.385	—	—	70,80

被加工螺纹(mm)		滚丝轮								
		螺纹头数			中径(mm)			宽度(mm)		
公称直径	螺距	45型	54型	75型	45型	54型	75型	45型	54型	75型
(2) 细牙普通螺纹用滚丝轮										
8	1.0	20	20	23	147.000	147.000	169.050	30,40	30,40	45
10	1.0	16	16	18	149.600	149.600	168.300	40,50	40,50	50,60
12	1.0	13	13	15	147.550	147.550	170，250	40,50	40,50	50,60
14	1.0	11	11	13	146.850	146.850	173.550	50,70	50,70	50,60
16	1.0	9	10	11	138.150	153.500	168.850	50,70	50,70	50,60
10	1.25	16	16	19	147.008	147.008	174.572	40,50	40,50	45,50
12	1.25	13	13	16	145.444	145.444	179.008	40,50	40,50	45,50
14	1.25	11	11	13	145.068	145.068	171.444	50,70	50,70	45,50
12	1.5	13	13	16	143.338	143.338	176.416	40,50	40,50	45,50
14	1.5	11	11	14	143.286	143.286	182.364	50,70	50,70	45,50
16	1.5	10	10	12	150.260	150.260	180.312	50,70	50,70	45,50
18	1.5	8	8	10	136.208	136.208	170.260	50,70	60,80	60,70
20	1.5	7	8	9	133.182	152.208	171.234	50,70	60,80	60,70
22	1.5	7	7	9	147.182	147.182	189.234	50,70	60,80	60,70
24	1.5	6	6	8	138.156	138.156	184.208	50,70	70,90	60,70
27	1.5	5	5	7	130.130	130.130	182.182	50,70	70,90	60,70
30	1.5	5	5	6	145.130	145.130	174.156	50,70	80,100	60,70
33	1.5	4	4	6	128.104	128.104	192.156	50,70	80,100	70,80
36	1.5	4	4	5	140.104	140.104	175.130	50,70	80,100	70,80
39	1.5	3	4	5	114.078	152.104	190.130	50,70	80,100	70,80
42	1.5	—	3	4	—	123.078	164.104	—	80,100	70,80
45	1.5	—	3	4	—	132.078	176.104	—	80,100	70,80

(续)

被加工螺纹(mm)		滚丝轮								
		螺纹头数			中径(mm)			宽度(mm)		
公称直径	螺距	45型	54型	75型	45型	54型	75型	45型	54型	75型
(2) 细牙普通螺纹用滚丝轮										
18	2.0	9	9	11	150.309	150.309	183.711	40，60	60，80	50，60
20	2.0	8	8	10	149.608	149.608	187.010	40，60	60，80	50，60
22	2.0	7	7	9	144.907	144.907	186.309	40，60	60，80	50，60
24	2.0	6	6	8	136.206	136.206	181.608	40，60	70，90	50，60
27	2.0	5	5	7	128.505	128.505	179.907	40，60	70，90	50，60
30	2.0	5	5	6	143.505	143.505	172.206	40，60	80，100	60，70
33	2.0	4	4	6	126.804	126.804	190.206	40，60	80，100	60，70
36	2.0	4	4	5	138.804	138.804	173.505	40，60	80，100	60，70
39	2.0	3	4	5	113.103	150.804	188.505	40，60	80，100	60，70
42	2.0	—	3	4	—	122.103	162.804	—	80，100	70，80
45	2.0	—	3	4	—	131.103	174.804	—	80，100	70，80
36	3.0	—	4	5	—	136.204	170.255	—	80，100	90，100
39	3.0	—	4	5	—	148.204	185.255	—	80，100	90，100
42	3.0	—	3	5	—	120.153	200.255	—	80，100	90，100
45	3.0	—	3	4	—	129.153	172.204	—	80,100	90,100

滚丝轮精度等级	1级	2级	3级
适宜加工的外螺纹公差带等级	4，5级	5，6级	6，7级

注：滚丝轮内孔直径(mm)：45型为45，54型为54，75型为75。

33. 搓　丝　板(GB/T 972—2008)

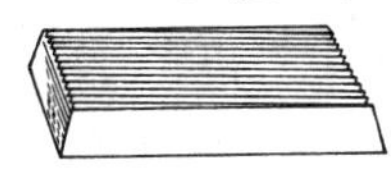
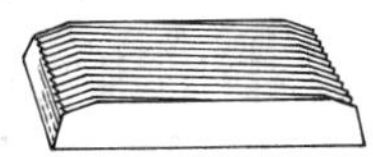

【用　　途】 装在搓丝机上供搓制螺栓、螺钉或机件上普通外螺纹用，由活动搓丝板和固定搓丝板各一块组成一副使用。

【规　　格】

(1) 普通螺纹用搓丝板外形尺寸(mm)

适用螺纹直径	搓丝板长度		搓丝板	
	活动	固定	宽度	厚度
1～3	50	45	15 20	20
1.6～3	55	45	22	22
1.4～3	60	55	20 25	25
1.6～3	65	55	30	28
1.6～4	70	65	20 25 30 40	25
1.6～5	80	70	30	28
2.5～5	85	78	20 25 30 40 50	25
3～8	125	110	40 50	25
3～8	125	110	60	25
5～10	170	150	50 60 70	30
			80	40
5～14	210	190	55 80	40
8～14	220	200	50 60 70	40
12～16	250	230	60 70 80	45
16～22	310	285	70 80 105	50
20～24	400	375	80 100	50

(2) 搓丝板适宜加工的螺纹(mm)

粗牙									
公称直径	1, 1.1, 1.2	1.4	1.6, 1.8	2	2.2, 2.5	3	3.5	4	4.5
螺距	0.25	0.3	0.35	0.4	0.45	0.5	0.6	0.7	0.75
公称直径	5	6	8	10	12	14, 16	18, 20, 22	24	
螺距	0.8	1	1.25	1.5	1.75	2	2.5	3	

细牙									
公称直径	1, 1.1, 1.2, 1.4, 1.6, 1.8	2, 2.2	2.5,3, 3.5	4, 5	6	8, 10	12	12,14,16, 18, 20, 22	24
螺距	0.2	0.25	0.35	0.5	0.75	1	1.25	1.5	2

注：搓丝板的螺纹牙型尺寸按螺纹牙型分 A 型(圆形牙顶)和 B 型(平形牙顶)两种，应优先采用 A 型；又按加工螺纹精度分为 1、2、3 级三种：1 级适用于加工公差等级为 4、5 级的外螺纹，2 级适用于加工等级为 5、6 级外螺纹，3 级适用于加工等级为 6、7 级外螺纹。

34. 丝 锥 扳 手

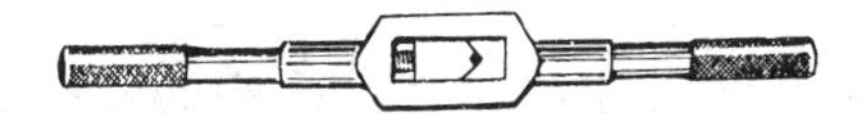

【其他名称】 丝锥铰手、螺丝攻铰手、螺丝攻扳手。

【用　　途】 装夹丝锥,用手攻制机件上的内螺纹。

【规　　格】

扳手长度(mm)	130	180	230	280	380	480	600
适用丝锥公称直径(mm)	2～4	3～6	3～10	6～14	8～18	12～24	16～27

35. 圆 板 牙 架(GB/T 970.1—2008)

【其他名称】 圆板牙扳手、圆板牙铰手、圆铰板铰手。

【用　　途】 装夹圆板牙加工(铰制)机件上的外螺纹。

【规　　格】

适用圆板牙尺寸(mm)			适用圆板牙尺寸(mm)			适用圆板牙尺寸(mm)		
外径	厚度	加工螺纹直径	外径	厚　度	加工螺纹直径	外径	厚　度	加工螺纹直径
16	5	1～2.5	38	10,14	12～14	75	20,30	39～42
20	5,7	3～6	45	14,18	16～20	90	22,36	45～52
25	9	7～9	55	16,22	22～24	105	22,36	56～60
30	11	10～11	65	18,25	27～36	120	22,36	64～68

36. 管螺纹铰板

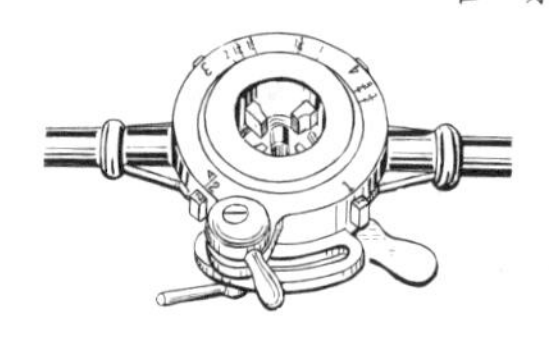

普通式

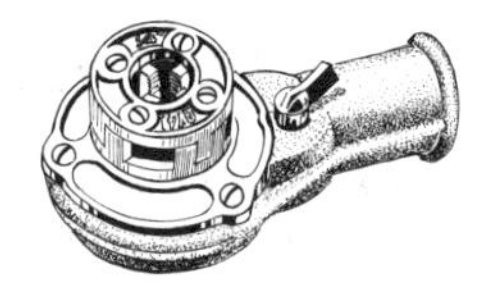

轻便式(Q74-1 型)

【其他名称】 管子铰板、管用铰板。

【用　　途】 用手工铰制低压流体输送用钢管上 55°圆柱和圆锥管螺纹。

【规　　格】

(1)(普通式)管螺纹铰板(QB/T 2509—2001)

型　号	铰管螺纹范围		结构特性
	管螺纹尺寸代号	管子外径(mm)	
60	1/2～3/4	21.3～26.8	无间歇机构
60W	1～1¼	33.5～42.3	有间歇机构,其使用具有万能性
	1½～2	48.0～60.0	
114W	2¼～3	66.5～88.5	
	3½～4	101.0～114.0	

(2)轻便式管螺纹铰板(上海产品)

型　号	每套铰板附板牙规格(管螺纹尺寸代号)	适用管子外径(mm)
Q74-1	1/4, 3/8, 1/2, 3/4, 1	13.5～33.5
SH-76 SH-48	1/2, 3/4, 1, 1¼, 1½	21.3～38.1

注:SH-76 型能铰制 55°圆柱和圆锥两种管螺纹,其余型号仅能铰制 55°圆锥管螺纹。市场产品型号为 114 和 117 型,适用管螺纹尺寸代号分别为½～2 和 2¼～4。

37. 电线管螺纹铰板及板牙

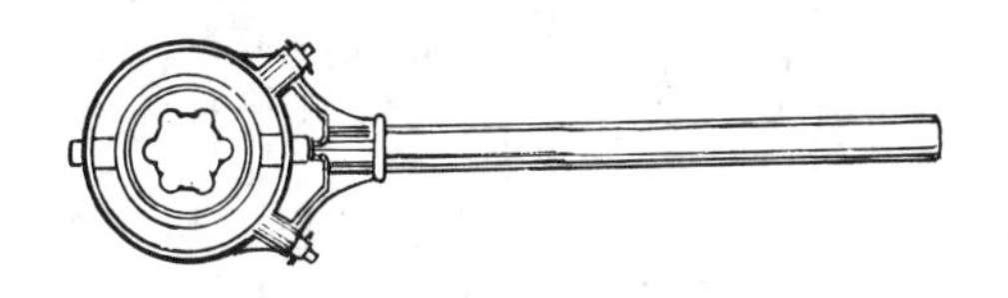

【其他名称】 电线管铰板。

【用　　途】 用于手工铰制电线套管上的外螺纹，是电工常用工具。

【规　　格】

型　号	铰制钢管外径 (mm)	圆板牙外径尺寸 (mm)
SHD-25	12.70，15.88，19.05，25.40	41.2
SHD-50	31.75，38.10，50.80	76.2

注：1. 钢管外径(mm)为 12.70，15.88，19.05 和 25.40 用的圆板牙的刃瓣数分别为 4，5，5 和 8；31.75，38.10 和 50.80 用的圆板牙刃瓣数分别为 6，8 和 10。

2. 电线套管上的螺纹具体尺寸，参见第 228 页。

38. 攻螺纹前各类麻花钻直径

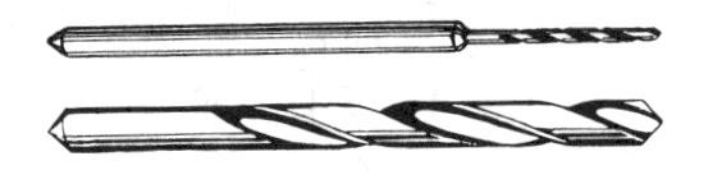

【用　　途】 用于正常施合长度的丝锥攻丝前钻孔用的麻花钻直径。

【规　　格】

(1) 普通螺纹粗牙直径(GB/T 20330—2006, GB/T 193—2003)

螺纹		麻花钻直径	螺纹		麻花钻直径	螺纹		麻花钻直径
公称直径	螺距		公称直径	螺距		公称直径	螺距	
(mm)			(mm)			(mm)		
1.0	0.25	0.75	5.0	0.80	4.20	24.0	3.00	21.00
1.1	0.25	0.85	6.0	1.00	5.00	27.0	3.00	24.00
1.2	0.25	0.95	7.0	1.00	6.00	30.0	3.50	26.50
1.4	0.30	1.10	8.0	1.25	6.80	33.0	3.50	29.50
1.6	0.35	1.25	9.0	1.25	7.80	36.0	4.00	32.00
1.8	0.35	1.45	10.0	1.50	8.50	39.0	4.00	35.00
2.0	0.40	1.60	11.0	1.50	9.50	42.0	4.50	37.50
2.2	0.45	1.75	12.0	1.75	10.20	45.0	4.50	40.50
2.5	0.45	2.05	14.0	2.00	12.00	48.0	5.00	43.00
3.0	0.50	2.50	16.0	2.00	14.00	52.0	5.00	47.00
3.5	0.60	2.90	18.0	2.50	15.50	56.0	5.50	50.50
4.0	0.70	3.30	20.0	2.50	17.50			
4.5	0.75	3.70	22.0	2.50	19.50			

(2) 普通螺纹细牙直径(GB/T 20330—2006, GB/T 193—2003)

螺纹		麻花钻直径	螺纹		麻花钻直径	螺纹		麻花钻直径
公称直径	螺距		公称直径	螺距		公称直径	螺距	
(mm)			(mm)			(mm)		
2.5	0.35	2.15	5.0	0.50	4.50	9.0	0.75	8.20
3	0.35	2.65	5.5	0.50	5.00	10.0	0.75	9.20
3.5	0.35	3.15	6.0	0.75	5.20	11.0	0.75	10.20
4.0	0.50	3.5	7.0	0.75	6.20	8.0	1.0	7.00
4.5	0.50	4.00	8.0	0.75	7.20	9.0	1.0	8.00

(续)

螺纹		麻花钻直径	螺纹		麻花钻直径	螺纹		麻花钻直径
公称直径	螺距		公称直径	螺距		公称直径	螺距	
(mm)			(mm)			(mm)		
10.0	1.0	9.00	24.0	1.50	22.50	32.0	2.0	30.00
11.0	1.0	10.00	25.0	1.50	23.50	33.0	2.0	31.00
12.0	1.0	11.00	26.0	1.50	24.50	36.0	2.0	34.00
14.0	1.0	13.00	27.0	1.50	25.50	39.0	2.0	37.00
15.0	1.0	14.00	28.0	1.50	26.50	40.0	2.0	38.00
16.0	1.0	15.00	30.0	1.50	28.50	42.0	2.0	40.00
17.0	1.0	16.00	32.0	1.50	30.50	45.0	2.0	43.00
18.0	1.0	17.00	33.0	1.50	31.50	48.0	2.0	46.00
20.0	1.0	19.00	35.0	1.50	33.50	50.0	2.0	48.00
22.0	1.0	21.00	36.0	1.50	34.50	52.0	2.0	50.00
24.0	1.0	23.00	38.0	1.50	36.50	30.0	3.0	27.00
25.0	1.0	24.00	39.0	1.50	37.50	33.0	3.0	30.00
27.0	1.0	26.00	40.0	1.50	38.50	36.0	3.0	33.00
28.0	1.0	27.00	42.0	1.50	40.50	39.0	3.0	36.00
30.0	1.0	29.00	45.0	1.50	43.50	40.0	3.0	37.00
10.0	1.25	8.80	48.0	1.50	46.50	42.0	3.0	39.00
12.0	1.25	10.80	50.0	1.50	48.50	45.0	3.0	42.00
14.0	1.25	12.80	52.0	1.50	50.50	48.0	3.0	45.00
12.0	1.5	10.50	18.0	2.0	16.00	50.0	3.0	47.00
14.0	1.5	12.50	20.0	2.0	18.00	52.0	3.0	49.00
15.0	1.5	13.50	22.0	2.0	20.00	42.0	4.0	38.00
16.0	1.50	14.50	24.0	2.0	22.00	45.0	4.0	41.00
17.0	1.50	15.50	25.0	2.0	23.00	48.0	4.0	44.00
18.0	1.50	16.50	27.0	2.0	25.00	52.0	4.0	48.00
20.0	1.50	18.50	28.0	2.0	26.00			
22.0	1.50	20.50	30.0	2.0	28.00			

注：适用于5H、6H、7H等级普通螺纹的钻孔。

(3) 用于以管螺纹作压力密封件连接的麻花钻直径

(GB/T 20330—2006, GB/T 7306.1—2000)

螺纹					麻花钻直径
公称直径(in)	每吋牙数	螺距	小径		
			最大	最小	
		(mm)			
1/16	28	0.907	6.632	6.490	6.60
1/8	28	0.907	8.637	8.495	8.60
1/4	19	1.337	11.549	11.341	11.50
3/8	19	1.337	15.054	14.846	15.00
1/2	14	1.814	18.773	18.489	18.50
3/4	14	1.814	24.259	23.975	24.00
1	11	2.309	30.471	30.111	30.25
1 1/4	11	2.309	39.132	38.772	39.00
1 1/2	11	2.309	45.025	44.665	45.00
2	11	2.309	56.836	56.476	56.50

(4) 用于不以管螺纹作压力密封件联接的麻花钻直径

(GB/T 20330—2006, GB/T 7307—2001)

螺纹					麻花钻直径
公称直径(in)	每吋牙数	螺距	小径		
			最大	最小	
		(mm)			
1/16	28	0.907	6.843	6.561	6.80
1/8	28	0.907	8.848	8.566	8.80
1/4	19	1.337	11.890	11.445	11.80
3/8	19	1.337	16.395	14.950	15.25
1/2	14	1.814	19.172	18.631	19.00

(续)

螺纹					麻花钻直径
公称直径 (in)	每吋牙数	螺距	小径		
			最大	最小	
		(mm)			
5/8	14	1.814	21.128	20.587	21.00
3/4	14	1.814	24.658	24.117	24.50
7/8	14	1.814	28.418	27.877	28.25
1	11	2.309	30.931	30.291	30.75
1 1/8	11	2.309	35.579	34.939	35.50
1 1/4	11	2.309	39.592	38.952	39.50
1 1/2	11	2.309	45.485	44.845	45.00
1 3/4	11	2.309	51.428	50.788	51.00
2	11	2.309	57.296	56.656	57.00

39. 手动拉铆枪(QB/T 2292—1997)

单手操作式
(单把式,手钳式)

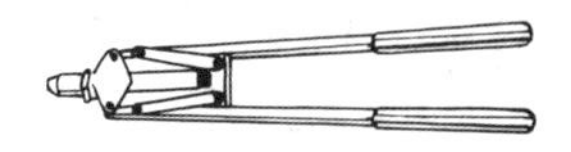

双手操作式
(双把式)

【其他名称】 抽芯铆钉手动枪、拉铆枪。

【用　　途】 专供单面铆接(拉铆)抽芯铆钉用的手工具。单手操作式可用单手操作,适用于拉铆力不大的场合;双手操作式需用双手进行操作,适用于拉铆力较大的场合。

【规　　格】

品　　种		单手操作式	双手操作式
全长(mm)≈		260	450
拉铆力(N)≤		3000	6000
配枪头数目(个)		4	3
适用抽芯铆钉直径(mm)	纯　铝	2.4～5	3～5
	防锈铝	2.4～4	3～5
	钢　质	—	3～4

40. 手动铆螺母枪

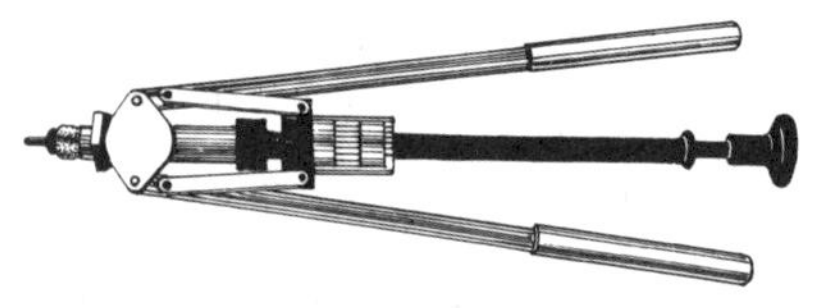

【其他名称】 铆螺母手动枪。

【用　　途】 专供单面铆接(拉铆)铆螺母用的手工具，需用双手进行操作。

【规　　格】

型　　号	SLM-M-1	SLM-M
适用铝质铆螺母规格(mm)	M5～M6	M3，M4
外形尺寸(mm)	490×172×50	345×160×42
重量(kg)	1.9	0.7

41. 螺栓取出器

【其他名称】 断丝取出器。

【用　　途】 供手工取出断裂在机器、设备里面的六角头螺栓、双头螺柱、内六角螺钉等之用。取出器螺纹为左螺旋。使用时，需先选一适当规格的麻花钻，在螺栓的断面中心位置钻一小孔，再将取出器插入小孔中，然后用丝锥扳手或活扳手夹住取出器的方头，用力逆时针转动，即可将断裂在机器、设备里面的螺栓取出。

【规　　格】

取出器规格（号码）	主要尺寸(mm)			适用螺栓规格		选用麻花钻规格（直径）(mm)
	直径		全长	公制(mm)	英制(in)	
	小端	大端				
1	1.6	3.2	50	M4～M6	3/16～1/4	2
2	2.4	5.2	60	M6～M8	1/4～5/16	3
3	3.2	6.3	68	M8～M10	5/16～7/16	4
4	4.8	8.7	76	M10～M14	7/16～9/16	6.5
5	6.3	11	85	M14～M18	9/16～3/4	7
6	9.5	15	95	M18～M24	3/4～1	10

第十六章 电 动 工 具

1. 电动工具型号及电动工具组件型号编制方法

(GB/T 9088—2008)

(1) 电动工具型号组成形式

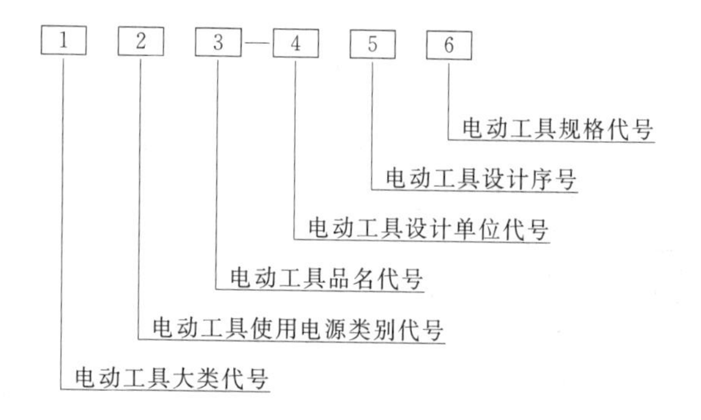

注：电动工具按触电保护性能分为三类：

Ⅰ类工具(即普通绝缘工具)。工具必须采用三极插头，使用时将接地极与已安装的固定线路中的保护(接地)导线连接起来；

Ⅱ类工具(即双重绝缘工具)。工具采用二极插头，使用时不必连接接地导线，在工具的明显部位应标有Ⅱ类结构符号"回"，也可将此符号放在工具的型号前，例：回 J1S-8；

Ⅲ类工具(即安全特低电压供电工具)。工具额定电压的优先值为24V 和 42V。

(2) 电动工具大类与品名代号表示方法

名称	代号
(1) 金属切削类(代号J)	
电铰刀	A
磁座钻	C
多用工具	D
刀锯	F
型材切割机	G
电冲剪	H
电剪刀	J
电刮刀	K
往复锯	L
坡口机	M
焊缝坡口机	P
套丝机	Q
双刃剪	R
攻丝机	S
带锯	T
锯管机	U
斜切割机	X
斜切割组合锯	Y
电钻	Z
(2) 砂磨类(代号S)	
盘式砂光机	A
摆动式砂光机	B
车床电磨	C
台式砂轮机	E
直向盘式砂光机	F
立式盘式砂轮机	G
往复砂光机或抛光机	H
模具电磨	J
无轨道不规则作圆周运动砂光机或抛光机	K
角向磨光机	M
抛光机	P
气门座电磨	Q
砂轮机	S
带式砂光机	T
(3) 装配作业类(代号P)	
电扳手	B
定扭矩电扳手	D
自攻螺丝刀	G
螺丝刀	L
拉铆枪	M
定扭矩螺丝刀	N
铆螺母拉铆枪	Q
钉钉机	T
墙板螺丝刀	U
胀管机	Z

(续)

名　　称	代　号
(4) 林木类(代号 M)	
木工带锯	A
电刨	B
电插	C
木工多用工具	D
修枝机	E
碎枝机	F
木工铲刮机	G
木工车床	J
截枝机	H
木工开槽机	K
电链锯	L
厚度刨	N
修边机	P
曲线锯	Q
电木铣	R
木工刃磨机	S
木工钉钉机	T
摇臂锯	U
平刨	V
木工斜切机	X
电圆锯	Y
木钻	Z
(5) 农牧类(代号 N)	
采茶剪	A
剪毛机	J
粮食扦样机	L
喷洒机	P
修蹄机	T
(6) 园艺类(代号 Y)	
草剪	A
剪刀型草剪	B
修枝剪	D
草坪修整机	E
草坪修边机	F
草坪松砂机	H
草坪割草机	J
遮覆式割草机	K
步行控制的割草机	L
转盘式割草机	M
镰刀杆式割草机	N
连枷式割草机	P
悬浮式割草机	Q
手持式园艺用吹屑机	R
手持式园艺用吹吸两用机	S
手持式园艺用吸屑机	T
滚筒式割草机	U
草坪松土机	W
(7) 建筑道路类(代号 Z)	
锤钻	A
地板抛光机	B
电锤	C
混凝土振动器	D
石材切割机	E

(续)

名　　称	代　号	名　　称	代　号
(7) 建筑道路类(代号 Z)		(9) 其他(代号 Q)	
金刚石锯	F	裁布机	C
电镐	G	家用水泵	D
夯实机	H	气泵	E
金刚石钻	I	吹风机	F
冲击钻	J	管道清洗机	G
铆胀螺栓扳手	L	卷花机	H
湿式磨光机	M	捆扎机	I
插入式混凝土振动器	N	石膏剪	J
枕木电镐	P	雕刻机	K
钢筋切断机	Q	打蜡机	L
开槽机	R	千斤顶	M
地板砂光机	S	往复式雕刻机	N
套丝机	T	除锈机	O
附着式混凝土振动器	U	电喷枪	P
弯管机	W	水池清洗机	Q
铲刮机	Y	碎纸机	R
混凝土钻机	Z	石膏锯	S
(8) 矿山类(代号 K)		地毯剪	T
煤钻	W	胸骨锯	U
岩石电钻	Y	清洗机	W
凿岩机	Z	吸枝机	X
(9) 其他(代号 Q)		牙钻	Y
塑料电焊枪	A	骨钻	Z
热风枪	B		

注：本表所列基本上属一般手持式工具，对某些特殊结构及功能的产品可增加第四个字母以示区别；即：可移式工具加“T”、软轴式工具加“R”，电子调速工具则加“E”。

(3) 电动工具使用电源类别代号表示方法

电源类别	直　流	单相交流	三　相　交　流				
频率(Hz)	—	50	200	50	400	150	300
代　　号	0	1	2	3	4	5	6

注：适用于多种电源的工具，电源类别中的各种电源代号均应列出。

(4) 电动工具设计单位代号与设计序号表示方法

设计单位代号	设计单位代号一般由设计单位名称的汉语拼音字头组成。由型号管理单位根据设计单位申请统一颁发 注：在本手册中，设计单位代号一般予以省略
设计序号	用数字按设计先后次序表示。第一次设计的序号可省略。设计序号仅表示设计先后，并不反映产品的结构和产品水平的高低。设计序号的改变须与新产品型号一样申请，颁发后方始有效

(5) 电动工具规格代号表示方法

电动工具规格代号一般用该产品的主参数来表示：

① 主参数为一项数字，即以该项数字表示，例：电钻以其能在钢上钻孔的最大公称直径(mm)6，10…表示，电圆锯以其所装用的锯片公称直径(mm)200，300…表示

② 主参数为多项数字时，各项数字间用乘号相连表示，例：电刨以其刀片宽度和最大刨削深度表示，如刀片宽度为80mm，最大刨削深度为2mm，则应表示为80×2

（续）

③ 主参数为一项数字，但在不同条件下数值不相同又必须列出者，在规格代号中可同时列出，各数值间用斜线分开，例：双速电钻按其主轴在不同额定转速时最大钻孔直径表示，高速时为 10mm，低速时为 13mm，则应表示为 10/13 ④ 具有多种功能的工具，按其主要功能的主参数表示，例：冲击电钻只按能在轻质混凝土或砖上钻孔的最大直径 10，12…表示

(6) 电动工具型别代号表示方法

电动工具的型别代号为规格代号的一个组成部分，列于规格代号的最后。例："13A"电钻，表示最大钻孔直径为 13mm 的 A 型电钻。型别代号的符号由各个产品的产品标准（国家标准、行业标准）规定

(7) 电动工具型号示例

a. J1Z-××2-6A

表示最大钻孔直径为 6mm 的 A 型电钻，使用电源为单相交流工频（50Hz，220V），该产品由××设计单位第一次设计。

b. S2A-××2-150

表示砂盘直径为 150mm 的盘式砂光机，使用电源为三相交流中频（200Hz，380V），由××单位第二次设计。

c. ⧈ M01B-××3-90×2

表示刨刀宽度为 90mm，最大刨削深度为 2mm 的电刨，既可在直流电源下使用，又可在单相交流电源下使用，系Ⅱ类工具（即双重绝缘工具），采用二极插头。

(8) 电动工具组件型号编制方法

凡作为标准件或通用件组织专业化生产的电动工具组件必须申请型号，其型号组成如下：

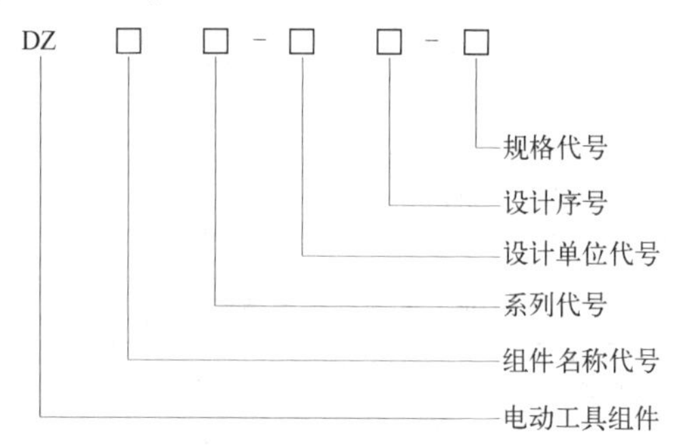

(9) 电动工具组件名称及系列代号表示方法

组件		系列代号						
名称	代号	A	B	C	D	E	F	G
电动机	J	单相串励	三相工频异步	三相中频异步(200Hz)	三相中频异步(300Hz)	三相中频异步(400Hz)	单相工频异步(电容分组)	直流永磁
开关	K	普通	耐振	组合正反转	分离正反转	电子调速		
换向器	Q	半塑(不带加强环)	半塑(带加强环)	钩型升高片(不带加强环)	钩型升高片(带加强环)	全塑		
刷握总成	S	隐盒	管式	涡型弹簧加压片				
与电缆组成一体的不可拆线插头	L	二极	二极(带接地极)	三极(不带接地板)	四极			

（续）

组件		系列代号						
名称	代号	A	B	C	D	E	F	G
辅助手柄	B	螺纹联接式（带护手）	螺纹联接式（不带护手）	卡箍夹持式				
钻夹头	T	锥面联接	螺纹联接					

(10) 电动工具组件设计单位代号与设计序号表示方法

电动工具组件设计单位代号与设计序号的表示方法与“(4) 电动工具设计单位代号与设计序号表示方法”基本相同。

(11) 电动工具组件主参数规格代号及表示方法

组件名称	主参数项目
电动机	定子冲片外径×额定功率×转速
开关	额定电流
换向器	工作直径×换向片工作长度×内径×片数
刷握	电刷的长×宽×高
与软电缆或软线组成一体的不可拆线插头	导电芯线的公称截面
辅助手柄	联接螺纹的公称直径 夹持孔内径
钻夹头	能夹持的最大钻头公称直径
接插件	额定电流

(12) 电动工具组件型号示例

a. DZJA-××-56×200×15000

表示电动工具用单相串励电动机额定输出功率为200W，额定负载转速为15000r/min，定子冲片外径为ϕ56mm，由××单位第一次设计。

b. DZKA-××2-4

表示电动工具用普通开关，额定电流4A，××单位第二次设计。

c. DZTB-××3-13

表示电动工具用螺纹联接钻夹头，能夹持的最大钻头公称直径为ϕ13mm，××单位第三次设计。

2. 金属切削类电动工具

(1) 电　　钻(GB/T 5580—2007)

【其他名称】 手电钻。

【用　　途】 应用最广泛的一种电动工具。配用麻花钻，主要用于对金属件钻孔，也适用于对木材、塑料件等钻孔。若配以金属孔锯、机用木工钻等作业工具，其加工孔径可相应扩大。

【规　　格】

型　号	规　格 (mm)	类型	额定输出功率(W)	额定转矩 (N·m)	空载噪声A声级 (dB)	重　量 (kg)
J1Z-4A	4	A型	≥80	≥0.35	84	—
J1Z-6C J1Z-6A J1Z-6B	6	C型 A型 B型	≥90 ≥120 ≥160	≥0.50 ≥0.85 ≥1.20		1.4 1.8 —
J1Z-8C J1Z-8A J1Z-8B	8	C型 A型 B型	≥120 ≥160 ≥200	≥1.00 ≥1.60 ≥2.20		1.5 — —
J1Z-10C J1Z-10A J1Z-10B	10	C型 A型 B型	≥140 ≥180 ≥230	≥1.50 ≥2.20 ≥3.00	86	— 2.3 —

(续)

型　号	规　格 (mm)	类型	额定输出 功率(W)	额定转矩 (N·m)	空载噪声 A声级 (dB)	重　量 (kg)
J1Z-13C J1Z-13A J1Z-13B	13	C型 A型 B型	≥200 ≥230 ≥320	≥2.5 ≥4.0 ≥6.0	86	— 2.7 2.8
J1Z-16A J1Z-16B	16	A型 B型	≥320 ≥400	≥7.0 ≥9.0	90	— —
J1Z-19A	19	A型	≥400	≥12.0		5
J1Z-23A	23	A型	≥400	≥16.0		5
J1Z-32A	32	A型	≥500	≥32.0	92	—

注：1. 6,8,10,13mm电钻采用三爪式钻夹头,19,23,32mm电钻采用莫氏2号圆锥套筒(钻轴),以紧固钻头。圆锥套筒紧固的钻头应是莫氏2号锥柄麻花钻。

2. 电钻钻削强度为390MPa钢材时允许使用的最大钻头直径。

3. 单相串励电机驱动。额定电压和频率：直流220V,交流分别为220V、42V、36V,交流额定频率为50Hz,常用规格电源电压为220V,交流;软电缆长度为2.5m。

4. A型普通型;B型重型;C型轻型。

5. 13mm及以下的电钻出厂时,均应附有相应规格的钻夹头。

(2) 磁　座　钻(JB/T 9609—1999)

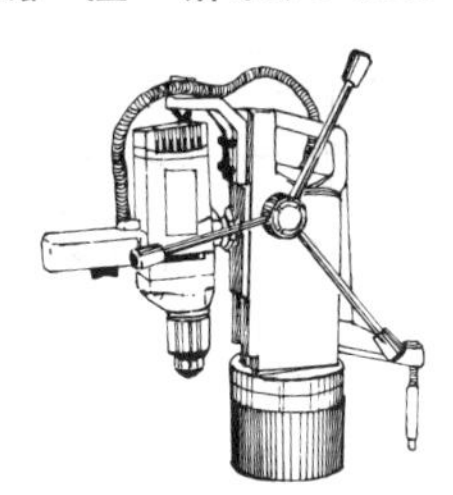

【用　　途】 由电钻、机架、电磁吸盘、进给装置和回转机构等组成。使用时借助直流电磁铁吸附于钢铁等磁性材料工件上，运用电钻进行切削加工。它与一般电钻相比，可减轻劳动强度，提高钻孔精度，尤其适用于大型工件和高空钻孔。

【规　　格】

型　号	规格	额定电压	电钻主轴		磁座钻架		导板架最大行程≥	断电保护器		电磁铁的吸力
			输出功率≥	额定转矩≥	回转角度≥	水平位移≥		保护时间≥	保护吸力≥	
	(mm)	(V)	(W)	(N・m)		(mm)		(min)	(kN)	(kN)
J1C-13	13	220	320	6	300°	20	140	10	7	8.5
J1C-19 J3C-19	19	220 380	400 400	12	300°	20	180	8	8	10
J1C-23 J3C-23	23	220 380	400 500	16	60°	20	180	8	8	11
J1C-32 J3C-32	32	220 380	1000 1250	25	60°	20	200	6	9	13.5

注：1. 表中电磁铁吸力值系在厚度为 20mm 的 Q235 钢、表面粗糙度为 R_a0.8 的标准样块上测得。

2. 磁座钻的电钻：单相串励式电钻应符合 GB/T 5580《电钻》的规定，三相电钻应符合 GB 3883.6《手持式电动工具的安全　第二部分　电钻和冲击电钻的专用要求》的规定。

3. 不带断电保护器的磁座钻，应配带安全带。安全带长度为 2.5 ～3m。

(3) 电池式电钻—螺丝刀

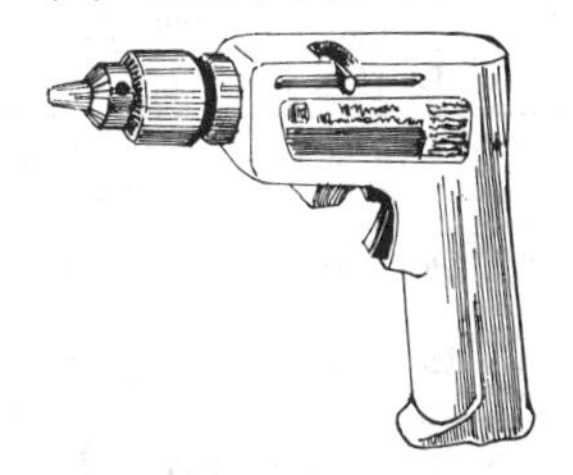

【用　　途】 配用麻花钻头或一字形、十字形螺丝刀头，进行钻孔和装拆机器螺钉、木螺钉等作业，安全可靠。对于野外、高空、管道、无电源及有特殊安全要求的场合尤为适用。

【规　　格】

额定输出功率 (W)	电　压 (V)	空载转速 (r/min)	钻孔直径 (mm)	适用螺钉规格 (mm)≤
55	9.6	2 档 {≥250, ≥900}	钢板≤6，硬木≤10	机器螺钉 M6，木螺钉 5×25

注：1. 所配用的镍镉电池容量为 1.2A·h，电压为 9.6V，额定充放次数>500 次。
　　2. 带有专用快速充电器，使用电源为交流 220V，频率为 50Hz，充电电流为 1～1.2A，充电时间为 1～1.5h。

(4) 电动攻丝机

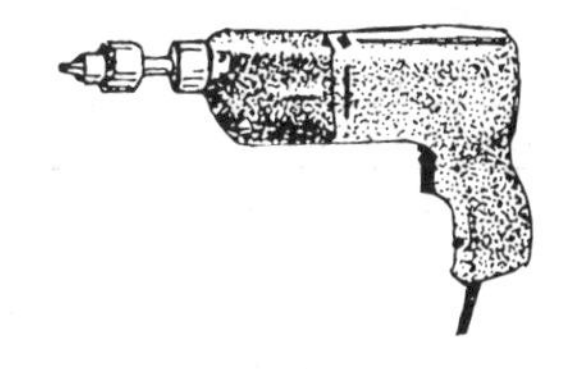

【其他名称】 攻牙机。

【用　　途】 用于在钢、铸铁和有色金属工件上加工内螺纹，具有快速反转退出丝锥和过载时自行脱扣等功能。

【规　　格】

型　号	规格 (mm)	攻丝范围 (mm)	输入功率 (W)	转　速 (r/min)	重　量 (kg)
◻J1S-8	M8	M4～M8	230	270	1.6

注：1. 单相串励电机驱动。电压为220V，频率为50Hz，软电缆长度为2.5m。

2. 攻丝机分带刚性联接夹具或柔性联接夹具两种。

(5) 电　剪　刀(GB/T 22681—2008)

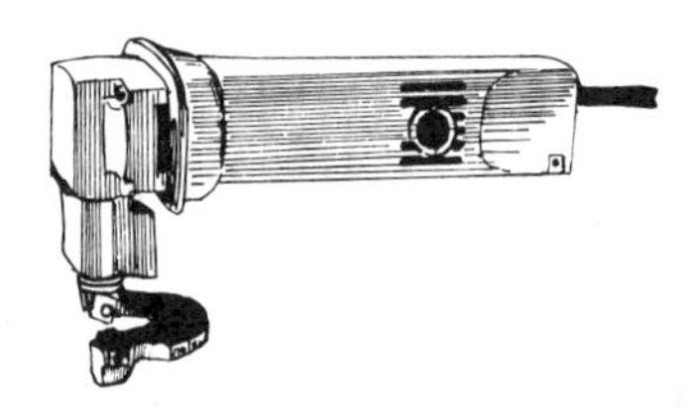

【用　　途】 以上下刀片的剪切来剪裁金属板材，尤为适用于修剪工件边角，切边平整。

【规　　格】

型　号	规格 (mm)	额定输出功率(W)	刀杆额定每分钟往复次数	剪切进给速度 (m/min)	剪切余料宽度 (mm)	空载噪声A声级 (dB)
J1J-1.6	1.6	≥120	≥2000	2～2.5	45±3	84(95)
J1J-2	2	≥140	≥1100	2～2.5	45±3	85(96)
J1J-2.5	2.5	≥180	≥800	1.5～2	40±3	86(97)
J1J-3.2	3.2	≥250	≥650	1～1.5	35±3	87(98)
J1J-4.5	4.5	≥540	≥400	0.5～1	30±3	92(103)

注：1. 规格是指电剪刀剪切抗拉强度为390MPa热轧钢板的最大厚度(mm)；额定输出功率是指电动机的输出功率。

2. 单相串励电机驱动，电源电压为220V，频率为50Hz，软电缆长度≥1.8m。

(6) 电　冲　剪

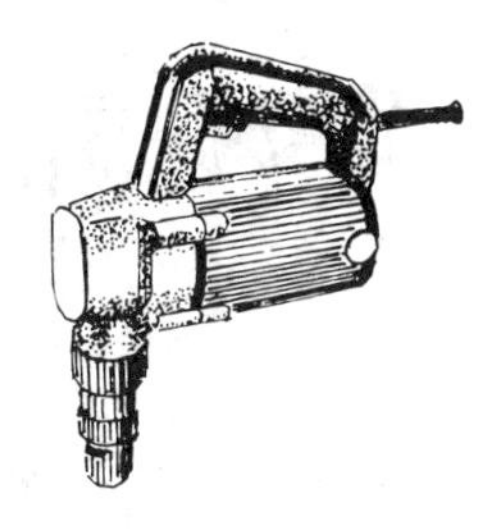

【其他名称】 压穿式电剪。

【用　　途】 利用上下冲头的冲切来冲剪金属板材以及塑料板、布层压板、纤维板等非金属板材，特别适用于冲剪各种几何形状的内孔，可以保证冲剪后的板材不变形。

【规　　格】

型　　号	规　格 (mm)	功　率 (W)	每分钟冲切次数	重　量 (kg)
J1H-1.3	1.3	230	1260	2.2
J1H-1.5	1.5	370	1500	2.5
J1H-2.5	2.5	430	700	4
J1H-3.2	3.2	650	900	5.5

注：1. 电冲剪的规格是指冲切抗拉强度为390MPa热轧钢板的最大厚度。

2. 单相串励电机驱动，电源电压为220V，频率为50Hz，软电缆长度为2.5m。

(7) 电 动 刀 锯(GB/T 22678—2008)

【其他名称】 往复锯、水平往复锯、马刀锯。

【用　　途】 锯割金属板、管、棒等材料以及合成材料、木材等。所用锯条为马刀状,较曲线锯条宽。

【规　　格】

型号	规格(mm)	额定输出功率(W)≥	空载往复次数(次/min)≥	额定转矩(N·m)≥	锯割范围(mm)		空载噪声A声级(dB)	重量(kg)
					管材外径	钢板厚度		
J1F-24 J1F-26	24 26	430	2400	2.3	115	12	86(97)	3.2
J1F-28 JIF-30	28 30	570	2700	2.6	115	12	88(99)	3.6

注:1. 锯割5mm厚度钢板速度:0.15m/min。

2. 单相串励电机驱动,电源电压为220V,频率为50Hz,软电缆长度≥1.8m。

3. 额定输出功率指刀锯拆除往复机构后的额定输出功率。

(8) 型材切割机(JB/T 9608—1999)

【用　途】利用纤维增强薄片砂轮对圆形或异型钢管、铸铁管、圆钢、角钢、槽钢、扁钢等型材进行切割。可转切割角度范围为45°。

【规　格】

型　号	薄片砂轮外径	额定输出功率≥	额定转矩≥	切割圆钢直径≤	砂轮线速度(m/s)			重量	备注
					60	70	80		
					主轴空载转速				
	(mm)	(W)	(N·m)	(mm)	≤(r/min)			(kg)	
J1G-200	200	600	2.3	20	5730	6680	7640	—	拎攀式
J1G-250	250	700	3.0	25	4580	5340	6110	—	拎攀式
J1G-300	300	800	3.5	30	3820	4450	5090	15	拎攀式
J1G-350	350	900	4.2	35	3270	3820	4360	16.5	拎攀式
J1G-400	400	1100	5.5	50	2860	3340	3820	20	拎攀式
J1G-400	400	2000	6.7	50	2860	3340	3820	100	铸铁座
J1GX-400	400	2000	6.7	50	2860	3340	3820	100	箱座式
J3G-400	400	2000	6.7	50	2860	3340	3820	80	铸铁座
J3G4-400	400	2000	6.7	50	2860	3340	3820	67	钢结构
J3GX-400	400	2000	6.7	50	2860	3340	3820	80	箱座式

注：电源电压:J1G型为220V,J3G型为380V;频率为50Hz;软电缆长度为2.5m。

(9) 电动自爬式锯管机

【用　　途】利用铣刀割断大口径钢管、铸铁管和加工焊件的坡口。由电动机、齿轮减速箱、过载保护装置、爬行进给离合器、进给机构、爬行夹紧机构和铣刀等组成，是一种以小制大的工具。

【规　　格】

型　号	适　用管　径(mm)	切割深度(mm)	输出功率(W)	铣刀轴转速(r/min)	爬行进给速度(mm/min)	重量(kg)
J3UP-35	133～1000	≤35	1500	35	40	80
J3UP-70	200～1000	≤20	1000	70	85	60

注：1. J3UP-35 型适用于锯割高合金钢管、不锈钢管，为厚壁型锯管机。J3UP-70 型适用于锯割铸铁管、普碳钢管和低合金钢管，为薄壁型锯管机。

2. 三相异步电机驱动，电源电压为 380V，频率为 50Hz。

(10) 电动焊缝坡口机

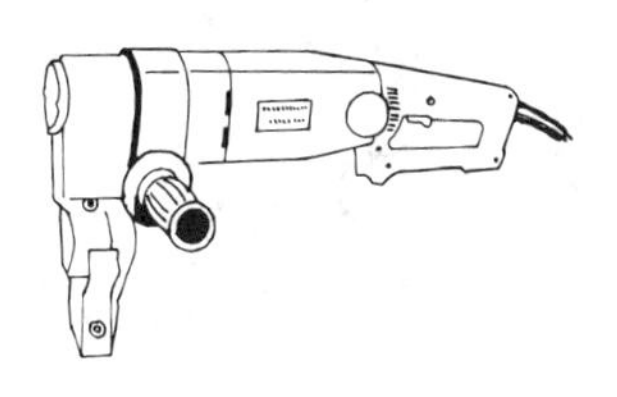

【其他名称】 电动坡口机。

【用　　途】 用于在气焊或电焊之前对金属构件开各种形状（如 V 形、双 V 形、K 形、Y 形等）各种角度（20°，25°，30°，37.5°，45°，50°，55°，60°）的坡口。

【规　　格】

型　号	切口斜边最大宽度 (mm)	输入功率 (W)	冲击频率 (Hz)	加工速度 (m/min)	加工材料厚度 (mm)	重量 (kg)
J1P1-10	10	2000	80	≤2.4	4～25	14

注：单相串励电机驱动，电源电压为 220V，频率为 50Hz，工作定额为 40%。

(11) 斜切割机

【其他名称】 转台式斜断锯、金属切割机、锑铝机。

【用　　途】 配用镶硬质合金锯片或木工圆锯片，切割铝合金型材、塑料、木材。可进行左右两个方向各45°范围内的多种角度切割，切割角度及垂直度均较精确。通常随机带有集尘袋，收集切割锯末，保持环境清洁。

【规　　格】 进口产品。

规格（锯片直径）(mm)	最大锯深（高×宽）(mm)		转速 (r/min)	输入功率 (W)	外形尺寸 (mm)			重量 (kg)
	90°角	45°角			长	宽	高	
210	55×130	55×95	5000	800	390	270	385	5.6
255	70×122	70×90	4100	1380	496	470	475	18.5
355	122×152	122×115	3200	1380	530	596	435	34
380	122×185	122×137	3200	1380	678	590	720	23

注：单相串励电机驱动，电源电压为220V，频率为50Hz，软电缆长度为2.5m。

3. 砂磨类电动工具

(1) 盘式砂光机

【其他名称】 圆盘磨光机。

【用　　途】 配用圆形砂纸，用于金属构件和木制品表面砂磨和抛光，也可用于清除工件表面涂料及其他打磨作业。能适应曲面加工的需要，不受工件形状限制。抛光与除锈时配用羊绒抛光轮和钢丝轮。

【规　　格】

型　号	砂纸直径 (mm)	输入功率 (W)	转　速 (r/min)	重　量 (kg)
S1A-180	180	570	4000	2.3
进口产品	150	180	12000	1.3
进口产品	125	180	12000	1.1

注：1. 砂纸直径数值即为产品规格。

2. 单相串励电机驱动，电源电压为220V，频率为50Hz，软电缆长度为2.5m。

(2) 摆动式平板砂光机(GB/T 22675—2008)

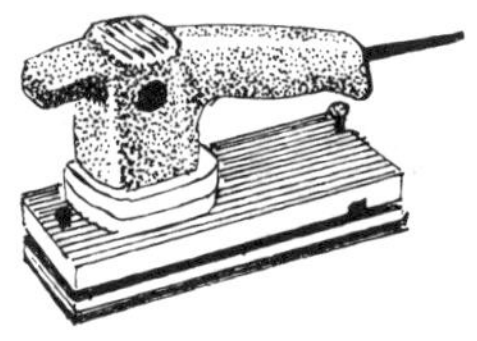

【其他名称】 砂纸机。

【用　　途】 配用条状砂纸,主要用于金属构件和木制品表面的砂磨和抛光,也可用于清除涂料及其他打磨作业。

【规　　格】

规　格	最小额定输入功率(W)	每分钟空载摆动次数	空载噪声A声级(dB)	平板尺寸(mm)	砂纸尺寸(mm)
90 100	100	10000	82(93)	93×185 110×110 112×110 114×234	93×228 114×140 114×140 114×280
125	120		82(93)		
140	140		82(93)		
150	160		82(93)		
180	180		84(95)		
200	200		84(95)		
250	250		84(95)		
300	300		86(97)		
350	350		86(97)		

注:1. 制造厂应在每一档砂光机的规格上指出所对应的平板尺寸,注明“除尘式”、“附集尘袋”等形式。

2. 空载摆动次数指砂光机空载时平板摆动次数(摆动一周为1次),其值等于偏心轴的空载转速。

3. 单相串励电机驱动,电源电压为220V,频率为50Hz,电缆长度≥1.8m。

(3) 带式砂光机

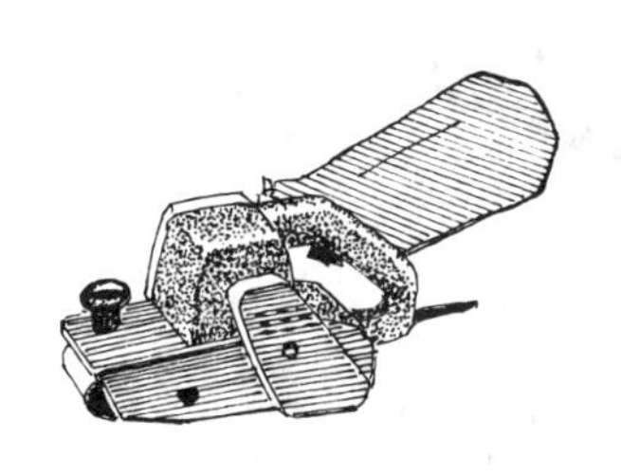

手持式砂带机

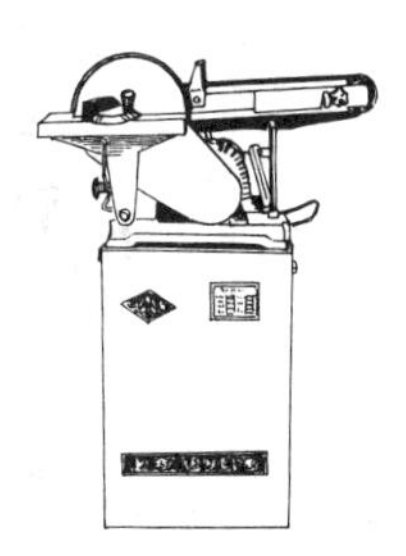

台式砂带机

【其他名称】 砂带机、砂带磨光机。

【用　　途】 用于砂磨木板、地板，也可用于清除涂料、磨斧头、金属表面除锈等。

【规　　格】

型　式	规格 (mm)	砂带尺寸 宽×长 (mm)	砂带速度 (双速) (m/min)	输入功率 (W)	重　量 (kg)
手持式(进口产品)	76	76×533	450/360	950	4.4
手持式(进口产品)	110	110×620	350/300	950	7.3
台　式(上海产品)	150	150×1200	640(单速)	750	60

注：1. 规格指砂带宽度。

2. 台式砂带机(2M5415 型)以三相异步电机驱动，电源电压为 380V；其余两种砂带机以单相串励电机驱动，电源电压为 220V；频率均为 50Hz。

(4) 角向磨光机(GB/T 7442—2007)

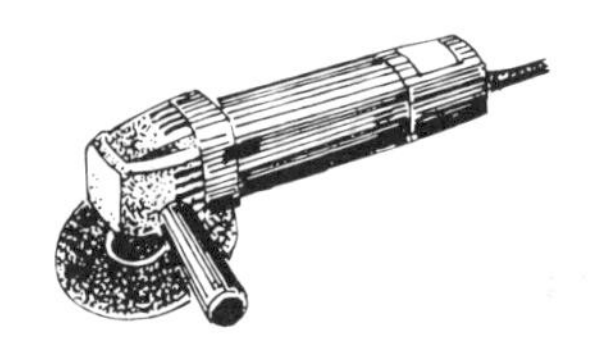

【其他名称】 角磨机、砂轮机。

【用　　途】 配用纤维增强钹形砂轮进行磨削，主要用于金属件的修磨及型材的切割，焊接前开坡口以及清理工件飞边、毛刺。配用金刚石切割片，可切割非金属材料，如砖、石等；配用专用砂轮可磨削玻璃；配用钢丝刷可进行除锈；配用橡胶垫及圆形砂纸可进行砂光作业。

【规　　格】

型　号	砂轮外径×孔径(mm)	额定输出功率(W)	额定转矩(N·m)	最高空载转速(r/min)	轴伸端螺纹(mm)	空载噪声A声级(dB)	重量(kg)
S1M-100A S1M-100B	100×16	≥200 ≥250	≥0.30 ≥0.38	15000 (13500)	M10	88	1.6
S1M-115A S1M-115B	115×22	≥250 ≥320	≥0.38 ≥0.50	13200 (11900)	M10 或 M14	90	1.9
S1M-125A S1M-125B	125×22	≥320 ≥400	≥0.50 ≥0.63	12200 (11000)	M14	91	3
S1M-150A	150×22	≥500	≥0.8	10000 (9160)	M14	91	4
S1M-180C S1M-180A S1M-180B	180×22	≥710 ≥1000 ≥1250	≥1.25 ≥2.00 ≥2.50	8480 (7600)	M14	94	5.7
S1M-230A S1M-230B	230×22	≥1000 ≥1250	≥2.80 ≥3.55	6600 (5950)	M14	94	6

注：1. 型号中规格代号指砂轮外径。
2. 砂轮孔径为 16mm 时，轴伸端螺纹为 M10，若为 22mm 时，轴伸端螺纹为 M14。

3. 装有砂轮的磨光机在电源电压为额定值时，空载转速不应超过额定空载转速的 110%；在电源电压为 1.1 倍额定电压时，磨光机的空载转速不应超过表中规定的最高空载转速。此与所装砂轮安全工作线速度相关。表中不带括号的为采用安全线速度为 80 m/s 的钹形砂轮时的最高空载转速。此较常用。括号内数值为采用 72m/s 的钹形砂轮时的最高空载转速。
4. 单相串励电机驱动。额定电压和频率：交流额定电压分别为 220V、42V、36V；直流额定电压为 220V；交流额定频率分别为 50Hz、200Hz、300Hz、400Hz。常用规格电源电压为 220V，交流频率为 50Hz，软电缆长度 2.5m。

(5) 模具电磨(JB/T 8643—1999)

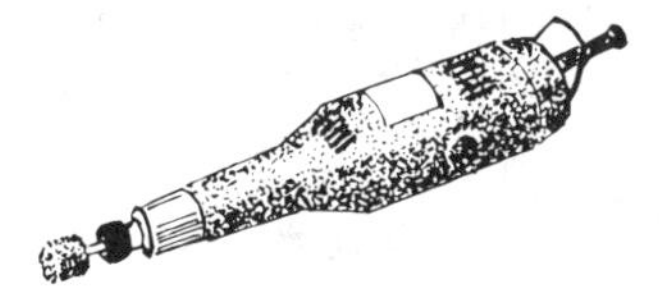

【其他名称】 电磨头。

【用　　途】 配用安全线速度不低于 35m/s 的各种型式的磨头或各种成型铣刀，对金属表面进行磨削或铣切，特别适用于金属模、压铸模及塑料模中复杂零件和型腔的磨削，是以磨代粗刮的工具。

【规　　格】

型　号	磨头直径×长度(mm)	额定输出功率(W)	额定转矩(N·m)	最高空载转速(r/min)	噪声允许值(dB)	重量(kg)
S1J-10	10×16	≥40	≥0.022	≤47000	84(94)	0.6
S1J-25	25×32	≥110	≥0.08	≤26700	84(94)	1.3
S1J-30	30×32	≥150	≥0.12	≤22200	86(96)	1.9

注：1. 型号中规格代号指适用磨头最大直径。
2. 单相串励电机驱动，电源电压为 220V，频率为 50Hz，软电缆长度≥2.5m。

(6) 气门座电磨

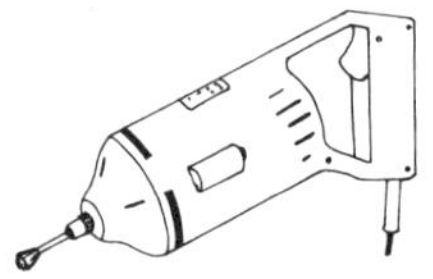

【用　　途】 专用于修磨内燃机(如汽车、拖拉机)等的钢或铸铁气门座。

【规　　格】

型　　号	砂轮直径 (mm)	额定电流 (A)	空载转速 (r/min)	重　　量 (kg)
J1Q-62	≤62	1.8	≤14500	4

注：1. 电磨规格代号是指适用砂轮最大直径。配用砂轮应是特级氧化铝砂轮，规格(直径)有30、38、42、48、52、58、62mm；分别适用的气门座直径(mm)为7～8、8～9、9～10、11～12、12～13、14～15。

2. 单相串励电机驱动，电源电压为220V，频率为50Hz。

(7) 电动抛光机

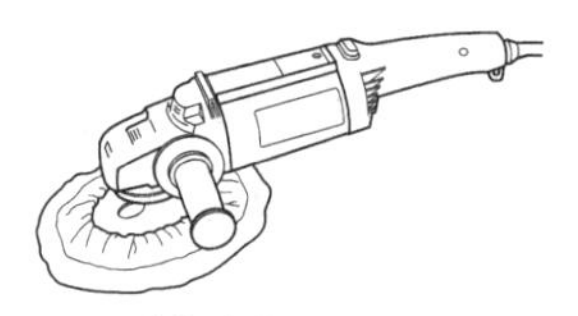

手持式角向抛光机

手持式直向抛光机

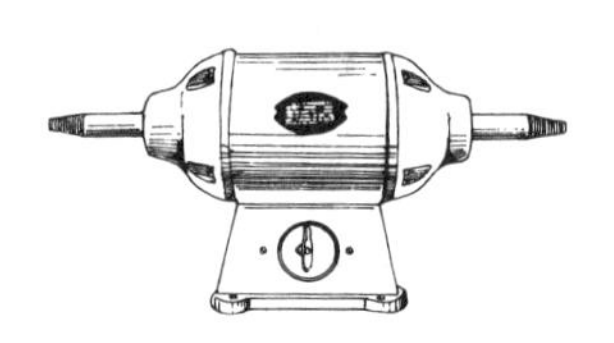

台式抛光机

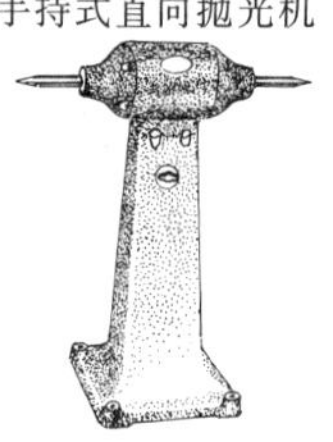

落地式抛光机

【用　　途】 配用布、毡、羊毛等抛轮对各种材料有粗糙度要求的表面进行抛光。

【规　　格】

(a) 手持式抛光机							
型式	型　　号	额定电压(V)	额定电流(A)	输入功率(W)	空载转速(r/min)	重量(kg)	备　注
手持式角向	S1P-SD01-150	110/220	0.27			1.4	频率有50Hz、60Hz两种
手持式直向	GP09-180	220		900	2000	3.1	抛光海绵规格为ϕ200mm 橡皮背垫规格为ϕ178mm
	GP014E	220		1400	1500～5000	3.5	

(b) 抛光机(台式和落地式)(JB/T 6090—2007)			
最大抛轮直径(mm)	200	300	400
电动机额定功率(kW)	0.75	1.5	3
电动机同步转速(r/min)	3000		1500
抛轮安装轴直径/螺纹长度(mm/mm)	24/60	34/80	44/100

注：1. 台式和落地式电动抛光机用三相异步电机驱动，电源电压为380V，频率为50Hz。采用GB/T 755中规定的短时工作制S1。

2. 从抛光机左侧面看，抛轮安装轴按顺时针旋转。

(8) 直向砂轮机(GB/T 22682—2008)

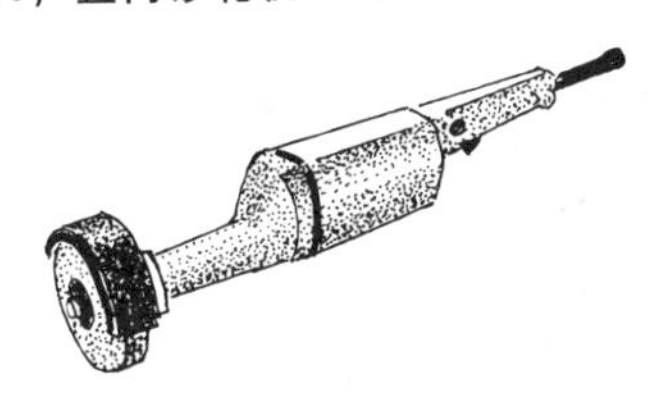

【用　　途】 配用平形砂轮，以砂轮圆周面对大型不易搬动的钢铁件、铸件进行磨削加工，清理飞边、毛刺和金属焊缝、割口。换上抛轮，可用作清理金属结构件的锈层及抛光金属表面。

【规　　格】

型　号	砂轮外径×厚度×孔径 (mm)	额定输出功率 (W)	额　定转　矩 (N·m)	空　载转　速 (r/min)	许用砂轮安全线速度 (m/s)	重量 (kg)
(1) 单相串励及三相中频手持式砂轮机						
S1S-80A S1S-80B	80×20×20(13)	≥200 ≥280	≥0.36 ≥0.40	≤11900	≥50	—
S1S-100A S1S-100B	100×20×20(16)	≥300 ≥350	≥0.50 ≥0.60	≤9500		4.0
S1S-125A S1S-125B	125×20×20(16)	≥380 ≥500	≥0.80 ≥1.10	≤7600		4.0
S1S-150A S1S-150B	150×20×32(16)	≥520 ≥750	≥1.35 ≥2.00	≤6300		4.2
S1S-175A S1S-175B	175×20×32(20)	≥800 ≥1000	≥2.40 ≥3.15	≤5400		—
(2) 三相工频手持式砂轮机						
S3S-125A S3S-125B	125×20×20(16)	≥250 ≥350	≥0.80 ≥1.15	<3000	≥35	12
S3S-150A S3S-150B	150×20×32(16)	≥350 ≥500	≥1.15 ≥1.60			12
S3S-175A S3S-175B	175×20×32(20)	≥500 ≥750	≥1.60 ≥2.40			—

注：1. 括号内数值为 ISO 603 的内孔值。
2. 三相中频手持式砂轮机型号本表从略。
3. 直向砂轮机自电源线进线孔到插头（不包括插销）的电源线长度应≥1.8m。

(9) 软轴砂轮机

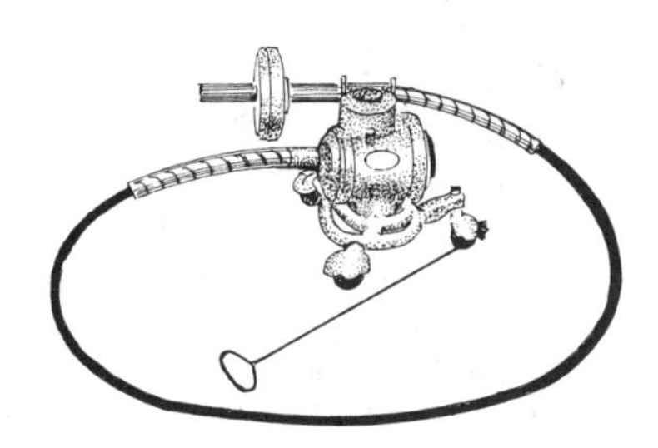

【用　　途】对大型笨重及不易搬动的机件或铸件进行磨削，去除毛刺，清理飞边。采用软轴传动可使动力部分与工作头分开，既减轻工作头重量，又可使操作灵便，适应受空间限制的部位的加工需要。

【规　　格】

新型号	旧型号	砂轮外径×厚度×孔径 (mm)	功率 (W)	转　速 (r/min)	软　轴 (mm)		软　管 (mm)	
					直径	长度	内径	长度
M3415	S3SR-150	150×20×32	1000	2820	13	2500	20	2400
M3420	S3SR-200	200×25×32	1500	2850	16	3000	25	3000

注：1. 砂轮安全线速度≥35m/s。

2. 三相异步电机驱动，电源电压为380V，频率为50Hz。

3. 重量(kg)：M3415型为45，M3420型为50。

(10) 多功能抛砂磨机

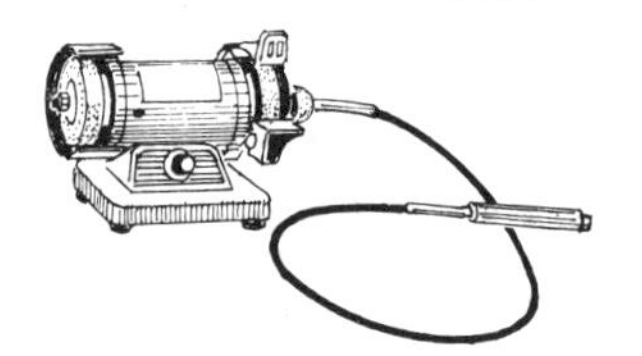

【用　　途】 产品主体为一台微型台式砂轮机，在其轴伸端可另配软轴，软轴上的夹头可夹持各种异型砂轮、磨头、抛轮或铣刀。用于对金属件进行修磨、清理，各种小型零部件的抛光、除锈，木制品的雕刻等。工作灵活方便，适用于对受结构限制、空间狭窄的部位的加工。

【规　　格】

型　号	砂轮(抛轮)直径×厚度×孔径 (mm)	砂轮安全线速度 (m/s)	空载转速 (r/min)	输出功率 (W)	重量 (kg)
MPR3208	75×20×10	60	12000	120	3.4

注：1. 采用电子调速开关，在 0～12000r/min 范围内无级调速。
2. 单相串励电机驱动，电源电压为 220V，频率为 50Hz。

(11) 台式砂轮机(JB 4143—1999)

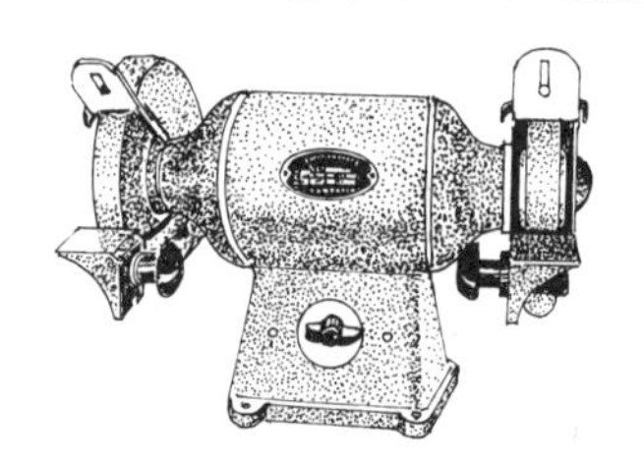

【用　　途】 固定在工作台上，用于修磨刀具、刃具，也可用于对小零件进行磨削、去除毛刺及清理。

【规　　格】

型　　号	MD3215 M3215	MD3220 M3220	MD3225 M3225
最大砂轮直径(mm)	150	200	250
砂轮厚度(mm)	20	25	25
砂轮孔径(mm)	32	32	32
砂轮最大允许安全线速度(m/s)	35	35	40
输出功率(W)	250	500	750
砂轮安装轴最小直径(mm)	13	16	18
砂轮安装轴端螺纹(mm)	12	16	16
卡盘最小直径(mm)	60	70	85
重量(kg)	18	35	40

注：1. 每个规格均有采用单相 220V～、50Hz 电源的产品及采用三相 380V～、50Hz 电源的产品。型号分别以 MD32…及 M32…表示。
2. 电动机的同步转速均为 3000r/min。
3. 砂轮机采用短时工作制，额定连续运行时间为 30min。

(12) 轻型台式砂轮机(JB 6092—2007)

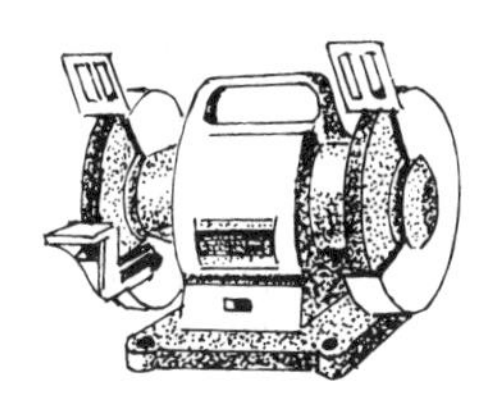

【用　　途】 与台式砂轮机相同。在小作坊和家庭使用较多。

【规　　格】

型号	MDQ3210s	MDQ3212s	MDQ3215s* MQ3215s	MDQ3217s* MQ3217s	MDQ3220s* MQ3220s	MDQ3225s* MQ3225s
最大砂轮直径(mm)	100	125	150	175	200	250
砂轮厚度(mm)	16	16	16	20	20	25
额定输出功率(W)	90	120	150	180	250	400
砂轮安装轴最小直径(mm)	10	13	13[a]	13[a]	16[b]	18
砂轮安装轴端螺纹(mm)	M10	M12	M12	M12	M16	M16
重量(kg)	10.5	11	—	—	—	—

注：1. 各型号均有采用单相感应电动机的产品，即电源为 220V～、50Hz。其中带 * 的规格还有采用三相感应电动机的产品，即电源电压为 380V～、50Hz，型号分别以 MDQ32…及 MQ32…表示。

2. 电动机的同步转速均为 3000r/min。

3. 当外销产品转为内销时，a 允许为 12.7，b 允许为 15.88。

4. 砂轮机采用 GB/T 755 中规定的短时工作制 S2，在额定值状态下，连续运行时间为 30min。

5. 砂轮最大允许安全线速度应符合砂轮机最高转速要求。

(13) 落地砂轮机(JB 3770—2000)

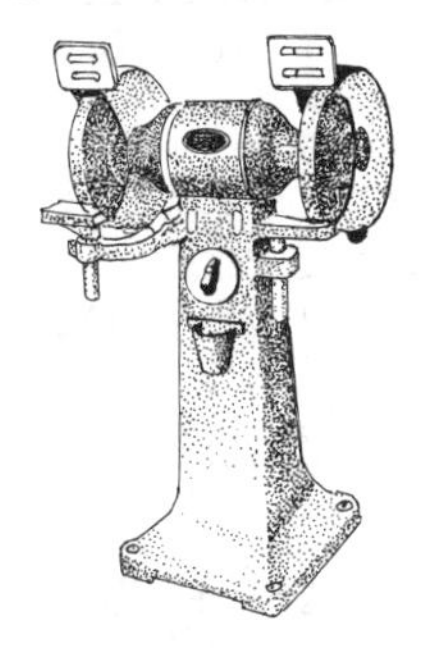

【用　　途】 固定在地面上,用途与台式砂轮机相同。

【规　　格】

型号	M3020	M3025	M3030	M3035	M3040	M3050	M3060
最大砂轮直径(mm)	200	250	300	350	400	500	600
砂轮厚度(mm)	25		40			50	65
砂轮孔径(mm)	32		75		127	203	305
额定输出功率(kW)	0.5	0.75	1.5	1.75	3.0 2.2	4.0	5.5
同步转速(r/min)	3000		1500 3000	1500		1000	
重量(kg)	75	80	125		135	140	

注:1. 为自驱砂轮机的额定功率。

2. 电源额定电压为 380V~、50Hz。

3. 采用 S2 工作制,在额定功率下连续运行时间为 30min。

砂轮的安全线速度

最大砂轮直径(mm)	200	250	300	350	400	500	600
砂轮安全线速度(m/s)	35	40	35(50)*	35			
* 砂轮机同步转速 3000r/min 时,砂轮安全线速度为 50m/s							

注:在砂轮机的明显位置上应标有砂轮旋转方向,从砂轮机左侧面看,砂轮应按顺时针方向旋转。

(14) 除尘式砂轮机(JB/T 3770—2000)

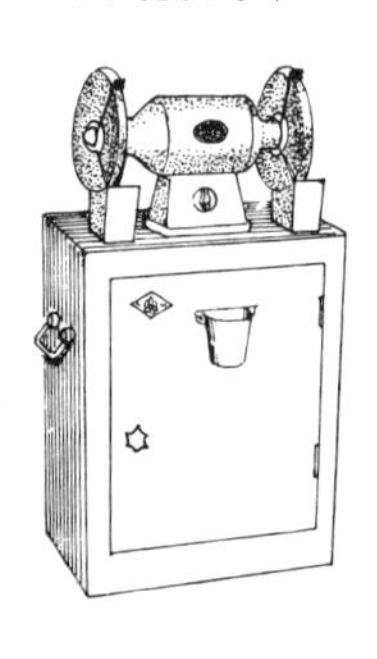

【用　　途】 砂轮机与落地除尘箱装配而成。箱内带有专门用于吸尘的风机和布袋。用途与台式砂轮机相同。

【规　　格】

新型号	旧型号	砂轮外径(mm)	额定功率(W)	电压(V)	同步转速(r/min)	工作定额(%)	重量(kg)
M3320	MC3020	200	500		3000	S2 (60)	80
M3325	MC3025	250	750		3000		85
M3330	MC3030	300	1500	380	1500		230

(续)

新型号	旧型号	砂轮外径(mm)	额定功率(W)	电压(V)	同步转速(r/min)	工作定额(%)	重量(kg)
M3335	MC3035	350	1750		1500	S2	240
M3340	MC3040	400	2200		1500	(60)	255

注：1. 除尘砂轮机的粉尘浓度均为< 10mg/m³，符合国家劳动人事和环境保护部门的安全规定。
2. 砂轮尺寸和安全线速度与落地砂轮机规定的相同。
3. 风机的电机功率均为750W，转速均为2850r/min。

(15) 磨 光 机

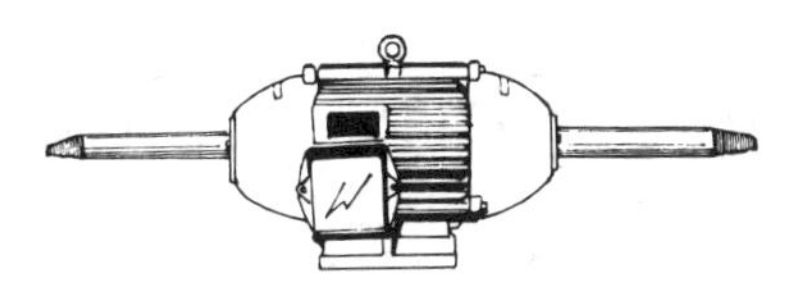

【用　　途】 本机两端长轴伸制有锥形螺纹，可以旋入磨轮、抛轮，用以磨光、抛光各类零件。

【规　　格】 上海产品。

型　号	功率(W)	电　压(V)	电　流(A)	工作定额(%)	转　速(r/min)	重量(kg)
JP2-31-2	3000	380/220	6.2/10.7	60	2900	48
JP2-32-2	4000	380/220	8.2/14.2		2900	55
JP2-41-2	5500	380/220	10.2/17.6		2900	75

注：1. 电源电压为380V，交流，频率为50Hz，星—三角接法。
2. 可根据需要装上集尘罩，并与吸尘系统联接，或用储灰袋储集灰尘。

4. 装配作业类电动工具

(1) 电动冲击扳手(GB/T 22677—2008)

【其他名称】 冲击电扳手。

【用　　途】 配用六角套筒头,用于装拆六角头螺栓或螺母。

【规　　格】

型　号	规格 (mm)	适用范围 (mm)	力矩范围 (N·m)	方头公称尺寸 (mm)	边心距 (mm)
P1B-8	8	M6～M8	4～15	10×10	≤26
P1B-12	12	M10～M12	15～60	12.5×12.5	≤36
P1B-16	16	M14～M16	50～150	12.5×12.5	≤45
P1B-20	20	M18～M20	120～220	20×20	≤50
P1B-24	24	M22～M24	220～400	20×20	≤50
P1B-30	30	M27～M30	380～800	20×20	≤56
P1B-42	42	M36～M42	750～2000	25×25	≤66

注：1. 电动扳手的规格是指在刚性衬垫系统上装配精制的、强度级别为 6.8、内外螺纹公差配合为 6H/6g 的普通粗牙螺纹的六角头螺栓、螺母,所允许使用的最大螺纹直径 d(mm)。

2. 电动扳手按其离合器结构分成安全离合器式(A 型)和冲击式(B 型)两种,标在型号最后。例:P1B-12B。

3. 单相串励电机驱动,电源电压为 220V,频率为 50Hz,应采用 GB/T 5013.4 的 60245 IEC66 型软电缆或性能不低于它的软电缆长度(≥2.5m)。

(2) 定扭矩电扳手

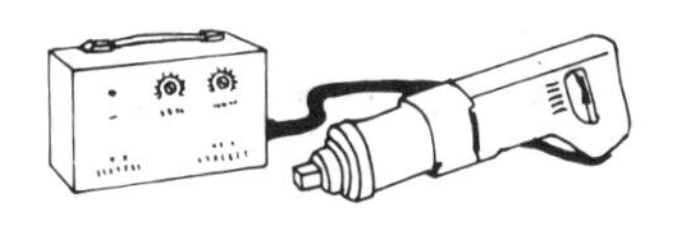

【用　　途】 配用六角套筒头，用于装拆六角头螺栓或螺母。在拧紧作业时，能自动控制扭矩。适用于钢结构桥梁、厂房建造、大型设备安装、动力机械和车辆装配以及其他对螺纹紧固件的拧紧扭矩或轴向力有严格要求的场合。

【规　　格】

型号	额定扭矩 (N·m)	扭矩可调范围 (N·m)	扭矩控制精度 (%)	主轴方头尺寸 (mm)	边心距 (mm)	工作头空载转速 (r/min)	重量 主机 (kg)	重量 控制仪 (kg)
P1D-60	600	250～600	±5	25	47	10	6.5	3
P1D-150	1500	400～1500	±5	25	58	8	10	3

注：1. 采用静扭结构，无冲击振动。

2. 控制仪采用无触点和集成电路，控制精度高，调节方便。具有定扭矩、定转角、扭矩转角连续定三种控制功能。当达到事先设定的扭矩和扭转角时，扳手即停止转动，保证各被旋紧螺栓或螺母紧固力一致。

3. 单相串励电机驱动，电源电压为220V，频率为50Hz。

(3) 电动螺丝刀(GB/T 22679—2008)

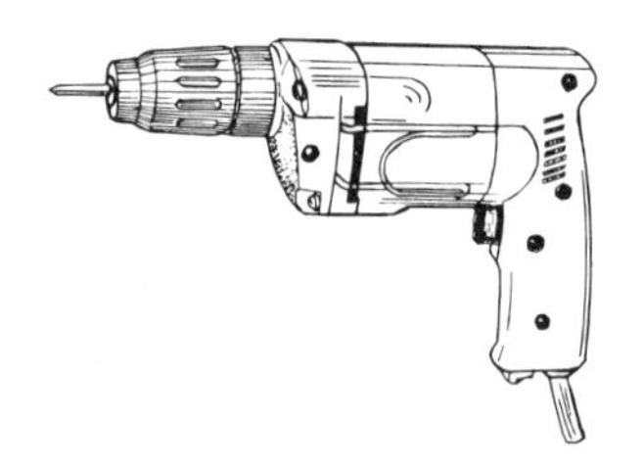

【其他名称】 电动螺丝批、电动改锥、电动起子、螺丝起子机。

【用　　途】 适用于装拆带一字槽或十字槽的机器螺钉、木螺钉和自攻螺钉。

【规　　格】

型号	规格 (mm)	适用范围 (mm)			额定输出功率 (W)	拧紧力矩 (N·m)	噪声 A 声级 (dB)	重量 (kg)
		机器螺钉	木螺钉	自攻螺钉				
P1L-6	M6	M4～M6	≤4	ST3.9～ST4.8	≥85	2.45～8.0	84(95)	2

注：1. 规格是指适用机器螺钉最大公称尺寸。

2. 木螺钉适用范围指在拧入一般木材中的木螺钉规格。

3. 单相串励电机驱动，电源电压为 220V，频率为 50Hz，软电缆长度≥1.8m。

(4) 微型永磁直流螺丝刀(JB/T 2703—1999)

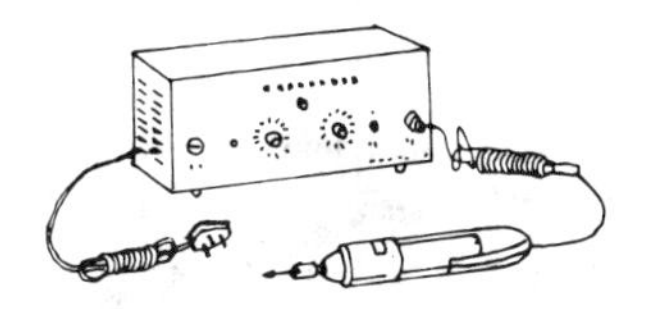

【其他名称】 微型螺丝刀。

【用　　途】 用于装拆 M2 及以下机器螺钉和自攻螺钉。主要用于手表、无线电、仪器仪表、电器、电子、照相机、电视机等行业。

【规　　格】

型　号	规　格 (mm)	最大拧紧螺钉规格 (mm)	额定转矩 (N·m)	额定转速	调速范围	重　量 (kg)
				(r/min)		
P0L-1	1	M1	≥0.011	≥800	300～800	2
P0L-2	2	M2	≥0.022	≥320	150～320	2

注：1. 电源由控制仪提供，并与电网隔离。即控制仪接于电压为220V交流、频率为50Hz电源上，螺丝刀接在控制仪上。控制仪供给螺丝刀直流电源。

2. 控制仪可通过其输出电压的高低实现螺丝刀的转速调节，但其额定转矩保持不变。

3. 螺丝刀应可顺、逆时针方向旋转，其旋转方向从机壳盖端观察。

4. 螺丝刀应能在气源(真空度为40～67kPa)的作用下，将螺钉吸进螺钉嘴，当螺钉与螺丝刀头一起旋转时，螺钉不会落下。

5. 永磁直流电机驱动，软电缆长度不小于0.8m，电源线外面套有气源管，额定直流电压(V)为6,9,12,24。

(5) 电动自攻螺丝刀(JB/T 5343—1999)

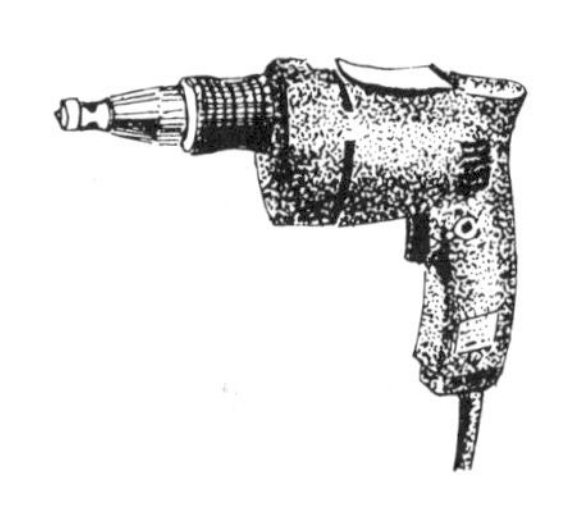

【用　　途】 用于装拆十字槽自攻螺钉。其特点是:① 带有螺钉旋入深度调节装置,当螺钉旋入到预定深度时,离合器能自动脱开而不传递扭矩;② 带有螺钉的自动定位装置,使螺钉可靠地吸附在螺丝刀头上,保证螺丝刀在任意方向使用时均不产生螺钉脱落现象。

【规　　格】

型　号	规格 (mm)	适用自攻螺钉范围	输　出 功　率 (W)	负载转速 (r/min)	重　量 (kg)
P1U-5	5	ST3～ST5	≥140	≥1600	1.8
P1U-6	6	ST4～ST6	≥200	≥1500	

注:单相串励电机驱动,电源电压为 220V,频率为 50Hz,软电缆长度为 2.5m。

(6) 低压电动螺丝刀

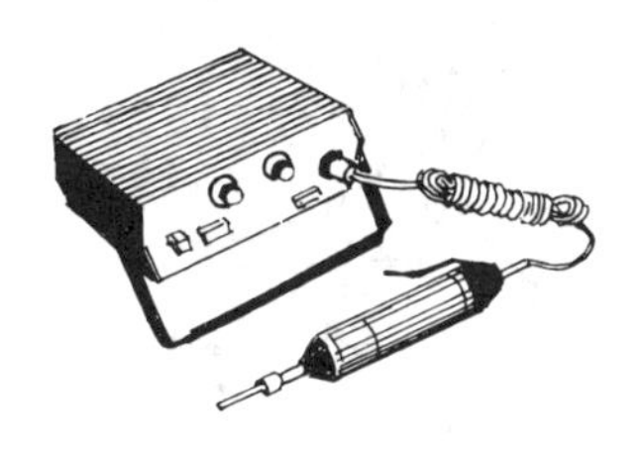

【其他名称】 电动起子、直杆电起子。

【用　　途】 用于装拆一字槽、十字槽螺钉和螺母。其特点是：① 有过载保护装置，力矩大小可调，拧紧螺钉后自动打滑，不致损坏螺钉或机件，并有正反转开关；② 每个型号都分别配有专用的低压直流电源配套使用；③ 带有吊环，可供吊装使用，适合于电视机、收录机及其他电器的装配线应用。

【规　　格】

型　号	工作电压 (V)	转　速 (r/min)	力矩调节范围 (N·m)	适用螺钉、螺母范围 (mm)	重量 (kg)
P0L-800-2.5	12～24	350～950	0.098～0.588	M1.2～M2.5	0.25
P0L-801C-4	12～24	300～900	0.588～1.666	M2.5～M4	0.5
P0L-802-6	16～30	300～800	1.666～3.92	M4～M6	0.7

(7) 电动胀管机

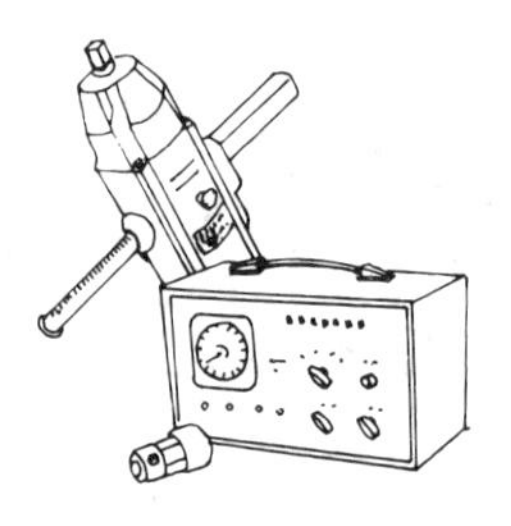

【用　　途】用于扩大金属管端部的直径，使其与锅炉管板连接部位紧密胀合，使之不会漏水、漏气，并能承受一定的压力。带有自动控制仪，能自动控制胀紧度，避免胀紧不够而造成的渗漏以及过胀时引起的裂痕和管板翘曲变形等缺陷。适用于锅炉制造和安装，石油化工交换器及冷凝器、机车制造和修理。

【规　　格】

型　号	胀管直径 (mm)	输入功率 (W)	额定转矩 (N·m)	额定转速 (r/min)	主轴方头尺寸 (mm)	工作定额 (%)	重量 (kg)
P3Z-13	8～13	510	5.6	500	8	60	13
P3Z-19	13～19	510	9.0	310	12		13
P3Z-25	19～25	700	17.0	240	12		13
P3Z-38	25～38	800	39.0	—	16		13
P3Z-51	38～51	1000	45.0	90	16		14.5
P3Z-76	51～76	1000	200.0	—	20		14.5

注：三相异步电机驱动，电源电压为380V，频率为50Hz。

(8) 电动拉铆枪

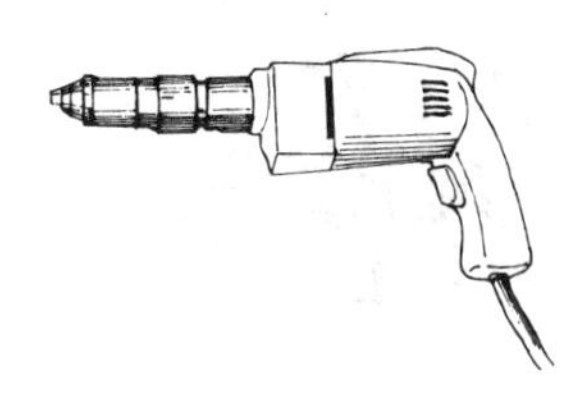

【其他名称】 抽芯铆钉电动枪、电动拉铆机。

【用　　途】 用于单面铆接(拉铆)各种结构件上的抽芯铆钉，尤其适用于对封闭构造型结构件进行单面铆接。

【规　　格】

型　　号	适用抽芯铆钉规格 (mm)	输入功率 (W)	输出功率 (W)	最大拉力 (N)	重　　量 (kg)
P1M-5	≤5	400	220	8000	2.5

注：单相串励电机驱动，电源电压为220V，频率为50Hz。

5. 林木加工类电动工具

(1) 电　　刨(JB/T 7843—1999)

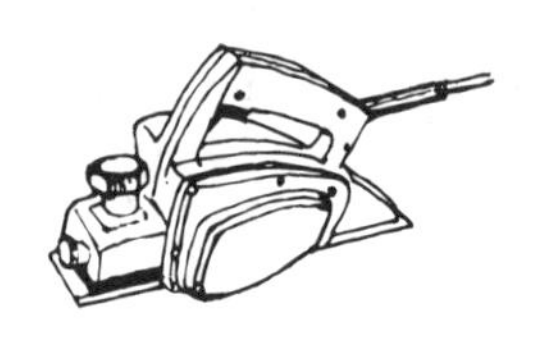

【其他名称】 木工电刨。

【用　　途】 配用刨刀,用于刨削木材或木结构件。主要用手握持操作。开关带有锁定装置并附有台架的电刨,还可翻转固定于台架上,作小型台刨使用。

【规　　格】

型　　号	刨削宽度(mm)	刨削深度(mm)	额定输出功率(W)	额定转矩(N·m)	空载噪声A声级(dB)	重量(kg)	备注
M1B-60×1	60	1	≥180	≥0.16	90	2.2	塑壳
M1B-80×1	80	1	≥250	≥0.22	90	2.5	塑壳
M1B-80×2	80	2	≥320	≥0.30	90	4.2	塑壳
M1B-80×3	80	3	≥370	≥0.35	92	5	铝壳
M1B-90×2	90	2	≥370	≥0.35	92	5.3	铝壳
M1B-90×3	90	3	≥420	≥0.42	92	5.3	铝壳
M1B-100×2	100	2	≥420	≥0.42	92	4.2	塑壳

注:单相串励电机驱动,电源电压为220V,频率为50Hz,软电缆长度为3m。

(2) 木工多用机

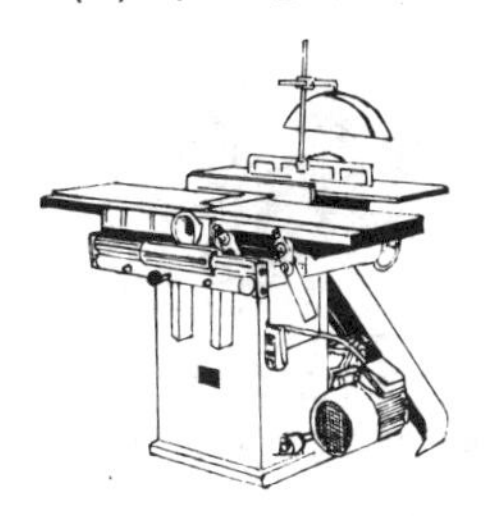

【用　　途】用于对木材及木制品进行锯、刨及其他加工。

【规　　格】

型　　号	刀轴转速 (r/min)	刨削宽度	锯割厚度 ≤	锯片直径	工作台升降范围 刨　削	工作台升降范围 锯割	电机功率 (W)	重量 (kg)
		(mm)						
MQ421	3000	160	50	200	5	65	1100	60
MQ422	3000	200	90	300	5	95	1500	125
MQ422A	3160	250	100	300	5	100	2200	300
MQ433A/1	3960	320	—	350	5～120	140	3000	350
MQ472	3960	200	—	350	5～100	90	2200	270
MJB180	5500	180	60	200	—	—	1100	80
MDJB180-2	5500	180	60	200	—	—	1100	80

注：1. 除MQ421、MJB180、MDJB180-2型为单相异步电机驱动，电源电压为220V，频率为50Hz外，其余型号均为三相异步电机驱动，电源电压为380V，频率为50Hz。

2. 各型号的其他加工能力：MQ421型——钻孔、开企口、开榫、磨刀片、磨锯片；MQ422型——钻孔、裁口、开榫、磨刀具；MQ422A型——裁口；MQ433A/1型——压刨、开企口；MQ472型——压刨、开企口；MJB180型——无；MDJB180-2型——开企口、开槽、开榫、磨刨刀、磨锯片。

(3) 电　圆　锯(GB/T 22761—2008)

【用　　途】 配用木工圆锯片,用以对木材、纤维板、塑料和软电缆以及其他类似材料进行锯割加工。

【规　　格】

型　号	锯片规格(mm)		额定输出功率(W)	额定转矩(N·m)	锯割深度(mm)	最大调节角度	空载噪声A声级(dB)	重量(kg)
	外径	内径						
M1Y-160	160	30	≥550	≥1.70	≥55	≥45°	92(103)	3.3
M1Y-180	180	30	≥600	1.90	≥60		92(103)	3.9
M1Y-200	200	30	≥700	≥2.30	≥65		92(103)	5.3
M1Y-235	235	30	≥850	≥3.00	≥84		94(105)	8
M1Y-270	270	30	≥1000	≥4.20	≥98		94(105)	9.5

注：1. 各种木工圆锯片齿形适宜切割的材料：
复合锯片——用于纵切和横截作业；
横截锯片——用于斜纹切锯作业；
锯开式锯片——用于纵切及切割木屑板；
刨式锯片——大凹型锯齿,切割面细滑；
金属用锯片——用于锯切铜及铝等软金属；
凿形齿复合锯片——常用的纵切和横截锯片；
波浪型锯片——适用于锯切略薄的塑料；
硬质合金锯片——适用于切割一般木材、清水墙、塑料和阔叶材等,经久耐用,不须磨削。

2. 单相串励电机驱动,电压为220V,频率为50Hz,软电缆长度≥1.8m。

(4) 曲线锯(GB/T 22680—2008)

【其他名称】 积梳机、垂直锯。

【用　　途】 配用曲线锯条，对木材、金属、塑料、橡胶、皮革等板材进行直线和曲线锯割，还可安装锋利的刀片，裁切橡胶、皮革、纤维织物、泡沫塑料、纸板等。广泛应用于汽车、船舶、家具、皮革等行业，在木模、工艺品、布景、广告制作、修理业中也有较多应用。

【规　　格】

型　号	锯割厚度(mm)≤		额定输出功率(W)	工作轴每分钟额定往复次数	往复行程(mm)	空载噪声A声级(dB)	重量(kg)
	硬木	钢板					
M1Q-40	40	3	≥140	≥1600	18	86(97)	
M1Q-55	55	6	≥200	≥1500	18	88(99)	2.5
M1Q-65	65	8	≥270	≥1400	18	90(101)	2.5
M1Q-80	80	10	≥420	≥1200	18	92(103)	

注：1. 曲线锯规格代号指垂直锯割一般硬木的最大厚度。

2. 锯割钢板的最大厚度指锯割抗拉强度为 390MPa 的钢板。

3. 曲线锯条种类有 10 多种，最常用的有以下 3 种：

齿距(mm)	适　用　材　料
1.8	木材、塑料板
1.4	层压板、铝板和其他有色金属板材
1.1	钢板

4. 单相串励电机驱动，电源电压为 220V，频率为 50Hz，软电缆长度≥1.8m。

5. 额定输出功率是指电动机的输出功率。

(5) 园林机械电链锯(LY/T 1121—2010)

【用　　途】 用回转的链状锯条锯截木料,伐木造材。

【规　　格】

锯条尺寸(mm)	链条线速度(m/s)	输出功率(W)	额定转矩(N·m)	电缆长度(m)	整机长度(mm)	噪声A声级(dB)	净重(kg)
305(12″)	6~10	≥420	≥1.5	5	560	90(101)	≤3.5
355(14″)	8~14	≥650	≥1.8	5	680	98(109)	≤4.5
405(16″)	10~15	≥850	≥2.5	5	750	102(113)	≤5

注:1. 净重不含导板、链条。
　　2. 单相串励电机驱动,电源电压为220V,频率为50Hz。电源线应采用GB/T 5013.4中的60245IEC66(YCW)电缆,或采用不低于它的软电缆。电缆线的外露长度应≤0.5m。

(6) 木 工 电 钻

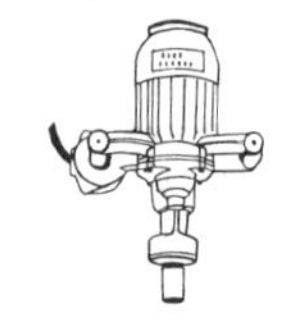

【其他名称】 电木钻。

【用　　途】 配用钻头,用于在木质工件上钻削大直径孔。

【规　　格】

型　号	钻孔直径(mm)	钻孔深度(mm)	钻轴转速(r/min)	输出功率(W)	电　流(A)	重　量(kg)
M3Z-26	≤26	800	480	600	1.52	10.5

注:三相异步电机驱动,电源电压为380V,频率为50Hz。

(7) 电动木工凿眼机

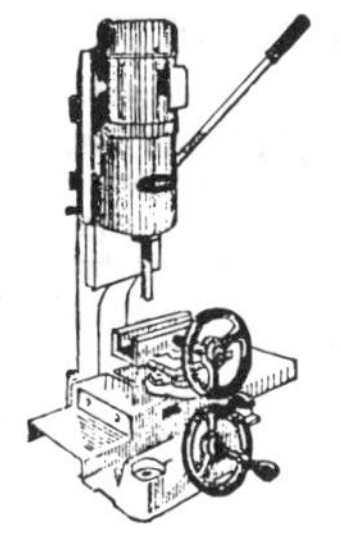

【用　　途】 配用方眼钻头，用于在木质工件上凿方眼，去掉方眼钻头的方壳后也可钻圆孔。

【规　　格】

型　　号	凿眼宽度 (mm)	凿孔深度 (mm)	夹持工件尺寸 (mm)≤	电机功率 (W)	重　量 (kg)
ZMK-16	8～16	≤100	100×100	550	74

注：1. 本机有两种款式：一种为单相异步电机驱动，电源电压为220V；另一种为三相异步电机驱动，电源电压为380V；频率均为50Hz。

2. 每机附4号钻夹头一只，方眼钻头一套（包括8，9.5，11，12.5，14，16mm六个规格），钩形扳手1件，方壳锥套3件。

(8) 电动雕刻机

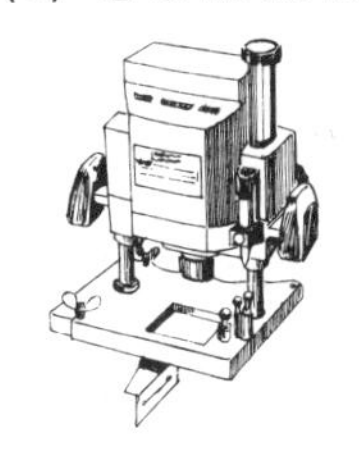

【用　　途】 配用各种成型铣刀，用于在木料上铣出各种不同形状的沟槽，雕刻各种花纹图案。

【规　　格】 进口产品。

铣刀直径 (mm)	主轴转速 (r/min)	输入功率 (W)	套爪夹头 (mm)	整机高度 (mm)	电缆长度 (m)	重量 (kg)
8	10000～25000	800	8	255	2.5	2.8
12	22000	1600	12	280	2.5	5.2
12	8000～20000	1850	12	300	2.5	5.3

注：单相串励电机驱动，电源电压为220V，频率为50Hz。

(9) 电动木工修边机

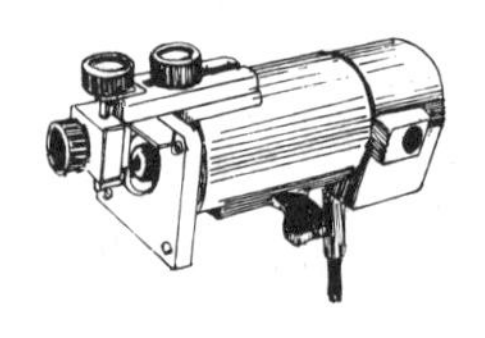

【用　　途】 配用各种成型铣刀，用于修整各种木质工件的边棱，进行整平、斜面加工或图形切割、开槽等。

【规　　格】 进口产品。

铣刀直径 (mm)	主轴转速 (r/min)	输入功率 (W)	底板尺寸 (mm)	整机高度 (mm)	重　量 (kg)
6	30000	440	82×90	220	3

注：单相串励电机驱动，电源电压为220V，频率为50Hz，软电缆长度为2.5m。

(10) 地板磨光机(JG/T 5068—1995)

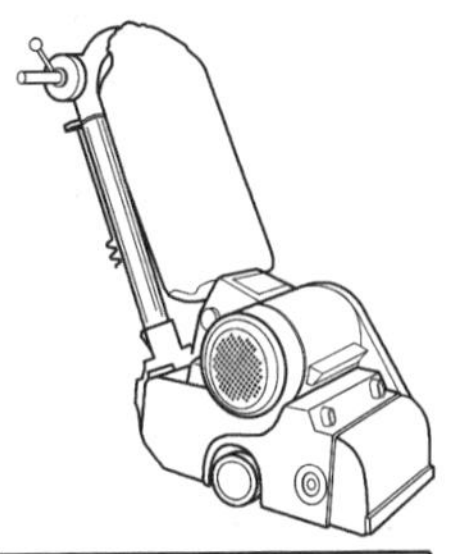

【用　　途】在滚筒上可装置不同粒度的高强度砂纸,以实现对磨削对象的粗磨、细磨。用于地板的磨平、抛光,旧地板去漆、翻新,钢板除锈、除漆、除脏,环氧树脂自流坪、塑胶跑道打磨,水泥地面打毛、磨平。工作效率高,磨削质量可保证。

【规　　格】地板磨光机的主参数为其滚筒宽度。

滚筒宽度(mm)		三相				单相			
		200	(250)	300	350	200	(250)	300	350
电动机功率(kW)		≤1.5	≤2.2		≤3	1.5	≤2.2		≤3
滚筒线速度(m/s)		≥18							
吸尘器风速(m/s)		≥26							
整机质量(kg)	铝合金外壳	≤55	(≤76)	≤86	≤92	≤55	(≤76)	≤86	≤92
	铸铁外壳	≤65	(≤86)	≤96	≤108	≤65	(≤86)	≤96	≤108
外形尺寸≤(长×宽×高,m)		1×0.45×1		1.15×0.5×1		1×0.45×1		1.15×0.5×1	

(11) 草坪修剪机

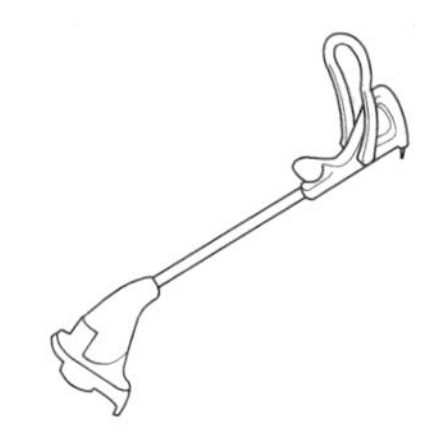

【用　　途】修剪草坪。

【规　　格】进口产品。

型号	切割直径(mm)	切割厚度(mm)	切割范围(m)	输入功率(W)	重量(kg)
ART23G	230	1.4	4	220	1.2
ART25GSA	250	1.6	8	350	2.4

6. 建筑道路类电动工具

(1) 电　　锤(GB/T 7443—2007)

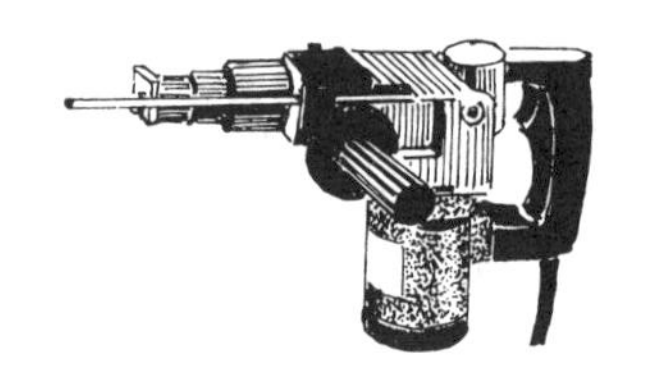

【用　　途】 配用镶硬质合金电锤钻头,对混凝土、岩石、砖墙等进行钻孔、开槽、凿毛等作业。

【规　　格】

型　　号	Z1C-16	Z1C-18	Z1C-20	Z1C-22	Z1C-26	Z1C-32	Z1C-38	Z1C-50
规格(mm)	16	18	20	22	26	32	38	50
钻削率(cm^3/min)	≥15	≥18	≥21	≥24	≥30	≥40	≥50	≥70
脱扣力矩(N·m)	35	35	35	45	45	50	50	60
空载噪声 A 声级(dB)	102	102	—	104	104	107	109	100
重量(kg)	3	3.1	—	4.2	4.4	6.4	—	—

注:1. 电锤规格指在 C30 号混凝土(抗压强度 30～35MPa)上作业时的最大钻孔直径。

2. 电锤头部的结构型式应能适应 GB 6335—1986《建工钻》中规定的任一种钻杆柄部型式。

3. 单相串励电机驱动,电源电压为 220V,频率为 50Hz,软电缆长度 4.5m。

(2) 冲 击 电 钻(GB/T 22676—2008)

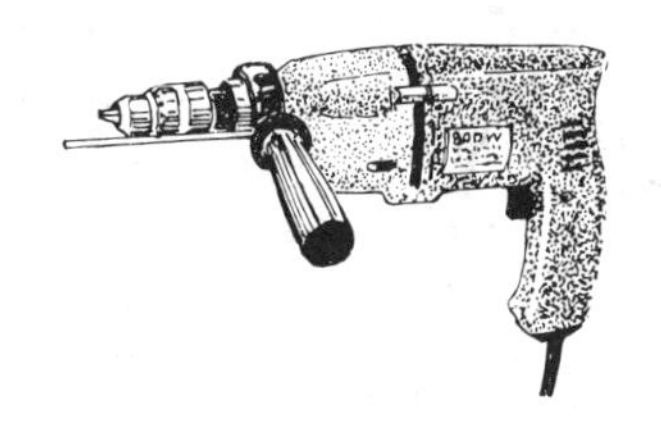

【其他名称】 电动冲击钻、冲击钻。

【用　　途】 本产品具有两种运动形式。当调节至第一旋转状态时,配用麻花钻头,与电钻一样,适用于对金属、木材、塑料件钻孔;当调节至旋转带冲击状态时,配用镶硬质合金冲击钻头,适用于对砖、轻质混凝土、陶瓷等脆性材料钻孔。

【规　　格】

型　　号	Z1J-10	Z1J-13	Z1J-16	Z1J-20
规格(mm)	10	13	16	20
额定输出功率(W)	≥220	≥280	≥350	≥430
额定转矩(N·m)	≥1.2	≥1.7	≥2.1	≥2.8
额定冲击次数	≥46400	≥43200	≥41600	≥38400
空载噪声 A 声级(dB)	84(95)	84(95)	86(97)	86(97)
重量(kg)	1.6	1.7	2.6	3

注:1. 冲击电钻规格指加工砖、轻质混凝土等材料的钻头最大直径。

2. 对双速冲击电钻,表中的参数是指低速档时的参数。

3. 单相串励电机驱动,电源电压为 220V,频率为 50Hz,软电缆长度≥1.8m。

(3) 电动锤钻

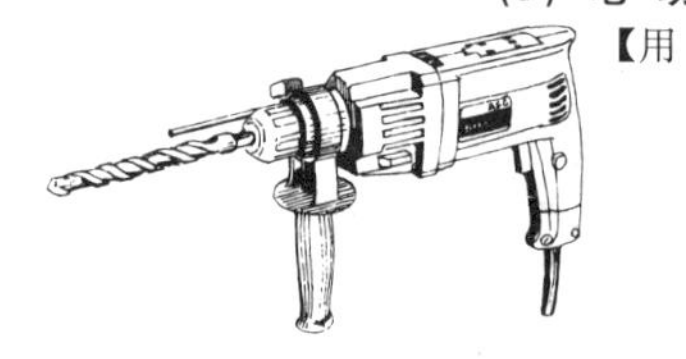

【用　　途】 本产品主轴具有两种运转状态，一种是冲击带旋转，第二种是单一旋转。在第一种状态时，配用电锤钻头，对混凝土、岩石、砖墙等进行钻孔、开槽、凿毛等作业。在第二种状态时，装上钻夹头连接杆及钻夹头，再配用麻花钻头或机用木工钻头，即如同电钻一样，对金属、塑料、木材等进行钻孔作业。

【规　　格】 进口产品。

规格(mm)	钻孔能力(mm)			转速(r/min)	每分钟冲击次数	输入功率(W)	输出功率(W)	重量(kg)
	混凝土	钢	木材					
20*	20	13	30	0～900	0～4000	520	260	2.6
26*	26	13	—	0～550	0～3050	600	300	3.5
38	38	13	—	380	3000	800	480	5.5
16	16	10	—	0～900	0～3500	420	—	3
20*	20	13	—	0～900	0～3500	460	—	3.1
22*	22	13	—	0～1000	0～4200	500	—	2.6
25*	25	13	—	0～800	0～3150	520	—	4.4

注：1. 带 * 的规格，带有电子调速开关。
2. 单相串励电机驱动，电源电压为 220V，频率为 50Hz，软电缆长度为 2.5m。
3. 规格 25 及 38mm 锤钻可配用 50～90mm 空心钻，用于在混凝土上钻大口径孔。

(4) 电　　镐

【用　　途】 冲击、破碎混凝土、砖墙、石材等脆性非金属材料。

【规　　格】

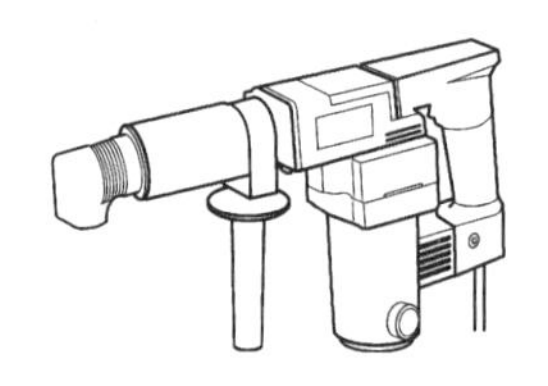

型　号	额定电压(V)	额定频率(Hz)	输入功率(W)	冲击次数(min^{-1})	重量(kg)
Z1G-SD01-6	110/220	50/60	900	2900	6.8

注：有两种额定电压及频率的产品。

(5) 电动湿式磨光机(JB/T 5333—1999)

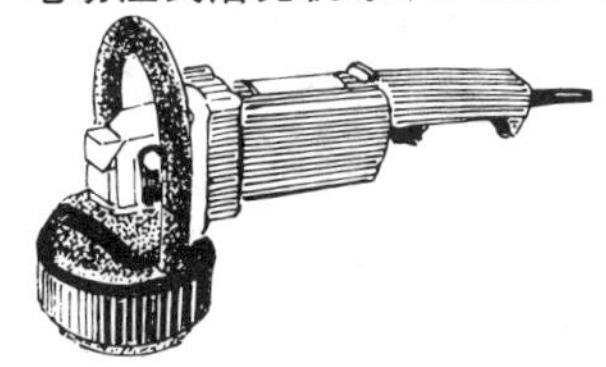

【其他名称】 湿磨机、水磨石子机。

【用　　途】 配用安全线速度大于或等于 30m/s(陶瓷结合剂)或 35m/s(树脂结合剂)的杯形砂轮,对水磨石板、混凝土、石料等表面进行注水磨削作业。

【规　　格】

型　号	砂轮规格(mm)			额定输出功率≥(W)	额定转矩≥(N·m)	砂轮结合剂		空载噪声A声级(dB)	重量(kg)
	外径	厚度	螺孔			陶瓷	树脂		
						最高空载转速(r/min)			
Z1M-80A M1M-80B	80	40 40	M10	200 250	0.4 1.1	7150	8350	88	3.1
M1M-100A M1M-100B	100	40	M14	340 500	1.0 2.4	5700	6600	91	3.9
M1M-125A M1M-125B	125	50	M14	450 500	1.5 2.5	4500	5300	93	5.2
M1M-150A M1M-150B	150	50	M14	850 1000	5.2 6.1	3800	4400	93	—

注：1. 单相串励电机驱动。除Ⅲ类湿式磨光机以外,必须与额定输出电压不超过 115V 的隔离变压器一起使用。

2. 湿式磨光机的电源插头与 GB 1002 规定的插头不同,采用与隔离变压器相匹配的插头。软电缆长度为 4.5m。

(6) 石材切割机(GB/T 22664—2008)

【其他名称】 云石机、大理石切割机。

【用　　途】 配用金刚石锯片,用于切割花岗石、大理石、云石、瓷砖等脆性材料。金刚石锯片分干式和湿式两种,湿式在通水状态下使用。若采用纤维增强薄片砂轮,也可用于切割钢和铸铁件、混凝土,但薄片砂轮的安全线速度应与切割机匹配。

【规　　格】

型　　号	锯片直径(mm)		最大锯深(mm)	空载转速(r/min)	额定输出功率(W)	额定转矩(N·m)	空载噪声A声级(dB)	重量(kg)
	外径	内径						
Z1E-110C	110	20	20	11000	≥200	≥0.3	90(101)	2.6
Z1E-110	110	20	30	11000	≥450	≥0.5	90(101)	2.7
Z1E-125	125	20	40	7500	≥450	≥0.7	90(101)	3.2
Z1E-150	150	20	50	—	≥550	≥1.0	91(102)	3.3
Z1E-180	180	25	60	5000	≥550	≥1.6	91(102)	6.8
Z1E-200	200	25	70	—	650	≥2.0	92(103)	—

注:1. 单相串励电机驱动,电源电压为220V,频率为50Hz。
　　2. 软电缆长度≥1.8m。

(7) 墙壁开槽机

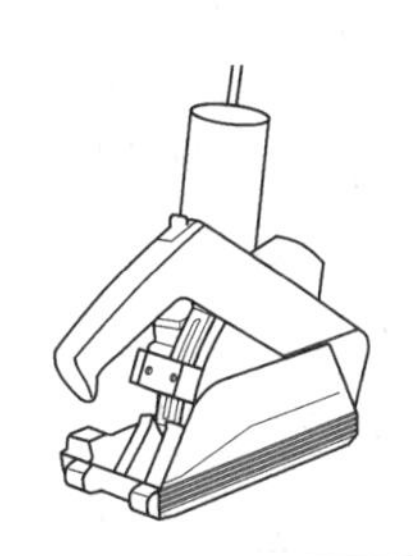

【用　　途】 配用硬质合金专用铣刀，对砖墙、泥夹墙、石膏和木材等材料表面进行铣切沟槽作业。所带集尘袋用来收集铣切碎屑。

【规　　格】 进口产品。

型　　号	输入功率 (W)	空载转速 (r/min)	可调槽深 (mm)	铣槽宽度 (mm)	重　　量 (kg)
CNF20CA	900	9300	0～20	3～23	28

注：单相串励电机驱动，电源电压为220V，频率为50Hz，软电缆长度为2.5m。

(8) 电动套丝机(JB/T 5334—1999)

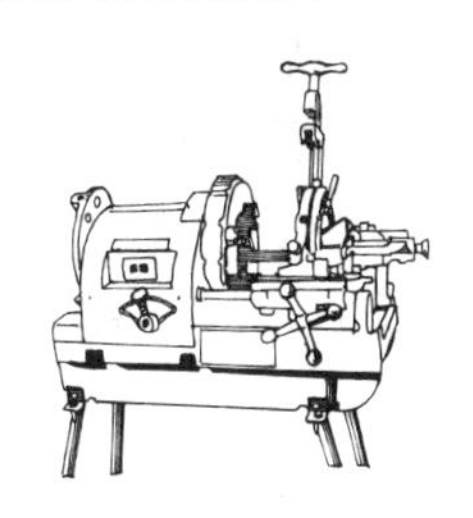

【其他名称】 切管套丝机、套丝切管机、套丝机。

【用　　途】 用于对金属管套制圆锥管螺纹(GB/T 7306.1、7306.2)，并有切断管子及对管内孔倒角的功能。

【规　　格】

型　号	规格(mm)	套制圆锥管螺纹范围(尺寸代号)	电源电压(V)	电机额定功率(W)	主轴额定转速(r/min)	空载噪声A声级(dB)	重量(kg)
Z1T-50 Z3T-50	50	$\frac{1}{2}$～2	220 380	≥600	≥16	83	71
Z1T-80 Z3T-80	80	$\frac{1}{2}$～3	220 380	≥750	≥10	83	105
Z1T-100 Z3T-100	100	$\frac{1}{2}$～4	220 380	≥750	≥8	85	153
Z1T-150 Z3T-150	150	2½～6	220 380	≥750	≥5	85	260

注：规格指能套制的水、煤气管的最大公称口径。

(9) 水磨石机

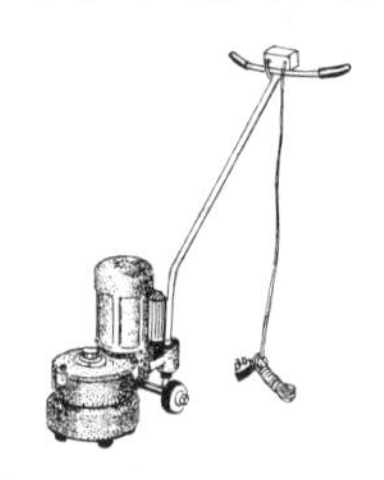

【其他名称】 水磨石子机。
【用　　途】 一般配用碳化硅砂轮，用于湿磨大面积的混凝土地面、台阶等，可实现粗磨和细磨两种作业。
【规　　格】

型　号	磨盘直径(mm)	磨盘转速(r/min)	砂轮规格(mm)	电动机 功率(kW)	电动机 转速(r/min)	湿磨生产率(m^2/h)	重量(kg)
2MD-300	300	392	75×75	3	1430	7～10	210

注：三相异步电机驱动，电源电压为380V，频率为50Hz。

7. 其他电动工具

(1) 热塑性塑料焊接机

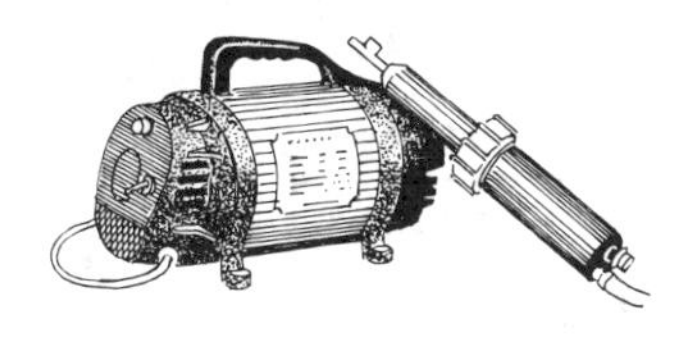

【其他名称】 带风塑料焊枪、电动焊塑枪、带风塑料塑枪。

【用　　途】 用于焊接聚乙烯、聚丙乙烯、聚丙烯、尼龙等热塑性工程塑料板材或制品。作业时，塑料焊条被熔融喷出，并使被焊接工件与之融合而粘结。在塑料设备的焊接和维修、塑料地板敷设、塑料管道联接、塑料瓶封口等作业中应用相当广泛。

【规　　格】

型　号	电机功率 (W)	风泵			整机功率 (W)	转速 (r/min)	重量 (kg)
		压力 (MPa)	流量 (L/min)	热风温度 (℃)			
DH-3	250	0.1	140	40～550	1250	2800	9

注：电源电压 220V，频率 50Hz。

(2) 吹　风　机

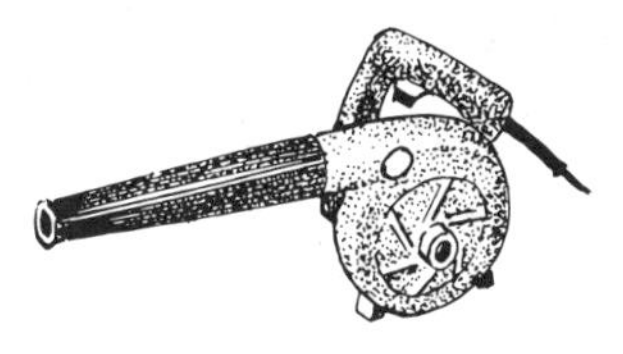

【用　　途】 进行鼓风或抽气作业。广泛应用于铸造、仪表、金属切削、汽车及棉纺等行业设备的清洁或散热。

【规　　格】

额定输入功率 (W)	风　压 (MPa)	风　量 (L/min)	转　速 (r/min)	长　度 (mm)	重　量 (kg)	备　注
310 600	≥0.04 ≥0.08	2300 2000	12500 16000	390 430	2.2 1.75	进口产品

注：1. 单相串励电机驱动，电源电压为220V，频率为50Hz，软电缆长度为2.5m。
2. 带有集尘袋。

(3) 手持式电动管道清理机

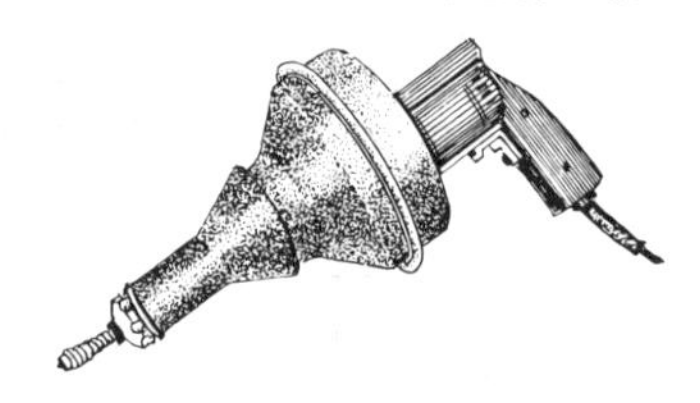

【用　　途】 配用各种切削刀，用于清理管道污垢，疏通管道淤塞。它是宾馆、住宅、办公楼等建筑物中抽水马桶、自来水管道及其他管道疏通必备工具。在石油化工、船舶、市政建设等行业的管道维修作业中也得到广泛应用。

【规　　格】

清理管道直径 (mm)	额定转速 (r/min)	额定电流 (A)	输入功率 (W)	软轴伸出最大长度 (mm)	重　量 (kg)
19～76	0～500	1.9	390	8000	6.75

注：1. 单相串励电机驱动，电源电压为220V，频率为50Hz，软电缆长度为3m；采用电子调速正反转开关，易于调整；采用软轴传动。
2. 配用油脂切削刀、C形切削刀和鼓形、梯形、直形弹簧头，以用于各种清理工作。

(4) 塑料袋封口机

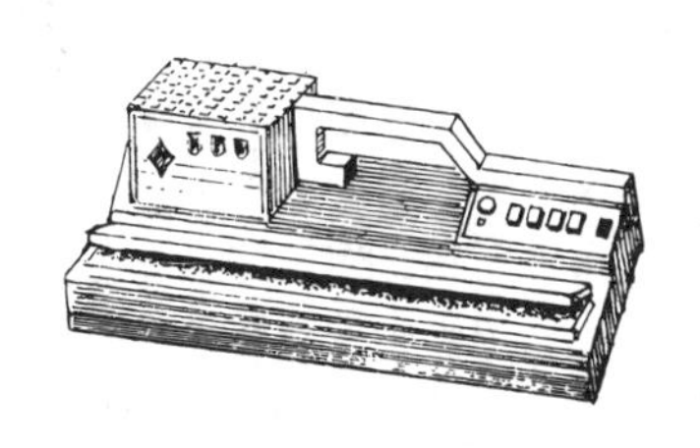

【用　　途】 用于塑料袋封口。广泛应用于食品、调味品、药品、机械零配件、电子元件和其他产品的塑料袋封口作业中。

【规　　格】

型　　号	FK-Ⅱ	FK-Ⅳ	FK-Ⅲ
工作电压(V)	交流 220V(允许±10%)		
热合功率(W)	50		100
封口长度(mm)	270		400
延时范围(s)	0.5～1.5		0.5～2
外形尺寸(mm)	300×200×120	300×156×105	500×320×850

注：1. 适用于厚度为 0.04～0.08mm 的塑料袋。

2. FK-Ⅲ型为落地式。

(5) 电　喷　枪(GB/T 14469—2001)

【用　　途】 主要用于低、中粘度液体的离心喷射、雾化。可喷洒涂料、清漆、防霉剂、除虫剂、杀菌剂等介质。

【规　　格】

额定流量(mL/min)	50、100、150、260、320	型号举例
额定最大输入功率(W)	25、40、60、80、100	Q1P-50 Q1P-100
空载噪声 A 声级(dB)	86	

注：1. 额定功率及流量各数值，并非一一对应关系，可交叉选配。
2. 本产品以单相工频交流电磁铁驱动。软电缆长度为 2.5m。
3. 所喷介质必须用每 1cm 60 孔的标准筛网严格过滤，以防堵塞喷嘴。介质的粘度应控制在 20～25s 之间。若超过，应用合适的稀释剂稀释后方可使用。应根据所喷介质选用适当的喷嘴。
4. 常用喷嘴的规格(直径)和用途，见下表：

形式	规格(mm)	液体种类	使　用　对　象
圆形喷嘴	1	106 涂料、墙粉	经拉毛的墙面
	0.8	清漆	各种机械及房屋的喷涂
	0.5	水、油、蜡克、广告粉	服装整烫、家具上光、剧场布景等
	0.3	疫苗、药水、香水	养殖场免疫、卫生防疫消毒除害
直喷嘴	0.3～0.5	水、药水、香水	冲洗丝、棉、毛、针织物上的油污及难以清扫角落的冲刷
弯喷嘴	0.5～0.8	油漆、涂料	房屋内屋顶的喷涂、装饰

(6) 热 风 枪

【用　　途】用于塑料变形、玻璃变形、胶管熔接、去除墙纸、墙漆等作业。

【格　　格】进口产品。

型　　号	温度 (℃)	空气流量 (L/min)	输入功率 (kW)	降温设置 (℃)	重量 (kg)	备注
GHG500-2	300/500	240/450	1.6		0.75	两种设置
GHG600-3	50/400/600	250/350/500	1.8	50	0.8	三种设置
GHG630DCE	50～630	150/300/500	2.0	50	0.9	温度可调

注：均有温度过载保护。

(7) 热 熔 胶 枪

【用　　途】用于胶贴装饰材料。

【规　　格】进口产品。

型号	胶水流出量(g/min)	胶条长度(mm)	重量(kg)	备注
PKP18E	20	200	0.35	
PKP30LE	30	200	0.37	预热时间为 4min

注：电源为 220V，50Hz。

(8) 打 蜡 机

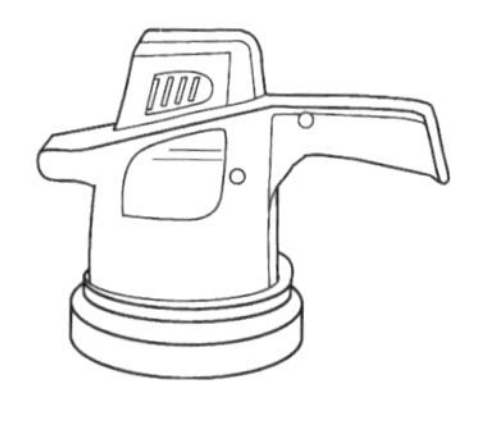

【用　　途】 适用于汽车、家具等油漆表面打蜡。

【规　　格】

型　　号	额定电压(V)	额定频率(Hz)	额定电流(A)	摆动次数(min^{-1})	重量(kg)
Q1L-150	110/220	50/60	0.27	4500	1.4
Q0L-150	12		4.17		

注：1. Q1L-150 型因额定电压及频率不同而有两种产品。
2. Q0L-150 采用直流电源供电，也可直接取用汽车蓄电池电源。

第十七章　气 动 工 具

1. 气动工具型号编制方法(JB/T 1590—2010)

JB/T 1590—2010《凿岩机械与气动工具产品型号编制方法》,介绍了凿岩机械、气动工具两类产品的型号编制方法。在本书中,仅对气动工具类(包括气动机械类)产品的型号表示方法进行介绍。该部分对一些在工程施工等场合使用的少量液压、电动、内燃等动力工具的型号编制也有收录。

(1) 气动工具型号组成形式

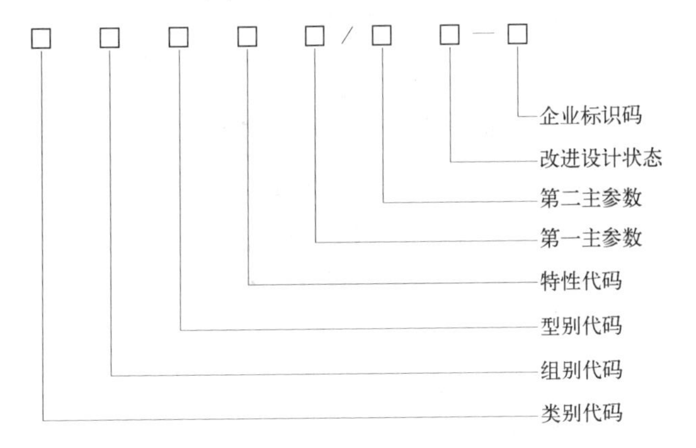

(2) 特征代码(由类别、组别、型别、特性代码组成)

除气动钳用“N”表示、回转钻的防爆型别代号用“H”表示外,其余产品的类别、组别、型别和特性代码应采用这些特征信息的关键字、词的汉语拼音大写首字母表示,其中“I”和“O”不允许使用。具体规定见本节(6)～(13),其中标有着重号的为表示产品特征信息的关键字、词。

未列入者可按规定另行编制。

当类别代码、组别代码和型别代码同时出现重复时，或单个字母难以表达产品特征时，可用关键字、词的两个汉字的拼音首字母表示，如攻丝机的类别代码用“GS”（攻丝）表示。

组别、型别为“气动”的各类产品，其型号中的相应代码应省略。

各类产品中，其组别和型别为“手持式”或“直柄式”时，相应代码应省略。

对于有特殊性能或特殊用途的产品，应在型别代码后增加特性代码。

(3) 主参数代码

采用阿拉伯数字表示。不同类型产品的主参数名称单位或符号见本节(6)～(13)。

当主参数系双主参数时，应采用斜杠“/”将两个主参数隔开，斜杠前的主参数为表中主参数栏内上一项内容的数值，后面的则为下面一项内容的数值。当第二项主参数为 1 时不标注。

(4) 改进设计状态代码

应以大写英文字母表示。其中“I”和“O”不允许使用。缺省时表示初次设计：A 表示第一次改进；B 表示第 2 次改进，依次类推。

(5) 企业标识码

可用企业简称的拼音首字母表示，也可用产品的商标代码表示。置于产品型号之最后，与产品型号之间用一字线隔开。企业标识码为可选要素。

(6) 冲击式动力工具型号编制表

类别	组别	型　别	特性代码	产品名称及特征代码	主参数	
					名称	单位或单位符号
破碎锤：P	气动	机载式		气动破碎锤：P	钎杆直径	mm
	液压：Y		三角型：J	三角型液压破碎锤：PYJ		
			四方型：F	四方型液压破碎锤：PYF		
			箱型：X	箱型液压破碎锤：PYX		
镐：G	气动	手持式	—	气镐：G	机重	kg
	液压：Y		—	液压镐：GY		
	内燃：N		—	内燃镐：GN		
	电动：D			电动镐：GD		
气铲：C	气动	直柄式	—	气铲：C		
		弯柄式：W	—	弯柄式气铲：CW		
		环柄式：H	—	环柄式气铲：CH		
			铲石用：S	铲石机：CS		

（续）

<table>
<tr><th rowspan="2">类别</th><th rowspan="2">组别</th><th rowspan="2">型　别</th><th rowspan="2">特性代码</th><th rowspan="2">产品名称及
特征代码</th><th colspan="2">主参数</th></tr>
<tr><th>名称</th><th>单位或
单位
符号</th></tr>
<tr><td rowspan="5">除锈锤/
除锈器：
X</td><td rowspan="5">气动</td><td rowspan="4">冲击式</td><td>—</td><td>气动除锈锤：X</td><td rowspan="2">机重</td><td rowspan="2">kg</td></tr>
<tr><td rowspan="2">多头：DT</td><td rowspan="2">多头气动除锈锤：XDT</td></tr>
<tr><td>头数</td><td>个</td></tr>
<tr><td>针束：Z</td><td>气动针束除锈器：XZ</td><td>机重</td><td>kg</td></tr>
<tr><td>回转式：
H</td><td>—</td><td>回转式气动除锈器：XH</td><td>除锈轮
直径</td><td>mm</td></tr>
<tr><td rowspan="2">撬浮机：
QF</td><td>气动</td><td>—</td><td>—</td><td>气动撬浮机：QF</td><td rowspan="2">机重</td><td rowspan="2">kg</td></tr>
<tr><td>液压：
Y</td><td>—</td><td>—</td><td>液压撬浮机：QFY</td></tr>
<tr><td rowspan="3">捣固机：
D</td><td rowspan="3">气动</td><td rowspan="3">—</td><td>—</td><td>气动捣固机：D</td><td rowspan="4">机重</td><td rowspan="4">kg</td></tr>
<tr><td>枕木用：M</td><td>枕木捣固机：DM</td></tr>
<tr><td>夯土用：T</td><td>夯土捣固机：DT</td></tr>
<tr><td>凿毛机：
ZM</td><td>气动</td><td>—</td><td>—</td><td>气动凿毛机：ZM</td></tr>
<tr><td>雕刻笔：
DK</td><td>气动</td><td>冲击式</td><td>—</td><td>气动雕刻笔：DK</td><td>机重</td><td>kg</td></tr>
</table>

(7) 用于去除或成形材料的回转式及往复式气动工具型号编制表

类别	组别	型　别	特性代码	产品名称及特征代码	主参数	
					名称	单位或单位符号
气钻：Z	气动	直柄式	—	直柄式气钻：Z	钻孔直径	mm
		枪柄式：Q	—	枪柄式气站：ZQ		
		侧柄式：C	—	侧柄式气站：ZC		
		万向式：W	—	万向式气钻：ZW		
		双向式：S	—	双向式气钻：ZS		
		角向：J	—	角向气钻：ZJ		
		组合用：H	—	组合式气钻：ZH		
		—	开颅：L	气动开颅钻：ZL		
		—	钻牙：Y	气动牙钻：ZY	转速	10^4 r/min
攻丝机：GS	气动	直柄式	—	直柄式气动攻丝机：GS	攻丝直径	mm
		枪柄式：Q	—	枪柄式气动攻丝机：GSQ		
		组合用：H	气动推进	组合式气动攻丝机：GSH		
铰孔机：JK	气动	—	—	气动铰孔机：JK	最大铰孔直径	mm

(续)

类别	组别	型　别	特性代码	产品名称及特征代码	主参数	
					名称	单位或单位符号
砂轮机：S	气动	直柄式	—	直柄式气动砂轮机：S	砂轮直径	mm
			钢丝刷：G	直柄式气动钢丝刷：SG	刷轮直径	mm
			主轴加长：C	直柄式主轴加长气动砂轮机：SC	砂轮直径	mm
					主轴加长量	mm
			模具用：M	直柄式模具砂轮机：SM	砂轮直径	mm
		角向：J	—	角向气动砂轮机：SJ		
			模具用：M	角向模具砂轮机：SJM		
		端面式：D	—	端面气动砂轮机：SD		
			钹形：B	端面钹形气动砂轮机：SDB		
		组合用：H	—	组合气动砂轮机：SH		

（续）

类别	组别	型　别	特性代码	产品名称及特征代码	主参数	
					名称	单位或单位符号
抛光机：PG	气动	端面式：D	—	端面抛光机：PGD	抛轮直径	mm
		圆周式：Z	—	圆周抛光机：PGZ		
		角向：J	—	角向抛光机：PGJ		
			湿式：S	角向湿式抛光机：PGJS		
磨光机：MG	气动	回转式	端面：D　—	端面气动磨光机：MGD	磨轮直径	mm
			端面：D　湿式：S	端面湿式磨光机：MGDS		
			圆周：Z	圆周气动磨光机：MGZ		
		往复式：W	—	往复式气动磨光机：MGW	机重	kg
		砂带式：D	—	砂带式气动磨光机：MGD	砂带宽	mm
		滑板式：B	作有轨运动	滑板式磨光机：MGB	滑板宽度	mm
		复式：F	作无轨迹运动	复式磨光机：MGF	磨轮直径	mm
		三角式：J	作三角形往复运动	三角式磨光机：MGJ	机重	kg

（续）

类别	组别	型　别	特性代码	产品名称及特征代码	主参数	
					名称	单位或单位符号
锉刀：CD	气动	旋转式：Z	—	旋转式气锉刀：CDZ	机重	kg
		往复式：W	—	往复式气锉刀：CDW		
		旋转往复：ZW	—	旋转往复式气锉刀：CDZW		
		旋转摆动：ZB	—	旋转摆动式气锉刀：CDZB		
刮刀：GD	气动	往复式	—	气动刮刀：GD	机重	kg
			摆动：B	气动摆动式刮刀：GDB		
铣刀：XD	气动	—	—	气铣刀：XD	转速	10^3 r/min
		角式：J	—	角式气铣刀：XDJ		
气锯：J	气动	带式（往复式）	—	带式气锯：J	锯最大行程	mm
			摆动：B	带式摆动气锯：JB		
		圆盘式：P（回转式）	—	圆盘式气锯：JP	锯割直径	mm
			摆动：B	圆盘式摆动气锯：JPB		
		链式：L（回转往复式）	—	链式气锯：JL	锯最大行程	mm
			摆动：B	链式摆动气锯：JLB		
		细（竖）锯：X	往复摆动	气动细锯：JX		

(续)

类别	组别	型　别	特性代码	产品名称及特征代码	主参数	
					名称	单位或单位符号
剪刀：JD	气动	剪切式	—	气动剪切机：JD	剪切厚度	mm
			剪羊毛：M	气动羊毛剪：JDM	机重	kg
			剪地毯：T	气动地毯剪：JDT		
		冲切式：C	—	气动冲剪机：JDC	剪切厚度	mm
雕刻机：DK	气动	回转式：Z	—	回转式气动雕刻机：DKZ	主轴转速	10^4 r/min

注：1. 直柄式气动钢丝刷与直柄式气动砂轮机的区别仅为在其上安装砂轮还是钢丝刷轮。

2. 复式运动为安装磨轮的偏心轴绕主机主轴旋转，磨轮又绕偏心轴作自由旋转。

(8) 振动器型号编制表

类别	组别	型　别	特性代码	产品名称及特征代码	主参数	
					名称	单位或单位符号
振动器：ZD	气动	冲击式：C	—	冲击式气动振动器：ZDC	机重	kg
		回转式：H	—	回转式气动振动器：ZDH		
		浸没式：J	—	气动振动棒：ZDJ		

(9) 装配用气动工具型号编制表

类别	组别	型　别	特性代码	产品名称及特征代码	主参数	
					名称	单位或单位符号
气螺刀：L	直柄式	失速型：S	—	直柄式失速型气螺刀：LS	拧螺纹直径	mm
		离合型：H	—	直柄式离合型气螺刀：LH		
		压启型：Y	—	直柄式压启型气螺刀：LY		
		自动关闭型：B	—	直柄式自闭型气螺刀：LB		
	枪柄式：Q	失速型：S	—	枪柄式失速型气螺刀：LQS		
		离合型：H	—	枪柄式离合型气螺刀：LQH		
		压启型：Y	—	枪柄式压启型气螺刀：LQY		
		自动关闭型：B	—	枪柄式自闭型气螺刀：LQB		
	角式：J	失速型：S	—	角式失速型气螺刀：LJS		
		离合型：H	—	角式离合型气螺刀：LJH		

（续）

类别	组别	型别	特性代码	产品名称及特征代码	主参数	
					名称	单位或单位符号
气扳机：B	枪柄式：Q	失速型：S	纯扭式：N	枪柄式失速型纯扭气扳机：BQSN	拧螺纹直径	mm
		离合型：H		枪柄式离合型纯扭气扳机：BQHN		
		自动关闭型：B		枪柄式自闭型纯扭气扳机：BQBN		
	角式：J	失速型：S		角式失速型纯扭气扳机：BJSN		
		离合型：H		角式离合型纯扭气扳机：BJHN		
	棘轮式：L	—		棘轮式纯扭气扳机：BLN		
	双速型：S	—		双速型纯扭气扳机：BSN		
	组合用：H	—		组合式纯扭气扳机：BHN		
	爪形套筒	开口套筒：K		开口爪形套筒纯扭气扳机：BKN		
		闭口套筒：B		闭口爪形套筒纯扭气扳机：BBN		
	螺柱用：Z	—		气动螺柱扳手：BZN		

(续)

类别	组别	型　别	特性代码	产品名称及特征代码	主参数	
					名称	单位或单位符号
气扳机：B	直柄式 环柄式 侧柄式	—	冲击式	直柄式气扳机：B	拧螺纹直径	mm
		定扭矩：N		直柄式定扭矩气扳机：BN		
		储能型：E		储能型气扳机：BE		
		高转速：G		直柄式高速气扳机：BG		
	枪柄式：Q	—		枪柄式气扳机：BQ		
		定扭矩：N		枪柄式定扭矩气扳机：BQN		
		高转速：G		枪柄式高速气扳机：BQG		
	角式：J	—		角式气扳机：BJ		
		定扭矩：N		角式定扭矩气扳机：BJN		
		高转速：G		角式高速气扳机：BJG		
	组合用：H	—		组合式气扳机：BH	扭矩	10N·m

（续）

类别	组别	型　别	特性代码	产品名称及特征代码	主参数	
					名称	单位或单位符号
气扳机：B	直柄式	—	脉冲式：M	直柄式脉冲气扳机：BM	拧螺纹直径	mm
	枪柄式：Q	—		枪柄式脉冲气扳机：BQM		
	角式：J	—		角式脉冲气扳机：BJM		
	电控型：K	—		电控型脉冲气扳机：BKM	扭矩	10N·m
顶把：DB	气动	—	—	顶把：DB	铆钉直径	mm
			偏心：P	偏心顶把：DBP		
			冲击式：C	冲击式顶把：DBC		
铆钉机：M	气动	直柄式	—	直柄式气动铆钉机：M	铆钉直径	mm
		弯柄式：W	—	弯柄式气动铆钉机：MW		
		环柄式：H	—	环柄式气动铆钉机：MH		
		枪柄式：Q	—	枪柄式气动铆钉机：MQ		
			偏心：P	枪柄式偏心气动铆钉机：MQP		

（续）

类别	组别	型　别	特性代码	产品名称及特征代码	主参数	
					名称	单位或单位符号
铆钉机：M	气动	拉铆式：L	—	气动拉铆机：ML	铆钉直径	mm
		压铆式：Y	—	气动压铆机：MY		
打钉机：DD	气动	盘形钉式：P	—	气动打钉机：DDP	钉长	mm
		条形钉式：T	—	条形钉气动打钉机：DDT		
		U形钉式：U	—	U形钉气动打钉机：DDU		
订合机：H	气动	—	—	气动订合机：H		

(10) 挤压和切断用动力工具型号编制表

类别	组别	型别	特性代码	产品名称及特征代码	主参数	
					名称	单位或单位符号
折弯机：W	气动	—		折弯机：W	挤压力	kN
打印器：DY	气动	—	零部件标识用	打印器：DY		
钳：N	气动	—	—	气动钳：N	开口宽度	mm
	液压：Y	—	—	液压钳：NY	钳剪力	kN

（续）

<table>
<tr><th rowspan="2">类别</th><th rowspan="2">组别</th><th rowspan="2">型别</th><th rowspan="2" colspan="3">特性代码</th><th rowspan="2">产品名称及特征代码</th><th colspan="2">主参数</th></tr>
<tr><th>名称</th><th>单位或单位符号</th></tr>
<tr><td rowspan="6">劈裂机：PL</td><td rowspan="2">气动</td><td>—</td><td colspan="3">劈螺母用：M</td><td>螺母劈裂机：PLM</td><td>螺纹直径</td><td>mm</td></tr>
<tr><td>—</td><td colspan="3">—</td><td>气动劈裂机：PL</td><td rowspan="5">劈裂孔径</td><td rowspan="5">mm</td></tr>
<tr><td rowspan="4">液压：Y</td><td>—</td><td rowspan="4">泵站动力</td><td colspan="2">气动</td><td>液压劈裂机：PLY</td></tr>
<tr><td>—</td><td colspan="2">电动：D</td><td>电动液压劈裂机：PLYD</td></tr>
<tr><td>—</td><td rowspan="2">内燃</td><td>柴油：C</td><td>柴油液压劈裂机：PLYC</td></tr>
<tr><td>—</td><td>汽油：Q</td><td>汽油液压劈裂机：PLYQ</td></tr>
<tr><td>扩张器：KZ</td><td>液压：Y</td><td>—</td><td colspan="3">—</td><td>液压扩张器：KZY</td><td>扩张距离</td><td>mm</td></tr>
<tr><td rowspan="2">液压剪：J</td><td rowspan="2">液压：Y</td><td>—</td><td colspan="3">环形刀口：H</td><td>液压环形剪：JYH</td><td>剪切直径</td><td>mm</td></tr>
<tr><td>—</td><td colspan="3">直形刀口：Z</td><td>液压直形剪：JYZ</td><td>剪切厚度</td><td>mm</td></tr>
<tr><td rowspan="2">剪扩器：JK</td><td rowspan="2">液压：Y</td><td rowspan="2">—</td><td rowspan="2" colspan="3">—</td><td rowspan="2">液压剪扩器：JKY</td><td>剪切直径</td><td>mm</td></tr>
<tr><td>扩张距离</td><td>mm</td></tr>
</table>

(11) 喷涂用气动工具型号编制表

<table>
<tr><th rowspan="2">类别</th><th rowspan="2">组别</th><th rowspan="2">型　别</th><th rowspan="2">特性代码</th><th rowspan="2">产品名称及特征代码</th><th colspan="2">主参数</th></tr>
<tr><th>名称</th><th>单位或单位符号</th></tr>
<tr><td>油枪：Q</td><td>气动</td><td>—</td><td>—</td><td>气动油枪：Q</td><td rowspan="2">油容量</td><td>mL</td></tr>
<tr><td>涂油机：TY</td><td>气动</td><td>—</td><td>—</td><td>气动涂油机：TY</td><td>L</td></tr>
<tr><td>搅拌机：JB</td><td>气动</td><td></td><td></td><td>气动搅拌机：JB</td><td>浆轮直径</td><td>mm</td></tr>
</table>

(12) 包装用气动工具型号编制表

<table>
<tr><th rowspan="2">类别</th><th rowspan="2">组别</th><th rowspan="2">型　别</th><th rowspan="2">特性代码</th><th rowspan="2">产品名称及特征代码</th><th colspan="2">主参数</th></tr>
<tr><th>名称</th><th>单位或单位符号</th></tr>
<tr><td rowspan="5">捆扎机：K</td><td rowspan="5">气动</td><td rowspan="2">齿轮式：C</td><td>拉紧：L</td><td>齿轮式气动捆扎拉紧机：KCL</td><td rowspan="5">扎带宽度</td><td rowspan="5">mm</td></tr>
<tr><td>锁紧：S</td><td>齿轮式气动捆扎锁紧机：KCS</td></tr>
<tr><td rowspan="2">蜗轮式：W</td><td>拉紧：L</td><td>蜗轮式气动捆扎拉紧机：KWL</td></tr>
<tr><td>锁紧：S</td><td>蜗轮式气动捆扎锁紧机：KWS</td></tr>
<tr><td>捆扎联动：LD</td><td></td><td>气动捆扎机：KLD</td></tr>
<tr><td>封口机：FK</td><td>气动</td><td>—</td><td>—</td><td>气动封口机：FK</td><td>挤压力</td><td>kN</td></tr>
</table>

(13) 气动机械型号编制表

类别	组别	型别	特性代码	产品名称及特征代码	主参数	
					名称	单位或单位符号
气动机械：T（其他）	气动马达：M	叶片式：Y	—	叶片式气动马达：TMY	功率	kW
			减速：J	叶片式减速气动马达：TMYJ	公称传动比	
			起动用：QD	起动用叶片式气动马达：TMYQD	功率	kW
		活塞式：H	径向 —	活塞式气动马达：TMH	功率	kW
			径向 减速：J	活塞式减速气动马达：TMHJ	公称传动比	
			轴向：Z	轴向活塞式气动马达：TMHZ	功率	kW
		齿轮式：C	—	齿轮式气动马达：TMC		
		透平式：T	—	透平式气动马达：TMT		
	气动泵：B	抽油用：Y	—	气动油泵：TBY	流量	L/min
		预供油：YG		气动预供油油泵：TBYG		
		抽水用：S	—	气动水泵：TBS	通径	mm
					扬程	m

(续)

类别	组别	型　别	特性代码	产品名称及特征代码	主参数	
					名称	单位或单位符号
气动机械：T(其他)	气动泵：B	—	隔膜式：M	气动隔膜泵：TBM	流量	m^3/h
					扬程	m
	扎网机：W	气动	—	气动扎网机：TW	钢丝直径	mm
	气动吊：D	环链式：H	—	环链式气动吊：TDH	起重量	kg
		钢绳式：G	—	钢绳式气动吊：TDG		
	气动绞车：JC	—	—	气动绞车：TJC	拉力	10N
	气动绞盘：JP	—	—	气动绞盘：TJP		
	气动桩机：Z	手持式	—	手持气动打桩机：TZ	机重	kg
		固定式	打桩用：D	气动打桩机：TZD	冲击能量	10J
			拔桩用：B	气动拔桩机：TZB	拉力	$\times 10^3$ N

(14) 气动工具型号示例

SC25/100A

表示砂轮直径为 ϕ25mm，主轴加长 100mm，第一次改进设计。

2. 金属切削气动工具

(1) 气　　钻(JB/T 9847—2010)

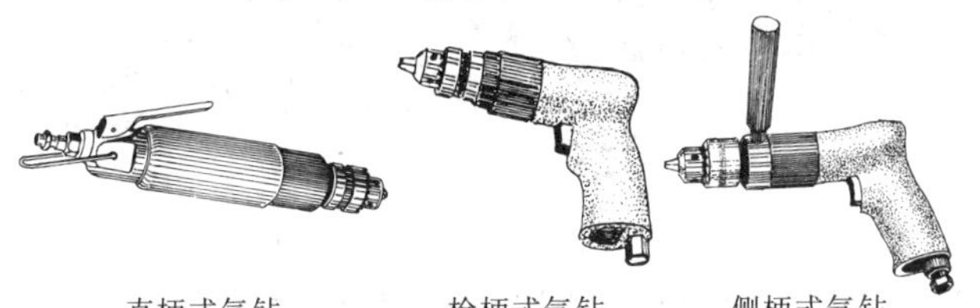

直柄式气钻　　　枪柄式气钻　　　侧柄式气钻

【用　　途】 配用钻头,用于对金属材料、木材、塑料等材质的工件钻孔。

【规　　格】

产品系列(mm)	6	8	10	13	16	22	32	50	80
功率(kW)≥	0.2		0.29		0.66	1.07	1.24	2.87	
空载转速(r/min)≥	900	700	600	400	360	260	180	110	70
耗气量[L/(s·kW)] ≤	44		36		35	33	27	26	
空载 A 声级噪声(dB)≤	100		105			120			
气管内径(mm)	10		12.5		16			19	
清洁度(mg)≤	170	190	300	400	800	1510	2000	2400	3000
寿命指标(ch)≥	800	800	800	600	600	600	600	600	600
重量(不含钻夹头,kg)≤	0.9	1.3	1.7	2.6	6	9	13	23	35

注:1. 产品型式按旋向分为单向、双向;按手柄型式分为直柄式、枪柄式、侧柄式;按结构型式分为直式、角式。
2. 验收气压为 0.63MPa。
3. 机重不包括钻卡;角式气钻重量允许增加 25%。
4. 主轴输出端的外莫氏锥度应符合 GB/T60% 的规定,内莫氏锥度应符合 GB/T1443 的规定。

(2) 气　剪　刀

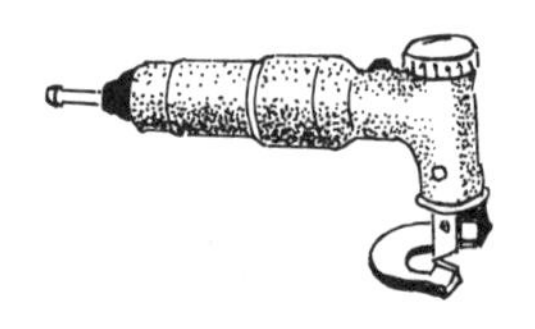

JD2 型

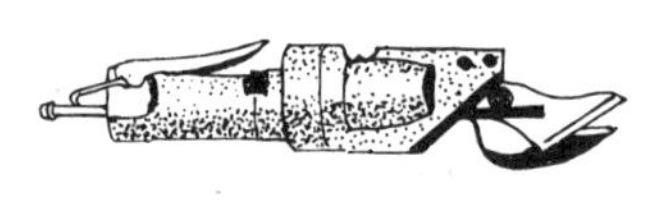

JD3 型

【用　　途】 主要用于对金属板材进行直线或曲线剪切加工。JD3 型还可用于剪切草席、竹席等材料，在航空、汽车、机械、建筑装潢等行业的制造与修配中应用广泛，对修剪边角尤为适宜。

【规　　格】

型　　号		JD2	JD3
工作气压	(MPa)	0.63	0.63
剪切厚度*	(mm)⩽	2.0	2.0
剪切频率	(Hz)	30	30
气管内径	(mm)	10	8
重　　量	(kg)	1.6	1.5

注：* 剪切厚度指标系指剪切退火低碳钢板。

(3) 气　冲　剪

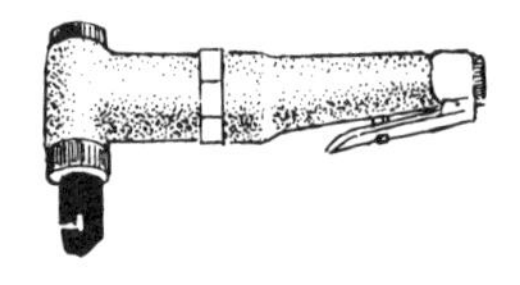

【用　　途】 用于冲剪钢、铝等金属板材及塑料板、布质层压板、纤维板等非金属板料。可保证冲剪后板料不会变形。在飞机制造、造船、汽车、建筑等行业应用广泛。

【规　　格】 进口产品。

规　格(mm)	冲剪厚度(mm)		每分钟冲击次数	工作气压(MPa)	耗气量(L/min)	重　量(kg)
	钢	铝				
16	16	14	3500	0.63	170	—

(4) 气动剪线钳

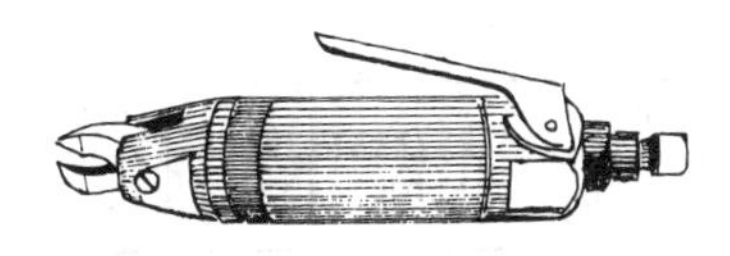

【其他名称】 气动剪切钳。

【用　　途】 主要用于剪切铜丝、铝丝制成的导线，也可剪切其他金属丝。

【规　　格】

型　　号	剪切铜丝直径(mm)	工作气压(MPa)	外形尺寸(mm)	重　量(kg)
XQ3	1.2	0.63	ϕ29×120	0.17
XQ2	2	0.49	ϕ32×150	0.22

(5) 气　铣

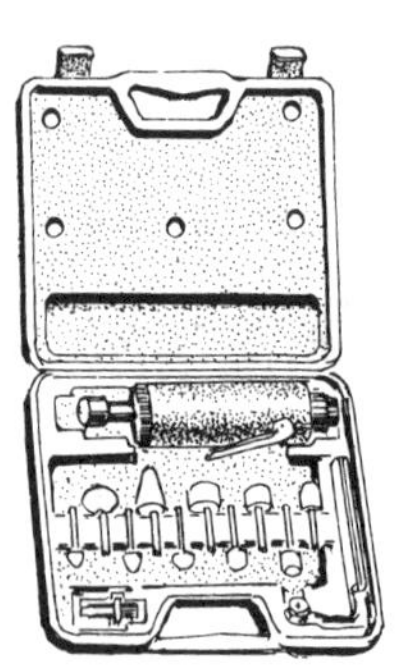

【其他名称】气铣磨机、万能铣磨机。

【用　　途】配以各种不同形状的异型砂轮磨头进行磨削。适用于各种模具的整形及抛光，修磨焊缝，清理毛刺，也可配以旋转锉作高速铣削。在复杂形状的内外表面及狭窄部位进行加工尤其适宜。在锅炉、汽轮机、船舶等大型机件表面光整加工也得到广泛应用。

【规　　格】

型　号	工作头直径 (mm)		空载转速 (r/min)	耗气量 (L/s)	气管内径 (mm)	长度 (mm)	重量 (kg)
	砂轮	旋转锉					
S8	8	8	80000～100000	2.5	6	140	0.28
S12	12	8	40000～42000	7.17	6	185	0.6
S25	25	8	20000～24000	6.7	6.35	140	0.6
S25A	25	10	20000～24000	8.3	6.35	212	0.65
S40	25	12	16000～17500	7.5	8	227	0.7
S50	50	22	16000～18000	8.3	8	237	1.2

注：工作气压为0.49MPa。

(6) 气动手持式切割机

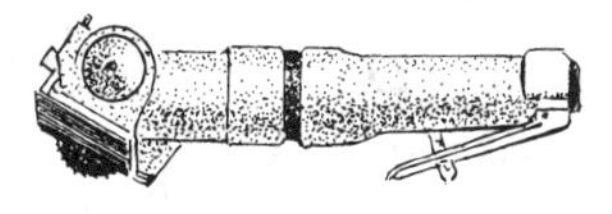

【用　　途】 用于切割钢、铝合金、塑料、木材、玻璃纤维、瓷砖等材料。
【规　　格】 进口产品。

锯片规格 (mm)	转　　速 (r/min)	适用切割材料	重量 (kg)
ϕ50	620(低速)	厚度 1.2mm 以下中碳钢、铝合金、铜	1.0
	3500(中速)	塑料、塑钢、木材	
	7000(高速)	钢、玻璃纤维、瓷砖	

(7) 气动往复式切割机

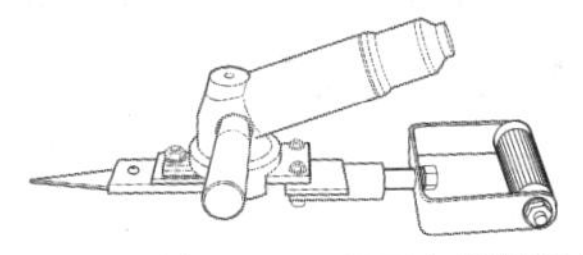

【用　　途】 适用于切割厚度 50mm 以下各类橡胶及类似材料。
【规　　格】

切割频率 (Hz)	主轴功率 (kW)	单位功耗气量 [L/(s·kW)]	气管内径 (mm)	重量 (kg)
76	0.6	36	13	3.2

(8) 气动攻丝机

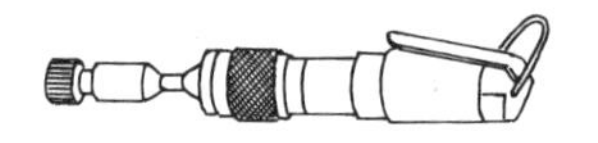

直柄式

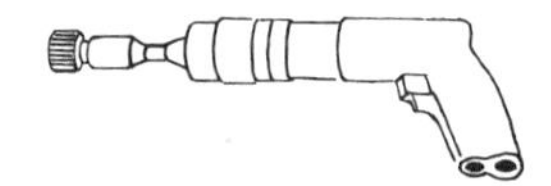

枪柄式

【用　　途】用于在工件上攻内螺纹孔。适用于车辆、船舶、飞机等大型机械制造及维修业。

【规　　格】

型　号	攻丝直径(mm)≤		空载转速(r/min)		功　率(W)	重　量(kg)	结构型式
	铝	钢	正转	反转			
2G8-2	M8	—	300	300	—	1.5	枪柄
GS6Z10	M6	M5	1000	1000	170	1.1	直柄
GS6Q10	M6	M5	1000	1000	170	1.2	枪柄
GS8Z09	M8	M6	900	1800	190	1.55	直柄
GS8Q09	M8	M6	900	1800	190	1.7	枪柄
GS10Z06	M10	M8	550	1100	190	1.55	直柄
GS10Q06	M10	M8	550	1100	190	1.7	枪柄

(9) 管子坡口机(JB/T 7783—2012)

【用　　途】管子坡口机又称钢管倒角机。用于对碳钢、合金钢、不锈钢、铸铁、铜等金属管端部进行修整加工坡口以便进行焊接。

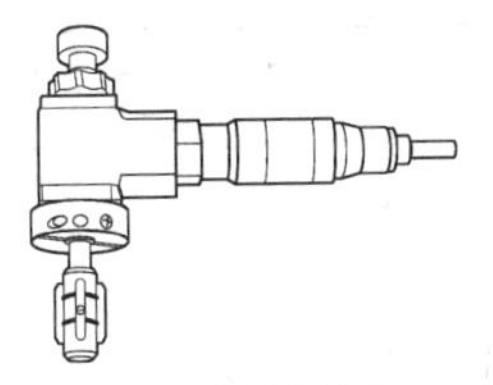

内定位钢管倒角机

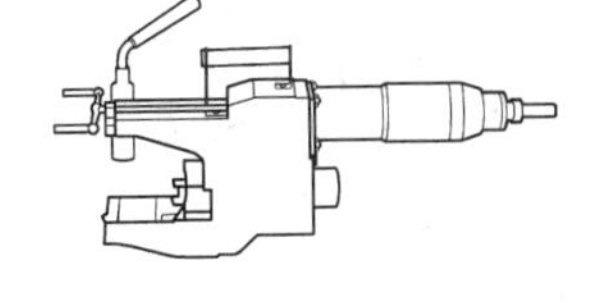

外定位钢管倒角机

【规　　格】

基本参数	产品规格(mm)				
	30	80	150	350	630
坡口管子外径(mm)	11～30	29～80	73～158	158～350	300～630
胀紧管子内径(mm)	10～29	28～78	70～145	145～300	280～600
气动马达功率(W)	350	440	580	740	740
驱动力盘空转转速(r/min)	220	150	34	12	8
最大耗气量(L/min)	550	650	960	1000	1000
轴向进刀最大行程(mm)	10	35	50	55	40
A声级噪声(dB)≤	94	103	92	100	100
清洁度(mg)≤	600	800	1510	1510	1510
寿命指标(h)	800	800	800	600	600
重量(kg)	2.7	7	12.5	42	55

坡口机按安装方式划分为外部安装式和内胀式两种；按驱动方式划分为气动式、电动式和液压式三种。

(1) 外部安装管子坡口机基本参数(mm)

参数名称		基本参数											
规格		80	150	300	450	600	750	900	1050	1160	1240	1300	1500
管子最大壁厚		25	38	48	48	48	48	48	48	58	58	58	58
适用管径范围		10～80	50～150	150～300	300～450	450～600	600～750	750～900	900～1050	980～1160	1120～1240	1150～1300	1300～1500
旋转刀盘转速(r/min)	气动式	0～29	0～26	0～16	0～12	0～9	0～11	0～9	0～8	0～7	0～7	0～7	0～6
	电动式	≥42	≥15	≥12	≥9	≥5	≥6	≥5	≥4	≥4	≥4	≥4	≥3
	液压式	0～40	0～34	0～17	0～11	0～8	0～7	0～6	0～5	0～4	0～4	0～4	0～3
径向进给最大行程		28	40	50	50	50	50	50	50	60	60	60	60

(2) 内胀式电动管子坡口机基本参数(mm)

参数名称		基本参数									
规格		28	80	120	150		250		350		
管子最大壁厚		15	15	15	15	15	15	75	15	15	75
适用管径范围	内径	16～28	28～76	45～93	65～158	65～58	80～240	140～280	110～310	150～330	150～350
	外径	21～54	32～96	50～120	73～190	73～205	90～290	150～300	120～350	160～360	200～370
旋转刀盘转速(r/min)		≥52	≥52	≥44	≥44	≥29	≥16	≥16	≥13	≥10	≥10
轴向进给最大行程		25	25	25	25	45	45	45	25	54	54

（续）

（2）内胀式电动管子坡口机基本参数(mm)											
参数名称		基　本　参　数									
规格		630		850		1050		1300		1500	
管子最大壁厚		15	75	15	75	15	75	15	75	15	75
适用管径范围	内径	300～600	300～600	460～820	460～820	750～1002	750～1002	1002～1254	1002～1254	1170～1464	1170～1464
	外径	310～630	320～630	480～840	600～840	770～1050	820～1050	1022～1300	1022～1300	1200～1480	1200～1480
旋转刀盘转速(r/min)		≥7	≥7	≥7	≥7	≥7	≥7	≥7	≥7	≥7	≥7
轴向进给最大行程		54	54	54	54	65	65	65	65	65	65

（3）内胀式气动管子坡口机基本参数(mm)											
参数名称		基　本　参　数									
规格		28	80	120	150		250		350		
管子最大壁厚		10	15	15	15	15	15	75	15	15	75
适用管径范围	内径	16～28	28～76	45～93	65～160	65～160	80～240	140～280	110～310	150～330	150～330
	外径	21～54	32～96	50～120	73～190	73～205	90～290	150～300	120～350	160～360	200～370
旋转刀盘转速(r/min)		0～52	0～52	0～38	0～38	0～38	0～16	0～16	0～20	0～15	0～10
轴向进给最大行程		25	25	25	25	45	45	45	25	54	54

（续）

(3) 内胀式气动管子坡口机基本参数(mm)											
参数名称		基 本 参 数									
规格		630		850		1050		1300		1500	
管子最大壁厚		15	75	15	75	15	75	15	75	15	75
适用管径范围	内径	300～620	300～620	460～820	460～820	750～1002	750～1002	1002～1254	1002～1254	1170～1464	1170～1464
	外径	310～630	320～630	480～840	600～840	770～1050	820～1050	1022～1300	1022～1300	1200～1480	1200～1480
旋转刀盘转速(r/min)		0～13	0～7	0～13	0～7	0～12	0～7	0～12	0～5	0～12	0～4
轴向进给最大行程		54	54	54	54	65	65	65	65	65	65

注：1. 加工后的坡口表面粗糙度最大允许值为 $Ra2.5\mu m$。

2. 坡口机的噪声 A(计数)声功率级应不高于 98dB(A)。

3. 气动坡口机使用的压缩空气必须去除杂质及水分，其中固体颗粒等级和液态水等级应分别达到 GB/T 13277.1—2008 中的 6 级和 9 级。空气工作压力应为 0.5～0.8MPa。

4. 电动坡口机的供电电源应符合 GB/T 156 的规定。

电动坡口机的插头应符合 GB 1002、GB 2099.1 或 GB/T 11918 的规定。

电动坡口机与供电电源连接的电缆线应符合 GB/T 5013.4 或 GB/T 5023.5 的规定，或采用其性能不低于 GB/T 5013.4 或 GB/T 5023.5 的电缆线。电缆线自进线孔到插头(不包括插脚)的长度应不少于 2.0m。

3. 砂磨加工气动工具

(1) 角式气动砂轮机(JB/T 10309—2011)

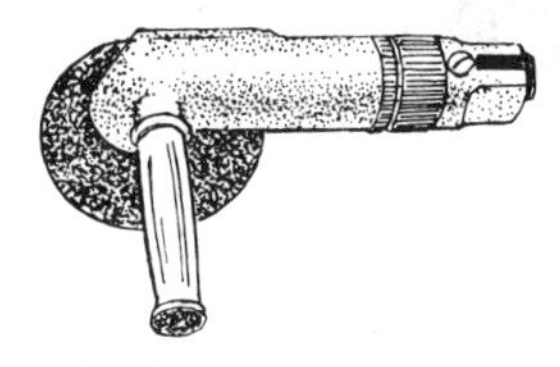

普通式

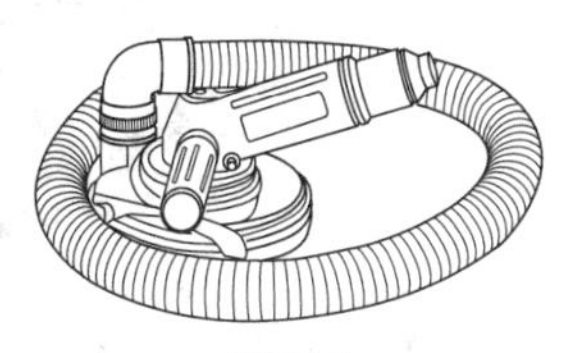

吸尘式

【用　　途】配用纤维增强钹形砂轮,用于金属表面的修整和磨光作业,如焊缝修磨、喷漆腻子、底层磨平等。以钢(铜)丝轮代替砂轮后可进行抛光作业。

【规　　格】

产　品　规　格		100	125	150	180
最大砂轮直径(mm)		100	125	150	180
空载转速(r/min)	≤	14000	12000	10000	8400
空载耗气量(L/min)	≤	30	34	35	36
工作气压(MPa)		0.63	0.63	0.63	0.63
主轴功率(kW)	≥	0.45	0.50	0.60	0.70
单位功耗气量[L/(s·kW)]	≤	27	36	35	36
清洁度(mg)	≤	203	250	250	300
重量(kg)		2	2	2	2.5

注:1. 主轴线与输出轴线间的夹角有90°、110°、120°三种。
2. 气管内径均为13mm;重量不包括砂轮重量。
3. 采用>75m/s的高速树脂砂轮。

(2) 立式端面气动砂轮机(JB 5128—2010)

【用　　途】 所配用的纤维增强钹形砂轮直接安装在气动发动机的转子轴前端。适用于修磨焊接坡口、焊缝及其他金属表面，切割金属薄板及小型钢。如配用钢丝轮，可进行除锈、清除旧漆层等作业；配用布轮，可进行金属表面抛光；配用砂布轮，可进行金属表面砂光。

【规　　格】

<table>
<tr><th rowspan="2">产品系列</th><th colspan="2">配装砂轮直径(mm)</th><th rowspan="2">空转转速(r/min)</th><th rowspan="2">功率(kW)</th><th rowspan="2">单位功率耗气量[L/(s·kW)]</th><th rowspan="2">空载A声级噪声(dB)</th><th rowspan="2">气管内径(mm)</th><th rowspan="2">清洁度(mg)</th><th rowspan="2">机重(kg)</th></tr>
<tr><th>钹形</th><th>碗形</th></tr>
<tr><td>100</td><td>100</td><td>—</td><td>≤13000</td><td>≥0.5</td><td>≤50</td><td rowspan="2">≤102</td><td rowspan="2">13</td><td rowspan="2">600</td><td rowspan="2">≤2.0</td></tr>
<tr><td>125</td><td>125</td><td rowspan="2">100</td><td>≤11000</td><td>≥0.6</td><td rowspan="2">≤48</td></tr>
<tr><td>150</td><td>150</td><td>≤10000</td><td>≥0.7</td><td>≤106</td><td rowspan="3">16</td><td rowspan="2">750</td><td>≤2.5</td></tr>
<tr><td>180</td><td>180</td><td rowspan="2">150</td><td>≤7500</td><td>≥1.0</td><td>≤46</td><td rowspan="2">≤113</td><td>≤3.5</td></tr>
<tr><td>200</td><td>205</td><td>≤7000</td><td>≥1.5</td><td>≤44</td><td>850</td><td>≤4.5</td></tr>
</table>

注：1. 配装砂轮的允许线速度，钹形砂轮应不低于 80m/s；碗形砂轮应不低于 60m/s。
2. 验收气压为 0.63MPa。
3. 机重不包括砂轮。

(3) 直柄式气动砂轮机(JB/T 7172—2006)

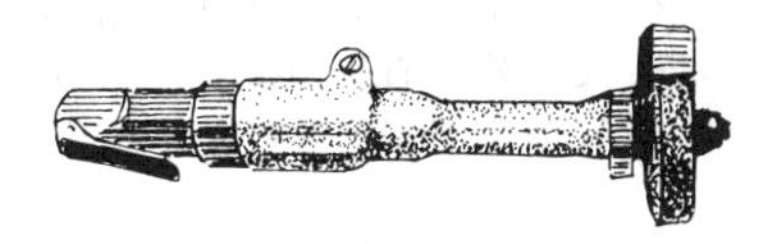

【用　　途】配用砂轮,用于修磨铸件的浇冒口、大型机件、模具及焊缝。如配用布轮,可进行抛光;配用钢丝轮,可清除金属表面铁锈及旧漆层。

【规　　格】

产品系列(mm)		40	50	60	80	100	150
工作气压(MPa)		0.63					
空载转速(r/min)≤		17500		16000	12000	9500	6600
负荷性能	主轴功率(kW)≥	—		0.36	0.44	0.73	1.14
	单位功率耗气量(L/s·kW)≤	—		36.27	36.95	36.95	32.87
A声级噪声(dB)≤		108		110	112		114
气管内径(mm)		6	10	13		16	
寿命(h)		200		250		300	
清洁度(mg),max		128	147	240	420	630	832
重量(不含砂轮,kg)≤		1.0	1.2	2.1	3.0	4.2	6

(4) 气动磨光机

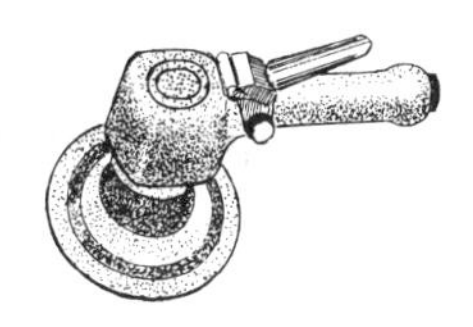

圆盘式(MG型)

平板摆动式(其余型号)

【其他名称】 气动砂光机。

【用　　途】 在打磨底板上粘贴不同粒度的砂纸或抛光布，对金属、木材等表面进行砂光、除锈、抛光等作业。在机床、汽车、拖拉机、造船、飞机、家具等制造业中应用广泛。

【规　　格】

型号	底板面积 (mm)	工作气压 (MPa)	空载转速 (r/min)	功率 (W)	耗气量 (L/min)	外形尺寸 (mm)	重量 (kg)
N3	102×204	0.5	7500	150	≤500	280×102×130	3
F66	102×204	0.5	5500	150	≤500	275×102×130	2.5
322	75×150	0.4	4000	1.0	≤400	225×75×120	1.6
MG	ϕ146	0.49	8500	0.18	≤400	250×70×125	1.8

(5) 气门研磨机

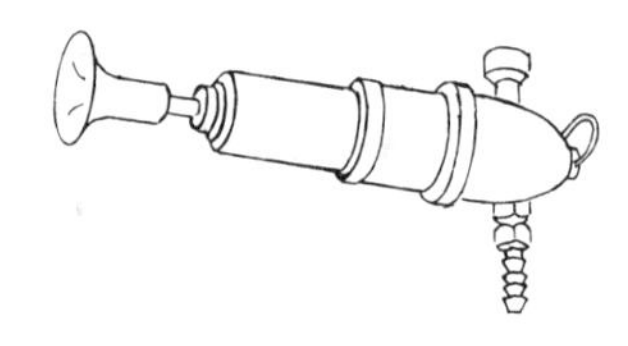

【用　　途】 棘轮式回转冲击机构带动工作头作上下回转运动，对预先放置磨砂的气门进行研磨。主要用于研磨柴油机、汽油机等内燃机的气门。

【规　　格】

型号	工作能力 (mm)	每分钟冲击次数	工作气压 (MPa)	柱塞行程 (mm)	外形尺寸 (mm)	重量 (kg)
H9-006	60	1500	0.3～0.5	6～9	250×145×56	1.3

注：工作能力指可研磨的气门大头最大直径。

(6) 气动水冷抛光机

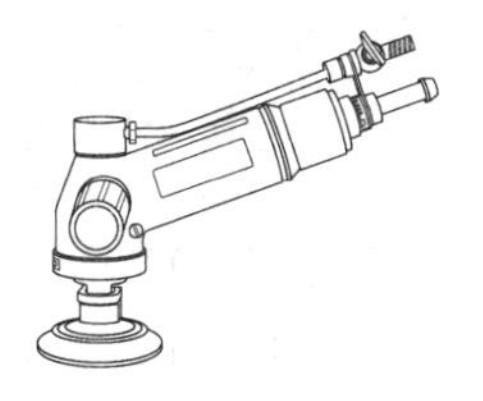

【用　　途】 本机具有边磨削、边进水冷却的功能。适用于水磨大理石、花岗石、机床等表面光整加工。

【规　　格】

型　号	最大磨片直径	气管内径	水管内径	空载转速 (r/min)	耗气量 (L/s)	重量 (kg)
	(mm)					
PG100J100S	100	13	8	11000	32	2

4. 装配作业气动工具

(1) 冲击式气扳机(JB/T 8411—2012)

【用　　途】 配用套筒,用于装拆六角头螺栓或螺母。广泛应用于汽车、拖拉机、机车车辆、柴油机、飞机等机器制造业的组装线,也常用于电站、桥梁施工、油田、煤田开发以及混凝土结构。

【规　　格】

产品系列	适用螺纹规格	拧紧扭矩 (N·m)	拧紧时间(s) ≤	负荷耗气量(L/s) ≤	A声级噪声(dB) ≤	气管内径	传动四方尺寸	减速机构 无	减速机构 有
(mm)						(mm)		重量(kg) ≤	
6	M5～M6	20	2	10	113	8	6.3	1.0	1.5
10	M8～M10	70	2	16	113	13	10	2.0	2.2
14	M12～M14	150	2	16	113	13	12.5	2.5	3.0
16	M14～M16	196	2	18	113	13	16	3.0	3.5
20	M18～M20	490	2	30	118	16	20	5.0	8.0
24	M22～M24	735	3	30	118	16	20	6.0	9.5
30	M24～M30	882	3	40	118	16	25	9.5	13
36	M32～M36	1350	5	25	118	13	25	12	12.7
42	M32～M42	1960	5	50	123	19	40	16	20
56	M45～M56	6370	10	60	123	19	40(63)	30	40
76	M58～M76	14700	20	75	123	25	63	—	—
100	M78～M100	34300	30	90	123	25	63	—	—

注：1. 验收气压为 0.63MPa。

2. 产品按结构分为端面冲击式、圆周冲击式和储能冲击式，以及普通型(具有减速机构)和高速型(无减速机构)；按手柄型式分为直柄式、枪柄式、环柄式和侧柄式。产品上设有便于悬挂使用的吊环，重量大于 5kg 的产品上附有辅助手柄。产品可根据需要制造成弯角型或板轴加长型。

3. 弯角型和板轴加长型产品的重量可在表中数值的基础上分别增加 15%和 7%。

4. 产品重量不包括机动扳手套筒、进气接头、辅助手柄、吊环等。

5. 括号内的尺寸尽可能不采用。

(2) 高速气扳机

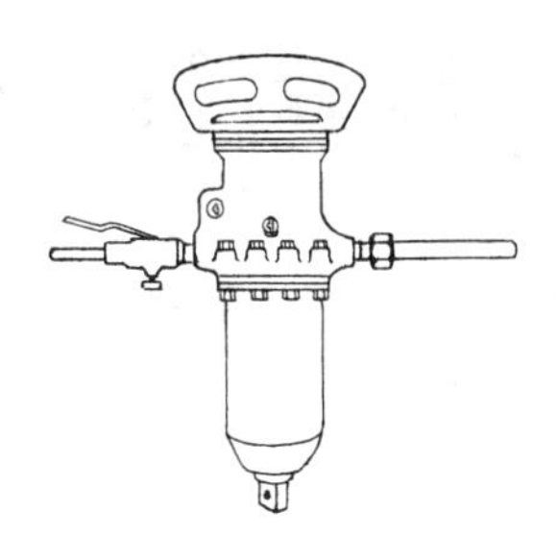

【用　　途】本产品采用了新的结构型式，具有转矩大、反转矩小、体积小、重量轻等优点。适用于发电厂、水电站、造船厂、化工厂、机车、锅炉等行业大型六角头螺栓或螺母的装拆作业。

【规　　格】型号：BG110。

拧紧螺栓直径(mm)：≤M100；

工作气压(MPa)：0.49～0.63；

空载转速(r/min)：4500；

空载耗气量(L/s)：116；

积累转矩(N·m)：36400；

边心距(mm)：105；

气管内径(mm)：25；

传动四方尺寸(mm)：63.5；

全长(mm)：688；

重量(kg)：60。

(3) 气动棘轮扳手

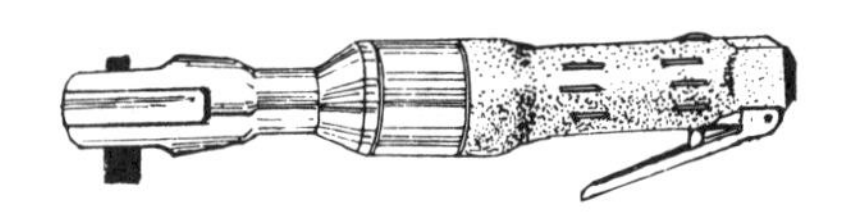

【用　　途】 用于装拆六角头螺栓或螺母，特别适用于在不易作业的狭窄场所使用。

【规　　格】 型号：BL10。

装拆螺栓规格(mm)：≤M10；

工作气压(MPa)：0.63；

空载转速(r/min)：120；

空载耗气量(L/s)：6.5；

外形尺寸(mm)：ϕ45×310；

重量(kg)：1.7。

注：需配用12.5mm六角套筒。

(4) 定转矩气扳机

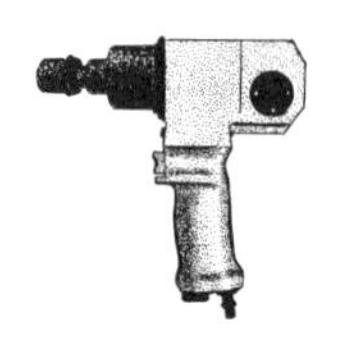

【其他名称】 静扭式气扳机。

【用　　途】 适用于机械、航空、航天、大型桥梁等行业对拧紧力矩有较高精度要求的六角头螺栓或螺母的装拆作业。

【规　　格】 型号：ZB10K。
适用螺纹(mm)：≤M10；
转矩(N·m)：70～150；
A声级噪声(dB)：≤92；
工作气压(MPa)：0.63；
空载转速(r/min)：7000；
空载耗气量(L/min)：900；
外形尺寸(mm)：197×220×55；
重量(kg)：2.6。

(5) 纯扭式气动螺丝刀(JB 5129—2004)

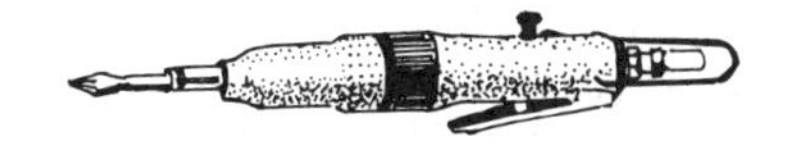

【用　　途】 配用一字形或十字形螺钉刀头，用于装拆各种带槽螺钉。

【规　　格】

<table>
<tr><th rowspan="2">产品系列</th><th rowspan="2">拧紧螺纹规格(mm)</th><th rowspan="2">扭矩范围(N·m)</th><th rowspan="2">空载耗气量(L/s)≤</th><th rowspan="2">空载转速(r/min)≥</th><th rowspan="2">空载A声级噪声(dB)≤</th><th colspan="2">机　重(kg)≤</th></tr>
<tr><th>直柄</th><th>枪柄</th></tr>
<tr><td>2</td><td>M1.6～M2</td><td>0.128～0.264</td><td>4.00</td><td rowspan="3">1000</td><td rowspan="2">93</td><td>0.50</td><td>0.55</td></tr>
<tr><td>3</td><td>M2～M3</td><td>0.264～0.935</td><td>5.00</td><td>0.70</td><td>0.77</td></tr>
<tr><td>4</td><td>M3～M4</td><td>0.935～2.300</td><td>7.00</td><td>98</td><td>0.80</td><td>0.88</td></tr>
<tr><td>5</td><td>M4～M5</td><td>2.300～4.200</td><td>8.50</td><td>800</td><td>103</td><td rowspan="2">1.00</td><td rowspan="2">1.10</td></tr>
<tr><td>6</td><td>M5～M6</td><td>4.200～7.220</td><td>10.50</td><td>600</td><td>105</td></tr>
</table>

注：1. 产品按旋向分为单向和双向。
2. 产品的六角传动孔与螺钉旋具的配合尺寸应符合 GB/T 3229 的规定。
3. 使用气压为0.63MPa。气管内径为6.3mm。

(6) 气动拉铆枪

【其他名称】 抽芯铆钉气动枪。

【用　　途】 用于单面铆接(拉铆)结构件上的抽芯铆钉。

【规　　格】 型号:QLM-1。
拉力(N):7200;
工作气压(MPa):0.63;
拉铆枪头孔径(mm):2,2.5,3,3.5;
适用抽芯铆钉直径(mm):2.4～5;
外形尺寸(mm):290×92×260;
重量(kg):2.25。

(7) 气动打钉机(JB/T 7739—2010)

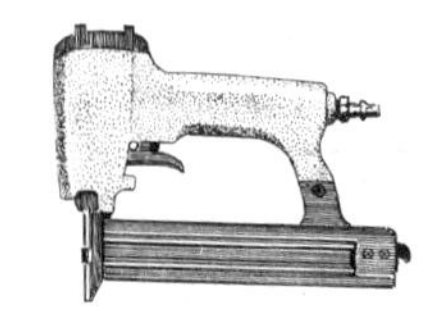

气动打钉机

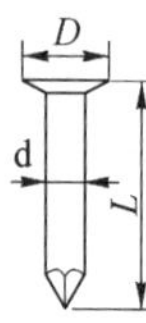

盘形钉 P

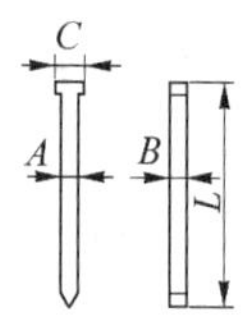

条形钉 T

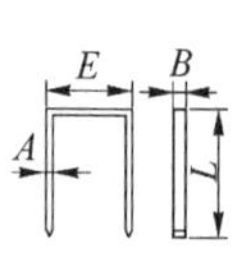

U 形钉 U

【用　　途】 用于对木材、皮革、塑料等材料的打钉、拼装等作业。打钉速度达每分钟 100 枚以上。广泛应用于制箱、包装、家具、装修、皮革、藤器和制鞋等行业,对使用手锤不易作业的部位施工有独特的优点,在流水线生产中也经常使用。产品按配用钉子分类有盘形钉(P)用、条形钉(T)用和 U 形钉(U)用 3 种型式。

【规　　格】

型　号	缸径	冲击能≥	清洁度≤	重量	钉子规格(mm)				
	mm	J	mg	kg	d / A	B	D / C	E	L
DDP45	44	10.0	440	2.5	3	—	8	—	22～45
DDP80	52	40.0	450	4	3	—	10	—	20～80
DDT30	27	2.0	280	1.3	1.1	1.3	1.9	—	10～30
DDT32	27	2.0	280	1.2	1.05	1.26	2	—	6～32
DDU14	27	1.4	200	1.2	0.6	1	—	10	14
DDU16	27	1.4	200	1.2	0.6	1	—	12.7	16
DDU22	27	1.4	200	1.2	0.56	1.16	—	5.1	10～22
DDU22A	27	1.4	200	1.2	0.56	1.16	—	11.2	6～22
DDU25	27	2.0	200	1.1	0.56	1	—	12	10～25
DDU40	45	10.0	400	4	1	1.26	—	8.5	40

注：1. 型号中第3个字母，表示采用钉子的型号。
2. 验收气压均为0.63MPa。
3. 气管内径均为8mm。
4. 钉子规格为产品所允许使用的最大尺寸。

(8) 气动冷压接钳

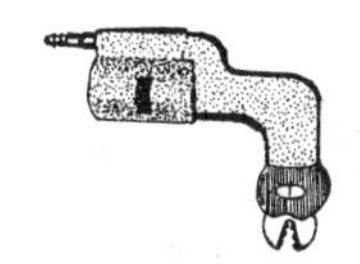

【用　　途】用于冷压连接导线与接线端子(冷压连接是将导线和端子经一定形状的模腔挤压，产生一定比率的塑性变形而紧密结合成一体)。广泛应用于电器、电子、电信等行

业，也适用于机床、汽车、冶金、铁路、船舶、航天、轻工、家电等行业。

【规　　格】

型　　号	缸体直径 (mm)	钳口规格 (mm^2)	工作气压 (MPa)	气管内径 (mm)	重　　量 (kg)
XCD2	60	0.5～10	0.63	10	2.2

5. 铲锤气动工具

(1) 气　　铲(JB/T 8412—2006)

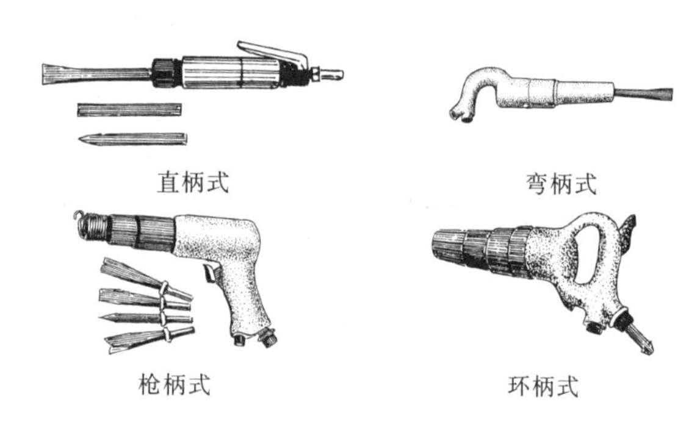

直柄式　弯柄式

枪柄式　环柄式

【其他名称】 气铲气铆机。

【用　　途】 用于铸件清砂及铲除毛边、浇冒口、披锋、电焊焊缝去渣、平整焊缝和开坡口、冷铆铝质或钢质铆钉、砖墙或混凝土开口、岩石制品修整外形等。

【规　　格】

产品规格	机重* (kg)	冲击能量 (J) ≥	耗气量 (L/s) ≤	冲击频率 (Hz) ≥	A声级噪声 (dB) ≤	气管内径 (mm)	气铲尾柄 (mm)	清洁度 (mg) ≤
2	2	2	7	50	103	10	ϕ10×41	150
		0.7		65			□12.7	
3	3	5	9	50			ϕ17×48	200
5	5	8	19	35	116	13	ϕ17×60	260
6	6	14	15	20				300
		15	21	32	120			
7	7	17	16	13	116			350

注：1. 手柄结构有直柄、弯柄、枪柄、环柄等形式。
　　2. 产品最低寿命均为400h。
　　3. 工作气压为0.63MPa。
　　4. * 指机重应在指标值的±10%之内。

(2) 气　　镐(JB/T 9848—2011)

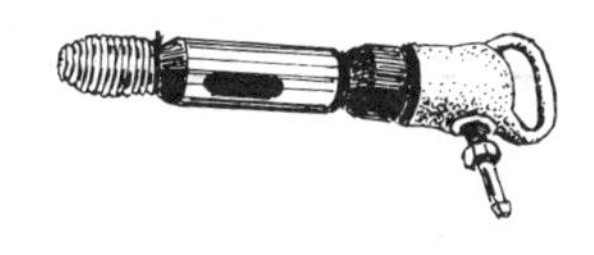

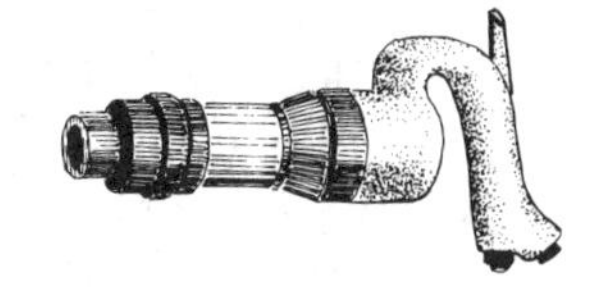

【用　　途】 用于截断煤层，打碎软岩石，破碎混凝土层路面、冻土与冰层，以及土木工程中凿洞、穿孔。

【规　　格】

产品规格	机重 (kg)	冲击能量 (J) ≥	耗气量 (L/s) ≤	冲击频率 (Hz) ≥	A声级噪声 (dB) ≤	气管内径 (mm)	镐钎尾柄规格 (mm)	清洁度 (mg) ≤
8	8	30	20	18	116	16	ϕ25×75	400
10	10	43	26	16	118			530
20	20	55	28	16	120	16	ϕ30×87	680

注：1. 机重的误差不应超过表中数值的±10%。
　　2. 工作气压为0.63MPa。

(3) 气动捣固机(JB/T 9849—2011)

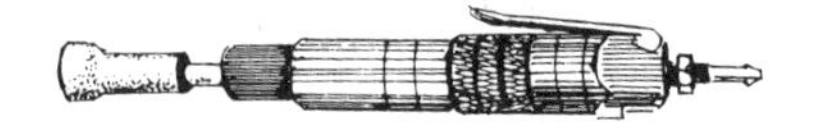

【用　　途】 用于中型铸件砂型的捣固,以保证铸件的外观质量,也可用于捣实混凝土及砖坯。

【规　　格】

规格	重量(kg) ≤	耗气量(L/s) ≥	冲击频率(Hz) ≥	活塞工作行程 (mm)	气管内径 (mm)	A声级噪声(dB) ≤	清洁度(mg) ≤
2	3	7	18	55	10	105	250
		9.5	16	80			
4	5	10	15	90	13	109	300
6	7	13	14	100			450
9	10	15	10	120		110	530
18	19	19	8	140			800

注:1. 工作气压为0.63MPa。
　　2. 产品最低寿命均为300h。

(4) 气动铆钉机(JB/T 9850—2010)

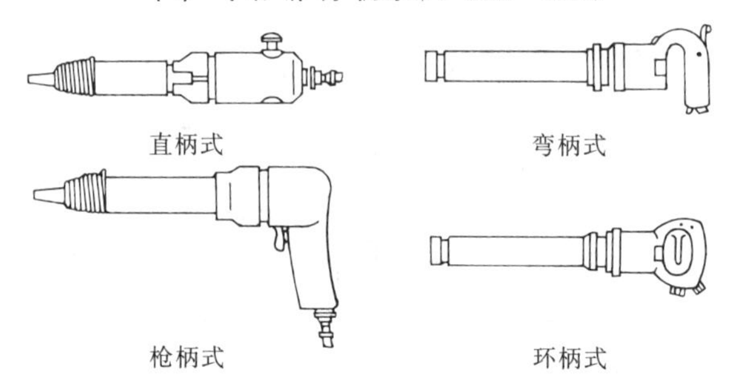

直柄式　　弯柄式

枪柄式　　环柄式

【用　　途】 主要用于金属结构件上铆接钢铆钉(如 20 钢)或硬铝铆钉(如 2A10 硬铝)。如在桥梁、桁架、矿车等上热铆钢铆钉;或在薄壁壳体,铝、镁等轻合金机件上冷铆硬铝铆钉;也可用于其他冲击作业。

【规　　格】

产品规格	铆钉直径 冷铆硬铝 (mm)	铆钉直径 热铆钢 (mm)	窝头尾柄 (mm)	气管内径 (mm)	冲击能 (J) ≥	冲击频率 (Hz) ≥	耗气量 $\left(\frac{L}{s}\right)$ ≤	A 声级噪声 (dB) ≤	清洁度 (mg) ≤	重量 (kg) ≤
4	4	—	10×32	10	2.9	35	6.0	114	105	1.2
					4.3	24	7.0			1.5
5	5	—	12×45	12.5	4.3	28	7.0			1.8
6	6	—			9.0	13	9.0	116	200	2.3
					9.0	20	10			2.5
12	8	12	17×60		16	15	12		260	4.5
16	—	16	31×70	16	22	20	18	118	340	7.5
19	—	19			26	18	18			8.5
22	—	22			32	15	19		400	9.5
28	—	28			40	14	19			10.5
36	—	36			60	10	22		500	13.0

注:1. 验收气压为 0.63MPa。

2. 冷铆硬铝牌号为 CY10,热铆钢牌号为 2C。

(5) 气动除渣器

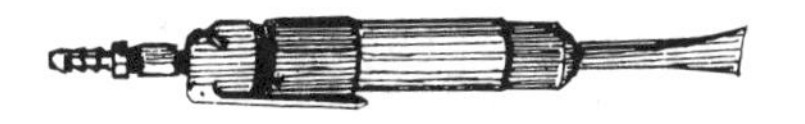

【用　　途】 广泛应用于船舶、机车、桥梁、锅炉、化工容器、金属结构件等具有大量焊缝的场合,除去结构件表面上的焊渣及飞溅渣物。

【规　　格】

型　　号	工作气压(MPa)	每分钟冲击次数	全　长(mm)	气管内径(mm)	重　量(kg)
CZ-25	0.5～0.6	4200	236	8	1.5

注：使用时管路长度不得大于10m。

(6) 气动针束除锈器

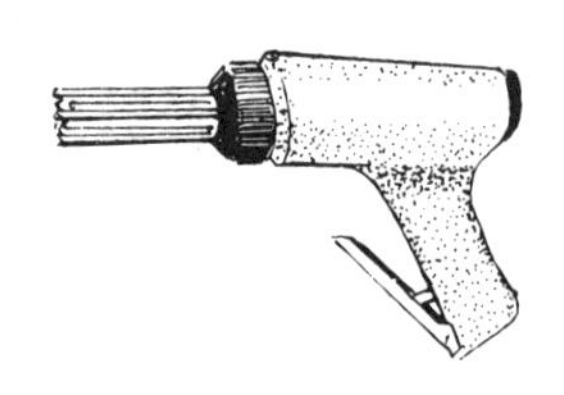

【用　　途】适用于对各类结构件凹凸表面除锈作业，还可用于清除焊件上的焊渣及飞溅渣物，修凿或清理岩石和混凝土以及铸件清砂等作业。

【规　　格】型号：XCD2。
除锈针(mm)：$\phi2\times29$；
工作气压(MPa)：0.63；
冲击频率(Hz)：≥60；
耗气量(L/s)：≤5；
气管内径(mm)：10；
全长(mm)：270；
重量(kg)：2。

(7) 冲击式气动除锈器

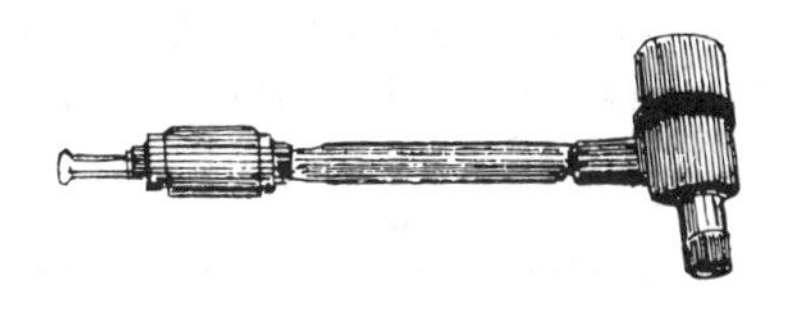

【用　　途】 用于船舶、锅炉、金属结构等除锈，尤其适于深坑处除锈。

【规　　格】

型　号	工作气压 (MPa)	冲击频率 (Hz)	耗气量 (L/min)	活塞直径 (mm)	气管内径 (mm)	全长 (mm)	重量 (kg)
ZHXC2	0.63	45	330	30	13	350	2.4
ZHXC2-W						450	2.5

(8) 手持式凿岩机

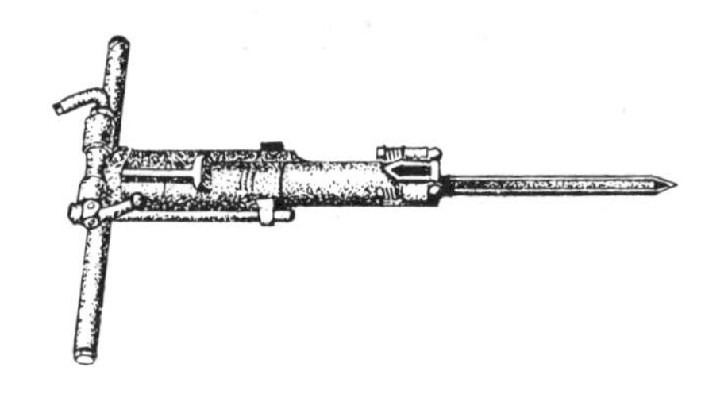

【用　　途】 Y26、Y19 和 Y19A 型凿岩机主要用于矿山、铁路、水利及石方工程中的钻凿炮孔及二次爆破作业等，可对中硬或坚硬岩石进行干式、湿式凿岩，向下钻凿垂直或倾斜炮孔。Y3 型凿岩机主要用于打架线眼及楼房建筑中安装膨胀螺栓、地脚螺栓和架设管线时对岩石、砖墙、混凝土构件等钻凿小孔。

【规　　格】

型　　号	Y26	Y19，Y19A	Y3
重　　量(kg)	26	19	4.5
外形尺寸(mm)	650×543×125	600×534×106	355×178×76
气管内径(mm)	19	19	13
水管内径(mm)	13	13	—
钎尾规格(mm)	B22×108	B22×108	—
工作气压(MPa)	0.4	0.5	0.4
冲击能(J)	30	40	2.5
冲击频率(Hz)	23	35	48
耗气量(L/min)	2820	2580	—

注：Y3 型配用钻头直径(mm)：12，16，18，22，28。

(9) 气动破碎机

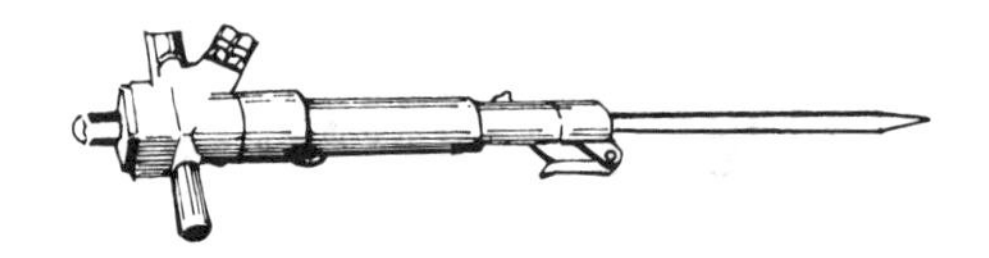

【用　　途】 主要用于筑路及安装工程中破碎混凝土和其他坚硬物体。

【规　　格】

型　号	工作气压 (MPa)	冲击能 (J)	冲击频率 (Hz)	耗气量 (L/min)	气管内径 (mm)	全长 (mm)	重量 (kg)
B87C	0.63	100	18	3300	19	686	39
B67C	0.63	40	25	2100	19	615	30
B37C	0.63	26	29	960	16	550	17

(10) 气　　锹

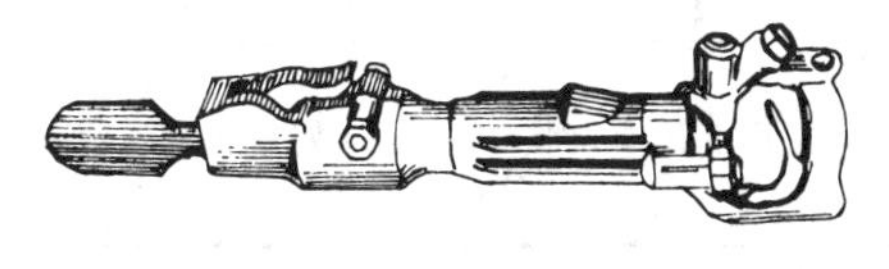

【用　　途】 主要用于筑路、开挖冻土层等施工作业。

【规　　格】 型号:SP27E。

工作气压(MPa):0.63；　耗气量(L/min):1500；

冲击频率(Hz):35；　冲击能(J):22；

气管内径(mm):13；　全长(mm):22.4×8.25；

钎尾规格(mm):22.4×8.25；　重量(kg):11.2。

(11) 多用途气锤

【其他名称】 气动铆钉枪。

【用　　途】 用于铆接、推锯、铸件清砂,还适用于清除焊渣,常用于船舶、机械、金属结构件等制造行业。

【规　　格】

型　号	气缸直径 (mm)	每分钟冲击次数	工作气压 (MPa)	气管内径 (mm)	耗气量 (L/s)	重　量 (kg)
8KM	24	2800	0.5	ϕ16	450	2.75

(12) 气动石面修凿机

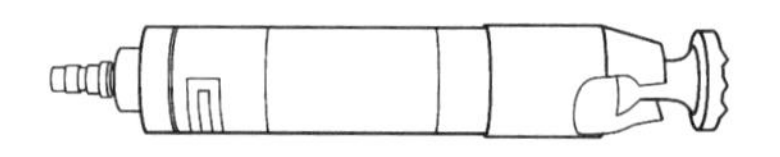

【用　　途】 适用于石材表面修凿、溅斑。如雕塑石像及加工各种石器。

【规　　格】

型　　号	XZ10	XZ15	XZ20	XZ20A
冲击频率(Hz)	125	120	115	115
缸体直径(mm)	15	19	25	25
气管内径(mm)	10	10	10	10
重量(kg)	0.85	1.2	1.7	2.0

(13) 消防抢险专用气铲

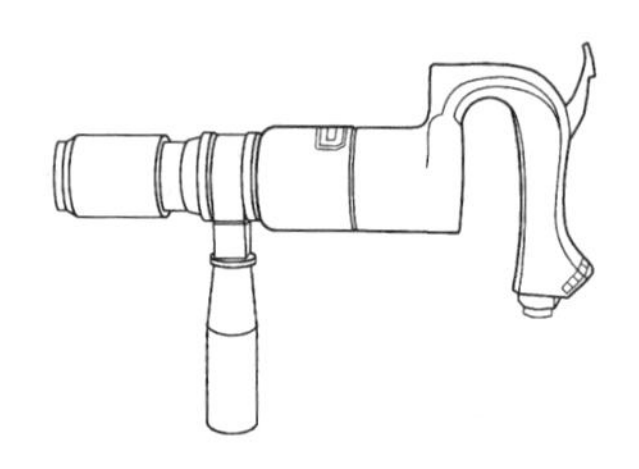

【用　　途】 适用于消防抢险时冲切防盗铁门、交通突发事故时抢险冲切车门等金属薄壁制件。

【规　　格】

冲击频率 (Hz)	缸体直径 (mm)	冲切厚度 (mm)	耗气量 (L/s)	进气接口 (mm)	重量 (kg)
≥45	24	≤2	≤12	9.5	3.5

6. 其他气动工具

(1) 气动搅拌机

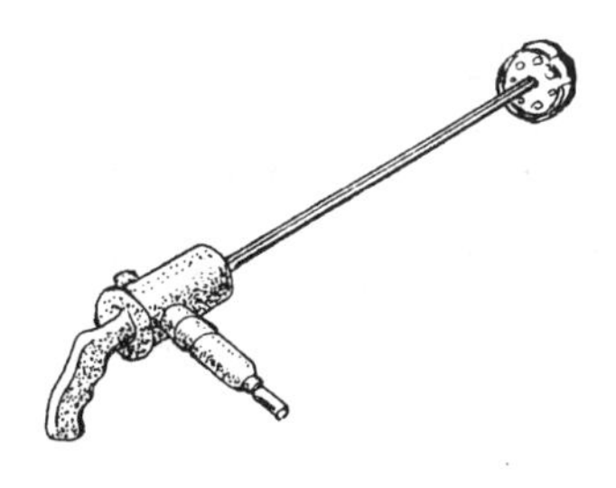

【用　　途】 适用于调和搅拌各种油漆、纸浆、染料、涂料和乳剂。由于其动力为压缩空气，无火灾隐患，特别适合于搅拌具有挥发性和可燃性的油漆或涂料。

【规　　格】 型号：TJ3。

工作气压(MPa)：0.63；　功率(kW)：0.5；

空载耗气量(L/s)：22；　搅拌轮直径(mm)：100；

空载转速(r/min)：2000；重量(kg)：3；

气管内径(mm)：13。

(2) 气动充气枪

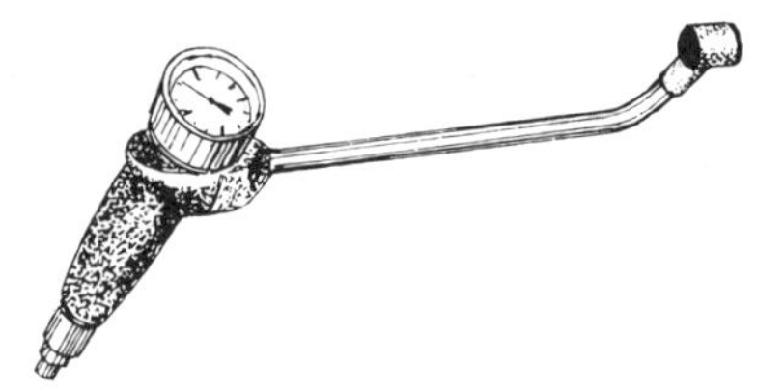

【用　　途】用于对汽车、拖拉机轮胎和橡皮艇、救生圈等充入压缩空气。手柄上的压力表供测定充气压力用。

【规　　格】

型　　号	工作气压(MPa)	外形尺寸(mm)	重量(kg)
CQ	0.4～0.8	280×168	0.47

(3) 气动吹尘枪

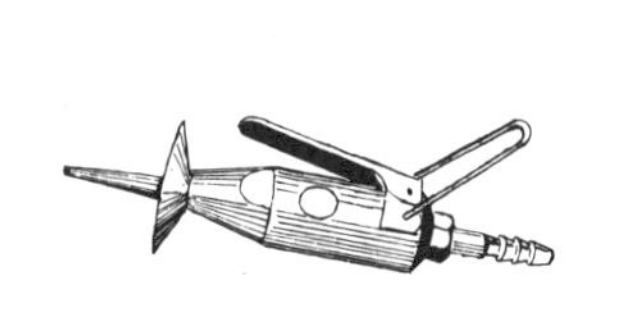

CC 型

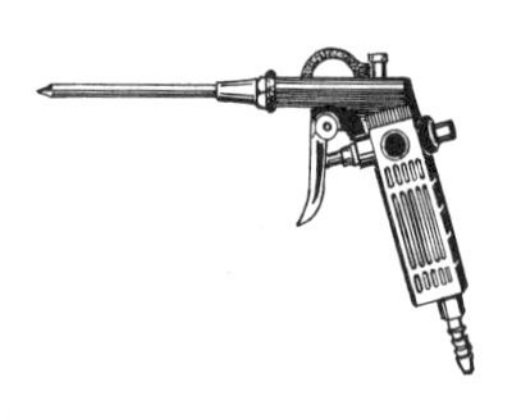

TCQ2 型

【用　　途】用于清除机械零部件型腔内及一般内外表面的污物或切屑，对边角、缝隙等敞开性不好的部位尤为适用，也可用于清理工作台、机床导轨等。

【规　　格】

型　　号	工作气压 (MPa)	耗气量 (L/s)	气管内径 (mm)	重　　量 (kg)
CC	0.2～0.49	3.7	—	0.19
TCQ2	0.63	8	10	0.15

(4) 气动吸尘器

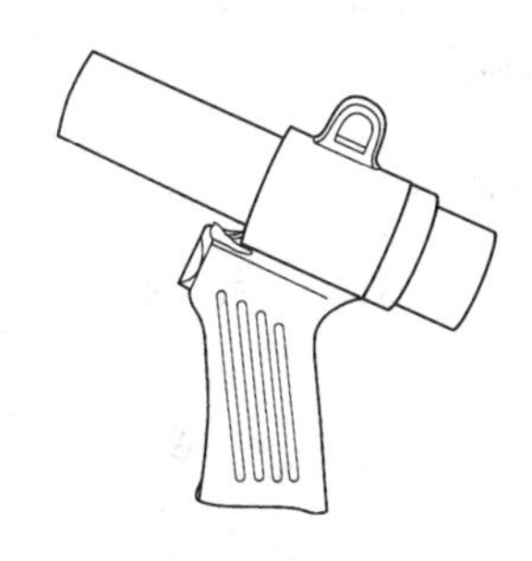

【用　　途】适用于吸除灰尘、铁屑等脏物，也可用于吸取钢球、铜嵌件之类细小零件。在狭小地方尤显方便，是流水线上的辅助工具之一。

【规　　格】

耗气量 (L/s)	真空度 (Pa)	全长 (mm)	重量 (kg)
10	>7500	145	0.35

(5) 气动洗涤枪

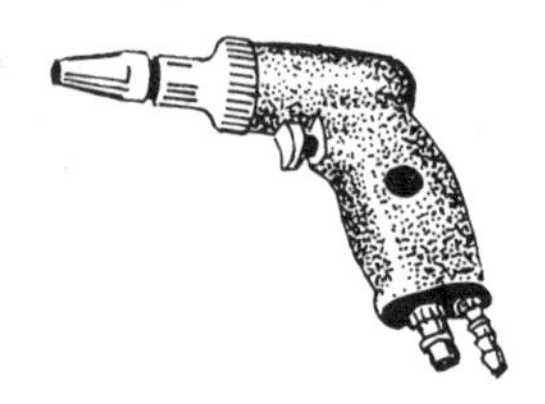

【其他名称】 清洗喷枪。

【用　　途】 用于喷射一定压力的水及洗涤剂,以清洗物体表面上的各种污垢。适用于飞行器、汽车、拖拉机、工程机械、机械零件等的清洗及建筑物表面上积尘的冲洗。

【规　　格】 型号:XD。

工作气压(MPa):0.3～0.5；　重量(kg):0.56。

(6) 气　动　泵

【用　　途】 适用于造船、煤矿、电站、化工、建筑等行业排除污水、积水、污油,是易燃、易爆等恶劣工作环境的理想工具。

【规　　格】

型　号	工作能力		空载转速	负荷耗气　量	气管内径	排水螺纹	高度	重量
	扬程 (m)	流量 (L/min)	(r/min)	(L/s)	(mm)			(kg)
TB335A	≥20	≥335	≤6000	≤50	13	M85×4	500	17
TB335B				≤45			390	13

注：工作气压为 0.49MPa。

(7) 气动抽液器

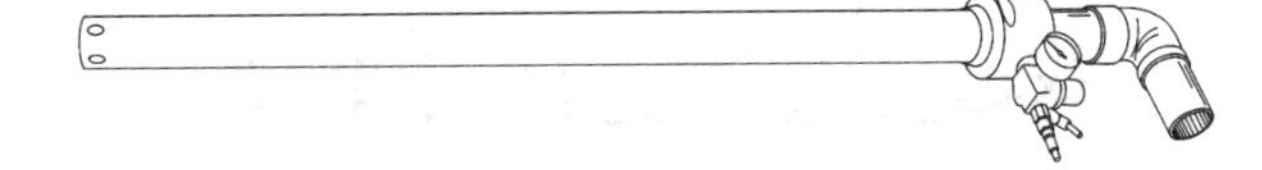

【用　　途】 适用于抽取易燃、易爆、挥发性强的油类或溶剂。

【规　　格】

型　号	气源压力 (MPa)	桶内工作压力 (MPa)	安全阀工作压力 (MPa)	气管内径 (mm)	输出口外径 (mm)
CY-1	0.1	≤0.025	≤0.03	8	24
CY-2					46.8

(8) 气动高压注油器

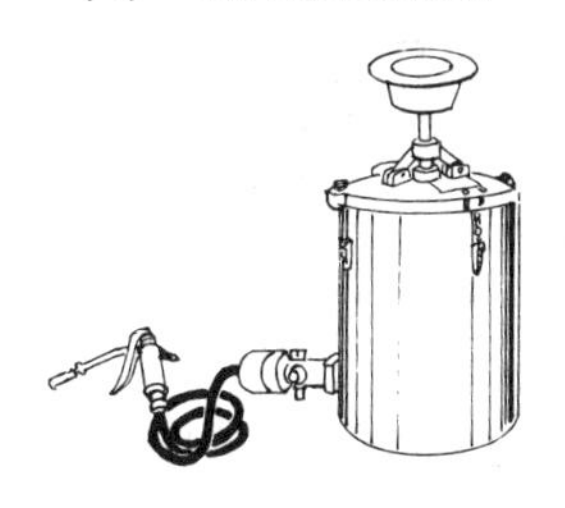

【用　　途】以压缩空气为动力，用于对汽车、拖拉机、石油钻井以及各种机床、动力机械加注锂基脂、钠基脂、钙基脂等粘度大的润滑脂。

【规　　格】型号：GZQ-2。

气缸直径(mm)：70；　工作气压(MPa)：0.5～0.7；
输出压力(MPa)：30；　压力比(不计损耗)：50∶1；
排油方式：双向作用；　每分钟往复次数：0～180；
行程(mm)：35；　外形尺寸(mm)：250×150×880；
重量(kg)：10.5；　输油量(L/min)：0～0.85。

(9) 气　刻　笔

【用　　途】用于在玻璃、陶瓷、金属、塑料等材料表面上刻字和刻线。广泛应用于工艺、雕刻、考古和机械等专业。

【规　　格】

型号	刻写深度(mm)	空载频率(Hz)	工作气压(MPa)	耗气量(L/min)	A声级噪声(dB)	外形尺寸(mm)	重量(kg)
KB	0.1～0.3	216	0.49	20	80	ϕ12×145	0.07

(10) 喷　砂　枪

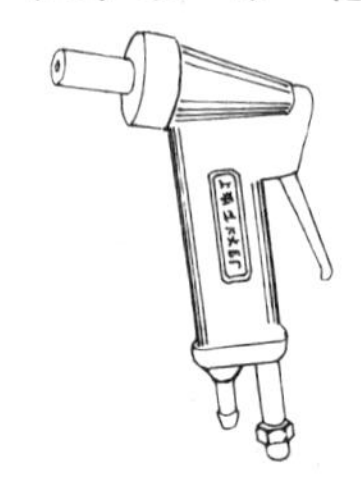

【用　　途】用以喷射石英砂，作工件喷涂或焊接前的表面净化或毛化预处理，也可用于除漆、焊缝除锈、制作毛化玻璃和其他工件的喷毛处理。

【规　　格】型号：FC1-6.5。
工作气压(MPa)：0.6；　耗气量(L/min)：1000～1500；
石英砂规格(目)：≤4；　喷砂效率(kg/h)：40～60；
重量(kg)：1。

(11) 压力式喷砂机

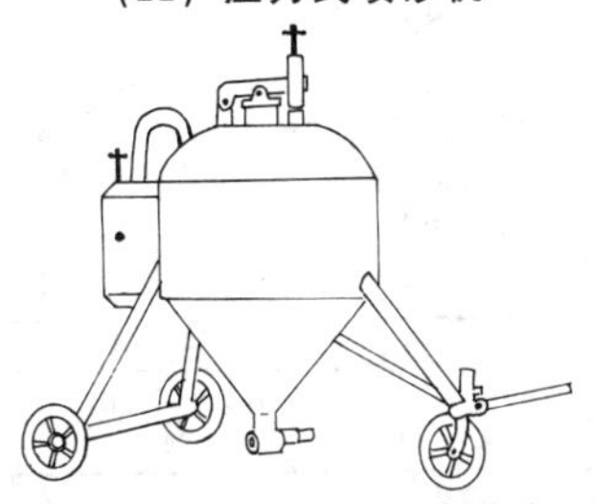

【用　　途】以压缩空气为动力，将铁砂、陶瓷砂、石英砂以高速喷射到需喷(焊)的工件表面，进行清洁、毛化预处理，也可用于除漆、焊缝除锈、制作毛化玻璃和其他工件的喷毛处理。

【规　　格】型号：FC2-8。
工作气压(MPa)：0.5～0.6；
砂嘴直径(mm)：6～8；
耗气量(L/min)：4000～5000；
石英砂规格(目)：≤4；
射吸量(kg/h)：500～700；
外形尺寸(mm)：1400×900×1000；
砂筒容积(m^3)：1；
重量(kg)：300。

(12) 气动封箱机

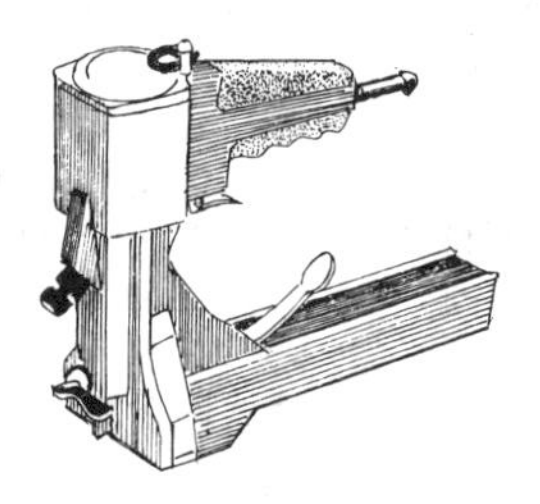

【用　途】用于各种纸箱和钙塑箱封口。广泛应用于陶瓷、水果、罐头、食品、仪器、仪表、五金交电、文教用品、洗涤剂、针织品等产品的包装。

【规　格】

型　号	工作气压(MPa)	封　箱　钉　选　用	
		单瓦楞纸箱	双瓦楞纸箱
AB-35	0.4～0.63	16 型钉	19 型钉

注：封箱钉尺寸(mm)：

型　号	钉脚跨度	钉脚长	钉子宽度
16	35	16	2.35
19	35	19	2.35

(13) 气动圆锯

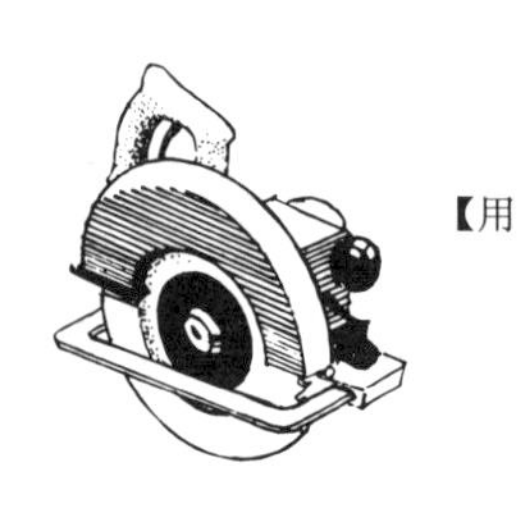

【用　途】主要用于切割木材，也可用于切割与木材硬度相近的胶合板、石棉板及塑料板等。

【规　　格】 进口产品。

锯片规格(mm)	转　速(r/min)	工作气压(MPa)	耗气量(L/min)	锯割深度(mm)	切割角度
180	4500	0.65	228	60	45°

(14) 气动曲线锯

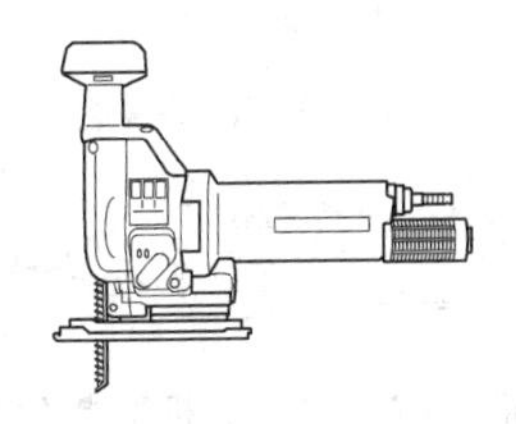

【用　　途】 用于直线或曲线切割软钢、有色金属、塑料板材及木板。

【规　　格】

输出功率(W)	拉锯率(r/min)	切割厚度≤(mm)	负　载耗气率(L/s)	气管内径(mm)	重量(kg)
400	2200	塑料 30,铝材 15,软钢 10,木材 85	12	10	1.8

(15) 气动混凝土振动器

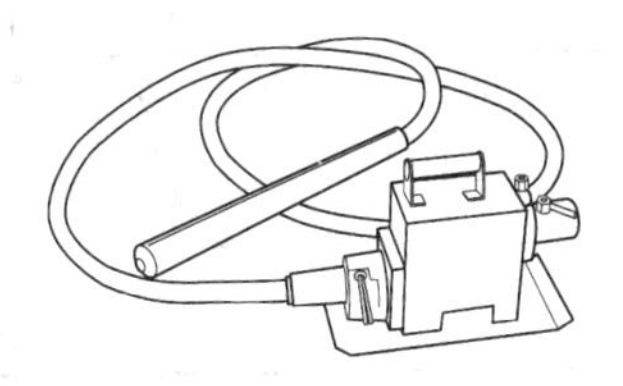

【用　　途】 适用于捣固混凝土密实。在矿井、潮湿环境中使用,更为

方便、安全。

【规　　格】

振动频率(Hz)	耗气量(L/s)	气管内径(mm)	重量(kg)
200	37	16	22

注：振动棒直径为50mm，与电动插入式混凝土振动器的振动棒通用。重量不含振动棒重量。

(16) 气动马达

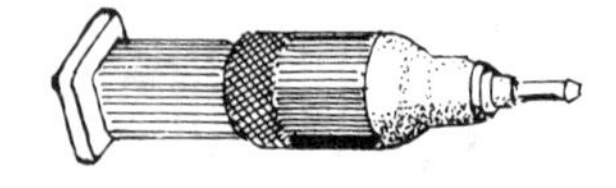

【用　　途】将压缩空气转换成回转机械能的气动机械。有独立外壳，可以单独使用，也可以供改装其他气动工具用。

【规　　格】

型　号	额定功率(kW)	空载转速(r/min)	耗气量(L/s)	额定扭矩(N·m)	气管内径(mm)	全长(mm)	重量(kg)
TMY-02	0.16	500	13.5	4.2	8	210	
TMY-03	0.28	260	22	13	13	160	
TMY-04	0.4	12000	22	0.7	10	170	1.2
TMY-05	0.5	120	30	92	13	310	4
TMY-06	0.6	12000	30	0.86	13		
TMY-06A	0.65	220	30	27	13	235	3
TMY-07	0.7	500	30	28	13	280	3.6
TMY-09	0.86	2100	30	6	13	260	3.2
TMY-10	1.00	86	40	135	13		

注：工作气压为0.63MPa。

第十八章　起重及液压工具

1. 钢丝绳用套环

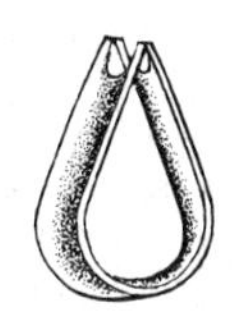

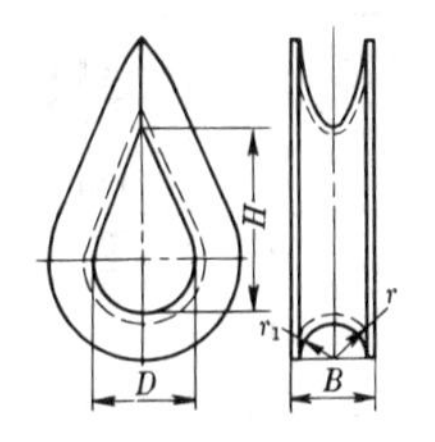

型钢套环(市场产品)

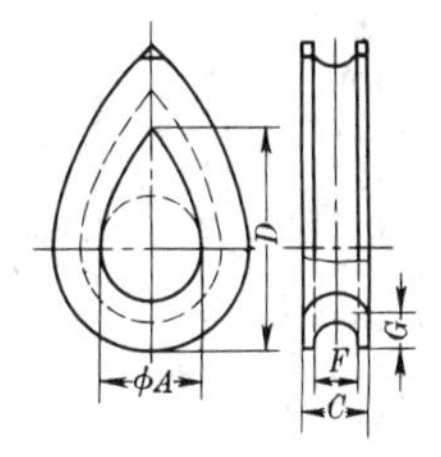

普通套环(标准产品)

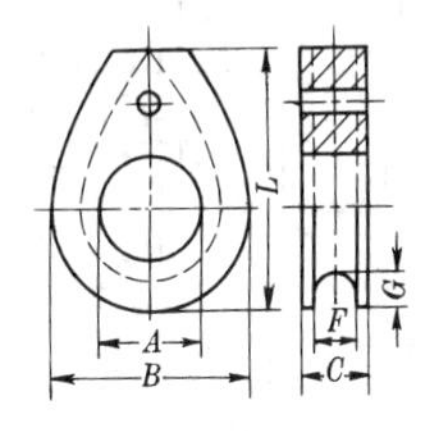

重型套环(标准产品)

【其他名称】 索具套环、三角圈。

【用　　途】 钢丝绳的固定连接附件。钢丝绳与钢丝绳或其他附件间连接时,钢丝绳一端嵌在套环的凹槽中,形成环状,保护钢丝绳弯曲部分受力时不易折断。

【规　　格】

(1) 标准产品(GB/T 5974.1、5974.2—2006)												
公称尺寸	槽宽 F		侧面宽度 C	槽深 G ≥		孔径 A	孔高 D	宽度 B	高度 L	每件重量	
	最大	最小		普通	重型		普通		重型	普通	重型
(mm)										(kg)	
6	6.9	6.5	10.5	3.3	—	15	27	—	—	0.032	—
8	9.2	8.6	14.0	4.4	6.0	20	36	40	56	0.075	0.08
10	11.5	10.9	17.5	5.5	7.5	25	45	50	70	0.150	0.17
12	13.8	13.6	21.0	6.6	9.0	30	54	60	84	0.250	0.32
14	16.1	15.1	24.5	7.7	10.5	35	63	70	98	0.393	0.50
16	18.4	17.2	28.0	8.8	12.0	40	72	80	112	0.605	0.78
18	20.7	19.5	31.5	9.9	13.5	45	81	90	126	0.867	1.14
20	23.0	21.6	35.0	11.0	15.0	50	90	100	140	1.205	1.41
22	25.3	23.7	38.5	12.1	16.5	55	99	110	154	1.563	1.96
24	27.6	25.8	42.0	13.2	18.0	60	108	120	168	2.045	2.41
26	29.9	28.1	45.5	14.3	19.5	65	117	130	182	2.620	3.46
28	32.2	30.2	49.0	15.4	21.0	70	126	140	196	3.290	4.30
32	36.8	34.4	56.0	17.6	24.0	80	144	160	224	4.854	6.46
36	41.4	38.8	63.0	19.8	27.0	90	162	180	252	6.972	9.77
40	46.0	43.0	70.0	22.0	30.0	100	180	200	280	9.624	12.94
44	50.6	47.4	77.0	24.2	33.0	110	198	220	308	12.808	17.02
48	55.2	51.6	84.0	26.4	36.0	120	216	240	336	16.595	22.75
52	59.8	56.0	91.0	28.6	39.0	130	234	260	364	20.945	28.41
56	64.4	60.2	98.0	30.8	42.0	140	252	280	392	26.310	35.56
60	69.0	64.4	105	33.0	45.0	150	270	300	420	31.396	48.35

注：1. 套环的公称尺寸，即该套环适用的钢丝绳最大直径。

2. 套环的最大承载能力，普通套环(GB/T 5974.1—2006)应不低于公称抗拉强度为1770MPa圆股钢丝绳最小破断拉力的32%，重型套环(GB/T 5974.2—2006)应不低于公称抗拉强度为1870MPa圆股钢丝绳最小破断拉力。

(2) 市场产品(型钢套环)									
套环号码	适用钢丝绳公称直径	套环尺寸			套环号码	适用钢丝绳公称直径	套环尺寸		
		槽宽 B	孔宽 D	孔高 H			槽宽 B	孔宽 D	孔高 H
	(mm)					(mm)			
0.1	6.5(6)	9	15	26	1.7	21.5(22)	27	55	88
0.2	8	11	20	32	1.9	22.5(24)	29	60	96
0.3	9.5(10)	13	25	40	2.4	28	34	70	112
0.4	11.5(12)	15	30	48	3.0	31	38	75	120
0.8	15.0(16)	20	40	64	3.8	34	48	90	144
1.3	19.0(20)	25	50	80	4.5	37	54	105	168

注：1. 将套环号码乘上 9807,即等于该号码套环的许用负荷值(N)。例:号码为 0.1 的套环,其许用负荷为 981N。

2. 适用钢丝绳公称直径栏中括号内的数字为过去习惯称呼的直径。

2. 索具卸扣

【其他名称】 卸扣、卸甲。

【用　　途】 连接钢丝绳或链条等用。其特点是装卸方便,适用于冲击性不大的场合。弓形卸扣开裆较大,适用于连接麻绳、白棕绳等。

【规　　格】

(1) 标准产品——一般起重用卸扣

(JB 8112—1999)

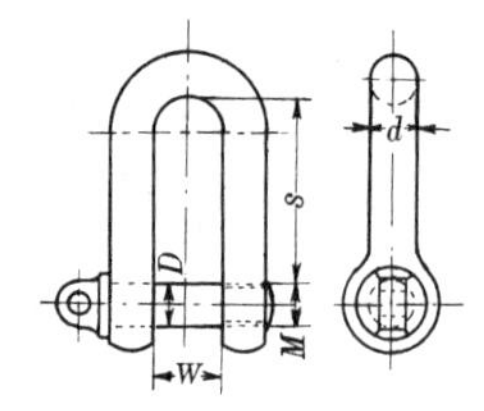

D形卸扣

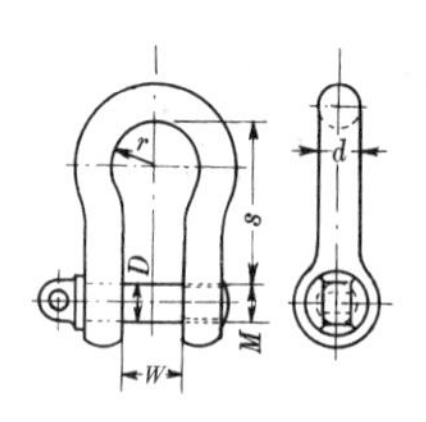

弓形卸扣

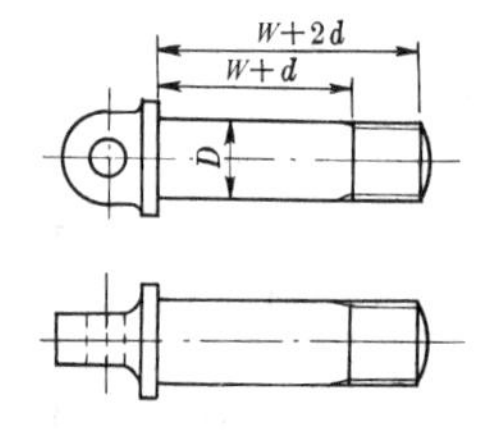

W型:带环眼和台肩的螺纹销轴

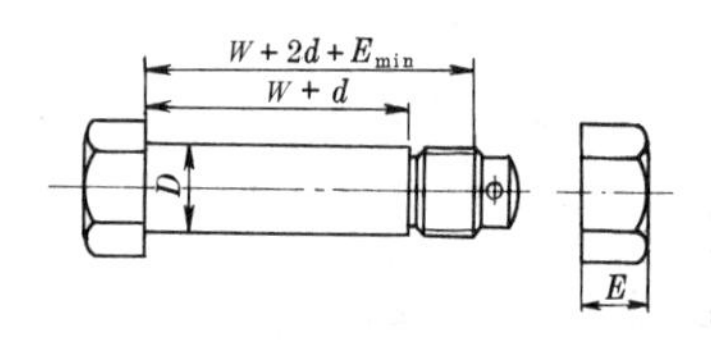

X型:六角螺栓和六角头螺母组成的销轴

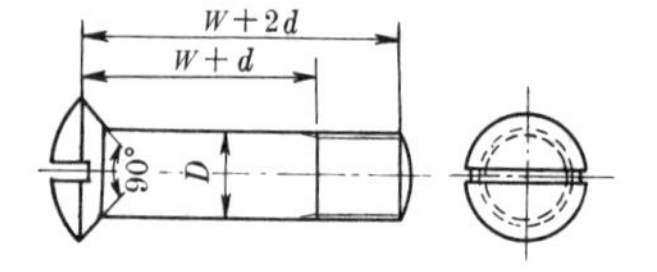

Y型:沉头螺钉式销轴

销轴的几种型式

(1) D形卸扣规格							
起　重　量　(t)			主　要　尺　寸　(mm)				
M(4)	S(6)	T(8)	*d*	*D*	*S*	*W*	M
—	—	0.63	8	9	18	9	M9
—	0.63	0.80	9	10	20	10	M10
—	0.8	1	10	11.2	22.4	11.2	M11
0.63	1	1.25	11.2	12.5	25	12.5	M12
0.8	1.25	1.6	12.5	14	28	14	M14
1	1.6	2	14	16	31.5	16	M16
1.25	2	2.5	16	18	35.5	18	M18
1.6	2.5	3.2	18	20	40	20	M20
2	3.2	4	20	22.4	45	22.4	M22
2.5	4	5	22.4	25	50	25	M25
3.2	5	6.3	25	28	56	28	M28
4	6.3	8	28	31.5	63	31.5	M30
5	8	10	31.5	35.5	71	35.5	M35
6.3	10	12.5	35.5	40	80	40	M40
8	12.5	16	40	45	90	45	M45
10	16	20	45	50	100	50	M50
12.5	20	25	50	56	112	56	M56
16	25	32	56	63	125	63	M62
20	32	40	63	71	140	71	M70
25	40	50	71	80	160	80	M80
32	50	63	80	90	180	90	M90
40	63	—	90	100	200	100	M100
50	80	—	100	112	224	112	M110
63	100	—	112	125	250	125	M125
80	—	—	125	140	280	140	M140
100	—	—	140	160	315	160	M160

注：M(4)、S(6)、T(8)为卸扣强度级别，在卸扣标记中可用 M、S、T 或 4、6、8 表示。例：销轴为 W 型，起重量为 20t 的 M(4)级 D 形卸扣的标记：卸扣 M-DW20　JB 8112—1999

(2) 弓形卸扣规格								
起　重　量　(t)			主　要　尺　寸　(mm)					
M(4)	S(6)	T(8)	*d*	*D*	*S*	*W*	2*r*	M
—	—	0.63	9	10	22.4	10	16	M10
—	0.63	0.8	10	11.2	25	11.2	18	M11
—	0.8	1	11.2	12.5	28	12.5	20	M12
0.63	1	1.25	12.5	14	31.5	14	22.4	M14
0.8	1.25	1.6	14	16	35.5	16	25	M16
1	1.6	2	16	18	40	18	28	M18
1.25	2	2.5	18	20	45	20	31.5	M20
1.6	2.5	3.2	20	22.4	50	22.4	35.5	M22
2	3.2	4	22.4	25	56	25	40	M25
2.5	4	5	25	28	63	28	45	M28
3.2	5	6.3	28	31.5	71	31.5	50	M30
4	6.3	8	31.5	35.5	80	35.5	56	M35
5	8	10	35.5	40	90	40	63	M40
6.3	10	12.5	40	45	100	45	71	M45
8	12.5	16	45	50	112	50	80	M50
10	16	20	50	56	125	56	90	M56
12.5	20	25	56	63	140	63	100	M62
16	25	32	63	71	160	71	112	M70
20	32	40	71	80	180	80	125	M80
25	40	50	80	90	200	90	140	M90
32	50	63	90	100	224	100	160	M100
40	63	—	100	112	250	112	180	M110
50	80	—	112	125	280	125	200	M125
63	100	—	125	140	315	140	224	M140
80	—	—	140	160	355	160	250	M160
100	—	—	160	180	400	180	280	M180

(2) 市场产品——普通钢卸扣

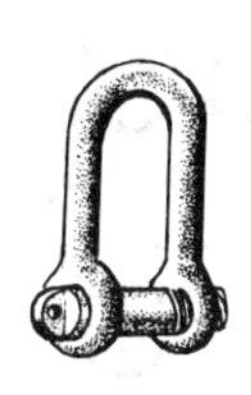

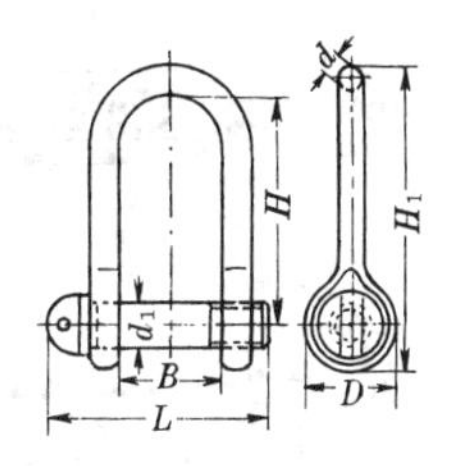

卸扣号码	许用负荷(N)	适用钢丝绳最大直径(mm)	主 要 尺 寸 (mm)				
			横销螺纹直径 d_1	卸扣本体直径 d	横销全长 L	环孔间距 B	环孔高度 H
0.2	1960	4.7	M8	6	35	12	35
0.3	3240	6.5	M10	8	44	16	45
0.5	4900	8.5	M12	10	55	20	50
0.9	9120	9.5	M16	12	65	24	60
1.4	14200	13	M20	16	86	32	80
2.1	20600	15	M24	20	101	36	90
2.7	26500	17.5	M27	22	111	40	100
3.3	32400	19.5	M30	24	123	45	110
4.1	40200	22	M33	27	137	50	120
4.9	48100	26	M36	30	153	58	130
6.8	66700	28	M42	36	176	64	150
9.0	88300	31	M48	42	197	70	170
10.7	105000	34	M52	45	218	80	190
16.0	157000	43.5	M64	52	262	100	235
21.0	206000	43.5	M76	65	321	99	256

3. 索具螺旋扣

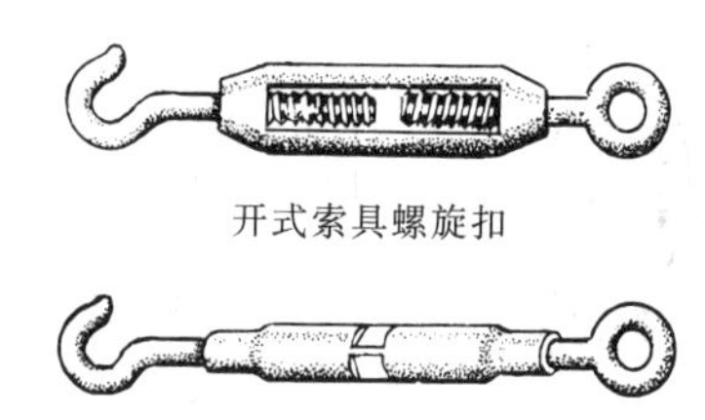

开式索具螺旋扣

闭式索具螺旋扣

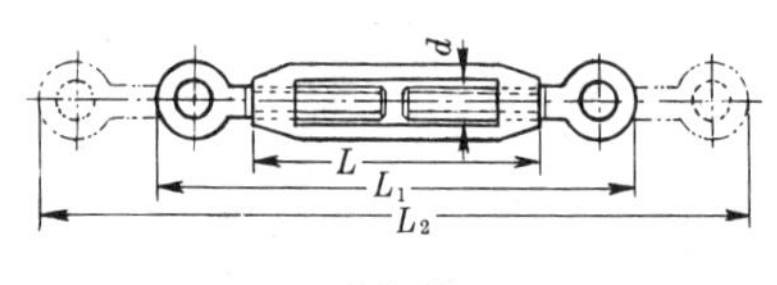

OO 型

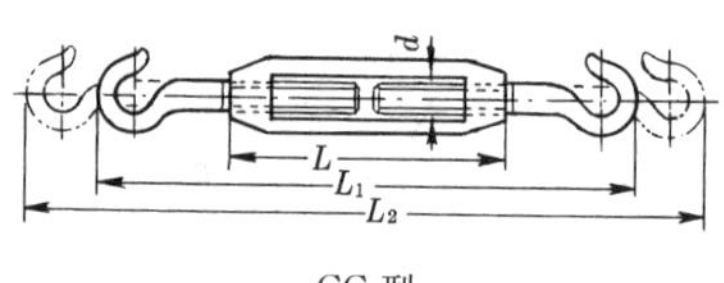

CC 型

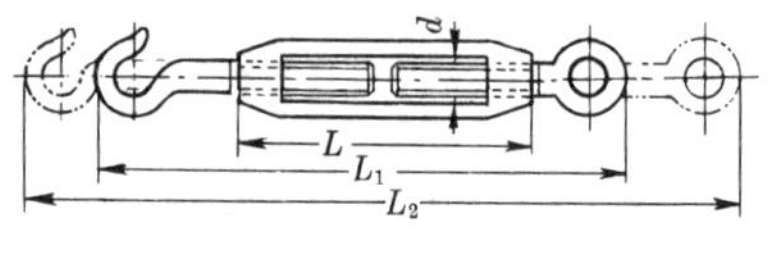

CO 型

【其他名称】 花篮螺丝、紧线扣。

【用　　途】 用于拉紧钢丝绳，并起调节松紧作用。其中 OO 型用于不经常拆卸的场合，CC 型用于经常拆卸的场合，CO 型用于一端经常拆卸另一端不经常拆卸的场合。

【规　　格】

型式	螺旋扣号码	许用负荷 (N)	适用钢丝绳最大直径 (mm)	主要尺寸 (mm)					
				左右螺纹直径 d	螺旋扣本体长 L	开式全长		闭式全长	
						最小 L_1	最大 L_2	最小 L_1	最大 L_2
OO型	0.1	1000	6.5	M6	100	164	242	—	—
	0.2	2000	8	M8	125	199	291	199	291
	0.3	3000	9.5	M10	150	246	358	246	354
	0.4	4300	11.5	M12	200	314	456	314	456
	0.8	8000	15	M16	250	386	582	386	572
	1.3	13000	19	M20	300	470	690	470	680
	1.7	17000	21.5	M22	350	540	806	540	806
	1.9	19000	22.5	M24	400	610	922	610	914
	2.4	24000	28	M27	450	680	1030	—	—
	3.0	30000	31	M30	450	700	1050	—	—
	3.8	38000	34	M33	500	770	1158	—	—
	4.5	45000	37	M36	550	840	1270	—	—
CC型	0.07	700	2.2	M6	100	180	258	—	—
	0.1	1000	3.3	M8	125	225	317	225	317
	0.2	2300	4.5	M10	150	266	378	266	374
	0.3	3200	5.5	M12	200	334	476	334	476
	0.6	6300	8.5	M16	250	442	638	442	628
	0.9	9800	9.5	M20	300	520	740	520	730
CO型	0.07	700	2.2	M6	100	172	250	—	—
	0.1	1000	3.3	M8	125	212	304	212	304
	0.2	2300	4.5	M10	150	256	368	256	366
	0.3	3200	5.5	M12	200	324	466	324	466
	0.6	6300	8.5	M16	250	414	610	414	605
	0.9	9800	9.5	M20	300	495	715	495	710

4. 钢 丝 绳 夹

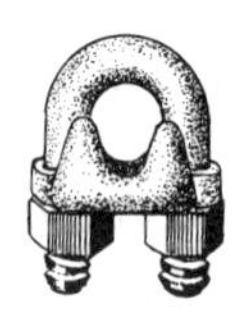

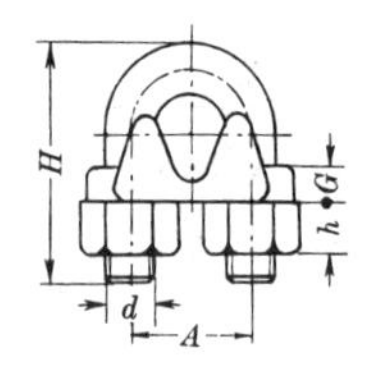

【其他名称】 线盘、夹线盘、钢丝卡子、钢丝绳轧头。

【用　　途】 与钢丝绳用套环配合，作夹紧钢丝绳末端用。

【规　　格】

(1) 标准产品(GB/T 5976—2006)									
公称尺寸(mm)	主要尺寸(mm)				公称尺寸(mm)	主要尺寸(mm)			
	螺栓直径 d	螺栓中心距 A	螺栓全高 H	适用钢绳直径 G		螺栓直径 d	螺栓中心距 A	螺栓全高 H	适用钢绳直径 G
6	M6	13.0	31	6	26	M20	47.5	117	>24～26
8	M8	17.0	41	>6～8	28	M22	51.5	127	>26～28
10	M10	21.0	51	>8～10	32	M22	55.5	136	>28～32
12	M12	25.0	62	>10～12	36	M24	61.5	151	>32～36
14	M14	29.0	72	>12～14	40	M27	69.0	168	>36～40
16	M14	31.0	77	>14～16	44	M27	73.0	178	>40～44
18	M16	35.0	87	>16～18	48	M30	80.0	196	>44～48
20	M16	37.0	92	>18～20	52	M30	84.5	205	>48～52
22	M20	43.0	108	>20～22	56	M30	88.5	214	>52～56
24	M20	45.5	113	>22～24	60	M36	98.5	237	>56～60

注：1. 绳夹的公称尺寸，即该绳夹适用的钢丝绳直径。

2. 当绳夹用于起重机时，夹座材料推荐采用 Q235 钢或ZG35Ⅱ碳素钢铸件制造。其他用途绳夹的夹座材料有 KT350-10 可锻铸铁或 QT450-10 球墨铸铁。

(2) 市场产品(上海产品)									
型号	适用钢丝绳最大直径(mm)	主 要 尺 寸 (mm)							
		螺栓直径 *d*	螺母高度 *h*	一般可锻铸铁制造			高强度可锻铸铁制造		
				螺栓中心距 *A*	螺栓全高 *H*	底板厚度 *S*	螺栓中心距 *A*	螺栓全高 *H*	底板厚度 *S*
Y-6	6	M6	5	14	35	8	13	30	5
Y-8	8	M8	6	18	44	10	17	38	6
Y-10	10	M10	8	22	55	13	21	48	7.5
Y-12	12	M12	10	28	69	16	25	58	9
Y-15	15	M14	11	33	83	19	30	69	11
Y-20	20	M16	13	39	96	22	37	86	13
Y-22	22	M18	14	44	108	24	41	94	14
Y-25	25	M20	16	49	122	27	46	106	16.5
Y-28	28	M22	18	55	137	31	51	119	18
Y-32	32	M24	19	60	149	33	57	130	19
Y-40	40	M24	19	67	164	35	65	148	19.5
Y-45	45	M27	22	78	188	40	73	167	23
Y-50	50	M30	24	88	210	44	81	185	25

注：夹座制造材料：一般可锻铸铁的牌号为 KTH330-08，高强度可锻铸铁的牌号为 KTH350-10。

5. 吊 滑 车

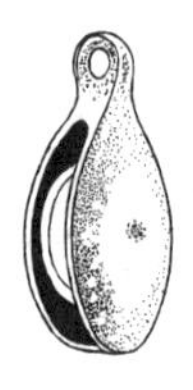

【其他名称】 小滑车、小葫芦。

【用　　途】 用于吊放比较轻便的物件。

【规　　格】 滑轮直径(mm)：
19,25,38,50,63,75。

6. 起 重 滑 车(JB/T 9007.1—1999)

开口吊钩型

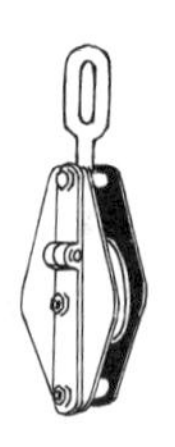

开口链环型

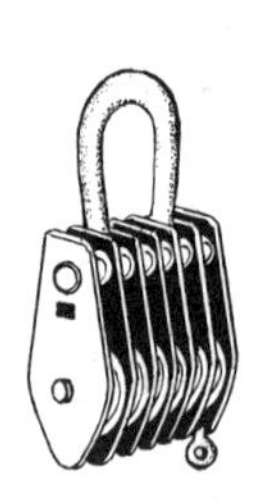

闭口吊环型

【其他名称】 铁滑车。

【用　　途】 用于吊升笨重物体，是一种使用简单、携带方便、起重能力较大的起重工具。一般均与绞车配套使用，广泛用于水利工程、建筑工程、基建安装、工厂、矿山、交通运输以及林业等方面。

【规　　格】

(1) 起重滑车规格

结构型式				型式代号(通用滑车)	额定起重量(t)
单轮	开口	滚针轴承	吊钩型	HQGZK1	0.32,0.5,1,2,3.2,5,8,10
			链环型	HQLZK1	
		滑动轴承	吊钩型	HQGK1	0.32,0.5,1*,2*,3.2*,5*,8*,10*,16*,20*
			链环型	HQLK1	
	闭口	滚针轴承	吊钩型	HQGZ1	0.32,0.5,1,2,3.2,5,8,10
			链环型	HQLZ1	
		滑动轴承	吊钩型	HQG1	0.32,0.5,1*,2*,3.2*,5*,8*,10*,16*,20*
			链环型	HQL1	
			吊环型	HQD1	1,2,3.2,5,8,10
双轮	双开口	滑动轴承	吊钩型	HQGK2	1,2,3.2,5,8,10
			链环型	HQLK2	
	闭口		吊钩型	HQG2	1,2,3.2,5,8,10,16,20
			链环型	HQL2	
			吊环型	LQD2	1,2*,3.2*,5*,8*,10*,16*,20*,32*
三轮	闭口	滑动轴承	吊钩型	HQG3	3.2,5,8,10,16,20
			链环型	HQL3	
			吊环型	HQD3	3.2*,5*,8*,10*,16*,20*,32*,50*
四轮	闭口	滑动轴承	吊环型	HQD4	8*,10*,16*,20*,32*,50*
五轮				HQD5	20*,32*,50*,80
六轮				HQD6	32*,50*,80,100
八轮				HQD8	80,100,160,200
十轮				HQD10	200,250,320

注：1. 表列规格全部为通用滑车(HQ)规格。通用滑车的规格代号由型式代号和额定起重量数值两部分组成。
例：HQGZK1-2,HQD4-20 型。
2. 另一种林业滑车(HY),仅有表中带 * 符号的规格。但其轴承全部采用滚动轴承,因而结构比较紧凑,重量也较轻。其单轮开口型又分普通式(又称桃式,代号 K)和钩式(代号 Ka)两种;其双轮至六轮的结构均为闭口吊环型。林业滑车的规格代号表示方法与通用滑车相同。
例：HYGKa1-3.2,HYD4-10 型。

(2) 起重滑车额定起重量与滑轮数目、滑轮直径、钢丝绳直径对照

滑轮直径(mm)	额定起重量(t)																		使用钢丝绳直径范围(mm)
	0.32	0.5	1	2	3.2	5	8	10	16	20	32	50	80	100	160	200	250	320	
	滑轮数目																		
63	1																		6.2
71		1	2																6.2～7.7
85			1*	2*	3*														7.7～11
112				1*	2*	3*	4*												11～14
132					1*	2*	3*	4*											12.5～15.5
160						1*	2*	3*	4*	5*									15.5～18.5
180								2*	3*	4*	6*								17～20
210							1*			3*	5*								20～23
240								1*	2*		4*	6*							23～24.5
280										2*	3*	5*	6						26～28
315									1*			4*	6	8					28～31
355										1*	2*	3*	5	6	8	10			31～35
400																8	10		34～38
455																		10	40～43

注：表列全部为通用滑车的规格，林业滑车仅有带 * 符号的规格。

7. 手拉葫芦

(JB/T 7334—2007)

【其他名称】 环链手拉葫芦、神仙葫芦、葫芦、车筒、倒链。

【用　　途】 供手动提升重物用,多用于工厂、矿山、仓库、码头、建筑工地等场合,特别适用于流动性及无电源的露天作业。

【规　　格】

额定起重量(t)	工作级别	标准起升高度(m)	两钩间最小距离(mm)≤		标准手拉链条长度(m)	自重(kg)≤	
			Z级	Q级		Z级	Q级
0.5	Z级 Q级	2.5	330	350	2.5	11	14
1			360	400		14	17
1.6			430	460		19	23
2			500	530		25	30
2.5			530	600		33	37
3.2		3	580	700	3	38	45
5			700	850		50	70
8			850	1000		70	90
10			950	1000		95	130
16			1200	—		150	—
20	Z级		1350	—		250	—
32			1600	—		400	—
40			2000	—		550	—

注：1. 手拉葫芦的工作级别按其使用情况分为两级,Z级为重载频繁使用,Q级为轻载不经常使用。
　　2. 起升高度是指下吊钩下极限工作位置与上极限工作位置之间距离。
　　3. 两钩间最小距离是指下吊钩上升至上极限工作位置时,上、下吊钩钩腔内缘的距离。

8. 螺旋千斤顶

(JB/T 2592—2008)

普通型

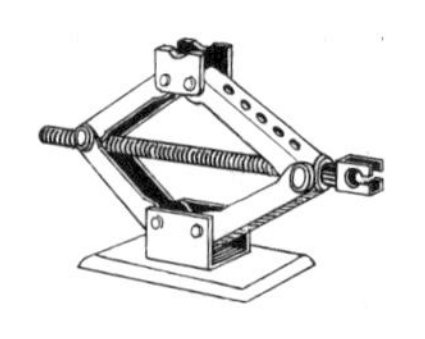

剪式

【其他名称】 螺旋压勿刹、螺旋起重顶。

【用　　途】 为汽车、桥梁、船舶以及机械等行业在修造安装中常用的一种起重或顶压工具。剪式螺旋千斤顶主要用于小吨位汽车的起顶,如轿车等。

【规　　格】

型号	起重量 (t)	高度 (mm)		自重 (kg)	型号	起重量 (t)	高度 (mm)		自重 (kg)
		最低	起升				最低	起升	
QLJ0.5	0.5	110	180	2.5	QL5	5	250	130	7.5
QLJ1	1	110	180	3	QLD5	5	180	65	7
QLJ1.6	1.6	110	180	4.8	QL8	8	260	140	10
QL2	2	170	180	5	QL10	10	280	150	11
QL3.2	3.2	200	110	6	QLD10	10	200	75	10
QLD3.2	3.2	160	50	5	QL16	16	320	180	17

(续)

型　号	起重量 (t)	高　度 (mm)		自重 (kg)	型　号	起重量 (t)	高　度 (mm)		自重 (kg)
		最低	起升				最低	起升	
QLD16	16	225	90	15	QLD32	32	320	180	24
QLG16	16	445	200	19	QL50	50	452	250	56
QL20	20	325	180	18	QLD50	50	330	150	52
QLG20	20	445	300	20	(QLZ50)	50	700	400	109
QL32	32	395	200	27	QL100	100	455	200	86

注：1. 根据新部标优先选用的额定重量参数推荐如下(单位 t)：0.5,1,1.6,2,3.2,5,8,10,16,20,32,50,100。
2. 新部标千斤顶结构为普通式和剪式两种。
3. 表中字母 QL 表示普通型螺旋千斤顶,G 表示高型,D 表示低型,Z 表示自落式(带有快速下降机构),J 表示剪式。
4. 剪式螺旋千斤顶,仅有 0.5t、1t 和 1.6t 三种规格。
5. 表中数据仅供参考。

9. 起　道　机

【其他名称】 齿条千斤顶。

【用　　途】 利用齿条传动顶举重物,并可利用钩脚起重位置较低的重物,常用于铁道、桥梁、建筑、车辆运输及机械安装等方面。

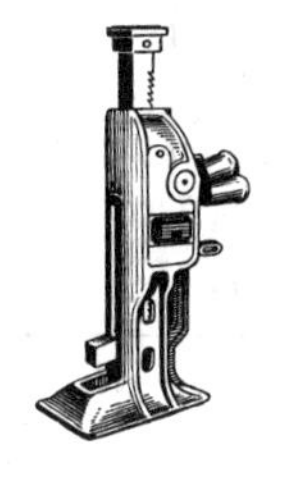

【规　　格】 最大起重量(t):5,15。
钩脚起重量(t):最大起重量的二分之一。

10. 油压千斤顶(JB/T 2104—2002)

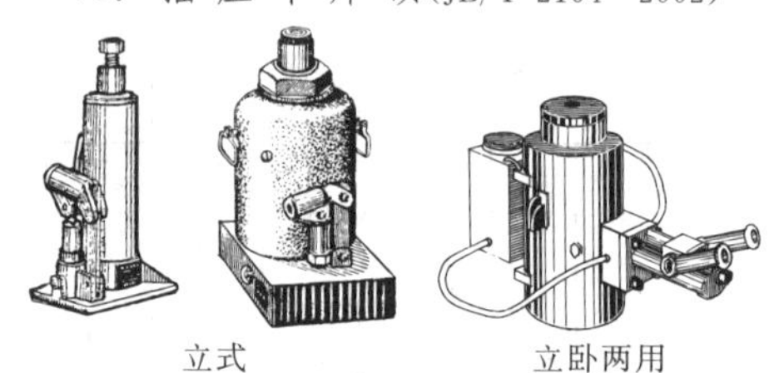

立式　　　　立卧两用

【其他名称】 液压千斤顶、液压压勿刹。

【用　　途】 为工矿企业、汽车、船舶及市政工程等行业常用的一种起重或顶压工具。

【规　　格】

<table>
<tr><th rowspan="2">型　　号</th><th rowspan="2">额定起重量
(t)</th><th>最低高度</th><th>起升高度</th><th>螺旋杆
调整高度</th></tr>
<tr><th colspan="3">(mm)</th></tr>
<tr><td>QYL2</td><td>2</td><td>158</td><td>90</td><td rowspan="8">60</td></tr>
<tr><td>QYL3</td><td>3</td><td>195</td><td>125</td></tr>
<tr><td>QYL5</td><td>5</td><td>232</td><td>160</td></tr>
<tr><td>QYL5</td><td>5</td><td>200</td><td>125</td></tr>
<tr><td>QYL8</td><td>8</td><td>236</td><td rowspan="4">160</td></tr>
<tr><td>QYL10</td><td>10</td><td>240</td></tr>
<tr><td>QYL12</td><td>12</td><td>245</td></tr>
<tr><td>QYL16</td><td>16</td><td>250</td></tr>
<tr><td>QYL20</td><td>20</td><td>280</td><td rowspan="4">180</td><td rowspan="7">—</td></tr>
<tr><td>QYL32</td><td>32</td><td>285</td></tr>
<tr><td>QYL50</td><td>50</td><td>300</td></tr>
<tr><td>QYL70</td><td>70</td><td>320</td></tr>
<tr><td>QW100</td><td>100</td><td>360</td><td rowspan="3">200</td></tr>
<tr><td>QW200</td><td>200</td><td>400</td></tr>
<tr><td>QW320</td><td>320</td><td>450</td></tr>
</table>

注：1. 表上规格为普通型(单级活塞杆不带安全限载装置)。其他型式以及客户特殊要求的千斤顶可由供需双方确定。
2. 型号中字母 QYL 表示立式油压千斤顶，QW 表示立卧两用油压千斤顶。

11. 车库用油压千斤顶(JB 5315—2008)

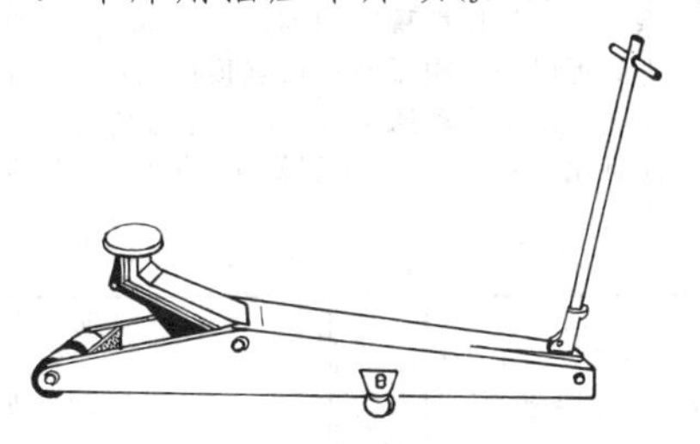

【其他名称】 卧式液压千斤顶、小车式油压千斤顶。

【用　　途】 主要用于汽车、拖拉机等车辆的维修或各种机械设备制造、安装时作为起重或顶升工具。

【规　　格】

<table>
<tr><th>额定起重量
(t)</th><th>最低高度
(mm)</th><th>起升高度
(mm)</th><th>额定起重量
(t)</th><th>最低高度
(mm)</th><th>起升高度
(mm)</th></tr>
<tr><td>1</td><td rowspan="5">140</td><td>200</td><td>5</td><td>160</td><td>400</td></tr>
<tr><td>1.25</td><td>250</td><td>6.3</td><td rowspan="3">170</td><td>400</td></tr>
<tr><td>1.6</td><td>220,260</td><td>8</td><td>400</td></tr>
<tr><td>2</td><td>275,350</td><td>10</td><td>400,450</td></tr>
<tr><td>2.5</td><td>285,350</td><td>12.5</td><td rowspan="3">210</td><td>400</td></tr>
<tr><td>3.2</td><td rowspan="2">160</td><td>350,400</td><td>16</td><td>430</td></tr>
<tr><td>4</td><td>400</td><td>20</td><td>430</td></tr>
</table>

注：JB 5315—2008 标准仅规定额定起重量，表中其余数据仅供参考。

12. 分离式液压起顶机

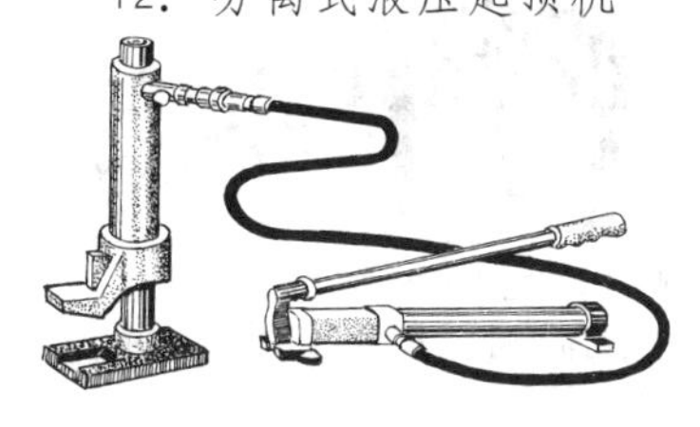

【其他名称】 分离式液压千斤顶、分离式油压千斤顶。

【用　　途】 除具有一般顶举重物和利用钩脚起重外，如配上其他附件尚可以进行侧顶、横顶、倒顶以及拉、压、扩张、夹紧等作业。由于手动油泵与起顶机是分离的，不仅操作方便，而且比较安全，广泛用于机械、设备、车辆等的维修和建筑安装方面。

【规　　格】

型号	起重量 (t) 顶举	起重量 (t) 钩脚	油缸行程 (mm)	工作压力 (MPa)	型号	起重量 (t) 顶举	起重量 (t) 钩脚	油缸行程 (mm)	工作压力 (MPa)
FYQ5-10	5	2.5	100	40	FYQ30-15	30	—	150	63
FYQ10-12.5/20	10	5	125/200	63	FYQ50-20	50	—	200	63
FYQ20-10/15/20	20	—	100/150/200	63					

注：20t、30t 和 50t，起顶机不带钩脚。

13. 分离式液压三脚拉模

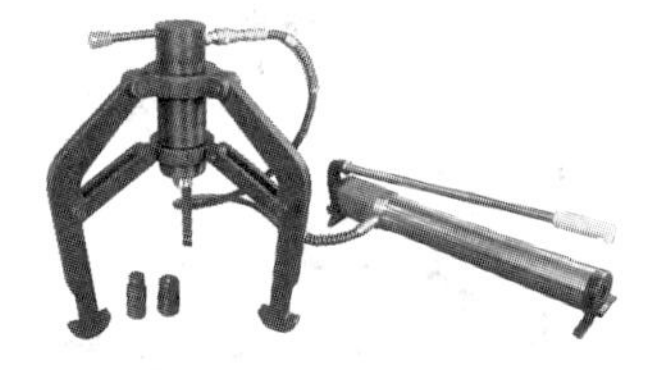

【其他名称】 三脚拉马、三脚拉模。

【用　　途】 用于拆卸各种圆盘、法兰、齿轮、轴承、带轮等。

【规　　格】

型　　号	三爪调节范围	油缸行程	工作压力 (MPa)
	(mm)		
FYL-50	50～250	100	63
FYL-100	50～300	125	63
FYL-200	250～400	120	63
FYL-300	300～500	150	63
FYL-500	300～700	100	63

注：需配手动油泵或电动油泵。

14. 液压弯管机

【用　　途】适用于工厂、仓库、码头、建筑、铁路、汽车等安装管道和修理。

【规　　格】

<table>
<tr><th colspan="3">型　　号</th><th>直径
(mm)</th><th>外径
(mm)</th><th>弯曲角度
(°)</th></tr>
<tr><td rowspan="6">YWG4D</td><td rowspan="8">YWG88.5</td><td rowspan="4"></td><td>15(½″)</td><td>21.25</td><td>90</td></tr>
<tr><td>20(¾″)</td><td>26.75</td><td>90</td></tr>
<tr><td>25(1″)</td><td>33.50</td><td>90</td></tr>
<tr><td>32(1¼″)</td><td>42.25</td><td>90</td></tr>
<tr><td rowspan="5">YWG108</td><td>40(1½″)</td><td>48</td><td>90</td></tr>
<tr><td>50(2″)</td><td>60</td><td>90</td></tr>
<tr><td rowspan="3"></td><td>65(2½″)</td><td>75.5</td><td>90</td></tr>
<tr><td>80(3″)</td><td>88.5</td><td>90</td></tr>
<tr><td></td><td>100(4″)</td><td>108</td><td>90</td></tr>
</table>

注：括号内为英制尺寸，仅供参考。

15. 超高压手动油泵

【用　　途】 油泵采用双级设计，流量大、压力高，压力可根据需要进行调节设定，内置高低压安全阀，与其他需配手动油泵使用的各类工具，如液压弯管机、切排机、三脚拉模等配合使用安全性更高。

【规　　格】

型　　号	工作压力(MPa)	高压排量(ml/次)	低压排量(ml/次)	储油量(L)	外形尺寸(长×宽×高，mm)
CSB63－5T	40	2.66	11.76	0.6	570×120×160
CSB63－10T	63	2.66	11.76	0.6	570×120×160
CSB63－20T	63	3.04	22	1.0	660×140×180
CSB63－30T	63	3.04	22	1.9	700×150×180
CSB63－0.6－330	63	0.9	3.6	0.33	340×110×160
CSB63－0.6－900	63	2.5	11.3	0.9	540×120×190
CSB63－0.6－1500	63	2.3	15.6	1.5	630×130×190

注：输出接口特殊规格可以定制。

16. 液压切排机

【其他名称】 分离式液压切排机。

【用　　途】 用于铜、铝排的切断，是供电局建筑工程以及广大电力行业安装电力线路的常用工具。

【规　　格】

型　号	工作压力(MPa)	适用规格(宽×厚，mm)	重量(kg)	外形尺寸(长×宽×高，mm)
YQP-120	63	120×10	15	200×125×480
YQP-125	63	125×12.5	19	280×160×430

注：需配手动油泵或电动油泵。

17. 液压角钢切断机

【其他名称】 角铁侧断器、角铁切断机。

【用　　途】 供切断角钢等金属制品，特别适用于供电局，建筑工地等的野外作业。

【规　　格】

型　　号	可切断最大角钢(长×宽×高，mm)	工作压力(MPa)	重量(kg)
YD-75×8L	75×75×8	63	16

注：需配手动油泵或电动油泵。

18. 手动弯管机

【用　途】此机为冷弯成型的弯管机，不用加灌沙等工艺，使用简单、便于携带，装有小型管子台虎钳。适用于工矿、农村、制冷设备和电气线路安装等。

管子尺寸 (mm)	15	20	25	32
	(½″)	(¾″)	(1″)	(1¼″)
弯曲半径 (mm)	70	70	100	120
弯曲角度	≤180°			

注：括号内为英制规格，仅供参考。

19. 液压电动油泵

【用　　途】 在配备各种专用机具的情况下，可作为起重、弯曲、挤压、剪切、铆接、拆卸、压装等工作要求的液压动力部件也可装置在其他设备中。

【规　　格】

型　号	工作压力(MPa)	高压流量	低压流量	功率(kW)	电压(V)	外形尺寸(长×宽×高，mm)	储油量(L)
		(L/min)					
CZB6309A	63	0.4	2	0.75	220/380	310×240×510	7.5
CZB6309A(双)	63	0.4	2	0.75	220/380	310×240×510	7.5
CZB6309B	63	0.4	4	0.75	220/380	310×240×510	7.5
CZB6309B(双)	63	0.4	4	0.75	220/380	310×240×510	7.5

20. 分离式油压千斤顶

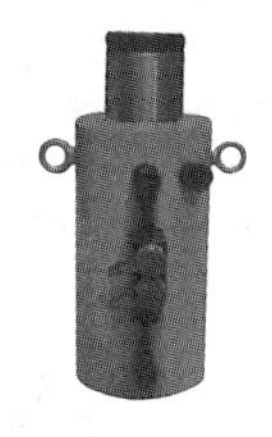

【其他名称】 液压分离式千斤顶。

【用　　途】 与液压电动油泵配合，为大型机械运输机动车辆顶升以及工矿、船舶、市政工程等常用工具。

【规　　格】

型　号	起重量 (t)	起重高度	最低高度	活塞杆外径	油缸内径	油缸外径	工作压力 (MPa)	重量 (kg)
		(mm)						
QF20t－20	20	200	322	45	63	100	62.9	22
QF50t－12.5	50	125	263	70	100	136	62.4	23.4
QF50t－16		160	298					25.4
QF50t－20		200	338					31.1
QF100t－12.5	100	125	291	100	140	177	63.7	44.6
QF100t－16		160	326					49.3
QF100t－20		200	366					54.8
QF160t－16	160	160	345	130	180	230	61.6	92
QF200t－12.5	200	125	321	150	200	255	62.4	99
QF200t－16		160	356					107.6
QF200t－20		200	396					118.4
QF320t－20	320	200	427	180	250	320	62.4	213.1
QF500t－20	500	200	475	250	320	395	63.9	393.1
QF630t－20	630	200	536	280	360	450	60.7	579.9
QF800t－20	800	200	577	320	400	550	62.4	1068
QF1000t－20	1000	200	620	360	450	600	61.6	1200

21. 超薄型液压千斤顶

【用　　途】 用于狭小工作空间，便于携带，其用途与液压千斤顶相同。

【规　　格】

型　号	起重量 (t)	最低高度	起重高度	顶头直径	外形尺寸 (长×宽×高)	工作压力 (MPa)	净重 (kg)
		(mm)					
FYQB5-9	5	40	9	25	63×44×40	51	0.7
FYQB10-11	10	45	11	35	78×56×45	51.9	1.3
FYQB15-13	15	50	13	45	92×68×50	60.1	2.0
FYQB20-17	20	60	17	55	104×80×60	59.1	3.1
FYQB30-17	30	65	17	65	125×100×65	58.5	4.9
FYQB50-19	50	75	19	80	153×125×75	62.5	8.8
FYQB75-21	75	85	21	105	186×155×85	59.9	15.3
FYQB100-25	100	95	25	115	206×175×95	63.7	20.7
FYQB150-30	150	118	30	145	247×215×118	61.2	36.5
FYQB200-30	200	127	30	170	280×245×127	62.5	50.7

注：需配手动油泵或电动油泵。

22. 液压钢丝绳切断器

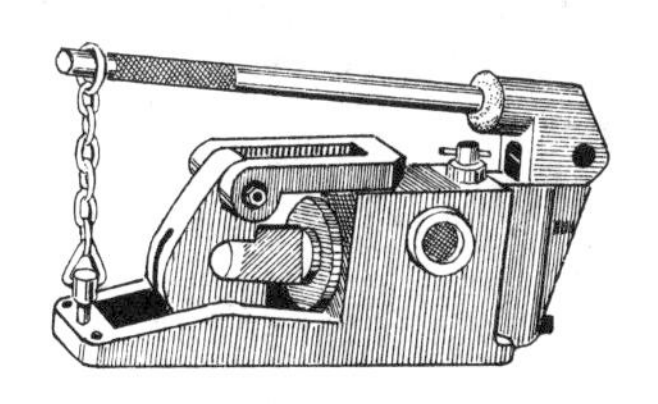

【其他名称】 油压钢丝绳切断器。

【用　　途】 切断钢丝缆绳、起吊钢丝网兜、捆扎和牵引钢丝绳索等。

【规　　格】 上海产品：YQ型。

可切断钢丝绳直径 (mm)	手柄作用力 (kN)	剪切力 (kN)	动刀主刃口厚度 (mm)	外形尺寸 (mm)	重量 (kg)
10～32	0.2	75.0	0.3～0.4	400×200×104	15

23. 液压钳

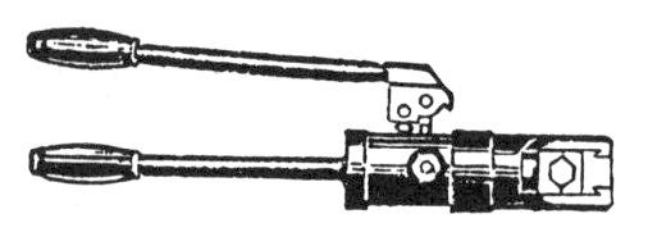

【其他名称】 导线压接钳。

【用　　途】 专供压接多股铝、铜芯电缆导线的接头或封端(利用液压作动力)。

【规　　格】 适用导线断面积范围(mm^2):铝线 16～240;
铜线 16～150。

活塞最大行程(mm):17。

最大作用力(kN):100。

压模规格(mm^2):16,25,35,50,70,95,120,150,185,240。

第十九章　切削工具

1. 麻花钻

(1) 直柄麻花钻

粗直柄小麻花钻

直柄麻花钻

【其他名称】 圆柱柄螺旋钻、直柄钻、圆头钻、钢钻头。

【用　　途】 供装夹在机床、电钻或手摇钻的钻夹头中，用于在金属实心工件上进行钻孔。长麻花钻用于钻削较深的孔。

【规　　格】

名　　称	国家标准(GB/T)	直径系列(mm)	
		直径范围	规格之间级差
粗直柄小麻花钻	6135.1—2008	0.10～0.35	按 0.01 进级
直柄短麻花钻	6135.2—2008	0.50～14.00 14.00～32.00 32.00～40.00	按 0.20，0.50，0.80 进级 按 0.25 进级 按 0.50 进级
直柄麻花钻	6135.2—2008	0.20～1.00 1.00～3.00 3.00～14.00 14.00～16.00 16.00～20.00	按 0.02，0.05，0.08 进级 按 0.05 进级 按 0.10 进级 按 0.25 进级 按 0.50 进级
直柄长麻花钻	6135.3—2008	1.00～14.00 14.00～31.50	按 0.10 进级 按 0.25 进级
直柄超长麻花钻	6135.4—2008	2.00～14.00	按 0.50 进级

(2) 锥柄麻花钻

【其他名称】 斜柄螺旋钻、锥柄钻头、扁头钻。

【用　　途】 麻花钻的柄部制成莫氏锥度，供直接装夹在机床上带莫氏锥度孔的主轴中，用于在金属实心工件中进行钻孔。长麻花钻用于钻削较深的孔。

【规　　格】

名　　称	国家标准 (GB/T)	直径系列(mm)		莫氏锥柄号
		直径范围	规格之间级差	
锥柄麻花钻	1438.1—2008	3.00～14.00 14.25～23.00 23.25～31.75 32.00～50.50 51.00～76.00 77.00～100.00	按0.20，0.50，0.80进级 按0.25进级 按0.25进级 按0.50进级 按1.00进级 按1.00进级	1 2 3 4 5 6
粗锥柄麻花钻	1438.1—2008	12.00～14.00 18.25～23.00 26.75～31.75 40.50～50.50 64.00～76.00	按0.20，0.50，0.80进级 按0.25进级 按0.25进级 按0.50进级 按1.00进级	2 3 4 5 6
锥柄长麻花钻	1438.2—2008	5.00～14.00 14.25～23.00 23.25～31.75 32.00～50.00	按0.20，0.50，0.80进级 按0.25进级 按0.25进级 按0.50进级	1 2 3 4
锥柄加长麻花钻	1438.3—2008	6.00～14.00 14.25～23.00 23.25～30.00	按0.20，0.50，0.80进级 按0.25进级 按0.25进级	1 2 3

(续)

名　　称	国家标准(GB/T)	直径系列(mm)		莫氏锥柄号
		直径范围	规格之间级差	
锥柄超长麻花钻	1438.4—2008	6.00～9.50	按 0.50 进级	1
		10.00～14.00	按 1.00 进级	1
		15.00～23.00	按 1.00 进级	2
		24.00,25.00	按 2.00，5.00，8.00 进级	3
		28.00,30.00		3
		32.00～50.00		4

2. 硬质合金冲击钻

直柄冲击钻

锥柄(斜柄)冲击钻

六角柄冲击钻

【其他名称】 冲击钻头。

【用　　途】 供装夹在冲击电钻或电锤上，对混凝土地基、墙壁、砖墙、花岗石进行钻孔用。

【规　　格】上海产品。

钻头直径(mm)	全　长(mm)	柄部直径(mm)
直柄冲击钻(ZYC型)		
6	100	5.5
6	120	5.5
8	110	7
8	150	7
10	120	9
10	150	9
10.5	120	9.5
10.5	150	9.5
12	120	11
12	150	11
12.5	120	11.5
12.5	150	11.5
14.5	150	13
14.5	200	13
16.5	150	15
16.5	200	15
19	150	17
19	200	17
直柄冲击钻(ZYC-A型)		
12	120	10
12	150	10
12.5	120	10
12.5	150	10

钻头直径(mm)	全　长(mm)	柄部直径(mm)
直柄冲击钻(ZYC-A型)		
14.5	150	10
14.5	200	10
16.5	150	10
16.5	200	10
直柄冲击钻(ZYC-B型)		
16.5	150	13
16.5	200	13
19	150	13
19	200	13
锥柄冲击钻(XYC型)		
		莫氏锥柄号
6	100	1
6	130	1
8	120	1
8	160	1
10.5	120	1
10.5	180	1
12.5	130	1
12.5	180	1

钻头直径(mm)	全　长(mm)	六角对边(mm)
六角柄冲击钻(LYC-1型、LYC-3型)		
14.5	220	14
14.5	270	14
16.5	220	14
16.5	270	14
19	220	14
19	270	14
19	320	14
19	400	14
21	220	14
21	270	14
21	320	14
21	400	14
23	250	14
23	320	14
23	400	14
23	550	14
25	250	14
25	320	14
25	400	14
25	550	14
27	250	14
27	320	14
27	400	14
27	550	14

注：两种型号六角柄冲击钻的主要区别是柄部中间圆柱体直径 M(mm)不同：LYC-1型，$M=16$；LYC-3型，$M=22$。

3. 扩 孔 钻

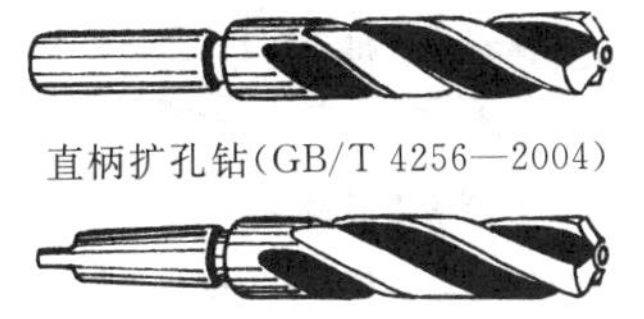

直柄扩孔钻(GB/T 4256—2004)

锥柄扩孔钻(GB/T 4256—2004)

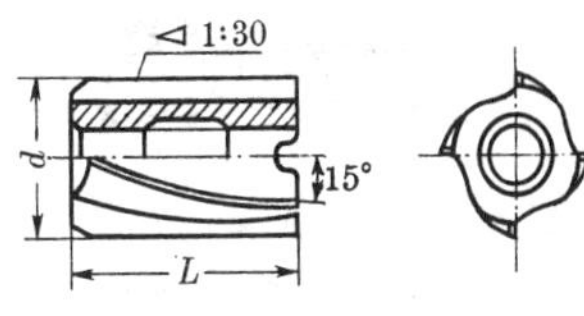

套式扩孔钻(GB/T 1142—2004)

【用　　途】 用于扩大工件上已经过钻削、冲制或铸造的孔的孔径，或提高孔的精度(如作铰孔前的预加工)。

【规　　格】 常备规格。

名　　称			公　称　直　径　(mm)
直柄扩孔钻			3，3.3，3.5，3.8，4，4.3，4.5，4.8，5，5.8，6，6.8，7，7.8，8，8.8，9，9.8，10，10.75，11，11.75，12，12.75，13，13.75，14，14.75，15，15.75，16，16.75，17，17.75，18，18.7，19，19.7
锥柄扩孔钻	莫氏锥度号	1	7.8，8，8.8，9，9.8，10，10.75，11，11.75，12，12.75，13，13.75，14
		2	14.75，15，15.75，16，16.75，17，17.75，18，18.7，19，19.7，20，20.7，21，21.7，22，22.7，23
		3	23.7，24，24.7，25，25.7，26，27.7，28，29.7，30，31.6
		4	32，33.6，34，34.6，35，35.6，36，37.6，38，39.6，40，41.6，42，43.6，44，44.6，45，45.6，46，47.6，48，49.6，50
套式扩孔钻			25，26，27，28，29，30，31，32，33，34，35，36，37，38，39，40，42，44，45，46，47，48，50，52，55，58，60，62，65，70，72，75，80，85，90，95，100

注：用户有特殊需要，也可供应其他直径的扩孔钻。

4. 锥 面 锪 钻

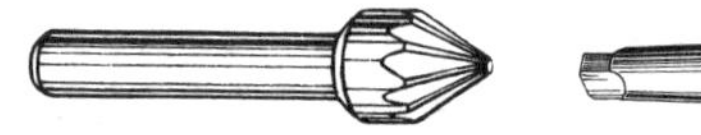

直柄锥面锪钻

(GB/T 4258—2004)

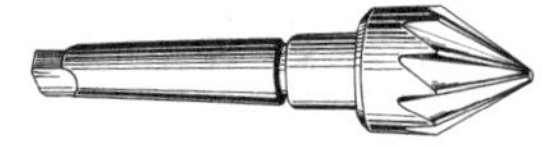

锥柄锥面锪钻

(GB/T 1143—2004)

【其他名称】 菊花钻。

【用　　途】 用于在工件上锪钻 60°，90°或 120°锥面孔(沉头孔)。

【规　　格】

名称			直柄锥面锪钻					
公称直径(mm)			8	10	12.5	16	20	25
柄部直径(mm)			8			10		
钻尖角	60°	全长(mm)	48	50	52	60	64	69
	90°		44	46	48	56	60	65
	120°		44	46	48	56	60	65

名称			锥柄锥面锪钻							
公称直径(mm)			16	20	25	31.5	40	50	64	80
锥柄莫氏锥度号			1	2			3		4	
钻尖角	60°	全长(mm)	97	120	125	132	160	165	200	215
	90°		93	116	121	124	150	153	185	196
	120°		93	116	121	124	150	153	185	196

5. 中 心 钻(GB/T 6078.1～6078.3—1998)

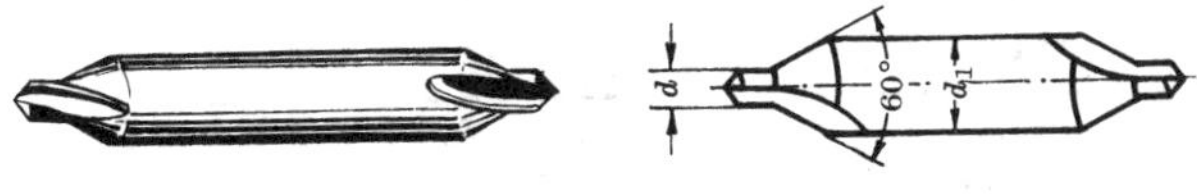

A 型(不带护锥的中心钻)

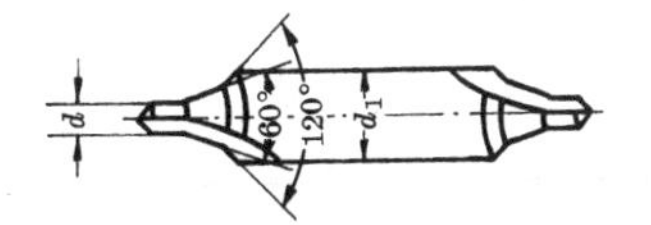

B 型(带护锥的中心钻)

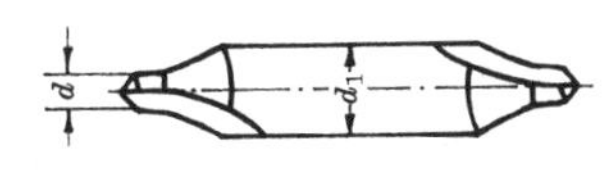

R 型(弧形中心钻)

【其他名称】 复合中心钻。

【用　　途】 用于钻工件上 60°的中心孔。

【规　　格】

型号	主要尺寸(钻头直径 d 和柄部直径 d_1)(mm)											
A型	d	0.5, (0.63), (0.8), 1, (1.25)		1.6	2	2.5	3.15	4	(5)	6.3	(8)	10
	d_1	3.15		4	5	6.3	8	10	12.5	16	20	25
B型	d	1	(1.25)	1.6	2	2.5	3.15	4	(5)	6.3	(8)	10
	d_1	4	5	6.3	8	10	11	14	18	20	25	31.5
R型	d	1, (1.25)		1.6	2	2.5	3.15	4	(5)	6.3	(8)	10
	d_1	3.15		4	5	6.3	8	10	12.5	16	20	25

注：带括号的钻头直径尽量不要采用。

6. 手 用 铰 刀(GB/T 1131.1—2004)

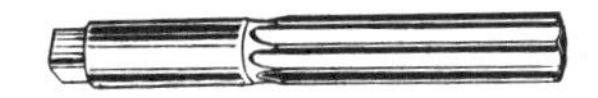

【其他名称】 固定铰刀。

【用　　途】 用于手工铰制工件上已经过钻削或扩孔加工的孔，以提高孔的精度和减小孔的表面粗糙度。

【规　　格】 常备规格。

直径(mm)	(1.5), 1.6, 1.8, 2, 2.2, 2.5, 2.8, 3, 3.5, 4, 4.5, 5, 5.5, 6, 7, 8, 9, 10, 11, 12, (13), 14, (15), 16, (17), 18, (19), 20, (21), 22, (23), (24), 25, (26), (27), 28, (30), 32, (34), (35), 36, (38), 40, (42), (44), 45, (46), (48), 50, (52), (55), 56, (58), (60), (62), 63, 67, 71

注：1. 铰刀按加工孔的精度等级，分 H7、H8、H9 级三种。
2. 带括号的直径尽可能不采用。

7. 可调节手用铰刀(GB/T 25673—2010)

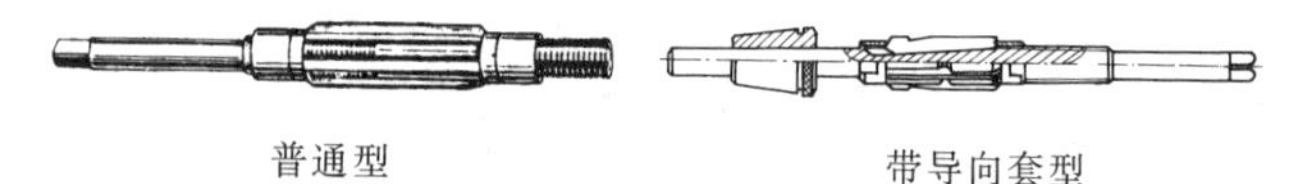

普通型　　　　带导向套型

【其他名称】 调整铰刀、活络铰刀。

【用　　途】 用于手工铰制工件上一定孔径尺寸范围内的孔，适用于修理、装配工作。

【规　　格】 铰刀调节范围(mm)。

普通型	6.5～7, 7～7.75, 7.75～8.5, 8.5～9.25, 9.25～10, 10～10.75, 10.75～11.75, 11.75～12.75, 12.75～13.75, 13.75～15.25, 15.25～17, 17～19, 19～21, 21～23, 23～26, 26～29.5, 29.5～33.5, 33.5～38, 38～44, 44～54, 54～63, 63～84, 84～100
带导向套型	15.25～17, 17～19, 19～21, 21～23, 23～26, 26～29.5, 29.5～33.5, 33.5～38, 38～44, 44～54, 54～68

8. 机 用 铰 刀

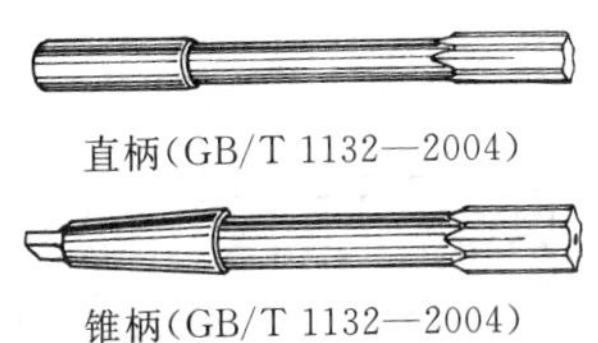

直柄(GB/T 1132—2004)

锥柄(GB/T 1132—2004)

锥柄长刃(GB/T 4243—2004)

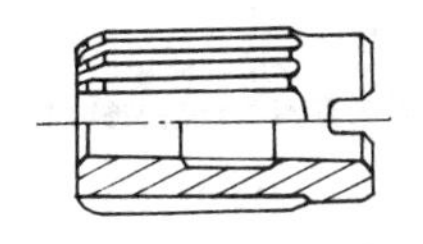

套式(GB/T 1135—2004)

【用　　途】 装在机床上用于铰制工件上的孔。

【规　　格】 常备规格。

名　　称			直　　径 (mm)
直柄机用铰　　刀			1.4, (1.5), 1.6, 1.8, 2, 2.2, 2.5, 2.8, 3, 3.2, 3.5, 4, 4.5, 5, 5.5, 6, 7, 8, 9, 10, 11, 12, (13), 14, (15), 16, (17), 18, (19), 20
锥柄机用铰刀	莫氏锥柄号	1	5.5, 6, 7, 8, 9, 10, 11, 12, (13), 14
		2	15, 16, (17), 18, (19), 20, 21, 22, 23
		3	(24), 25, (26), 27, 28, (30)
		4	32, (34), (35), 36, (38), 40, (42), (44), 45, (46), (48), 50
		5	(52), (55), 56, (58), (60), (62), 63, 67, 71
套式机用铰刀(带 1∶30 锥孔)			20, (21), 22, (24), 25, (26), (27), 28, (30), 32, (34), (35), 36, (38), 40, (42), 45, (47), (48), 50, (52), 56, (58), (60), 63, (65), 71, (72), (75), 80, (85), 90, (95), 100

注：1. 铰刀按加工孔的精度等级，分 H7、H8、H9 级三种。

2. 带括号的直径尽可能不采用。

9. 莫氏圆锥和米制圆锥铰刀

(GB/T 1139—2004)

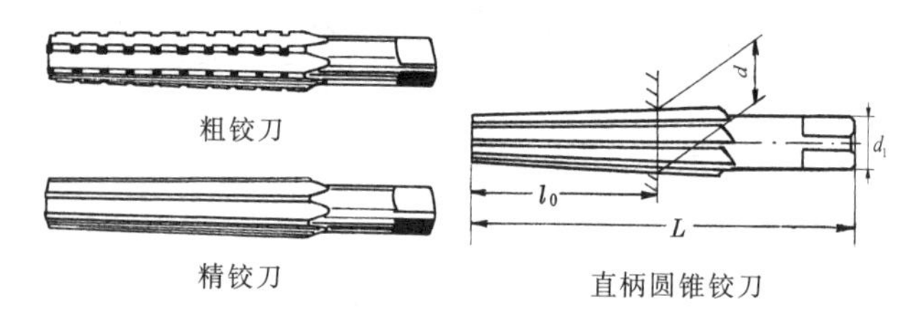

粗铰刀　　精铰刀　　直柄圆锥铰刀

【其他名称】 莫氏圆锥铰刀——莫氏铰锥度刀、莫氏铰刀。
米制圆锥铰刀——米制锥度铰刀。

【用　　途】 专用于铰制具有莫氏圆锥或米制圆锥的圆锥孔。按柄部分直柄莫氏圆锥和米制圆锥铰刀和锥柄莫氏圆锥和米制圆锥铰刀两种。铰刀通常成组供应，每组由两支(粗、精)组成。

【规　　格】

圆锥号		锥度值	基面直径 d	基面距 l_0	直柄铰刀 全长 L	直柄铰刀 柄部直径 d	锥柄铰刀 全长 L	莫氏锥柄号
			(mm)					
米制	4	1∶20=0.05	4	22	48	4.0	106	1
	6		6	30	63	5.0	116	
莫氏	0	1∶19.212=0.05205	9.045	48	93	8.0	137	1
	1	1∶20.047=0.04988	12.065	50	102	10.0	142	1
	2	1∶20.020=0.04995	17.780	61	121	14.0	173	2
	3	1∶19.922=0.05020	23.825	76	146	20.0	212	3
	4	1∶19.254=0.05194	31.267	97	179	25.0	263	4
	5	1∶19.002=0.05263	44.399	124	222	31.5	331	5
	6	1∶19.180=0.05214	63.348	176	300	45.0	389	5

10. 1∶50 锥度销子铰刀

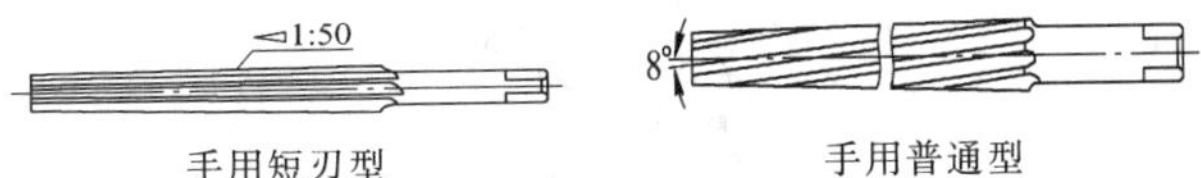

手用短刃型　　　　手用普通型

(GB/T 20774—2006)

直柄机用(GB/T 20331—2006)

锥柄机用(GB/T 20332—2006)

【用　　途】 专用于手工或装在机床上铰制工件上的销孔。

【规　　格】

铰刀种类		手用及锥柄机用				直柄机用(mm)	
		短刃型(mm)		普通型(mm)			
直径	齿数	总长	刃长	总长	刃长	总长	刃长
0.6	4	35	10	38	20	—	—
0.8			12	42	24		
1.0		40	16	46	28		
1.2		45	20	50	32		
1.5		50	25	57	37		
2.0		60	32	68	48	86	29
2.5		65	36				
3			40	80	58	100	32
4		75	50	93	68	112	34
5		85	60	100	73	122	38
6		95	70	135	105	160	42
8	6	125	95	180	145	207	46
10		155	120	215	175	245	50
12		180	140	255	210	290	58
16		200	160	280	230	—	—
20	8	225	180	310	250		
25		245	190	370	300		
30		250		400	320		
40	10	285	215	430	340		
50		300	220	460	360		

11. 圆柱形铣刀(GB/T 1115.1—2002)

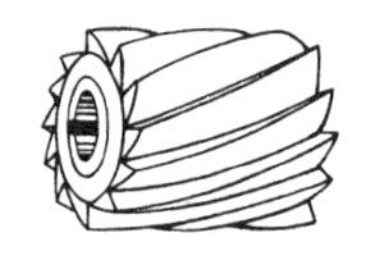

【用　　途】装夹在铣床上，用于铣削工件的平面。细齿的用于精加工，粗齿的用于粗加工。

【规　　格】

直径	长　　度	孔径	齿数		直径	长　　度	孔径	齿数	
(mm)			粗齿	细齿	(mm)			粗齿	细齿
50	40，63，80	22	6	8	80	63，100	32	8	12
63	50，70	27	6	10	100	70，125	40	10	14

12. 直柄及锥柄立铣刀

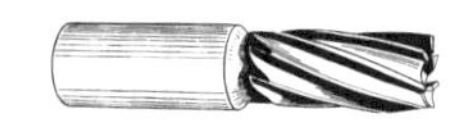

直柄立铣刀(细齿)

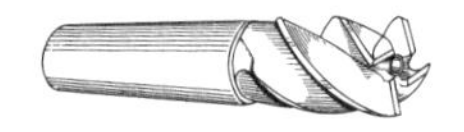

莫氏锥柄立铣刀(粗齿)

【其他名称】端铣刀。

【用　　途】有直柄立铣刀、莫氏锥柄立铣刀和7/24锥柄立铣刀三种。装夹在铣床上，用于铣削工件上的垂直台阶面、沟槽和凹槽。细齿的用于精加工，中齿的用于半精加工，粗齿的用于粗加工。

【规　　格】

（1）直柄立铣刀及莫氏锥柄立铣刀

直柄立铣刀（GB/T 6117.1—2010）

直径(mm)	长度(mm) 标准型 Ⅰ型	长度(mm) 标准型 Ⅱ型	长度(mm) 长型 Ⅰ型	长度(mm) 长型 Ⅱ型	齿数 粗齿	齿数 中齿	齿数 细齿
2	39	51	42	54	3	4	—
2.5,3	40	52	44	56			
3.5	42	54	47	59			
4	43	55	51	63			
5	47	57	58	68			
6	57		68				
7	60	66	74	80			
8	63	69	82	88			
9	69		88				5
10	72		95				
11	79		102				
12,14	83		110				
16,18	92		123				6
20,22	104		141				
25,28	121		166				
32,36	133		186		4	6	8
40,45	155		217				
50	177		252				
56	177		252		6	8	10
63	192	202	282	292			
71	202		292				

莫氏锥柄立铣刀（GB/T 6117.2—2010）

直径(mm)	长度(mm) 标准型 Ⅰ型	长度(mm) 标准型 Ⅱ型	长度(mm) 长型 Ⅰ型	长度(mm) 长型 Ⅱ型	莫氏锥柄号	齿数 粗齿	齿数 中齿	齿数 细齿
6	83	—	94	—	1	3	4	—
7	86	—	100	—				
8	89	—	108	—				
9	89	—	108	—				5
10,11	92	—	115	—				
12	96	—	123	—				
14	111	—	138	—	2			
16,18	117	—	148	—				6
20	123	—	160	—				
22	140	—	177	—	3			
25,28	147	—	192	—	3			
32,36	155	—	208	—	3	4	6	8
32,36	178	201	231	254	4			
40,45	188	211	250	273	4			
40,45	221	249	283	311	5			
50	200	223	275	298	4			
50	233	261	308	336	5			
56	200	223	275	298	4	6	8	10
56	233	261	308	336	5			
63	248	276	338	366	5			

（续）

(2) 7/24锥柄立铣刀(GB/T 6117.3—2010)													
直径(mm)	长度(mm)		7/24圆锥号	齿数			直径(mm)	长度(mm)		7/24圆锥号	齿数		
	标准系列	长系列		粗齿	中齿	细齿		标准系列	长系列		粗齿	中齿	细齿
25,28	150	195	30	3	4	6	50	210 230 252	285 302 327	40 45 50	4	6	8
32,36	158 188 208	210 241 261	30 40 45	4	6	8	56				6	8	10
40,45	198 218 240	260 280 302	40 45 50	4	6	8	63,71	245 267	335 357	45 50	6	8	10
							80	283	389	50	6	8	10

(3) 短莫氏锥柄立铣刀(GB/T 1109—1985)									
直　径(mm)	14	16,18	20	22	25,28	(30),32	36	40	45,50
长　度(mm)	85	90	95	115	120	140	150	155	160
莫氏锥柄号	2			3		4			
齿　　数	3					4			
注：带括号的直径尽可能不采用。									

(4) 可转位立铣刀(GB/T 5340.1～2—2006)										
直径(mm)		12	14	16	18	20	25	32	40	50
削平直柄	总长(mm)	70		75		82	96	100	110	
莫氏锥柄	总长(mm)	90		94		116	124		157	
	莫氏锥柄号	2				3			4	
刃长(mm)		20		25		30	38		48	
齿数		1				2			3	

(5) 硬质合金螺旋齿立铣刀												
① 直柄立铣刀(GB/T 16456.1—2008)												
直径(mm)	12		16		20		25		32		40	
刃长(mm)	20	25	25	32	32	40	40	50	40	50	50	63
总长(mm)	25	80	88	95	97	105	111	121	120	130	140	153

<table>
<tr><td colspan="8">② 莫氏锥柄立铣刀(GB/T 16456.3—2008)</td></tr>
<tr><td>直径</td><td>刃长</td><td>总长</td><td rowspan="2">莫氏锥柄号</td><td>直径</td><td>刃长</td><td>总长</td><td rowspan="2">莫氏锥柄号</td></tr>
<tr><td colspan="3">(mm)</td><td colspan="3">(mm)</td></tr>
<tr><td rowspan="2">16</td><td>25</td><td rowspan="2">110</td><td rowspan="4">2</td><td>32</td><td rowspan="2">50</td><td>175</td><td rowspan="4">4</td></tr>
<tr><td rowspan="2">32</td><td rowspan="2">40</td><td>181</td></tr>
<tr><td rowspan="3">20</td><td>117</td><td rowspan="2">63</td><td rowspan="2">194</td></tr>
<tr><td rowspan="3">40</td><td>125</td><td>50</td></tr>
<tr><td rowspan="2">142</td><td rowspan="3">3</td><td></td><td>80</td><td>238</td><td rowspan="3">5</td></tr>
<tr><td rowspan="2">25</td><td rowspan="2">63</td><td>63</td><td>221</td></tr>
<tr><td>50</td><td>152</td><td>100</td><td>258</td></tr>
<tr><td>32</td><td>40</td><td>165</td><td>4</td><td colspan="4">—</td></tr>
</table>

13. 套式立铣刀(GB/T 1114.1—1998)

【其他名称】 套式面铣刀、套式端铣刀。

【用　　途】 装夹于铣床上，用于铣削工件的平面。细齿的用于精加工，粗齿的用于粗加工。

【规　　格】

直径(mm)	40	50	63	80	100	125	160
长度(mm)	32	36	40	45	50	56	63
孔径(mm)	16	22	27	27	32	40	50
齿　数	6～8	6～8	8～10	8～10	10～12	12～14	14～16

14. 三面刃铣刀及可转位三面刃铣刀

【其他名称】 三面刃盘铣刀。

【用　　途】 分直齿和错齿两类，装夹在铣床上，用于铣削工件上一定宽度的沟槽及端面。直齿的用于加工较浅的沟槽和光洁加工，错齿的用于加工较深的沟槽。

【规　　格】

直径	三面刃铣刀 (GB/T 6119—2012)		可转位三面刃铣刀 (GB/T 5341—2006)	
	厚度	孔径	厚度	孔径
(mm)				
50	4，5，6，8，10	16	—	—
63	4，5，6，8，10，12，14，16	22		
80	5，6，8，10，12，14，16，18，20	27	10	27
100	6，8，10，12，14，16，18，20，22，25	32	10，12	32
125	8，10，12，14，16，18，20，22，25，28	32	12，16	40
160	10，12，14，16，18，20，22，25，28，32	40	16，20	40
200	12，14，16，18，20，22，25，28，32，36，40	40	20，25	50

注：直齿铣刀按厚度的极限偏差分普通级(K11)和精密级(K8)两种。错齿铣刀只有普通级(K11)。

15. 直柄键槽铣刀及莫氏锥柄键槽铣刀

(GB/T 1112.1、1112.2—1997)

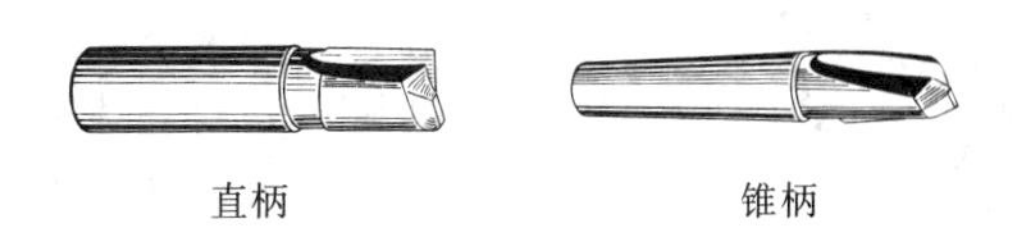

直柄　　锥柄

【其他名称】 双唇立铣刀。

【用　　途】 装夹在铣床上，专用于铣削轴类零件上的平行键槽。

【规　　格】

直柄

<table>
<tr><td>直径(mm)</td><td>2</td><td>3</td><td>4</td><td>5</td><td>6</td><td>7</td></tr>
<tr><td>长度(mm)</td><td>39</td><td>40</td><td>43</td><td>47</td><td>57</td><td>60</td></tr>
</table>

<table>
<tr><td>直径(mm)</td><td>8</td><td>10</td><td>12,14</td><td>16,18</td><td>20</td></tr>
<tr><td>长度(mm)</td><td>63</td><td>72</td><td>83</td><td>92</td><td>104</td></tr>
</table>

锥柄

<table>
<tr><td>直径(mm)</td><td>10</td><td colspan="2">12，14</td><td>16，18</td><td colspan="2">20，22</td><td>24，25，28</td></tr>
<tr><td>长度(mm)</td><td>92</td><td>96</td><td>111</td><td>117</td><td>123</td><td>140</td><td>147</td></tr>
<tr><td>莫氏圆锥号</td><td colspan="2">1</td><td colspan="3">2</td><td colspan="2">3</td></tr>
</table>

<table>
<tr><td>直径(mm)</td><td colspan="2">32，36</td><td colspan="2">40，45</td><td colspan="2">50，56</td><td>63</td></tr>
<tr><td>长度(mm)</td><td>155</td><td>178</td><td>188</td><td>221</td><td>200</td><td>233</td><td>248</td></tr>
<tr><td>莫氏圆锥号</td><td>3</td><td colspan="2">4</td><td>5</td><td>4</td><td colspan="2">5</td></tr>
</table>

注：键槽铣刀按直径的极限偏差分 e8 公差带和 d8 公差带两种。

16. 锯片铣刀和整体硬质合金锯片铣刀

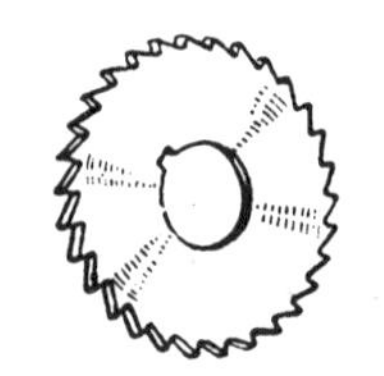

【其他名称】 金属圆锯片。

【用　　途】 用于锯切金属材料及铣削工件上的窄槽。细齿的一般用于加工硬金属，如钢、铸铁等；粗齿的一般用于加工软金属，如铝及铝合金等；中齿的介于上述两者之间。

【规　　格】

(1) 锯片铣刀(GB/T 6120—2012)		
外径	孔径	厚度(mm)/齿数
(mm)		
(1.1) 细齿锯片铣刀		
20	5	0.2/80；0.25，0.3，0.4/64；0.5，0.6，0.8/48；1，1.2，1.6/40；2/32
25	8	0.2，0.25，0.3/80；0.4，0.5，0.6/64；0.8，1，1.2/48；1.6，2，2.5/40
32	8	0.2，0.25/100；0.3，0.4，0.5/80；0.6，0.8，1/64；1.2，1.6，2/48；2.5，3/40
40	10 (13)	0.2/128；0.25，0.3，0.4/100；0.5，0.6，0.8/80；1，1.2，1.6/64；2，2.5，3/48；4/40
50	13	0.25，0.3/128；0.4，0.5，0.6/100；0.8，1，1.2/80；1.6，2，2.5/64；3，4，5/48
63	16	0.3，0.4，0.5/128；0.6,0.8，1/100；1.2，1.6，2/80；2.5，3，4/60；5，6/48
80	22	0.5，0.6，0.8/128；1，1.2,1.6/100；2，2.5，3/80；4，5，6/64
100	22 (27)	0.6/160；0.8，1，1.2/128；1.6，2，2.5/100；3，4，5/80；6/64
125	22 (27)	0.8，1/160；1.2，1.6，2/128；2.5，3，4/100；5，6/80
160	32	1.2，1.6/160；2，2.5，3/128；4，5，6/100
200	32	1.6，2，2.5/160；3，4，5/138；6/100
250	32	2/200；2.5，3，4/160；5，6/128
315	40	2.5，3/200；4，5，6/160

(续)

外径	孔径	厚度(mm)/齿数
(mm)		
(1.2) 中齿锯片铣刀		
32	8	0.3, 0.4, 0.5/40; 0.6, 0.8, 1/32; 1.2, 1.6, 2/24; 2.5, 3/20
40	10 (13)	0.3, 0.4/48; 0.5, 0.6, 0.8/40; 1, 1.2, 1.6/32; 2, 2.5, 3/24; 4/20
50	13	0.3/64; 0.4, 0.5, 0.6/48; 0.8, 1, 1.2/40; 1.6, 2, 2.5/32; 3, 4, 5/24
63	16	0.3, 0.4, 0.5/64; 0.6, 0.8, 1/48; 1.2, 1.6, 2/40; 2.5, 3, 4/32; 5, 6/24
80	22	0.6, 0.8/64; 1, 1.2, 1.6/48; 2, 2.5, 3/40; 4, 5, 6/32
100	22 (27)	0.8, 1, 1.2/64; 1.6, 2, 2.5/48; 3, 4, 5/40; 6/32
125		1/80; 1.2, 1.6, 2/64; 2.5, 3, 4/48; 5, 6/40
160	32	1.2, 1.6/80; 2, 2.5, 3/64; 4, 5, 6/48
200		1.6, 2, 2.5/80; 3, 4, 5/64; 6/48
250		2/100; 2.5, 3, 4/80; 5, 6/64
315	40	2.5, 3/100; 4, 5, 6/80
(1.3) 粗齿锯片铣刀		
50	13	0.8, 1, 1.2/24; 1.6, 2, 2.5/20; 3, 4, 5/16
63	16	0.8, 1/32; 1.2, 1.6, 2/24; 2.5, 3, 4/20; 5, 6/16
80	22	0.8/40; 1, 1.2, 1.6/32; 2, 2.5, 3/24; 4, 5, 6/20
100	22 (27)	0.8, 1, 1.2/40; 1.6, 2, 2.5/32; 3, 4, 5/24; 6/20
125		1/48; 1.2, 1.6, 2/40; 2.5, 3, 4/32; 5, 6/24

(续)

外径	孔径	厚度(mm)/齿数
(mm)		
(1.3) 粗齿锯片铣刀		
160	23	1.2, 1.6/48; 2, 2.5, 3/40; 4, 5, 6/32
200	32	1.6, 2, 2.5/48; 3, 4, 5/40; 6/32
250		2/64; 2.5, 3, 4/48; 5, 6/40
315	40	2.5, 3/64; 4, 5, 6/48
注：带括号的规格尽量不采用		

外径	孔径	齿数	厚度(mm)
(2) 整体硬质合金锯片铣刀(GB/T 14301—2008)			
(mm)			
8	3	8	0.20, 0.25, 0.30, 0.40, 0.50, 0.55, 0.60, 0.65, 0.70, 0.80
10	5		
12		10	0.20, 0.25, 0.30, 0.40, 0.45, 0.50, 0.55, 0.60, 0.65, 0.70, 0.80, 0.90, 1.00
16		12	0.20, 0.25, 0.30, 0.40, 0.45, 0.50, 0.55, 0.60, 0.65, 0.70, 0.80, 0.90, 1.00, 1.10, 1.20
20		20	0.20, 0.25, 0.30, 0.40, 0.45, 0.50, 0.55, 0.60, 0.65, 0.70, 0.80, 0.90, 1.00, 1.10, 1.20, 1.30, 1.40, 1.50
25			0.30, 0.40, 0.45, 0.50, 0.55, 0.60, 0.65, 0.70, 0.80, 0.9, 1.00, 1.10, 1.20, 1.30, 1.40, 1.50, 1.60, 1.80

（续）

<table>
<tr><th>外径</th><th>孔径</th><th rowspan="2">齿数</th><th rowspan="2">厚度(mm)</th></tr>
<tr><th colspan="2">(mm)</th></tr>
<tr><td colspan="4">(2) 整体硬质合金锯片铣刀(GB/T 14301—2008)</td></tr>
<tr><td>32</td><td>8</td><td rowspan="2">24</td><td>0.30，0.40，0.45，0.50，0.55，0.60，0.65，0.70，0.80，0.90，1.00，1.10，1.20，1.30，1.40，1.50，1.60，1.80，2.00</td></tr>
<tr><td>40</td><td>10</td><td>0.30，0.40，0.45，0.50，0.55，0.60，0.80，1.00，1.20，1.60，2.00，2.50</td></tr>
<tr><td>50</td><td>13</td><td>32</td><td rowspan="2">0.30，0.40，0.50，0.60，0.80，1.00，1.20，1.60，2.00，2.50，3.00，4.00</td></tr>
<tr><td>63</td><td>16</td><td rowspan="2">36</td></tr>
<tr><td>80</td><td rowspan="3">22</td><td>0.60，0.80，1.00，1.20，1.60，2.00，2.50，3.00，4.00，5.00</td></tr>
<tr><td>100</td><td>48</td><td>0.80，1.00，1.20，1.60，2.00，2.50，3.00，4.00，5.00</td></tr>
<tr><td>125</td><td>56</td><td>1.00，1.20，1.60，2.00，2.50，3.00，4.00，5.00</td></tr>
</table>

17. 螺钉槽铣刀(GB/T 25674—2010)

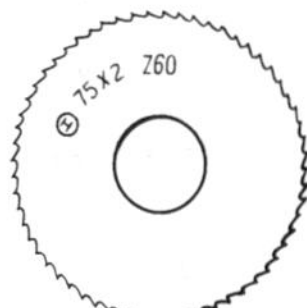

【其他名称】 切口铣刀。

【用　　途】 用于铣削螺钉头部或其他工件上的窄槽(一字槽)。

【规　　格】

<table>
<tr><th rowspan="2">直径
(mm)</th><th rowspan="2">厚　　度　(mm)</th><th rowspan="2">孔径
(mm)</th><th colspan="2">齿　　数</th></tr>
<tr><th>细齿</th><th>粗齿</th></tr>
<tr><td>40</td><td>0.25，0.3，0.4，0.5，0.6，0.8，1</td><td>13</td><td>90</td><td>72</td></tr>
<tr><td>60</td><td>0.4，0.5，0.6，0.8，1，1.2，1.6，2，2.5</td><td>16</td><td>72</td><td>60</td></tr>
<tr><td>75</td><td>0.6，0.8，1，1.2，1.6，2，2.5，3，4，5</td><td>22</td><td>72</td><td>60</td></tr>
</table>

18. 盘形齿轮铣刀

【其他名称】 齿轮铣刀。

【用　　途】 装夹在铣床上,用于铣制直齿渐开线圆柱齿轮。多用于单件生产和修理工作中。

【规　　格】 分模数制(米制,JB/T 7970.1—1999)和径节制(英制)两种。

(1) 模数制(齿形角 20°)的模数 *m* 系列

孔径(mm)	模数(mm)/齿数
16	0.3, (0.35), 0.4/20; 0.5, 0.6/18; (0.7), 0.8, 0.9/16
22	1.0, 1.25, 1.5/14; (1.75), 2, (2.25), 2.5/12
27	(2.75), 3, (3.25), (3.5), (3.75), 4, (4.5)/12
32	5, (5.5), 6, (6.5), (7), 8/11; (9), 10/10
40	(11), 12, (14), 16/10

注：1. 不带括号的为第一系列模数;带括号的为第二系列模数,尽可能不采用。
2. 每种模数的铣刀,均由 8 个或 15 个刀号组成一套。

(2) 模数制(齿形角 20°)各铣刀号适宜加工的齿数

8 件一套铣刀		15 件一套铣刀			
铣刀号	齿轮齿数	铣刀号	齿轮齿数	铣刀号	齿轮齿数
1	12～13	1	12	5	26～29
2	14～16	1½	13	5½	30～34
3	17～20	2	14	6	35～41
4	21～25	2½	15～16	6½	42～54
5	26～34	3	17～18	7	55～79
6	35～54	3½	19～20	7½	80～134
7	55～134	4	21～22	8	≥135
8	≥135	4½	23～25		

(3) 径节制(齿形角 14½°)的径节 DP 系列

3, 3.5, 4, 4.5, 5, 6, 7, 8, 9, 10, 11, 12, 14, 16, 18, 20, 22, 24

注：铣刀由 8 件组成一套。

19. 齿 轮 滚 刀

【用　　途】 装夹在滚齿机上，用于滚制直齿或斜齿渐开线圆柱形齿轮。

【规　　格】 分模数制(米制)和径节制(英制)两种。

模数系列 m (mm)	小模数齿轮滚刀(JB/T 2494—2006)：0.1, 0.12, 0.15, 0.2, 0.25, 0.3, (0.35), 0.4, 0.5, 0.6, (0.7), 0.8, (0.9)
	齿轮滚刀(GB/T 6083—2001)：1, 1.25, 1.5, (1.75), 2, (2.25), 2.5, (2.75), 3, (3.5), 4, (4.5), 5, (5.5), 6, (7), 8, (9), 10
	镶片齿轮滚刀(GB/T 9205—2005)：10, (11), 12, (14), 16, (18), 20, (22), 25, (28), (30), 32
径节系列 DP	3, 3.5, 4, 4.5, 5, 6, 7, 8, 9, 10, 11, 12, 14, 16, 18, 20, 22, 24

注：1. 不带括号的为第一系列模数；带括号的为第二系列模数，尽可能不采用。

2. 模数齿轮滚刀按基本尺寸分Ⅰ型、Ⅱ型，Ⅰ型中有 AAA 级、AA 级两种精度，Ⅱ型有 AA 级、A 级、B 级、C 级四种精度。小模数齿轮滚刀有 AAA 级、AA 级、A 级和 B 级四种精度。

20. 高速钢车刀条(GB/T 4211—2004)

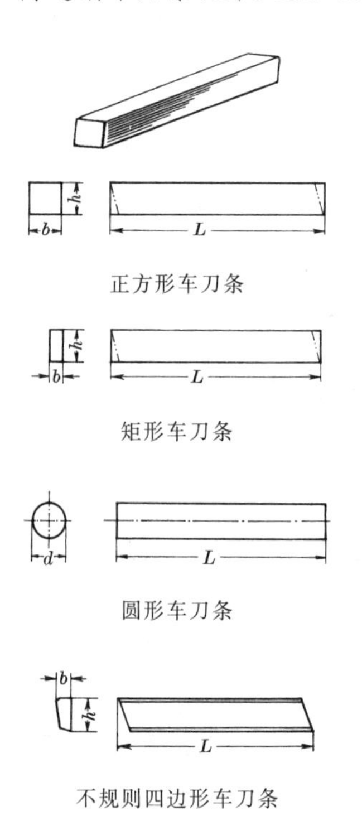

【其他名称】 高速钢切刀刀片、白钢车刀、车刀钢。

【用　　途】 磨成适当形状及角度后,装在机床上用于切削金属工件。

【规　　格】

边长 a (mm)	长度 L (mm)
正方形高速钢车刀条	
4，5	63
6，8	63，80，100，160，200
10，12	63，80，100，160，200
16	100，160，200
20	160，200
25	200
圆形高速钢车刀条	
直径 d	
4，5	63，80，100
6	63，80，100，160
8	80，100，160
10	80，100，160，200
12，16	100，160，200
20	200

宽×高 $b \times h$ (mm)	长度 L (mm)
矩形高速钢车刀条	
$h/b \approx 1.6$	
4 × 6	100
5 × 8	100
6 × 10	160，200
8 × 12	160，200
10 × 16	160，200
12 × 20	160，200
16 × 25	200
$h/b \approx 2$	
4 × 8	100
5 × 10	100
6 × 12	160，200
8 × 16	160，200
10 × 20	160，200
12 × 25	200

宽×高 $b \times h$ (mm)	长度 L (mm)
矩形高速钢车刀条	
$h/b \approx 2.33$	
6 × 14	140
$h/b \approx 2.5$	
4 × 10	120
不规则四边形高速钢车刀条	
3 × 12	85，120
5 × 12	85，120
3 × 16	140，200
4 × 16	140
6 × 16	140
4 × 18	140
3 × 20	140
4 × 20	140，250
4 × 25	250
5 × 25	250

21. 硬质合金车刀(GB/T 17985.1～17985.3—2000)

【用　　途】装夹于机床上用于切削金属。

【规　　格】

符号	名称	型式	符号	名称	型式
(1) 车刀符号、名称与型式					
(1.1) 外表面车刀					
01	70°外圆车刀	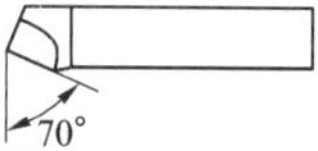 70°	07	A 型切断车刀	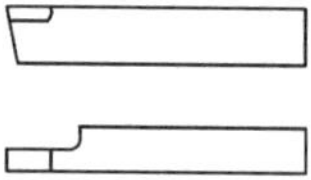
02	45°端面车刀	 45°	14	75°外圆车刀	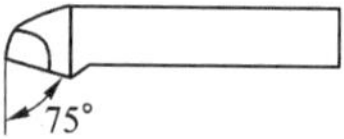 75°
03	95°外圆车刀	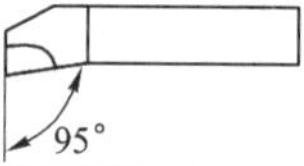 95°	15	B 型切断车刀	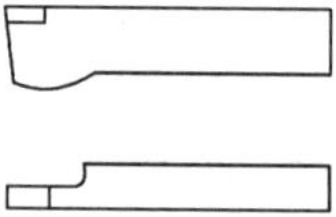
04	切槽车刀		16	外螺纹车刀	60°
05	90°端面车刀	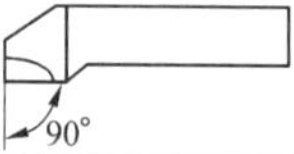 90°	17	V 带轮车刀	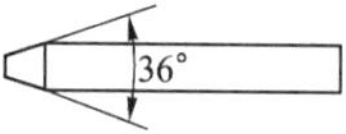 36°
06	90°外圆车刀	90°			
(1.2) 内表面车刀					
08	75°内孔车刀	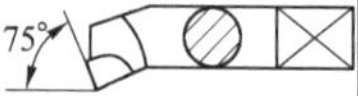 75°	11	45°内孔车刀	 45°
09	95°内孔车刀	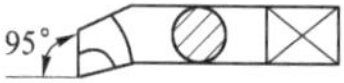 95°	12	内螺纹车刀	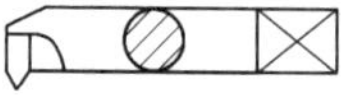
10	90°内孔车刀	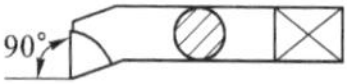 90°	13	内切槽车刀	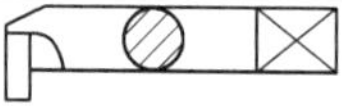

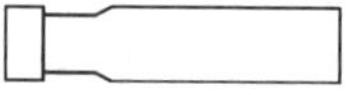

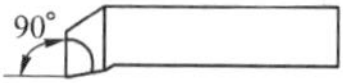

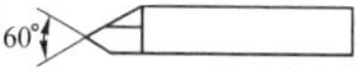

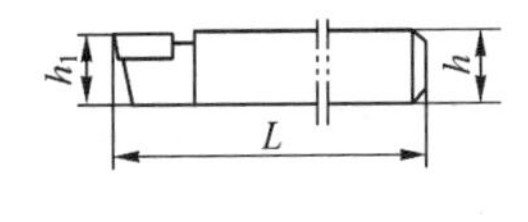

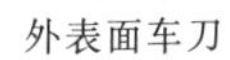
外表面车刀

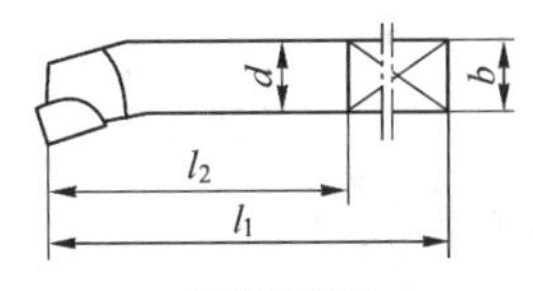

内表面车刀

(2) 外表面车刀规格(mm)

L			90	100	110	125	140	170	200	240
$h=h_1$			10	12	16	20	25	32	40	50
车刀型式	01，02，06，14	b	10	12	16	20	25	32	40	50
	03		—	—	10	12	16	20	25	32
	04		—	—	—	12	16	20	25	32
	05		—	—	—	20	25	32	40	50
	07		—	8	10	12	16	20	25	32
	15		—	8	10	12	16	20	25	—
	16		—	8	10	12	16	20	—	—
	17		—	12	16	20	25	32	—	—

(3) 内表面车刀规格(mm)

l_1	125	150	180	210	250	300	355
$h=b$	8	10	12	16	20	25	32
l_2	40	50	63	80	100	125	160

22. 硬质合金焊接车刀片和焊接刀片

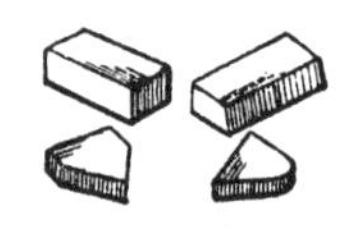

【其他名称】 钨钢刀头。

【用　　途】 供焊接于车刀或其他刀具的刀杆(或刀体)上,可在高转速下切削坚硬金属和非金属材料。

【规　　格】

(1) 硬质合金焊接车刀片(YS/T 253—1994)

刀片类型	A	B	C	D	E
形　状					
型　号	A5～A50	B5～B50	C5～C50	D3～D12	E4～E32

(2) 硬质合金焊接刀片(YS/T 79—2006)

刀片类型	形　状	用　途	刀　片　型　号
A1		用于外圆车刀、镗刀及切槽刀上	A106～A170
A2		用于镗刀及端面车刀上	右:A208～A225 左:A212Z～A225Z
A3		用于端面车刀及外圆车刀上	右:A310～A340 左:A312Z～A340Z

(续)

刀片类型	形　状	用　途	刀片型号
A4		用于外圆车刀、镗刀及端面车刀上	右:A406～A450A 左:A460～A450AZ
A5		用于自动机床的车刀上	右:A515、A518 左:A515Z、A518Z
A6		用于镗刀、外圆车刀及面铣刀上	右:A612、A615、A618 左:A612Z、A615Z、A618Z
B1		用于成形车刀、加工燕尾槽的刨刀和铣刀上	右:B108～B130 左:B112Z～B130Z
B2		用于凹圆弧成形车刀及轮缘车刀上	B208～B265A
B3		用于凸圆弧成形车刀上	右:B312～B322 左:B312Z～B322Z
C1		用于螺纹车刀上	C110、C116、C120、C122、C125、C110A、C116A、C120A

(续)

刀片类型	形　　状	用　　途	刀　片　型　号
C2		用于精车刀及梯形螺纹车刀上	C215、C218、C223、C228、C236
C3		用于切断刀和切槽刀上	C303、C304、C305、C306、C308、C310、C312、C316
C4		用于加工 V 带轮 V 形槽的车刀上	C420、C425、C430、C435、C442、C450
C5		用于轧辊拉丝刀上	C539、C545
D1		用于面铣刀上	右:D110～D130 左:D115～D130Z
D2		用于三面刃铣刀、T 形槽铣刀及浮动镗刀上	D206～D246
E1		用于麻花钻及直槽钻上	E105、E106、E107、E108、E109、E110
E2		用于麻花钻及直槽钻上	E210～E233

（续）

刀片类型	形　　状	用　　途	刀　片　型　号
E3		用于立铣刀及键槽铣刀上	E312～E345
E4		用于扩孔钻上	E415、E418、E420、E425、E430
E5		用于铰刀上	E515、E518、E522、E525、E530、E540
F1*		用于车床和外圆磨床的顶尖上	F108～F140
F2*		用于深孔钻的导向部分上	F216～F230C
F3*		用于可卸镗刀及耐磨零件等上	F303、F304、F305、F306、F307、F308

注：1. 刀片型号按其大致用途表示，分为 A、B、C、D、E 五类，A—车刀片；B—成形刀片；C—螺纹、切断、切槽刀片；D—铣刀片；E—孔加工刀片。

2. 型号表示：字母和其后第一个数字表示刀片类型；第二、第三两个数字表示刀片长度或宽度、直径等参数；以“Z”表示左刀；当几个规格的被表示参数相等时，则自第二个规格起，在末尾加注“A、B、…”以资区别。例：C110、C110A。

23. 固结磨具

【其他名称】 砂轮、磨轮、磨盘、砂盘、火石。

【用　　途】 装置于砂轮机或磨床上，用于磨削金属的机件、刀具或非金属材料等。

【规　　格】 主要包括砂轮的形状代号、主要尺寸(外径×厚度×孔径)、磨料种类、磨料粒度、砂轮组织号、硬度、结合剂、线速度等方面。

(1) 砂轮形状、代号及用途(GB/T 2484—2006)

砂轮名称	型号 (新代号/旧代号)	断面形状	用途举例
(1) 平形系			
平形砂轮	1/P		磨内圆、外圆、平面及刃磨
双斜边砂轮	4/PSX_1		磨齿轮齿面及单头螺纹
双斜边二号砂轮	1-N/PSX_2		磨外圆兼靠磨端面
单斜边砂轮	3/PDX_2		磨齿轮齿面及刃磨刀具
单面凸砂轮	38/PDT		磨内圆、外圆及端面

(续)

砂轮名称	型号 (新代号/旧代号)	断面形状	用途举例
(1) 平形系			
单面凹砂轮	5/PDA		磨外圆、内圆及端面等
双面凹一号砂轮	7/PSA		磨外圆、平面及刃磨刀具,也可作无心磨床的磨轮
单面凹带锥砂轮	23/PZA		磨外圆兼靠磨端面
螺栓紧固平形砂轮*	36/PL		刃磨刀具
双面凹带锥砂轮	26/PSZA		磨外圆兼靠磨两端面
薄片砂轮	41/PB		切割各种钢材及开槽
(2) 筒形系			
粘结或夹紧用筒形砂轮	2/N		以端面磨工件表面,也适宜用于最后磨光

注: * 螺栓紧固平形砂轮的标准号为 JB/T 7983—2001。

（续）

砂轮名称	型号 $\left(\frac{\text{新代号}}{\text{旧代号}}\right)$	断面形状	用途举例
(3) 杯形系			
杯形砂轮	$\frac{6}{B}$		刃磨刀具如铣刀、铰刀、扩孔钻、拉刀、切纸刀等
碗形砂轮	$\frac{11}{BW}$		刃磨刀具及磨平面，当工件上有凸出部分而磨轮进给有困难时更为适宜
(4) 碟形系			
碟形一号砂轮	$\frac{12a}{D_1}$		刃磨刀具(如铣刀、铰刀、拉刀等)，大规格的一般用于磨齿轮齿面
碟形二号砂轮	$\frac{12b}{D_2}$		刃磨锯齿
钹形砂轮	$\frac{27}{JB}$		打磨清理焊缝、焊件，整修金属件表面缺陷
(5) 专用加工系			
磨量规用双面凹二号砂轮	$\frac{8}{JL}$		磨外径量规及游标卡尺两个内测量面专用
磨针用双面凹J型面砂轮	$\frac{7\text{-}J}{JZ}$		磨针专用

(2) 砂轮主要尺寸

砂轮名称及型号	型号及系列	主要尺寸范围(mm)		
		外径 D	厚度 T	孔径 H
外圆磨砂轮(GB/T 4127.1—2007)				
平形砂轮 1	1(A 系列)	250～1250	20～150	76.2～508
	1(B 系列)	300～1600	19～200	75～900
单面凹砂轮 5	5(A 系列)	300～1067	40～150	127～508
	5(B 系列)	300～1200	40～150	127～305
双面凹砂轮 7	7(A 系列)	300～1067	40～150	76.2～508
	7(B 系列)	300～1600	50～105	127～508
单面锥砂轮 20 双面锥砂轮 21	20 21	250～762	13～125	76.2～304.5
单面凹单面锥砂轮 22 单面凹带锥砂轮 23	22、23 (A 系列)	300～762	40～100	76.2～305
	22、23 (B 系列)	300～750	40～120	127～305
双面凹单面锥砂轮 24	24	300～762	40～100	76.2～304.8
单面凹双面锥砂轮 25	25	300～762	40～100	76.2～304.8
双面凹带锥砂轮 26	26(A 系列)	300～762	40～100	76.2～304.8
	26(B 系列)	500～900	63～100	305
单面凸砂轮 38 双面凸砂轮 39	38、39(A 系列) 38(B 系列)	250～1067 500、600	13～50 16～25	76.2～304.8 203、305
平形 N 型面砂轮 1－N	1－N	600～900	25～200	305

(续)

砂轮名称及型号	型号及系列	主要尺寸范围(mm)		
		外径 D	厚度 T	孔径 H
无心外圆磨砂轮(GB/T 4127.2—2007)				
平形砂轮 1 单面凹砂轮 5 双面凹砂轮 7	1、5、7 型 (A 系列)	300～762	25～600	127～304.8
	1、7 型 (B 系列)	300～750	100～600	127～350
内圆磨砂轮(GB/T 4127.3—2007)				
平形砂轮 1	1(A 系列) 1(B 系列)	6～200 3～150	6～63 6～120	2.5～32 1～32
单面凹砂轮 5	5(A 系列) 5(B 系列)	13～200 10～150	13～63 10～50	4～32 3～32
平面磨削用端面磨砂轮(GB/T 4127.5—2007)				
粘结或夹紧用筒形砂轮 2	2(A 系列) 2(B 系列)	150～610 90～600	80～125 80～150	壁厚 16～63 壁厚 7.5～100
机形砂轮 6	6(A 系列)	125～300	63～125	32～127
粘结或夹紧的圆盘砂轮 35	35	350～914	63、80	203.2～508
螺栓紧固平形砂轮 36	36(A 系列) 36(B 系列)	350～1067 300～1060	63～100 40～100	120～280 16～350
螺栓紧固筒形砂轮 37	37(A 系列)	300～610	100、125	壁厚 50、63

注：1. 孔径栏中，带 * 符号的数值为筒形砂轮的环形端面宽度。
2. 砂轮的外径、厚度和孔径系列(mm)见下表。

外径 *D*	3, 4, 5, 6, 10, 13, 16, 20, 25, 32, 40, 50, 63, 70, 80, 100, 125, 150, 180, 200, 250, 300, 350, 356, 400, 406, 450, 457, 500, 508, 600, 610, 700, 750, 760, 762, 800, 813, 900, 914, 915, 1050, 1060, 1067, 1100, 1200, 1250, 1320, 1400, 1600
厚度 *T*	6, 8, 10, 13, 16, 19, 20, 25, 32, 35, 40, 47, 50, 63, 75, 76, 80, 82, 100, 105, 110, 120, 125, 150, 152, 200
孔径 *H*	1, 1.5, 2.5, 4, 6, 10, 13, 16, 20, 32, 75, 76.2, 127, 203, 203.2, 250, 254, 280, 304.8, 305, 350, 406.4, 450, 457, 508, 900

(3) 磨料种类

名称与标准号	代号	色泽	特性及用途
(1) 刚玉系			
棕刚玉 (GB/T 2478—2008)	A	棕褐色	韧性高，能承受较大的压力，适用于加工抗拉强度较高的金属，如粗磨碳钢、合金钢、可锻铸铁和硬青铜等
白刚玉 (GB/T 2479—2008)	WA	白色	韧性较低，切削性能优于棕刚玉，适用于精磨和半精磨各种合金钢、高碳钢、淬火钢，常用于磨螺纹、磨齿轮及刃磨、平面磨、内圆磨等
单晶刚玉 (JB/T 7996—2012)	SA	浅黄色或白色	具有良好的多角多棱切削刃，并有较高的硬度和韧性，可加工较硬的金属材料，如磨削淬火钢、合金钢、高钒高速钢、不锈钢、耐热钢等
微晶刚玉 (JB/T 7987—2012)	NA	与棕刚玉相似	韧性较高，适用于重负荷磨削和表面粗糙度小的磨削，如不锈钢、碳钢、轴承钢和特种球墨铸铁等

(续)

名称与标准号	代号	色泽	特性及用途
(1) 刚玉系			
铬刚玉(JB/T 7986—2001)	PA	紫红或玫瑰红	韧性比白刚玉高,切削性能较好,适用于淬火钢、合金钢刀具的刃磨,如对螺纹工件、量具和仪表零件的磨削
锆刚玉(GB/T 2476—1994)	ZA	褐灰	具有磨削效率高、表面粗糙度小、不烧伤工件和砂轮表面不易被堵塞等优点,适用于粗磨不锈钢、高钼钢
黑刚玉(JB/T 3629—2012)	BA	黑色	性硬,但韧性较差,适用于磨削硬度不高的材料及钟表零件的磨削
(2) 碳化物系(GB/T 2480—2008)			
黑碳化硅	C	黑色	硬度比刚玉类磨料高,性脆而锋利,适用于加工抗拉强度低的金属及非金属材料,如灰铸铁、黄铜、铝、岩石及皮革和硬橡胶等
绿碳化硅	GC	绿色	硬度和脆性略高于黑碳化硅,适用于加工硬而脆的材料,如磨削硬质合金、玻璃和玛瑙等
立方碳化硅	SC	绿色	颗粒完整性好,韧性高,在空气中不易氧化,用于超精磨削轴承的沟道,可以得到较小的表面粗糙度

(续)

名称与标准号	代号	色　泽	特　性　及　用　途
(2) 碳化物系(GB/T 2480—2008)			
碳化硼	BC	灰黑色	硬度比碳化硅高,适用于硬质合金、宝石、陶瓷等材料做的刀具、模具、精密元件的钻孔、研磨和抛光

(4) 磨料粒度(GB/T 2481.1—1998, GB/T 2481.2—2009)

磨料粒度标记	粗磨粒 F4～F220	粗粒度:4, 5, 6, 7, 8, 10, 12, 14, 15, 20, 22, 24 中粒度:30, 36, 40, 46, 54, 60 细粒度:70, 80, 90, 100, 120, 150, 180, 220
	微粉 F230～F1200	极细粒度:230, 240, 280, 320, 360, 400, 500, 600, 800, 1000, 1200

注:磨料粒度标记是按磨料颗粒尺寸自大至小排列的。

(5) 砂轮组织(JB/T 8339—1996)

陶瓷与树脂															
组织号	0S	1S	2S	3S	4S	5S	6S	7S	8S	9S	10S	11S	12S	13S	14S
磨粒率(%)	62	60	58	56	54	52	50	48	46	44	42	40	38	36	34

菱　苦　土					
组织号	1S	2S	3S	4S	5S
磨粒率(%)	50～60	40～49	30～39	20～29	10～19

注:1. 磨粒率指磨粒在砂轮中占有的体积百分数。组织号小的,磨粒率大;反之,磨粒率小。
2. 本表只适用于以陶瓷、树脂、菱苦土为结合剂的普通砂轮。

(6) 砂轮硬度等级(GB/T 2484—2006)

硬度代号(按软至硬顺序排列):

- 极软:A、B、C、D
- 很软:E、F、G
- 软:H、J、K
- 中级:L、M、N
- 硬:P、Q、R、S
- 很硬:T
- 极硬:Y

(7) 砂轮结合剂种类(GB/T 2484—2006)

代　号	名　　称
V	陶瓷结合剂
R	橡胶结合剂
RF	增强橡胶结合剂
B	树脂或其他热固性有机结合剂
BF	纤维增强树脂结合剂
Mg	菱苦土结合剂
RL	塑料结合剂

(8) 砂轮的规格表示方法举例

砂轮 GB/T 4127 1 N-300×50×75-…A/F36 L 5 V…50 m/s

GB/T 4127	1	N	300	50	75	…	A	F36	L	5	V	…	50 m/s
对应标准号	型号1	圆周型面	外径	厚度	孔径	磨料牌号	磨料种类	粒度	硬度等级	组织	结合剂种类	结合剂牌号	最高工作速度

24. 纤维增强树脂切割砂轮及修磨用钹形砂轮

切割砂轮

钹形砂轮

【用　　途】 薄片砂轮装于型材切割机等上，用于切割厚度不大于10mm的金属型材；产品代号：41型，结合剂代号：BF。钹形砂轮（又称角向砂轮）装于角向磨光机上，用于打磨清理焊接件的焊缝、焊件、铸件毛刺、飞边以及整修金属件表面缺陷等；产品代号：27型、28型，结合剂代号：BF。

【规　　格】

(1) 纤维增强树脂切割砂轮(JB/T 4175—2006)

外径 D	厚度 H		内径 d	外径 D	厚度 H		内径 d
	单层纤维	多层纤维			单层纤维	多层纤维	
(mm)				(mm)			
80	2.5	3.2	13	350	3.2	4	25.4, 32
100			16	400	3.2, 4	5	
150, 200			16, 20, 25.4, 32	500	4, 5	6	25.4, 32, 50.8, 76.2
				600	6	8	
250, 300	3.2	4	25.4, 32	750	—	8	50.8, 76.2

(2) 修磨用钹形砂轮(JB/T 3715—2006)(mm)

外径 D	80	100	115, 125, 150	180, 205, 230
厚度 U	3, 4, 6			4, 6, 8, 10
内径 H	10	15, 16	16, 22, 22.2	

注：砂轮的磨料及粒度为30# ～36# 棕刚玉；纤维增强树脂结合剂代号为BF；最高线速度分60、70、80m/s三种。

25. 磨　　头（GB/T 2484—2006）

【其他名称】 什锦磨头。

【用　　途】 当工件的几何形状不能用一般砂轮进行磨削加工时，可选用相应的磨头来进行磨削加工。

【规　　格】 规格表示方法与砂轮相同。

磨头名称	磨头形状	形状代号（新代号/旧代号）	主要尺寸范围（mm）	基本用途
圆柱磨头		5301/MY	$D\times T\times H$ 4×10×1.5～40×75×10	磨内圆特殊表面和模具壁及清理毛刺等
半球形磨头		5302/MBQ	$D\times T\times H$ 25×25×6	磨内圆特殊表面
球形磨头		5303/MQ	$D\times H$ 10×3～30×6	磨有小圆角的零件
截锥磨头		5304/MJ	$D\times T\times H$ 16×8×3 30×10×6	磨各种形状的沟槽和修角等
椭圆锥磨头		5305/MTZ	$D\times T\times H$ 10×20×3 20×40×6	磨内圆特殊表面和模具壁等
60°锥磨头		5306/ML	$D\times T\times H$ 10×25×3～30×50×6	磨锥形表面及顶尖孔等
圆头锥磨头		5307/MYT	$D\times T\times H$ 16×16×3～35×75×10	磨内圆特殊表面和模具壁等

26. 砂　　瓦(GB/T 4127.5—2007)

【其他名称】 砂块、磨块。

【用　　途】 由数块拼装起来用于平面磨削,按不同机床和加工工件表面的要求,选择相应形状的砂瓦。

【规　　格】 规格表示方法与砂轮相同。

砂瓦名称	砂瓦形状	形状代号 (新代号/旧代号)	主要尺寸范围 (mm)
平形砂瓦	C, L, B	3101/WP	B: 50～120, C: 25～50, L: 150～200
平凸形砂瓦	B, R, A, L, C	3102/WPT	A/B: 85/100, C: 38, D: 150
凸平形砂瓦	R, A, B, L, C	3103/WTP	A/B: 80/100, C: 45, L: 150
扇形砂瓦	R, A, B, L, C	3104/WS	A: 40～108, B: 60～152, C: 25～225, R: 75～200, L: 25～200
梯形砂瓦	B, A, L, C	3109/WT	A: 50～135, B: 60～152, C: 15～63, L: 110～250

27. 磨　　石（GB/T 2484—2006）

【其他名称】 油石、磨条。

【用　　途】 研磨精车刀、铣刀等刀具以及机件的珩磨和超精加工等。

【规　　格】 规格表示方法与砂轮相同。

磨石名称	磨石形状	形状代号（新代号/旧代号）	主要尺寸范围（mm）	基本用途
长方形珩磨磨石	C B L	5410/SCH	$B \times C \times L$ $4 \times 3 \times 40$～ $16 \times 13 \times 160$	主要用于珩磨工作
正方形珩磨磨石	B L	5411/SFH	$B \times L$ 3×40～ 16×160	主要用于珩磨工作
长方形磨石	C B L	9010/SC	$B \times C \times L$ $20 \times 6 \times 125$～ $75 \times 50 \times 200$	用于珩磨、抛光、去毛刺和各种钳工工作
正方形磨石	B L	9011/SF	$B \times L$ 6×100～ 40×250	用于超精加工、珩磨和各种钳工工作
三角形磨石	B L	9020/SJ	$B \times L$ 6×100～ 25×300	用于珩磨齿面、修理曲轴和各种钳工工作

(续)

磨石名称	磨石形状	形状代号 $\left(\frac{新代号}{旧代号}\right)$	主要尺寸范围 (mm)	基本用途
刀形磨石		$\frac{9021}{SD}$	$B\times C\times L$ 10×25×150 10×30×150 20×50×150	用于各种钳工工作
圆柱形磨石		$\frac{9030}{SY}$	$B\times L$ 6×100～ 20×150	用于珩磨齿面、研磨球面和各种钳工工作
半圆形磨石		$\frac{9040}{SB}$	$B\times L$ 6×100～ 25×200	用于各种钳工工作

28. 砂　　布(JB/T 3889—2006)

页状砂布

【其他名称】 铁砂布、金刚砂布、刚玉砂布、干磨砂布。

【用　　途】 装于机具上或以手工磨削金属工件表面上的毛刺、锈斑或磨光表面。卷状砂布主要用于对金属工件或胶合板的机械磨削加工。粒度号小的用于粗磨，粒度号大的用于细磨。

【规　　格】

形状代号		页状为S，卷状为R
宽×长(mm)	页状	230×280
	卷状	(50，100，150，200，230，300，600，690，920)×(25000，50000)
磨料代号		棕刚玉，代号为A
粘结剂代号		动物胶为G/G，半树脂为R/G，全树脂为R/R，耐水为WP
磨料粒度号(括号内为习惯称号)		P8，P10，P12，P14，P16，P20，P24(4#)，P30(3½#)，P36(3#)，P40，P50，(2½#)，P60(2#)，P70，P80 (1½#)，P100 (1#)，P120(0#)，P150(2/0#)，P180(3/0#)，P220，P240(4/0#)，W63(5/0#)，W40(6/0#)

注：磨料粒度号按GB/T 2481.1～2—2006中的规定；W63、W40两种粒度号是市场产品，不包括在该标准中。

29. 砂　纸

【用　　途】 干磨砂纸(木砂纸)用于磨光木、竹器表面，耐水砂纸(水砂纸)用于在水中或油中磨光金属或非金属工件表面，金相砂纸专供金相试样抛光用。

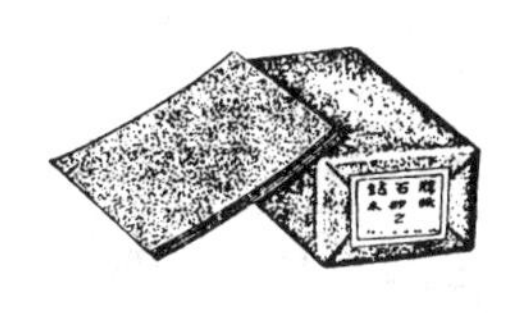

【规　　格】

(1) 干磨砂纸(木砂纸)(JB/T 7498—2006)

形状代号		页状为 S,卷状为 R
宽×长(mm)	页状	230×280
	卷状	(50，100，150，200，230，300，600，690，920)×(25000，50000)
磨粒代号		玻璃砂为 GL,石榴石为 G
粘结剂代号		动物胶为 G/G,半树脂为 R/G,全树脂为 R/R
磨料粒度号(括号内为习惯称号)		P24(4$^{\#}$)，P30(3$^{\#}$)，P36(2½$^{\#}$)，P40，P50(2$^{\#}$)，P60(1½$^{\#}$)，P70，P80(1$^{\#}$)，P100(1/2$^{\#}$)，P120(0$^{\#}$)，P150(2/0$^{\#}$)

注：磨料粒度号按 GB/T 2481.1～2—2006 的规定。

(2) 耐水砂纸(水砂纸)(JB/T 7499—2006)

形状代号		页状为 S,卷状为 R
宽×长(mm)	页状	230×280
	卷状	(50，100，150，200，230，300，600，690，920)×(25000，50000)
磨料/结合剂		碳化硅,刚玉/树脂
磨料粒度号(括号内为习惯称号)		P70(80$^{\#}$)，P80(100$^{\#}$)，P100(120$^{\#}$，150$^{\#}$)，P120(180$^{\#}$)，P150(200$^{\#}$，220$^{\#}$)，P180(240$^{\#}$，260$^{\#}$，300$^{\#}$)，P240(320$^{\#}$，360$^{\#}$)，W63(400$^{\#}$)，W40(500$^{\#}$)，W28(600$^{\#}$)

(3) 金相砂纸(JB/T 3368—1983)

宽×长(mm)	页状:70×230,93×230,140×230,115×140,115×280,230×280,260×260
磨料/结合剂	白刚玉(代号 WA)/聚醋酸乙烯树脂
磨料粒度号(括号内为习惯称号)	W63,W50(280#),W40(320#),W28(400#),W20(500#),W14(600#),W10(800#),W7(1000#),W5(1200#)

30. 手摇砂轮架

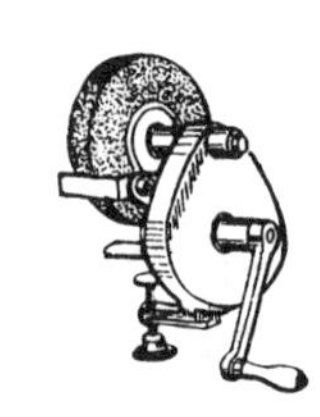

【其他名称】 砂轮架。

【用　　途】 磨削小型工件的表面及刃磨工具等,特别适合于手工工场、流动工地及没有电力设备的农具修配站等。

【规　　格】 能装置砂轮的最大直径(mm):100,125,150,200。

31. 砂轮整形刀

刀片

砂轮整形刀

【其他名称】 砂轮割刀、砂轮修整器。

【用　　途】 修整砂轮,使之平整和恢复锋利。

【规　　格】 砂轮整形刀刀片尺寸(直径×孔径×厚度,mm):34×7×1.25,34×7×1.5。

砂轮整形刀的刀架与刀片通常分开供应。

32. 金刚石砂轮整形刀

【其他名称】 金刚钻刀、金刚石砂轮割刀。

【用　　途】 用于修整砂轮,使之平整和恢复锋利。

【规　　格】

金刚石型号	每粒金刚石重量		适用修整砂轮尺寸范围（直径×厚度,mm）
	克　拉	mg	
100～300	0.10～0.30	20～60	≤100×12
300～500	0.30～0.50	60～100	100×12～200×12
500～800	0.50～0.80	100～160	200×12～300×15
800～1000	0.80～1.00	160～200	300×15～400×20
1000～2500	1.00～2.50	200～500	400×20～500×30
≥3000	≥3.00	≥600	≥500×40

注：1. 金刚石可制成60°，90°，100°，120°等多种角度。

2. 柄部尺寸(长×直径,mm)：120×12。

3. 1克拉(非法定计量单位)=200mg。

第二十章　测 量 工 具

1. 金 属 直 尺(GB/T 9056—2004)

【其他名称】 钢皮尺、钢直尺、钢尺。

【用　　途】 测量一般工件的尺寸，以机械工人采用较多。

【规　　格】 测量上限(mm)：150，300，500，(600)，1000，1500，2000。

2. 钢 卷 尺(QB/T 2443—2011)

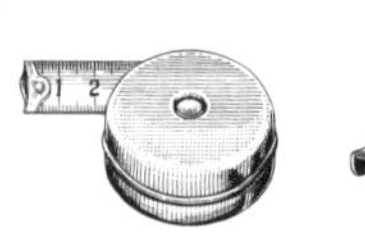

A型　自卷式

B型　自卷制动式

C型　数显式

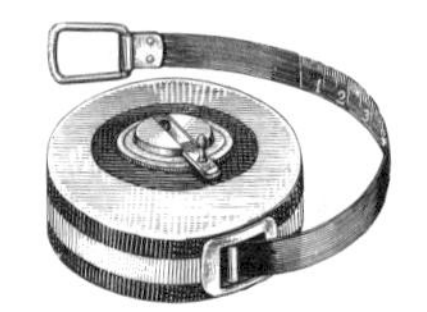

D型　摇卷盒式(大钢卷尺)

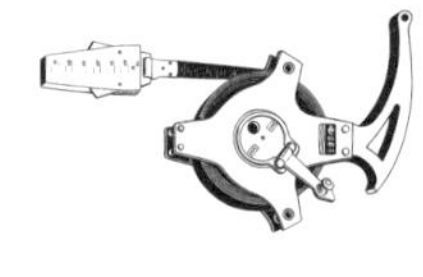

E型　摇卷架式

F型　量油尺

【其他名称】 钢皮卷尺、钢盒尺(指小钢卷尺)。

【用　　途】 测量较长工件的尺寸或距离。其中F型量油尺主要用于测量油库或其他液体库(舱、池)内储存的油或液体的深度,从而推算库内油或液体的储存量。

【规　　格】

型　　式	A、B、C型	D、E、F型
尺带规格 (m)	1～5 (规格之间 级差为0.5)	5～100 (规格之间 级差为5)

3. 纤 维 卷 尺(QB/T 1519—2011)

H型

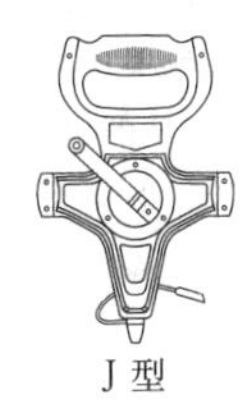

J型

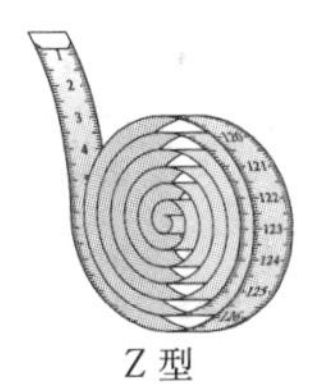

Z型

纤维卷尺

【其他名称】 布卷尺、皮尺、皮卷尺。

【用　　途】 测量较长距离的尺寸,如丈量土地等。精度不如钢卷尺。

【规　　格】

型式	Z、H型	Z、H、J型
规格 (m)	1～5 (规格之间级差为0.5)	5, 10, 15, 20, 30, 50(规格之间级差为5的倍数)

4. 卡　钳

外卡钳

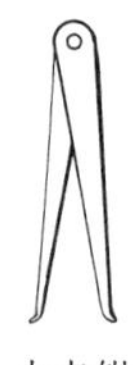

内卡钳

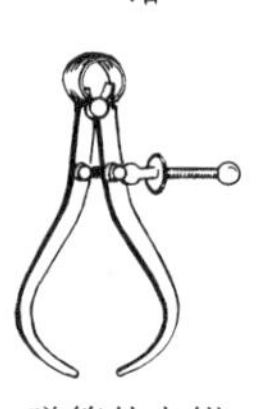

弹簧外卡钳

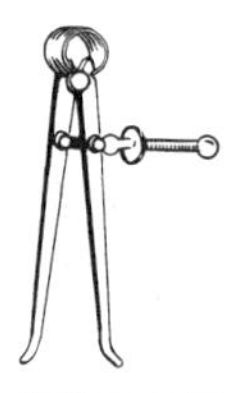

弹簧内卡钳

【其他名称】 外卡钳——外卡、紧轴外卡钳；
内卡钳——内卡、紧轴内卡钳。
弹簧外卡钳——弹簧外卡、弹簧式外卡钳；
弹簧内卡钳——弹簧内卡、弹簧式内卡钳。

【用　　途】 与金属直尺配合，外卡钳测量工件的外尺寸（如外径、厚度），内卡钳测量工件的内尺寸（如内径、槽宽）。弹簧卡钳与一般卡钳相同，但具有调节方便和测得的尺寸不易走动的优点，在批量生产中尤为适用。

【规　　格】 全长（mm）：
100，125，200，250，300，350，400，450，500，600。

5. 带表卡规（JB/T 10017—1999）

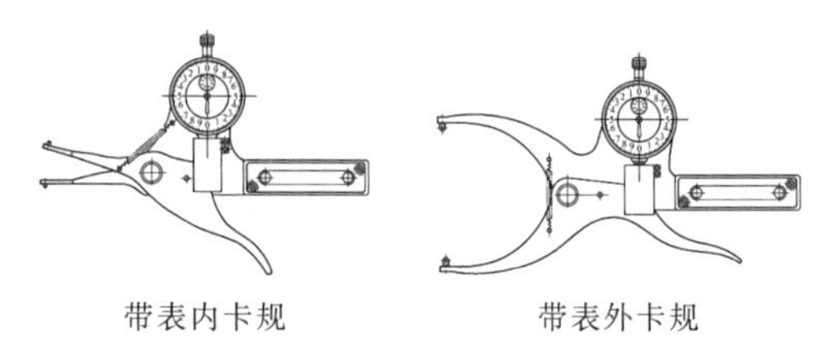

带表内卡规　　带表外卡规

【用　　途】 以测量头深入工件内外部，用于测量工件上尺寸，并通过百分表直接读数。

【规　　格】

<table>
<tr><th>名称</th><th colspan="3">测量范围</th><th>测量深度</th><th>分度值</th></tr>
<tr><td rowspan="4">带表内卡规
(mm)</td><td>10～30</td><td>15～35</td><td>20～40</td><td rowspan="2">50，80，100</td><td rowspan="4">0.01</td></tr>
<tr><td>30～50</td><td>35～55</td><td>40～60</td></tr>
<tr><td>50～70</td><td>55～75</td><td>60～80</td><td rowspan="2">80，100，150</td></tr>
<tr><td>70～90</td><td>75～95</td><td>80～100</td></tr>
<tr><td rowspan="4">带表外卡规
(mm)</td><td colspan="3">0～20，20～40，40～60，
60～80，80～100</td><td rowspan="4">—</td><td>0.01</td></tr>
<tr><td colspan="3">0～20</td><td>0.02</td></tr>
<tr><td colspan="3">0～50</td><td>0.05</td></tr>
<tr><td colspan="3">0～100</td><td>0.10</td></tr>
</table>

6. 游标卡尺、带表卡尺及数显卡尺

(GB/T 21389—2008)

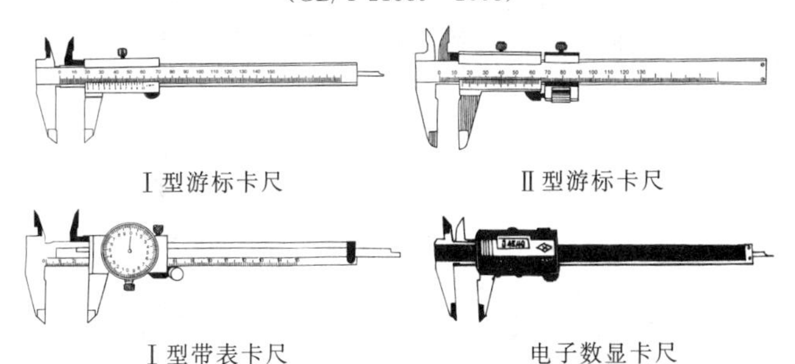

Ⅰ型游标卡尺　　Ⅱ型游标卡尺

Ⅰ型带表卡尺　　电子数显卡尺

【用　　途】 用于测量工件的外径、内径尺寸，带深度尺的还可以用于测量工件的深度尺寸。利用游标、指示表或数显屏可以读出毫米小数值，测量精度比钢尺高，使用也方便。

【规　　格】

品种、型式及标准号		测量范围(mm)	游标或指示表分度值(mm)
游标卡尺	Ⅰ型	0～150	0.02，0.05，0.10
	Ⅱ、Ⅲ型	0～200，0～300	
	Ⅳ型	0～500，0～1000	
大量程游标卡尺		0～1500，0～2000，0～2500，0～3000，0～3500，0～4000	
带表卡尺(Ⅰ、Ⅱ)型		0～150	0.01(指示表示值:1)
		0～200	0.02(指示表示值:1,2)
		0～300	0.05(指示表示值:5)
电子数显卡尺	Ⅰ型	0～150，0～200	0.01
	Ⅱ、Ⅲ型	0～200，0～300	
	Ⅳ型	0～500	

7. 游标卡尺、带表卡尺及数显高度卡尺

(GB/T 21390—2008)

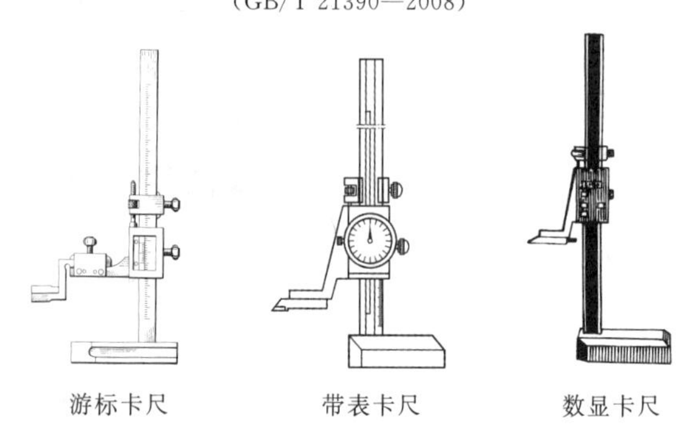

游标卡尺　　带表卡尺　　数显卡尺

【用　　途】 测量工件的高度及划线。

【规　　格】

测量范围（mm）	游标卡尺	0～150，0～200，0～300，0～500，0～1000
	带表卡尺	0～150，0～200，0～300，0～500
	数显卡尺	0～150，0～200，0～300，0～500
分度值（mm）	游标卡尺	0.02，0.05
	带表卡尺	0.01，0.02，0.05
	数显卡尺	0.01

8. 游标卡尺、带表卡尺及数显深度卡尺

(GB/T 21388—2008)

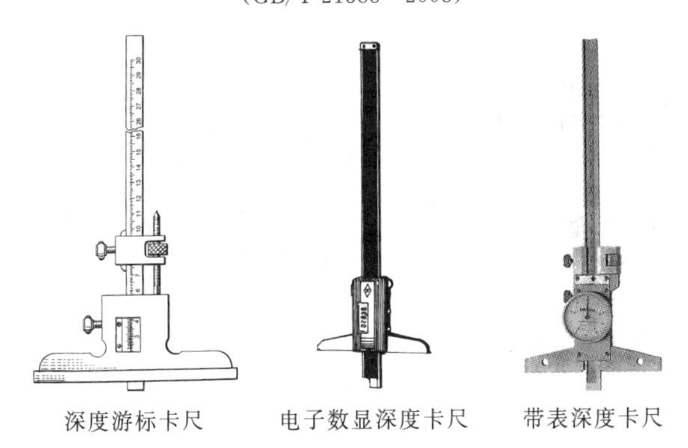

深度游标卡尺　　电子数显深度卡尺　　带表深度卡尺

【用　　途】 测量工件上沟槽和孔的深度。

【规　　格】

品　　种	测量范围(mm)	分　度　值(mm)
游标卡尺	0～100，0～200，0～300，0～500，0～1000	0.02，0.05，0.10
数显卡尺	0～100，0～200，0～300，0～500	0.01
带表卡尺	0～100，0～200，0～300，0～500	0.01，0.02，0.05

9. 外径千分尺及小测头千分尺

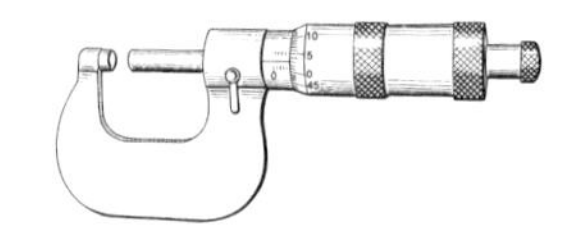

外径千分尺
(GB/T 1216—2004)

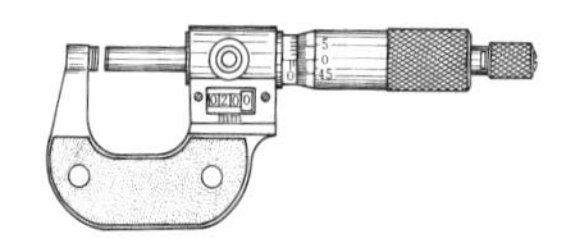

带计数器千分尺
(JB/T 4166—1999)

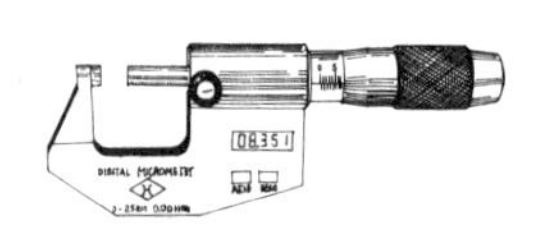

电子数显外径千分尺
(GB/T 20919—2007)

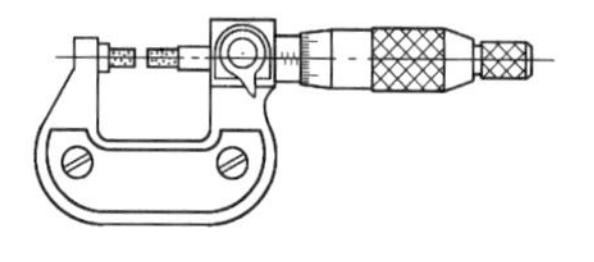

小测头千分尺
(JB/T 10005—1999)

【其他名称】 千分尺、外径分厘卡、分厘卡、外径百分尺、百分尺。

【用　　途】 外径千分尺主要用于测量工件的外尺寸，如外径、长度、厚度等，测量精度较高。

【规　　格】

品种	测　量　范　围(mm)	分度值(mm)
外径千分尺	0～25，25～50，50～75，75～100，100～125，125～150，150～175，175～200，200～225，225～250，250～275，275～300，300～325，325～350，350～375，375～400，400～425，425～450，450～475，475～500，500～600，600～700，700～800，800～900，900～1000	0.01，0.005，0.002，0.001
大外径千分尺	1000～1500，1500～2000，2000～2500，2500～3000	0.01
带计数器千分尺	0～25，25～50，50～75，75～100	读数器为0.01，测微头为0.002
电子数显外径千分尺	0～25，25～50，50～75，75～100，100～125，125～150，150～175，175～200，200～225，225～250，250～275，275～300，300～325，325～350，350～375，375～400，400～425，425～450，450～475，475～500	0.001
小测头千分尺	0～15，0～20	0.001
	0～15，0～20，0～25，25～50，50～75	0.01

注：大外径千分尺标准号为JB/T 10007—2012。

10. 壁厚千分尺及板厚千分尺

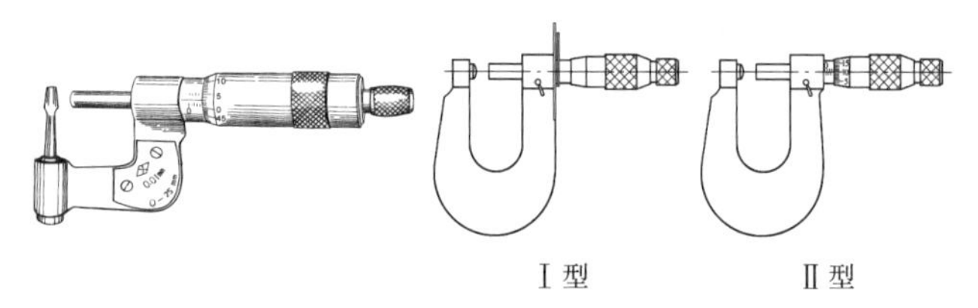

Ⅰ型　　Ⅱ型

壁厚千分尺
(GB/T 6312—2004)

板厚千分尺
(JB/T 2989—1999)

【用　　途】壁厚千分尺用于测量管件壁厚；板厚千分尺用于测量板件厚度，按结构分Ⅰ型、Ⅱ型。

【规　　格】

品种	测量范围(mm)	分度值(mm)
壁厚千分尺	0～25，25～50	0.01
板厚千分尺	0～10*，0～20*，0～25(*只有Ⅰ型)	0.01

11. 内测千分尺(JB/T 10006—1999)

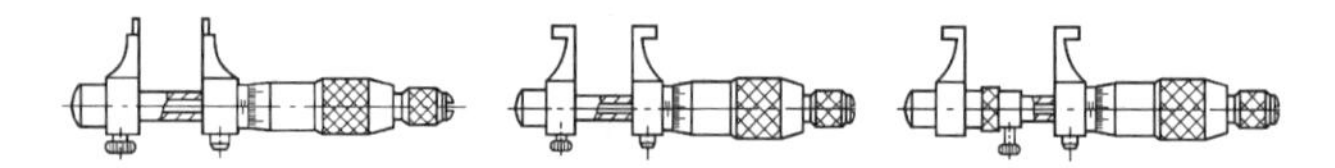

【用　　途】主要用于测量精密工件的内尺寸，通过不同形状的测量爪适应不同形状的工件。

【规　　格】测量范围(mm)：5～30，25～50，50～75，75～100，100～125，125～150。
分度值(mm)：0.01。

12. 内径千分尺

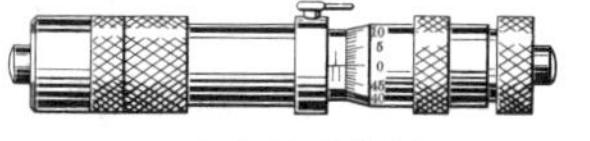

两点内径千分尺

(GB/T 8177—2004)

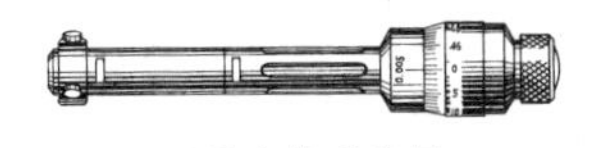

三爪内径千分尺

(GB/T 6314—2004)

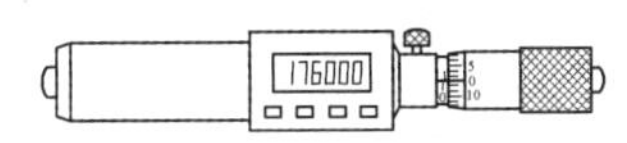

数显 2 点内径千分尺

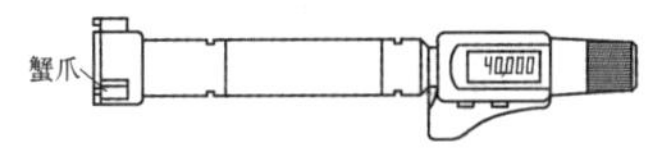

数显 3 点内径千分尺

(GB/T 22093—2008)

【其他名称】 内径分厘卡、内径百分尺。

【用　　途】 测量工件的孔径、沟槽及卡规等的内尺寸，测量精度较高，其中三爪内径千分尺利用螺旋副原理进行读数，测量范围更大，精度更高。

【规　　格】

品　　种	测　量　范　围　(mm)	分度值 (mm)
两点内径千分尺	50～75，50～250，50～600，100～125，100～1225，100～1500，100～5000，100～6000，125～150，150～175，150～1250，150～1400，150～2000，150～3000，150～4000，150～5000，150～6000，175～200，200～225，225～250，250～275，250～2000，250～4000，250～5000，250～6000，275～300，1000～3000，1000～4000，1000～5000，1000～6000，2500～5000，2500～6000	0.01，0.005，0.002，0.001

(续)

品　　种	测　量　范　围　(mm)	分度值(mm)
三爪内径千分尺	适用于通孔的Ⅰ型：6～8，8～10，10～12，11～14，14～17，17～20，20～25，25～30，30～35，35～40，40～50，50～60，60～70，70～80，80～90，90～100	0.01，0.005，0.002，0.001
	适用于通孔和盲孔的Ⅱ型：3.5～4.4，4.5～5.5，5.5～6.5，8～10，10～12，11～14，14～17，17～20，20～25，25～30，30～35，35～40，40～50，50～60，60～70，70～80，80～90，90～100，100～125，125～150，150～175，175～200，200～225，225～250，250～275，275～300	
数显内径千分尺	1～50，50～100，100～150，150～200，200～250，250～300，300～350，350～400，400～450，450～500，500～600，600～700，700～800，800～1000，1000～1200，1200～1400，1400～1600，1600～2000，2000～2500，2500～3000，3000～4000，4000～5000，5000～6000	0.001

13. 深度千分尺

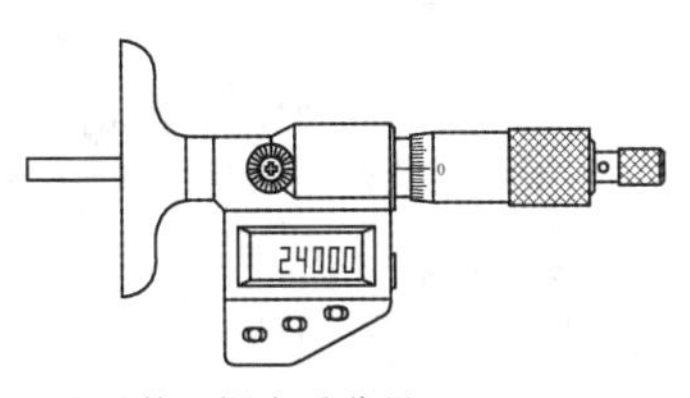

电子数显深度千分尺
(GB/T 22092—2008)

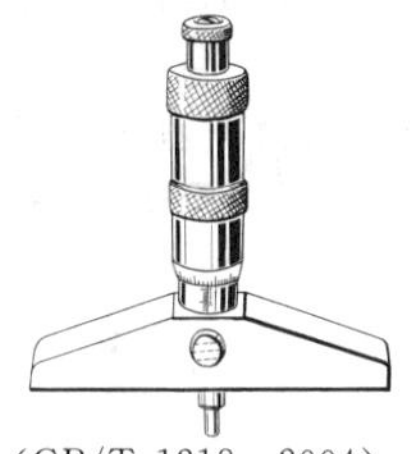

(GB/T 1218—2004)

【其他名称】 深度分厘卡、深度百分尺。

【用　　途】 测量精密工件的高度和沟槽孔的深度,测量精度较高。

【规　　格】

品　种	测量范围(mm)	分度值(mm)
深度千分尺	0～25，0～50，0～100，0～150，0～200，0～250，0～300	0.01，0.005，0.002，0.001
电子数显深度千分尺	0～25，25～50，50～100，100～150，150～200，200～250，250～300	0.001

14. 杠杆千分尺和尖头千分尺

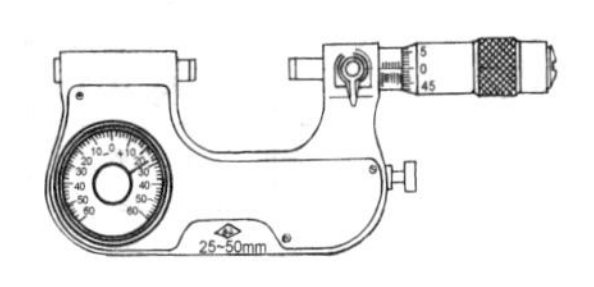

杠杆千分尺
(GB/T 8061—2004)

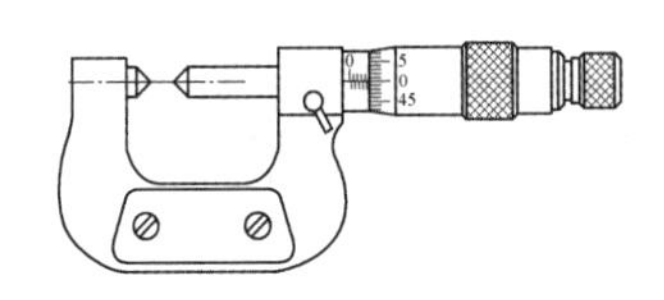

尖头千分尺
(GB/T 6313—2004)

【其他名称】 杠杆分厘卡。

【用　　途】 测量工件外形尺寸,如外径、长度、厚度等。其测量精度比千分尺高。

【规　　格】 测量范围(mm):0～25，25～50，50～75，75～100。
分度值(mm):0.005，0.001，0.002，0.01。

15. 指　示　表

指示表

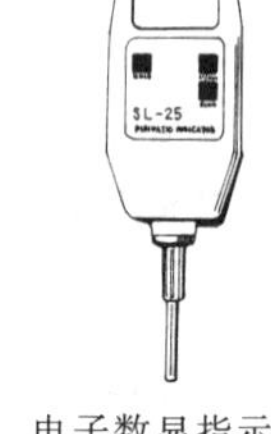

电子数显指示表

【其他名称】 百分表、千分表。

【用　　途】 测量精密工件的形状误差及位置误差,也可用比较法测量工件的长度。

【规　　格】

品　　种	测量范围(mm)	分度值(mm)
指示表 (GB/T 1219—2008)	0～10，0～30，0～100	0.10
	0～20，0～100	0.01
	0～1，0～5	0.001
	0～3，0～10	0.002

（续）

品　　种	测量范围(mm)	分度值(mm)
电子数显指示表(GB/T 18761—2007)	0～10，10～30，30～50，50～100	0.10
	0～10，10～30，30～50	0.005
	0～1，1～3，3～10，10～30	0.001

16. 杠杆指示表

(GB/T 8123—2007)

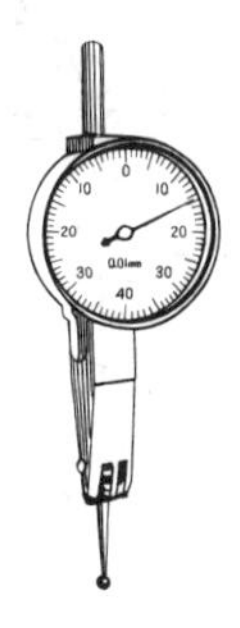

【用　　途】用于测量工件的形状误差和位置误差，并可用比较法测量长度。对受空间限制的测量，如内孔跳动量、键槽、导轨的直线度等尤为适宜。

【规　　格】

量程(mm)	0.8，1.6	0.2	0.12
分度值(mm)	0.01	0.002	0.001

17. 万能表座

(JB/T 10011—2010)

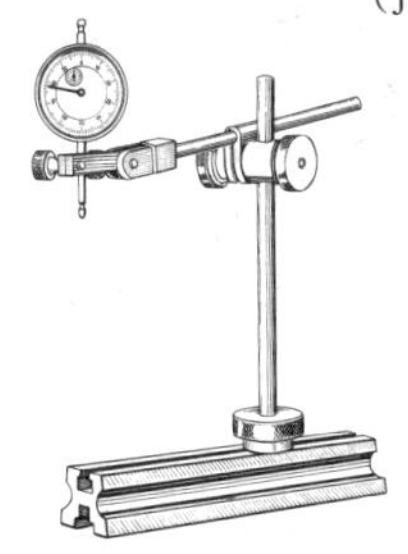

【其他名称】万能千分表架、千分表架。

【用　　途】支架千分表、百分表，使其能够处于任意方位，以适应各种不同场合的测量。

【规　　格】分为Ⅰ型万能表座（不带微调）和Ⅱ型万能表座（带微调）两种。表座杆最大升高量(mm)：230。表座杆最大回转半径(mm)：220。

18. 磁 性 表 座(JB/T 10010—2010)

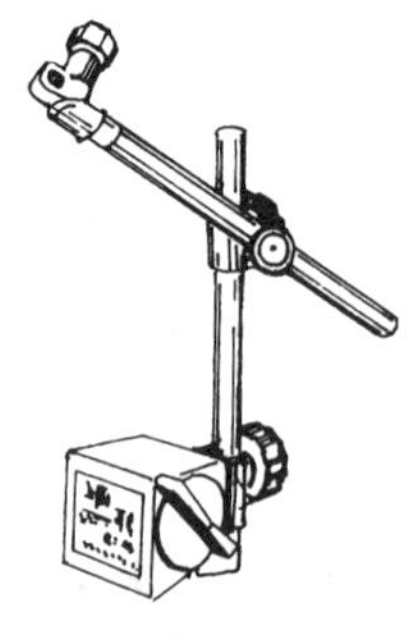

CZ-6A 型

【用　　途】 表座可吸附于光滑的导磁平面或圆柱面上，用于支架指示表，以适应各种场合的测量。

【规　　格】

表座规格	立柱高度	横杆长度	座体 V 形工作面角度	工作磁力 (N)
	(mm)			
Ⅰ	160	140	120°，135°，150°	196
Ⅱ	190	170		392 588
Ⅲ	224	200		784
Ⅳ	280	250		980

19. 厚度指示表(GB/T 22520—2008)

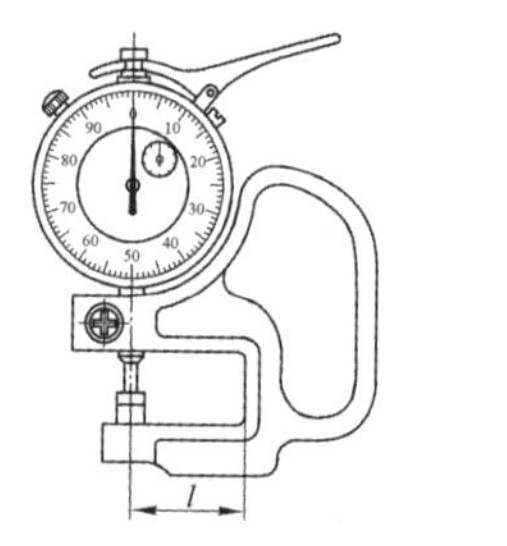

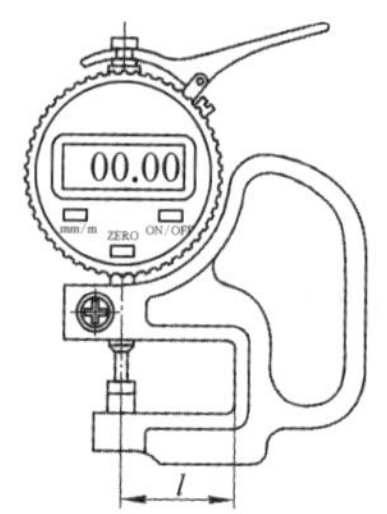

【用　　途】 用于测量工件的精密厚度。

【其他名称】 厚度表、厚度规。

【规　　格】

分度值(mm)	测量范围(mm)
0.001，0.002	0～1，0～5，0～10，0～12.5
0.01	0～5，0～10，0～12.5，0～20，0～25，0～30
0.1	0～10，0～12.5，0～20，0～25，0～30

20. 内径指示表

(GB/T 8122—2004)

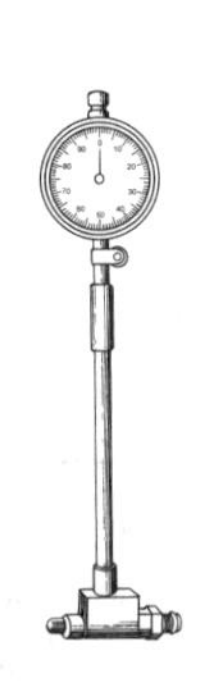

【其他名称】 内径百分表、内径千分表、内径量表、气缸表。

【用　　途】 测量圆柱形内孔和深孔的尺寸及其形状误差。

【规　　格】

分度值(mm)	测量范围(mm)
0.01	6～10，10～18，18～35，35～50，50～100，100～160，160～250
0.001	6～10，18～35，35～50，50～100，100～160，160～250，250～450

21. 塞　　尺(GB/T 22523—2008)

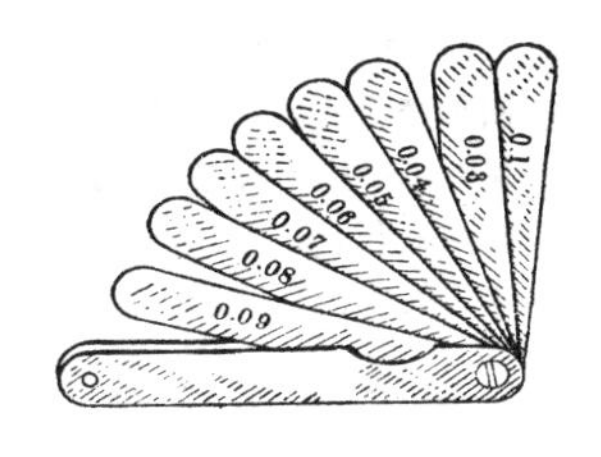

【其他名称】 厚薄规、间隙规。

【用　　途】 测量或检验两平行面间的空隙。

【规　　格】

塞尺片长度 (mm)	塞尺片厚度系列及组装顺序(mm)	每组片数
100，150，200，300	保护片，0.10，0.02*，0.03*，0.04*，0.05*，0.06，0.07，0.08，0.9，保护片	13
	1.00，0.05，0.06，0.07，0.08，0.09，0.10，0.15，0.20，0.25，0.30，0.40，0.50，0.75	14
	0.50，0.02，0.03，0.04，0.05，0.06，0.07，0.08，0.09，0.10，0.15，0.20，0.25，0.30，0.35，0.40，0.45	17
	1.00，0.05，0.10，0.15，0.20，0.25，0.30，0.35，0.40，0.45，0.50，0.55，0.60，0.65，0.70，0.75，0.80，0.85，0.90，0.95	20
	0.50，0.02*，0.03*，0.04*，0.05*，0.06，0.07，0.08，0.09，0.10，0.15，0.20，0.25，0.30，0.35，0.40，0.45	21

注：1. 表中带 * 的塞尺片每组配置两片。保护片不计在片数内。
2. 按用户需要可供应单片塞尺片。
3. 塞尺片按厚度偏差及弯曲度，分特级和普通级。
4. 成组塞尺的组别标记，以塞尺片长度、型别和片数表示。例：300A21。

22. 量　　块(GB/T 6093—2001)

【其他名称】 块规、标准对板。

【用　　途】 测量精密工件或量规的正确尺寸，或用于调整、校正、校验测量仪器、工具，是技术测量上长度计量的基准。

【规　　格】

套别	总块数	精度级别	尺寸系列(mm)	间隔(mm)	块数
1	91	0，1	0.5，1 1.001，1.002，…，1.009 1.01，1.02，…，1.49 1.5，1.6，…，1.9 2.0，2.5，…，9.5 10，20，…，100	— 0.001 0.01 0.1 0.5 10	2 9 49 5 16 10
2	83	0，1，2	0.5，1，1.005 1.01，1.02，…，1.49 1.5，1.6，…，1.9 2.0，2.5，…，9.5 10，20，…，100	— 0.01 0.1 0.5 10	3 49 5 16 10
3	46	0，1，2	1 1.001，1.002，…，1.009 1.01，1.02，…，1.09 1.1，1.2，…，1.9 2，3，…，9 10，20，…，100	— 0.001 0.01 0.1 1 10	1 9 9 9 8 10
4	38	0，1，2	1，1.005 1.01，1.02，…，1.09 1.1，1.2，…，1.9 2，3，…，9 10，20，…，100	— 0.01 0.1 1 10	2 9 9 8 10

（续）

套别	总块数	精度等级	尺寸系列(mm)	间隔(mm)	块数
5 6 7 8	10⁻ 10⁺ 10⁻ 10⁺	0，1	0.991，0.992，…，1 1，1.001，…，1.009 1.991，1.992，…，2 2，2.001，…，2.009	0.001 0.001 0.001 0.001	10 10 10 10
9	8	0，1，2	125， 150， 175， 200， 250，300，400，500	—	8
10	5		600，700，800，900，1000	—	5
11	10	0，1，2	2.5，5.1，7.7，10.3，12.9，15，17.6，20.2，22.8，25	—	10
12	10		27.5，30.1，32.7，35.3，37.9，40，42.6，45.2，47.8，75	—	10
13	10		52.5，55.1，57.7，60.3，62.9，65，67.6，70.2，72.8，75	—	10
14	10		77.5，80.1，82.7，85.3，87.9，90，92.6，95.2，97.8，100	—	10
15	12	3	41.2，81.5，121.8，51.2，121.5，191.8，101.2，201.5，291.8，10，20，20	—	12
16	6		101.2，200，291.5，375，451.8，490	—	6
17	6		201.2，400，581.5，750，901.8，990	—	6

注：第 11～14 号为千分尺专用量块，并允许制成圆形；第 15～17 号为卡尺专用量块。

23. 角度量块(GB/T 22521—2008)

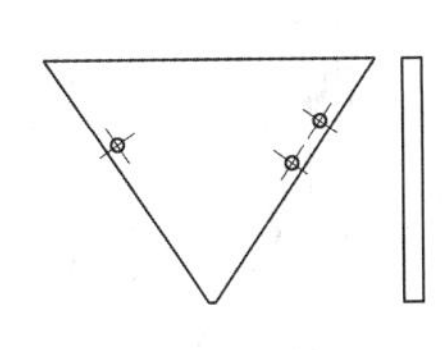

Ⅰ型角度量块

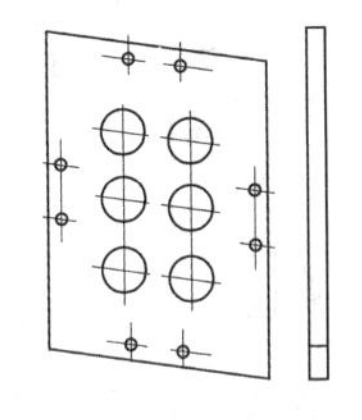

Ⅱ型角度量块

【用　　途】 以相邻测量面的夹角为工作角,测量精密工件角度的精密测量工具。

【规　　格】

型式	工作角度标称值	工作角度递增值	块数
Ⅰ型(92块)	10°, 11°, …, 78°, 79°	1°	70
	10°0′30″	—	1
	15°0′15″, 15°0′30″, 15°0′45″	15″	3
	15°1′, 15°2′, …, 15°8′, 15°9′	1′	9
	15°10′, 15°20′, 15°30′, 15°40′, 15°50′	10′	5
	30°20′, 45°30′, 60°40′, 75°50′	15°10′	4
Ⅱ型(10块)	工作角度标称值(α-β-γ-δ)		块数
	80°-99°-81°-100°, 82°-97°-83°-98°, 81°-95°-85°-96°, 86°-93°-87°-91°, 88°-91°-89°-92°, 90°-90°-90°-90°		6
	89°10′-90°40′-89°20′-90°50′, 89°30′-90°20′-89°40′-90°30′		2
	89°50′-90°0′30″-89°59′30″-90°10′, 89°59′30″-90°0′15″-89°59′45″-90°0′30″		2

24. 直 角 尺(GB/T 6092—2004)

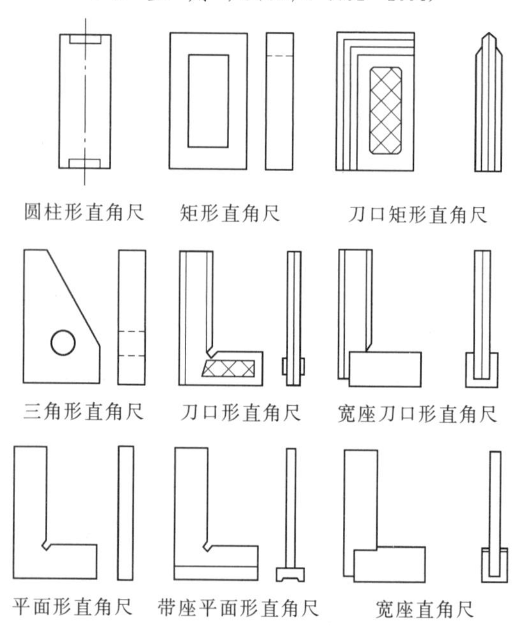

【其他名称】 宽座直角尺、宽底座角尺、宽座角尺。

【用　　途】 检验直角、垂直度和水平度误差并用于安装定位等。

【品种规格】

品　种	规格(长边×短边)(mm)	精度等级
圆柱形直角尺	200×80，315×100，500×125，800×160，1250×200	00，0

(续)

品　种	规格(长边×短边)(mm)	精度等级
矩形直角尺	125×80，200×80，315×200，500×315，800×500	00，0，1
刀口矩形直角尺	63×40，125×80，200×125	00，0
三角形直角尺	125×80，200×125，315×200，500×315，800×500，1250×800	00，0
刀口形直角尺	50×32，63×40，80×50，100×63，125×80，160×100，200×125	0，1
宽座刀口形直角尺	50×40，75×50，100×70，150×100，200×130，250×165，300×200，500×300，750×400，1000×550	0，1
平面形直角尺、带座平面形直角尺	50×40，75×50，100×70，150×100，200×130，250×165，300×200，500×300，750×400，1000×550	0，1，2
宽座直角尺	63×40，80×50，100×63，150×80，160×100，200×125，250×160，315×200，400×250，500×315，630×400，800×500，1000×630，1250×800，1600×1000	0，1，2

25. 方形角尺(JB/T 10027—2010)

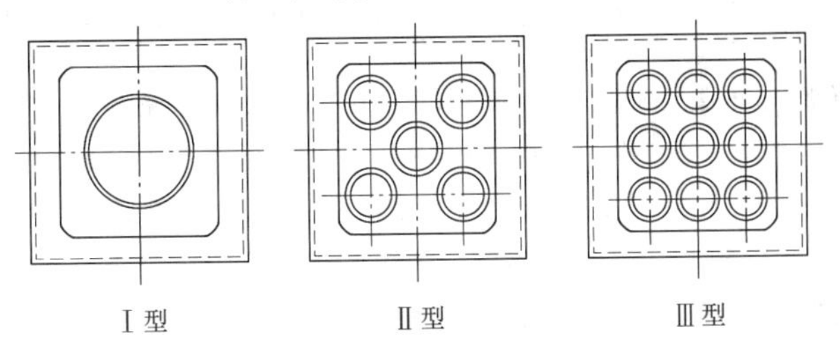

Ⅰ型　　Ⅱ型　　Ⅲ型

【用　　途】 主要用于检验金属切削机床及其他机械形状误差和位置误差，按其结构型式分为Ⅰ、Ⅱ型，由金属或岩石材料制成。

【规　　格】

边长(mm)	100	150	160	200	250	300	315	400	500	630
侧厚(mm)	16	30		35		40		45	55	65
精度等级	00 级，0 级，1 级									

26. 带表万能角度尺(GB/T 6315—2008)

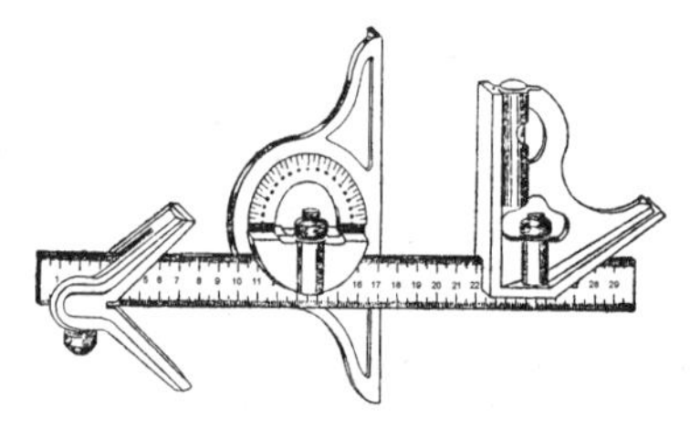

【其他名称】 万能钢角尺、万能角度尺、组合角尺、万能角尺。

【用　　途】 测量一般的角度、长度、深度、水平度以及在圆形工件上定中心等。

【规　　格】 钢尺长度(mm)：150，200，300；角度测量范围：0°～360°；分度值：2′，5′。

27. 游标万能角度尺(GB/T 6315—2008)

【其他名称】 游标量角器、游标测角器、万能角尺。

【用　　途】 测量精密工件的内、外角度或进行角度划线。

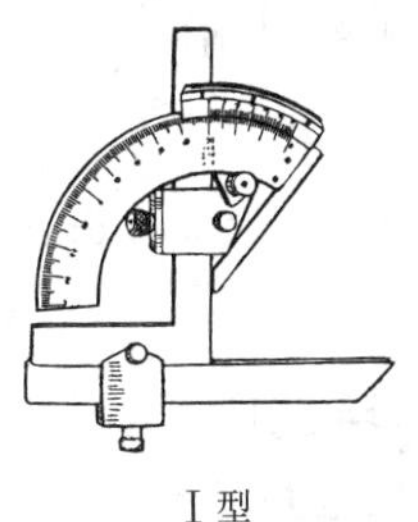

Ⅰ型

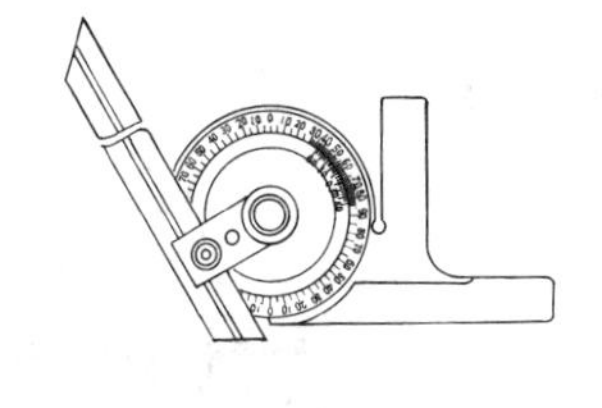

Ⅱ型

【规　　格】

型　　式	测　量　范　围	游　标　分　度　值
Ⅰ型	0°～320°	2′，5′
Ⅱ型	0°～360°	5′

28. 数量万能角度尺(GB/T 6315—2008)

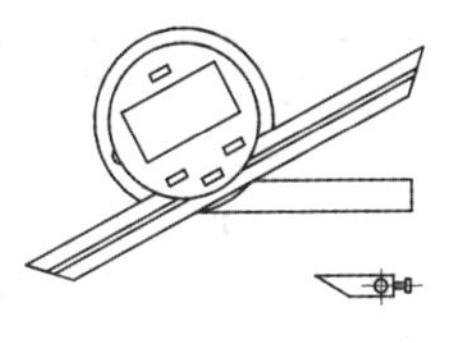

【用　　途】 利用电子数字显示原理对精密工件两测量面相对转动所分隔的角度进行测量。

【规　　格】 分度值：30″；测量范围：0°～360°；直尺标称长度(mm)：150，200，300。

29. 木水平尺

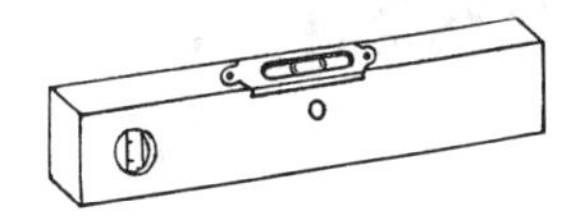

【其他名称】 木水准尺。

【用　　途】 建筑工程中检查建筑物对于水平位置的偏差，一般常为泥瓦工及木工用。

【规　　格】 长度(mm)：

150，200，250，300，350，400，450，500，550，600。

30. 铁水平尺

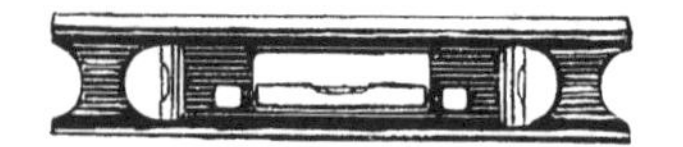

【其他名称】 铁水准尺。

【用　　途】 检查普通设备安装的水平位置和垂直位置。

【规　　格】

长度(mm)	150	200，250，300，350，400，450，500，550，600
主水准分度值 (mm/m)	0.5	2

31. 水平仪

【其他名称】 水平尺。

【用　　途】 检查机床及其他设备安装的水平位置和垂直位置，精度较高。

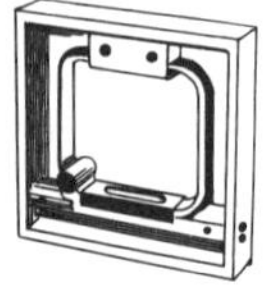

框式水平仪
(方形水平仪)

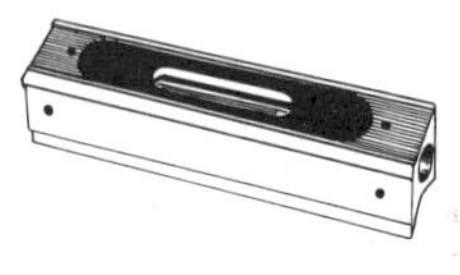

条式水平仪
(钳工水平仪)

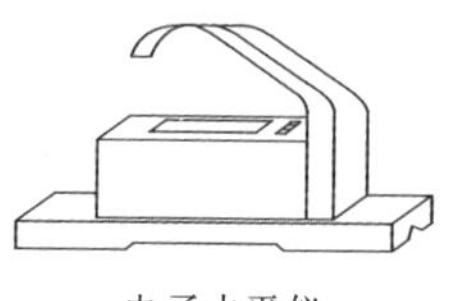

电子水平仪

【规　　格】

品　　种	分度值(mm)	工作面长度(mm)	工作面宽度(mm)	V形工作面夹角
框式、条式(GB/T 16455—2008)	0.02，0.05，0.10	100 150，200 250，300	≥30 ≥35 ≥40	120°～140°
电子式(GB/T 20920—2007)	0.001，0.005，0.01，0.02，0.05	100	25～35	120°～150°
		150，200，250，300	35～50	

32. 正　弦　规(GB/T 22526—2008)

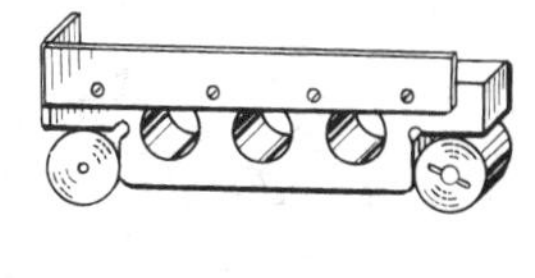

【其他名称】 正弦台、正弦尺。

【用　　途】 测量或检验精密工件及量规的角度，亦可作机床上加工带角度零件的精密定位用。

【规　　格】

两圆柱中心距(mm)	圆柱直径(mm)	工作台宽度 $B\times$高度 H(mm)		精度等级
		Ⅰ型	Ⅱ型	
100 200	20 30	25×30 40×55	80×40 80×55	0,1

33. 螺　纹　塞　规

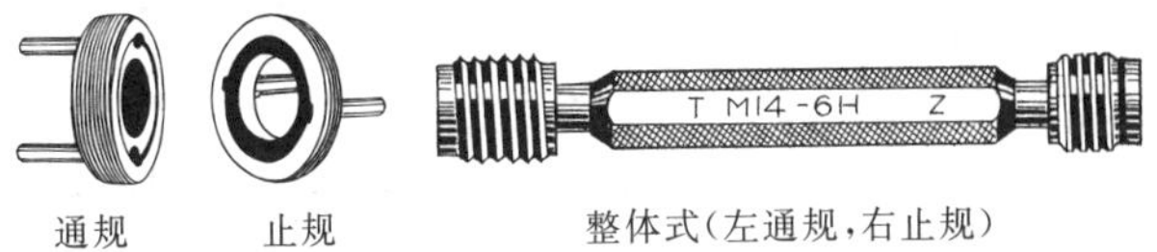

通规　　止规　　整体式(左通规,右止规)

【用　　途】 供检查工件内螺纹尺寸是否合格用。每种规格螺纹塞规又分通规(代号 T)和止规(代号 Z)两种,可分别单独供应;也有制成整体式的,一并供应。检查时,只有当通规能与工件内螺纹旋合通过,而止规只与工件内螺纹部分旋合,且旋合量不超过两个螺距时,可判定该内螺纹合格;除此之外可判定内螺纹尺寸不合格。

【规　　格】

(1) 普通螺纹塞规品种及常用规格(GB/T 10920—2008)

(1)品种及适用公称直径(mm)	锥度锁紧式螺纹塞规:适用公称直径 1～100 双头三牙锁紧式螺纹塞规:适用公称直径 40～62 单头三牙锁紧式螺纹塞规:适用公称直径 62～120 套式螺纹塞规:适用公称直径 40～120 双柄式螺纹塞规:适用公称直径 ＞100 ～ 180	
(2)常用规格(mm)	公称直径 d	螺　　距
	$1 \leqslant d \leqslant 3$	0.2, 0.25, 0.3, 0.35, 0.4, 0.45, 0.5
	$3 < d \leqslant 6$	0.35, 0.5, 0.6, 0.7, 0.75, 0.8, 1
	$6 < d \leqslant 10$	0.75, 1, 1.25, 1.5
	$10 < d \leqslant 14$	0.75, 1, 1.25, 1.5, 1.75, 2
	$14 < d \leqslant 18$	1, 1.5, 2, 2.5
	$18 < d \leqslant 24$	1, 1.5, 2, 2.5, 3
	$24 < d \leqslant 30$	1, 1.5, 2, 3, 3.5
	$30 < d \leqslant 40$	1.5, 2, 3, 3.5, 4
	$40 < d \leqslant 50$	1.5, 2, 3, 4, 4.5, 5
	$50 < d \leqslant 62$	1.5, 2, 3, 4, 5, 5.5
	$62 < d \leqslant 80$	1.5, 2, 3, 4, 6
	82, 85, 90, 95, 100, 105, 110, 115, 120	1.5, 2, 3, 4, 6
	125, 130, 135, 140, 145, 150, 155, 160, 165, 170, 175, 180	2, 3, 4, 6, 8

注:普通螺纹塞规的精度(按螺纹国家标准 GB/T 197—2003 规定):常用的为 6H、7H 级。

(2) 55°圆柱管螺纹塞规(GB/T 10922—2006)

螺纹尺寸代号	1/16	1/8	1/4	3/8	1/2	5/8	3/4	7/8	1	1⅛	1¼	1⅜
每 25.4mm 牙数	28	28	19	19	14	14	14	14	11	11	11	11
螺纹尺寸代号	1½	1¾	2	2¼	2½	2¾	3	3½	4	5	6	
每 25.4mm 牙数	11	11	11	11	11	11	11	11	11	11	11	

注:55°圆柱管螺纹塞规的精度(按 GB/T 7307—2001)分标准级(无代号)和 D 级两种,D 级低于标准级。

34. 螺 纹 环 规

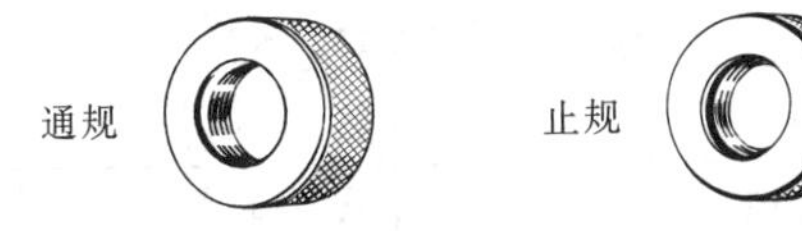

【用　　途】 供检查工件外螺纹尺寸是否合格用。每种规格螺纹环规分通规(代号 T)和止规(代号 Z)两种。检查时,如通规能与工件外螺纹旋合通过,而止规不能与工件外螺纹旋合通过,可判定该外螺纹尺寸为合格;反之,则可判定该外螺纹尺寸为不合格。

【规　　格】

(1) 普通螺纹环规品种及常用规格(GB/T 10920—2008)

(1) 品种及适用公称直径(mm)
整体式螺纹环规——适用公称直径 1~120; 双体式螺纹环规——适用公称直径 > 120 ~ 180

(续)

(2) 常　用　规　格(mm)	
公称直径 d	螺　　距
$1 \leqslant d \leqslant 2.5$	0.2, 0.25, 0.3, 0.35, 0.4, 0.45
$2.5 < d \leqslant 5$	0.35, 0.5, 0.6, 0.7, 0.75, 0.8
$5 < d \leqslant 10$	0.75, 1, 1.25, 1.5
$10 < d \leqslant 15$	0.75, 1, 1.25, 1.5, 1.75, 2
$15 < d \leqslant 20$	1, 1.5, 2, 2.5
$20 < d \leqslant 25$	1, 1.5, 2, 2.5, 3
$25 < d \leqslant 32$	1, 1.5, 2, 3, 3.5
$32 < d \leqslant 40$	1.5, 2, 3, 3.5, 4
$40 < d \leqslant 50$	1.5, 2, 3, 4, 4.5, 5
$50 < d \leqslant 60$	1.5, 2, 3, 4, 5, 5.5
$60 < d \leqslant 80$	1.5, 2, 3, 4, 6
82, 85, 90, 95, 100, 105, 110, 115, 120	2, 3, 4, 6
125, 130, 135, 140, 145, 150, 155, 160, 165, 170, 175, 180	2, 3, 4, 6, 8

注：普通螺纹环规的精度(按 GB/T 197—2003 规定)，常用的为6g、6h、6f和8g级。

(2) 55°圆柱管螺纹环规的规格(GB/T 10922—2006)

参见上节"55°圆柱管螺纹塞规",其精度分为A级和B级,A级高于B级。

35. 螺纹千分尺(GB/T 10932—2004)

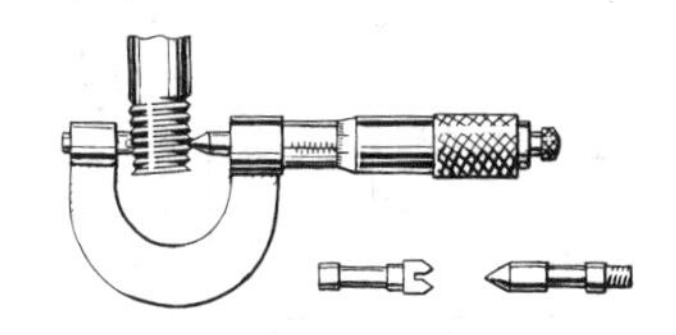

【其他名称】 螺纹百分尺、螺丝分厘卡。

【用　　途】 测量普通螺纹的中径。

【规　　格】

测量范围(mm)	0～25, 25～50, 50～75, 75～100 100～125, 125～150, 150～175, 175～200
分度值(mm)	0.01, 0.005, 0.002, 0.001

注:锥形和V形测头应成对供应,按用户要求,可供应平测头和球形测头。

36. 螺纹测量用三针(GB/T 22522—2008)

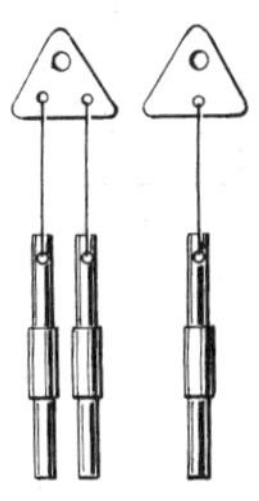

【其他名称】 量针、三针、三线量规。

【用　　途】 与千分尺、比较仪等联合使用,测量外螺纹中径,测量精度较高。

【规　　格】

量针直径(mm)	适用螺纹螺距(普通)	适用英制螺纹每25.4mm牙数		量针直径(mm)	适用螺纹螺距		适用英制螺纹每25.4mm牙数	
					普通	梯形		
	(mm)	55°	60°		(mm)		55°	60°
0.118	0.2			1.008	1.75		14	14
	(0.225)					2		
0.142	0.25			1.157	2.0		12	13
0.185	0.3							12
			80	1.302		2*	11	$11\frac{1}{2}$
	0.35		72					11
0.25	0.4		64	1.441	2.5		10	10
	0.45		56	1.553		3	9	9
0.291	0.5		48	1.732	3.0	3*		
0.343	0.6			1.833			8	8
			44	2.05	3.5	4	7	$7\frac{1}{2}$
			40					7
0.433	0.7			2.311	4.0	4*	6	6
	0.75		36	2.595	4.5	5		$5\frac{1}{2}$
	0.8		32	2.886	5.0	5*	5	5
0.511			28	3.106		6		
0.572	1.0		27	3.177	5.5	6*	$4\frac{1}{2}$	$4\frac{1}{2}$
			26	3.55	6.0		4	4
			24	4.12		8	$3\frac{1}{2}$	
0.724	1.25	20	20	4.4		8*	$3\frac{1}{4}$	
0.796		18	18	4.773			3	
0.866	1.5	16	16	5.15		10	$2\frac{7}{8}$	$2\frac{3}{4}$
				6.212		12	$2\frac{5}{8}$	$2\frac{1}{2}$

注：1. 量针型式：直径0.118～0.572mm的为Ⅰ型，直径0.724～1.553mm的为Ⅱ型，直径1.732～6.212mm的为Ⅲ型。

2. 当用量针测量梯形螺纹中径时，若出现量针表面低于螺纹大径和测量通端梯形螺纹塞规中径，则按带有*符号的相应螺距来选择量针直径，但测量结果须计入牙形半角偏差的影响。

37. 螺纹样板(JB/T 7981—2010)

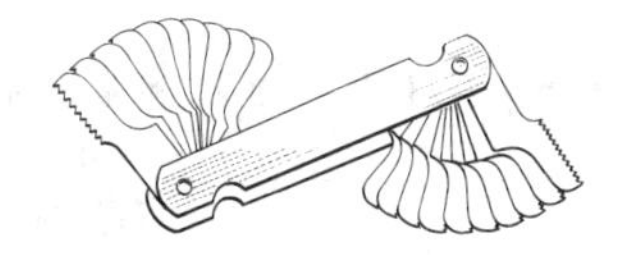

【其他名称】 螺距规、螺纹规。

【用　　途】 用以与被测螺纹比较的方法来确定被测螺纹的螺距(或英制 55°螺纹的每 25.4mm 牙数)。

【规　　格】 样板厚度:0.5mm。

普通螺纹(20片)	螺距(mm):0.4,0.45,0.5,0.6,0.7,0.75,0.8,1,1.25,1.5,1.75,2,2.5,3,3.5,4,4.5,5,5.5,6
英制螺纹(18片)	每英寸(25.4mm)牙数:28,24,20,18,16,14,13,12,11,10,9,8,7,6,5,4.5,4

38. 游标、带表及数显(GB/T 6316—2008)齿厚卡尺

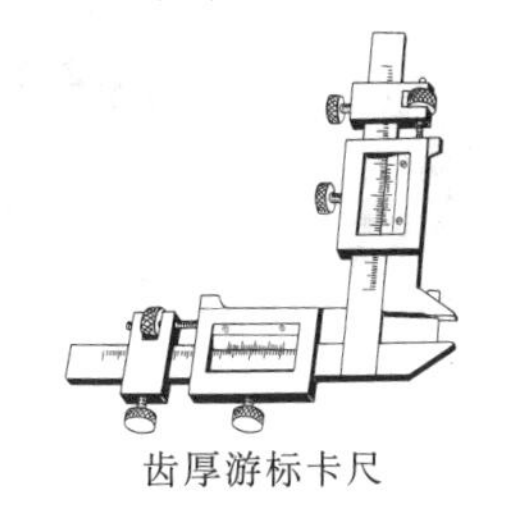

齿厚游标卡尺

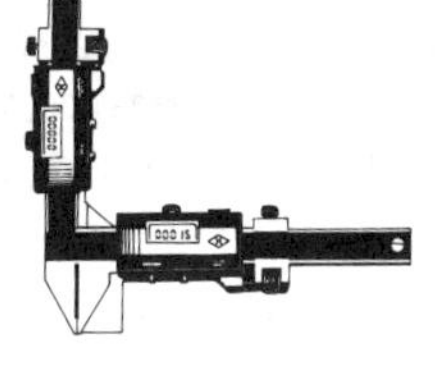

电子数显齿厚卡尺

【其他名称】 齿轮卡尺。

【用　　途】 测量圆柱齿轮的齿厚。

【规　　格】

品　种	测量模数范围 m(mm)	分度值(mm)
游标卡尺	1~16,1~26,5~32,15~55	0.02
带表卡尺		0.01,0.02
数显卡尺		0.01

39. 公法线千分尺(GB/T 1217—2004)

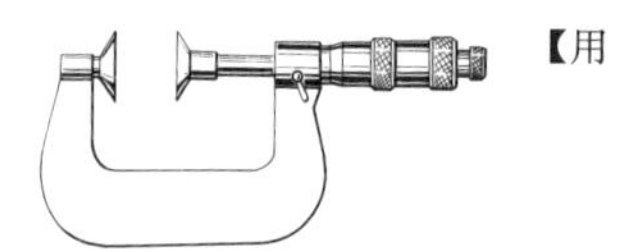

【用　　途】 测量外啮合圆柱齿轮的两个不同齿面公法线长度，也可以在检验切齿机床精度时，按被切齿轮的公法线检查其原始外形尺寸。

【规　　格】 测量范围(mm)：0～25，25～50，50～75，75～100，100～125，125～150，150～175，175～200。
分度值(mm)：0.01，0.005，0.002，0.001。
测量模数 m(mm)：≥1。

40. 中心规

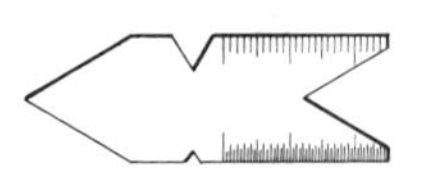

【用　　途】 检验螺纹及螺纹车刀角度，也可校验车床顶尖的准确性。

【规　　格】 角度(°)：60，55。

41. 半径样板(JB/T 7980—2010)

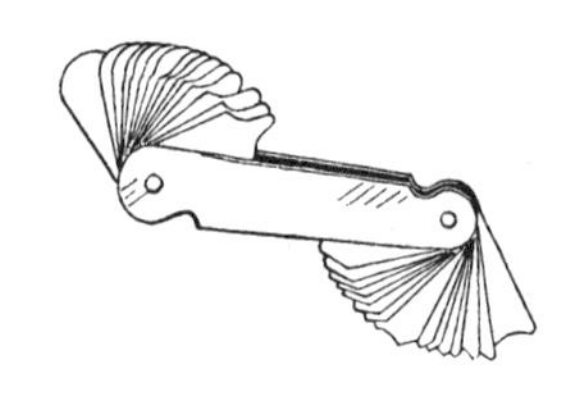

【其他名称】 半径规。

【用　　途】 用以与被测圆弧作比较来确定被测圆弧的半径。凸形样板用于检测凹表面圆弧，凹形样板用于检测凸表面圆弧。

【规　　格】 每套由不同尺寸的凸形和凹形样板各16件组成。

组别	半径尺寸系列(mm)	样板宽度(mm)	样板厚度(mm)
1	1, 1.25, 1.5, 1.75, 2, 2.25, 2.5, 2.75, 3, 3.5, 4, 4.5, 5, 5.5, 6, 6.5	13.5	0.5
2	7, 7.5, 8, 8.5, 9, 9.5, 10, 10.5, 11, 11.5, 12, 12.5, 13, 13.5, 14, 14.5	20.5	
3	15, 15.5, 16, 16.5, 17, 17.5, 18, 18.5, 19, 19.5, 20, 21, 22, 23, 24, 25		

42. 齿轮螺旋线样板(GB/T 6468—2010)

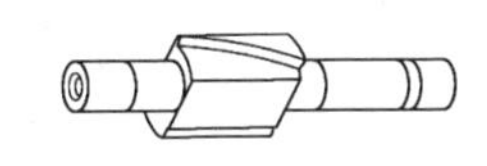

【用　　途】用于传递齿轮螺旋线参数量值、修正仪器示值、确定仪器示值误差。

【规　　格】分为一等样板和二等样板，一等样板具有0°齿向和相同设计角度的左旋和右旋螺旋线各一条，齿宽大于等于90 mm；二等样板具有相同设计角度的左旋和右旋螺旋线各一条，齿宽大于等于60 mm。

分圆螺旋角	0°	15°	30°	45°
分圆半径(mm)	24, 31, 50, 100, 200		31, 50, 100, 200	
齿宽(mm)	60～100		80～150	
轴长(mm)	270～300	270～340	270～550	

43. 线　　锤

【其他名称】直线锤、线坠。

【用　　途】供测量工作及修建房屋时吊垂直基准线用。

【规　　格】

材料	重　　量　　(kg)
铜质	0.0125, 0.025, 0.05, 0.1, 0.15, 0.2, 0.25, 0.3, 0.4, 0.5, 0.6, 0.75, 1, 1.5
钢质	0.1, 0.15, 0.2, 0.25, 0.3, 0.4, 0.5, 0.75, 1, 1.25, 2, 2.5

44. 表面粗糙度比较样块

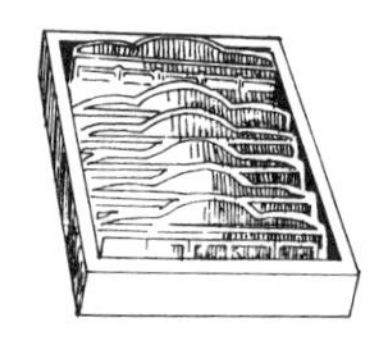

【用　　途】以样块工作面的表面粗糙度为标准，与待测工件表面进行比较，从而判断其表面粗糙度值。比较时，所用样块须与被测件的加工方法相同。

【规　　格】

表面加工方式		每套数量	表面粗糙度参数公称值(μm)	
			R_a	R_z
铸　造 (GB/T 6060.1—1997)		12	0.2, 0.4, 0.8, 1.6, 3.2, 6.3, 12.5, 25, 50, 100	800, 1600
机加工 (GB/T 6060.2—2006)	磨	8	0.025, 0.05, 0.1, 0.2, 0.4, 0.8, 1.6, 3.2	—
	车、镗	6	0.4, 0.8, 1.6, 3.2, 6.3, 12.5	—
	铣	6	0.4, 0.8, 1.6, 3.2, 6.3, 12.5	—
	插、刨	6	0.8, 1.6, 3.2, 6.3, 12.5, 25	—
其他加工 (GB/T 6060.3—2008)	研磨	4	0.012, 0.025, 0.05, 0.1	—
	抛光	6	0.012, 0.025, 0.05, 0.1, 0.2, 0.4	—
	锉	4	0.8, 1.6, 3.2, 6.3	—
	电火花	6	0.4, 0.8, 1.6, 3.2, 6.3, 12.5	—
	抛丸	10	0.2, 0.4, 0.8, 1.6, 3.2, 6.3, 12.5, 25, 50, 100	—
	喷砂	9	0.2, 0.4, 0.8, 1.6, 3.2, 6.3, 12.5, 25, 50	—

注：R_a—表面轮廓算术平均偏差；

R_z—表面轮廓微观不平度10点高度。

45. 平　　板

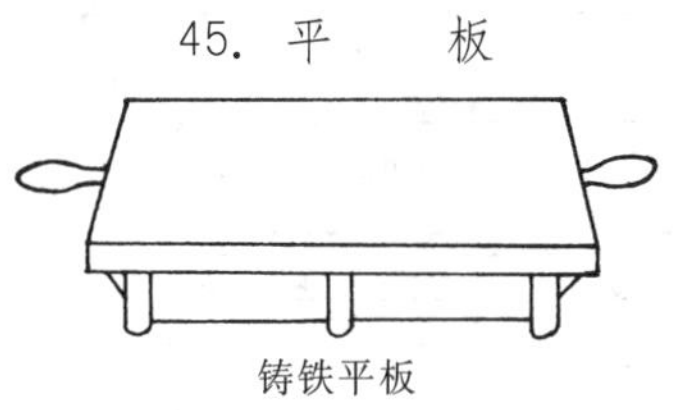

铸铁平板

【其他名称】 平台。

【用　　途】 用作工件检验或划线的平面基准器具，其性能稳定，精度较为可靠。

【规　　格】

品　种	工作面尺寸(mm)	精度等级
铸铁平板 (JB/T 7974—1999)	160×100，160×160，250×160，250×250，400×250，400×400，630×400，630×630，800×800，1000×630，1000×1000，1250×1250，1600×1000，1600×1600，2500×1600，4000×2500	000，00，0，1，2，3
岩石平板 (JB/T 7975—1999)		000，00，0，1

注：1. 带括号的只有铸铁平板。

2. 精度等级：3 级为划线用，其余为检验用。

46. 平　　尺

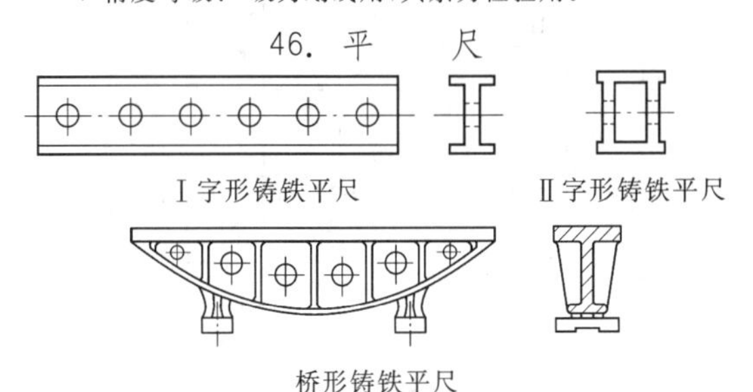

Ⅰ字形铸铁平尺　　Ⅱ字形铸铁平尺

桥形铸铁平尺

矩形钢平尺和岩石平尺

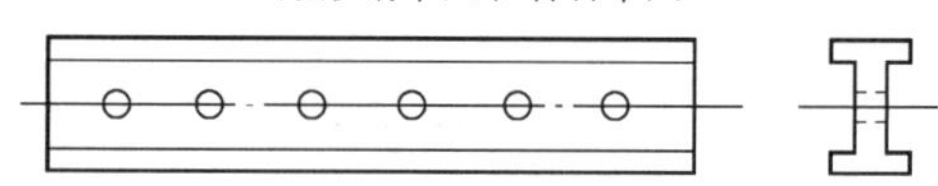

工字形钢平尺和岩石平尺

【用　　途】 主要以其测量面测量工件的平面形状误差。

【型式规格】 铸铁平尺(GB/T 24760—2009)的型式有Ⅰ字形、Ⅱ字形和桥形；钢平尺和岩石平尺(GB/T 24761—2009)有矩形和工字形；精度均有00，0，1，2四个等级。

<table>
<tr><th rowspan="3">长度(mm)</th><th colspan="5">宽度(mm)</th><th colspan="5">高度(mm)</th></tr>
<tr><th colspan="2">铸铁平尺</th><th rowspan="2">岩石平尺</th><th colspan="2">钢平尺</th><th colspan="2">铸铁平尺</th><th rowspan="2">岩石平尺</th><th colspan="2">钢平尺</th></tr>
<tr><th>Ⅰ形
Ⅱ形</th><th>桥形</th><th>00级
0级</th><th>1级
2级</th><th>Ⅰ形
Ⅱ形</th><th>桥形</th><th>00级
0级</th><th>1级
2级</th></tr>
<tr><td>400</td><td rowspan="2">30</td><td>—</td><td>60</td><td>45</td><td>40</td><td rowspan="2">≥75</td><td>—</td><td>25</td><td>8</td><td>6</td></tr>
<tr><td>500</td><td>—</td><td>80</td><td>50</td><td>45</td><td>—</td><td>30</td><td rowspan="5">10</td><td>8</td></tr>
<tr><td>630</td><td rowspan="2">35</td><td>—</td><td>100</td><td>60</td><td>50</td><td rowspan="2">≥80</td><td>—</td><td>35</td><td rowspan="5">10</td></tr>
<tr><td>800</td><td>—</td><td>120</td><td>70</td><td>60</td><td>—</td><td>40</td></tr>
<tr><td>1000</td><td rowspan="2">40</td><td rowspan="2">50</td><td>160</td><td>75</td><td>70</td><td rowspan="2">≥100</td><td rowspan="2">≥180</td><td>50</td></tr>
<tr><td>1250</td><td>200</td><td>85</td><td>75</td><td>60</td></tr>
<tr><td>1600</td><td rowspan="2">45</td><td>60</td><td>250</td><td>100</td><td>85</td><td rowspan="2">≥150</td><td>≥300</td><td>80</td><td rowspan="2">12</td></tr>
<tr><td>2000</td><td>80</td><td>300</td><td>125</td><td>100</td><td>≥350</td><td>100</td><td rowspan="2">12</td></tr>
<tr><td>2500</td><td>50</td><td>90</td><td>360</td><td>150</td><td>120</td><td>≥200</td><td rowspan="2">≥400</td><td>120</td><td>14</td></tr>
<tr><td>3000</td><td>55</td><td rowspan="2">100</td><td rowspan="4" colspan="3">—</td><td>≥250</td><td rowspan="4" colspan="3">—</td></tr>
<tr><td>4000</td><td>60</td><td>≥280</td><td>≥500</td></tr>
<tr><td>5000</td><td rowspan="2">—</td><td>110</td><td rowspan="2">—</td><td>≥550</td></tr>
<tr><td>6300</td><td>120</td><td>≥600</td></tr>
</table>

第二十一章　土木及园艺工具

1. 钢　　锹(QB/T 2095—1995)

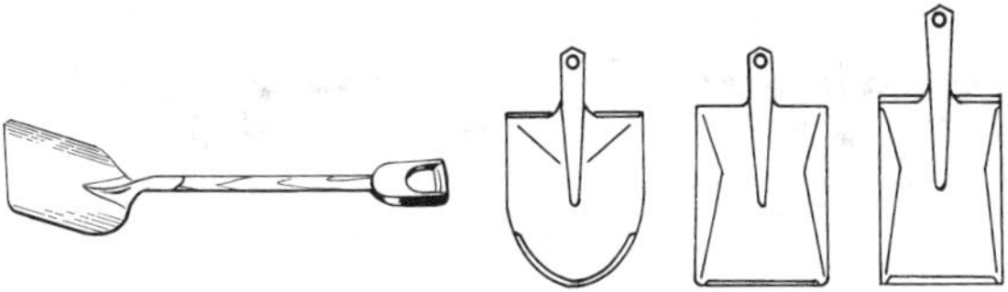

尖锹　　方锹　　深翻锹

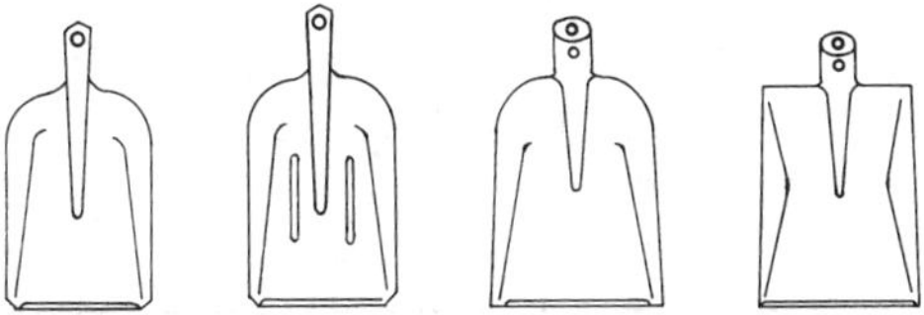

Ⅰ型　　Ⅱ型　　Ⅰ型　　Ⅱ型

煤　锹　　　　农用锹

【其他名称】　机制钢锹、铁锹、铁铣。

【用　　途】　尖锹多用于铲取砂质泥土,方锹多用于铲取水泥、黄沙、石子,煤锹多用于铲取煤块、垃圾,农用锹多用于开河挖沟、兴修水利等,深翻锹多用于农田挖泥、翻土。

【规　　格】

品　种	主要尺寸(mm)										
	全长			身长			前幅宽			锹裤外径	厚度
	1号	2号	3号	1号	2号	3号	1号	2号	3号		
尖　锹	460	425	380	320	295	265	260 *	235 *	220 *	37	1.6
方　锹	420	380	340	295	280	235	250	230	190	37	1.6
煤　锹	550	510	490	400	380	360	285	275	250	38	1.6
农用锹	345(不分号)			290(不分号)			230(不分号)			42	1.7
深翻锹	450	400	350	300	265	225	190	170	150	37	1.7

注:1. * 前幅宽栏中,尖锹为后幅宽的尺寸。
2. 钢锹按强度等级(硬度)分 A 级和 B 级。A 级硬度高(≥ HRC40),B 级硬度略低(≥ HRC30)。

2. 钢　　镐(QB/T 2290—1997)

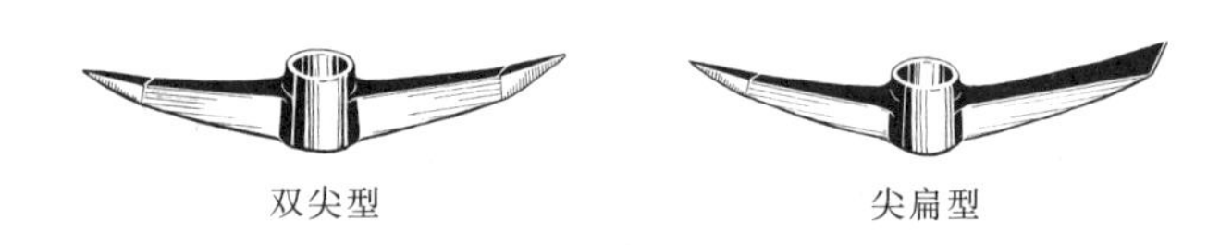

双尖型　　　　尖扁型

【其他名称】 开山锄、铁镐、十字镐。

【用　　途】 用于建筑公路、铁路、开矿、垦荒、造林绿化和兴修水利等。双尖式多用于开凿岩石、混凝土等硬性土质。尖扁式多用于挖掘粘、韧性土质。

【规　　格】

品　　种	型式代号	规格——重量(不连柄,kg)					
		1.5	2	2.5	3	3.5	4
		总　　长　　(mm)					
双尖 A 型钢镐	SJA	450	500	520	560	580	600
双尖 B 型钢镐	SJB	—	—	—	500	520	540
尖扁 A 型钢镐	JBA	450	500	520	560	600	620
尖扁 B 型钢镐	JBB	420	—	520	550	570	—

注：双尖型和尖扁型的 A 型和 B 型,仅在几何形状和部分尺寸上略有差异。

3. 八 角 锤(QB/T 1290.1—2010)

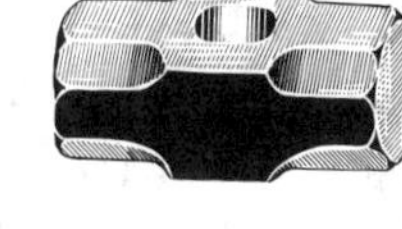

【其他名称】 钢锤、八角榔头、铁匠榔头、钢榔头。

【用　　途】 手工自由锻锤击工件，开山、筑路时凿岩、碎石、锤击钢钎及安装机器等。

【规　　格】 锤重(不连柄,kg)/全长(mm):0.9/105，1.4/115，1.8/130，2.7/152，3.6/165，4.5/180，5.4/190，6.3/198，7.2/208，8.1/216，9/224，10/230，11/236。

4. 钢　　钎

【其他名称】 打炮钎。

【用　　途】 主要用于开山、筑路、打井勘探中凿钻岩石。

【规　　格】 六角形对边距离(mm):25，30，32。

长度(mm):1200，1400，1600，1800。

5. 撬棍(TB 1517—1984)

【其他名称】 撬杆。

【用　　途】 开山、筑路、搬运笨重物体等时撬重物用。

【规　　格】 铁道部(TB 1517—1984)标准型式为 1500mm×35mm。民间应用产品规格为直径(mm)：20，25，32，38;长度(mm)：500，1000，1200，1500。

【质　　量】 部标规定：1550mm 撬棍的质量为 8.5kg，允许偏差为±0.3kg;其他规格产品质量依粗细、长短而定。

6. 木 工 锯 条(QB/T 2094.1—1995)

【其他名称】 木锯条、木匠锯条、框锯条。

【用　　途】 装置在木制框形锯架上,用于手工锯割木材。

【规　　格】

长度	宽度	厚度	长度	宽度	厚度	长度	宽度	厚度
(mm)			(mm)			(mm)		
400 450	22,25	0.50	700 750	38,44	0.70	950 1000	44,50	0.80, 0.90
500 550	25,32		800			1050		
600 650	32,38	0.60	850 900			1100 1150		

注:参考齿距(mm):2.0,2.5,3.0,4.0,5.0,6.0,7.0,8.0,9.0。

7. 木 工 绕 锯 条(QB/T 2094.4—1995)

【其他名称】 绕锯、运锯、挖锯、弯锯。

【用　　途】 装置在木制框形锯架上使用,由于锯条狭窄,锯割灵活,适用于对竹、木工件作圆弧或曲线的锯割。

【规　　格】

长　度(mm)	400,450,500	550,600,650,700,750,800
宽　度(mm)	10	
厚　度(mm)	0.50	0.60,0.70

注:参考齿距(mm):2.5,3.0,4.0。

8. 木工带锯条(JB/T 8087—1995)

开齿带锯条

【其他名称】 带锯、带形木工锯。

【用　　途】 装在带锯机上锯割木材。

【规　　格】 分开齿和未开齿两种,市场上供应的一般是未开齿木工带锯条。

宽　度	厚　度	宽 度	厚　度	宽　度	厚　度
(mm)		(mm)		(mm)	
6.3	0.40～0.50	50，63	0.60～0.90	125	0.90～1.10
10，12.5，16	0.40～0.60	75	0.70～0.90	150	0.95～1.30
20，25，32	0.40～0.70	90	0.80～0.95	180	1.25～1.40
40	0.60～0.80	100	0.80～1.00	200	1.30～1.40

注：1. 厚度系列(mm)：0.40，0.50，0.60，0.70，0.80，0.90，(0.95)，1.00，(1.05)，1.10，1.25，(1.30)，1.40。

2. 带括号的厚度尺寸尽可能不采用。

3. 宽度/最小长度(mm)：≤ 90/7500；100 ～ 150/8500；≥ 180/12500。

9. 木工圆锯片(GB/T 13573—1992)

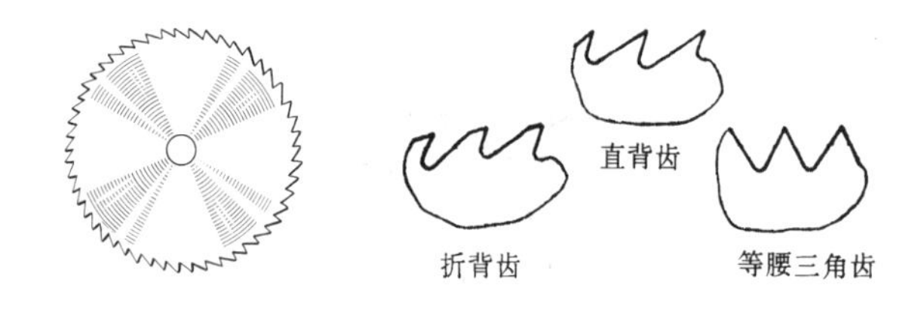

【其他名称】 木工圆锯、圆锯片、铜盆圆锯。

【用　　途】 装在圆锯机上,用于锯割木材、人造板、塑料等。

【规　　格】

外径(mm)	孔径(mm)	厚度(mm)	齿数(个)
160	20,(30)	0.8,1.0,1.2,1.6	80,100
(180),200,(225),250,(280)	30,60	0.8,1.0,1.2,1.6,2.0	
315,(355)		1.0,1.2,1.6,2.0,2.5	
400	30,85	1.0,1.2,1.6,2.0,2.5	
(450)		1.2,1.6,2.0,2.5,3.2	
500,(560)		1.2,1.6,2.0,2.5,3.2	72,100
630		1.6,2.0,2.5,3.2,4.0	
(710),800	40,(50)	1.6,2.0,2.5,3.2,4.0	
(900),1000		2.0,2.5,3.2,4.0,5.0	
1250	60	3.2,3.6,4.0,5.0	
1600		3.2,4.5,5.0,6.0	
2000		3.6,5.0,7.0	

注:1. 括号内的尺寸尽量不选用。

2. 齿形分直背齿(N)、折背齿(K)、等腰三角齿(A)三种。

10. 木工硬质合金圆锯片(GB/T 14388—2010)

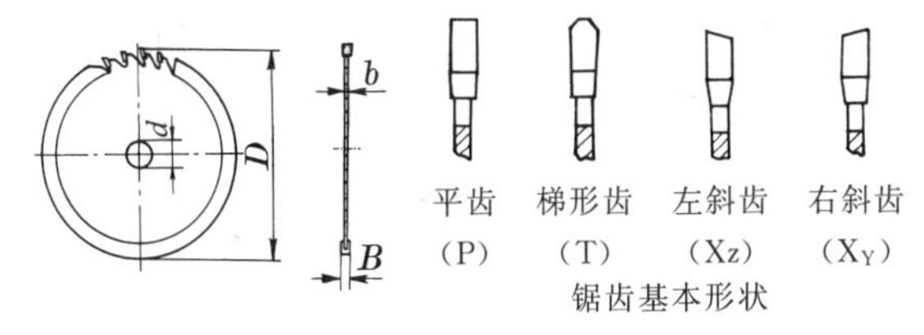

锯齿基本形状

【用　途】 装在圆锯机上,用于锯割木材、人造板、塑料及有色金属等。

【规　格】

外径 D (mm)	锯齿厚度 B / 锯盘厚度 b (mm)	孔径 d (mm)	近似齿距(mm)					
			10	13	16	20	30	40
			齿数					
100 125 (140) 160	$\frac{2.5}{1.6}$	20	32 40 40 48	24 32 36 40	20 24 28 32	16 20 24 24	10 12 16 16	8 10 12 12
(180) 200 (225)	$\frac{2.5}{1.6}$, $\frac{3.2}{2.2}$	30, 60	56 64 72	40 48 56	36 40 48	28 32 36	20 20 24	16 16 16
250 (280) 315	$\frac{2.5}{1.6}$, $\frac{3.2}{2.2}$, $\frac{3.6}{2.6}$	30, 60, (85)	80 96 96	64 64 72	48 56 64	40 40 48	28 28 32	20 20 24
(355) 400	$\frac{3.2}{2.2}$, $\frac{3.6}{2.6}$, $\frac{4.0}{2.8}$, $\frac{4.5}{3.2}$	30, 60, (85)	112 128	96 96	72 80	56 64	36 40	28 32
(450) 500	$\frac{3.6}{2.6}$, $\frac{4.0}{2.8}$, $\frac{4.5}{3.2}$, $\frac{5.0}{3.6}$	30, 85	— —	112 128	96 96	72 80	48 48	36 40
(560) 630	$\frac{4.5}{3.2}$, $\frac{5.0}{3.6}$	30, 85 40	— —	— —	112 128	96 96	56 64	48 48

注:1. 括号内的尺寸尽量避免采用。

2. 锯齿形状组合举例:梯形齿和平齿(TP)、左右斜齿(X_ZX_Y)、左右斜齿和平齿(X_ZPX_Y)。

11. 伐 木 锯 条(QB/T 2094.2—1995)

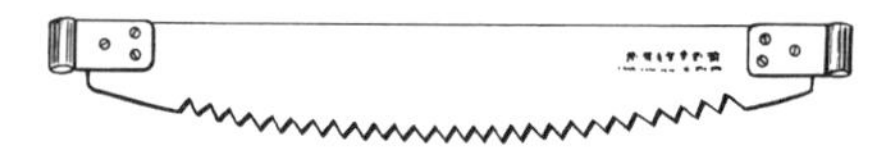

【其他名称】 龙锯、横锯、过江龙锯、快马锯。

【用　　途】 装在木柄上,适用于林业、木材厂等由双人锯割木材大料。

【规　　格】

长　度(mm)	1000	1200	1400	1600	1800
最大宽度(mm)	110	120	130	140	150
厚　度(mm)	1.0	1.2		1.4	1.4, 1.6

注:锯齿参数及几何形状:按用途分为软木用三角形齿型(DW),齿距为 9mm;标准三角形齿型(DE),齿距为 14mm;硬木用三角形齿型(DH),齿距为 17mm。

12. 手 板 锯(QB/T 2094.3—1995)

A 型(封闭式)　　B 型(敞开式)

【其他名称】 板锯、龙头锯、插锯。

【用　　途】 用于锯割宽的木板材料及操作位置受限制的木结构件。

【规　　格】

锯身长度(mm)		300	350	400	450	500	550	600
锯身宽度(mm)	大端	90, 100		100, 110			125	
	小端	25			30		35	
锯身厚度(mm)		0.80, 0.85, 0.90			0.85, 0.90, 0.95, 1.00			

注:齿距应 ≥ 3mm。

13. 鸡 尾 锯(QB/T 2094.5—1995)

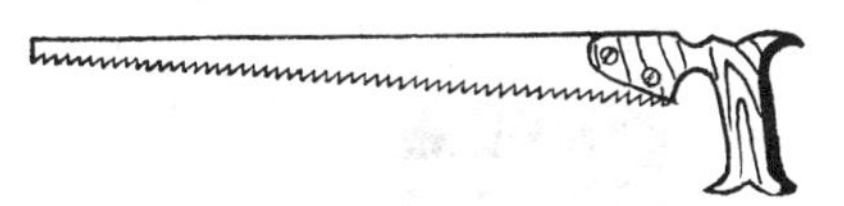

【其他名称】 狭手锯、尖尾锯。
【用　　途】 适用于锯割狭小的孔槽和修锯果树等。
【规　　格】

锯身长度(mm)		250	300	350，400
锯身宽度(mm)	大端	25	30	40
	小端	6，9		

注：锯身厚度为 0.85mm；齿距应 ≥ 3mm。

14. 夹 背 锯(QB/T 2094.6—1995)

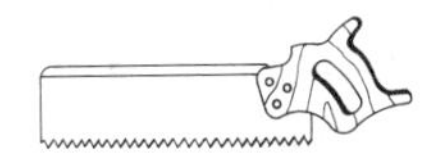

A 型(矩形锯)

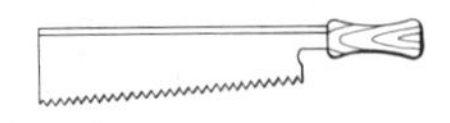

B 型(梯形锯)

【其他名称】 平背手锯、刀锯、侧锯。
【用　　途】 该锯锯片较薄，锯齿较细，适用于锯割贵重木材或精细工件上凹槽等。
【规　　格】

锯身长度(mm)		250	300，350
锯身宽度(mm)	A 型	100	
	B 型	70	80

注：锯身厚度为 0.80mm；齿距应≥3mm。

15. 整 锯 器

【其他名称】 正齿器、锯验、锯齿扳头、拨齿器。
【用　　途】 用于拨整木工锯条的锯齿，使其向两侧倾斜以形成锯路。
【规　　格】 适用锯条厚度(mm)：0.7～2.6。

16. 木工手用刨

(1) 刨　　刀(QB/T 2082—1995)

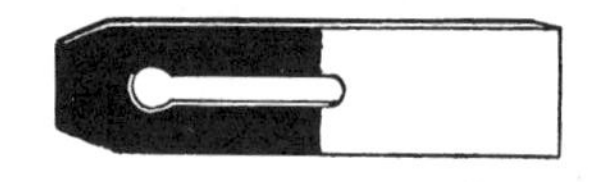

【其他名称】 木工刨刀、刨铁、刨口、刨刃。
【用　　途】 装于刨壳中，配上盖铁，用手工刨削木材。
【规　　格】 刨刀宽度(mm)：25，32，38，44，51，57，64。
刨刀长度(mm)：≥175。刨刀厚度(mm)：3。

(2) 盖　　铁(QB/T 2082—1995)

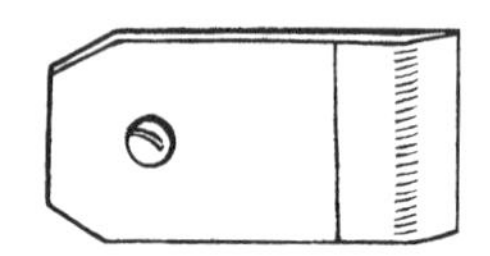

【其他名称】 刨盖、刨夹。
【用　　途】 装在刨壳中，用于压紧和固定木工手用刨刀。
【规　　格】 宽度(mm)：25，32，38，44，51，57，64。长度(mm)：≥96。
宽度/螺纹孔尺寸(mm)：25/M8；≥32/M10。

注：盖铁按前端外形不同分 A 型(折角形)、B 型(弧形)两种。

(3) 刨　　壳

【其他名称】 木刨、刨台。
【用　　途】 装上木工手用刨刀、盖铁和楔木后，用于手工将木材的表面刨削平整光滑。

【规　　格】 分粗刨和细刨两种。
宽度(mm):38，44，51。
长度(mm):长型 450,中型 300,短型 200。

17. 绕　　刨

【其他名称】 鸟刨、滚刨、轴刨。
【用　　途】 专供刨削曲面工件。
【规　　格】 适用刨刀宽度(mm):42，44，51。刨壳制造材料:铸铁。

18. 木工斧(QB/T 2565.5—2002)

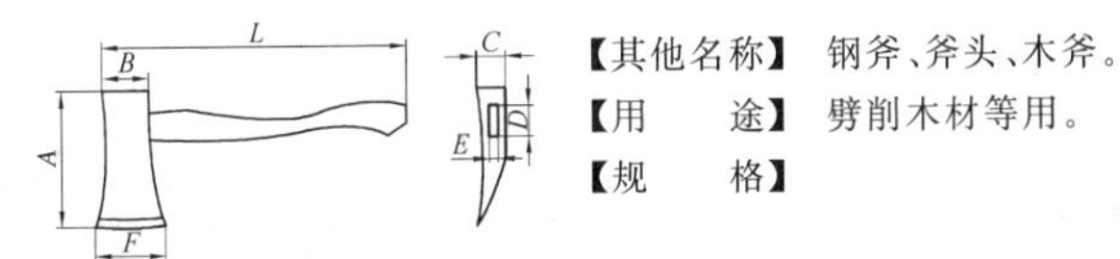

【其他名称】 钢斧、斧头、木斧。
【用　　途】 劈削木材等用。
【规　　格】

重量(kg)	A(mm)	B(mm)	C(mm)	D(mm)		E(mm)		F(mm)
				基本尺寸	公差	基本尺寸	公差	
1.0	120	34	26	32	0 −2.0		0 −1.0	78
1.25	135	36	28	32				78
1.5	160	48	35	32				78

19. 手用木工凿(QB/T 1201—1991)

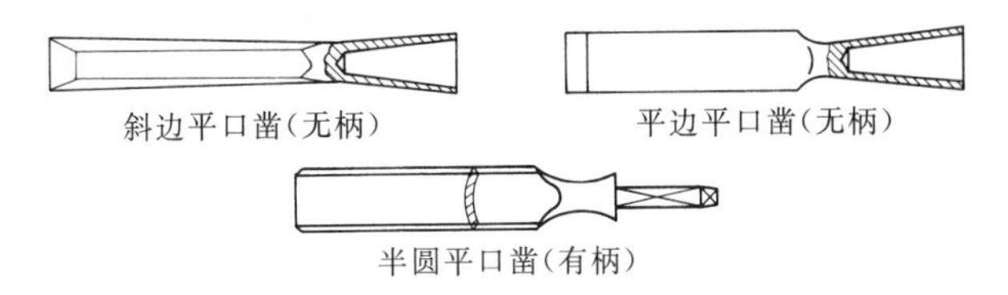

斜边平口凿(无柄)　　平边平口凿(无柄)

半圆平口凿(有柄)

【其他名称】 木凿、凿子。

【用　　途】 用于木料上凿制榫头、孔眼、槽沟等。使用时，无柄平口凿将木柄装入锥管孔中；有柄平口凿将木柄套入方柄中。

【规　　格】

	品种	无　　柄	有　　柄
刃口宽度(mm)	斜边	4，6，8，10，13，16，19，22，25	6，8，10，12，13，16，18，19，20，22，25，32，38
	平边	13，16，19，22，25，32，38	6，8，10，12，13，16，18，19，20，22，25，32，38
	半圆	4，6，8，10，13，16，19，22，25	10，13，16，19，22，25

20. 木　　锉(QB/T 2569.6—2002)

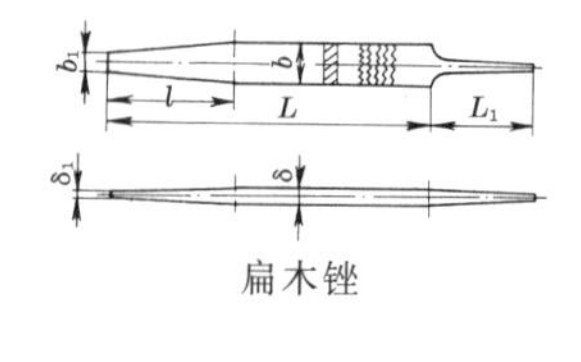

扁木锉

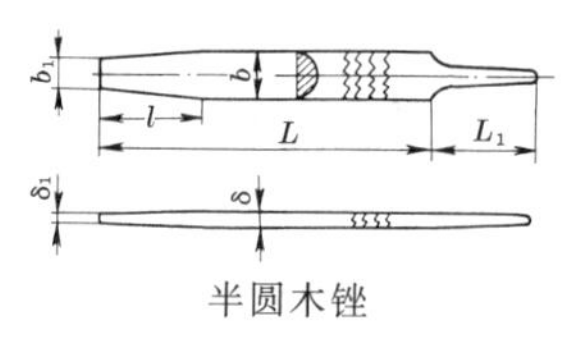

半圆木锉

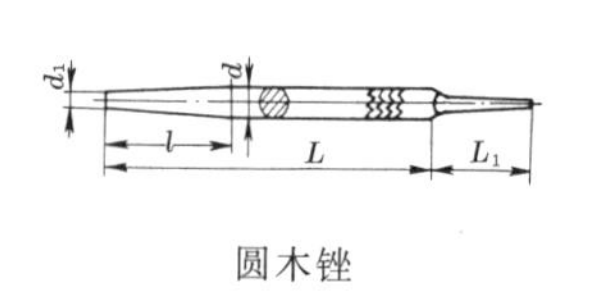

圆木锉

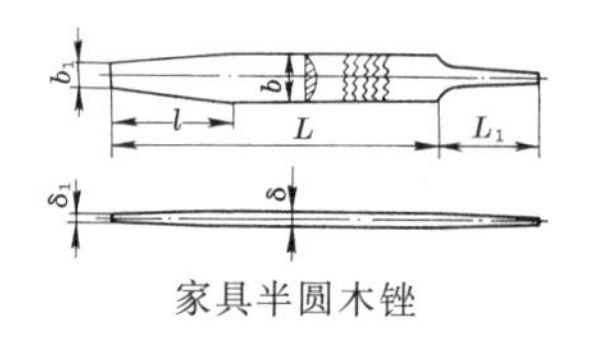

家具半圆木锉

【其他名称】 木工锉。

【用　　途】 锉削或修整木制品的圆孔、槽眼及不规则表面等。

【规　　格】

规格 L (长度)	柄部长度 L_1	扁木锉		半圆木锉		圆木锉	家具半圆木锉	
		b	δ	b	δ	d	b	δ
(mm)								
150	45	—	—	16	6	7.5	18	4
200	55	20	6.5	21	7.5	9.5	25	6
250	65	25	7.5	25	8.5	11.5	29	7
300	75	30	8.5	30	10	13.5	34	8

注：1. b—宽度，δ—厚度，d—直径，b_1—末端宽度，δ_1—末端厚度，d_1—末端直径，l—收缩部分长度。

2. $b_1(\delta_1、d_1) \leqslant 80\%b(\delta、d)$；$l \leqslant 80\%L$(扁木锉、半圆木锉)，$l \leqslant 25\%L \sim 50\%L$(圆木锉、家具半圆木锉)。

21. 木工台虎钳

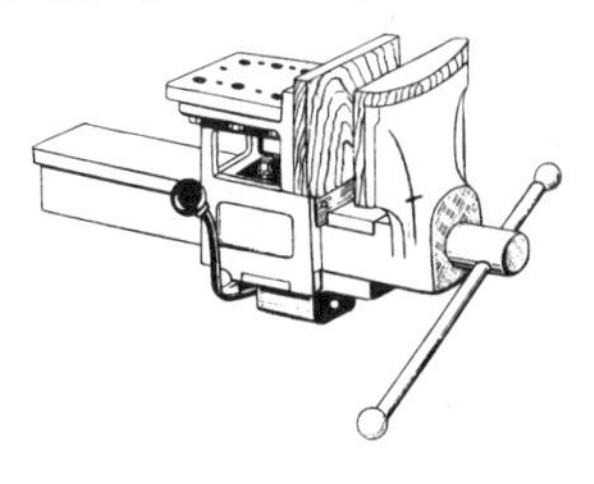

【用　　途】 装在工作台上，用以夹住木质工件，进行锯、刨、锉等操作。其结构特点是钳口开口除可用钳中丝杆旋动调节外，还具有快速移动机构。

【规　　格】 钳口长度(mm)：150。

夹持工件最大尺寸(mm)：250。

22. 木 工 钻(QB/T 1736—1993)

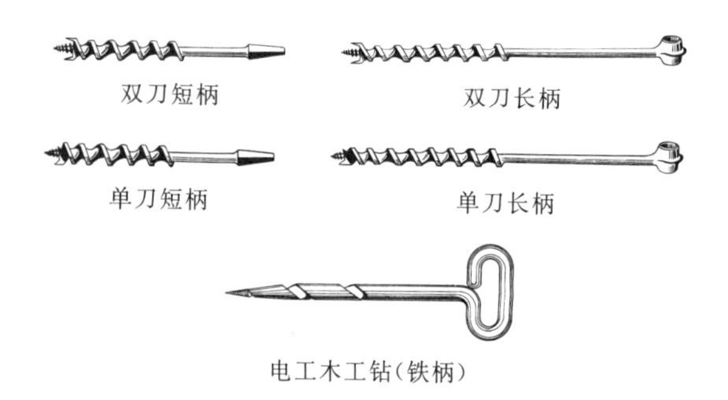
双刀短柄　双刀长柄　单刀短柄　单刀长柄

电工木工钻(铁柄)

【其他名称】 木尾钻、木螺旋钻。

【用　　途】 对木材钻孔用。使用时,长柄木工钻把木柄装于柄孔中当执手;短柄木工钻装于弓摇钻或木工钻床上;电工木工钻(又分木柄、铁柄两种)可直接握柄钻孔。

【规　　格】

钻头直径(mm)	全长(mm)		钻头直径(mm)	全长(mm)	
	短柄	长柄		短柄	长柄
木工钻			木工钻		
5	150	250	32, 38	280	610
6, 6.5, 8	170	380	电工木工钻		
9.5, 10, 11, 12, 13	200	420	4, 5	120	
14, (14.5), 16, 19, 20	230	500	6, 8	130	
22, (22.5), 24, 25	250	560	10, 12	150	
(25.5), 28, (28.5), 30	250	560	(14)	170	

注:带括号的规格尽可能不采用。

23. 弓摇钻(QB/T 2510—2001)

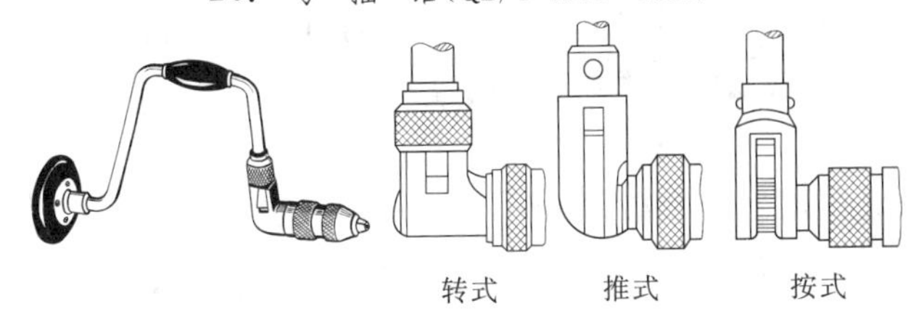

【其他名称】 弓背钻、木工钻。

【用　　途】 供夹持短柄木工钻对木材钻孔用。

【规　　格】

规格	最大夹持尺寸(mm)	全长(mm)	手把回转半径(mm)
250	22	320～360	125
300	28.5	340～380	150
350	38	360～400	175

注：1. 型式根据其转向机构可分为转式(代号 Z)、推式(代号 T)和按式(代号 A)三种。按夹持木工钻的方式可分为二爪(代号 2)和四爪(代号 4)两种。
2. 弓摇钻的规格是指其回转直径(手把回转半径×2)确定。
3. 产品标记由产品名称、规格、型式代号及夹爪数及采用标准号组成。例：弓摇钻 300 T4(QB/T 2510—2001)

24. 羊角锤(QB/T 1290—2010)

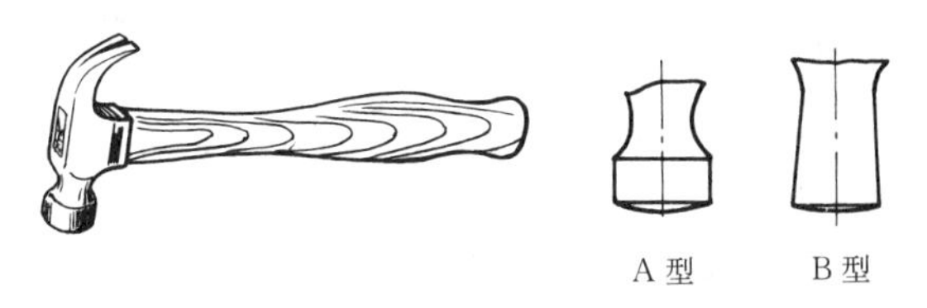

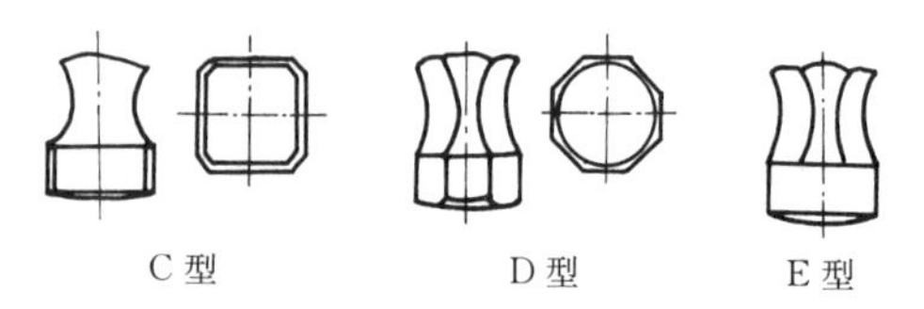

【其他名称】 木工锤、羊角榔头、木匠榔头。
【用　　途】 敲钉和起钉用,也可敲击其他物品。
【规　　格】 按锤击端的截面形状分为 A、B、C、D、E 型五种。锤重(不连柄,kg):0.25,0.35,0.45,0.50,0.55,0.65,0.75。

25. 篾刀及竹刀

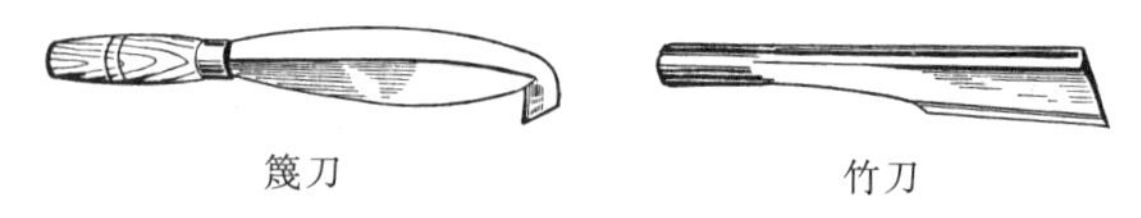

【其他名称】 劈篾刀。
【用　　途】 加工竹材用。篾刀适用于劈削竹材,竹刀适用于劈制竹片、竹篾及表面修理。
【规　　格】 篾刀重量(不连柄,kg):0.7～0.8。
竹刀重量(不连柄,kg):0.7,0.8,0.9,1,1.1,1.2,1.3。

26. 砌　　刀(QB/T 2212.5—2011)

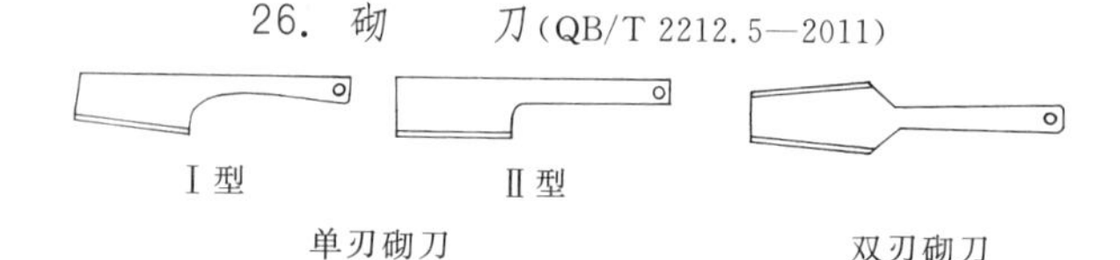

【其他名称】 瓦刀、泥刀。
【用　　途】 砌墙时用以斩断砖头、修削砖瓦、填敷泥灰等。
【规　　格】 全长(mm):335,340,345,350,355,360,365,370,375,380。
刀体前宽(mm):50,55,60。

27. 平 抹 子(QB/T 2212.2—2011)

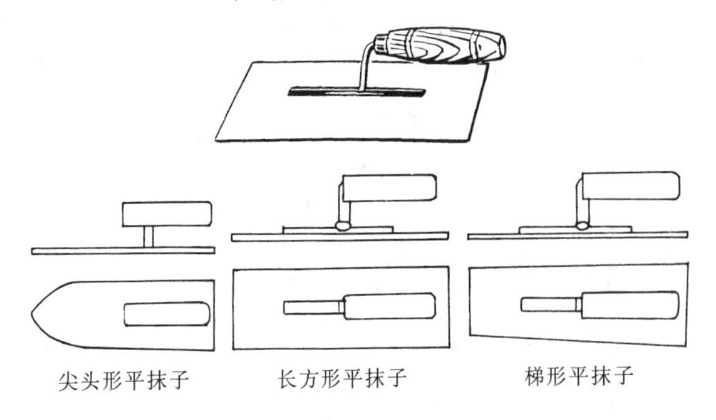

尖头形平抹子　　长方形平抹子　　梯形平抹子

【其他名称】 抹泥刀、泥板。

【用　　途】 砌墙或做水泥平面时,刮平泥灰用。

【规　　格】

平抹板长度 (mm)	平抹板宽度 (mm)	平抹板长度 (mm)	平抹板宽度 (mm)
220, 240	85*, 90, 95	260, 265	100*, 105, 110
236, 240	90*, 95, 100	280	105*, 110, 115
250	95*, 100, 105	300	110*, 115*, 118**, 120

注: 1. 平抹板宽度规格中,带 * 符号的无梯形平抹子,带 ** 符号的只有梯形平抹子。

2. 尖头形平抹子按截面形状分Ⅰ、Ⅱ、Ⅲ型。平抹板厚度(mm):除Ⅰ型尖头形平抹子≤2.5外,Ⅱ和Ⅲ型尖头形以及其他形平抹子均≤2。

28. 园 艺 工 具

(1) 剪 枝 剪(QB/T 2289.4—2001)

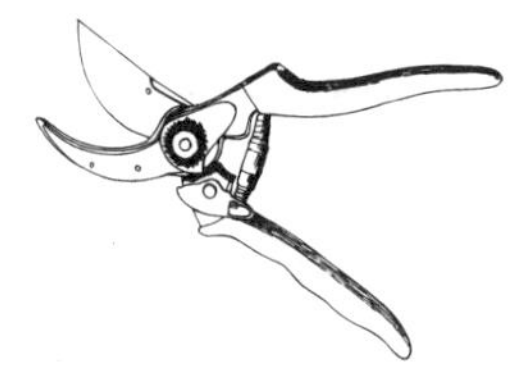

【其他名称】 整枝剪、单手弹簧剪。
【用　　途】 用于修剪各种果树、林木、葡萄枝、园艺花卉等。
【规　　格】

规格(mm)	150	180	200	230	250
全长(mm)	150	180	200	230	250
头长(mm)	45	60	68	72	75
头厚(mm)	8	8	12	12	13

(2) 整 篱 剪(GB/T 2289.5—2001)

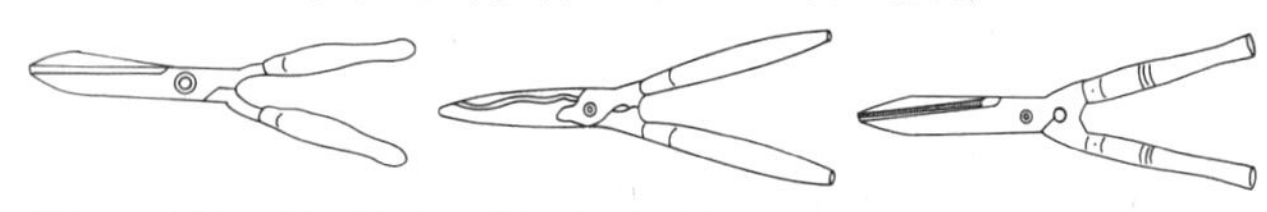

【用　　途】 用于修剪各种灌木、墙篱树、园艺花卉等。
【规　　格】

规格(mm)	全长(mm)	头部长(mm)	头厚(mm)
230	443	235	8
250	470	255	8
300	566	310	10

(3) 稀 果 剪(QB/T 2289.1—1997)

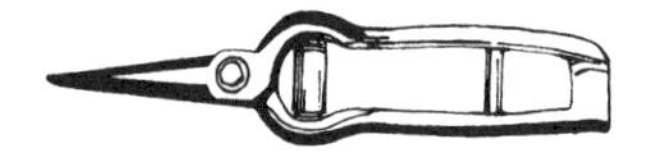

【用　　途】 用于各种果树稀果修剪、葡萄采摘及棉花整枝等。
【规　　格】 全长(mm)：190；头长(mm)：65；头厚(mm)：4。

(4) 桑　　剪(QB/T 2289.2—1997)

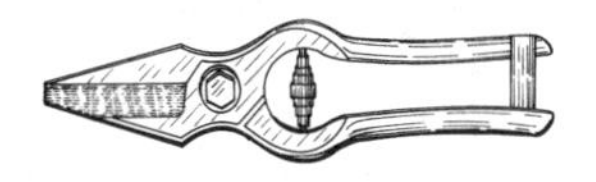

【其他名称】 桑枝剪、桑叶剪。

【用　　途】 适用于修剪桑树枝和采摘桑叶，也可用于修剪其他果树、果叶。

【规　　格】 全长(mm)：203；头长(mm)：72；头厚(mm)：4。

(5) 高 枝 剪(QB/T 2289.3—1997)

【用　　途】 用于修剪离地面较高的各种果树、街道树，采集树种等。

【规　　格】 全长(mm)：290；头长(mm)：60；开口宽(mm)：43。

(6) 手　　锯(QB/T 2289.6—2001)

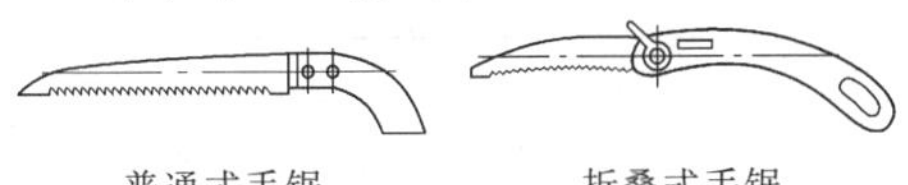

普通式手锯　　　　折叠式手锯

【用　　途】 用于锯截各种果树，绿化乔木等。

【规　　格】 按刃线分直线型和弧线型两种；按结构分为普通式(P型)和折叠式(Z型)两种。

主要尺寸(mm)	规格		全长	锯条长	锯条厚	齿距×齿数
	P型	340	345	218	0.8	3.5×56
		400	405	265	0.9	3.5×58
	Z型	390	395	235	1.1	4.25×43

第二十二章　其他工具

1. 射钉器材

(1) 射钉器(GB/T 18763—2002)

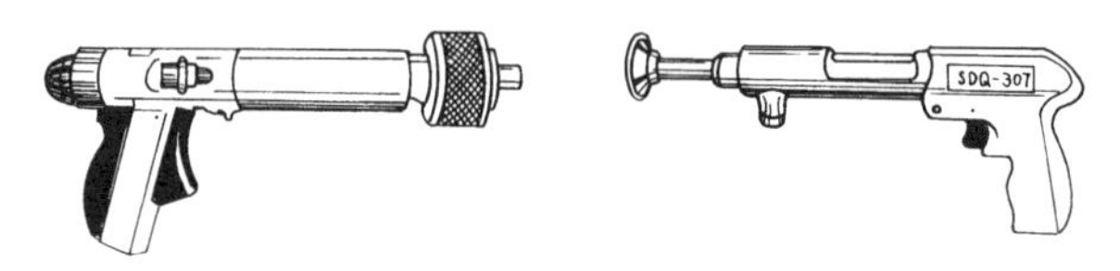

NS603 型　　　　NS307 型

【其他名称】 火药射钉枪、射钉枪。

【用　　途】 供装入射钉和射钉弹，利用击发射钉弹，使弹内火药燃烧产生气体作为动力，发射射钉，以便将各种结构件或零(部)件紧固于混凝土(砌砖体、岩石)或钢质基体中的一种专用工具。其特点是：自带能源、操作方便、安全迅速、劳动强度较低、费用也较省。

【规　　格】

(1) 射　钉　器　分　类
① 按用途分：(a)通用射钉器——能发射两种及两种以上型式射钉，适用于多种行业；(b)专用射钉器——只能发射某一种型式射钉，适用于某一行业 ② 按射钉弹作用原理分：(a)间接作用射钉器——射钉弹的火药气体作用在射钉器的活塞杆上，间接将射钉射入基体中；(b)直接作用射钉器——火药气体直接将射钉射入基体中 ③ 按射钉器初速(指射钉质心飞离射钉器管口瞬间的速度)分：(a)低速射钉器，(b)中速射钉器，(c)高速射钉器。间接作用射钉器有上述三种初速的射钉器，直接作用射钉器只有高速射钉器一种

(2) 射钉器代号表示方法
通用射钉器代号由3个部分组成。左起第1部分用两个字母表示商标(或厂名)。第2部分用3个数字表示射钉器品种。其中:左起第1位数字:“1”表示直接作用射钉器;“3”表示间接作用低速射钉器;“6”表示间接作用中速射钉器;“8”表示间接作用高速射钉器;第2、3位数字(01、02、03…)表示射钉器顺序号。第3部分用字母表示射钉器的变型号,如无变型号,则予以空缺。例:NS603N,即表示NS商标(厂名)的间接作用中速第03号N型射钉器。
(3) 常用射钉器品种简介
① NS603型:间接作用中速通用型射钉器,具有威力大、操作方便、应用广泛等特点;适用射钉弹为6.8×11和6.8×18两种型式;通过配用各种附件,适用钉头(或垫圈)直径为8、10、12mm,长度≤77mm的YD、HYD、DD、HDD、M6、HM6、M8、HM8、M10、HM10、KD等多种型式射钉;全长385mm,重3.5kg ② NS603N型:NS603型的改进型,具有经济、美观等特点;全长385mm,重3.5kg ③ NS307型:间接作用低速通用型射钉器,具有结构简单、重量轻、操作方便、灵活等特点;适用J5.6×16型射钉弹;适用钉头(或螺纹)直径为6,8mm,长度≤77mm的PD、PJ、YD、HYD、M8、HM8等型式射钉;全长335mm,重1.85kg ④ NS301型:间接作用低速通用型射钉器,具有重量轻、操作灵活、能10发连续供弹、应用广泛等特点;适用H6.8×11型射钉弹;适用钉头(或螺纹)直径为6,8mm,长度≤62mm的YD、HYD、PD、HPD、M8、HM8等型式射钉;全长340mm,重2.4kg ⑤ NS608型:一种新型间接作用中速通用型射钉器,具有重量轻、操作维修方便、造型美观、安全可靠、应用广泛等特点;适用射钉弹和射钉型式同NS603型

注:常用射钉器品种资料,摘自四川南山射钉紧固器材有限公司样本。

(2) 射 钉 弹

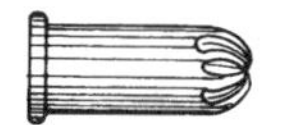

收口、直体射钉弹

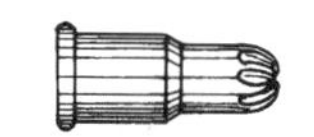

收口、缩颈射钉弹

卷口射钉弹

【用　　途】 供装在射钉器中,用作发射射钉的动力。
【规　　格】

射钉弹的分类和规格表示方法(括号内为该项目代号)
(1) 按击发位置分:边缘击发(无)和中心击发(Z); (2) 按封口形式分:收口(无)和卷口(K);其中收口射钉弹又按体部形状分:直体(无)和缩颈(S); (3) 按口径分:5.5、5.6、6.3、6.8、8.6、10mm; 　　按全长分:10、11、12、16、18、25mm; (4) 按威力等级分:1、2、3、4、5、6、7、8、9、10、11、12(从小到大); (5) 按射钉器上的供弹形式分:散弹(无)、带弹夹的(J)和带弹盘的(P); (6) 按色标分:白、灰、棕、绿、黄、红、紫、黑等(威力从小到大); 射钉弹的规格表示方法:用"击发位置代号"、"封口形式代号"、"口径×全长"、"体部缩颈代号"-"威力等级"、"供弹形式代号"、"色标"(只在必要时标注)等项内容表示 例:射钉弹 6.8×11-5(表示口径为 6.8mm,全长为 11mm,威力等级为 5 级,收口、直体、散弹的射钉弹)

注:以上内容摘自《射钉弹》国家标准(报批稿)。

(3) 射　　钉(GB/T 18981—2008)

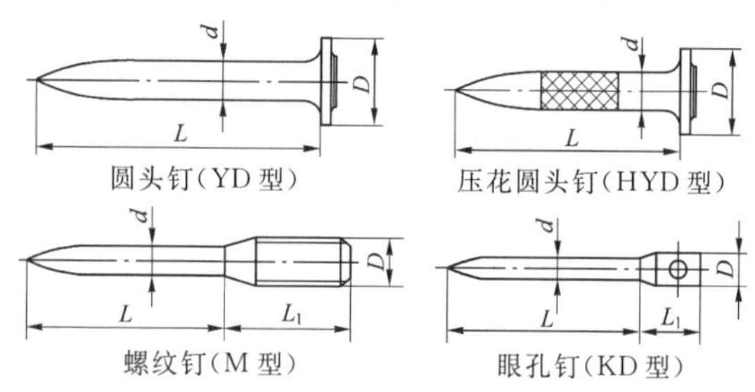

圆头钉(YD 型)　　压花圆头钉(HYD 型)

螺纹钉(M 型)　　眼孔钉(KD 型)

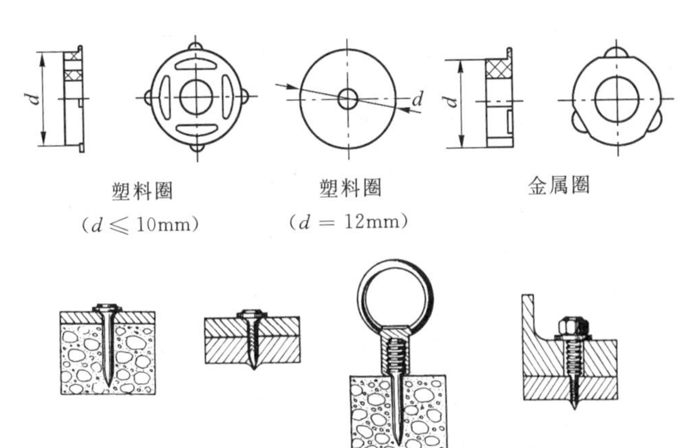

钢板与混凝土用普通射钉紧固　　钢板与钢板用压花普通射钉紧固　　环圈与混凝土用螺纹射钉紧固、连接　　角钢与钢板用压花螺纹射钉、螺母、垫圈紧固、连接

射钉应用示意图

【用　　途】 射钉是一种特殊紧固件，须与(火药)射钉器和射钉弹配合，射入被紧固零件和基体中(也可用气动射钉枪直接射入)。被紧固零件可以是各种零件、部件，也可以是各种结构件(如建筑门窗、轻钢龙骨、托架等)。基体可以是混凝土(或砌砖体、岩石)，也可以是钢板。每只射钉还可以配一个定位件(如塑料或金属圈)，起射钉在射钉器枪管中的导向和定位作用。当射钉被射入零件和基体中后，塑料圈即自行消失，金属圈则留在射钉钉头和零件表面之间，起保护零件表面作用。普通射钉适用于混凝土基体，(表面)压花射钉适用于钢板基体，螺纹射钉可在其外螺纹钉头上旋入其他带内螺纹的零件，眼孔射钉可在其孔中系吊其他物体。

【规　　格】

(1) 射钉及定位件的品种(括号内为其代号)
射钉的品种很多,计有圆头钉(YD)、大圆头钉(DD)、小圆头钉(PS)、平头钉(PD)、大平头钉(DPD)、6mm 平头钉(ZP)、6.3mm 平头钉(DZP)、球头钉(QD)、眼孔钉(KD6、KD6.3、KD8、KD10)、螺纹钉(M6、M8、M10)、专用钉(ZD)、GD 钉(GD)等。另外,按射钉、钉杆表面情况分,有光杆射钉(无)和压花射钉(代号前加字母"H")两类。上述列举射钉均属光杆射钉;如其钉杆表面制有压花结构,即属压花射钉。例如:压花圆头钉(HYD)、压花大圆头钉(HDD)、压花平头钉(HPD)、压花球头钉(HQD)、压花螺纹钉(HM6、HM8、HM10)、压花特种钉(HTD) 射钉定位件的品种有塑料圈(S)、齿形圈(C)、金属圈(J)、钉尖帽(M)、钉头帽(T)、钢套(G)、连发塑料圈(LS)

(2) 常见射钉的主要尺寸(mm)*				
名称	代号	D	d	$L(L_1/L)$
圆头钉	YD	8.4	3.7	19, 22, 27, 32, 37, 42, 47, 52, 57, 62, 72
大圆头钉	DD	10	4.5	27, 32, 37, 42, 47, 52, 57, 62, 72, 82, 97, 117
压花圆头钉	HYD	8.4	3.7	13, 16, 19, 22
小圆头钉	PS	8	3.5	22, 27, 32, 37, 42, 47, 52
M8 螺纹钉	M8	M8	4.5	15, 20, 25, 30, 35/27, 32, 42, 52
6mm 眼孔钉	KD8	8	4.5	25, 30/32, 37, 42, 47, 52, 57

(3) 常见射钉定位件的主要尺寸	
名称	代号/直径 d(mm)
塑料圈	S8/8, S10/10, S12/12
金属圈	J8/8, J10/10, J12/12
齿形圈	C6/6, C6.3/6.3, C8/8, C10/10, C12/12

注: * D—钉头直径;d—钉杆直径;L—钉杆长度;L_1—螺纹长度或钉头长度

(4) 射钉及定位件的规格表示方法
射钉的规格用代号和钉杆长度表示。螺纹钉和眼孔钉须在代号和钉杆长度之间加进螺纹长度或钉头长度。定位件则用代号表示 例 1:圆头钉　YD32(表示钉杆长度为 32mm 的圆头钉) 例 2:M8 螺纹钉　M8-15-32(表示螺纹长度为 15mm,钉杆长度为 32mm 的 M8 螺纹钉) 例 3:8mm 眼孔钉　KD8-25-32(表示钉头长度为 25mm,钉杆长度为 32mm 的 8mm 眼孔钉) 例 4:塑料圈　S8(表示直径为 8mm 的塑料圈)
(5) 射钉钉体的材料及表面处理
射钉钉体的材料一般采用优质碳素结构钢,其化学成分应符合以下规定:碳≥0.42%,磷≤0.035%,硫≤0.035%。在特殊情况下,也可采用合金钢。钉体芯部硬度应为 HRC50~57。钉体表面应镀锌

2. 防爆用工具

(1) 防爆用工具的制造材料、性能、标志与用途

防爆工具制造材料及硬度(QB/T 2613.1~2613.7—2003)		材　料	铍青铜		铝青铜	
		硬　度	≥HRC35		≥HRC25	
防爆性能试验(GB/T 10686—1989)	防爆类别	Ⅰ　类	Ⅱ　类			
			A　级	B　级	C　级	
	试验气体	甲烷	丙烷	乙烯	氢气	
	浓度(%)	6.5	5.3	7.8	21.0	
	试验方法(任选一种)	1. 落锤式试验 2. 旋转摩擦式试验 3. 高速冲击式试验				
标志	产品上应标有“防爆工具代号(Ex)”、“防爆类别代号”和“检验单位代号”的标志。例:ExⅡBN,即表示防爆性能经代号为 N 的检验单位检验合格的Ⅱ类 B 级防爆工具					
	包装上应标有上述标志以及“材料代号”的标志					
用途	防爆工具主要应用于石油、化工、煤矿、火药等行业的生产、仓库和运输工具等具有易燃易爆气体环境的场合。应用这种防爆材料制成的工具,如在操作中不慎与其他钢铁制品发生碰撞情况,不会产生机械火花,避免引爆爆炸气体					

(2) 防爆用呆扳手(QB/T 2613.1—2003)

【用　　途】供在易燃易爆场合中紧固、拆卸六角头或方头螺栓(螺母)之用。每只单头呆扳手只适用一个规格螺栓，每只双头呆扳手则适用两个规格螺栓。

【规　　格】规格指呆扳手适用的螺栓六角头(方头)对边宽度。

(1) 单头呆扳手规格系列(mm)及试验扭矩(N·m)

规格	试验扭矩		规格	试验扭矩		规格	试验扭矩		规格	试验扭矩	
	c系列	d系列		c系列	d系列		c系列	d系列		c系列	d系列
5.5	3.92	2.35	15	65.1	39.1	25	272	163	38	843	506
6	5.00	3.00	16	78.0	46.8	26	304	182	41	981	589
7	7.70	4.62	17	92.4	55.5	27	338	203	46	1235	741
8	11.2	6.72	18	108	65.1	28	374	224	50	1459	875
9	15.6	9.34	19	126	75.7	29	412	247	55	1765	1059
10	20.9	12.6	20	146	87.4	30	453	272	60	2101	1260
11	27.3	16.4	21	167	100	31	497	298	65	2465	1479
12	34.9	20.9	22	190	114	32	543	326	70	2859	1716
13	43.6	26.2	23	215	129	34	644	386	75	3282	1969
14	53.7	32.2	24	243	146	36	755	453	80	3735	2241

(2) 双头呆扳手规格系列(mm)

5.5×7，6×7，7×8，8×9，8×10，9×11，10×11，10×12，10×13，11×13，12×13，12×14，13×14，13×15，13×16，13×17，14×15，14×16，14×17，15×16，15×18，16×17，16×18，17×19，18×19，18×21，19×22，20×22，21×22，21×23，21×24，22×24，24×27，24×30，25×28，27×30，27×32，30×32，30×34，32×34，32×36，34×36，36×41，41×46，46×50，50×55，55×60，60×65，65×70，70×75，75×80(试验扭矩按相应规格单头呆扳手的规定)

(3) 防爆用梅花扳手(QB/T 2613.5—2003)

单头梅花扳手

双头梅花扳手

【用　　途】 供在易燃易爆场合中紧固、拆卸六角头螺栓(螺母)之用。每只单头梅花扳手只适用一个规格螺栓,每只双头梅花扳手则适用两个规格螺栓。

【规　　格】 规格指梅花扳手适用的螺栓六角头对边宽度。

(1) 单头梅花扳手规格系列(mm)
18, 19, 20, 21, 22, 23, 24, 25, 26, 27, 28, 29, 30, 31, 32, 34, 36, 41, 46, 50, 55, 60, 65, 70, 75, 80

(2) 双头梅花扳手规格系列(mm)
5.5×7, 6×7, 7×8, 8×9, 8×10, 9×11, 10×11, 10×12, 10×13, 11×13, 12×13, 12×14, 13×14, 13×15, 13×16, 13×17, 14×15, 14×16, 14×17, 15×16, 15×18, 16×17, 16×18, 17×19, 18×19, 18×21, 19×22, 20×22, 21×22, 21×23, 21×24, 22×24, 24×27, 24×30, 25×28, 27×30, 27×32, 30×32, 30×34, 32×34, 32×36, 34×36, 36×41, 41×46, 46×50, 50×55, 55×60

(3) 梅花扳手各规格(mm)的试验扭矩(N·m)

规格	试验扭矩		规格	试验扭矩		规格	试验扭矩		规格	试验扭矩	
	a系列	b系列		a系列	b系列		a系列	b系列		a系列	b系列
5.5	12.2	4.9	15	128	81.4	25	422	340	38	1123	1053
6	15.0	6.3	16	148	97.5	26	462	380	41	1342	1226
7	21.4	9.6	17	171	116	27	505	422	46	1757	1543
8	29.3	14.0	18	196	136	28	550	467	50	2135	1824
9	38.6	19.5	19	222	158	29	597	515	55	2668	2206
10	49.4	26.1	20	250	182	30	646	567	60	3271	2626
11	61.8	34.1	21	280	209	31	698	621	65	3945	3082
12	75.7	43.6	22	313	238	32	751	679	70	4692	3574
13	91.3	54.5	23	347	269	34	866	805	75	5514	4103
14	109	67.1	24	383	303	36	990	944	80	6413	4668

(4) 防爆用桶盖扳手(QB/T 2613.4—2003)

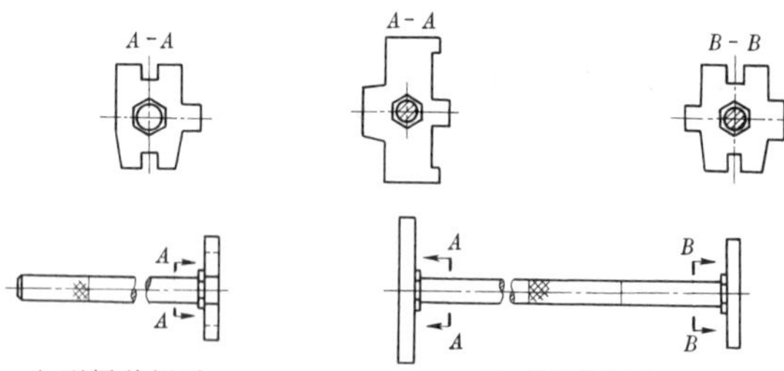

【其他名称】 油桶扳手、万能扳手。

【用　　途】 在易燃易爆场合中,用于开启或旋合盛有易燃易爆物品(如汽油等)的金属桶的桶盖。

【规　　格】 分 A 型和 B 型两种。

全长(mm):A 型桶盖扳手 ≥ 300,B 型桶盖扳手 ≥ 350。

桶盖扳手应能承受 196N·m 扭矩。

(5) 防爆用活扳手(QB/T 2613.8—2005)

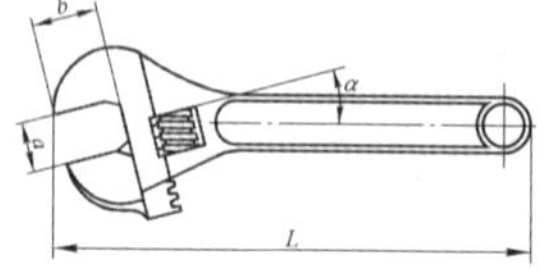

【用　　途】 易燃易爆场合中紧固、拆卸六角头或方头螺栓(螺母)。

【规　　格】

扳手长度 l(mm)		100	150	200	250	300	375	450
最小开口 a(mm)		13	19	24	28	34	43	52
最小扳口深度 b(mm)		12	17.5	22	26	31	40	48
夹角 α	A 型	15°						
	B 型	22.5°						

(6) 防爆用管子钳（QB/T 2613.10—2005）

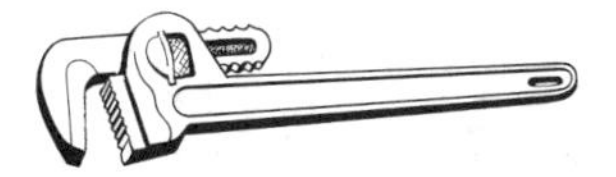

【用　　途】 供在易燃易爆场合中紧固或拆卸金属管子和附件(阀门、连接件)之用。

【规　　格】

全　　长(mm)	200	250	300	350	450	600	900
夹持管子外径(mm)≤	25	30	40	50	60	75	85

(7) 防爆用链条管子钳

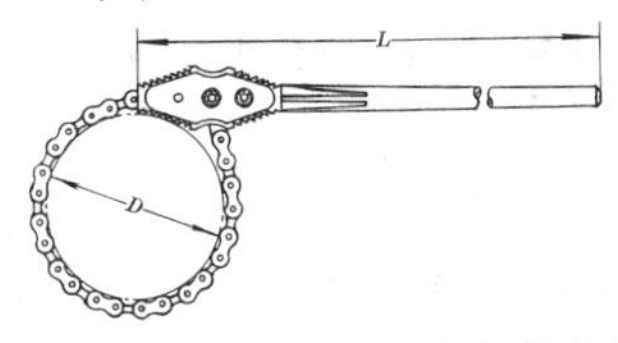

【用　　途】 供在易燃易爆场合中紧固或拆卸较大金属管或圆柱形零件之用。

【规　　格】 市场产品。

公称尺寸 L(mm)	600	600	900	900
夹持管子外径 D(mm)	100	150	200	300

(8) 防爆用管子割刀

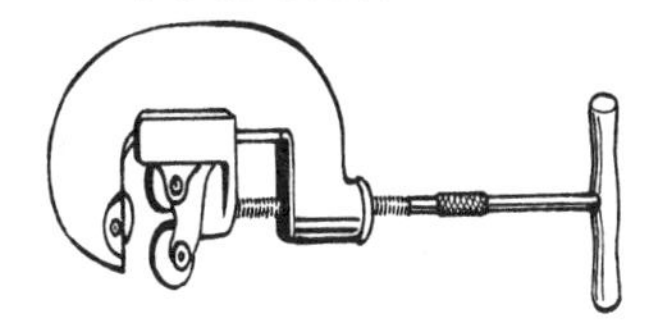

【用　　途】 供在易燃易爆场合中切割各种金属管之用。

【规　　格】 (市场产品)切割管子外径:50mm。

(9) 防爆用八角锤(QB/T 2613.6—2003)

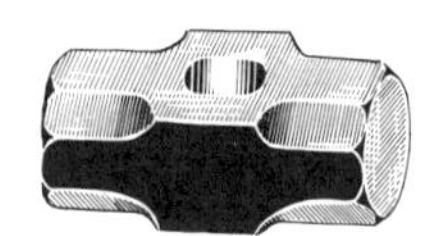

【用　　途】 供在易燃、易爆场合中进行锤击钢铁工件等作业之用。

【规　　格】 重量(不连柄,kg)/锤高(mm):0.9/98,1.4/108,1.8/122,2.7/142,3.6/155,4.5/170,5.4/178,6.4/186,7.3/195,8.2/203,9.1/210,10.2/216,10.9/222。

(10) 防爆用圆头锤(QB/T 2613.7—2003)

【用　　途】 供钳工在易燃易爆场合中进行锤击工件之用。

【规　　格】 重量(不连柄,kg)/锤高(mm):0.11/66,0.22/80,0.33/90,0.44/101,0.66/116,0.88/127,1.10/137,1.32/147。

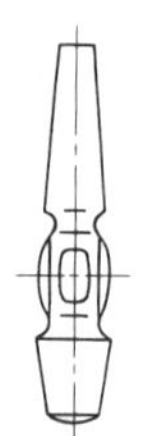

(11) 防爆用检查锤(QB/T 2613.3—2003)

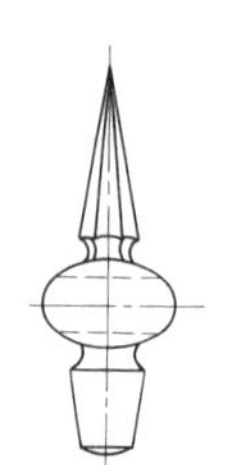
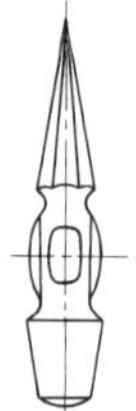

A型(尖头型)

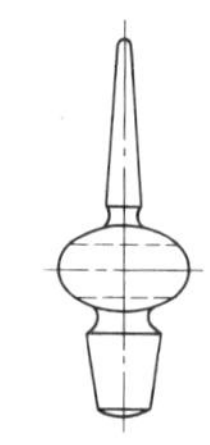

B型(扁头型)

【用　　途】 供检查人员检查易燃易爆物品的盛装容器、输送管道等之用。

【规　　格】 按头部形状分A型和B型两种。
重量(不连柄,kg):0.25;锤总高(mm):120。

(12) 防爆用錾子(QB/T 2613.2—2003)

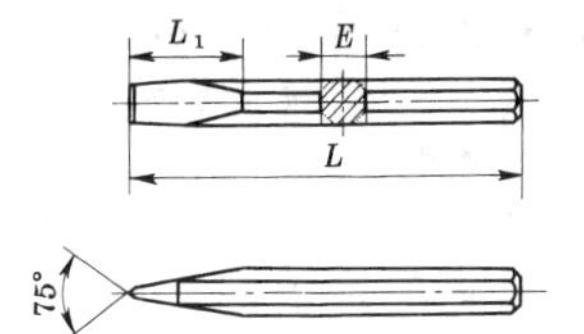

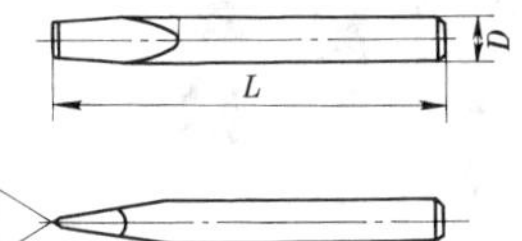

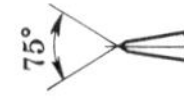

A 型(八角形柄)錾子　　　　B 型(圆形柄)錾子

【用　　途】 供在易燃易爆场合中进行錾切、凿、铲等作业用。
【规　　格】 按柄部断面形状分 A 型和 B 型两种。

八角形对边宽度 E(mm)	19	25	19	25	25
圆形直径 D(mm)	16	18	20	27	27
全　　长 L(mm)≥	180	180	180	200	250
工作部分长度 L_1(mm)	70	70	70	70	70

(13) 防爆用锉刀

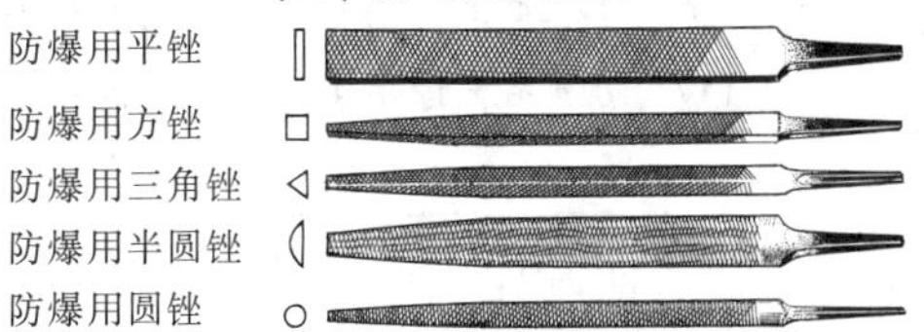

【用　　途】 供在易燃易爆场合中进行锉削或修整金属工件的表面之用。
【规　　格】 市场产品。

品　　种	公称长度(mm)					
防爆用平锉	150	200	250	300	350	400
防爆用方锉	150	200	250	300	350	—
防爆用三角锉	150	200	250	300	350	—
防爆用半圆锉	150	200	250	300	350	—
防爆用圆锉	150	200	250	300	350	—

(14) 防爆用台虎钳

【用　　途】供装置在易燃易爆场合的工作台上，用于夹紧待加工的工件之用。

【规　　格】钳口宽度(mm)：100，150，200，250，300。

(15) 防爆用拔轮器

【用　　途】供在易燃易爆场合中，用于拆卸机器、设备中的胶带轮、轴承等零件之用。

【规　　格】两钳口之间的距离(mm)：100，150，200，350。

(16) 防爆用手拉葫芦

【用　　途】供在易燃易爆场合中，用于手动提升重物之用。

【规　　格】额定起重量(kg)：500，1000，2000，3000。

(17) 防爆用 F 扳手(QB/T 2613.9—2005)

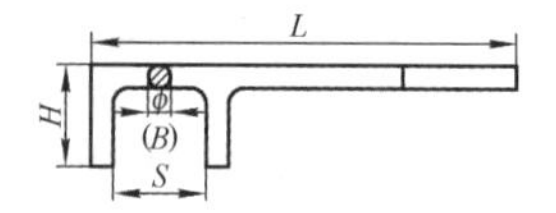

【用　　途】供在易燃易爆场合中，开启或关闭各种阀门之用。

【规　　格】

开口尺寸 S(mm)	30	35	40	45	48	50	55	60	65	70
长度 L(mm)	200	250	300	350	375	400	450	500	550	600
宽度 H(mm)	31	34	35	43	47	51	56	62	64	67

3. 硬质合金拉伸模坯(YS/T 80—1994)

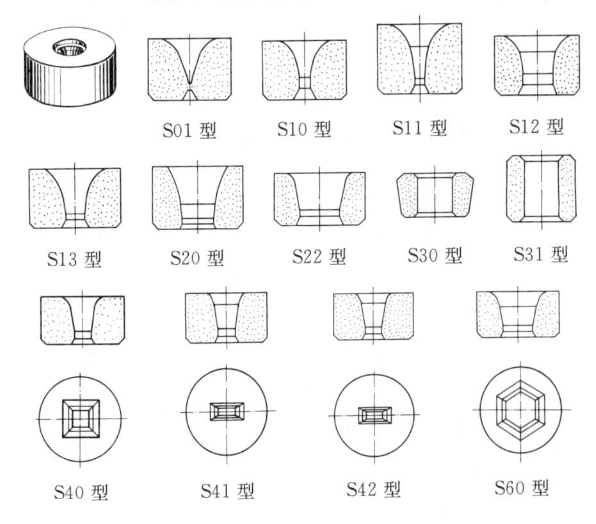

【其他名称】 硬质合金拉伸模毛坯、钨钢拉伸模。

【用　　途】 供拉制黑色金属和有色金属线材、棒材、四方和六方型材、管材等用。

【规　　格】

(1) 拉伸模坯的规格(型号)表示方法
规格(型号)表示形式： 1-2-3 说明：1—用字母和数字表示拉伸模坯的型式分类号； 2—用数字表示同一型式分类号的内孔参数(mm)； 3—如内孔参数相同时,用数字加注外径参数(mm),其中有一个内孔参数可不注外径参数 举例：S12-0.8，S12-0.8-13，S12-0.8-16

（续）

（2）拉伸模坯的名称、分类型式号、内孔参数和外径参数
① 金属线材拉伸模（S01 型）：0.8，1.0（参数表示两盲孔间距离）
② 黑色金属线材拉伸模（S10 型）：0.3，0.4，0.6，0.8，0.3-8，0.4-8，0.6-8，0.8-8
③ 黑色金属线材拉伸模（S11 型）：0.3，0.4，0.6，0.8，1.0，0.4-13，0.6-13，0.8-13，1.0-13，1.6，1.8，2.0，2.3，0.4-16，0.6-16，0.8-16，1.0-16，1.3-16，1.8-16，2.3，2.8，1.8-22，2.3-22，2.8-22，3.3，3.8，4.2，4.7，5.2，5.7
④ 有色金属线材拉伸模（S12 型）：0.4，0.6，0.8，0.4-13，0.6-13，0.8-13，1.0，1.3，1.8，2.3，0.8-16，1.0-16，1.3-16，1.8-16，2.3-16，2.8，2.3-20，2.8-20，3.3，3.8，4.2，4.7，5.2，5.7，6.4，7.2，8.0
⑤ 金属棒材拉伸模（S13 型）：5.7，6.7，7.7，8.6，9.6，10，11，12，13，14，15，16，17，18，19，20，21，22，23，24，25，26，27，28，29，30，31，32，33，34，35，36，37，38，39，40，41-80，42-80，43-80，44-80，45-80，41，42，43，44，45，47-90，49-90，51-90，53-95，55-95，57-95，47，49，51，53，55，57
⑥ 黑色金属管材拉伸模（S20 型）：2，3，4，5，6，7，8，9，10，11，12，13，14，15，16，17，18，19，20，21，22，23，24，25，26，27，28，29，30，31，33，35，37，39，41，43，45，47，51，56，60
⑦ 有色金属管材拉伸模（S22 型）：2.8，3.8，4.7，5.7，6.7，7.6，8.6，9.6，10，11，12，13，14，15，16，17，18，19，20，21，22，23，24，25，26，27，28，29，30，31，32，33，34，35，36，37，38，39，41，44，47，49，52，55，57，59，62，64，67，69，72，74，77，79，84，88
⑧ 管材拉伸用芯头（S30 型）：28，29，30，31，32，33，34，35，36，37，38，39，40，41，42，43，44，45，46，47，48，49，50，51，52，53，54，55，56，57，58，59，60，61，62，63，64
⑨ 管材拉伸用芯头（S31 型）：14，15，16，17，18，19，20，21，22，23，24，25，26，27，28，29，30，31，32，33，34，35，36，37，38，39，40，41，42，43，44，45，46，47，50
⑩ 正方形型材拉伸模（S40 型）：1.4，1.8，2.4，2.8，3.2，3.6，4，4.6，5，5.7，6.7，8.7，9.7，10，11，12，13，14，15，16，17，18，19，20，21，22，23，24，25，26，27，28，29，30，31-80，32-80，31，32，33-85，34-85，33，34，35-90，36-90，37-90，35，36，37，38，39

(续)

(2) 拉伸模坯的名称、分类型号、内孔参数和外径参数(续)
⑪ 有色金属矩形型材拉伸模(S41 型)：6.7 × 4.7，7.7 × 5.7，7.7 × 6.7，8.7 × 2.7，9.7 × 3.7，9.7 × 5.7，9.7 × 6.7，9.7 × 7.7，11.7 × 7.7，11 × 9.7，13 × 6.7，13 × 8.7，15 × 7.7，15 × 9.7，15 × 11，15 × 12，17 × 10，17 × 12，17 × 15，19 × 7.7，19 × 9.7，19 × 11，19 × 14，21 × 9.2，21 × 11，21 × 14，23 × 11，23 × 14
⑫ 有色金属带材拉伸模(S42 型)：1.9 × 1，1.9 × 1.4，2.4 × 1，2.4 × 1.4，3.1 × 1，3.1 × 1.4，3.1 × 1.9，3.9 × 1，3.9 × 1.5，3.9 × 1.9，3.9 × 2.4，4.5 × 11，4.5 × 1.5，4.5 × 1.9，4.5 × 2.4，4.5 × 2.8，5.3 × 1.1，5.3 × 1.5，5.3 × 1.9，5.3 × 2.3，5.3 × 3.1，5.3 × 3.9，6.2 × 1.1，6.2 × 1.5，6.2 × 1.9，6.2 × 2.4，6.2 × 3.1，6.2 × 3.9，7.2 × 1.1，7.2 × 1.5，7.2 × 1.9，7.2 × 2.4，7.2 × 3.1，7.2 × 3.9，7.2 × 4.9，8.4 × 1.2，8.4 × 1.5，8.4 × 1.9，8.4 × 2.4，8.4 × 3.1，8.4 × 3.9，8.4 × 4.9，9.1 × 1，9.1 × 1.7，9.1 × 2，9.1 × 2.4，9.1 × 3，9.1 × 3.8，9.1 × 4.9，9.8 × 1.2，9.8 × 1.8，9.8 × 2.3，9.8 × 3.1，9.8 × 4.9，9.8 × 6.3，10 × 1，10 × 1.5，10 × 1.9，10 × 2.4，10 × 2.9，10 × 3.8，11 × 1.1，11 × 1.5，11 × 1.9，11 × 2.4，11 × 3.1，11 × 3.9，11 × 4.9，11 × 6.3，12 × 1.4，12 × 1.9，12 × 2.6，12 × 3.4，12 × 4.1，12 × 4.9，12 × 5.9，14 × 1.6，14 × 2.1，14 × 2.8，14 × 3.4，14 × 4.1，14 × 4.9，14 × 5.9，16 × 1.9，16 × 2.4，16 × 3.1，16 × 3.9，16 × 4.9，16 × 6.3，17 × 1，17 × 1.5，17 × 2.1，17 × 2.8，17 × 3.4，17 × 4.1，17 × 4.9，17 × 5.9，19 × 1，19 × 1.5，19 × 2，19 × 2.8，19 × 3.7，19 × 4.9，19 × 5.9，20 × 2.1，20 × 2.8，20 × 3.4，20 × 4.1，20 × 4.9，20 × 5.9，23 × 1，23 × 1.4，23 × 1.9，23 × 2.4，23 × 3，23 × 3.8，23 × 4.9，23 × 5.9，24 × 1，24 × 1.4，24 × 2.6，24 × 3.3，24 × 3.8，27 × 1.4，27 × 1.9，27 × 2.4，27 × 3，31 × 1.5，31 × 3，31 × 3.8
⑬ 六方形型材拉伸模(S60 型)：2.5，3，4，4.7，5.7，6.7，7.7，8.7，9.7，10，11，12，13，14，15，16，17，18，19，20，21，22，23，24，25，26，27，28，29，30，31，32，33，34，35，36-80，37-80，36，37，38-85，39-85，41-85，38，39，41，42-90，44-90，47-90，42，44，47，49-100，49，52，54

4. 金刚石工具

(1) 金刚石玻璃刀(QB/T 2097.1—1995)

【其他名称】 玻璃割刀、玻璃刀。

【用　　途】 供裁划1～8mm厚的平板玻璃用。

【规　　格】

金刚石规格代号	金刚石加工前重量(克　拉)	每克拉粒数≈	裁划平板玻璃范围(mm)	全长(mm)
1	0.0123～0.0100	81～100	1～2	182
2	0.0164～0.0124	61～80	2～3	
3	0.0240～0.0165	41～60	2～4	
4	0.032～0.025	31～40	3～6	184
5	0.048～0.033	21～30	3～8	
6	0.048～0.033	21～30	4～8	

注：1. 6号金刚石经过精加工。

2. 克拉是非法定质量单位，1克拉 = 200mg。

(2) 金刚石玻璃管割刀(QB/T 2097.2—1995)

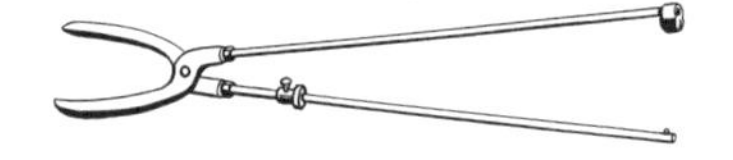

【其他名称】 玻璃管割刀。

【用　　途】 供裁划壁厚为1～3mm玻璃管用。

【规　　格】

金刚石规格代号	1	2	3	4
钳杆长度(mm)	120	220	320	420
钳杆直径(mm)	6	6	8	8
全　　长(mm)	275	378	478	578

(3) 金刚石圆镜机(QB/T 2097.3—1995)

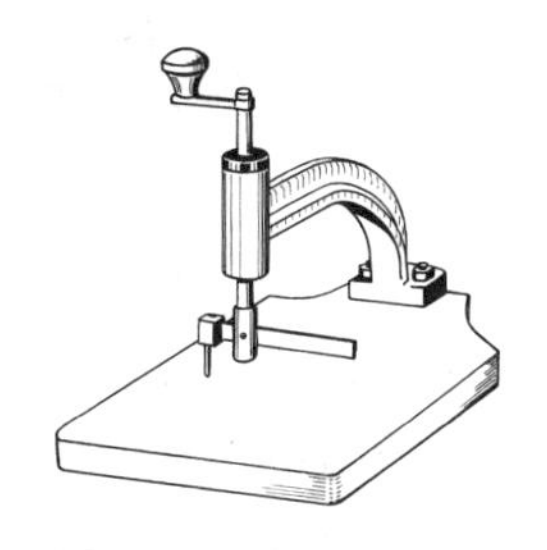

【其他名称】 圆镜机。

【用　　途】 供裁割圆形平板玻璃、镜面玻璃用。

【规　　格】 裁割玻璃范围(mm):厚度 1～3,直径 35～200。

金刚石:每粒重量(克拉):0.033～0.067;

每克拉粒数:15～30。

(4) 金刚石圆规刀

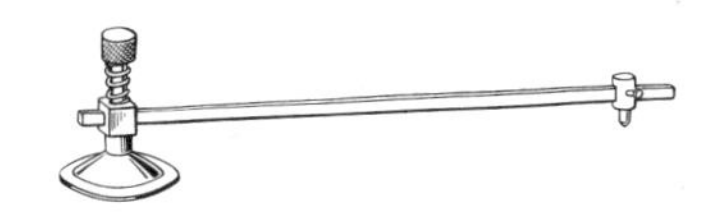

【其他名称】 圆规刀。

【用　　途】 与金刚石圆镜机同。

【规　　格】 裁划玻璃范围(mm):直径 200～1200;厚度 2～6。

5. 猪鬃漆刷(QB/T 1103—2001)

扁型　　　　　　　　　　　　圆型

【其他名称】 漆刷。

【用　　途】 扁型主要用于漆刷涂料,也可用于清除机器、仪表等表面上灰尘等。圆型主要供漆刷小型船体等用。

【规　　格】

类型	宽度(直径)(mm)											
扁型	15	20	25	30	40	50	65	75	90	100	125	150
圆型	15	20	25	40	50	65	—	—	—	—	—	—

注:扁型漆刷另有弯柄型及扒型。

6. 平口式油灰刀(QB/T 2083—1995)

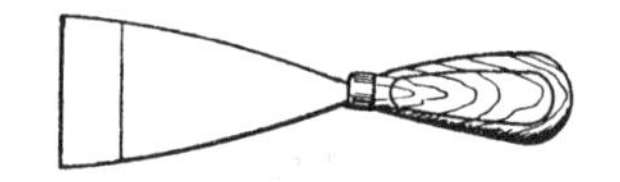

【其他名称】 油灰刀、铲刀。

【用　　途】 用于嵌油灰、调漆、铲除工件上旧漆层等。

【规　　格】

刀口宽度(mm)	第一系列	30, 40, 50, 60, 70, 80, 90, 100
	第二系列	25, 38, 45, 65, 75
刀口厚度(mm)	0.4	

注:优先采用第一系列。

7. 钥匙开牙机

(1) 手摇电动两用钥匙开牙机

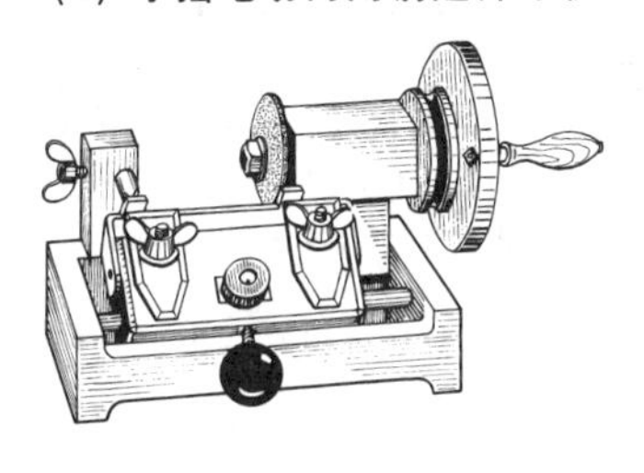

【用　　途】 供铣制弹子锁的钥匙牙花之用，主要用于钥匙修配行业。

【规　　格】 747 型，可供手摇、电动两用(电动机另配)。

(2) 自动钥匙开牙机

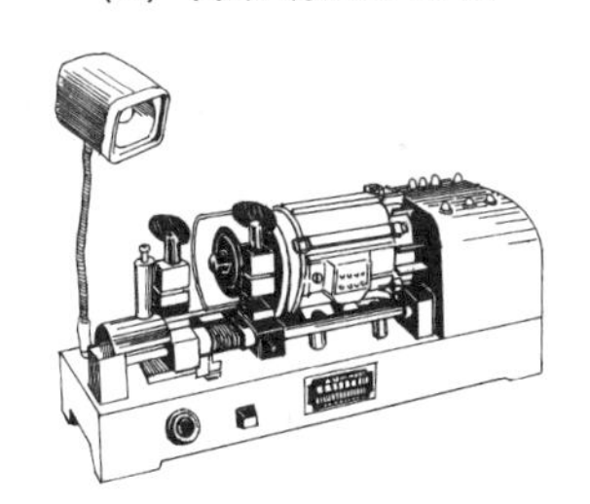

【其他名称】 电动钥匙开牙机。

【用　　途】 供自动铣制弹子锁的钥匙牙花之用，主要用于钥匙修配行业。

【规　　格】 浙江平阳产品。

型　号	电动机电源(V)	功率(W)	转速(r/min)	机座尺寸(mm)			重量(kg)
				长	宽	高	
ZY40×5	单相交流,220	120	2800	460	154	220	12

注：随着人们防卫意识的增强，对门锁的要求越来越高，工厂生产技术也在不断提高，电子锁具产生，对配匙的要求已超越传统的设备，故目前市场还有：电动两用锁匙复制机；而企业所产该产品均试用本企业的企业标准。

例：上海金发电机有限公司泽国分公司采用标准为 Q/WLJ 202—2003。

第四篇　建筑装潢五金

第二十三章　钉类、板网、窗纱及玻璃

1. 一般用途圆钢钉(YB/T 5002—1993)

【其他名称】 圆钢钉、圆钉、钢钉。

【用　　途】 钉固木竹器材。各种钉固对象适用的圆钉大致长度为:家具、竹器、乐器、文教用具、墙壁内板条、农具 10～25mm;一般包装木箱 30～50mm;牲畜棚等 50～60mm;屋面椽木及混凝土木壳 70mm;桥梁、木结构房屋 100～150mm。

【规　　格】

(1) 米制圆钢钉规格

钉长(mm)	钉杆直径(mm)			每千只约重(kg)			每kg约数(只)		
	重型	标准型	轻型	重型	标准型	轻型	重型	标准型	轻型
10	1.10	1.00	0.90	0.079	0.062	0.045	12660	16130	22222
13	1.20	1.10	1.00	0.120	0.097	0.080	8330	10310	12460
16	1.40	1.20	1.10	0.207	0.142	0.119	4830	7040	8380
20	1.60	1.40	1.20	0.324	0.242	0.177	3090	4130	5630
25	1.80	1.60	1.40	0.511	0.359	0.302	1960	2786	3300
30	2.00	1.80	1.60	0.758	0.600	0.473	1320	1666	2110
35	2.20	2.00	1.80	1.06	0.860	0.700	943	1157	1430
40	2.50	2.20	2.00	1.56	1.19	0.990	641	837	1010
45	2.80	2.50	2.20	2.22	1.73	1.34	450	577	744
50	3.10	2.80	2.50	3.02	2.42	1.92	331	414	520
60	3.40	3.10	2.80	4.35	3.56	2.90	230	281	345
70	3.70	3.40	3.10	5.94	5.00	4.15	168	200	241
80	4.10	3.70	3.40	8.30	6.75	5.71	120	148	175
90	4.50	4.10	3.70	11.3	9.35	7.63	88.5	107	131
100	5.00	4.50	4.10	15.5	12.5	10.4	64.5	80.1	96.5
110	5.50	5.00	4.50	20.9	17.0	13.7	47.8	59.0	72.8
130	6.00	5.50	5.00	29.1	24.3	20.0	34.4	41.2	49.9
150	6.50	6.00	5.50	39.4	33.3	28.0	25.4	30.0	35.7
175	—	6.50	6.00	—	45.7	38.9	—	21.9	25.7
200	—	—	6.50	—	—	52.1	—	—	19.2

(2) 英制圆钢钉规格(供出口用)

钉长		钉杆直径		每千只约重	每 kg 约数
(英寸)	(mm)	(BWG)	(mm)	(kg)	(只)
3/8	9.52	20	0.89	0.046	21730
1/2	12.70	19	1.07	0.088	11360
5/8	15.87	18	1.25	0.152	6580
3/4	19.05	17	1.47	0.25	4000
1	25.40	16	1.65	0.42	2380
1¼	31.75	15	1.83	0.65	1540
1½	38.10	14	2.11	1.03	971
1¾	44.45	13	2.41	1.57	637
2	50.80	12	2.77	2.37	422
2½	63.50	11	3.05	3.58	279
3	76.20	10	3.40	5.35	187
3½	88.90	9	3.76	7.65	131
4	101.6	8	4.19	10.82	92.4
4½	114.3	7	4.57	14.49	69.0
5	127.0	6	5.16	20.53	48.7
6	152.4	5	5.59	28.93	34.5
7	177.8	4	6.05	40.32	24.8

2. 高强度钢钉

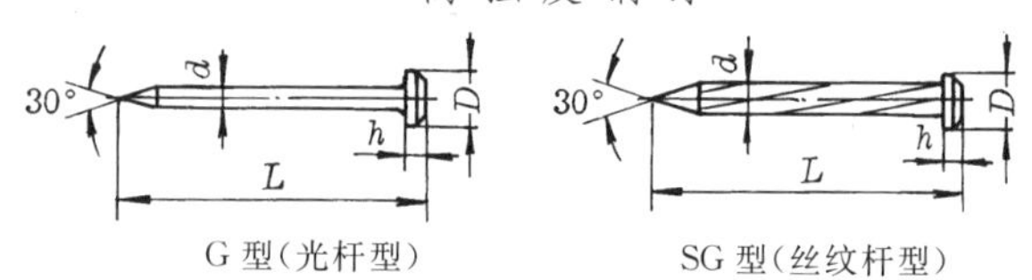

G 型（光杆型）　　　SG 型（丝纹杆型）

【其他名称】 特种钢钉、水泥钢钉、水泥钉、硬质钢钉。

【用　　途】 可用手锤直接将这种钢钉敲入小于 200 号混凝土、矿渣砖块、砖砌体或厚度小于 3mm 薄钢板中，作固定其他制品之用。

【规　　格】

(1) 标准产品 (WJ/T 9020—1994) (mm)							
钉杆直径 d	全长 L	钉帽直径 D	钉帽高度 h	钉杆直径 d	全长 L	钉帽直径 D	钉帽高度 h
型式代号：G(旧代号 T)				型式代号：G(旧代号 T)			
2.0	20	4.0	1.5	4.5	60,80	9.0	2.0
2.2	20,25,30	4.5	1.5	5.5	100,120	10.5	2.5
2.5	20,25,30,35	5.0	1.5	型式代号：SG(旧代号 ST)			
2.8	20,25,30,35	5.6	1.5				
3.0	25,30,35,40	6.0	2.0	4.0	30,40,50,60	8.0	2.0
3.7	30,35,40,50,60	7.5	2.0	4.8	40,50,60,70,80	9.0	2.0

(2) 市场产品 (mm)									
全长	10	13	15	20	25	30	35	40	45
钉杆直径	1.2	1.6	1.6	1.8	2.2	2.5	2.8	3.2	3.6
全长	50	60	70	80	90	100	110	130	150
钉杆直径	4.0	4.5	5.0	5.5	6.0	6.5	7.0	8.0	9.0

注：1. 钢钉规格：标准产品，以型式代号、钉杆直径×全长表示。例：SG4.8×80——表示直径为 4.8mm、全长为 80mm 丝纹型特种钢钉。市场产品，习惯上以全长表示。
2. 丝纹型钢钉钉杆上压有丝纹条数：SG4 型为 8 条，SG4.8 型为 10 条（参考）。
3. 直径不大于 3mm 钢钉适用于厚度小于 2mm 薄钢板。
4. 钢钉材料为中碳结构钢丝（GB/T 345），硬度为 HRC50～58，剪切强度 $\tau \geqslant 980$MPa，弯曲角度≥60°。
5. 钢钉表面镀锌，镀锌层≥4μm。

3. 扁头圆钢钉

【其他名称】 扁头圆钉、地板钉、木模钉。

【用　　途】 主要用于木模制造、钉地板及家具等需将钉帽埋入木材的场合。

【规　　格】

钉　长(mm)	35	40	50	60	80	90	100
钉杆直径(mm)	2	2.2	2.5	2.8	3.2	3.4	3.8
每千只约重(kg)	0.95	1.18	1.75	2.9	4.7	6.4	8.5

4. 拼合用圆钢钉

【其他名称】 拼钉、榄钉。

【用　　途】 供制造木箱、家具、门扇、农具及其他需要拼合木板时作销钉用。

【规　　格】

钉　长(mm)	25	30	35	40	45	50	60
钉杆直径(mm)	1.6	1.8	2	2.2	2.5	2.8	2.8
每千只约重(kg)	0.36	0.55	0.79	1.08	1.52	2	2.4

5. 骑马钉

【其他名称】 U形钉、止钉。

【用　　途】 主要用于固定金属板网、金属丝网及刺丝或室内外挂线等，也可用于固定捆绑木箱的钢丝。

【规　　格】

钉　长 L(mm)	10	15	20	25	30
钉杆直径 d(mm)	1.6	1.8	2	2.2	2.5
大端宽度 B(mm)	8.5	10	10.5	11	13
小端宽度 b(mm)	7	8	8.5	8.8	10.5
每千只约重(kg)	0.37	0.50	0.89	1.36	2.19

6. 油毡用圆钢钉

【其他名称】 油毛毡钉、大头钉。

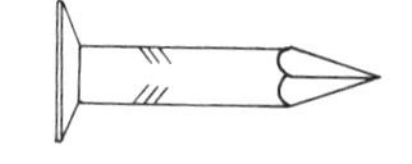

【用　　途】 专用于建筑或修理房屋时钉油毛毡。使用时在钉帽下加油毡垫圈，以防钉孔处漏水。

【规　　格】

钉　长(mm)	15	20	25	30
钉杆直径(mm)	2.5	2.8	3.2	3.4
每千只约重(kg)	0.58	1.0	1.5	2.0

7. 木 螺 钉

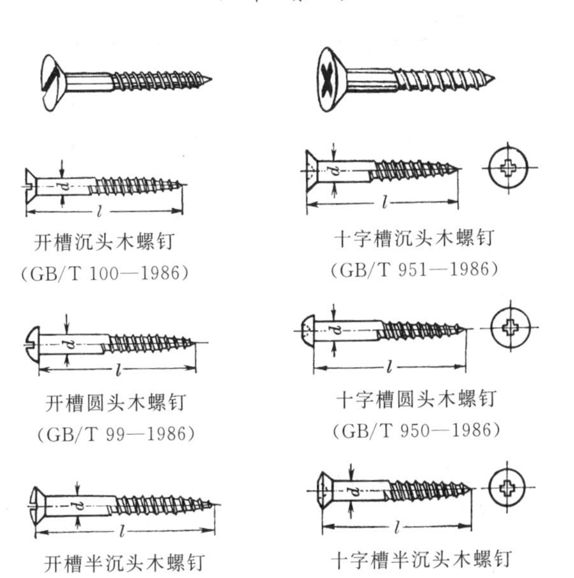

开槽沉头木螺钉
(GB/T 100—1986)

十字槽沉头木螺钉
(GB/T 951—1986)

开槽圆头木螺钉
(GB/T 99—1986)

十字槽圆头木螺钉
(GB/T 950—1986)

开槽半沉头木螺钉
(GB/T 101—1986)

十字槽半沉头木螺钉
(GB/T 952—1986)

【其他名称】 沉头木螺钉——平头木螺丝、木螺丝；
圆头木螺钉——半圆头木螺钉、平圆头木螺钉、圆头木螺丝；
半沉头木螺钉——圆平头木螺丝。

【用　　途】 用以在木质器具上紧固金属零件或其他物品，如铰链、插销、箱扣、门锁等。根据适用和需要，选择适当钉头形式，以沉头木螺钉应用最广。

【规　　格】

（1）米制木螺钉规格(GB/T 99～101、950～952—1986)

直径 d (mm)	开槽木螺钉钉长 l(mm)			十字槽木螺钉	
	沉　　头	圆　　头	半沉头	十字槽号	钉长 l (mm)
1.6	6～12	6～12	6～12	—	—
2	6～16	6～14	6～16	1	6～16
2.5	6～25	6～22	6～25	1	6～25
3	8～30	8～25	8～30	2	8～30
3.5	8～40	8～38	8～40	2	8～40
4	12～70	12～65	12～70	2	12～70
(4.5)	16～85	14～80	16～85	2	16～85
5	18～100	16～90	18～100	2	18～100
(5.5)	25～100	22～90	30～100	3	25～100
6	25～120	22～120	30～120	3	25～120
(7)	40～120	38～120	40～120	3	40～120
8	40～120	38～120	40～120	4	40～120
10	75～120	65～120	70～120	4	70～120

注：1. 钉长系列(mm)：6，8，10，12，14，16，18，20，(22)，25，30，(32)，35，(38)，40，45，50，(55)，60，(65)，70，(75)，80，(85)，90，100，120。

2. 括号内的直径和长度，尽可能不采用。

3. 材料：一般用低碳钢制造，表面滚光或镀锌钝化、镀铬等；也有用黄铜制造，表面滚光。

(2) 号码(英)制木螺钉规格(供出口用)

钉杆直径		钉　长	钉杆直径		钉　长	钉杆直径		钉　长
号码	(mm)	(in)	号码	(mm)	(in)	号码	(mm)	(in)
0	1.52	1/4	6	3.45	1/2～1¼	14	6.30	1¼～4
1	1.78	1/4～3/8	7	3.81	1/2～2	16	7.01	1½～4
2	2.08	1/4～1/2	8	4.17	5/8～2½	18	7.72	1½～4
3	2.39	1/4～3/4	9	4.52	5/8～2½	20	8.43	2～4
4	2.74	3/8～1	10	4.88	1～3	24	9.86	2～4
5	3.10	3/8～1¼	12	5.59	1～4			

注：钉长系列(in)：1/4，3/8，1/2，5/8，3/4，7/8，1，1¼，1½，1¾，2，2¼，2½，3，3½，4。

8. 盘头多线瓦楞螺钉

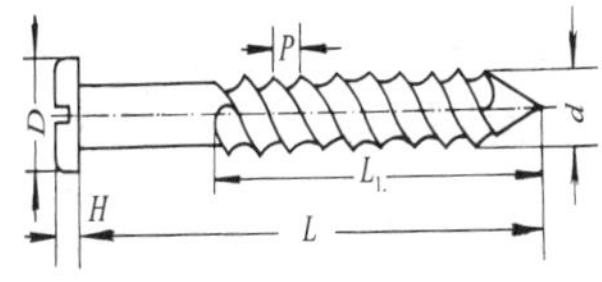

【其他名称】 白铁瓦楞螺钉。

【用　　途】 主要用于把瓦楞钢皮或石棉瓦楞板固定在木质建筑物如屋顶、隔离壁等上。这种螺钉用手锤敲击头部，即可钉入，但旋出时仍需用螺钉旋具。

【规　　格】

主要尺寸(mm)	项目							其他
	公称直径 d	6						钉头直径 D:9 钉头厚度 H:3 螺　　距 P:4
	钉杆长度 L	50	60	65	75	80	100	
	螺纹长度 L_1	35	42	46	52	60	70	
	公称直径 d	7						钉头直径 D:11 钉头厚度 H:3.2 螺　　距 P:5
	钉杆长度 L	50	60	65	75	80	100	
	螺纹长度 L_1	35	42	46	52	60	70	

注：螺钉表面应全部镀锌钝化。

9. 瓦 楞 钩 钉

【用　　途】专用于将瓦楞钢板或石棉板固定于屋梁或壁柱上，一般须与瓦楞垫圈和羊毛毡垫圈配用。

【规　　格】钩钉直径(mm)：6；
螺纹长度(mm)：45；
钩钉长度(mm)：80，100，120，140，160。

10. 瓦楞垫圈及羊毛毡垫圈

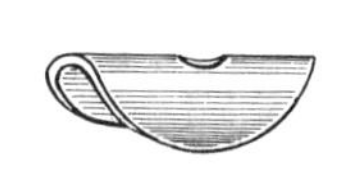

瓦楞垫圈

羊毛毡垫圈

【用　　途】瓦楞垫圈用于衬垫在瓦楞钩钉等钉头下面，可增大钉头支承面积，降低钉头作用在瓦楞钢皮或石棉瓦楞板上的压力。羊毛毡垫圈用于衬垫在瓦楞垫圈下面，可起密封作用，防止雨水渗漏。

【规　　格】

品　　名	公称直径(mm)	内　径(mm)	外　径(mm)	厚　度(mm)
瓦楞垫圈	7	7	32	1.5
羊毛毡垫圈	6	6	30	3.2,4.8,6.4

11. 瓦楞钉

【用　　途】专用于固定屋面上的瓦楞铁皮、石棉瓦。使用时，须加垫羊毛毡垫圈和瓦楞垫圈，以免漏雨或钉裂石棉瓦。

【规　　格】

钉身直径(mm)	钉帽直径(mm)	长度(除帽,mm)			
		38	44.5	50.8	63.5
		每千只约重(kg)			
3.73	20	6.30	6.75	7.35	8.35
3.37	20	5.58	6.01	6.44	7.30
3.02	18	4.53	4.90	5.25	6.17
2.74	18	3.74	4.03	4.32	4.90
2.38	14	2.30	2.38	2.46	—

12. 鞋　　钉(QB/T 1559—1992)

【其他名称】秋皮钉、芝麻钉。

【用　　途】用于鞋、体育用品、玩具、农具、木制家具等的制作和维修。

【规　　格】

规格(全长)(mm)		10	13	16	19	22	25
钉帽直径(mm)≥	普通型P	3.10	3.40	3.90	4.40	4.70	4.90
	重　型Z	4.50	5.20	5.90	6.10	6.60	7.00
钉帽厚度(mm)≥	普通型P	0.24	0.30	0.34	0.40	0.44	0.44
	重　型Z	0.30	0.34	0.38	0.40	0.44	0.44
钉杆末端宽度(mm)≤	普通型P	0.74	0.84	0.94	1.04	1.14	1.24
	重　型Z	1.04	1.10	1.20	1.30	1.40	1.50
钉尖角度(°)≤	P、Z	28	28	28	30	30	30
每千只重量(g)≈	普通型P	91	152	244	345	435	526
	重　型Z	156	238	345	476	625	769
每100g只数≈	普通型P	1100	660	410	290	230	190
	重　型Z	640	420	290	210	160	130

13. 平杆型鞋钉

【其他名称】　沙发钉、方杆鞋钉、平杆钉。

【用　　途】　用于钉制沙发、软坐垫等，特点是钉帽大、钉身粗、连接牢固。

【规　　格】

全　长(mm)	10	13	16	19	25
钉帽直径(mm)	4	4.5	5	5.5	6
钉帽厚度(mm)≥	0.25	0.30	0.35	0.40	0.40
钉身末端宽度(mm)≤	0.80	0.90	0.95	1.05	1.15
钉尖角度(°)≈	30	30	30	35	35
每千只约重(g)	102	185	333	455	556
每kg只数	9800	5400	3000	2200	1800

14. 鱼尾钉

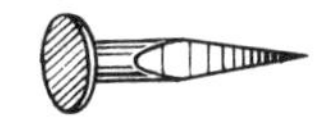

【其他名称】 三角钉。

【用　　途】 用于制造沙发、软坐垫、鞋、帐篷、纺织品、皮革箱具、面粉筛、玩具、小型农具等，特点是钉尖锋利、连接牢固，以薄型应用较广。

【规　　格】

种类	薄型(A型)					厚型(B型)					
全长(mm)	6	8	10	13	16	10	13	16	19	22	25
钉帽直径(mm)≥	2.2	2.5	2.6	2.7	3.1	3.7	4	4.2	4.5	5	5
钉帽厚度(mm)≥	0.2	0.25	0.30	0.35	0.40	0.45	0.50	0.55	0.60	0.65	0.65
卡颈尺寸(mm)≥	0.80	1.0	1.15	1.25	1.35	1.50	1.60	1.70	1.80	2.0	2.0
每千只约重(g)	44	69	83	122	180	132	278	357	480	606	800
每kg只数	22700	14400	12000	8200	5550	7600	3600	2800	2100	1650	1250

注：卡颈尺寸指近钉头处钉身的椭圆形断面短轴直径尺寸。

15. 鞋跟用圆钢钉

【其他名称】 橡皮钉、鞋跟钉。

【用　　途】 钉皮鞋跟用。

【规　　格】

长度(mm)	钉杆直径(mm)	钉帽直径(mm)	每千只约重(kg)
20	2.1	3.9	0.55
22	2.1	3.9	0.58

16. 磨胎钉

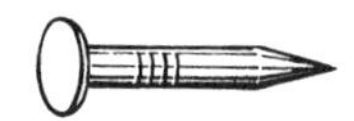

【用　　途】 主要用于汽车轮胎翻修,作轮胎粘合面拉毛、抛平用。

【规　　格】 钉身长度(除帽)×钉身直径(mm):
14.5×2.7;14.5×3.0。

17. 钢板网(QB/T 2959—2008)

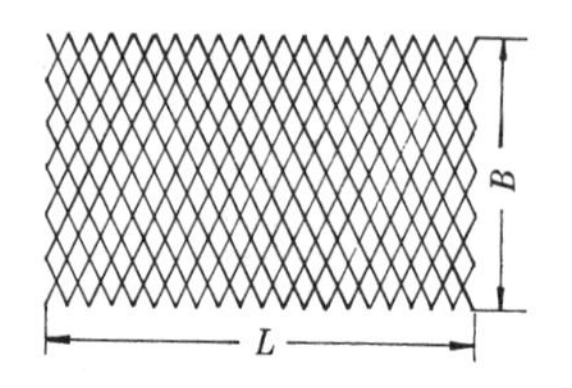

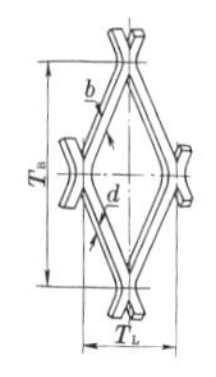

T_L—短节距; T_B—长节距; d—板厚;
b—丝梗宽; B—网面宽; L—网面长

【用　　途】按不同的网格、网面尺寸，分别可用作混凝土钢筋，门窗防护层，养鸡场等的隔离网，机械设备的防护罩，工厂、仓库、工地等的隔离网，工业过滤设备，水泥船基体以及轮船、电站、码头、大型机械设备上用的平台、踏板等。

【规　　格】

<table>
<tr><th rowspan="2">d</th><th colspan="3">网格尺寸</th><th colspan="2">网面尺寸</th><th rowspan="3">钢板网理论重量 (kg/m²)</th></tr>
<tr><th>T_L</th><th>T_B</th><th>b</th><th>B</th><th>L</th></tr>
<tr><th colspan="6">(mm)</th></tr>
<tr><td rowspan="2">0.3</td><td>2</td><td>3</td><td>0.3</td><td>100～500</td><td rowspan="6">—</td><td>0.71</td></tr>
<tr><td>3</td><td>4.5</td><td>0.4</td><td rowspan="3">500</td><td>0.63</td></tr>
<tr><td rowspan="2">0.4</td><td>2</td><td>3</td><td>0.4</td><td>1.26</td></tr>
<tr><td>3</td><td>4.5</td><td>0.5</td><td>1.05</td></tr>
<tr><td rowspan="3">0.5</td><td>2.5</td><td>4.5</td><td>0.5</td><td>500</td><td>1.57</td></tr>
<tr><td>5</td><td>12.5</td><td>1.11</td><td>1000</td><td>1.74</td></tr>
<tr><td>10</td><td>25</td><td>0.96</td><td>2000</td><td>600～4000</td><td>0.75</td></tr>
<tr><td rowspan="3">0.8</td><td>8</td><td>16</td><td>0.8</td><td rowspan="2">1000</td><td rowspan="3">600～5000</td><td>1.26</td></tr>
<tr><td>10</td><td>20</td><td>1.0</td><td>1.26</td></tr>
<tr><td>10</td><td>25</td><td>0.96</td><td rowspan="12">2000</td><td>1.21</td></tr>
<tr><td rowspan="2">1.0</td><td>10</td><td>25</td><td>1.10</td><td>600～5000</td><td>1.73</td></tr>
<tr><td>15</td><td>40</td><td>1.68</td><td rowspan="10">4000～5000</td><td>1.76</td></tr>
<tr><td rowspan="3">1.2</td><td>10</td><td>25</td><td>1.13</td><td>2.13</td></tr>
<tr><td>15</td><td>30</td><td>1.35</td><td>1.7</td></tr>
<tr><td>15</td><td>40</td><td>1.68</td><td>2.11</td></tr>
<tr><td rowspan="3">1.5</td><td>15</td><td>40</td><td>1.69</td><td>2.65</td></tr>
<tr><td>18</td><td>50</td><td>2.03</td><td>2.66</td></tr>
<tr><td>24</td><td>60</td><td>2.47</td><td>2.42</td></tr>
<tr><td rowspan="3">2.0</td><td>12</td><td>25</td><td>2</td><td>5.23</td></tr>
<tr><td>18</td><td>50</td><td>2.03</td><td>3.54</td></tr>
<tr><td>24</td><td>60</td><td>2.47</td><td>3.23</td></tr>
</table>

(续)

d	网格尺寸			网面尺寸		钢板网理论重量 (kg/m²)
	T_L	T_B	b	B	L	
(mm)						
3.0	24	60	3.0	2000	4800～5000	5.89
	40	100	4.05		3000～3500	4.77
	46	120	4.95		5600～6000	5.07
	55	150	4.99		3300～3500	4.27
4.0	24	60	4.5		3200～3500	11.77
	32	80	5.0		3350～4000	9.81
	40	100	6.0		4000～4500	9.42
5.0	24	60	6.0		2400～3000	19.62
	32	80	6.0		3200～3500	14.72
	40	100	6.0		4000～4500	11.78
	56	150	6.0		5600～6000	8.41
6.0	24	60	6.0		2900～3500	23.55
	32	80	7.0		3300～3500	20.60
	40	100			4150～4500	16.49
	56	150			5800～6000	11.77
8.0	40	100	8.0		3650～4000	25.12
			9.0		3250～3500	28.26
	60	150			4850～5000	18.84
10.0	45	100	10.0	1000	4000	34.89

注：0.3～0.5一般长度为卷网，钢板网长度根据市场可供钢板作调整。

18. 铝板网

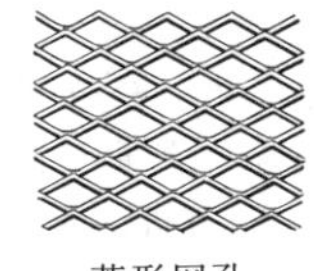

菱形网孔

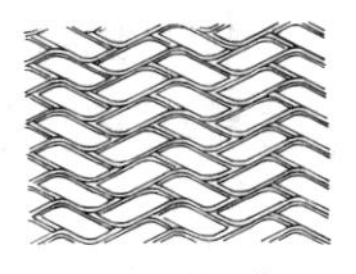

人字形网孔

【用　　途】 仪器、仪表、设备上作通风、防护和装饰用，也可作过滤器材。

【规　　格】

d	网格尺寸			网面尺寸		铝板网理论重量(kg/m^2)
	T_L	T_B	b	B	L	
(mm)						
菱形网孔铝板网						
0.4	2.3	6	0.7	200～500	500 650 1000	0.657
0.5	2.3	6	0.7			0.822
	3.2	8	0.8			0.675
	5.0	12.5	1.1			0.594
1.0	5.0	12.5	1.1	1000	2000	1.188
人字形网孔铝板网						
0.4	1.7	6	0.5	200～500	500 650 1000	0.635
	2.2	8	0.5			0.491
0.5	1.7	6	0.5			0.794
	2.2	8	0.6			0.736
	3.5	12.5	0.8			0.617
1.0	3.5	12.5	1.1	1000	2000	1.697

注：尺寸代号 T_L、T_B、d、b、B、L 的意义见第1266页钢板网图注。

19. 窗　　纱

【其他名称】 绿铁丝布、绿窗纱。

【用　　途】 用以制作纱窗、纱门、菜橱、菜罩、蝇拍、捕虫器等。塑料窗纱也可用作过滤器材，但工作温度不宜超过50℃。

【规　　格】

品　　种		每25.4mm目数		孔　距(mm)		宽度×长度(m)		
						1×25	1×30	0.914×30.48
		经向	纬向	经向	纬向	每匹约重(kg)		
金属丝编织涂漆、涂塑、镀锌窗纱(QB/T 3882—1999)		14	14	1.8	1.8	10.5	12.5	11.5
		16	16	1.6	1.6	12	14	13
		18	18	1.4	1.4	13	15	14.5
		14*	16	1.8	1.6	11	13	12
玻璃纤维涂塑窗　纱	5112	14	14	1.8	1.8	3.9～4.1		
	5116	16	16	1.6	1.6	4.3～4.5		
塑料窗纱(聚乙烯)		16	16	1.6	1.6	—	3.9	—

注：按QB/T 3882—1999规定，涂漆(镀锌、涂塑)窗纱的制造材料，主要为低碳钢丝(牌号一般为Q195F；直径0.25mm)，也有的用铝合金丝(牌号一般为5052，旧牌号为LF2；直径0.28mm)；其规格还有宽度1.2m、长度15m规格；* 表中14×16(目)是非标准产品。

20. 普通平板玻璃(GB/T 11614—2009)

【其他名称】 平板玻璃、玻璃。

【用　　途】 主要用于建筑物的门窗上，还广泛用于家具、制镜、仪表、设备、交通工具及农业生产上的阳畦、温室等方面。

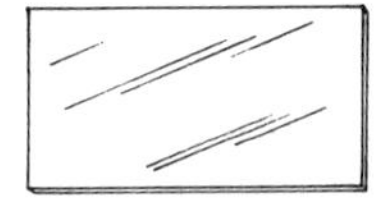

【规　　格】

(1) 普通平板玻璃的尺寸范围(mm)					
厚度	2	3	4	5	6
长度	400～1300	500～1800	600～2000	600～2600	600～2600
宽度	300～900	300～1200	400～1200	400～1800	400～1800

(2) 普通平板玻璃的常见规格(mm)					
长度×宽度	厚度	长度×宽度	厚度	长度×宽度	厚度
900×600	2,3	1200×800	2,3,4	1500×1000	3,4,5,6
1000×600	2,3	1200×900	2,3,4,5	1500×1200	4,5,6
1000×800	3,4	1200×1000	3,4,5,6	1800×900	4,5,6
1000×900	2,3,4	1250×1000	3,4,5	1800×1000	4,5,6
1100×600	2,3	1300×900	3,4,5	1800×1200	4,5,6
1100×900	3	1300×1000	3,4,5	1800×1350	5,6
1100×1000	3	1300×1200	4,5	2000×1200	5,6
1150×950	3	1350×900	5,6	2000×1300	5,6
1200×500	2,3	1400×1000	3,5	2000×1500	5,6
1200×600	2,3,5	1500×750	3,4,5	2400×1200	5,6
1200×700	2,3	1500×900	3,4,5,6		

注：除常用规格外，平板玻璃另有公称厚度为 8，10，12，15，19，22，25mm 等规格。

第二十四章　门窗及家具配件

1. 合　　页

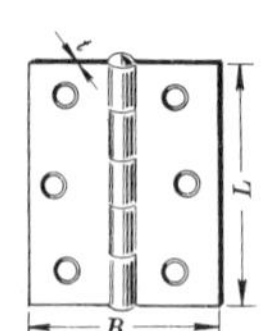

(1) 普通型合页(QB/T 3874—1999)

【其他名称】 普通型铰链、厚铁铰链、铁铰链、铰链。

【用　　途】 主要用作木质门扇(或窗扇、箱盖等)与门框(或窗框、箱体等)之间的连接件，并使门扇能围绕合页的芯轴转动和启合。

【规　　格】

规格(mm)	页片尺寸(mm)				配用木螺钉(参考)	
	长度 L		宽度 B	厚度 t	直径×长度(mm)	数目
	Ⅰ组	Ⅱ组				
25	25	25	24	1.05	2.5×12	4
38	38	38	31	1.20	3×16	4
50	50	51	38	1.25	3×20	4
65	65	64	42	1.35	3×25	6
75	75	76	50	1.6	4×30	6
90	90	89	55	1.6	4×35	6
100	100	102	71	1.8	4×40	8
125	125	127	82	2.1	5×45	8
150	150	152	104	2.5	5×50	8

注：1. Ⅱ组合页供出口用。

2. 合页材料为低碳钢，表面滚光或镀锌(铬、黄铜等)；也有采用黄铜、不锈钢，表面滚光。

(2) 抽芯型合页(QB/T 3876—1999)

【其他名称】 抽芯铰链、穿心铰链。

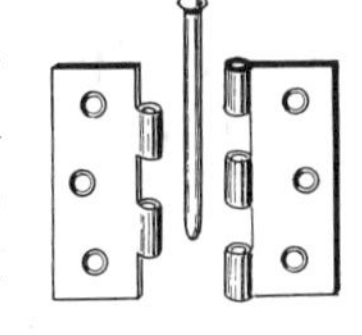

【用　　途】 与普通型合页相似，但合页的芯轴可以自由抽出，抽出后即使两页片分离，也就使门扇(窗扇)与门框(窗框)分离，主要用于需要经常拆卸的门、窗上。

【规　　格】 38～100mm，页片尺寸及配用木螺钉与“(1)普通型合页”相同。合页材料为低碳钢，表面滚光。

(3) 轻型合页(QB/T 3875—1999)

【其他名称】 薄合页、轻型铰链、薄铰链。

【用　　途】 与普通型合页相似，但页片窄而薄，主要用于轻便门、窗及家具上。

【规　　格】

规格(mm)	页片尺寸(mm)				配用木螺钉(参考)	
	长度 L		宽度 B	厚度 t	直径×长度(mm)	数目
	Ⅰ组	Ⅱ组				
20	20	19	16	0.60	1.6×8	4
25	25	25	18	0.70	2×10	4
32	32	32	22	0.75	2.5×10	4
38	38	38	26	0.80	2.5×10	4
50	50	51	33	1.00	3×12	4
65	65	64	33	1.05	3×16	6
75	75	76	40	1.05	3×18	6
90	90	89	48	1.15	3×20	6
100	100	102	52	1.25	3×25	8

注：合页的组别说明及材料，参见“(1)普通型合页”的注。

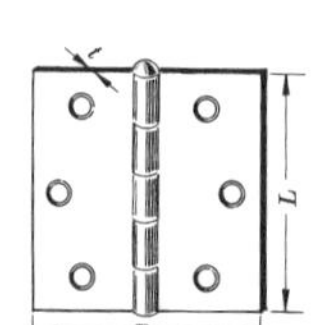

(4) 方抽芯型合页

【其他名称】 方抽芯铰链。

【用　　途】 与抽芯型合页相似，但页片宽而厚，多用于较大的门、窗上。

【规　　格】

规　格 (mm)	页片尺寸(mm)			配用木螺钉(参考)	
	长度 L	宽度 B	厚度 t	直径×长度(mm)	数目
65	64	64	1.8	4×25	6
75	76	76	2.0	4×30	6
90	89	89	2.1	4×35	6
100	102	102	2.2	5×40	8

注：合页材料参见“(1)普通型合页”的注。

(5) 尼龙垫圈合页

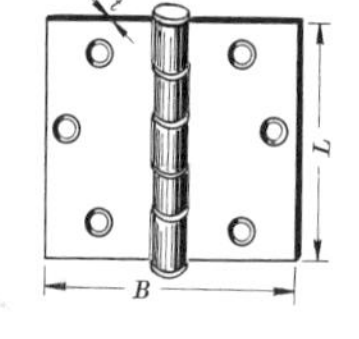

【其他名称】 无声合页、无声铰链、尼龙垫圈铰链。

【用　　途】 与普通型合页相似，但页片一般较宽且厚，两页片管脚之间衬以尼龙垫圈，使门扇转动轻便、灵活，而且无摩擦噪声，合页材料为低碳钢，表面都有镀(涂)层，比较美观，多用于比较高档建筑物的房门上。

【规　　格】

产地	规　格 (mm)	页片尺寸(mm)			配用木螺钉(参考)	
		长度 L	宽度 B	厚度 t	直径×长度(mm)	数目
上海	102×76	102	76	2.0	5×25	8
	102×102	102	102	2.2	5×25	8
扬州	75×75	75	75	2.0	5×20	6
	89×89	89	89	2.5	5×25	8
	102×75	102	75	2.0	5×25	8
	102×102	102	102	3.0	5×25	8
	114×102	114	102	3.0	5×30	8

(6) 轴 承 合 页

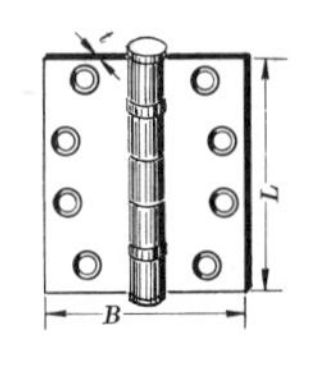

【其他名称】 轴承铰链。

【用　　途】 与尼龙垫圈合页相似，但两管脚之间衬以滚动轴承，使门扇转动时轻便、灵活，多用于重型门扇上。

【规　　格】

产地	规格(mm)	页片尺寸(mm)			配用木螺钉(参考)	
		长度 L	宽度 B	厚度 t	直径×长度(mm)	数目
上海	114×98 114×114 200×140	114 114 200	98 114 140	3.5 3.5 4.0	6×30 6×30 6×30	8 8 8
扬州	102×102 114×102 114×114 127×114	102 114 114 127	102 102 114 114	3.2 3.3 3.3 3.7	6×30 6×30 6×30 6×30	8 8 8 8

注：合页材料一般为低碳钢，表面镀黄铜(或古铜、铬)、喷塑、涂漆；也有采用不锈钢，表面滚光。

(7) 双 袖 型 合 页(QB/T 3879—1999)

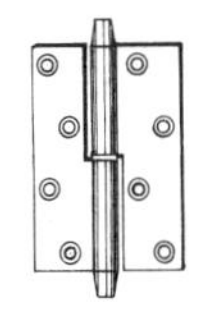

双袖Ⅰ型(左合页)

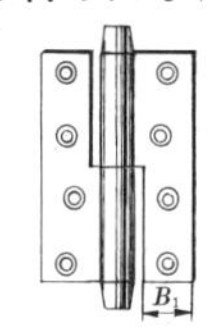

双袖Ⅱ型(左合页)

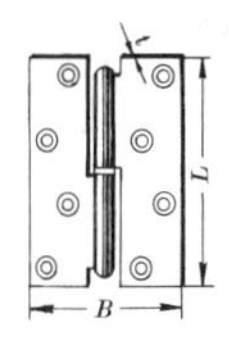

双袖Ⅲ型(左合页)

【其他名称】 双袖铰链。

【用　　途】 合页的芯轴与合页的下管脚轴孔之间是过盈配合，与合页的上管脚轴孔之间是间隙配合，主要用于需要经常脱卸的门、窗上。每种型式又分左合页、右合页两种，分别适用于左内开门和右内开门上；如用于左、右外开门上时，则反之，即左合页用于右外开门上。

【规　　格】

规　格(长度)L	页片尺寸(mm)									配用木螺钉(参考)	
	宽度 B			单页宽度 B_1			厚度 t			直径×长度(mm)	数目
	Ⅰ型	Ⅱ型	Ⅲ型	Ⅰ型	Ⅱ型	Ⅲ型	Ⅰ型	Ⅱ型	Ⅲ型		
65	—	55	—	—	16	—	—	1.6	—	3×25	6
75	60	60	50	23	17	18	1.5	1.6	1.5	3×30	6
90	—	65	—	—	18	—	—	2.0	—	3×35	8
100	70	70	67	28	20	26	1.5	2.0	1.5	3×40	8
125	85	85	83	33	25	33	1.8	2.2	1.8	4×45	8
150	95	95	100	38	30	40	2.0	2.2	2.0	4×50	8

注：合页材料一般为低碳钢，表面滚光或镀锌(铬)。

(8) H 形合页(QB/T 3877—1999)

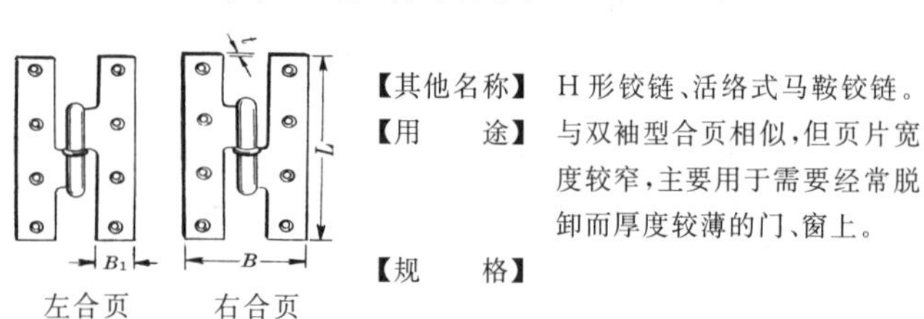

左合页　　右合页

【其他名称】 H 形铰链、活络式马鞍铰链。

【用　　途】 与双袖型合页相似，但页片宽度较窄，主要用于需要经常脱卸而厚度较薄的门、窗上。

【规　　格】

规　格(mm)	页片尺寸(mm)				配用木螺钉(参考)	
	长度 L	宽度 B	单页宽 B_1	厚度 t	直径×长度(mm)	数目
80×50	80	50	14	2.0	4×25	6
95×55	95	55	14	2.0	4×25	6
110×55	110	55	15	2.0	4×30	6
140×60	140	60	15	2.5	4×40	8

注：合页材料为低碳钢，表面滚光(芯轴表面镀黄铜)或镀锌(铬)。

(9) 脱 卸 合 页

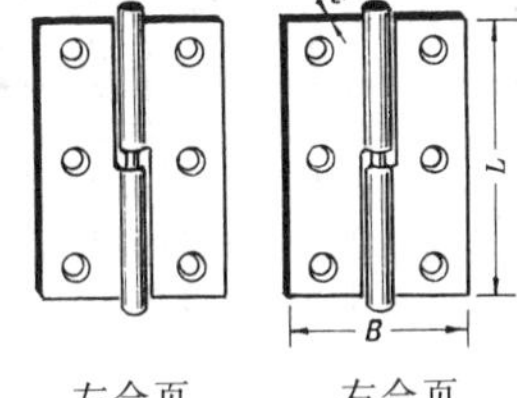

左合页　　右合页

【其他名称】 脱卸铰链。

【用　　途】 与双袖Ⅰ型合页相似，但页片较窄而薄，并且多为小规格，主要用于需要脱卸轻便的门、窗及家具上。

【规　　格】

规　格 (mm)	页片尺寸(mm)			配用木螺钉(参考)	
	长度 L	宽度 B	厚度 t	直径×长度(mm)	数目
50	50	39	1.2	3×20	4
65	65	44	1.2	3×25	6
75	75	50	1.5	3×30	6

注：合页材料为低碳钢，表面镀锌或黄铜。

(10) T 形 合 页(QB/T 3878—1999)

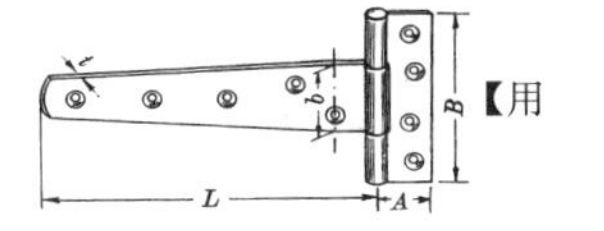

【其他名称】 T形铰链、单页尖尾铰链、单页帐篷铰链、长脚铰链。

【用　　途】 用作较大门扇或较重箱盖及遮阳帐篷架等与门框、箱体等之间的连接件，并使门扇、箱盖等能围绕合页芯轴转动和启合。

【规　　格】

规格(mm)	页片尺寸(mm)						配用木螺钉(参考)	
	长页长 L		长页宽 b	短页长 B	短页宽 A	厚度 t	直径×长度(mm)	数目
	Ⅰ组	Ⅱ组						
75	75	76	26	63.5	20	1.35	3×25	6
100	100	102	26	63.5	20	1.35	3×2	6
125	127	127	28	70	22	1.52	4×30	7
150	150	152	28	70	22	1.52	4×30	7
200	200	203	32	73	24	1.80	4×35	7
250*	250	254	35	82.5	25	1.80	4.5×40	8
300*	300	305	41	98.5	26	2.00	5×50	9

注：1. 带 * 符号的为市场产品，Ⅱ组主要供应出口。
2. 合页材料为低碳钢，表面滚光。

(11) 自 关 合 页

【其他名称】 自关铰链。

【用　　途】 使门扇开启后能自动关闭。适用于需要经常关闭的门扇上，但门扇顶部与门框之间应留出一个间隙(大于“升高 a”)。有左、右合页之分，分别适用于左内开门和右内开门上，如用于左、右外开门上时，则反之。

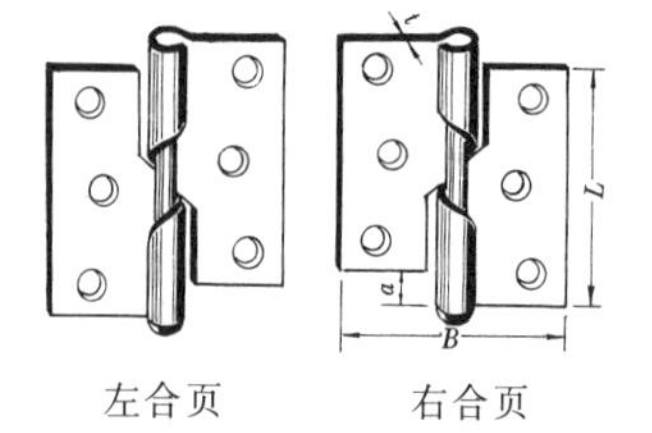

左合页　　右合页

【规　　格】

规格(mm)	页片尺寸(mm)				配用木螺钉(参考)	
	长度 L	宽度 B	厚度 t	升高 a	直径×长度(mm)	数目
75	75	70	2.7	12	4.5×30	6
100	100	80	3.0	13	4.5×40	8

注：合页材料为低碳钢，表面滚光。

(12) 扇形合页

【其他名称】 扇形铰链。

【用　　途】 与抽芯型合页相似，但两页片尺寸不同，而且页片较厚，主要用作木质门扇与钢质（或水泥）门框之间的连接件（大页片与门扇连接，小页片与门框连接）。

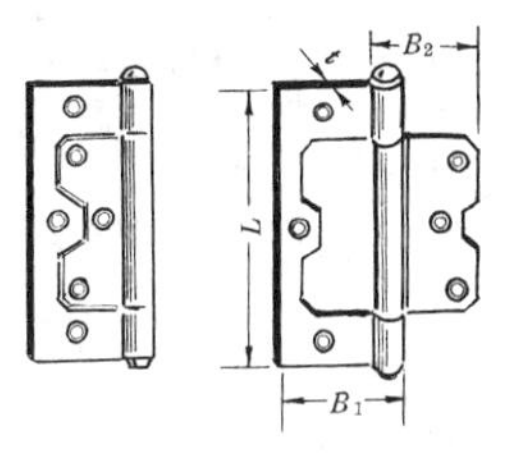

【规　　格】

规格(mm)	页片尺寸(mm)				配用木螺钉/沉头螺钉（参考）	
	长度 L	宽度 B_1	宽度 B_2	厚度 t	直径×长度(mm)	数目
75	75	48.0	40.0	2.0	4.5×25/M5×10	3/3
100	100	48.5	40.5	2.5	4.5×25/M5×10	3/3

注：合页材料为低碳钢，表面滚光。

(13) 弹簧合页(QB/T 1738—1993)

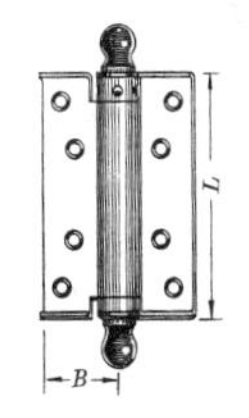

单弹簧合页

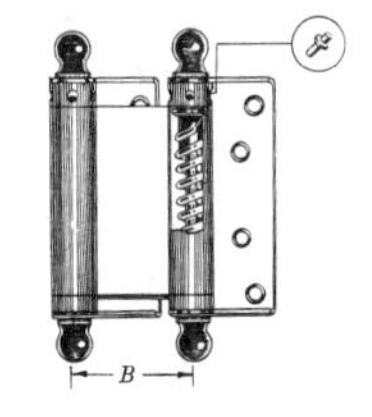

双弹簧合页

【其他名称】 弹簧铰链、自由铰链。

【用　　途】 用于进出比较频繁的门扇上，其特点是使门扇在开启后能自行关闭。单弹簧合页适用于只向内或向外一个方向开启的门扇上，双弹簧合页适用于向内或向外两个方向开启的门扇上。

【规　　格】 弹簧合页代号:TY。

品种	1. 按结构分:单弹簧合页(代号 D)、双弹簧合页(代号 S) 2. 按页片长度分:Ⅰ型和Ⅱ型,推荐采用Ⅱ型 3. 按页片材料分:普通碳素钢制(代号 P)、不锈钢制(代号 B)、铜合金制(代号 T) 4. 按表面处理分:涂漆(代号 Q)、涂塑(代号 S)、电镀锌(代号 D)、不处理(无代号,不推荐采用)

规格(mm)	页片材料尺寸(mm)					配用木螺钉(参考)	
	长度 L		宽度 B		页片厚度 t	直径×长度(mm)	数目
	Ⅱ型	Ⅰ型	单弹簧	双弹簧			
75	75	76	36	48	1.8	3.5×25	8
100	100	102	39	56	1.8	3.5×25	8
125	125	127	45	64	2.0	4×30	8
150	150	152	50	64	2.0	4×30	10
200	200	203	71	95	2.4	4×40	10
250	250	254	—	95	2.4	5×50	10

(14) 蝴蝶合页

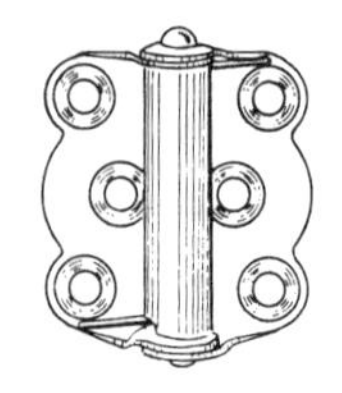

【其他名称】 蝴蝶铰链、纱窗铰链、蝴蝶弹簧铰链。

【用　　途】 与单弹簧合页相似,多用于纱窗以及公共厕所、医院病房等的半截门上。

【规　　格】

规格(mm)	页片尺寸(mm)			配用木螺钉(参考)	
	长度	宽度	厚度	直径×长度(mm)	数目
70	70	72	1.2	4×30	6

注:页片材料为低碳钢,表面涂漆或镀锌。

(15) 翻窗合页

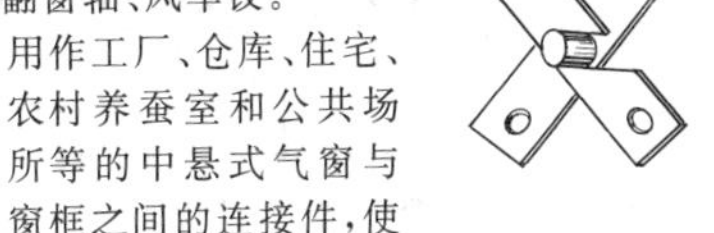
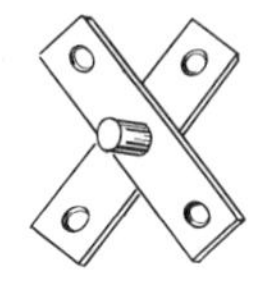

【其他名称】 天窗铰链、翻窗铰链、翻窗轴、风车铰。

【用　　途】 用作工厂、仓库、住宅、农村养蚕室和公共场所等的中悬式气窗与窗框之间的连接件，使气窗能围绕合页的芯轴旋转和启合。

【规　　格】 每副合页由图示4个零件组成。

页片尺寸(mm)			芯轴(mm)		每副配用木螺钉(mm)(参考)	
长　度	宽　度	厚　度	直　径	长　度	直径×长度	数　目
50 65，75 90，100	19.5 19.5 19.5	2.7 2.7 3.0	9 9 9	12 12 12	4×18 4×20 4×25	8 8 8

注：合页材料为低碳钢，表面涂漆。

(16) 暗合页

【其他名称】 暗铰链、百叶铰链。

【用　　途】 一般装于屏风、橱门等上，以便转动开合用，其特点是在屏风展开、橱门关闭时看不见合页。

【规　　格】 长度(mm)：40，70，90。

(17) 台合页

【其他名称】 台铰链。

【用　　途】 装置于能折叠的台板上，如折叠的圆台面、沙发、学校用活动课桌的桌面等。

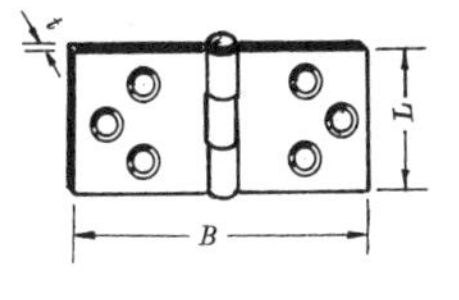

【规　　格】

页片尺寸(mm)			配用木螺钉(参考)	
规格(长度 L)	宽度 B	厚度 t	直径×长度(mm)	数目
34 38	80 136	1.2 2.0	3×16 3.5×25	6 6

注：合页材料为低碳钢，表面镀锌、涂漆或滚光。

(18) 门 头 合 页

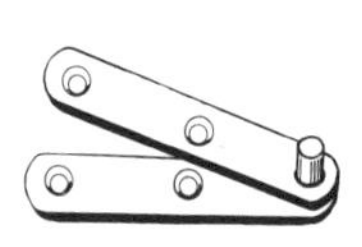

【其他名称】 门头铰链。

【用　　途】 一般用于橱门上，门关上时合页不外露，可保持门扇美观。

【规　　格】 页片尺寸(mm)：长 70×宽15×厚 3。配用木螺钉(参考)：直径×长度(mm)：3×16，4 只。合页材料为低碳钢，表面镀锌。

(19) 自弹杯状暗合页

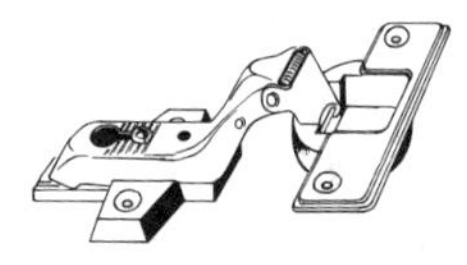

自弹杯状暗合页(直臂式)

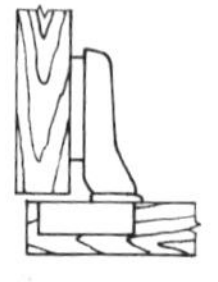

全遮盖式橱门用
(直臂式暗合页)

半遮盖式橱门用
(曲臂式暗合页)

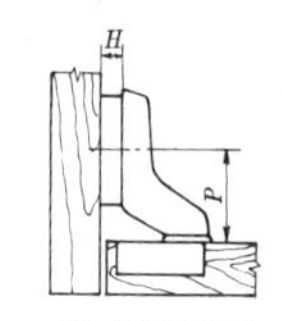

嵌式橱门用
(大曲臂式暗合页)

暗合页应用示意图

【其他名称】 自弹杯状暗铰链、杯状暗铰链。

【用　　途】 主要用作板式家具的橱门与橱壁之间的连接件。其特点是利用弹簧弹力,开启时,橱门立即旋转到90°位置;关闭时,橱门不会自行开启,合页也不外露。安装合页时,可以很方便地调整橱门与橱壁之间相对位置,使之端正、整齐。由带底座的合页和基座两部分组成。基座装在橱壁上,带底座的合页装在橱门上。直臂式适用于橱门全部遮盖住橱壁的场合;曲臂式(小曲臂式)适用于橱门半盖遮住橱壁的场合;大曲臂式适用于橱门嵌在橱壁内的场合。

【规　　格】

带底座的合页(mm)				基　　座(mm)				
型式	底座直径	合页总长	合页总宽	型式	中心距 P	底板厚 H	基座总长	基座总宽
直臂式	35	95	66	V型	28	4	42	45
曲臂式	35	90	66					
大曲臂式	35	93	66	K型	28	4	42	45

注:合页臂材料为低碳钢(表面镀铬);底座及基座材料有尼龙(白色、棕色)和低碳钢(表面镀铬两种)。

2. 插　　销

(1) 钢插销(QB/T 2032—1994)

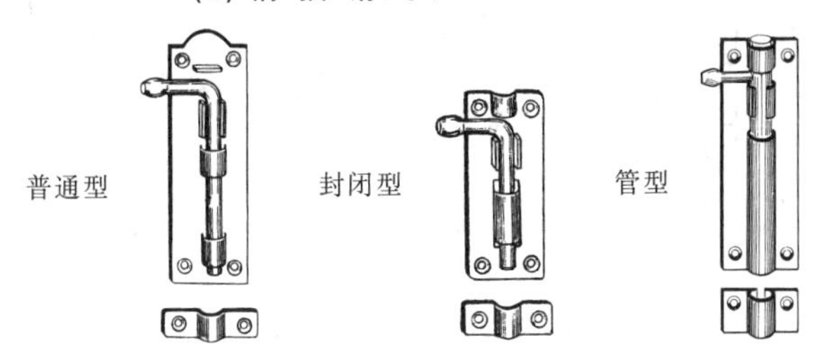

【其他名称】 插销、铁插销。

【用　　途】 用以固定关闭后的门窗。管型插销特别适用于框架较狭的门窗上。

【规　　格】

规格 (mm)	插板长度 (mm)	插板宽度(mm)			插板厚度(mm)			配用木螺钉,直径×长度(mm)			
		普通	封闭	管型	普通	封闭	管型	普通	封闭	管型	数目
40	40	—	25	23	—	1.0	1.0	—	3×12	3×12	6
50	50	—	25	23	—	1.0	1.0	—	3×12	3×12	6
65	65	25	25	23	1.0	1.0	1.0	3×12	3×12	3×12	6
75	75	25	29	23	1.0	1.0	1.0	3×16	3.5×16	3×14	6
100	100	28	29	26	1.0	1.0	1.0	3×16	3.5×16	3.5×16	6
125	125	28	29	26	1.2	1.2	1.2	3×16	3.5×16	3.5×16	8
150	150	28	29	26	1.2	1.2	1.2	3×18	3.5×18	3.5×16	8
200	200	28	36	—	1.2	1.2	—	3×18	4×18	—	8
250	250	28	—	—	1.2	—	—	3×18	—	—	8
300	300	28	—	—	1.2	—	—	3×18	—	—	8
350	350	32	—	—	1.2	—	—	3×20	—	—	10
400	400	32	—	—	1.2	—	—	3×20	—	—	10
450	450	32	—	—	1.2	—	—	3×20	—	—	10
500	500	32	—	—	1.2	—	—	3×20	—	—	10
550	550	32	—	—	1.2	—	—	3×20	—	—	10
600	600	32	—	—	1.2	—	—	3×20	—	—	10

注：封闭型(代号 F)按外形分 FⅠ、FⅡ、FⅢ型。表列为封闭 FⅡ型规格。封闭 FⅠ型规格(mm)为 40～600,其中 250～300, 350～600 的插板长度分别为 150, 200,并加配一插节。封闭 FⅢ型规格(mm)为 75～200 的插板宽度为33～40;规格为<75 的基本尺寸,参照 FⅡ型。材料为低碳钢;插板、插座、插节表面一般涂漆,插杆表面一般镀镍。

(2) 蝴蝶Ⅰ型钢插销(QB/T 2032—1994)

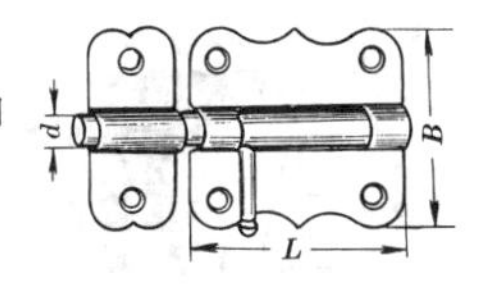

【其他名称】 蝴蝶插销、门用横插销。

【用　　途】 与钢插销相同,最适宜作横向闩门之用。

【规　　格】

规格(mm)	插板尺寸(mm)			插杆直径 d (mm)	配用木螺钉(参考)	
	长度 L	宽度 B	厚度 h		直径×长度(mm)	数目
40	40	35	1.2	7	3.5×18	6
50	50	44	1.2	8	3.5×18	6

注:制造材料及表面情况,与"(1)钢插销"同。

(3) 暗 插 销

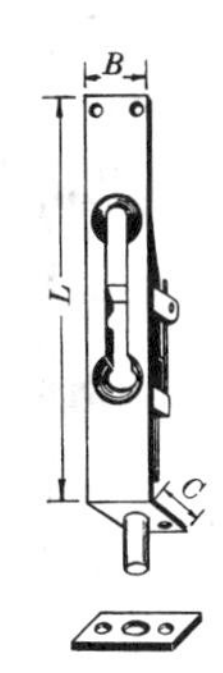

【其他名称】 门边销、带扳手暗插销。

【用　　途】 装置在双扇门的一扇门上,用于固定关闭该扇门。插销嵌装在该扇门的侧面。其特点是该双扇门关闭后,插销不外露。

【规　　格】 铝合金制。

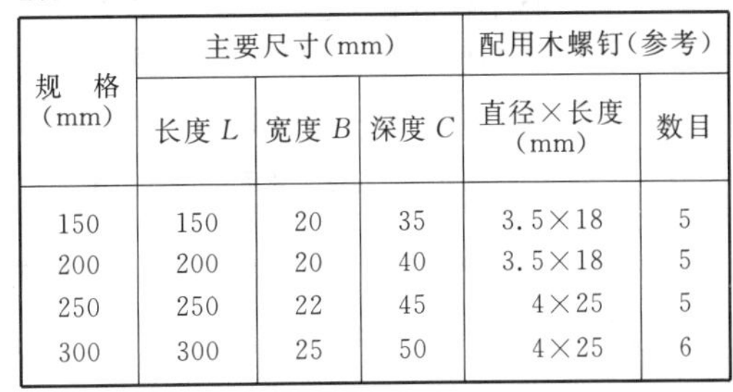

规　格(mm)	主要尺寸(mm)			配用木螺钉(参考)	
	长度 L	宽度 B	深度 C	直径×长度(mm)	数目
150	150	20	35	3.5×18	5
200	200	20	40	3.5×18	5
250	250	22	45	4×25	5
300	300	25	50	4×25	6

(4) 翻 窗 插 销

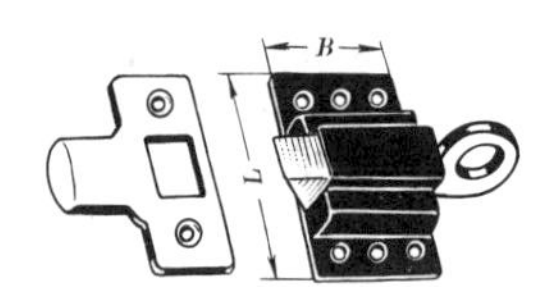

【其他名称】 天窗插销、弹簧插销、飞机插销。

【用　　途】 适用于中悬式或下悬式气窗。如气窗位置较高，不便启闭时，可在插销的拉环上系一根拉绳。

【规　　格】

(mm)

规　格 (长度 L)	本体 宽度 B	滑　　板		销舌伸 出长度	配用木螺钉(参考)	
		长度	宽度		直径×长度	数目
50	30	50	43	9	3.5×18	6
60	35	60	46	11	3.5×20	6
70	45	70	48	12	3.5×22	6

注：除弹簧采用弹簧钢丝，表面发黑外，其余材料均为低碳钢，本体表面喷漆，滑板、销舌表面镀锌。

(5) 橱 门 插 销

【用　　途】 装于双扇橱门中的一扇橱门的内部，作橱门关闭时固定该扇橱门之用。

【规　　格】 长度(mm)：70。低碳钢制，表面镀锌。

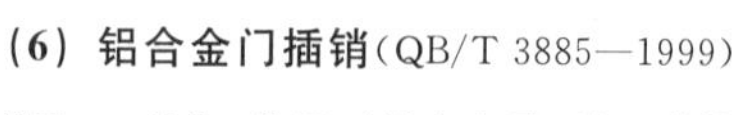

(6) 铝合金门插销(QB/T 3885—1999)

【用　　途】 装置于铝合金平开门、弹簧门上，用于固定关闭该门。

【规　　格】 行程：＞16；宽度/孔距：22/130，25×155。单位 mm。

3. 拉　　手

(1) 小拉手

普通式(A型,又称门拉手,弓形拉手)

香蕉式(又称香蕉拉手)

【用　　途】 装在一般木质房门或抽屉上,作推、拉房门或抽屉用,香蕉拉手也常用作工具箱、仪表箱上的拎手。

【规　　格】

拉手品种		普通式				香蕉式		
拉手规格(全长)(mm)		75	100	125	150	90	110	130
钉孔中心距(纵向)(mm)		65	88	108	131	60	75	90
配用螺钉(参考)	品种	沉头木螺钉				盘头螺钉		
	直径(mm)	3	3.5	3.5	4	M3.5		
	长度(mm)	16	20	20	25	25		
	数目	4				2		

注:拉手材料一般为低碳钢,表面镀铬或喷漆;香蕉拉手也有用锌合金制造,表面镀铬。

(2) 底板拉手

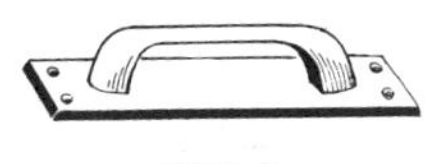

普通式

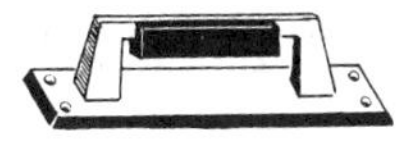

方柄式

【其他名称】 普通式——平板拉手;方柄式——方柄底板拉手。

【用　　途】 装在一般中型门扇上,作推、拉门扇用。

【规　　格】 上海产品。

规　格(底板全长)(mm)	普通式(mm)				方柄式(mm)			每副(2只)拉手附镀锌木螺钉(mm)	
	底板宽度	底板厚度	底板高度	手柄长度	底板宽度	底板厚度	手柄长度	直径×长度	数目
150	40	1.0	5.0	90	30	2.5	120	3.5×25	8
200	48	1.2	6.8	120	35	2.5	163	3.5×25	8
250	58	1.2	7.5	150	50	3.0	196	4×25	8
300	66	1.6	8.0	190	55	3.0	240	4×25	8

注:拉手的底板、手柄材料为低碳钢(方柄式手柄也有为锌合金的),表面镀铬;方柄式手柄的托柄为塑料。

(3) 推板拉手

【用　　途】 装在一般房门或大门上,作推、拉门扇用。

【规　　格】

型号	拉手主要尺寸(mm)				每副(2只)拉手附件的品种和规格(mm)/数目,钢制品镀锌		
	规格(长度)	宽度	高度	螺栓孔数及中心距	双头螺柱	盖形螺母	铜垫圈
X-3	200	100	40	二孔,140	M6×65,2只	M6,4只	6,4只
	250	100	40	二孔,170	M6×65,2只	M6,4只	6,4只
	300	100	40	三孔,110	M6×65,3只	M6,6只	6,6只
228	300	100	40	二孔,270	M6×85,2只	M6,4只	6,4只

注:拉手材料为铝合金,表面为银白色、古铜色或金黄色。

(4) 梭子拉手

【用　　途】 装在一般房门或大门上，作推、拉门扇用。

【规　　格】

主要尺寸(mm)					每副(2只)拉手附镀锌木螺钉(mm)	
规格(总长)	管子外径	高度	桩脚底座直径	两桩脚中心距	直径×长度	数目
200 350 450	19 25 25	65 69 69	51 51 51	60 210 310	3.5×18 3.5×18 3.5×18	12 12 12

注：拉手材料：管子为低碳钢，桩脚、梭头为灰铸铁，表面镀铬。

(5) 管子拉手

【用　　途】 装在一般进出比较频繁的大门上，作推、拉门扇用。如横向安装在装有玻璃的门上，还可起保护玻璃的作用。

【规　　格】

主要尺寸(mm)		
主要尺寸(mm)	管子	长度(规格)：250，300，350，400，450，500，550，600，650，700，750，800，850，900，950，1000
		外径×壁厚：32×1.5
	桩头	底座直径×圆头直径×高度：77×65×95
	拉手总长：管子长度＋40	
每副(2只)拉手附镀锌木螺钉：直径×长度(mm)4×25，12只		

注：拉手材料：管子为低碳钢，桩头为灰铸铁，表面均镀铬；或全为黄铜，表面镀铬。

(6) 方形大门拉手

【用　　途】 与管子拉手相同。

【规　　格】

主要尺寸(mm)	手柄长度(规格)/托柄长度：250/190，300/240，350/290，400/320，450/370，500/420，550/470，600/520，650/550，700/600，750/650，800/680，850/730，900/780，950/830，1000/880 手柄断面宽度×高度：12×16 底板长度×宽度×厚度：80×60×3.5 拉手总长：手柄长度+64；拉手总高：54.5
每副(2只)拉手附镀锌木螺钉：直径×长度(mm)4×25，16只	

注：拉手材料：手柄、底板、桩脚为低碳钢，表面镀铬；或为黄铜，表面抛光；托柄为塑料。

(7) 推 挡 拉 手

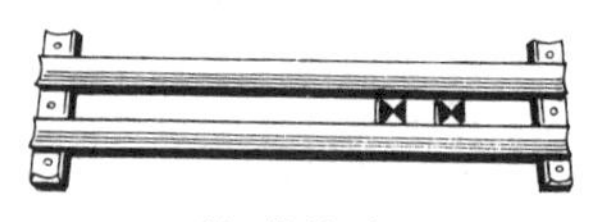

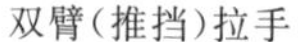

双臂(推挡)拉手

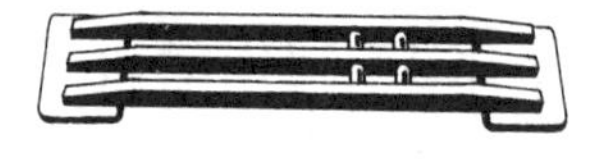

三臂(推挡)拉手

【用　　途】 通常横向装在进出比较频繁的大门上，作推、拉门扇用，并起保护门上玻璃的作用。

【规　　格】

主要尺寸(mm)	拉手全长(规格): 双臂拉手——600,650,700,750,800,850; 三臂拉手——600, 650, 700, 750, 800, 850, 900, 950,1000 底板长度×宽度:120×50
每副(2只)拉手附件的品种、规格(mm)及数目: 双臂拉手——4×25 镀锌木螺钉,12只; 三臂拉手——6×25 镀锌双头螺柱,4只;M6 铜六角球螺母,8只;6 铜垫圈,8只	

注:拉手材料为铝合金,表面为银白色或古铜色;或为黄铜,表面抛光。

(8) 玻璃大门拉手

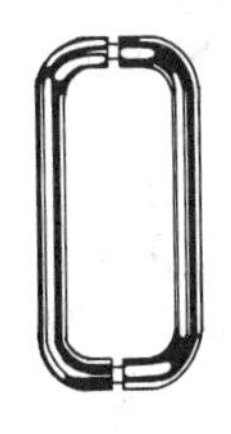

弯管拉手

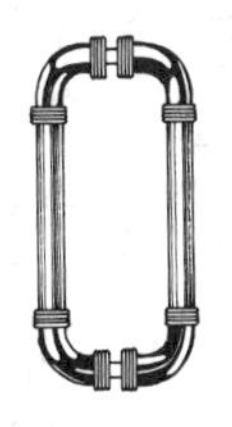

花(弯)管拉手

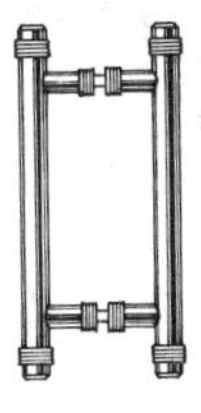

直管拉手

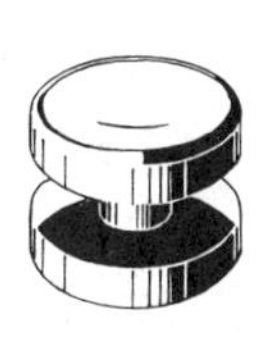

圆盘拉手

【其他名称】 豪华型大门拉手、豪华型拉手。

【用　　途】 主要装在商场、酒楼、俱乐部、大厦等的玻璃大门上,作推拉门扇用。其特点是品种较多、造型美观、用料考究。

【规　　格】

品　种	代　号	规格(mm)	材料及表面处理
弯管拉手	MA113	管子全长×外径：600×51，457×38，457×32，300×32	不锈钢，表面抛光
花(弯)管拉手	MA112 MA123	管子全长×外径：800×51，600×51，600×32，457×38，457×32，350×32	不锈钢，表面抛光，环状花纹表面为金黄色；手柄部分也有用柚木、彩色大理石或有机玻璃制造
直管拉手	MA104	管子全长×外径：600×51，457×38 457×32，300×32	不锈钢，表面抛光，环状花纹表面为金黄色；手柄部分也有用彩色大理石、柚木制造
	MA122	管子全长×外径：800×54，600×54 600×42，457×42	
圆盘拉手(太阳拉手)	—	圆盘直径：160，180，200，220	不锈钢、黄铜，表面抛光；铝合金，表面喷塑(白色、红色等)；有机玻璃

(9) 锌合金拉手

蛟龙拉手

凤凰拉手

梅花拉手

叉花拉手

菱花拉手

方凸菱拉手

扁线拉手

线结拉手

草叶花板拉手

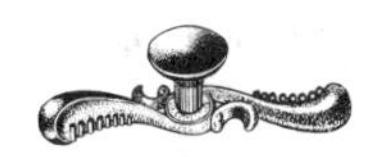

海浪花拉手

花兰花板拉手

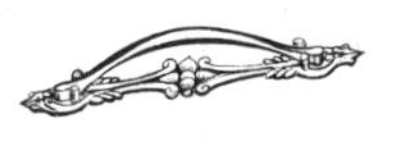

鸳鸯果拉手

长腰圆拉手

圆环拉手

牡丹花拉手

如意拉手

【其他名称】 锌合金小拉手、锌合金家具拉手。

【用　　途】 装在橱门、抽屉、箱盖等上，作拉启橱门、抽屉、箱盖用。

【规　　格】

拉手品种	主要尺寸(mm)			
	全长	宽度	高度	螺孔中心距
蛟龙拉手 凤凰拉手	165 135 115	16 14 12	24 23.5 23	100 75 75
菱花拉手 叉花拉手	170 140 100	16 15 14	23 23 23	100 75 65
梅花拉手	185 150 115	12 12 12	23.8 23.5 23.2	100 100 75
方凸菱拉手	146 107	12 10.5	22 22	100 75
扁线拉手	160 120	15 13	22 21	100 75
线结拉手	160 120	12 11	20 19	100 75

拉手品种	主要尺寸(mm)			
	全长	宽度	高度	螺孔中心距
鸳鸯果拉手	140 117	25 24	21 21	80 70
长腰圆拉手	150 130 110	13.5 12.5 11.5	24 22 21	100 90 75
圆环拉手	50	45	25	15
海浪花拉手	120 90	30 24	27 27	— —
花兰花板拉　　手	120 102	68 60	23 23	— —
草叶花板拉　　手	150 125	32 30	28.5 26.5	100 75
牡丹花拉手	100	50	37	65
如意拉手	124 99	25 23	22 21	100 75

注：每只拉手附 M4×28mm 镀锌螺钉和 4mm 镀锌垫圈各 2 只（或各 1 只）。拉手表面镀铬（古铜、仿金）或喷塑（红、白、黑、灰等色）。

(10) 圆柱拉手

圆柱拉手

塑料圆柱拉手

【用　　途】 装在橱门或抽屉上，作拉启橱门或抽屉用。

【规　　格】

品　　名	制造材料	表面处理	圆柱拉手尺寸(mm)		附镀锌半圆头螺钉(mm)
			直　径	高　度	
圆柱拉手	低碳钢	镀铬	35	22.5	M5×25，垫圈 5
塑料圆柱拉手	ABS	镀铬	40	20	M5×30

(11) 蟹壳拉手

普通型

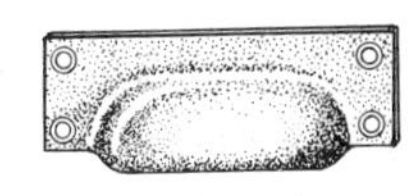

方型

【其他名称】 蟹壳扣手、扣手。

【用　　途】 装在抽屉上，作拉启抽屉用。

【规　　格】

长　度(mm)		65(普通)	80(普通)	90(方型)
配用木螺钉(参考)	直径×长度(mm)	3×16	3.5×20	3.5×20
	数　　目	3	3	4

注：拉手材料为低碳钢，表面镀锌(古铜或铬)；也有采用黄铜。

(12) 铝合金门窗拉手(QB/T 3889—1999)

【用　　途】 安装于铝合金门或窗上,作拉启门或窗用。

【规　　格】

	型式(代号)	外形长度系列(mm)
门用拉手	杆式(MG) 板式(MB)	200, 250, 300, 350, 400, 450, 500, 550, 600, 650, 700, 750, 800, 850, 900, 950, 1000
窗用拉手	板式(CB) 盒式(CH)	50, 60, 70, 80, 90, 100, 120, 150

4. 窗用配件

(1) 窗　　钩(QB/T 1106—1991)

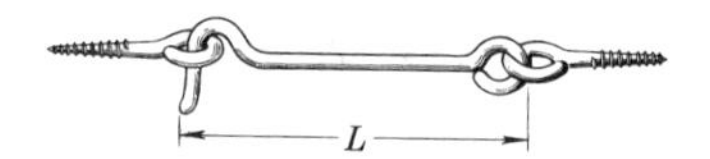

【其他名称】 防风钩、风钩。

【用　　途】 装在门、窗上,用来钩住开启的门、窗,防止被风吹动;此外,也可用作搁板的支架。

【规　　格】 分普通型(P型)和粗型(C型)两种。

钩子长度 L(mm)		40	50	65	75	100	125	150	200	250	300
钢丝直径(mm)	普通	2.5	2.5	2.5	3.2	3.2	4	4.5	4.5	5	5
	粗型	—	—	—	4	4	4.5	4.5	—	—	—
羊眼外径(mm)	普通	10	10	10	12	12	15	15	17	18.5	18.5
	粗型	—	—	—	15	15	17	17	18.5	—	—

注:窗钩材料为低碳钢,表面镀锌或涂漆。

(2) 羊眼圈

【其他名称】 羊眼。

【用　　途】 供吊挂物件用，以及装在橱、柜、抽屉等上面，供上挂锁用。

【规　　格】

号码	主要尺寸(mm)			号码	主要尺寸(mm)		
	直　径	圈外径	全　长		直　径	圈外径	全　长
1	1.6	9	20	10	4.2	19	41
2	1.8	10	22	11	4.5	20	43
3	2.2	11	24	12	5.0	21	46
4	2.5	12	26	13	5.2	22	49
5	2.8	13	28	14	5.5	24	52
6	3.2	14	31	16	6.0	26	58
7	3.5	15	34	18	6.5	28	64
8	3.8	17	37	20	7.2	31	70
9	4.0	18	39				

注：羊眼圈材料为低碳钢，表面镀锌或镀镍。

(3) 灯　　钩

【其他名称】 螺丝钩。

【用　　途】 吊挂物件用。

【规　　格】

普通灯钩								特殊灯钩			
号码	主要尺寸(mm)			号码	主要尺寸(mm)			规格	主要尺寸(mm)		
	直径	圈外径	全长		直径	圈外径	全长		直径	圈内径	全长
2	2.2	12	30	9	4.2	23	65	28	2.6	10	28
3	2.5	13	35	10	4.5	25	70	40	2.8	12	40
4	2.8	14	40	12	5.0	30	80	50	3.4	19	50
5	3.2	15	45	14	5.5	35	90	60	3.4	22.5	60
6	3.5	17	50	16	6.0	40	105	70	4.0	25	70
7	3.8	19	55	18	6.5	45	110	65	5.0	23	65
8	4.0	21	60								

注：灯钩材料为低碳钢，表面镀锌或镀镍。

(4) 其他灯钩

直角灯钩　　双线灯钩

【用　　途】 吊挂物件用。其中直角灯钩主要供安装在垂直墙面上吊挂物件。

【规　　格】

品　　种	直角灯钩					双线灯钩
规格(mm)	25	30	40	50	70	
直径(mm)	2.4	2.4	3.0	3.4	4.4	2.5
钩高(mm)	13.5	13.5	15	18.5	18	(钩外径)24.5
全长(mm)	25	30	40	50	70	54

注：灯钩材料为低碳钢，表面镀锌或镀镍。

(5) 窗帘轨

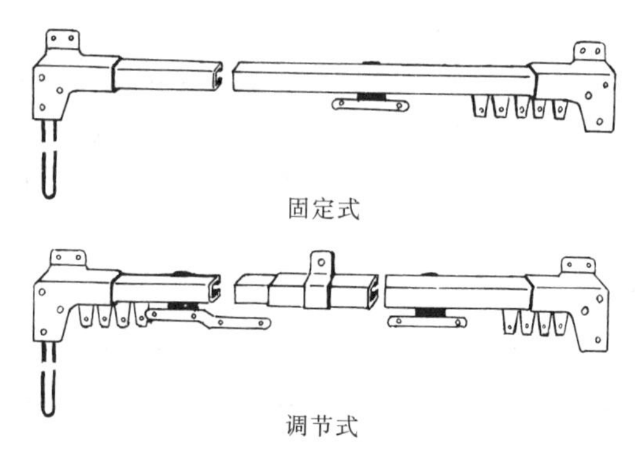

固定式

调节式

【其他名称】 半封闭式窗帘轨。

【用　　途】 按轨道断面形状分方形（又称U形窗帘轨）和圆形（又称C形窗帘轨）两种；按轨道长度可否调节分固定式（不可以调节）和调节式（可以调节）两种。装于窗扇上部作吊挂窗帘用，拉动一侧拉绳即可移动窗帘，使之全部展开，或向一侧移动（固定式）或两侧移动（调节式）。

【规　　格】 铝合金制。

品　种	规格、轨道长度及安装距离(m)
固定式窗帘轨	规格：1.2，1.6，1.8，2.1，2.4，2.8，3.2，3.5，3.8，4.2，4.5 轨道长度：规格＋0.05
调节式窗帘轨	规格/安装距离范围： 1.5/1.0～1.8，1.8/1.2～2.2，2.4/1.9～2.6

(6) 圆形窗帘管及套耳

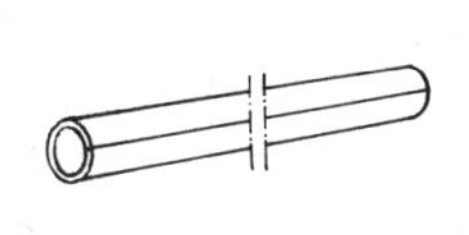

圆形窗帘管

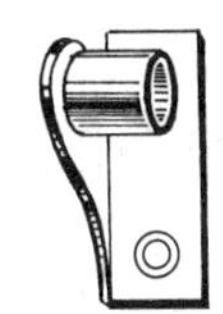

套耳(单管式)

【其他名称】 圆形窗帘管——圆形窗帘梗、圆梗；
圆形窗帘管套耳——套耳。

【用　　途】 套耳套在窗帘管两端，装于窗或门的上方，作吊挂窗帘或门帘用。分单管式和双管式两种。单管套耳只配一根窗帘管，双管套耳则配两根窗帘管。

【规　　格】

品　种	外径	壁厚	长　　度(m)	制造材料
	(mm)			
圆　形 窗帘管	10	1.0	1.0，1.2，1.4，1.6，1.8，2.0，2.5，3.0	有缝低碳钢管，表面镀锌或镀铬
	13	1.0	1.4，1.6，1.8，2.0，2.2，2.5	
	16	1.0	2.0，3.0	

品　　种		规格(适用窗帘管外径)(mm)	制造材料
半铜圆形窗帘管套耳	单管	10，13，16	套耳为黄铜，其他零件为低碳钢表面镀黄铜
	双管	10×13	
塑料圆形窗帘管套耳	单管	10，13	聚乙烯
	双管	10×10，13×13	

(7) 帐圈、棍圈、冬钩及S钩

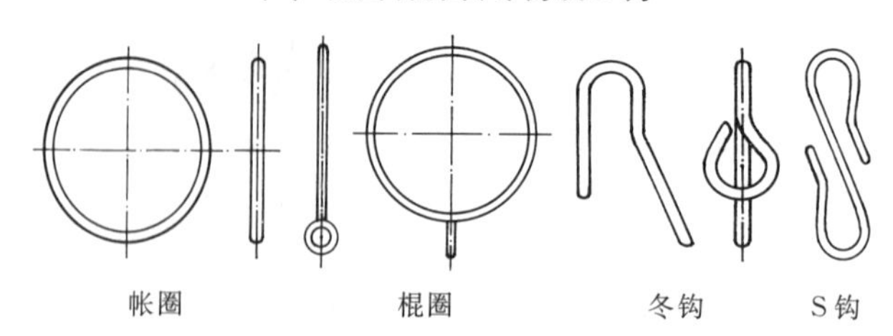

【用　　途】 帐圈用于缝钉在窗帘(布)上，然后将帐圈套在圆形窗帘管上，以便窗帘在窗帘管上左右移动。棍圈，大圈用于套在圆形窗帘管上，小圈用于钩住缝钉在窗帘上的冬钩，以便窗帘在窗帘管上左右移动；洗涤窗帘时，把窗帘(连同冬钩)从棍圈小圈中取出即可。S钩，一端用于钩住窗帘上的帐圈，另一端用于钩住套在圆形窗帘管上的棍圈小圈，以便窗帘在窗帘管中左右移动；洗涤窗帘时，把窗帘(连同帐圈)从S钩中取出即可。

【规　　格】

品名	主要尺寸(mm)										制造材料
帐圈	外径 D(规格)			13	16	19	22	25	32	38	低碳钢丝镀黄铜或镀铬；黄铜丝；S钩也有采用塑料
	直　径			1.4	1.4	1.6	1.8	2.2	2.5	2.5	
棍圈	大圈	内径 D_1(规格)	13	16	19	25	32	38	44	50	
		直径 d_1	2.0	2.0	2.2	2.5	2.8	3.0	3.0	3.5	
	小圈	外径 D_2	7.5	7.5	7.5	8	8.5	8.5	10	10.5	
		直径 d_2	1.6	1.6	1.6	1.6	1.8	1.8	1.8	2.0	
冬钩	直径 d(规格)/全长 H/圈内径 D：1.6/59/4.5，2.2/69/5.0										
S钩	直径/长度：金属—1.6/28，2.2/28；塑料—2.2/28										

5. 门 用 配 件

(1) 地 弹 簧

(QB/T 2697—2005)

回转轴套及底座

顶轴及顶轴套板

365 型

【其他名称】 落地闭门器、地龙。

【用　　途】 底座埋于门扇下面的地面中，回转轴套和顶轴套板分别装于门扇下部和上部，顶轴装于门扇上部的门框中，门扇与门框之间不需安装合页。如用力将门扇向室内或室外开启不到90°时，停止用力，门扇能自动关闭；门扇开启到90°时，停止用力，门扇即停止不动；如需要关门，须用力将门扇拉动一下，始可恢复自动关闭功能。机械式无调速机构，液压式带调速机构，可以调节门扇关闭速度。

【规　　格】

型号	结构型式	面板		底座总高	适用门的范围			
		长	宽		门高	门宽	门厚	门重
		(mm)			(cm)			(kg)
365轻	液压	277	136	45	200～210	65～75	＞5	35～40
365中		290	150	45	210～240	75～85	＞5	40～55
365重		300	170	55	220～260	85～95	＞5	55～90
845		224	114	40	180～210	60～85	4～5	25～65
841		305	152	45	210	90	5	40
639		275	135	50	180～210	75～90	4～5	60～80
739		265	140	90	210～240	80～100	4～5	100～150
785	机械	318	93	55	180～250	70～100	4.5～5.5	35～70

(2) 闭 门 器

【其他名称】 门顶弹簧、门顶弹弓。

【用　　途】 装在朝一个方向开启的门扇上部。当用力将关闭的门扇开启后，停止用力，门扇能自动关闭。带定位装置（停门机构）的，如把门扇开启到90°位置时，门扇可固定不动。如要关闭门扇，须轻拉一下门扇，始可恢复自动关闭性能。利用其上调速机构，可以调节门扇关闭速度。

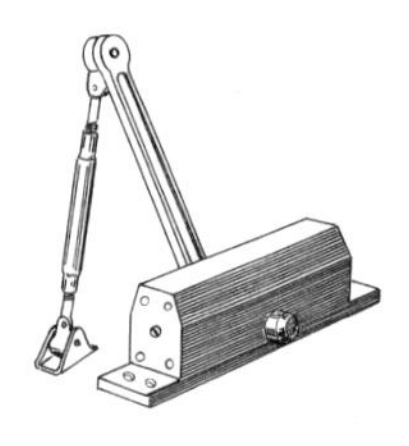

【规　　格】 摇臂式

型号	定位装置代号		外壳背型代号		闭门器尺寸(mm)			适用门的范围			
								门的材质	门高	门宽	门重
	无	有	圆型	方型	长度	宽度	高度		(cm)		(kg)
B1	W	D	Ⅰ	Ⅱ	180	86	65	钢、木	150 200	60 80	≤25
B2 FB2	W	D	Ⅰ —	Ⅱ Ⅱ	192 185	94	67	钢、木	200 210	60 90	≤45
B3 FB3	W	D	— —	Ⅱ Ⅱ	223	94	74	钢、木	200 220	80 90	≤65

注：FB 型为防火型，可用于建筑物的防火门上。闭门器的技术要求，参见 QB/T 2698—2005《闭门器》的规定。

(3) 门 弹 弓

【其他名称】 鼠尾弹弓、鼠尾弹簧。

【用　　途】 装在向一个方向开启的门扇中部，使门扇在开启后能自动关闭。如门扇不须自动关闭，可将臂梗垂直放下。

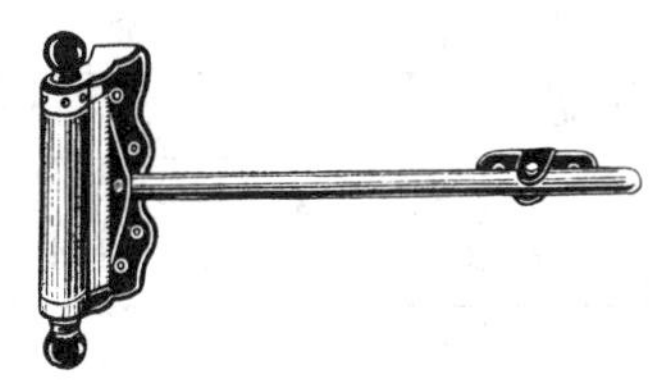

【规　　格】

公称规格(mm)		200	250	300	400	450
臂梗长度(mm)		202	254	304	406	456
合页页片长度(mm)		88			152	
附木螺钉	直径×长度(mm)	3.5×25			4×30	
	数　　目	6				

(4) 门 轧 头

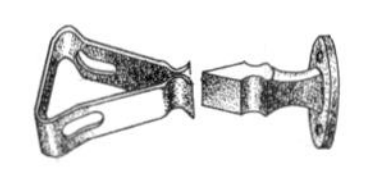

横式(踢脚板式)

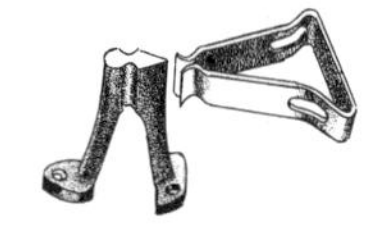

立式(落地式)

【用　　途】 用来固定开启的门扇。其中三角形弹性轧头装在门的下角;横式的底座装置在墙壁或踢脚板上,立式的底座装置在靠近墙壁的地板上。

【规　　格】 横式、立式。

型式(型号)		横式(901 型)	立式(902 型)
外形尺寸(mm)	弹性轧头	53×56×18	53×56×18
	楔形头底座	58×75×30	48×48×40
附木螺钉的数目及直径×长度(mm)		弹性轧头:2 只,4×25 盘头木螺钉 楔形头底座:4 只,3.5×20 沉头木螺钉	

注: 制造材料:弹性轧头为弹簧钢,底座为低碳钢或灰铸铁。

(5) 脚 踏 门 钩

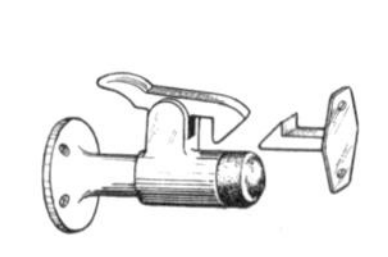

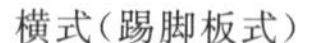

横式(踢脚板式)

立式(落地式)

【其他名称】 门钩、橡皮头门钩、门蹍头。

【用　　途】 用来钩住开启的门扇，使之固定不动。三角形钩座装在门扇的下角；带活动钩和橡胶头的底座，横式装在墙壁的踢脚板上，立式装在靠近墙壁的地板上；橡胶头用来缓冲门扇与底座之间的碰撞。

【规　　格】 横式、立式。

型式(型号)		横式(903型)	立式(904型)
外形尺寸(mm)	三角形钩座	32×20×40	32×20×40
	带活动钩底座	80×47×47	65×47×90
附木螺钉的数目及直径×长度(mm)：5只，3.5×25			

注：三角形钩座及底座材料为灰铸铁或铸黄铜。

(6) 脚踏门制

薄钢板制

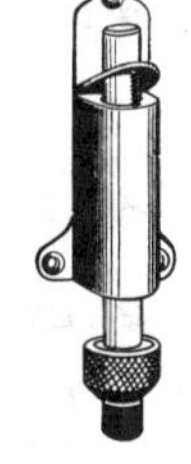

铸铜合金制

【用　　途】 装在门扇下部，用来固定开启后的门扇，其特点是能使门扇停留在任意位置。使用方法：将门扇开启到需要的位置后，用脚将产品上的脚踏杆向下踏，使产品的橡胶头紧压在地面上，门扇不能移动。如再用脚踏一下脚踏板，使橡胶头离开地面，门扇又可以自由移动。

【规　　格】

品　种	表面情况	主要尺寸(mm)				附木螺钉	
		全长	底板长度	底板宽度	橡胶头伸长	直径×长度(mm)	数目
薄钢板制	镀锌	110	60	45	≈20	镀锌 3.5×18	4
铸黄铜制	本色	162	128	63	≈30	铜质 3.5×22	3

(7) 磁性吸门器

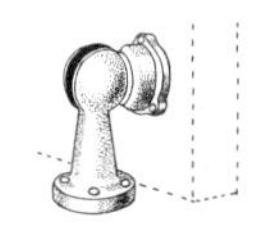

立式安装

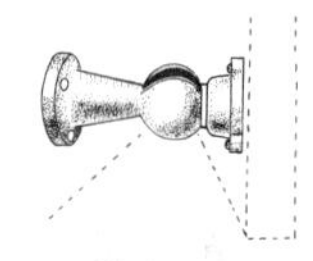

横式安装

【其他名称】 磁性门制、磁性门吸。

【用　　途】 利用磁性来吸住开启后的门扇，使之固定不动。吸盘座安装在门扇下部；球形磁性底座，横式安装在墙壁的踢脚板上，立式安装在靠近墙壁的地面上。

【规　　格】

主要尺寸(mm)	底座高度	底座直径	球体直径	吸盘座直径	总　　长
	77	55	36	52	90
配圆头木螺钉的数目及直径×长度(mm)：7 只，3.5×18					

注：制造材料：底座和吸盘座为 ABS 塑料，吸盘为低碳钢。

(8) 磁 性 门 夹

【其他名称】 磁性门制、磁性门轧头。

【用　　途】 装在橱门上，利用磁性吸住关闭的橱门，使之不会自行开启。

【规　　格】

型　　号	A 型	B 型	C 型
底座长度×宽度(mm)	56×17.5	45×15	32×15
配用木螺钉(参考)(mm)	直径×长度:3×16		

(9) 门 弹 弓 珠

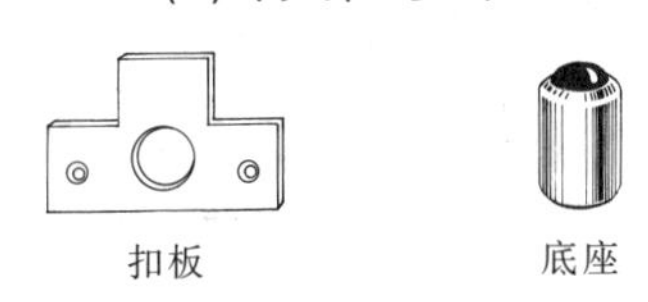

扣板　　底座

【其他名称】 弹弓珠、碰珠。

【用　　途】 一般装在橱门下部，利用底座中的钢球(下面有弹簧顶住)嵌在关闭的橱门下部的扣板中，使之不会自行开启。如需开门，只要轻轻用力(超过弹簧顶住钢球之力)拉门即可。

【规　　格】钢球直径(mm):6,8,10。

底座外壳和扣板材料为低碳钢,表面镀锌。

6. 锁具及其配件

(1) 弹子插芯门锁(QB/T 2474—2000)

【用　　途】安装于各种平开和推拉门上的弹子插芯锁具。

【规　　格】按锁头分为:单锁头、双锁头;按锁舌分为:单方舌、单斜舌、双锁舌、钩子锁舌。

a. 保密度。

项目名称	单排弹子	多排弹子
钥匙不同牙花数(种)≥	6000	50000
互开率% ≤	0.204	0.051

注:锁头结构应具有防拔措施。

b. 锁舌伸出长度(mm)。

双舌		双舌(钢门)	单舌
斜舌 ≥	11	9	12
方、钩舌 ≥	12.5		

c. 安装中心距、适装门厚(mm)

项目	基本尺寸	极限偏差
安装中心距	40,45,50,55,60,70	±8
适装门厚	35~50(钢门 26~32)	

注:安装中心距、适装门厚也可根据用户或市场需求进行制造。

① 弹 子 门 锁

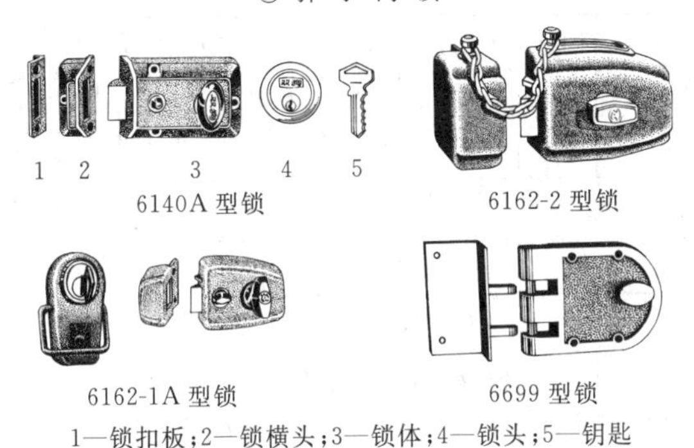

6140A 型锁　　6162-2 型锁

6162-1A 型锁　　6699 型锁

1—锁扣板;2—锁横头;3—锁体;4—锁头;5—钥匙

【其他名称】 外装单舌门锁、弹子复锁、司必令锁。

【用　　途】 装在门扇上作锁闭门扇用。门扇锁闭后,室内用执手开启,室外用钥匙开启。室内保险机构的作用是:门扇锁闭后,室外用钥匙也无法开启;或将锁舌保险在锁体内后,可使门扇自由推开。室外保险机构的作用是:门扇锁闭后,室内用执手也无法开启。锁舌保险机构的作用是:门扇锁闭后,锁舌即不能自由伸缩,阻止室外用异物拨动锁舌方法开启门扇。具有锁体防卸性能的锁,门扇锁闭后,室内无法把锁体从门扇上拆卸下来。带拉环的锁,可以利用拉环推、拉门扇,门扇上可不另装拉手。带安全链的锁,可以利用安全链使门扇只能开启一个微小角度,阻止陌生人利用开门机会突然闯入室内。销式锁,室外无法用异物撬开锁舌,这种锁特别适用于移门上。一般锁都配以锁横头,适用于内开门上;如用于外开门上,应将锁横头换成锁扣板(锁扣板须另外购买)。

【规　　格】

型号	零件材料[①]			保险机构			防卸性能	锁体尺寸(mm)					适用门厚(mm)
	锁体	锁舌	钥匙	室内	室外	锁舌		锁头中心距	宽度	高度	厚度	锁舌伸出长度	
(1) 普通弹子门锁													
6141	铁	铜	铝	有	无	无	无	60	90.5	65	27	13	35～55
(2) 双保险弹子门锁[②]													
1939-1	铁	铜	铜	有	有	无	无	60	90.5	65	27	13	35～55
6140A	铁	铜	铜	有	有	无	无	60	90	60	25	15	38～58
6140B	铁	锌	铝	有	有	无	无	60	90	60	25	15	38～58
6152	铁	锌	铝	有	有	无	无	60	90.5	65	27	13	35～55
(3) 三保险弹子门锁[③]													
6162-1	钢	铜	铜	有	有	有	有	60	90	70	29	17	35～55
6162-1A	钢	铜	铜	有	有	有	有	60	90	70	29	17	35～55
6162-2	钢	铜	铜	有	有	有	有	60	90	70	29	17	35～55
6163	锌	铜	铜	有	有	有	有	60	90	70	29	17	35～55
(4) 销式弹子门锁													
6699	锌	锌	铜	无	无	有	无	60	100	64.8	25.3	—	35～55

注：① 零件材料栏中：铁——灰铸铁；铜——铜合金；铝——铝合金；锌——锌合金；钢——低碳钢。

② 双保险弹子门锁，虽无锁舌保险机构，但是当门扇锁闭后和室外保险机构起作用时，尚具有锁舌保险机构作用。

③ 6162-1A 型、6163 型锁，锁头上带有拉环。6162-2 型锁，锁体上带有安全链。

② 双舌弹子门锁

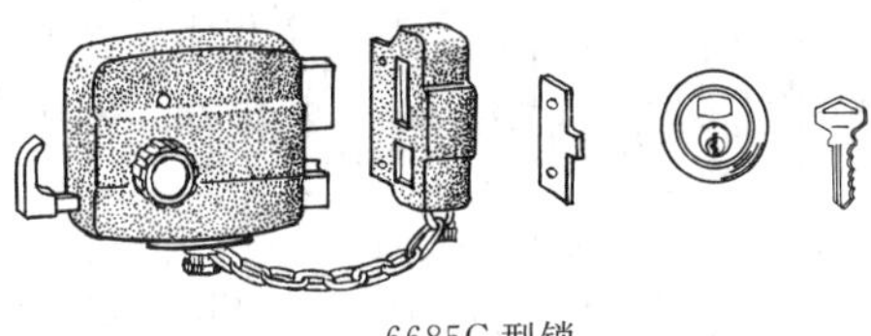

6685C 型锁

6669L 型锁

【其他名称】 外装双舌门锁。

【用　　途】 装在门扇上作锁门用。门扇锁闭后，单(锁)头锁，室内用执手开启，室外用钥匙开启；双(锁)头锁，室内外均用钥匙开启。这类锁一般都具室内保险机构、室外保险机构和锁体防卸性能。锁的方舌在门扇锁闭后即起锁舌保险作用。有些锁还带有安全链装置；或把方锁舌制成双开(复开)或三开形式，即用钥匙在锁头中旋转两次或三次后，可使锁舌伸出锁体外面两节或三节长度(但开启时，需要把钥匙在锁头中相反方向旋转两次或三次后，才能使方锁舌完全缩进锁体内)；或具有锁头防钻、方锁舌防锯等结构，以增强锁的安全性能。带有执手的锁(6669、6669L、6692 等型号)，可利用斜锁舌关门防风(这时须将方锁舌完全缩进锁体内)，室内外均可利用旋转执手，操纵斜舌来启闭门扇。

【规　　格】

型号	锁头数目	锁头防钻结构	方舌防锯结构	安全链装置	方舌伸出		锁体尺寸(mm)				适用门厚(mm)
					节数	总长度(mm)	中心距	宽度	高度	厚度	
6669	单头	无	无	无	一节	18	45	77	55	25	35～55
6669L	单头	无	有	有	一节	18	60	91.5	55	25	35～55
6682	双头	无	无	无	三节	31.5	60	120	96	26	35～50
6685	单头	有	有	无	两节	25	60	100	80	26	35～55
6685C	单头	有	有	有	两节	25	60	100	80	26	35～55
6687	单头	有	有	无	两节	25	60	100	80	26	35～55
6687C	单头	有	有	有	两节	25	60	100	80	26	35～55
6688	双头	无	无	无	两节	25	60	100	80	26	35～50
6690	单头	无	有	无	两节	22	60	95	84	30	35～55
6690A	双头	无	有	有	两节	22	60	95	84	30	35～55
6692	双头	无	有	无	两节	22	60	95	84	30	35～55

注：1. 制造材料：锁体、安全链——低碳钢；锁舌、钥匙——铜合金。
2. 外装双舌弹子门锁的技术要求，参见 QB/T 3837—1999 的规定。

③ 企口插锁的选用原则

门扇带有企口的称为企口门。它有左开、右开和内开、外开之分。用于这种门上的企口(插)锁也有左、右之分，选用时必须根据门的开启方向来选择，否则会使锁体倒装，影响美观和使用。为了正确选用合适的企口锁，必须先弄清楚企口门的开启方向。定向方法：人站在室外，面向门，合页在门的左边的，为左开企口门；反之，则为右开企口门。企口锁的选用原则是：左内开和右外开的企口门，应选用左企口锁(又称甲种企口锁)；右内开和左外开的企口门，应选用右企口锁(又称乙种企口锁)。

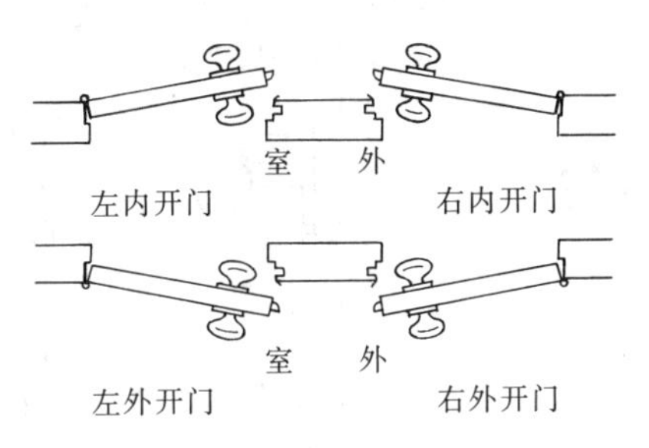

④ 弹 子 插 锁

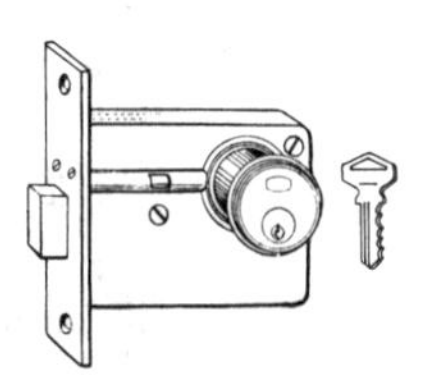

9412 型(平口式)

【其他名称】 单呆舌弹子插锁、单呆舌弹子大门锁、弹子插芯门锁。

【用　　途】 装在门扇上作锁门用。单(锁)头锁,须配用旋钮,室外用钥匙,室内用旋钮开启,多用于走廊门上;双(锁)头锁,室内外均用钥匙开启,多用于外大门上。一般门选用平口锁,企口门选用企口锁,圆口门及弹簧门选用圆口锁。

【规　　格】

锁体类型	型号		锁面板形状	锁头中心距(mm)	锁体尺寸(mm)			适用门厚(mm)
	单头锁	双头锁			宽度	高度	厚度	
中型	9411 9413 9415	9412 9414 9416	平口式 左企口式 右企口式	56	78	73	19	38～45
	9417	9418	圆口式	56.7	78.7	73	19	38～45

注:1. 单头锁的旋钮形状有 A、B、J 型三种,参见第 1317 页。

2. 各种弹子插锁(包括执手插锁、拉手插锁、拉环插锁、双舌锁等)的技术要求,参见 QB/T 3839—1999 的规定。

⑤ 弹子执手插锁

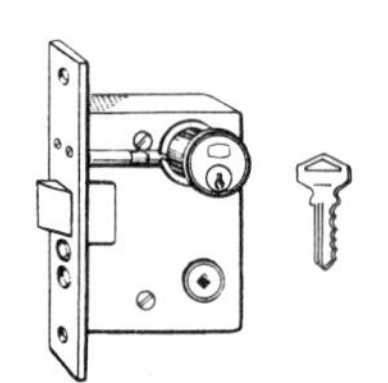

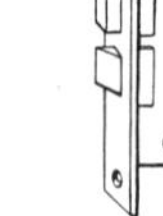

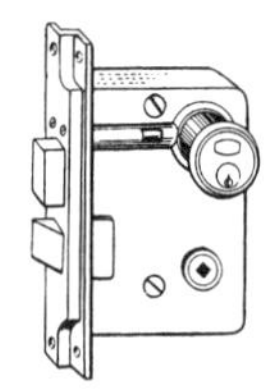

单舌平口式(9421 型)　　双舌平口式　　双舌右企口式

【其他名称】 单舌锁——单舌执手按钮弹子大门锁。
双舌锁——双舌执手弹子插锁、双舌执手弹子大门锁。

【用　　途】 装在门上作锁门及防风用。单舌锁，需配执手使用；双舌锁，需配执手和旋钮使用。单舌锁(9421～9425 型)将面板上的上短按钮揿进后，室内外均可用执手开启；将下长按钮揿进后，室内仍用执手开启，室外则需用钥匙开启。9427 型为上下拨移拨柱式，使用方法相似。双舌锁的斜活舌，室内外均用执手开启；单(锁)头锁方呆舌，室内用旋钮，室外用钥匙开启；双(锁)头锁方呆头，室内外均需用钥匙开启。一般门上选用平口锁，企口门上应选用企口锁。

【规　　格】

类型		型号		锁面板形状	锁头中心距(mm)	锁体尺寸(mm)			适用门厚(mm)
锁舌	锁体	单头锁	双头锁			宽度	高度	厚度	
单舌锁	中型	9421 9423 9425	— — —	平口式 左企口式 右企口式	56	78	110	19	38～45
		9427	—	平口式	50	78	110	15	38～50
双舌锁	狭型	9141	—	平口式	44	63.5	105	13.5	35～50
	中型	9441 9443 9445	9442 9444 9446	平口式 左企口式 右企口式	56	78	126	19	38～45

注：各种锁配的执手形状有 A、B、J、S 型四种(其中 9141 型锁配用 S 型执手，9427 型锁配专用带覆板的弯执手)；双舌单头锁配的旋钮形状有 A、B 型两种，选用时须与执手形状相适应(J 和 S 型执手上附有旋钮，不需另配旋钮)，参见第 1317 页。

⑥ 弹子拉手插锁

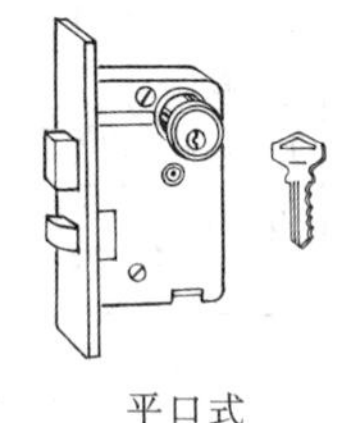

平口式

【其他名称】 双舌拉手弹子插锁、捺子拉手弹子大门锁。

【用　　途】 与双舌弹子执手插锁基本相同，仅斜活舌部分，室内外均用按下拉手上的捺子方法开启，比较方便，适用于较长的门上。

【规　　格】

锁体类型	型号		锁面板形状	锁头中心距(mm)	锁体尺寸(mm)			适用门厚(mm)
	单头锁	双头锁			宽度	高度	厚度	
中型	9431	9432	平口式					
	9433	9434	左企口式	56	78	126	19	38～45
	9435	9436	右企口式					

注：各种锁配的拉手、旋钮形状有A、J型两种，参见第1318页和1317页。

⑦ 弹子拉环插锁

【其他名称】 钢门锁，双舌拉环弹子插锁。

【用　　途】 专用于钢门上，用法与双舌弹子执手插锁相同，仅将锁的一侧执手改为拉环，以便用于带纱门的钢门上。如用于不带纱门的钢门上时，也可改用执手。

【规　　格】

锁体类型	型号		锁面板			锁体尺寸(mm)					适用钢门厚(mm)
	单头锁	双头锁	形状	宽度		锁头中心距	宽度	高度	厚度	锁舌伸出长度	
				类型	(mm)						
中型	9471	9472	平口式	狭型	22	56	78	126	19	9	32
	9477	9478		宽型	26					12.5	40(38)

注：各种锁配的旋钮、执手、拉环形状有 A、B 型两种，参见第 1317、1318 页。

⑧ 移　门　锁

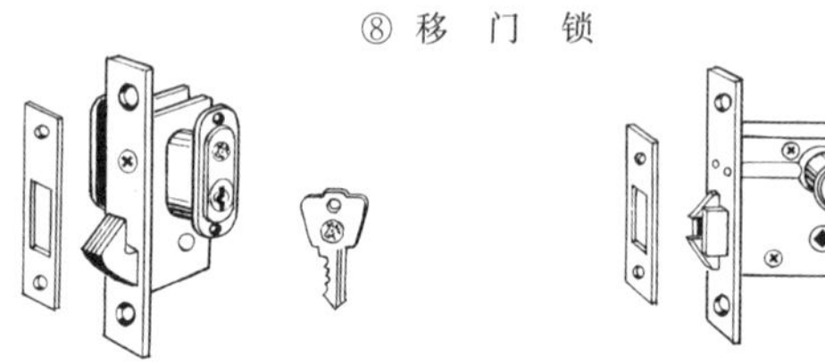

9184 型锁(钩形锁舌)　　　　9482 型锁(蟹钳形锁舌)

【其他名称】 钩舌弹子执手插锁、蟹钳舌弹子执手插锁。

【用　　途】 装在门上作锁门用。因其锁舌为钩形或蟹钳形，故特别适用于移门上，而且门锁上后，无法用异物撬开锁舌。单锁头锁，室内用旋钮，室外用钥匙开启；双锁头锁，室内外均用钥匙开启。9184 型锁除适用于木门上外，也适用于空腹钢(铝)门上。

【规　　格】

锁体类型	型号	锁头数目	锁面板形状	锁体尺寸(mm)				适用门厚(mm)
				锁头中心距	宽度	高度	厚度	
中型	9481 9482	单头 双头	平口式	56	78	73	19	38～45
狭型	9184	双头	平口式	18	33	100	13	35～55

注：9481 型锁配的旋钮形状有 A、B、J 型三种，参见第 1317 页。

⑨ 弹子插锁配件

品种	规 格 及 用 途
(1) 旋钮	规格有A、B、J型三种。旋钮专供装在带方呆舌的单锁头弹子插锁上,用作室内启闭锁的方呆舌  A型 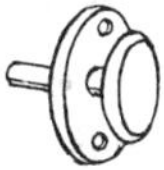　B型 　J型
(2) 执手	规格有A、B、J、S型四种;其中J和S型带有覆板,J型又有单(锁)头锁用和双(锁)头锁用之分,S型专供9141型锁配用。执手专供装在各种弹子执手插锁上,用作室内外开启锁的斜活舌 A型(内、外执手相同) 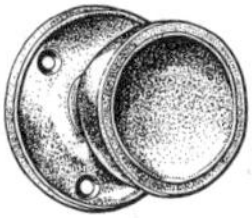　B型(内、外执手相同)   单头锁用内执手 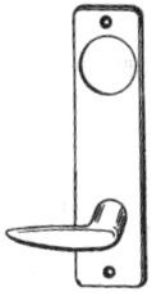　双头锁用内执手 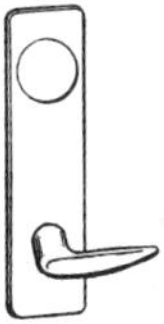　外执手 —— J型 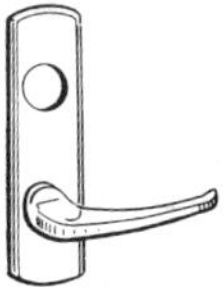 (外执手) —— S型

注:S型内执手与J型单头锁用内执手相似,仅执手形状不同。

(续)

品种	规格及用途
(3) 拉手	规格有A、J型两种，其中J型又有单(锁)头锁用和双(锁)头锁用之分。拉手专供装在各种弹子拉手插锁上，拉手上的捺子用作室内外开启锁的斜活舌 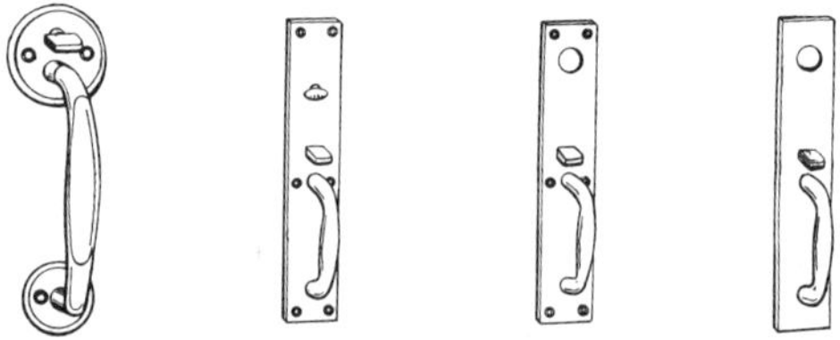 (内外拉手相同) A型　单头锁用内拉手　双头锁用内拉手　外拉手 J型
(4) 拉环	规格有A、B型两种。专供装在弹子拉环插锁上，用作室外(靠近纱门一侧)开启锁的斜活舌  A型　B型

(5) 配件的材料和表面处理代号

配件材料及表面处理	低碳钢				铝合金		锌合金			黄铜		不锈钢
	皱漆	光漆	镀铬	镀铜	本色	电化	本色	光漆	镀铬	本色	镀铬	本色
代号	0	1	2	3	4	5	6	7	8	9	—	—

注：配件的材料及表面处理代号，应加注在各种弹子插锁型号之后，其中代号为"0"时可省略。例：配镀铬锌合金J型执手的9441型弹子执手插锁，其型号为：9441J8。

(2) 球 形 门 锁(QB/T 2476—2000)

8430AA 型

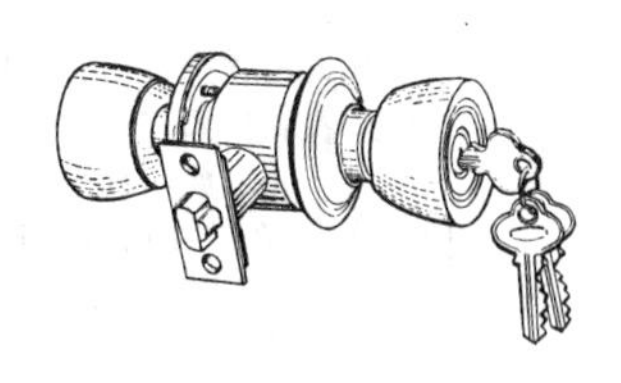

8691G 型

【其他名称】 球形锁。

【用　　途】 装在门上作锁门或防风用。锁的品种较多,可以适应不同用途的门的需要。锁的造型美观,用料也比较考究,多用于较高档建筑物的门上。

【规　　格】

按锁头结构分为弹子球锁、叶片球锁;按锁体结构分为圆筒式球锁、三杆式球锁、固定锁、拉手套锁;锁闭装置分为按钮、旋钮及按旋钮;按使用要求,如性能、安全、实用性和最终使用效果等分为A级(安全型)和B级(普通型)两种。

a. 产品功能。

名　　称	功　　能
房门锁	保险锁舌可被内、外执手开启。当外执手被里面的锁闭装置锁住时,用外执手上的钥匙或转动内执手上的锁闭装置将其释放;当处于永久保险状态时外执手必须要用钥匙开启;关门不能释放按钮或其他锁闭装置

(续)

名　称	功　能
浴室锁	锁舌可被内、外执手开启。外执手可被内按钮或其他锁闭装置锁住，可被外应急装置释放。当内执手转动或在此之前内执手处于不锁状态时，锁闭装置应自动解除，在外面用应急解除
厕所锁	锁舌可被内、外执手开启。当外执手被内旋钮锁住时，外执手上应有明显的显示器，外应急装置、旋钮必须人工转动释放外执手
通道锁	锁舌可被内、外执手随时开启
壁橱锁	保险锁舌可被外执手上的钥匙开启
阳台或庭院锁	保险锁舌可被内、外执手开启。外执手可被内按钮或其他锁闭装置锁住，转动内执手或关门则可释放
固定锁	方舌(或圆柱舌)可被内、外钥匙或内旋钮随时开启
拉手套锁	由固定锁及拉手球锁配套而成；拉手球锁锁舌可被外按钮或内执手随时开启

b. 产品结构特征。

功　能	结构特征			
	外执手上	内执手上	锁　舌	备　注
房门锁	锁头	按钮、按旋钮或旋钮	有保险柱	—
浴室锁	有小孔(无齿钥匙)	按钮、按旋钮或旋钮	无保险柱	—

(续)

功能	结构特征			
	外执手上	内执手上	锁舌	备注
厕所锁	显示器（无齿钥匙）	旋钮	无保险柱	—
通道锁	—	—	无保险柱	—
壁橱锁	锁头	无执手	有保险柱	外执手带锁闭装置
阳台或庭院锁	—	按钮、旋钮	有保险柱	—
固定锁	锁头	锁头或旋钮	方舌或圆柱舌	—
拉手套锁	锁头	锁头或旋钮	方舌或圆柱舌	固定锁
	按钮	执手	无保险柱	拉手球锁

c. 保密度。

锁头结构	弹子球锁		叶片球锁	
	单排弹子	多排弹子	无级差	有级差
钥匙不同牙花数	≥600	≥100000	≥500	≥6000
A级互开率	≤0.082	≤0.010	—	≤0.082
B级互开率	≤0.204	≤0.020	≤0.326	≤0.204

d. 锁舌伸出长度。

级别	球形锁	固定锁	拉手套锁	
			方舌	斜舌
A	≥12	≥25	≥25	≥11
B	≥11			

注：锁舌伸出长度可按用户或市场要求进行制造。

e. 安装中心距、适装门厚。

项　　目	球形门锁	固定锁		拉手套锁
安装中心距(mm)	60，70，90	60，70		60，70
适装门厚(mm)	35～50	单锁头	双锁头	35～45
		35～50	35～45	

注：安装中心距、适装门厚也可根据用户或市场需求进行制造。

<table>
<tr><td colspan="2">(1) 84××AA 系列球形门锁(又称：三柱式球形门锁)</td></tr>
<tr><td>(a)
结构简图</td><td>8400AA4 型　8430AA4 型　8433AA4 型
8411AA4 型　8421AA4 型</td></tr>
<tr><td rowspan="2">(b)
品种、结构特点及用途</td><td>8400AA4 型(防风门锁)——锁的外执手中无锁头，内执手中无旋钮，平时室内外均用执手开启，仅起防风作用，适用于平时不需锁闭的门上</td></tr>
<tr><td>8411AA4 型(更衣室门锁)——与 8400AA4 型不同之处，内执手中有旋钮，平时锁仅起防风作用，如室内用旋钮将锁保险后，室外即无法开启；但在必要时可用无齿钥匙插入外执手的小孔中开启，适用于更衣室、浴室等的门上</td></tr>
</table>

（续）

(b) 品种、结构特点及用途	8421AA4 型（厕所门锁）——结构与 8411AA4 型相似，仅外执手中多一扇形孔，平时孔中显示出“无人”字样，如在室内用旋钮将锁保险后，孔中则显示出“有人”字样，适用于厕所门上
	8430AA4 型（弹子球型门锁）——锁的外执手中有弹子锁头，内执手中有旋钮。平时室内外均用执手开启；如在室内用旋钮或在室外用钥匙将锁保险后，室内外均不能转动执手；如需开锁时，在室内用旋钮或在室外用钥匙松开保险，才能转动执手开启锁。锁上还有锁舌保险机构。适用于一般需要锁闭的门上，如房门、办公室门等
	8433AA4 型（弹子壁橱门锁）——外执手中有弹子锁头，无内执手，适用于需要锁闭的壁橱门上
(c) 其他说明	① 锁头中心距：60mm ② 适用门厚：35～50mm（8433AA4 型为 35～45mm） ③ 球形执手材料为铝合金，表面本色
(2) 869×系列球形门锁（又称：圆筒形球形门锁）	
(a) 简图	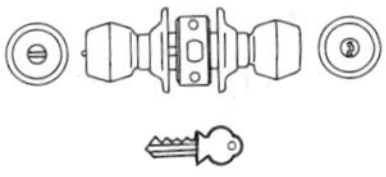 8691 型 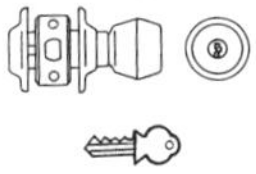　8692 型 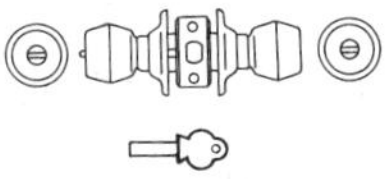 8693 型 　8698 型

（续）

(b) 品种、结构特点及用途	8691 型（弹子球型门锁）——外执手中有弹子锁头，内执手中有旋钮。平时用执手开启；如在室内将旋钮揿进，室外即要用钥匙开启，但旋钮亦自动弹出；如在室内将旋钮揿进后再旋转 90°，可使室外长期要用钥匙开启。锁带有锁舌保险机构。适用于一般需要锁闭的门上，如房门、办公室门等
	8692 型（弹子壁橱门锁）——外执手中有弹子锁头，无内执手。外执手不能转动，需用钥匙开启。适用于壁橱门上
	8693 型（浴室门锁）——外执手中无弹子锁头，内执手中有旋钮。平时用执手开启；如在室内将旋钮揿进，室外即不能用执手开启，但必要时可用无齿钥匙插入外执手的小孔中开启。适用于浴室、厕所、更衣室等门上
	8698 型（通道门锁）——外执手中无锁头，内执手中无旋钮。执手可自由开启。适用于只需防风、不需锁闭的门上，如通道门等
(c) 执手型式	执手有 C、G、O 型三种型式。完整的球型门锁型号，由门锁型号和执手型号两部分组成。例：8691C 型、8691G 型 C 型　　G 型　　O 型
(d) 其他说明	① 锁头中心距：70mm ② 适用门厚：35～50mm ③ 执手、锁面板、锁扣板、覆圈材料：黄铜，表面镀铬；不锈钢，本色 ④ 球形门锁的技术要求，参见 QB/T 3840—1999《球形门锁》的规定

(3) 总钥匙锁

三级管理总钥匙锁示意图

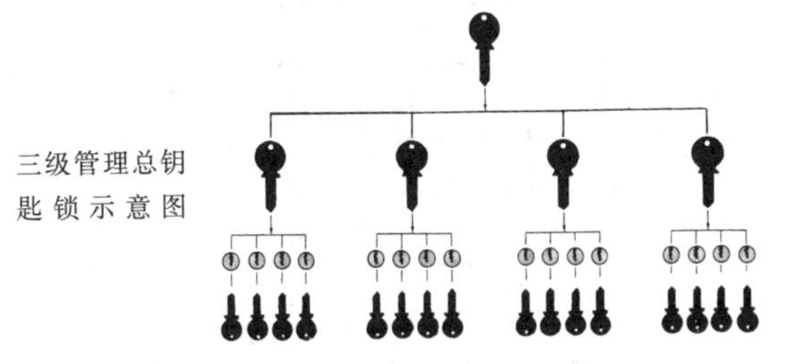

【用　　途】 指用一把钥匙能够开启一组(包括数百把甚至数千把)钥匙互相不同的门锁,这把钥匙称为总钥匙。每把锁的钥匙称为分钥匙,这组锁称为总钥匙锁。适用于拥有众多房间的宾馆、大楼、船舶等场合。用户需要定制这种锁时,须向锁厂提出具体使用情况。

【规　　格】 6孔弹子锁头门锁。

品　种	适　用　范　围	适用门锁
二级管理总钥匙锁	① 用一把总钥匙开启所有房间(≤3000间)的门锁 ② 用若干把(≤20把)不同的总钥匙,分别开启各自所适用的房间(≤700间)的门锁	球形门锁 执手插锁 船用门锁 防火门锁
三级管理总钥匙锁	除用一把总钥匙开启所有房间的门锁外,还可以用若干把分总钥匙分别开启各自所适用的房间的门锁;分总钥匙把数×每把分总钥匙适用的房间:16把×150间,40把×60间	球形门锁 船用门锁

（续）

品　种	适　用　范　围	适用门锁
四级管理总钥匙锁	在不大于4组的三级管理总钥匙锁基础上，再用一把总钥匙开启所有房间的门锁。①4组（三级管理锁）×12把（分总钥匙）×60间；②4组（三级管理锁）×16把（分总钥匙）×40间	球形门锁

注：5孔弹子锁头门锁，只有二级和三级总钥匙锁；二级适用于≤19把总钥匙×192间房间门锁；三级适用于≤12（或）16把分总钥匙×64（或48）间房间门锁。又5孔弹子锁头家具锁，只有二级管理总钥匙锁，分钥匙总数≤100把。

（4）铝合金门锁（QB/T 3891—1999）

【用　　途】装在铝合金门上锁门用。双锁头、方呆舌、无执手，室内外均用钥匙开启、关闭。平口门选用平口锁，圆口门选用圆口锁。

【规　　格】

a. 型式尺寸（mm）。

安装中心距	基本尺寸				
	13.5	18	22.4	29	35.5
锁舌伸出长度	≥8		≥10		

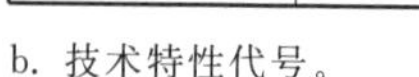

b. 技术特性代号。

锁头		锁舌					执手		旋钮	
单锁头	双锁头	单方舌	单钩舌	单斜舌	双舌	双钩舌	有	无	有	无
1	2	3	4	5	6	7	8	0	9	0

c. 保密度。

		优等品	一级品	合格品
牙花数	弹子数 4	—	—	500
	弹子数 5	6000	6000	3000
互开率(%)		0.204	0.204	0.286

d. 产品举例。

型　号	锁头形状	锁面板形　状	锁体尺寸(mm)					适用门厚(mm)
			锁　头中心距	宽度	高度	厚度	锁舌伸出长度	
LS-83	椭圆形	圆口式	20.5	38	115	17	13	44～48
LS-84	椭圆形	平口式	28	43.5	90	17	15	48～54
LS-85A	圆　形	圆口式	26	43.5	83	17	14	40～46
LS-85B	圆　形	圆口式	26	43.5	83	17	14	55

注：制造材料：锁体为低碳钢，锁面板为铝合金，锁头、锁舌、钥匙为铜合金。

(5) 铝合金窗锁(QB/T 3890—1999)

【用　　途】 安装于铝合金推拉窗上用锁。

无锁头单面锁

无锁头双面锁

有锁头

【规　　格】 根据有无锁头和单双面开锁分为无锁头单面锁 WD、无锁头双面锁 WS、有锁头单面锁 YD、有锁头双面锁 YS 四种型式。

宽度 B(mm)	12	15	17	19
安装尺寸 L(mm)	80，87	77，87	112，125	168，180

(6) 叶片执手插锁

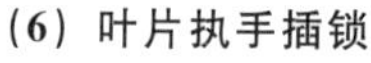

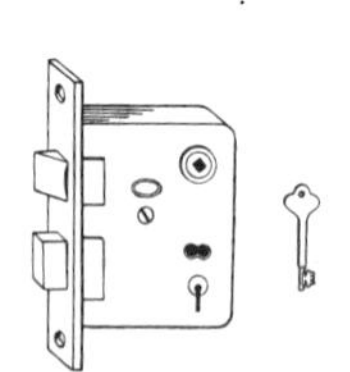

锁体

S 型执手覆板

W 型执手覆板

【其他名称】 叶片锁、三叶子门锁、三叶子执手插锁。

【用　　途】 装在门上作锁门或防风用。斜活舌，室内外均用执手开启；方呆舌，室内外均用钥匙开启。双开式锁，用钥匙在钥匙孔中旋转两圈，可增加方呆舌伸出长度。锁的钥匙不同牙花数很少，但锁的外形美观，多用于对安全性要求不高的教室、会议室等门上。

锁体类型、型号			锁体尺寸(mm)					执手覆板型号	适用门厚(mm)
类型		型号	钥匙孔中心距	宽度	高度	厚度	方舌伸出长度		
狭型	普通式	9242	44.5	63.5	105	16	12.5	W4 型（铝合金制）S8 型（锌合金制）	35～50
	双开式	9332					16.5		
宽型	双开式	9552	53	78	126	19	16.5		

注：制造材料：锁体为低碳钢，锁舌为铜合金，钥匙为锌合金。叶片执手插锁的技术要求，参见 QB/T 3839—1999《叶片插芯门锁》的规定。

(7) 叶片插芯门锁(QB/T 2475—2000)

【用　　途】 安装于各种平开门上的叶片插芯锁具。

【规　　格】 按锁头分为：单锁头、双锁头；按锁舌分为：单方舌、单斜舌、双锁舌、钩子锁舌。

a. 保密度：每组锁的钥匙牙花≥72；互开率≤0.051%。

b. 锁舌伸出长度(mm)。

类　　型	一档开启	二档开启
方　　舌	≥12	第一档≥8
		第二档≥16
斜　　舌	≥10	

c. 安装中心距、适装门厚(mm)。

项　　目	基　本　尺　寸	极限偏差
安装中心距	40，45，50，55，60，70	±8
适装门厚	35～50	

注：安装中心距、适装门厚也可根据用户或市场需求进行制造。

(8) 执 手 锁

【其他名称】 执手防风锁。

【用　　途】 装在门上作防风用。室内外均用执手开启。多用于不需锁闭或已装有弹子门锁的门上。

【规　　格】

锁体类型	型号	锁体尺寸(mm)				执手覆板型号	适用门厚(mm)
		执手中心距	宽度	高度	厚度		
中型	9405	57.5	72	53	16.5	A2、S8、W-1	35～50

注：制造材料：锁体为低碳钢，锁舌为铜合金，执手、覆板为低碳钢(A2)、锌合金(S8)或铝合金(W-1)。

(9) 厕所锁

【其他名称】 有人无人锁。

【用　　途】 装于厕所门上，室内锁门用，并向室外显示室内“有人”或“无人”。附有简单钥匙，室外可用钥匙锁门或开门。

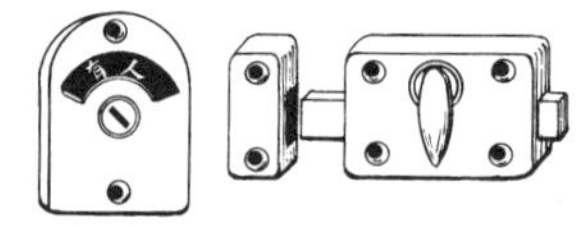

【规　　格】 型号：651。适用门厚(mm)：15～55。

(10) 恒温室门锁

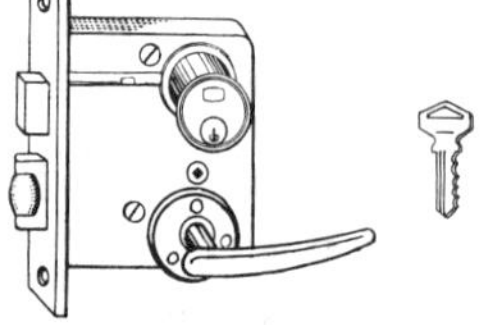

【其他名称】 恒温锁。

【用　　途】 专供装于工厂、科研等单位的恒温室门上，作锁门和防风用。

【规　　格】 上海产品。

锁体类型	型号	锁面板形状	锁体尺寸(mm)				适用门厚(mm)
			锁头中心距	宽度	高度	厚度	
宽型	300 301 302	平口式 左斜口式(7°) 右斜口式(7°)	82.5 84.5 84.5	110 112 112	130	22	65～70

注：制造材料：锁体为灰铸铁或铜合金，锁舌、钥匙、面板为铜合金。

(11) 密闭门锁

【其他名称】 播音室门锁。

【用　　途】 专供装于各种要求隔音的密闭门上，作锁门用。

【规　　格】

锁体类型	型　号	适用门型	锁体尺寸(mm)				适用门厚(mm)
			锁头中心距	宽度	高度	厚度	
宽型	400-1 400-2 400-3 400-4	左内、右外开门 右内、左外开门 左内、右外开门 右内、左外开门	70	115	115	20	100～150

注：1. 400-1，2 型为单保险锁，锁舌伸缩由执手操纵，室内用旋钮、室外用钥匙可锁住执手转动；3，4 型为双保险锁，还具有室内解除室外保险，而室外无法解除室内保险之功能。

2. 锁体、锁舌、钥匙等零件材料全为铜合金。

(12) 弹子抽屉锁

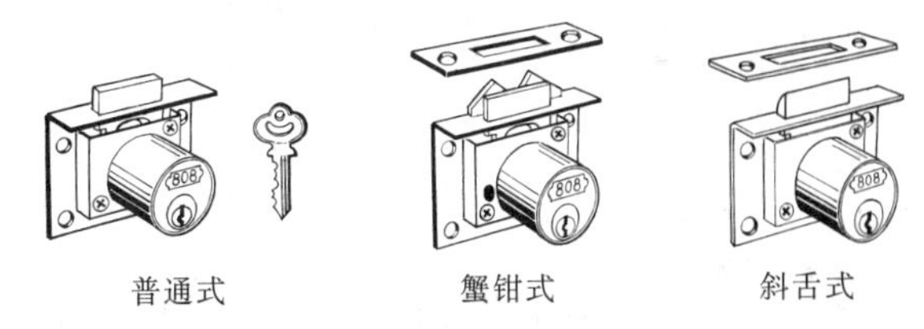

普通式　　蟹钳式　　斜舌式

【其他名称】 普通式——抽屉锁、抽斗锁。

蟹钳式——蟹钳锁。

斜舌式——碰舌抽屉锁。

【用　　途】 锁抽屉用，也可用以代替橱门锁。低锁头式锁适用于板壁较薄的抽屉上。蟹钳式锁的特点是抽屉被锁住后，无法用异物撬开锁舌，安全性较高，特别适用于移门式橱门和盖板向上掀起的工作台、木箱上。斜舌式锁的特点是，锁闭时不用钥匙，把抽屉推进去即被锁住，比较方便。

【规　　格】

品　种	主要尺寸(mm)			
	锁头直径	底板长	底板宽	总高度
普通式、蟹钳式、斜舌式	16,18,20, 22,22.5	53	40.2	28
低锁头式、低锁头蟹钳式				24.6

注：制造材料：锁头为铝合金、铜合金或铜合金套(内为铝合金)，锁舌、钥匙为铝合金或铜合金。弹子抽屉锁的技术要求，参见QB/T 1621—1992《弹子家具锁》的规定。

(13) 弹子橱门锁

左橱门锁

右橱门锁

【其他名称】 橱门锁。

【用　　途】 锁橱门用。

【规　　格】 分左橱门锁和右橱门锁两种，尺寸、制造材料及技术要求，与普通式弹子抽屉锁相同(仅锁头位置不同)。

(14) 拉手橱门锁

圆形式

梅花式

蓓蕾式

花叶花板式

【用　　途】 装在橱门上作锁门用，兼作拉手用。

【规　　格】 上海产品。

型　　式	圆形式	梅花式	蓓蕾式	花叶花板式
拉手长度×高度(mm)	52×23	150×23	135×23 160×23	160×23
底板长度×宽度(mm)	53×40			
弹子锁芯直径(mm)	14			

注：制造材料：锁芯、锁舌、钥匙为铜合金，拉手为塑料。

(15) 玻璃橱门锁

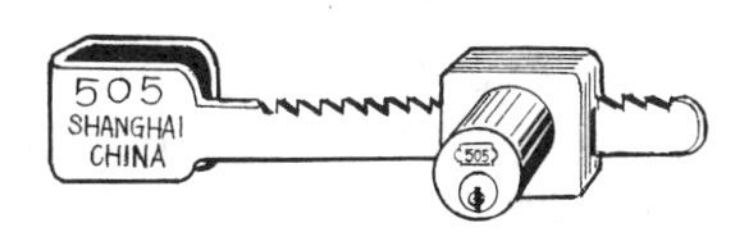

【用　　途】 装在移门式玻璃橱门上作锁门用。

【规　　格】

型号	锁头形状	锁头结构	锁头直径(mm)	齿条全长(mm)	制造材料		
					锁头	钥匙	齿条
804P 801-2	圆形 椭圆形	叶片式 弹子式	19 17×21	120,140,160	锌合金 铜合金	铜合金	低碳钢

(16) 家具移门锁

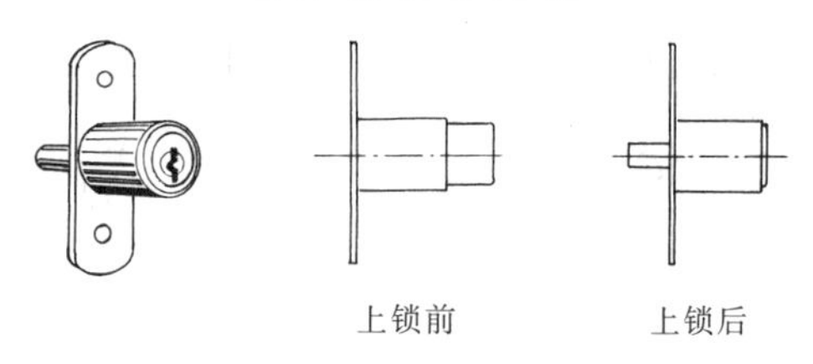

【用　　途】 装在移门式橱门上作锁门用。

【规　　格】 610 型,叶片式锁头;

锁头直径×总高(mm):19×26。

(17) 安全链

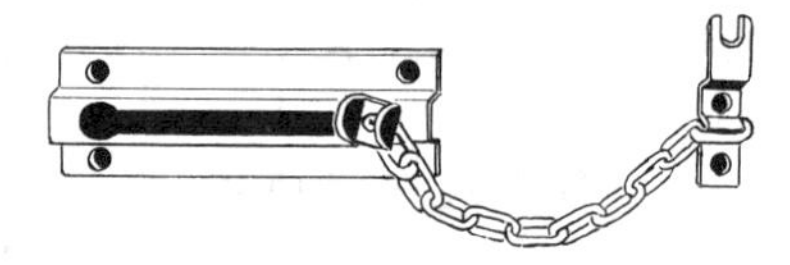

【其他名称】 防盗链。

【用　　途】 装于房门上。使用时,将链条上的扣钮插在锁扣板中,可以使房门只能开启成 10°左右角度,防止室外陌生人趁开门之机突然闯进室内;亦可供平时只让室内通风,不让自由进出之用。如将扣钮从锁扣板中取出,房门才能全部开启。

【规　　格】 锁扣板全长(mm):125。

配木螺钉(mm):3.5×16,6 只;5×25,2 只。

(18) 暗箱扣

普通式

宽式

【其他名称】 箱扣、门搭扣、搭扣、扣吊、板吊、锁牌、暗锁扣。

【用　　途】 装于门、柜、橱、箱、抽屉等上，作上挂锁用。

【规　　格】

页板长度(mm)	普通式	40	50	65	75	—	100	—
	宽式	40	50	65	75	90	100	125
配用木螺钉(参考)	直径×长度(mm)	3×12		3×14	3×16	3×18		
	数　目	5		7	7	7		

注：制造材料为低碳钢，表面涂漆。

(19) 门　　镜

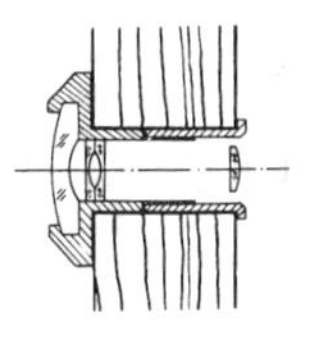

【其他名称】 门视器、警眼、猫眼。

【用　　途】 装在门上，供人从室内观察室外情况之用，而从室外却无法观察室内情况。

【规　　格】

品种	① 按视场角分：180°，160°，120° ② 按镜片材料分：光学玻璃、有机玻璃 ③ 按镜筒材料分：黄铜、ABS 塑料		
规格(mm)	镜筒外径	14	12
	适用门厚	23～43，28～48	23～43

7. 其他配件

(1) 脚　　轮

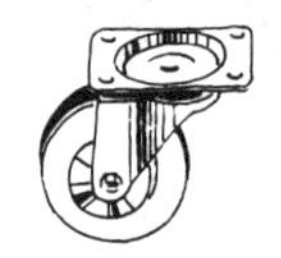

平顶(万向)脚轮

平顶(万向)刹车脚轮

平顶定向脚轮

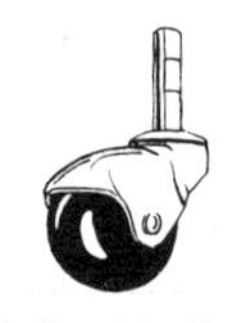

有轴(万向)脚轮

丝口(万向)脚轮

【用　　途】 装于各种旅游箱包、沙发、管型床椅、货柜、铁门、手推车、平板车、家用电器、食品机械、医疗机械等的底部,以便移动搬运。除定向式(固定式)脚轮只能前后移动外;其余均为万向式(转向式)脚轮,即脚轮可以前后左右移动。平顶脚轮采用机螺钉、自攻螺钉或铆钉与箱包等的底部进行连接;有轴脚轮将其销轴插入床椅等底部的轴孔中进行连接;丝口脚轮将其螺纹轴旋入家用电器等底部的螺纹孔中进行连接。刹车脚轮可以利用刹车机构使脚轮停止转动。

【规　　格】

轮子直径	全高	轮子材料	承载重量	轮子直径	全高	轮子材料	承载重量	轮子直径	全高	轮子材料	承载重量
(mm)			(kg)	(mm)			(kg)	(mm)			(kg)
平顶脚轮（代号 P）				平顶重载脚轮（代号 P/T）**				平顶定向脚轮（代号 D）			
30	40	尼龙	10	125	160	橡胶	200	50	69	橡胶	35
32	42	尼龙	10	150	190	橡胶	220	75	100	橡胶	80
38	56	尼龙	25	200	240	橡胶	240	100	125	橡胶	100
50	65	橡胶	45	250	290	橡胶	260	125	150	橡胶	125
75	100	橡胶	70	平顶刹车脚轮（代号 PH）				平顶重载定向脚轮（代号 D/T）**			
75	100	铁轮	100								
100	125	橡胶	90								
125	150	橡胶	125	75	100	橡胶	70	100	140	橡胶	180
平顶重载脚轮（代号 P/T）**				100	125	橡胶	100	125	160	橡胶	200
				125	150	橡胶	125	150	190	橡胶	220
				125*	150	橡胶	150	200	240	橡胶	240
100	140	橡胶	180	150	190	橡胶	220	250	290	橡胶	260

轮子直径	全高	螺纹直径	螺纹长度	轮子材料	承载重量	轮子直径	全高	销轴直径	销轴长度	轮子材料	承载重量
(mm)					(kg)	(mm)					(kg)
丝口脚轮（代号 S）						有轴脚轮（代号 Z）					
30	42	M8	13	尼龙	10	30	42	10	20	尼龙	10
32	45	M8	13	尼龙	10	32	45	10	20	尼龙	10
38	60	M10	15	尼龙	25	38	60	12	25	尼龙	25
50	71	M12	25	橡胶	45	50	67	16	45	橡胶	40
75	100	M12	25	橡胶	70	75	100	15	35	橡胶	70
100	125	M12	25	橡胶	90	100	125	15	35	橡胶	90
125	150	M12	30	橡胶	125	125	150	15	50	橡胶	125
丝口球型脚轮（代号 SQ）						有轴球型脚轮（代号 ZQ）					
38	52	M10	15	橡胶	30	38	52	12	40	橡胶	30
50	62	M12	15	橡胶	45	50	62	12	40	橡胶	45
平顶球型脚轮（代号 PQ）						带帽（有轴）球型脚帽（代号 MQ）					
38	52	—	—	橡胶	30	38	52	9	42	橡胶	30
50	62	—	—	橡胶	45	50	62	9	42	橡胶	45

注：1. 脚轮型号由"脚轮品种代号"、"规格(轮子直径)"、"材料代号(尼龙为N,橡胶轮为E,铁轮为L)"和"其他说明代号(如加重型为G)"组成。例:P30N、PH125EG。

2. 带 * 符号的脚轮为加重型脚轮。

3. 带 * * 符号的平顶重载脚轮和平顶重载定向脚轮的轮子材料,还有尼龙轮和铁轮两种。

(2) 铝合金羊角及扁梗

铝合金羊角　　　　铝合金扁梗

【用　　途】 装于木质或铝合金陈列柜、橱窗中,供置放玻璃搁板,以便在搁板上陈列样品之用。扁梗垂直固定连接在陈列柜、橱窗的后部框架上,羊角则用其L形弯角插入扁梗的长方形孔中。

【规　　格】

铝合金羊角及扁梗主要尺寸(mm)									
羊角规格	200	250	300	350	扁梗长度	480	730	910	1200
羊角总长	216	266	317	367	长方孔数	8	14	18	27
羊角高度	62.3				断面宽度	16			
羊角厚度	2.2				断面边长	19			
承受负荷(kg/2只)≤	20	20	16	16	断面壁厚	长方孔边3,侧边1.5			
					孔高×宽	15.8×3			

(3) 低碳钢侧角

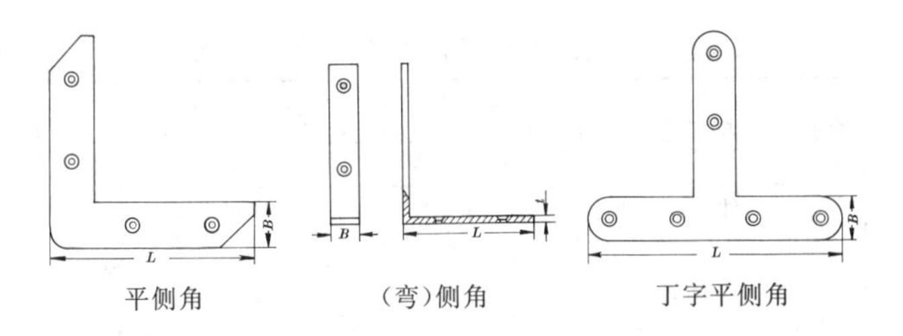

平侧角　　　　(弯)侧角　　　　丁字平侧角

【其他名称】 平侧角——铁平侧角、铁三角；
(弯)侧角——铁弯侧角、铁弯三角；
丁字平侧角——铁丁字平侧角、铁丁字三角。

【用　　途】 平侧角用于钉在木质门、窗、桌、椅等直角连接处的平面表面上；丁字平侧角用于钉在木质门、窗的T形连接处的平面表面上；(弯)侧角用于钉在木质门、窗、桌、椅等直角连接处的侧面表面上。均用以加强这些连接处的连接强度。

【规　　格】

品　　种		小平侧角	平侧角	大平侧角	(弯)侧角		丁字平侧角
主要尺寸(mm)	规　　格	85	125	150	65	100	108
	边长 L	85	125	150	65	100	108
	宽度 B	18	18	18	12	16	18
	厚度 t	2	3	3	3	3	2
	钉孔直径	4.2	4.2	4.2	4.2	4.2	4.2
	钉 孔 数	4	4	4	4	6	6

注：侧角表面镀锌钝化。

第二十五章 管件及阀门

1. 管道元件的公称尺寸(GB/T 1047—2005)

管道元件公称尺寸的标识:用字母 DN 和数字表示。例:DN50,这个数字仅与管道元件的端部连接部位的孔径或外径等特征尺寸(单位用 mm 表示)有关,但不适用于计算
管道元件公称尺寸的优先系列:DN6,DN8,DN10,DN15,DN20,DN25,DN32,DN40,DN50,DN65,DN80,DN100,DN125,DN150,DN200,DN250,DN300,DN350,DN400,DN450,DN500,DN600,DN700,DN800,DN900,DN1000,DN1100,DN1200,DN1400,DN1500,DN1600,DN1800,DN2000,DN2200,DN2400,DN2600,DN2800,DN3000,DN3200,DN3400,DN3600,DN3800,DN4000

注:在旧标准(GB/T 1047—1995)中,尚列入 DN1,DN2,DN3,DN4,DN5,DN175,DN225 等管道元件公称尺寸。

2. 管道元件的公称压力、试验压力及工作压力

(1) 管道元件的公称压力(GB/T 1048—2005)

管道元件公称压力的标识:用字母 PN 和数字表示。例:PN16,这个数字不代表测量值,也不应用于计算目的
管道元件公称压力分 DIN 系列和 ANSI 系列(DIN—德国标准,ANSI—美国国家标准) DIN 系列的 PN 数值有:PN2.5,PN6,PN10,PN16,PN25,PN40,PN63,PN100 ANSI 系列的 PN 数值有:PN20,PN50,PN110,PN150,PN260,PN420
管道元件的允许压力,则取决于元件的 PN 数值,以及材料、设计和允许工作温度等,并在相应标准中的压力—温度等级表中给出
在旧标准(GB/T 1048—1998)中规定的公称压力标识为 *PN*××(××表示压力数值,单位为 MPa),该数值等于现行标准中的数值的 1/10。例:旧标准的 *PN*1.6,即等于现行标准的 PN16

注:在本手册中介绍的各种具体管道元件产品时,其公称压力的标识尚以旧标准的规定 *PN*××(MPa)表示。

(2) 钢制阀门的公称压力、试验压力及工作压力

材料类别		工　作　温　度 t(℃)						
Ⅰ类		200*	250	300	350	400	425	435
Ⅱ类		200*	320	450	490	500	510	515
Ⅲ类		200*	320	450	510	520	530	540
Ⅳ类		200*	325	390	430	450	470	490
Ⅴ类		200*	300	400	480	520	560	590
PN	P_s	在该工作温度级的最大工作压力 $P_{t\max}$(MPa)(供参考)						
0.1	0.2	0.1	0.09	0.08	0.07	0.06	0.06	0.05
0.25	0.4	0.25	0.22	0.20	0.18	0.16	0.14	0.12
0.4	0.6	0.4	0.36	0.32	0.28	0.25	0.22	0.20
0.6	0.9	0.6	0.56	0.50	0.45	0.40	0.36	0.32
1.0	1.5	1.0	0.90	0.80	0.70	0.64	0.56	0.50
1.6	2.4	1.6	1.4	1.25	1.1	1.0	0.90	0.80
2.5	3.8	2.5	2.2	2.0	1.8	1.6	1.4	1.25
4.0	6.0	4.0	3.6	3.2	2.8	2.5	2.2	2.0
6.4	9.6	6.4	5.6	5.0	4.5	4.0	3.6	3.2
10.0	15.0	10.0	9.0	8.0	7.1	6.4	5.6	5.0
16.0	24.0	16.0	14.0	12.5	11.2	10.0	9.0	8.0
20.0	30.0	20.0	18.0	16.0	14.0	12.5	11.2	10.0
25.0	38.0	25.0	22.5	20.0	18.0	16.0	14.0	12.5
32.0	48.0	32.0	28.0	25.0	22.5	20.0	18.0	16.0
40.0	56.0	40.0	36.0	32.0	28.0	25.0	22.5	20.0
50.0	70.0	50.0	45.0	40.0	36.0	32.0	28.0	25.0
64.0	90.0	64.0	56.0	50.0	45.0	40.0	36.0	32.0
80.0	110.0	80.0	71.0	64.0	56.0	50.0	45.0	40.0
100.0	130.0	100.0	90.0	80.0	71.0	64.0	56.0	50.0

注：1. 各类材料包括的钢号：

Ⅰ类——10，20，25，ZG200，ZG250 钢；

Ⅱ类——15CrMo，ZG20CrMo 钢；

Ⅲ类——12Cr1MoV，15CrMo1V，ZG20CrMoV，ZG15Cr1Mo1V 钢；

Ⅳ类——1Cr5Mo，ZG1Cr5Mo 钢；

Ⅴ类——1Cr18Ni9Ti，ZG1Cr18Ni9Ti，1Cr18Ni12Mo2Ti，ZG1Cr18Ni12Mo2Ti 钢。

（续）

材料类别		工作温度 t(℃)						
Ⅰ类		445	455	—	—	—	—	—
Ⅱ类		525	535	545	—	—	—	—
Ⅲ类		550	560	570	—	—	—	—
Ⅳ类		500	510	520	530	540	550	—
Ⅴ类		610	630	640	660	675	690	700
PN	P_s	在该工作温度级的最大工作压力 $P_{t\max}$(MPa)(供参考)						
0.1	0.2	0.05	—	—	—	—	—	—
0.25	0.4	0.11	0.10	0.09	0.08	0.07	0.06	0.06
0.4	0.6	0.18	0.16	0.14	0.12	0.11	0.10	0.09
0.6	0.9	0.28	0.25	0.22	0.20	0.18	0.16	0.14
1.0	1.5	0.45	0.40	0.36	0.32	0.28	0.25	0.22
1.6	2.4	0.70	0.64	0.56	0.50	0.45	0.40	0.36
2.5	3.8	1.1	1.0	0.90	0.80	0.70	0.64	0.56
4.0	6.0	1.8	1.6	1.4	1.25	1.1	1.0	0.90
6.4	9.6	2.8	2.5	2.2	2.0	1.8	1.6	1.4
10.0	15.0	4.5	4.0	3.6	3.2	2.8	2.5	2.2
16.0	24.0	7.1	6.4	5.6	5.0	4.5	4.0	3.6
20.0	30.0	9.0	8.0	7.1	6.4	5.6	5.0	4.5
25.0	38.0	11.2	10.0	9.0	8.0	7.1	6.4	5.6
32.0	48.0	14.0	12.5	11.2	10.0	9.0	8.0	7.1
40.0	56.0	18.0	16.0	14.0	12.5	11.2	10.0	9.0
50.0	70.0	22.5	20.0	18.0	16.0	14.0	12.5	11.2
64.0	90.0	28.0	25.0	22.5	20.0	18.0	16.0	14.0
80.0	110.0	36.0	32.0	28.0	25.0	22.5	20.0	18.0
100.0	130.0	45.0	40.0	36.0	32.0	28.0	25.0	22.0

注：2. PN—公称压力，P_s—试验压力，压力单位为 MPa。
3. 带 * 符号的工作温度为基准温度。
4. 当工作温度为表中温度级的中间值时，可用内插法决定最大工作压力。
5. 当阀门的主要零件采用塑料、橡胶等非金属材料或机械性能和温度极限低于表中的材料时，不能使用此表。
6. 本表资料参考《阀门设计手册》，杨源泉主编，1992 年，机械工业出版社。

(3) 铸铁、铜和铜合金制阀门的公称压力、试验压力及工作压力

公称压力 PN	试验压力 P_s	灰铸铁				球墨铸铁					
		工作温度 t(℃)									
		120	200	250	300	−30~120	150	200	250	300	350
(MPa)		在该工作温度级的最大工作压力 P_{tmax}(MPa)(供参考)									
0.25	0.4	0.25	0.20	0.18	0.15	—	—	—	—	—	—
0.6	0.9	0.60	0.49	0.44	0.35	—	—	—	—	—	—
1.0	1.5	1.0	0.78	0.69	0.59	—	—	—	—	—	—
1.6	2.4	1.6	1.27	1.09	0.98	1.60	1.52	1.44	1.28	1.12	0.88
2.5	3.8	2.5	2.0	1.75	1.5	2.50	2.38	2.25	2.00	1.75	1.38
4.0	6.0	—	—	—	—	4.00	3.80	3.60	3.20	2.80	2.20

公称压力 PN	试验压力 P_s	可锻铸铁				铜及铜合金		
		工作温度 t(℃)						
		120	200	250	300	120	200	250
(MPa)		在该工作温度级的最大工作压力 P_{tmax}(MPa)(供参考)						
0.1	0.2	0.10	0.10	0.10	0.10	0.10	0.10	0.07
0.25	0.4	0.25	0.25	0.2	0.2	0.25	0.20	0.17
0.4	0.6	0.40	0.38	0.36	0.32	0.40	0.32	0.27
0.6	0.9	0.60	0.55	0.50	0.50	0.60	0.50	0.40
1.0	1.5	1.0	0.90	0.80	0.80	1.0	0.80	0.70
1.6	2.4	1.6	1.5	1.4	1.3	1.6	1.3	1.1
2.5	3.8	2.5	2.3	2.1	2.0	2.5	2.0	1.7
4.0	6.0	4.0	3.6	3.4	3.2	4.0	3.2	2.7
6.4	9.6	—	—	—	—	6.4	—	—
10.0	15.0	—	—	—	—	10.0	—	—
16.0	24.0	—	—	—	—	16.0	—	—
20.0	30.0	—	—	—	—	20.0	—	—
25.0	35.0	—	—	—	—	25.0	—	—

注：1. 当工作温度为表中温度级的中间值时，可用内插法决定最大工作压力。
2. 本表资料参考《阀门设计手册》，杨源泉主编，1992 年，机械工业出版社。

3. 55°管螺纹

(1) 55°管螺纹的分类、标准号和螺纹特征代号

55°管螺纹广泛应用在我国的输水、输汽(气)等管路中的管子、管件和阀门上。它按其螺纹副本身是否具有密封性能分为55°非密封管螺纹和55°密封管螺纹两类。其中55°密封管螺纹又按其内螺纹和外螺纹的螺纹副配合形式分为两种配合形式:(一)由具有密封性能的圆柱内螺纹和圆锥外螺纹配合;(二)由具有密封性能的圆锥内螺纹和圆锥外螺纹配合。这几种55°管螺纹的标准号和螺纹特征代号如下:

GB/T 7307—2001:55°非密封管螺纹—圆柱管螺纹(代号G),其外螺纹的下偏差又分A级和B级两种,A级公差值小于B级公差值;

GB/T 7306.1—2000:55°密封管螺纹,第1部分—圆柱内螺纹(代号R_P)与圆锥外螺纹(代号R_1);

GB/T 7306.2—2000:55°密封管螺纹,第2部分—圆锥内螺纹(代号R_C)与圆锥外螺纹(代号R_2)。

55°管螺纹的标记举例:

G3/4——表示尺寸代号为3/4的右旋圆柱内螺纹;

G3/4A——表示尺寸代号为3/4的A级右旋圆柱外螺纹(也可以用来表示圆柱管螺纹的螺纹副);

R_P1——表示尺寸代号为1的右旋圆柱内螺纹;

$R_1$1——表示尺寸代号为1的右旋圆锥外螺纹;

$R_P/R_1$1——表示尺寸代号为1的右旋圆柱内螺纹与圆锥外螺纹所组成的螺纹副;

R_C2——表示尺寸代号为2的右旋圆锥内螺纹;

$R_2$2——表示尺寸代号为2的右旋圆锥外螺纹;

$R_C/R_2$2——表示尺寸代号为2的右旋圆锥内螺纹和圆锥外螺纹所组成的螺纹副;

R_C2LH——表示尺寸代号为2的左旋圆锥内螺纹(右旋螺纹无代号,左旋螺纹代号为LH)。

(2) 55°非密封管螺纹(55°圆柱管螺纹)牙型

(GB/T 7307—2001)

D、d—螺纹大径；
D_1、d_1—螺纹小径；
D_2、d_2—螺纹中径；
P—螺距；
H—原始三角形高度；
h—牙型高度；
r—圆弧半径；
n—每 25.4mm 牙数

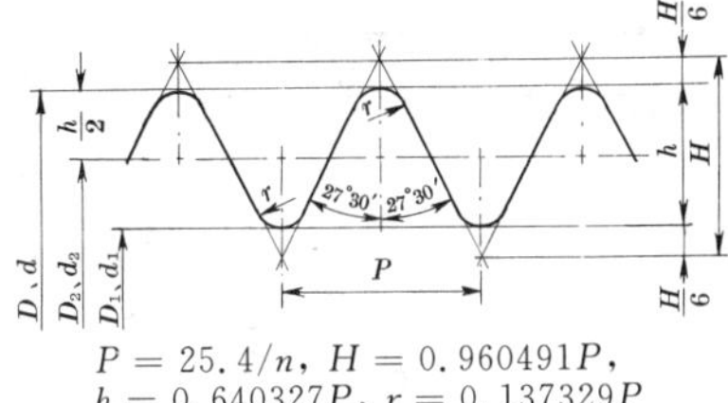

$P=25.4/n$，$H=0.960491P$，
$h=0.640327P$，$r=0.137329P$

(3) 55°密封管螺纹(55°圆锥管螺纹)牙型

(GB/T 7306.1、7306.2—2000)

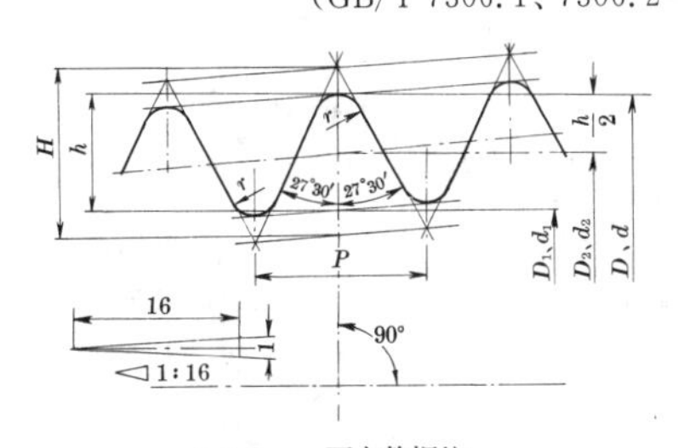

D、d—螺纹大径；
D_1、d_1—螺纹小径；
D_2、d_2—螺纹中径；
P—螺距；
H—原始三角形高度；
h—牙型高度；
r—圆弧半径；
n—每 25.4mm 牙数

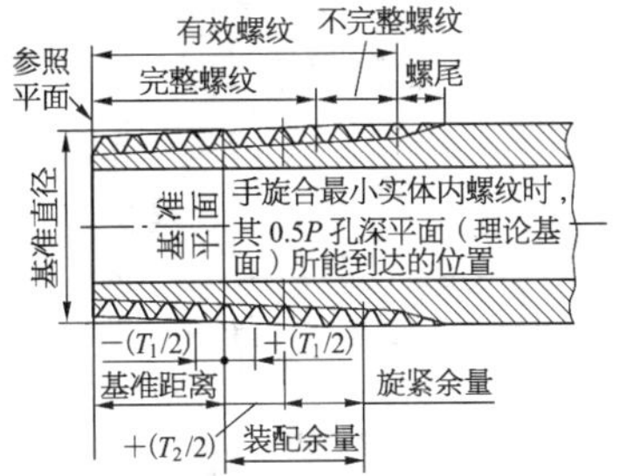

圆锥外螺纹上各主要尺寸的分布位置

$P=25.4/n$，
$H=0.960237P$，
$h=0.640327P$，
$r=0.137278P$

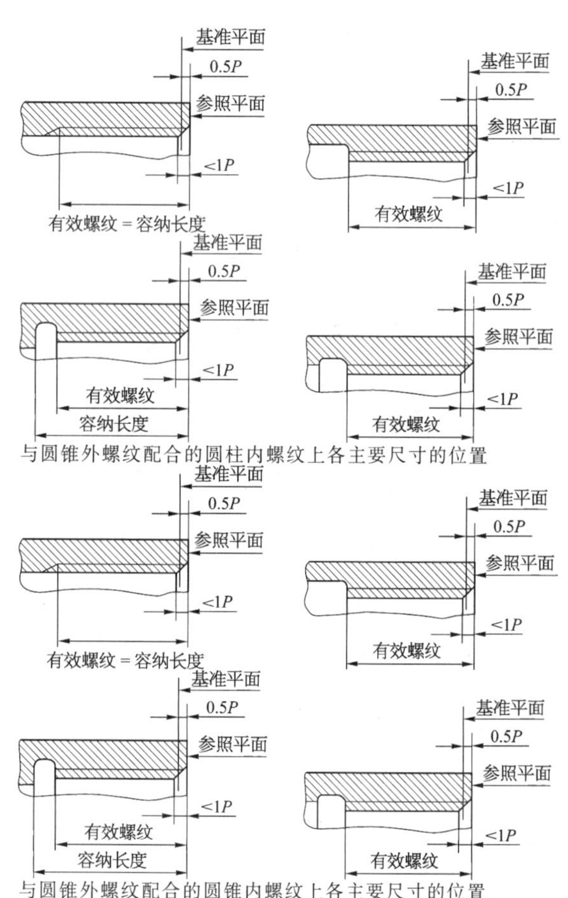

与圆锥外螺纹配合的圆柱内螺纹上各主要尺寸的位置

与圆锥外螺纹配合的圆锥内螺纹上各主要尺寸的位置

(4) 55°非密封管螺纹(55°圆柱管螺纹)主要尺寸

(GB/T 7307—2001)

尺寸代号	每25.4 mm 牙数 n	螺距 P (mm)	基本直径(mm)			牙高 h (mm)
			大径 $d=D$	中径 $d_2=D_2$	小径 $d_1=D_1$	
1/16	28	0.907	7.723	7.142	6.561	0.581
1/8			9.728	9.147	8.566	
1/4	19	1.337	13.157	12.301	11.445	0.856
3/8			16.662	15.806	14.950	
1/2	14	1.814	20.955	19.793	18.631	1.162
5/8			22.911	21.749	20.587	
3/4			26.441	25.279	24.117	
7/8			30.201	29.039	27.877	
1	11	2.309	33.249	31.770	30.291	1.479
$1\frac{1}{8}$			37.897	36.418	34.939	
$1\frac{1}{4}$			41.910	40.431	38.952	
$1\frac{1}{2}$			47.803	46.324	44.845	
$1\frac{3}{4}$			53.746	52.267	50.788	
2			59.614	58.135	56.656	
$2\frac{1}{4}$			65.710	64.231	62.752	
$2\frac{1}{2}$			75.184	73.705	72.226	
$2\frac{3}{4}$			81.534	80.055	78.576	
3			87.884	86.405	84.926	
$3\frac{1}{2}$			100.330	98.851	97.372	
4			113.030	111.551	110.072	
$4\frac{1}{2}$			125.730	124.251	122.772	
5			138.430	136.951	135.472	
$5\frac{1}{2}$			151.130	149.651	148.172	
6			163.830	162.351	160.872	

(5) 55°密封管螺纹(55°圆锥管螺纹)主要尺寸

(GB/T 7306.1、7306.2—2000)

尺寸代号	每25.4mm牙数 n	螺距 P (mm)	基准平面上基本直径(mm)			牙高 h (mm)	装备余量(mm)	外螺纹长度(mm)	
			大径 $d=D$	中径 $d_2=D_2$	小径 $d_1=D_1$			有效长度	基准距离
1/16	28	0.907	7.723	7.142	6.561	0.581	2.5	6.5	4.0
1/8			9.728	9.147	8.566				
1/4	19	1.337	13.157	12.301	11.445	0.856	3.7	9.7	6.0
3/8			16.662	15.806	14.950			10.1	6.4
1/2	14	1.814	20.955	19.793	18.631	1.162	5.0	13.2	8.2
3/4			26.441	25.279	24.117			14.5	9.5
1	11	2.309	33.249	31.770	30.291	1.479	6.4	16.8	10.4
1¼			41.910	40.431	38.952			19.1	12.7
1½			47.803	46.324	44.845			19.1	12.7
2			59.614	58.135	56.656		7.5	23.4	15.9
2½			75.184	73.705	72.226		9.2	26.7	17.5
3			87.884	86.405	84.926			29.8	20.6
4			113.030	111.551	110.072		10.4	35.8	25.4
5			138.430	136.951	135.472		11.5	40.1	28.6
6			163.830	162.351	160.872			40.1	28.6

注：GB/T 7306.1—2000 中规定的圆柱内螺纹的主要尺寸(尺寸代号、每 25.4mm 牙数、螺距、基准直径、牙高)，与表中的圆锥管螺纹的相应尺寸相同。

4. 管法兰及管法兰盖

(1) 板式、带颈平焊钢制管法兰

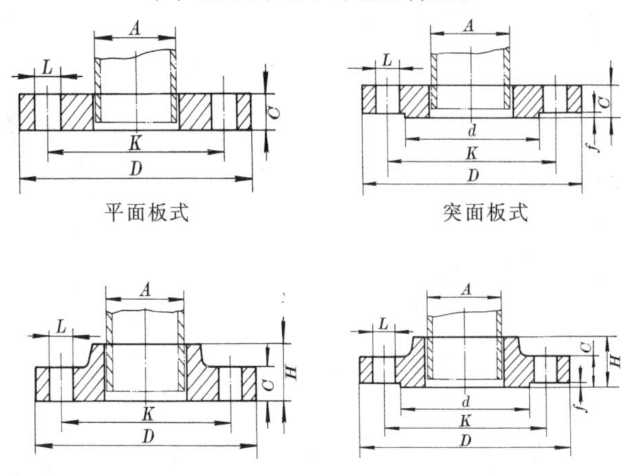

D—法兰外径；K—螺栓孔中心圆直径；
L—螺栓孔直径；n—螺栓孔数量；
d—突出密封面直径；f—密封面高度；
C—法兰厚度；H—法兰高度；
A—适用管子外径

【用　　途】 管法兰，用焊接（平焊）方法，连接在钢管两端，以便与其他带法兰的钢管、阀门或管件进行连接。

【规　　格】 常用品种。

(1) 板式平焊钢制管法兰(GB/T 9119—2010)公称通径 DN(mm)

密封面型式	公称压力 PN(MPa)								
	2.5	6	10	16	25	40	63	100	160
平面(FF)	10～1100	10～2000	10～2000	10～2000	10～600		—		
突面(RF)	10～1100	10～2000	10～2000	10～2000	10～600		10～400	10～350	10～300
凹凸面(MF)	—		10～1300	10～1000	10～600		10～400	10～350	10～300
榫槽面(TG)	—		10～1200	10～1000	10～600		10～400	10～350	10～300
O形圈面(OSG)	—		10～1200	10～1000	10～600		—		
环连接面(RJ)	—						15～400	15～350	15～300

（续）

(2) 板式平焊钢制管法兰的连接及密封面尺寸(mm)															
公称通径 DN	公称压力 PN(MPa)												各种 PN		
	≤0.6						1.0								
	D	K	L	n	d	C	D	K	L	n	d	C	f	A_1	A_2
10	75	50	11	4	33	12	90	60	14	4	41	14	2	17.2	14
15	80	55	11	4	38	12	95	65	14	4	46	14	2	21.3	18
20	90	65	11	4	48	14	105	75	14	4	56	16	2	26.9	25
25	100	75	11	4	58	14	115	85	14	4	65	16	3	33.7	32
32	120	90	14	4	69	16	140	100	18	4	76	18	3	42.4	38
40	130	100	14	4	78	16	150	110	18	4	84	18	3	48.3	45
50	140	110	14	4	88	16	165	125	18	4	99	20	3	60.3	57
65	160	130	14	4	108	16	185	145	18	4	118	20	3	76.1	76
80	190	150	18	4	124	18	200	160	18	8	132	20	3	88.9	89
100	210	170	18	4	144	18	220	180	18	8	156	22	3	114.3	108
125	240	200	18	8	174	20	250	210	18	8	184	22	3	139.7	133
150	265	225	18	8	199	20	285	240	22	8	211	24	3	168.3	159
200	320	280	18	8	254	22	340	295	22	8	266	24	3	219.1	219
250	375	335	18	12	309	24	395	350	22	12	319	26	3	273.0	273

（续）

(2) 板式平焊钢制管法兰的连接及密封面尺寸(mm)															
公称通径 DN	公称压力 PN(MPa)												各种 PN		
	≤0.6						1.0								
	D	K	L	n	d	C	D	K	L	n	d	C	f	A_1	A_2
300	440	395	22	12	363	24	445	400	22	12	370	28	4	323.9	325
350	490	445	22	12	413	26	505	460	22	16	420	30	4	355.6	377
400	540	495	22	16	463	28	565	515	26	16	480	32	4	406.4	426
450	595	550	22	16	518	28	615	565	26	20	530	35	4	457.0	480
500	645	600	22	20	568	30	670	620	26	20	582	38	4	508.0	530
600	755	705	26	20	667	36	780	725	30	20	682	42	5	610.0	630
700	860	810	26	24	775	40	895	840	30	24	800	50	5	711	720
800	975	920	30	24	880	44	1015	950	33	24	905	56	5	813	820
900	1075	1020	30	24	980	48	1115	1050	33	28	1005	62	5	914	920
1000	1175	1120	30	28	1080	52	1230	1150	36	28	1110	70	5	1016	1020
1200	1375	1320	30	32	1280	60	1455	1380	39	32	1330	83	5	1219	1220
1400	1575	1520	30	36	1480	65	1675	1590	42	36	1535	90	5	1422	1420
1600	1790	1730	30	40	1690	72	1915	1820	48	40	1760	100	5	1626	1620
1800	1990	1930	30	44	1890	79	2115	2020	48	44	1960	110	5	1829	1820
2000	2190	2130	30	48	2090	85	2325	2230	48	48	2170	120	5	2032	2020

（续）

(2) 板式平焊钢制管法兰的连接及密封面尺寸(mm)															
公称通径 DN	公称压力 PN(MPa)												各种 PN		
	1.6						2.5								
	D	K	L	n	d	C	D	K	L	n	d	C	f	A_1	A_2
10	90	60	14	4	40	14	90	60	14	4	40	14	2	17.2	14
15	95	65	14	4	45	14	95	65	14	4	45	14	2	21.3	18
20	105	75	14	4	58	16	105	75	14	4	58	16	2	26.9	25
25	115	85	14	4	68	16	115	85	14	4	68	16	3	33.7	32
32	140	100	18	4	78	18	140	100	18	4	78	18	3	42.4	38
40	150	110	18	4	88	18	150	110	18	4	88	18	3	48.3	45
50	165	125	18	4	102	20	165	125	18	4	102	20	3	60.3	57
65	185	145	18	8	122	20	185	145	18	8	122	22	3	76.1	76
80	200	160	18	8	138	20	200	160	18	8	138	24	3	88.9	89
100	220	180	18	8	158	22	235	190	22	8	162	26	3	114.3	108
125	250	210	18	8	188	22	270	220	26	8	188	28	3	139.7	133
150	285	240	22	8	212	24	300	250	26	8	218	30	3	168.3	159
200	340	295	22	12	268	26	360	310	26	12	278	32	3	219.1	219
250	405	355	26	12	320	29	425	370	30	12	335	35	3	273.0	273

（续）

(2) 板式平焊钢制管法兰的连接及密封面尺寸(mm)															
公称通径 DN	公称压力 PN(MPa)												各种 PN		
	1.6						2.5								
	D	K	L	n	d	C	D	K	L	n	d	C	f	A_1	A_2
300	460	410	26	12	378	32	485	430	30	16	395	38	4	323.9	325
350	520	470	26	16	438	35	555	490	33	16	450	42	4	355.6	377
400	580	525	30	16	490	38	620	550	36	16	505	46	4	406.4	426
450	640	585	30	20	550	42	670	600	36	20	555	50	4	457.0	480
500	715	650	33	20	610	46	730	660	36	20	615	56	4	508.0	530
600	840	770	36	20	725	55	845	770	39	20	720	68	5	610.0	630
700	910	840	36	24	795	63	960	875	42	24	820	85	5	711	720
800	1025	950	39	24	900	74	1085	990	48	24	930	95	5	813	820
900	1125	1050	39	28	1000	82							5	914	920
1000	1255	1170	42	28	1115	90							5	1016	1020
1200	1485	1390	48	32	1330	95							5	1219	1220
1400	1685	1590	48	36	1530	103							5	1422	1420
1600	1930	1820	56	40	1750	115							5	1626	1620
1800	2130	2020	56	44	1950	126							5	1829	1820
2000	2345	2230	62	48	2150	138							5	2032	2020

(续)

公称通径 DN	公称压力 PN(MPa)												各种 PN		
	4.0						6.3								
	D	K	L	n	d	C	D	K	L	n	d	C	f_1	A_1	A_2
10	90	60	14	4	40	2	100	70	14	4	40	20	2	17.2	14
15	95	65	14	4	45	2	105	75	14	4	45	20	2	21.3	18
20	105	75	14	4	58	2	130	90	18	4	58	22	2	26.9	25
25	115	85	14	4	68	2	140	100	18	4	68	24	2	33.7	32
32	140	100	18	4	78	2	155	110	22	4	78	24	2	42.7	38
40	150	110	18	4	88	3	170	125	22	4	88	26	3	48.3	45
50	165	125	18	4	102	3	180	135	22	4	102	26	3	60.3	57
65	185	145	18	8	122	3	205	160	22	4	122	26	3	76.1	76
80	200	160	18	8	138	3	215	170	22	8	138	30	3	88.9	89
100	235	190	22	8	162	3	250	200	26	8	162	32	3	114.3	108
125	270	220	26	8	188	3	295	240	30	8	188	34	3	139.7	133
150	300	250	26	8	218	3	345	280	33	8	218	36	3	168.3	159
200	375	320	30	12	285	3	415	345	36	12	285	48	3	219.1	219
250	450	385	33	12	345	3	470	400	36	12	345	55	3	273.0	273
300	515	450	33	16	410	4	530	460	36	16	410	65	4	323.9	325

Table title: (2) 板式平焊钢制管法兰的连接及密封面尺寸(mm)

(续)

(2) 板式平焊钢制管法兰的连接及密封面尺寸(mm)

公称通径 DN	公称压力 PN(MPa)												各种 PN		
	4.0						6.3								
	D	K	L	n	d	C	D	K	L	n	d	C	f_1	A_1	A_2
350	580	510	36	16	465	4	600	525	39	16	465	72	4	355.6	377
400	660	585	39	16	535	4	670	585	42	16	535	80	4	406.4	426
450	685	610	39	20	560	4									
500	755	670	42	20	615	4									
600	890	795	48	20	735	5									

公称通径 DN	公称压力 PN(MPa)						各种 PN		
	10.0								
	D	K	L	n	d	C	f_1	A_1	A_2
10	100	70	14	4	40	20	2	17.2	14
15	105	75	14	4	45	20	2	21.3	18
20	130	90	18	4	58	22	2	26.9	25
25	140	100	18	4	68	24	2	33.7	32
32	155	110	22	4	78	24	2	42.4	38
40	170	125	22	4	88	26	3	48.3	45

(续)

(2) 板式平焊钢制管法兰的连接及密封面尺寸(mm)

公称通径 DN	公称压力 PN(MPa)						各种 PN		
	10.0								
	D	K	L	n	d	C	f	A1	A2
50	195	145	26	4	102	28	3	60.3	57
65	220	170	26	8	122	30	3	76.1	76
80	230	180	26	8	138	34	3	88.9	89
100	265	210	30	8	162	36	3	114.3	108
125	315	250	33	8	188	42	3	139.7	133
150	355	290	33	12	218	48	3	168.3	159
200	430	360	36	12	285	60	3	219.1	219
250	505	430	39	12	345	72	3	273.0	273
300	585	500	42	16	410	84	4	323.9	325
350	655	560	48	16	465	95	4	355.6	377

(3) 带颈平焊钢制管法兰(GB/T 9116—2010)公称通径 DN(mm)

密封面型式	公称压力 PN(MPa)						
	6	10	16	25	40	63	100
平面(FF)	10～300	10～600	10～1000	10～600		—	

（续）

(3) 带颈平焊钢制管法兰(GB/T 9116—2010)公称通径 DN(mm)							
密封面型式	公称压力 PN(MPa)						
	6	10	16	25	40	63	100
突面(RF)	10～300	10～600	10～1000	10～600		10～150	
凹凸面(MF)	—	10～600	10～1000	10～600		10～150	
榫槽面(TG)	—	10～600	10～1000	10～600		10～150	
O形圈面(OSG)	—	10～600	10～1000	10～600		—	

(4) 钢制管法兰的螺栓孔直径与螺栓公称直径关系(mm)										
螺栓孔直径 L	11 (11)	14 (14)	18 (19)	22 (23)	26 (28)	30 (31)	33 (34)	36 (37)	39 (40)	42
螺栓公称直径	M10	M12	M16	M20	M24	M27	M30	M33	M36	M39

注：1. 表中规定的平面、突面板式平焊钢制管法兰的连接及密封面尺寸(D、K、L、n、d、f、A)A_1 系列ⅠA_2 系列Ⅱ，也适用于相同公称压力的其他钢制管法兰(如带颈平焊钢制管法兰、带颈螺纹钢制管法兰等)和钢制管法兰盖。
2. 括号内为第28.14××××页“(3)带颈螺纹铸铁管法兰的螺栓孔直径(L)尺寸”。

(2) 带颈螺纹钢制管法兰(GB/T 9114—2010)

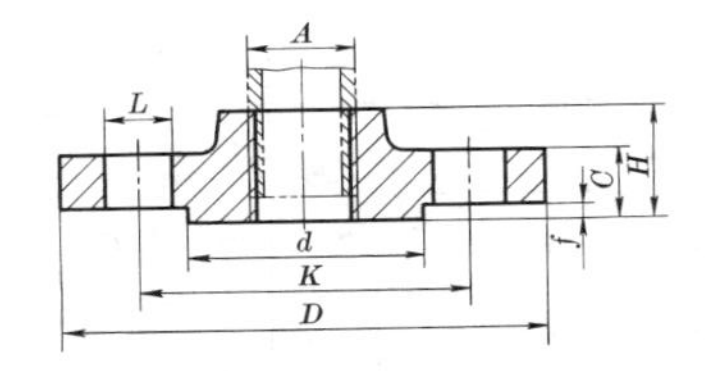

【用　　途】 用来旋在两端带 55°管螺纹的钢管上,以便与其他带法兰管的钢管或阀门、管件进行连接。

【规　　格】

<table>
<tr><th colspan="8">(1) 用 PN 标记的带颈螺纹钢制管法兰的密封面型式及适用的公称压力和公称尺寸范围</th></tr>
<tr><th rowspan="2">密封面型式</th><th colspan="7">公称压力 PN(MPa)</th></tr>
<tr><th>6</th><th>10</th><th>16</th><th>25</th><th>40</th><th>63</th><th>100</th></tr>
<tr><td>平面(FF)</td><td rowspan="2">DN 10～DN 300</td><td colspan="4" rowspan="2">DN 10～DN 600</td><td colspan="2">—</td></tr>
<tr><td>突面(RF)</td><td colspan="2">DN 10～DN 150</td></tr>
</table>

(续)

<table>
<tr><th colspan="15">（2）连接及密封面尺寸(mm)</th></tr>
<tr><th rowspan="3">公称尺寸
DN
(mm)</th><th colspan="14">公称压力 PN(MPa)</th></tr>
<tr><th colspan="2">0.6</th><th colspan="2">1.0</th><th colspan="2">1.6</th><th colspan="2">2.5</th><th colspan="2">4.0</th><th colspan="2">6.3</th><th colspan="2">10.0</th></tr>
<tr><th>C</th><th>H</th><th>C</th><th>H</th><th>C</th><th>H</th><th>C</th><th>H</th><th>C</th><th>H</th><th>C</th><th>H</th><th>C</th><th>H</th></tr>
<tr><td>10
15</td><td>12</td><td>20</td><td>16</td><td>22</td><td>16</td><td>22</td><td>16</td><td>22</td><td>16</td><td>22</td><td rowspan="2">20</td><td>28</td><td rowspan="2">20</td><td>28</td></tr>
<tr><td>20</td><td rowspan="6">14</td><td rowspan="2">24</td><td rowspan="6">18</td><td>26</td><td rowspan="6">18</td><td>26</td><td rowspan="4">18</td><td>26</td><td rowspan="4">18</td><td>26</td><td>30</td><td>30</td></tr>
<tr><td>25</td><td>28</td><td>28</td><td>28</td><td>28</td><td rowspan="2">24</td><td rowspan="2">32</td><td rowspan="2">24</td><td rowspan="2">32</td></tr>
<tr><td>32</td><td rowspan="2">26</td><td>30</td><td>30</td><td>30</td><td>30</td></tr>
<tr><td>40</td><td>32</td><td>32</td><td>32</td><td>32</td><td rowspan="3">26</td><td>34</td><td>26</td><td>34</td></tr>
<tr><td>50</td><td>28</td><td>28</td><td>28</td><td>20</td><td>34</td><td>20</td><td>34</td><td>36</td><td>28</td><td>36</td></tr>
<tr><td>65</td><td>32</td><td>32</td><td>32</td><td>22</td><td>38</td><td>22</td><td>38</td><td>40</td><td>30</td><td>40</td></tr>
<tr><td>80</td><td rowspan="2">16</td><td>34</td><td rowspan="2">20</td><td>34</td><td rowspan="2">20</td><td>34</td><td rowspan="2">24</td><td>40</td><td rowspan="2">24</td><td>40</td><td>28</td><td>44</td><td>32</td><td>44</td></tr>
<tr><td>100</td><td>40</td><td>40</td><td>40</td><td>44</td><td>44</td><td>30</td><td>52</td><td>36</td><td>52</td></tr>
</table>

(续)

<table>
<tr><th colspan="15">(2) 连接及密封面尺寸(mm)</th></tr>
<tr><th rowspan="3">公称尺寸
DN
(mm)</th><th colspan="14">公称压力 PN(MPa)</th></tr>
<tr><th colspan="2">0.6</th><th colspan="2">1.0</th><th colspan="2">1.6</th><th colspan="2">2.5</th><th colspan="2">4.0</th><th colspan="2">6.3</th><th colspan="2">10.0</th></tr>
<tr><th>C</th><th>H</th><th>C</th><th>H</th><th>C</th><th>H</th><th>C</th><th>H</th><th>C</th><th>H</th><th>C</th><th>H</th><th>C</th><th>H</th></tr>
<tr><td>125</td><td rowspan="2">18</td><td rowspan="5">44</td><td rowspan="2">22</td><td rowspan="3">44</td><td rowspan="2">22</td><td rowspan="3">44</td><td>26</td><td>48</td><td>26</td><td>48</td><td>34</td><td>56</td><td>40</td><td>56</td></tr>
<tr><td>150</td><td>28</td><td rowspan="2">52</td><td>28</td><td rowspan="2">52</td><td>36</td><td>60</td><td>44</td><td>60</td></tr>
<tr><td>200</td><td>20</td><td>24</td><td>24</td><td>30</td><td>34</td><td rowspan="9">—</td><td rowspan="9">—</td><td rowspan="9">—</td><td rowspan="9">—</td></tr>
<tr><td>250</td><td rowspan="2">22</td><td rowspan="4">26</td><td rowspan="2">46</td><td>26</td><td rowspan="2">46</td><td>32</td><td>60</td><td>38</td><td>60</td></tr>
<tr><td>300</td><td>28</td><td>34</td><td>67</td><td>42</td><td>67</td></tr>
<tr><td>350</td><td rowspan="6">—</td><td rowspan="6">—</td><td>53</td><td>30</td><td>67</td><td>38</td><td>72</td><td>46</td><td>72</td></tr>
<tr><td>400</td><td>57</td><td>32</td><td>63</td><td>40</td><td>78</td><td>50</td><td>78</td></tr>
<tr><td>450</td><td rowspan="2">28</td><td>63</td><td>34</td><td>68</td><td>46</td><td>84</td><td rowspan="2">57</td><td>84</td></tr>
<tr><td>500</td><td>67</td><td>36</td><td>73</td><td rowspan="2">48</td><td>96</td><td>90</td></tr>
<tr><td>600</td><td>30</td><td>75</td><td>40</td><td>83</td><td>100</td><td>72</td><td>100</td></tr>
</table>

注：1. 突面带颈螺纹钢制管法兰的尺寸代号说明及其他尺寸(D、K、L、n、d、f、A)，参见第 1351 页“(2)板式平焊钢制管法兰的连接及密封面尺寸”中的规定。

2. 管螺纹采用 55°圆锥管螺纹。

（3）带颈螺纹铸铁管法兰（GB/T 17241.3—1998）

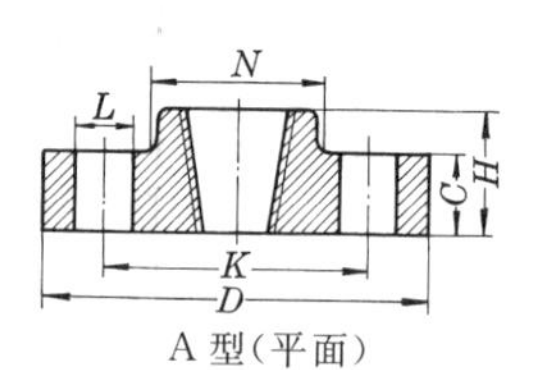

A 型（平面）

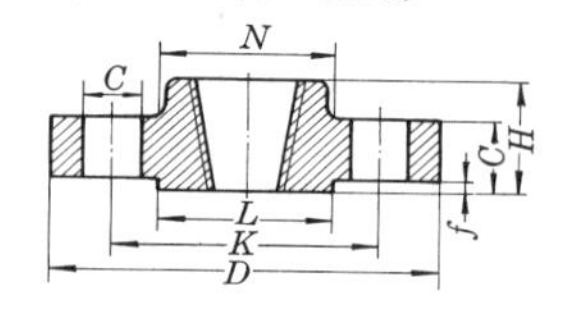

B 型（突面）

【用　　途】 与突面带颈螺纹钢制管法兰相同。

【规　　格】 常见品种（*PN*1.0，1.6，2.5）。

带颈螺纹铸铁管法兰的连接及密封面尺寸（mm）

公称通径 *DN*	公称压力 *PN*（MPa）									
	1.0 和 1.6					2.5				
	L	*C*			*H*	*L*	*C*			*H*
		灰	球	可			灰	球	可	
10	14	14	—	14	20	14	—	—	14	22
15	14	14	—	14	22	14	—	—	14	22
20	14	16	—	16	26	14	—	—	16	26
25	14	16	—	16	26	14	—	—	16	28
32	19	18	—	18	28	19	—	—	18	30
40	19	18	19	18	28	19	—	19	18	32
50	19	20	19	20	30	19	—	19	20	34
65	19	20	19	20	34	19	—	19	22	38
80	19	22	19	20	36	19	—	19	24	40
100	19	24	19	22	44	23	—	19	24	44
125	23	26	19	22	48	28	—	19	26	48
150	23	26	19	24	48	28	—	20	28	52

注：1. 带颈螺纹铸铁管法兰的尺寸代号说明及其他尺寸（*D*、*K*、*n*、*d*、*f*），参见第 1351 页“板式平焊钢制管法兰的连接及密封面尺寸”中的规定。部分铸铁管法兰的 *L* 尺寸，略大于相同规格的钢制管法兰，但其配用螺栓规格仍相同。

2. 管螺纹采用 55°圆锥管螺纹。

3. 材料：灰——灰铸铁（牌号≥HT200）；球——球墨铸铁（牌号≥QT400-15）；可——可锻铸铁（牌号≥KTH300-06）。

(4) 钢制管法兰盖 GB/T 9123—2010

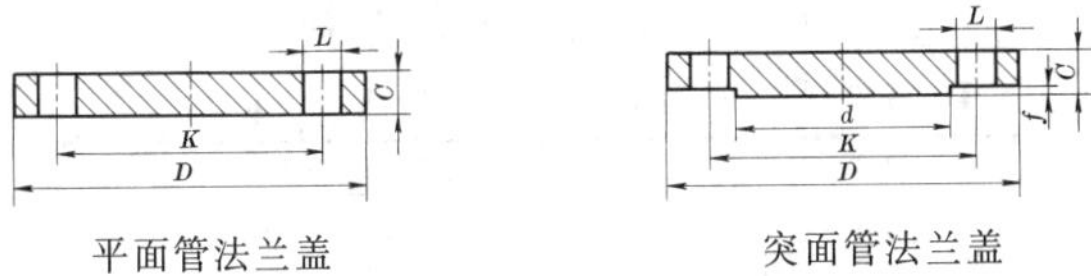

【用　　途】 用来封闭带法兰的钢管或阀门、管件。

【规　　格】 常见品种连接及密封面尺寸（PN：0.6～4.0MPa，$DN\leqslant$ 600mm）

<table>
<tr><td colspan="3">公称通径 DN(mm)</td><td>10</td><td>15</td><td>20</td><td>25</td><td>32</td><td>40</td><td>50</td><td>65</td><td>80</td><td>100</td></tr>
<tr><td rowspan="5">公称压力 PN (MPa)</td><td>0.6</td><td rowspan="5">法兰厚度 C (mm)</td><td colspan="2">12</td><td colspan="2">14</td><td colspan="4">16</td><td colspan="2">18</td></tr>
<tr><td>1.0</td><td colspan="10">—</td></tr>
<tr><td>1.6</td><td colspan="7">—</td><td colspan="2">20</td><td>22</td></tr>
<tr><td>2.5</td><td colspan="10">—</td></tr>
<tr><td>4.0</td><td colspan="2">14</td><td colspan="2">16</td><td colspan="2">18</td><td>20</td><td>22</td><td colspan="2">24</td></tr>
<tr><td colspan="3">公称通径 DN(mm)</td><td>125</td><td>150</td><td>200</td><td>250</td><td>300</td><td>350</td><td>400</td><td>450</td><td>500</td><td>600</td></tr>
<tr><td rowspan="5">公称压力 PN (MPa)</td><td>0.6</td><td rowspan="5">法兰厚度 C (mm)</td><td colspan="2">20</td><td>22</td><td colspan="5">24</td><td>26</td><td>30</td></tr>
<tr><td>1.0</td><td colspan="2"></td><td>24</td><td colspan="2">26</td><td colspan="4">28</td><td>34</td></tr>
<tr><td>1.6</td><td>22</td><td colspan="2">24</td><td>26</td><td>28</td><td>30</td><td>32</td><td>40</td><td>44</td><td>54</td></tr>
<tr><td>2.5</td><td colspan="2">—</td><td>30</td><td>32</td><td>34</td><td>38</td><td>40</td><td>46</td><td>48</td><td>58</td></tr>
<tr><td>4.0</td><td>26</td><td>28</td><td>34</td><td>38</td><td>42</td><td>46</td><td>50</td><td colspan="2">57</td><td>72</td></tr>
</table>

注：尺寸代号说明及其他尺寸（D、K、L、n、d、f），参见第1351页“(2)板式平焊钢制管法兰的连接及密封面尺寸”中的规定。

(5) 铸铁管法兰盖(GB/T 17241.2—1998)

【用　　途】 用来封闭带法兰的钢管或阀门、管件。

【规　　格】 常见规格($PN\leqslant$2.5MPa、$DN\leqslant$600mm)。

铸铁管法兰盖的连接及密封面尺寸(mm)

公称通径 DN	公称压力 PN(MPa) 0.25		0.6			1.0				1.6				2.5			
	L	C	L	C		L	C			L	C			L	C		
		灰		灰	可		灰	球	可		灰	球	可		灰	球	可
10	11	12	11	12	12	14	14	—	14	14	14	—	14	14	16	—	16
15	11	12	11	12	12	14	14	—	14	14	14	—	14	14	16	—	16
20	11	14	11	14	14	14	16	—	16	14	16	—	16	14	18	—	16
25	11	14	11	14	14	14	16	—	16	14	16	—	16	14	18	—	16
32	14	16	14	16	16	19	18	—	18	19	18	—	18	19	20	—	18
40	14	16	14	16	16	19	18	19	18	19	18	19	18	19	20	19	18
50	14	16	14	16	16	19	20	19	20	19	20	19	20	19	22	19	20
60	14	16	14	16	16	19	20	19	20	19	20	19	20	19	24	19	22
80	19	18	19	18	18	19	22	19	20	19	22	19	20	19	26	19	24
100	19	18	19	18	18	19	22	19	20	19	24	19	22	23	28	19	24
125	19	20	19	20	20	19	26	19	20	19	26	19	22	28	30	19	26
150	19	20	19	20	20	23	26	19	24	23	26	19	24	28	34	20	28
200	19	22	19	22	22	23	26	20	24	23	30	20	24	28	34	22	30
250	19	24	19	24	24	23	28	22	26	28	32	22	26	31	36	24.5	32
300	23	24	23	24	24	23	28	24.5	26	28	32	24.5	28	31	40	27.5	34
350	23	26	23	26	—	23	30	24.5	—	28	36	26.5	—	34	44	30	—
400	23	28	23	28	—	28	32	24.5	—	31	38	28	—	37	48	32	—
450	23	28	23	28	—	28	32	25.5	—	31	40	30	—	37	50	34.5	—
500	23	30	23	30	—	28	34	26.5	—	34	42	31.5	—	37	52	36.5	—
600	26	30	26	30	—	31	36	30	—	37	48	36	—	40	56	42	—

注：1. 铸铁管法兰盖的密封面也分平面和突面两种，其外形，与上节“平面和突面钢制管法兰盖”相同。2. 尺寸代号说明及其他尺寸(*D*、*K*、*n*、*d*、*f*)，参见第 1351 页“(2)板式平焊钢制管法兰的连接及密封面尺寸”中的规定。部分铸铁管法兰盖的 *L* 尺寸，略大于相同规格的钢制管法兰，但其配用螺栓规格仍相同。3. 材料：灰——灰铸铁(牌号≥HT200)；球——球墨铸铁(牌号≥QT400-15)；可——可锻铸铁(牌号≥KTH300-06)。

5. 可锻铸铁管路连接件

(GB/T 3287—2011)

型式	符号			
A 弯头	A1  (90)	A1/45  (120)	A4 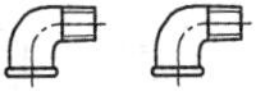 (92)	A4/45  (121)
B 三通	B1  (130)			
C 四通	C1 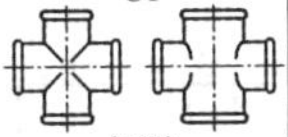 (180)			
D 星月弯	D1  (2a)	D4  (1a)		
E 单弯三通及双弯弯头	E1 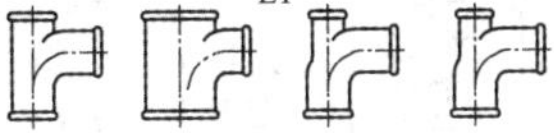 (121)	E2 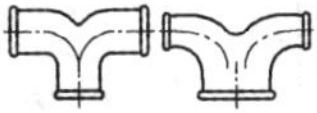 (122)		
G 长月弯	G1 (2)	G1/45° (41)	G4 (1)	G4/45° (40)
	G8 (3)			
M 外接头	M2 M2 R 1  (270)	M8 (240)	M4 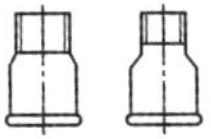 (620a) (240)	

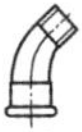

（续）

型式	符　号				
N 内外螺丝内接头	N4 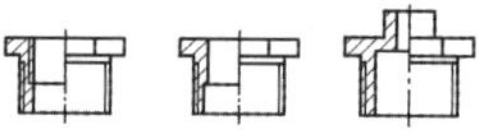 (241)			N8 N8 R 1 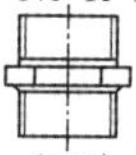 (280)	M8 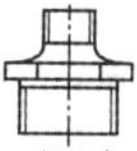 (245)
P 锁紧螺母	P4  (310)				
T 管帽 管堵	T1  (100)		T8  (201)	T9  (200)	T11 (596)
U 活接头	U1 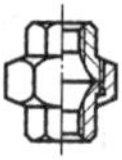 (330)	U2 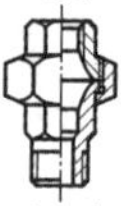 (331)	U11 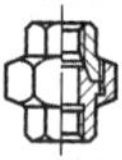 (340)	U12 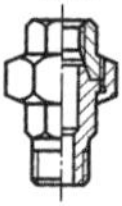 (341)	
UA 活接弯头	UA1 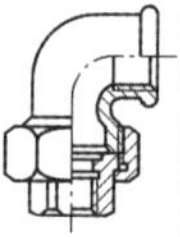 (95)	UA2 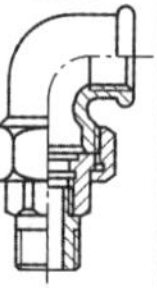 (97)	UA11 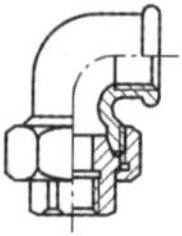 (96)	UA12 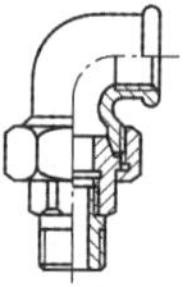 (98)	

（续）

型式	符　号		
Za 侧孔弯头 侧孔三通	Za1 (221)	Za2 (223)	

(1) 概　　述

可锻铸铁管路连接件，又称可锻铸铁螺纹管件（以下简称管件），俗称马铁管子配件、马铁管子零件、马铁零件、玛钢零件，是管子与管子及管子与阀门之间连接用的一类连接件。适用于输送公称压力不超过 PN1.6MPa、工作温度不超过 200℃的中性液体或气体的管路上。表面镀锌管件（俗称白铁管件）多用于输水、油品、空气、煤气、蒸汽等管路上；表面不镀锌管件（俗称黑铁管件）多用于输送蒸汽和油品等管路上。管件上的螺纹除锁紧螺母及通丝外接头必须采用 55°圆柱内螺纹外，其余都采用 55°圆锥管螺纹（内、外螺纹）。

(2) 管件的常用品种、代号、其他名称和用途

(1) 外接头（代号 M2）和通丝外接头
其他名称：束结、内螺丝、管子箍、套筒、套管、外接管、直接头 用途：外接头（不通丝外接头）用来连接两根公称通径相同的管子。通丝外接头常与锁紧螺母和短管子配合，用于时常需要装卸的管路上
(2) 异径外接头（代号 M2）
其他名称：异径束结、异径内螺丝、异径管子箍、大头小、大小头 用途：用来连接两根公称通径不同的管子，使管路通径缩小

(续)

(3) 活接头
其他名称：活螺丝、连接螺母、由任
用途：与通丝外接头相同，但比它装拆方便，多用于时常需要装拆的管路上。按密封面形式分平座(代号 U1)和锥形座(代号 U11)两种
(4) 内接头(代号 N8)
其他名称：六角内接头、外螺丝、六角外螺丝、外丝箍
用途：用来连接两个公称通径相同的内螺纹管件或阀门
(5) 内外螺丝(代号 N4)
其他名称：补心、管子衬、内外螺母、内外接头
用途：外螺纹一端，配合外接头与大通径管子或内螺纹管件连接；内螺纹一端，直接与小通径管子连接，使管路通径缩小
(6) 锁紧螺母(代号 P4)
其他名称：防松螺帽、纳子、根母
用途：锁紧装在管路上的通丝外接头或其他管件
(7) 弯头(代号 A1)
其他名称：90°弯头、直角弯、爱而弯
用途：用来连接两根公称通径相同的管子，使管路作 90°转弯
(8) 异径弯头(代号 A1)
其他名称：异径 90°弯头、大小弯
用途：用来连接两根公称通径不同的管子，使管路作 90°转弯和通径缩小
(9) 月弯(代号 G1)和外丝月弯(代号 G8)
其他名称：90°月弯、90°肘弯、肘弯
用途：与弯头相同，主要用于弯曲半径较大的管路上。外丝月弯，须与外接头配合使用，供应时，通常附一个外接头

（续）

(10) 45°弯头(代号 A1/45°) 其他名称：直弯、直冲、半弯、135°弯头 用途：连接两根公称通径相同的管子，使管路作 45°转弯
(11) 三通(代号 B1) 其他名称：丁字弯、三叉、三路通、三路天 用途：供由直管中接出支管用，连接的三根管子的公称通径相同
(12) 中小异径三通(代号 B1) 其他名称：中小三通、异径三叉、异径三通、中小天 用途：与三通相似，但从中间接出的管子的公称通径小于从两端接出的管子的公称通径
(13) 中大异径三通(代号 B1) 其他名称：中大三通、中大天 用途：与三通相似，但从中间接出的管子公称通径大于从两端接出的管子公称通径
(14) 四通(代号 C1) 其他名称：四叉、十字接头、十字天 用途：用来连接四根公称通径相同、并成垂直相交的管子
(15) 异径四通(代号 C1) 其他名称：异径四叉、中小十字天 用途：与四通相似，相对的两根管子公称通径是相同的，但其中一对管子的公称通径小于另一对管子的公称通径
(16) 外方管堵(代号 T8) 其他名称：塞头、管子塞、管子堵、丝堵、闷头、管堵 用途：用来堵塞管路，以阻止管路中介质泄漏，并可以阻止杂物侵入管路内。通常需与带内螺纹的管件(如外接头、三通)配合使用
(17) 管帽(代号 T1) 其他名称：盖头、管子盖 用途：与外方管堵相同，但管帽可直接旋在管子上，不需要其他管件配合

注：表中(2)异径外接头、(5)内外螺丝、(8)异径弯头、(12)中小异径三通、(14)异径四通的常用规格，见第 1371 页管件的主要尺寸(二)；(13)中大异径三通的常用规格，见第 1372 页管件的主要尺寸(三)；其余管件的常用规格，见第 1370 页管件的主要尺寸(一)。

(3) 管件的主要尺寸(一)

<table>
<tr><th rowspan="3">公称通径
DN
(mm)</th><th rowspan="3">管件规格</th><th colspan="13">主 要 尺 寸 (mm)</th></tr>
<tr><th>外接头</th><th>通丝外接头</th><th>活接头</th><th>内接头</th><th>锁紧螺母</th><th>弯头</th><th>三通</th><th>四通</th><th>长月弯</th><th>外丝月弯</th><th>45°弯头</th><th>外方管堵</th><th>管帽</th></tr>
<tr><th>a</th><th>a</th><th>a</th><th>a</th><th>a</th><th>a</th><th>a</th><th>a</th><th>a</th><th>a</th><th>a</th><th>a</th><th>a</th></tr>
<tr><td>6</td><td>1/8</td><td colspan="2">25</td><td>38</td><td>29</td><td>—</td><td colspan="3">19</td><td>—</td><td>—</td><td>—</td><td>11</td><td>13</td></tr>
<tr><td>8</td><td>1/4</td><td colspan="2">27</td><td>42</td><td>36</td><td>6</td><td colspan="3">21</td><td>40</td><td>—</td><td>—</td><td>14</td><td>15</td></tr>
<tr><td>10</td><td>3/8</td><td colspan="2">30</td><td>45</td><td>38</td><td>7</td><td colspan="3">25</td><td>48</td><td>48</td><td>20</td><td>15</td><td>17</td></tr>
<tr><td>15</td><td>1/2</td><td colspan="2">36</td><td>48</td><td>44</td><td>8</td><td colspan="3">28</td><td>55</td><td>55</td><td>22</td><td>18</td><td>19</td></tr>
<tr><td>20</td><td>3/4</td><td colspan="2">39</td><td>52</td><td>47</td><td>9</td><td colspan="3">33</td><td>69</td><td>69</td><td>25</td><td>20</td><td>22</td></tr>
<tr><td>25</td><td>1</td><td colspan="2">45</td><td>58</td><td>53</td><td>10</td><td colspan="3">38</td><td>85</td><td>85</td><td>28</td><td>23</td><td>24</td></tr>
<tr><td>32</td><td>1¼</td><td colspan="2">50</td><td>65</td><td>—</td><td>11</td><td colspan="3">45</td><td>105</td><td>105</td><td>33</td><td>29</td><td>27</td></tr>
<tr><td>40</td><td>1½</td><td colspan="2">55</td><td>70</td><td>59</td><td>12</td><td colspan="3">50</td><td>116</td><td>116</td><td>36</td><td>30</td><td>27</td></tr>
<tr><td>50</td><td>2</td><td colspan="2">65</td><td>78</td><td>68</td><td>13</td><td colspan="3">58</td><td>140</td><td>140</td><td>43</td><td>36</td><td>32</td></tr>
<tr><td>65</td><td>2½</td><td colspan="2">74</td><td>85</td><td>75</td><td>16</td><td colspan="3">69</td><td>176</td><td>—</td><td>—</td><td>39</td><td>35</td></tr>
<tr><td>80</td><td>3</td><td colspan="2">80</td><td>95</td><td>83</td><td>19</td><td colspan="3">78</td><td>205</td><td>—</td><td>—</td><td>44</td><td>38</td></tr>
<tr><td>100</td><td>4</td><td colspan="2">94</td><td>—</td><td>95</td><td>—</td><td colspan="3">96</td><td>260</td><td>—</td><td>—</td><td>54</td><td>45</td></tr>
<tr><td>125</td><td>5</td><td colspan="2">109</td><td>—</td><td>—</td><td>—</td><td colspan="3">115</td><td>—</td><td>—</td><td>—</td><td>—</td><td>—</td></tr>
<tr><td>150</td><td>6</td><td colspan="2">120</td><td>—</td><td>—</td><td>—</td><td colspan="3">131</td><td>—</td><td>—</td><td>—</td><td>—</td><td>—</td></tr>
</table>

注：1. 管件规格，就是指该管件的管螺纹尺寸代号。在管件的标记中，“规格”一项就用管件规格表示。

2. 尺寸 a——外接头、通丝外接头、活接头、内接头，指“全长”；锁紧螺母、外方管堵、管帽，指“高度”；弯头、长月弯、外丝月弯，指“一端轴线至另一端端面距离”；三通、四通，指“一端轴线至成90°夹角的另一端端面距离”。

3. 活接头(平座)无公称通径 $DN6$。

(4) 管件的主要尺寸(二)

公称通径 DN (mm)	管件规格	主要尺寸 (mm)							
		异径外接头	内外螺丝	异径弯头		中小异径三通		异径四通	
		a	a	a	b	a	b	a	b
8×6	1/4×1/8	27	20	—	—	—	—	—	—
10×6	3/8×1/8	30	20	—	—	—	—	—	—
10×8	3/8×1/4	30	20	23	23	23	23	—	—
15×6	1/2×1/8	—	24	—	—	—	—	—	—
15×8	1/2×1/4	36	24	—	—	24	24	—	—
15×10	1/2×3/8	36	24	26	26	26	26	26	26
20×8	3/4×1/4	39	26	—	—	26	27	—	—
20×10	3/4×3/8	39	26	28	28	28	28	—	—
20×15	3/4×1/2	39	26	30	31	30	31	30	31
25×8	1×1/4	—	29	—	—	28	31	—	—
25×10	1×3/8	45	29	—	—	30	32	—	—
25×15	1×1/2	45	29	32	34	32	34	32	34
25×20	1×3/4	45	29	35	36	35	36	35	36
32×10	1¼×3/8	—	31	—	—	32	36	—	—
32×15	1¼×1/2	50	31	—	—	34	38	—	—
32×20	1¼×3/4	50	31	36	41	36	41	36	41
32×25	1¼×1	50	31	40	42	40	42	40	42
40×10	1½×3/8	—	31	—	—	—	—	—	—
40×15	1½×1/2	55	31	—	—	36	42	—	—
40×20	1½×3/4	55	31	—	—	38	44	—	—
40×25	1½×1	55	31	42	46	42	46	42	46
40×32	1½×1¼	55	31	46	48	46	48	—	—
50×15	2×1/2	65	35	—	—	38	48	—	—
50×20	2×3/4	65	35	—	—	40	50	—	—
50×25	2×1	65	35	—	—	44	52	—	—
50×32	2×1¼	65	35	—	—	48	54	—	—
50×40	2×1½	65	35	52	56	52	55	—	—

（续）

公称通径 DN (mm)	管件规格	主要尺寸 (mm)							
		异径外接头	内外螺丝	异径弯头		中小异径三通		异径四通	
		a	a	a	b	a	b	a	b
65×25	2½×1	—	40	—	—	47	60	—	—
65×32	2½×1¼	74	40	—	—	52	62	—	—
65×40	2½×1½	74	40	—	—	55	63	—	—
65×50	2½×2	74	40	61	66	61	66	—	—
80×25	3×1	—	44	—	—	51	67	—	—
80×32	3×1¼	—	44	—	—	55	70	—	—
80×40	3×1½	80	44	—	—	58	71	—	—
80×50	3×2	80	44	—	—	64	73	—	—
80×65	3×2½	80	44	—	—	72	76	—	—
100×50	4×2	94	51	—	—	70	86	—	—
100×65	4×2½	94	51	—	—	—	—	—	—
100×80	4×3	94	51	—	—	84	93	—	—

注：异径外接头、内外螺丝：*a*——全长。异径弯头、中小异径三通、异径四通：*a*——小端轴线至大端端面距离；*b*——大端轴线至小端端面距离。

(5) 管件的主要尺寸(三)

中大异径三通							
公称通径 DN (mm)	管件规格	主要尺寸 (mm)		公称通径 DN (mm)	管件规格	主要尺寸 (mm)	
		a	b			a	b
10×15	3/8×1/2	26	26	25×32	1×1¼	42	40
15×20	1/2×3/4	31	30	25×40	1×1½	46	42
15×25	1/2×1	34	32	32×40	1¼×1½	48	46
20×25	3/4×1	36	35	32×50	1¼×2	54	48
20×32	3/4×1¼	41	36	40×50	1½×2	55	52

注：尺寸：*a*——大端轴线至小端端面距离；*b*——小端轴线至大端端面距离。

(6) 管件的材料、螺纹、表面处理、工作温度和工作压力

(1) 管件的材料为可锻铸铁，材料的牌号、管件的螺纹和设计符号(须在管件的标记中标记出)，见下表(表中：R—圆锥外螺纹，R_P—圆柱内螺纹，R_C—圆锥内螺纹)

设计符号	螺纹型式		材料牌号
	外	内	
A	R	R_P	KTB400-05 或 KTH350-10
B	R	R_P	KTB350-04 或 KTH300-06
C	R	R_C	KTB400-05 或 KTH350-10
D	R	R_C	KTB350-04 或 KTH300-06

(2) 管件的表面处理，采用热镀锌处理(代号为 Zn)；根据用户需要，管件表面也可以不进行处理(俗称黑品管件，符号为 Fe)

(3) 管件的工作温度为 −20～300℃。管件的允许工作压力：在 −20～120℃时为 2.5MPa；在 300℃时为 2MPa；在 120～300℃的压力值用线性法确定(例：在 156℃时为 2.4MPa)

(4) 管件的试验压力：管件规格为 1/8～4 时，压力为 10MPa；管件规格为 5 和 6 时，压力为 6.4MPa

(7) 管件的标记

管件的标记内容如下：

1　2　3-4-5-6

说明：1——管件名称；2——管件标准号；

3——管件代号；4——管件规格；

5——管件表面处理情况(黑色表面代号为 Fe，热镀锌表面为 Zn)；6——管件设计符号。

管件标记举例：

弯头 GB/T 3287　A1-3/4-Fe-A(表示：管件规格为 3/4、黑色表面、设计符号为 A 的弯头)；

三通 GB/T 3287　B1-1/2×3/8-Zn-C(表示管件规格为 1/2×3/8、热镀锌表面、设计符号为 C 的中小异径三通)

6. 不锈钢和铜螺纹管路连接件(QB/T 1109—1991)

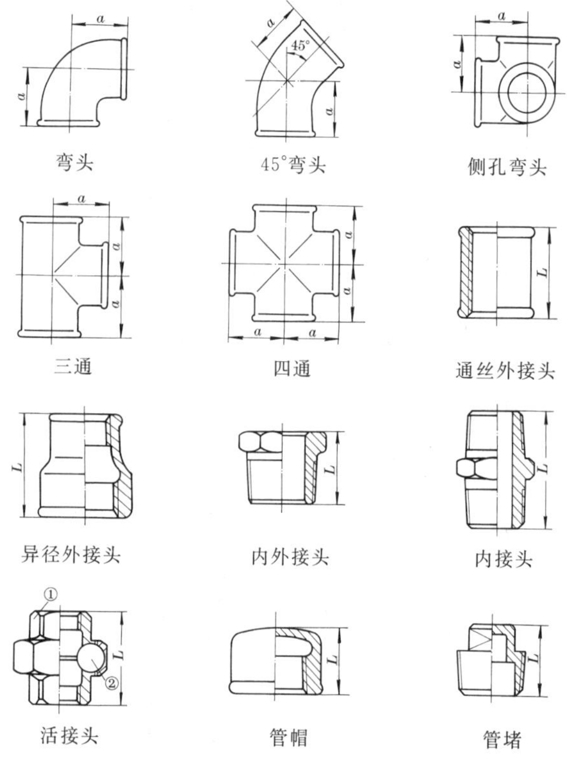

注：活接头两端的外形结构，可以是六角形或八角形(图中①处)；密封面结构，可以是平形或锥形(图中②处)。

(1) 概　　述

不锈铜和铜螺纹管路连接件(简称管件),其外形、结构和用途,与上节"可锻铸铁管路连接件"相似,仅制造材料和适用介质不同。不锈钢管件用 ZGCr18Ni9Ti 不锈铸钢制造,适用于输送水、蒸汽、非强酸和非强碱性液体等介质的不锈钢管路上;铜管件用 ZCuZn40Pb2 铸造黄铜制造,适用于输送水、蒸汽和非腐蚀性液体等介质的铜管路上。适用公称压力(PN)分Ⅰ系列和Ⅱ系列两个系列。Ⅰ系列 $PN \leqslant 3.4$MPa,Ⅱ系列 $PN \leqslant 1.6$MPa,其试验压力 $P_s = 1.5PN$。管件应进行压扁试验。压扁量:不锈钢管件为外径的 20%,铜管件为外径的 15%。管件上的螺纹,除通丝外接头需采用 55°圆柱管螺纹外,其余管件都采用 55°圆锥管螺纹。

(2) 管件的主要尺寸(一)

公称通径 *DN* (mm)	管螺纹尺寸代号	主要尺寸 (mm)≥								
		弯头、三通、四通、45°弯头、侧孔弯头 *a*		通丝外接头 *L*		内接头 *L*	活接头 *L*	管帽 *L*		管堵 *L*
		Ⅰ	Ⅱ	Ⅰ	Ⅱ	Ⅰ、Ⅱ	Ⅰ、Ⅱ	Ⅰ	Ⅱ	Ⅰ、Ⅱ
6	1/8	19	—	17	—	21	38	13	14	13
8	1/4	21	20	25	26	28	42	17	15	16
10	3/8	25	23	26	29	29	45	18	17	18
15	1/2	28	26	34	34	36	48	22	19	22
20	3/4	33	31	36	38	41	52	25	22	26
25	1	38	35	43	44	46.5	58	28	25	29
32	1¼	45	42	48	50	54	65	30	28	33
40	1½	50	48	48	54	54	70	31	31	34
50	2	58	55	56	60	65.5	78	36	35	40
65	2½	70	65	65	70	76.5	85	41	38	46
80	3	80	74	71	75	85	95	45	40	50
100	4	—	90	—	85	90	116	—	—	57
125	5	—	110	—	95	107	132	—	—	62
150	6	—	125	—	105	119	146	—	—	71

注：1. 弯头：a—一端中心轴线至另一端端面距离；45°弯头：a—两端中心轴线交点至任一端端面距离；侧孔弯头：a—两端中心轴线交点至任一端端面距离；三通、四通：a——一端中心轴线至成90°夹角的一端端面距离；通丝外接头、内接头、活接头、管帽、管堵：L—全长。Ⅰ、Ⅱ—公称压力系列。

2. 活接头和管堵的部分其他尺寸，有Ⅰ系列、Ⅱ系列之分，本表略。

3. 侧孔弯头用于连接三根公称通径相同、并互相垂直的管子；其余管件的用途，参见第1367页“(2)管件的常用品种、代号、其他名称和用途”。

(3) 管件的主要尺寸(二)

公称通径 $DN_1\times DN_2$ (mm)	管螺纹尺寸代号 $d_1\times d_2$	全长 L(mm)			
		异径外接头		内外接头	
		Ⅰ	Ⅱ	Ⅰ	Ⅱ
8×6	$\frac{1}{4}\times\frac{1}{8}$	27	—	17	—
10×8	$\frac{3}{8}\times\frac{1}{4}$	30	29	17.5	—
15×10	$\frac{1}{2}\times\frac{3}{8}$	36	36	21	—
20×10	$\frac{3}{4}\times\frac{3}{8}$	39	39	24.5	—
20×15	$\frac{3}{4}\times\frac{1}{2}$	39	39	24.5	—
25×15	$1\times\frac{1}{2}$	45	43	27.5	—
25×20	$1\times\frac{3}{4}$	45	43	27.5	—
32×20	$1\frac{1}{4}\times\frac{3}{4}$	50	49	32.5	—
32×25	$1\frac{1}{4}\times1$	50	49	32.5	—
40×25	$1\frac{1}{2}\times1$	55	53	32.5	—
40×32	$1\frac{1}{2}\times1\frac{1}{4}$	55	53	32.5	—
50×32	$2\times1\frac{1}{4}$	65	59	40	39
50×40	$2\times1\frac{1}{2}$	65	59	40	39
65×40	$2\frac{1}{2}\times1\frac{1}{2}$	74	65	46.5	44
65×50	$2\frac{1}{2}\times2$	74	65	46.5	44
80×50	3×2	80	72	51.5	48
80×65	$3\times2\frac{1}{2}$	80	72	51.5	48
100×65	$4\times2\frac{1}{2}$	—	85	—	56
100×80	4×3	—	85	—	56

7. 建筑用铜管管件(CJ/T 117—2000)

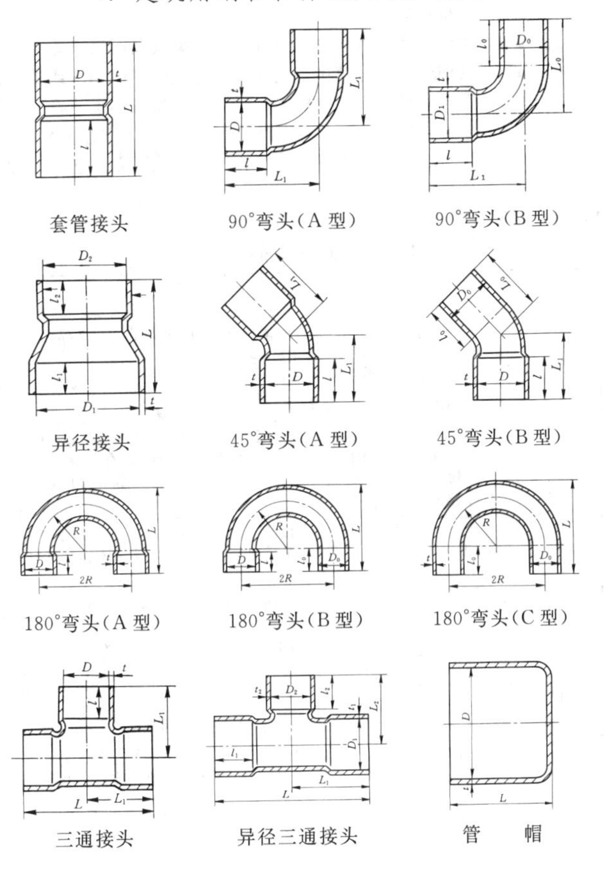

【其他名称】 铜管接头、紫铜管接头、焊接铜管接头、承插式铜管管件、焊接承插式铜管管件。

【用　　途】 用作输送冷水、热水、制冷、供热、燃气及医用气体等介质的铜管管路系统中的连接件。连接时，将铜管(或插口式铜管管件)插入管件的承口端中，再用钎焊工艺将铜管与管件焊接成为一件整体。公称压力(MPa)有 *PN*1.0 和 *PN* 1.6两种(管帽只有*PN*1.6)。工作温度应≤135℃。管件材料采用 T2 或 T3 铜。

【规　　格】

(1) 管件的常用品种和用途

品　种	其他名称及用途
套管接头	又称:等径接头、承口外接头;用于连接两根公称通径相同的铜管(或插口式管件)
异径接头	又称:承口异径接头;用于连接两根公称通径不同的铜管,并使管路的通径缩小
90°弯头	又称:90°角弯、90°承口弯头(指 A 型)、90°单承口弯头(指 B 型);A 型用于连接两根公称通径相同的铜管,B 型用于连接公称通径相同,一端为铜管,另一端为承口式管件,使管路作 90°转弯
45°弯头	又称:45°角弯、45°承口弯头(指 A 型)、45°单承口弯头(指 B 型);A 型、B 型的连接对象与 90°弯头相同,但它使管路作 45°转弯
180°弯头	又称:U 形弯头、180°承口弯头(指 A 型)、180°单承口弯头(指 B 型)、180°插口弯头(指 C 型);A 型、B 型的连接对象与 90°弯头相同,C 型用于连接两个承口式管件,但它使管路作 180°转弯
三通接头	又称:等径三通、承口三通;用于连接三根公称通径相同的铜管,以便从主管路一侧接出一条支管路
异径三通接头	又称:异径三通、承口异径三通、承口中小三通;用途与三通接头相似,但从支管路接出的铜管的公称通径小于从主管路接出的铜管的公称通径
管　帽	又称:承口管帽;用于封闭管路

(2) 管件的主要尺寸(一)

公称通径 DN	配用铜管外径 D_W	主要尺寸 (mm)												
		公称压力 PN 1.0 壁厚	公称压力 PN 1.6 壁厚	承口长度	插口长度	套管接头	45°弯头		90°弯头		180°弯头		三通接头	管帽
(mm)		t	t	l	l_0	L	L_1	L_0	L_1	L_0	L	R	L_1	L
6	8	0.75	0.75	8	10	20	12	14	16	18	25.5	13.5	15	10
8	10	0.75	0.75	9	11	22	15	17	17	19	28.5	14.5	17	12
10	12	0.75	0.75	10	12	24	17	19	18	20	34	18	19	13
15	16	0.75	0.75	12	14	28	22	24	22	24	39	19	24	16
20	22	0.75	0.75	17	19	38	31	33	31	33	62	34	32	22
25	28	1.0	1.0	20	22	44	37	39	38	40	79	45	37	24
32	35	1.0	1.0	24	26	52	46	48	46	48	93.5	52	43	28
40	45	1.0	1.5	30	32	64	57	59	58	60	120	68	55	34
50	55	1.0	1.5	34	36	74	67	69	72	74	143.5	82	63	38
65	70	1.5	2.0	34	36	74	75	77	84	86	—	—	71	—
80	85	1.5	2.5	38	40	82	84	86	98	100	—	—	88	—
100	105	2.0	3.0	48	50	102	102	104	128	130	—	—	111	—
100	(108)	2.0	3.0	48	50	102	102	104	128	130	—	—	111	—
125	133	2.5	4.0	68	70	142	134	136	168	170	—	—	139	—
150	159	3.0	4.5	80	83	166	159	162	200	203	—	—	171	—
200	219	4.0	6.0	105	108	216	209	212	255	258	—	—	218	—

注：1. 铜管管件的规格，用“公称压力的10倍数值”(只有一种公称压力的可省略)、“公称通径数值”表示；如有多种“型别”或配用“铜管外径”时，则应加注该项内容。例：套管接头16-100-108，90°弯头A10-15，管帽25。

2. 铜管管件的“承口内径 D”和“插口外径 D_0”的公称尺寸，均等于相应的配用“铜管外径 D_W”的名义尺寸。

3. 表中尺寸符号表示意义：L—全长，L_1、L_0—端面至轴线(交点)距离，R—中心线半径(弯曲半径)。

(3) 管件的主要尺寸(二)

公称通径 DN_1/DN_2	配用铜管外径 D_{W1}/D_{W2}	主要尺寸(mm)								
		公称压力				承口长度		异径接头	异径三通接头	
		PN1.0		PN1.6						
		壁厚								
(mm)		t_1	t_2	t_1	t_2	l_1	l_2	L	L_1	L_2
8/6	10/8	0.75	0.75	0.75	0.75	9	8	25	17	13
10/6	12/8	0.75	0.75	0.75	0.75	10	8	—	19	15
10/8	12/10	0.75	0.75	0.75	0.75	10	9	25	—	—
15/8	16/10	0.75	0.75	0.75	0.75	12	9	30	24	19
15/10	16/12	0.75	0.75	0.75	0.75	12	10	36	24	20
20/10	22/12	0.75	0.75	0.75	0.75	17	10	40	—	—
20/15	22/16	0.75	0.75	0.75	0.75	17	12	46	32	25
25/15	28/16	1.0	0.75	1.0	0.75	20	12	48	37	28
25/20	28/22	1.0	0.75	1.0	0.75	20	17	48	37	34
32/15	35/16	1.0	0.75	1.0	0.75	24	12	52	39	32
32/20	35/22	1.0	0.75	1.0	0.75	24	17	56	39	38
32/25	35/28	1.0	1.0	1.0	1.0	24	20	56	39	39
40/15	44/16	1.0	0.75	1.5	0.75	30	12	—	55	37
40/20	44/22	1.0	0.75	1.5	0.75	30	17	64	55	40
40/25	44/28	1.0	1.0	1.5	1.0	30	20	66	55	42
40/32	44/35	1.0	1.0	1.5	1.0	30	24	66	55	44
50/20	55/22	1.0	0.75	1.5	0.75	34	17	—	63	48
50/25	55/28	1.0	1.0	1.5	1.0	34	20	70	63	50
50/32	55/35	1.0	1.0	1.5	1.0	34	24	70	63	54
50/40	55/44	1.0	1.0	1.5	1.5	34	30	75	63	60
65/25	70/28	1.5	1.0	2.0	1.0	34	20	—	71	58
65/32	70/35	1.5	1.0	2.0	1.0	34	24	75	71	62
65/40	70/44	1.5	1.0	2.0	1.5	34	30	82	71	68
65/50	70/55	1.5	1.0	2.0	1.5	34	34	82	71	71
80/32	85/35	1.5	1.0	2.5	1.0	38	24	—	88	69
80/40	85/44	1.5	1.0	2.5	1.5	38	30	92	88	75
80/50	85/55	1.5	1.0	2.5	1.5	38	34	98	88	79
80/65	85/70	1.5	1.5	2.5	2.0	38	34	92	88	79

（续）

公称通径 DN_1/DN_2	配用铜管外径 D_{W1}/D_{W2}	主要尺寸 (mm)								
		公称压力				承口长度		异径接头	异径三通接头	
		PN1.0		PN1.6						
		壁厚								
(mm)		t_1	t_2	t_1	t_2	l_1	l_2	L	L_1	L_2
100/50	105/55	2.0	1.0	3.0	1.5	48	34	112	111	89
100/50	(108/55)	2.0	1.0	3.0	1.5	48	34	112	111	89
100/65	105/70	2.0	1.5	3.0	2.0	48	34	112	111	89
100/65	(108/70)	2.0	1.5	3.0	2.0	48	34	112	111	89
100/80	105/85	2.0	1.5	3.0	2.5	48	38	116	111	93
100/80	(108/85)	2.0	1.5	3.0	2.5	48	38	116	111	93
125/80	133/85	2.5	1.5	4.0	2.5	68	38	150	139	107
125/100	133/105	2.5	2.0	4.0	3.0	68	48	160	139	117
125/100	(133/108)	2.5	2.0	4.0	3.0	68	48	160	139	117
150/100	159/105	3.0	2.0	4.5	3.0	80	48	178	171	131
150/100	(159/108)	3.0	2.0	4.5	3.0	80	48	178	171	131
150/125	159/133	3.0	2.5	4.5	4.0	80	68	194	171	151
200/100	219/105	4.0	2.0	6.0	3.0	105	48	—	218	163
200/100	(219/108)	4.0	2.0	6.0	3.0	105	48	—	218	163
200/125	219/133	4.0	2.5	6.0	4.0	105	68	238	218	183
200/150	219/159	4.0	3.0	6.0	4.5	105	80	245	218	195

注：1. 铜管管件的规格，用“公称压力的10倍数值”、“公称通径数值”表示；如有两种配用铜管外径时，应加注该项内容。例：异径接头 10-25/20，异径三通接头 16-100/80-108/85。

2. 铜管管件的承口内径 D_1 和 D_2 的公称尺寸，分别等于配用铜管外径 D_{W1} 和 D_{W2} 的公称尺寸。

3. 表中尺寸符号表示意义：L—全长，L_1、L_2—端面至轴线(交点)距离。

8. 阀门型号表示方法及名称命名方法(JB/T 308—2004)

(1) 阀门型号各单元表示的意义

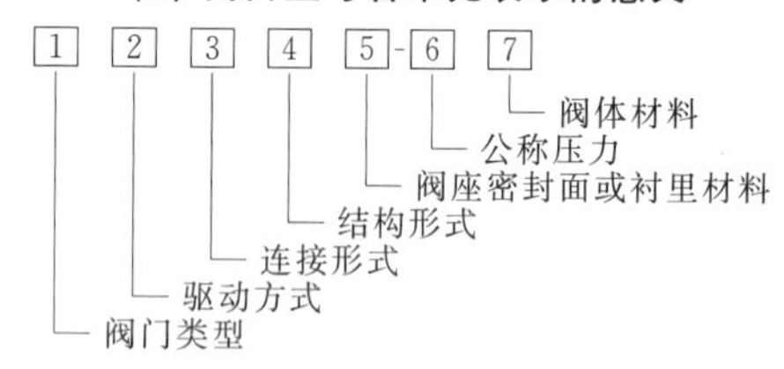

(2) 第1单元——阀门类型表示方法

类型	闸阀	截止阀	节流阀	球阀	蝶阀	隔膜阀	旋塞阀	止回阀和底阀	弹簧载荷安全阀	减压阀	蒸汽疏水阀	柱塞阀	排污阀	杠杆式安全阀
代号	Z	J	L	Q	D	G	X	H	A	Y	S	U	P	GA

注:用于低温(低于-40℃)、保温(带加热套)和带波纹管的阀门,应在类型代号前分别加注代号“D”、“B”和“W”。

(3) 第2单元——驱动方式表示方法

传动方式	电-磁动	电磁-液动	电-液动	蜗轮	正齿轮	锥齿轮	气动	液动	气-液动	电动
代号	0	1	2	3	4	5	6	7	8	9

注:1. 用手轮、手柄或扳手传动的阀门以及安全阀、减压阀、疏水阀,省略本代号。

2. 对于气动或液动:常开式用 6_K、7_K 表示;常闭式用 6_B、7_B 表示;气动带手动用 6_S 表示。防爆电动用 9_B 表示。

(4) 第 3 单元——连接形式表示方法

连接形式	内螺纹	外螺纹	法兰	焊接	对夹	卡箍	卡套
代　　号	1	2	4	6	7	8	9

注：焊接包括对焊和插焊。

(5) 第 4 单元——结构形式表示方法

(a) 闸阀结构形式表示方法

结构形式	明杆					暗杆			
	楔式			平行式		楔式		平行式	
	弹性闸板	刚性		刚性		刚性		刚性	
		单闸板	双闸板	单闸板	双闸板	单闸板	双闸板	单闸板	双闸板
代　号	0	1	2	3	4	5	6	7	8

(b) 截止阀、柱塞阀和节流阀结构形式表示方法

结构形式	阀瓣非平衡式					阀瓣平衡式	
	直通式	Z 形式	三通式	角　式	直流式	直通式	角　式
代　号	1	2	3	4	5	6	7

(c) 球阀结构形式表示方法

结构形式	浮动阀				固定球				
	直通式	三通式			四通式	直通式	三通式		半球直通
		Y 形	L 形	T 形			T 形	L 形	
代　号	1	2	4	5	6	7	8	9	0

(d) 蝶阀结构形式表示方法

结构形式	密封型					非密封型				
	单偏心	中心垂直板	双偏心	三偏心	连杆机构	单偏心	中心垂直板	双偏心	三偏心	连杆机构
代号	0	1	2	3	4	5	6	7	8	9

(e) 隔膜阀结构形式表示方法

结构形式	屋脊式	直流式	直通式	角式Y形
代　号	1	5	6	8

(f) 旋塞阀结构形式表示方法

结构形式	填料密封			油封密封	
	直通	T形三通	四通	直通	T形三通
代号	3	4	5	7	8

(g) 止回阀和底阀结构形式表示方法

结构形式	升降			旋启			截止止回式
	直通式	立式	角式	单瓣式	多瓣式	双瓣式	
代号	1	2	3	4	5	6	7

(h) 安全阀结构形式表示方法

结构形式	弹簧式							带控制机构全启式	脉冲式
	封闭				不封闭				
	带散热片全启式	微启式	全启式	带扳手全启式	带扳手				
					双弹簧微启式	微启式	全启式		
代号	0	1	2	4	3	7	8	6	9

(i) 减压阀结构形式表示方法

结构形式	薄膜式	弹簧薄膜式	活塞式	波纹管式	杠杆式
代　号	1	2	3	4	5

(j) 蒸汽疏水阀结构形式表示方法

结构形式	浮球式	浮桶式	液体或固体膨胀式	钟形浮子式	蒸汽压力式或膜盒式	双金属片式	脉冲式	圆盘热动力式
代号	1	3	4	5	6	7	8	9

(k) 排污阀结构形式表示方法

结构形式	液面连续		液底间断			
	截止型直通式	截止型角　式	截止型直流式	截止型直通式	截止型角　式	浮动闸板型直通式
代　号	1	2	5	6	7	8

(6) 第5单元——阀座密封面或衬里材料表示方法

阀座密封面或衬里材料	代号	阀座密封面或衬里材料	代号	阀座密封面或衬里材料	代号
铜合金	T	渗硼钢	P	氟塑料	F
蒙乃而合金	M	锡基轴承合金	B	衬胶	J
Cr13系不锈钢	H	硬质合金	Y	衬铅	Q
奥氏体不锈钢	R	橡胶	X	搪瓷	C
渗氮钢	D	塑料	S	陶瓷	G
		尼龙塑料	N		

注：1. 由阀体直接加工的阀座密封面材料代号用“W”表示。

2. 当阀座和阀瓣(闸板)密封面材料不同时，用低硬度材料代号表示(隔膜阀除外)。

(7) 第 6 单元——公称压力表示方法

公称压力用压力数值(MPa 数值的 10 倍)表示,并用短横线与前五个单元分开。

(8) 第 7 单元——阀体材料表示方法

阀体材料	代号	阀体材料	代号	阀体材料	代号
灰铸铁	Z	Cr13 系不锈钢	H	铝合金	L
可锻铸铁	K	铬镍系不锈钢	P	塑　料	S
球墨铸铁	Q	铬镍钼系不锈钢	R	钛及钛合金	Ti
铜及铜合金	T	铬钼钢	I		
碳　钢	C	铬钼钒钢	V		

注:对于 $PN \leqslant 1.6$MPa 的灰铸铁阀体和 $PN \geqslant 2.5$MPa 的碳素钢阀体,省略本单元。

(9) 阀门型号举例

J11T-16K:截止阀,内螺纹连接,直通式,铜合金密封面,公称压力为 $PN1.6$MPa,阀体材料为可锻铸铁。

Z44W-10K:闸阀,法兰连接,明杆,平行式刚性双闸板,由阀体直接加工的密封面,公称压力 $PN1.0$MPa,阀体材料为可锻铸铁。

A47H-16C:安全阀,法兰连接,不封闭,带扳手弹簧微启式,合金钢密封面,公称压力 $PN1.6$MPa,阀体材料为碳素钢。

(10) 阀门名称命名方法

阀门名称按传动方式、连接形式、结构形式、衬里材料和类型命名。下列内容在阀门的名称的命名中予以省略:

1. 连接形式中的法兰;

2. 结构形式中:闸阀的“明杆”、“弹性”、“刚性”和“单闸板”,截止阀和节流阀的“直通式”,球阀的“浮动”和“直通式”,蝶阀的“中线式”,隔膜阀的“屋脊式”,旋塞阀的“填料”和“直通式”,止回阀的“直通式”和“单瓣式”,安全阀的“不封闭”。

3. 阀座密封面材料。

9. 截 止 阀

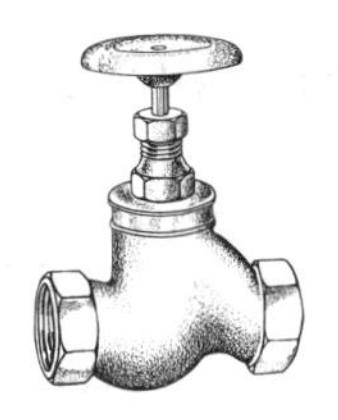

内螺纹截止阀

$DN \leqslant 50$

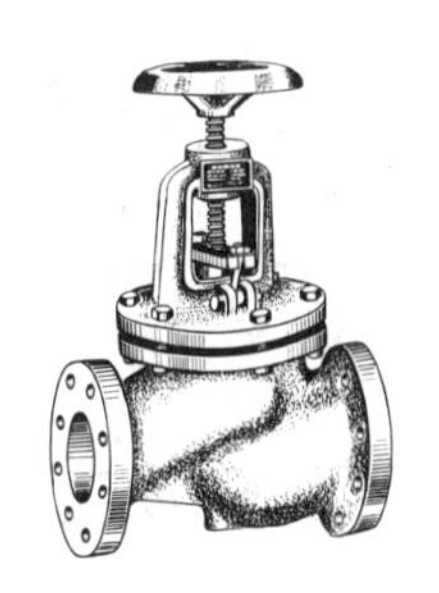

$DN \geqslant 65$

截止阀(法兰连接)

【其他名称】 内螺纹截止阀——丝口球型、汽门、汽掣;
截止阀——法兰截止阀、法兰球型阀、法兰汽门、法兰汽掣;
内螺纹角式截止阀——丝口角式截止阀。

【用　　途】 装于管路或设备上,用以启闭管路中的介质,是应用比较广泛的一种阀门。角式截止阀适用于管路成90°相交处。

【规　　格】 常用品种。

型　号	阀体材料	密封面材料	适用介质	适用温度(℃)≤	公称压力 *PN* (MPa)	公称通径 *DN* (mm)
内螺纹截止阀						
J11X-10	灰铸铁	橡胶	水	60	1.0	15～65
J11W-10T	铜合金	铜合金	水、蒸汽	200	1.0	6～65
J11F-10T	铜合金	聚四氟乙烯	水、蒸汽	200	1.0	6～65
J11T-16K	可锻铸铁	铜合金	水、蒸汽	200	1.6	15～65
J11F-16K	可锻铸铁	聚四氟乙烯	水、蒸汽	200	1.6	15～65
J11H-16K	可锻铸铁	不锈钢	水、蒸汽、油品	200	1.6	15～65
J11W-16K	可锻铸铁	可锻铸铁	油品、煤气	100	1.6	15～65
J11T-16	灰铸铁	铜合金	水、蒸汽	200	1.6	15～65
J11W-16	灰铸铁	灰铸铁	油品、煤气	100	1.6	15～65
截　止　阀						
J41T-16	灰铸铁	铜合金	水、蒸汽	200	1.6	15～200
J41W-16	灰铸铁	灰铸铁	油品、煤气	100	1.6	15～200
J41T-16K	可锻铸铁	铜合金	水、蒸汽	200	1.6	15～65
J41F-16K	可锻铸铁	聚四氟乙烯	水、蒸汽	200	1.6	15～65
内螺纹角式截止阀						
J14F-10T	铜合金	聚四氟乙烯	水、蒸汽	200	1.0	15～50

注：1. 公称通径系列 *DN*(mm)：6，10，15，20，25，32，40，50，65，80，100，125，150，200。

2. 公称压力 *PN*(MPa)10～16，公称尺寸 *DN*(mm)15～200 的内螺纹连接和法兰连接的铁制截止阀参见 GB/T 12233—2006。

10. 闸　　阀

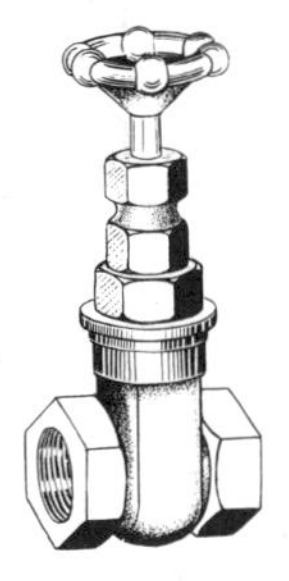

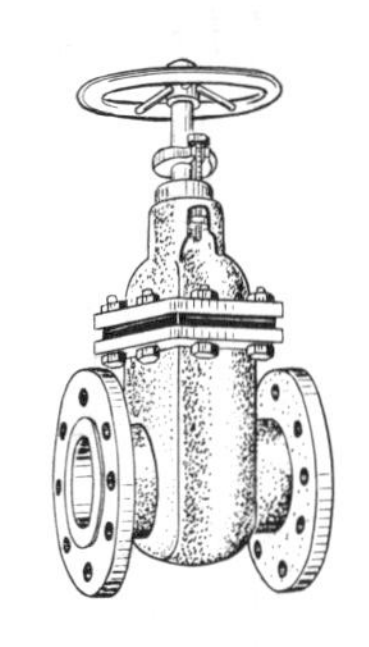

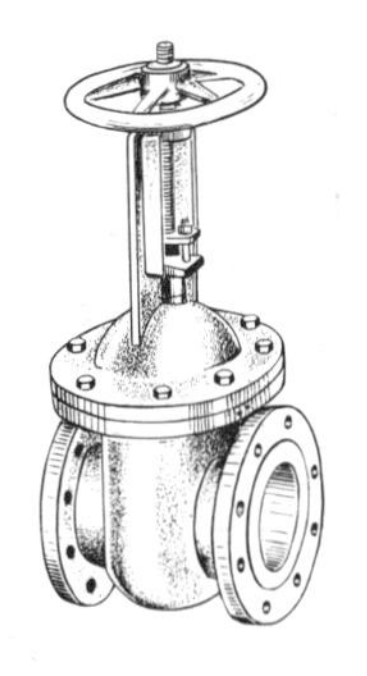

内螺纹连接　　法兰连接　　法兰连接

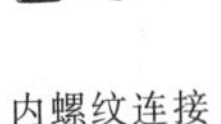

暗杆楔式
单闸板闸阀

明杆平行式
双闸板闸阀

【其他名称】 内螺纹暗杆楔式单闸板闸阀——闸门阀、水门、闸掣；
暗杆楔式单闸板闸阀——法兰旋转杆闸门阀、法兰闸门阀、法兰水门、法兰闸掣；
明杆平行式双闸板闸阀——法兰升降杆式闸门阀。

【用　　途】 装于管路上作启闭(主要是全开、全关)管路及设备中介质用，其特点是介质通过时阻力很小。其中暗杆闸阀的阀杆不作升降运动，适用于高度受限制的地方；明杆闸阀的阀杆作升降运动，只能用于高度不受限制的地方。

【规　　格】 常用品种。

型　号	阀体材料	密封面材料	适用介质	适用温度(℃)≤	公称压力 PN (MPa)	公称通径 DN (mm)
内螺纹暗杆楔式闸阀						
Z15W-10T	铜合金	铜合金	水、蒸汽	200	1.0	15～100
Z15T-10	灰铸铁	铜合金	水、蒸汽	200	1.0	15～80
Z15T-10K	可锻铸铁	铜合金	水、蒸汽	200	1.0	15～100
Z15W-10	灰铸铁	灰铸铁	煤气、油品	100	1.0	15～80
Z15W-10K	可锻铸铁	可锻铸铁	煤气、油品	100	1.0	15～50
暗杆楔式闸阀						
Z45W-10	灰铸铁	灰铸铁	煤气、油品	100	1.0	40～700
Z45T-10	灰铸铁	铜合金	水、蒸汽	200	1.0	40～700
楔式闸阀						
Z41W-10	灰铸铁	灰铸铁	煤气、油品	100	1.0	40～500
Z41T-10	灰铸铁	铜合金	水、蒸汽	200	1.0	40～500
平行式双闸板闸阀(JB 309-75)						
Z44W-10	灰铸铁	灰铸铁	煤气、油品	100	1.0	40～500
Z44T-10	灰铸铁	铜合金	水、蒸汽	200	1.0	40～500
Z44T-16	灰铸铁	铜合金	水、蒸汽	200	1.6	50～150

注：1. 公称通径系列 DN(mm)：15，20，25，32，40，50，65，80，100，125，150，200，250，300，350，400，450，500，600，700。

2. 公称压力 PN(MPa)1～25，公称通径 DN(mm)50～2000 的法兰连接灰铸铁和球墨铸铁制闸阀参见 GB/T 12232—2005。

11. 旋塞阀

(1)(直通)旋塞阀

【其他名称】内螺纹旋塞阀——内螺纹填料旋塞、内螺纹直通填料旋塞、轧兰泗汀角、压盖转心门、考克、十字掣；旋塞阀——法兰填料旋塞、法兰直通填料旋塞、法兰轧兰泗汀角、法兰压盖转心门。

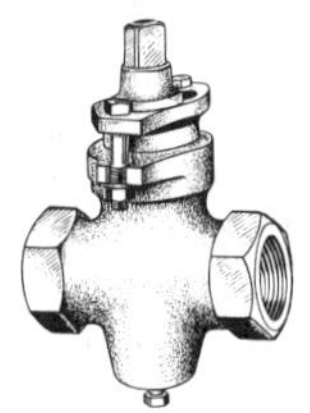

内螺纹连接

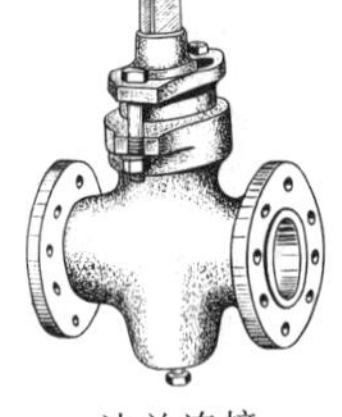

法兰连接

【用　　途】装于管路中，用以启闭管路中介质，其特点是开关迅速。

【规　　格】常用品种：见第1392页“(3)旋塞阀规格”。

(2)三通旋塞阀

【其他名称】内螺纹三通式旋塞阀——内螺纹三通填料旋塞、三路轧兰泗汀角、三路压盖转心门；三通式旋塞阀——法兰三通填料旋塞、三路法兰轧兰泗汀角、三路法兰压盖转心门。

【用　　途】装于T形管路上，除作为管路开关设备用外，并具有分配、换向作用。

【规　　格】常用品种：见第1392页“(3)旋塞阀规格”。

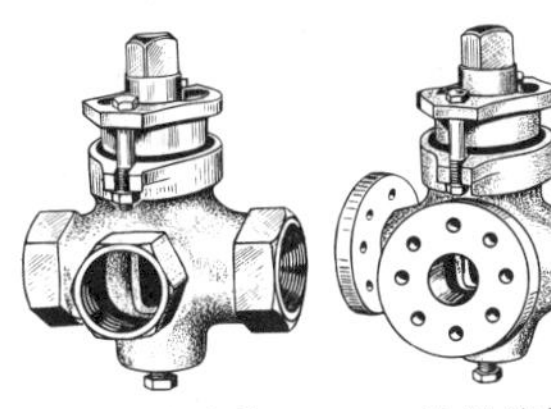

内螺纹连接

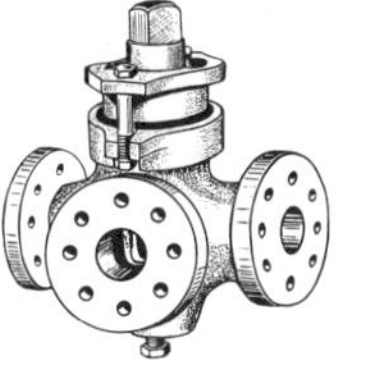

法兰连接

(3) 旋塞阀规格(常用品种)

型号	阀体材料	密封面材料	适用介质	适用温度(℃)≤	公称压力 PN (MPa)	公称通径 DN (mm)
内螺纹旋塞阀						
X13W-10T	铜合金	铜合金	水、蒸汽	100	1.0	15～50
X13W-10	灰铸铁	灰铸铁	煤气、油品	100	1.0	15～50
X13T-10	灰铸铁	铜合金	水、蒸汽	100	1.0	15～50
X13T-10K	可锻铸铁	铜合金	水、蒸汽	100	1.0	15～65
X13W-10K	可锻铸铁	可锻铸铁	煤气、油品	100	1.0	15～65
旋塞阀						
X43T-6	灰铸铁	铜合金	水、蒸汽	100	0.6	32～150
X43W-6T	铜合金	铜合金	水、蒸汽	100	0.6	32～150
X43W-6	灰铸铁	灰铸铁	煤气、油品	100	0.6	100～150
X43W-10	灰铸铁	灰铸铁	煤气、油品	100	1.0	25～200
X43T-10	灰铸铁	铜合金	水、蒸汽	100	1.0	25～200
内螺纹三通旋塞阀						
X14W-6T	铜合金	铜合金	水、蒸汽	100	0.6	15～65
三通旋塞阀						
X44W-6T	铜合金	铜合金	水、蒸汽	100	0.6	25～100
X44T-6	灰铸铁	铜合金	水、蒸汽	100	0.6	25～100
X44W-6	灰铸铁	灰铸铁	煤气、油品	100	0.6	25～100

注：1. 公称通径系列 DN(mm)：15，20，25，32，40，50，65，80，100，125，150，200。
2. 公称压力 PN(MPa)2.5～25，公称尺寸 DN(mm)15～600 的铁制旋塞阀参见 GB/T 12240—2008。

(4) 放水用旋塞

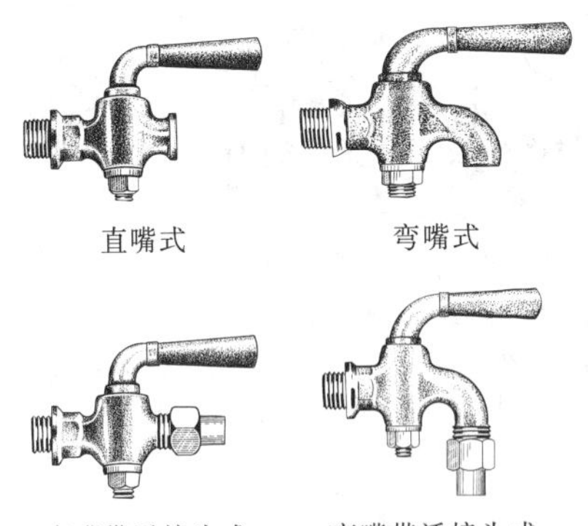

直嘴式　　弯嘴式

直嘴带活接头式　　弯嘴带活接头式

【用　　途】直嘴式旋塞——装于设备上作放蒸汽用；

弯嘴式旋塞——装于设备上作放水或油用；

带活接头式旋塞——可以连接管子，把设备内的蒸汽、水或油等介质放至远处。

阀体和密封面材料全为铜合金。

适用温度≤200℃，设备公称压力 PN(MPa)：0.6。

【规　　格】

公称通径 DN(mm)		3	6	10	15	20	其他名称
管螺纹尺寸代号	直　嘴　式	1/8	1/4	3/8	1/2	3/4	直汽角
	弯　嘴　式	1/8	1/4	3/8	1/2	3/4	弯汽角
	直嘴带活接头式	—	1/4	3/8	1/2	3/4	直由任角
	弯嘴带活接头式	—	1/4	3/8	1/2	3/4	弯由任角

(5) 煤气用旋塞

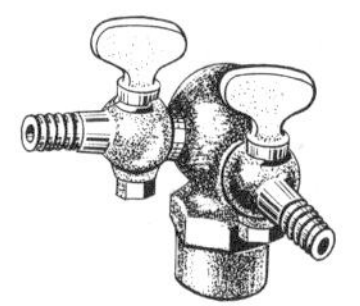

台式双叉

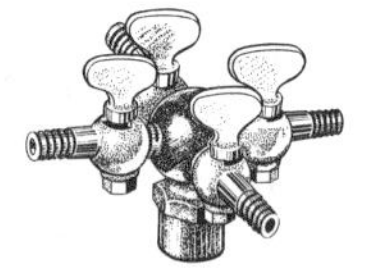

台式四叉

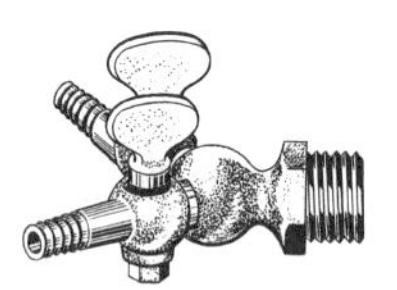

墙式双叉

【其他名称】 煤气角。

【用　　途】 装在煤气管路上，用以启闭管路中煤气。阀体和密封面材料全为铜合金，适用公称压力 $PN \leqslant 0.15$MPa。

【规　　格】

型　　式	台　　式			墙　　式			
	单叉	双叉	四叉	单　　叉			双叉
公称通径 DN(mm)	15	15	15	6	10	15	15
管螺纹尺寸代号	1/2	1/2	1/2	1/4	3/8	1/2	1/2

12. 球　　阀

内螺纹连接
(Q11F-16)

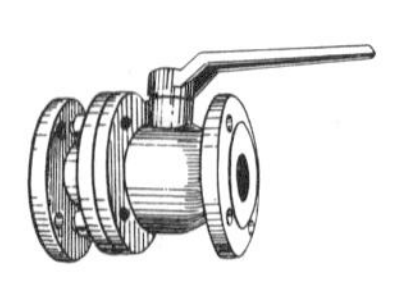

法兰连接
(Q41F-16)

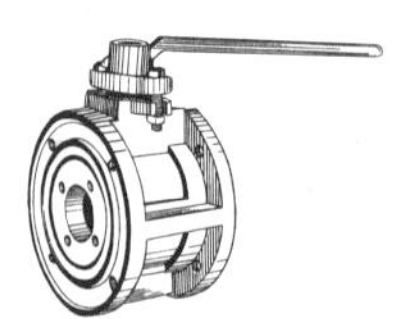

法兰连接
(Q41F-6CⅢ型)

【用　　途】 装于管路上，用以启闭管路中介质，其特点是结构简单、开关迅速。

【规　　格】

型　号	阀体材料	密封面材　料	适用介质	适用温度(℃)≤	公称压力 *PN* (MPa)	公称通径 *DN* (mm)
内　螺　纹　球　阀						
Q11F-16T	铜合金	聚四氟乙烯	水、蒸汽、油品	150	1.6	6～50
Q11F-16	灰铸铁	聚四氟乙烯	水、蒸汽、油品	150	1.6	15～65
法　兰　球　阀						
Q41F-16	灰铸铁	聚四氟乙烯	水、蒸汽、油品	150	1.6	15～200
Q41F-6CⅢ	铸钢衬聚四氟乙烯	聚四氟乙烯	酸、碱性液(气)体	100	0.6	25，40，50

注：公称通径 *DN*(mm)8～300 的用于法兰连接和内螺纹连接的铁制、铜制球阀参见 GB/T 15185—1994。

13. 止　回　阀

(1) 升降式止回阀

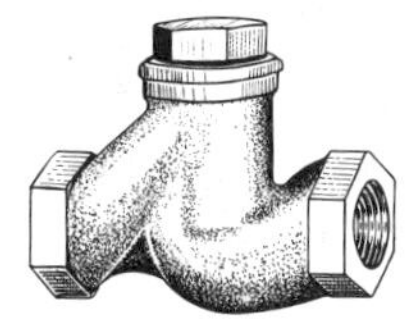

内螺纹连接

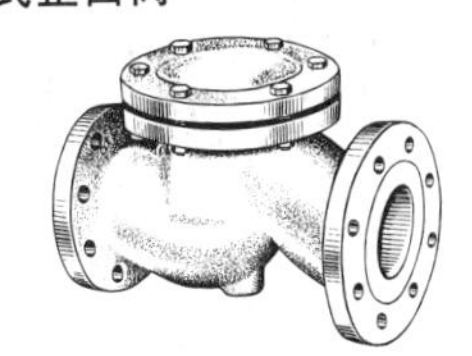

法兰连接

【其他名称】 内螺纹升降式止回阀——升降式逆止阀、直式单流阀、顶水门、横式止回阀；
升降式止回阀——法兰升降式逆止阀、法兰直式单流阀、法兰顶水门。

【用　　途】 装于水平管路或设备上，以阻止管路、设备中介质倒流。

【规　　格】 常见品种，见第 1396 页“(3)止回阀规格”。

(2) 旋启式止回阀

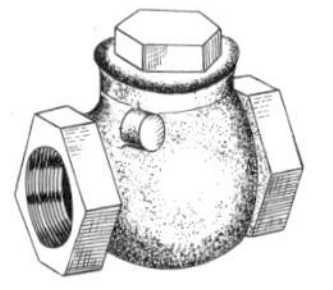

内螺纹连接

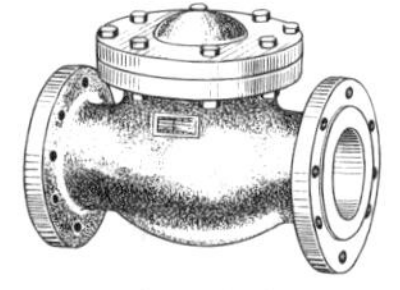

法兰连接

【其他名称】 内螺纹旋启式止回阀——铰链逆止阀、铰链直流阀、铰链阀；

旋启式止回阀——法兰铰链逆止阀、法兰铰链直流阀、法兰铰链阀。

【用　　途】 装于水平或垂直的管路、设备上，以阻止其中介质倒流。

【规　　格】 常见品种，见下节“(3)止回阀规格”。

(3) 止回阀规格

型　号	阀体材料	密封面材　料	适用介质	适用温度(℃)≤	公称压力 *PN* (MPa)	公称通径 *DN* (mm)
内螺纹升降式止回阀						
H11T-16K	可锻铸铁	铜合金	水、蒸汽	200	1.6	15～65
H11T-16	灰铸铁	铜合金	水、蒸汽	200	1.6	15～65
H11W-16	灰铸铁	灰铸铁	煤气、油品	100	1.6	15～65
升降式止回阀						
H41T-16K	可锻铸铁	铜合金	水、蒸汽	200	1.6	15～200
H41T-16	灰铸铁	铜合金	水、蒸汽	200	1.6	15～200
H41W-16	灰铸铁	灰铸铁	煤气、油品	100	1.6	15～200
内螺纹旋启式止回阀						
H14W-10T	铜合金	铜合金	水、蒸汽	200	1.0	15～65
H14T-16K	可锻铸铁	铜合金	水、蒸汽	200	1.6	15～65
旋启式止回阀						
H44X-10	灰铸铁	橡　胶	水	50	1.0	50～600
H44T-10	灰铸铁	铜合金	水、蒸汽	200	1.0	50～600
H44W-10	灰铸铁	灰铸铁	煤气、油品	100	1.0	50～600

注：公称压力 *PN*(MPa)10～16、公称尺寸 *DN*(mm)15～200 的内螺纹连接和法兰连接的升降式止回阀参见 GB/T 12233—2006。

14. 底　　阀

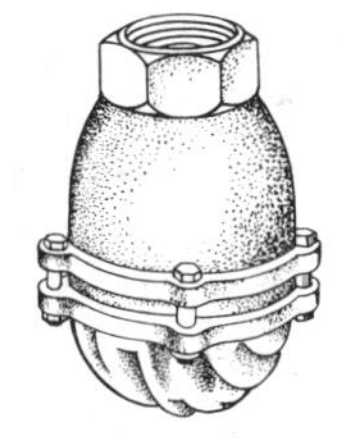
内螺纹连接(升降式)

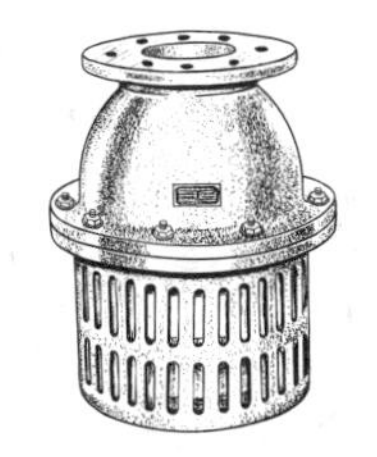
法兰连接(升降式或旋启式)

【其他名称】 内螺纹升降式底阀——井底阀、吸水阀、滤水阀、莲蓬头；
升降式底阀——法兰井底阀；
旋启式底阀——法兰旋启式井底阀。

【用　　途】 一种专用止回阀，装于水泵的进水管末端，用以阻止水源中杂物进入进水管中和阻止进水管中的水倒流。

【规　　格】 常见品种。

型　　号	阀体材料	密封面材　料	适　用介　质	适用温度(℃)≤	公称压力 *PN* (MPa)	公称通径 *DN* (mm)
内螺纹升降式底阀						
H12X-2.5	灰铸铁	橡　胶	水	50	0.25	50～80
升降式底阀						
H42X-2.5	灰铸铁	橡　胶	水	50	0.25	50～200
旋启双瓣式底阀						
H46X-2.5	灰铸铁	橡　胶	水	50	0.25	250～500

注：公称通径系列 *DN*(mm)：25，32，40，50，65，80，100，125，150，200，250，300，350，400，450，500。

15. 外螺纹弹簧式安全阀

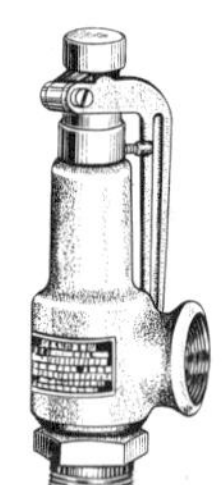

【其他名称】 安全门、保险阀、压气阀。

【用　　途】 装在蒸汽、水及空气等中性介质的锅炉、容器或管路上的一种自动保险装置。当设备或管路内的介质压力超过规定值时，阀即自动开启，使设备或管路中的介质向外排放，从而使压力下降；当压力降低到规定值时，阀即自动关闭，并保证密封，以保护设备安全运行。如压力超过规定时，而阀未能自动开启，可利用拉动阀上的扳手，以迫使阀开启。

【规　　格】 A27W-10T 型。

阀体和密封面材料：铜合金。

适用温度：≤200℃。

公称压力 PN(MPa)：1.0。

工作压力级 P 系列(MPa)：

0.1～0.2，0.2～0.3，0.3～0.7，0.7～1.0。

公称通径系列 DN(mm)：15，20，25，32，40，50，65，80。

16. 铜压力表旋塞

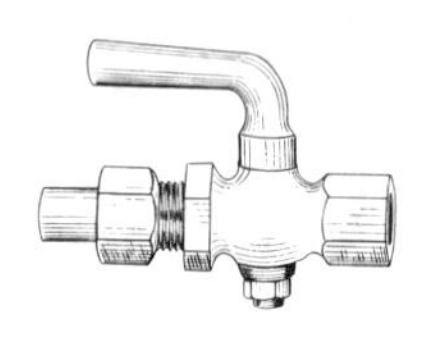

带活接头直通式

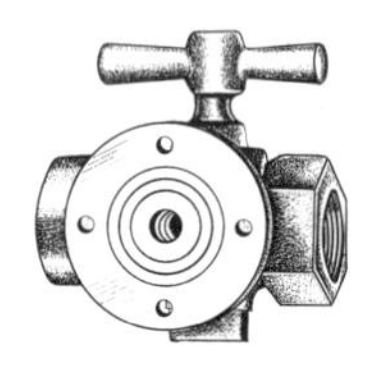

三通式

【其他名称】 压力表开关、汽表角。

【用　　途】 装在设备与压力表之间，作为控制压力表的开关设备。三通式旋塞多一个控制法兰，可供安装检验压力表用。

【规　　格】 常用品种。

种　　类	适用介质	适用温度(℃)≤	公称压力 PN(MPa)	公称通径系列 DN(mm)
带活接头式	水、蒸汽、空气	200	0.6	8，10，15
三　通　式			1.6	15

17. 液面指示器旋塞

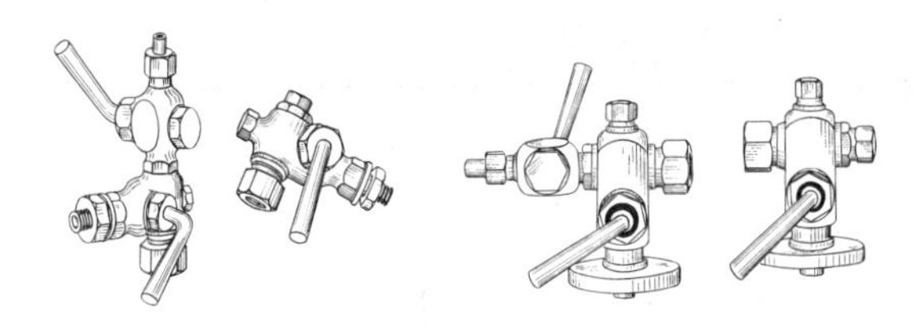

外螺纹连接　　　　法兰连接

【其他名称】 外螺纹液面指示器旋塞——水位指示器旋塞、玻璃管角；液面指示器旋塞——法兰水位指示器旋塞、法兰玻璃管角。

【用　　途】 装于蒸汽锅炉或液体储集器上，指示锅炉或储集器内液位。

【规　　格】 常用品种

型　号	阀体材料	密封面材料	适用介质	适用温度(℃)≤	公称压力 *PN* (MPa)	公称通径 *DN* (mm)
外螺纹液面指示器旋塞						
X29F-6T	铜合金	聚四氟乙烯	水、蒸汽	200	0.6	15，20
X29F-6K	可锻铸铁	聚四氟乙烯	水、蒸汽	200	0.6	15，20
液面指示器旋塞						
X49F-16T	铜合金	聚四氟乙烯	水、蒸汽	200	1.6	20
X49F-16K	可锻铸铁	聚四氟乙烯	水、蒸汽	200	1.6	20

18. 铜锅炉注水器

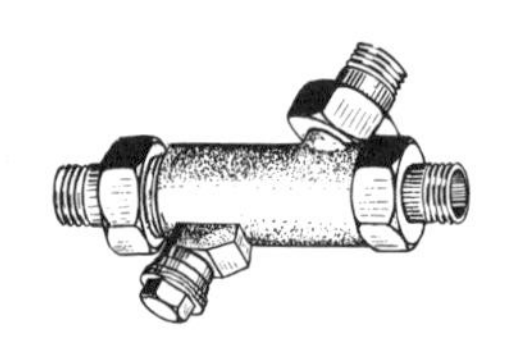

【其他名称】 锅炉注射器。

【用　　途】 装于工作压力 $P=0.2\sim0.7$MPa 的蒸汽锅炉上，为自动向锅炉给水的设备。

【规　　格】 常用品种:ZH24W-2～7T 型。

公称通径 DN(mm)		15	20	25	32	40	50
管螺纹尺寸代号		1/2	3/4	1	1¼	1½	2
蒸汽工作压力 P (MPa)	最低	0.2	0.2	0.28			
	最高	0.52	0.55	0.7			
在 P=0.5MPa、供水温度20℃时的注水量(L/h)≈		450	650	1600	2000	3200	4800

19. 快开式排污闸阀

【其他名称】 排污阀、闸门式排污阀。

【用　　途】 装于温度≤300℃、工作压力 P_{30}≤1.3MPa 的蒸汽锅炉上,作为排除锅炉内水的沉淀物和污垢等的设备。

【规　　格】 常用品种:Z44H-16Q 型。

阀体材料:球墨铸铁。密封面材料:不锈钢。

公称压力 PN(MPa):1.6。

公称通径 DN(mm):40,50。

20. 疏 水 阀(JB/T 9093—2008)

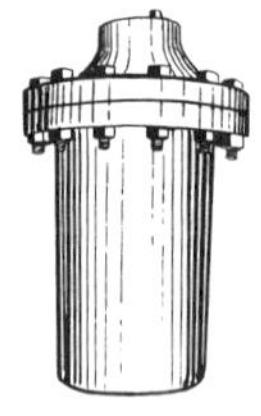

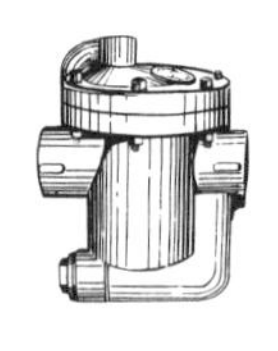

*DN*15～20

内螺纹钟形浮子式

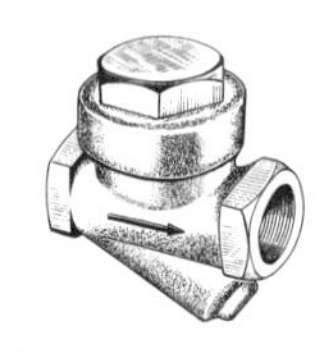

内螺纹热动力(圆盘)式

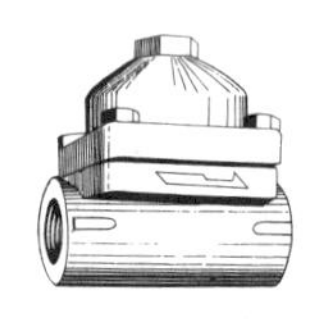

内螺纹双金属片式

【其他名称】 自动蒸汽疏水阀、疏水器、阻汽排水器、冷凝排液器、隔汽具、曲老浦。

【用　　途】 装于蒸汽管路或加热器、散热器等蒸汽设备上,能自动排除管路或设备中的冷凝水,并能防止蒸汽泄漏。

【规　　格】 常用品种。

型　号	阀体材料	密封面材　料	适用介质	适用温度(℃)≤	公称压力 *PN*(MPa)	公称通径 *DN*(mm)
内螺纹钟形浮子式疏水阀						
S15H-16	灰铸铁	不锈钢	冷凝水	200	1.6	15～50
内螺纹热动力(圆盘)式疏水阀						
S19H-16	灰铸铁	不锈钢	冷凝水	200	1.6	15～50
内螺纹双金属片式疏水阀						
S17H-16	灰铸铁	不锈钢 双金属片	冷凝水	200	1.6	15～25

注：1. CS15H-6 型疏水阀最大工作压力差(即进口端与出口端介质工作压力差)分 0.35，0.85，1.2，1.6MPa 四种。
2. 公称通径系列 DN(mm)：15，20，25，32，40，50。
3. 市场产品中，有的在型号前加字母“C”，例：CS19H-16。

21. 活塞式减压阀

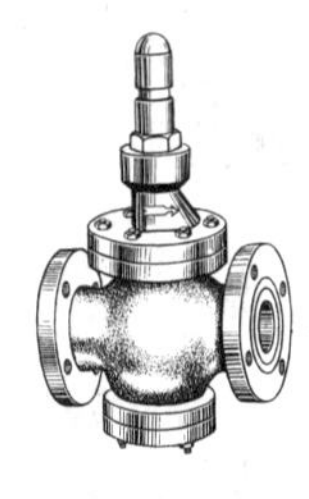

【用　　途】 装于工作压力 P_{30}≤1.3MPa，工作温度≤300℃的蒸汽或空气管路上，能自动将管路内介质压力减低到规定的数值，并使之保持不变。

【规　　格】 常用品种：Y43H-16Q 型。
阀体材料：球墨铸铁。
密封面材料：不锈钢。
公称压力 PN(MPa)：1.6。
公称通径系列 DN(mm)：20，25，32，40，50，65，80，100，125，150，200。

每种尺寸的活塞式减压阀，备有 0.1～0.3，0.2～0.8 及 0.7～1.1MPa三种弹簧来调节各种减压压力，可依需要选择，但阀的进口压力与出口压力之差应≥0.15MPa。

公称压力 PN(MPa)10～63，公称尺寸 DN(mm)20～300 的减压阀参见 GB/T 12244—2006。

22. 水嘴及接管水嘴(QB 1334—2004)

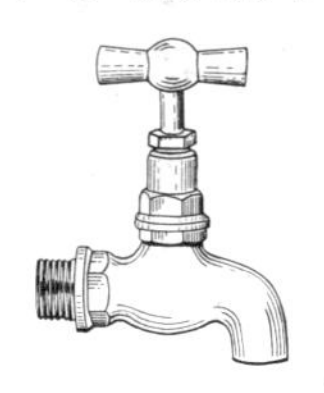

普通式

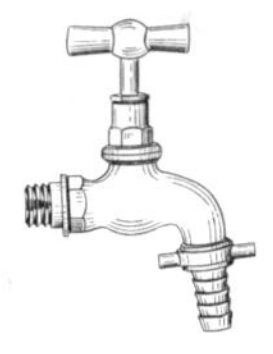

接管水嘴

【其他名称】 水嘴——自来水龙头、冷水嘴；
接管水嘴——皮带龙头、接口水嘴、皮带水嘴。

【用　　途】 装于自来水管路上，作为放水设备。接管水嘴多一个活接头，可连接输水胶管，以便把水输送到较远的地方。

【规　　格】 常用品种。

阀体材料	适用温度（℃）≤	公称压力 PN(MPa)	公称通径 DN(mm)
可锻铸铁、灰铸铁、铜合金	50	0.6	15，20，25

23. 铜热水嘴

【其他名称】 铜木柄水嘴、木柄龙头、转心水嘴、搬把水嘴。

【用　　途】 装在温度≤100℃，公称压力 PN≤0.1MPa 的热水锅炉管道或热水桶上，作为放水设备。

【规　　格】 公称通径 DN(mm)：15，20，25。

24. 铜茶壶水嘴

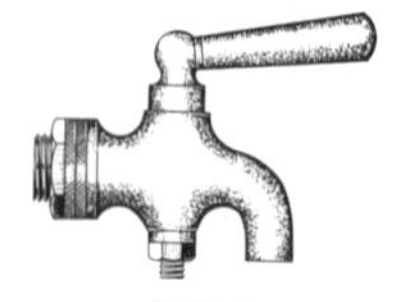

普通式

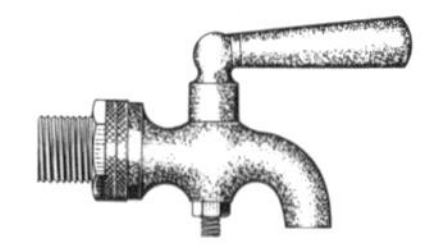

长螺纹式

【其他名称】 茶桶水嘴、茶缸水嘴、茶壶龙头、茶桶角。

【用　　途】 装在茶缸、茶桶等上，作为放水设备。普通式供装于搪瓷茶缸上用，长螺纹式供装于陶瓷茶缸上用。

【规　　格】 公称通径 DN(mm)：8，10，15。

25. 铜保暖水嘴

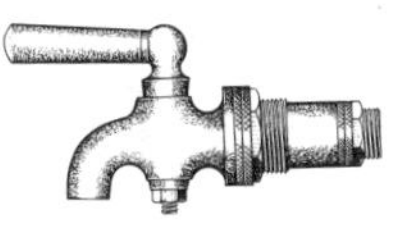

【其他名称】 保暖桶水嘴、保暖龙头。

【用　　途】 装在保暖茶桶上作为放水设备。

【规　　格】 公称通径 DN(mm):10。

26. 暖气疏水阀

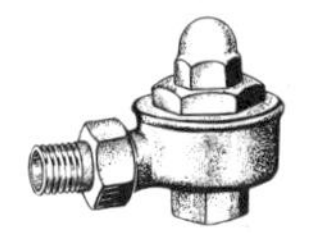

直角式

【其他名称】 暖气阻汽排水器、汽包回水门、汽包回水盒。

【用　　途】 装于室内暖气设备(散热器)上,能自动排除设备内冷凝水,并阻止蒸汽泄漏的设备。

【规　　格】 分直角式及直通式二种。

阀体材料:灰铸铁或可锻铸铁。

公称压力 PN(MPa):0.1;公称通径 DN(mm):15, 20。

27. 卫生洁具及暖气管道用直角阀(QB 2759—2006)

【其他名称】 暖气直角式截止阀、汽包汽门、汽带阀、八字门。

【用　　途】 装于室内暖气设备(散热器)上,作为开关及调节流量设备。

【规　　格】 类型代号:卫生洁具直角阀:JW;暖气管道直角阀:JN。

阀体材料代号:铜合金为 T,不锈钢为 B,铸铁为 Z,可锻铸铁为 K,塑料为 S,其他为 Q。

使用条件:

产品类型	公称尺寸(mm)	公称压力(MPa)	介质	介质温度(℃)
JW	15、20	1.0	冷、热水	≤90
JN	15、20、25	1.6	暖气	≤150

第二十六章　卫生洁具及附件

1. 洗 面 器 类

(1) 洗 面 器(GB 6952—2005)

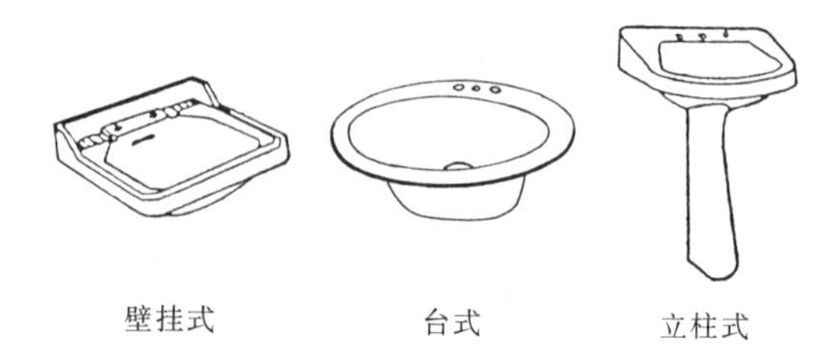

壁挂式　　　　台式　　　　立柱式

【其他名称】 陶瓷洗面器、瓷面盆、瓷面斗。

【用　　途】 配上洗面器水嘴等附件，安装在卫生间内供洗手、洗脸用。

【规　　格】

分类	
分类	1. 按安装方式分： (1) 壁挂式(普通式)——安装在托架上 (2) 台式——安装在台面板上 (3) 立柱式——安装在地面上 2. 按洗面器孔眼数目分： (1) 单孔式——安装一只水嘴或安装单手柄(混合)水嘴 (2) 双孔式——安装放冷、热水用水嘴各1副，或双手轮(或单手柄)冷、热水(混合)水嘴1副，其中两水嘴中心孔距分100mm和200mm两种 (3) 三孔式——(习称暗式)安装双手轮(或单手柄)放冷、热水(混合)水嘴1副，混合体在洗面器下面

（续）

洗面器常用尺寸(mm)							
型　式	单　孔　式		双　孔　式			立柱式	
长　度	510	560	510	560	610	590	580
宽　度	430	480	400	460	510	495	490
高　度	180	200	180	190	200 210	205	200
总高度	—		—			825	820

(2) 洗面器水嘴(QB 1334—2004)

【其他名称】 立式水嘴、面盆水嘴、面盆龙头。

【用　　途】 装于洗面器上,用以开关冷、热水。在水嘴手柄上标有“冷”、“热”字样,或嵌有蓝、红色标志,通常以“冷”、“热”水嘴各一只为一组。

【规　　格】 公称通径 DN(mm):15, 20, 25;
公称压力 PN(MPa):0.3;
适用温度(℃):≤100。

(3) 洗面器单手柄水嘴　(QB 1334—2004)

【其他名称】 单手柄水嘴、洗面盆单把混合水嘴、立式混合水嘴。

【用　　途】 装在陶瓷面盆上,用以开关冷、热水和排放盆内存水。其特点是冷、热水均用一个手柄控制和从一个水嘴中流出,并可调节水温。手柄向上提起再向左旋,可出热水;如向右旋，即出冷水；手柄向下揿，则停止出水；拉起提拉手柄，可排放盆内存水；揿下提拉手柄，即停止排水。

【规　　格】 型号：MG12(北京产品)。公称通径 DN(mm)：15；公称压力 PN(MPa)：0.3；适用温度(℃)：≤100。

(4) 立柱式洗面器配件

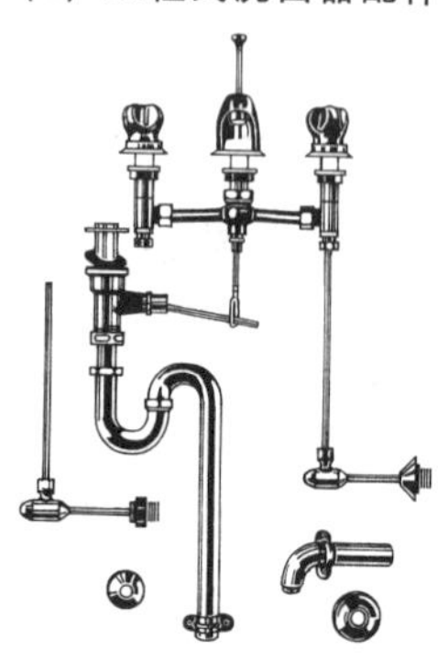

【其他名称】 立柱式面盆铜活、立脚面盆铜配件，带腿面盆铜器。

【用　　途】 专供装在立柱式洗面器上，用以开关冷、热水和排放盆内存水。其特点是冷、热水均从一个水嘴中流出，并可调节水温。揿下金属拉杆即可排放盆内存水；拉起拉杆，则停止排水。附有存水弯，可防止排水管内臭气回升。

【规　　格】 型号：80-1 型。
公称通径 DN(mm)：15；
公称压力 PN(MPa)：
0.3；
适用温度(℃)：≤100。

(5) 台式洗面器配件

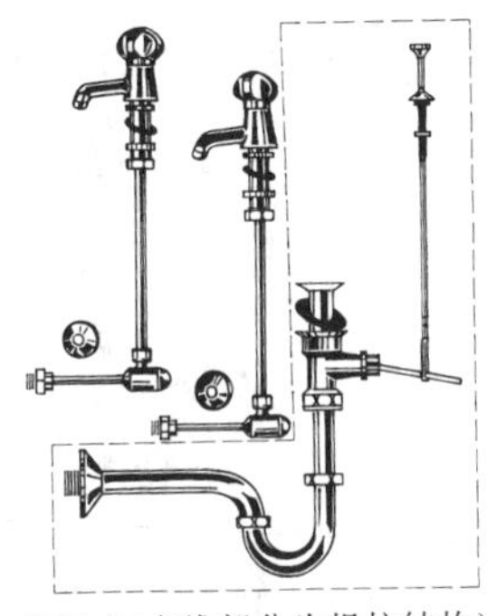

普通式(虚线部分为提拉结构)

混合式(双手柄)

【其他名称】 台式面盆铜活、镜台式面盆铜器。

【用　　途】 专供装在台式洗面器上,用以开关冷、热水和排放盆内存水。分普通式和混合式两种。普通式的冷、热水分别从两个水嘴中流出。混合式特点是冷、热水均从一个水嘴中流出,并可调节水温。

【规　　格】 型号:普通式——15M7 型,混合式——7103 型。
公称通径 DN(mm):15;
公称压力 PN(MPa):0.3;
适用温度(℃):≤100。

(6) 弹 簧 水 嘴

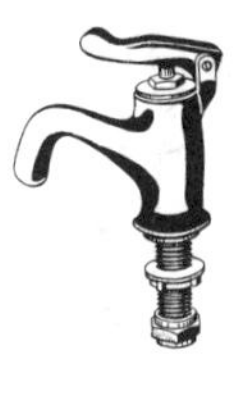

【其他名称】 立式弹簧水嘴、手揿龙头、自闭水嘴。

【用　　途】 装于公共场所的面盆、水斗上,作开关自来水用。揿下水嘴手柄,即打开通路放水,手松即关闭通路停水。

【规　　格】 公称通径 DN(mm):15;
公称压力 PN(MPa):0.3;
适用温度(℃):≤100。

(7) 洗面器落水

【其他名称】 面盆下水口、面盆存水弯、下水连接器、洗脸盆排水栓、返水弯。

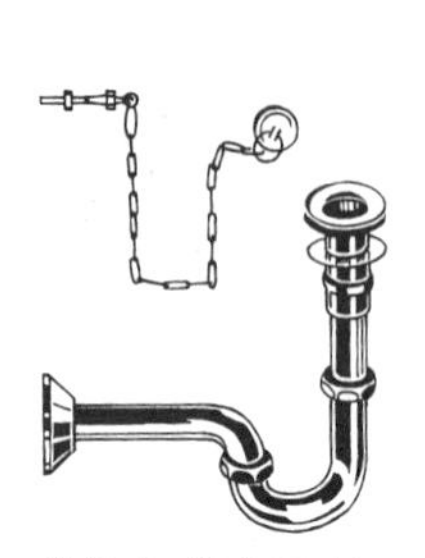
普通式:横式(P型)

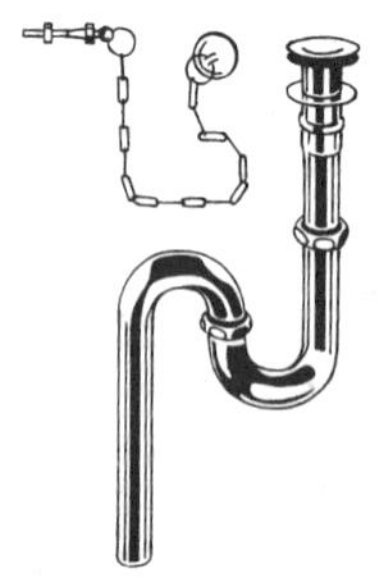
普通式:直式(S型)

【用　　途】 排放面盆、水斗内存水用的通道,并有防止臭气回升作用。由落水头子、锁紧螺母、存水弯、法兰罩、连接螺母、橡皮塞和瓜子链等零件组成。

【规　　格】 有横式、直式两种,又分普通式和提拉式两种。制造材料有铜合金、尼龙6、尼龙1010等;公称通径 *DN* 为32mm,橡皮塞直径为29mm。提拉式落水结构,参见第1409页“台式洗面器配件”左图提拉结构部分。

(8) 卫生洁具直角式截止阀(QB/T 3881—1999)

【其他名称】 直角阀、三角阀、三角凡而、角尺凡而、八字水门。

【用　　途】 装在通向洗面器水嘴的管路上,用以控制水嘴的给水,以利设备维修。平时直角截止阀处于开启状态,若水嘴或洗面器需进行维修,则处于关闭状态。

【规　　格】 公称通径 *DN*(mm):15;
公称压力 *PN*(MPa):0.3。

(9) 无缝铜皮管及金属软管

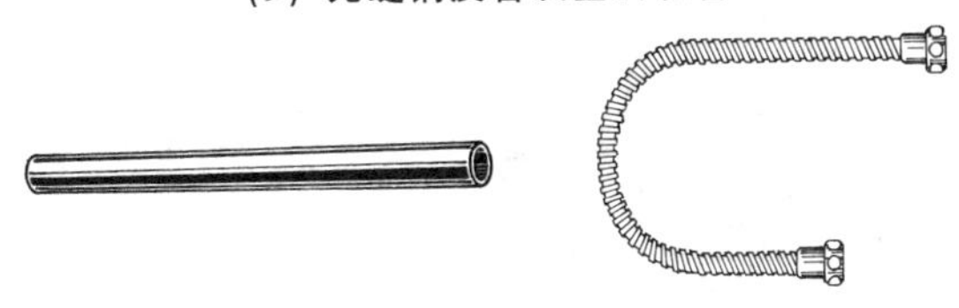

无缝铜皮管　　　　金属软管(蛇皮软管)

【用　　途】 用作洗面器水嘴与三角阀之间连接管。

【规　　格】

品　　种	无缝铜皮管			金属软管		
主要尺寸(mm)	外径	厚度	长度	外径	厚度	长度
	12.7	0.7～0.8	330	13	—	350 400
材料及表面状态	黄铜抛光或镀铬			黄铜镀铬或不锈钢		

(10) 托　　架

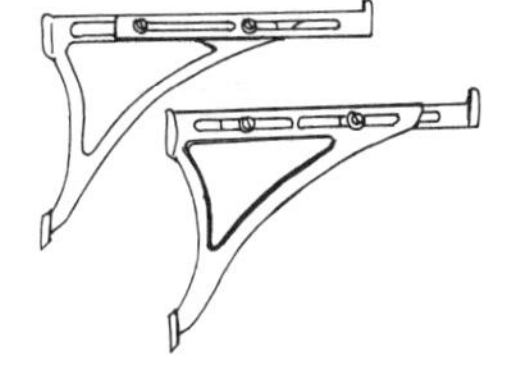

洗面器托架

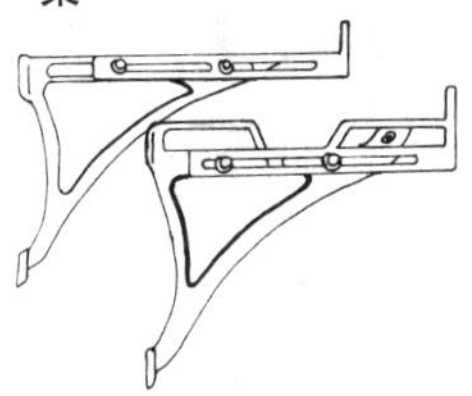

水槽托架

【其他名称】 支架、托架、搁架。

【用　　途】 安装在墙面与陶瓷洗面器或水槽之间,支托洗面器或水槽,使之保持一定高度,便于使用。

【规　　格】 洗面器托架——长×宽×高(mm):310×40×230;
水槽托架——长×宽×高(mm):380×45×310。
制造材料为灰铸铁。

2. 浴 缸 类

(1) 浴　　缸

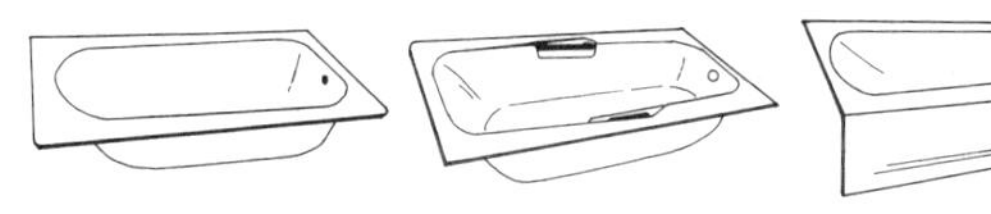

普通浴缸　　扶手浴缸　　裙板浴缸

【用　　途】 安装在卫生间内，配上浴缸水嘴等附件，供洗澡用。

【规　　格】 上海产品。

品种		
品种	按制造材料分	铸铁浴缸、钢板浴缸、玻璃钢浴缸、陶瓷浴缸、塑料浴缸
	按结构分	普通浴缸(TYP型)、扶手浴缸(GYF-5扶型)、裙板浴缸
	按色彩分	白色浴缸、彩色浴缸(青、蓝、骨、杏、灰、黑、紫红等)

型　　号	尺寸(mm)			型　　号	尺寸(mm)		
	长	宽	高		长	宽	高
TYP-10B	1000	650	305	TYP-16B	1600	750	350
TYP-11B	1100	650	305	TYP-17B	1700	750	370
TYP-12B	1200	650	315	TYP-18B	1800	800	390
TYP-13B	1300	650	315	GYF-5扶	1520	780	350
TYP-14B	1400	700	330	8701型裙板浴缸	1520	780	350
TYP-15B	1500	750	350	8801型搁手浴缸	1520	780	380

注：陶瓷浴缸的标准号为GB 6952—2005。

(2) 浴缸水嘴(QB 1334—2004)

普通式

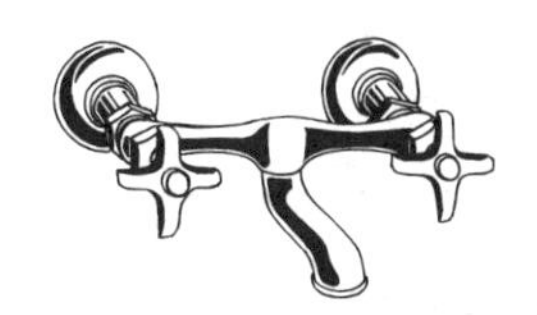

明双联式

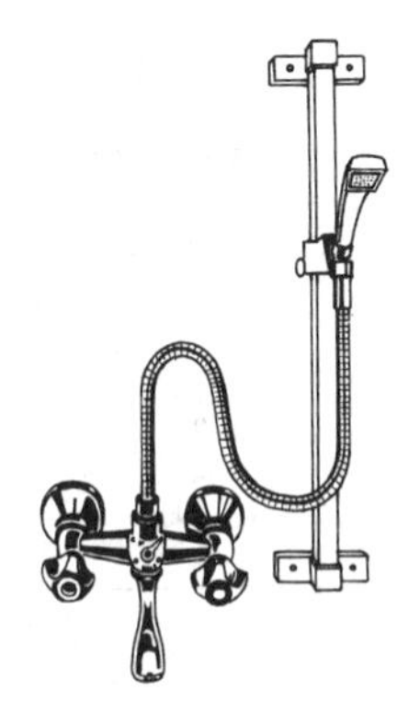

明三联式(移动式)

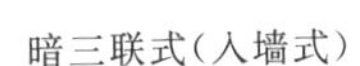

暗三联式(入墙式)

单手柄明三联式
(插座式)

【其他名称】 浴缸龙头、澡盆水嘴。

【用　　途】 装于浴缸上，用以开关冷、热水。在水嘴手柄上标有“冷”、“热”字样（或嵌有蓝、红色标志）。单手柄浴缸水嘴是用一个手柄开关冷、热水，并可调节水温。带淋浴器的可放水进行淋浴。适用温度≤100℃。

【规　　格】

品　种	结　构　特　点	公称通径 DN(mm)	公称压力 PN(MPa)
普通式	由冷、热水嘴各一只组成一组	15，20	0.3
明双联式	由两个手轮合用一个出水嘴组成	15	
明(暗)三联式	比双联式多一个淋浴器装置	15	
单手柄式	与三联式不同处，用一个手轮开关冷、热水和调节水温	15	

(3) 浴缸长落水

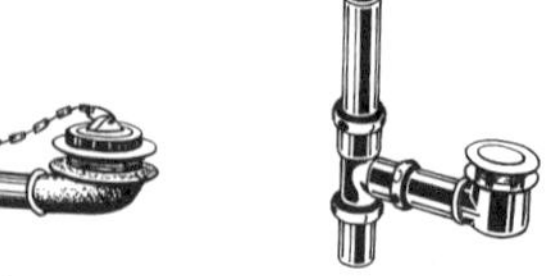

普通式　　　　提拉式

【其他名称】 浴缸长出水、浴盆出水、澡盆下水口、澡盆排水栓。

【用　　途】 装于浴缸下面，用以排去浴缸内存水。由落水、溢水、三通、连接管等零件组成。

【规　　格】 公称通径 DN(mm)：普通式——32，40；
提拉式——40。

(4) 莲蓬头

活络式

固定式

【其他名称】 莲花嘴、淋浴喷头、喷头。

【用　　途】 用于淋浴时喷水，也可作防暑降温的喷水设备。有固定式和活络式两种；活络式在使用时喷头可以自由转动，变换喷水方向。

【规　　格】 公称通径 DN × 莲蓬直径（mm）：15×40，15×60，15×75，15×80，15×100。

(5) 莲蓬头铜管

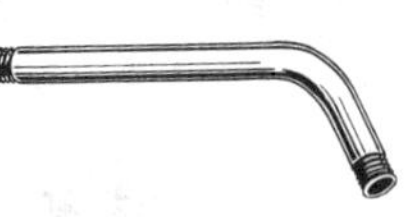

【其他名称】 莲蓬头铜梗、淋浴器铜梗。

【用　　途】 装于莲蓬头与进水管路之间，作连接管用。

【规　　格】 公称通径 DN(mm)：15。

(6) 莲蓬头阀

明　　阀

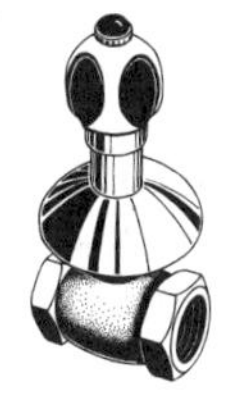

暗　　阀

【其他名称】 莲蓬头凡而、淋浴器阀、冷热水阀。

【用　　途】 装于通向莲蓬头的管路上，用来开关莲蓬头(或其他管路)的冷、热水。明阀适用于明式管路上，暗阀适用于暗式管路(安装于墙壁内)上，另附一个钟形法兰罩。

【规　　格】 公称通径 DN(mm)：15。
公称压力 PN(MPa)：0.6。

(7) 双管淋浴器

【其他名称】 双联淋浴器、混合淋浴器、直管式淋浴器。

【用　　途】 装于工矿企业等的公共浴室中，用作淋浴设备。

【规　　格】 公称通径 DN(mm)：15。

(8) 地板落水

普通式

两用式

【其他名称】 地漏、地坪落水、扫除口。

【用　　途】 装于浴室、盥洗室等室内地面上，用于排放地面积水。两用式中间有一活络孔盖，如取出活络孔盖，可供插入洗衣机的排水管，以便排放洗衣机内存水。

【规　　格】 公称通径 DN(mm)：普通式——50，80，100；
两用式——50。

3. 坐便器类

(1) 坐便器(GB 6952—2005)

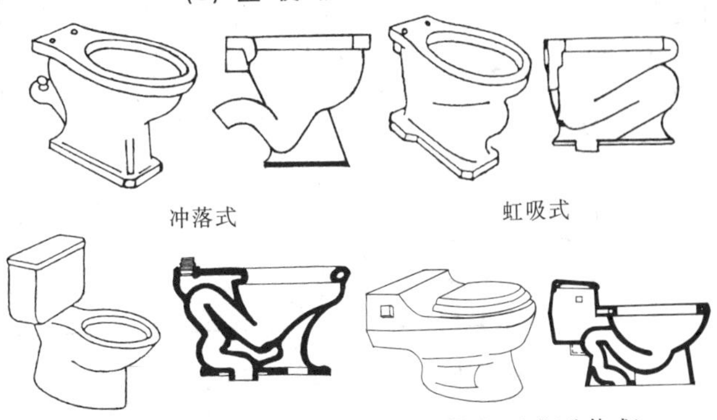

冲落式　　虹吸式

喷射虹吸式　　漩涡虹吸式(连体式)

【其他名称】 陶瓷坐便器、抽水马桶、坐式便器。

【用　　途】 配上低水箱、坐便器盖等附件，安装在卫生间内，供大小便用，便后可打开低水箱中排水阀，放水冲洗排除器内污水、污物，使其保持清洁卫生。

【规　　格】

分类	1. 按坐便器冲洗原理分：冲落式、虹吸式、喷射虹吸式、漩涡虹吸式(连体式) 2. 按配用低水箱结构分： (1) 挂箱式——低水箱位于坐便器后上方，两者之间须用角尺弯管连接起来 (2) 坐箱式——低水箱直接装在坐便器后上方 (3) 连体式——低水箱与坐便器连成一个整体 3. 按排污方向分：下排式、后排式

(续)

坐便器常用尺寸(mm)						
型　式	下排式			后排式		
排污口安装距	305，400，200			100，180		
排污口外径	≤100			≤107		
水封深度	≥50					
水封表面面积	≥100×85					
水道过球直径	≥41					
长度	普通型	420	加长型	470	幼儿型	380
宽度		355		355		280

(2) 水　　箱(GB 6952—2005)

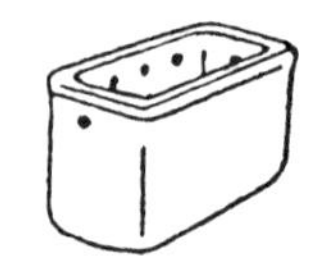

高水箱

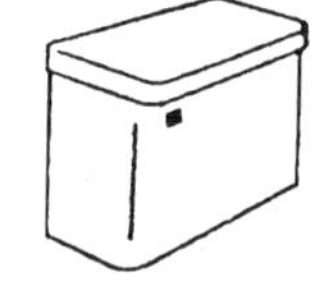

壁挂式低水箱

【其他名称】 陶瓷水箱、高位水箱、背水箱。

【用　　途】 分高水箱、低水箱两种。高水箱高挂于蹲便器上部，低水箱位于坐便器后上部。

【规　　格】

品　种	型　号	长度(mm)	宽度(mm)	高度(mm)
高水箱	1#	420，440	240，260	280
低水箱	壁挂式 12#	480	215	330
低水箱	坐箱式	510	250	360

(3) 坐便器低水箱配件

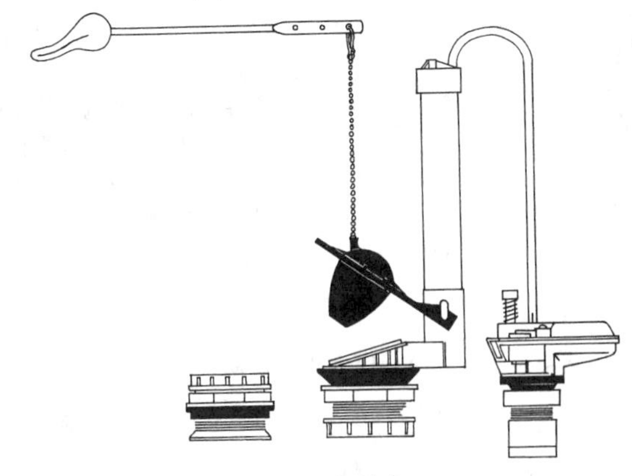

(水压)翻板式

【其他名称】 低水箱铜器、背水箱铜器、背水箱铜活、背水箱洁具、低水箱零件。

【用　　途】 装于坐便器(抽水马桶)后面的低水箱中,用于水箱的自动进水、停止进水和手动放水(冲洗坐便器)。由扳手、进水阀、浮球、排水阀、角尺弯、马桶卡等零件组成。按排水阀结构分,有直通式(旧式,现已停产)、翻板式、翻球式、虹吸式等。

【规　　格】 公称压力 PN(MPa):0.3;
(习惯称呼)排水阀公称通径 DN(mm):50。

(4) 低水箱扳手

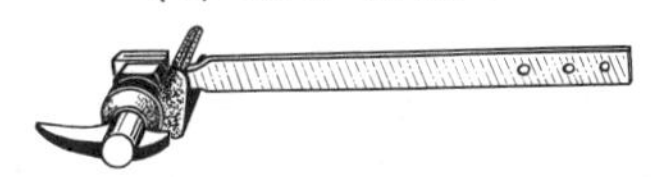

【其他名称】 水箱扳手、水箱开关、操动杆。

【用　　途】 用于操纵低水箱中的排水阀的升降,以便打开或关闭通向坐便器的放水通路。

【规　　格】 杠杆长度(mm):230。

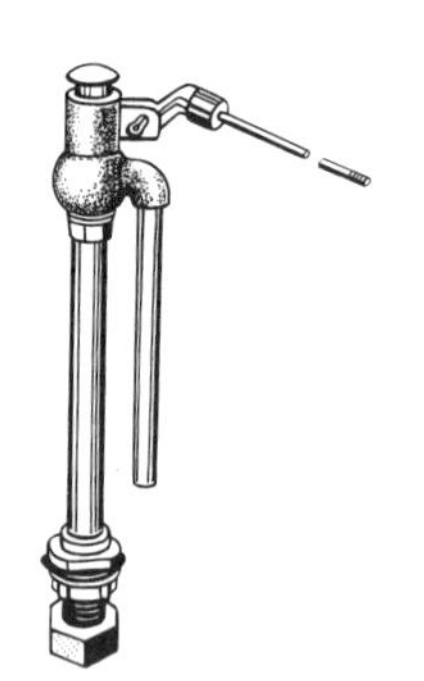

(5) 低水箱进水阀

【其他名称】 立式浮球阀、立式浮筒凡而、立式进水阀。

【用　　途】 低水箱中的自动进水机构。当水箱中的水位低于规定位置时,即自动打开,让水进入水箱;当水位到达规定位置时,即自动关闭,停止进水。

【规　　格】 公称通径 DN(mm):15;公称压力 PN(MPa):0.3。

(6) 低水箱排水阀

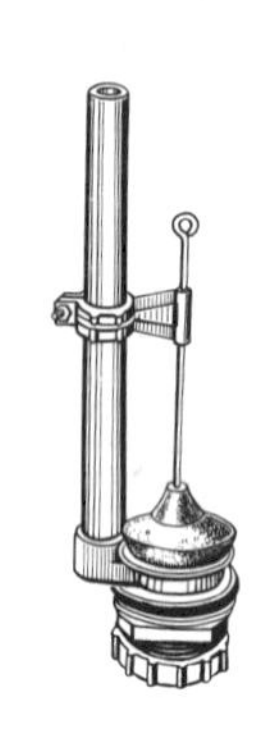

直通式

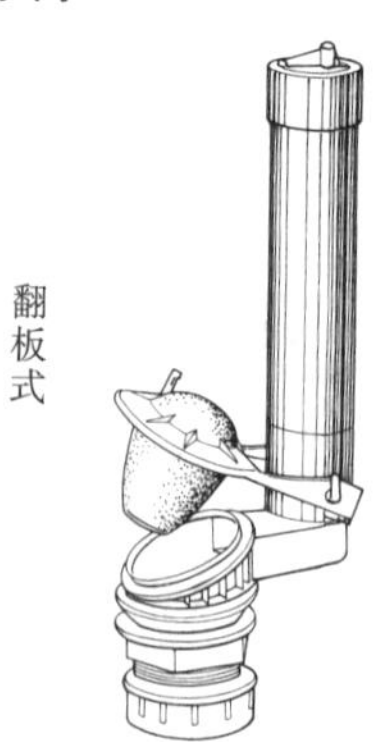

翻板式

【其他名称】 低水箱出水、皮球落水、低水箱下水口、塞风。

【用　　途】 控制低水箱中放水通路。提起水阀便放水冲洗坐便器;放水后自动落下,关闭放水通路。按结构分直通式(旧式,现已停产)、翻板式和翻球式等。

【规　　格】 公称通径 DN(mm):50。

(7) 直角弯

【其他名称】 牛角弯、角尺弯。

【用　　途】 用作壁挂式低水箱与坐便器之间的连接管路。放水时，水箱中的储水通过角尺弯进入坐便器。

【规　　格】 公称通径 DN(mm)：50；

总长(mm)：380；

制造材料：镀铬铜合金管、塑料管。

(8) 大便冲洗阀

阀　　体

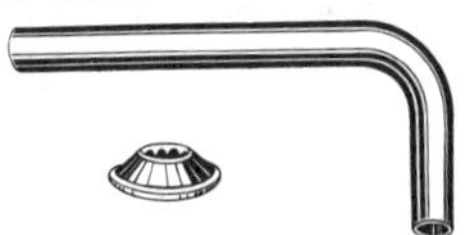

铜管和法兰罩

【其他名称】 大便阀、伏络西凡而、自闭冲洗阀。

【用　　途】 放水冲洗坐便器用的一种半自动阀门，可代替低水箱用。由阀体、铜管、法兰罩和马桶卡等零件组成，也可分开供应。

【规　　格】 公称压力(MPa)：0.6；阀体公称通径 DN(mm)：25；铜管外径(mm)：32。

4. 蹲便器类

(1) 蹲便器(GB 6952—2005)

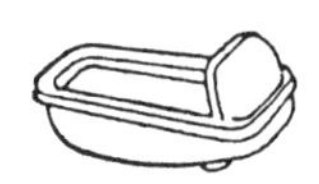

和丰式(1#)

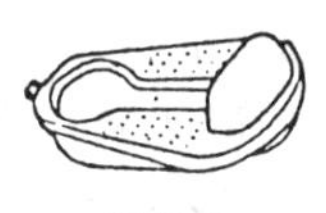

踏板式

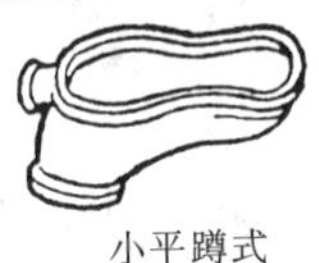

小平蹲式

【其他名称】 蹲式大便器、蹲坑、蹲便斗。

【用　　途】 安装在卫生间内，供人们蹲着进行大小便用，便后需拉开高水箱中排水阀，以便放水冲洗排除器内污水、污物，使其保持清洁卫生。

【规　　格】

型　　号	主　要　尺　寸　(mm)			
	长　度	宽　度	高　度	进水口端面至排水口中心距
和丰式(1#)	610	270	400	430
踏板式	600	430	285	55
小平蹲式	550	320	275	55

(2) 自落水芯子

【其他名称】 自动落水、自落水胆。

【用　　途】 装于自落水高水箱中，用以自动定时放水冲洗便槽。它是利用虹吸原理来实现自动放水或关闭通路的，由羊皮膜(橡皮膜)、虹吸管、透气管、固紧螺母、落水头子和落水罩等零件组成。

【规　　格】 公称通径 *DN*(mm)：
20，25，32，40，50，65。

(3) 自落水进水阀

【其他名称】 自落水进水器。

【用　　途】 小便槽上自落高水箱的进水开关，装在水箱内部，用于控制进水量的大小和自动落水间隔时间。

【规　　格】 公称通径 *DN*(mm)：15；
公称压力 *PN*(MPa)：0.3。

(4) 高水箱配件

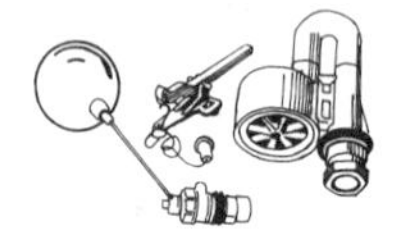

虹吸式高水箱配件

【其他名称】 蹲便器配件、高水箱铜器、高水箱洁具。

【用　　途】 装于蹲便器的高水箱中，用于自动进水和手动放水。由拉手、浮球阀、浮球、排水阀、冲洗管、黑套等零件组成。

【规　　格】 公称通径 *DN*(mm)：32；有直通式和翻板式等。

(5) 高水箱拉手

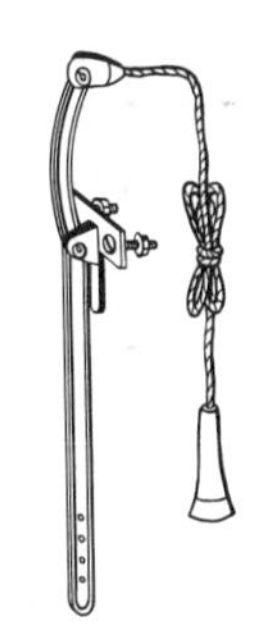

【其他名称】 拉手、拉杆、高水箱操纵杆。

【用　　途】 用于操纵高水箱中的排水阀的升降，以打开或关闭通向蹲便器的放水通路。

【规　　格】 杠杆长度(mm)：280；
链条长度(mm)：530。

(6) 浮球阀

【其他名称】 浮筒凡而、浮筒阀、漂子门、浮球截门、进水阀。

【用　　途】 用作高水箱、水塔等储水器中进水部分的自动开关设备。当水箱中的水位低于规定位置时，即自动打开，让水进入水箱；当水位达到规定位置时，即自动关闭，停止进水。

DN≥15 的浮球阀

【规　　格】 公称通径 *DN*(mm)：15，20，25，32，40，50，65，80，100(高水箱中一般使用 *DN*15，供应时不带浮球)。

(7) 浮　　球

【其他名称】 漂子球、水漂子。

【用　　途】 装于浮球阀(进水阀)上，借浮球的浮力来控制水箱、水塔中浮球阀的启闭。

【规　　格】

浮球直径 (mm)	100	150	200	225	250	300	375	450	600
适用浮球阀规格 *DN*(mm)	15	20	25	32	40	50	65	80	100

(8) 高水箱排水阀

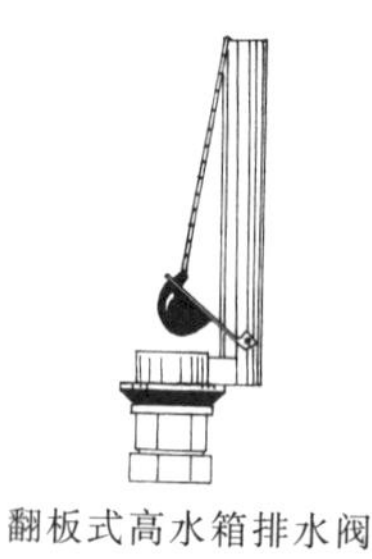

翻板式高水箱排水阀

【其他名称】 高水箱出水、皮球落水、皮球下水口、塞风。

【用　　途】 用于控制高水箱中放水通路的启闭。当向上提起时，即可打开通路，放水冲洗蹲便器；水放完后，可自动落下，关闭通路。

【规　　格】 公称通径 *DN*(mm)：32。

(9) 高水箱冲洗管

【其他名称】 高水箱冲水管。

【用　　途】 用作高水箱与蹲便器之间的连接管路。放水时高水箱内的储水通过该管流入蹲便器。

【规　　格】 公称通径 *DN*(mm)：32；管长(mm)：2220。

(10) 橡胶黑套

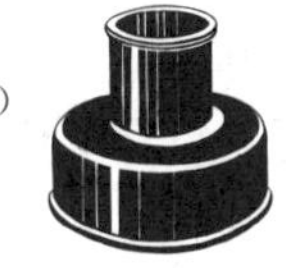

【其他名称】 皮碗、异径胶碗、橡胶大头小。

【用　　途】 用作冲水管和蹲(坐)便器之间的连接管。

【规　　格】 内径(套冲水管端)×内径(套瓷管端)(mm)：

32×65，32×70，32×80，45×70。

5. 小便器类

(1) 小便器(GB 6952—2005)

斗式(平面式)

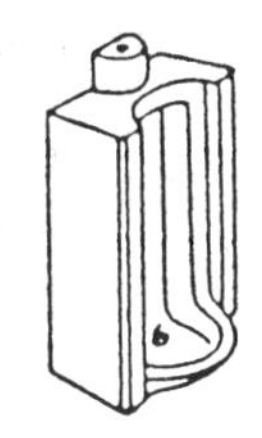

壁挂式(联排式)

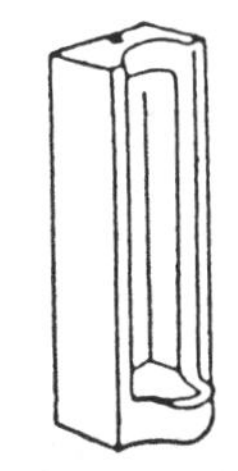

立式(落地式)

【其他名称】 陶瓷小便器、瓷便斗、小便斗。

【用　　途】 装在公共场所的男用卫生间内,供小便用。

【规　　格】 按冲洗原理分:冲落式、虹吸式。

品　　种	宽度(mm)	深度(mm)	高度(mm)
斗　　式	340	270	490
壁挂式	330	375	900
立　　式	410	360	1000
进水口距墙≥60mm,过球直径≥19mm			

(2) 小便器落水

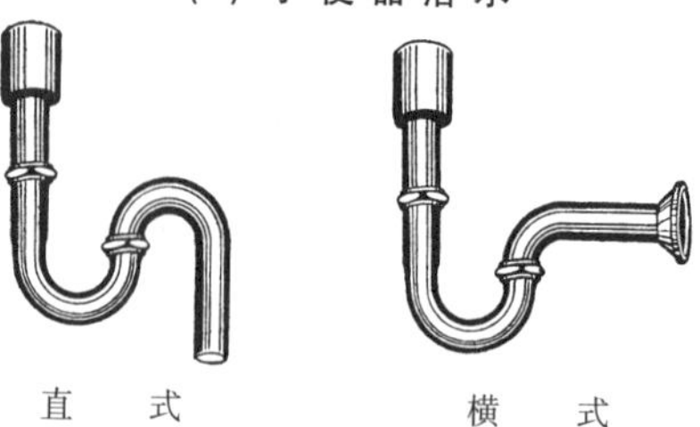

直式　　　　横式

【其他名称】 小便斗下水口、小便落水。

【用　　途】 装于斗式小便器下部，用以排泄污水和防止臭气回升。有直式（S型）和横式（P型）两种，以直式应用较广。

【规　　格】 公称通径 DN(mm)：40；
制造材料：铅合金、塑料、铜镀铬。

(3) 立式小便器铜器

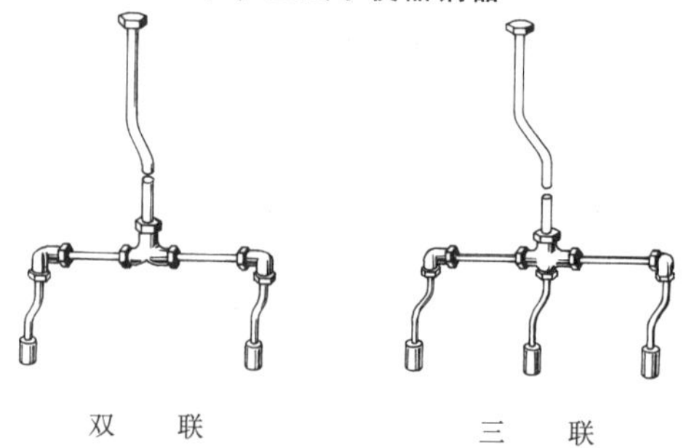

双联　　　　三联

【其他名称】 立式小便斗铜器、小便斗铜活。

【用　　途】 装于水箱与立式小便器之间，用以连接管路和放水冲洗便斗。

【规　　格】 按连接小便器的数目分：单联、双联、三联。

(4) 小便器鸭嘴

【其他名称】 鸭嘴巴。
【用　　途】 装于立式小便器铜器下部,用于喷水冲洗立式小便斗。
【规　　格】 公称通径 DN(mm):20。

(5) 尿坑落水

【其他名称】 尿坑头子、花篮罩落水、胖顶落水、尿槽落水。
【用　　途】 装于小便槽内的落水口,用以排泄污水和阻止杂物流入排水管路内。
【规　　格】 公称通径 DN(mm):50。

(6) 小便器配件

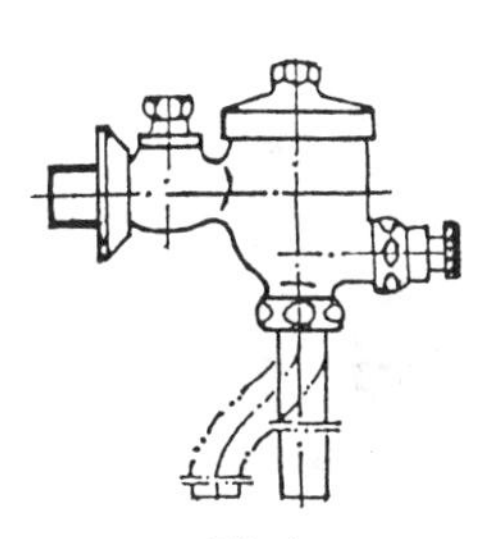

手揿式

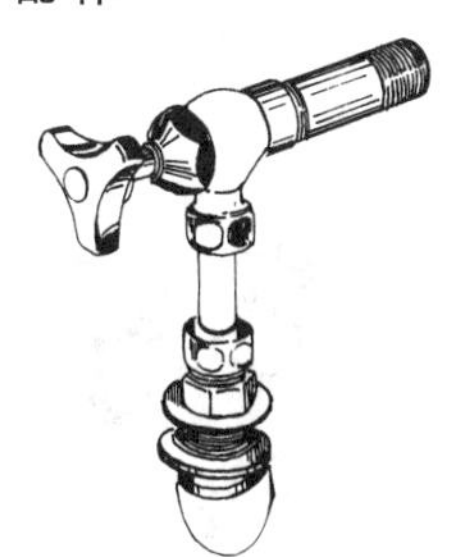

手开式

【其他名称】 挂便器配件。
【用　　途】 装在小便器上面冲洗小便池用。手揿式用手揿揿钮,就开始放水;手离开揿钮,就停止放水。手开式用手旋开阀门,就开始放水;关闭阀门,才停止放水。
【规　　格】 公称通径 DN(mm):15;公称压力 PN(MPa):0.3。

6. 妇女洗涤器类

(1) 妇女洗涤器

【其他名称】 妇洗器、净身器、净身盆。
【用　　途】 配上有关配件，装在卫生间内，专供妇女冲洗、净身用。
【规　　格】 长×宽×高(mm)：645×350×380，590×370×360。

(2) 妇女洗涤器配件

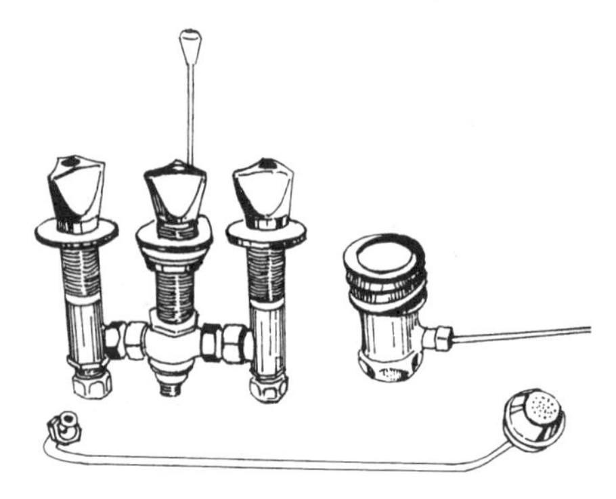

【其他名称】 妇洗器配件、净身器配件、净身盆配件。
【用　　途】 装在妇女洗涤器上，用以开关冷、热水，供妇女冲洗、净身用。
【规　　格】 公称通径 *DN*(mm)：15；公称压力 *PN*(MPa)：0.3。

7. 洗涤槽及其他水嘴类

(1) 洗 涤 槽(GB 6952—2005)

单槽式

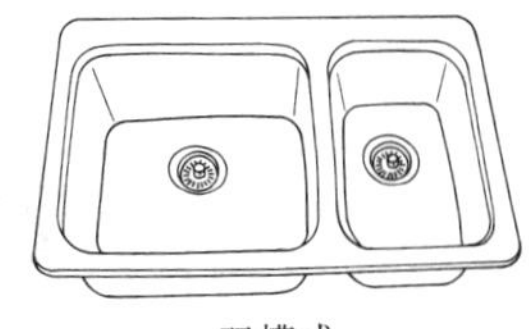

双槽式

【其他名称】 水槽、水斗、水池、水盆。

【用　　途】 装在厨房内或公共场所的卫生间内，供洗涤蔬菜、食物、衣物及其他物品等用。分单槽式和双槽式两种。

【规　　格】

型　　号	1#	2#	3#	4#	5#	6#	7#	8#
长度(mm)	610	610	510	610	410	610	510	410
宽度(mm)	460	410	360	410	310	460	360	310
高度(mm)	200	200	200	150	200	150	150	150

注：表列为单槽式规格，双槽式常用规格(mm)为长 780×宽460×高 210。

(2) 水 槽 水 嘴

【其他名称】 水盘水嘴、水盘龙头、长脖水嘴。

【用　　途】 装于水槽上，供开关自来水用。

【规　　格】 公称通径 DN(mm)：15；

公称压力 PN(MPa)：0.3。

(3) 水 槽 落 水

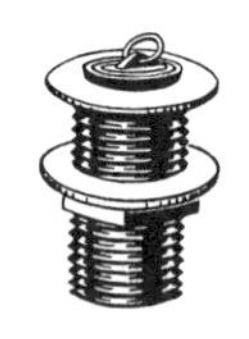

【其他名称】 下水口、排水栓。

【用　　途】 用于排除水槽、水池内存水。

【规　　格】 公称通径 DN(mm):32, 40, 50。

(4) 脚 踏 水 嘴

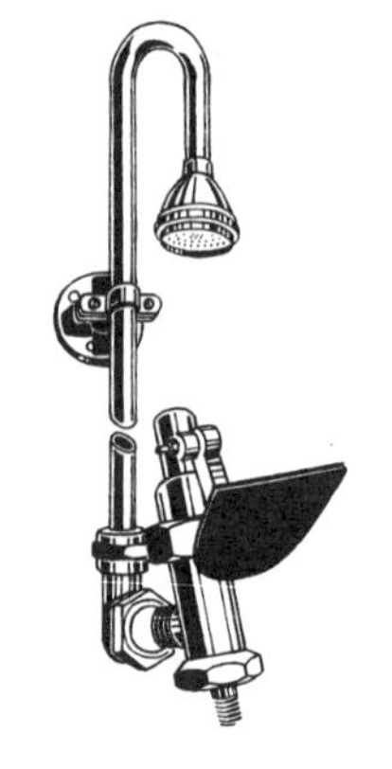

【其他名称】 脚踏阀、脚踩水门。

【用　　途】 装于公共场所、医疗单位等场合的面盆、水盘或水斗上,作为放水开关设备。其特点是用脚踩踏板,即可放水;脚离开踏板,停止放水。开关均不需用手操纵,比较卫生,并可以节约用水。

【规　　格】 公称通径 DN(mm):15;

公称压力 PN(MPa):0.3。

(5) 化验水嘴(QB 1334—2004)

【其他名称】 尖嘴龙头、实验龙头、化验龙头。

【用　　途】 常用于化验水盆上，套上胶管放水冲洗试管、药瓶、量杯等。

直嘴式

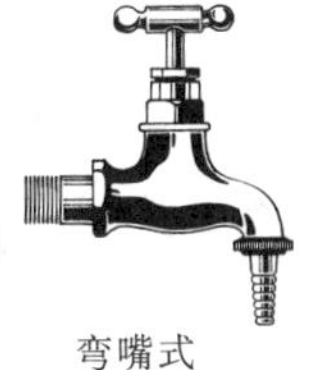

弯嘴式

【规　　格】 公称通径 DN(mm):15;
公称压力 PN(MPa):0.3;
材料:铜合金、表面镀铬。

(6) 单联、双联、三联化验水嘴

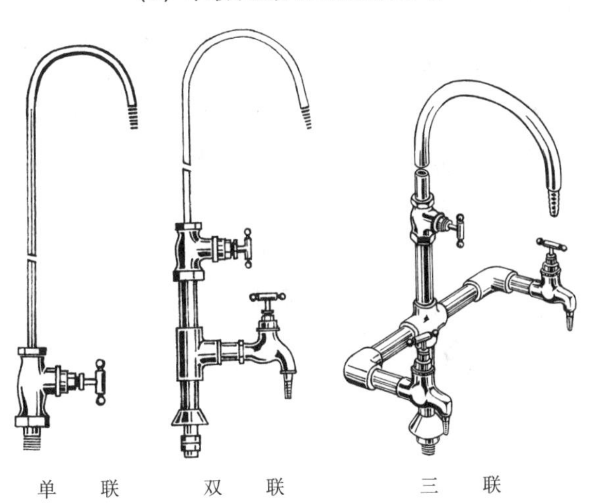

单　　联　　　　双　　联　　　　三　　联

【其他名称】 鹅颈水嘴、鹅头水嘴、长管弯头水嘴、长颈水嘴。

【用　　途】 装于实验室的化验盆上，作为放水开关设备。

【规　　格】 公称通径 *DN*(mm)：15；公称压力 *PN*(MPa)：0.3。

单联——一个鹅颈水嘴；

双联——一个鹅颈水嘴，一个弯嘴化验水嘴；

三联——一个鹅颈水嘴，二个弯嘴化验水嘴。

总高度(mm)：单联——>450；

双联、三联——650。

(7) 洗衣机用水嘴

【用　　途】 装于置放洗衣机附近的墙壁上。其特点是水嘴的端部有管接头，可与洗衣机的进水管连接，不会脱落，以便向洗衣机供水；另外，水嘴的密封件采用球形结构，手柄旋转 90°，即可放水或停水。

【规　　格】 公称通径 *DN*(mm)：15。

公称压力 *PN*(MPa)：0.3。

8. 卫生间配件

(1) 浴缸扶手

【其他名称】 浴缸拉手。

【用　　途】 安装在浴缸边上或靠近浴缸一端的墙面上，便于人在浴缸内起立时扶持用，以防摔跤。

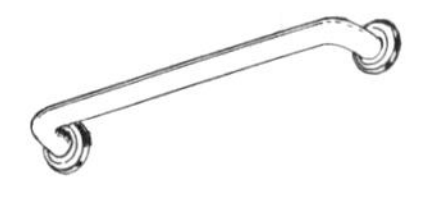

【规　　格】 外径×长度(mm)：20×300，20×450。

材料：铜合金镀铬、不锈钢等。

(2) 毛 巾 杆

单档毛巾杆

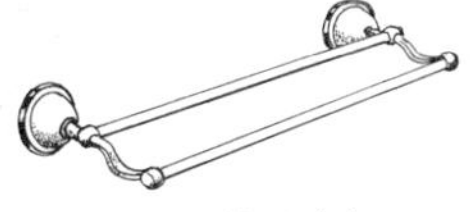

双档毛巾杆

【其他名称】 面巾杆。

【用　　途】 卫生间内挂毛巾用。

【规　　格】 分单档、双档两种。

规格(直径×长度,mm):16×500,16×600,16×800,19×500,19×600,19×800。

材料:铜合金镀铬、不锈钢等。

(3) 置 衣 架

【其他名称】 浴巾搁架。

【用　　途】 放置浴巾、衣物用。

【规　　格】 外径×长度(mm):16×500,16×600。

材料:铜合金镀铬、不锈钢等。

(4) 化 妆 台

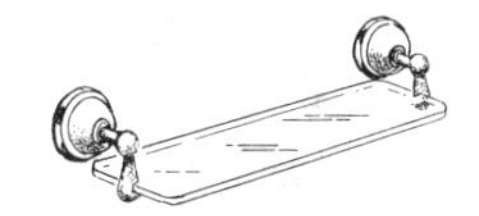

长方形化妆台

【其他名称】 平台架、玻璃托架。

【用　　途】 放置化妆品等用。

【规　　格】 分长方形、转角型两种。

长度×宽度(mm):70×12。

(5) 卫 生 纸 盒

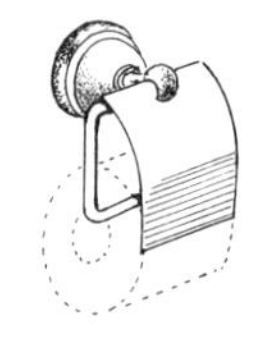

【其他名称】 手纸盒、草纸盒、卷筒箱。

【用　　途】 摆放卷筒形卫生纸（手纸）用。

材料：铜合金镀铬、不锈钢等。

(6) 肥 皂 盒 架

【其他名称】 皂碟、皂盒。

【用　　途】 置放肥皂用。

材料：铜合金镀铬、玻璃（碟）。

(7) 牙 刷 杯 架

单杯式

【其他名称】 漱口杯架。

【用　　途】 安放牙刷和漱口杯，以便漱口用。

【规　　格】 分单杯、双杯两种。

材料：铜合金镀铬、玻璃（杯）。

第二十七章 新型金属建筑材料

1. 不锈钢装饰板

【用　　途】一类表面经过不同方法精加工的不锈钢薄钢板，主要用作建筑物的门、窗、柱子、墙面、电梯，以及厨房设备、食品设备、医疗器材、车辆等的表面装饰材料。

【规　　格】

(1) 不锈钢装饰板的品种、加工方法、特征及主要用途

品　种	加工方法、特征及主要用途
1 号板	将热轧成规定厚度的板，先进行退火处理，再进行酸洗或喷砂处理，除去表面污迹；表面呈银白色，无光泽；用于表面不需要光泽的场合
2D 板	将热轧板先进行冷轧成规定的厚度，再进行退火处理，除去表面污迹；表面呈暗灰色，无光泽，但比 1 号板表面平滑；特别适用于须再进行深拉伸加工的场合，如以后再进行研磨加工也比较容易，用作一般工业用材料和建筑材料
2B 板	将 2D 板先进行轻度冷轧，省略粗研磨加工工序，直接进行精研磨加工；表面比 2D 板光滑，并略有光泽；用作一般工业用材料和建筑材料

（续）

品种	加工方法、特征及主要用途
BA板	将冷轧板先在非氧化性气体中进行退火，再进行轻度冷轧，使表面产生具有类似镜面的光泽；由于退火后不进行酸洗，故具有优良的研磨性和耐蚀性；多用于汽车零件、家电产品、厨房设备和装饰品等方面
3号板	用涂敷100#～120#磨料的砂布带，对2D板或2B板进行研磨加工；表面具有比较粗糙的光泽；用作建筑材料和厨房设备等的装饰材料
4号板	用涂敷150#～180#磨料的砂布带，对2D板或2B板进行研磨加工；表面具有比较细洁的光泽；用作建筑材料和厨房设备、食品设备、车辆等的装饰材料
400号板	用涂敷400#磨料的抛光轮，对2B板进行研磨精加工；表面具有类似镜面的光泽；用途同4号板
发纹板（HL板）	用涂敷150#～200#磨料的砂布带，对2B板或400#板进行直线性的研磨加工；表面具有轻淡的光泽；适宜用作建筑物的墙面、柱子、门窗，电梯的侧板、搁板和大型保险箱的正面抽屉、面板等
镜面板（8号板、8K板、8S板）	先有序地用细研磨剂进行研磨，再用极细研磨剂进行湿式抛光研磨，使表面成为具有极高反射率的镜面状态；多用作建筑物的墙面、柱子、门窗等的装饰板，以及反射镜等方面
镜面雕花板	先在镜面板上绘制图案，再用一种耐酸性材料涂敷在图案上，然后用一种腐蚀性溶液对其余部分进行腐蚀溶解，最后将镜面板上所有涂敷材料清洗掉，即使图案留在镜面板上；多用于美术品、建筑物的装饰板和厨房设备等方面

(续)

品　种	加工方法、特征及主要用途
彩　色不锈钢板	将镜面板或亚光板(如发纹板、其他低反射率板)进行化学着色处理,色彩有多种,使板的表面随天气阴晴变化产生色彩变化的特殊效果;多用于商场、娱乐场所的室内外墙面、柱子、屋面的装饰,以及其他彩色器具等
镀金色钛不锈钢板(钛金板)	将镜面板(或亚光板)表面镀一层华丽辉煌的金色钛;多用于金融业、金银饰品店的室内外墙面、门柱的装饰

(2) 不锈钢装饰板的常用牌号、尺寸及供应状态

常用牌号			0Cr18Ni9(相当于美国牌号 304,日本牌号 SUS304); 0Cr17Ni12Mo2(相当于美国牌号 316,日本牌号 SUS 316); 1Cr17(相当于美国牌号 430,日本牌号 SUS430;主要用于灯具反光板等方面)
主要尺寸(mm)	单张板	厚度	0.5,0.6,0.7,0.8,1.0,1.2,1.5,2.0,3.0
		宽度	1000,1219
		长度	2000,2438
	卷筒板	厚度	0.3*,0.4*,0.5,0.6,0.7,0.8,1.0,1.2,1.5 (带*符号厚度板的牌号主要为 1Cr17)
		宽度	500,1000,1219
供应状态			(1)贴保护膜板(主要的);(2)裸垛板

注:卷筒板的供应重量为 1.5～10t。

2. 铝合金建筑型材

(1) 概　　述

<table>
<tr><td colspan="2">标准号</td><td colspan="2">GB 5237.1—2008《铝合金建筑型材》:该标准主要规定了型材的材料、尺寸精度等级及允许偏差、表面质量等方面内容。型材的代号及断面尺寸尚无统一标准,现根据广东兴发铝型材集团公司及上海申川铝型材装潢总厂产品样本资料摘录于下,供参考</td></tr>
<tr><td rowspan="6">材料</td><td colspan="2">合金牌号</td><td>供应状态</td></tr>
<tr><td colspan="2">6005, 6060, 6063, 6063A, 6463, 6463A</td><td>T5, T6</td></tr>
<tr><td colspan="2">6061</td><td>T4, T6</td></tr>
<tr><td colspan="3">注:T4—淬火自然时效;T5—高温成型后进行快速冷却,并人工时效;T6—淬火人工时效</td></tr>
<tr><td>表面质量</td><td colspan="2">阳极氧化膜级别(数字表示最小平均膜厚,μm):
AA10、AA15 级——用于一般场合;
AA20、AA25 级——用于大气污染条件恶劣的环境或要求耐磨的场合;
氧化膜色泽:主要为银白色,其他还有古铜色等</td></tr>
<tr><td colspan="2">用途</td><td colspan="2">用于制造各种铝合金门窗、建筑配件、陈列橱柜、玻璃幕墙等</td></tr>
<tr><td colspan="2">壁厚选用(参考)</td><td colspan="2">一般情况下,建筑型材壁厚不宜低于 1.2mm,其中:门结构型材——2.2mm,窗结构型材——1.4mm,幕墙、玻璃屋顶——3.0mm</td></tr>
<tr><td colspan="2">型材长度</td><td colspan="2">一般为 1～6m</td></tr>
</table>

(2) 38 系列平开窗用型材

图 1　图 2　图 3　图 4　图 5

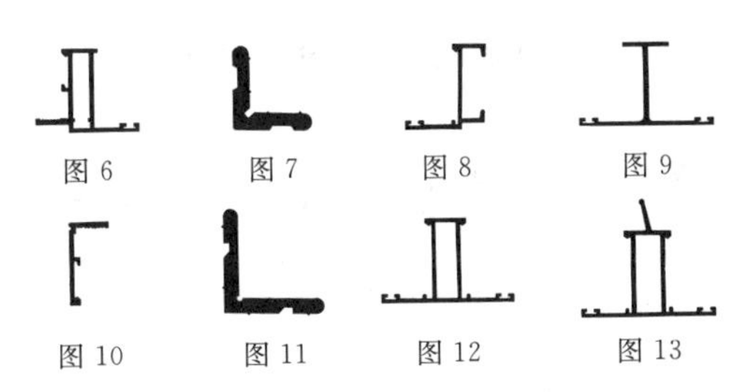

图 6　图 7　图 8　图 9

图 10　图 11　图 12　图 13

型材断面形状图

产地	型材代号	用　途	断面尺寸(mm)			每 m 重量(g)	图号
			宽度	高度	壁厚≥		
广东	C100	拉　手	34	25.4	2.36	372	1
	C101	玻璃嵌条	20	16	1	150	2
	C102	内窗框	48	38.5	1.5	625	6
	C103	外窗框	39.5	38.5	1.6	445	3
	C104	立　柱	66.5	38.5	2	654	9
	C105	固定窗框	35	18	1.6	281	10
	C106	接角件	51	51	7.9	1775	11
	C107	接角件	40.8	40.8	8.7	1450	7
	C108	固定窗框	39.5	38.5	1.5	459	8
	C211	中　接	35	22.4	1.5	448	4
	C215	玻璃嵌条	37	25	1	208	5
	C233	固定窗框	66.5	38.5	1.5	724	12
	C234	固定窗框	66.5	52.5	1.5	775	13
上海	R207-1	玻璃嵌条	20	16	1	168	2
	R210	外窗框	39.5	38.5	1.6	436	3
	R211	立　柱	66.5	38.5	2	697	9
	R212	拉　手	35	25.2	2.2	328	1
	R213	接角件	62	62	7.5	2137	7
	R308	玻璃嵌条	37	26	1	232	5
	R410	固定窗框	39.5	38.5	1.5	464	8
	R411	固定窗框	34	18	1.5	234	10
	RC12	中　接	35	22	1.5	472	4
	RC13	内窗框	48	38.5	1.5	614	6
	RC14	固定窗框	66.5	38.5	1.5	718	12

(3) 55 系列推拉窗用型材

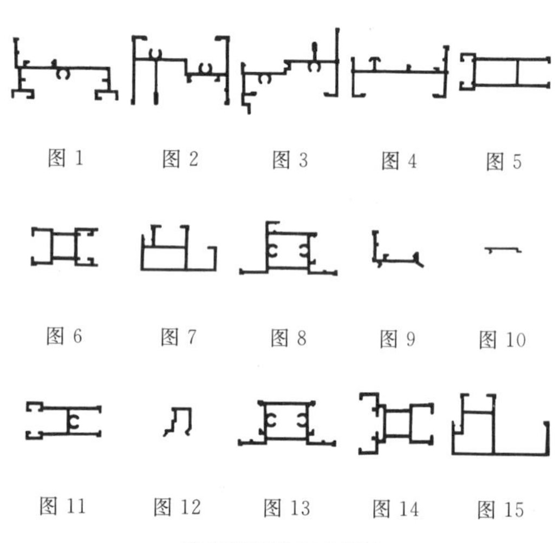

型材断面形状示意图

产地	型材代号	用　　途	断面尺寸(mm)			每 m 重量 (g)	图号
			宽度	高度	壁厚≥		
广东	D550	接　框	58	33	1.3	559	1
	D551	上　框	55	35	1.3	751	2
	D552	下　框	55	48	1.3	666	3
	D553	边　框	55	30	1.3	526	4
	D554	上　梃	40	19	1.3	489	5

(续)

产地	型材代号	用途	断面尺寸(mm)			每m重量(g)	图号
			宽度	高度	壁厚≥		
广东	D555	下　梃	55	19	1.3	596	5
	D556	边　框	38	20	1.3	464	6
	D557	边　框	40	25	1.3	493	7
	D559	边　框	55	29.5	1.3	613	8
	D560	嵌　座	26.5	19.5	1.3	221	9
	D561	玻璃嵌条	15.3	14.5	1	119	12
	D562	固定框	55	23.5	1.3	616	13
	D565	盖板条	26.5	4.4	1	83	10
	D566	内边框	40	30	1.3	532	14
	D567	拉手边框	55	35	1.3	653	15
上海	R440	上　框	55	35	1.5	850	2
	R441	下　框	55	38	1.5	800	3
	R442	边　梃	55	30	1.5	685	4
	R443	接　框	58	33	1.5	620	1
	R444	上　梃	40	18	1.5	490	11
	R444-1	上　梃	50	19	1.5	590	11
	R451	玻璃嵌条	14	14	0.8	100	12
	R452	盖板条	26.5	4.4	0.8	77	10
	R453	嵌　座	26.5	19.5	1.5	241	9
	RC55	固定框	55	23.5	1.5	680	13
	RC56	边　框	55	29.5	1.5	680	8
	RC57	内边框	40	30	1.5	590	14
	RC58	边　框	38	20	1.5	520	6
	RC59	拉手边框	55	35	1.5	790	15

(4) 70及70B系列推拉窗用型材

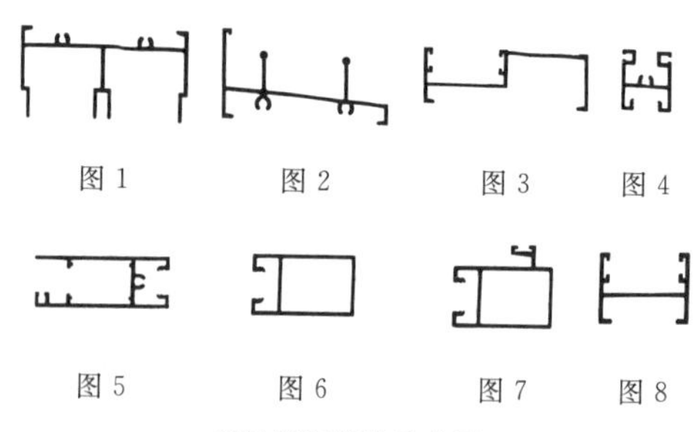

型材断面形状示意图

产地	型材代号	用　　途	断面尺寸(mm)			每m重量(g)	图号
			宽度	高度	壁厚≥		
广东(70B系列)	D771	上轨道	70	35	1.2	702	1
	D772	下轨道	70	35	1.2	594	2
	D773	侧　框	70	22	1.2	489	3
	D774	上帽头	25	21.2	1.2	365	4
	D775	下帽头	55	21.2	1.2	564	5
	D776	边窗梃	40	24.2	1.2	456	6
	D777	中窗梃	40	32.9	1.2	540	7
	D778	碰　口	35.6	25.4	1.4	400	8
	D784	上帽头	35	21.2	1.2	429	4
上海(70系列)	R219-1A	碰　口	35.4	25	1.2	347	8
	R625	下轨道	70	35	1.2	592	2
	R626	侧　框	70	22	1.2	511	3
	R628	下帽头	55	21.2	1.2	565	5
	R714-1	上轨道	70	35	1.2	720	1
	R717-1	上帽头	35	21.2	1.2	428	4
	RC20-1	边窗梃	40	24.2	1.2	459	6
	RC21-1	中窗梃	40	33	1.2	541	7

(5) 90系列推拉窗用型材

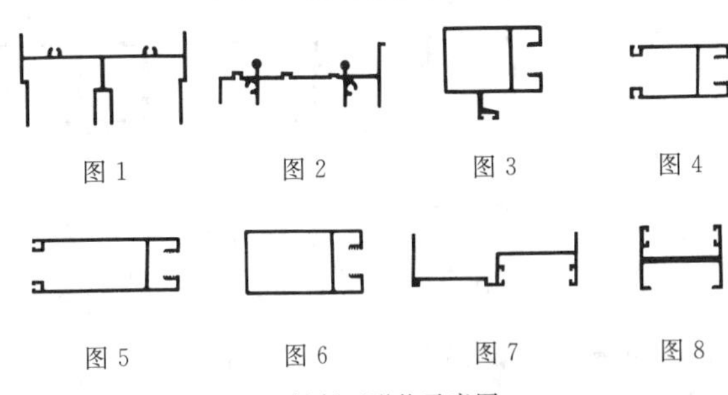

型材断面形状示意图

产地	型材代号	用途	断面尺寸(mm)			每m重量(g)	图号
			宽度	高度	壁厚≥		
广东	D301	上轨	90	50.8	1.4	1104	1
	D302	下轨	88	31.8	1.4	877	2
	D303	侧框	90	27.4	1.4	700	7
	D304	上横	50.8	28.2	1.4	650	4
	D305	下横	76.2	28.2	1.4	846	5
	D306	侧竖	64.9	31.8	1.4	823	6
	D307	侧竖	52.2	44.5	1.4	858	3
	D308	碰口	44	31.8	3.2	629	8
	D318	碰口	44	31.8	1.8	532	8
上海	R214	上轨	90	50.8	1.3	966	1
	R215	下轨	88	31.8	1.3	756	2
	R216	侧框	90	27.4	1.3	635	7
	R217	上横	50.8	28.2	1.3	641	4
	R218	下横	76.2	28.2	1.3	814	5
	R219	碰口	44	31.8	1.3	460	8
	RC20	侧竖	64.9	31.8	1.3	765	6
	RC21	侧竖	52.2	44.5	1.3	780	3

(6) 地弹簧门、无框门及卷帘门用型材

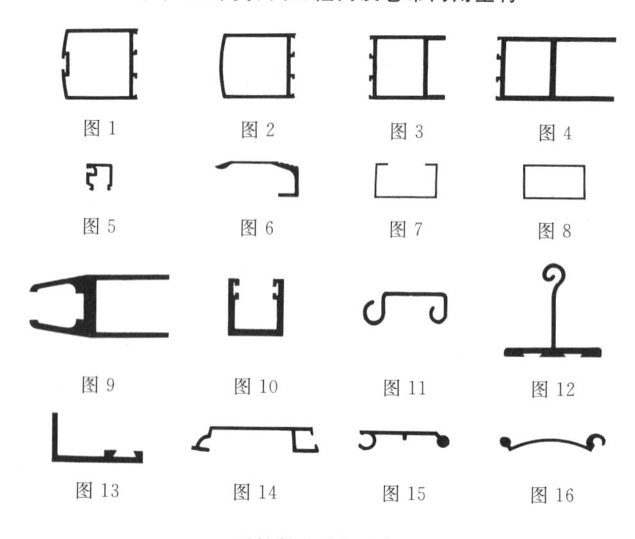
图 1 图 2 图 3 图 4 图 5 图 6 图 7 图 8 图 9 图 10 图 11 图 12 图 13 图 14 图 15 图 16

型材断面形状示意图

产地	型材代号	用　　途	断面尺寸(mm)			每 m 重量(g)	图号
			宽度	高度	壁厚≥		
广东	F002	带槽曲面门柱	51.3	46	2	1138	1
	F012	带槽曲面门柱	51.3	46	1.6	880	1
	F003	曲面门柱	51.3	46	2	1085	2
	F013	曲面门柱	51.3	46	1.6	837	2
	F004	门上横	54	44	2	1141	3
	F014	门上横	54	44	1.5	912	3

（续）

产地	型材代号	用途	断面尺寸(mm)			每m重量(g)	图号
			宽度	高度	壁厚≥		
广东	F005	门下横	81	44	2.9	1999	4
	F015	门下横	81	44	2.1	1512	4
	F006	门嵌条	14.8	13.5	1	140	5
	F208	开口长方管	76.2	44.5	1.5	772	7
	F301	推板拉手	101.6	41.3	4.75	1820	6
	F311	推板拉手	101.6	41.3	3.5	1500	6
	1520	长方管	76.2	44.5	1.4	893	8
	F105	玻璃门框	89	38.5	3.2	2480	9
上海	R194	推板拉手	101	44	4	1616	6
	R307	门嵌条	15	14	1	160	5
	RA3-*	长方管	76	44	1.6	823	8
	RC22	带槽曲面门柱	50.8	46	1.6	956	1
	RC22A	带槽曲面门柱	50.8	46	2	1183	1
	RC31	门上横	51	44	1.6	977	3
	RC32	门下横	80.9	44	1.6	1083	4
	RC32A	门下横	80.9	44	2	1468	4
	RC33	曲面门柱	50.8	46	2	860	2
	RC33A	曲面门柱	50.8	46	2.5	1023	2
	R263	玻璃门框	89	38	3	2000	9
	R62	导轨	30	30	2	725	10
	R91	异型板	49.5	16.5	1.5	423	11
	R92	水切	60	54	2	1081	12
	R101	导轨	50	24	5	1054	13
	R300	卷帘板	80.5	15.6	1.5	517	14
	R301	卷帘板	59.5	12.3	2	514	15
	R303	卷帘板	52.5	10	1.6	465	16

注：* 型材代号“RA3-”后面应加注断面尺寸，即完整代号为：RA3-77×44×1.6。

(7) 拉手用型材

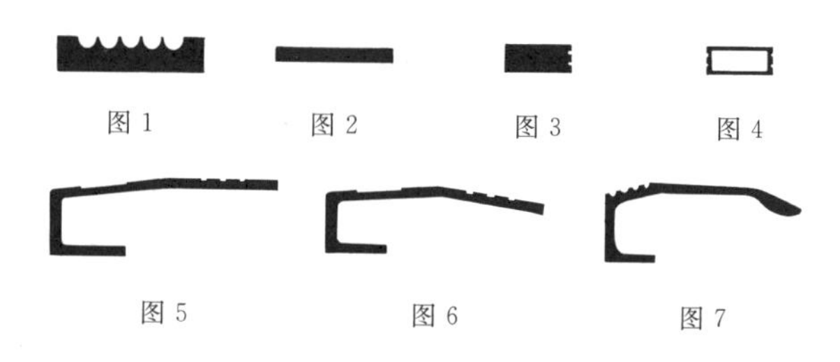

型材断面形状示意图

产地	型材代号	用　　途	断面尺寸(mm)			每 m 重量 (g)	图号
			宽度	高度	壁厚≥		
上海	R94-1A	推板拉手	120	34	5	2497	5
	R94-2	推板拉手	126	40	6	2774	6
	R109	花　板	62	12	—	1687	1
	R119-5A	底　板	50	4	—	546	2
	R164	推挡拉手臂梗	29	12	—	940	3
	R164-1	推挡拉手臂梗	24	10	—	646	3
	R176	推板拉手	100	38	3	1753	7
	RC48	三臂拉手	28	12	1.1	231	4

(8) 窗帘轨(箱)用型材

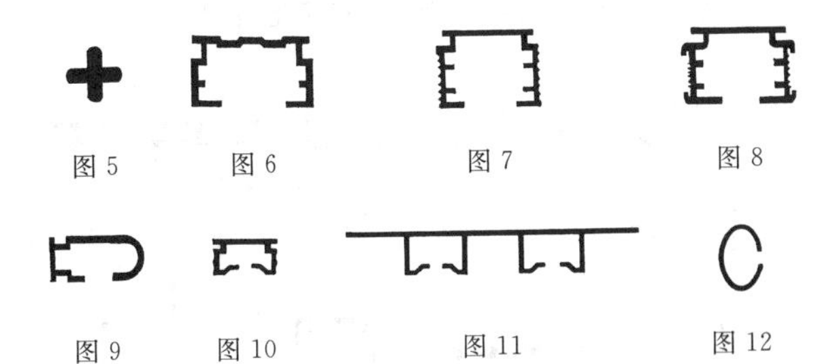

型材断面形状示意图

产地	型材代号	用途	断面尺寸(mm)			每 m 重量 (g)	图号
			宽度	高度	壁厚≥		
上海	R188	工字梗	17.5	7.5	1.2	111	1
	R205	窗帘轨	22.5	15.5	1.5	322	10
	R205A	窗帘轨	22.5	15.5	1.3	246	10
	R354	转　轴	直径 6	—	—	48	2
	R354-1	传动杆	直径 6	—	—	62	3
	R355-2	垂直帘导轨	44.5	30	1.5	542	6
	R405	双轨板	105	15.5	1.2	599	11
	R425	C形窗帘轨	32	15	1.2	170	12
	R459	垂直帘传动杆	直径 6	—	—	57	4
	R464	垂直帘外壳体	33.6	30	1	327	7
	R498	垂直帘横梁	46	30	1.5	614	8
	R501	小窗帘轨	17.8	9	0.8	100	9
	R690	转　轴	直径 6.7	—	—	69	5

(9) RC60 系列货柜用型材

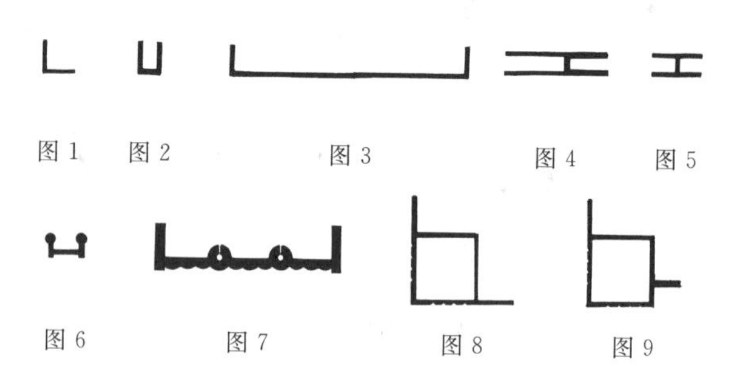

型材断面形状示意图

产地	型材代号	用途	断面尺寸(mm)			每 m 重量 (g)	图号
			宽度	高度	壁厚≥		
上海	R3-4	等边角铝	10	10	1	62	1
	R6-16	嵌　边	12	7	1	81	2
	R6-21	槽　铝	100	13	1.5	504	3
	R10-1	移门下条	38	8.5	1.5	311	4
	R10-3	接缝条	20	7	1	101	5
	R89-1	双圆轨	13	9	1.6	165	6
	R209	裙　带	100	22	2.5	1092	7
	RC60	柜台框管	38	38	1.2	395	8
	RC62	导轨形管	35	38	1.2	406	9

3. 铝合金花格网(YS 92—1995)

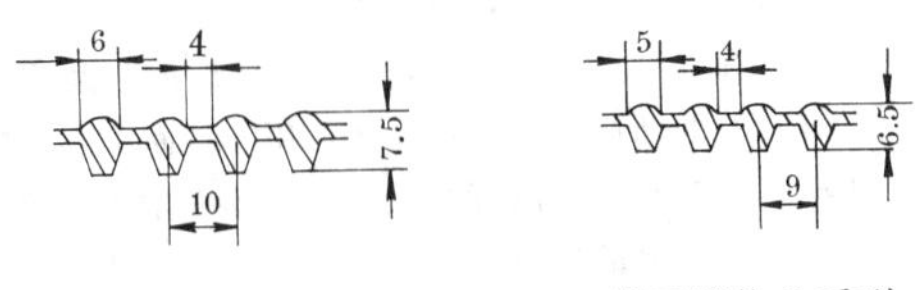

断面形状 A 系列　　断面形状 B 系列

图 1　花格网拉伸前的型材断面形状示意图

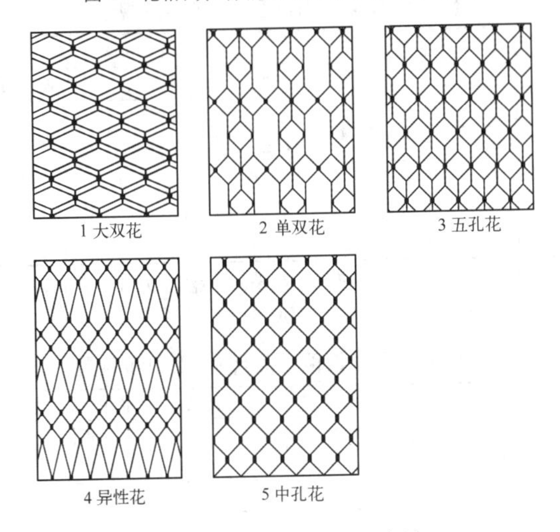

图 2　花格网网孔形状示意图

【其他名称】 铝花格网。

【用　　途】 花格网具有无节点、无焊缝、内应力分布均匀、力学性能和抗冲击性能好、质轻耐蚀、造型美观，以及具有多种色彩等特点。广泛用作门窗、玻璃幕墙等的防护网，跳台、阳台、人行天桥、高速公路等的安全防护栏，球场、码头、机场和各种设备的隔离防护栏，建筑物的保护装饰贴面等。有的断面形状花格网还可用作路面防滑条、梯子、屋架、天花板、广告牌等。需与花格网型材配套使用，型材用作花格网的边框。

【规　　格】 常用品种。

(1) 铝合金花格网型号、花形及规格

型　号	花　形	规格(mm)		
		厚　度	宽　度	长　度
LGH 101	中孔花	5.0，5.5，6.0，6.5，7.0，7.5	480～2000	≤6000
LGH 102	异型花			
LGH 103	大双花			
LGH 104	单双花			
LGH 105	五孔花			

型号为 LGH101，厚度为 7.5mm，宽度为 1050mm，长度为 5000mm 的铝合金花格网标记为：LGH101 7.5×1050×5000。

(2) 铝合金花格网成品尺寸、面积和重量

成品尺寸、面积和重量			成品尺寸、面积和重量		
宽×长 (mm)	面积 (m^2)	重量 (kg)	宽×长 (mm)	面积 (m^2)	重量 (kg)
LGA1-70×70 型			LGA1-70×70 型		
700×5800	4.06	12.7	700×4200	2.94	9.2
900×5800	5.22	16.5	900×4200	3.78	12.0
1000×5800	5.80	16.8	1000×4200	4.20	12.1
1200×5800	6.96	20.9	1200×4200	5.04	15.2

（续）

成品尺寸、面积和重量			成品尺寸、面积和重量		
宽×长 (mm)	面积 (m^2)	重量 (kg)	宽×长 (mm)	面积 (m^2)	重量 (kg)
LGB1-70×70 型			LGB1-100×100 型		
700×5800	4.06	9.6	1000×5800	5.80	10.1
900×5800	5.22	12.5	1200×5800	6.96	12.2
1000×5800	5.80	13.5	1400×5800	8.12	14.1
1200×5800	6.96	16.2	1600×5800	9.28	16.1
700×4200	2.94	6.9	900×4200	3.78	6.6
900×4200	3.78	9.0	1000×4200	4.20	7.3
1000×4200	4.20	9.7	1200×4200	5.04	8.9
1200×4200	5.04	11.8	1400×4200	5.88	10.2
LGA1-100×100 型			1600×4200	6.72	11.7
900×5800	5.22	12.3	LGA1-125×125 型		
1000×5800	5.80	13.7	1000×5800	5.80	11.3
1200×5800	6.96	16.5	1200×5800	6.96	13.5
1400×5800	8.12	17.8	1400×5800	8.12	15.8
1600×5800	9.28	20.7	1600×5800	9.28	16.5
900×4200	3.78	8.9	1000×4200	4.20	8.2
1000×4200	4.20	9.9	1200×4200	5.04	9.8
1200×4200	5.04	11.9	1400×4200	5.88	11.4
1400×4200	5.88	12.9	1600×4200	6.72	11.9
1600×4200	6.72	14.9	LGB1-125×125 型		
LGB1-100×100 型			1000×5800	5.80	8.4
900×5800	5.22	9.1	1200×5800	6.96	10.0

(续)

成品尺寸、面积和重量			成品尺寸、面积和重量		
宽×长 (mm)	面积 (m^2)	重量 (kg)	宽×长 (mm)	面积 (m^2)	重量 (kg)
LGB1-125×125 型			LGB2-95×95 型		
1400×5800	8.12	11.7	900×4200	3.78	11.2
1600×5800	9.28	13.5	LGA2-130×130 型		
1000×4200	4.20	6.0	800×5800	4.64	13.7
1200×4200	5.04	7.2	900×5800	5.22	15.6
1400×4200	5.88	8.4	1000×5800	5.80	16.0
1600×4200	6.72	9.8	1200×5800	6.96	19.9
LGA2-95×95 型			800×4200	3.36	9.9
700×5800	4.06	15.5	900×4200	3.78	11.4
800×5800	4.64	17.9	1000×4200	4.20	11.5
900×5800	5.22	18.9	1200×4200	5.04	14.6
700×4200	2.94	11.3	LGB2-130×130 型		
800×4200	3.36	12.8	800×5800	4.64	10.3
900×4200	3.78	13.8	900×5800	5.22	11.8
LGB2-95×95 型			1000×5800	5.80	13.2
700×5800	4.06	11.7	1200×5800	6.96	15.9
800×5800	4.64	13.5	800×4200	3.36	7.5
900×5800	5.22	15.2	900×4200	3.78	8.4
700×4200	2.94	8.4	1000×4200	4.20	9.6
800×4200	3.36	9.7	1200×4200	5.04	11.4

注：铝合金牌号为6063(旧牌号为LD31),供应状态为T5或T6(旧代号为RCS或CS),表面色彩有银白色、古铜色、金黄色等。

(3) 铝合金花格网配套型材

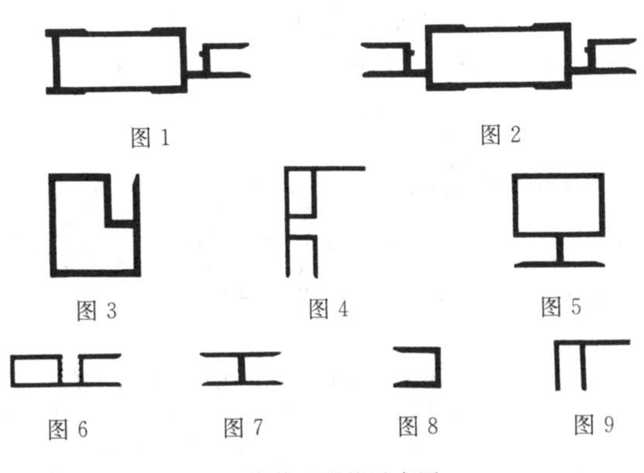

型材断面形状示意图

图号	型材代号	用　　途	断面尺寸(mm)			每 m 重量(g)
			宽度	高度	壁厚≥	
1	RC100	花格门框	68	20	1.2	700
2	RC101	花格中横	89	20	1.2	860
3	RC66-1	花格外框	30	30	1.2	531
4	RC103	收边框	36.5	29	1.2	450
6	RC102	内嵌框	36.5	11	1.2	340
5	RC123	花格中柱	30	30	1.2	560
7	R604	中接柱	28	11	1.2	260
8	R603	边　条	16	11	1.2	160
9	R77-3	收边框	29	16	1.2	200

注：铝合金牌号、供应状态和表面色彩等要求，与铝合金花格网同。

4. 薄壁不锈钢管、不锈钢卡压式管件、橡胶O形密封圈和卡压工具

(1) 薄壁不锈钢管(GB/T 19228.2—2003)

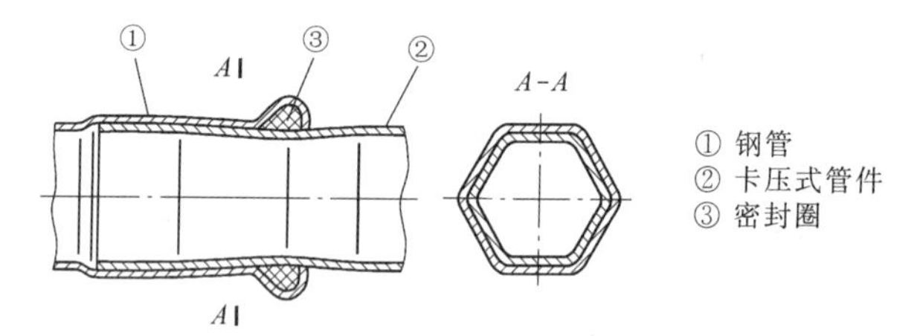

薄壁不锈钢管和不锈钢卡压式管件、密封圈连接示意图

【用　途】 GB/T 19228.2—2003规定的薄壁不锈钢管(代号SG),专供与不锈钢卡压式管件连接成不锈钢管路,用于输送饮用净水、生活饮用水和高温水(水温≤135℃),也可用于输送海水、空气、燃气和医用气体等。连接时,须采用专用卡压工具,使卡压处钢管和管件变形成六角形断面,以保证管路密封性能。

【规　格】

(1) 薄壁不锈钢管系列			
薄壁不锈钢管按管子外径分Ⅰ系列和Ⅱ系列,分别用于与Ⅰ系列和Ⅱ系列卡压式管件相连接			
(2) 薄壁不锈钢管材料			
序号	不锈钢牌号	抗拉强度	断后伸长率
①	0Cr18Ni9(304)	≥520 MPa	≥35%
②	0Cr17Ni12Mo2(316)	≥520 MPa	≥35%
③	00Cr17Ni14Mo2(316L)	≥480 MPa	≥35%
(1) 括号内的牌号为相应的不锈钢牌号,供用于产品的标记中;(2) 钢管适用条件:序号①为饮用净水、生活饮用水、空气、医用气体、冷水、热水等管路;序号②为对耐腐蚀要求高于序号①的场合;序号③为燃气、海水或高氯介质			

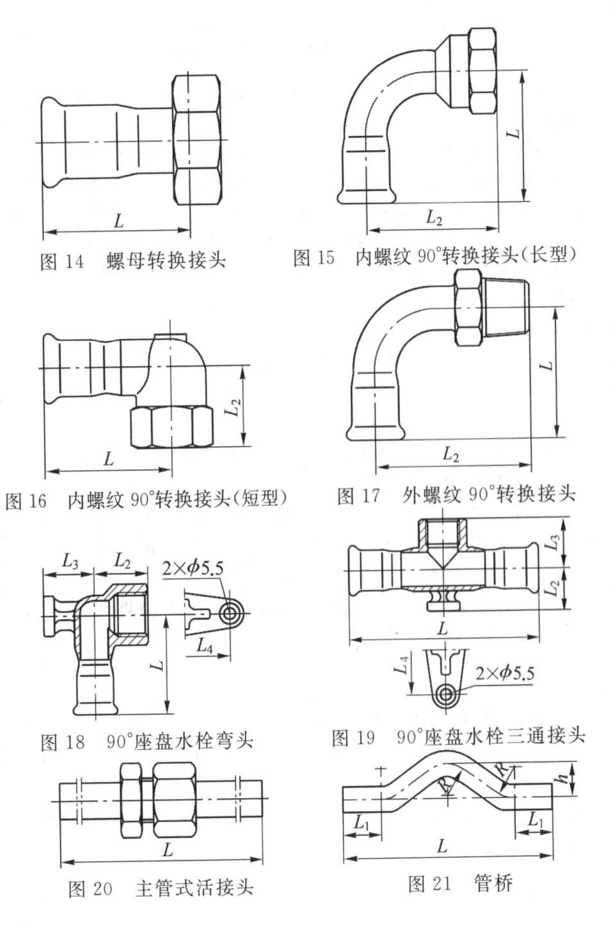

图 14　螺母转换接头

图 15　内螺纹 90°转换接头(长型)

图 16　内螺纹 90°转换接头(短型)

图 17　外螺纹 90°转换接头

图 18　90°座盘水栓弯头

图 19　90°座盘水栓三通接头

图 20　主管式活接头

图 21　管桥

(1) 不锈钢卡压式管件的品种
① 管帽,代号 CAP:用于封闭相同公称直径(同径)钢管或带插口管件 ② 等径接头,代号 SC:用于连接两根同径钢管或带插口管件 ③ 异径接头,代号 RC:用于连接两根不同公称直径钢管或管件。Ⅰ系列接头,一端为承口结构,用于连接钢管或带插口管件;另一端为插口结构,用于连接其他带承口的管件。Ⅱ系列接头的两端均为承口结构,用于连接钢管或带插口管件 ④ 等径三通,代号 T(S):用于连接 T 形管路上三根同径钢管或带插口管件 ⑤ 异径三通,代号 T(R):也用于连接 T 形管路上三根钢管或带插口管件,其中支管路上的钢管(管件)公称通径小于主管路上的钢管(管件)公称通径 ⑥ 90°弯头 A 型,代号 90E(A):用于连接两根轴线相交成垂直状态的同径钢管或带插口管件 ⑦ 90°弯头 B 型,代号 90E(B):一端为承口结构,用于与同径钢管或带插口管件连接,另一端为插口结构,用于与其他带承口结构的同径管件连接,两端轴线相交成垂直状态 ⑧ 45°弯头 A 型,代号 45E(A):用于连接两根轴线相交成 45°状态的同径钢管或带插口管件 ⑨ 45°弯头 B 型,代号 45E(B):用途与 90°弯头 B 型相似,仅其连接两端的钢管(管件)的轴线相交成 45°状态 ⑩ 内螺纹转接头,代号 ITC:一端是承口结构,用于连接钢管或带插口管件;另一端带圆柱内螺纹(R_P),用于连接其他带圆锥外螺纹(R_a)管件 ⑪ 外螺纹转换接头,代号 ETC:一端是承口结构,用于连接钢管和带插口的管件;另一端带圆锥外螺纹(R_1),用于连接其他带圆柱内螺纹(R_P)的管件

(续)

(1) 不锈钢卡压式管件的品种
⑫ 螺母转换接头*,代号 ZL:一端为承口结构,用于连接钢管或带插口管件;另一端带圆柱内螺纹(G),用于连接带圆柱外螺纹(G)管件 ⑬ 内螺纹 90°转换弯头(长型)*,代号 ITC90E1:一端为承口结构,用连接钢管或带插口管件,另一端为螺纹结构,有两种型式:一种为圆锥内螺纹(R_C),用于连接带相应圆锥外螺纹(R_2)管件;另一种为圆柱内螺纹(R_P),用于连接带相应圆锥外螺纹(R_1)管件(阀门),如水栓。接头两端轴线相交成垂直状态 ⑭ 内螺纹 90°转换弯头(短型)*,代号 ITC90E2:结构与⑬内螺纹 90°转换接头(长型)基本相同,仅其部分结构尺寸较短一些 ⑮ 外螺纹 90°转换弯头*,代号 ITC90E:一端为承口结构,用于连接钢管或带插口管件;另一端带圆锥外螺纹(R),用于连接带圆柱内螺纹(R_P)或圆锥内螺纹(R_C)的管件(阀门)。两端轴线相交成垂直状态 ⑯ 90°座盘水栓接头*,代号 ITC90E3:一端为承口结构,用于连接钢管或带插口管件;另一端带圆柱内螺纹(R_P),用于连接带圆锥外螺纹(R)的水栓;与带圆柱内螺纹一端相对的另一端为底座,以便用螺钉连接其他结构件上 ⑰ 座盘水栓三通接头*,代号 ITCT:接头直通两端均为承口结构,用于连接钢管或带插口管件;支管路一端带圆柱内螺纹(R_P),主要用于连接带圆锥外螺纹(R)的水栓 ⑱ 直管式活接头*,代号 HJG:两端分别用于连接在一条轴线上的钢管。其特点是:拆开活接头,即使两端钢管分开 ⑲ 管桥*,代号 B:两端分别用等径接头连接两根钢管,其作用是使整条管路在"管桥"中央适当弯曲通过 注:带 * 符号的管件为市场产品。有关这些管件的内容,摘自无锡金洋管件有限公司产品样本《卡压式不锈钢管和不锈钢管件》

(续)

(2) 不锈钢卡压式管件的承口基本尺寸(mm)							
系列	公称通径 DN	管子外径 D_W	壁厚 ≥ T	承口内径 d_1	承口端内径 d_2	承口端外径 D	承口长度 L_1
Ⅰ系列	15	18.0	1.2	18.2	18.9	26.2	20
	20	22.0		22.2	23.0	31.6	21
	25	28.0		28.2	28.9	37.2	23
	32	35.0		35.3	36.5	44.3	26
	40	42.0		42.3	43.0	53.3	30
	50	54.0		54.5	55.0	65.4	35
	65	76.1	1.5	76.7	78.0	94.7	53
	80	88.9		89.5	91.0	109.5	60
	100	108.0		108.8	111.0	132.8	75
Ⅱ系列	15	15.88	0.6	16.3	16.6	22.2	21
	20	22.22	0.8	22.5	22.8	30.1	24
	25	28.58		28.9	29.2	36.4	24
	32	34.00	1.0	34.8	36.6	45.4	39
	40	42.70		43.5	46.0	56.2	47
	50	48.60		49.5	52.4	63.2	52

(3) 不锈钢卡压式管件的基本尺寸(一)(mm)										
系列	公称通径 DN	管帽 L	等径接头 L	等径三通		90°弯头(A、B型)		45°弯头(A、B型)		
				L	H	L	L_2	L	L_2	
Ⅰ系列	15	28	48	68	42	53	59	37	42	
	20	33	50	74	45	61	67	42	48	
	25	39	54	84	52	72	78	48	54	
	32	46	62	100	58	86	120	72	81	
	40	53	71	114	63	112	140	89	99	
	50	61	83	138	78	138	165	115	127	
	65	94	141	230	106	235	247	180	185	
	80	104	162	260	123	277	292	211	225	
	100	125	194	310	146	341	358	258	275	

注：L—全长；L、L_2—(弯头)一端端面至另一端中心轴线距离；H—(三通)支管端端面至主管端中心轴线距离

（续）

(3) 不锈钢卡压式管件的基本尺寸(一)(mm)									
系列	公称通径 *DN*	管帽 *L*	等径接头 *L*	等径三通		90°弯头(A、B型)		45°弯头(A、B型)	
				L	*H*	*L*	L_2	*L*	L_2
Ⅱ系列	15	31	53	76	38	48	120	36	113
	20	42	60	92	46	58	127	42	116
	25	44	60	105	51	66	135	46	120
	32	85	100	198	99	91	241	66	217
	40	93	116	214	107	110	252	78	222
	50	98	126	204	102	122	259	87	225

(4) 不锈钢卡压式管件的基本尺寸(二)(mm)

DN	螺纹	*L*
内螺纹转换接头(Ⅰ系列)		
15	Rp½	59
15	Rp¾	62
20	Rp½	60
20	Rp¾	62
20	Rp1	66
25	Rp¾	63
25	Rp1	69
25	Rp1¼	71
32	Rp1	67
32	Rp1¼	75
32	Rp1½	75
40	Rp1¼	71
40	Rp1½	79
50	Rp1½	77
50	Rp2	97
内螺纹转换接头(Ⅱ系列)		
15	Rp½	53

DN	螺纹	*L*
内螺纹转换接头(Ⅱ系列)		
20	Rp½	57
20	Rp¾	59
25	Rp½	63
25	Rp¾	65
25	Rp1	62
外螺纹转换接头(Ⅰ系列)		
15	Rp½	53
15	Rp¾	57
20	Rp½	54
20	Rp¾	58
20	Rp1	61
25	Rp¾	61
25	Rp1	64
25	Rp1¼	68
32	Rp1	68
32	Rp1¼	72
32	Rp1½	72

DN	螺纹	*L*
外螺纹转换接头(Ⅰ系列)		
40	Rp1¼	73
40	Rp1½	77
50	Rp1½	89
50	Rp2	83
65	Rp2½	123
80	Rp3	137
外螺纹转换接头(Ⅱ系列)		
15	Rp½	57
20	Rp¾	64
25	Rp1	68
32	Rp1	87
32	Rp1¼	104
40	Rp1¾	98
40	Rp1½	112
50	Rp1½	105
50	Rp2	128

注：Rp—与圆锥外螺纹(R_1)配合的圆柱内螺纹

(续)

(5)不锈钢卡压式管件的基本尺寸(三)(mm)

异径接头(Ⅰ系列)

$DN \times DN_1$	L
20×15	57
25×15	64
25×20	59
32×15	71
32×20	71
32×25	68
40×15	80
40×20	79
40×25	79
40×32	72
50×15	96
50×25	95
50×32	95
50×40	89
65×50	147
80×50	163
80×65	160
100×50	172
100×65	184
100×80	204

异径接头(Ⅱ系列)

$DN \times DN_1$	L
20×15	60
25×15	75
25×20	64
32×20	103
32×25	90
40×25	121
40×32	122
50×25	131
50×32	146
50×40	133

异径三通(Ⅰ系列)

$DN \times DN_1$	L	H
20×15	74	55
25×15	84	45
25×20	84	47
32×15	100	50
32×20	100	51
32×25	100	52
40×20	114	53
40×25	114	56
40×32	114	61
50×20	138	59
50×25	138	64
50×32	138	67
50×40	138	70
65×20	230	73
65×25	230	73
65×32	230	77
65×40	230	80
65×50	230	85
80×20	260	83
80×25	260	81
80×32	260	84
80×40	260	88
80×50	260	91
80×65	260	110
100×20	310	100
100×25	310	102
100×32	310	105
100×40	310	105
100×50	310	105
100×65	310	123
100×80	310	134

异径三通(Ⅱ系列)

$DN \times DN_1$	L	H
20×15	92	42
25×15	102	53
25×20	102	51
32×15	198	67
32×20	198	70
32×25	198	70
40×15	214	69
40×20	214	72
40×25	214	72
40×32	214	99
50×15	205	73
50×20	205	76
50×25	205	82
50×32	205	109
50×40	205	107

注：DN、DN_1—公称通径；L—全长；H—支管端部至主管中心轴线距离

（续）

(6) 不锈钢卡压式管件的基本尺寸(四)(mm)								
螺母转换接头(Ⅱ系列)								
公称通径 DN	15	15	20	20	25	32	40	50
螺　　纹	G½	G¾	G½	G¾	G1	G1¼	G1½	G2
全长 L	37.5	40.2	46.5	49.5	56	64.5	94.5	94

内螺纹 90°转换弯头(长型,圆锥形,Ⅰ系列)									
公称通径 DN		15	20	20	25	32	32	40	40
螺纹(R_C)		½	½	¾	1	1	1¼	1¼	1¼
一端面至另一端面中心距离	L	48	58	58	66	91	91	110	110
	L_2	45.5	56	53	65	75	85	86	97

内螺纹 90°转换弯头(长型,圆锥形,Ⅱ系列)			
公称通径 DN		50	50
螺纹(R_C)		1½	2
一端面至另一端面中心距离	L	122	122
	L_2	94	111

内螺纹 90°转换弯头(长型,水栓用,Ⅱ系列)					
公称通径 DN		15	20	20	25
螺纹(R_P)		½	½	¾	1
一端面至另一端面中心距离	L	48	58	58	66
	L_2	48	57	57	67

内螺纹 90°转换弯头(短型,水栓用,Ⅱ系列)				
公称通径 DN		15	20	20
螺纹(R_P)		½	½	¾
一端面至另一端面中心距离	L	48	52	57
	L_2	27	28	35

外螺纹 90°转换弯头(Ⅱ系列)				
公称通径 DN		15	20	20
螺纹(R)		½	½	G½
一端面至另一端面中心距离	L	48	58	58
	L_2	53	60	60

外螺纹 90°转换弯头(Ⅱ系列)									
公称通径 DN		20	25	32	32	40	40	50	50
螺纹(R)		¾	1	1	1¼	1¼	1½	1½	2
一端面至另一端面中心距离	L	58	66	91	91	110	110	122	122
	L_2	61	75	83	100	96	111	107	129

注：G—圆柱管螺纹；R_P—与圆锥外螺纹(R_1)配合的圆柱内螺纹；R_C—与圆锥外螺纹(R_2)配合的圆锥内螺纹；R(R_1、R_2)—圆锥外螺纹

(续)

(7) 不锈钢卡压式管件的尺寸(五)(mm)

座盘水栓弯头(Ⅱ系列)

公称通径 DN		15	20	20
螺纹(R_P)		½	½	¾
一端面至另一端面中心距离	L	48	52	57
	L_2	27	27	36
	L_3	25	25	25
座盘宽度	L_4	45	50	50

座盘水栓三通接头(Ⅱ系列)

公称通径 DN		15	20
螺纹(R_P)		½	½
全　长 L		114	110
一端面至另一端面中心距离	L_2	25	25
	L_3	27	27
座盘宽度 L		45	45

弯管(Ⅱ系列)

公称通径 DN	15	20	25
全　长 L	178	201	268
直段长度 L_1	40	40	53.5
两轴线距 h	25	30	40
弯曲半径 R	27	27	36

直管式活接头(Ⅱ系列)

公称通径 DN	15	20	25
全　长 L	164	184	204

(8) 不锈钢钢管插入卡压式管件的长度基准值(mm)

公称通径 DN		15	20	25	32	40	50	65	80	100
插入长度基准值	Ⅰ系列	20	21	23	26	30	35	53	60	75
	Ⅱ系列	21	24	24	39	47	52	—	—	—

(9) 不锈钢卡压式管件的技术条件(摘要)

① 材料:参见第1454页“薄壁不锈钢管”的规定
② 公称压力 PN:1.6 MPa
③ 水压性能试验压力:2.5 MPa
④ 气密性能试验压力:
用于气体介质的试验压力为1.7 MPa;
用于液体介质的试验压力为0.6 MPa
⑤ 卫生要求:应符合卫生部文件《生活饮用水输配水设备及防护材料卫生安全性评价规范》的规定
⑥ 其他还有连接性能试验(包括耐压试验、负压试验、拉拔试验、温度变化、交弯弯曲、振动试验和压力波动试验),具体要求参见GB/T 19228.1—2003的规定

(3) 不锈钢卡压式管件用橡胶 O 形密封圈

(GB/T 19228.3—2003)

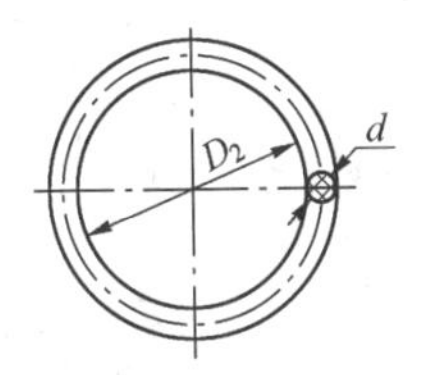

(1) 用途：安装于不锈钢卡压式管件的承口端内部，用作与薄壁不锈钢管连接时的密封件

(2) 材料：采用氯化丁基橡胶或三元乙丙橡胶，但其中应不含有对输送介质、密封圈的使用寿命及钢管和管件有危害作用的物质

(3) 物理性能和卫生性能：参见 GB/T 19228.3—2003 的规定

(4) 密封圈基本尺寸(mm)

公称通径 *DN*			15	20	25	32	40	50	65	80	100
密封圈	内径 D_2	Ⅰ系列	18.2	22.2	28.2	35.3	42.3	54.3	77.0	90.0	109
		Ⅱ系列	16.04	22.45	28.85	34.5	43.3	49.3	—	—	—
	直径 *d*	Ⅰ系列	2.5	3.2	3.0	3.0	4.0	4.0	7.0	8.0	10.0
		Ⅱ系列	2.47	3.04	4.00	4.00	5.00	5.50	—	—	—

(4) 卡 压 工 具

钳口

钳座

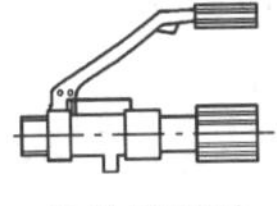

手动液压泵

图 1　家装式卡压工具

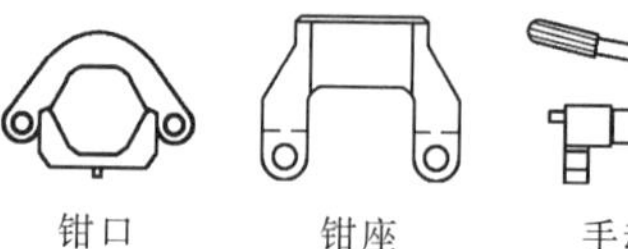

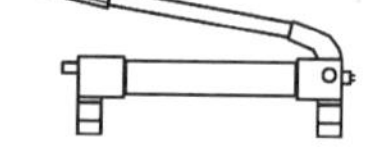

图 2　手动分离式卡压工具

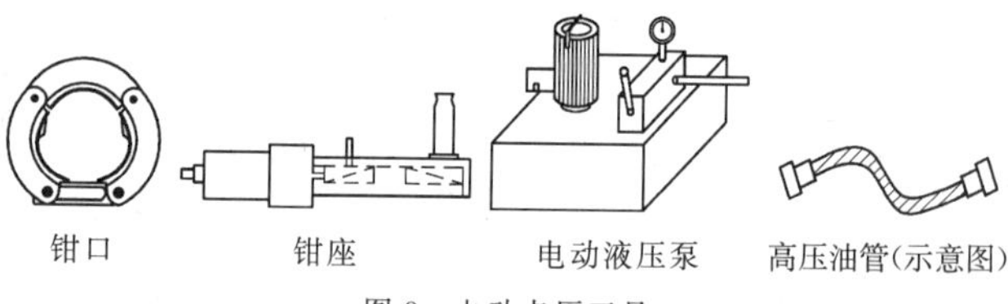

图 3　电动卡压工具

【用　　途】 用于将薄壁不锈钢管和卡压式不锈钢管件两者连接处卡压成六角形断面,以保证该管路连接处的密封性能。

【规　　格】 无锡金洋管件有限公司产品。

型　　式	家装式	手动分离式	电　　动	
型　　号	SYB-1	SYB-2	DYB-1	DYB-2
泵压力(MPa)	1～40	1～63	1～63	1～63
电　　压(V)	—	—	380	220
电机功率(kW)	—	—	0.75	0.55
重量(kg)	4	9	20.5	16.5
适用钢管(管件)规格(mm)	*DN*15～*DN*25	*DN*15～*DN*50	*DN*65～*DN*100	*DN*15～*DN*50

《实用金属材料手册》

（书号：9787532392452）

《实用金属材料手册》初版于1993年，2000年出版第二版，2008年出版第三版。

该手册介绍了有关金属材料的基本资料和基础知识，我国常见的黑色和有色金属材料的牌号、化学成分、力学性能、特性、用途以及品种、规格、尺寸、允许偏差和重量等资料，可供与金属材料有关的销售、采购、设计和生产等工作的人员了解和查询。另外，还介绍了被列入手册中常见的我国各种金属材料牌号与国际标准以及美国、日本、德国、英国、法国和苏联标准牌号的对照，这项资料可供从事进出口贸易、技术交流和引进工作的人员参考。

《实用紧固件手册》

（书号：9787547809679）

《实用紧固件手册》初版于1998年，2004年出版第二版，2012年出版第三版。

该手册根据市场上常见的紧固件现行国家（行业）标准和有关资料编写而成。手册共四篇。第一篇介绍与紧固件知识有关的基本资料；第二篇介绍与紧固件基础有关的国家（行业）标准；第三篇按国家标准，分别介绍螺栓、螺柱、螺钉、螺母、自攻螺钉、木螺钉、垫圈、挡圈、销、铆钉、紧固件—组合件和连接副、焊钉等12类标准紧固件的具体品种、规格、尺寸、公差、重量，以及性能和用途等内容，另外，又介绍了市场上常见的紧固件新品种（其他紧固件）的规格、尺寸、重量以及性能和用途等内容；第四篇为附录，是本书引用的紧固件国家（行业）标准的索引，以及每个紧固件标准采用国际标准（ISO）程度。

该手册可供广大从事与紧固件有关的采购、经销、设计、生产和科研等工作的人员使用，也可供需要了解、学习紧固件知识的读者参考。

《实用滚动轴承手册》

（书号：9787532399055）

《实用滚动轴承手册》初版于 2002 年，2010 年出版第二版。

为了便于读者选用滚动轴承时查询有关轴承的标准和资料，编者根据大量的现行轴承标准（截至 2000 年底）和有关资料，编写了该手册。手册内容共分三篇。第一篇介绍了与滚动轴承知识有关的基本资料；第二篇介绍了与轴承有关的基础标准，包括轴承分类、轴承代号、轴承外形尺寸总方案、轴承公差与游隙、轴承材料、轴承标志、包装与仓库管理、轴承通用技术规则等内容；第三篇介绍了与市场上常见的轴承产品有关的产品标准和资料，详细介绍了市场上常见的各类轴承产品的品种、性能、用途、规格、尺寸和重量等内容。书末附录为手册中引用的现行标准和名称的索引。手册曾于 2003 年 10 月荣获第十六届华东地区科技出版社优秀科技图书二等奖。

该手册可供广大与滚动轴承有关的采购、经销、设计、技术、科研等人员参考，也可供需要了解或学习滚动轴承知识的读者参考。